新时代·新规划·新教育

——2018 中国高等学校城乡规划教育年会论文集

New Era · New Planning · New Education

—— 2018 Proceedings of Annual Conference on Education of Urban and Rural Planning in China

高等学校城乡规划学科专业指导委员会
福州大学建筑学院　编
福建工程学院建筑与城乡规划学院

中国建筑工业出版社

图书在版编目（CIP）数据

新时代·新规划·新教育：2018中国高等学校城乡规划教育年会论文集/高等学校城乡规划学科专业指导委员会，福州大学建筑学院，福建工程学院建筑与城乡规划学院编．—北京：中国建筑工业出版社，2018.9

ISBN 978-7-112-22642-9

Ⅰ．①新… Ⅱ．①高…②福…③福… Ⅲ．①城乡规划-教学研究-高等学校-文集 Ⅳ．①TU2-53

中国版本图书馆CIP数据核字（2018）第202148号

责任编辑：高延伟　杨　虹
责任校对：刘梦然

新时代·新规划·新教育
——2018 中国高等学校城乡规划教育年会论文集

高等学校城乡规划学科专业指导委员会
福州大学建筑学院　　编
福建工程学院建筑与城乡规划学院

*

中国建筑工业出版社出版、发行（北京海淀三里河路9号）
各地新华书店、建筑书店经销
北京雅盈中佳图文设计公司制版
大厂回族自治县正兴印务有限公司印刷

*

开本：880×1230毫米　1/16　印张：30　字数：918千字
2018年9月第一版　2018年9月第一次印刷
定价：80.00元
ISBN 978-7-112-22642-9
（32753）

新时代·新规划·新教育
2018中国高等学校城乡规划教育年会论文集组织机构

主　办　单　位：高等学校城乡规划学科专业指导委员会

承　办　单　位：福州大学建筑学院

福建工程学院建筑与城乡规划学院

论文集编委会主任委员：唐子来

论文集编委会副主任委员：（以姓氏笔画排列）

毛其智　石　楠　石铁矛　赵万民

论文集编委会成员：（以姓氏笔画排列）

王世福　王向荣　叶裕民　毕凌岚　吕　斌
华　晨　刘博敏　孙施文　运迎霞　杨新海
张军民　张忠国　陈燕萍　林从华　周　婕
赵天宇　袁奇峰　徐建刚　黄亚平　黄明华
储金龙

论文集执行主编：赵立珍　杨昌新　王　兰

论文集执行编委：（以姓氏笔画排列）

马　妍　刘淑虎　邱永谦　张　虹　张延吉
林兆武　彭　琳　樊海强

序　言

党的十九大报告指出，中国特色社会主义进入新时代，我国经济已由高速度增长阶段转向高质量发展阶段，正处于转变发展方式的关键时期。从高速度增长的城市到高质量发展的城市，是我国城乡规划工作所处的新时代。满足人民日益增长的美好生活需求，是城乡规划工作应当担当的历史使命。在新的时代，生态文明成为城乡规划工作的新理念，大数据和人工智能等为城乡规划工作提供了新技术，国家空间规划体系则是城乡规划工作对接的新体制。新时代的城乡规划工作对于城乡规划教育提出新要求。中国的城乡规划学科任重而道远，如何为新时代的中国城镇化道路提供适合国情的思想、理论、方法、技术，并且培养高质量的城乡规划专业人才，始终是城乡规划学科发展的核心使命。

高等学校城乡规划学科专业指导委员会的主要职责是对于城乡规划学科的专业教学和人才培养进行研究、指导、咨询、服务，为此需要建立信息网络、营造交流平台、编制指导规范。每年一度的中国高等学校城乡规划教育年会是全国城乡规划教育工作者的盛会，教研论文交流则是年会的重要议程之一。

2018 年中国高等学校城乡规划教育年会的主题是“新时代・新规划・新教育”。本论文集包含的 77 篇教研论文是从来自全国规划院校的教研论文投稿中挑选汇编，涵盖了城乡规划教育的主要领域，包括学科建设、理论教学、实践教学、教学方法与技术、社会综合调查课程建设的最新研究进展，将会成为城乡规划教育工作者的有益读物。

高等学校城乡规划学科专业指导委员会愿意与全国各地的规划院校携手努力，继续为中国的城乡规划教育事业做出积极贡献。在此，我谨向为本论文集而辛勤付出的论文作者、年会承办单位、出版机构表示诚挚的谢意！

高等学校城乡规划学科专业指导委员会主任委员

唐子来

2018 年 7 月

目　录

学科建设

003　环境思维和城乡规划教育与实践的反思 …… 黄　怡

010　近10年国外城市设计文献计量分析对中国城市设计教育的启示 …… 肖　扬　匡晓明

018　多样化与开放性——浅析美国规划硕士学位的专业方向和课程体系 … 宋　捷　戴　彦　张　辉

025　教学相长——城乡规划专业人才培养范式转型的探讨 …… 赵　蔚

030　基于城乡规划学科的交叉学科联合课程设置机制研究 …… 曹　康　李晓澜　何圣迁　王若琛　赵　睿

035　基于人居环境学科群的城乡规划人才培养模式创新探索 …… 赵立珍　陈小辉　张　鹰

039　具有国际视野的研究型城乡规划专业人才的培养体系探索与实践 …… 彭　琳　陈小辉　张延吉

045　城乡规划专业GIS课程教学体系构建 …… 肖少英　任彬彬

049　校企共建平台促进产学研深度融合的意义与实践 …… 袁　犁　赵春容

053　"双一流"背景下建筑大类城乡规划教育的改革与思考——以四川大学城乡规划本科培养方案为例 …… 成受明　周　波

058　学科交叉·理工融合·协同共享·交通特色——城乡规划本科人才培养的"新工科"创新发展实践探索　刘　畅　喻歆植　何锦峰　董莉莉

064　新形势下城乡规划本科培养目标及教学内容优化探讨 …… 洪　英　文晓斐　孟　莹

069　景观规划设计课程学业评价体系改革与实践 …… 陈洪梅

理论教学

075　批判性空间思维的培养——以天津大学城乡规划专业地理信息系统课程教学为例 …… 张天洁　李　泽

083　适应机构改革的"区域规划"教育转型思考——基于城乡规划专业视角 …… 王宝强　彭　翀

090 人居环境科学本科教育的生态价值观培养模式初探 …… 宋菊芳 陈庆泽
095 面向艺术院校的城市规划原理课程——中央美术学院的经验 …… 虞大鹏
103 城市地理学课程教学法探讨——基于动态一致性的通识能力培养 …… 张继刚 王榛榛 郑丽红
108 沈阳建筑大学城乡规划专业地学课系教学回顾与展望 …… 路 旭 李 超 马 青
113 由“小板凳”引发的教学思考——城乡规划专业设计基础课程课外作业教学随笔 …… 高芙蓉 肖 竞 贾铠针
119 基于教学共同体的城乡规划专业英语教学改革研究 …… 杨 慧
124 城乡规划专业基础理论课程微课化改革初探 …… 魏晓芳
130 由建筑向规划过渡——城市规划概论课程教学实践 …… 陈 飞 李 健 刘晓明
135 基于学生讲授法的城乡规划专业英语教学实践与启示 …… 廖开怀
140 “城市规划思想史”课程的理论基础探究——中西方古代城市空间及其人文内涵的比较 …… 钟凌艳 李春玲 谭 敏
145 职责重构下城乡规划不确定性的教学应对 …… 孟 莹 洪 英

实践教学

151 学研互长的城镇总体规划教学探索——以东南大学为例 …… 熊国平 张 顺
161 对快速城市设计训练教学的思考 …… 卜雪旸
166 控制性详细规划的设计课程教改创新：“校企联合”与“城市设计－控规”结合的整体教学方法探索 …… 唐 燕
174 知行合一：城乡认识实习教学目标与成果 …… 杨 哲
180 设计笔记的理论模式与应用构想 …… 张凌青
186 交叠互动机制下的镜像投射式教学实验——城乡规划本科城市设计教学改革研究 …… 王 颖 程海帆 陈 桔
191 从“依形套式”到“循章得法”——形体关系与生成逻辑导向的城乡规划构成教学方法探索 …… 肖 竞 高芙蓉 贾铠针
198 城市规划视域下的乡村规划及乡村规划教育 …… 杨 帆
203 控制性详细规划教学在城市更新地段的探索性改革——以《广州人民南片区形态条例》为例 …… 戚冬瑾 卢培骏

212 基于建构主义的城乡规划专业二年级设计课教学探索 …………………… 李春玲 钟凌艳 高政轩
217 存量语境下的城市设计课程教学与思考 ………………………………… 肖 彦 栾 滨 沈 娜
222 新时期城市详细规划教学理念和课程体系探讨 ……………………………… 邓 巍 潘 宜
229 数据化设计的教学实践研究——以城市设计课程为例 ……………………… 李冰心 赵宏宇
232 “多维协同”模式在城市热点建设区域城市设计的教学应用实践 ……………… 麻春晓 毛蒋兴
240 城市规划专业建筑设计课程教学改革初探——以小住宅课程设计为例 ………… 张益峰
246 街区制视角下的住区规划设计教学研究 …………………………………… 李 健 陈 飞
252 AUGT 模式——京津冀高校“X+1”联合毕设特色研究 ………………………… 武凤文
257 基于综合分析视角下的毕业设计教学实践 ………………………………………… 温莹蕾
262 系统观下民族高校城乡规划本科实践教学体系的特色塑造 …………… 文晓斐 孟 莹 洪 英

教学方法与技术

269 实践引领下的“竞赛嵌入”式教学设计——以浙江工业大学“乡村规划与设计”课程为例
…………………………………………………………………………… 周 骏 陈玉娟 陈前虎
276 基于数据增强设计方法论的教学实践 ……………………………………… 龙 瀛 张恩嘉
285 定量分析方法在城市设计课程教学中的应用 ………………………………………… 田宝江
292 “附能”——基于地理大数据云平台的城乡规划本科空间思维训练与数字技术应用支持
………………………………………………………………… 李苗裔 吴 丹 陈小辉 沈振江
297 城乡规划转型背景下的 GIS 原理课程教学实践探索 …………………… 马 妍 陈小辉 赵立珍
304 新形势下城乡规划技术教学创新模式研究 …………………………… 韩贵锋 孙忠伟 叶 林
310 质性研究方法介入乡村调查的探索与实践——以华中科技大学乡村认知实习为例
…………………………………………………………………………… 王宝强 陈 姚 耿 虹
320 规划设计课程中的虚拟仿真 VR 教学技术和方法探索 ……………………… 牛 强 卢相一 杨 超
327 “互联网 +”时代线上线下混合式教学的实践与思考
——以城乡道路与交通规划课程为例 ………………………………………………… 龚迪嘉
334 “黄金圈”法则对城市设计教学思维的启示 ………………………………… 沈 娜 孙 晖 钱 芳
338 基于要素组织的城市设计方法在乡村意向营造中的教学探索
——以乡村规划与创意设计竞赛教学为例 ……………………………… 龚 强 陈前虎 周 骏

345 基于翻转课堂的“地理信息系统”课程教学探索 …… 许大明 郭嵘 吕飞

350 体系与关联——相关案例教学在城乡基础设施规划课程中的应用 …… 栾滨 肖彦 沈娜

355 “规划思维”融入式训练的城乡规划专业一年级基础教学改革探讨 …… 许艳 曹鸿雁 段文婷

360 基于体验式学习法的“居住区规划原理”课程教学探索 …… 赵涛 李军 毛彬

365 问题导入式教学法在城乡规划学科建筑设计课程中的实践 …… 李瑞 刘林 冰河

371 注重研究思维培养的城市设计研讨式教学探索 …… 刘丹

375 城市设计课程群融合性教学改革初探——基于英国谢菲尔德大学城市设计课程设置的思考 …… 熊媛 何璘

社会综合调查课程建设

383 城乡社会调查融入规划与设计教学的方式探新——基于“定题·方法·流程”的三维分析 …… 梁思思

389 人本主义理论视角下城乡规划低年级专业课社会调查教学观察思考 …… 贾铠针 高芙蓉 肖竞

397 城市总体规划教学中社会调研的应用场景与技术框架——以上海市奉城镇总体规划教学为例 …… 陈晨 颜文涛 耿慧志

402 基于乡土社会调查的乡村规划设计教学探索——以上海市东新市村乡村规划设计课程为例 …… 陈晨 耿慧志 彭震伟

410 “小模块”与“大脉络”：将研究方法论模块化植入城乡社会综合调查课程的实践探讨 …… 李峰清 郝晋伟 田伟利

416 跨域合作、地方创生——台湾基隆内港地区老旧社区微更新社会调查联合教学研究 …… 左进 陈冠华

424 基于社会调研的规划设计价值导向培养——以“商业空间认知与改造”课程为例 …… 苗力 耿钱政 李冰

431 基于数据技术支撑下的城乡规划调研课程教学体系探索 …… 朱凤杰 孙永青 张戈

436 浅谈思维导图在“城乡综合社会实践调查”课程中的应用与实践 …… 冯月 毕凌岚

441 统计学视角下城乡社会综合调查课程的创新探索 …… 张延吉

445 嵌入交通调查分析的城市交通规划课程教学改革思考 …… 靳来勇

450 面向供给侧多元需求冲击的“社会综合调查研究”课程教学实践新思维
…… 赵宏宇　高　嵩　单　良

454 育能力，引思考——以都江堰精华灌区川西林盘为例的城乡社会综合调查研究实践教学探索
…… 曹　迎

462 以应用为导向的城市规划系统工程学教学方法探索
…… 赵晓燕　孙永青　兰　旭

468 后　记

2018 Annual Conference on Education of Urban and Rural Planning in China

学科建设

2018 Annual Conference on Education of Urban and Rural Planning in China

环境思维和城乡规划教育与实践的反思

黄 怡

摘 要：本文基于对城乡规划学科和城乡规划教育将产生重大影响的顶层设计重大转向的背景以及城乡规划与城乡现实环境危机关联性的讨论，提出环境思维必须成为城乡规划工作的基本思维方式，环境思维必需植入城乡规划教育与实践。接着从与环境相关的教育理念设定和课程设置两方面检视城乡规划教育的现状，分析城乡规划教育中环境思维植入的必要性和重要性，以及如何在城乡规划教育中培养与优化环境思维方式。最后探讨环境思维植入规划教育的初步构想，提出环境思维全过程植入课程体系的模型，并通过基于教师个人实践将环境思维有效植入“城市认识实习”课程的案例予以具体阐述。

关键词：环境思维，城乡规划教育，精神生态学

1 顶层设计的重大转向

城乡规划是一门应用性极强的学科，承担着服务社会的重大责任，因此城乡规划教育不可避免地受到国家顶层设计的重大影响，而顶层设计目前已经进入了环境思维模式。2018 年 3 月初，国务院机构组成出现重大调整，多部门、多职责整合划归新组建的自然资源部，其中涉及住房和城乡建设部的城乡规划管理职责。改革方案的目的包括“……统一行使所有国土空间用途管制和生态保护修复职责，着力解决自然资源所有者不到位、空间规划重叠等问题，实现山水林田湖草整体保护、系统修复、综合治理……”这意味着城乡社会经济与空间发展的重要转向，以开发建设为主的扩张发展模式转向了保护利用资源为主的生态持续模式。

“生态环境问题，归根到底是资源过度开发、粗放利用、奢侈消费造成的”。十九大将基本实现社会主义现代化目标提前到 2035 年，并将“美丽”纳入总体奋斗目标。“增强绿水青山就是金山银山的意识”已写入新修订的党章，强化了生态优先的发展要求。而规划要把绿色发展落到实处，促进生态国土建设。城乡规划管理职责的变化，带来了城乡规划学科需求和责任的变化，也必然要求在城乡规划专业教育中相应体现、在规划教育实践中做出适应性调整。

自 1952 年院系调整以来，过去 60 多年的城乡规划专业教育基本建立在增长模式的基础上，无论是在中华人民共和国成立后至“文革”前时期，还是改革开放至今的时期，这也与国家发展战略和城镇化进程是一致的。但是城市规划 / 城乡规划对于快速城镇化的环境影响认知可谓严重不足，城市规模不断扩大，规划人口数量超前，城市建设用地急剧扩张，各类园区竞相设立，并且都是通过城市规划合法进行的。因此，一方面是我国城乡建设取得的举世瞩目的巨大成就，另一方面是快速城镇化带来的严峻环境问题，城乡规划可谓功过参半，正面的助推与负面的助长两股作用并存。

面对国家自然资源管理的新需求、新形势、新挑战，城乡规划需将对环境问题的认识提升到一个前所未有的高度，并在新时代的国土空间规划、生态保护修复工作中尽快转入环境思维。城乡规划教育很大程度上是以经验与实践为出发点甚至为底色的教育，也迫切需要对现有教育与实践中的环境认知问题与环境思维缺位进行反思。

2 城乡规划与城乡环境问题的关联性

环境思维是城乡规划在分析和解决当前现实问题时需要具备的一种重要思维方式。城乡规划中环境思维的

黄 怡：同济大学建筑与城市规划学院教授

产生，首先基于对城乡规划与城乡环境问题关系的深刻理解。当下的环境问题是中国城乡发展过程中所面临的众多问题中的一个，环境问题并非孤立存在，与经济、社会、产业 、人口等其他问题深层缠结在一起。对于城乡规划来说，牵涉一个问题的两个方面，一方面是城乡规划与城乡环境问题的产生有着怎样潜在的关联，另一方面是城乡规划又为城乡环境问题的解决提供了哪些可能的途径。

2.1 城乡环境问题中城乡规划的消极作用

当前我国城乡所面临的环境问题极其严峻，空气、水、土壤的严重污染以及频繁爆发的环境危机事件，都刺激着社会大众的神经。主要诱因是城乡的工业和农业生产活动以及城市的交通与生活方式，概括来讲，雾霾是工厂废气过度排放、机动车尾气集中排放产生，水体污染是工业废水、农业面源污染造成，土壤污染是农药沉积、工业废弃物填埋的结果。在这些现象与问题的背后，除了技术和管理落后的双重因素之外，城乡规划与环境问题的产生亦有着潜在的密切关联。

城市范围急遽扩张、城市建设用地无节制蔓延，是否与城市总体规划参与城市建设用地规模、开发区范围的核定有关？工业用地的不恰当规模、不合理布局，是否与总体规划的产业定位与产业用地布局不当、控制线详细规划的控制不力有关？汽车交通增加、化石能源消耗产生污染增加，是否与交通模式设计与道路交通规划有关？气候变化异常、大城市的热岛效应、城市下垫面的粗糙度日益增加，是否与规划开发强度有关？大城市还存在的“雨岛效应”（每年雨季汛期，越来越多的大城市成“水乡泽国”），市政排水设施告急，是否与城市基础设施系统规划有关？生态资源破坏，是否与人工环境过多建设有关？诸如此类的问题，都是城乡规划不得不深刻、彻底反思的方面，城乡规划所谓的科学性与合理性在多大程度上包含了对我们赖以生存的人居环境根本影响的重要关注。

2.2 城乡规划问题中环境的导向角色

从逻辑上来讲，规划导致的问题也应该由规划来解决。但是，实际情况可能更为复杂，有些城乡环境问题一旦形成，或者是不可逆的，或者需要极为漫长的时日才能逐步缓慢地消除。但是不管怎么说，城乡规划还是为部分环境问题的解决提供了可能的途径。例如环境问题的跨区域协调控制，区域、流域层面的协同规划，应对气候变化挑战的城乡规划，应对雾霾污染的城市规模与尺度、城乡空间结构与交通组织等方面的探索，注重工业用地更新中潜在环境污染与生态修复的规划，各地正在纷纷编制的城市“双修”总体规划，以及《中共中央关于全面深化改革若干重大问题的决定》明确提出建立的空间规划体系等，其目的均指向平衡保护环境和发展两个需求，以达成社会和经济发展总的目标。虽然目前在城乡规划领域内开展的一些研究与实践探索尚未产生肯定而明确的结论，但是至少表明，城乡规划问题中环境导向角色的重要性日益凸显，环境思维必须成为城乡规划工作的基本思维方式。

3 城乡规划教育中与环境相关的教育现状

新时代城乡规划学科发展与城乡规划实践面向环境生态问题的迫切性，也使得城乡规划教育必须重新定向，城乡规划教育引入并强化环境思维势在必行。首先要对近年来城乡规划教育中与环境相关的教学现状进行全面而必要的检视，可以从两个层面着眼考察：第一个层面是与环境相关的教育理念，第二个层面是与环境相关的课程设置。这两个层面并非并列的关系，第一个层面的教育理念是课程设置的基础或内核，第二个层面的课程设置是教育理念的落实或体现。检视结果并不令人乐观。在我国城镇化快速增长时期，在先发展（污染）后治理的工业化模式下，受整体社会理念氛围裹挟，规划专业教育中普遍存在着与环境相关的教育理念设定要求低、与环境相关的课程设置单薄的问题。以下以国内最早开设城市规划专业和开展城乡规划教育实践的同济大学城乡规划专业为例。

3.1 与环境相关的教育理念设定要求较低

学校教务处每年会印制一本《学院本科培养方案》[①]（图 1），其中城市规划专业培养方案的“专业培养标准”中，针对本科与研究生阶段都有与环境相关的要点。表 1 列出了 2010—2017 年期间规划专业培养标准中的相关要点。第 2 点侧重对本科生来说，要求“掌握基本的生态环境保护等自然科学知识”，第 5 点侧重对研究生来说，

图1　同济大学建筑与城市规划学院本科培养方案（2010-2017）

要求“重点了解专业相关知识”，例如环境工程。比较一下可以发现，就知识本身而言，生态环境保护作为基本的自然科学知识，是带有普及性质的，而“专业相关知识”在知识的专业性与深度和难度上要超过基本的自然科学知识；但是就知识的获取效果而言，研究生阶段的“重点了解”是有选择性地有所认识，又不及本科生“掌握”所要求的程度高。因此整体上，与环境相关的教育理念是有的，但要求并不算是高的。

3.2　与环境相关的课程设置单薄

同济大学城市规划专业本科教学课程体系中，与环境相关的课程被列入专业主要课程，安排在本科高年级（见表2）。自2009年起，基础课程（B）②必修模块中设“城市生态环境保护”，2.0个学分，四年级上学期开课，当时其他学院和专业的学生也可跨院系选修该课程。2011年，配合城市规划专业5年制改4年制探索，“城市生态环境保护”课程调整为“城市环境与城市生态学”，仍安排在四年级（毕业班）上学期开课。两门课程课号不同，名称与内容略有变化，但采用教材均为《城市生态环境：原理、方法与优化》。研究生阶段有两门选修课程，即“人类聚居环境学”和“生态城市理论与实践”。

需要补充说明的是，无论是2011年之前的同济城市规划专业二级学科，还是2011-2013年的城乡规划学一级学科，都是在总体框架下设8个研究方向，但尚不涉及生态环境方向。2014年同济城乡规划学一级学科

同济大学城市规划专业培养标准中与环境相关的要点（2010-2017）　　表1

<table>
<tr><th></th><th>2010</th><th>2011</th><th>2012</th><th>2013</th><th>2014</th><th>2015</th><th>2016</th><th>2017</th></tr>
<tr><td rowspan="2">知识与智力能力</td><td colspan="8">2. 掌握基本的……、生态环境保护等自然科学知识，如……、城市生态环境、……</td></tr>
<tr><td colspan="4">5. 重点了解专业相关知识如……、环境工程……等，选人类聚居环境学等</td><td colspan="4">5. 重点了解专业相关知识如……、环境工程……等</td></tr>
</table>

同济大学城市规划专业与环境相关的课程设置（2010-2017）　　表2

<table>
<tr><th>2010（四年制）</th><th>2011（四年制）</th><th>2012（五年制）</th><th>2013（五年制）</th><th>2014（五年制）</th><th>2015（五年制）</th><th>2016（五年制）</th><th>2017（五年制）</th></tr>
<tr><td>城市规划二级学科含8个研究方向</td><td colspan="3">城乡规划学一级学科总体框架下设8个研究方向</td><td colspan="4">城乡规划学一级学科下的6个二级学科之一：城乡生态环境与基础设施规划</td></tr>
<tr><td colspan="4">专业主要课程（专业必修课）</td><td colspan="4">核心课程（专业必修课）</td></tr>
<tr><td>城市生态环境保护</td><td>城市环境与城市生态学/城市生态环境保护</td><td colspan="2">城市生态环境保护</td><td>城市生态环境保护</td><td>城市环境与城市生态学/城市生态环境保护</td><td colspan="2">城市环境与城市生态学</td></tr>
<tr><td colspan="8">选修课</td></tr>
<tr><td colspan="4">* 人类聚居环境学</td><td colspan="4">* 人类聚居环境学、
* 生态城市理论与实践</td></tr>
</table>

注：课程前标识 * 的，为研究生选修课程。

改为下设 6 个二级学科，其中之一是“城乡生态环境与基础设施规划”。虽然研究方向总数减少，但实际的方向内容上有了合并与增加。

4 城乡规划教育中环境思维的植入

相对于严峻的环境现实挑战，无论是规划教育理念还是课程体系，其应对程度都还不能说极其充分。城乡规划教育面临着重要的重新定向，教学理念决不仅仅是提供一些环境及保护的知识，教学目标也决不仅仅限于开设一两门与环境相关的课程，更重要、更本质的是——在整个专业教育阶段——环境思维的贯穿培养、环境理念的融合渗透。

4.1 环境思维方式的必要性和重要性

思维方式，抑或思维模式，是人们认识事物、分析问题、解决问题的思维习惯、思维结构，简单地说就是人们看问题的习惯、角度和方式。思维方式操纵着人们思考问题、观察问题、分析问题，决定着人们的决策、意见和态度，其必要性和重要性不言而喻。

城市规划专业课程设置的目的，不是仅仅灌输给学生一堆专业知识，而是传授一种专业理念、培养一种专业思维。比如，学生上了“城市经济学”课程，但是没有学会经济思维，在进行住宅区规划设计时，就可能忽略住宅的社会性和大量性问题；在进行土地使用规划时，则可能会不考虑土地的成本和产出，可能忽略土地上的自然资源资产。所以每门课程设置的根本目的，是要让学生建立相应的思维方式。教授城市生态学，就要帮助学生建立环境思维或生态思维。如果思维方式出了毛病，会导致对事物的理解和判断出现误差。很难想象，如果在规划专业教育中没有帮助学生建立起正确的规划思维方式，还能指望学生在规划专业学习阶段乃至以后的规划实践工作中能有多少理性的专业表现。

但是学习了城市环境与城市生态学方面的理论课程，有了关于环境的总体看法和根本观点，不等于就懂得了具体的环境操守和行为准则。城乡规划本科阶段开设理论课程不少，但是有相当数量的学生反映用不上，换句话说就是不能有效地将理论知识转化到规划专业研究与设计实践中去。这是因为，所学课程还停留在知识层面，没有内化为“大脑软件”，没有成为大脑的“操作系统”。而若真正具备了环境思维，当我们进行各种具体规划实践时，就会自觉地思考和权衡规划方案和规划行动可能带来的环境结果，包括道德伦理、社会心理、政治决策方面的影响与后果。所谓“青山绿水就是金山银山”，正是环境思维的体现，生态概念不仅与环境议题相关，而且与社会经济变化相关。

4.2 环境思维方式的优化

环境思维是人们整体思维的一部分，环境观是世界观的一部分。当我们分别谈论世界观、人生观、方法论、思维方式等概念时，其实只是在理论上做出的人为划分，实际上它们是交融在一起的一套整合的系统。城乡规划教育中环境思维的优化，在于在教学中要求学生（包括教师）自觉地把环境关注与环境保护当作思维方式来学习，当作人生态度来养成，当作思想方法和工作方法来持续地训练和完善，而不局限于短期的或特定的与环境直接相关的课程学习。改造世界观、环境观的那些途径和方法，也是优化环境思维方式的途径和方法。

这里有必要提到一个概念——精神生态学（mental ecology）。法国人菲利克斯·加塔利（Felix Guattari）在 1989 年出版的著作《三个生态学》（Les trois ecologies）中提出了理解现实的三个维度：环境生态学、社会生态学和精神生态学，其中将精神生态学视作生态智慧的一个分支，强调每个集体的或是个体的主观能动性都对我们的星球产生影响。城乡行动的最小层面是个体，在校的城乡规划专业学生，无论未来作为职业规划师或相关专业人员，还是作为普通社会个体，其环境意识和生态行动都是有意义的，并最终在整体上是决定性的，而城乡规划专业教育中培养学生的环境思维就是为其规划职业内外的生态行动内置软件操作系统。

总而言之，城乡规划教育中的环境思维优化，就是要通过系统的课程学习训练和理念熏陶，让学生学会全面地而非片面地、深入地而非表面地、本质地而非现象地看待环境问题、处理环境问题。

5 环境思维植入规划教育的构想与探索

就当下我国严峻的环境现实来看，环境问题怎么强调都不为过。因此，规划教育中环境思维的训练仅仅通过在高年级开设课程远远不够，或者说为时有些晚。这就要求从城市规划专业本科课程体系的整体安排出发，在理论、设计和实践课程的所有层面与阶段，教育者本身要融合环境理念，贯穿环境思维。这不是某门课程教师的责任，而是所有的规划专业教师首先要优化自身的环境思维，然后在教学过程中潜移默化地培养学生形成积极的环境思维。

5.1 环境思维全过程植入课程体系的模型构想

规划教育中环境思维的全过程植入，需要通过课程体系来系统落实。课程体系中与环境相关的知识和训练，大致可包括四部分内容：①环境意识；②环境灾害认知；③环境生态知识；④环境生态修复技术。对应这四部分内容，可以对应专业通识类课程（一年级）— 实践认知课程（二年级）— 专业理论课程（三、四年级）— 规划设计实践（四、五年级）的课程序列（图 2），分阶段设定培养目标，从提出与关注环境问题，到调查理解分析环境问题，到汲取专业知识应对环境问题，直至综合运用专业工具解决环境问题。

目前的城乡规划教育中，环境意识或环境理念略有涉及，环境生态知识在部分院校开设有课程，但是环境灾害的认知和环境生态修复技术在教学中几乎处于空白状态，这使得学生对于规划的环境影响后果严重认识不足。在城乡规划管理职能归入自然资源部后，土地资源的调查、评价、规划、使用，空间优化开发，土地整治与村镇发展，耕地保护、土地复垦与生态修复，土壤污染治理，风险评估与工程可研编制等工作，都将构成城乡规划新的工作重点。城乡规划教育应未雨绸缪，及早在教学过程中植入环境思维，为规划人才“内置”优化的环境思维“软件”，以便他们有能力为营造更可持续、更美丽的人居环境做出积极的贡献。

5.2 基于教师个人实践的环境思维植入课程探索

笔者基于在较长期的科研中建立的环境思维，有意识地尝试运用于教学过程，形成了教师个人教学实践的探索。这里以同济大学城乡规划专业“城市认识实习”课程为例，探讨如何将环境意识与环境灾害认知嵌入课程设计。

（1）课程概况

该课程开设于二年级第三学期，是城市规划专业本科生从低年级基础训练转向高年级专业学习的重要教学实践环节之一，是专业学习的入门实践环节，主要由城乡社区发展和住房建设教学团队负责。课程为期一周，侧重对城市认知、分析能力的培养。实习过程包括第一天的年级集体参观、当中的分组参观，以及最后一天的年级交流汇报。分组参观由小组指导教师自行组织安排。

（2）教学设计与成效

2014-2017 年，笔者在满足教学要求规定的实习调

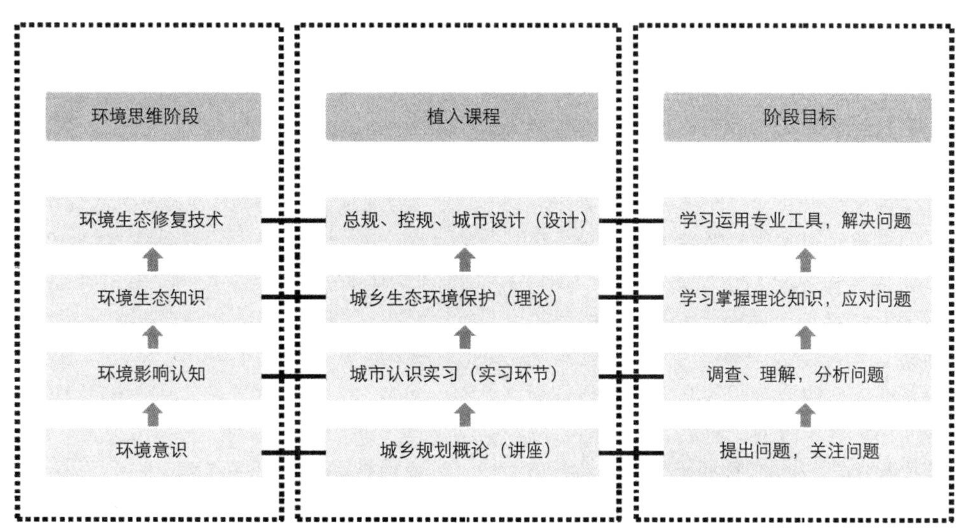

图 2 城乡规划本科教育中环境思维植入的模型构想

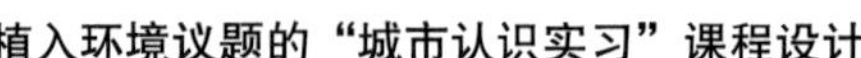

植入环境议题的“城市认识实习”课程设计　　表3

课程时间	调研案例基地分布	所涉及规划与环境议题	课程成效
2014.7	中心城区（杨浦区、新江湾城）	工业用地再开发、土壤重金属污染；生态湿地周边开发，生态与活力	初步触及中心城区环境问题，鼓励学生接触与思考规划中相关的环境问题
2015.7	远郊工业新城（金山新城）	新城开发、化工产业与环境污染、居住环境质量与社会成本	直面远郊化工新城环境问题，让学生深切理解地区居民的居住环境诉求与城市产业发展带来环境问题的矛盾
2016.7	近郊工业更新与待更新地区（普陀桃浦工业区、闵行吴泾工业区）	工业用地更新、环境评价；城中村、边缘城镇化与工业化	深入近郊工业地区更新进程中的环境问题，调查居民的环境风险意识和环境问题的参与程度
2017.7	中心城区不同类型产业地区（浦东外高桥保税综合区、张江高科技园区、金桥出口加工区）	贸易物流、石化产业区与动迁小区环境质量状况；高新技术产业园区环境；中高档商品住宅区居住满意度	比较不同产业布局的环境影响，促使学生深切理解不同功能性质地区、不同社会经济状况的住宅区的环境差异性以及与所在地区产业特征的相关性

查内容的基础上，尝试有意识地在认识实习中嵌入环境主题，要求学生在对城市尺度、城市基本功能、城市生活的理解中，能够进一步结合地区的环境背景来考察，所带实习小组的调查案例地区涉及中心城的工业再开发地区、近郊工业更新地区以及远郊工业新城（表3）。短短数天内，要求学生迅速了解相关案例信息，讨论拟定简单而有针对性的调查问卷，实地观察物质空间环境，并对上述地区中的住宅区居民进行访谈和问卷调查。以此训练学生掌握基本调研方法，综合培养他们社会调查、发现问题和分析问题的能力，并引导他们建立基本的环境意识和环境思维。

实习成果表明，学生们能比较迅速地了解调研案例地区，并深切体会到城市地区的环境问题、规划的环境影响以及被访居民的现实关切，这也促进学生从模糊的环境意识转入到更深刻的环境灾害的感性体验与理性解析，有效地激发了他们专业学习的动力。

（3）教学的延续性

笔者在近四年的城市认识实习环节着力培养学生环境思维的教学实践，但是每届只限于所带小组的10余名学生，历年直接参与的学生总数近50名（当然在年级大组交流中也可能会影响启发其他学生）。在后续的专业课程中，因为课程体系的复杂和教学安排的多样组合，很难持续跟踪他们环境思维的（自我）训练能否成熟。不过这样的努力仍然是值得的，犹如好文章中的“草蛇灰线”，学生们在其他的课程学习中，特别是在环境保护课程时，应该有更深的从感性认识到理性认识的领悟甚或顿悟。对于学习能力强的学生来说，也许已经开启了他们环境思维的自我提升过程。

6　结语

2018年是重要的变革之年，在这个时点，对我国城乡规划教育与实践数十年的模式与基础进行反思，是面对新时代、新任务、新使命必不可少的工作，将环境思维带入并植入城乡规划教育，既通过集中强化的课程讲授，更在潜移默化中训练提升，这对于我们创造一个美丽、健康、安全和可持续的人居环境，以及对于城乡规划教育来说都将是至关重要的。

主要参考文献

［1］黄怡．专业实践入门探索：城市认识实习的教学研究[C]// 站点·2010——全国城市规划专业基础教学研讨会论文集．北京：中国建筑工业出版社，2010：183-186.

［2］周文彰．优化自己的世界观和思维方式[N]. 人民政协报，2016-3-28.

［3］庄少勤．在更高起点上谋划新发展[N]. 中国国土资源报，2018-01-24.

［4］黄怡．欧洲规划教育的新趋势与启迪[C]// 更好的规划教育·更美的城市生活——2010全国高等学校城市规划专业指导委员会年会论文集．北京：中国建筑工业出版社，2010：71-75.

Environmental Thinking and Reflection on Urban and Rural Planning Education and Practice

Huang Yi

Abstract: Based on the context of the major steering of the top layer design which has a great impact on the discipline of urban and rural planning and its education, and the discussion of the relationship between urban and rural planning and the real environmental crisis in urban and rural areas, this article suggests that environmental thinking must be the basic thinking mode in urban and rural planning, and it is necessary to implant environmental thinking into urban and rural planning education and practice. Then from the two aspects of environment-related education concept and curriculum setting, the article examines the current environment-related situation in urban and rural planning education, and explains the necessity and significance of environmental thinking implantation into urban and rural planning education, and the way to cultivate and optimize the environmental thinking mode in planning education. It also discusses the preliminary conception of implantation of environmental thinking into planning education, and puts forward a whole process model of environmental thinking-embedded curriculum system, expounding a case of the effective implantation into the course "Urban Cognition Fieldwork" based on the author's personal teaching practice.

Keywords: Environmental Thinking, Urban and Rural Planning Education, Mental Ecology

近10年国外城市设计文献计量分析对中国城市设计教育的启示

肖　扬　匡晓明

摘　要：科学知识本身是不断变化的，因此课程内容和体系建设需要与时俱进。因此本研究试图利用文献分析工具通过文献的关键词的演变、引用和被引用关系来挖掘城市设计学科的知识结构和脉络图景。通过梳理研究热点和方向从而进一步。研究完善国内城市设计教学体系和研究教育转型。

关键词：城市设计，文献计量分析，中国的城市设计教育

1　背景研究

改革开放40年，中国的城市建设成就举世瞩目。伴随快速城市化，诸多矛盾正日益凸显：城乡差距区域发展不协调、东西部城市发展不平衡、大城市公共基础设施供给与消费者需求之间不匹配，弱势群体无法同等享受城市化发展的成果，迫切需要反思并改变现有城乡发展的方式和发展路径。同时，新时代寄予了城市工作新的要求：如何继续引领整个经济社会发展，保持成为现代化建设的重要引擎。十九大报告提出，我国经济已由高速增长阶段转向高质量发展阶段。而城市设计作为城市空间由“规模扩张”走向“品质提升”的重要手段，将再次成为中国城市转型发展中的学术探讨和工程实践热点方向（王建，2012，戴冬晖和柳飏，2017）。

我国城市设计教育始于1980年代，城市设计概念从国外引入，国内外学界对城市设计的领域的界定一直存在争议（孙一民，1999，梁江，王乐，2009），同时我国城市设计学科的独立化倾向（金广君和林姚宇，2004，徐苏，2012），王建国院士认为中国的城市设计既不简单是城市规划一部分，也不是扩大的建筑设计。城市设计应致力于营造“精致、雅致、宜居、乐居”的城市，兼顾城市的历史和未来、城市个性和特色等，并以此总结出城市设计的4类型：概念性城市设计，满足未来城市结构调整的城市设计，基于遗产保护要求的城市设计，生态优先的城市设计（王建国，2012）和4个发展阶段：传统城市设计，现代主义城市设计，绿色城市设计和数字城市设计（王建国，2018）。

然而由于城市设计本身的综合性和复杂性，国内对城市设计教育缺乏统一认识，多将城市设计作为一个研究方向而非独立的专业学科，未能形成相对独立的价值、内容和方法体系（叶宇和庄宇，2017），这一情况导致国内的城市设计教育与境外诸多高校多年来的教育实践存在距离，研究和实践存在脱节。进入新时代，人民群众对美好城市空间环境和城市生活质量的需求日益突显，不仅对城市设计人才培养具有迫切的需求，也对城市设计教育的学位、课程与教学和研究提出了新的要求。纵观城市设计教育的发展历史，英美国扮演着极其重要的角色，对当今城市设计学科的建立和发展影响至深（金广君和邱志勇，2003）。已有研究重点关注了美国城市设计教育体系的历史演变和特征（杨春侠和耿慧志，2017），QS世界建筑及建成环境前20大学的城市设计专业课程架构（叶宇和庄宇，2017），英国和美国城市设计教育差异（戴冬晖和柳飏，2017），德国城市设计教育方法特点和经验（魏薇和秦洛峰，2017）等，鲜有研究从学科知识演变角度反思城市设计课程的改革与建设。

众所周知大学课程内容和体系的设置是与时俱进伴随着学科发展的，科学知识本身是不断变化的，而这种

肖　扬：同济大学建筑与城市规划学院副教授
匡晓明：同济大学建筑与城市规划学院讲师

科学知识的变化是由不同领域的科学文献样本数据源所表征的。因此，研究城市设计文献的网络结构、特征和变化有利于我们理解其中的科学知识结构的变化。本文的目的在于提供另外一种可能性，即从主观判断转向客观计量，利用文献分析工具通过文献的关键词的演变、引用和被引用关系来挖掘整个学科的知识结构和脉络图景，进而廓清国外城市设计的研究热点和方向。研究将有助于完成国内城市设计教学体系，将有助于研究生的教育研究的探索，有助于我国城市规划学科的转型发展。

2 近 10 年国外城市设计文献分析

本文将基于文献计量分析技术，以 Web of Science 数据库中 Science Citation Index Expanded（SCI-EXPANDED）、Social Sciences Citation Index（SSCI）为基础，选取"Urban Design"作为关键词，对 2008—2017 年间、主题为"城市设计"的 1081 篇文章进行可视化分析，总结的代表人物（文章）、研究国家、机构、研究热点和演化特征，分析结果将对我国城市设计课程建设和教育提供借鉴和指导。

2.1 2008-2017 年城市设计文献数量分析

通过图 1 可以看出，近 10 年来国内外城市设计文献总量总体呈上升趋，总量从 2008 年的 43 篇迅速增长至 2017 年的 188 篇，年均增长 16 篇。其中，在 2014-2015 年间，城市设计文献总量剧烈增加，其年增长篇数最高达到 59 篇，2015 年后增长速率逐渐减缓，但总增长趋势不变。

当详细看各个国家近十五年关于城市设计文献总量时（图 2），可以清楚看到在 2008 年共计 33 篇，其中 55%（18 篇）的关于城市设计的文献作者来自美国，15%（5 篇）来自英国，12%（4 篇）来自澳大利亚，以及 6%（2 篇）来自中国。而在 2017 年共计 158 篇，其比例变成了 25%（40 篇）来自美国，25%（39 篇）来自中国，10%（16 篇）来自英国，9%（14 篇）来自西班牙，9%（14 篇）来自意大利，7%（11 篇）来自澳大利亚，以及 6%（10 篇）来自伊朗。对比发表城市设计论文总数前十名的国家 10 年来论文总数变化可以看出，所有国家的发表城市设计论文总数都呈现增长趋势，其中中国和美国增长量最大，分别增长 37 篇和 22 篇。中国平均年增长数量为 2.47 篇，美国为 1.47 篇，西班牙为 0.93 篇。2016-2017 年中国城市设计文献增长量最多，增长 14 篇，其次为美国增长为 9 篇。

2.2 2008-2017 年城市设计研究国家、机构合作和论文引用关系分析

从研究城市设计的各个国家间的合作来看（图 3），美国、中国、英国和澳大利亚为城市设计的主要研究国

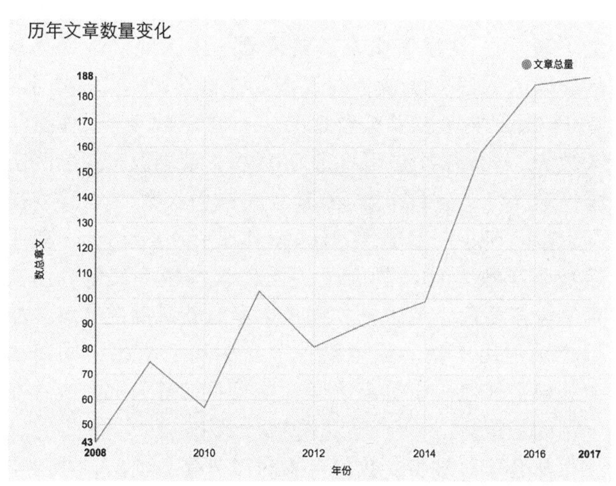

图 1 2008-2017 年城市设计文献总数折线图

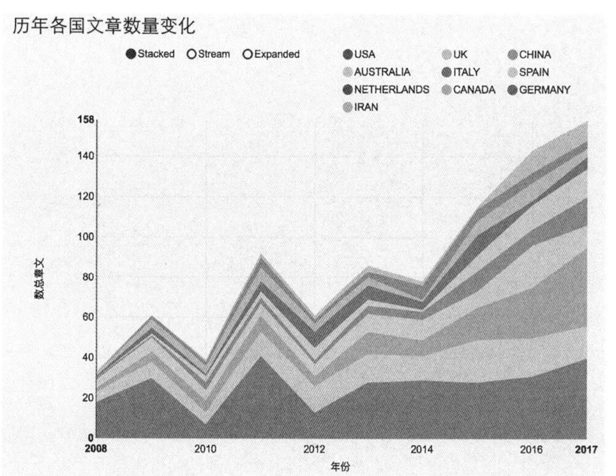

图 2 2008-2017 各国城市设计文献数量图

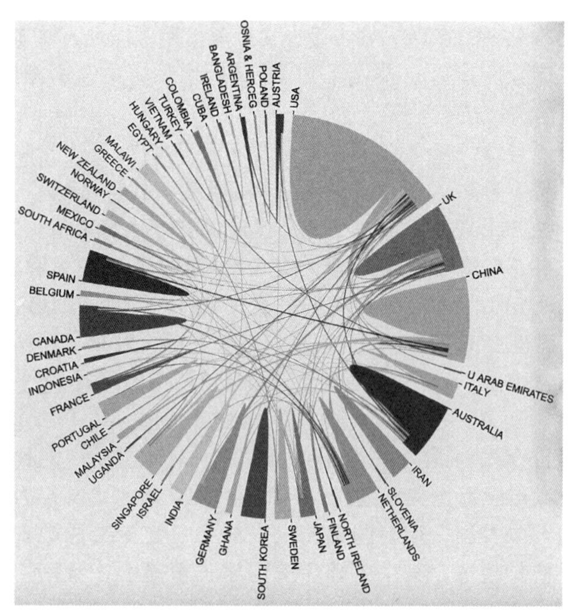

图 3　2008-2017 研究城市设计国家合作关系图

家，这四个国家之间的合作也较为频繁。其中美国和中国的合作最多，英国和德国的合作最多，中国和美国的合作最多，澳大利亚和中国以及美国的合作最多。

从研究机构间的合作来看，国际上研究城市设计的机构众多，机构间也有着较多的合作关系，但是暂时还是没有形成主导的研究机构。

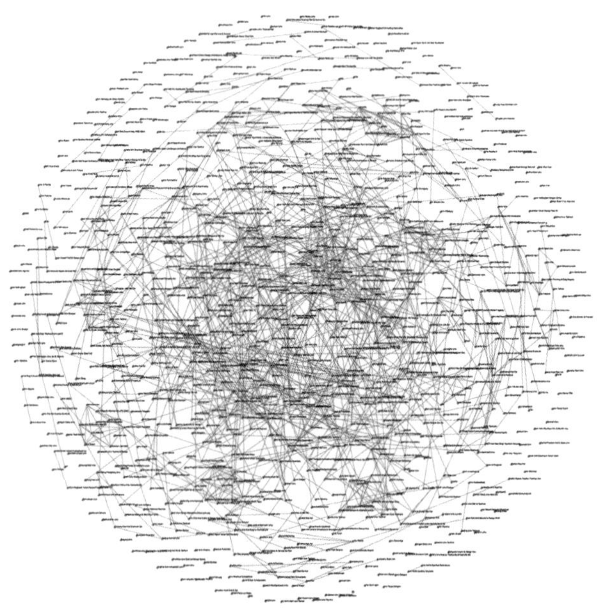

图 4　2008-2017 城市设计研究机构合作关系图

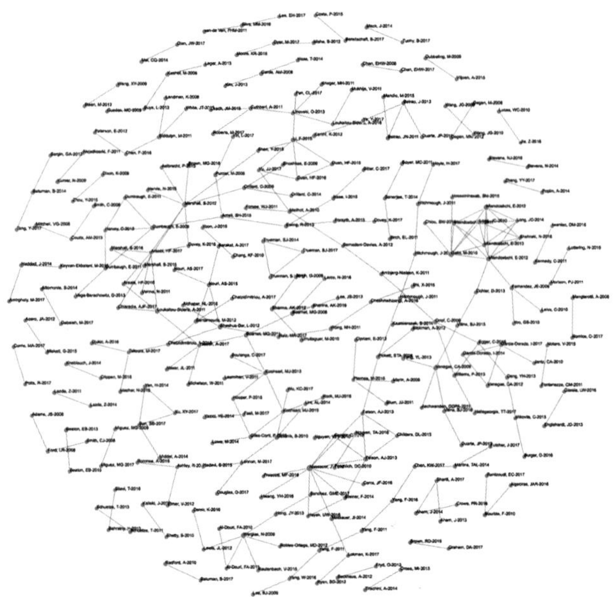

图 5　2008-2017 城市设计论文引用关系图

图 5 通过对 2008-2017 年 10 年来发表的城市设计相关论文进行分析，发现其论文引用关系较为分散，暂无领域内核心的被引论文。

2.3　2008-2017 年城市设计研究机构、期刊和作者影响力分析

国内外各大高校已经成为研究城市设计的主导力量（表 1）。从发表文章总量来看，中国同济大学为最具影响力的研究机构，共发表论文数 21 篇，总被引次数 14 次，平均被引次数 0.67，一作总数 9，一作被引次数 4，一作平均被引次数 0.44。文章总数第二名为英国伦敦大学，文章总数 20 篇，总被引次数 11，平均被引次数 0.55，一作总数 10，一作被引次数 11，一座平均被引次数 1.10。相较于英国伦敦大学等其他 9 所文章总量排名前十的大学，同济大学有着最高的文章总数和总被引用次数。但当对比表 2 时可以看出，同济大学总被引次数少于香港大学，并且平均被引次数也存在一定的差距。

从全球总被引次数前十的期刊来看（表 3），总被引次数最高的期刊为《Landscape and Urban Planning》，

2008–2017城市设计研究机构影响力表（按文章总数排名） **表1**

机构名	文章总数	总被引用次数	平均被引次数	一作总数	一作被引次数	一作平均被引
Tongji Univ	21	14	0.67	9	4	0.44
UCL	20	11	0.55	10	11	1.10
Delft Univ Technol	20	7	0.35	12	5	0.42
Natl Univ Singapore	19	9	0.47	8	4	0.50
Univ Calif Berkeley	18	7	0.39	4	0	0.00
Univ Melbourne	16	8	0.50	13	8	0.62
Univ Michigan	14	12	0.86	6	12	2.00
Univ Sheffield	14	3	0.21	11	3	0.27
Monash Univ	12	3	0.25	8	2	0.25
Harvard Univ	12	1	0.08	9	1	0.11

2008–2017城市设计研究机构影响力表（按总被引次数排名） **表2**

机构名	文章总数	总被引用次数	平均被引次数	一作总数	一作被引次数	一作平均被引
Univ Hong Kong	11	17	1.55	4	0	0.00
Tongji Univ	21	14	0.67	9	4	0.44
Univ Michigan	14	12	0.86	6	12	2.00
UCL	20	11	0.55	10	11	1.10
Yale Univ	5	11	2.20	2	5	2.50
Amirkabir Univ Technol	4	11	2.75	2	5	2.50
Univ Calif Los Angeles	9	10	1.11	6	6	1.00
Natl Univ Singapore	19	9	0.47	8	4	0.50
Univ Melbourne	16	8	0.50	13	8	0.62
Texas A&M Univ	9	7	0.78	4	7	1.75

2008–2017城市设计研究期刊影响力表 **表3**

期刊名	文章总数	总被引用次数	平均被引次数
LANDSCAPE AND URBAN PLANNING	28	31	1.11
URBAN DESIGN INTERNATIONAL	30	17	0.57
COMPANION TO URBAN DESIGN	21	16	0.76
BUILDING AND ENVIRONMENT	11	12	1.09
EUROPEAN JOURNAL OF OPERATIONAL RESEARCH	5	10	2.00
JOURNAL OF THE AMERICAN PLANNING ASSOCIATION	2	6	3.00
WATER SCIENCE AND TECHNOLOGY	16	6	0.38
JOURNAL OF PLANNING EDUCATION AND RESEARCH	6	6	1.00
CITLES	14	6	0.43
WATER RESOURCES MANAGEMENT	5	6	1.20

2008-2017城市设计研究作者影响力表 表4

作者名	文章总数	总被引用次数	平均被引次数	一作总数	一作被引次数	一作平均被引	通讯作者数	通讯文章被引
Szeto，WY	5	14	2.80	0	0	0.00	1	0
Miandoabchi，E	4	12	3.00	4	12	3.00	0	0
Farahani RZ	4	12	3.00	0	0	0.00	4	12
Nassauer，Ji	2	10	5.00	2	10	5.00	2	10
Marshall，S	3	10	3.33	3	10	3.33	3	10
Giles-Corti，B	8	8	1.00	1	3	3.00	2	3
Dumbaugh，E	3	7	2.33	3	7	2.33	3	7
Aliage，DG	4	7	1.75	0	0	0.00	0	0
Gallo，M	1	7	7.00	1	7	7.00	1	7
D'Acierno，L	1	7	7.00	0	0	0.00	0	0

总被引次数为31，文章总数为28篇，平均被引次数1.11。其次为《Urban Design International》，总被引次数为17，文章总数为30篇，平均被引次数0.57，其文章总数为所有期刊中最多的。暂无国内期刊上榜。

按照总被引次数对全球研究城市设计的学者进行排序后可以看出（表4），总被引次数最高者为学者Szeto，WY，其总被引次数为14，文章总数为5，平均被引次数为2.80，一作总数0，一作被引次数0，一作平均被引0.00，通信作者数1，通信文章被引数0。全球研究城市设计的总被引次数的学者前十名多为西方国家学者，暂无中国学者登入此榜单。

2.4 2008-2017年城市设计研究关键词分析

从2008-2017这10年来，城市设计论文的关键词愈发多样（图6，表5），从2008年的城市设计（35%），城市形态（24%）占主要组成部分到2017年的城市设计（urban design）（31%），城市规划（urban planning）（11%），设计（design）（10%），热舒适（thermal comfort）（7%），景观设计（landscape design）（4%），微气候（microclimate）（4%），城市热岛效应（urban heat island）（4%），气候变化（climate change）（4%），城市形态（urban form）（4%），建成环境（built environment）（4%），可持续（sustainability）（4%），公共空间（public space）（3%），步行（walking）（3%），城市更新（urban regeneration）（3%），规划（planning）（1%），城市（urban）（1%），以及优化（optimization）（1%）。通过关键词的占比变化可以看出，在过去的10年来，城市设计的关键词愈发多样化，城市建成环境以及人体感知环境及相关问题逐渐引起城市设计研究者的重视。单一研究城市建成环境（built environment）的研究增长减缓，研究者更多的聚焦于城市建成环境和人体感知环境的某一具体方面，比如热舒适（thermal comfort），微气候（microclimate）和景观设计（landscape design）。城市设计（urban design）和城市规划（urban planning）依旧是研究城市设计问题的主要关键词，其增

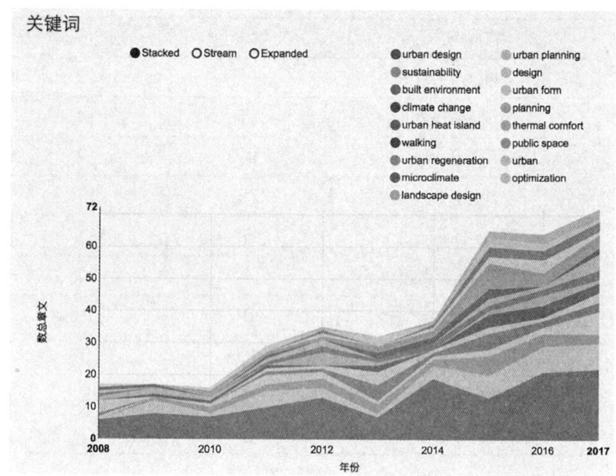

图6 2008-2017城市设计文献关键词分布图

2008-2017历年城市设计文献关键词统计表　　表5

	2008	2009	2010	2011	2012	2013	2014	2015	2016	2017
城市设计（urban design）	6	8	2	10	13	7	19	14	21	22
城市规划（urban planning）	0	4	1	5	3	1	4	7	8	8
可持续（sustainability）	0	1	2	2	3	3	2	6	4	3
设计（design）	1	0	1	3	2	1	1	2	2	7
建成环境（built environment）	1	0	0	1	1	5	1	5	2	3
城市形态（urban form）	4	0	0	1	1	4	1	2	1	3
气候变化（climate change）	0	1	1	1	0	2	0	4	4	3
规划（planning）	1	2	1	0	4	1	0	1	3	1
城市热岛效应（urban heat island）	1	0	0	1	2	1	2	2	2	3
热舒适（thermal comfort）	1	0	0	1	2	0	0	2	1	5
步行（walking）	1	1	0	1	0	2	2	3	0	2
公共空间（public space）	0	0	1	0	0	0	1	5	3	2
城市更新（urban regeneration）	0	0	1	1	1	2	1	3	1	2
城市（urban）	1	0	1	0	1	0	1	2	4	1
微气候（microclimate）	0	0	0	0	1	0	1	3	3	3
优化（optimization）	0	0	0	2	0	3	0	3	2	1
景观设计（landscape design）	0	0	0	0	1	0	1	2	3	3

长趋势较为平稳。

除去关键词研究，拓展关键词作为关键词的关联词，其词频出现程度也可以反映出城市设计研究的热门话题（图7），通过在时间维度上的纵向对比和在数量维度上的横向对比可以看出总体而言城市设计研究的拓展关键词数量日趋增加，种类日趋复杂。在2008年，研究城市设计的主要拓展关键词为环境（environment）（19%，3篇），健康（health）（13%，2篇），建成环境（built environment）（13%，2篇），土地使用（13%，2篇）和城市（city）（13%，2篇）。而在2007年，通过提取研究城市设计论文的17个拓展关键词可以看出，拓展关键词所占比例较为均匀，占比由多至少分别为城市（city）（9%，12篇），体力活动（physical-activity）（9%，12篇），城市（cities）（9%，11篇），温度（temperature）（9%，11篇），建成环境（built environment）（7%，9篇），影响（impact）（7%，9篇），热岛（heat-island）（6%，8篇），模型（model）（6%，7篇），环境（environment）

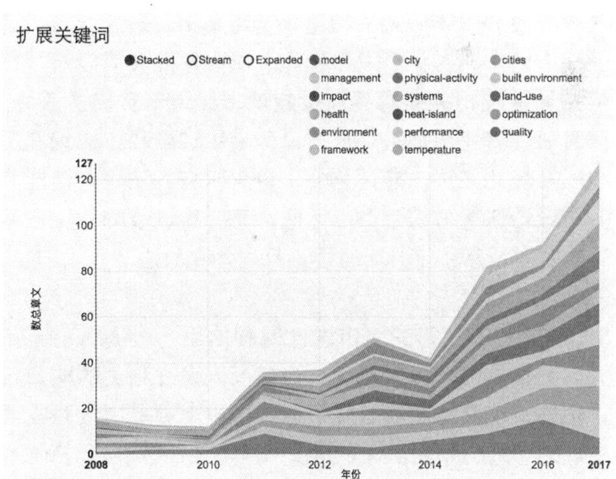

图7　2008-2017城市设计文献拓展关键词分布图

（6%，7篇），管理（management）（5%，6篇），健康（health）（5%，6篇），系统（systems）（5%，6篇），最优化（optimization）（4%，5篇），绩效（performance）

（4%，5 篇），品质（quality）（4%，5 篇），框架（framework）（4%，5 篇）和土地使用（land-use）（2%，3 篇）。通过横向和纵向对比可以看出，城市设计研究的拓展关键词从 2008 年的较为关注环境（environment）自身逐渐演变成关注城市设计带给环境和人的切实影响以及优化方式。除此之外，可以看出除了传统的规划方式，从 2011 年开始，量化研究的方式开始被众多城市设计研究者采纳，模型（model）逐渐成为核心扩展关键词之一，量化方法稳步成为城市设计研究的工具之一。

3　分析总结与对我国城市设计教育的启示

基于以上文献计量分析，我们发现学科变化呈现以下特点：首先，城市设计研究增速减慢，但总体增长趋势仍十分明显。中国对城市设计的研究增长速率在过去的几年中显著增长，并领先于其他国家。此外，各个国家、机构合作和论文引用较为频繁。相对而言，城市设计研究依旧是以美国和英国为主导，但中国对城市设计的研究也逐渐增多，并占据重要份额。如果总结过去城市建设的经验和得失，将有利于学科的体系建设。数据显示城市设计有影响力的研究机构、期刊和作者大多为西方国家。但惊喜地发现中国同济大学成为 2008-2017 城市设计研究发表论文总数最多的机构，但一作平均被引次数与西方国家研究机构还有一定差距。最后城市设计的研究内容和对象愈发多样化。城市建成环境以及人体感知环境及相关问题逐渐引起城市设计研究者的重视，同时研究者也更加关注城市设计带给环境和人的切实影响以及优化方式。除此之外，量化研究方法也逐渐成为城市设计研究方法之一。因此，研究建议我国的城市设计教育可以从以下几个方面进行思考和改进。

3.1　进一步完善的城市设计课程体系

我国的城市设计教育，目前尚未设立独立的城市设计学位，在具体培养过程中，城市设计更多地依附在城乡规划学的框架内。许多高校的城市设计课程相对较少，除了设计课这门主干课程外，也就辅以 1-2 门诸如城市设计概论、城市设计理论与方法等基础理论课程，且往往以案例介绍为主，深度与广度和系统性都不够。从形式上看，城市设计教育的内容得到扩充，但“规划”与“设计”的界限趋于模糊，课程配置不足以形成成熟的体系，在教学目的、内容、方法和课程设置上都存在很多不足，容易形成知识碎片化和教学形式化等问题。现有城市设计课程体系需要承接未来学科知识的变化。

3.2　打破专业壁垒鼓励学科交叉

城市设计的内涵正在不断演化和丰富，基于传统物质形体设计的知识背景无法胜任复杂的城市问题，比如城市热岛和居民肥胖问题。因此未来城市设计教育未来需要强调跨学科和创新，鼓励地理、历史、法律、计算机、测绘等其他专业背景的同学参与到城市设计的教学中，提倡多维融合的教学模式（黄健文等，2016）。通过多学科的交叉影响，探究城市设计的新路径和新视角，由职业教育向研究教育转型。

3.3　强化城市设计相关的技术方法训练

数字化分析技术弥补了传统城市设计分析以人工判断为准的主观性强、缺乏科学依据的不足的问题，提高学生对城市问题研判的准确性和时效性。信息时代如何综合运用开放数据和特定数据，把数据分析人工智能等技术嵌入到城市设计研究和设计教学中，将是中国城市设计教育的重要转折点。

主要参考文献

［1］戴冬晖，柳飏．英美城市设计教育解读及其启示 [J]. 规划师，2017，33（12）：144-149.

［2］陈闻喆，王江滨，顾志明．亚洲地区高等教育中城市设计专业教育及启示 [J]. 高等建筑教育，2017，26（1）：17-22.

［3］杨春侠，耿慧志．城市设计教育体系的分析和建议——以美国高校的城市设计教育体系和核心课程为借鉴 [J]. 城市规划学刊，2017（1）：103-110.

［4］叶宇，庄宇．国际城市设计专业教育模式浅析——基于多所知名高校城市设计专业教育的比较 [J]. 国际城市规划，2017，32（1）：110-115.

［5］黄健文，刘旭红，池钧．城市设计课程多维融合式教学模式初探 [J]. 华中建筑，2016，34（4）：168-170.

［6］徐苏宁．城乡规划学下的城市设计学科地位与作用 [J]. 规划师，2012，28（9）：21-24.

[7] 梁江，王乐．欧美城市设计教学的启示 [J]. 高等建筑教育，2009，18（1）：2-8.
[8] 魏薇，秦洛峰．德国城市设计教育方法特点和经验——斯图加特大学城市设计研究所及所长海尔穆特·博特（HelmutBott）教授访谈录 [J]. 城市规划，2005（6）：48-51.
[9] 金广君，林姚宇．论我国城市设计学科的独立化倾向 [J]. 城市规划，2004（12）：75-80.
[10] 王建国．从理性规划的视角看城市设计发展的四代范型 [J]. 城市规划，2018，42（1）：9-19+73.
[11] 王建国 .21 世纪初中国城市设计发展再探 [J]. 城市规划学刊，2012（1）：1-8.
[12] 金广君，邱志勇．论城市设计师的知识结构 [J]. 城市规划，2003（2）：55-60.
[13] 孙一民．近期美国麻省理工学院的城市设计教育 [J]. 建筑学报，1999（5）：50-52.

The Enlightenment of the Measurement Analysis of Foreign Urban Design Literature in Recent Ten Years to Chinese Urban Design Education

Xiao Yang　Kuang Xiaoming

Abstract: Scientific knowledge itself is constantly changing, so the curriculum content and system construction need to keep pace with the times. Therefore, this study attempts to use literature analysis tools to explore the knowledge structure and context of urban design disciplines through the evolution, references, and citations of keywords in the literature. By combing research hotspots and directions further. Research and improve the domestic urban design teaching system and study the transformation of education.

Keywords: Urban Design, Bibliometric Analysis, Urban Design Education in China

多样化与开放性
—— 浅析美国规划硕士学位的专业方向和课程体系

宋 捷 戴 彦 张 辉

摘 要：城市规划行业正朝着由强调城镇扩建向自然资源优化的方向转变。在新时期，规划教育者如何响应这样的转变就显得至关重要。美国的规划教育系统也经历过不断调整以适应社会和环境保护需求的阶段，所以借鉴其学科发展的经验是大有裨益的。为此，本文探析了美国高等院校规划硕士学位的专业方向和课程体系。基于 Planetizen 规划专业数据库，本文运用了网络数据挖掘工具及 ArcGIS 平台并揭示及分析了美国规划硕士专业方向的多样化程度，并对麻省理工学院规划硕士的课程体系进行了简评。本文发现，美国的规划硕士学位点专业方向较丰富并在空间上形成了多样化程度极高的几个区域。本文的成果可为中国的规划教育者提供一些学科发展思路。

关键词：规划教育，专业方向，课程体系

1 背景

1.1 中国城乡规划学科发展历程

在中国，相比于化学、物理学等传统学科，城乡规划学是一门新兴学科。纵观现代城乡规划学科的发展史，国内率先开设此学科的院校集中在建筑领域并且起步时间较晚：在 20 世纪 50 年代初我国开设城市规划专业的高等院校只有两所[1]。城乡规划专业的发展基本顺应了中国城市建设及土地开发模式的需求。在过去的数十年间，中国处于高速的城市化进程中—这个时期城乡规划领域的主要议题是如何扩张城市用地以容纳新增的城市移民。比如，在 1995 年前后，我国年均新增设市城镇用地超过了 1000 公里^2[2]。因此，规划专业的高等教育就反映了这个需求：注重学生对从建筑到建筑群空间尺度的把握[3]；全面要求学生掌握以空间形态和人口经济总量预测为主的设计与规划方法。简言之，在此阶段，规划与建筑学是密不可分的，并且关注的对象主要是城市。不过在最近几年，随着城市化增速的放缓及各种频发的城市问题如交通拥堵、水体污染、雾霾天气等，规划学科也在进行调整：形成了更多元化的规划院校特点—即有以建筑学为背景的传统高等学校也有以地理学、城市经济学等为研究视角的特色规划专业。总之，城乡规划学科的发展体现了自身动态完善、更新和适应的过程。

1.2 转型期规划学科面临的挑战和机遇

规划学科的发展正面临着两方面的挑战（或机遇）—特别是在国家层面确定城乡规划纳入自然资源部管辖以后。一方面，正如前文所述，规划教学的完善应当包含—并且是动态地—如何应对新的城乡发展目标。比如，当今城乡格局变迁的特点和主要问题与过去几十年有何不同？未来的规划师会面临怎样的挑战并应掌握哪些新的思考范式和关键的技术手段？对于这些问题，规划教育者都应该有所预判并立刻着手于专业方向的优化和对培养方案的修正。另一方面，近期国家层面对我国城乡建设的关注点也由高速发展逐渐转变为发展与保护并重、城镇与乡村均衡增长。城乡规划行业纳入自然资源部的管辖范围并撤销国土资源部等部门调整；“乡村振兴”成为国家层面的倡议及多个省份纷纷第一时间制订了推动乡村发展的宏观性指导意见。这些部门整合和国家及区

宋 捷：重庆大学建筑城规学院城市规划系讲师
戴 彦：重庆大学建筑城规学院城市规划系副教授
张 辉：重庆大学建筑城规学院城市规划系讲师

域政策均强烈暗示未来的城乡规划行业将迎来变革，并且将对传统的规划教育产生“多米洛”效应。

因此，核心问题在于规划学科发展的方向如何适应城乡发展转型涌现的新需求和问题。这个科学问题具有重大的学术和社会价值并极有可能成为未来中国规划教育研究领域的重难点。碍于篇幅所限，本文主要通过探讨美国规划硕士学位专业方向和课程的特点并浅析对中国规划研究生教育的启示意义。本文的选题主要基于三点考虑。第一，本科教育重在使学生掌握必备的规划设计知识和技术手段故其调整灵活性相对较低。第二，研究生培养的专业方向和培养方案更多样化，并且调整灵活性更高，因此，动态优化的规划硕士教育能及时反馈行业和社会发展的需求，具备重要的实践价值。第三，目前对美国规划硕士专业方向的空间统计分析尚处于起步阶段：这是本文的一大特色并且相关的关键发现可以为我国未来规划研究生教育—乃至规划行业的发展—提供一些思路。

1.3 本次研究的目的

本文的目的主要有两个：①分析美国本土所有城乡规划及相关专业硕士学位的空间分布规律—包括学位点名称及专业方向等信息—并以麻省理工学院（Massachusetts Institute of Technology，MIT）的规划硕士学位为进一步研究对象，简要分析其培养方案的特点；②通过以上分析提炼关键信息并对处于转型期的中国规划研究生教育发展策略进行评述。

2 研究对象和方法

2.1 研究对象

基于以上研究目标，本文的研究对象包括在美国授予规划硕士及相关学位的高等学校，但不包含仅授予规划专业培训认证书（Professional Certificate）的学校。基于数据的完整性和可获取性考虑，研究样本排除了美国夏威夷、阿拉斯加州及海外领土的相关学位信息，主要分析 Planetizen 教育统计机构记录的所有美国本土的规划及相关硕士学位点[4]。

2.2 总体研究框架、方法及数据来源

本论文的研究框架如图 1 所示。首先，本课题组于 2018 年 2 月使用网络数据挖掘平台（http://www.bazhuayu.com/）从 Planetizen 规划院校在线数据库收集规划硕士及相关专业的信息。其次，将获取的学位信息导入 ArcGIS 平台并匹配地理信息坐标系统。进而，使用一个简单的多样化指数以描述规划硕士专业方向和相关硕士学位的空间丰富度，并运用 ArcGIS 的点核密度（Point Kernel Density，PKD）工具模拟多样化指数的空间聚散规律。具体以专业方向为例，本文使用每平方公里内专业方向数量的总和来表征多样化指数（可以是同一个学校的不同规划硕士学位点）。PKD 模型的基本原理和关键参数是基于某个数据点 482 公里的半径内通过统计此半径内数据点之间的直线距离从而插值计算出此半径内无数据点区域的专业方向密度。最后，本文选取处于多样化指数最高的地区之一的 MIT 为例，讨论了美国规划硕士培养的课程体系及借鉴意义。

数据方面，学位点数据来源于 Planetizen 规划院校名录在线数据库[4]，而美国本土的郡县空间数据来源于美国人口普查局官方网站[5]。

3 结果与讨论

3.1 规划硕士学位设置的概况

美国规划专业总体有三类：规划设计、公共管理与政策及综合规划类[6]。本次研究共采集到 86 个硕士学位

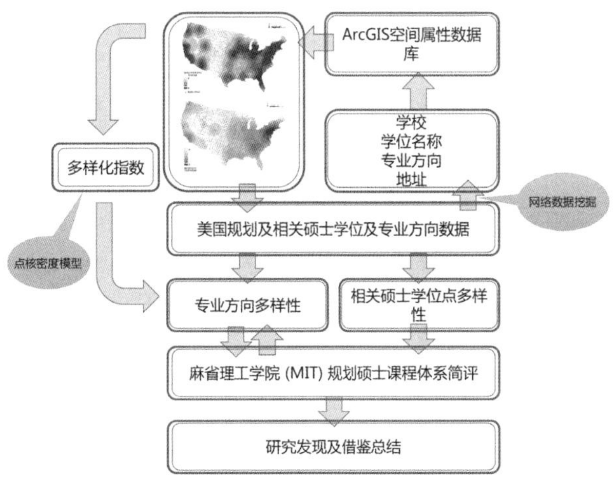

图 1 本论文的研究技术路线图

资料来源：作者自绘

美国规划硕士学位的基本信息 表1

学位性质	代表性及特色学位名称	代表院校
理学学位 （Master of Science）	规划理学硕士学位 （Planning）	哈佛大学 麻省理工学院 亚利桑那大学
	城市与区域规划理学硕士学位 （Urban and Regional Planning）	爱荷华大学 威斯康辛·麦迪逊大学
	土地利用规划理学硕士学位 （Land Use Planning）	内华达大学 Reno 分校
	社区和区域规划理学硕士学位 （Community and Regional Planning）	德克萨斯大学奥斯丁分校
硕士学位 （Master）	城市规划硕士学位 （Urban/City Planning）	麻省理工学院 纽约城市大学 Hunter 学院分校
	城市与区域规划硕士学位 （Urban and Regional Planning）	佛罗里达大学
	区域规划硕士学位 （Regional Planning）	纽约州立大学奥尔巴尼分校
	生物区域规划与社区设计硕士学位 （Bioregional Planning and Community Design）	爱达荷大学
	基础设施规划硕士学位 （Infrastructure Planning）	新泽西理工学院
艺术学位 （Master of Arts）	城市与区域规划艺术学位硕士学位 （Urban and Regional Planning）	杰克逊州立大学
	社区发展与规划艺术硕士学位 （Community Development and Planning）	克拉克大学
	地理学与规划艺术学硕士学位	托莱多大学

注：数据来源于 Planetizen 教育统计机构并由作者整理。

点信息，但是授予学位的名称却高达 44 种（表 1）—直接体现了美国规划专业方向的开放性与自由度。有趣的是，几乎没有院校授予工学硕士学位，而是以主要专业方向或类别作为硕士学位名称，比如爱达荷大学的生物区域规划与社区发展硕士学位、新泽西技术学院的基础设施规划硕士学位等。这样的命名方式比例在50% 以上。此外，几个传统院校也授予理学学位：课程设置上注重对学生定量化分析思维的培养及科研写作的训练。艺术学学位也是一种常见的学位点—其中有 5 所学校采用了这一名称。从表 1 中可以初步判断艺术学学位主要关注人文与社会科学：比如社区发展规划、地理学与规划学位。总体而言，单从学位点的名称可以预见美国规划硕士学位点的多样化—我们将在下面两小节进一步探讨这些特征。

3.2　规划硕士学位的多样性及课程体系分析

图 2 展示了 86 个规划硕士学位在美国本土的空间分布信息。不难看出，学位点多集中在美国东西沿海及邻近地区的郡县，而中部内陆地区开设规划硕士专业的院校相对匮乏。其中，位于东部沿海的波士顿大都市区（包括中北部的五大湖地区）及西岸的洛杉矶大都市区的主要大学都开设了规划硕士专业。这也反映了规划专业与所在区域社会经济特征的相关性：沿海地区经济活跃但随之产生的城市发展问题较多，故对规划专门人才—特别是具有研究生学历的毕业生—有较大需求。所在城市的院校则是响应了这种需求并志在培养具备多种专业特长的规划硕士生。

图 3 进一步揭示了规划硕士学位点的 14 个主要专业方向（超过 15 个学位点包含该方向）和相关专业学位

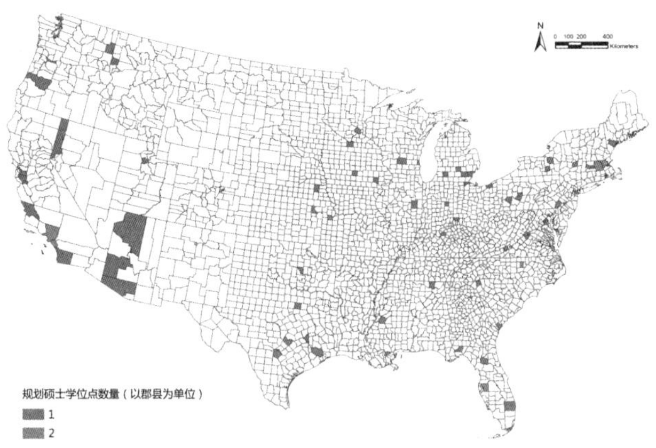

图 2　美国规划硕士学位点的空间分布概况

数据来源：作者自绘

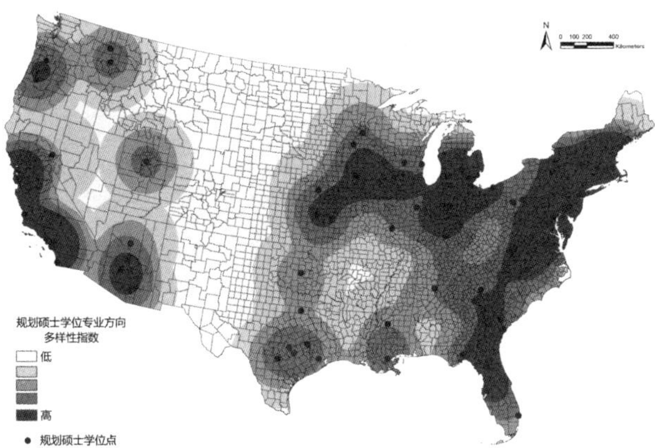

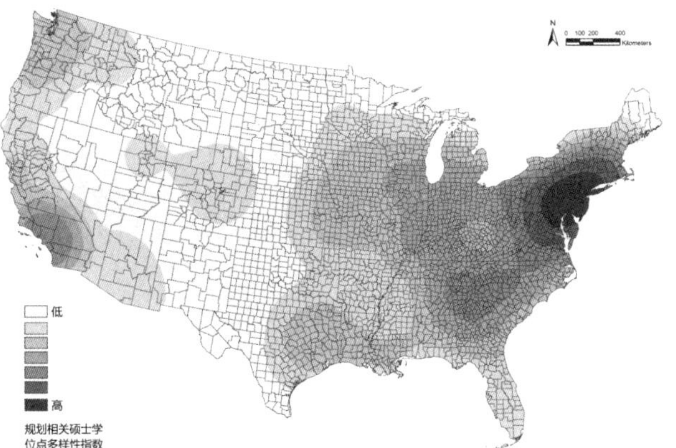

图 3　美国规划硕士学位专业方向多样性指数示意（上）和相关硕士学位点多样性指数示意（下）

数据来源：作者自绘

点的总体多样性指数变化规律。本文发现，尽管规划专业方向超过 40 个，主要方向还是集中在传统和与城乡发展密切相关的领域：包括规划设计、社区发展、环境与可持续、土地利用、交通规划、经济发展、住房、国际发展、规划法、房地产开发、区域规划、GIS 数字技术、城市设计等（表 2）。图 3（上）表明全美形成了四个具有高多样化指数的学位点群（加利福尼亚州沿岸、亚利桑那州、五大湖区、东部沿岸），在区位上基本与学位点吻合。这些区域不仅具有相对集中的规划研究院校，并且院校所提供的硕士专业给研究生提供了丰富的研究方向选项。值得注意的是，亚利桑那州虽然处于内陆地区，但是州内院校如亚利桑那州立大学结合地区城镇发展特点和学科特色化路线开设了基于人文地理和 GIS 数字技术的规划硕士专业，使这个区域的专业方向同样具备很高的多样化指数，可与沿海（湖）地区学位点群相媲美。此外，另一个重要的发现是：在规划专业方向多样化指数较高的区域，规划相关硕士点的多样化指数往往也不低（图 3（下））。根据统计数据，与规划相关的硕士学位点涵盖的极为广泛：从密切相关的建筑学、风景园林学到相关的地理学、市政工程—甚至到艺术管理、非盈利组织管理及公共管理等。可以推断，丰富的相关学位为规划硕士专业方向的多样化提供了有力的支撑和扩展基础。同时可以发现，在中东部地区—特别是五大湖和东部波士顿都市连绵区域—规划专业方向和相关专业的多样化指数都较高，后文也将就这一发现进一步探析。

图 4 模拟了六个主要专业方向在美国中东部的密度趋势：颜色越深的地方代表包含该研究方向的规划硕士学位点的单位数量越大。整体而言，各专业方向的密度聚散规律与规划硕士学位点数量（图 2）、综合专业方向和相关硕士学位点多样化指数（图 3）保持一致。此外，图 4 显示在波士顿—纽约都市连绵区 6 个传统专业方向都表现出了明显的聚合效应。一方面因为这个区域众多传统规划院校云集：比如哈佛大学、MIT、纽约州立大学等；另一方面也因为这些城镇区域为专业研究与实践提供了优质的实验基地；并且，这些院校多元化的院系学科构成也为规划优势研究方向的形成提供了肥沃的土壤。后文将对这个区域代表院校的课程体系做简要介绍。但是就每个方向而言，可以看出一些细微的差别。由图 4 可以推断，在五大湖区（美国中部）的规划院校较重

视在社区发展、规划设计等方向的硕士学位建设，这可能与美国中部较高的城镇发展需求和社区改善倡议就较大关联。而经济发展方向的规划硕士点则多见于美国东海岸（图 4），很可能因为其所处位置位于美国几大巨型城市群的核心，这些城市的经济及创新活动活跃，也推动了相关方向的快速发展。

美国形成了多样化的规划硕士学位点和专业方向，其清晰的课程体系也有可借鉴的价值。规划硕士的课程培养体系一般为规划核心课及设计工作坊、专业方向（必）选修课程、实践项目环节及最终的学位论文撰写与答辩。国内外规划院校课题体系的骨架设置基本一致，而美国传统规划院校课程体系各环节的衔接与灵活度具有一定的借鉴意义。以 MIT 的四学期制城市规划硕士学位为例，第一学期在要求学生修满四门规划必修课的基础上，会额外开设一门课程介绍专业方向，使学生对自己的学习方向有初步认识，在学期末，每个学生跟学术导师会进行讨论最终确定研究方向和修读课程计划。在整个学习期间，学生需从其规划系其他院系所开设的大概 90 个课程中选择至少 14 个课程扩充自己的视野，并且可以选修邻近著名大学如哈佛大学、纽约大学的课程。在整个培养体系中，定量的思维方法、专业知识涉猎广度及专业实践能力是 MIT 规划研究生教育强调的三大目标。为此，MIT 的硕士毕业条件也极为严苛，要求学生必须修满 150 个学分方可答辩—其中 68 个学分是其他院系或学校的选修课程 [7]。篇幅所限，无法展开述评（笔者的另一篇正在撰写的论文则重点剖析了北美规划硕士的课程体系）。在下一节本文会基于前述研究进行启发性讨论。

美国规划硕士学位的主要专业研究方向　表2

专业方向类别和名称		规划硕士学位点数量
常见的专业方向	规划设计	69
	社区发展	62
	环境与可持续性	62
	土地利用	46
	交通规划	45
	经济发展	34
住区及环境、政策与发展	住房	34
	国际发展	21
	规划法	16
	房地产开发	19
	区域规划	32
	城市设计	33
技术	技术 / 地理信息系统（GIS）	25
保护、规划控制等	历史保护	23
	增长管理	10
	减防灾规划	9
其他方向	公园及休憩设施规划、基础设施规划、健康城市 / 公共健康等	

注：数据来源为 Planetizen 教育统计机构并由作者整理。

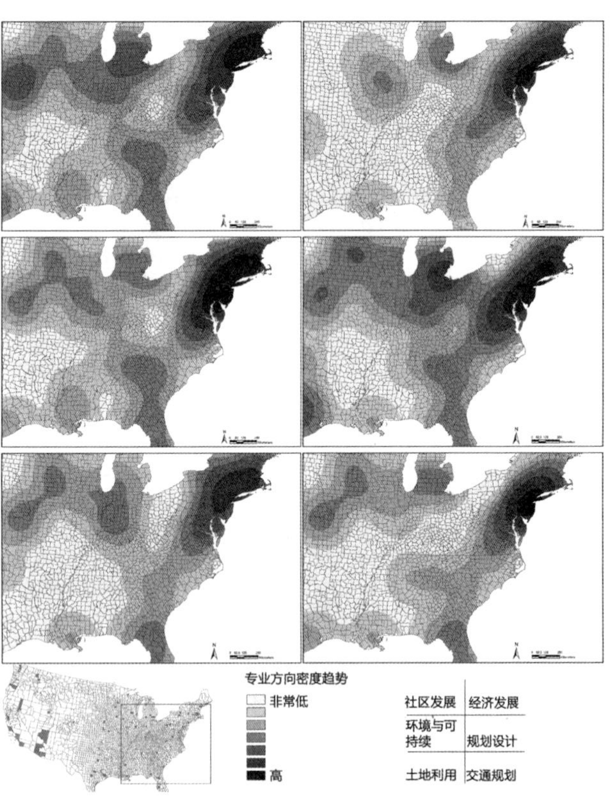

图 4　美国中东部主要规划硕士专业研究方向的密度趋势

资料来源：作者自绘

3.3 讨论—中国规划研究生教育可借鉴什么

规划研究生教育需体现城乡规划学的内涵。“规划即体现了专业实践也是学术性的探索：研究区域包括建成环境和毗邻或融合的自然基底，研究对象涵盖了最小的村镇、几千万人口的巨型城市及两者之间的人类住区”[8]。基于本科规划设计的基础教育，对研究生的培养应更注重教授知识的广度、专业学习方向的宽度及以研究者为视角的思维深度。甚至鼓励学生可以在学术导师的引导下，通过撰写专业方向研修计划，选择新的专业方向。这样更易形成以硕士学位点为支撑、网状研究方向的培养格局。不过，这就要求院系在培养方案制定方面考虑较大的灵活性，并长期保持对学科相关研究方向师资与软硬件支持的动态优化。

在宏观层面，规划硕士的学位点布局可考虑区域发展特点和整合规划院校硕士学位群发展的概念。硕士学位点多样化的形成应尽量借助其所在的区位优势：如京津冀城市群、长江（珠江）三角洲经济圈、成渝城市群等。学位点的专业方向和课程设置也可响应地区发展的需求。同时，相邻区域的规划院系应逐步形成协同发展的格局，增加学位点的类别（如艺术学、特殊命名学位点等）及与其他硕士学位点的联系。

规划与其他专业课程体系的融合。为了达到专业方向多样化和课程体系开放灵活化的目标，规划专业的培养方案建设需尽可能鼓励学生修读其他院系甚至邻近学校的课程，并提供程序上的便利。一方面可制订交叉课程的选修指南；另一方面应尽量解除相关院系对交叉课程的修读限制和降低学习门槛。

4 结论

本文运用网络数据挖掘平台及 ArcGIS 可视化分析工具对美国本土的 86 个规划硕士学点及相关硕士专业进行了多样化分析并总结了麻省理工学院的规划课程体系。本文的主要发现为：①美国规划硕士学位点的专业方向较丰富、其空间分布具有明显的地域特征、相关专业与规划的学科交叉互动性较强；②课程体系开放性高。本文的研究成果可为中国规划研究生教育提供一些借鉴意义。

主要参考文献

[1] 赵民，林华．我国城市规划教育的发展及其制度化环境建设 [J]. 城市规划学刊，2001（6）：48-51.

[2] 陈秉钊．城市规划专业教育面临的历史使命 [J]. 城市规划学刊，2004（5）：25-28.

[3] 叶宇，庄宇．国际城市设计专业教育模式浅析——基于多所知名高校城市设计专业教育的比较 [J]. 国际城市规划，2017，32（1）：110-115.

[4] Planetizen. School Directory. [EB/OL]. [2018-02-23]. https：//www.planetizen.com/schools.

[5] Census U S B o. Cartographic Boundary Shapefiles-Counties [EB/OL]. [2018-02-25]. https：//www.census.gov/geo/maps-data/data/cbf/cbf_counties.html.

[6] 韦亚平，董翊明．美国城市规划教育的体系组织——我们可以借鉴什么 [J]. 国际城市规划，2011（2）：106-110.

[7] Planetizen. The Top Schools for Urban Planners [EB/OL]. [2018-03-01]. https：//www.planetizen.com/topschools.

[8] Planetizen. About Plnetizen [EB/OL]. [2018-03-01]. https：//www.planetizen.com/about.

致谢：我们感谢以下提供数据来源的机构：美国人口普查局及 Planetizen 教育统计机构。

作者贡献：宋捷构思了文章的研究思路、收集并处理了数据、撰写了论文的提纲和主要章节；戴彦参与了文章撰写和修改工作；张辉参与了论文稿件的修改工作。

Diversity and Openness —— An Overview of the Specializations and Curricula of Master's Programs in Planning in the United States

Song Jie　Dai Yan　Zhang Hui

Abstract: Urban planning industry undergoes ongoing transition from development oriented to the direction of natural resources management. In this new era, how the educators of graduate and postgraduate planning education respond to such transformation becomes imminently important. The U.S. has adjusted her planning education system consistently in accordance with societal and environmental needs, and it is thus beneficial to learn the country's experiences. Hence, this paper aims at investigating the specialization diversity and curriculum features of the postgraduate planning degrees of U.S. universities and what particularly benefits the education of planning postgraduates in China. It applied web crawling and ArcGIS platforms into extracting and analyzing the data regarding master's degree in planning and related fields from Planetizen, an educational institute with a focus on planning. And the Master's in City Planning offered in MIT was inquired briefly. Overall, universities in the U.S. offer abundant concentrations of planning programs—leading to a spatial landscape that witnesses four clustered regions with extraordinarily high diversity indexes. The research findings provide a number of caveats and hints to the educators of planning postgraduates in China.

Keywords: Planning Education, Specialization, Curriculum

教学相长
—— 城乡规划专业人才培养范式转型的探讨

赵 蔚

摘 要：城乡规划作为一个不断与时俱进的学科，需要应对城市发展提出的新的挑战。从教育需求和供给来看，传统的教育范式提供的一套复杂的“教”和“学”的体系已经不合时宜，本文通过对“教”与“学”的范式进行比较，结合专业教学现状及评价，提出建立城乡规划专业教学相长的范式，以继承性地发展更具有效率和创新精神的学科教育。

关键词：教学相长，规划教育，互动范式，教学改革

1 引子：变则通

几千年来的知识传授模式一直沿袭至今，传统基于讲授的主流教育范式已经形成了一整套体系和制度保障。然而，在发展日新月异的当今社会，我们一直奉行的传授式教育模式可能正在走向终结。专业高等教育的核心使命不仅限于使学生了解知识，也不仅限于传授知识本身，更重要的是激发学生如何将所学更大程度的运用和发挥出来，创造更具有价值的创新产品，服务社会。

从教育需求和供给来看，传统的教育范式提供了一套复杂的“教”和“学”的体系,教学方式主要以老师讲、学生听这样被动接受式的“讲座上课 – 讨论”形式。事实上用一成不变的方法来应对专业教育受众学生日益多元化的需求已经显得不合时宜，比如，在既有的体系下，如果不增加教学成本就很难提高教育的产出，而一旦追求产出而不追加成本投入就意味着要降低教育质量。一个学院如果希望通过扩大招生规模或者增加老师的工作量来提高产出率，那结果很可能是直接导致人才培育质量的下降。

基于“学”的范式则改变了课堂 – 讲座统领性的地位，转而走向因材（人）施教。基于学习的范式能够真正地开启学生对学习的目标的认知，体会和了解知识的融会贯通和实际运用，从而起到事半功倍的效果。这种基于传授制度的范式在社会发展的进程中越来越显示出其局限性。专业高等教育只有从这一范式中解脱出来，转向以产出学习为导向来实施专业人才培养，才有可能顺应时代和社会变革的趋势，改变现有的教育培养模式，使人才培养更符合飞速变化中的需求。

对于大多数的教师来说，基于学习的范式一直根植于心，因为老师都希望学生掌握更多（不仅仅是知识）并获得成功。但这一根植于心的动力却没能充分表现在教学当中，所有的教学改革都不舍得颠覆原有的模式，而随着技术进步和发展模式的变革，现在整个社会的学习气氛使“教”“学”的转型有了契机。

2 城乡规划专业发展的悄然转型：专业属性及发展规律

城乡规划是一个不断与时俱进的学科。诚然，所有的学科都在与时俱进，而城乡规划由于涉及城乡建设的各个领域更需要多方面的配合和协调，也更多地需要站在不同的角度专业地去评估和权衡各方的利益。规划专业素养不仅仅体现在对各方面知识的掌握上，更体现在将知识融会贯通于实践运用中。

在对某校城乡规划专业本科连续三届同学进行调研

赵 蔚：同济大学城市规划学院城市规划系讲师

中发现，学生用于专业课堂和用于课外学习的时间比例逐年在缩小，学生对课堂教学的评价度也有下降的趋势，并且值得关注的是，学生对于课余时间在各专业公众号或网站逗留的时间急剧上升，在课堂“教”的环节如果不能很好地对课余“学”的过程形成良好的引导，“学”的过程很容易产生知识碎片化、价值导向偏离、价值判断危机等问题。

城市和乡村在不断地变化发展中前行，而且前行的速度并不均匀，在经历了三十年的快速城镇化发展后，中国的进入增速放缓的结构调整阶段。每一个阶段城乡发展所面临的问题都不尽相同，解决的技术手段方法也因问题而已，这对城乡规划专业提出了更具弹性和多样性的要求，一成不变的知识结构和思维方式将很难适应城乡发展的变化。科技进步对城乡发展的影响越来越显著，交通领域的飞速拓展大大提升了点对点的可达性，扩大了人类的活动空间范畴；信息技术的进步和网络的完善使信息沟通更直接便捷，规划的公共政策属性也使规划成为公众媒体传播的热点，在传统的课堂知识传授之外，学生可以有更多的途径，更弹性的时间获取相关的知识，因此，如何通过课堂内外帮助学生在专业领域形成合理的价值观，激发学生对专业的兴趣，建构基本的知识架构，从内在动力方面引导学生真正融入专业学习，会成为未来规划教育的趋势。

3 规划专业教育中“教”和“学”的范式比较

3.1 “教”与“学”的目标和任务

在规划专业的教学范式中，主要是提供教和学的专业指导，方法和结果虽然可以分开考量，但结果却决定了应当用什么方式来培养人才。虽然在教育中用“产出”这个词不太准确，但高等教育本身意味着学习能力的提升，也就是说，高等教育和专业培养负责的是学生关于“学”的学位，大学应当“产出学”而不是“提供学”。“学”的模式在转变，从“教”的质量（如讲座、表述等）转向学生“学”的能力的培养，形成“教学相长”的互助式学习。“教”并非不重要，相反，“教学相长”的模式对“教”提出了更高的要求——创造富有感染力的学习环境和氛围、产出学习和运用知识、激发自主探索和建构知识体系、提升专业学习质量、使不同的学生能发挥自己的潜能。将被动接收式的“学习”变为主动探索式的“习得”。这对于城乡规划专业而言是十分具有挑战性的学习体验，由于规划外部条件阶段性变化十分明显，在学校学习的知识到实际工作中运用时可能已经发生了条件变化，要求专业毕业生能够根据既有的知识结构及方法逻辑合理应对实际问题，创造性地给出解决对策，这种能力不是通过传授得到的，而是通过自身在专业方面不断探索中形成的方法论。

3.2 “教”与“学”的评价标准

以往的专业教学的评价重点内容在“供给”方面，这一自上而下的模式对投入后“学习产出”的效果的关注度和评价明显不足，这也是目前学生自主创新意识不够的主要原因。专业考试及考核检验关注点主要集中在各门知识的掌握程度上，知识掌握作为基础考核内容是必须的，然而对知识综合运用方面的考核却相对单一，目前大多数规划院校将规划设计课程作为知识综合运用的专业课程，但这很挑战专业教师对实际城市规划管理和建设的经验，单向的“教”对综合知识运用课程的输出来说明显不能激发学生对城市发展更进一步的探索。

3.3 “教”与“学”的结构

总体来看，“教”的结构下学生学习的依赖度会更高一些，有规定的时间、地点和教学计划保证“教”的输出过程和输出量，在“教”的结构下对“学”的要求主要是与“教”的配合度上，而不在于“学”的增量产出。因此，学生在课堂以外对专业知识的梳理和思考几乎没有硬性的要求。在自主学习形成社会化效应之前，专业知识的相对固定和封闭，这一模式在“教”和“学”之间基本可以保持信息对等。但到了信息化知识无处不在的阶段，专业知识的边界已经无限拓展，教师除了课堂之外，通过新媒体或其他途径传授专业知识，学生在课堂之外通过各种途径接收专业教育，都成为专业教育的组成部分，如果再以传统的方式来评估“教”和“学”，显然太过局限。从发展的趋势来看，“教”与“学”的结构是未来发展趋势中受到颠覆可能性最大的方面之一（另外受到颠覆的是“教”“学”角色本性，将在 3.5 中提到），知识的获取对每个个体的平等性使“教”和“学”的转换无处不在，随身的课堂对“教”提出更富有挑战性的课题——如何成功吸引学生的注意力，如何聚焦，如何引发自主探索？

3.4 “教”与“学”的理论范式

在“学”的导向中，知识在每个人的大脑中随器成形，自主获取并重新建构、创造，学习是一种协同合作，每个人都可以有天才的分享，所谓“三人行，人人为师，人人为徒”，“教”与“学”是平等且相互支持的。

3.5 “教”与“学”的角色本性

如前文所述，“教”和“学”的角色在未来的趋势中将成为最颠覆的方面之一，知识是以共享的方式在两者之间存在的，教师和学生协同工作、成就彼此，不再彼此孤立。学习的方法和学习的环境将成为“教”与“学”过程中最需要去维护和保证的方面。

“教”与“学”的模式比较　　表

教的模式	学的模式
教学的任务和目标	
供给 / 传授专业知识	产出学习和掌握知识的运用
实现专业知识从教师到学生的传递	激发学生探索和建构知识体系
提供专业课程和培养计划	创造富有感染力的学习环境
提升专业教学质量	提升专业学习质量
为不同的学生提供学习途径	使不同的学生有所成就
教学的评价标准	
资源投入	学习 – 学生成就
招收学生的质量的好坏	毕业学生的质量的优劣
课程发展，拓展	学习技巧的发展、拓展
教师教学质量	成果的数量和质量
注册学生规模扩大	学习集聚效应、效率提高
教师授课的质量	学生学习的质量
教 / 学结构	
部分先于整体	整体先于局部
时间是固定的，学是多样性的	随时学习、时间机动
50 分钟的讲座，三个单元课程	学习环境
上 / 下课时间是一致的	只要学生在随时可以学习
一个教师，一间教室	学习经验
独立的学科、规则	学科交叉 / 部门协作
覆盖所有的材料	有导向性的学习
期末考试（或论文）	学前 / 学中 / 学后评估
课内考核	外部评价
个人评价	公众评价

续表

教的模式	学的模式
修满学分取得学位资格	掌握知识和技能取得学位资格
理论	
知识独立于人存在	知识在每个人的大脑中，随器成形
知识通过讲授传递	知识在于建构、创造和获取
学习是线性累积的	学习是对知识体系的重构
知识仓库填充	知识驾驭学习
以老师为控制核心的学习过程	以学生为控制核心的学习过程
师生需要同时在场	学的积极性很重要，老师不必要在场
教室和学习是排他性的	学习环境和学习是协同合作、相互支持的
天才是罕见的	天才很常见
产出 / 资金支持	
绩效：每个学生在校期间每小时的成本	绩效：每个学生每单元的成本
根据讲授的时间资助	根据学习的成果资助
角色的本性	
教师职责首先是讲课	教师职责首先是学习方法和环境的设计者
教师和学生相互孤立	教师和学生协同工作
教师给学生打分	教师提升学生的素质和能力
教师服务于整个课程过程	所有的教师都是帮助学生学习和成就的教育家
任何一个专家都可以讲授	对强化学习极具挑战性
线性控制，各自孤立	共享治理，团队合作

资料来源：作者整理。

4 建立“教学相长”的互动范式

基于“教”的范式具有更为完整的体系和教学部署，相对固定和完整的学习时间，对初步接触专业的学生来说更容易入门和形成基本专业认知。但对学生的自主学习性及专业探索能力的培养推动作用有限，学生的专业适应能力及创新能力方面产出较小。

基于“学”的范式具有更为灵活和高效的学习环境，对有进一步探索专业、创新发展的学生而言更具有拓展性和广阔的视野，但这一模式碎片化特征明显，知识的系统性较差，显然对学生的自主性和专业兴趣度要求较高，更适用于优秀专业人才的培养模式。

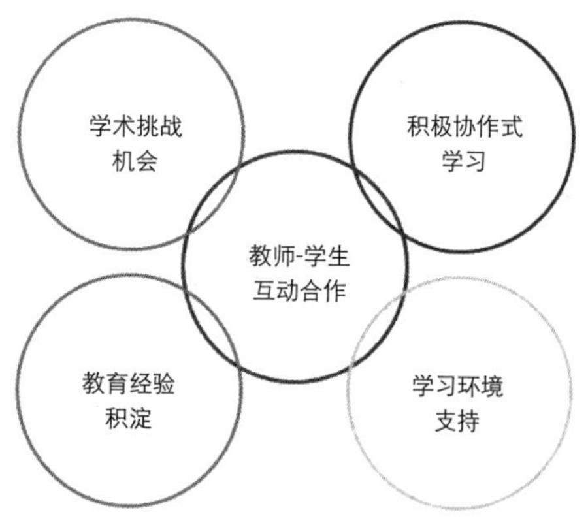

图　教学相长的互动范式

基于“学”和基于“教”的模式有着各自的优势，传统的城乡规划专业教学中，“教”的模式占据了主导位置，“学”的模式因人而异，并未纳入教学体系中一起综合安排和考量。而在未来发展的趋势影响下，基于“教”的模式受到了极大的挑战，需要建立新的“教学相长”的互动范式以适应专业人才的培养。

5　规划专业教育范式转型的趋势判断和教学改革

5.1　需求趋势及教育范式转型

认知层面：体现在价值导向的多元认知上。作为社会科学范畴的学科，城乡规划的公共政策属性受到普遍认同，因此其基本的价值观是专业最为核心的方面。在传统的教学中，城乡规划的价值取向虽然强调公众利益的实现，而规划师的精英意识其实是普遍存在于教学中的。在人人有权力和途径参与到规划中的趋势下，公众利益这一概念将被刷新，专业能力中应当具备如何采集并从众多的声音中整合出合法合理的公众诉求，专业视角打开和学习需要以“学”为模式的实践。

专业方法。以“教”和以“学”在专业方法论层面是特别需要并重的，方法论的传授能够体统地帮助学生建立基本的逻辑和思路，而面对层出不穷的新技术新方法，以“学”为导向的模式显然更具有时效性和钻研性优势，当学生通过自身努力掌握一项新的技术或方法时，其成就感会大大提升其对专业的热情和了解。

专业理论和实践。理论与实践的结合是城乡规划专业的特色，实践可以检验理论完善理论，也可以建构理论。在校规划专业学生仅靠课堂的理论和实践教学环节不足以支撑专业的积累，通过对专业毕业生工作后的访谈情况来看，多数人认为专业实践和学校课堂学的内容不尽相同，有同学提出实践的经验除了自己亲历以外，是可以通过和专业从业人员的交流来获取的，这部分显然是有学习自主性的学生在课堂外完成的自主学习。

“教”与“学”的互动，应对变化的趋势，“学”也成为专业教师不可间断的工作，因此“学”是一个贯穿所有人的过程，“教”和“学”在整个过程中应当是一个相互促进的互动过程，而不是老师督促和考核学生学习的单向过程。

5.2　教学改革方向及策略

作为一个知识体系庞杂的学科来说，帮助学生梳理知识体系，建立整体的专业体系框架及各个方向的关联，引导和激发学生在专业基础上自主学习和专业探索的兴趣和热情，比单纯传授知识点本身更为重要。因此，可以对专业培养计划做出相应的调整：将专业体系类核心课程作为主干，所有拓展课程都可以作为选修课程，增加专业创新竞赛和实践环节，一方面帮助学生系统地建立专业基础，另一方面减轻学生应付繁重课业的压力，让学生有自主思考的时间，同时鼓励学生找到感兴趣的专业方向和内容拓展自主学习。

打破课堂内外的差别，组织专业小组，通过专业竞赛或创新激励，在专业探索的基础上，建立“教”和“学”互动共创的机制，促进教学相长范式的持续良性发展。

5.3　教学相长的外部要素构成

教师和学生构成了“教学相长”的内在核心要素，除了教师和学生外，还有不可或缺的外部支撑要素：

首先是依然是课堂这一基础，城乡规划的课堂应当是充满讨论和互动的课堂。需要有多种演示设备和合适讨论的座位布置，以及适宜的可调节的灯光照明。教师应当是学习方法和环境的设计者及引导者。与课堂教学相适应的应当是有针对性的课程设计，跟踪学生的反馈不断调整课程内容及教学形式，以充分调动课堂学习气氛和效率。

其次是教学反馈环节。通常这个环节不被重视，但事实上这对于教师和学生来说都非常重要，因此课程应当有在线的“教”“学”互动，方便学生和老师在课堂外的公开互动交流，过程其他同学也可以看到，以促进沟通和交流，激发进一步的课堂讨论。

再次是学校对于教学的支持。从整体专业教育来看，教学相长的范式仅仅依靠教师和学生是很难最终形成的，还需要整个学科及学校软硬件资源的支持，比如专业的课程促进中心对课程的提升和优化，教学硬件条件的打造，教学环境及氛围的营造等。一流的学科和大学是一系列的因素构成的，教学相长的可持续良性发展应当也必然成为一种趋势。

主要参考文献

[1] Kuh，G.D..Assessing What Really Matters to Student Learning：Inside the National Survey of Student Engagement[J]. Change，2001，33（3）：10–17，66.

[2] 钟声．城乡规划教育：研究型教学的理论与实践 [J]. 城市规划学刊，2018（1）：107–113. DOI：10.16361/j.upf.201801013.

[3] 孟芳．综述与展望：大学生职业生涯规划课程教学改革研究 [J]. 现代教育科学，2017，（9）：147–150，156. DOI：10.13980/j.cnki.xdjykx.2017.09.028.

[4] YANG Yuankui，QIAN Xing，YE Zhaoning.A Pilot Study on the Assessment of Students'Achievements in Learning By Doing（LBD）[C].//2008 亚太心智、脑和教育学术会议（Asia-Pacific Conference on Mind Brain and Education 2008）论文集 %，2008：206–209.

[5] Daniel Spikol，Marcelo Milrad.Combining Physical Activities and Mobile Games to Promote Novel Learning Practices[C].//The Fifth IEEE International Conference on Wireless，Mobile and Ubiqutious Technologies in Education（第五届无线、移动和普适技术在教育中的应用国际会议）论文集 .2008：31–38.

[6] 沈亮远．专业教室建设问题探索与研究 [J]. 新校园（上旬刊），2015（3）：136.

[7] 周晓艳，李秋丽，代侦勇，等．我国高校人文地理与城乡规划专业定位与课程体系建设研究 [J]. 高等理科教育，2017（1）：82–87.

Discussion on the Transformation of Professional Training Paradigm for Urban and Rural Planning Talents，Teaching and Learning Oriented

Zhao Wei

Abstract: As a subject that keeps advancing with The Times，Urban and rural planning，needs to deal with the new challenges posed by urban development. From the point of education demand and supply，the traditional education pattern provides a set of complex system of "teaching" and "learning"，which has been inappropriate. This paper proposes the establishment of urban and rural planning and so professional paradigm concerning to "teach" and "learning" the paradigm of comparison，combined with the professional teaching and evaluation，in succession to develop discipline education has more efficiency and innovation spirit.

Keywords: Teaching and Learning oriented，Planning Education，Interactive Paradigm，Teaching Reform

基于城乡规划学科的交叉学科联合课程设置机制研究*

曹　康　李晓澜　何圣迁　王若琛　赵　睿

摘　要：建筑与规划设计学科在中国隶属工程学科范畴，但是在西方不少国家属于社会学科范畴。正是意识到学科的这种范畴上的复杂性，不少美国高校的建筑及城市规划学院联合相关学院开设了工科与社会科学以及人文艺术学科交叉的本科生课程。本研究基于对美国加州大学伯克利分校和宾夕法尼亚大学交叉学科联合课程设置情况的调研，对其课程的设置平台以及相关资金支撑情况进行研究。从中梳理出学科交叉下的城乡规划专业本科生联合课程设立的经验，并提取出适用于国内大学开设类似课程、搭建课程平台时的一些要素，供其开设城乡规划与其他学科的联合课程时参考。

关键词：交叉学科，联合课程，平台，资金支撑

建筑与规划设计学科在中国隶属工程学科，侧重城市建设等物质工程层面的研究与教育；但是在西方不少国家这个学科更偏重艺术或人文社会科学领域，侧重从城市研究、社会研究、文化研究等角度来开展学术研究与学科教育。建筑与规划设计学科的这种复杂而多元的学科性质，使得其高等教育的开展天然具有与其他相关学科进行交叉与联合的优势。在这种学科特征背景下，以城市研究为核心议题，从人文、社会科学、工程、艺术等不同学科角度综合探索建筑与规划设计学科的本科生联合教育，不仅可能而且必要。但是当前国内的城乡规划教育仍然较为封闭，课程开设时并没有与相关专业形成对接与优势互补。

基于交叉学科合作的本科生联合课程的设置，国外尤其是美国高校已经有了一些成功的尝试。这些课程多数为本科生课程或者本科生与研究生可共同选修的课程。本研究主要基于案例调研，从既有案例当中总结出一定模式，提取出适用于国内大学开设类似课程时的要素，为其未来进行联合课程的设置提供参考。课题组在浙江大学研究生院的教育研究课题支撑下，对美国加州大学伯克利分校、宾夕法尼亚大学与康奈尔大学的交叉学科联合课程设置情况进行了调研，结合调研数据与资料、相关访谈。

学科交叉对于培养人才极为重要，原创性成果大都产生于交叉学科或跨学科领域（马廷奇，2011），多学科交叉复合型人才的创新性和创造力最强（赵鹏大，1996）。学科交叉的学生培养模式不仅是世界高校学生教育发展的趋势之一（蒋亚立，王彪，2016），同时也受到知识融合的内在需求与社会发展的外部作用双重驱动（高磊与赵文华，2014）。

本研究主要关注两个问题，即规划设计学院与相关学院联合设置课程的设置机制与保障机制分别是怎样的。设置机制是指课程是由某一学院主导、相关学院辅助；还是有关学院及研究机构联合起来设置一个平台或管理机构，管理联合课程设置以及相关的教育、科研、

*　基金项目：本文受国家自然科学基金（51678517）；浙江大学研究生院 2017 年研究生教育研究课题（20170307）；浙江大学建工学院 2015 年重点教材、专业核心课程、教改项目资助。

曹　康：浙江大学区域与城市规划系副教授
李晓澜：浙江大学区域与城市规划系研究生
何圣迁：加州大学伯克利分校城市规划系研究生
王若琛：加州大学伯克利分校城市规划系研究生
赵　睿：加州大学伯克利分校城市规划系研究生

宣传、出版等活动。保障机制是指人力、物力与财力方面对课程设置上的保障，如老师如何聘请；课程开设所需资金从哪里来等。

1 设置机制

1.1 平台设置

美国大学的规划设计院系通过课程建设及研究平台来进行课程设置的情况比较普遍。例如加州大学伯克利分校的相关平台为全球城市人文倡议（Global Urban Humanities Initiative）项目，而宾夕法尼亚大学则依托宾大城市研究所（Penn Institute for Urban Research）来进行一系列交叉学科课程的建设，该研究所是宾大的设计学院（School of Design）与其他学院联合成立的。但是宾夕法尼亚大学另外一门课考古遗址课以及康奈尔大学的联合课程设置并未搭建相应的平台，交叉学科联合设置的课程由单一院系主管。这些现象显示出联合设置课程中的多元化状况。

在平台下，加州大学伯克利分校与宾夕法尼亚大学的规划设计学院或专业通过与对接的其他院系寻找最佳切入点来进行课程联合开设。例如，宾大的设计学院和文理学院共同找到了城市研究下的主题“城市主义”（urbanism，或译为“城市生活方式”）为共同的切入点。

1.2 案例

（1）加州大学伯克利分校

加州大学伯克利分校的“公共空间：场所营造，表演，（抗议）——实践理论和理论实践”这一课程设置在全球城市人文倡议项目之下，该项目是加州大学伯克利分校下的景观与环境规划学院与文理学院共同开设的合作项目。项目涵盖了人文学科下的多项话题：从建筑、景观建筑、城市设计到区域规划，从东亚语言文化、比较文学、艺术史、戏剧到舞蹈与表演，凝聚了人文领域中的学者与行业实践者，参与该项目的教师团队来自于全校10所院系（图1），并且覆盖和连接了全校22名不同专业的学生，其中13名来自环境设计学院，其余9名来自各类艺术与人文类学院（图2）。

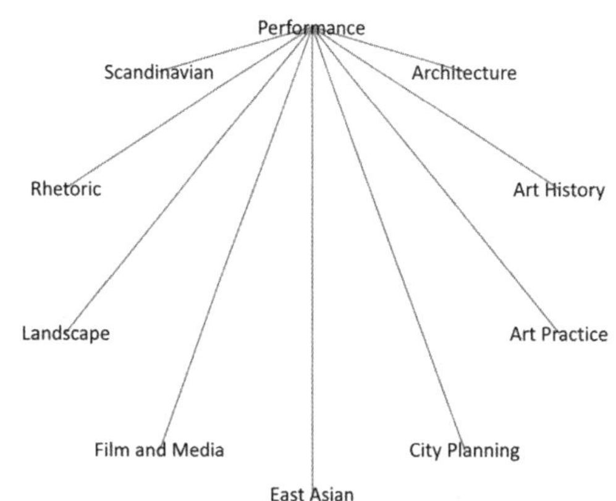

图1 全球人文倡议项目的教师团队所来自的领域

资料来源：http：//globalurbanhumanities.berkeley.edu/networks

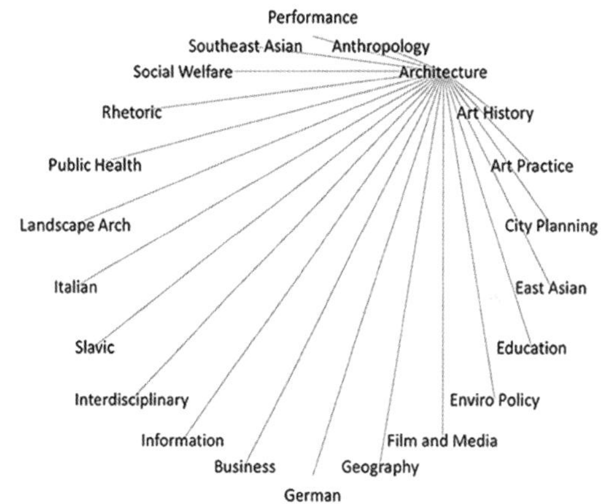

图2 全球城市人文倡议项目覆盖的领域

资料来源：http：//globalurbanhumanities.berkeley.edu/networks

全球城市人文倡议的课程设置，主要体现为本科生与认证制的研究生都能够参与项目，此认证适用于环境设计学科、艺术与人文学科及社会学科。项目中所有课程设置的目的，是为当代和历史中的城市研究提供良好的学术研究环境。作为一个新兴的跨学科领域，该项目涵盖艺术及注释，以及应用于城市形态与空间体验的混合研究。研究生认证项目的课程机制，是通过三门核心课程为攻读硕士与博士学位的学生提供各种研究城市的规则与方法，来为其主要的学习领域提供知识储备。课程包括如何将以空间分析、表征与迭代为特色的环境设计学科，通过艺术与人文学科的方法来解读出来，这些

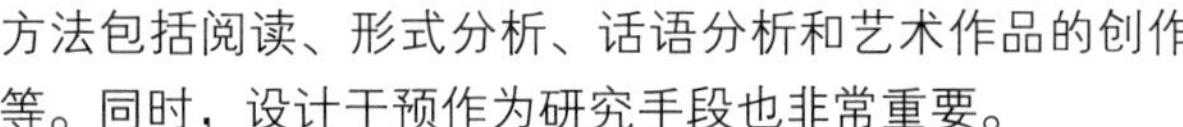

方法包括阅读、形式分析、话语分析和艺术作品的创作等。同时，设计干预作为研究手段也非常重要。

（2）宾夕法尼亚大学

2013 年，宾大设计学院、城市研究所（Penn Institute for Urban Research）的所长欧仁妮·L. 伯奇（Eugenie L. Birch）教授与文理学院（School of Arts and Sciences）艺术史学的戴维·布朗利（David Brownlee）教授一起申请了梅隆基金会的基金，用于支持“人文 + 城市主义 + 设计”（Human + Urbanism + Design，HUD）这一交叉学科教职团队的教学与研究。在这笔基金支持下，宾大设计学院、文理学院以及城市研究所三所教学及研究机构的教学和研究人员以及学生集结起来，在人文和设计学科交叉的背景下，通过教学、会议与出版等各种形式共同来探索城市的过去、现在与未来。三所研究机构联合发起了“人文 + 城市主义 + 设计”倡议活动。在该倡议之下设计了几门交叉学科背景下研究城市的课程——全球研讨班，其中的必要条件是对研究的对象城市进行探访。该类课程每年开设两到三门，其中既有本科生也有研究生课程。全球研讨班的对象城市是全球性的，已经探访的城市除巴黎外还有巴西的里约热内卢以及亚洲的几座城市。

在上述调研案例中，我们看到了课程设置平台的搭建对课程发展以及相关的研究、实践等的巨大促进和提升作用。加大伯克利分校以全球城市人文倡议项目为平台，来搭建其交叉学科的研究生培养课程。在这个项目下，教师与研究生共同探讨新的理论议题、研究方法与创新性的教学方法，从而帮助应对当今全球化下的城市与地区所面临的复杂议题。作为新兴交叉学科的教学实践，对国内城市规划与建筑学为主的工程学科与其他学科尤其是人文学科的交叉学科教学实践有较强的借鉴意义。宾大则通过由三所学院的相关教师共同构建的“人文 + 城市主义 + 设计”（HUD）倡议活动作为平台，来开展相应的研究与实践活动。HUD 每 2 年会出版年度报告，全面展现总结这两年的教学及研究活动以及取得的成果。除各个学院根据专业特色与教师专长设置的联合课程以外，倡议活动之下还开展专题讨论会（colloquium）、举办公共讲座并评选学生研究成果奖。这些活动与教学活动相辅相成，教研结合，寓教于研，寓研于教。

2 保障机制：资金支撑

这里对保障机制的探讨主要涉及用于设置并保障联合课程顺利进行的相关经费的来源。一般而言资金来源有两类，一类是校外的基金会拨款，比如加大伯克利分校与宾大都申请到了外部的梅隆财团的基金，宾大还申请了其他的资金来源如赫德基金（Hurd Fund）；另一类是校内的相关经费支撑，比如，宾大校级的用于支撑海外教学的经费。而经费的用途也与资金赞助方的要求相关，有的用于资助基于课程建设的科学研究；有的则用于资助课程进行当中的活动，比如调研；有的则专途用于学生的培养。

2.1 课程基金

（1）加州大学伯克利

加州大学伯克利“公共空间”课的开设受到了安德鲁·梅隆基金会（The Andrew W. Mellon Foundation）的支持。其发起的主旨在于促使人文学科思考——“人类创造了他们所处的世界，反之也被这个世界所塑造”。该基金会致力于加强、促进并且在必要时捍卫人文和艺术对人类繁荣和民主社会福祉的贡献。为此，基金会支持示范性的高等教育和文化机构，因为它们开创了宝贵的，开创性的工作。基金会主要的拨款主要分布于五个核心方案领域，包括高等教育和人文学科奖学金、艺术文化遗产、多样性、学术交流等国际高等教育以及战略项目。而全球环境作为一个三维立体的议题，与多项学科紧密相关。同时，基金会的资助也为环境设计领域的学者提供了机会，因为基金会鼓励他们重新关注个人对建筑环境的体验、更新与重塑、接纳甚至是反抗。在 1960 年代至 1970 年代，这样的共同协作在加州大学伯克利分校形成了重要的理论和新的研究领域，即“设计中的社会要素”。随着当下全球化与大都市的涌现，此研究基础为该项目提供了新的机会，旨在帮助解决最复杂的全球性问题。

在该基金的资助策略中有这样一则说明，基金用于“资助高等教育和科学研究。”这是因为领先的高等院校是知识保管人，他们为文化和社会利益创造，保存和传播。支持这些机构的人文学科可以让他们对自由教育的承诺更容易实现，并且还能提高其创新研究的能力以

及对于当代挑战进行辩论的能力。通过人文科学高等教育和奖学金计划，基金会将继续协助选定的大专院校和科研机构开展培训学者工作，为广泛的人文学科提供奖学金。

新领域和需要加强的重点包括：①扩大与数字化人文教育相结合的培训计划；②改革博士生教育，拓宽学生的智库储备和专业准备；③引导教师和研究生进行认知科学和学生学习奖学金的课程；④协助不太优秀的文理学院规划其知识和金融期货；⑤高等教育结构性问题研究；⑥涉及人文学者的挑战性挑战问题需要跨学科合作的举措；⑦研究型大学，文科院校，社区其他文化教育机构的合作；⑧支持在公共人文学科的教师和学生工作。这些是加州大学伯克利分校能获得该项资助的重要原因。

（2）宾夕法尼亚

宾夕法尼亚大学宾大城市研究所开设的所有系列课程的搭建均依托梅隆基金会的基金。不过具体课程还有其他相关资助。例如“巴黎之形成”的第一年课程由赫德基金赞助。2016 年研讨班去巴黎的国际旅费则来自于宾大的“全球宾大”（Penn Global）基金。该基金用于支持国际性研究以及宾大本科生的基于学年课程的（国际）旅行环节，使之能够纳入到侧重知识与学术的课堂教学框架当中。

另一门“考古遗址”课的经费来源于美国国家公园管理局拨出给弗兰克·马特罗（Frank Matero）教授领导的建筑保护实验室（The Architectural Conservation Lab）的项目资金，该研究项目旨在探讨在新的气候变化条件下联合要塞（Fort Union）等美国国家公园的保护与维持策略。

2.2 学生奖学金

除上述用于课程开设的基金之外，还可能会有相应的奖学金来确保学生能够顺利参与并修完课程。

同样以加大伯克利分校为例，其全球城市人文学院设立的汤森研究生奖学金（Global Urban Humanities-Townsend Fellowships）支持对当代和历史城市的研究，并从事艺术和人文科学、人文社会科学以及建筑学、景观建筑学、城市设计和城市学科的研究规划，因而鼓励欢迎各个相关学科的学生申请。该项奖学金是由安德鲁·梅隆基金会资助的更为广泛的全球城市人文倡议所安排支配的。申请该奖学金者的研究项目应充分渗透人文学科的问题及方法，明确集中在城市课题上。奖学金的目的是进一步加强个人受助者的研究，促使教师和研究生能够与其他学科和部门的同事会面和合作。在每周会议上，与会者将探讨方法论和理论问题，以推动新兴城市人文科学领域的发展。奖项基于个人申请的学术成就或项目创造力，与此同时，选拔委员会还将考虑研究项目对不同艺术和人文学科和设计学科的学者的潜在兴趣，以及申请人对跨学科讨论贡献的可能性。

宾大的“考古遗址”课程没有给学生提供额外奖学金。不过最终优秀的考察报告或文章可以在老师的推荐下予以发表，并提供给国家公园管理局参考。

3 相关借鉴

国内高校正越来越注重交叉学科和跨学科下的本科生与研究生教育问题，表现在各类通识必修课、跨大类选修课的设置上。目前的本科生培养方案在拓宽学生视野与知识面方面卓有成效。大类课、通识课等的选修机制皆旨在搭建学生更宽泛的知识平台，为学生在本领域深造提供不同的学科视角，同时也为学生拓宽思路，从跨学科角度思考研究内容、问题与方法奠定基础。这些现有的课程设置方式都为国内高校开设院系与学科联合设置的本科生 / 研究生课程提供了可能性。

本文作者组成的几组调研组分别对美国加州大学伯克利分校、宾夕法尼亚大学以及康奈尔大学交叉学科联合设置课程从平台设置与资金支撑两方面进行了调研。由于调研的主要对象皆为两所高校的规划、设计类院系，调研与研究的成果可为国内开设城乡规划教育的院校进行相关教学方案的设立和支撑机制的建立参考，并从整体教育思路、教学框架、教学方法等为交叉学科教育改革提供思路。我们建议：

第一，根据不同联合课程的特点设置不同类型的课程平台，首先，可以依托课程开设的专业、学院、项目、实验室、研究所等为主体，进行平台的设置与管理，例如康奈尔大学的“推断统计”与“微观经济”两门课就是由康奈尔建筑、艺术和规划学院下面的城市与区域规划系主管的。其次，如果联合设置课程数量增多且渐成体系，则可以新设专门的交叉学科联合培养中心，通过中心来更为系统地保障课程的设置管理、教师配备、学生考核等。从对宾大的调研案例来看，建立交叉学科联合培养中心更有利于对联合课程进行综合管理，提高运行效率。

第二，建立并完善交叉学科本科生培养的资金体系。一方面，尽量依托国家、省部级等各级教育研究基金项目（尤其是交叉学科领域方面的项目）建立平台设置基金体系，确保联合课程管理平台的正常管理和运营；另一方面，积极与企业、机构、杰出校友等沟通合作，设立学术或课程奖学金，鼓励学生在交叉学科领域进行学习和研究。

第三，提供更多便利推进学科交叉本科生的培养。除了联合课程之外，还可开展专题研讨会、创立工作组、举办公公讲座等，支持本科生开展与学科交叉研究与培养有关的学术交流，并提供资助，这样也能促进交叉学科联合课程设置的不断完善。

本文以人文社会学科与工程学科交叉下的建筑与规划设计本科生支撑平台设立机制为对象，但机制的建立可以推广到其他交叉学科领域，为相关教学方案的设立和支撑机制的建立提供参考，从整体教育思路、教学框架、教学方法等为交叉学科教育改革提供思路。

主要参考文献

［1］ 高磊，赵文华．学科交叉研究生培养的特性、动力及模式探析 [J]. 研究生教育研究，2014（3）：32–36.

［2］ 高磊，王彦彦．美国宾夕法尼亚州立大学学科交叉研究生培养模式及成效 [J]. 世界教育信息，2015，28（22）：33–37.

［3］ 蒋亚立，王彪．浅谈研究生交叉学科的培养 [J]. 亚太教育，2016（1）：250.

［4］ 马廷奇．交叉学科建设与拔尖创新人才培养 [J]. 高等教育研究，2011（6）：73–77.

［5］ 赵鹏大．加强研究生教育改革促进多学科交叉复合型人才的培养 [J]. 学位与研究生教育，1996（5）：12–14.

［6］ 赵文华，程莹，陈丽璘，等．美国促进交叉学科研究与人才培养的借鉴 [J]. 中国高等教育，2007（1）：61–63.

The Joint Curriculum Establishment Mechanism of Interdiscipline Based on the Subject of Urban and Rural Planning

Cao Kang　Li Xiaolan　He Shengqian　Wang Ruochen　Zhao Rui

Abstract: The disciplines of architecture and planning are subordinate to the engineering course in China. However, in many Western countries they belong to social sciences. Having recognized the complexity of the discipline category, many schools of architecture and urban planning in the American universities have jointly established post-graduate courses in engineering, social sciences, and humanities with relevant colleges. Based on the survey of the organizing and conducting of interdisciplinary courses of the University of California at Berkeley and the University of Pennsylvania, we study the platform on which these courses are organized and the related financial support through which these courses are supported. Thus, we summarize the experiences and mechanism to jointly set up the interdisciplinary undergraduate courses. We also extract the possible related factors of the platform mechanism that would be useful for China's universities to set up joint undergraduate courses with relevant subjects.

Keywords: Interdisciplinary, Joint Courses, Platform, Financial Support

基于人居环境学科群的城乡规划人才培养模式创新探索

赵立珍　陈小辉　张　鹰

摘　要：基于吴良镛先生的人居环境学和人居环境学科群思想基础，阐述学科群建立的意义，探讨基于建筑学、城乡规划、风景园林的三位一体学科群的人才培养模式，提出了基于三个专业主线的纵横交叉培养体系。从城乡规划专业的培养角度，探讨创新式的应对措施。

关键词：人居环境，学科群，城乡规划，纵横交错

1　概念解析

1.1　人居环境科学

早在第二次世界大战之后，希腊学者道萨迪亚斯就提出了"人类聚居学"的概念。人类聚居环境泛指人类集聚或居住的生存环境，特别是指建筑、城市、风景园林等人为建成的环境。道萨迪亚斯在"人类聚居学"中强调把包括乡村、城镇、城市等在内的所有人类住区作为一个整体，从人类住区的元素（自然、人、社会、房屋、网络）进行广义的系统的研究。而这一时期也正是人居环境研究的雏形时期，随后人居环境问题得到世界广泛的关注。

1993年，吴良镛先生与周干峙、林志群提出"人居环境学"（吴良镛等，1994）。1999年，吴良镛先生在国际建筑师协会通过的《北京宪章》及著作《世纪之交的凝思：建筑学的未来》中再次明确了人居环境科学思想，随后建立了人居环境科学的理论框架（吴良镛，2002）。该理论以有序空间和宜居环境为目标，提出了以人为核心的人居环境建设原则、层次和系统，发展了区域协调论、有机更新论、地域建筑论等创新理论；以整体论的融贯综合思想，提出了面向复杂问题、建立科学共同体、形成共同纲领的技术路线，突破了原有专业分割和局限，建立了一套以人居环境建设为核心的空间规划设计方法和实践模式。该理论发展了整合人居环境核心学科——建筑学、城乡规划学、风景园林学的科学方法，受到国际建筑界的普遍认可[1]。

1.2　人居环境学科群

学科群是将联系比较密切、内容相互关联的学科集合起来，其中各学科之间资源可以共享、优势能够互补。学科群是一个有机的集合体，其组成学科之间应符合知识的逻辑相关性，各学科相互依存、相互交叉、相互融合[2]。

吴良镛先生提出人居环境科学理论后，在教育界倡导建立人居环境学科体系（学科群）。1996年，在清华大学建筑学院成立50周年时，吴良镛先生就提出建筑、园林、规划"三位一体"的学科发展设想（吴良镛，1996）。2001年出版的《人居环境科学导论》中提出拓展和整合建筑学、城乡规划学和风景园林学三个学科，作为人居环境科学主导学科群（吴良镛，2001）。2011年，教育部进行学科目录的修订，建筑学、城乡规划学和风景园林学同时进入一级学科之列。学科发展进入一个新的阶段，要求更加深入的综合性和整体性，人居环境学科群的建立将有助于三个学科在原有探索基础之上逐步走向融合而创新。

2　人居环境学科群建立的意义

一流学科必然是冲破已有学科束缚脱颖而出的，这也是国外著名大学非常重视多学科协同研究、跨学科组织架构的原因，因为这是创新、特别是颠覆性创新最容

赵立珍：福州大学建筑学院城乡规划系副教授
陈小辉：福州大学建筑学院城乡规划系教授
张　鹰：福州大学建筑学院城乡规划系教授

易产生的地方。对大学而言，学科是一簇一簇发展的，呈现出的是一个个的群落，而不是孤零零的个体。大学层面应关注学科群建设，而不是单一的学科建设。创新性人才培养既需要其知识体系的高度结构化，又需要其知识面涉及多个学科。

尹稚教授指出人居环境学学科体系（学科群）建立的出发点是试图通过“整体思维、综合解决”的方法处理在我国城乡建设中遇到的复杂问题[4]。随着城乡建设问题复杂性的凸显，单一型学科面对城市问题时显得力不从心。只有通过综合性、多学科融合的学科群建设，才能应对认识和改造复杂世界的综合过程，人居环境学科群建立的意义也在于此。

2.1 促进学科间的发展

加强学科耦合作用是大学推动创新的有效路径。建筑学、城乡规划和风景园林三个专业有着许多共同点，虽然关注社会的视角不一样，但相互之间紧密关联。人居环境学科群的建立有利于建筑学、城乡规划学和风景园林学打破各自学科的壁垒，实现学科互融交叉，通过资源的整合和优化，促进学科平衡与协调，优化学科结构，进而创新出新的交叉领域，有助于学科的可持续性发展。

2.2 提高人才的培养质量

以往单一学科培养人才的模式转变为以学科群的方式培养人才，将有利于提高人才的培养质量。学科群不拘泥于单科学科的课程知识，能够使不同的学术思想相互交融、相互借鉴，使课程结构更为合理[2]。在人居环境学科群中，由于三个专业知识领域的紧密联系，学生可以接触多方面的知识和获得多方面的技能，从而促使新观念、新思想的出现。更加广博的知识体系能够打破学生的思维界限，拓宽学生的知识面，让他们更深入地看待问题、分析问题，可以更加综合的解决复杂的城乡发展问题。

2.3 有利于资源的优化配置

高校教育资源相对有限，这势必制约学校的长远发展。对于高校而言，学科群建设的过程也就是教育资源整合的过程。通过打造学科群高校能够避免重复建设，优化资源配置，提升教育资源的利用率。城乡规划和风景园林原来都是建筑学一级学科下的二级学科，在 2011 年才从独立出来成二级学科。很多高校都存在建筑学办学历史较长，学科比较具有优势。建立人居环境学科群，有利于高校在保证优势学科的基础上，带动相关学科的快速发展，进而逐步形成多个优势学科，实现学科的均衡、纵深化发展。

3 基于人居环境学科群的人才培养模式创新

3.1 “三位一体”的人居环境学科群

我校现有建筑学、城乡规划和风景园林三个本科专业，建筑学与城乡规划学两个一级学科硕士点和一个历史建筑保护与修复工程的二级博士点。建筑学专业创办于 1989 年，城乡规划学创办于 2003 年，风景园林创办于 2012 年。建筑学与城乡规划专业通过了多轮本科教育评估，建筑学硕士于 2018 年进行了评估。建筑学与城乡规划学先后列为“福建省省级重点学科”建设项目。3 个学科由于办学时间、师资等方面的原因存在一定的差距。但是从学科发展特点及学院未来发展布局，三个学科必须以强势带动弱势，弱势寻找突破口实现弯道超车，呈现优势明显、特色突出的三足鼎立学科格局。由于建筑学、城乡规划和风景园林作为人居环境学科群的核心学科，具有“异质同构”的关联。所以，我们跟随吴良镛先生思路，提出在我校建立“三位一体”的人居环境学科群。

3.2 纵横交错的培养体系构建

建筑学、城乡规划和风景园林三者应该相互补充、紧密联系。三个专业的人才培养仍然遵循各专业指导委员会的规范要求，形成三个专业的纵向规范化培养体系。在各个专业人才培养体系的纵向主线下，充分发挥学科群的优势，构筑横向合作，纵横交叉的人才培养体系（图 1）。首先在一二年级建立三个学科的基础教学共享平台，坚持学科群通识教育。这个基础教育平台主要包括建筑设计基础、建筑表现基础、建筑制图、建筑设计等专业技能的学科群基础性课程。在这个平台上，打破学生的专业束缚和老师的专业限定，形成真正的学科群交互。其次，在三四年级构筑人居环境学科群的多个教学课程模块，打通三个专业的专业课程选修。同时加强理论课程群与设计课程的衔接关系，根据不同专业的要求，对模块选修的要求有所不同。学科群的课程模块能有效地拓展学生的专业知识。五年级是专业实践拓展能力培养。

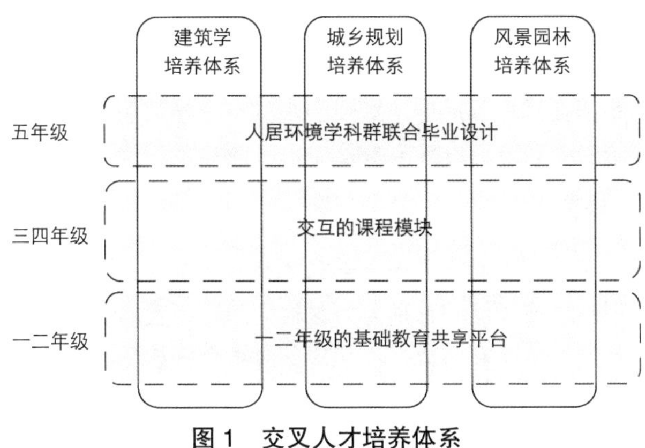

图 1　交叉人才培养体系

五年级下学期的毕业设计，在传统的毕业设计选题基础上，大约有 1/5 的人参加建筑学、城乡规划和风景园林的三个专业的联合毕业设计，实现三个专业在同一项目的交互与合作。同时在学生的专业实习、本科生科研实训、学科竞赛、对外设计工作营、社会实践等实践环节充分构建三个专业的交错互动。

3.3　模块式的教学课程群

如何把多学科的东西组织在一起，通过教学安排而形成学生合理的知识结构，是高等学校人才培养应该关注的大问题。根据时代以及专业发展的要求，应对人居环境学科群的建立，对建筑学、城乡规划、风景园林三个专业的课程进行模块式分类。既优化专业课程主线，又构筑跨学科的课程体系。课程模块分为理论课程模块、设计课程模块和实践课程（图 2）。各个专业的设计课程模块相对独立，自成体系，贯穿人才培养的全过程，它是专业培养的主线与核心。理论课程模块围绕设计课程模块展开。理论课程模块又分为本专业必修理论课程模块、其他专业理论课程模块、共同选修课程模块。3 个专业的理论课程模块采取开放式模式，本专业必修课程，其他两个学科的可以选修。共同选修课程模块是对 3 个专业学生同等开放的。

4　城乡规划专业人才培养模式应对

4.1　“2+2+1”培养体系

城乡规划专业根据学科群发展趋势、学院优势及专业发展特色，进一步推进和优化“2+2+1”的培养体

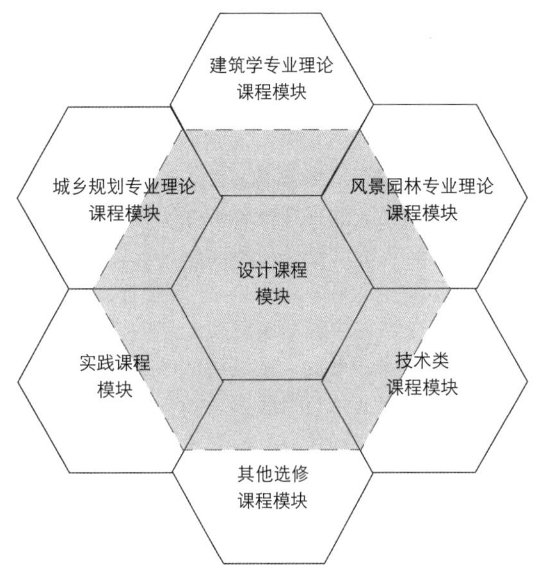

图 2　人居环境学科群课程模块体系图

系。一二年级学科群共享的公共教学平台坚持培养学生的宽基础，建立学生的人居环境科学的价值观。在课程的教师组创建时，会特别搭配三个专业的教师，形成教师学识间的互补，构筑学科群知识体系。三个专业的学生在这个平台上，可以随意选择自己喜欢的教师组来学习，也就是说在一个教室里会同时存在三个专业的教师和三个专业的学生。不同专业的学生通过学习中相互的交流和碰撞，打破专业认识的瓶颈，做到真正的人居环境学科融合。三四年级是专业知识教育的核心，开设全方位的专业理论课程，通过专业设计课程应用专业理论知识。在这个阶段特别强调理论课程群与设计课程的衔接关系，做到先理论后实践。同时，在三四年级增设模块化的选修课，拓展学生专业知识。五年级是专业实践拓展能力培养。在这个过程中全面实践专业知识、团队协作、沟通交流等综合能力。五年级下学期的毕业设计，结合人居环境学科群的平台，创新式开展建筑学 + 城乡规划 + 风景园林的人居环境科学联合毕业设计。建筑学、城乡规划和风景园林三个专业各一位教师组成指导教师组，共同选择一个设计对象，每个专业确定 2–3 位学生构成联合毕业设计组。指导老师根据每个专业要求对学生毕业设计内容进行引导和把控，三个专业学生针对同一对象进行解读分析和设计。

4.2 主线明晰，强调特色课程凝练

城乡规划专业的课程模块化构筑中，确立设计课程模块的纵向主线地位，以及人居环境学科交融的横向课程体系。在纵向课程体系中，强调从设计基础到建筑设计，从修建性详细规划到城市设计，从控制性详细规划到总体规划层层递进的主线脉络。我们将专业培养分为三个阶段，一二年级的基础培养阶段、三四年级的专业核心阶段和五年级的实践反馈阶段。在横向课程体系中，强调在每个阶段课程中都配有三个专业的课程，突出横向人居环境学科群的渗透。在纵横体系交错中，特别结合学院学科特色塑造特色课程模块。比如构筑关于城乡规划科学性问题的课程模块：规划设计技术、地理信息系统、遥感信息系统、空间规划模拟、大数据分析等。结合科研在开设乡村规划、地域建筑解析等课程。利用学校国际化交流平台，与日本等国持续开展海外设计工作营等。我们在课程体系梳理过程中不仅强调规范性问题，还特别关注了未来发展的专业特色思考。

4.3 搭建互融共通的创新交流平台

为了促进基于人居环境学科群的人才培养模式的运行，学院积极搭建多元开放的交流平台。例如业社会实践、本科生科研实训、设计工作营、毕业设计等。在这些平台中，城乡规划通常作为龙头，会与建筑学、风景园林专业，共同组成课题组，每个小组必须是三个专业的学生组成。这个平台上不仅主观引导学生去交流互动，也希望在这个互动中，增强学生的自我学习能力、处理复杂问题能力、团队协作能力等。

5 结语

对于高校来说，建立学科群的发展思维，必将推进学科的快速发展。正是因为这样的思路，我们也对我们专业的未来充满期望。本文仅仅对基于人居环境学科群的城乡规划专业培养提出了初步的思路，我们还将积极去探索三个专业在宏观层面的交叉融合，而不是微观的替代。

主要参考文献

[1] 吴良镛. 中国科学院 . [2014-03-23].

[2] 武廷海 . 吴良镛先生人居环境学术思想 [J]. 城市与区域规划研究，2008，1（2）：233-268.

[3] 尹稚 . 论人居环境科学（学科群）建设的方法论思维 [J]. 城市规划，1999（6）：10-14.

[4] 刘滨谊 . 人居环境学科群中的风景园林学科发展坐标系 [J]. 南方建筑，2011（3）：4-5.

[5] 邹洲 . 地方高校学科群建设 [J]. 高校观察，2017（10）:7-8.

Exploration of Urban and Rural Planning Talent Training Mode Based on Subject Group of Human Settlements

Zhao Lizhen　Chen Xiaohui　Zhang Ying

Abstract: Based on the ideological basis of Mr. Wu Liangyong's human settlements environment，this paper expounds the significance of the establishment of the subject group，and probes into the training mode of the Trinity subject group based on architecture，urban and rural planning and landscape architecture，and puts forward a cross training system based on three major main lines. From the perspective of the training of urban and rural planning majors，the innovative countermeasures are discussed.

Keywords: Living Environment，Subject Group，Urban and Rural Planning，Arranged in a Crisscross Pattern

具有国际视野的研究型城乡规划专业人才的培养体系探索与实践

彭 琳 陈小辉 张延吉

摘 要：经济全球化的发展推动着对国际化人才的强烈需求，世界各国都在积极探索和实施国际化人才的培养战略。本文探讨了学院如何以国际化为导向，通过架构办学的国际化平台，整合现行城乡规划教学内容与课程设置，建构一个结构合理、重点突出，特色鲜明、纵横连贯的城乡规划教学体系。

关键词：教学改革，国际化，城乡规划

伴随着中国城市化水平的逐年提高，对城乡规划学科研究生人才的需求已超越单一的工程设计，日益关注社会发展、宜居环境、公共政策等综合性问题。与此同时，中国规划师正面临严峻的国际竞争压力，国际社会期待着中国规划师能贡献推动城市化健康发展的中国智慧。

如何使城乡规划的本科生培养既扎根中国大地建构中国城市理论，开展原创性、接地气的一线规划实践；又能与国际先进的规划实践与理论实现无缝连接，向世界讲述中国城市故事是当前城乡规划研究生教育过程中面对的重大问题是现阶段城乡规划人才培养所面临的挑战。

依托学院多年来形成的学科特色，适应我国新型城镇化需求，通过几年的教学实践创造性地制订了“具有国际化视野与复合型能力的研究人才”培养目标。通过架构办学的国际化平台，树立开放的教育理念，谋求多层面、多方位的合作途径，使学生具有宽阔的国际学术视野、灵活的实践能力、组织—合作能力和创新能力。

1 面向国际化的城乡规划教学体系改革

1.1 改革思路

（1）接轨国际先进教学理念，加强教学内容与科学研究的互动整合

依托国际合作平台，紧密追踪国际知名院校的学科前沿动态，借鉴国外知名大学城市规划专业的培养模式，面向城市规划学科的发展需要和高层次专业人才的培育要求，结合本科生的知识结构与心理特点，建立“四线共促”的课程体系框架（图 1）。该体系框架紧紧围绕学院人才培养目标和定位，以“规划设计”专业主干课程体系改革为主线保持并深化现有的专业教学特色；在此支撑下，将学生的专业素养和能力凝练为“创新能力培养”和“国际化视野的开拓”两个方向，辅以“国际前沿理论与方法”和“国际联合设计”两个课程模块，配合“海外游学计划”的多层次、多渠道拓展；通过这 4 个课题的专项研究，在纵向上形成国际前沿理论与方法、主干理论课程体系、主干设计课程体系及国际联合设计“四线并重、四线共促”的课程体系框架，以此达成人才培养的三个目标。并通过横向的整合互动，切实优化了学生知识结构与理论储备，突破当下国际国内城乡规划专业人才培养的瓶颈。

（2）践行国际前沿教学方法，建构规划理论与规划实践的相互渗透。

依托国际化平台，以“规划研究性”与“规划实践性”为纵向主干，建构“强化三性”的模块化教学框架。三性即：职业性、实践性和应用性，合力构建城乡规划

彭 琳：福州大学建筑学院副教授
陈小辉：福州大学建筑学院教授
张延吉：福州大学建筑学院讲师

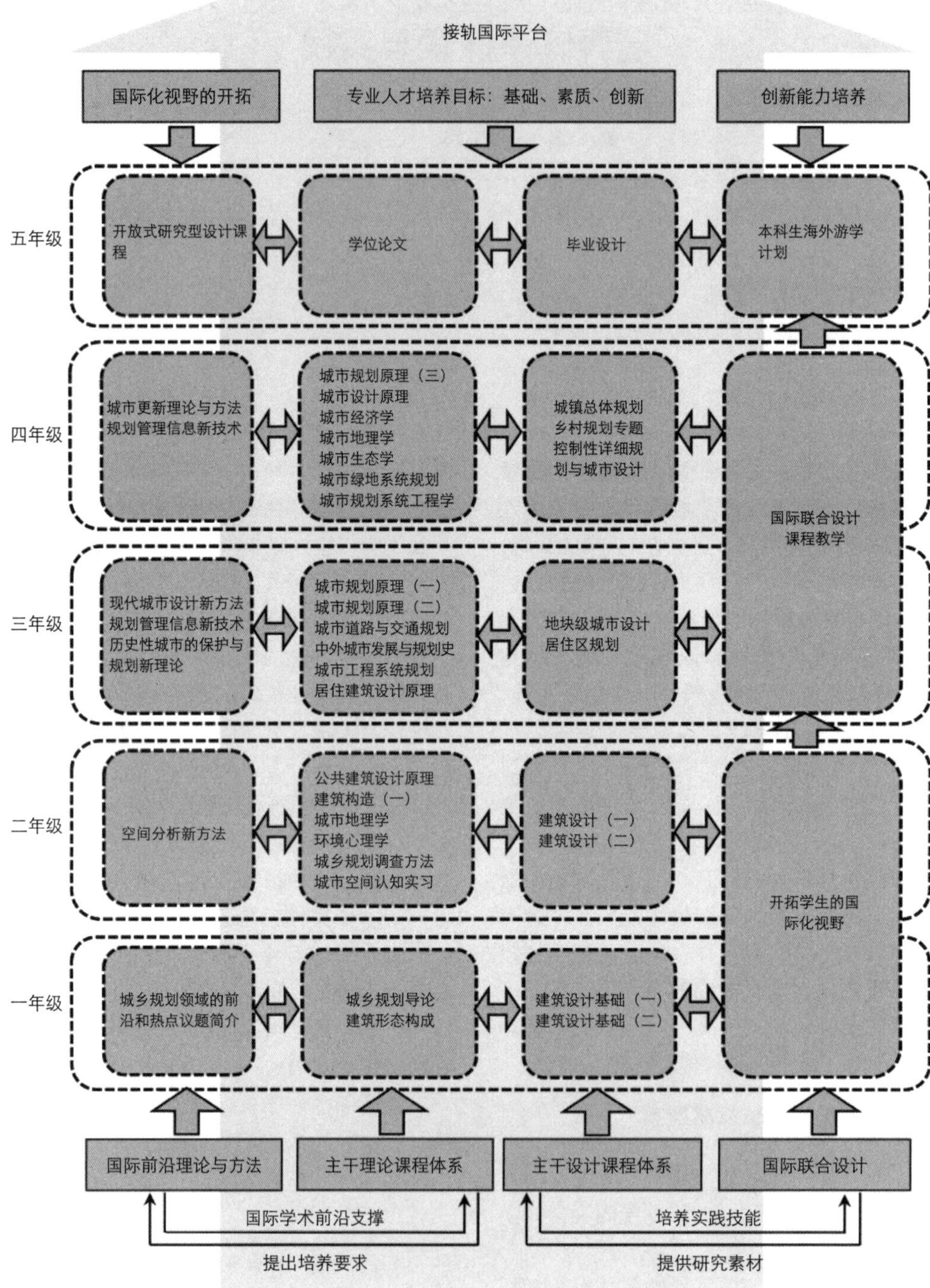

图1 “四线共促”的课程体系框架

本科教育课程体系的三个层次（图 2）：

第一层次的国际前沿方法模块、专业基础教育模块为本科生提供“国际视野下的知识体系”，国家学术前沿的理论及方法课程内容设置注重“研讨性”，通过引入国家学术前沿的理论及方法，拓展国际视野下的知识体系，打破本科阶段原有的单纯知识传授方式。

第二层次的特色研究领域模块与跨学科课程整合模块强化本科生的“国际视野下的创新能力”，这是国际视野下的本科生教育的特色与精髓所在。课程内容设置紧密贴合当下城市规划职业发展的趋势与特点，紧密追踪国际发展前沿和国家、地方知名院校的学术前沿，同时结合国家及省部级科研项目和教师团队的多元化研究方向设定相关的课题训练，在课程设计训练过程中再辅以“设计竞赛”模块。在直接参与设计竞赛的过程中建立了一套集理论性与实践性、综合性和系统性于一身的规划研究策略和技术路线，并通过对城市建设中各类规律和问题的观察分析以及实践验证，切实提升本科生的分析问题能力和自主创新精神，拓宽其学术视野及对其他相关学科的敏感度。

第三层次的综合实践教学模块注重“创新思维与能力”的训练，提升城乡规划学生解决城乡实际问题的综合能力。三个层次相互联系，层层递进，应用性、职业性、实践性一脉贯穿，具体要求逐层加码，充分体现了城乡规划本科生的培养特色。

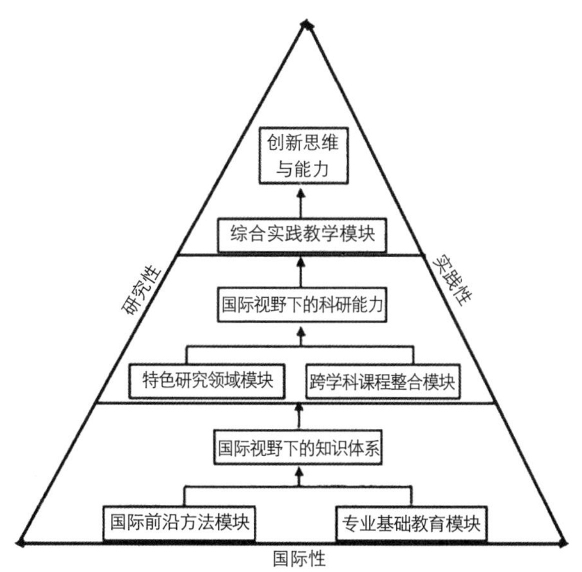

图 2 “强化三性”的特色模块化教学框架

近些年学院还加强本科生实习基地建设，先后与中国城市规划设计研究院等业界一流单位签署实习基地协议，使之成为本科生教学科研的重要阵地。并积极探索“研讨型”规划模式，形成了“注重宏观政策规划与物质空间设计并重、强调设计与理论并重、产学研相结合”的规划教学特色。

（3）搭建国际合作教学模式，促进本土实践与国际前沿的融会贯通。

近年来，福州大学建筑学院通过与日本金泽大学等近十所国际知名高校共建联合实验室或合作协议，在合作研究、国际发表、本科生联合培养等方面开展紧密合作。同时，与意大利罗马三大和意大利巴里理工大学建筑系定期合办工作坊，在城市设计课程中开展不同国家场地的设计实践，搭建国际合作教学模式。

借助本学科与美、澳、日、德、意、丹麦建立的良好学术交流平台，展开一系列的国际学术交流活动。多次承办协办国内外学术会议，在过去的几年中，每年举办国际学术交流会议，包括“2014’建筑创作国际研讨会”、“2015’智慧城市规划与建设（中国·福州）”国际研讨会、“景观认知与社会学习——文化生态规划的新视角 2015”“2017 年滨海城市与生态安全”国际研讨会等国际性会议。主题围绕地域建筑、营造法式、智慧城市等展开。同时邀请国内外知名专家和教授进行学术讲座和组织多种形式的联合设计教学，涉及基础教学、城市设计、生态技术、旧城更新等领域，极大拓展了学生的学术视野。

（4）建设现代数字教学平台，提供信息技术保障和国际化教学实验空间。

依托国际化平台，以 GIS 与 VR 技术为核心，学院建构了现代城乡规划研究和数字化城市的研究实验平台，在保证教学手段先进性、提升整体教学效果的同时，推动本学科建设成为教学科研设备先进、测试技术现代化、具有领先国内比肩国际的高层次人才培养和科研实验基地。

学院并依托国际化平台，将信息技术、计算机技等较好地渗透到教学之中，使学生能借助现代城市规划的技术平台，掌握先进的设计手段和技术。像 GIS、

MAPINFOR 等数字技术均在近年来本科生的课程训练、生产实践中有所体现，并有愈来愈普遍的应用趋势。

1.2 主要解决的教学问题

（1）通过面向国际化的城乡规划教学革新打破旧有的教与学的组合形式和封闭的教学局面，积极探索和逐步建立了开放式“研讨型”规划教学模式。

（2）通过国际化平台下的实习基地建设，破解学生对规划实务缺乏了解的问题，避免理论与实践相脱节的现象，为扎根中国大地做学术提供了素材。

（3）通过国际化办学，弥补了学生国际交往能力不足，了解国际学术前沿和研究设计方法不够，论文质量不佳等问题。

（4）通过国际化平台，引入现代数字信息技术，使学生能借助现代城乡规划的技术平台，掌握新方法、新技术在城市规划研究中的应用。

2 面向国际化的城乡规划教学体系革新方法及特色

2.1 革新方法

（1）着力建设国际化的办学平台，为合作研究与联合培养奠定基础。

缺乏与国际一流学术前沿的合作平台是制约人才培养国际化视野的重要原因。为此，建筑学院着力加强平台建设。如通过与德国凯泽斯劳藤工业大学、德国罗斯托克大学、丹麦哥本哈根大学签订合作协议；与日本金泽大学、澳大利亚昆士兰大学、日本上智大学等共建联合实验室，已联合培养 3 名本科生，与国际高校合作发表论文 5 篇、著作 1 本，1 名本科生入选日本留学基金委“樱花项目”，获得两校双学位。通过与意大利罗马三大和意大利巴里理工大学建筑系合办工作坊，吸引了中、美、意、法多国学生参与设计课程，增进了学生对多元文化、复杂情境下开展规划实践的认识。和这些国际知名学校的相关学院建立了多层次、长期的合作交流关系，形成了丰富立体的合作交流构架，为在校本科生的校际访学交流、教学合作和科研合作奠定了良好的基础。

积极邀请境内外 50 余位知名专家学者来校讲学。建筑学院与日本金泽大学正式签约成立“空间规划与可持续发展”国际联合实验室（FZUKU-LAB SPSD），由福州大学建筑学院任主席单位，同时邀请美国德克萨斯大学奥斯汀分校、澳大利亚昆士兰大学，日本国立金泽大学等单位加入，进行联合研究，目前该实验室已成为日本金泽大学海外博士培养基地，并招收 2 名博士生。自 2011 年始，目前已选送多名学生赴美国、日本等地进行学术交流，同时接受国外优秀留学生若干名在学院攻读硕士学位。

（2）着力培育研究型的实习基地，搭建产学研相结合的一体化机制。

在具体实践中紧密追踪国际专业学术发展前沿和国家、地方的经济建设需求，同时结合国家及省部级科研项目和教师梯队的多元化研究方向，与省内外一流规划设计研究院签署实习基地。通过这些实习基地，已定期推荐 30 多位学生赴中国城市规划设计研究院、清华同衡等机构参与实际项目，搜集案例数据。加强本科生对中国城市化和城市真实问题的认识深度，有利于其将国际前沿理论、方法和经验运用于本土实践。

（3）着力完善跨学科的课程体系，践行国际开放性、倡导式的教学模式。

具体措施包括：

①通过本科生培养方案的适时修编与优化，进一步强化国际前沿学术理论与方法与传统课程体系的互动整合关系，强调理论与方法研习，形成了以“国际前沿理论与方法”、“主干理论课程体系”、“主干设计课程体系”和“国际联合设计”为核心的、四线并重的课程体系。并加强规划专业相关专业之间的课程互通关系，通过必修与选修的差异性体现彼此间的权重关系；实现了关联学科之间的交叉、共享与拓展，以及由此带来的本科生专业知识结构的可持续性完善与优化。

②理论讲授方面采取团队授课、专题分授的教学方式，结合不同老师的特色研究方向设置内容框架，同时将课堂理论讲授与课外实践研讨相结合，充分发挥学生长项与个性[1]；

③通过国际一流学术前沿的合作平台加强与国际一流大学的交流合作，引入境外与校外教学资源，提高本科生的理论水平与实践能力等。

（4）着力加强海内外的教学交流，切实提高学生的国际视野和发表能力。

借助国际化平台，加强校际互访与海外名师讲座，围绕着教学展开一系列的学术活动。先后邀请加州大学伯克利分校、东京大学等国际知名教授来校指导论文写作并参与教学，同时还邀请国内外知名专家和教授进行学术讲座和组织多种形式的联合设计教学，涉及基础教学、城市设计、生态技术、旧城更新等领域。

（5）着力引育国际化的师资队伍，同时加快“双师型”团队建设。

学院从日本金泽大学引进沈振江教授并担任院长，大大推动了学院国际化的进程。近年来，引进留学海外的博士 12 人，学院具有海外留学经历的教师占比近 40%。

专业建筑师或规划师作为设计教师也是当今国际一流建筑院校的师资主体。本专业强化“双师型”师资（即是教师又具有国家最高专业注册资质）的建设，目前我院教师中拥有国家最高建筑设计专业资质“一级注册建筑师”资格 16 人，“注册城市规划师”资格 6 人，约占全部专业教师比例 30%，达到全国建筑学院师资先进水平。

2.2 革新特色及创新点

（1）以国际化办学平台推动教学科研工作的融合发展。

福州大学建筑学院通过与日本金泽大学共建联合实验室，在亚洲国家的空间规划与政策研究、城镇化模拟与政策影响分析、应用虚拟现实（VR）技术支持城市设计等领域开展教学科研合作。通过这一国际化办学平台定期开展 SPSD 青年论坛、中国城科会城市大数据专委会空间政策分析与模拟学部年会等国际会议，拓展了本科生的国际视野。

（2）营造多学科交融的开放育人环境，建设国际化教学体系。

整合综合性大学的学校资源，构筑多学科交融的开放性教学平台，实现师资的跨学院共享、学生跨学院选课、实验中心的跨专业开放和实习基地建设，同时开设双语课程 2 门，构建多元开放的教学环境。将真实科研和工程实践项目以多途径、多形式引入课堂，形成教学与研究、实践的相互促进、共同发展，建设学产研共享教学平台。

3 革新的效果和意义

3.1 革新的应用效果

（1）学生培养质量不断提高，国际化、研究型人才培养模式已见成效。

新的人才培养体系极大地提高了人才培养质量。调查显示，同学专业兴趣浓厚，学生的综合素质得到全面发展，知识、能力结构得到系统优化，毕业生质量不断提高，深受用人单位好评，持续保持 100% 就业率。国际化程度显著提升，32% 的本科生拥有国际访学或短期交流的经历，37% 的本科生参加过国际联合工作坊。95% 的本科生有在省内外一流规划设计研究院实习工作的经历。100% 的本科生参加了方法论课程，15% 的本科生入选学院科研培育计划和拔尖人才计划。

（2）科教融合成果卓著，不断提升学院专业品牌形象。

2017 年 5 月，全国城乡规划教育评估专业教学质量督察组充分肯定了学校在国际教育交流、实习基地建设、设立拔尖人才计划等教学模式改革。

学生在全国竞赛中获奖不断创造佳绩，提升学院在专业院校内的知名度和影响力。全国城市设计作业评优竞赛 2011 年获得佳作奖 2 项，2013 年获得三等奖 1 项、佳作奖 1 项，2014 年获得三等奖 1 项，2015 年获得三等奖 2 项，2017 年获得二等奖、三等奖各 1 项；全国城乡社会综合实践调研报告课程作业评优竞赛 2011 年获得三等奖 1 项，2012 年获得三等奖 1 项、佳作奖 1 项，2013 年和 2014 年各获得佳作奖 1 项，2015 年获得二等奖 1 项，2017 年二等奖 1 项。

（3）国际化和境外办学在深度和广度上不断提高

依托国际联合实验室，与美国德克萨斯大学奥斯丁分校，澳大利亚昆斯兰大学，日本上智大学、金泽大学，意大利威尼斯建筑大学、巴厘大学建立了联合教学与人才培养；与丹麦哥本哈根大学签订合作办学协议，启动“4+1+1”计划，建立“本－硕连读”培养体系；加大与国内外知名院校之间的交流合作，分别与 6 所高校签订了教学合作框架协议；与意大利巴里理工大学、罗马第三大学、中国香港中文大学、中国台湾东海大学、天津大学等知名高校联合举办了一系列工作坊，参与学生达 100 余人次。

4 结语

当今，中国的社会、经济和文化正处于日新月异的发展阶段，积极开拓国际化的教育合作与交流，是适应全球一体化的形势发展需要的重要途径。国际化视野下的研究型城乡规划人才的培养体系探索与实践是培养高素质、具有国际化观念、创新意识、实践探索能力的优秀城乡规划人才的有效手段，有利于中国的城市规划教育与世界先进国家的城市规划教育体系接轨，有利于培养和造就具有国际先进水平的、高素质的、创新型与实践能力强的优秀城乡规划人才，以应对全球一体化下的社会、经济、文化发展的需要[2]。

主要参考文献

[1] 吴晓，阳建强．城市规划专业硕士研究生的教学体系初探——以东南大学建筑学院为例 [C]//《第二十五届全国研究生院工科研究生教育研讨会论文集》编委会．第二十五届全国研究生院工科研究生教育研讨会论文集．北京：中国石油大学出版社，2010.

[2] 赵之枫，戴俭，张建．城市规划专业国际合作教学的探索与实践 [C]// 全国高等学校城市规划专业指导委员会，同济大学建筑与城市规划学院．更好的规划教育・更美的城市生活——2010 全国高等学校城市规划专业指导委员会年会论文集．北京：中国建筑工业出版社，2010.

Exploration and Practice on the Cultivation System of Professional Talents in Urban and Rural Planning with an International Perspective

Peng Lin　Chen Xiaohui　Zhang Yanji

Abstract: The development of economic globalization promotes the strong demand for internationalized talents. All countries in the world are actively exploring and implementing the training strategy of internationalized talents. This paper discusses how to integrate the current teaching content and curriculum of urban and rural planning through the internationalization of the college, and to construct a rational, prominent, distinctive and coherent urban and rural planning teaching system.

Keywords: Reform in Education, Internationalization, Urban and Rural Planning

城乡规划专业 GIS 课程教学体系构建

肖少英　任彬彬

摘　要：在大数据时代GIS课程不仅是城乡规划专业的核心课程，更是城乡规划行业的重要技术平台。本文在分析城乡规划专业对GIS能力需求的基础上，梳理了教学环节、教学模块、教学内容、课程模式、GIS能力之间的关系，构建适于城乡规划专业的GIS课程教学体系，为培养学生GIS技能发挥重要作用。

关键词：城乡规划，GIS课程，教学体系

1　引言

大数据的快速发展对城乡规划工作带来的质的变化，也对规划师的数据分析处理能力提出更高的要求，而 GIS 作为一种分析和处理海量地理数据的通用技术[1]。近年来，GIS 在城市规划领域的应用由城乡规划成果管理层面拓展到城市规划方案设计层面，提升规划师对 GIS 的认知度。为了满足社会的需求，国内多数高校城乡规划专业已开设 GIS 相关课程，但是学生在设计方案过程中对 GIS 的使用率却不高，造成学生认为 CAD 比 GIS 更加重要的认知。在信息时代背景下，GIS 技术是规划师必须掌握的，因此需要对 GIS 课程教学体系的重新构建，以满足时代对城乡规划专业教育的要求。

2　城乡规划专业对 GIS 能力的要求

城乡规划层面从宏观到微观、规划类型繁杂，但在规划过程都涉及地理空间——规划范围，需要收集、处理、分析、展示大量与规划范围相关的空间数据和属性数据。从数据的角度看，城乡规划中就需要数据收集、数据处理、数据分析、数据可视化等过程，在不同阶段对 GIS 能力的要求都不同。本文结合作者的教学经验将城乡规划专业对 GIS 能力的需求总结为两大方面（图 1）。

2.1　理论认知能力

GIS 是一门交叉学科涉及众多，如测绘学、遥感学、计算机学、数学、统计学等学科领域[2，3]。GIS 具有复杂的理论知识体系和多样化的数据模型，学生若不对 GIS 课程理论基础知识进行扎实学习，在实践应用中就很难理解 GIS 软件参数和术语，从而降低 GIS 在规划设计工作中的应用能力。城乡规划专业对 GIS 的理论认知能力的要求是学生对 GIS 的基本理论和相应概念系统的理解能力，GIS 的理论认知能力是实践应用能力的基础，城乡规划专业学生必须具备对 GIS 理论认知能力。

为满足规划人员应用的基础上，城乡规划专业对 GIS 理论认知能力主要体现在四方面：GIS 基本原理、GIS 数据理论、空间坐标理论、空间分析理论（表 1）。其中，GIS 基本原理主要是让城乡规划专业的学生对

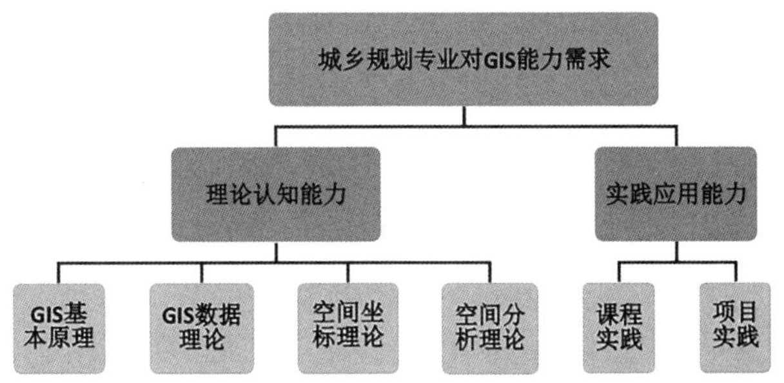

图 1　城乡规划专业对 GIS 课程需求框架图

肖少英：河北工业大学建筑与艺术设计学院讲师
任彬彬：河北工业大学建筑与艺术设计学院副教授

GIS 有初步认知，理解 GIS 与城乡规划的关系；GIS 数据理论是城乡规划工作的基础，学生应掌握 GIS 的数据结构特点，以及与城乡规划常用软件 CAD、PS、SU、Excel 等不同数据类型的区别与转换；空间坐标理论是 GIS 空间数据都涉及的内容，同时也是 GIS 软件应用必不可少的操作过程；空间分析理论是进行规划方案数字化决策的基础和方法。

城乡规划专业GIS理论教学环节　　表1

GIS 理论认知能力	主要内容
GIS 基本原理	GIS 的概念与组成、发展与现状、GIS 主要功能、GIS 应用领域
GIS 数据理论	矢量数据、栅格数据、属性数据、空间数据库、数据转换等
空间坐标理论	地理坐标、投影坐标、常用坐标系、坐标转换等
空间分析理论	叠加分析、缓冲区分析、网络分析、3D 分析等

2.2　实践应用能力

GIS 课程具有技术体系复杂、综合实践性强的特点[4, 5]，仅凭课堂理论教学过程就使学生娴熟掌握 GIS 的实践技术是不可能的。因此，实践教学过程对培养学生实践能力和理论知识应用能力是不过缺少的关键环节。为了在有限的课时内保证高质量的完成实践教学，本文从 GIS 实践类型、实践模块、GIS 实践能力、GIS 实践模式等方面进行研究（表 2）。

城乡规划专业 GIS 实践操作的目的是让学生能够利用 GIS 进行空间分析，辅助规划设计。围绕这一实践教学目标，实践教学环节由浅至深形成“2433”实践教学体系，即两类实践类型 + 四个实践模块 + 三大实践能力 + 三种实践模式。

城乡规划专业GIS实践教学环节　　表2

实践类型	实践模块	GIS 实践能力	实践模式
课程实践	基本上机实践	GIS 基本动手技能	理论 + 演示
	目标导向实践	基本专业应用技能	演示 + 实践
项目实践	工程项目实践	创新思维及项目实践能力	项目 + 实践
	科研项目实践		

实践类型

为进一步提升学生的理论认知能力，增强学生对 GIS 的感性认识和创新运用能力，将 GIS 实践环节分为两种类型：课程实践类型和项目实践类型。

1）课程实践类型

课程实践类型包括基本上机模块、目标导向实践模块，上机操作难度低，简单易掌握。基本上机模块采用理论教学与上机演示相结合的实践模式；目标导向实践模块是以城乡规划工作过程通用的空间分析方法和模型为实践目标，主要涉及矢量空间分析模块、栅格空间分析模块、3D 分析模块、网络空间分析模块等内容，通过对目标导向实践模块的练习，学生能更加深刻认识到 GIS 对城乡规划设计工作的重要性和应用价值。通过对课程实践类型所涉及实践内容（表 3）的练习，可以培养城乡规划专业学生对 GIS 技术的基本动手实践能力和一般专业应用能力。

课程实践类型的教学内容　　表3

实践类型	实践模块	实践教学内容
课程实践	基本上机实践	ArcGIS10.2 基础操作、创建地图文档、加载 CAD 数据、创建 GIS 数据、编辑数据、符号化表达数据、制作完整的图纸
	目标导向上机实践	现状容积率统计、城市用地适用性评价、3D 场景模拟、地形分析和构建、景观视域分析、交通网络分析

2）项目实践类型

为培养学生的创新思维，提升 GIS 的实践层次，实现学生对 GIS 实践内容自主创新，需要在 GIS 实践教学过程中结合具体应用项目（科研项目或工程项目）。本校项目实践类型的实施主要是通过城乡智慧空间效能开放实验室和教师团队的科研或工程项目的结合来完成，也有部分学生是结合大学生创新项目。把学生按组编入科研团队，由教师网上下发任务，从数据采集到数据处理、空间分析及数据可视化等一系列工作，形成工作流由学生团队分工合作完成，整个过程教师要及时地予以指导把控。通过参与项目实践训练可有效提升学生创新意识，培养团队合作精神，增强多种信息技术的交叉综合应用实践能力，项目实践类型的具体实践项目和内容见表 4。

学生通过参与项目实践可把课程实践过程所学的ArcGIS的操作技术与具体项目需求结合矢量、栅格数据结构进行综合空间决策分析，不断拓展GIS在城乡规划领域的应用。

项目实践类型的教学内容　　表4

实践类型	实践模块	实践项目	GIS实践内容
项目实践	科研（工程）项目实践	生态敏感性村庄的改造策略、传统村落保护与发展研究、社区防灾空间评价研究	矢量数据空间分析方法、栅格数据空间分析方法、空间数据互操作、三维分析
	设计课程实践	城市设计课程、总体规划课程、控制性详细规划课程	

2.3　城乡规划专业GIS课程教学体系构建

随着大数据和信息时代的来临，以建筑学的学科体系为基础发展起来的城乡规划专业的知识结构和职业诉求已远超出建筑学的范围。GIS作为一种强有力的空间数据分析技术，在城乡规划专业的地位日益重要。由于GIS是一门实践性很强的课程，如何使GIS理论知识与GIS实践紧密结合，是城乡规划专业GIS课程的教学体系构架的关键。本文通过教学环节、课程类型、课程模块、课程模式、GIS能力等方面构建城乡规划专业GIS课程教学体系（图2）。通过理论与实践两大教学环节，构建多个教学模块，每个教学模块所涉及教学内容由浅至深形成逻辑递进关系，结合具体教学模块形成理论讲授、理论与演示相结合、演示与实践、项目与实践结合等不同教学模式，以激发学生的学习积极性，使学生对GIS能力的掌握也由基本动手技能——基本专业对技能——高级项目创新实践能力等三个能力层级。

城乡规划专业对GIS课程的要求除与GIS课程教学体系有关外，还会受到课程开设学期和课程学时的影响。一般要把GIS课程开设在高年级阶段，这样才能把GIS技术融入所学设计课程中。同时，GIS课程学时设置合理与否是学生在有限时间内掌握GIS技术的基本时间保障，目前作者所在学校就存在重理论轻实践的学时分配问题，从而造成学生对GIS实践技术理解掌握较差，不能把课上实践练习内容完全吸收，更不可能灵活运用到具体工程项目中。

3　结语

大数据的时代背景下GIS已成为城乡规划行业的重要技术手段，为培养出更加优秀的规划人才，本文在多

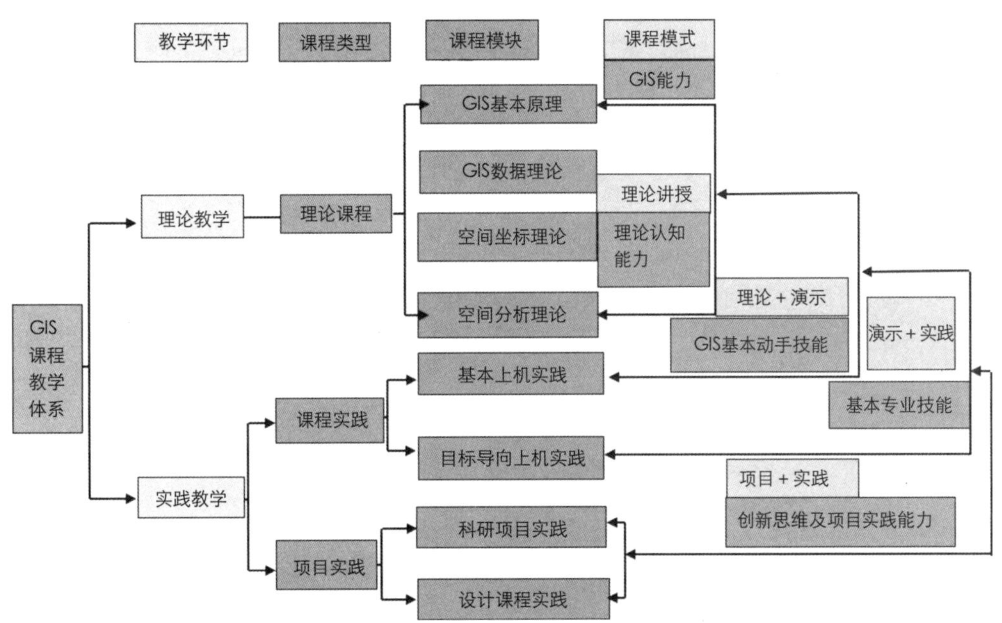

图2　城乡规划专业GIS课程教学体系框架图

年教学改革基础上，针对城乡规划专业对GIS能力需求，从教学环节、课程类型、教学模块、教学内容、课程模式、GIS能力等多方面构建了城乡规划专业GIS课程教学体系，以实现城乡规划专业学生对GIS理论知识、基本技能、创新应用能力的全面提升。

主要参考文献

［1］ 汪洋，赵万民．高校城市规划专业高校城市规划专业GIS应用需求与课程设计应用需求与课程设计[J]. 规划师，2013（2）：105-108.

［2］ 郑贵洲，王琪，晁怡，等．GIS专业人才培养的实践教学体系构建[J]. 测绘科学，2014（9）：148-152.

［3］ 党安荣，刘钊，贾海峰．面向应用的高校GIS教学探索与实践[J]. 地理信息世界，2007（4）：9-14.

［4］ 付晖，付广，李婉萍．高校风景园林专业GIS应用需求及教学体系设计研究[J]. 测绘与空间地理信息，2016（12）：19-21.

［5］ 刘艳艳，娆漪颖，吴大放，等．基于GIS的《土地利用规划学》实验教学改革及实践技能培养分析[J]. 教育教学论坛，2017（4）：116-120.

Construction of GIS Course System for Speciality of Urban and Rural Planning

Xiao Shaoying　Ren Binbin

Abstract: In the period of big data，GIS curriculum is not only the core course of urban and rural planning，but also the important technical platform of urban and rural planning industry. On the basis of the requirement of GIS ability of urban and rural planning speciality，the authors combed the relationship between teaching link，teaching module，teaching content，curriculum model and GIS ability，and constructed the GIS teaching system suitable for the students of urban and rural planning specialty which plays an important role in cultivating students' GIS skills.

Keywords: Urban and Rural Planning，Gis Curriculum，Teaching System

校企共建平台促进产学研深度融合的意义与实践

袁　犁　赵春容

摘　要：在高校的专业教育中，开展对专业理论学习与教学的检验和实践，课程实践与教学实习是必不可少的实践性教学环节。为了结合各环节专业实践教学的有效进行，通常需要在校外建立固定的专业实习基地，以避免实践盲区，使教学更为稳定和更具专业针对性。然而，在长期的教学实践中，实践环节总是局限于单一、表象、形式的层面上，仅仅表现为学生自己单方面的走出去再回来，很难从多角度、多方位将学习与实践有机组合起来，从而实现产、学、研三者之间的有效结合。为此，在切实建立校外专业实习基地的基础之上，再进一步通过培养方案教学计划外的课外实践活动基地建设，实现同一时空（即一届培养时间内的校内外不同地方）且一体化的“产学研”深度融合方式，探索一条走出去也引进来的校企共同搭建实践平台的科学发展思路，以此促进学校与企业、教师与学生、教学与科研多方的协同和共赢，促进地方与院校共同的发展。

关键词：校企共建，产学研平台，深度融合，实践教学

1　引言

坚持科学发展，深化教育改革，不仅要学习相关教育理论，还必须通过科学的实践行为，才可体现真正的科学发展思想。在高校专业教学中，专业的实践和实习，是必不可少的重要实践教学环节。我们应该在专业教学中，不断深化理论与实践的结合，切实加强校外实践与实习基地建设；更要实行特殊的理论与实践结合方式，切实而深入地促进学习、生产、科研三者的有机结合，才能真正实现优秀专业人才的培养目标。

2　实习基地与实践平台建设的意义

教学实践和实习，是高校专业教育中的重要环节，也是一种常规化的教学方式和方法。即让学生在经过一定的专业理论学习之后，对照或结合开展一些不同学习单元或阶段性的实验与设计等时间的实践性学习，如单元实验课、课程设计、认识实习、生产实习、毕业实习和毕业设计等。对于一些实践时间较长的课程，如生产实习或毕业实习和设计等环节，往往就是带学生或让学生自己走出去到生产单位开展专业实践学习。比如，城市规划专业的学生，就是进到一些规划设计院或设计公司以及一些规划管理部门开展生产实习和毕业实习。因此，为了获得一个较稳定的实习场所，往往采取在校外与规划设计单位建立一个实习基地的形式来开展教学实践工作，也聘请当地规划单位的专家和工程师们担任校外实习指导老师，参与教学的共同指导。于是，各高校均结合自己的专业实际，建立了一定数量的许多校外实习基地，一方面实现了自己建立校外专业实践基地的目标，作为教学检查与教学评估所要求的重要佐证；另一方面，确实也起到了一定的理论与实践的教学基地的作用，解决了学生们进行专业实习所需要的固定场所。

例如，我校城市规划专业学生的专业实习，由于人数较多，生产单位接纳人数有限，十多年来，建立教学实习基地20余处，它们的确在教学实践中起到了重要的作用。不过，尽管实习基地数量上可以很多。但真实意义上的实习基地却寥寥无几，大多只有其名而没有实质性的发展。一般情况都是学生需要实习的时候舞蹈实习基地，学习结束就回学校。这可以说是最为简单、常

袁　犁：西南科技大学土木工程与建筑学院教授
赵春容：西南科技大学土木工程与建筑学院副教授

见而且直接的实习方式和实践过程了。

从我们建立的如此多的校外实习基地来看，真正能够实质对待和满足的教学实践的基地屈指可数。而且我们认为，实习基地不能仅仅是单纯的接纳学生到单位类似上班一样做事情这么简单，而是要从实践教育、学习生活等各方面有真正含义的基地建设体系，比如免费的住宿、食堂，一对一的帮扶和指导。我们就建设了这么一个完整模式的校外教学实习基地，切实做到了教学指导、生活安排一体化的基地建设。每学期定时接纳一定数量的学生到基地实习。例如，重庆某规划设计研究院是一个具有甲级纸质的规划设计研究院，也是一所综合性很强的规划设计院，下设有建筑设计、市政工程、城乡规划、研究所、地理信息、大数据研究等部门，员工约有100人之多。该院于2012年正式与我们学校城乡规划专业一起建立了校外实习基地，从此每年都有一定数量学生前往进行教学实习。自那以后，由于双方的努力，基地建设不断得到深化与发展。数年后，基地专门发展建设了满足教学实习的宿舍和食堂，可以同时接纳20–30名学生前去实习。实习期间，还专门组织安排业务学习和专业讲座,学生被分配到各个部门实行一对一的指导。因此，每年的实习实践以及暑假，都有20名左右的本科学生和硕士研究生前去进行教学实践，使得他们得到了切实的实践锻炼。

然而，随着到高校教学改革的不断深化，特别是社会上对综合性专业人才的需求，我们认为，仅仅依靠这种常规而且单一的教学实习方法，还难以培养综合型的专业人才，也缺乏教学与实践的持续性和综合性。因此我们不断地进行对实践性教学深度融合的摸索与实践，提出校企共建“产学研”实践平台的设想：即学校在与校外规划设计院等在校外实习基地建设规模发展基础上，进一步深化合作，在学校与企业、教师与学生、教学与科研等几方面，实行产学研共享共融的深度融合模式，利用科研促教学，教师帮学生，教学助生产，通过在校内建立一个实践平台（如工作站或工作室），开展与单位共同合作科研，聘请校外导师进入学校讲学和兼职硕士生导师，导师工作室接纳学生进入参加项目锻炼，学生进入企业（规划院）单位开展实践活动等多种形式，连续的、长期的、一时空一体化的合作模式，以充分保证实践教学过程中连续性和完整性，只有这样才能全面培养综合性专业人才，并具有十分重要的意义。目前，我们共同建立的这样一个共建平台已经显现出了十分明显的效果，同时培养人才的成绩也十分显著。这充分说明，这种共建平台的合作方式，即是高校专业实践性环节校企开展深度融合的显著成效和重要的作用和意义。

3 校企产学研深度融合的形式和绩效

通过探索，我们认为共建平台共融模式，需要同时采取建立校外教学实习基地、校外课外实践基地以及校内共建实践平台，即从教学计划中的教学实习、课外活动中的训练实践以及共建平台三个方面同时进行深入融合，建设形成一个实践链条的整体。这样才能有效地实现整合课内课外、统一时空阶段、连续教学过程，极大地提高了教学和科研效率和学生学习实践的连续性，更可促进学校与企业、教师与学生、教学与科研多方的协同和共赢。而这种产、学、研融合的内容，包括了教学互动、科研项目合作、生产实践等方面。

以我们城乡规划专业为例。城乡规划专业学习与实践内容，具有很强的综合性，知识面非常宽泛，从实地走访调查、测量、室内整理分析到规划与设计制图，每个阶段都具有学习更新、分析研究，并与生产紧密结合的特点。因此，在城乡规划专业建设过程中，切实地结合产、学、研的各个环节，走理论与实践，学习与研究的科学发展之路，必将实现三位一体的共赢。通过学校与地方的相关产业进行专业对口合作，既有利于我们专业教学和科研平台的搭建，也有益于地方企业的更新和发展。产、学、研三位一体的有机结合，必将切实地使高校的专业人才培养目标得以实现。

3.1 地方需要新理论新技术的更新指导

地方一些与城乡规划相关的企事业单位，在经过数年的经济发展后，随着国家的长远发展规划的出台，面临着转型、深化、改造等形势。如产业调整，经济转型，规划建设，旧城改造等。他们需要更好的发展，就必然需要新的知识的更新和科学指导与决策，因此，离不开与科研院校进行技术合作，以便开展科学地规划与设计。高校是专门进行专业理论知识学习和更新的场所，教学与研究不断地追索世界的研究前沿，不断地充实新的专业理论。地方生产单位也为此力求与高校开展技术合作研究，共谋产业不断地发展之路。

3.2 教学需要理论与实践的结合

专业教学，离不开专业理论基础的学习，也离不开教学实践的环节。理论必须与实践相结合，才能真正认识事物的特性和本质，才能真正检验理论学习的成果。只有通过实习实践。才能够学以致用，提高实际动手和研究能力。建立“产学研”实践平台，不仅仅克服了以往实习基地走过场，重形式，想来就来，看看就走的局面，而且在能够切实学习实践东西的同时，还跟着专业导师参与实践平台延续性的科学研究和设计项目；还能直接参与和帮助生产单位开发建设。双方都能从中获得更大更多的经济效益和社会效益。

3.3 项目研究需要校内外基地和平台以及研究内容

进行专业项目研究，需要有研究内容和地方的实际支撑。建立“产学研”实践基地和平台对于地方和学校来讲，无疑为一项切实可行的科学发展思路。当然选择适宜的实践平台不能盲目和走形式，必须要真正选择符合三者利益的条件和实践基地。实践基地和平台要充分具备教学、科研和生产的三方面需要。传统意义上的“教学实习基地”建设，一般仅仅单方面偏重于对学生理论与实践结合的满足，至于对生产单位的发展、知识更新和合作研究开发，往往使双方的科研合作与相互影响和促进显得关系不甚紧密而留有空白。因此，寻求既能满足学生理论联系实际的校外实习基地，又能不断地具备和产生校内外结合且进行科学研究课题和内容的校内共建研究平台，还能直接将其研究成果和实习内容完全融于生产单位的发展与需要，甚至参与到他们的规划、发展和建设的工作之中，学生还能在校内随时进入到实践平台进行“实战训练”，尽显其“产学研”三者相结合的科学性和发展性，也是高校专业教育的教学目标和教学质量的可靠保证。

4 产学研基地建设实践

生产促教学，教学助科研，科研促生产。这种“产学研结合平台”形式的有机结合思路，充分反映三者之间的关系是相互促进，相互影响，相互发展。建立“产学研”的科学发展的建设平台，无疑对地方、学校的生产和教学研究都是双赢。从而还能促进相互事业的健康发展，形成相互发展的良性循环。

2011 年，我们学校与规划设计研究院建立了一处校外实习基地。七年来，每年都坚持选派约 20 名学生前往实习基地开展专业实习或课外实践。规划院为了共建实习与实践基地，逐渐投入建设并满足了接纳 20 名实习学生的免费食宿条件，同时为单位选拔培养了不少优秀人才。7 年来共通过考核招聘毕业生 11 人就业，聘请学校高级职称导师担任规划院专业顾问，规划院中的教授级高级工程师有 2 人也被聘为学校的硕士研究生导师。

2016 年春，学校与规划设计研究院在六年校外基地建设完善基础之上，开始转变“学校走出去，还要引进来”的深度融合方式，在学校正式挂牌建立了校企合作平台“规划设计工作站”并随即开展工作。仅仅 2 年多时间，“工作站”的成绩十分显著，共吸纳本科 2–4 年级学生 30 余名，每年都有双方导师的数名硕士研究生和 10 名本科学生不断连续地交替加入。2 年来，共建“工作站”平台联合培养与指导硕士研究生 12 名；保送硕士研究生 3 名，考上硕士研究生 4 人，招聘到本规划设计研究院就业学生 7 人，工作站的学生毕业去优秀企业的就业率达 100%；规划院校外实习基地 2 年内共接纳学生实习 38 名；共同合作立项并完成科研项目 2 项，正在进行课题研究项目 1 项，双方合作研究共同出版研究专著 1 部；利用平台完成新村规划 57 项，景观设计 3 项，本科学生共发表学术论文 10 篇，本科学生有 4 人次参与科研出版专著 3 部，初步实现了学校企业的共享共赢的成效。我们拟通过让这一平台，吸纳优秀的专业学生进入到校企共建平台参加专业实践和实习训练，切实展开与深入该模式的探索与实践，我们计划通过数年时间的探索实践，总结参与基地实践的学生实践内容和效果以及校企合作的工作绩效，并逐步树立一个可行的模式，同时为今后继续开展相关探索提供依据。引导建立更多的校外实践基地和平台建设，并探索这种模式是否能满足实习和就业的途径；是否能适应新形势下的高校专业教学实践要求；通过这种有利于学生成长探索途径，更有效地培养综合性的优质专业人才。

5 结语

“产学研实践平台”的搭建，显现出高校专业教学科研中优越的科学性和发展性。生产单位得到了教学和科学研究带来的科学指导；教学实践有了理论与实践相分结合的实际学习内容和感性认识以及锻炼的机会；科学研究具备了生产单位提供的研究地域平台和不断地研究内容，同时还能得到生产单位的支持。这种实践基地建设，符合科学发展观的思路，符合地方、学校乃至老师和学生的共同利益和愿望。也符合真正的教学思想和科学的教学规律，值得不断地发展和提倡。

主要参考文献

［1］袁犁．城市规划专业非实践教学环节内容与方法思考［C］//中国城市规划学会，全国高等学校城市规划专业指导委员会，西安建筑科技大学．站点·2010：全国城市规划专业基础教学研讨会论文集［C］．北京：中国建筑工业出版社，2010.

The Significance and Practice Of Building a Platform for Schools and Enterprises to Promote the Depth Integration of Industry, University and Research Institutes

Yuan Li　Zhao Chunrong

Abstract: In professional education in colleges and universities, the development of professional theoretical study and test and practice of teaching, curriculum practice and the practical teaching link of practice teaching is necessary. For the sake of all kinds of professional practice teaching effectively, usually need to create a fixed professional practice base outside school, in order to avoid blind spot practice, make teaching a more stable and more targeted. However, in the long-term teaching practice, the practice is always confined to a single, and on the surface of the formalization level, simply reflect the student individual unilaterally go out and practice to go back to school, it is difficult to from multi-angle, multi-dimensional will learn and practice of organic combination, so as to realize the effective combination of production, learning and research three aspects.Therefore, in the real off-campus internship base, is established by further training scheme and teaching plan of extracurricular practice base construction, to achieve the same time and space both within and outside the school and the integration of the integration of a "production, learning and research" depth fusion, to enterprises to explore a will also be able to introduce school of school and enterprise jointly construct platform for practice of scientific development thought, to promote the school and enterprise, teachers and students, teaching and scientific research of multi-party cooperative and win-win, promote the development of place together with the universities and colleges.

Keywords: School Construction Together with the Enterprise, the Production and the Teaching and Scientific Research Platform, the Depth of the Fusion, the Practice Teaching

"双一流"背景下建筑大类城乡规划教育的改革与思考 —— 以四川大学城乡规划本科培养方案为例

成受明　周　波

摘　要：在双一流大学建设正如火如荼地展开中，四川大学也进入双一流大学建设阶段，依据2017年四川大学双一流建设方案城乡规划开始实行建筑大类招生。本文在双一流大学建设背景下，分析了建筑大类招生的城乡规划培养方案的改革背景，探寻改革思路和主要内容，寻求建筑大类城乡规划专业的办学特色。

关键词：城乡规划，培养方案，双一流，建筑大类

1　建筑大类的改革背景

1.1　建筑大类的历史沿革

四川大学城乡规划自2001年开始本科招生，自办学以来在建筑大类和城乡规划独立培养方案之间历经摇摆，每次改变都受到国家层面学科改革和学校层面综合型大学教学改革的深刻影响。2001-2007年为城市规划独立培养的阶段，此时城市规划为二级学科，正处于全国学科和专业蓬勃发展的阶段，专业与学科发展有较大的自主权。2008-2011年为建筑大类招生阶段，四川大学实施推进"323+X"[1]创新人才培养计划，在全校自上而下实施大类招生，在大学低段（一二年级）实施通识教育。2012-2016年再次进入城乡规划独立培养的阶段，改革的背景是建筑学、城乡规划和风景园林分别成为一级学科，四川大学建筑学和城乡规划进入本科专业评估的阶段。《学位授予和人才培养学科目录》（2011年）新增城乡规划学为一级学科[2]。建筑学、城乡规划和风景园林依据《学位授予和人才培养学科目录》和各专业评估的要求，自下而上地争取到了各专业独立培养，取消建筑大类。2017年至今又回转为建筑大类培养模式，改革背景是双一流大学建设，综合型大学进入专业与学科整合阶段，城乡规划接受了又一次自上而下的培养方案的改革。不禁令人感叹天下事分久必合，合久必分。城乡规划培养模式的历次变革有主动型也有被动适应型，以管窥豹也正反射出追赶型高校教育改革的嬗变。

1.2　双一流大学建设的新要求

2016年6月，在高校中实施多年的"211""985"工程正式成为过去，作为对接的《统筹推进世界一流大学和一流学科建设的通体方案》（简称《方案》）提出了2020年、2030年和21世纪中叶的"双一流"大学建设分阶段目标。

2017年《四川大学世界一流大学建设方案》正式发布，四川大学进入世界一流大学的建设实施阶段。2018年发布的《四川大学世界一流大学实施方案》提出了总体目标与三步走战略，推进"十个一流"建设与"4+1"学科体系建设。

双一流大学建设既是城乡规划专业发展契机，有面临巨大挑战。城乡规划迎来了一个更高更好的发展平台，但同时也面临来自全国层面城乡规划办学的激烈竞争和学校层面的不同专业和学科之间发展空间的激烈竞争。

成受明：四川大学建筑与环境学院建筑系讲师
周　波：四川大学建筑与环境学院建筑系教授

---

❶ 四川大学"323+X"本科创新人才培养模式：三大类创新人才培养体系（综合性创新人才、拔尖创新人才、"双特生"人才），两个阶段（"通识教育和专业基础教育"阶段与"个性化教育"阶段），三大类课程体系（学术研究型课程体系、创新探索型课程体系和实践应用型课程体系），以及十二项创新人才培养的改革创新举措。

❷ 资料来源:《增设"城乡规划学"为一级学科论证报告》。

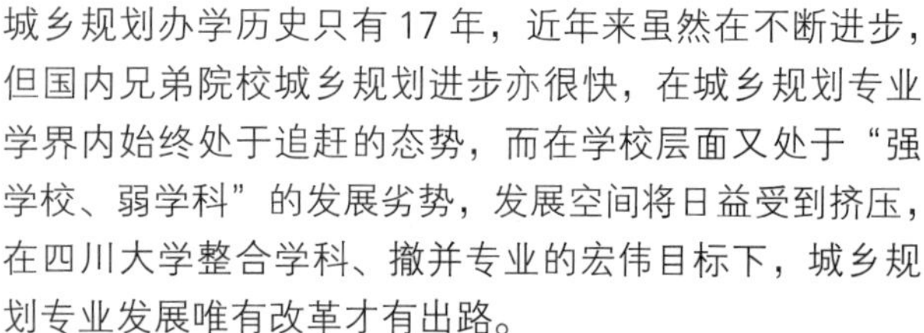

城乡规划办学历史只有 17 年，近年来虽然在不断进步，但国内兄弟院校城乡规划进步亦很快，在城乡规划专业学界内始终处于追赶的态势，而在学校层面又处于“强学校、弱学科”的发展劣势，发展空间将日益受到挤压，在四川大学整合学科、撤并专业的宏伟目标下，城乡规划专业发展唯有改革才有出路。

2 建筑大类培养方案的改革思路

2.1 整合资源，共建建筑大类平台

在吴良镛先生“三位一体”人居环境学科建设的倡议下，发挥建环学院学科门类齐全的特点，建构城乡规划与建筑学、风景园林相互配合的建筑大类基础教学平台，夯实工程基础教育，实现教学资源的优化与共享。

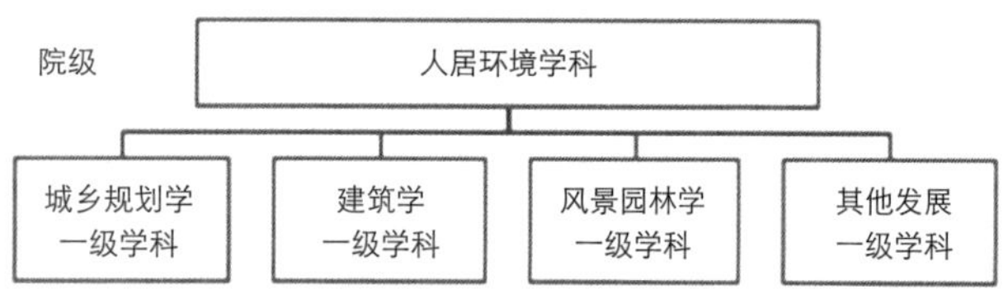

资料来源：《增设“城乡规划学”为一级学科论证报告》，国务院学位委员办公室、住房和城乡建设部人事司

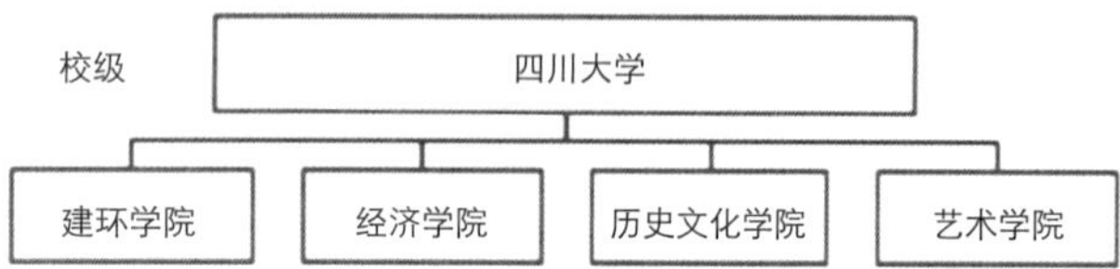

2.2 通识教育，优化城乡规划个性化培养

通识教育基础上的个性化培养：通识教育在本科前半段（一二年级），即通识教育阶段，主要进行基础课和专业基础课教育，夯实建筑设计基础、美学教育、工程教育;个性化培养在后半段（三至五年级），根据学生的发展、成长需要，优化城乡规划专业教育，以法定规划类型教学为主，分类开展大学生学术研究、创新创业、实践应用的教育，加强大学生的创新、创业、就业能力教育。

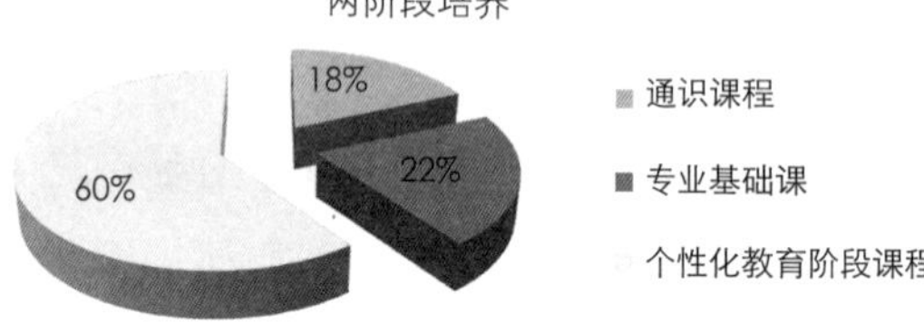

2.3 方法教学，拓展思维创新

强化城乡规划技术方法的学习，增强城市规划技术内容，包括城乡规划的定性与定量方法和相关学科的技术方法等。城市规划技术和方法包括城市社会调查方法、地理信息系统、城市环境分析技术、计算机辅助规划设计技术等；相关学科技术方法包括环境影响评估、规划项目评估方法等。

强化学生的创新意识、实践能力以及综合素质，促进大学生“进实验室、进课题组、进科研团队”，鼓励学生通过参加学校认可的各类竞赛、科研训练计划、技能训练等活动。

2.4 借势一流大学，创建综合办学特色

借势四川大学世界一流大学建设的机遇和前所未有的资源投入，城乡规划宜抓住机遇，发挥后发优势，吸纳优秀的城乡规划师资人员，理顺城乡规划教学体系，立足西部，放眼国际，找准办学定位和办学特色。

我系城乡规划依托建筑学办学，一直在追随老八校的办学模式，不差异化办学很难在高手林立的规划院校中找准位置；四川大学为全国综合性重点大学，能够提供良好的多学科交叉平台；发挥综合院校的优势，扬长避短，找到合理办学方式，建立自己的学科特色。

各规划院校学科发展的侧重点　　表1

	专业性院校	综合性院校
重点院校	发挥传统规划教育优势，采纳现代科技成就，实现规划技术集成与更新，强调国际交流	发挥多学科交叉和综合研究优势，实现规划技术创新，强调国际交流
一般院校	职业设计人才的培育，强调校际交流	职业管理及其他人才的培育，强调校际交流

3 建筑大类培养方案的主要内容

3.1 城乡规划专业“两阶段”培养过程

2017 级本科生培养方案是依据高等学校城乡本科指导性专业规范，在推进素质教育、建筑大类招生、改革教师教育培养模式的背景下修订的，实施建筑通识教育与城乡规划专业教育两阶段。前一阶段为大学 1–2 年级，后一阶段为大学 3–5 年级。

2017年建筑大类与2015城乡规划培养方案学时学分构成对比 **表2**

两阶段教育	课程类别	2017 培养方案			2015 培养方案		
		课程门数	总学分	总学时	课程门数	总学分	总学时
通识和专业基础教育	通识课程	至少 35 门	至少 44	至少 704	至少 35 门	至少 44	至少 704
	专业基础课程	20	80	1280	19	50	800
专业个性化教育阶段	专业理论课	24	62	992	27	82	1312
	实践环节	15	47	752	15	61	976
合计		94	233	3728	95	237	3792

2017 年必修选修及学分分配

必修选修课比例

23% 77% ■ 必修课程

学分分配

20% 18% 27% 34% ■ 通识课程

2015 年必修选修及学分分配

必修选修课比例

33% 67% ■ 必修课程

学分分配

26% 18% 34% 22% ■ 通识课程

2017 年建筑大类培养方案的改革更加侧重对学生的专业基础素养的培养，共同构筑建筑大平台课程体系，从学分分布来看，通识教育与专业基础课程增长了 10 个百分点，选修课占比增长了 10 个百分比，部分专业课程开始向低段教学阶段下沉。这是一个更加务实的教改方向，注重夯实基础，增加学生出口方向的可能性，培养卓越工程实践型人才与创新研究型人才相结合，学生经过在低段通识基础教育的宽口径培养后，可以在高段个性化专业化教育确定自己未来的方向和发展路径。

3.2 城乡规划的培养方案

从 2017 培养方案的课程构成中，可以看出增加了在低段教育建筑基础教育的课程，例如建筑构造、建筑材料等，增加参数化设计的课程训练，例如，BIM 设计基础、数字化设计基础，为高段城乡规划专业教育运用参数化设计的提供技术支撑。将原来高段的原理教学（建筑设计原理、景观设计原理、城乡规划原理）和历史类教学（中外建筑史、城市建设史、景观建筑史）下沉，在低段进行通识性的教学，拓宽学生知识面，夯实建筑大类的基础教学。

4 对建筑大类培养方案的思考

4.1 保持高段教学的持续性非常重要

四川大学城乡规划培养模式历经城乡规划 – 建筑大类 – 城乡规划 – 建筑大类的改革，分分合合，既有内生性自下而上的改革，也有外生性自上而下的改革，尽管我们非常希望有一个稳定的可持续的培养模式，但处在改革的激流勇进中不进则退，所以只有主动做出调整以适应来自内部和外部的变化，保证城乡规划法定规划体系和城乡规划核心课程的教学稳定，在强化工程属性还是强化人文社会属性两端保持一定的弹性和韧性。虽然培养模式在不停改革之中，城乡规划专业教学质量还是在不断提升，从毕业学生中出国和深造学生的去向选择来看，选择设计方向和人文规划方向基本对等。所以不管低段教学如何改革，保持高段城乡规划教学的核心内容的持续性和稳定性非常重要。

4.2 广泛的通识教育助力学生未来多元化发展

未来社会的发展日益多元化，人们也有不再执着于一份职业的趋势，尤其 90 后和 00 后们，其择业观会发

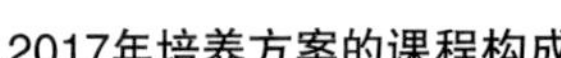

2017年培养方案的课程构成 **表3**

	课程属性	课程名称	课程门数	总学分
通识课程	必修	思想道德修养与法律基础中国近现代史纲要马克思主义基本原理毛泽东思想、邓小平理论和“三个代表”重要思想概论大学英语（综合）-1 大学英语（口语）-1 大学英语（阅读与翻译）-2 大学英语（口语）-2 大学英语（创意阅读）-3 大学英语（创意阅读）-4 军事理论军训体育 -1 体育 -2 体育 -3 体育 -4 形势与政策 -1 形势与政策 -2 形势与政策 -3 形势与政策 -4 形势与政策 -5 形势与政策 -6 形势与政策 -7 形势与政策 -8 中华文化（文学篇） 中华文化（历史篇）中华文化（哲学篇）大学计算机基础大学生心理健康新生研讨课	33	44 （其中包含中华文化三选一）
	选修	由学生任选学校公共任选课		至少 6 学分
专业基础课程	必修	美术 -1　美术 -2　设计基础 -1　城市与建设史　BIM 设计基础设计基础 -2　建筑制图　建筑设计 -1　建筑设计 -2　设计构成　基础　设计原理	11	51
	选修	微积分（Ⅱ）-1　建筑概论　建筑材料　建筑构造 -1　环境行为学　表现技法　数字化设计基础　建筑力学 -1　建筑力学 -2	9	24
专业理论课（含课带实验课程）	必修	城市规划原理 -1　城市建设史　地理信息系统　城市道路与交通　城市规划原理 -2　城市规划管理与法规　城市设计概论　城市工程系统规划　城市生态与环境保护城市规划设计 -1 城市规划设计 -2	12	37
	选修	场地设计　城市经济学　西方现代规划思潮（英）　城市地理学　城市社会学　区域规划　城市规划分析方法　规划师职业教育　村镇规划原理　景观生态学　城市园林与绿地系统规划城市历史与文化保护规划　城乡综合防灾规划	14	25
实践环节	必修	美术实习 -1　美术实习 -2　历史建筑测绘实习　BIM 设计集中周　创新创业教育　认知实习　城乡社会综合调查　乡村规划设计集中周　城市设计竞赛集中周　城市规划设计 -3　城市规划设计 -4　规划业务实践　毕业实习（城规）　毕业设计（城规）	15	47
总计			94	233

生很大的改变，更趋向于个人兴趣选择和职业的多元化与跨界执业。而对于科学研究来说，大学生在本科教育阶段应该有广泛涉猎，明白自己的研究兴趣和自身特长非常重要。建筑大类的城乡规划培养模式可以为学生未来多元化的选择提供更多的可能性和打下综合而广泛的知识基础。

主要参考文献

[1] 刘尧．“双一流”建设评估困境何以突破——从全国第四轮学科评估结果引起舆论风波谈起 [J]. 江汉大学学报（社会科学版），2018（2）：94-99.

[2] 张笑予，冯东．“双一流”研究的热点领域与主题演进——基于 CNKI（1992—2017 年）的文献计量与知识图谱分析 [J]. 重庆高教研究，2018（2）.

[3] 李小敏．“双一流”建设的困境与出路——基于渐进决策模式的分析 [J]. 科教导刊（下旬），2017（4）.

[4] 王世福，车乐，刘铮．学科属性辨析视角下的城乡规划教学改革思考 [J]. 城市建筑，2017（30）.

[5] 郭炎，唐鑫磊．城乡规划转型背景下的教学改革应对 [J]. 教育现代化，2016（33）.

[6] 雷诚，毛媛媛．强化工具理性的城乡规划思维训练体系探索与实践 [J]. 规划师，2017（8）：138-143.

[7] 王志远，廖建军，李涛．以市场需求为导向的五年制城乡规划专业本科教学方法体系构建 [J]. 教育现代化，2017（39）.

[8] 徐煜辉，孙国春．重庆大学城乡规划学科教学体系创新与改革探索 [J]. 规划师，2012（9）：11-16.

Discussion on the Teaching System of Urban and Rural Planning in Large Categories of Architecture Under the "Double First-Class" university project

Cheng Shouming　Zhou Bo

Abstract: In the construction of double first-class universities, Sichuan University has also entered the construction stage of double first-class universities. According to the background, urban and rural planning begin to enroll large categories of architecture. This paper analyzes the background of the teaching system reform, explores the ideas and main contents of the reform, and seeks the characteristics of the major.

Keywords: Urban and Rural Planning, Double First-Class, the Teaching System Reform, Large Categories of Architecture

学科交叉 · 理工融合 · 协同共享 · 交通特色
—— 城乡规划本科人才培养的“新工科”创新发展实践探索

刘　畅　喻歆植　何锦峰　董莉莉

摘　要：人才培养方案是实现人才培养目标，保证人才培养质量的基础性、纲领性文件，也是教学组织、教学管理、质量监控、教师教学、学生学习的主要依据。为了适应新时代高等教育内涵发展的新要求，落实本科教学工作审核评估整改要求，进一步深化本科教育教学改革，构建特色鲜明、优势突出的本科人才培养体系，提高本科教育教学和人才培养质量，我校按照“新工科”的建设要求，遵循“学科交叉·理工融合·协同共享·交通特色”的修订原则，在“摸门道—找差距—明定位—拟路径”的大量前期研究工作的基础上，组织完成了 2018 年城乡规划专业本科人才培养方案的修订工作。作为一所具有悠久办学历史的建设系统工科学校，也是一所新设立城乡规划专业的后发院校，本文以我校为研究对象，从“创新源起与基本路径、专业发展与创新思路、特色课程体系建设等”方面，将我校近年来在城乡规划专业本科人才培养的“新工科”创新发展实践探索过程中积累的思路、经验和方法予以了分享，以期促进西部地区规划教育水平提升。

关键词：人才培养，新工科，创新发展

我校是一所始建于 1951 年的工科类院校，开设的工科建筑类专业实现了涵盖城乡规划、建筑学与风景园林三个一级学科完整的大类招生，并整合地理学人才培养资源，关联土木工程、交通运输等知识领域，尝试创新构建了强调“学科交叉、理工融合、协同共享”且交通特色鲜明的建筑类“新工科”办学模式。其中城乡规划专业属于建筑专业大类，按照 2+3 模式实行大类招生分流培养。专业建设面向学科发展前沿，立足“交通 +”特色，以“山地交通与西部城乡发展”为主攻方向，突出“跨专业 + 跨学科”发展优势，推动“专业培养 + 创新创业”、“专业合作 + 国际交流”的多元发展，培育“丝绸之路经济带城乡建设与发展、综合交通与快捷城市、地理空间大数据与城乡规划、城乡生态与基础设施、城乡发展历史与遗产保护、空间规划与城市设计”等重点研究方向，构建了适应城乡建设需要的宽口径城乡规划教育体系。

1　创新源起与基本路径

1.1　创新源起

“新工科”建设。党的十八大以来，习近平总书记多次指出，未来几十年，新一轮科技革命和产业变革将同我国加快转变经济发展形成历史性交汇，工程在社会中的作用发生了深刻变化，工程科技进步和创新成为推动人类社会发展的重要引擎。这位工程教育创新变革带来了重大机遇，但这机遇不再是简单的扩大规模、增加专业的传统机遇，而是倒逼我们反思工程教育、建设“新工科”的新机遇（钟登华，2017）。

我校为适应高等教育转型发展，“新工科”建设的发展新要求，优化学科专业布局，加快教育质量提升，于 2015 年 7 月组建成立了建筑与城市规划学院。学院由原土木建筑学院建筑系、河海学院资源与环境科学系部分专业组建而成。现设有建筑系、风景园林系、城乡规划系和地理信息科学系等四个教学系以及建筑城规实验室，其中建筑学专业开办于 2000 年，风景园林专业

刘　畅：重庆交通大学建筑与城市规划学院讲师
喻歆植：重庆交通大学建筑与城市规划学院讲师
何锦峰：重庆交通大学建筑与城市规划学院教授
董莉莉：重庆交通大学建筑与城市规划学院教授

开办于2014年。我校《“十三五”学科建设与发展规划》中将城乡规划专业确立为新建专业，依托现有建筑学、风景园林、人文地理与城乡规划、地理信息科学、交通运输工程、土木工程等专业的支撑，于2016年完成专业建设的申报工作，并按计划于2017年秋季完成了首次招生，基本学制为5年，学位授予工学学士学位。

2017年我校通过本科教学评估，系列整改要求有待落实，城乡规划作为学校新办专业，为了适应新时代高等教育内涵发展的新要求，构建特色鲜明、优势突出的本科人才培养体系，根据《我校关于制定2018版本科人才培养方案的指导意见》，以建设“健全人格、发展个性、强化能力、激励创新”的本科教育体系和培养多样化高素质应用型人才为目标，以创新创业教育改革为突破口，以新工科建设为契机，深化人才培养机制、培养模式和教学模式改革。坚持“宽口径、厚基础、强能力、高素质、重创新”的本科教育原则，按照“以学生学习成果为导向，优化课程设置、更新教学内容，构建通识教育、学科教育、专业教育与创新创业教育、思想政治教育相融合的本科人才培养体系”的要求对城乡规划专业2015年版本科人才培养方案进行了全面修订。

1.2 基本路径

新工科建设需要“以‘关注两个主体’为核心，转变教学理念，打破教育壁垒；以‘培养两个能力’为目标，强化市场适应，提升工程创新；以‘做好两个保证’为牵引，立足专业底线，推动星级拔尖；以‘融通两个空间’为手段，创新教学方法，激发学习动力；以‘协调两个平台’为保障，引入市场力量，强化校企合作”（陆国栋，2017）。我校创新探索的具体内容包括：

（1）合理定位，突出特色。充分发挥学院的主体作用和积极性，在充分调研、论证的基础上，适应科技进步、行业发展、产业转型的新需要，立足当前、面向未来，契合学校办学定位和人才培养目标，明确专业发展使命，确立专业人才培养目标，构建课程体系，制定人才培养方案，形成专业特质、体现行业特色。

（2）行业对标，分类培养。深入了解国家标准、行业需求和同行经验，积极听取学生和用人单位意见，面向产业和社会发展需求，强化专业内涵。落实《本科专业类教学质量国家标准》的相关要求，工科专业参照《工程教育认证标准》和《卓越工程师教育培养计划通用标准》，兼顾执业资格要求。

（3）夯实基础，提高素质。加强通识教育和学科教育，更加注重学生价值塑造和素质培养。按照本科专业集群和专业大类构建学科基础和专业基础课程体系，充分体现基础知识、基本能力、基本素质的厚、实、精。将知识传授、能力培养、素质提高有机结合起来，为学生终身学习和持续发展奠定坚实基础。

（4）学生中心，成果导向。落实以学生为中心的教育理念，充分尊重学生成长规律和学习特点，按照学习成果导向OBE理念，构建“培养目标－毕业要求－课程设置－教学内容”紧密衔接的多样化人才培养体系。重塑人才质量观，根据社会需要、学科特点、专业特色，深度整合专业课程，体现专业的宽、特、新。

（5）强化实践，激励创新。强化实践教学要求，落实实践育人功能。更新实践教学内容，创新实践教学模式，加强综合性、创新性、项目式实践教学。深化创新创业教育改革，丰富创新创业教育资源和平台，将创新创业教育融入本科教育教学全过程，激励学生多渠道获得创新创业学分，促进学生的创新精神、创业意识和创新创业能力的培养。

（6）变革教学，提升质量。按照“新工科”建设要求，打破学科专业壁垒，推动学科交叉融合和跨界整合，鼓励学生跨专业、跨学院选课。构建科教结合、产学融合、校企合作的协同育人模式，推进信息技术与教育教学深度融合创新，变革课程教学、实践教学和考核方式，探索以学为中心的信息化教育教学新模式。

2 专业发展、办学背景与创新思路

2.1 专业发展趋势判断

欧美城市规划教育诞生于工业革命时期，与社会改良运动及学科发展同步，体现了社会和知识阶层对当时暴露出来的种种城市问题的反思和对理想城市的追求。中国的城市规划教育发展则具有较为浓厚的自上而下的特征，受到国家意识形态变迁和政策调控的直接影响，在外来的规划学科引入与国内实践土壤的撞击与磨合中成长。从1952年全国性高校院系调整时同济大学创办城市规划专业算起，新中国的城市规划教育发展经历了66年；如果进一步追溯中国的土木及建筑院校开设城市规划的相关讲座课程，这一历程几近百年，经历了“1952年之前（萌芽期）、1952年至1960年代中期（起步期）、1960年代末至1970年代中期（断裂期）、1970年代中期至1980年代（复苏和缓慢发展期）、1990年代（改革与转型期）、21世纪（快速扩张期）”等六个重要的发展阶段，据统计，截至2015年5月全国开办城（市）乡规划专业的高等学校达到了207所，其中通过评估的高校有42所。近年来，我国城乡规划专业发展迅速，但水平差异较大，大城市、办学历史悠久的高效专业发展良好，地方性、新办专业的高校发展存在一定的问题（方程，2013），因此，有学者提出“地方高校城乡规划专业如何凝练特色，将是地方高校城乡规划专业办学成败的关键所在”（顾康康、储金龙等，2016）。

新常态下城乡规划行业发展趋势的改变带来了行业人才需求的新变化：一是各个领域对高端人才的需求；二是对多元学科背景下知识复合型人才的需求；第三是各个领域对人才专业技能的差异性需求（毕凌岚，冯月，2017）。就其根本，即是未来城乡规划领域的人才需求日趋多元，针对人才需求的“教学特色培育”将是规划教育行业人才培养的重要发展趋势。通过对国内外相关研究现状资料的梳理，我们发现“专业特色培育”一直是教育科学研究的一个热点和难点，目前大多数研究还停留在“地方高校”或“新办专业的高效”等较宽口径的层面，由于“特色”本身就具有限定性，这样的宽口径研究难以有效指导不同学科优势背景、所处不同地域学校的办学特色培育。我校作为一所以“交通”为优势学科背景的城乡规划专业新办高校，即具有一定的典型性，其本身也有急迫的现实需求，因此依托学校办学实际，适时开展城乡规划专业特色培育的类型化实证创新探索就显得极为必要。

2.2 办学背景

我校是一所具有博士、硕士、学士学位授予权，以工为主，工、管、理、经、文、法等学科协调发展的多科性大学。学校办学历史悠久。1951年11月，邓小平领导的西南军政委员会创建了我校的前身——西南交通专科学校；时任西南军政委员会交通部部长、川藏公路筑路指挥部政委的穰明德任首任校长。1960年8月，成都工学院土木系、武汉水运工程学院水工系和四川冶金学院冶金系并入学校，组建***学院；同年，学校面向全国招收本科生。1985年，学校成为国家第三批硕士学位授予单位，开始招收硕士研究生。2000年，重庆其他交通类院校并入学校。2006年，学校新增为博士学位授予单位，并更名为我校。学校学科专业覆盖面较广，拥有3个一级学科博士点、7个省部级重点学科、13个一级学科硕士点、8个工程硕士专业学位培养领域、51个普通本科专业、28个高职（专科）专业，并具有授予同等学力人员硕士学位、推荐优秀本科生免试攻读硕士学位资格。教学实力较强，教学科研仪器设备总值逾1.98亿元，建成了1个国家级素质教育基地、4门国家级精品课程、3个国家级特色专业、1个国家级人才培养模式创新实验区、1门国家级双语教学示范课程、61个省部级质量工程建设平台。科研创新能力强，拥有国家内河航道整治工程技术研究中心，山区桥梁与隧道工程省部共建国家重点实验室培育基地，交通土建工程材料国家地方联合工程实验室，18个省部级重点科技平台，基础及专业实验室（中心）达30余个。

“交通”是城乡规划专业研究的核心领域之一，以“交通”为特色和基础，筹建并大力发展工学一级学科“城乡规划学”，是我校按照“以工为主，工、管、理、经、文、法、艺等多学科协调发展”学科专业定位，凸显“交通+”学科专业特色，构建“建筑规划与地理”专业集群，推动学校学科体系建设和完善的重要举措。办学中注重对学生创新精神和创造能力的培养，使之具有扎实的工科基础，具备城乡规划、建筑设计、景观设计、地理科学等方面的相关知识，能够胜任城乡规划设计、城乡规划管理工作，具有从事城乡道路交通规划、城市市政工程规划、景观园林系统规划的较强工作能力，能够参与各类城乡规划、城市经营开发、房地产策划等方面工作，培养符合我国城乡发展需求，服务交通运输行业与地方经济社会发展的高素质复合型规划人才。

2.3 创新思路

城乡规划专业以建筑学大类主干基础课程为先导，强化了建筑类通识培养的特色，注重实践能力培养，结合学院GIS技术教学资源，兼有建筑与风景园林设计与管理的综合服务能力。专业实施整体规划、阶段实施的总体发展战略，重点完成本科授位、本科专业认证、硕

士授权点申报等工作。专业创新发展思路如下：

（1）基于“交通+”，在学科发展层面凝练特色化的优势研究方向。我校作为一所以交通为特色的、办学历史悠久的工科类院校，开设五年制城乡规划专业有其天然的办学优势，基于“交通”优势学科，地域特征，加快自身的专业特色培育，就显得极为重要。“方向决定道路”，因此在学科发展层面凝练特色化的优势研究方向正是我校城乡规划专业办学创新探索的第一方面。

（2）遵循差异化发展要求，构建“交通”特色的城乡规划人才精细化培养方案。有调研数据显示，开办城乡规划专业的高校中，相对教学质量越好的院校越追求自己的特色。我校作为一所未通过城乡规划专业评估的普通高校，要想实现专业建设的后发优势，就必须突出办学特色，因此基于特色化的优势研究方向凝练，遵循当前城乡规划专业的差异化发展要求，打造特色教学模块，构建“交通”特色的城乡规划人才精细化培养方案成了我校城乡规划专业办学创新探索的第二方面。

（3）提升教学特色化，探索城乡规划与交通的跨学科联动教学模式。要在专业建设中发挥“交通”优势，需要打破学科界限，强化城乡规划学科与交通学科的联系，而跨学科教学正是基于多元智能理论的一种教学新思路，能够在教学过程中将多个学科联系起来，构建一个跨学科的知识网络，从而有推动“交通+”特色化教学体系的形成，因此探索城乡规划与交通的跨学联动教学模式成为我校城乡规划专业办学创新探索的第三方面。

3 特色课程体系建设

3.1 培育“交通+”意识，注重交通视角优化城乡发展的能力——交通与城乡发展类教学模块建设

当前人们交通出行方式的变革正在全面而深刻的影响到城乡建设的方方面面。交通网络作为城乡空间系统的骨架，在很大程度上限定了城乡发展的基础。我校在城乡规划专业的建设中将首推“交通+”特色，重点依托学校在交通运输、土木工程方面的学科基础与优势，建立建筑与城市规划学院同交通运输学院的跨学院本科联合培养机制，在专业教学中培育同学们在专业学习中的“交通+”意识，通过包括“城乡道路与交通规划、城乡交通大数据分析与决策、城乡公共交通规划与设计、轨道交通与城镇体系、丝绸之路经济带城乡建设与发展、综合交通与快捷城市”等主题课程的设置，已达到在专业能力建设中突出交通视角优化城乡发展能力培养的目的。

3.2 以微课建设加快新课程培育，强调专业前沿知识进课堂——前沿综合类教学模块建设

随着“微博”、“微信”、“微视频”等快速发展，我们已悄然迈进了一个“微”时代,“微课”也随之出现。“微课”指教师围绕某个知识点或教学环节开展的简短、完整的教学活动，“位微不卑、课微不小、步微不慢、效微不薄”，其旨在通过不断的微学习，从而获得大道理，以小微课撬动教学体系的深刻变革。我校在城乡规划本科人才培养创新实践探索中，以微课为载体，通过设置跨专业的“健康产业化、智慧城市、健康城市、生态城市、海绵城市、综合管廊、乡村振兴、城市大数据、智慧交通、无人机遥感技术、全球定位导航技术”等前沿微课程，以微课建设助推新课程培育，加速专业前沿知识进课堂，提升城乡规划专业人才培养对就业市场的适应能力。

3.3 强调大数据技术的专业应用，掌握数据学科的最新分析与设计技术——信息技术类教学模块建设

依托学院在地理信息科学与省级CAD-GIS-BIM工程研究中心的教学优势资源，城乡规划专业开设了“地理空间大数据与城乡规划、地理信息系统应用、地理设计理论与技术、数字技术综合应用1（BIM）、数字技术综合应用2（VR+AR）、无人机遥感技术、全球定位导航技术”等专业课程，设置了“数学、统计学、计算机”三大课程模块，强调大数据技术的专业应用，帮助同学们及时掌握数据学科的最新分析与设计技术，激发学生应用数字化工具分析和解决实际问题的能力，促进数字化特色教学的发展。

3.4 注重国际、校际联合教学，构建设计竞赛参与激励机制，以交流促创新——设计及实践类教学模块建设

我校注重国际、校级联合教学，学校主动对接和服务“一带一路”倡议，倡议成立了“一带一路”中波大学联盟，成为中俄交通大学联盟核心成员。学院与比利时鲁汶大学、英国卡迪夫大学、英国哈德斯菲尔德大学、波兰波兹南理工大学等多所学校建立了联合教学平台，

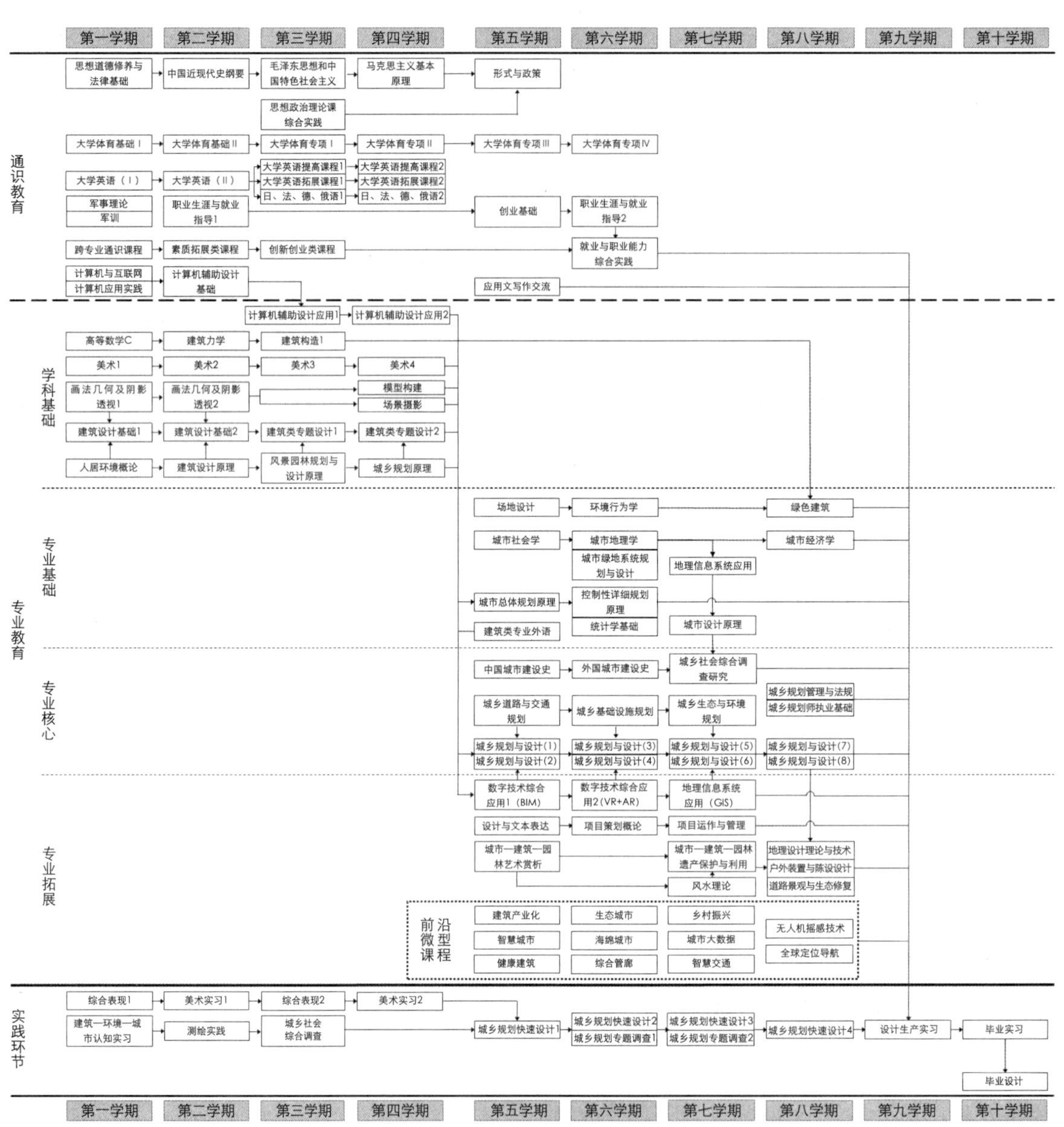

图 1　本科课程与教学体系的构建

与重庆大学、西南交通大学、昆明理工大学等学校建立了良好的校际联系通道，近 3 年交流学生人数达到 300 人次以上。此外，学院在引导同学们积极参与"谷雨杯全国大学生可持续建筑设计竞赛"、"霍普杯国际大学生建筑设计竞赛"等设计竞赛的过程中，建立了较为完善的建筑类专业本科学生设计竞赛参与激励机制，以交流激发同学们设计热情、促进创新，已成为专业本科人才培养的常态。

4　结语

我校既是一所具有悠久办学历史的建设系统工科学校，也是一所设立城乡规划专业不久的新学校，在专业建设上有其独有的办学优势，但面对的困难也不少。如何利用自身办学优势资源，加快城乡规划专业办学健康发展，尽快优质通过城乡规划学科专业评估，加速扩大学科和行业影响力正是学校与学院在专业建设中需要重点思考的一系列问题。而本次专业人才培养方案修订是一次城乡规划本科人才培养的创新发展实践探索，基于“摸门道—找差距—明定位—拟路径”的前期研究，遵循“学科交叉·理工融合·协同共享·交通特色”的修订原则，以“新工科”建设为导向，组织开展了本次工作，顺应了城乡规划学科及城市规划行业的发展趋势，必将对我校城乡规划专业建设起到不容忽视的积极推动作用。

主要参考文献

[1] 钟登华．新工科建设的内涵与行动 [J]. 高等工程教育研究．2017（3）：1-6.

[2] 陆国栋，李拓宇．新工科建设与发展的路径思考 [J]. 高等工程教育研究．2017（3）：20-26.

[3] 杨贵庆．城乡规划学基本概念辨析及学科建设的思考 [J]. 城市规划．2013（10）：53-59.

[4] 李和平，王正，肖竞．面向一级学科建设的城乡规划专业课程体系创新与实践 [C]// 2017 中国高等学校城乡规划教育年会论文集．北京：中国建筑工业出版社，2017：3-10.

[5] 毕凌岚，冯月．城乡规划高校人才差异化培养现状浅析 [C]// 2017 中国高等学校城乡规划教育年会论文集．北京：中国建筑工业出版社，2017：45-49.

[6] 方程．新形势下地方高校城市规划专业发展道路探索 [J]. 规划教育，2013（11）：101-104.

[7] 陈征帆．论城市规划专业的核心素养及教学模式的应变 [J]. 城市规划，2009（9）：82-85.

[8] 侯丽，赵民．中国城市规划专业教育的回溯与思考 [J]. 城市规划，2013（10）：60-70.

Interdisciplinary, Integrative, Collaborative, and Traffic Characteristics —— Exploration of “New Engineering” Innovation and Development Practice of Urban and Rural Planning Undergraduate Education

Liu Chang　Yu Xinzhi　He Jinfeng　Dong Lili

Abstract: The talent training scheme is the basic and guiding document to achieve the training goal and guarantee the quality of education. And it is also the main basis for teaching organization, teaching management, quality monitoring, and teaching and learning activities.In order to adapt to the new era of the new requirements of the higher education connotation development, to implement the undergraduate teaching work review and evaluation of rectification requirements, and to deepen the reform of undergraduate education and teaching to build characteristic undergraduate education system and improve the quality of students, in accordance with the requirements of “new engineering” program, our school following the revision principles of interdisciplinary, integrative, collaborative, and traffic characteristics, basing a large amount of previous research on “path exploring-gap finding-position locating-path building”, completed the 2018 revision of the urban and rural planning training program for undergraduate student. As a school with long history but newly established the urban and rural planning discipline, it was adopted as the research object, sharing the experiences of “new engineering” innovation and development in terms of “innovation, professional development, characteristic curriculum “ to promote the western region planning education level.

Keywords: Cultivation of Talents, New Engineering, Innovative Development

新形势下城乡规划本科培养目标及教学内容优化探讨

洪 英 文晓斐 孟 莹

摘 要：之前，城乡规划涉及的内容包括国土、经济、环境、生态、空间、风貌、建筑形体及风格、道路市政等方方面面。十九大之后，住房城乡建设部负责的全国城乡规划管理的职责，归由新组建的“中华人民共和国自然资源部”，其职责范围涵盖了国土、发改、水利、农业、林业、海洋等，与以往城乡规划涉及的范围有许多重合或交叉。在这种新形势下，规划行业为了更好地履行职责，首先需要明确职业范围、强化职业技能。人才的培养应该从本科开始与时俱进，对现行的教学内容进行优化和完善。可以体现在两个方面：宏观层面在现有基础上继续扩大学生知识的广度，以增加与相关部门对话和协调的能力；微观层面要强化学生专业知识的深度，对问题的思考和表达要细的下去，具有可实施性。

关键词：新形势下，城乡规划专业，职业范围，本科教学内容优化

1 城乡规划学科面临的新形势

根据国务院机构改革方案，涉及城乡规划领域的改革主要是组建了自然资源部。

2018年4月10日自然资源部正式挂牌，作为统一管理山水林田湖等全民所有自然资源的部门，自然资源部将国土资源部的职责、国家发改委的主体功能区战略规划的职责、住房和城乡建设部规划管理的职责、水利部水资源调查和确权登记管理的职责、农业部的草原资源调查和管理的职责、国家林业局森林湿地管理的职责、国家海洋局的职责、国家测绘地理信息局的职责整合，作为国务院的组成部分。将之前分散由各个部门分别管理的城乡规划、自然保护区、风景名胜区、自然遗产、地质公园等管理职责整合，都归由自然资源部统一管理，以往的自然资源调查、确权、规划和管理的体制已经发生了重大变革。

自然资源部的重要职责是以统一、协调、权威的国土空间规划为依据，推行“多规合一”并监督规划实施。改革把土地利用总体规划、城乡规划、主体功能区规划等几大类规划统一到自然资源部，建立统一、协调、权威的空间规划体系，推进“多规合一”，为扬各规之长、避各规之短创造了重要条件。

城乡规划管理之前归口于住房和城乡建设部，现变化为归由自然资源部。秉承对整个国土范围“整体布局、系统设计、资源节约、协调推进”的指导思想，“建设美丽国土、促进全民发展、增进资源惠民”工作定位，对陆地海洋、上中下游、山上山下、地上地下、进行统一规划、整体保护、系统修复、综合治理，新形势下城乡规划部门的职责应该是与相关部门一起完善及构建国家空间体系，这一构建涉及面广、任重道远，城乡规划只是这个巨大的有机系统中的组成部分之一。

2 城乡规划学科职业范围分析

2.1 传统背景下城乡规划职业范围及评价

现行规划法中定义的城乡规划，包括城镇体系规划、城市规划、镇规划、乡规划和村庄规划，这些规划又分为总体规划和详细规划。详细规划分为控制性详细规划和修建性详细规划。根据城乡规划法总规和详规都属于法定规划。

规划法所称的规划区，是指城市、镇、乡和村庄的

洪 英：西南民族大学城乡规划与建筑学院副教授
文晓斐：西南民族大学城乡规划与建筑学院副教授
孟 莹：西南民族大学城乡规划与建筑学院副教授

建成区以及因城乡建设和发展需要，必须实行规划控制的区域。规划区的具体范围在编制城市总体规划、镇总体规划、乡规划和村庄规划时，根据城乡经济社会发展水平和统筹城乡发展的需要由规划设计单位和当地政府共同划定。

城乡规划法中规定：城乡规划部门的职责是完成相应规划区的各类规划编制，并且负责规划的实施及管理，即规划落地。

（1）城镇体系规划的内容包括：城镇空间布局和规模控制，重大基础设施的布局，为保护生态环境、资源等需要严格控制的区域。

（2）城市、镇、乡、村庄总体规划的内容包括：发展布局，功能分区，用地布局，综合交通体系，禁止、限制和适宜建设的地域范围，各类专项规划等。

规划区范围、规划区内建设用地规模、基础设施和公共服务设施用地、水源地和水系、基本农田和绿化用地、环境保护、自然与历史文化遗产保护以及防灾减灾等内容，作为总体规划的强制性内容。

可以看出，在总体规划中除了规划建设本身，还涉及了国土、水利、农业、环保、旅游、文保等方面的内容，一般总规中的做法是“拿来主义”，即搜集各部门的相关资料，纳入总体规划中，用规划行业的表达方式体现在总体规划中，在纳入的过程中进行一些分析研究，发现不完善的地方，可以向相关部门提出，以便他们在本部门规划调整的时候与我们的规划相协调，这种工作方式虽然有进行多部门协调，但责任和结果都不确定，并不能保证落实，而是来回踢皮球没有解决各部门之间应有的统一。

在总体规划中禁止、限制和适宜建设的地域范围划定也缺乏强有力的技术支撑，具有较大的随意性。

（3）规划的区域、范围和规模：按照城乡规划法要求，由规划编制单位在编制城市总体规划、镇总体规划、乡规划和村庄规划时与当地政府一同根据当地经济社会发展的实际并与土地利用总体规划相衔接确定。从操作上来讲，众多部门对山水林田湖草海都具有管理职责，由建设部门划定的规划区范围大都与这些部门划定的范围有出入。

城乡规划常常会出现两个矛盾：一是与国土部门的土地利用总体规划之间存在规划要发展，国土要控制的矛盾，出现的最常见问题是规划用地指标超出国土控制指标，解决办法是没办法，一般是国土部门不强制，采取通融的做法，实际上国土部门也不可能强制同级的建设部门执行自己的规划；二是规划部门与水利、发改、环保、农业等部门理论上应该是存在许多需要协调的内容，而由于系统的局限性，实际情况是各部门都认为自己的规划合理合法、不能触碰，导致规划部门的这些协调工作常常流于表面，工作是做了，但很难达到实质性协调统一的效果，规划部门做的这些协调工作，实际价值作用非常有限，规划更多的还是解决空间布局和项目落地等问题。

2015 年在我国从海南省开始试点由住房城乡建设部牵头的“多规合一”，就是为了破解各部门规划之间的冲突、打架、难以协调的问题，在全局的高度进行统筹和平衡。近几年推行的情况是，受政府委托建设部门从技术上完成“多规合一”没有问题，但是由于涉及太多其他部门，实施落实依然存在大量的协调工作。

（4）乡、村庄规划的内容包括：规划区范围确定，住宅、道路、供水、排水、供电、垃圾收集、畜禽养殖场所等农村生产、生活服务设施、公益事业等各项建设的用地布局、建设要求，以及对耕地等自然资源和历史文化遗产保护、防灾减灾等的具体安排，还应当包括本行政区域内的村庄发展布局，涉及的面非常广泛，需要协调的部门众多。

2.2 新形势下城乡规划职业范围分析

城乡规划管理纳入自然资源部，在这一新背景下，城乡规划的工作重点和职业范围可能会发生以下变化：

（1）法定规划的编制和实施管理由原来属于住房城乡建设部责任范围调整为属于“自然资源部”责任范围；城市设计、建筑设计、施工等属于具体建设和管理的职责依然属于住房城乡建设部职责范围。

（2）城乡规划法的相应内容可能会进行调整和完善。原总规层面的大量工作内容现归属于自然资源部，在自然资源部范畴下完成。之前分散由各个部门分别管理的土地指标、用地布局、基本农田划定、自然保护区、风景名胜区、自然遗产等管理职责被整合，都归由自然资源部统一管理。禁建、限建和适建的地域范围划定和规划范围及用地规模的确定就不是像之前由城乡规划部门独自完成，而是协作完成。以往规划中需要进行的大量协调工作迎刃而解，城乡规划专业的职业范围重点可以回归到深入研究与城市本身密切相关的问题，而不再把大量的精力用在外部协调。

原国土资源部的土地勘测设计院与住房城乡建设部的城乡规划设计院在业务上会产生一定的竞争，对后者会产生影响。城乡规划专业人员的就业一部分会转向土地勘测设计院。而住房城乡建设部系列的规划技术人员需要具备城市设计、建设、施工及管理等细下去的专业知识及技能。

（3）住房城乡建设部范畴的工作深度和细度应该会加强。城乡规划工作中对于地质状况的关注和研究，对于地形的分析，对于道路工程和管线综合的规划深度，对于建筑形态形体、建筑空间、建筑尺度的研究和把握等方面都会强化。

（4）城乡规划工作应该回归到深入研究城市本身及物质空间问题，充分关注使用城市的“人”的各种需求，规划落脚点以人为核心、以人为本。

（5）城乡规划工作重点可能会从过去的强调“全域管控”“统筹规划”向更加关注“中心城区”转变。从外延扩张向内涵提升转变，加重对“存量规划”研究的分量。

（6）规划的技术表达和技术成果可能会发生变化，纳入自然资源部的各部门原来使用的用地分类标准及图纸表达方式应该会统一到新的标准。从城乡规划角度来说，现行的用地分类标准等技术规范可能会进行相应的调整；规划技术成果应该要与国土、发改、水利、农业、林业等各方面相关内容一起切入统一的公共信息平台。因此，大数据和 GIS 在城乡规划领域的运用会大大增加。

3　城乡规划专业本科培养目标分析

3.1　现行的城乡规划专业本科培养目标

现行的专业培养目标为：具备城乡规划、城乡设计等方面知识，能在城乡规划设计、城乡规划管理、决策咨询、房地产开发等部门从事城乡规划设计与管理，开展道路交通规划、市政工程规划、生态规划、园林游憩系统规划，并能参与城乡社会与经济发展规划、区域规划、城乡开发、房地产筹划以及相关政策法规研究等方面工作的城乡规划学科高级工程技术人才。

3.2　城乡规划专业本科培养目标优化完善

新形势下，对城乡规划专业的培养目标提出了更高的要求，从规划类院校和专业角度来看，必须随着机构职能的变化和新的业务需求对课程设置、教学内容和教学方法进行相应的调整优化。设计出融城乡规划、土地规划、城市管理、土地资源管理等相关专业的新学科知识与技能体系，以适应规划变革的需要。

城乡规划专业的生源主要来自于理工科，但这个专业学习的内容还涉及广泛大量的文科及艺术，是一个边缘性学科。这个专业在学习和工作中涉及的知识面的却是太广阔了，一个优秀的城乡规划师需要的知识储备非常巨大，应该接近是一个万能手，需要关注当前政策热点，了解经济学、心理学、美学，有比较强的语言和图纸表达能力、比较强的与人沟通的能力、比较强的写作能力，还要有美术功底。即使是五年制规划专业本科毕业，要成为一名合格的规划师也还需要经过艰苦的积累。

顺应城乡规划师的职业特点和专业素养，其一般有更宏观更全面更系统的视野，更从容、宽容和包容的心态。

从本科教学来看，很多学校对城乡规划专业学生宏观方面的培养和训练较多，微观训练较薄弱，使得规划专业学生有一个明显的短板，就是有想法、有思想、有创意，但很难细致深入做下去，想法很难落地，这也是规划存在不可操作性的原因之一，也造成了行业中：“规划规划，墙上挂挂，纸上画画，不如领导一句话”的现象存在。

笔者认为，需要在现有培养目标的基础上强化两个方面：宏观层面继续扩大学生知识的广度，增加与国土资源、发改、水利、农业、林业、海洋等相关部门对话和协调的能力；微观层面强化培养学生专业知识的深度，对空间和产生问题的研究要细的下去，具有可实施性，强化学生工程地质、地形分析和利用、道路工程和管线综合规划设计、建筑形态形体、建筑空间、建筑尺度等方面的能力。

4　新形势下高校城乡规划专业本科教学内容优化探讨

当前的新形势对城乡规划师提出了更高的要求，需要从本科阶段开始比以往更严格、更艰苦的学习和培训，需要具备扎实的专业基础、熟练的专业技能、丰富宽广的知识面和开放包容、不断学习的心态。为了更好地适应日新月异、不断提高的市场需求，从本科教育开始就应该与时俱进。新形势下，城乡规划专业在高校本科教学中应该在现有基础上具体优化以下三个方面。

4.1 增加大数据相关内容

大数据为城乡规划研究带来机遇，当前我们正处在智慧城市建设的年代，从 2008 年提出智慧城市到现阶段信息化建设已经提升到了全面运用的阶段，大数据在城乡规划中可以有十分广泛的运用。例如，城乡规划数据库的建立、运用以及与其他行业数据共享；又如，以往规划中对于城市经济发展、城市人口和用地规模预测、城市发展方向确定、城市交通规划方案等，传统规划模式下主要是运用定性的方法拍脑袋得出方案，感性的因素占绝对比例。但是在当前新形势下，依然延续传统的规划方法已经不能满足发展的需要，大数据技术在社会各个领域包括城乡规划领域的运用必然是大势所趋。

对于城乡规划本科学生甚至于从业的城市规划师而言，不必人人成为大数据专家，规划的重点依然是研究与空间相关的领域。规划师与大数据技术的关系应该是了解进而可以运用，对大数据掌握和了解的最低限度要达到可以发牌的程度，也就是可以与大数据专业技术人员对话沟通，借用大数据专业人员的技术完成规划中需要的工作。

在规划专业本科教学中应该增加与大数据技术相应的课程。

4.2 增加 GIS 的了解与运用课程

GIS 系统即地理信息系统，与大数据密切相关，是随着地理科学、计算机技术、遥感技术和信息科学的发展而发展起来的一个学科。在实际运用中，一个地理信息系统要管理非常多、非常复杂的数据和图形，还可以计算它们之间的各种复杂关系。目前已经运用在资源开发、环境保护、城乡规划、人口规划、生态规划、土地管理、农业调查、交通、能源、通信、地图测绘、林业、房地产开发、自然灾害监测与评估等领域。各个部门的数据都放在这个平台上，相互之间可以参照共享，运用 GIS 平台做规划时就有条件兼顾其他部门的情况，减少冲突。

之前 GIS 在城乡规划领域仅有局部少量的运用，新形势下，城乡规划领域的各种成果数据及表达储存方式，势必与国土等其他各相关部门一致，GIS 的大规模运用势在必行。

在规划专业本科教学中应该加大 GIS 的教学力度，提高对 GIS 的教学要求。

4.3 强化教学中的薄弱环节

对城乡规划专业学生在空间、建筑形态形体、建筑空间、建筑尺度、工程地质、地形地貌分析、道路工程和管线综合规划等方面要加强训练。

城乡规划专业一二年级的课程设置与建筑学专业基本一致，对于建筑形态形体、建筑空间、建筑尺度等微观方面有过一些训练，也打下了一定的基础；但是从大三开始规划的重点转移到对学生宏观、系统和逻辑的训练，同时忽略了微观，就使得规划专业的学生在四年级城市设计和毕业设计时显得眼高手低，规划思想落实不下去。

教学中对工程地质、地形地貌分析、道路工程和管线综合规划等方面的重视程度不够，造成了规划可实施性较差的问题。这种状况不能满足现阶段住房城乡建设部对于专业技术人员城市设计及城乡建设的需要。

5 结语

新形势下，规划权已经发生了重大的重新分配与整合。对于一个资深的城乡规划从业者同时又是一名规划专业教师而言，难免要进行一些思考。新的规划行业指导思想？新的行业思路？新的行业观点？新的工作方法？新的知识和技术体系？尤其是与我们直接相关的城乡规划本科教育和教学如何适应行业新的需要？在文章中表述了作者的一些不成熟的观点，抛砖引玉，供同行探讨。

主要参考文献

[1] 甑峰．大数据与城市规划：激情、理性与行动 [R]. 中国城市规划学会．“大数据与城乡治理”研讨会，2015.

[2]（日）沈振江．大数据立法是必然趋势．城市规划网，2015-5-25.

[3] 王伟，张常明，邢普耀．新时期规划权改革应统筹好的十大关系，2018-5.

The Optimization of Education Objectives and Teaching Contents of Undergraduate in Urban and Rural Planning Under New Situation

Hong Ying　Wen Xiaofei　Meng Ying

Abstract: Previously, urban and rural planning involved land, economy, environment, ecology, space, style, architectural form and style, road administration and other aspects. After 19th CPC "National Congress", the responsibility for the planning and management of urban and rural areas of the country, which is under the responsibility of the "Housing and Construction Office", is assigned to the newly established Ministry of Natural Resources of the peopleundefineds Republic of China. Its responsibilities cover land, development and reform, water conservancy, agriculture, forestry, and the sea, etc. There are many overlaps or overlaps with the scope of urban planning in the past. In this new situation, in order to better perform the duties of the planning industry, it is necessary to define the occupational scope and strengthen the vocational skills. The cultivation of talents should start with the times of undergraduate course and optimize and perfect the current teaching content. It can be reflected in two aspects : at the macro level, we should continue to expand the breadth of student sundefined knowledge in order to increase the ability of dialogue and coordination with relevant departments, and at the micro level, we should strengthen the depth of student sundefined professional knowledge. The thinking and expression of the problem should be detailed and implementable.

Keywords: Under the New Situation, Urban and Rural Planning Major, Profession Area, Optimization of Undergraduate Teaching Content

景观规划设计课程学业评价体系改革与实践*

陈洪梅

摘　要：景观规划设计课程是城乡规划专业的主干课程之一，在学业评价体系改革的契机下，从行业发展情况出发，围绕专业培养目标，以应用为目的、以能力培养为本位，从教学内容、教学方式、实践训练及考核方式等方面进行了实践教学的探讨，以期提高景观规划设计课程的教学质量，从教学改革的渠道让城乡规划专业的学生掌握景观规划设计的基本理论及方法，提高其行动能力和创新设计能力，实现培养适应社会需求的高素质、应用型规划人才的目标。

关键词：景观规划设计，改革，培养

1　引言

景观规划设计是一门综合性和应用性很强的学科，以场地规划设计为专业基础、以寻求创造人类需求和户外环境的协调为目标。随着人们生活水平的不断提高及对环境品质的要求渐增，对掌握综合设计知识与技能的景观设计人才需求量越来越大，而城乡规划专业的毕业人员正是从事景观设计的主要构成之一。

景观规划学科的发展及设计人才的培养有赖于教育。作为城乡规划专业的主干课程之一，贵州民族大学所开设的景观规划设计课与景观规划与设计概论、风景区与城市绿地系统规划等理论课程共同构建学生风景园林方面的知识体系，并与其他规划设计课程有着十分密切的关联。贵州民族大学自2014年开始开展本科学生学业评价体系改革，在试点的基础上于2015年全面实施。进行景观规划设计课程学业评价体系改革，从教学内容、教学方式、实践训练及考核方式等方面改革和创新教学方法及手段，有利于提高景观规划设计课程的教学质量，引导学生从被动式转为主动式、从依赖转变为自主、由接受型转为创造型学习，对提高城乡规划专业学生的素质和设计能力、增强其就业竞争力有着重要的作用。

2　优化实践教学工作

2.1　教学内容多元化

景观设计类型涉及宏观、中观和微观，城乡规划专业开设的景观规划设计课程与园林学专业具有一定的区别，以讲授景观概述、景观规划设计原理、进行景观规划设计为主要内容。结合城乡规划专业学生已开展过居住区设计、城市设计、总体规划和控制性详细规划设计，景观规划设计课程安排在四年级，设置为1+1（即一大一小两个课题）；课程结构以实践课为主，理论课为辅，共计安排48学时。在学业评价体系改革的契机下，结合学科的最新发展态势，充实和完善教学大纲，设置详细的教学实践过程，由原来的设置假课题变为结合学生自身的生活和学习背景组织教学内容，激发学生的学习兴趣。

大课题从宏观和中观层面展开，场地由任课教师指定，提供多个备选题目供学生选择。如以学生所在城市的社会、经济、文化为背景，在控制性详细规划的指导下编制公园设计，要求从中观层面形成整体、和谐的景观空间格局，全面地发挥公园的游憩功能和改善环境的作用，并正确处理公园与城市建设之间，公园的社会效

*　基金项目：贵州民族大学2017年度校级教改项目：城乡规划专业设计课程学业评价体系改革与实践。

陈洪梅：贵州民族大学建筑工程学院讲师

益、环境效益与经济效益之间的关系；或以学生所在高校环境空间为背景，对校园局部环境景观进行整治设计，规模不小于5公顷，要求考虑高校的社会、人文背景、体现高校特色，保留现有较好的自然景观、增加景观设施、植被及私密空间，解决空间现有各类问题、打造安静舒适的学习及交流景观性环境；小课题运用环境行为学理论进行指导，展开群体行为观察、进行以图文结合的记录，使学生了解景观规划设计的行为研究阶段及方法，对记录结果进行分解分析，并将分解后的公共群体行为进行场地、建筑、绿化、小品设施等具体的针对性对应，在大课题的基础上学生针对自己分类的公共群体行为特征，“Zoom in”选择场地，并进行深化方案设计，从而形成明确的教学目标、微观尺度的教学选题，实现自主学习能力的培养及从宏观到微观层面的转变。

2.2　教学方式多元化

景观规划设计任课教师设置以景观专业教师为主，配备一名同期教授其他设计课程的规划专业教师，同时结合设计院外聘教师共同授课，达到统筹课程内容、不必重复课程知识点，使学生的景观设计想法及时得到相关专业教师的帮助，构建和提高学生更全面、更科学的知识结构和设计能力。

在课题开展前先进行具体案例的讲解，以学生为主进行案例的分析和评价，增强学生分析和解决问题的能力，形成学生开放性和批判性的思维习惯；并利用外聘教师的设计院资源，将实际项目的设计及施工过程向学生全面展示，使学生对景观规划的设计过程和设计要点有直观的认识。

丰富教学场地，使学生走出固定的教室空间。利用课程案例调研、植物配置专题、景观方案公众参与等授课内容，结合景观系统相关知识，使学生在户外了解城市绿地系统、风景区、建筑群间外部环境和庭园等不同空间层次的景观规划与设计、了解一定量的植物生长特性、使自己的方案与使用者需求及感受紧密结合，实现景观要素的可视性及多功能使用性，并准确落实到空间中。

确定合适的时间尺度，将课题设计各阶段分解为具体的实践任务，改变设计课成绩仅由几次方案草图和最终成图来构成的模式，不再设置草图的概念，让学生每周完成特定的工作量，每个阶段的工作内容均纳入正式成果，使学生提高学习的积极性，从头到尾认真对待设计课题。当然，课题成果最终仍需运用相关制图软件，将景观规划方案直观表达出来。

2.3　实践训练交流

人的行为与周围环境同处于相互作用的生态系统中，人作用于所处的环境，同时受制于周围环境。实践训练交流指让学生进入真实的景观环境中，提高学生的社会参与能力、锻炼学生的心理素质和语言表达能力。景观规划设计课程主要在课题调研、公共群体行为观察、案例收集及植物识别、方案公众参与讨论等环节让学生主动参与实践训练，从而使景观规划设计课形成系统化、完整化的课程实践环节，提高课程效应，实现教学与实践的有机融合。

课题的社会调研阶段，学生必须在了解基本原理、理论和概念的基础上确定规划范围与规划目标，对景观现状进行调查分析、收集所需资料、进行分类并制图、分析景观空间格局与生态过程、评价景观生态宜居性。以此作为课题设计的基础资料，使自己的设计成果营造符合场所应有的氛围，为不同的使用者创造良好的景观环境。

公共群体行为观察能使学生体会场所精神，注重环境与人的外显行为之间的相互作用，指导学生运用心理学的一些基本理论、方法与概念研究人在景观中的活动及人对这些环境的反应。从而引导学生进行感性认识和理性的思考，根据不同身份背景使用者的需求与使用感受，找出空间细部结构存在的缺陷和问题，进行现状问题的分析、统计和研判，最后做出符合环境行为的设计理念和景观方案。

案例收集及植物识别由任课教师带领，寻找与设计课题相近且可达的区域，通过对现有景观要素的组成结构、空间格局现状及动态分析，作为设计课题的参考借鉴。在实践过程中，注意引导学生进行案例的分析和评价，实现景观要素和景观植物的优化记忆，达到以实际为依托，用专业的眼光感受和体会景观规划的真实性和重要性。

方案公众参与讨论是景观规划设计课程改革实践中必备的一个环节。由学生将完成的景观设计方案以可与公众交流的方式表达出来（如景观模型、平面图 + 各类透视图），利用课余时间到所设计的场地中去交流和收集公众的意见，识别有利的信息对方案进行最终的调整和优化。

在实践训练阶段，着重培养学生利用课余时间收集相关理论资料，对复杂现实背景下真实案例开展调研分析和数据总结，结合自选场地进行设计运用；改变原来教师讲、学生听和学生课堂上做设计、课余时间未充分利用的模式，形成交互式的教学，使学生自动完成自学理论知识与规划实践的有效对接，达到真正意义上的学以致用。

2.4 考核方式多元化

在课程的教学过程中考核环节必不可少，学业评价体系改革不仅针对学生，对任课教师也进行教学效果的考核。景观规划设计课程对学生的考核贯穿于课题设计的全过程，重点内容包括社会调研阶段的总结分析成果、公共群体行为针对性对应及方案深化设计、公众参与者对设计方案的评判等。在考核之外可以看到的是，学生在总结运用、交流能力、设计参与的主动性等各方面均有很大的提高，为景观规划设计课甚至是其他课程更好的学习打下了一定的基础。

学业评价体系改革贯穿于课程的始末，任课教师须在课程开始前制定好课程的教学计划并如实完成，学期期末通过教学成果的收集检查及对学生学习接收程度进行问卷调查来反馈教学改革效果，以此作为教师考核合格与否的标准。

3 结语

时代在进步，人们的生活方式与行为方式也在发生变化，景观规划教学应适应变化的需求。通过课程改革的实践，一方面能够使任课教师不断反思和改进课程教学中的不足、提升自身的专业素质、激发教师的教育智慧，形成多元化的教学内容、过程与结果并重的教学方式；另一方面激发学生的学习兴趣，培养学生的观察能力和归纳能力，使其在实践中验证自我所学；丰富知识储备、提高专业知识及专业技能的掌控，使其适应社会的实际需求，完成专业性的景观规划设计，实现培养适应社会需求的高素质、应用型规划人才的目标。

Reform and Practice of the Academic Evaluation System of Landscape Planning and Design Courses

Chen Hongmei

Abstract: The curriculum of landscape planning and design is one of the main courses of urban and rural planning major. Under the opportunity of the reform of the academic evaluation system, starting from the development of the industry, focusing on the target of professional training, taking the application as the purpose, and taking the ability training as the standard, it has been carried out from the aspects of teaching content, teaching methods, practice training and assessment methods. In order to improve the teaching quality of the landscape planning and design course, we can improve the basic theory and method of landscape planning and design for the students of urban and rural planning from the channel of teaching reform, and improve their ability of action and innovation and design, so as to realize the goal of cultivating high-quality and applied planning talents to meet the needs of the society.

Keywords: Landscape Planning and Design, Reformation, Fostering

2018 Annual Conference on Education of Urban and Rural Planning in China

理论教学

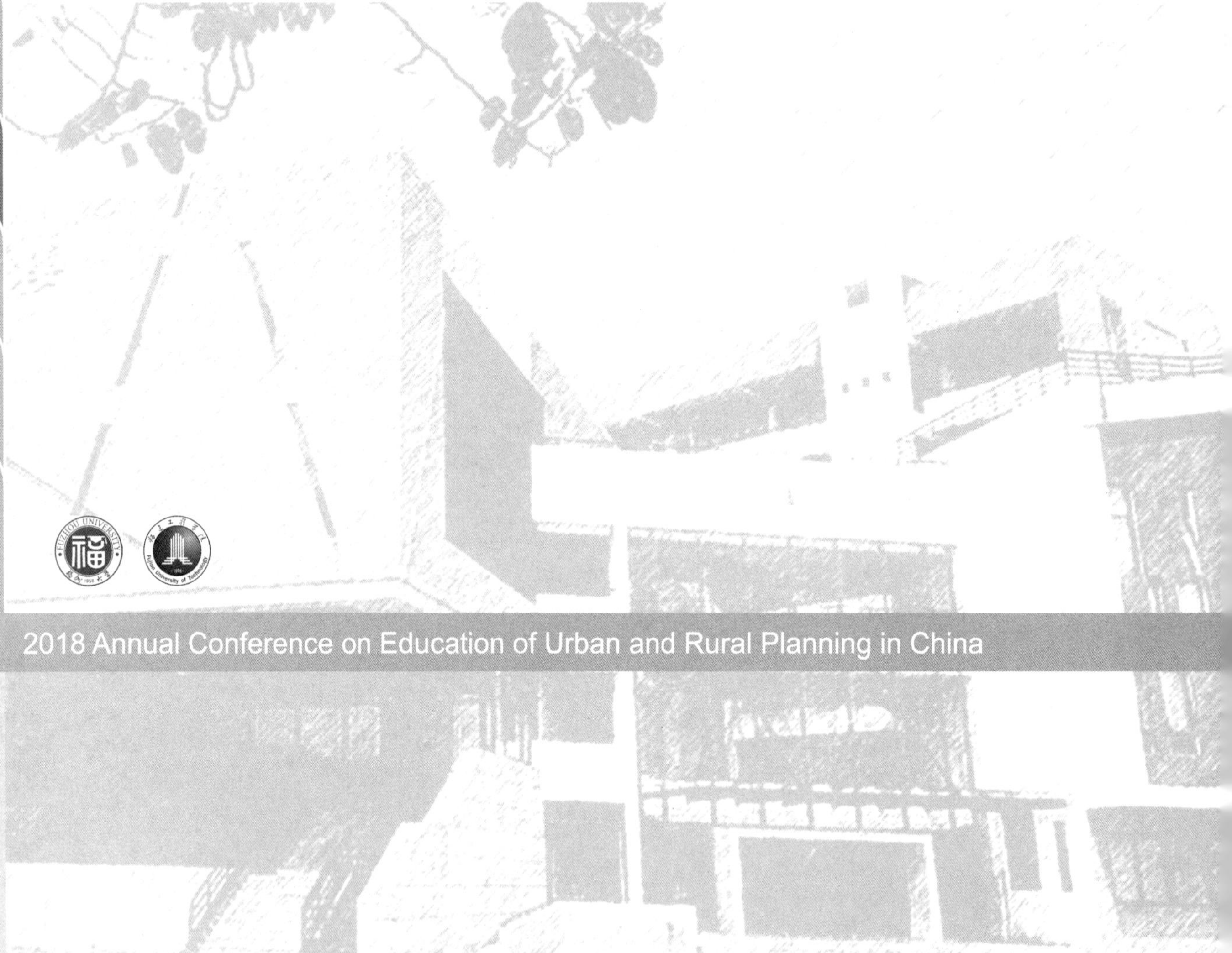

2018 Annual Conference on Education of Urban and Rural Planning in China

批判性空间思维的培养
——以天津大学城乡规划专业地理信息系统课程教学为例

张天洁　李　泽

摘　要：GIS 的大众化和可获取数据量的“爆炸式”增长，对城乡规划专业的 GIS 教学提出了新的挑战。如何避免陷入对软件技术的严重依赖与盲目推崇而忽略数据背后的空间问题？批判性空间思维在 21 世纪 GIS 教学中不可或缺。培养批判性空间思维，应着眼于解决问题的全过程，即贯穿于 GIS 学习的 6 个阶段，其中回答地理问题和呈现结果需要案例研究环境的背景信息，是第一个也是最后一个阶段，不能被简单排除在 GIS 教学之外。本课程教改在教学内容上，适当压缩并更新了相关基础理论知识的讲授，新增了新数据环境简介及相关分析方法与技术的创新。而且，将 GIS 嵌入城乡规划的特定主题模块中，加入对实际案例的全过程研究。教学方法增加了研讨模式，并运用鱼缸、拼接等参与式方法，着力培养学生自主发现问题、多学科合作、以批判性空间思维全过程解决问题的能力。鉴于选课学生的多学科背景和教学内容的广度需求，课堂讲授主体从 1 人转向多元，有针对性的邀请相关领域的专家参与教学，并建设了线上、线下结合的国际教学互动平台。据学生学习反馈，总结出批判性空间思维需要注重培养 3 方面的关键能力，有助于理解所使用的空间数据的含义，有助于进一步发展超出数据所提供的基本水平之外的理解。

关键词：城乡规划，地理信息系统，批判性空间思维，教学改革

1　GIS 发展新趋势与社会需求

自 1960 年代中期，地理信息系统（GIS）在城乡规划与管理中已逐步得到了推广与普及。2003 年，美国劳工部发布地理空间是 14 个重点关注的高增长产业之一[❶]，2004 年将地理信息技术产业列为三大最具增长潜力的产业[❷]。GIS 在城乡规划领域也已经成为专业规划师的标准工具，存在于各类规划编制与规划管理工作中。[❸] 进入 21 世纪，GIS 更加面向大众、面向非专业领域发展[❹]。智能映射、开源数据、移动应用程序等技术的快速发展，产生面向大众化的 GIS 市场，数据源相互开放，用户更易获取在线数据；WEB 映射更为直观，友好的操作界面使用户可以无需安装复杂软件，基于远程服务器即可进行简单的空间分析。

对于我国城乡规划行业而言，大众化 GIS 的出现在一定程度上促进了 GIS 技术的普及，促进数据资源的开放与共享，利于多方人员共同参与规划，适用于我国从传统的增量扩张性规划向注重质量和效益的存量规划“转型”中的城市发展需求。城市管理者和规划工作者也越来越认识到人作为城市活动的主要参与者在城乡规划与建设中的重要性，城市发展道路逐步转型为“以人为本”

张天洁：天津大学建筑学院城乡规划系副教授
李　泽：天津大学建筑学院城乡规划系副教授

---

❶　Dibiase D，Corbin T，Fox T，et al. The new geospatial technology competency model：bringing workforce needs into focus[J]. Urisa Journal，2010，22（2）：55-72.

❷　刘利 . 美国促进地理信息劳动力发展的举措与启示 [J]. 测绘与空间地理信息，2013，36（09）：22-25.

❸　党安荣，张丹明，李娟，许剑 . 基于时空大数据的城乡景观规划设计研究综述 [J]. 中国园林，2018，34（03）：5-11.

❹　宋小冬，钮心毅 . 城乡规划中 GIS 应用历程与趋势——中美差异及展望 [J]. 城市规划，2010，34（10）：23-29.

的新型城镇化道路。❶城乡规划更加关注提升居民生活环境质量与社区活力，更加注重对规划范围内海量微观个体的需求与行为偏好的数据采集及分析。实际上，数据分析是解决城乡规划问题的重要定量方法，数据可视化是规划人员和政策专家与公众沟通的重要方式。❷随着当前城乡领域数据量的“爆炸式”增长，如何合理利用新数据环境来更加深入的理解城乡问题，变得越来越迫切。❸

2 GIS 教学中批判性空间思维培养的意义

GIS 大众化激发了 GIS 应用于城乡规划等广泛领域的潜力，却也带来一定的负面影响。专业应用简单化，空间数据更易获取，使空间数据可以用于比以往更为广泛的人群，但使用者的空间思维素养尚有待提高。许多使用者陷入对软件技术的严重依赖与盲目推崇，忽略了对于数据背后的空间问题研究，这也在一定程度上表明了城乡规划专业 GIS 教学培养批判性空间思维的重要性。近 10 年来，业界和学界越来越重视这一问题，批判性空间思维被视为在 21 世纪 GIS 教学中不可或缺。

据以往的教学经验，GIS 课程通常是问题导向的，或聚焦问题的。例如，许多 GIS 实践课程，通常会给学生一个数据集，以及有关如何使用 GIS 处理数据以获得最终分析输出结果的说明。这种方法提高了学生使用软件的能力，但这种方法是否增加了他们对于 GIS 可以解答的问题类型的知识，或者如何将可用的工具应用到其他数据集，仍有待商榷。还有一种风险是“食谱”式的实践方法，学生只是按照说明去操作，而没有理解如此操作的含义。而且，据以往经验，相对较少的课程着眼于解决问题的全过程，即包括问题识别、数据查找、数据加载、GIS 分析、GIS 输出评估和 GIS 输出呈现。一方面，可能是因为仅教授 GIS 分析和 GIS 输出评估比完成解决问题全过程要容易得多。另一方面，有限的学时很难既实现整个过程的广度，又满足课程所需的 GIS 分析深度。由于大学往往基于技术理性的范式，学科基于内容来组织，教学也不可避免的以知识传授为中心，而非质疑和解决问题。❹

在许多大学里，地理信息系统教学被视为更广泛的学习技能模块的必修部分，以及后续专用模块中的选修部分。GIS 教学一般是在这些独立的专用模块中完成的，通常缺乏更广泛的整合。而这种更广泛的整合，对于在更广泛的问题中设置 GIS 的使用至关重要，并能够让学生了解 GIS 作为更广泛的问题评估 – 解决方案循环周期的一部分进行整合。如图 1 所示，GIS 的学习过程大致可以分为六个阶段：（A）询问地理问题；（B）获取地理资源；（C）观测地理数据；（D）关于我们周围世界的知识的认知处理；（E）回答地理问题；（F）呈现地理探究的结果。批判性空间思维需要学生思考这个过程中的所有步骤。第一步是询问地理问题，这些问题需要在设置 GIS 问题的背景下提出，因此是在特定应用环境中定位 GIS 学习的理想情况。获取地理资源，探索地理数据和分析地理信息都是以 GIS 为重点，并可以在 GIS 独立模块内有效执行。然而，回答地理问题和呈现结果需要案例研究环境的背景信息，即做出了哪些改变或提出了哪些建议来解决当前的问题。这是第一个也是最后一个阶段，常常被排除在 GIS 教学之外，将这些阶段纳入思考会解决一些批判性空间思维的问题。

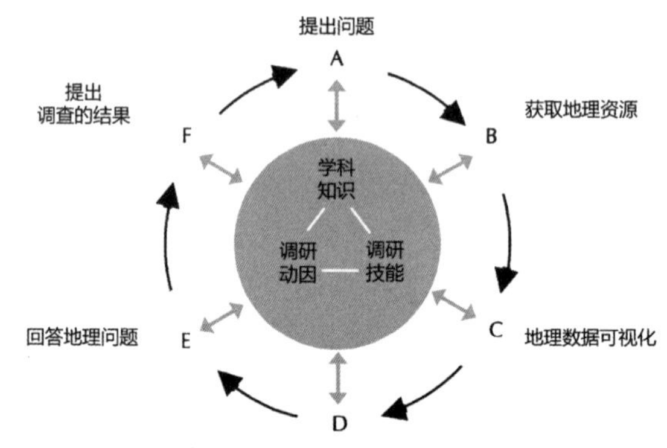

图 1 回答地理问题的过程示意图

资料来源：据参考文献 [9] 改绘

❶ 龙瀛，刘伦伦 . 新数据环境下定量城市研究的四个变革 [J]. 国际城市规划，2017，32（01）：64–73.

❷ 牛强，胡晓婧，周婕 . 我国城市规划计量方法应用综述和总体框架构建 . 城市规划学刊，2017（1）：71–78.

❸ 宋小冬，丁亮，钮心毅 .“大数据”对城市规划的影响：观察与展望 [J]. 城市规划，2015，39（04）：15–18.

❹ Cachinho H. Creating Wings : the Challenges of Teachers Training in Post–modernity[C]// Changes in Geographical Education : Past，Present and Future，International Geographical Union. 2006.

3 基于批判性思维培养的GIS课程教学改革

我校××学院开设的“地理信息与规划支持系统概论”课程，为城乡规划学研究生的核心课程，面向城乡规划专业及近年来日益增加的建筑学、风景园林学的硕士研究生，主要讲授地理信息系统和规划支持系统的基础理论知识，以及在城乡规划领域的实践应用。

近几年，来自建筑学和风景园林学的选课学生日益增加。据统计，2017年共125名学生选课，约50%来自城乡规划专业，1/3来自风景园林专业，剩余不足17%的学生来自建筑学。考虑到不同的学科背景，因此在教学内容和案例选择上相应增加相关专业的内容，并且鼓励不同学科背景的学生结组合作完成案例分析，注重批判性空间思维的培养。

3.1 教学内容：更新+拓展

本课程共计24课时，具体教学安排见表1。鉴于当前的行业与社会发展需求，且部分学生本科阶段已有GIS学习基础，所以适当压缩了基础理论知识讲授，新增教学内容主要包括新数据环境简介以及相关分析方法与技术的创新。

课程安排 表1

课程内容	学时（24学时）
GIS基础理论知识	4
GIS在城乡规划及风景园林领域的应用	8
新数据环境、分析方法和技术创新	8
案例分析与研讨	4

3.2 教学方法：多元+参与

教学方法方面，在课堂讲授（lecture）的基础上，增加研讨（seminar）板块，并运用鱼缸（Fish Bowl）、拼接（Jig Saw）等参与式教学方法，着力培养学生自主发现问题、多学科合作、全过程解决问题的科研创新能力，在此过程中注重培育学生的批判性空间思维。

鉴于选课学生的多学科背景和教学内容的广度需求，课堂讲授主体从1人转向多元（表2）。在经费、时间优化的前提下，有针对性的邀请相关领域的专家参与教学，并建设了线上、线下结合的国际教学互动平台。专家依据自身的研究背景和工作成果，从不同角度讲授了多样化的专题，有效拓展了学生的国际视野和本土思考，增加国际前沿创新的参与度，实现优势互补，携手推进案例分析。

课程特邀专家专题讲座简表 表2

形式	专家讲座主题	主讲人	简介	备注
海外线上视频专题	Does walkability undermine neighbourhood safety?	董宏伟	美国加利福尼亚州立大学地理与城市和区域规划系副教授	如何获取、采集有效研究数据并进行相应定量分析；英文科技论文写作方法
	地理设计的理论和方法在城乡规划中应用	黄国平	美国弗吉尼亚大学建筑学院城市与环境规划系副教授	以里士满詹姆斯河视觉景观研究等三个实际项目为例讲解地理设计如何运用于城乡规划设计领域。介绍了城市数据的采集、调查，建立GIS模型，确定规划方案的完整流程
	利用新数据分析人对城市的认知和使用	焦俊峰	美国德州大学奥斯汀分校助理教授，城市信息实验室主任	利用新数据分析人对城市的认知和使用：利用社交平台数据感知城市空间；基于网络数据的共享单车布点分析等案例
国内线下讲座研讨	城乡规划中的新技术应用及实践	黄经南	武汉大学城市设计学院副教授	系统分析城乡规划各阶段新技术，包括地理信息系统、遥感等技术的各种应用，及其在具体研究项目中运用的实例
	数据科学如何支持我们做好城乡规划	茅明睿	城市象限CEO，北京市城乡规划设计研究院云平台创新中心秘书长	城市领域迎来了新数据环境，应该如何看待大数据？在老城、新城、睡城等各类城市空间的规划和治理工作中运用新数据的理论思考、工作平台及案例

3.3 学生作业分析

据学生案例分析的结组情况来看，72% 的小组各成员来自 2 个及以上学科，其中有 24% 的小组成员涉及 3 个学科，基本达成了预期的促进学科交叉、各学科学生相互交流和学习方面效果。课题类型覆盖规划、建筑、风景园林等专业领域，其中 21 个小组的作业选题见表 3。

就选题而言，大致可以分为新数据环境、城乡规划、风景园林、旅游规划以及城乡规划结合风景园林等类型。选题最多是规划结合风林类，选择该类选题的小组成员，既有全部来自规划专业的，也有规划与风林两个专业合作的，在一定程度上体现了学生们积极尝试跨专业选题和相互学习。新数据环境的选题虽数量相对较少，这或许是由于课程教改尚处于第一年启动阶段，新数据环境的教学内容初次讲授。学生们以对新数据环境前沿课题的兴趣积极尝试，例如利用网络平台采集的城市 POI（point of interest）数据进行中心城区的识别分析及城市休闲娱乐活力评价、利用微博语义分析研究城市空间环境以及 GIS 技术用于智慧城市建设管理等话题。

在新数据环境类的作业中，A 组由城乡规划和风景园林专业的学生合作完成，采用综合运用城市 POI（point of interest）数据，尝试了天津中心城区的识别分析及城市休闲娱乐活力评价。该组采用了导航数据爬取、GIS 核密度分析等研究方法，分析城市基础设施的规划建设及空间结构形态。其整体研究框架如图 5 所示，研究了天津市各类公共管理与公共服务设施、商业服务设施的分布情况，来进行城市公共中心体系评价。该组在数据收集阶段，利用开放网络数据平台采集到各类设施的精确空间定位。大量城市空间 POI 数据点的分布模式、分布密度在基础设施规划、城市空间分析中具有重要参考意义，尝试了研究城市功能区识别和划分的新视角。

在城乡规划结合风景园林类中，B 组也是由城乡规划和风景园林两个专业学生合作完成，用空间可达性分

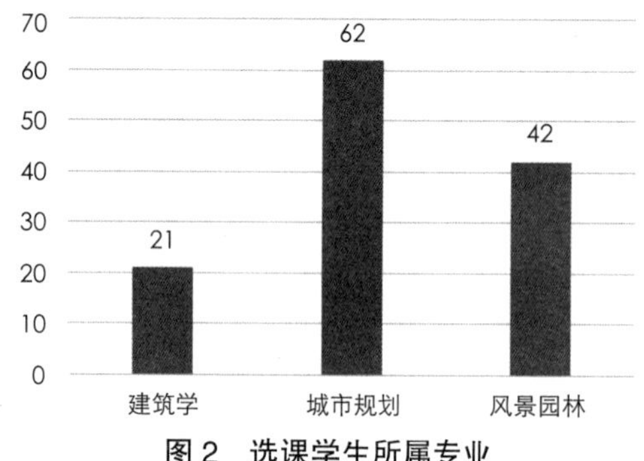

图 2　选课学生所属专业

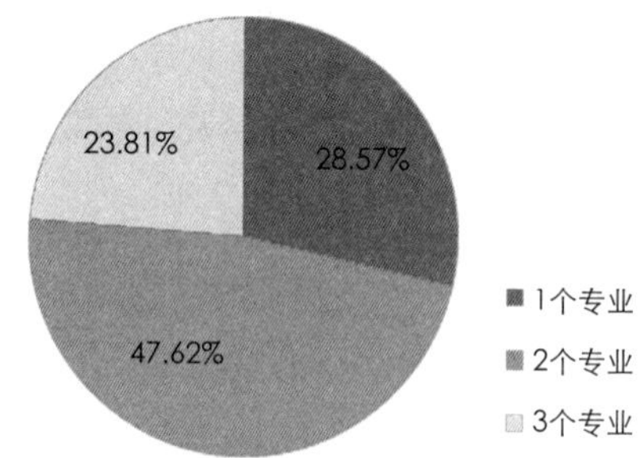

图 3　小组成员专业构成

小组汇报选题　　表3

课题类型	课题名称	研究对象	研究方法	各专业构成及人数		
				建筑	规划	风林
新数据环境	城市 POI 数据综合运用研究——以天津市为例	公共设施分布	POI 数据分析、用地布局分析		3	3
	基于微博语义分析的中外合办大学建设分析	校园建设	微博语义分析		4	2
	GIS 在智慧城市中运用	智慧城市、智慧社区城市管理系统构建		4	1	1
城乡规划	基于 GIS 的市区择房分析——以天津市南开区为例	社区及公共设施分布	用地布局分析			6
	基于 GIS 网络分析的可达性研究——以天津中新生态城为例	设施、交通	空间可达性研究	5	1	
	中国传统村落空间分布特征分析	传统村落	空间分布		6	

续表

课题类型	课题名称	研究对象	研究方法	各专业构成及人数		
				建筑	规划	风林
城乡规划＋风景园林	基于 GIS 网络分析的城市公共绿地服务范围评价	城市公共绿地	用地布局分析		6	
	基于均等性评价的绿地布局优化研究	绿地系统	均质度		6	
	舞钢市市域用地适宜性评价及其绿地均等性评价研究	城市建设用地边界	用地适宜性分析、均质度		6	
	基于 GIS 的城镇区域生态评价及建设适宜性评价分析——以河北省张家口市崇礼县为例	城镇	用地适宜性分析	1	2	3
	基于空间可达性的山地城市公园绿地布局探讨	城市公园绿地	空间可达性研究		5	1
	基于生态敏感性分析的建设用地适宜性评价	城市建设用地	生态敏感性、用地适宜性评价	2	3	1
风景园林	阳山森林公园景观生态评价及规划应用研究	森林公园	生态评价	1	1	4
	基于 GIS 的景观规划前期分析——重庆市北环水库基地	水库周边景观设计	地形分析、用地适宜性分析			5
	运用 GIS 的场地适应性分析——以苏州石湖风景区为例	风景区规划	用地适宜性分析	1		5
	基于遥感和地理信息系统技术的安徽省湿地自然保护空缺分析	湿地、生态环境保护	湿地保护空缺分析		5	1
	GIS 地理系统下重点旅游景区资源信息收集分析	旅游景区	空间分布	4		2
旅游规划	基于 GIS 的旅游地生态敏感性与生态适宜性评价研究	生态旅游规划	生态敏感性、用地适宜性评价		4	2
	GIS 空间分析功能的湿地生态旅游规划研究——以哈尔滨金牛岛湿地生态旅游规划为例	湿地、生态旅游规划	生态旅游适宜性评价	2	4	
	GIS 应用于福建灵石山国家森林公园功能区区划和游线组织研究	森林公园景区规划	用地适宜性分析	2		4
	以地理设计为框架下的乡村旅游景观规划设计——以福建省南平市建瓯市小桥镇阳泽村为例	乡村旅游	地形分析	2	3	1

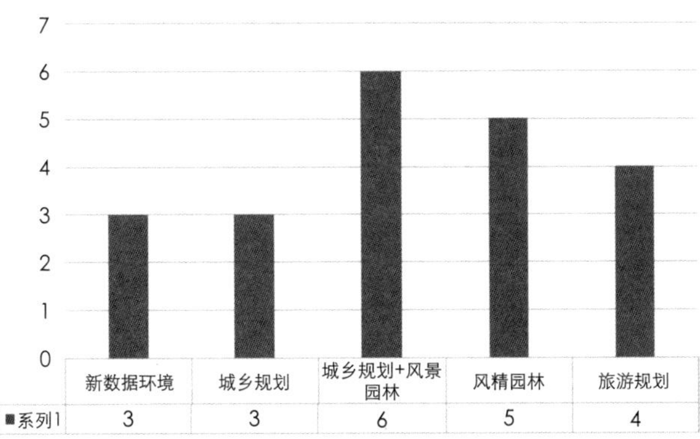

图 4 课题类型

析来考察城市公园绿地的分布情况，其研究框架如图 7 所示。

4 结语和讨论

总体而言，基于当前当代社会信息通信技术、互联网的快速发展等，新数据环境为规划行业的转型发展提供了新的研究视角与技术支持，也为规划行业提供了更易获取的定量化分析数据来源。需要指出的是，对于新数据环境的教学内容不能仅局限于技术层面，还需要结合对学生批判性空间思维的培养，即理解物质如何在地理上的相互关联，及其在地理信息系统中

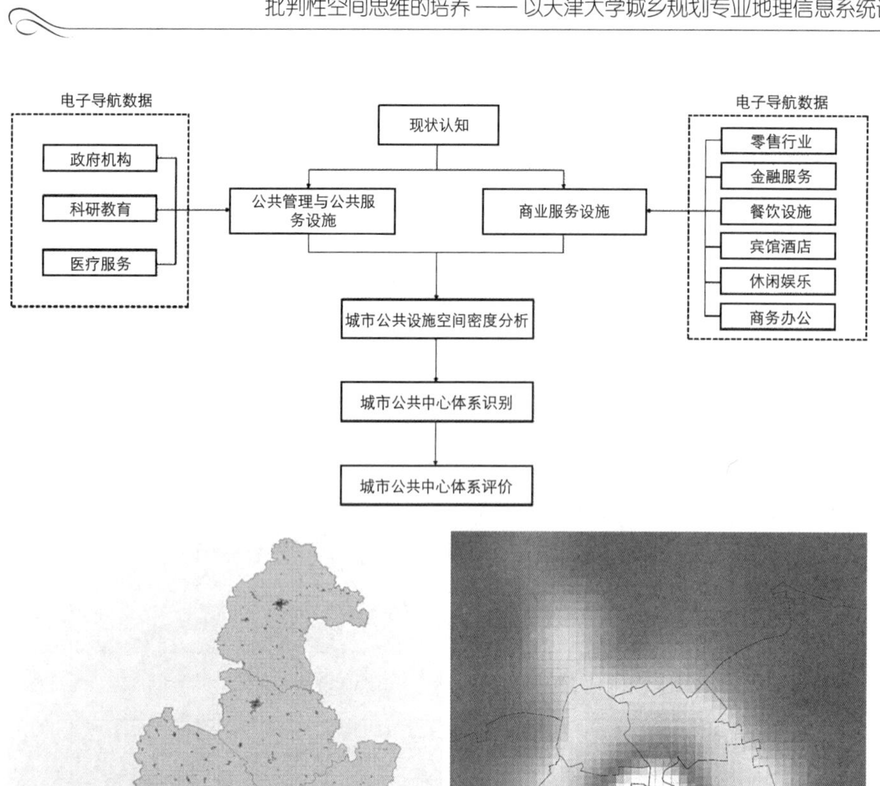

图 5　A 组研究框架

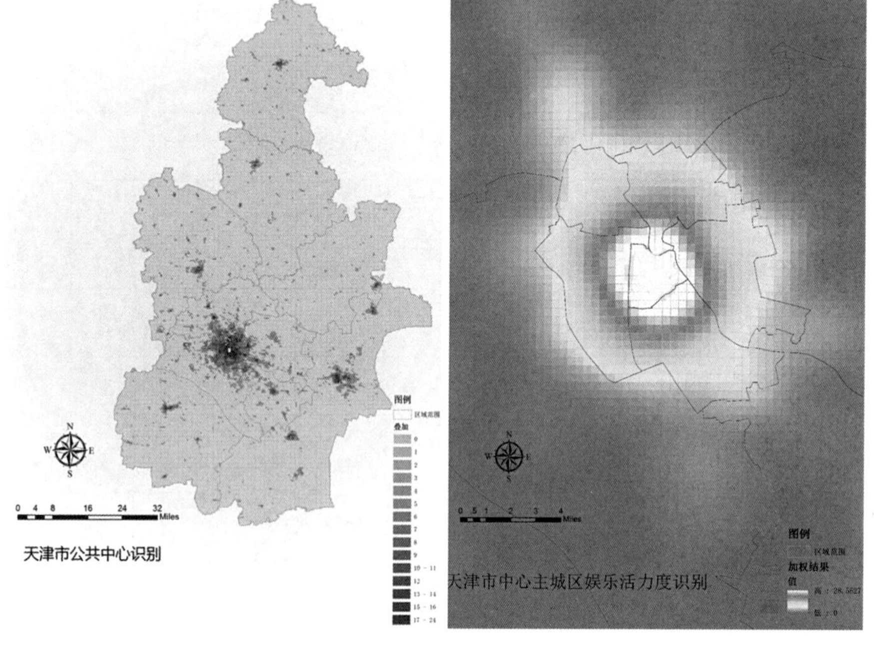

图 6　天津公共中心识别结果及天津市主城区休闲娱乐活力核密度分析

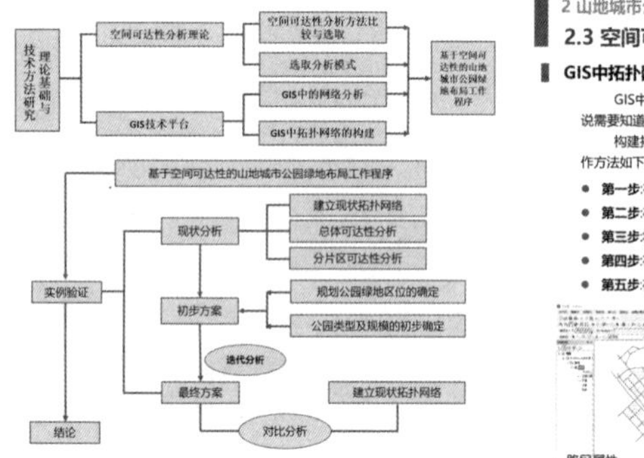

图 7　B 组研究框架

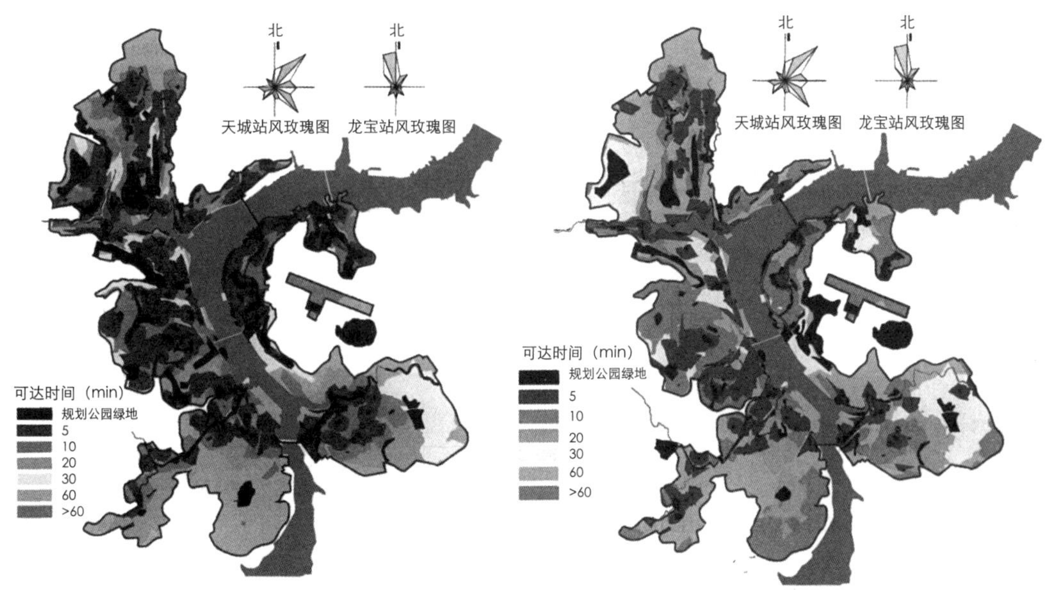

图 8　基于空间可达性和服务半径的规划方案的布局方案空间可达性对比

的表现方式，以及 GIS 如何用于分析这种关联性。据前述教改，较有效的解决方案之一是在 GIS 教学中将 GIS 嵌入城乡规划的特定主题模块中，加入对实际案例的全过程研究。

据教改中学生的学习反馈，培养学生批判性地思考空间数据，需要注重培养如下的关键能力：首先，批判空间思维者应该能够定位，过滤和提取正确的数据来解决空间问题；其次，应该理解和认识空间数据中时空尺度和假设的任何限制；第三，需要发展整合不同类型的空间数据的能力，无论是空间还是时间尺度。批判空间思维者需要在解决空间问题时以适当的方式应用每一种能力。[1] 这些批判性空间思维技能有助于理解所使用的空间数据的含义和发展超出数据所提供的基本水平之外的理解，例如意识到因果动态变化，意识到系统过程，相互作用和发展趋势；能够看到和理解不同类型的因素和领域之间的相互关系，包括物理和人类的、文化与自然的、社会与空间的和当地与全球的等。

[1] Bearman N，Jones N，André I，et al. The future role of GIS education in creating critical spatial thinkers[J]. Journal of Geography in Higher Education，2016，40（3）：394-408.

主要参考文献

[1] Dibiase D，Corbin T，Fox T，et al. The new geospatial technology competency model：bringing workforce needs into focus[J]. Urisa Journal，2010，22（2）：55-72.

[2] 刘利．美国促进地理信息劳动力发展的举措与启示 [J]. 测绘与空间地理信息，2013，36（09）：22-25.

[3] 党安荣，张丹明，李娟，等．基于时空大数据的城乡景观规划设计研究综述 [J]. 中国园林，2018，34（03）：5-11.

[4] 宋小冬，钮心毅．城乡规划中 GIS 应用历程与趋势——中美差异及展望 [J]. 城市规划，2010，34（10）：23-29.

[5] 龙瀛，刘伦伦．新数据环境下定量城市研究的四个变革 [J]. 国际城市规划，2017，32（01）：64-73.

[6] 牛强，胡晓婧，周婕．我国城市规划计量方法应用综述和总体框架构建 [J]. 城市规划学刊，2017（1）：71-78.

[7] 宋小冬，丁亮，钮心毅．“大数据”对城市规划的影响：

观察与展望 [J]. 城市规划，2015，39（04）：15-18.

[8] Cachinho H. Creating Wings：the Challenges of Teachers Training in Post-modernity[C]// Changes in Geographical Education：Past，Present and Future，International Geographical Union. 2006.

[9] Favier，T. GIS in inquiry-based secondary geography education[D]. Amsterdam: VU University Amsterdam，2011.Retrieved from http：//www.timfavier.com/dissertation.html

[10] Bearman N，Jones N，André I，et al. The future role of GIS education in creating critical spatial thinkers[J]. Journal of Geography in Higher Education，2016，40（3）：394-408.

Towards a Critical Spatial Thinking：Taking the GIS Teaching of Urban and Rural Planning Program in Tianjin University as a Case

Zhang Tianjei　Li Ze

Abstract: The popularization of GIS and the "explosive" growth of available data have posed new challenges to the GIS teaching of urban and rural planning. How can we avoid the space problem behind the data because of the heavy reliance on software technology and blind praise? Critical spatial thinking is indispensable in GIS teaching in the 21st century. To cultivate critical spatial thinking，we should embrace the whole process of solving the problem via GIS，i.e. the six stages of GIS learning. This course reform updates the teaching content，increases the introduction of new data environment and related analysis methods and technology innovations. Moreover，the whole process of case study is added under specific urban and rural planning themes. The teaching increases seminar discussions，and cultivates students' ability to find problems independently and solve problems via critical spatial thinking. The lecturer has shifted from one person to multiple，and has established an online-offline international teaching interactive platform. According to students' feedback，the GIS teaching need to pay attention to develop three aspects of spatial thinking ability. They are helpful to understand the meaning of the spatial data used，and also helpful to develop understanding beyond the basic level of that offered by the data.

Keywords: Urban and Rural Planning，GIS，Critical Spatial Thinking，Teaching Reform

适应机构改革的"区域规划"教育转型思考*
—— 基于城乡规划专业视角

王宝强　彭　翀

摘　要：区域规划的政策性、战略性、空间性决定了区域规划教育要与时代发展背景紧密结合。新一轮国家机构改革对区域规划教育将产生重要影响。城乡规划专业"区域规划"教育要在教育理念、知识体系构建、教学内容革新等方面能够适应机构改革带来的变化和挑战。教学理念上要体现"跨学科－多学科"的融合、时代性和政策性、"理论－实践"并重；知识体系上要构建圈层式知识结构；教学内容革新上要探索区域空间规划创新、重视区域发展与资源保护之间的关系、适应区域空间管制的新要求、加强大数据的应用等。

关键词：区域规划，机构改革，教育转型，空间规划，城乡规划

区域规划是指在一定地域范围内对未来一定时期的经济社会发展和建设以及土地利用的总体部署[1-2]，是政府调控区域发展的手段[3]。区域规划教育是以培养学生区域观、掌握区域发展知识、具备区域分析和区域规划能力为目标的教育活动统称。2018年中共中央正式印发了《深化党和国家机构改革方案》，提出"为统一行使全民所有自然资源资产所有者职责，统一行使所有国土空间用途管制和生态保护修复职责，着力解决自然资源所有者不到位、空间规划重叠等问题，实现山水林田湖草整体保护、系统修复、综合治理"，将国土资源部的职责、国家发改委组织编制主体功能区规划职责、住房城乡建设部的城乡规划管理职责、水利部的水资源调查和确权登记管理职责、农业部的草原资源调查和确权登记管理职责、国家林业局的森林、湿地等资源调查和确权登记管理职责，国家海洋局的职责，国家测绘地理信息局的职责整合，组建自然资源部，作为国务院组成部门（简称"机构改革"）。这意味着城乡规划管理职责将"离开"住房和城乡建设部，归入新设立的自然资源部，将原分散在不同部门的规划权进行了"统一"，使空间规划体系的建立和"多规合一"成为可能，这一转变将对城乡规划学科、行业、教育等产生深刻的影响。规划理念、学科结构、相关制度、教育模式等都需要重构和优化。反映时代需求既是规划研究与规划编制工作主线，也是拓展和深化课程教学内容体系、教学手段与工具的重要导向[4]。笔者在对城乡规划专业"区域规划"教育特点思考的基础上，对新时代机构改革所释放出的空间规划改革信号入手，从区域规划教育理念、知识体系、教学内容转型三个方面展开探讨。

1　当前城乡规划专业"区域规划"教育特点

《普通高等学校本科专业目录》（2012年）实施后，区域规划成为"人文地理与城乡规划"、"资源环境与城乡规划管理"、"土地管理"、"农村区域发展"等理学专业和"城乡规划学"工学专业的重要课程之一，涉及面广，不同专业的教学内容也各有侧重[8]。

* 基金项目：国家自然科学基金项目（51608213）、青年千人计划基金项目（D1218006）、中央高校基本科研业务费资助项目（HUST：2016YXMS054）、湖北省技术创新专项基金（2017ADC073）资助。

王宝强：华中科技大学建筑与城市规划学院讲师
彭　翀：华中科技大学建筑与城市规划学院教授

不同学科“区域规划”教学的重点内容梳理 表1

学科或专业	重点内容
资源环境与城乡规划管理	以区域资源的利用和管理为核心，包括资源管理、环境保护、城乡规划原理、旅游规划、土地利用规划等，重资源管理
城乡规划学	以城镇发展和空间资源配置为核心，包括城镇体系发展及演变、城镇体系规划理论、区域分析、区域发展战略、城镇等级规模结构、城镇职能结构、城镇地域空间结构、区域产业布局规划、区域交通及基础设施规划、区域空间管治、区域生态环境规划等，重城镇体系空间结构引导和空间布局规划
人文地理学与城乡规划	以分析区域发展重城市间关系、城乡关系的变化规律为核心，包括区域经济学、区域发展理论、城乡规划原理，重区域分析
土地管理	以土地资源的属性和利用、管理为核心，包括土地利用规划、区域城市发展、区域产业布局、区域交通和基础设施布局、区域自然资源保护、区域空间管制等内容，重土地管理政策和土地利用总体规划
农村区域发展	重农村土地资源管理和城乡关系，包括农村土地资源管理、城乡关系、土地利用规划等核心内容

资料来源：根据相关实践所得

就城乡规划学教育特征来看：①理科为主的区域规划教育注重地理分析和区域分析，形成了人文地理学、经济地理学、城市地理学、旅游地理学、区域分析与规划、地理信息系统等课程在内的区域规划学科群，注重人文地理学理论知识与社会经济发展、城市与区域发展、经济地理空间组织与规划方面的教学内容安排。②工科为主的区域规划教育，注重区域规划的理论体系及其在实践中的应用，通过城镇体系规划强化理论知识的应用。③理工兼容的区域规划教育，注重上述两方面的综合。

工科城乡规划学专业具有如下特征：①教学理念上重视实践操作性，重视规划编制的理论与方法、规划编制与实施的管理及社会经济影响评价。②教学知识体系上形成城市地理学为基础、辅以城市经济学、以区域分析与区域规划为核心的架构，缺乏对人文地理学、自然地理学、土地资源管理学等课程的学习储备。③教学内容上以城镇体系结构、产业、交通、基础设施等空间布局为核心，强化了空间资源的配置和设施布局引导。由于缺乏多学科的融合，特别是土地资源管理、人文地理学方面的知识基础，加之普遍存在重设计、轻理论的现象，导致学生在认识区域问题、分析区域问题方面还存在不足，特别是对我国新时期多规合一背景下的区域规划转型问题认知还不够清晰。就区域规划教学来看，2010年以后的关注度明显提高，以教学方法的探讨为最多[5-6]，且反映出课程内容多、学时有限、课堂教学方式相对单一、缺乏实践环节等共性问题[7]。

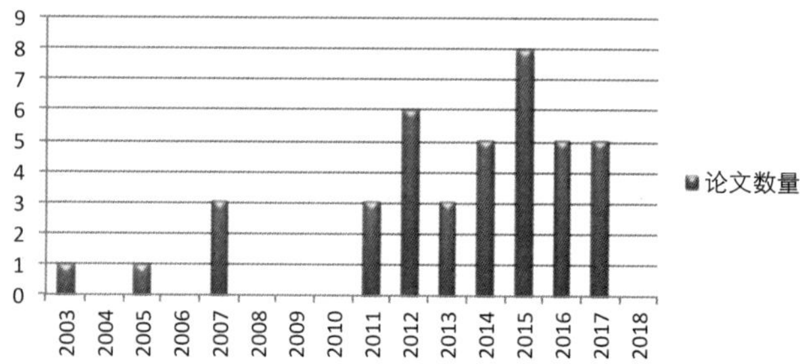

图1 2003-2018年关于“区域规划”教学的论文数量情况
资料来源：根据中国知网“区域规划”、“课程”或“教学”为关键词进行检索分析所得

由于区域系统的复杂性和区域规划类型的多样性，多学科专业多源并进与融合的趋势愈加明显，要求区域规划教育要突出理论的综合；同时区域规划的实践性决定了区域规划教育要能够重视和培养学生解决实际区域问题、提出区域发展战略、布局区域重要设施等方面的能力，必须面向社会需求，培养学生的规划理论与实践技能的综合性集成应用与规划项目编制过程中的协作能力[9]。

2 适应机构改革的城乡规划专业“区域规划”教育转型

2.1 适应机构改革的教育理念

（1）跨学科－多学科融合

长期以来，区域规划编制主体多元，包括主体功能区规划、土地利用总体规划、城镇体系规划（包括城镇群规划、都市区规划、城市圈、城市群规划）以及其他水利、农业、交通等部门的专项规划。各类规划编制的主体、目标、内容不同（表2），在区域空间的管理上存在着严重的“九龙治水”问题，规划空间重叠、要素关联导致了部门利益的冲突与矛盾。新的机构改革势必会强势分配和平衡对于区域空间管制的各方利益，以实现资源配置的效率，从根本上解决我国长期存在的多规重叠问题。

机构改革后，构建综合的空间规划将囊括现有的土地利用规划、城镇体系规划、主体功能区规划、环境保护规划，但又不是几种规划的简单叠加，而是从总体框架、核心内涵、规划内容、组织方式等方面进行整合和重构。因此，无论对城乡规划专业抑或其他专业都不是局限于传统的语境体系，区域规划的教育也更为开放、包容，不同学科之间要建立关联和互动，从彼此孤立、相互理解到相互融合。机构改革则加速了土地、规划、资源环境、地理学等专业之间融合的过程，跨学科的教育理念将不断深入到各个学科（图2）。作为操作性很强的城乡规划学专业，则需要在区域规划教育中体现这种融合的趋势，在强化自身学科内核的同时吸纳其他学科的知识将成为机构改革后教育转型的主要方面。

（2）体现时代性和政策性

区域规划教学应该时刻把握时代特征，落实国家发展政策。党的十九大报告中指出，我国经济已由高速增长阶段转向高质量发展阶段，正处在转变发展方式、优化经济结构、转换增长动力的攻关期，需要实施区域协调发展战略。区域规划教育要契合国家发展需求，将区域协调发展战略、乡村振兴战略等融入区域规划教学中。

机构改革前主要的区域规划类型 **表2**

类型	定义	编制目的和作用	工作内容	规划层次	负责编制部门
城镇体系规划	一定地域范围内，以区域生产力合理分布和城镇职能分工为依据，对该地域范围内城市（镇）的职能分工、等级规模和空间布局进行科学安排、合理组织，确定不同人口规模等级和职能分工的城镇的分布和发展规划	指导总体规划编制；考察区域发展态势，发挥对重大开发建设项目及重大基础设施布局的综合指导作用；综合评价区域发展基础，发挥资源保护和利用的统筹作用；协调区域城市间的发展，促进城市之间形成有序竞争与合作的关系	确立区域城镇发展的战略和政策，合理分配区域资源，建设良好的区域化的基础设施和生态环境；通过合理、妥善组织，实现城市基础设施及较大型公建的共享，降低区域开发成本，防止城镇间各自为政，重复建设和互相脱节；建立合理的产业结构，防止不正当竞争	国家城镇体系规划	住房和城乡建设部
				省域城镇体系规划	省城乡规划主管部门
				市（县）城镇体系规划	市（县）城乡规划主管部门
土地利用总体规划	在一定规划区域内，根据当前自然和社会经济条件以及国民经济发展的要求，协调土地总供给与总需求，确定或调整土地利用结构和用地布局宏观战略措施，土地利用总体规划由各级人民政府组织编制	合理利用有限土地资源，切实保护耕地，为国民经济和社会发展提供土地保障；对土地利用实行规划管理，以强化土地利用宏观调控和微观管理机制，协调部门与产业用地矛盾，优化土地利用结构与布局	协调全局性重大用地关系，提出不同类型区土地利用方向和目标，确定中心城区建设用地规模和范围，确定城镇建设用地控制指标和布局，划定土地用途区，因地制宜分解耕地保有量等有关控制指标	全国土地利用总体规划	国土资源部
				省级土地利用总体规划	省国土资源管理部门
				市级土地利用总体规划	市土地管理部门
				县级土地利用总体规划	县土地管理部门
主体功能区规划	以国土空间为对象编制的战略性、基础性、约束性的规划，它根据不同区域的资源环境承载能力、现有开发密度和发展潜力，统筹谋划未来人口分布、经济布局、国土利用和城镇化格局	缩小地区间差距，促进区域协调发展；引导经济布局、人口分布与资源环境承载力相适应，促进人口、经济、资源环境的空间均衡；扭转生态环境恶化趋势，实现资源节约和环境保护；打破行政区划，实施有针对性的政策措施和绩效考评体系	在分析评价国土空间的基础上，将国土空间划分为优化开发、重点开发、限制开发和禁止开发四类，确定各级各类主体功能区的数量、位置和范围，明确不同主体功能区的主体功能定位、开发方向、管制原则、区域政策等	国家主体功能区规划	国家发展与改革委员会
				省级主体功能区规划	省发展与改革委员会
				市（地）级主体功能区规划	市（地）发展与改革委员会

资料来源：笔者自绘

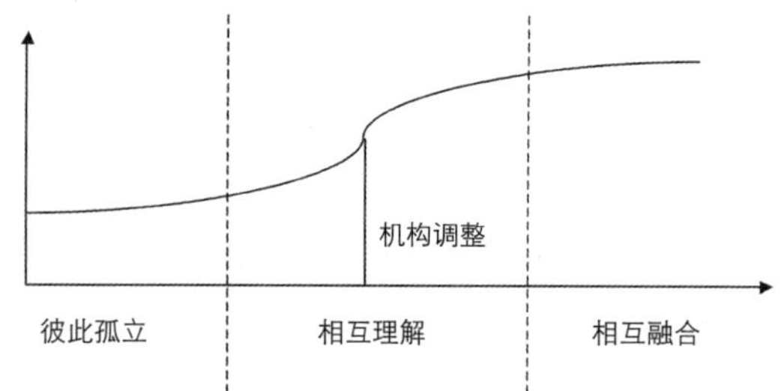

图 2　机构调整对于促进多学科相互融合的作用示意图
资料来源：笔者自绘

如以长江经济带、京津冀协同发展等为典型案例，探讨区域制度、交通建设、产业布局、基础设施建设、资源利用协调等问题。

（3）“理论 – 实践”并重

区域规划教育长期以来重视理论教学，缺乏实践探索，导致学生普遍对区域规划兴趣不高，对国家和区域的发展背景、发展战略都缺乏宏观判断，限制了宏观政策分析和解读能力。区域规划教育中应该加强实践能力的培养，通过具体的案例探讨我国区域发展的背景和形式、区域规划的核心内容等，从“理论”教育转型为“理论 – 实践”并重型。

2.2　适应机构改革的圈层式区域规划知识体系

机构改革后，区域规划的作用可能会分化，一方面仍将体现原有的不同类型规划的编制思路和管控模式，另一方面多种规划类型相互融合。在这种背景下应该构建圈层式的知识体系：①基础知识体系广泛化，增加土地资源管理学知识，加强对自然资源保护与管理知识的教学；②核心知识体系差异化，不同学科的专业性和侧重点可以有所不同，城乡规划专业要加强对土地利用规划、主体功能区规划、环境保护规划方面的学习，探讨空间规划的路径和方法；③实践应用体系深入化，探索空间规划的实践操作（图 3）。

2.3　适应机构改革的区域规划教学内容革新

当前城乡规划专业区域规划教学核心内容包括区域发展理论、区域分析、区域规划三部分（图 4）。随着机构改革，区域规划政策性和时代性更强、空间规划体系产生、从蓝图式规划到动态调整、区域规划目标多元化。这些变化既为区域规划的创新实践提供了

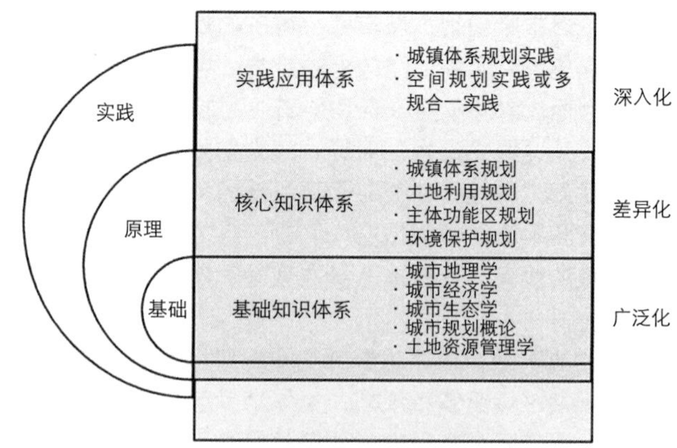

图 3　区域规划教育的圈层式结构
资料来源：笔者自绘

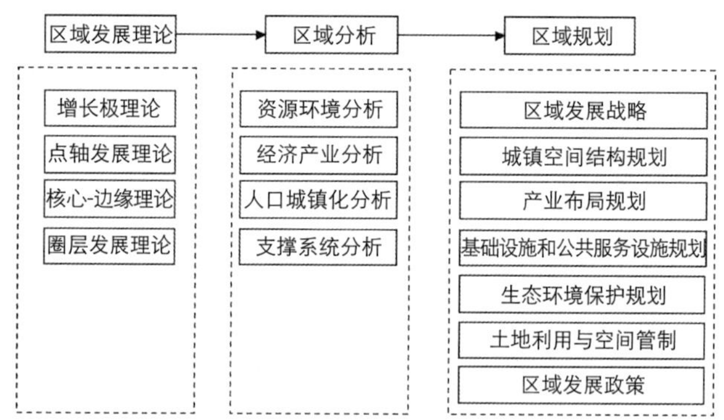

图 4　传统区域规划教学内容
资料来源：笔者自绘

新思路、新方法，也对现有的教学内容提出了挑战。笔者提出，城乡规划专业区域规划教学的内容革新包括：探索空间规划理论与方法、重视城镇发展与自然保护之间的关系、适应区域空间管制的新要求、加强大数据应用等。

（1）探索空间规划理论与方法

机构改革后，通过制定空间规划作为基底，有助于实现规划间的上下、左右联通，解决长期以来存在的各种区域规划编制管理机构分散、层级结构和编制标准不统一等问题。城乡规划专业应该发挥特长，从城镇体系规划逐步转向空间规划内核，如就如何实现“山水林田湖草”和城乡建设有序协调、城乡建设用地有效管控和监测等方面凸显自身特色。

（2）重视区域发展与自然资源保护之间的关系

我国的城市化经过改革开放40多年的快速发展，面临着土地、资源和环境的矛盾，过去以土地扩张、资源消耗和环境污染为代价的发展变得不可持续，进入了资源紧约束时代。随着机构改革，传统的城镇体系规划需要加强城镇发展与自然资源保护之间的关系研究，加强以地球系统科学为支撑的自然资源管理学科体系的教育，将自然资源保护相关的内容纳入区域发展规划中统一考虑（图5）。原本在城乡规划专业忽视的自然资源保护问题应该纳入重要议程。

（3）适应区域空间管制的新要求

空间管制的核心是建立空间准入机制，划定不同建设发展特性的类型区，并制定其分区开发标准和控制引导措施[10]，其范围应是行政区域全覆盖的[11]。各种空间管制手段在责任权属、划分类型、管理技术手段等方面均有不同（表3）[12]。伴随全面深化改革的推进，以“三区三线”划定（“三区”为城镇空间、生态空间、农业空间，“三线”为城镇开发边界、永久基本农田、生态保护红线）及管控为核心的全域空间管控成为空间规划改革试验的重要内容（图6）。区域规划教育要适应这种新变化。在统一的空间信息平台上，将经济、社会、土地、环境、水资源、城乡建设、综合交通社会事业等各类规划进行恰当衔接，确保“多规”确定的任务目标、保护性空间、开发方案、项目设置、城乡布局等重要空间参数标准的统一性，以实现优化空间布局、有效配置各类资源，和政府空间管控和治理能力的不断完善提高。

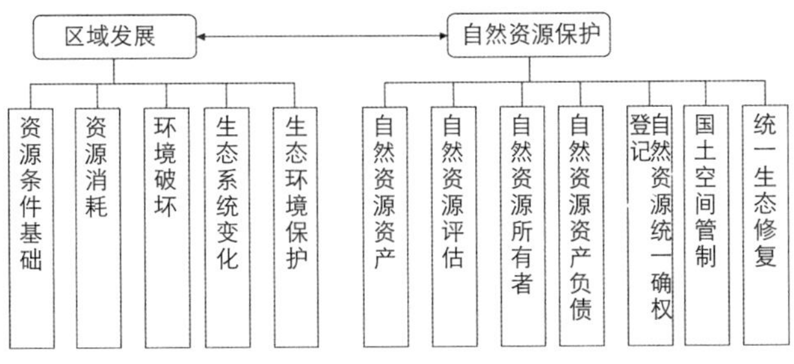

图5　将自然资源保护纳入区域发展考虑的示意图

资料来源：笔者自绘

（4）加强大数据应用

大数据的出现给传统规划行业带来了活力，特别是在促进区域分析科学化方面。如通过手机信令数据、城市夜光数据、企业经济数据、POI数据、交通出行数据、网络数据等，可以分析区域职住平衡、区域间关联性强度、城市断裂点、城市集聚度分析等。除了系统分析法、比较分析法、数学模型法、空间分析法外，在区域规划

各类空间管制类型的划分体系　**表3**

空间管制类型	特性	权属部分	政策、法律依据	划分类型	目的	技术手段
主体功能区划	综合功能区划	国家发改委	关于编制全国主体功能区规划的意见	禁止开发区、限制开发区、重点开发区、优化开发区	以此为依据，制定国家或某一地区经济、社会发展的总体纲要	财政、土地、人口、投资、环境、金融、绩效评价等政策
生态功能区划	专项功能区划	环境保护部	环境保护法	一般按照生态环境特征进行划分	改善生态环境、防止资源破坏、促进环境效益、经济效益和社会效益三者和谐持续发展	自然和环境因子评价
三生空间	土地利用总体规划	国土部门	无	生产空间、生活空间、生态空间	对整个区域内的土地开发、利用和保护等情况进行管理与协调，实现空间内资源、环境、人口等多因素的协调发展	建设用地安排、空间管制分区
四区三界			市县乡级土地利用总体规划编制指导意见	城乡建设用地规模边界、城乡建设用地拓展边界、禁止建设用地边界；允许建设区、禁止建设区、有条件建设区、限制建设区		
三区四线	城市总规中的专项规划	住房城乡建设部	城乡规划法、城市规划编制办法	适建区、限建区、禁建区；绿线、蓝线、黄线、紫线	确定一定时期内城乡发展的战略方向和发展目标，引导城乡进一步发展	规划层面的条例和图例

资料来源：根据文献[12]整理

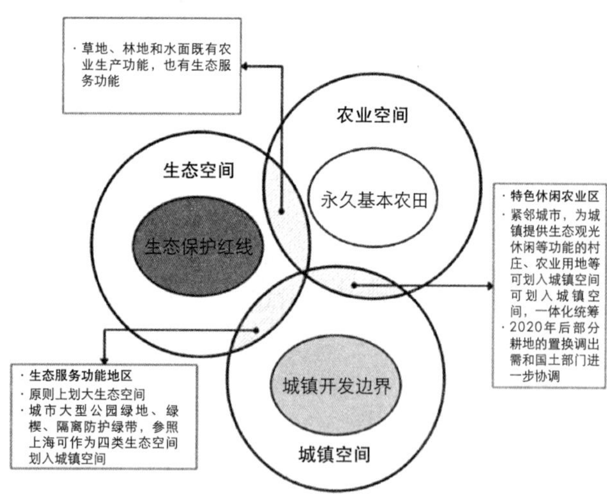
· 草地、林地和水面既有农业生产功能，也有生态服务功能
农业空间
永久基本农田
生态空间
生态保护红线
· 特色休闲农业区
· 紧邻城市，为城镇提供生态观光休闲等功能的村庄、农业用地等可划入城镇空间可划入城镇空间，一体化统筹
· 2020年后部分耕地的置换调出需和国土部门进一步协调
· 生态服务功能地区
· 原则上划大生态空间
· 城市大型公园绿地、绿楔、隔离防护绿带，参照上海可作为四类生态空间划入城镇空间
城镇开发边界
城镇空间

图 6　三区三线示意图

资料来源：上海市城市总体规划（2017-2035）

教育中要重视大数据的应用，将其纳入教学内容，以适应信息化时代区域规划的不断变革。

3　结语

区域规划学科的演变与中国总体发展环境的转型密切相关[13]。城乡规划专业的“区域规划”教育要能够适应机构改革带来的变化和挑战。在教育理念、知识体系构建、教学核心内容架构上有所适应。笔者提出城乡规划专业区域规划教育理念要体现跨学科－多学科的融合、体现时代性和政策性、理论－实践并重，构建了圈层式知识体系，探索空间规划理论与方法、重视区域发展与资源保护之间的关系、适应区域空间管制的新要求、加强大数据的应用等。相信随着国家空间规划体系的完善，区域规划教育的转型方向还要不断探索，其发展方向也将更为明朗。

主要参考文献

［1］崔功豪，魏清泉，刘科伟．区域分析与区域规划（第二版）[M]. 北京：高等教育出版社，2006.

［2］杨培峰，甄峰，王兴平．区域研究与区域规划 [M]. 北京：中国建筑工业出版社，2011.

［3］刘桂菊．“区域分析与规划”应用型课程教学改革探索 [J]. 当代教育理论与实践，2015，7（12）：66-68.

［4］马仁峰，周国强，李加林，等．融入研究与编制过程的区域规划教学模式构建 [J]. 宁波大学学报（教育科学版），2016，38（5）：100-104.

［5］贺俊平，贺振．目标教学法在《区域分析与规划》教学中的应用 [J]. 职业教育研究，2012（4）：98-99.

［6］李小英，岑国璋，马静．案例教学在区域分析与规划课程教学中的应用 [J]. 甘肃科技，2013，29（1）：70-71，122.

［7］陈飞燕，禹建颖，余国忠，等．基于交叉学科的《区域分析与规划》课程的教学思考 [J]. 湖北函授大学学报，2012，25（9）：63-64.

［8］仇方道．《区域分析与规划》课程教学改革探讨——以资源环境与城乡规划管理专业为例 [J]. 安徽农业科学，2011，39（4）：2507-2509.

［9］马仁锋．理工兼容型规划专业“区域分析与规划”教学改革 [J]. 建筑与文化，2015（6）：134-135.

［10］郝晋伟，李建伟，刘科伟．城市总体规划中的空间管制体系建构研究 [J]. 城市规划，2013，37（4）：62-67.

［11］张京祥，崔功豪．新时期县域规划的基本理念 [J]. 城市规划，2000，4（9）：47-50.

［12］魏东．“多规合一”工作中的空间管制体系研究 [D]. 西安：西北大学，2015.

［13］胡嘉佩．我国城镇体系规划学科发展演进研究 [D]. 南京：南京大学，2015.

Thoughts on the Educational Transformation of "Regional Planning" Adapting to Institutional Reform —— Based on Urban and Rural Planning Perspective

Wang Baoqiang　Peng Chong

Abstract: The policy, strategic and spatial nature of regional planning determines that regional planning education should be closely integrated with the development background of the times. The new Institutions Reform will have an important impact on regional planning education. The "Regional planning" education of urban and rural planning majors should adapt to the changes and challenges brought by Institutional Reform in terms of education concepts, knowledge system construction, and innovation of teaching contents. The concept of teaching should reflect the integration of "interdisciplinary and multi-discipline", the epochal nature and policy, and the "theory-practice"; the knowledge structure should build up a circle of knowledge structure; the innovation of teaching contents should explore regional spatial planning innovation, emphasize the relationship between regional development and resource protection, adapt to the new requirements of regional spatial control, and strengthen the application of big data.

Keywords: Regional Planning, Institutional Reform, Education Transition, Spatial Planning, Urban and Rural Planning

人居环境科学本科教育的生态价值观培养模式初探

宋菊芳　陈庆泽

摘　要：建筑、规划及景观等人居环境科学发展和行业实践中生态价值观缺失的现状提醒高等学校从本科教育中寻求问题源头。通过“SPC”价值教育模式的建构，探讨在本科教育过程中如何将生态观内化成学生的专业素养、从源头协助解决行业生态观缺失等相关问题，并为更广泛的本科教育、价值教育相关研究提供参考。

关键词：生态价值观，人居环境科学，“SPC”模式，本科教育

1　对观念的探讨：生态观在人居环境科学中的地位

1.1　行业生态观缺失的根本原因

近年来随着我国经济转型步伐加快、对可持续发展的认识逐步深化，生态环境保护日益受到重视。从“绿水青山”的认识，到“绿色发展”理念写入“十三五”，再到诸如“美丽乡村”、“国家公园”等具体政策，生态观已渗入经济社会发展的方方面面。

作为直接作用于城乡环境的规划、设计行业，本应首先擎起生态的大旗、以生态观指导一切科研与实践，但我们却不无遗憾地感受到现实与理想的差距。一个问题是认识肤浅化，“生态”这个词，在建筑领域仿佛就等同于“节能建筑”、规划领域则是“生态红线”、景观领域则是“绿地广场”——这些当然都是关键点、但绝非生态的全部内涵；另一个问题是口号空洞化，只提概念、不能落地，甚至会造成“伪生态”遍地开花的不良局面。

这些问题的根源可以一直追究到本科教育阶段，毕竟对于绝大多数专业人才来说这是奠定他们一生专业素养的关键时期。正是我们的本科专业教育没能使生态观真正内化为学生的内在素养，才会造成整个规划设计行业生态观的缺失。

1.2　生态观在人居环境科学中的地位

20 世纪 50 年代，希腊建筑规划学者道萨迪亚斯（Doxiadis）首次系统地提出了“人类聚居学”；20 世纪 90 年代，吴良镛先生将其引入中国并进行阐发，创立了富有融会贯通特色的、中国传统哲学韵味的“人居环境科学（Human Settlements Sciences）”[1]。从核心价值方面考量，这一体系以可持续发展的城乡宜居为目的，贯彻物质空间优化、经济社会协调、生态环境保护三大基本价值观。其中的三个基本点，分别对应着传统的建筑学、规划学、景观学的核心观念，在同一框架下又得以相互协调、交融互补。

按照凯文·林奇（Kevin Lynch）在《城市形态》（Good City Form）一书中的论述，有三种价值观分别主导着前工业时代、工业时代和后工业时代的城市形态——仪式观、机械观、有机观[2]。这种价值观的演化过程可以看作一个利益主体多元化、“利益分配”的过程。

前工业时代，奴隶主和封建领主依靠宗教仪式性质的特权制度来维持统治，人居环境中的一切美学价值和技术性都是为特权服务；工业时代，利益主体由贵族扩展到资产阶级，并随着社会运动的扩大化而逐步向普罗大众倾斜。追求社会公平正义的信念也逐渐贯彻到人居环境建设当中。然而，工具主义和机械观的主流地位并没有从根本上得到改变。

变化发生在近五十年内。日益凸显的生态环境危机使人类认识到，环境的利益主体并非只有“人”。危机从另一个角度可以看作自然界的“社会运动”、是自然

宋菊芳：武汉大学城市设计学院规划系副教授
陈庆泽：武汉大学城市设计学院规划系硕士研究生

界捍卫自身利益的一种独有的抗议方式——我们必须抛弃以人类利益为一切思想和行为核心的传统价值观和按照自身意图随意改造世界的机械论，转而接受与自然同行、多元有机的思想观念，使自然界得以保持应有的利益、满足发展的需要，实现现代意义上的和谐共存。

这意味着专家和相关从业者们不仅需要为普罗大众代言，还要越来越多地为自然代言、协调人和自然之间的利益关系。这就是生态观作为人居环境科学三个基本点之一、也是当前条件下最重要的价值观的内在逻辑。

2 对方法的探讨："SPC" 价值教育模式

2.1 价值教育的内涵辨析

国外对现代价值教育的研究始于 20 世纪 70 年代，我国的相关研究则基本从 21 世纪初开始。这种时间差异恰与经济社会发展阶段相匹配、从形而上的层面来说有着一致出发点——都伴随着对现代化弊病和被"工具理性"支配的社会及大学教育的批判反思[3]。究其内涵，"价值教育"与"道德教育"、"价值观教育"等提法并无不同，都立足于"价值观念和价值态度的形成、价值理性的提升、价值信念的建立以及基于正确价值原则的生活方式的形成"[4]。

另外不得不注意，自 1995 年原国家教委召开的"文化素质教育试点工作会"以来，国内学界通过引入"通识教育"等手段展开了一些探索。通识教育（General Education）概念源于欧美，在对象方面带有"面向所有人"的民主色彩，在内容方面则传承自古希腊自由教育、代表其培养完整人格的教育理想。二十余年来，通识教育在国内尽管取得了一定成就，但总体而言实效并不算好，存在通专割裂、名扬实抑等问题[5-6]。

因此，虽然都是针对情感态度价值观的教育，但与诸如通识教育等外来概念相比，价值教育更适合我国语境，与重视教化、知行合一的传统教育精髓一脉相承；同时价值教育在方法上更具包容性，可利用多样化的教学目标范式，建构一套有效的复合教育模式[7]。

2.2 "SPC" 教育模式的建构

据相关研究，经典教学目标体系建构范式主要有五种：时序建构（按时间分阶段）、层次建构（教育、学校、学科、课程、课时）、领域建构（认知、情感、技能）、职能建构（教养、教育、发展）、结果建构（心智、认知、语言、动作、态度），其各有偏重又有所重叠，非常有必要进行新的探索。

从价值观引导和能力培养的角度出发，本文建议利用或发展三种范式来建构价值教育教学目标体系：时序阶段（Sequence）建构、参与模式（Participation）建构、内容领域（Content）建构，包括时间、行为、内容三个方面。通过"时间 – 行为"和"行为 – 内容"的逻辑关系，三种范式得以整体联系——称为"SPC"价值教育模式。由此可以将价值观念、价值理性以较为多样化的方式贯彻本科教育的全过程，内化成学生的一部分。

（1）时序阶段建构

本科时期的学习可分为认知、理解、应用三个阶段，分别代表对事实、原理和技能的掌握，与四或五年的学制存在着对应关系（表 1）。

时序阶段建构　　表1

学制阶段	事实认知	原理理解	技能应用
四年制	大一	大二、大三	大四
五年制	大一、大二上学期	大二下至大四上学期	大四下学期、大五

在低年级即认知阶段，可以不分或粗分专业，通过开设复合课程、鼓励学生广泛选课，使其接受全面化和多元化的价值熏陶、培养批判性思维和创新能力，从而更好地找到兴趣点；区分专业后，中年级教育应在对专业知识的理解过程中贯彻价值引导；在高年级则需以正确价值观指导应用和研究、实现价值内化。

（2）参与模式建构

传统的价值教育模式具有价值观一元化、单向灌输僵硬死板等弊端。基于学界对价值教育内涵、模式的相关研究成果[8-9]，考虑教学过程中教师、学生两大行为主体及其关系，本文提出由价值引导、主干课程、自主建构组成的价值教育参与模式建构教学目标，并与上一节的时序阶段相联系（表 2）。

其中，价值引导以教师为行为主体，在不同时序阶段里分别达到树立价值目标、创设价值情境、价值活动

时序阶段与参与模式（即时间-行为）的逻辑关系　表2

参与模式 时序阶段	事实认知阶段	原理理解阶段	技能应用阶段
价值引导（教师为主体）	目标引导	情境引导	活动引导
主干课程（师生互动）	通识导论	核心理论	应用理论
自主建构（学生为主体）	讲座论坛	专题研究	专业实习

实践的教学要求；主干课程强调师生互动，引入通识教育和跨学科教育的理念方法，从灌输式教学向开放式教学转变；自主建构以学生为行为主体，通过讲座、专题、实习等自主体验，实现价值观的内化。

（3）内容领域建构

内容领域建构是最能体现价值教育包容性和灵活性的建构范式。针对具体的不同价值观教育目标，通过相关不同学科认知、情感、技能的互相交叉，找到最能引出学生兴趣、引起情感共鸣、从而使价值观得以内化的点，并利用不同的参与模式灵活施教（即行为 - 内容逻辑）。其具体应用将在下一章以生态观教育为例进行说明。

3　对应用的探讨：本科阶段人居环境生态观的 SPC 教育模式

3.1　我们需要怎样的生态观

在人居环境科学构建和行业改革当中，生态价值观都扮演着至关重要的地位。那么这种生态观应该怎样去定义和把握?

虽然当代社会呼吁“自然价值论”和“自然权利论”，但身处以规划建设为主要抓手的人居环境科学，我们仍然要充分肯定人类行动的积极意义，倡导把握自然过程、重新定义环境价值的生态观[10-11]。本文认为其基本点包括以下几方面：人居环境中综合考虑自然过程；建立欣赏“野性”的新美学；呼唤身边的自然教育；顺应自然规律，让时间做功；尊重由不同自然条件和文化基础生发出的多种可能性；化挑战为机遇的乐观主义，以及不断扩充新思路和新方法的可持续理念。

这些观点与我国传统的敬天法地、尊时重序、“天人合一”等朴素自然观念相适应，还与生态安全格局、绿色基础设施、“海绵城市”、乡土景观等我国当前规划设计界的最新认识相一致，可以作为把握人居环境科学中生态价值观的重要参考。

3.2　我们需要怎样进行生态观本科教育

从我国目前的学科分类（GBT 13745-2009）来考量，生态观教育的内容直接涉及地球科学、生物生态学、农林科学、环境科学等一级学科群——实际来讲可能还不止于此。另外，本文对清华、同济、北林、东南、天大、重大等国内高校建筑规划类专业的本科培养方案进行了比较研究，发现生态方面的课程以选修课和导论课为主、仅个别高校景观专业开设了生态专题研讨类的课程，仍存在较多可改进之处。对目标和现实的考查提醒我们在生态观教育实践过程中必须注意以下几点：设置阶段目标、注意学科交叉、强调整体把控——这些正是 SPC 模式的优势所在。

（1）设置阶段目标

SPC 价值教育模式提醒我们设置阶段性目标、分阶段采取不同的方式方法。在事实认知阶段（低年级），我们强调生态道德、生态美学、生态经济、生态伦理等形而上的目标——这类目标已超出人居环境领域、成为当代大学生必备的人文素质，可用通识课程进行把控；在原理理解阶段（中年级），我们强调对核心理论、行业热点（如海绵城市、低碳城市、城市双修）的把握，因此跨专业理论课程和贴合行业、社会的讲座论坛就成为必要手段；而高年级强调技能应用，需要在专业实习中加强生态方法的实践。

（2）注意学科交叉

以与人居环境科学密切相关的地球科学为例。其包括大气、地化、地理、地质等十余个二级学科，与人居环境科学进行交叉，则主要有区域和城市层级的地质、水文、气候，建筑群外环境或街区的微气候等方面可以作为生态观教育的内容。这些内容按时序阶段考察，主要分布在原理理解阶段。教师可通过情境创设，引导学生进行专题研究，穿插核心理论的学习（行为 - 内容逻辑的贯彻）。例如通过学校环境改造的情境创设、学校微气候专题研究、相关理论学习，使学生意识到气候因素在人居环境中的实际意义，达到价值观教育的目的。

（3）强调整体把控

从时序阶段方面来讲，人居环境科学需要学生进行生态学的原理理解和技能应用。但生态学包括区域、种群、群落、水生生态和生态恢复等多个领域、驳杂细致，没有精力也没有必要精研深究。通过数个专题研究和相关的社会实践等进行整体把控就成为必然。

4 对意义的探讨：SPC 模式的价值

4.1 对于生态观教育的意义

价值教育必须远离干巴巴的说教，SPC 模式中倡导的多种参与模式，尤其是以兴趣为基础的感知和领悟为生态观的树立创造了良好的条件。

以武汉大学为例。武汉大学坐落于东湖风景区，拥有良好的校园环境和典型地域特征的自然条件。这些都利于开放认知和相关课题研究的开展。例如，多雨的夏季是在校内和东湖周边开展气候、水文和土壤调研的好机会，使学生对当前“海绵城市”等研究热点建立直观的认识；对校园内部和邻近自然斑块的野生动植物进行研究则能够使未来的规划设计师们真正树立尊重、关怀生命的观念——这些都是在传统的课堂上难以实现的。

4.2 对于人居环境科学发展的意义

造成城乡环境规划设计学科发展现状“瓶颈”的重要原因之一就是学科壁垒造成的束缚，学科发展越来越“窄”。通过 SPC 模式实行价值教育，把生态、人文、审美等多样化的专业素养融为一体，在一定程度上可以打破专业壁垒、利于学科体系的构建，以期影响行业发展。

4.3 对于本科教育发展的意义

本科价值教育的过程应贯穿于教学的各个阶段，其参与模式和评价方式应该是多元化、弹性化的，其内容应该体现学科融合交叉的趋势。因此我们有理由认为，SPC 模式对于不同专业领域、不同目标的价值教育具有普遍性意义。

需要注意的是，SPC 模式的实现建立在一种跨专业、跨院系的交流合作的基础之上。通过对尝试性交流合作的结果进行评估，我们能否冲破既得利益实现教育改革、从而使中国的本科教育真正朝着培养“健全的人”这一方向发展、从而实现一流大学建设的目标，还需要更多的探索和研究。

主要参考文献

[1] 吴良镛．“人居二”与人居环境科学 [J]. 城市规划，1997（03）：4-9.

[2]（美）凯文•林奇．城市形态 [M]. 林庆怡，陈朝晖，等译．北京：华夏出版社，2001.

[3] 刘燕楠，王坤庆．多元文化背景下我国价值教育的路向选择 [J]. 教育研究与实验，2016（06）：1-6.

[4] 石中英．价值教育的时代使命 [J]. 中国民族教育，2009（01）：18-20.

[5] 王洪才，解德渤．中国通识教育 20 年：进展、困境与出路 [J]. 厦门大学学报（哲学社会科学版），2015（06）：21-28.

[6] 张亮．我国通识教育改革的成就、困境与出路 [J]. 清华大学教育研究，2014，35（06）：80-84+99.

[7] 魏宏聚．课堂教学中实施价值教育的途径与策略 [J]. 教育科学研究，2013（02）：9-13.

[8] 吕丽艳．多元价值背景下价值教育的挑战及其转向 [J]. 南京师大学报（社会科学版），2011（01）：84-90.

[9] 王威．价值观多元化背景下学校价值观教育模式的构建 [D]. 石家庄：河北师范大学，2008.

[10] 刘贵华，岳伟．论教育在生态文明建设中的基础作用 [J]. 教育研究，2013，34（12）：10-17.

[11] 王雨辰．论西方绿色思潮的生态文明观 [J]. 北京大学学报（哲学社会科学版），2016，53（04）：17-26.

A Study on the Training Model of the Ecological Value in Undergraduate Education of Human Settlements Sciences

Song Jufang　Chen Qingze

Abstract: The lack of ecological value in human settlements sciences and related practice, such as architecture, planning and landscape, reminds us to find the real problem from the undergraduate education.The ecological value can be internalized between undergraduate education, the related issues can be solved from the source, through constructing a value education mode called "SPC". Finally the study can provide reference for more extensive studies on undergraduate education and value education.

Keywords: Ecological Value, Human Settlements Sciences, "SPC" Mode, Undergraduate Education

面向艺术院校的城市规划原理课程
—— 中央美术学院的经验

虞大鹏

摘　要：通过对中央美术学院建筑学院城市规划原理课程教学过程、内容以及教学特点的梳理，提出艺术院校城市规划原理课程教授的重点和难点问题，尝试建立艺术院校城市规划原理课程教学的框架系统。

关键词：艺术院校，城市规划原理，叙事，影像，路上观察

1　引言

城市，让生活更美好。

城市，让生活更糟糕?

Better City，Better Life.

Better City，Worse Life?

城市一向是复杂而且多面的，“城市，让生活更美好”代表了人类对于城市的美好希冀；“城市，让生活更糟糕？”则代表了人类在面对各种城市问题时产生的思想困惑。

城市，自从诞生，就开始出现各种城市问题。城市的问题，不是一个个建筑单体以及这些单体如何组合的问题，是一个庞大繁杂、变幻莫测、难以掌控的巨大问题系统。城市的问题，是空间、社会以及人之间相互作用、相互影响的复杂网络系统。因此，研究城市，几近于研究整个人类。只有怀着对城市的敬畏，从更广的角度出发来研究、体验、分析城市，才更有助于解决城市的问题，解决空间、社会与人之间的问题。城市规划原理，就是一门提供解决城市问题思路与工具的课程。

城市规划原理是一门内容庞杂、结构宏大的课程，也是目前我国建筑学、城乡规划专业必修专业课程。以中国建筑工业出版社所出版的经典版《城市规划原理》为例（目前已经修订、更新到第四版[1]）：书中系统地阐述了城乡规划的基本原理、规划设计的原则和方法，以及规划设计的经济问题。主要内容分22章叙述，包括城市与城市化、城市规划思想发展、城市规划体制、城市规划的价值观、生态与环境、经济与产业、人口与社会、历史与文化、技术与信息、城市规划的类型与编制内容、城市用地分类及其适用性评价、城乡区域规划、总体规划、控制性详细规划、城市交通与道路系统、城市生态与环境规划、城市工程系统规划、城乡住区规划、城市设计、城市遗产保护与城市复兴、城市开发规划、城市规划管理。

2　背景

中央美术学院目前设有城乡规划一级硕士点，但尚未开设城乡规划专业本科，只是在建筑学专业本科内设置了城市设计方向以完善城市系列教学并为未来开设城乡规划本科专业做准备。虽然目前没有开设城乡规划本科专业，中央美术学院的城市（城市设计、城市规划、城市研究等）教学其实是几乎贯穿所有教学环节的。[2]

虞大鹏：中央美术学院建筑学院教授

---

❶ 吴志强，李德华 . 城市规划原理（第四版）[M]. 北京：中国建筑工业出版社，2010.

❷ 中央美术学院建筑学院本科阶段与城市相关的课程有：城市空间认知、现当代城市赏析、城乡空间测绘与社会调研、城市空间设计竞赛、城市规划原理、城市设计原理、中外城市建设史、城市设计等。课程贯穿大一到大五的几乎所有教学环节。

此外，中央美术学院是国内最早开始尝试设立建筑学专业城市设计方向的几所院校之一。[1]

根据中央美术学院建筑学专业教学大纲的计划，城市规划原理课程安排在每学年第一学期进行，授课对象为建筑学（含城市设计方向）和风景园林专业大四学生。在完成了前三年的专业学习之后，学生一般在这个阶段开始对城市问题如城市空间、建筑与城市的关系等产生兴趣和思考，此时开始城市规划原理、城市设计原理的系统教学恰逢其时。按照大纲的要求，城市规划原理课程共 8 次，32 学时。在 8 次的授课时间内，要将城市规划原理的基本概念和基本原理、相关城市规划知识以及城市规划的体系、理论、研究方法、门类等传授、介绍给学生，必须对这些内容进行高度的概括和提炼，做到面面俱到并且重点突出，授课方式以及内容的选择决定了课程的成败，结合美院学生特点进行讲述非常重要。

3 方案

基于学科背景和学时的限制，中央美术学院的城市规划原理课程基本上以系列主题讲座的面貌呈现，主要包括城市概论、城市发展简史、城市化、城市规划思想演变、居住区规划设计原理、城市交通与道路系统、城市用地分类及选择、城市遗产及更新等内容。理论课程一般都比较枯燥，为了取得更好的教学效果，中央美术学院城市规划原理课程采取了讲述、影像、观察、体验以及再表达相结合的教学方式。

3.1 叙事性讲述

任何课程的讲授都不是容易的事情，合理的讲述方式应针对授课对象进行精心设计，在课程内容相对枯燥的前提下，如何讲述就显得尤为重要。以城市概论部分内容为例，在讲述城市的产生、发展之外，插入近现代著名建筑师如勒·柯布西耶（Le Corbusier）、弗兰克·劳埃德·赖特（Frank Lloyd Wright）、埃利尔·沙里宁（Eliel Saarinen）等对于城市规划的思考和研究以及为什么这些大师会把目光转向城市。在这个基础上，大师们对城市问题的思考，对解决问题方案的思考以及截然不同的思考方式，都给学生留下比较深刻的印象并启发相应的思考。柯布西耶的集中主义规划思想、赖特的分散主义城市思想以及沙里宁的有机疏散城市思想都有其产生的社会背景和逻辑脉络，每一种思想都有其独到的见解和主张，对当代城市发展都有卓越的贡献但同时也都不是绝对正确的灵丹妙药。在此基础上，结合讲述柯布西耶的光辉城市思想和明日城市思索便可顺利过渡到城市规划思想变迁部分，对于《雅典宪章》提出的城市四大基本功能会有清晰的思想脉络认识。

结合著名建筑师的作品、理念对分散主义和集中主义两种截然不同城市规划思想的讲述可以使学生认识到城市问题的复杂性以及解决城市问题的巨大困难。此外，在此基础上进行对比，学生可以认识到社会学、经济学对城市的思考显然更有贡献，物质性空间规划已经不再是城市规划的核心问题，循序渐进的叙事性讲述，有利于学生（在广泛缺乏相关城市研究基础情况下）完成从建筑设计思想到城市规划思想的顺利过渡和演变。

3.2 影像化思考

作为中国综合实力最强的美术类艺术院校，中央美术学院在视觉艺术的创造方面引领全国，图像、影像在教学中发挥着重要的作用。

为解决理论课程相对枯燥的问题，中央美术学院城市规划原理课程在不同阶段引入主题性影像教学，对于课程的进程、概念的理解起到巨大的作用。

在讲述城市化部分时，通过放映英国导演盖里·哈斯威特（Gary Hustwit）设计纪录片三部曲之一：城市化 Urbanized（2011）等影片帮助学生认识城市化的概念、实质以及对于城市发展变化的影响。目前有一半以上的世界人口居住在城市，预计到 2050 年将有 75% 的世界人口居住在城市中。影片通过采访世界上最著名的建筑师、规划者、决策者、建设者等来探讨在城市设计背后的住房、流动人口、公共设施、经济发展和环境保护等诸多问题，影片内容丰富而且深刻，极大的引起学生对于城市发展问题的兴趣。

在讲述城市遗产及更新部分时，通过放映中国导演

[1] 2011 年中央美术学院在建筑学专业正式开设了城市设计专业方向。2015 年 7 月，在由全国高等学校建筑学学科专业指导委员会、高等学校城乡规划学科专业指导委员会、高等学校风景园林学科专业指导委员会联席举办的“高等学校城市设计教学研讨会”上，根据会议统计，当时全国正式设有“城市设计”专业方向的高校共有三所，其中就包括中央美术学院。

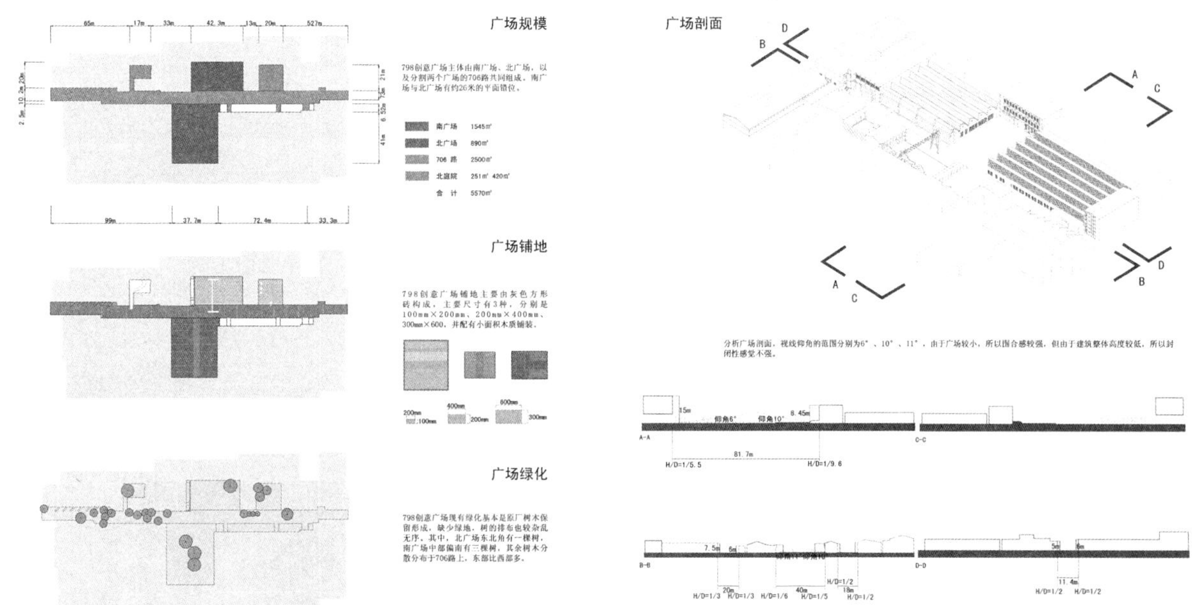

图 1　798 艺术广场基础分析

陈凯歌的《百花深处》，帮助学生深入认识城市历史人文对于一个城市的重要性，引发学生对于城市遗产与更新的深入思索，帮助学生认识到“城市和人一样，也有记忆，因为它有完整的生命历史。从胚胎、童年、兴旺的青年到成熟的今天——这个丰富、多磨而独特的过程全都默默地记忆在它巨大的城市肌体里。一代代人创造了它之后纷纷离去，却把记忆留在了城市中。承载这些记忆的既有物质的遗产，也有口头非物质的遗产。城市的最大的物质性的遗产是一座座建筑物，还有成片的历史街区、遗址、老街、老字号、名人故居等。地名也是一种遗产。它们纵向地记忆着城市的史脉与传衍，横向地展示着它宽广而深厚的阅历。并在这纵横之间交织出每个城市独有的个性与身份。我们总说要打造城市的‘名片’，其实最响亮和夺目的‘名片’就是城市历史人文的特征。”❶

3.3　路上观察介入

意大利当代作家伊塔洛・卡尔维诺（Italo Calvino）在《看不见的城市》❷里用古代使者的口吻对城市进行了现代性的描述。连绵的城市无限地扩张，城市规模远远超出了人类的感受能力，这样的城市已经成为一个无法控制的怪物了。这就是后工业社会中异化了的城市状态，而这种状况会一直恶性循环下去。

城市太复杂，尤其对于中国城市，随着近 30 多年来城市规模的急剧扩张，城市的空间、城市中人的行为、生活节奏、人际关系等都发生了巨大的变化，要怎样去认识自己身边的城市？怎样去理解城市规划？对于缺少生活经验和实践经验的学生而言有一定的困难。

中央美术学院城市规划原理课程在设置之初就认识到这个问题并在课程中进行了针对性的安排：观察城市现象，发现城市问题，思考解决办法。通过对身边城市空间和人们行为的观察、思考，逐步放大视野，理解建筑之外的一些东西。在过去的十年间，课程有针对城市公共空间（广场、街道）的深入观察、研究和解析（图 1– 图 4）；也有对城市现象的发现和思考（重新发现北京），比如对于北京 24 小时商业活动的观察（图 5– 图 6）；此外，最近几年着眼于城市存量发展时代对于环境品质的提升要求，针对步行环境的“徒步北京”等内容（图 3）。这些内容都是希望在课堂原理性讲述基础上，学生能够基于自己的观察和思考，对于城市环境、城市问题

❶ 冯骥才

❷ 张宓 译，译林出版社，2006.08

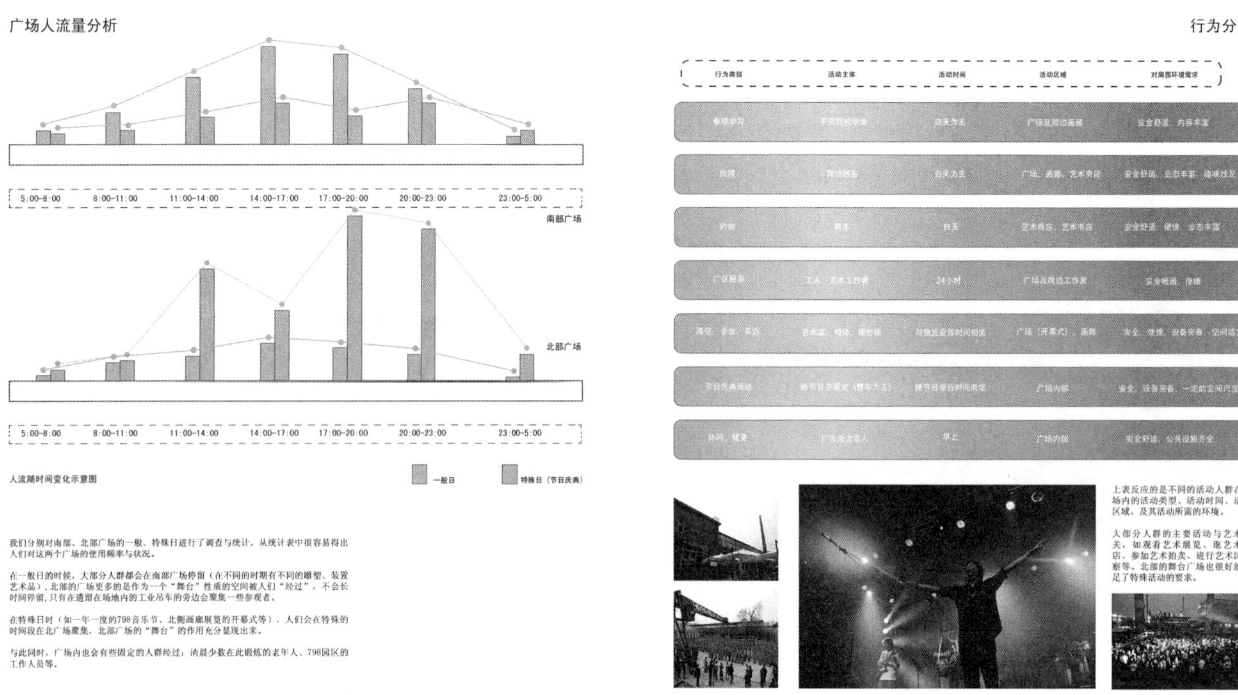

广场人流量分析
5:00-8:00
8:00-11:00
11:00-14:00
14:00-17:00
17:00-20:00
20:00-23:00
23:00-5:00
南部广场
北部广场
人流随时间变化示意图
一般日
特殊日（节日庆典）
我们分别对南部、北部广场的一般、特殊日进行了调查与统计，从统计表中很容易得出人们对这两个广场的使用频率与状况。
在一般日的时候，大部分人群都会在南部广场停留（在不同的时期有不同的雕塑、装置艺术品），北部的广场更多的是作为一个“舞台”性质的空间被人们“经过”，不会长时间停留，只有在遗留在场地内的工业吊车的旁边会聚集一些参观者。
在特殊日时（如一年一度的798音乐节、北侧画廊展览的开幕式等），人们会在特殊的时间段在北广场聚集，北部广场的“舞台”的作用充分显现出来。
与此同时，广场内也会有些固定的人群经过：清晨少数在此锻炼的老年人、798园区的工作人员等。
行为分析
行为类别
活动主体
活动时间
活动区域
对周围环境需求
参观学习
不同院校学生
白天为主
广场及周边画廊
安全舒适、内容丰富
白天为主
广场、画廊、艺术商店
安全舒适、业态丰富、趣味性足
白天
艺术商店、艺术书店
安全舒适、便捷、业态丰富
厂区服务
工人、艺术工作者
24小时
广场及周边工作室
安全畅通、便捷
与展览安排时间相关
广场（开幕式）、画廊
安全、便捷、设备完备、空间适宜
节日庆典活动
随节日举行时间而定
广场内部
安全、设备完备、一定的空间尺度
休闲、健身
早上
广场内部
安全舒适、公共设施齐全
上表反应的是不同的活动人群在广场内的活动类型、活动时间、活动区域、及其活动所需的环境。
大部分人群的主要活动与艺术相关，如观看艺术展览、逛艺术商店、参加艺术拍卖、进行艺术区考察等。北部的舞台广场也很好的满足了特殊活动的要求。

图 2　798 艺术广场人群活动分析

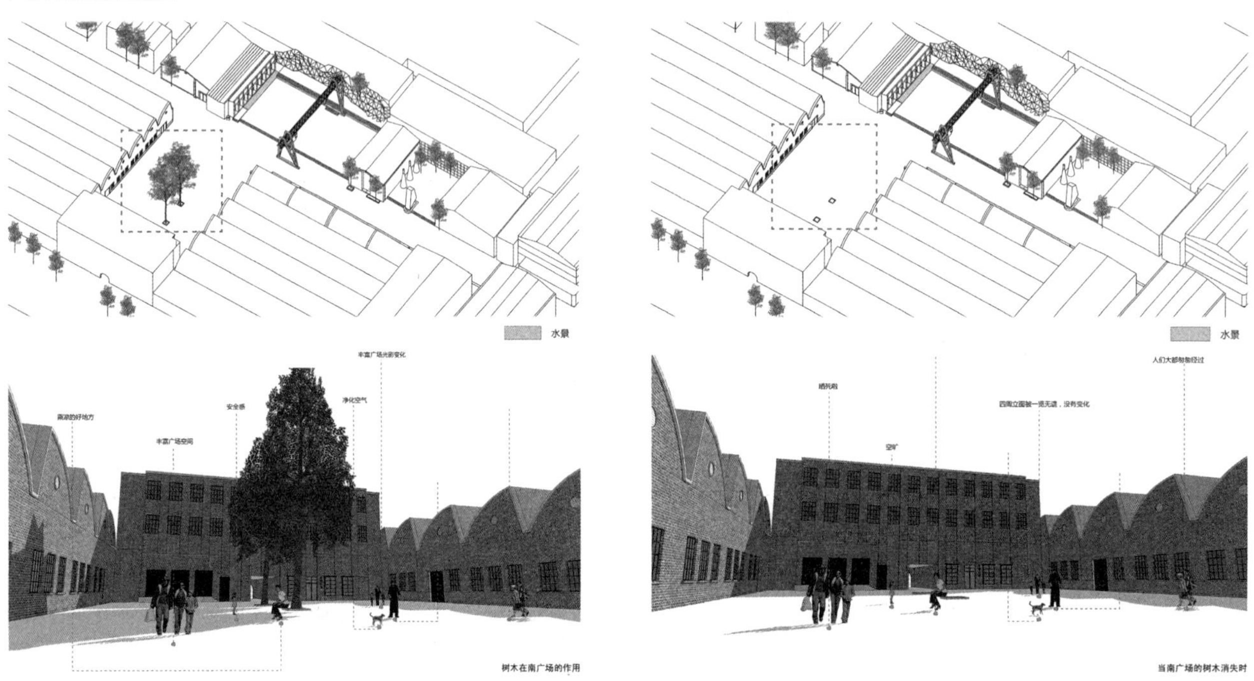

图 3　798 艺术广场树木对空间的影响分析

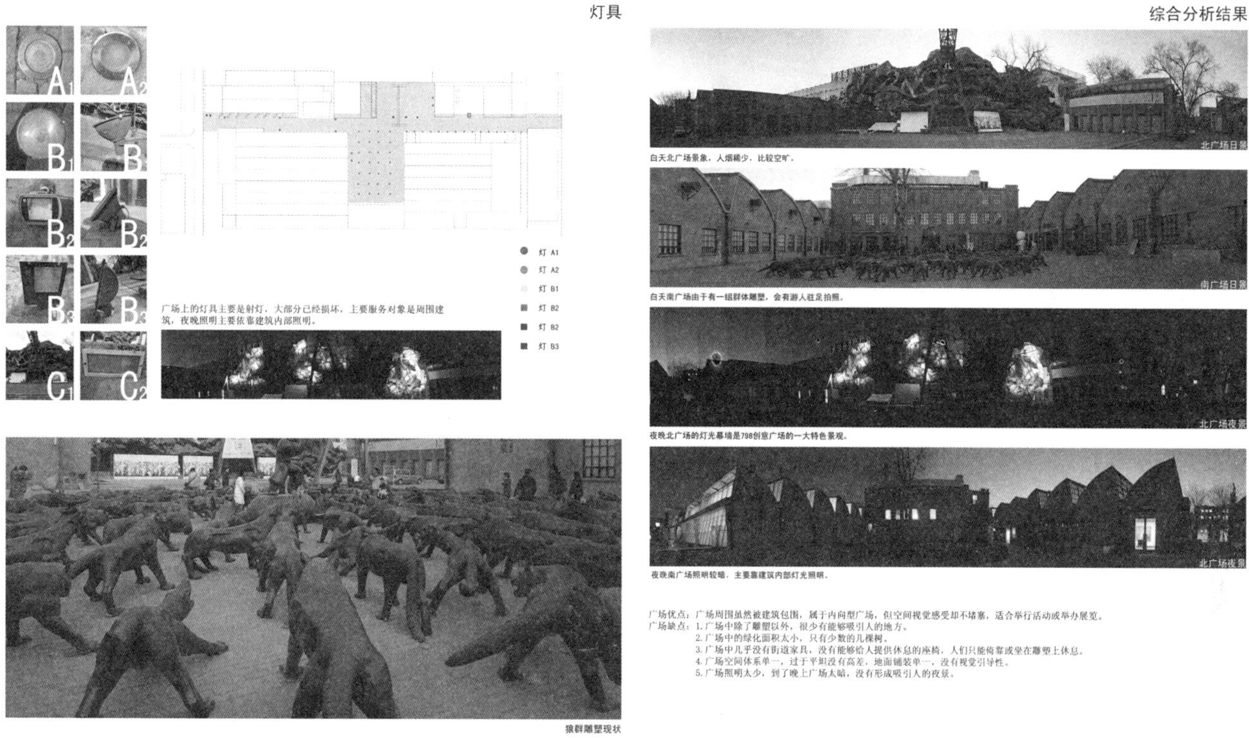

图 4　798 艺术广场公共艺术对空间影响分析

图 5　重新发现北京——北京 24 小时（三里屯）

建立自己的理解以及从城市规划角度思考如何合理解决问题，同时在此基础上能够对城市规划原理产生更深入的理解。

3.4　辅助性阅读

当前已经进入信息急剧爆炸的时代，海量的信息如潮水般涌来，人们接受信息的方式越来越多元化，人们越来越习惯于接受来自网络的各种碎片化信息与此同时进行系统性的阅读变得越来越难。但系统性的阅读对于理论课程的讲授以及学术训练又是极为重要、必要而且关键的。因此，为配合城市规划原理课程的进行，中央美术学院会提供给学生相关的课外阅读书单，以利于学生在不同的层面、以不同的视角来认识、解读城市同时全面吸收、理解城市规划原理的知识和内容。

辅助性阅读的书单内容宽泛，可以适应有不同需求的同学需要。比如城市设计方面的《城市意象》、《城市形态》、《城市设计》、《街道的美学》、《交往与空间》、《伟大

⑭

采访节选

前几年来过这里，晚上人特别多，什么人都有，没有灯火辉煌的繁华，也没有喧嚣音乐的迷幻，整条街上都是人，可以看出来每个酒吧里都是人满为患，也能看到每个酒吧门口也会聚集一些人看里面的表演，去的时候是夏天，还有露天的位子，气氛被装饰的很浪漫，夏天的晚上，和几个朋友来这边喝着酒聊着天，也是一个不错的地方，就是人多了，要注意自身安全什么的。

三里屯酒吧街是北京最出名的酒吧街了，近来后海、元大都等地也开办了酒吧街，什刹海效果还不错，元大都对外经贸那里人气实在不成，不过现在的三里屯似乎已经没有了往日的喧嚣，曾经的场景不复存在，不过也证明了北京这个国际化大都市的发展，休闲娱乐的地方越来越多，夜生活也更加丰富多彩，商户生意似乎不好做，客流的增加赶不上商户的增长速度.

因为在使馆区附近，所以瘦死的骆驼比马大，这里在冷清人也不会少，车也不会少，堵车更不可能避免，最时尚最流行的东西也会在这里出现而不会在后海，绝对是个可以尽情relax的地方；消费自然也是几个酒吧街中最高的，也是能彻底放松玩到最high的地方，氛围很好，附近商业发展也越来越快了.

比较老的酒吧街了，商业味道很浓厚。拉客的很多，可见竞争是挺激烈的。记得前些年去感觉还挺好的，现在去了感觉挺一般。有的家价格也不是很厚道，加上景色不如后海所以来的次数也就少多了！

北京酒吧的发祥地
一代人挥霍青春的地方
一帮鬼佬儿寻乐的地方
一茬接一茬倒下去的酒吧
又一个个重生风光的酒吧
带着一个时代的符号
起起落落

相信三里屯是棵不倒的酒吧常青树
枝繁叶茂的小酒馆为了三里屯而生
喝累的酒客
还有后来人
开累的酒吧
还有后起之秀

引来更多的商厦围绕其左右
如众星捧月般为之装扮氛围
北京的酒吧文化由此而生
北京的酒吧意识由此传播
以至于星吧路、朝阳公园、
后海等地的崛起于衰落
但三里屯依旧风光无限

历经十几年坎坷光景
一路走来一路醉
迎来次日的阳光
一切回归了本真
原本还是那个三里屯
但又少了原来的味道

⑮

采访节选

曾经经常来的地方，同事住在这条街附近。其实我不喝酒，每次来都是和朋友一起散心的时候。但是总有朋友酒力不行，我的任务就是送他们回家。这条街以前挺热闹的，现在没以前那个人气儿了。宰客的倒是也碰上过，但是要的也不算太多也就算了，权当破财免灾了。圣诞节晚上去的时候老外超多，见识了各种洋相。有的没酒力的还是别出来丢人了，这条街现在没有后海火爆。这个倒是不难理解，毕竟后海那一片湖的吸引力还是比较大的。三十年河东三十年河西，不知后海将会被谁替代。

虽然中间有条马路的阻隔，但整条街绵延的还是很长。夜幕下灯火阑珊，碰杯换盏、嬉笑私语，喧哗热闹，只是环境秩序确实有些杂乱散凌，不过也难怪，来这里就是为了放松，暂时抛开一切，如果太过于拘泥小节、循规蹈矩也就失去休闲意义了，因此在许可的范围内，也就无需过多在意。有喜欢安静的，也有喜欢嘈杂的。人们各取所需，选择适合自己的，开心就好。总之不错的地方，它是一种文化特色和风格情调的体现，也是人们众多业余消遣娱乐生活中的一部分。

车子开到这里就很自然的开始堵
所以坐在车上也只能很自然的开始观赏两边风景

晚上很偶尔的会被朋友叫来
但是怎么都觉得其实没什么意思
酒吧门口树上挂着的彩灯很漂亮
酒吧里面气氛各异 选择哪家就看心情了

有的酒吧门口也会站着店员拉客
介绍介绍店里面当晚的表演或是用赠送小吃吸引顾客
我就很不争气的总被赠送的小吃吸引走
毕竟是物价虚高的地段 有的赠能省不少银子嘛

表演倒是没什么意思 也是提提气氛
不排除会碰到蛮有水准的歌手
但是大致上就是随便听听吧

道路两边轻易找不到车位
得去边上的巷子里面停
停车费一般就是10~20元不计时了

不是很爱玩的人 在附近逛游逛游然后找地方吃宵夜就完了
真的坐在里面 喝着哪里都能喝到的东西听姑娘唱着满大街都能听到的歌
我是体会不到那些乐趣。。。

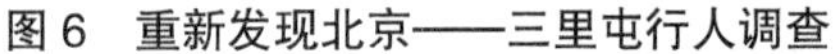

图 6　重新发现北京——三里屯行人调查

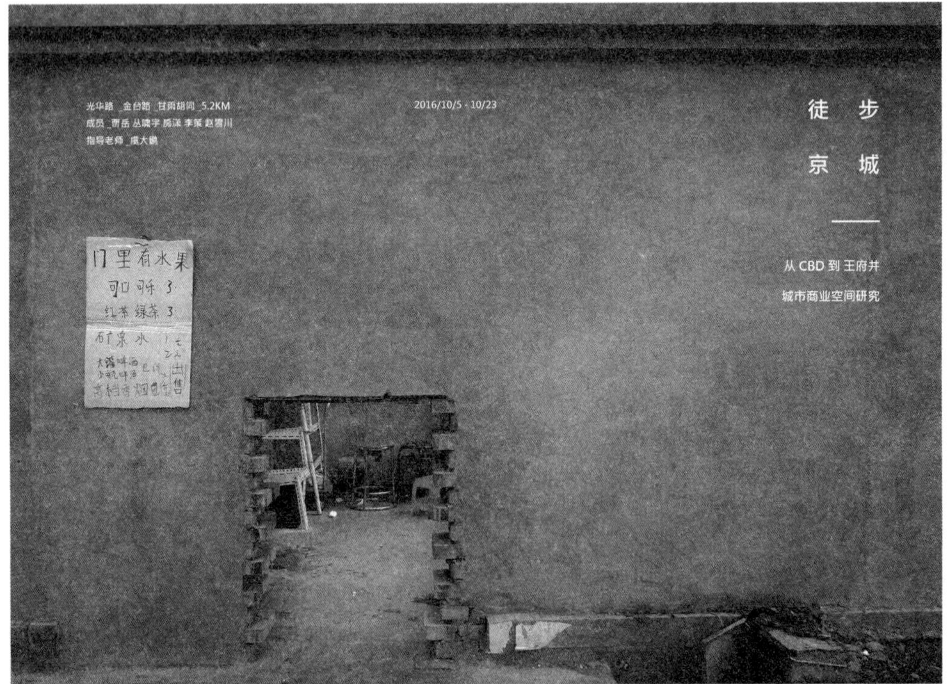

图 7　徒步京城——从 CBD 到王府井

"开墙打洞"

户型类型及消费人群

如今居住在胡同中的已经不是以前的家庭单位,而是混杂在一起的陌生群体。
胡同中的商贩大多数是来自外地的个体经营者,主要以餐厅、生活用品、五金店、理发店、蔬菜水果店、杂货店为主的经营范围。
由于大型超市距离高生活区较远,而通过胡同院子房租廉价水平也相较大超市便宜。居住在这里的居民,大多数的中低收入人群往往是这种超市的消费对象。
街道上商铺由于市场的形成而相互竞争甚至扩张自己的门户,而且有的空间不满足其经营的要求。北京大部分旧楼中也不设有面层商铺,因此他们的空间从胡同原本整齐的墙面随意生长出来。
由于这种商铺可能是拥有者重要的经济来源,整治之后这些商铺的也需要继续营业。因而也形成了很多新的营生方式。

图 8 徒步京城——"开墙打洞"整治

"开墙打洞"

整治过后

大型整治是当有效、但需一段时间之后。由于居民的需要,这些以前的违章建筑仍然以各种形式生长出来。
狗洞?新的胡同形态?

图 9 徒步京城——"开墙打洞"整治后

解决方法?

可移动的胡同盒子

运用可以组装的模块化设计,在胡同当中可以便捷搭建和拆卸。
使得商铺空间更加合理,并且不会对原本建筑造成影响。相当于城市当中的补充品。
运用互联网的运营模式也可以使得商品与使用者之间更加方便流通。
相比较强硬的政策性拆除,作为软性插件的胡同盒子可以更好的平衡商铺的需求和城市环境之间的矛盾。
对于去掉商铺来维护城市环境,这样的方式更加容易创造品质并且有活力的街区氛围。

图 10 徒步京城——"开墙打洞"建议

的街道》等;历史理论方面的《城记》《城市发展史》《1945年后西方城市规划理论的流变》、《城市历史街区的复兴》、《明日之城》等;社会学方面的《城市季风》、《下城》、《真正的穷人》、《落脚城市》、《城市即人民》……其中,《城市意象》、《城记》以及《城市季风》作为阅读重点推荐。

《城市意象》可以说是城市设计的开山之作,作者凯文·林奇首次提出了"城市意象"的概念。《城市意象》是城市设计的开山之作,作者将对城市意象中物质形态研究的内容归纳为五种元素:道路、边界、区域、节点和标志物,在城市设计及研究领域产生了极为重大的影响。

《城记》一书陈述了北京老城的破坏与保护史,作者王军从北京的现实入手,以五十多年来北京城营建史中的历次论争为主线展开叙述,将梁思成、林徽因、陈占祥、华揽洪等一批建筑师、规划师的人生故事穿插其间,试图廓清北京城半个多世纪的空间演进。《城记》自出版以来产生了巨大的社会影响,在某种意义上达到了简·雅各布斯《美国大城市的死与生》一书的高度。

1994年初版的《城市季风》(作者杨东平)通过对北京、上海的文化比较表达出对当代城市最紧迫的关注,影响了一代中国人对城市的认知,它突破了"国家"的笼统观念,开启了地域文化和城际文化个性及特质比较

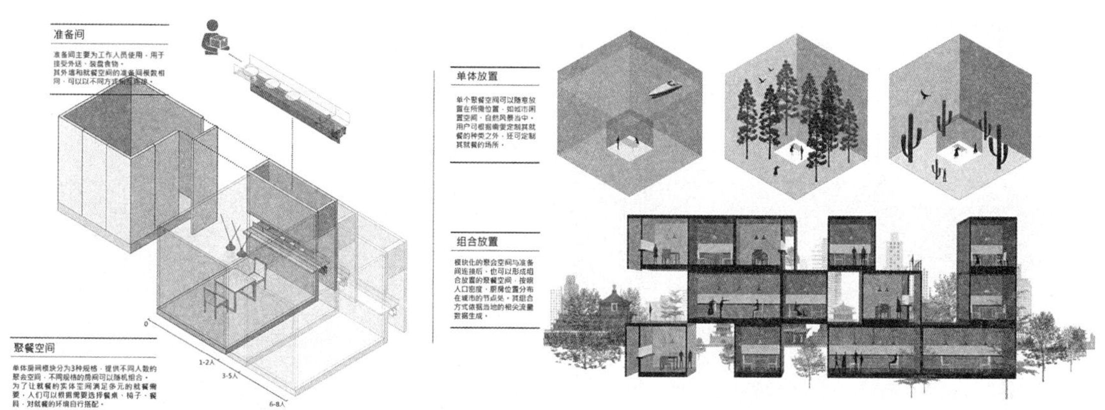

的话语空间，是文化人类学领域一本出色的著作。

上述三本重点推荐的辅助性阅读书籍涵盖人类学、社会学以及城市史、文化史，从方法论到具体的研究方法，对学生树立正确的城市观起到了很大的作用。

4 结语

作为城乡规划和建筑学专业核心专业理论课程，“城市规划原理”内容本身就宏大广博，随着城市的发展和进步，新的知识、新的变化也不停地注入其中。这样一门系统性极强但内容又极为驳杂、与时俱进的课程需要针对社会变化、学生情况有针对性、有目的性的设置讲授方式和方法。中央美术学院“城市规划原理”课程开设迄今已历 13 年，在满足上述要求之外，针对艺术类院校的学生特点、需求一直在做调整和尝试，以追求更好的教学效果。

Theories of Urban Planning for Art Colleges —— Practice in CAFA

Yu Dapeng

Abstract: The present essay examines the materials, the delivery and some of the characteristics of the course of theories of urban planning at the School of Architecture, the Central Academy of Fine Arts. By doing so, it attempts to identify some important and difficult issues in the teaching of such courses in art colleges, in order to suggest a framework for the instruction on theories of urban planning in art colleges.

Keywords: Art colleges, Theories of Urban Planning, Narrative, Imagery, In-street Observation

城市地理学课程教学法探讨*
—— 基于动态一致性的通识能力培养

张继刚　王榛榛　郑丽红

摘　要：“城市地理学”作为城乡规划专业的主干课程之一，其课程教学方法创新问题，一直是该课程研究的重点。本课程教学中运用动态一致性原理，以开放的相关动态研究介绍形成理论知识链和以地域智慧分析形成实践性知识链，两者动态地围绕城市地理学主线，综合形成基于通识导向的一致性开放式学习与训练的知识结构，以此对教学内容进行创新设计，提高课程教学的创新性和趣味性、开放性和一致性。课程将课下与课上互动相结合，发现问题与分析研究相结合，将提高学习兴趣与解决实际问题能力相结合，以培养学生兴趣、认知、分析和解决问题的综合能力，探讨基于通识能力培养导向的城市地理学教学模式。

关键词：城市地理学，动态一致性，通识能力，认知兴趣，知识结构

城市地理学是城乡规划专业大学本科教育的核心课程之一。在经济全球化的大背景下，任何城市的整体发展都必须从地理区域的角度去协调与定位，城市的发展依赖于区域的整体提升。功能区、经济区、城市群、都市区、同城化等地理区域研究方兴未艾。城乡规划学科正在由传统物质空间形态规划向综合多元化、多学科规划方向变革和迅猛发展。城市地理学作为研究城市形成发展、城市群、城镇体系的等为主体内容的科学，受到了越来越广泛的重视。本校城市地理学课程使用的教材为许学强、周一星、宁越敏编著的《城市地理学》(第二版)，属于“面向21世纪课程教材”。教材内容对于城乡规划专业的本科学生来说具有兴趣的同时，也具有一定的难度。如何让学生更好地学习这门课程、理解和掌握各个知识点、培养学生认知兴趣和复合知识结构对教师是一个较大的考验。

1　基于“动态一致性”理念的教学创新

“城市地理学”学科设计内容多、知识体系庞大，与人文、历史、经济等学科有诸多交叉。其课程内容见表1。

“城市地理学”课程内容　　表1

章节	主要内容
第一章　绪论	城市地理学的研究对象、任务和内容；与相关学科的关系；西方城市地理学的发展简史；我国城市地理学的发展
第二章　城乡划分和城市地域	城市概念及标准；城乡界线的划分和大都市带的出现；中国市、镇概念和统计
第三章　城市的产生与发展	城市是社会生产力发展到一定阶段的产物；城市产生与发展的区域基础；城市地理位置与城市的产生与发展；不同类型城市的形成和发展
第四章　城市化原理	城市化定义；城市化机制；城市化的类型与测度；城市化近域推进与郊区化
第五章　城市化的历史进程	世界城市化的进程；我国城市化进程的特征及模式
第六章　城市职能分类	城市经济活动类型划分与城市发展；城市职能及其分类；中国城市职能分类
第七章　城市规模分布	城市规模分布理论；对城市规模分布的解释；中国的城市规模分布；城市规模发展政策的讨论

* 基金项目：成都市科技局软科学重点课题，课题编号2016-RK00-00260-ZF。

张继刚：四川大学建筑与环境学院建筑系副教授
王榛榛：四川大学建筑与环境学院建筑系本科生
郑丽红：四川大学建筑与环境学院建筑系硕士研究生

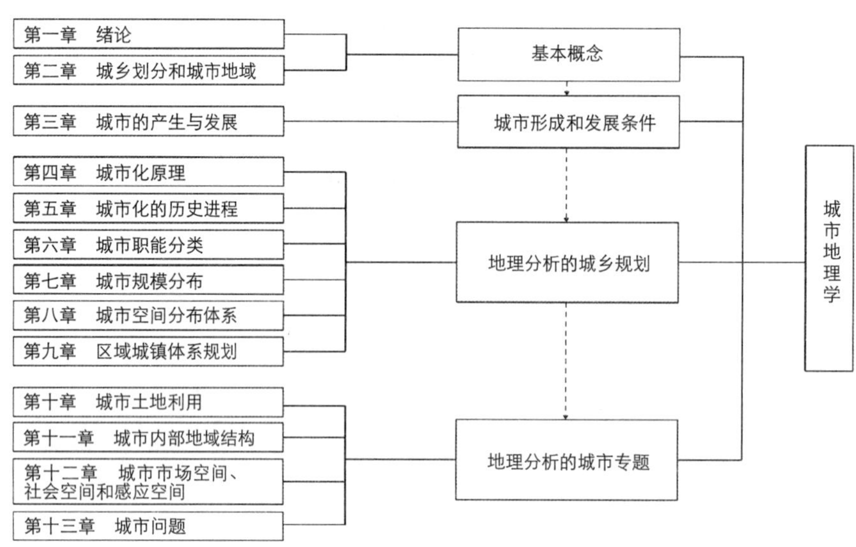

图 1 “城市地理学”课程内容整体结构关系分析

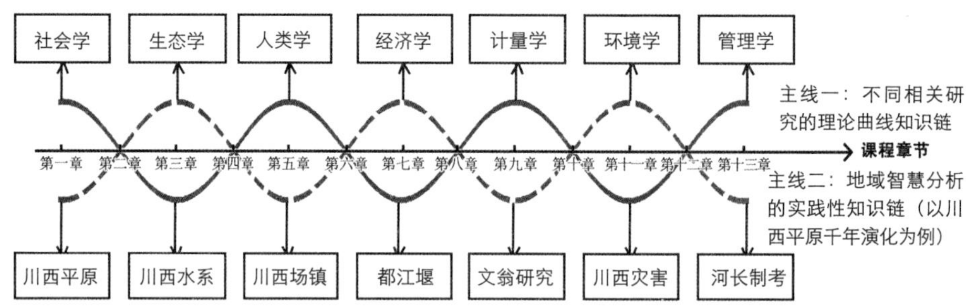

图 2 基于动态一致性的课程教学内容通识扩展与知识结构设计

续表

章节	主要内容
第八章 城市空间分布体系	空间相互作用和空间扩散；中心地理论；对中心地理论的发展、验证及评价；从生长极到核心边缘理论；中国城市空间分布
第九章 区域城镇体系规划	城镇体系规划的提出；区域城镇体系规划的主要内容；城镇体系规划流程和工作方法
第十章 城市土地利用	城市土地的特征与土地利用类型；自然环境与城市土地利用；地租、土地制度与城市土地利用
第十一章 城市内部地域结构	城市地域结构模式；城市中心商务区；城市开发区；城中村
第十二章 城市市场空间、社会空间和感应空间	城市内部市场空间结构；城市社会空间；城市感应空间分析
第十三章 城市问题	城市的主要问题；构建可持续发展的城市

动态一致性，包括动态开放和一致性回归，即围绕一个主题和主线，将若干相关性、开放性内容汇总至一条主要逻辑思路上，以阐明一个主要逻辑方向的问题。本课程教学运用动态一致性原理，以不同相关理论的动态曲线知识链和地域智慧分析训练的实践性知识链，紧密围绕城市地理学的基础知识，如图 1 所示。通过教学内容设计进行教学创新，提高课程教学的创新性和趣味性、开放性和一致性，更好地培养学生认知兴趣和复合知识结构。

2 基于“动态一致性”原理的“城市地理学”教学方法

第一，自主探究、互动教学，激发兴趣。传统的“城市地理学”教学往往重记忆、轻思维；重教授、轻交流；重结论、轻过程，使学生学习的兴趣大大减弱，学生的自主探究、创新性学习能力没有得到充分挖掘。因此，在教学中运用了“自主学习、互动教学”的课堂教学模式，将全班学生分为十三个课程兴趣小组，各小组围绕一定的学习任务，通过开展积极主动的探讨和研究活动，进行独立思考、自主探索、相互研讨、提出见解、发现问题的过程。同时，改变单向的师“授”生“受”的教学方式，进行充分的师生互动，以激发学生学习兴趣、调动学生的主体能动性，去主动地发现和建构新知，从而培养学习能力。

第二，运用类比教学，加深理解。“城市地理学”中有许多学生未曾接触过的新概念，在课堂教学中为了对抽象的、复杂的概念加以描述，经常采取类比法进行教学。类比教学法是通过与教学内容相似或相通并且为学生较熟悉的事物作类比，以建立知识模型，化抽象为具体。如教材 164 页的“首位度”概念，指一国最大城市与第二位城市人口的比值。在教学中用学生的身高类比城市人口，询问班级学生中身高最高值与第二位值，两数相除即为该班“身高的首位度”。

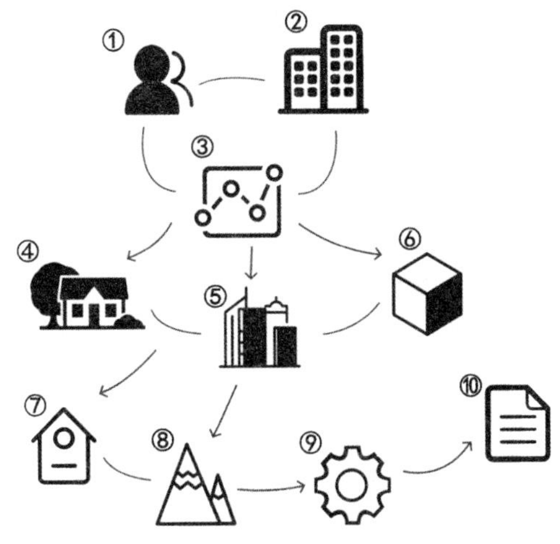

图 3　城镇体系规划工作内容的趣味解读与分步记忆法

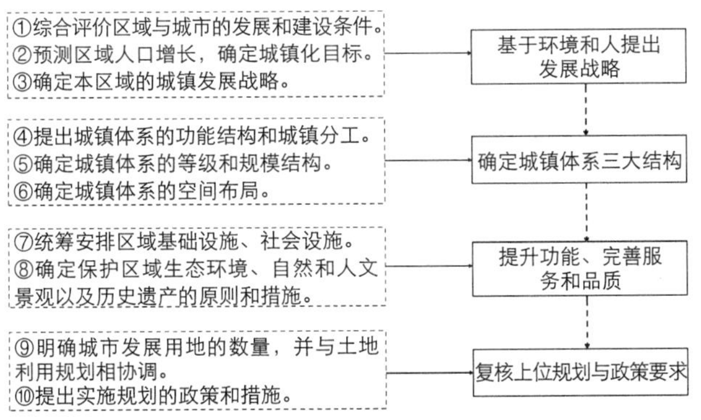

图 4　城镇体系规划工作内容分步趣味记忆法解析

第三，将重要知识点进行图示化教学，完善知识结构，加强理解和记忆。在教学中将知识点用简图的形式表达，把科学问题生活化、复杂问题简单化、枯燥问题生动化，以帮助学生加深对知识的理解、搭建完整的知识框架、形成系统的知识认知。如在讲解教材 244 页的区域城镇体系规划的主要内容时，将其十点内容利用图示趣味解读，通过分步趣味记忆法，学生便能够轻松理解，也就轻松记忆了。

第四，广泛阅读期刊论文，拓展知识面。期刊论文代表业内最新的研究动向、研究技术和最新的研究成果。在“城市地理学”的教学中，一是指导学生如何快速、准确的获得文献资料，如通过本校图书馆平台访问万方网、CNKI 数据库等网站、查阅地方志、拜访文管所、档案馆、博物馆等；二是组织学生组成课程兴趣小组利用所学方法查阅文献并完成有关川西平原的细分研讨，研讨细分题目见表 2。通过广泛阅读和实际运用，拓展了城市地理学课程的知识体系，加深了对知识点的理解和认识。

课程兴趣小组对川西平原地域的城市地理研究细分表　　表2

组别	题目
第一组	场坝公共空间研究
第二组	林盘演化研究
第三组	都江堰工程维修改造研究
第四组	文翁文化的贡献
第五组	都江堰管理研究
第六组	成都非建设用地演化
第七组	河长制考
第八组	环境污染与治理
第九组	特征古镇中公共空间规律
第十组	川西灾害研究
第十一组	成都的行政中心及其古建筑群落演化
第十二组	温江的演化
第十三组	郫都的演化

以上 13 个研究方向涉及了川西平原城市地理特征中区域、自然环境、人文环境等许多方面，能够较好的帮助学生了解川西平原千年演化形成的独特的城市地理特征。但是在实践过程中，学生收集到的资料有限，一定程度上限制了研究和分析的展开和深入，但培养了学生对城市地理知识的兴趣和进行思考的初步研究方法，在以后的教学过程中，应继续拓宽学生获取信息的途径和措施，提高学生的自主综合学习的能力。

第五，实时作业，学以致用。在教学过程中，依据城市地理学教材内容布置适当的平时作业，这些作业必须进行一定的前期调查，收集相关数据，运用一定研究方法，得出相应的研究结论。如“根据教材 254 页城市土地利用类型，分组调研成都市不同的土地混合利用。”该作业要求学生首先收集成都市土地混合利用的资料，然后根据资料，选择合适的区域范围，再进行实地踏勘，调查地块内的土地利用情况，例见表 3。这些作业让学生们深入课本，又走出课本，学生对课本知识的认识变为实际现实场景的比对，对于学生来说是一种生动的认识，同时也提高了对理论描述的实践解读。

土地兼容性实地调查表（以商业为主地块为例）　表3

调查时间：　调查地点：　市　区　街道　单位名称：

		现状情况			规划意愿			备注
		完全兼容	部分兼容	禁止兼容	完全兼容	部分兼容	禁止兼容	
非盈利设施	图书馆							
	音乐厅							
	文化宫							
	体育场馆							
	医院							
	中小学							
	火车站							
	公共停车场							
	地铁站							
	公交站							
	公园							
	广场							
盈利设施	居住小区							
	商务办公							
	游乐场							
	大澡堂							
	教育机构（家教机构）							
	体育训练中心							
	加油站							

3　结语

鉴于我国城乡发展现状和城乡规划重心的变化，城市地理学对于城乡规划专业来说意义越来越重大，如城市地理学对区域城镇体系规划的研究、对区域及城市土地利用的研究以及各种形式的城市和区域发展对策研究都是城乡规划中不可缺少的内容。城市地理学注重综合研究，是一个研究性非常综合的方向，如分析城市的发展条件，明确城市的性质、分工和发展规模、发展方向，制订各类用地和重点建设项目的布局方案，以城市为中心，把区域中的点、线、面组织成一个有机的整体等内容均是综合性研究规划中必不可少的。因此，从城乡规划学科的整体发展趋势来说，开设城市地理学课程也是十分必要和基础的。

城市地理学的教学需要不断推陈出新，探索更好的教学方法并付诸实践，才能激发学生的创新性和实践能力，培养学生的认知兴趣和复合知识结构，完成大学教育任务，从而更好地服务于城乡规划专业教育的时代要求和未来发展的需求。

4　进一步的思考

城市地理学的研究领域伴随着国家的城乡建设进程不断与时俱进，大数据、智能技术和 GIS 地理信息系统等新技术的广泛应用也为城市地理学研究提供了崭新的工具和方法，让城市地理学研究呈现出全新的时代特征。而“城市地理学”作为城乡规划专业的主干课程之一，其课程教学也应顺应新趋势，通过课程教学创新，引导学生利用城市地理学的基本原理以及 GIS 空间分析技术，来处理实际的城市发展问题，如城市化水平预测、城镇体系规划等，以培养学生的认知和分析能力、提高学习兴趣、建立复合知识结构和自主综合学习能力。

主要参考文献

[1] 许学强，周一星，宁越敏．城市地理学 [M]. 北京：高等教育出版社，2005.

[2] 牟凤云，刘雪莲．互动式教学在地理类专业课程教学中的应用——以《城市地理学》课程为例 [J]. 教育教学论坛，2011（33）：196-198.

[3] 张竟竟．《城市地理学》"一案贯穿"教学改革探索 [J]. 商丘师范学院学报，2011，27（12）：137-140.

[4] 符娟林．城市规划专业"城市地理学"课程教学方法与实践探讨 [J]. 教育教学论坛，2012（S5）：84-85.

[5] 张守忠，王兰霞，胡囡，等．新背景下人文地理与城乡规划专业城市地理学教学改革 [J]. 内江师范学院学报，2015，30（06）：80-84.

[6] 张继刚 .DC-ACAP 模式在城市规划中的应用与创新 [C]// 中国城市规划学会．转型与重构　2011 中国城市规划年会论文集，2011：504-516.

Discussion on Teaching Method of Urban Geography Course —— Based on Dynamic Consistency of General Ability Training

Zhang Jigang　Wang Zhenzhen　Zheng Lihong

Abstract: Urban geography, as the main course of urban and rural planning major, has always been the focus of the curriculum research. This course uses the principle of dynamic consistency, with the practical knowledge chain of the dynamic curve knowledge chain and practical wisdom of different related theories, closely around the basic knowledge of the consistency of urban geography, through the design of teaching content, to improve the innovation and interest, openness and consistency of the course teaching. The course combines the course with the interaction of the class, finding out the combination of the problem with knowledge researching, improving the learning interest with improving the ability to solve the problem, in order to cultivate the students' cognitive analysis ability, improve the learning interest, establish the complex knowledge structure and the autonomous comprehensive learning ability.

Keywords: Urban Geography, Dynamic Consistency, Universal Learning Ability, Learning Interest, Knowledge Structure

沈阳建筑大学城乡规划专业地学课系教学回顾与展望

路 旭 李 超 马 青

摘 要：地理学课程是城乡规划专业教育的重要组成部分。本文回顾沈阳建筑大学城乡规划系地理学系列课程的教学经验，通过问卷调查、抽样访谈等方式了解已毕业学生对此类课程的教学效果、应用效果评价，并且征询他们的改进建议，在此基础上提出课程体系优化改进思路，使地理学课程能够更好发挥对城乡规划教育的基础性作用。

关键词：地理学课程，城乡规划教育，学科交叉，教学内容

作为与城乡规划学紧密相关的重要学科，地理学在基础理论、研究对象、研究方法、研究工具等方面对促进城乡规划学发展起到了关键性作用。地理学的发展早于城乡规划学，古代地理学可以追溯到人类文明发展的远古时代，近代地理学在18世纪末期即已产生，而现代城乡规划学的发展则始于19世纪晚期。地理学的研究对象涵盖人类活动影响下的地球表面各个圈层，与城乡规划研究的对象高度重合，并较之相对更广。

长期以来，地理学在城乡规划学科的专业研究、实践工作和教育教学中都发挥着重要的作用。尤其是步入“十三五”时期以来，习近平同志提出“协调发展观”，并在十八届五中全会提出“五大发展理念”，以及在新一轮的国家部委调整中将城乡规划职能划入自然资源部等，都说明城乡规划行业的工作重心正在由建设落实城市用地项目，转向综合研究与协调人地关系，促进城市绿色可持续发展。因此地理学课系在城乡规划专业教学中的重要性大幅度提升。

1 沈阳建筑大学地学课程体系发展概况

改革开放以后，地理学不断融入我国城乡规划专业教育。1980年，全国城市规划学术委员会成立区域规划与城市经济学组，标志着地理学界开始从区域规划角度参与城市规划[1]。1998年，中华人民共和国教育部颁布了《普通高等学校本科专业目录》，由传统地理学专业衍生出的资源环境与城乡规划管理专业起到了改变城乡规划学科教育格局的作用，地理学在城乡规划教育体系中的重要性被进一步确立。经过30余年的发展，城乡规划学科从20世纪70年代单一的建工学科，转变为以建筑学、地理学和经济学（含管理）为三大基础的“三足鼎立”学科[2]。2011年，国务院学位委员会、教育部公布的《学位授予和人才培养学科目录》新增加了“城乡规划学”一级学科（属于工学，专业代码0833），下设区域发展与规划、城乡规划与设计、住房与社区建设规划、城乡发展历史与遗产保护规划、城乡生态环境与基础设施规划、城乡规划管理6个二级学科，学科体系和人才培养进一步专业化和均衡化。

尽管沈阳建筑大学城乡规划专业从土建工程方向起步，但是一直保持着综合性的专业发展思维和对地理类课程体系的重视。自2000年开始，沈阳建筑大学城乡规划系在本科教学体系中陆续开设了专业必修课自然地理基础、区域研究与规划、地理信息系统，专业选修课人文地理概论、中国经济地理，专业实习课程地理信息系统实习等本科生地理类课程，纳入城乡规划与区域发展教研室管理；在研究生教学体系中，也开设了城市地理学进展、城乡规划信息技术与应用、城市与区域经济学、城市空间结构研究等地理学系列课程；形成了门

路 旭：沈阳建筑大学建筑与规划学院副教授
李 超：沈阳建筑大学建筑与规划学院教授
马 青：沈阳建筑大学建筑与规划学院教授

类完整、特色鲜明的地理学课程体系。如此高比例的地理学课程体系设置在我国高校的城乡规划专业中并不多见，尤其是作为一个依托土建工程专业为基础发展起来的城乡规划系，地学课系的建设为沈阳建筑大学城乡规划教育提供了更为综合性的内容支撑，形成了建筑、地理两条腿走路的稳步发展格局。

2 授课效果调查与问题分析

为了客观地评估本专业教学效果，对已毕业的同学进行问卷调研，本论文对以往10年沈阳建筑大学规划专业地学课系的教学效果进行系统评价，内容包括教学知识内容实用性、知识体系合理性、知识传递有效性等，从中总结出以往课程教学的有益经验和主要问题。并在此基础上提出未来本学科地学课系发展的总体思路与举措，优化教育结构，强化专业特色，为促进本专业健康稳步发展发挥提供参考。

以互联网为主要渠道发放调研问卷，对象为沈阳建筑大学城乡规划专业毕业的2008–2017届本科毕业生，采用匿名调查的方法，受访者只需填写本人在校期间学号的前8位进行身份确认。在4天时间内，共回收有效问卷114份，形成了具有参考价值的统计数据。

（1）学生就业状况分析

问卷调查显示，毕业生就业去向以从事本专业为主，多数人投身在城乡规划一线岗位。首先，在填写问卷的毕业生中，“从事城乡规划专业”的占59.7%，另有28%从事相近专业，从事其他专业的仅占12%。其次，所在单位以城乡规划设计院为主，占52.6%，高校科研机构占15.8%。第三，从学历结构上看，受访者中目前拥有研究生学历者为45.6%，本科占44.7%，其他为研究生在读。上述就业结构对于确定我专业未来的办学思路具有较为重要的参考价值，重视本专业实践能力培养仍然应该是我校城乡规划专业教育的核心内容。

（2）课程教学效果分析

学生反馈其在校学习效果一般，对高年级的人文地理类课程相对更感兴趣。首先，对5门本科地学课程内容的整体印象较为深刻者仅占40%，有约25%的学生表示印象一般。其次，毕业生对人文地理类课程（区域分析与规划、人文地理概论、中国经济地理）的印象明显更为深刻，高于自然地理基础与地理信息系统（GIS）。第三，学生反馈在校学习期间对地理学课程有多方面的期望（图1），其中对“建立规划分析思路”最感兴趣（75%），其次是学习量化分析方法（55%）和掌握软件（50%），对了解相关背景知识兴趣较弱（37.8%）。可见，在经济地理类课程中接触和掌握城乡规划分析思路仍然是学生兴趣的中心。

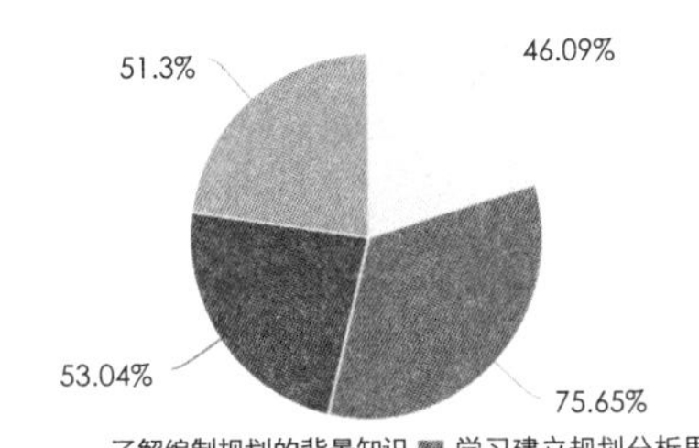

图1 学生在校学习地理类课程时最感兴趣的内容

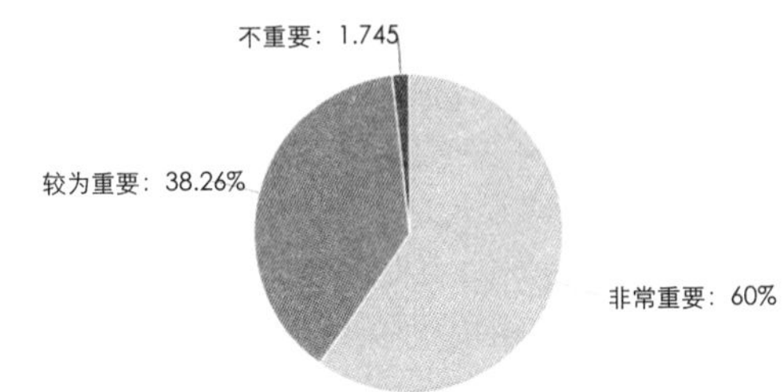

图2 地理学知识对城乡规划研究和从业的重要性

（3）课程内容应用实践效果分析

结合就业后的经验，毕业生普遍认为地理学知识对于实践工作非常重要，其中地理类课程教授的实践操作技能对于实践工作帮助最大。首先，近60%的学生认为地理类课程对于城乡规划就业和研究“非常重要”，38.6%的认为“较为重要”（图2）。其次，地理信息系统（GIS）与区域分析与规划两门课程分别排在“最有帮助课程”的前两位，而与其他三门课程相比，这两门课的教学内容中应用技术和量化分析模型所占的内容比重明显更高。而且，被认为在工作和深造过程中最有帮助的学习内容也分别是“学习建立规划分析思路”和“掌握规划的量化分析方法”。第四，学生普遍认为地理类课程的定位应当是“讲述地理学的基本原理和基础知识”与“讲述如何运用地理学方法解决城乡规划问题”二者并重（54.4%），另有1/3的同学认为应当偏重于后者，仅有少数学生认为课程教学应当单纯偏向地理学或城乡规划学（图3）。

（4）课程改进建议

问卷结果显示，更多学生倾向于增加地理类课程的丰富程度，并且应与城乡规划实践进一步结合。首先，对课程总量和内容结构的建议是鼓励增加地理类课程总量，并对内容结构进行适当调整。其次，90%以上的受访者认为应当在现有的设计课中增加GIS分析等专题应用训练内容，或者增设基于地理学知识运用的设计课（例如区域规划设计），76%认为沈阳建筑大学城乡规划专业地理类课程的主要问题存在于实践训练环节（图4），这些结果综合反映了毕业生对于我专业地理类课程重理论轻实践问题的批评态度。同时，90%以上的学生支持增设更多的地理类任选课，增加课程的丰富性与可选择度。上述结果一方面体现了学生对课程教学内容的更高要求，另一方面也暴露了我系地理类师资数量不足，课程体系亟待更新等现状问题。

在回答开放性问题与接受访谈过程当中，已毕业学生将更多的关注点放在城乡规划学科变化对专业教学的

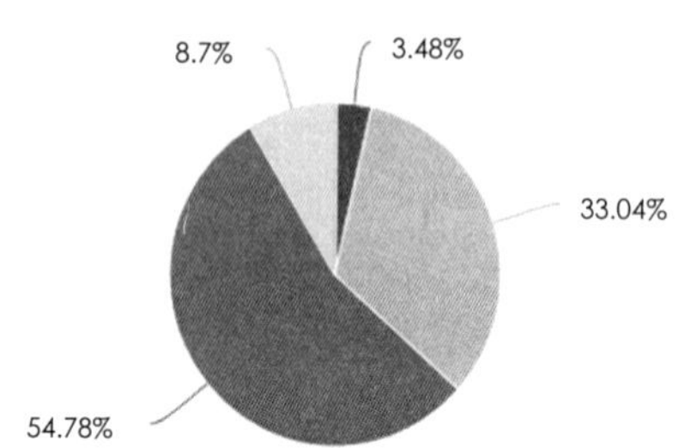

图3 学生眼中的城乡规划专业的地理类课程定位

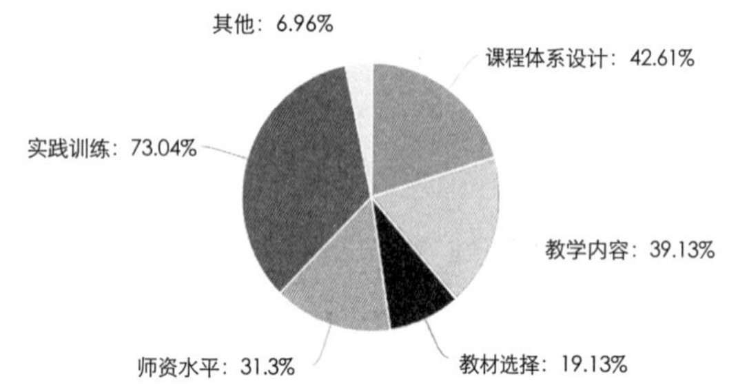

图4 沈阳建筑大学城乡规划专业地理类课程的主要问题

影响方面，这些影响来自于国家空间规划体系调整、数据时代的技术变革等。第一，当前规划实践中越来越重视分析和解决问题的能力，需要的知识越来越多。且未来规划事权划由住房城乡建设部划入自然资源部后，地理空间分析能力在城乡规划中的比重将更高。毕业生认为城乡规划专业应当更加重视地理类课程的设置，合理调整课程体系，如在设计课中要求学生运用gis进行空间分析并识别关键问题；讲述课程考核时要求学生以小组为单位完成地理分析报告等。第二，多数毕业生反映，只有增加地理类课程才会在就业之后不被别人认为只会画图，大数据时代分析与应用也该提到跟画图同等重要的位置，应当加强本科生毕业论文要求等，有人建议增加在国土规划与城乡规划相关联的课程，加深GIS课程内容，并结合自身工作经验反映了量化分析能力不足带来的实践能力制约等。

3 地学课系发展思路

基于上述调查研究结果，本文提出我系地学课系发展的几点思路。

（1）坚持地理学为源，规划学为用的学科融合教学思路

十多年来，我专业一直在学科融合的大方向下，不断致力于培养知识结构均衡，实践工作能力与长期发展后劲兼备的规划专业人才。本次调查的结果表明，这一总体发展思路得到了毕业生的广泛肯定，我校毕业生了解地理、关心地理、应用地理的专业特色已经在潜移默化中形成。在以往的实践中，我专业城乡规划与区域发展教研室一直在进行两大学科融合的审慎尝试，一方面注重地理学知识传授的系统性，让学生在基础教育阶段能够对地理学科的知识体系有完整了解，另一方面，在有限的课时中尝试做到重点突出，将那些将与城市发展过程直接相关或相近的地理现象和原理作为重点教学内容，使之成为从地理基础知识介绍向城乡规划应用拓展的源点，并进行适当拓展，在此基础上形成城乡规划专业地理类课程教学特有的知识模块体系，服务于城乡规划学科实践需要。

（2）以设计课程为主要突破口，深化实践应用能力培养

根据我校毕业生目前以设计院一线工作为主的就业

结构，以及在从事工作实践后反馈的主要问题，可以判断出实践能力培养仍然是未来教学的中心目标。城市规划学科的基本特点是具有很强的实践性，城乡规划学科的课程学习应当关注城市发展过程中的种种问题，在对各种问题的学习、研究和解决过程达到不断积累实践能力，培养专业人才的教育目的。本科教学方法应由被动接受式教学方法向接受式教学、问题探究式教学、启发式教学、案例讨论式教学等相结合的研究性教学方法转变[3]。在理论课程的作业与考核环节增加实践训练的基础之上，更重要的是在设计课体系中引入以地理学为基础的教学模块，引导学生利用地理学基本原理、方法和工具解决一个完整规划设计中的若干关键问题，从而获得更为清晰具体的实践应用经验。

（3）强化师资力量，提升课程体系丰富度

在地理学学科发展不断细分，城乡规划与地理科学交叉点日益增加的今天，以三大部门地理（自然地理、人文地理、经济地理）和一大应用工具（地理信息系统）为基本构架的地学课程体系虽然能够满足城乡规划专业学习的基本要求，但是在重要实践领域和创新领域进行启发性教学的能力已经严重不足，地理类课程教学缺乏弹性和多元化，不能以学生需求为导向进行灵活调整的问题正在暴露。因此，以应对这一问题为目标的师资补充和选修课程体系建设就尤为重要，其中主要增加的内容应包括：①以多规合一相关原理和技术方法为主要内容的国土空间规划类课程；②以应对全球化与人类命运共同体发展为主要目标的“丝绸之路经济带”和“21 世纪海上丝绸之路”地理；③以大数据时代城乡规划技术变化为主要内容的智慧城市规划与设计等。

（4）积极开展应对城乡规划行业发展动态的教学研究工作

近年来，沈阳建筑大学城乡规划专业一直坚持致力于通过教学科研夯实四个专业方向的发展基础，巩固城乡规划一级学科地位。其中，地学课系教学和研究紧密结合，教学方面依托城乡规划与区域发展教研室教学团队，研究方面依托城乡规划信息技术与生态预警实验室，形成了具有鲜明地域特色的区域发展与规划二级学科方向。在此基础之上，应当积极追踪城乡规划行业的发展动态，以前瞻性的视角，提升毕业生综合能力为目标，继续开展充分的教学研究，不断调整和更新教学内容。

4 结论

以人为本是新时期教育行业发展的基本导向，毕业生实践反馈是指导高校教学工作的重要依据。沈阳建筑大学城乡规划与区域发展教研室进行的针对地学课系教学效果的反馈调查，在肯定了基本教学思路和课程体系结构的同时，有暴露出了目前教学中存在的内容吸引力不强、实践训练环节薄弱、课程体系丰富性差、创新性不足等问题。在城乡规划行业发展日新月异的今天，地学课系成为影响学生实践能力和可持续发展能力的关键教育环节。我们针对上述问题和发展背景，提出了若干发展思路，期望能够在未来的教学工作中取得更好成效。

主要参考文献

［1］ 刘富刚．人文地理与城乡规划专业建设思考 [J]. 实验科学与技术，2014，12（06）：165-168.

［2］ 叶裕民，邹艳丽．建立“三足鼎立”的城乡规划学科结构 [J]. 城市建筑，2017（30）：41-45.

［3］ 陈锦富，余柏椿等．城市规划专业研究性教学体系建构 [J]. 城市规划，2009（06）：18-23.

Review and Prospect of the Geography Courses of Urban and Rural Planning Major in Shenyang Jianzhu University

Lu Xu　Li Chao　Ma Qing

Abstract: Geography is an important part of urban and rural planning education. In this paper, the teaching experience of the geography series of urban and Rural Planning Department of Shenyang Construction University is reviewed. Through questionnaire survey and sampling interview, the teaching effect and application effect evaluation of the graduated students are understood and the suggestions for improvement are consulted. On the basis of this, the optimization and improvement of the curriculum system is proposed. The science curriculum can better play a fundamental role in urban and rural planning education.

Keywords: Geography Course, Teaching of Urban Planning, Combination of Multi Disciplines, Content of Courses

由“小板凳”引发的教学思考
——城乡规划专业设计基础课程课外作业教学随笔

高芙蓉　肖　竞　贾铠针

摘　要：城乡规划专业一年级学生在设计入门阶段面临着思维模式转换和设计对象适用性认知的问题，为了降低学生进入专业规划设计课程学习的门槛，重庆大学建筑城规学院城乡规划专业基础教学组在一年级设计基础课程中设置了“小板凳”课外作业。学生通过设计和制作一个可供自己学习生活使用的小板凳，对设计的形式美学、功能、材料和结构等专业知识有了初步认知，目的在于寓教于乐，降低专业学习的门槛，增加学生的兴趣。

关键词：城乡规划学，设计基础，教学，小板凳，设计思维模式

1　一年级设计基础课程教学难点之一：设计入门

1.1　重庆大学城乡规划专业一年级设计基础教学框架

重庆大学建筑城规学院（下文简称“我院”）城乡规划专业一年级设计基础教学延续了传统的形体与空间设计训练模式，并在此基础上加入了与城乡规划学有关的社会空间认知内容。教学板块设计框架如图1，上学期主要是建筑及其环境的体验、认知与表达，设计教学板块主要集中在下学期，通过构成训练、建造实验和概念性建筑设计引导学生进入设计思维模式。

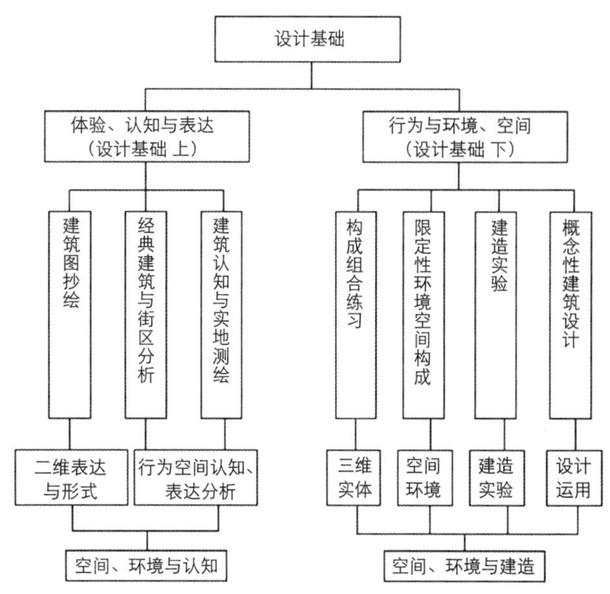

图1　一年级设计基础课程版块

1.2　学生在设计入门阶段的学习困境

在一年级城乡规划专业设计基础教学中，学生在设计入门阶段往往会面临以下的学习困境：

首先，是思维模式转换的问题。学生在进入城乡规划本科学习之前是面对高考的应试教育。高考理科考试语文、数学、英语、物理、化学、生物；文科考试语文、数学、英语、政治、历史、地理。这些科目的学习方法和城乡规划专业设计思维学习的方法截然不同。设计思维的主要目的是创造性思维于行动中，让设计者寻求解决既复杂又难以界定的问题[1]。城乡规划专业一年级设计基础课程中强调培养设计创新能

高芙蓉：重庆大学建筑城规学院规划系讲师
肖　竞：重庆大学建筑城规学院规划系副教授
贾铠针：重庆大学建筑城规学院规划系讲师

力和发挥主观能动性，同一个设计题目每个人的设计作品会各不相同，学生需要充分发挥自己的主观能动性才能较好的完成作业。一年级学生会面临着思维模式的转换问题。

其次，是设计对象的适用性问题。有些学生在进入本科学习之前有一定的美术基础，这使得其在形态设计中比较容易掌握形式美学设计的方法，但是城乡规划专业设计与纯美学设计存在很大的差异，主要表现在其设计对象的适用性上。在一年级设计基础课中，需要学生认知本专业所做的规划设计是为人服务的，设计成果需要适合人体空间与尺度，并且具有舒适性、坚固性等特点。这些内容在设计课程教学中往往面临纸上谈兵的困境，学生的设计作业无法变为现实，导致其缺乏真实的建造体验，这时候就需要在教学中增加与真实使用目的有关的建造体验课程。

1.3　降低设计门槛与体验实体建造

针对上文中所述城乡规划学生在一年级设计基础课中面临的入门困境，我院城乡规划专业基础教学组进行了深入的思考。针对思维模式转换采取了循序渐进的教学内容设置，大学一年级上学期主要是认知训练板块，目的是让学生通过对已有建筑和空间的学习对建筑和街区有一定的认知，把设计板块放在下学期，并且在构成训练中加入了"空间剧本"[2]等教学环节，降低设计入门的门槛。针对设计对象适用性的问题，在课程板块中保留了"建造实验"板块，学生按着 1 ∶ 1 比例设计和搭建一个小型构筑物，达到真实体验设计与建造过程的目的。

本文介绍的"小板凳课外作业"是与图 1 所示主线课程板块并行的课外作业环节之一，目的是辅助主线课程板块的顺利进行。这个课外作业对于降低设计门槛和体验实体建造具有重要的辅助作用，在教学实践中收到了较好的教学反馈。

2　小板凳课外作业设置简介

2.1　作业内容

小板凳课外作业要求学生收集日常生活中常见的废品材料（如纸箱等），手工制作一个可供自己学习和生活所使用的小板凳。要求小板凳具有设计美感、实用性和环保性。

作业检查方式为在构成板块设计课中安排两节课，学生需要坐在所制作小板凳上上课，并且每个学生需要对其所制作的小板凳进行讲解，任课教师对小板凳作业结合教学内容评讲，之后学生需要完成一张 A4 图幅的小板凳设计图纸（包含设计思路、材料和结构分析、实用性分析等内容）。

2.2　作业时间节点

小板凳课外作业安排在上学期设计课结束后到下学期设计课开始之间，作为假期作业完成。选择这个时间节点有以下考虑：

一方面，目前一年级设计基础课程上学期主要设置认知板块教学内容，下学期开始设计板块教学内容，小板凳设计可以使学生在开始设计板块学习之前有个铺垫，对设计有初步认知。

另一方面，目前城乡规划一年级学生的课程较多，设计基础课程本身教学板块的教学量也比较饱和，小板凳课外作业安排在假期可以避免增加学生的课业负担，并且使学生有充足的时间来完成这个课外作业。

另外，这个课外作业放在假期完成也希望能使学生家长对学生的课业学习情况产生一定的关注。大学一年级学生从高中进入大学学习，是重要的人生转折点，这时候往往父母的肯定会为他们未来的学习带来信心。很多学生完成这个作业是寒假期间在家中与父母共同完成的，一方面父母会给予学生一定的帮助，另一方面，学生完成的作业在父母那里一般会得到第一次评价，这对于很多学生来说也是非常重要的。

2.3　作业难度和作业量控制

作业难度：城乡规划专业学生在大学一年级上学期教学中进行了形式美认知训练、模型制作训练、图纸表达训练，是完成小板凳设计制作和图纸表达的训练基础。因此，小板凳课外作业难度较小，一般学生均可以完成。

作业量：作业包括小板凳设计制作和图纸表达，分为两个阶段完成。小板凳设计与制作在上学期设计课结束后到下学期设计课开始之间完成，属于寒假作业的一部分；A4 图纸表达在评讲之后到下次上课之前完成（替

图 2　上课情况

图 3　体现构成关系的小板凳

代该周速写作业）。从作业量来说比较合理，学生并未反应该作业对其造成过重课业负担。

3　小板凳作业教学目的与教学反馈

3.1　寓教于乐，降低设计课程学习门槛

这个作业设置的最主要目的是寓教于乐，降低设计课程学习门槛。学生在自己完成一个小板凳的设计与制作过程中，体验设计的乐趣，增加设计的兴趣，对设计有初步的认知，为进入设计板块学习打下基础。

从教学反馈情况中可以看出，由于小板凳作业是学生可以独自完成的建造实验，并且小板凳是日常使用的小家具，非常接近学生的日常生活，可以日常使用，因此学生在完成作业的过程中对这个环节表现出极大的兴趣，在每个同学讲解自己设计的小板凳过程中，学生表现积极，并且对其他人设计的小板凳也表现出了较高的兴趣（图 2 中显示的是上课的情况）。很多学生对自己做的小板凳都表示出自豪感。例如在美术写生中有学生坐的是自己设计制作的小板凳，会受到其他同学的关注，自己也会感觉很"拉风"。这种实体建造作业对于学生的专业自豪感和自信心的建立有很大的好处，在自己的使用和同学的关注过程中，由于自豪感引发其对设计产生更大的兴趣。

3.2　设计的形式美学认知

作业的要求中强调学生设计制作的小板凳需要具有设计的形式美，这项内容目的是搭接下学期开始的构成板块，希望学生在进入正式的设计教学之前有一个关于形式美学设计的铺垫。

教学反馈：学生完成的小板凳作业中，已经有对形式美的思考。学生在设计小板凳的过程中，会考虑到整体形态、外立面设计、结构美学等方面的内容。如图 3-1 中的小板凳整体采用了螺旋线型，图 3-2 中的小板凳采用了圆形加放射线的构型方式，图 3-3 中的小板凳在立面上选择了对称与开洞，图 3-4 中的小板凳采用了三棱柱加长方体的造型方式。

3.3　功能设计认知

小板凳作业的一个特点是属于实体建造作业，学生所完成的作品是可以实际使用的，在课上评讲小板凳作

图 4　由于高度导致不舒适的小板凳

业的过程中，要求学生坐在自己设计制作的小板凳上体验舒适度，目的是使学生认识到所做的工作是以人为本的，使用功能非常重要。

教学反馈：在课堂讲解过程中，学生通过体验自己设计的小板凳，对人体尺度有了进一步的认知。如图 4 所示小板凳的设计者在亲自体验中意识到自己设计的凳子的高度不够，导致坐久了会非常累；图 5 中学生考虑到舒适度，在设计的小板凳上加装了坐垫板和坐垫。这些认知对于学生进入专业设计中所设计对象的功能认知方面都有潜移默化的作用。

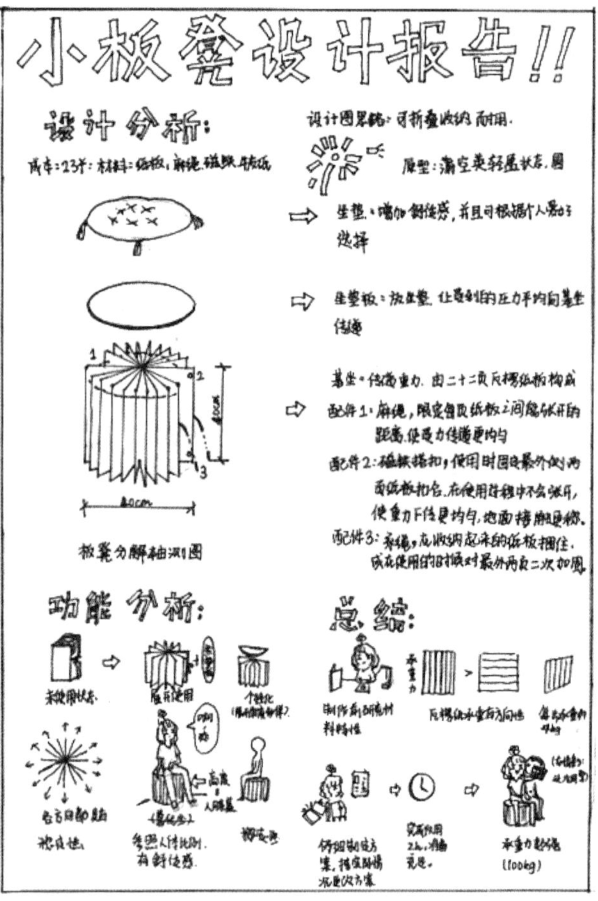

图 5　小板凳作业报告（舒适性）

3.4　材料与结构认知

小板凳作业要求学生收集常见的废品材料完成小板凳制作，由于小板凳是需要受力的，因此学生需要研究材料的力学和结构特征，才能实现板凳受力的稳定性。这项内容主要对接一年接下学期“建造实验”板块，学生通过制作小板凳来了解不同材料在受力上的不同，进而选用不同的结构。

教学反馈：学生选取的材料多为纸板、泡沫塑料、木板，还有学生会选择 PP 板、装修用水管（图 6）、轮胎等材料，学生在制作小板凳的时候需要对所选材质进行研究，图 7 中学生对瓦楞纸板的材料特性、受力等进行了研究。有些学生在材料与结构认知上出现失误，就会导致所做的小板凳受力出现问题，甚至不能坐在上面直到评讲课程结束。学生通过这个作业，对材料与结构有了初步的认知。

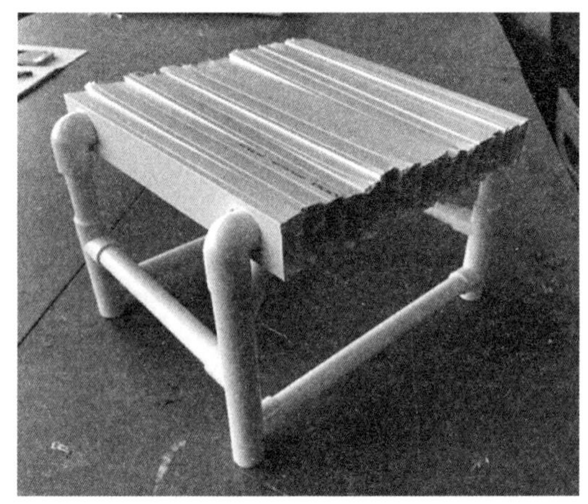

图 6　装修废料制作的小板凳

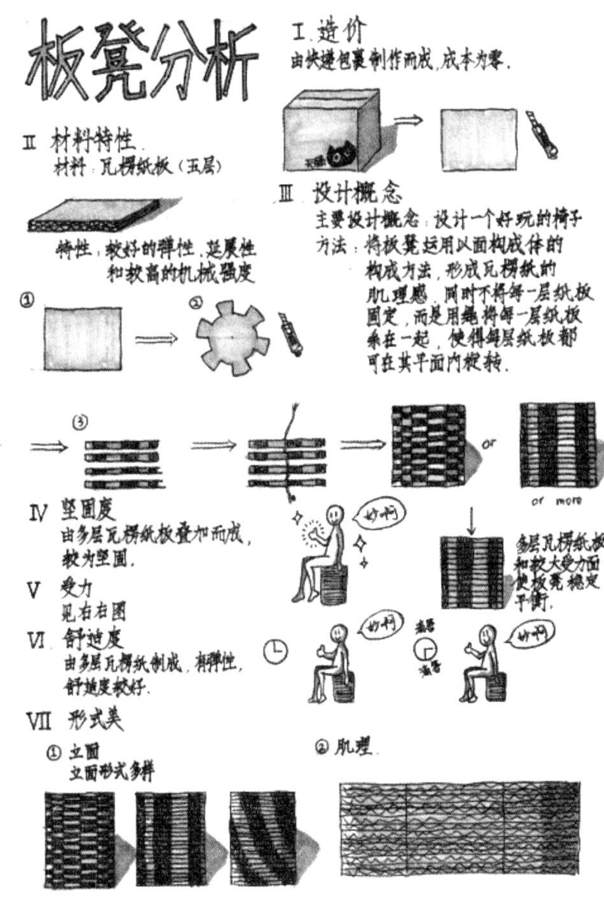

图 7　小板凳作业报告（瓦楞纸板）

3.5　专业认知与职业道德

小板凳作业课上评讲时要求学生坐在自己制作的凳子上上课，一方面是让学生体验所做板凳的舒适度、稳固度等，另一方面是希望学生认知到城乡规划专业所做的设计是为人服务的，以人为本是重要的前提。在评讲过程中，任课教师会借小板凳引申说明作为城乡规划专业的从业人员，需要认识到所做工作的性质和重要性，进而使学生对职业道德有初步认知。

教学反馈：对于学生的专业认知和职业道德教育是在潜移默化中进行的，在很多环节教师都需要对此进行说明和强调，学生在上课过程中逐渐对自己多学专业产生更多的认知和自豪感，由此激发更加强烈的学习欲望。

4　城乡规划专业设计基础教学课内外作业设置讨论

在城乡规划专业设计基础教学中，需要设置一定量要求学生在课下完成的课外作业，目的是辅助设计基础教学的学习。目前我院一年级城乡规划专业设计基础课程设置的课外作业有：工程字、建筑速写、读书笔记等，这类课外作业要求学生在教学周内每周完成规定数量作业。除此之外，还设置了小板凳、城市观察等单独的课外作业，多利用假期完成，用来衔接设计教学板块，增加设计体验或者城市空间体验。

在课外作业设置中，城乡规划专业基础教学组主要考虑了以下三方面：

首先，是帮助学生提高图纸表达能力。很多学生在进入专业学习之前没有美术基础，在大学本科教学中虽然同时开设美术课，但是并不能满足教学的要求，因此在设计课程中需要加入与图纸表达有关的工程字、建筑速写等练习。

其次，对于城乡规划学生在一年级就需要建立“城市观”，这项学习除了在课上有相应的教学内容之外，还需要学生对城市进行观察认知，进而有意识的体验城市，这项内容放在了假期中完成。

最后，是关于如何降低设计入门的门槛，提高学生的积极性。除了课堂教学之外，还设置了小板凳课外作业，属于建造实验，用来辅助设计板块教学学习。

在课外作业设置中，教学组着重考虑了学生作业量的问题，在教学实践中不断与学生沟通，充分了解学生同期其他课程情况，根据学生反馈做出相应调整，以保证学生的课业任务在合理范围之内。

5　结语

城乡规划专业一年级学生在由高考的应试教育学习方法进入到城乡规划设计思维训练的转换过程中会面临着一定的困境，这也是设计基础教学的一个难点。在教学中尝试采用一些方式降低设计课程入门的门槛对于学生的学习非常重要。在近五年的教学中，小板凳课外作业的替换作业还有小家具设计（图 8），教学设置的目的是一样的。从教学反馈中来看，这些课外小作业对于辅助学生完成设计课程具有良好的支撑作用。

图 8　小家具设计作业

资料来源

图 1 来自重庆大学建筑城规学院城乡规划专业一年级教学大纲；图 2- 图 8 为笔者所指导班级的学生作业及上课情况。

主要参考文献

［1］ 姜琦．浅析设计思维对动画的影响 [J]. 中国民族博览，2018（2）：164-165.

［2］ 高芙蓉，杨黎黎，贾铠针．空间剧本引导的空间构成训练教学方法研究 [C]// 高等学校城乡规划学科专业指导委员会，西安建筑科技大学城乡规划系．新常态·新规划·新教育——2016 中国高等学校城乡规划教育年会论文集．北京：中国建筑工业出版社，2016：474-479.

Teaching Thinking Caused by "Small Bench" —— Teaching Notes on Homework of Basic Courses in Urban and Rural Planning

Gao Furong　Xiao Jing　Jia Kaizhen

Abstract: The first grade students in urban and rural planning are faced with the problem of thinking mode transformation and the applicability of design object. In order to lower the threshold for students to enter professional planning and design courses, the basic teaching group for urban and rural planning of chongqing university has set up "small bench" homework in the basic curriculum of first-grade design. Through the design and production of a small bench for learning and living, students have a preliminary understanding of the form aesthetics, function, materials and structure of the design. The purpose of this homework is to combine education with pleasure, reduce the threshold of professional learning and increase students' interest.

Keywords: Urban and Rural Planning, Design Basis, Teaching, Small Bench, Design Thinking Mode

基于教学共同体的城乡规划专业英语教学改革研究*

杨　慧

摘　要：专业英语是城乡规划学的专业基础课，良好的专业英语能力能为学生未来的发展提供持续动力。学习共同体理论所关注的学习的社会性与城乡规划专业培养富有社会责任感、团队精神和创新思维的培养目标不谋而合。文章梳理了学习共同体理念在本科教育中的指导意义和应用效果，以山东建筑大学为例介绍了基于学习共同体理念的城乡规划专业英语教学内容和教学方法，着重强调师生及生生之间的合作互学以及课堂内外的参与互动。实践结果表明学生的学习力和教师的指导力均有明显提高，师生关系趋向平等、协作与包容，是“由教到学”的有益转变。

关键词：城乡规划学，专业英语，学习共同体，教学方法，教学改革

引言

专业英语是一种重要又便捷的语言工具，专业英语能力对于及时获取、有效利用专业内最新科学技术从而进行科技创新起到至关重要的作用[1]。专业英语教学水平的高低也逐渐成为衡量高校教学国际化程度的重要尺度[2]。专业英语课程具有综合性和应用性的特点[3]，良好的专业英语能力能为学生未来的发展提供持续动力。

专业英语课程的教学改革是大学教育从“以教为主”向“以学为主”转变中的重要环节。以讲授方法为主的课堂对知识传授效率难以形成有效监控。近年来在大学教育中提倡教学方法的更新和改革，微课、慕课、翻转课堂等教学方式相继在大学课堂中进行应用和实践，究其目的都是课堂授课效率的提高。其中，基于学习共同体理念的教学方法更多应用于强化师生的有效互动和深度交流，重视教师与学生双方的知识更新而非仅仅强调学生的课堂参与度，适合专业英语课程综合性和应用性的课程特点。

专业英语课程的教学改革符合学情特点的需要，是应对教学环境变化，实现教与学同步的有益尝试。专业英语与公共英语的最大差别在于其授课内容应与专业特征强相关，专业英语既有公共英语的课程属性，又承担着引介专业前沿的途径作用。而面对习惯了与老师一对一讨论方案的城乡规划学学生，传统英语课堂中按照“词汇——语法——句意”的讲授方式并不吻合学生的交流意愿[4]。而基于学习共同体理念的课堂教学，首先会将知识重点与教学思路清晰地呈现出来，便于师生进行教与学的同步思考，同时学习小组的建立有利于形成与讨论方案类似的紧密的课堂教学氛围。

专业英语课程的教学改革也是为回应学生的学习热情，促进师生个体发展。在针对山东建筑大学城乡规划学专业学生的调研中发现，大部分学生（84%）有兴趣参与到专业英语课程的教学改革中，其中考研（80%）和留学深造（17%）是最主要的学习动机，越是专业成绩好的学生其参与意愿越高，这反映出学生自我要求的提高和希望发展综合能力的意愿。丰富的国际交流如学术报告、联合设计、国际竞赛短期访学等，也使得专业英语的重要性凸显出来。

至此，实施课程改革的推力（课程的要求）和拉力（自我发展的需要）业已形成，学生的学习热情高涨会促进教师加快知识更新，目标的一致性可以促使师生学习共同体的建立。

*　基金项目：山东省教育科学研究课题（17SC077）。

杨　慧：山东建筑大学建筑城规学院城市规划系讲师

1 学习共同体理念及其与城乡规划学科特征的契合点

学习共同体（learning community）的概念是著名教育家博耶尔（Ernest L. Boyer）于1995年首次提出的，他认为“学习共同体是所有人因共同的使命并朝共同的愿景一起学习的组织，共同体中的人共同分享学习的兴趣，共同寻找通向知识的旅程和理解世界运作的方式，朝着教育这一相同的目标相互作用和共同参与[5]。”学习共同体既是一种理念，又是一种实体，以完成共同教学任务为目的，在教学组织中注重任务分配的平衡，协调师生和生生关系，并形成一定的教学格式，使教学组织成为有序状态。

学习共同体的概念显示了学习活动的社会性，学习共同体的研究中所关注的学习的建构本质、社会的协商本质和参与本质，也正符合城乡规划专业对从业人员的要求——建构、协商、参与。

1.1 理念与目标的契合

学习共同体的学习者在教师的引导下共同建立学习群体，提供支持帮助、协作交流信息、自由探索知识，共同完成知识的意义建构，培养学生的“社会性知识构建”、“协作学习能力”以及“主动学习能力”[6]。博耶尔对学习共同体成员也提出了“诚实、尊重、责任、热情、自律、毅力、奉献”等七种美德的要求。综合国内的实践案例，成功的学习共同体一般具有专注于学习、合作的文化、聚焦于成果等基本理念[7]。

《高等学校城乡规划本科指导性专业规范》（2013年版）中对培养目标的表述是“城乡规划专业培养的是适应国家城乡建设发展需要，具备坚实的城乡规划设计基础理论与应用实践能力，富有社会责任感、团队精神和创新思维，具有可持续发展和文化传承理念的高级专门人才[8]”。在本文的案例中，山东建筑大学在其城市规划专业本科教育评估自评报告（2014）中指出，要贯彻“厚基础、重能力，高素质、强实践”教育教学理念，执行全国高等学校城市规划专业本科（五年制）教育评估标准，培养适应新型城镇化需求、“创新设计能力、动手实践能力和团结协作能力”强、职业道德良好、理论知识宽厚、专业技能扎实的应用型高级城市规划专业技术人才。

综上，学习共同体的理念与目标契合城乡规划学专业的人才培养目标，二者具有共同的价值研判和愿景。

1.2 实践方法的契合

学习共同体是以学生为主体，由教师组织并进行引导，其最终目标是实现自主学习和自我管理。这与城乡规划学设计类课程的授课方式完全契合，学生是规划设计教学的主体，教师是教学过程的设计者与主持者，负责课堂组织与进度控制，并以正确的历史观、价值观和城市发展观引导方案的生成与设计策略的制定。

学习共同体的核心是“学习”，重视的是学习的过程而非最终的答案，其学习方式是团体协作，其学习结果是学习者集体（包括师生）的持续学习和发展。而城乡规划的弹性管理和动态发展也使其重点关注方案生成的分析过程，正视各方利益的制衡与博弈，理解或坚守或妥协的意义，最终形成可持续的平衡的方案，而非“正确”的方案。

学习共同体是学习的重要载体和平台，它引导和激发团体中学习者的角色意识，并在学生的自我教育、自主学习和自我管理方面发挥着重要作用。鉴于此，山东建筑大学城乡规划学专业开展的以“学习共同体”为导向的课堂教学改革实践契合了城乡规划专业的学习要求。在教学理念方面，强调学习的社会性和建构性，鼓励学习者之间建立对话，鼓励学习者多层次的参与以及同伴之间的协商，最终促进学习者对学习活动认知的重建。

2 学习共同体理念下城乡规划专业英语教改实施

山东建筑大学城乡规划专业开展的学习共同体理念下课堂教学改革实践，主要内容包括：①教学内容方面，以专题教学实现课程群同步和教学重难点同步，特别是与“城市规划原理”、“中外城市发展与规划史”、“城市道路与交通”等核心课程以及设计类课程实现密切衔接。②教材建设方面，不断更新的教学案例补充讲课内容，新颖、热门的知识点有助于提高学习积极性，培养专业热情。③教学方法方面，以学习小组的形式实现师生同步学习，主动完成学习任务，以课堂答辩的形式，重新将学生的注意力从手机转向讲台，激发课堂活力，提高课堂学习效率。④评分机制方面，改变“一张试卷定终身”

的考核方式，将考核过程放在平时，通过深入接触和全面交流，从学习态度、课堂参与程度、进步程度等方面综合确定分数。

2.1 基本信息与目标设定

本次教学改革设定的教学目标为：

（1）提升语言应用能力。语言是一门实战性很强的工具，使用和交流是提升语言能力的不二之法。不仅是英语学习，对于我们的母语——汉语，也需要加强思维训练，练习语言表达的逻辑性和艺术性。

（2）提高学生的学习力和教师的指导力。通过参与、展示、比对，挖掘师生的学习兴趣、锻炼学习毅力、最终培养自觉的学习动力。

（3）建立师生学习共同体。学生需要提高学习主动性，同时也督促教师加强知识更新，把握前沿，与时俱进。

2.2 教学内容专题化

针对现有教材单元内容之间的关联性和系统性不强的问题，本次教学改革根据城乡规划学专业知识体系的五个领域 25 个核心知识单元，结合教材案例和行业发展热点，重新制作教学专题，每次课选取其一。现已开设的专题如，sustainable development 可持续发展，public participation 公众参与，urbanization 城镇化，cultural heritage 文化遗产保护，urban form and fabric 城市形态与结构，transportation strategy 交通策略，urban landscape 城市景观，space vitality 空间活力，social aging 社会老龄化等。sustainable development 可持续发展专题对应的是城市与城镇化、城乡生态与环境、城乡经济与产业、城乡人口与社会 4 个核心知识单元。space vitality 空间活力专题对应的是城乡社会综合调查研究、详细规划、城乡住区规划、城乡开发与规划控制 4 个核心知识单元。

2.3 教学过程共参与

本次基于学习共同体理念的教学改革实践将课堂教学分为“专题设定”、“合作互学”、“展示答辩”三个环节，每个环节均由师生共同参与完成。

“专题设定”环节中，教师负责教材及教辅材料的质量把控，教学小组根据自己的兴趣与特长自主选择。专题内的教学资料除指定教材以外均为外版书籍，虽由教师提供，但是由学生指定具体章节，师生的学习起点保持一致，面对同样的教学任务，同期学习。

“合作互学”在课前完成，师生按照“预习——设问——讨论——解答”的过程进行。教师作为“学习者”入驻学习组，以“互学”而非“教学”的方式参与其中。

“展示答辩”环节在课堂上完成，应注意的是在本环节中教师既是“引导者”也作为小组成员，接受质询完成答辩。教学过程见图 1。

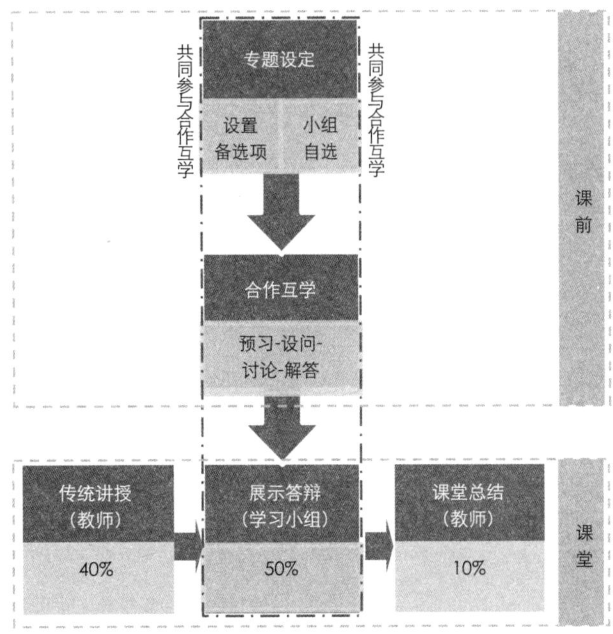

图 1　城乡规划专业英语课程教学组织图

由此，学习共同体的建立既体现在学生之间的共同学习中，也体现在师生之间的共同学习中。既丰富了课堂上的双边互动，更延伸至课前课后。教师成为课程学习的引导者而非知识的灌输者，教师参与学习的全过程而非仅完成课堂上的讲授与知识传输。

2.4 教学方法多元化

首先是建立学习小组，师生共同加入，小组内合作互助完成教学任务，小组间讨论思辨，提高学习质量。其次是中课堂教学中综合采用了传统讲授、汇报展示、答辩讨论等多种教学手段，传统的讲授部分依旧由教师执行，展示部分由教学小组完成，在课堂上向所有师生展示课前的学习成果，随后是全班师生共同参与进行提问和答辩。在课时分配上采用“451”模式，即按照4 ∶ 5 ∶ 1 的比例，分配给教师的讲课时间占 40%，学生答辩展示及师生讨论占 50%，剩余的 10% 用于每堂课的成果点评和教学总结。

2.5 效果反馈

在总体效果反馈中，学生们普遍认为有老师参与的学习过程“学习效率更高”(93%)、“能学到更多”(91%)，对课堂展示部分的体验是“很期待”(77%)。大多数同学 (67%)“愿意”在以后的学习中继续采用学习共同体的方法。这反映出本次教改实践在学生群体中受欢迎的程度较高，但同时也应注意，该数据也反应出学生对老师存在很强的依赖心理，自主学习的意愿较低，间接反映出学习能力较弱以及对自己的学习效果不自信。

在教学效果反馈中，“语言表达能力”和“提出问题的能力”是“收获最大”的前两项，这个结果与城乡规划专业的学习要求吻合，也与本次教改实践的教学目标一致,同时也应注意“收获最大”也意味着“最薄弱”，在以后的教学中可以进行有针对性的强化训练。

在“改变最大”的反馈中，“老师与学生共同学习”选项的首位度最高 (87%)，说明共同学习的教学方法得到了学生们的认可，在本次教改中给学生们留下了深刻的印象。其次是“活泼的课题气氛”，而“交流和讨论的方式”占比最低，究其原因，“讨论”是城乡规划专业设计类课程常用的授课方法，学生们已经熟悉，算不上“改变最大”，但认为在非设计课中增加交流和讨论可以“有效督促学生学习”。这也间接反映出学生的学习主动性不足，需要教师注意加强引导并严格要求。

同时也应注意有 31% 的同学认为共同学习“占用了很多时间”，所以在以后的教学中对材料的难度、学习的深度和表达形式应做审慎的调整。

3 结语

3.1 重视教学设计，优化教学过程

本次教改实践表明，决定学习效果最重要的部分仍然是课堂上的学习活动。只有在课堂上合理使用主动学习策略，才可能增加学生的有意义学习，减少学生的机械学习。因此这也给授课教师提出了更高的要求，无论教学方法的改革如何进行，都要注重课堂教学活动的设计，让学生有更多的机会参与其中，相互交流，从而激发兴趣，主动学习，提高教学效率。特别是考核方式设计应关注规则的公平性。考核成绩中可以增加平时成绩占比，并将英文资料检索的能力、文献阅读及理解水平、课堂参与程度、学习态度等纳入考核范围。

3.2 重视知识更新，强化学习力

教学内容的更新与建设，教学过程的记录与反思，都需要教师付出很大的精力。在学习共同体的建设中，师生直面共同的学习起点，对教师而言应坦然面对知识更新，面对增加的备课量不可懈怠，面对年轻的学生不可傲娇，应强化自身的学习力。特别是在检索信息、软件应用、网络技术等方面，学生的力量不容小觑。

3.3 审视教学关系，珍视师生互信

讲授作为历经考验、广受推崇的传统教学方法，依然是现阶段高等教育中最普遍的教学方式。任何一种新的教学方法均不可能完全、充分地替代讲授，教学实践的改革方向往往也是讲授与新教学法的混合与补充。因此，课堂上还需要教师发挥主导作用。另一方面，学习共同体的思想也将教师从“权威者”转变为“学习者”，从“总是拿已经有答案的问题提问学生”转变为与学生共同探讨问题，从知识的传递者转变为引导者和帮助者。教师还应鼓励学习者之间相互尊重，持续地学习、共享与合作，鼓励对现状的质疑、对新方法的寻求与验证。教师应充分认识到引导者的价值以及与其他人一起学习的重要性，形成一种健康互动的、可持续的学习模式。

3.4 坚持工具理性，体现价值关怀

学习共同体是一种教学方法而非目的，其最终目标的体现仍然是价值关怀。改变现状、促进发展是每一项教育改革的理想，相比较学习成绩的提高，在学习共同体中建立的师生之间默契的应答关系、合作学习的面貌和积极的精神状态，才是教学改革愿景的期待。

综上，以“学习共同体”为导向的教学实践有效提高了学生学习力和教师指导力，有助于增进教、学双方的互信，形成了平等、协作、包容的师生关系，是“由

教到学”的有益转变。在“学习共同体”的建立中所关注的学习的建构本质、社会的协商本质和参与本质，也正符合城乡规划专业对从业人员的要求（建构、协商、参与），有助于专业信仰的建立。最终，师生之间默契的应答关系、合作学习的面貌和积极的精神状态正是教学改革愿景的最终期待。

主要参考文献

［1］倪静，陈有亮，彭斌，等．从“学”到“用”的硕士生专业英语教学探索 [J]. 高等建筑教育 2016，05（25）：39-43.

［2］张宏，陈映苹．情景教学法在城市规划专业英语教学的改革探索 [J]. 广东工业大学学报（社会科学版）2010，10（01）：24-27.

［3］陈健．高校非英语专业英语课程现状调查分析 [D]. 济南：山东师范大学，2016.

［4］潘洪建，仇丽君．学习共同体研究：成绩、问题与前瞻 [J]. 当代教育与文化，2011，3（03）：56-61.

［5］杨慧．以学习共同体为导向的专业英语教学实践 [C]// 高等学校城乡规划学科专业指导委员会，内蒙古工业大学建筑学院．地域·民族·特色——2017 中国高等学校城乡规划教育年会论文集．北京：中国建筑工业出版社，2017.

［6］王丹丹，晓兰．城市规划专业英语教学方法探讨 [J]. 赤峰学院学报（自然科学版），2015，31（02）：211-212.

［7］李勤，刘临安．城市规划专业外语教学法探析 [J]. 中国建设教育，2010（7）：56-57.

［8］陈家斌，黄天寅．面向国际化的给排水科学与工程专业英语教学探索与实践 [J]. 高等建筑教育 2017，05（26），79-81.

［9］潘洪建．大班额学习共同体建构策略 [J]. 中国教育学刊 2012（12）：47-51.

［10］王瑞．未来课堂环境下的教学研究 [D]. 上海：华东师范大学，2016.

［11］张莉．专业共同体中的教师知识学习研究 [D]. 东北师范大学，2017.

［12］Smith B.L.Creating learning communities[J].Liberal Education，1993（79）：32-39.

［13］陈晓端，任宝贵．当代西方教师专业学习共同体的理论与实践 [J]. 当代教师教育 2011，4（01）：19-25.

［14］高等学校城乡规划学科专业指导委员会．高等学校城乡规划本科指导性专业规范（2013 版）[M]. 北京：中国建筑工业出版社，2013.

Teaching Reform on Professional English in Urban and Rural Planning: A Case Study of Shandong Jianzhu University

Yang Hui

Abstract: Professional English is a basic course of Urban and Rural Planning. Professional English abilities can provide continuous power for students' future development. Learning community theory concerns sociality of study which is coherent with the training target of social sense of responsibility，team spirit and innovative thinking in Urban and Rural Planning .This article combed the learning community theory with guiding significance and application effect in the undergraduate education，then took Shandong Jianzhu University as an example to introduce the new application in teaching content and methods，especially emphasized on the cooperation between students and teachers to learn and interact each other inside and outside the classroom. Practice results showed that the learning ability of students and the guidance ability of teachers were improved obviously，the relationship between teachers and students toward equal，collaborative and inclusive that was a good change from teaching to learning.

Keywords: Urban and Rural Planning，Professional English，Learning Community，Teaching Methods，Teaching Reform

城乡规划专业基础理论课程微课化改革初探*

魏晓芳

摘　要：互联网已经深刻改变了人类认知和学习的传统方式，微课、幕课等与互联网紧密相连的教学形式正在蓬勃发展，是现代教育教学的一种发展趋势。现在在城乡规划高等教育中，专业基础理论课程往往采用较为传统的讲授式教学方式。在教学过程中，由于理论体系庞大且基础性较强，实践性和趣味性较弱，学生往往容易出现注意力不集中，教学效果不理想等状况。因此，亟需城乡规划专业基础理论课开展顺应时代变化的教学改革，将运用信息技术，按照认知规律，将城乡规划专业基础理论课程微课化重构，分解知识点、重构知识体系，再以数字化的方式呈现，形成系列可交付的模块化课程内容与数字资源，提供线上学习的基础，增加课堂上的启发式教学与讨论式教学，并在实际的教学中加以应用。

关键词：专业基础理论课，城乡规划，微课化，教学方法，改革

1　城乡规划专业基础理论课现状

任何一个学科专业，都有其基础理论课，这些课程是学好专业的重要基础，其意义不言而明。对于城乡规划而言，城乡规划原理、城市地理学、城建史等都是其基础理论课。然而，专业基础理论课在高等教育中的教学现状却并不尽如人意，有着以下困境：

理论深奥，难讲。之于教师而言，基础理论课比较难讲，尤其是要把理论讲得生动而透彻。讲浅了，专业理论容易误以为是常识，不学都懂，从而不受重视；讲深了，又怕学生难于理解，因为不懂而排斥。

理论枯燥，难听。之于学生而言，基础理论课体系庞大知识点多，学起来枯燥无味，从而不愿意听。加之当代大学生的一些功利的思想，但凡要考试的专业理论课就考前突击，要考察的理论课，就更加不重视了。

重设计、轻理论。之于城乡规划专业，师生中存在的普遍现象就是重设计课而轻理论课。不论从学分的设置上，还是从学时的安排上，单门专业基础理论课都比单门设计课少。当然，这也是由于专业特点而决定的，但从客观上造成了学生的认知偏差。

总而言之，城乡规划专业基础理论课的教学情况不太乐观。部分希望继续深造的学生甚至在备考阶段又重新学习一遍专业基础理论课程。

2　新时代下的新趋势

2.1　互联网成为新时代学习的重要工具

互联网已经越来越深刻地影响着人们的生活生产方式，给人们带来了获取知识的新窗口。我们的日常生活离不开互联网。根据中国互联网络信息中心（CNNIC）发布的《第41次中国互联网络发展状况统计报告》，截至2017年12月，中国网民规模达7.72亿，手机网民达7.53亿，占比97.5%。以手机为中心的移动智能设备成为人们使用频率最高的网络终端。个性化智能化的应用场景不断丰富，正在逐渐改变着人们的行为习惯，其中包括学习。互联网正成为国家发展的重要驱动力，也成为高等教育学习资源的重要载体和新时代学习的重要工具，为现代化的学习提供了技术支持。

*　基金项目：国家自然科学基金：51508047。

魏晓芳：苏州科技大学建筑与城市规划学院讲师

2.2 时间碎片化引发知识简短化的需求

“微”已经成为时代发展的一个重要特征。微信、微博等微方式已经渗透到社会学习生活的各个方面，其实质就是将人们时间进行碎片化分割。在互联网时代中，尤其是移动互联网的快速普及，人们的时间被分割成许多细小的碎片，如何利用这些碎片化的时间就成为人与人之间拉开差距的重要战场。高等教育应主动为碎片化的时间提供正面的学习资源，避免大学生的碎片化时间被低俗的泛娱乐所占领。

2.3 自主学习逐渐成为新时代的学习主流

随着知识经济的铺开，全民终身学习已经成为风尚。互联网的助力，使得自主学习成为可能，且或将成为日后的主要学习动力与方式。顾名思义，自主学习是以学生作为学习的主体，通过学生独立地分析、探索、实践、质疑、创造等方法来实现学习目标。自主学习对施教者提出了更高的要求，对自主学习的学习资源也提出了更高的要求。

2.4 课程形式多样化给学习者提供更多选择

当代教育已经深度嵌入现代互联网体系中。微课、MOOC 等在线教育方式如同雨后春笋，层出不穷。各种线下教育机构，也会利用线上平台专门针对某一种技能或者知识进行教学。诸如此类课程形式的多样化，给学习者提供了更多的选择，如何使得优质的学习资源和学习方式能够被学习者采用，对学习资源和方式本身提出了要求。时间短、建构简易、传播便利、反馈行强、趣味性高等，都是互联网时代课程等特点。

3 城乡规划专业基础理论课程微课化的意义与作用

3.1 微课与其他形式互联网课程的区别与联系

随着互联网的普及，在教育领域，微课、慕课（MOOC）、翻转课堂、网络公开课等各种类型的互联网课程层出不穷，新的教与学的形式给现代教育体系带来新的活力。这些互联网课程的新形式有异也有同。

“微课”是指按照课程标准及教学要求，以短视频为主要载体，记录教师在课堂内外教育教学过程中围绕某个知识点（重点难点疑点）或教学环节而开展的精彩教与学活动全过程。微课利用互联网，可以实现师生之间的资源共享，能够更好地摒弃学生个体之间的差异，给予同等的学习机会；同时可以加强师生的线上线下的互动，对有关问题进行探讨与及时回应。微课与其他形式的互联网教学手段，可以相结合（如与翻转课堂相结合），提供教学资源，逐步推动高等教育教学的现代化改革。

3.2 城乡规划专业基础理论课程的特点及与微课的适用性

城乡规划专业，除了通识课程外，基础理论课程基本都具备这些特点：

特点一：知识点多，理论体系庞杂，重要但不好学。城乡规划本来就是一门综合性很强的学科，其基础涉及社会、文化、经济、地理、历史、工程、管理等各个方面的知识，知识点多，且理论体系庞杂。教师和学生知道基础理论很重要，但也正因如此并不好学。

特点二：综合性强，实践相关性强，到用时方恨少。

互联网课程特征比较表　　表1

互联网课程	微课	慕课（MOOC）	翻转课堂	网络公开课
本质	教学资源	教学手段	混合式课堂	教学录像
特点	短小精悍	大型开放式网络课程	课堂与课后的转变	名家讲座
主体	系列教学短视频	教学视频 + 文本、图片、音频、测验等	课前教学视频 + 课堂讨论	完整的教学视频
受众	一对一	大规模	10–40 人	大规模
时长	每个 5–8 分钟	N 个 5–10 分钟	N*10 分钟 +45 分钟	10–60 分钟
学习方式	自主学习	自学 + 互动	自学 + 互动	自主学习

没有孤立的知识点，尤其是在城乡规划学科，每个领域的知识都将作为规划设计的依据或参考。对于城乡规划专业的基础理论课来说，理论与实践的关联性非常强，但由于课程的设置，使得理论与设计实践课程分立，在学理论是枯燥无味，实践课时又发现理论基础不牢，用时方恨少。

这些特点使得城乡规划基础理论课程在传统教学中处于尴尬的位置，既重要又不被重视。而采用微课的教学方式，恰好可以对应这些特点，解决城乡规划专业基础理论课在课程体系中的两难问题。首先，将知识体系化重构，便于厘清各个知识点之间的关系，可相对独立的学习某个知识点，又能从全局的视角了解该知识点在整个知识体系中的位置。其次，将知识点微课资源化，便于在实践中随时调用学习，及时查阅或巩固，以便更为灵活的运用。因此，在城乡规划专业基础理论课中开展微课化改革，具有较强的适用性。

3.3 城乡规划专业基础理论课程微课化的意义

将微课的形式引入城乡规划专业基础理论课中，能够辅助教师在课堂上更好地将理论与案例相结合，能够帮助学生随时随地地学习巩固知识点，从而提升专业基础理论的学习效果。

（1）模块化网络学习，提高专业学习效率。

微课以教学短视频为载体，时间7–15分钟，符合当代大学生的认知特点与学习规律，有利于提高其学习效率。每个微视频的主体明确，微课聚焦，围绕基础理论知识中的某个知识点进行简短且完整的教学活动，提供碎片化的学习体验，知识学习针对性强。相关知识点组合而成的知识模块，可提供模块化学习，灵活、便捷，可随时随地调用，可实现按需学，从而提高专业学习效率。

（2）集成式教学资源，减轻教师授课压力。

对于城乡规划的专业基础课程，采用了微课进行教学，可以将网络集成式教学资源与课堂教学相结合，重新编排课堂教学方式，增强师生互动，可以组织更多的时间针对某一专业问题开展课堂讨论，避免全课程讲授的枯燥模式，既减轻了教师的授课压力又提升了学生的学习兴趣，还增强了师生的互动，激发学生主动思考参与讨论。

（3）灵活的学习方式，提升学生学习兴趣。

当代大学生都是90后学习主体，普遍具有追求简洁时尚，注重个性效率等学习特征，基础理论课程的传统教学模式很难适应并取得效果。而微课恰好顺应了新时代的新要求，有利于提升学生对于专业基础理论知识的兴趣，并且在应用的时候可以随时调用课程知识点加以巩固。

4 以“城市地理学”为例的城乡规划专业基础理论课程微课化改革方法

4.1 分解知识点、重构基础理论知识体系

理论课程的知识体系一般来说较为完备，逻辑性较强。而要将基础理论课转化为微课需要将城乡规划专业基础理论课程进行微课化重构，分解知识点、重构知识体系。

以“城市地理学”为例，可以分解为：城市地理学基本任务、城市的产生与发展、城镇化、区域城市地理、城市内部机制，以及城市问题等6个模块。其中，每个模块包含相应的二级模块与知识点，既是独立完整的知识点又是相互联系可组合应用的知识体系。具体构成见表2。

4.2 制作微课课件与教学视频

按照前一步骤中的知识点架构，精心组织教学材料，制作简洁明了以干货为主的微课课件。考虑到微课教学视频录制的需求，内容时长控制在十分钟左右。而课件的组织要充分利用认知学习和教学设计理论，根据教学内容和目标的需求，有效组织教学资源，提供适度的信息量，使学生通过多个感觉器官来获取相关信息。在制作微课课件时，科学合理安排教学资源内容可以提高教学信息传播效率，增强教学的积极性、生动性与创造性。

一般来说，现在流行的一些微课方式，如录播式、录屏式、录PPT式、画中画式，可汗学院式、交互式、混合式等。教师可以根据知识点的内容，选择其中某一种方式进行微课视频录制。利用一些视频制作软件，如Focusky、CourseMaker等，可授课教师自行录制微课。有条件的学校还可以组织微课制作团队，从摄影录制到后期处理，以及线上发布，整套流程配置专人服务于一

城市地理学知识模块与知识点分解表 表2

一级模块		二级模块		知识点	
1	城市地理学基本任务	1	基本认知	1	城市地理学的研究对象
				2	城市地理学的研究任务
				3	城市地理学的主要内容
		2	学科发展史	4	西方城市地理发展史
				5	中国城市地理发展史
2	城市的产生与发展	3	城市的概念及标准	6	城市的概念及标准
				7	城市地域
				8	中国市、镇建制标准和统计口径
		4	城市发生发展的时空过程	9	城市产生与发展的区域条件
				10	不同类型城市的形成与发展
				11	技术进步与城市发展的关系
3	城镇化	5	城镇化的内涵	12	什么是城镇化
				13	城镇化的动力机制
				14	城镇化的类型与测度
				15	城镇化的近域推进
		6	全球城镇化	16	全球城镇化发展浪潮
				17	城市化全球发展的一般规律
		7	中国城镇化	18	中国城镇化发展的阶段
				19	中国城镇化发展的主要特征
				20	当前城镇化的成就、问题与评价
				21	城镇化的发展趋势
				22	新型城镇化的要求
4	区域城市地理	8	城市职能	23	城市经济活动类型
				24	城市职能与城市性质
				25	城市职能的分类
				26	中国的城市职能体系
		9	城市规模分布	27	城市首位律
				28	城市金字塔
				29	位序－规模法则
				30	中国城市规模分布
		10	城市空间分布体系	31	空间相互作用
				32	中心地理论
				33	区域增长理论
				34	中国城市空间分布
		11	城镇体系规划	35	什么是城镇体系
				36	为什么要编制城镇体系规划
				37	城镇体系规划做哪些事情
				38	怎样编制城镇体系规划

续表

一级模块		二级模块		知识点	
5	城市内部机制	12	城市土地利用	39	土地利用与土地利用规划
				40	城市土地特征与类型
				41	自然环境与土地利用
				42	地租理论与城市土地
				43	中国的土地利用政策
		13	城市内部地域结构	44	城市内部结构
				45	三种经典理论模型
				46	中国城市空间结构
		14	典型空间功能区	47	CBD 中央商务区
				48	居住区
				49	工业区
				50	开发区
				51	城中村
		15	几种典型内部空间	52	城市市场空间
				53	城市社会空间
				54	城市感应空间
6	城市问题	16	城市的主要问题及其原因	55	城市环境问题
				56	城市交通问题
				57	城市社会问题
				58	城市安全问题
		17	构建可持续发展的城市	59	可持续发展的提出
				60	可持续发展的内容
				61	城乡规划与可持续发展

线授课教师。

本次“城市地理学”微课改革的采用的方式是主讲老师制作微课课件，教研团队进行研讨与改进；再采取智慧教室系统和画中画式进行录制，最终形成系列微课视频。

4.3 翻转课堂的试点实践：逐步推进、迅速迭代

利用微课资源和网络平台，改革传统教学，打破封闭式讲授型的教学模式，将课堂翻转过来，知识点学生自己网上学，课堂上开展针对某一个知识点的讨论与思辨，拓展学生的眼界，引发学生的积极思考。当然，微课的视频材料需要逐步打磨，课堂上的课程组织，既要生动又要有效，也对教师提出了更高的要求。因此，城乡规划基础专业理论课的教学改革在试点实践过程中，在一定时期内，还将微课与传统课堂并行，且逐步迭代，不断升级，探寻最科学的结合方式，以达到最佳的教学效果。

5 结语

在互联网时代，微课作为信息技术发展与教育变革相结合的时代产物，已经成为教育教学改革的热点；作为一种新型教学资源形式，能有效辅助城乡规划专业基础理论的教学。作为一名城乡规划专业基础理论课程的教师，有责任与义务去探索新的教学方法与所授课程的融合，建设相应的微课资源，不断提升教学水平与质量。诚然，城乡规划专业基础理论课程的微课化改革只能循

序渐进，没有现成的高质量的微课资源，需要一步步建设，需要专业基础课程教师努力探索；初始阶段的微课或许还不能完全替代传统教学，建设微课资源也是耗时耗力的，但不应停止，应该鼓励基础专业课教师努力建设大胆改革；在不断的迭代中，逐渐使之完善，最终形成优质高效的微课资源，帮助学生和教师更好地学习和应用。总之，在“微时代”中，我们要辩证、发展地看待微课，利用好微课这种教学资源和方式，使之在教育教学中发挥应有的作用，适应时代的发展，提高教育教学水平。

主要参考文献

[1] 中国互联网络信息中心（CNNIC），第 41 次中国互联网络发展状况统计报告，2018.01.

[2] 聂竹明，刘钊颖．微课与慕课：基于信息技术的教育供给方式变革 [J]. 电化教育研究，2018，39（04）：19-24.

[3] 王媛媛．高校微课资源建设与师生信息素养提升研究 [J]. 中国成人教育，2018（03）：127-130.

[4] 孙曙辉，刘邦奇，李鑫．面向智慧课堂的数据挖掘与学习分析框架及应用 [J]. 中国电化教育，2018（02）：59-66.

[5] 安富海．翻转课堂：从“时序重构”走向“深度学习” [J]. 教育科学研究，2018（03）：71-75.

Exploration on the Micro-Course Teaching Reform of the Foundation Courses of Urban and Rural Planning Major

Wei Xiaofang

Abstract: The Internet has profoundly changed the cognition and traditional way of learning. Micro-Course, Mooc, and other teaching forms closely linked with the Internet are more and more popular, which is a trend of modern education and teaching. Now in higher education on urban and rural planning, principal elementary courses tend to use traditional teaching style. However, theory-dominant teaching can hardly attract students' attention, owing to the lack of interactions and practical activities. Therefore, it is necessary to experiment new information technology to restructure the basic elements and present it in digital format, becoming the foundation for online learning. This new method will enable reflective and communicative teaching and learning in the class.

Keywords: the Foundation Courses, Urban and Rural Planning Major, the Micro-Course, Teaching Method, Reform

由建筑向规划过渡
—— 城市规划概论课程教学实践

陈　飞　李　健　刘晓明

摘　要：城市规划概论是城乡规划专业的基础课程，我校城乡规划教育以建筑学为基础，低年级开设建筑理论与设计课程，3 年级进入规划专业学习。城市规划概论是由建筑向规划过度的第一门理论课程。与低年级小型建筑设计研究具象空间相比，城市规划研究对象具有尺度大、综合性特征。学生由建筑进入规划学习亟需适应研究内容与方法的转变，理顺建筑与规划的关联。同时我校城市规划概论课程面向建筑学与城市规划专业同时授课，这要求教学内容需同时兼顾两个专业，概论课程是规划专业的入门课程，对于建筑学专业而言，概论课程起到建立城市分析思维、补充城市规划概念的作用。课程注重由建筑向规划过渡教学，兼顾双专业培养目标，对教学内容、教学组织开展了探索。

关键词：城市规划概论，建筑基础，双专业教学

1　引言

我校城乡规划教学以建筑学为基础，学生在 1、2 年级学习建筑基础知识，3 年级进入城乡规划专业学习阶段，学习系列规划理论与设计课程。城市规划概论设置于 3 年级上学期，是由建筑学向规划教学过渡阶段学生接触的第一门规划理论课程。相对于低年级小型建筑设计而言，城市规划研究内容较为抽象，更为综合。由城市规划概论课程开始，学生需由建筑思维逐渐向规划思维过渡，培养对城市问题分析的综合能力，这要求该课程教学内容组织采取循序渐进的方式，教学组织需兼顾学生的建筑学习基础，逐步向城市空间学习过渡。

2　服务双专业的教学内容组织

2.1　循序渐进的教学模块构建

一些院校在培养计划中，城市规划概论是城乡规划专业必修课、建筑学专业选修课，面向两个专业学生分别授课；我校该课程为大平台专业基础课程，面向面向规划与建筑两个专业同时授课。对于规划学生而言，概论课程是后续系列理论课程的基础课程，起到专业启蒙与夯实基础的目的；对于建筑学而言，该课程教学目的为培养学生宏观分析能力、补充规划知识。课程亟需探索兼顾双专业教学目标的内容组织。

城市规划概论教材版本较多，较早的教材为同济大学陈友华、赵民老师于 1999 年编写《城市规划概论》，主要内容包括城市起源、现代城市规划理论、规划编制体系、总体规划、详细规划、交通规划、市政规划、城市生态、历史文化名城、小城镇规划、城市开发与规划控制等 11 章；后期编写的教材基本维持上述内容，如华中科技大学的陈锦富老师 2006 年版本；也有教材结合新型城镇化特征增加内容，如 2010 年重庆大学的胡纹老师出版教材增加了城市化、城乡统筹、新农村建设、社区建设等章节。

我校本课程仅有 24 学时，受学时制约只能选取部分内容讲解；同时双专业授课也决定了不能完全按照教材章节顺序。结合规划与建筑专业教学目的，我们将课程内容划分为四大模块：①城市起源、发展与

陈　飞：大连理工大学建筑与艺术学院城乡规划系讲师
李　健：大连理工大学建筑与艺术学院城乡规划系副教授
刘晓明：大连理工大学建筑与艺术学院城乡规划系讲师

城市规划概论教学内容及建筑规划关联性　　表1

课程模块	主要内容	建筑与规划关联	与后续规划原理课程内容关联
城市起源、发展与现代城市规划经典理论	奥斯曼巴黎改造、田园城市、广亩城市、集中主义城市、有机疏散论、邻里单位、新城市主义等	由建筑大师的代表作引出规划思想，如：莱特草原式住宅与广亩城市；柯布西耶马赛公寓与集中主义城市	与规划原理课程协调教学内容
用地规划布局原则	居住、工业、仓储、公共服务设施、绿地等各类用地布局原则	由低年级开展的别墅、售楼处、幼儿园设计引出用地布局讲解	与《总体规划原理》协调教学内容
道路交通规划概论	道路功能、道路间距、断面形式、道路网密度等基本内容	以建筑设计作业中总图为案例，讲解设计中常出现的道路概念混淆问题	概述《城市道路交通规划》部分内容
城市规划编制体系	总体规划与详细规划的概念、任务、基本内容；详细规划中各规划概念	1. 案例讲解"总规－控规－修详－建筑"过程； 2. 理顺红线、退线、容积率等概念，提高建筑设计任务书解读能力	概述《区域与城镇体系规划》《总体规划原理》《详细规划原理》概念

现代城市规划经典理论，②城市各类用地规划布局原则，③道路交通规划概论，④城市规划编制体系。四个模块可概括为“理论发展－规划原则－编制体系”符合“规划是什么（理论）－规划做什么（用地与道路）－规划怎么做（编制）”的认知逻辑，呈现为渐进式课程框架。

如表1所示，首先由模块①介绍人口爆炸后城市规划的早期实践与发展，引出现代规划经典理论，通过巴黎改造、英国建筑规划条例为学生展现面对人口爆炸的城市建设实践，通过具体案例提高学生对城市空间的认知。其后陆续介绍田园城市、集中主义城市、有机疏散论等现代城市规划理论。模块①通过理论结合案例使学生逐渐从形态上认知城市规划是对城市用地与空间的总和布局。模块②③分别介绍各类城市用地与道路的布局原则，该部分也是承接模块①亟需开展具象的用地与道路讲解。在上述三个模块的基础上逐渐为学生输入在城市尺度下开展用地分析的思维。最后在模块④部分讲解规划编制体系，在前面用地与道路知识的积累下，学生可以提高对总体规划与详细规划内容的理解。

2.2　课程“串”建设明确教学内容

课程教学内容组织与教材最大的区别就是将规划编制体系放在课程最后讲解。这是针对规划入门学习循序渐进式认识用地、认识道路、认识规划的教学探索。

教学内容组织上，通过课程“串”建设，对关联理论课程教学内容进行综合梳理，笔者讲解的模块①②部分，其他教师的课程不再重复；同时，为建筑专业补充道路交通基础知识，设置模块③道路交通规划概论，为避免与规划专业的后续《城市道路交通规划》理论课内容重复，仅讲解建筑学生能用的基本概念，并采取“基础概念＋对比研究”的方式，提高规划认知。如图1所示，

a）日本大阪市中心

b）美国纽约市中心

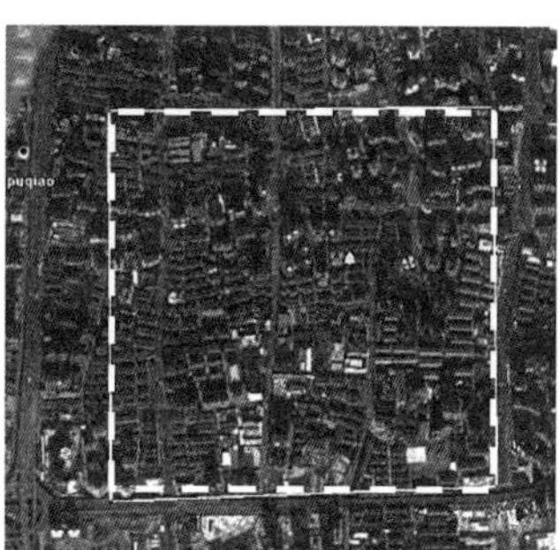

c）上海世博会北侧

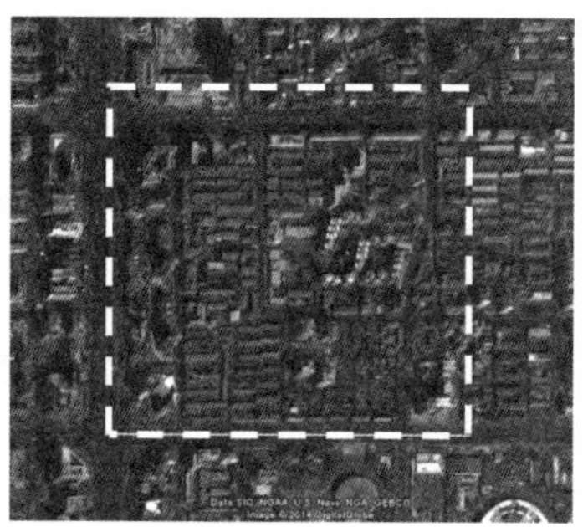

d）北京东直门

图1　国内外城市道路网密度比较

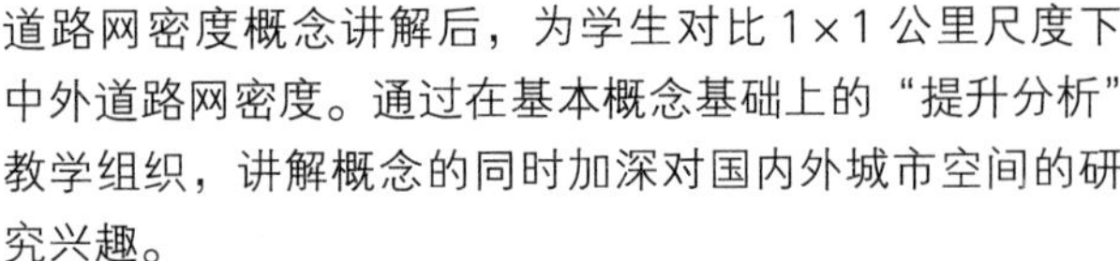

道路网密度概念讲解后，为学生对比 1×1 公里尺度下中外道路网密度。通过在基本概念基础上的“提升分析”教学组织，讲解概念的同时加深对国内外城市空间的研究兴趣。

3　建筑 – 规划关联教学

概论课程面向双专业，作为由建筑向规划过渡阶段的入门原理课程，教学中尤为注重建筑规划的关联性教学，在模块①②④中通过各种方式建立建筑 – 规划关联教学。

3.1　建筑大师规划思想提高兴趣

学生低年级建筑学习中接触了部分知名建筑大师思想，描摹了大量的大师代表作，对建筑大师具有浓厚的兴趣与情感。现代城市规划理论发展的初期，建筑师展开了积极探索，一些建筑大师在规划领域建立了经典理论。这些规划理论与其建筑思想具有潜移默化的关联性，课程引入大师经典建筑作品深化学生对其规划思想的理解。例如赖特在建筑领域创作了大量的“草原式住宅”,在规划领域提出了“广亩城市”理论，“草原式住在”是“广亩城市”思想落实在城市空间的具体建筑创作。另一位建筑大师柯布西耶在规划领域提出“集中主义城市”规划思想，其中所设想的通过高层建筑解决居住问题，与其代表作马赛公寓不谋而合。

3.2　亲历作业案例强化知识应用

笔者参与二年级建筑设计课程，在设计课教学中发现，学生在开展建筑设计场地分析环节具有城市分析意识，调研中会注重交通、停车、周边用地分析，但是在后续设计中偏重建筑设计，规划思维消失。以幼儿园设计为例，学生在前期场地调研环节，均认识到儿童接送停车难问题；但进入建筑设计环节后，大部精力集中在建筑造型、轴线、流线组织、平立剖设计方面，对于调研中发现的场地交通等问题不再考虑。设计条件给出红线，学生知道后退一些，但是并不知道为什么后退？后退多少？幼儿园的出入口如何选址？选在主干路上还是居住区路上？这些都是亟需补充规划概念。结合二年级建筑设计课程发现的概念模糊问题，在教学组织上专门在详细规划部分，为学生讲解用地红线、建筑后退线、道路红线、人行道、视距三角形等概念及应用。建筑设计追求造型，总有学生标新立异、悬挑越线，课程解决了到底可不可以越线、道路转角为什么不能占满、车入口为什么不能开在交叉口附近等问题，这些是学生在二年级设计中经常遇到的问题，学生印象深刻。同时选取以往学生作业的总图部分，分析各种规划问题。因为是学生亲历的设计作业，对于规划概念的理解更为清晰，提高了教学实用性。

3.3　“规划 – 建筑”纵线理顺规划衔接

在规划入门课程中讲解规划编制，即便结合案例讲解，仍难免出现内容枯燥、晦涩难懂的问题。教学通过对一块用地“总规 – 控规 – 修详 – 建筑设计 – 实施”的纵向编制程序梳理，厘清规划编制与建筑设计的编制程序。如图 2 所示，为本市知名居住小区，教学中首先解读控规中建筑性质控制、建设强度控制、位置控制等要求；结合修建性详细规划讲解如何落实上位规划；在详规基础上开展具体建筑设计；直至项目建成规划实施的全过程。不仅了解了规划编制的顺序，而且明确了建筑与规划专业衔接关系。

3.4　规划认知作业培养规划思维

作业是课堂教学的延伸，本课程学时有限，仅通过课堂授课对于学生能力培养作用有限，课程布置大作业一次，以城市规划认知为主题，要求学生选择城市中某一类用地，或者某一区域，通过现场踏勘，发现城市建设问题，并尝试从规划的角度分析问题产生的原因。作业旨在培养学生城市规划思维，以及对城市问题综合分析能力；学生规划知识有限，能够发现问题、分析问题，并激发解决问题的兴趣即达到教学目的；通过城市调研分析唤起学习兴趣有助于后续专业学习。授课期间包含十一假期，学生回家或外出旅游，即便留校同学也有大量的市内出行，这些活动为学生规划认知提供了调研基础。课程提前布置作业，在人员组织和时间上留出充足空间，给学生 5-6 周的时间，图文并茂，可合作或独立完成。

结合近几年教学实践，学生选题丰富，对城市广场利用、商业空间布局、住区停车、夜跑路线、校园

a）控制性详细规划　b）修建性详细规划　c）建筑设计　d）规划实施

图 2　规划编制至建筑设计、规划实施教学案例

体育设施利用、校门交通拥堵、历史街区保护、旅游资源开发等诸多方面开展了调研。但同时也发现早期对小作业的要求过于宽泛，存在部分学生在网上下载规划资料应付作业的现象。后期教师及时调整作业要求，划定具体调研区域（多选）、限定研究方向（多选）、限定成果内容（多选）、要求手绘；通过作业要求约束，提高了城市调研质量，作业成果充实，推进了教学培养目的落实。

4　结语

城市规划概论课程是城乡规划与建筑学的专业基础课程，课程作为由建筑学习向规划专业学习的入门课程，课程旨在使学生建立规划思维、培养规划分析能力。我校面向规划与建筑双专业同时授课，笔者在实践教学中，探索了兼顾双专业教学目的教学模块组织与内容安排。随着我国城镇化建设推进，对城乡规划教学亦提出更多新要求，城市规划概论课程仍需深化教学研究。

主要参考文献

[1] 田宝江．建筑与规划的融合：城乡规划专业基础教学阶段教学模式改革 [C]// 高等学校城乡规划学科专业指导委员会，内蒙古工业大学建筑学院．地域·民族·特色——2017 中国高等学校城乡规划教育年会论文集．北京：中国建筑工业出版社，2017：445-453.

[2] 陈友华，赵民．城市规划概论 [M]. 上海：上海科学技术文献出版社，1999.

[3] 陈锦富．城市规划概论 [M]. 武汉：华中科技大学出版社，2006.

[4] 胡纹．城市规划概论（第二版）[M]. 武汉：华中科技大学出版社，2015.

[5] 高等学校城乡规划学科专业指导委员会．高等学校城乡规划本科指导性专业规范（2013 年版）[M]. 北京：中国建筑工业出版社，2013.

[6] 大连理工大学城乡规划专业本科教育评估中期自检报告 [R].2017.

[7] 大连理工大学城乡规划专业本科培养方案 [R].2016.

Transition from Architecture to Urban Planning Study —— Teaching Practice of Urban Planning Introduction Course

Chen Fei　Li Jian　Liu Xiaoming

Abstract: Urban planning introduction is a basic course for urban and rural planning majors. The urban and rural planning in our university is based on the architecture education. The junior grades study the architectural theory and design courses. The professional planning courses be set up from grade three. The urban planning Introduction is the first theoretical course from architecture to planning Teaching. Compared with the small architectural design course, urban planning research are more larger and comprehensive. The Students need to study the contents and methods of urban planning, and Understand the relationship between architecture and planning. At the same time, The curriculum be taught for both architecture and urban planning students, that requires the contents should consider two professions simultaneously. The curriculum plays an introductory role for the planning major, and establish urban analytical thinking and supplement the concept of urban planning for the architecture major. The arrangement of course content reflects the transition from architecture to planning. and meet double professional training goal.

Keywords: Urban Planning Introduction, Architecture Basic, Double Professional Teaching

基于学生讲授法的城乡规划专业英语教学实践与启示*

廖开怀

摘　要：在全球化时代，各大高校城乡规划专业越来越重视专业英语的教学实践和改革工作。本文介绍了广东工业大学城乡规划专业基于学生讲授法的专业英语教学改革实践。设置了“课前翻译＋课中展示＋互动问答＋教师拓展与评价”四个主要环节的学生讲授法教学安排。通过实践发现，学生讲授法不仅增强了学生的学习兴趣和自主学习能力，而且有利于教师更有效地监控学生的学习水平和效率。同时，本文建议采取小组讨论、互联网应用和教师提前介入等多种课前准备策略来保障学生讲授的质量，并提出了教学环节改进的优化设计。

关键词：学生讲授法，城乡规划专业，专业英语，教学改革实践

1　背景

在当前全球化时代，城乡规划专业实践和科研越来越与世界接轨。无论是在规划实践中，还是在科学研究中，都或多或少地要与世界其他国家的相关从业人员进行交流或合作。面向未来更是涉及中国城乡规划知识和服务的国际输出。专业英语成为城乡规划从业人员所需要掌握的基本技能之一。在全球化背景下，全国各大高校均重视专业英语的教学工作。专业英语的传达和交流能力成为高校培养高素质专业人才的重要目标[1-4]。

广东工业大学一直注重对专业英语的教学改革实践,开展了多种形式的教学改革和实践探索。构建了“主体、辅助和延伸”3 个部分构成的城市规划专业英语双语教学内容体系[5]。结合当时课程建设不成熟,传统的“阅读＋翻译”的单一传授型教学方式无法取得良好的效果的情况下，专业英语课堂教学中引入了情景教学法[6]。此外，考虑到专业英语学习的长期性和循序渐进性，在城乡规划专业英语的课程设置上注重与专业主干课程教学进度相结合以及与大学英语课程的衔接，把专业英语课程安排在第五、六和七学期，分别称为专业英语（一）、专业英语（二）和专业英语（三），每个学期 16 个学时，共计 48 个学时[7]。然而，在教学形式上，并没有改变以教师讲授为主的传统教学模式，教师仍然是课堂的主角，课程教学中缺乏有效的互动和对学生专业英语学习能力的监控。

在当前以微课、翻转课堂为教学改革趋势的背景下，有必要尝试改变传统的以教师为主讲，学生被动接受的教学模式，把课 堂还给学生，让学生成为课堂的主人，提高学生的主动性和培育学生的自主学习能力。本次“学生讲授法”的教学改革实践对象为广东工业大学城乡规划三年级的学生，教学课程为专业英语（二），学生共 30 人。在完成专业英语（一）的入门学习后，三年级的学生具备了一定的专业英语基础知识，对更全面和深入的专业原理英语知识具有更强烈的需求。

2　学生讲授法的课程设计与实践

2.1　学生讲授教学法

学生讲授法源于西方国家大学课堂教学中广为使用的以学生课堂展示（student’s presentation）为核心的 PPS 教学法，即学生自己选择课题（project），收集资料进行研究并把自己的研究成果在课堂上向同学展示（presentation），然后其他同学就展示者所谈的课题

* 基金项目：国家自然科学青年基金（编号：41601170），广州市科技计划项目（编号：201804010258）共同资助。

廖开怀：广东工业大学建筑与城市规划学院特聘副教授

展开讨论（seminar）[8]。学生讲授法属于 PPS 教学法的一种变体。理念相通，但是教学环节略有变化。通俗讲，就是让学生“当老师”讲课给同伴听，指教师在课堂教学中有计划地安排学生讲授部分课程内容，进而更好地完成教学任务 [9]。学生讲授法并非完全由学生进行讲授，而是在教师的监督和指导下由学生进行部分课程的讲解，实质为“学生主讲、教师助讲”模式。

学生讲授法一般包括选定课题，拟定提纲，课前准备，学生讲授，补充、评价总结几个环节 [9]。学生讲授法通过师生角色的适当互换，可以提高课堂的教学效果，激发学生学习的积极主动性，提高学生的理解能力和表达能力，培养学生的自学能力，锻炼学生的心理素质，让学生真正成为课堂的主人 [10]。

2.2 行课安排

学生讲授法在教学方式上采取“课前翻译 + 课中展示 + 互动问答 + 教师拓展与评价”四个环节进行。在课前要求学生翻译所选英文文章，并通过文章内容的提炼概括制作成双语的 PPT 进行课堂英文汇报和讲授。在课中每位学生的讲授时长限制为 10 分钟；讲授结束后进入互动环节，互动环节由学生提问和教师提问两部分组成。学生提问由教师随机抽取台下学生进行提问。该环节的设置是为了加强台下学生对台上学生讲授时的课堂参与和认真听讲。教师随机提问环节则考察台上学生对该课文的炼学生的专业英语的交流和表达能力。在教师拓展和评价环节包括对该学生演讲的评论和翻译课程相关内容的知识拓展。为了全面提高学生的“听、说、读、写”的综合能力，课程教学要求教师和学生全程采用英文进行讲授和交流。

赵丛霞（2007）提出专业英语（二）的教学内容适合选择与城乡规划原理难点相关的文章作为教学和自学内容 [11]。因而，本次专业英语的教学选取了 Mark Gottdiener 和 Leslie Budd 编写的《Key Concepts in Urban Studies》一书作为学生翻译和讲授的内容 [12]。该书共介绍了如 The Chicago School、The City、Urbanization and Urbanism 等与城市研究相关的 40 个概念，每个概念的英文篇幅不长，正适合每位学生选取其中一个概念文章进行翻译和内容提炼。通过对城市规划专业概念的学习和掌握，目的是拓宽学生的知识面和培养学生对城市研究概念和原理的学习兴趣。

在课程安排上，本学期课程共 16 个课时，第一次课由教师选择其中一篇文章进行教学和讲授演示，最后一次课为随堂考试，其余课程采取学生讲授法进行教学。在学期初，学生通过随机抽取选定所需翻译的文章，并按照文章出现的顺序安排讲授顺序。每次课安排 4 位学生进行讲授，学生讲授和互动环节总时间控制在 60 分钟，其余 30 分钟为教师内容拓展和评价时间。在课程考核方式上，改变以往单一的期末考试决定学生成绩的方式，改为 50% 为“翻译 + 课堂表现”的平时成绩，50% 为期末考试成绩。

3 教学反馈与反思

反思性教学是促进专业英语教师自身发展的有效途径 [13]。为了提高本次学生讲授法教学的质量和改进教学方法，在课程结束后，对学生进行问卷调查，以获得学生对课程的教学反馈和评价情况。

3.1 增强了学生的学习兴趣和自主学习能力

专业英语的教学目标之一是提高学生的学习兴趣。浓厚的学习兴趣可以 转化相对枯燥无味的专业英语课程为栩栩如生，并保持学生长久的学习动力 [14]。总体上，学生讲授法提高了学生对专业英语学习的兴趣。67% 的学生表示通过本次教学提高了其对专业英语的学习兴趣，23% 表示兴趣变化一般，10% 的学生表示仍然不喜欢专业英语。

在教学效果的反馈中，所有的学生表示通过学生讲授法增强了其对所选翻译文章的理解。93% 的学生表示通过学生讲授法增强了自主学习能力。如图 1 所示，在课程的翻译和 PPT 的准备中，学生会时常或频繁地借

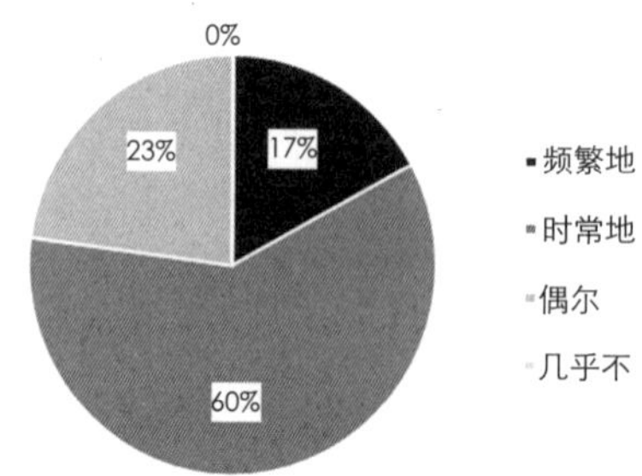

图 1 学生借助网络翻译软件进行翻译的频度

助网络进行辅助翻译（77%）和进行文章知识的拓展（97%）。如图2所示，互联网已经成为学生解决学习问题的主要途径。57%的学生会通过主动与同学讨论或请教解决翻译中遇到的问题，90%的学生会选择利用互联网查找相关问题的答案。然而，值得注意的是少有学生会主动联系教师就相关问题进行讨论或请教。对于所选翻译教材的难易程度看，30%的学生表示所选的翻译教材比较困难，63%学生表示难易适中，7%的学生表示比较容易。

3.2 有效地监控学生的学习水平和效率

通过学生PPT汇报展示和互动问答环节，能充分地了解每位学生的专业英语水平和综合能力。在汇报展示环节出现的问题通过教师评论环节的反馈，能使学生及时地意识到自己的问题所在。通过学生讲授法总体反映出以下几方面的问题：①部分学生英文存在发音不准的问题；②通过学生的PPT展示，发现部分学生对专业概念的理解不够深入，英译中出现句子含义的偏差；③对文章的概括和提炼能力有待加强，部分学生只是单纯地朗读课文；④部分学生虽然经过精心的PPT准备，给同学们带来很好的PPT演讲，但是在提问互动环节却暴露了平时英文单词储备不足的问题，时常找不到合适的英文词汇进行专业思想的表达。可见，通过学生讲授法可以更为全面和综合地考察学生的学习水平和效率。

图2 学生解决学习问题的途径

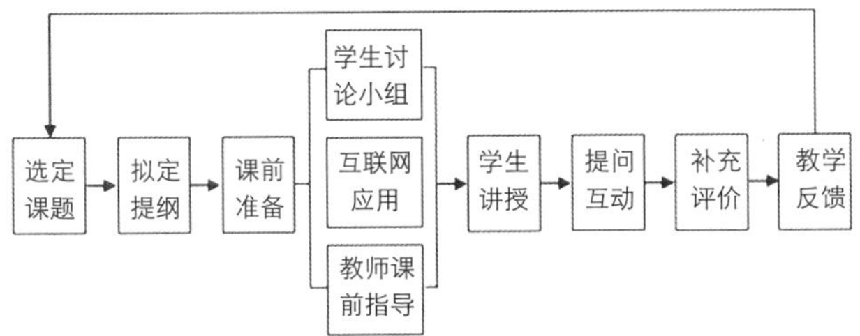

图3 学生讲授法的教学环节改进设计

3.3 总体满意度良好，但需优化教学环节

在总体的教学效果反馈中，学生对学生讲授法的总体满意度反馈良好。63%的学生表示满意，30%学生表示一般，7%的学生表示不满意。学生不满意或满意度一般的最主要原因在于学生专业英语水平的差异较大，体现在部分学生讲授课程的能力有限，台上学生讲授时难以吸引台下学生，台下学生的知识获得感较低。可见，学生的授课能力直接制约了学生的满意度和知识获得。

通过教学实践暴露了学生讲授法教学环节设置的不足，如前所述，学生讲授法包括选定课题，拟定提纲，课前准备，学生讲授，补充、评价总结几个环节。笔者通过教学实践认为，为了改善学生讲授法的教学效果，有必要对教学环节进行改进，包括注重学生的课前准备和增加教学反馈机制（图3）。在课前准备环节主要增加设置以下环节以提高学生授课的质量。一是，在课前准备环节对学生以专业英语能力强弱进行分组，采取强弱搭配的分组方法，加强学生之间的学习互助和讨论。二是对专业英语能力较差的学生，教师需对学生的汇报进行课前指导。具体做法是让学生提前将汇报的PPT发给授课教师，教师审阅后事先给出改进建议和注意事项，并适当地提升PPT亮点和内容；或教师提供一些“料”加入学生的PPT中，以防台上学生冗长的讲解让台下学生陷入无聊的枯燥中，提高台上学生的讲授水平和台下学生的课堂参与度。

4 结论与启示

4.1 重视点线面结合，增强学生参与的积极性

学生讲授法教学应该注重点（台上学生）、线（讨论小组）和面（台下学生）的结合。台上学生是知识讲授的主体，台下学生为面上的受众，讨论小组则是加强点和面衔接的纽带。学生水平的不同直接影响到台下学生课程参与的积极性和知识获得。在学生英语水平普遍较好的情况下，城乡规划专业英语的学生讲授法教学可以起到良好的效果。但是在通常情况下，必须注意到学生汇报

水平的参差不齐，学生讲授法虽然提高了台上授课学生对所学课程的理解和学习的积极性，但是却容易导致因为台上学生讲授能力的不足而挫败台下学生课程参与积极性的问题。因而，在英语水平较差的学生进行汇报讲授时，一方面应鼓励学生之间的小组讨论和对互联网等现代技术的应用加强文章内容的理解和掌握，另一方面应注意教师的提前介入指导，认真做好课前准备。通过借助互联网设备、小组讨论和教师提前介入等多种手段，保障学生讲授法教学的质量，加强点、线和面之间的互动和衔接，实现全体学生对知识的共同提升和掌握。

4.2 重视教学互动和补充总结环节

学生讲授法的互动提问环节是极其重要的一环。互动提问一般有以下几方面的益处：一是在学生讲授结束后，随机抽取学生就所学内容进行提问，可以通过提问互动带动课堂气氛，提升学生的课堂参与度；二是有利于增强学生的英语交流和应变能力；三是更能全面地考察学生对专业英语知识的掌握程度和语言的应用能力；四是通过提问互动（学生提出问题和回答问题）有利于促进学生的思考能力。学生授课法并不是完全忽然或者取代了教师的作用。教师在学生讲授法的教学中，起到引导者和监督者的作用。在整个教学环节，教师的补充和总结则对学生授课内容起到画龙点睛的作用，显得尤为重要。这同时也是对授课教师能力的一种挑战。一方面要求教师高度总结和归纳学生所讲授的内容，另一方面要求教师拓宽所讲内容的知识面，增强学生对所讲内容的理解。

4.3 建立教学反馈机制

在学生讲授法中应注重建立教学反馈机制。教学反馈是一种促进教学循环往复、螺旋式上升的过程，对于学生的学习、讲授以及教师的教学都具有促进作用。学生讲授法的教学反馈内容一般包括对课程教学内容、课前准备情况、课中讲授环节评价、课后效果评价和改进建议等部分。在反馈的形式上，可以有课前、课中、课后即时反馈以及课程结束后的延后反馈几种方式。教师可通过问卷调查或者访谈等形式获取学生对课程教学的效果反馈，从而进一步改进教学环节、方式、方法和手段。

主要参考文献

［1］冷红，赵天宇，郭恩章．面向新世纪的城市规划专业教学改革的探索 [J]. 高等建筑教育，2000（3）：37-38.

［2］唐兰，鲁长亮．城市规划专业英语教学改革模式探讨 [J]. 高等建筑教育，2009，18（3）：84-86.

［3］杨慧，以学习共同体为导向的专业英语教学实践——以山东建筑大学城乡规划学专业为例 [C]// 高等学校城乡规划学科专业指导委员会，内蒙古工业大学建筑学院．地域・民族・特色：2017 年中国高等学校城乡规划教育年会论文集．北京：中国建筑工业出版社，2017.

［4］陈闻喆，刘临安．从“专业英语”到“专业传达”——国际化背景下城市规划与建筑类教育之专业英语及双语教学建设的思考 [C]// 全国高等学校城市规划专业指导委员会，云南大学城市建设与管理学院，规划一级学科，教育一流人才——2011 全国高等学校城市规划专业指导委员会年会论文集．北京：中国建筑工业出版社，2011.

［5］张宏．城市规划专业双语教学探索 [J]. 高等建筑教育，2008，17（4）：130-133.

［6］张宏，陈映苹．情景教学法在城市规划专业英语教学的改革探索 [J]. 社会工作与管理，2010，10（1）：24-27.

［7］吴玲玲，张宏．城市规划专业英语的教学改革与实践 [J]. 社会工作与管理，2008，8（s1）：164-165.

［8］杨贝．学生课堂展示在研究生英语教学中的作用 [J]. 外语教学理论与实践，2006（3）：47-49.

［9］陈艳珍．学生讲授法在课堂教学中的运用 [J]. 职业技术教育研究，2005（02）：47.

［10］刘稼，梁永林，李兰珍，等．“学生主讲、教师助讲”教学模式在中医基础理论课教学中的应用 [J]. 甘肃中医学院学报，2011，28（5）：68-70.

［11］赵丛霞．城市规划专业英语教学法研究 [J]. 高等建筑教育，2007，16（a01）：59-61.

［12］Gottdiener M，Budd L. Key concepts in urban studies [M]. SAGE Pub，2005.

［13］甘正东．反思性教学：外语教师自身发展的有效途径 [J]. 外语界，2000（4）：12-16.

［14］陈萍．如何提高学生专业外语的学习兴趣——城市规划学科专业外语教学改革浅析 [J]. 时代教育，2008（3）：71-71.

Exploration and Enlightenment on Students-presentation Based Professional English Teaching in Urban and Rural Planning

Liao Kaihuai

Abstract: In the era of globalization, exploration on professional English teaching in urban and rural planning has been paying more and more attention to by Colleges and Universities in China. This article introduces the reform and exploration of students-presentation based professional English teaching in Urban and Rural planning in Guangdong University of Technology. Four main sessions have been designed to develop students-presentation based teaching method, including pre-class translation, students' presentation, interactive questions and answers, teacher's extension and comments. This paper founds that students-presentation based teaching method not only increases students' interest in professional English learning and strengthens their self-learning ability, but also helps teachers to monitor students' learning ability and efficiency more effectively. In order to guarantee the teaching quality of students-presentation based method, this paper has advised to improve the teaching process by taking several strategies to conduct pre-class preparation and establishing feedback mechanism of teaching.

Keywords: Students-presentation Based Teaching, Urban and Rural Planning, Professional English, Teaching Reform and Practice

"城市规划思想史"课程的理论基础探究
—— 中西方古代城市空间及其人文内涵的比较

钟凌艳　李春玲　谭　敏

摘　要：本文对中西方古代城市的城市空间及其演变进行了梳理和比较，得出中西方城市空间及其思想不同的根源在其文化投影上，但"以人的全面发展为核心"是中西方城市发展最大的共同点。在厘清古代城市空间发展的基本脉络基础上，对"城市规划思想史"课程的理论基础进行了探究，指出城市发展方向应是兼具了历史性与时代性的人文发展方向，有助于学生更好地掌握城乡规划的基本理论，更深入了解现代城市规划思想的本质。

关键词：中西方古代城市，城市空间，人文内涵

"在历史的长期发展过程中，人和文化的特质不断作用于城市形态之中，使其形态具有一种特殊性和稳定性，因而除去其内在的多样性，一个文化区域内的城市形态表现了其外在的共性。"[1] 从表面上看，中西方古代城市❶的建设受不同的地域环境和文化思维的影响，在城市空间形态和居民生活习惯上表现出明显差异，分属于不同的发展脉络。但城市之所以能够保持住一种独特和稳定的生活样态，是因为生活在这里的人们对理想生活不懈的追求和探索，形成了与城市生存环境相适应的生活方式、行为习惯与思维模式。城市中保留下来的物质或非物质的遗存具有强大的生命力，是城市真实的生活，包含了人们对生活的理解，它们是城市的灵魂，也是城市发展的源动力。因而，"城市规划思想史"课程就需要通过对多样化的城市空间表象的剖析，让学生们找到中西方城市，特别是古代城市建设规划的共同之处，理解和掌握城市发展过程中更具影响力和更深层的文化内涵。这对于把握城市发展演变的脉络，找寻当代城市生活的意义和看清未来城市发展方向有着积极的指导作用。

1　中国古代城市的空间及其人文生活形态

古代中国曾多次出现过世界上最大的城市，秦咸阳城的人口接近五十万，唐长安人口甚至超过了一百万。《马可·波罗游记》中就详细描述了中国古代城市的兴盛、开明和发达：有华丽壮观的建筑、繁华热闹的市集、完善方便的驿道交通和华美廉价的丝绸锦缎等。根据其人文特征，中国古代城市空间可以分为以下三类。

1.1　作为政治权利中心的都城

中国古代城市的建造遵循了周礼的营国制度，城市空间形态和建筑布局都渗透着严格的礼制与儒学规范。《周礼・考工记》就对都城的建制、道路和功能分区提出了主次分明、等级森严的要求。[2] 如："方九里，旁三门"、"经涂九轨，环涂七轨，野涂五轨"、"内有九室，九嫔居之。外有九朝，九卿朝之"等。皇室贵族们的生活也守礼与庄严，如省亲、祭祀、丧礼、婚庆、宴请、走亲访友等活动都遵循着"礼"制下繁缛的规矩与礼节。

钟凌艳：四川大学建筑与环境学院
李春玲：四川大学建筑与环境学院
谭　敏：四川大学建筑与环境学院

---

❶ "中西方古代城市"在本文中是根据世界古代史通常意义上的时间段来划分，中国古代城市指中国发现城市文明的时间到1840年鸦片战争前的城市，西方古代城市是指西方发现城市文明的时间到1640年资产阶级革命前的城市。

1.2 世俗文化为主导的城市公共空间

与行政主导的城市不同，工商业城市表现出浓郁的世俗文化风情。从唐朝开始，重视精神与物质享受的市井生活已然成为城市生活的重点，城市里各式各样的休闲娱乐活动层出不穷，出现了亲近普通老百姓生活的热闹又活泼的城市公共空间。以专供商品交易的街道为例，店铺里有着琳琅满目的商品，茶楼酒肆提供餐饮、吹拉弹唱、说书卖艺等多项服务。同时，城市还举办年关大庙、元宵灯会、清明"踏青"、端午赛龙舟等丰富的节事与民俗活动，夜生活丰富又繁华，"虹桥上，熙来攘往，人声嘈杂；街市里，车水马龙，商贾云集"[3]。

1.3 顺应自然的城市园林

中国古代的士大夫们以人文主义的眼光来看待自然。在"智者乐水，仁者乐山"的情怀之下，师法自然、强调"虽由人作，宛自天开"的城市园林就成了他们的精神安顿与寄托。私家园林以"写意"的手法追求自然的意境，小巧而又灵活，表现出古代知识分子对现实人生的超越，将人与自然和谐、艺术与生活融洽的传统文化发挥得淋漓尽致。而书院空间则"依山林"和"择胜地"，重点营造人文氛围。以唐代的"四大书院"为代表，建筑以院落群为主，整体上追求空间的意境。另外注重选址精神意义的还有寺庙空间。寺庙不仅是宗教活动和佛学交流的场所，还是为大众开放的公共活动场所。如宋代大相国寺的庙会。

1.4 中国古代城市空间的人文内涵

中国古代城市是建立在农业文明的基础之上，城市里聚集了大量的人口，政治、经济、教育、宗教、文化设施丰富，基本满足了当时城市里人们的精神需求，对周遍广袤的农村区域也有很大的影响力。

（1）"礼"制体制下的城市，注重实体空间的整体性

秦始皇统一中国之后，建立了一个为后世的国家政权服务多达两千多年的伦理观念，即以"礼"制为核心的宗法制度。"礼"制作为"统治者获取或维护权力的手段或工具"，贯穿了整个中国古代城市的建设与发展史，可以说"是权力'制造'了城市"[4]。礼制秩序下的城市空间强调整体，以严谨和对称的特征著称，并以此宣扬皇权的权威性和正统性。

（2）城市以街道生活为中心，市民精神萌芽

自唐朝开始，一些以经济为中心的城市逐渐培育出了关注城市中的"人"及其生活体验的"世俗文化"。城市空间从"里坊"制发展到"坊市合一"，再到住宅与店肆混合的"街市"，逐渐以街道生活为中心，城市格局更为开放。同时，市民活动越来越丰富，新兴的话本、杂剧、曲艺、戏剧等文艺种类快速发展。城市的审美情趣、生活时尚、人文价值取向也逐渐倾向于农工士商的市井民俗生活，普通市民追求自由、自我解放的意识开始觉醒，并与政治伦理教化的社会主流意识形态相对立。自此，中国古代城市开始了城市人文主义的觉醒。

（3）强调自然审美情趣、"出世"的人文精神，崇尚自然之"气"

老子在《道德经》中提到"万物负阴而抱阳，冲气以为和"。"气"是中国古代对自然现象的一种朴素认识，推崇自然之道，认为自然之力不可违抗，人应顺应天意。中国古代城市或依山起势，或傍水而居，注重对自然生态环境的保护。无论是城市中的私家园林，还是山野中的书院寺庙，都讲究灵动、流通之"气"，这与中国古代的知识分子们推崇"写意自然、诗书画意境"同理。中国古代的城市空间也表现出"大道无形"、"出世"的人文精神。

2 西方古代城市空间及其生活形态

与中国城市崛起的时间相近，公元前四世纪末，西方城市文明在希腊半岛孕育而生。古希腊各城邦[1]之间的经济、社会和文化交流频繁，被认为是现代民主政治、西方哲学和文学的诞生地。继古希腊之后的古罗马，城市生活纵欲奢侈，城市文明逐渐衰落。直到十四世纪初期，"文艺复兴运动"使得欧洲城市生活呈现出崭新的面貌，城市经济快速向前发展。根据最具人文代表性的古希腊和文艺复兴时期城市的特点，城市空间可以大致分为以下三类。

2.1 建筑与精神结合的宗教空间

宗教是一种历史悠久的文化景观，也是一种影响深远的社会现象。因而城市的宗教建筑受文化的影响更加

[1] 古希腊的城邦不是指城市，而是特指西方以一个城市为中心形成的独立主权国家。

强烈，更能表现出城市的精神。古希腊的帕提农神庙就是建筑与精神完美结合的典范。步入神庙，朝拜者的视线被自然地引向上方，烘托出与神对话的神秘而又圣洁的气氛。“古希腊的宗教意识是神性与人性的结合，人们认为神灵是最完美的人的体现。”[5] 希腊人的精神信仰神圣而庄严，也塑造出有鲜明特色的城市宗教空间。

2.2 以人为本的城市公共空间

（1）古希腊时期的城市公共空间

“希腊城市大多都以城墙环绕，城市正中或附近地区是一个中心广场，这个广场一般都是一块天然的高地”[6]。城市公共空间为全体公民设计，广场或是露天戏院里随时上演着演说、戏剧、诗歌和音乐的表演，城市生活表现出强大的生命力和创造力。古希腊城市“以人为本”的思想体现出了人的价值与尊严，是西方文明的源泉。而“罗马人的梦想一直是努力将城市造成一个巨大的、舒适的享乐容器，却在根本上忽视了城市的文化与精神功能，忽视了城市环境所应具有熔炼人、塑造人地特质要求”[7]，这也是古罗马最后衰落的原因之一。

（2）欧洲文艺复兴时期的城市公共空间

文艺复 兴运动以复兴古希腊罗马文明为口号，提倡以“人”为中心的思想文化艺术。这场运动改变了城市的社会生活方式，也改变了城市的空间形态。欧洲城市的广场早期多用于举行教会和世俗的庆典、进行公开的惩罚和处决。在广场转变为自由商品买卖的集市之后，深受市民欢迎，继而成为城市公共生活的中心。

2.3 改造自然的城市园林

无论是古希腊时期的公共园林还是文艺复兴时期的私人庭园，西方园林都以规则式的发展方向为主流，表现了人类改造自然和征服自然的力量，是“借助自然之物来美化人工环境的艺术思想的反映”。[8] 古希腊时期的公共园林，强调理性和秩序（如：奥林匹克竞技场），“奠定了西方规则式园林的基础”。[7] 古罗马时期则追求奢华的城市生活，“罗马人把花园视作宫殿和住宅的向户外的延伸部分”，“体现出井然有序的人工美”。[8] 而文艺复兴时期，以美第奇家族的花园为代表，园林更多地采用了几何形制，人们认为宇宙的秩序即是对称、即是轴线、即是和谐。

2.4 西方古代城市的人文内涵

古希腊文化是西方文明的摇篮，深刻地了影响了今天我们所在的世界。希腊神话中所表现出来的英雄情结，正是对人的价值与尊严高度的承认与尊重。而文艺复兴时期，城市既理性又充满了自由意志。思想家皮科·米拉多拉提出了文艺复兴的宣言，“你不受任何限制的约束，可以按照你的自由抉择决定你的，我们已把你交给你的自由抉择。”[9]

（1）“英雄情结”下的城市，注重空间的精神信仰

西方古代城市注重崇高、和谐、完美的精神意义，建筑及其空间以理性、逻辑、几何的风格著称。古希腊神庙所祭奠的每一个神话故事都是城市历史和现实的真实反映，对故事中英雄的崇拜，实际上就是对人类自身智慧和力量的崇拜。雅典卫城的建城资金就远超了市民生活其中的雅典城本身。文艺复兴时期，为了摆脱中世纪宗教对人民的控制，城市建设者们宣称人的本性就是追求尘世欢乐的生活，建筑及其附属空间以古希腊古典柱式为构图来表达和谐与理性的思想。

（2）城市以广场生活为中心，公民意识成熟

希腊城市里的自由民❶享有最为充分的公民权，他们的独立人格、私有财产和民主权利从法律的意义上得到了最大限度的保护。每个公民积极主动地参与城邦事务，公民意识在实践中得以强化。文艺复兴时期，欧洲城市的经济与社会有了长足地发展，各式开放性广场成为城市重要的政治活动中心，城市公民们以一种更为积极的形象出现，反对封建势力，公共利益优于个人私利，勇于承担公民责任，期望建立一个更符合民意的国家。

（3）重视现实世界、“入世”的人文精神，崇尚人类自身的力量

古希腊宣扬人性的人本主义精神深刻地影响了后世整个西方的建筑风格和城市发展方向。文艺复兴运动的核心也是人本主义，对人尊严的赞美和人理性的颂扬达到了新的高度。“人本主义的思想家是力图把人重新纳入自然和历史世界中去，并以这个观点重新解释‘人’。”[10] 文艺复兴时期是城市发展的“黄金时代”，建筑、雕塑、

❶ 古希腊的“自由民”并非是所有城市居民，不包括奴隶。而真正享有公民身份和特权的多是城邦中的重要男性人物，他们是自由民中的上层贵族。

绘画、诗歌等领域涌现出一大批杰出的艺术家。如：列奥纳多·达·芬奇、米开朗基罗和拉斐尔·桑西等。他们把“人体美”应用到了城市的建筑和其他艺术作品中，强调“人”的感受，让城市具有独特的魅力。整体上看，西方古代城市空间是外向的、自由的，城市人文精神表现为“入世”，崇尚人类改变世界的力量。

3 中西方古代城市的人文内涵比较

借鉴人文学科的中西美学比较研究的方法，“中西美学思想的差异性既然是这两大民族不同文化的产物，那么这种差异性的成因也就一直要追溯到古希腊和古中国在自然条件上的区别，才能得到根本的了解。”[11] 因而对中西方城市的精神价值和文化认同的比较，更重于中西方城市空间本身的特质和功能的比较。中西方城市空间及其人文内涵的不同究其根源，与城市发展之初的地理环境、自然条件有着必然联系。中国文化源起于黄河流域，这一区域是适合耕种的大河冲积平原，因而城市发展初期以农业为支撑，这样的陆地自然条件形成了人民重人伦、重感受的思想，是一种封闭的家族性的“黄色文化圈”[11]；而西方文化源起于爱琴海海域，有着优越的航海条件适合于贸易，因而城市发展初期以商业为支撑。海洋的自然条件形成了人民重理智、重思辨的思想，是一种崇尚个性、自我中心的“蓝色文化圈”[11]。中西城市空间形态的不同，根本在于中西城市的文化投影上（表 1）。

中国古代的城市建设在政治权力高度集中的“礼”制体制下，表现出了城市决策的高效执行力，但同样也显现出和西方一样的市民文化热情，既崇尚世俗的街道生活又追求自然的灵动之“气”。比较中西方古代城市空间及其人文内涵，我们可以清楚地看到城市所寄托的生存意义与文化理想随着时代的变迁而变化，人类自身也在城市发展和演变过程中的进步。综上所述，城市的人文内涵应是指在长期的社会生活和城市实践中，人们所形成的普遍认同的价值取向和共同的内在精神。这是一种“以人为本”的城市价值观，将城市作为满足人的生理和心理需求的创造。城市发展以实现人的价值、尊严和自由为核心，以解放“人”和发展“人”为根本目标。

4 总结

“城市规划思想史”课程重点应是城市建设规划的历史背景及其思想基础。以中西方古代城市的空间内涵为研究出发点，研究这一时代的城市精神，而其基本不变的人文理念能够跨越各种界限而影响所有思想领域，

中西古代城市空间的人文内涵比较 表1

	中国古代城市	西方古代城市
城市源起	陆地自然资源的“黄色文化圈”，以传统农业为城市的支撑	海洋自然资源的“蓝色文化圈”，以商业为城市的支撑
建城思想与模式代表	《考工记》的营国制度与周王城	希波丹姆模式与米利都城
城市整体空间特征	方格网（棋盘型制）格局，空间严谨，中轴对称，三套方城	方格网（格栅型制）的道路骨架，强调几何秩序，笔直的中心大街
城市内部空间特征	城市中最重要的建筑是：强调礼制秩序的宫城与贵族府邸 世俗文化主导的城市公共空间：商业街道与娱乐场所 顺应自然的园林空间	城市中最重要的建筑是：强调精神意义的神庙与教堂 人本主义的城市公共空间：广场与公共建筑 改造自然的园林空间
城市思想文化	集权统治，城市属于少数权力者 内敛，群体意识，重人伦、重感受， 顺应自然，宗法礼乐制度，诗书画意境	私有制，城市属于特定群体的“公民” 外向，个体意识，崇尚个性、自我中心，改造自然， 唯理哲学思想，雕塑美感
城市空间的人文内涵	“礼”制体制下的城市，注重实体空间的整体性 城市以街道生活为中心，市民精神萌芽 强调自然审美情趣、“出世”的人文精神，崇尚自然之“气”	“英雄情结”下的城市，注重空间的精神信仰 城市以广场生活为中心，公民意识成熟 重视现实世界、“入世”的人文精神，崇尚人类自身的力量

资料来源：作者自绘

对学生们在后续课程的学习上也大有裨益。学习城市规划思想理论的核心并不仅仅在于理论所揭示的现象及其结果，而在于揭示这些理论的过程，也就是说，要把握的是理论考虑问题的方式及其内在的思维方式。

通过对中西方古代城市的比较研究学习，还可以让学生掌握到“城市规划思想史”课程的学习方法，一是认识研究对象，即城市空间发生了怎样的演变；二是学会分析问题的方法，即用历史主义和比较的分析方法来思考城市为什么会发生这样的演变；三是学会问题之后的总结思考，即城市空间的人文内涵是什么，城市价值观是什么。通过对该课程的学习，也让学生们了解到课程学习除了要学习到某个时代的城市建设思想外，学习本身也是一个为了实现一定目标而预先安排行动步骤并不断付诸实践的过程。

主要参考文献

[1] 洛峰．中西方城市形态之比较 [J]. 华中建筑，2006（7）：109.

[2] 杨宽．中国古代都城制度史研究 [M]. 上海：上海古籍出版社，1993.

[3] 深石．古代城市的生活写真 [J]. 北京：地图出版社，2001（4）.

[4] 鲁西奇，马剑．空间与权力：中国古代城市形态与空间结构的政治文化内涵 [J]. 江汉论坛，2009-4.

[5] 檀慧玲．古希腊人文主义传统溯源 [J]. 河北师范大学学报，2009-5 .

[6] 王雅林，等．构建生活美：中外城市生活方式比较 [M]. 南京：东南大学出版社，2003.

[7] 张京祥．西方城市规划思想史 [M]. 南京：东南大学出版社，2005.

[8] 郦芷若，朱建宁．西方园林 [M]. 郑州：河南科学技术出版社，2002.

[9]（意）皮科•米拉多拉．论人的尊严 [M]. 顾超一，等 译．北京：北京大学出版社，2010.

[10] 孙正聿．哲学通论 [M]. 上海：复旦大学出版社，2005.

[11] 易中天．黄与蓝的交响——中西美学比较论 [M]. 武汉：武汉大学出版社，2007.

Research on the Theoretical Basis of the Course of the History of Urban Planning Thought —— Comparison of the Chinese and Western Ancient City Space and Humanistic Connotation

Zhong Lingyan　Li Chunling　Tan Min

Abstract: This article combs and compares the Chinese and western ancient city’s urban space and its evolution, and sums up that the different origins of the Chinese and western urban space and their ideas are in the projection of their culture, but “the overall development of the people” is the core of the development of Chinese and western city. On the basis of clarifying the basic context of the development of ancient urban space, this paper explores the theoretical basis of the course of the history of urban planning thought, and points out that the direction of urban development should be a historical and epochal humanistic development direction, which is helpful for students to master the basic theory of urban and rural planning better and to understand the essence of modern urban planning ideas more deeply.

Keywords: Chinese and Western Ancient City, Urban Space, Humanistic Connotation

职责重构下城乡规划不确定性的教学应对

孟 莹 洪 英

摘 要：空间管理权的改变意味着部门职责的重构，这将导致城乡规划法规政策以时间为纬度的一系列改变。为解决高等教育教学规律特点与这种变化在时间上的错位，满足高等教育为国家战略和社会服务的需要，针对教学培养体系、教学模块与不确定性的关联程度，提出职责重构背景下城乡规划教学的应对策略和方法。

关键词：职责重构，城乡规划，不确定性

1 前言

长期以来，虽然有关空间规划的类型很多，但大多由计划部门、国土部门和城乡建设部门依据法律、规范授权制定。由于这些规划在法律、规范授权的边界、内容和目的上的不一致，加上管理部门之间的条块分割，导致了我国规划体系的庞杂[1]。由不同部门主导制定的规划在实施过程中发生矛盾的现象非常普遍，严重制约了空间规划的治理效力和效果。为建立高效运转的国家治理体系，2018年3月13号，国务院机构改革方案出台，通过组建、撤并等手段对政府原有机构职责进行了重新整合，城乡规划管理权发生了改变[2]，这将会对整个行业和教学培养生产重大影响。

2 城乡规划职责重构所带来的不确定表现

2.1 政策性内容的不确定性

机构改革带来的职责重构属于战略层面的顶层设计，通常由政府机构牵头、部门配合、专家参与的方式，明确规划思路、方式和措施，最终形成政策性内容，指导技术性标准的形成。这是宏观指导层面到具体执行层面的落实过程，也是不确定性要素影响具体内容确定的过程。

法规、政策有其适用的范围和边界，有明确的适用对象和内容。法规、政策的制定由法律所授权的职能部门进行，职责重构意味着原有智能部门管理权限改变，导致此前与之相对应的法规政策都将随之改变。重新制定这些内容除了具体行政程序上的审核和审批之外，还需要时间成本。这个过程会造成实施过程中的时间窗口空白期，带来执行过程中的混乱和教育教学中的错误性风险。

2.2 技术性标准的不确定性

国家战略是一定时期内国家行动的方向，不同智能部门权力关系的调整，传导到城乡规划培养中则是教学内容的调整。法规、政策具有的普适性特点，需要以技术标准作为城乡规划空间建设管理的手段。由于法规、政策的不确定性，技术标准出台的滞后性，导致教学过程中依靠政策规范、技术标准的混乱，尤其是与管理结合紧密的城乡规划管理与法规课程。

城乡规划虽然城乡规划学科涵盖了工程技术和人文社会科学的很多内容，这种知识结构的开放性特点，决定了技术标准体系的复杂性程度，也造成技术标准出台所需时间较长，加剧了高等教育教学培养方案修订的难度，在教学中不能及时反映教育与国家战略的有机结合，削弱了高等教育于服务社会的办学宗旨。

3 城乡规划人才培养目标制定与教学特点

3.1 城乡规划专业人才培养目标定位的条件

国家战略是一定时期内国家工作的目标，指导社会各行业的工作内容安排，高等院校也不例外。社会需要决定了区域性高校和地方性院校的存在，高等院校在适

孟 莹：西南民族大学城市规划与建筑学院副教授
洪 英：西南民族大学城市规划与建筑学院副教授

应社会的生存空间中，建构了城乡规划专业不同人才培养目标和专业特色的差异，这决定了高等院校的培养体系和教学运行过程，也使高等院校在响应国家政策、法规和建构特色的过程中，必须彰显社会文化和专业技术培养的双重目标。

国家战略和社会需要与高等教育之间是一种指导和支配关系。国家战略和社会需要指导高等教育的办学方向和目标，高等教育通过对人的培养达到服务国家战略和社会需要的目的。不管是国家战略调整还是社会需要的变化，在引起管理机构职责和法规政策调整的同时，也会引起高等院校的城乡规划课程体系和内容的改变，甚至是导致培养体系规定性与特色性结合方式的改变。这种改变由于存在时间上空白期，对应教学的连续性过程，会使教学计划、培养周期、内容时效性与战略和社会服务的不匹配，影响国家战略的实施。

3.2 城乡规划培养体系制定与培养方向的要求

高等教育的定位决定了城乡规划培养体系制定必须立足两个方面：一是，高等院校专业指导委员会确定的规定性要求，这是国家需要的具体体现。二是，立足自身资源和办学特色确定的教学内容，这是社会服务的内在需求。国家战略和社会需要依托高等教育实现了有机结合，避免了不同高校的同质化教育，从而实现了社会对人才多样化的需要。然而，培养体系建立、培养方案制定和教学运行尤其自身的规律和周期性特点。比如，培养方案会以学生入校到毕业作为一个教学周期来执行，如果在此周期内遇到战略层面的调整，这个周期与国家战略转变和职责调整存在时间上的不一致性，很难在培养体系做出相应调整，只能在课程教学内容上进行有效应对。

城乡规划教学课程内容包括对空间形体的训练、政策法规的掌握和技术标准的运用，具体到城乡规划教学运行模式中，通常按照理论课程和实践课程进行形式上的分类，把课程分为不同的教学模块，尤其是通过实践模块把国家需要和社会服务有机结合，把办学目标与专业特色融会贯通，从而应对城乡规划不确定因素对城乡规划教学带来的影响。在这样的新的时代背景下，脱胎于传统物质空间的城乡规划学科，不但需要加强法律法规的应用，还要培养学生的社会管理能力等的探索[3]。

3.3 城乡规划教学模块构成了教学运行的基础

城乡规划教学通常按照理论和实践进行教学分类。比如，城乡规划管理与法规是高校院校城乡规划专业指导委员会规定的核心课程之一，属于城乡规划理论课程范畴[4]。从教学方式上说，该课程内容都是国家明确的规定性要求，没有任何可以自由发挥的空间。从教学内容上说，都属于国家法律、法规和技术标准的具体规定，其中既有国家整体法律体系框架和组织内容之间的关系，也有具体的规定。从教学效果上说，其时效性特点突出，与国家法律规范等构建息息相关。

因此，任何有关城乡规划的主体、内容、范围、边界等的变化，都会造成城乡规划管理与法规课程内容改变。也正是由于涉及内容的广泛性，决定了城乡规划管理与法规教学不确定的复杂性程度和难度系数。城乡规划管理与法规与其他课程体系之间的关系，反过来影响了对其他课程教学的效果，增加了学生培养目标实现的风险，也扩大了学生适应社会的难度。

4 职责重构下城乡规划教学的应对策略与方法

4.1 对教学内容进行政策性、技术性和空间性分类

打破传统的课程分类方法，或者重新整合教学模块，根据职责转变导致的政策、技术等变化嵌入到教学运行模块中。把职责转变造成的管理、内容的变化内化为教学中的具体内容，进行政策性、技术性和空间性内容分类。对学生空间感觉的培养与这种变化联系较低，所以主要政策性和技术性影响较大的教学内容分类。

首先，根据国家战略对行业发展的影响关系，对其影响范畴划定大致范围和边界，明确哪些是不能确定的内容，哪些是可以确定的内容进行分类。其次，依据课程训练的目标与不确定性内容的相关程度按照，明确这些内容所属的政策范畴、技术范畴和空间性范畴。最后，职责涉及内容的不确定性与教学具体内容的确定性进行匹配，引入课程教学内容，从而弥补由于管理职责变化可能带来错误教学内容的不足。

4.2 导入社会性探索的内容，优化实践教学模式

教学实践模块训练手段的多样化，以及与社会需要结合的紧密度，赋予了因实践教学更大的弹性教学手段。无论是城乡规划专业的建筑测绘、认识实习、社会调查、

毕业设计等环节的实践教学，还是在教学竞赛和不同高校之间的联合教学实践，都能把这些不确定性引入到教学内容中，加深学生对国家战略布局和机构职责转变对城乡规划影响的认识，强化应对的方式、社会责任和服务意识，使学生真正做到用现实的理性，完成服务国家和社会的目标建构。

实践与理论的结合方式最能体现出政策应用的效果，不同的教学实践模块需要不同政策理论、技术标准等的支撑。比如在社会调查实践中，把根植于政策性规定的内容，嵌入问卷和访谈过程，在制定具体的方案过程中，把政策性管理性要求和技术性标准规定融入实践中，通过不断强化的方式，达到优化实践教学模式的目的。实践教学不但是理论检验的平台，也是提高学生理论应用能力的手段，还是巩固理论知识、加深理论认识的有效途径[5]。

4.3 创新教学模式应对不确定性内容的变化

创新教学模式，采用对比分析的教学手段，以传统的不变内容对比分析变化内容，增加学生对社会学科的敏锐洞察力和城乡规划服务国家战略的情怀；把对物质空间的系统建构和具体管理方式等作为价值判断的对象和结果，通过技术标准、政策保障与空间系统关系等，落实城乡规划教学的具有内容、法规体系和管理，实现教学中问题导向和目标导向，并针对这些不确定性，根据不同的课程教学特点进行具体的安排。

人才培养的规律，教学计划的制定，国家战略目标的实现，三者之间战略彰显方向性，传导到规划行业则以法律规范、技术标准等方式体现，落实到人才培养则是教学过程中的具体内容，包括实践、课堂内容和学生创新等。在时间纬度上，人才培养是落实国家战略的最后一个层次，需要教学连续不断的过程应对。创新的教学模式不但可以把职责转变的需要内化为课堂从简单到复杂的教学实践过程，还可以把教学实践和社会服务的需要，结合教学模式内化为国家战略需要。也可以根据实际情况，把不同形式的实践与特色建设结合，最大限度地实现国家和地方政府层面对地区社会经济方面的支持[6]。

5 结语

城乡规划实质是根据一定时期国家和社会需要对空间资源进行的有效配置和管理要求，其目标具有阶段性和时效性。这决定了城乡规划法的内容、任务、目的和管理主体会随着社会和国家战略需要而发生改变，本次规划管理权改变引起的职责变化就是其鲜明体现。而由其改变所引起的相应内容的不确定性与人才培养要求的确定性矛盾始终存在，为避免由于改变引起的课堂教学内容的错误，需要在课程教学过程中充分重视。

城乡规划管理是国家治理体系中的主要内容之一，“为了加强城乡规划管理，协调城乡空间布局，改善人居环境，促进城乡经济社会全面协调可持续发展”，这次国务院城乡规划管理机构职责的转变，必将传导到城乡规划教学体系和教学内容上，这些内容内化为教学培养目标的过程，成就了国家战略与社会服务的结合。为早日落实这种转变，实现对空间资源的管理高效，城乡规划人才培养必须与教学创新结合，只有这样，才能在国家战略目标和治理体系构建过程中，最大限度提升空间资源配置的效率，培养合格的社会创新型人才。

主要参考文献

[1] 王伟，张常明，邢普耀．新时期规划权改革应统筹好十大关系．国匠城微信公众号，2018-5-17.

[2] 朱琳．新型城镇化背景下城乡规划专业教学改革研究 [J]. 高等建筑教育，2014（06）：8-10.

[3] 高等学校城乡规划学科专业指导委员会．高等学校城乡规划本科指导性专业规范（2013 版）[M]. 北京：中国建筑工业出版社，2013.

[4] 袁敏．地方高校城乡规划专业实践教学的特色化探索—以长沙理工大学为例 [J]. 科技视界，2016,（21）：58，82.

[5] 刘富刚，祁兴芬，袁晓兰．基于特色专业建设的人文地理与城乡规划专业实践教学模式——以德州学院为例 [J]. 高师理科学刊，2014（06）：108-111.

Teaching Response to Urban and Rural Planning Uncertainty under Responsibility Reconfiguration

Meng Ying　Hong Ying

Abstract: The change of space management right means the reconstruction of departmental responsibilities, This will lead to a series of changes in urban and rural planning laws and policies at a time latitude. In order to solve the time dislocation of the characteristics of higher education teaching rules and this change, meeting the needs of higher education for national strategic and social services, aiming at the correlation degree between teaching training system, teaching module and uncertainty, putting forward strategies and methods for teaching urban and rural planning under the background of responsibility reconfiguration.

Keywords: Responsibility Reconfiguration, Urban and Rural Planning, Uncertainty

实践教学

2018 Annual Conference on Education of Urban and Rural Planning in China

学研互长的城镇总体规划教学探索
—— 以东南大学为例

熊国平　张　顺

摘　要：以“学研互长”为导向开展城镇总体规划课程教学，积极探索新理念、新技术、新方法在总体规划教学应用，总体上形成“一条主线”、“五个模块”、“专题群”的系统完整的教学体系，鼓励学生在学习实践中探究，以研促学，学研互长，以期为城镇总体规划教学提供有益借鉴。

关键词：总体规划，学研互长，教学

城镇总体规划设计是城乡规划专业本科培养核心课程之一。早在 1998 年，东南大学建筑学院即开始恢复城市规划专业的本科招生，到 2001 年，该课程针对本科四年级生开始开设。随着我国城镇化发展进入战略转型期，城乡规划教育的改革与发展，面临着新型城镇化、空间规划、大数据技术、多规合一等专业领域的重大变革，其教学理念、方法、法规将会伴随规划实践转型而不断发生变化。为适应国家自然资源部成立下的规划专业人才需求，在保持东南大学城乡规划专业自身优势和特色基础上，以建设双一流学科为目标，以创新性、研究性、探索性的能力培养为导向，探索适应新时代城镇总体规划的教学创新模式，成为规划教育面临的重要课题。

1　发展与启示

教学与科研的发展历经从“一体化”到“分离”再到“融合”的过程。早在 1810 年，德国教育改革者、语言学家洪堡创办柏林大学，首次提出“教学和科学研究相统一”的原则[1]。斯坦福大学韦伯教授继承了洪堡所提出的“教学与科研相统一”的理念，进一步推动科学研究，突出对科研能力的培养[2]。

学研结合的人才培养模式已成为世界主要发达国家的广泛共识，西方大多国家结合本国实际需求形成各自的学研发展特色模式。与国外相比，我国学研结合教学的研究起步较晚[3]，其萌芽于 20 世纪 50–70 年代，始于 20 世纪 80 年代，历经三十多年的发展，我国的学研合作取得了显著的成果，有力地推进了高校的技术创新和人才培养。学研结合对教学的启示有：

（1）教学与科研双向互动，互为补充。一方面教师在教学中需把教学与科研结合起来，以研促学，另一方面，学生在学习中发展思辨能力，积极探索，将学习与研究相结合[4]。学生参与到科研活动中，不仅可以了解教师的最新科研动态，而且也可以从中学到科研方法和理念，也只有这样才能培养出真正的研究人才。教学是基础，科研是提升与发展，两者相互促进、相辅相成、共同发展。

（2）创新教学模式，培养学生科研能力。吸收借鉴洪堡大学及斯坦福大学的重要经验，包括研讨课、专家讲座等，并结合实际情况，实施多样的小组讨论与汇报方式，以学生完成各项阶段任务为驱动力，知行合一，这不但能开阔学生的思维空间、活跃课堂气氛，同时对培养学生的创造性思维有积极的现实意义。

2　学研互长的城市总体规划教学设计

立足于城乡规划转型的新背景，学习借鉴北京、上海、广州、成都新一轮总体规划修编成果，传承东南大学在空间规划上的传统优势，将学生分成三个小组，每组 3–4 人，总体上形成了一条主线 – 设计；五个模块 – 国内外优秀案例认知、实施回顾与战略定位、市域空间

熊国平：东南大学建筑学院城市规划系副教授
张　顺：东南大学建筑学院城市规划系助教

规划、中心城区用地布局、专项规划与专业规划；专题群－全域空间规划与用途管制、总体设计与形态模拟、城市特色风貌与双修、公共服务均等与城乡生活圈体系、动能转换与产业升级、生态绿色发展等系统的教学体系，鼓励探究、讨论，以研促学，学研互长。

2.1 一条主线

以方案设计为主线贯穿始终，遵循城镇总体规划编制实际工作特点，打破专业界限，依托各专业教师和外聘规划师组成教学指导小组，紧密联系实践，建立全方位、多阶段、开放式的设计课教学体系。小组主讲教师1名，对教学进度和阶段任务进行统筹协调，并指导点评，每周采用 seminar 的方式进行汇报讨论交流，同时根据教学实际需要，编入研究生助教，负责辅导教学工作，整体上形成了“大课专题知识讲授＋工作室 seminar 汇报交流＋助教辅导教学”三位一体的教学组织形式。

在方案设计的表达上，倡导学生手脑并用，兼顾手绘训练与电脑制图，中期答辩之前的方案设计草图必须采用手绘表达的方式，并且需要进行多方案比较，从而训练学生手绘能力。

2.2 五个模块

（1）国内外优秀总规案例认知

引入案例教学法，国内案例包括：北京、上海、广州、成都等；国外案例包括：伦敦、赫尔辛基、斯德哥尔摩、多伦多、波特兰、波士顿、东京等。总结国内外类似总体规划的理念、内容、方法，提出课程借鉴与启示，同时学习优秀案例的设计内容和成果，使学生初步了解国内外总体规划层面的规划实践进展。

（2）实施回顾评价与战略定位

对上一版总体规划从城市发展目标，城市用地布局，近期建设等多个方面进行规划实施评价，为新一轮总体规划的修编提供借鉴与参考[5][6]。在实施评估基础上，应对当前问题，面向未来城市发展制定新的发展战略与目标，通过区域分析与比较，确定城市性质。

（3）市域空间规划

对市域城乡规划编制的理论与方法进行深入系统的学习，研究城、镇、村空间组织与体系，划定三区三线为重点开展教学。通过市域城乡统筹规划，安排城乡发展建设空间布局，保护山水田林湖草自然系统，统筹基础设施和公共设施，实现城乡之间的基础设施和公共设施均等化。

（4）中心城区布局规划

中心城区用地布局方案是课程中的核心内容，在内容上结合前期定性与定量分析，多种方法校验对未来的城市规模做出合理预测，合理布局各类用地，制定用途管制清单；方法上多倡导定性与定量相结合，多源校正，借助 CA 模拟城市空间扩展，多方案优缺点评价，城市空间形态建模分析等，鼓励学生手绘表达，多轮草图展示，多方案比较分析、cities skylines 建模分析。

（5）专项与专业规划

专项规划是城镇总体规划内容的深化与完善，针对具体领域的不同方面深入研究，对城市的各项设施合理安排与统筹考虑，实现城市资源的有效配置，以低碳、绿色集约为导向开展综合交通体系专项规划、市政工程专项规划、综合管廊规划、海绵城市规划等。

2.3 专题群

（1）全域空间规划与用途管制

建设宜居城市、可持续发展的城市成为中国城市建设的核心目标之一。基于此，在课程中引导一组学生展开专题研究，其中包括生态文明下的全域空间管控专题研究、产城融合下的城市空间优化研究研究、紧凑集约型城市的用地与规模控制专题研究，以产城融合生态优先为手段，借助城市城镇总体规划中应用的新技术如

教学组织具体内容安排 **表1**

<table>
<tr><td rowspan="3">教学组织</td><td>专题知识讲授</td><td rowspan="3">内容</td><td>总体规划调查方法</td><td>城镇发展定位研究</td><td>生态引导的用地评价与分析</td><td>产业发展规划</td><td>城（村）镇体系规划</td><td>总规中的多方案比较</td><td>总体规划中的市政工程</td></tr>
<tr><td>工作室 seminar 汇报教学</td><td colspan="7">课前任务布置到个人＋课上分小组汇报交流＋主讲教师逐一点评＋课后群内辅导及相关推送文章推荐学习</td></tr>
<tr><td>助教辅导</td><td colspan="7">课前汇报准备＋课上教师点评意见整理反馈＋课下学生问题答疑</td></tr>
</table>

GIS、RS、景观生态格局分析 Fragstats 与城市 CA 扩展模拟分析[78]等，划定三区三线，制定用途与空间管制，不断提升城市空间利用效率，实现城市规模的精明增长和空间结构的集约紧凑。

（2）总体设计与形态模拟

融入总体城市设计的思想，对滨江及山体周围等重点区域进行形态分析，研究沿江发展模式，空间格局：从沿江发展到跨江发展；经济发展：从传统动能到创新驱动；生态环境：从消耗岸线到生态保护的特点，通过 cities skylines 平台进行空间形态模拟分析，塑造沿江高低有致的空间形态。

（3）城市特色风貌与双修

在课程中引导学生展开城市特色专题研究，包括城市双修指导的城市特色体系等，从城市滨江天际线的塑造、城市整体山、水、城、林特色要素的形成，城市地域特色的凸显等多个方面进行分析研究，构建特色意图区空间控制体系。

（4）公共服务均等与城乡生活圈体系

公共服务均等则直接关系到城乡居民是否能够享受到公平等值的服务。借助空间句法与 ARCGIS 软件，利用城市 POI 等大数据技术，基于路网可达性的覆盖率、人口密度的适应性及各等级设施服务水平对现状公共服务设施进行综合评价，总结出公共服务设施在数量上空间分布差异化显著，质量上优质公共服务资源不平衡。基于生活圈的理念，构建基本公共服务体系，引入时距的概念，以居住点为中心，居民最佳出行距离为半径，分别生成了一级 –15 分钟社区生活圈，二级 – 基础生活圈，三级 = 基本生活圈，四级 – 完整生活圈，再结合公共服务设施配置现状以及所要求的门槛人口数，在各个生活圈层配置与之对应的公共服务设施项目，进行公共服务设施多层级的优化布局以及构建生活圈理想模型。

（5）动能转换与产业升级

分析产业发展现状，基于高效视角下的产业新旧动能转换，分析出产业发展存在镇区产业发展不平衡、工业用地布局零散、地均产出效率低、高能耗高污染、开放度低五大问题，提出未来产业定位与目标。市域产业评价与产业空间布局优化研究方法主要有产业用地适宜性评价、工业用地离散度分析。

（6）生态绿色发展

新的空间规划体系重构背景下，整体语境是生态文明建设，最大限度地处理好人与自然和谐共生的问题。基于此，借助历史遥感影像数据、城市地形 DEM 数据，利用遥感平台，对生态现状分析评价，并提出低碳发展、紧凑布局。分析生态适宜性，优化能源结构，提出低碳指标，进而优化空间系统，最终落实到生态安全和绿地系统布局。

3 成果展示

通过实践教学环节几个层次的训练和强化，使学生对课程重点、难点知识有更加清晰的认识，从学生汇报答辩完成的成果来看，学生参与课程的主动性较强，具有较好的探索性与思辨性，汇报质量和内容完成度较高，按 5 个模块，多个专题分别展示。

3.1 模块一——国内外优秀总规案例认知

典型城市	
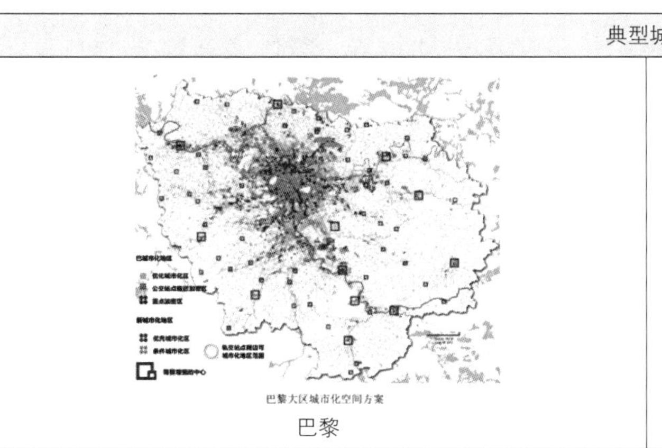 巴黎	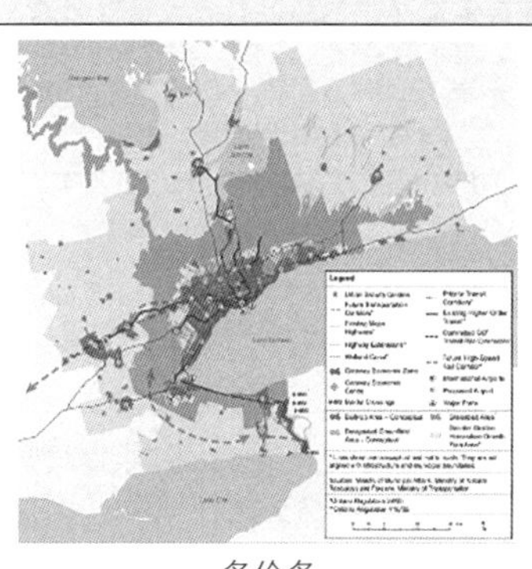 多伦多

续表

典型城市	
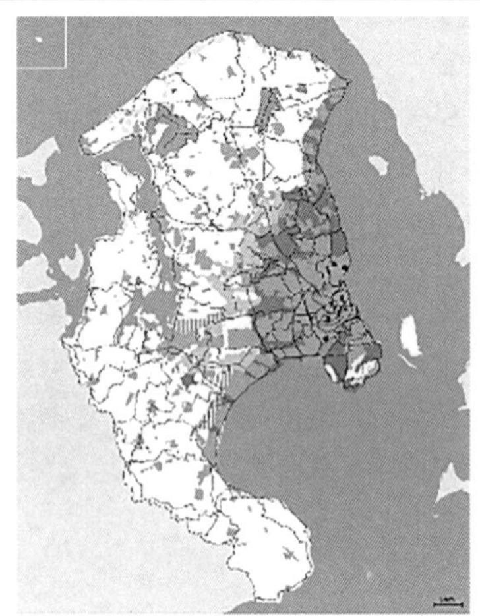 哥本哈根	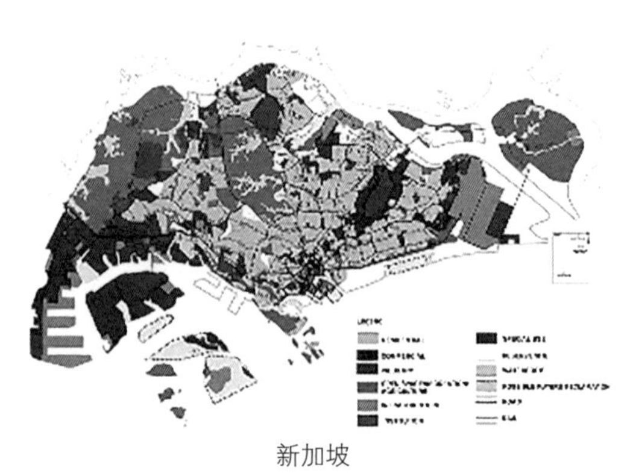 新加坡
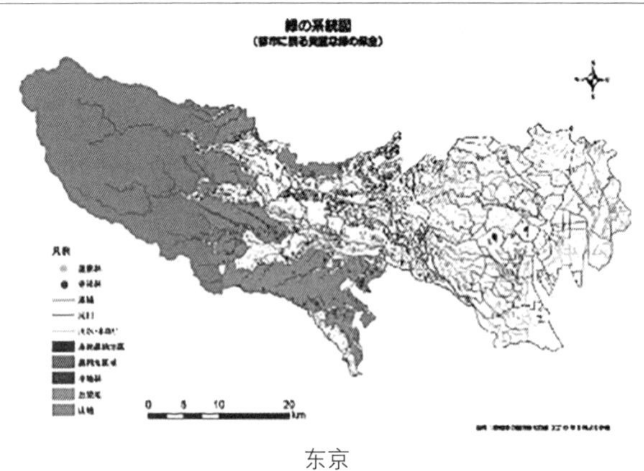 东京	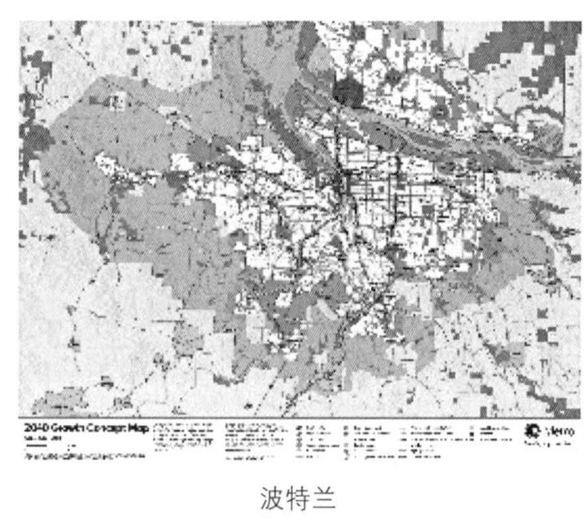 波特兰
通过案例剖析得到：巴黎总体规划具体提出了九大原则，三大策略，连结与组织、集聚与平衡、保护与增值；多伦多规划中严格控制城市增长边界在绿带之外，提出完整社区概念确定城市增长中心，提出绿带计划；哥本哈根著名的指形规划，将放射形的轨道交通系统与完全根据总体规划修建的郊区有效地整合起来，实现交通与土地结合；新加坡规划中提供优质、可支付、配备全方位设施的住房；强绿化融入生活环境；增强交通联系，提供更便捷的交通；提供良好的工作岗位来保持经济的活力；东京规划中强调规划方针的一贯性；在制度框架下社会资源的有效利用；把握建设机遇；波特兰规划中增长概念根据有效利用土地，保护自然区和农田以及推广多式联运系统的目标，强调确定增长的集中地点。	

3.2　模块二——实施回顾评价与战略定位

通过对上版规划实施情况进行评价，其中在产业结构上基本吻合，经济发展目标略低于规划预期目标，规划人口明显偏高，现状城镇化水平明显超前，规划建设用地规模明显偏高，中心城区、综合交通需进一步完善，资源利用需进一步提升效率，生态建设需加强生态保护，距离规划目标很远的有工业总体布局、片区划分、城市特色方面，是未来规划中需重点发展的方向，确定出未来发展战略：建设高效、创新、宜居的生态城市。

3.3 模块三——市域空间规划

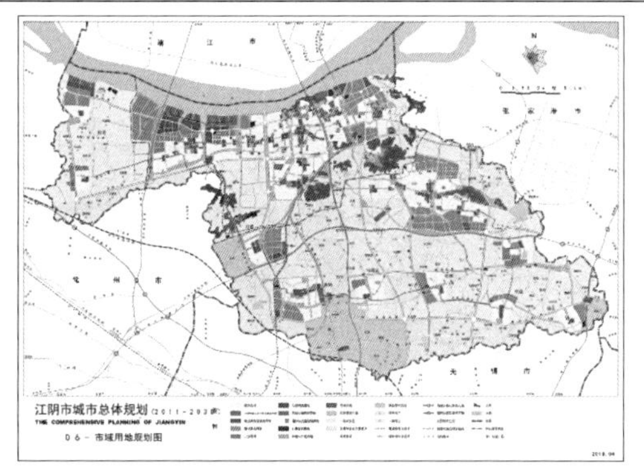

城镇等级结构与规模：构建“中心城区 – 城镇组团 – 一般镇”三级市域城乡体系

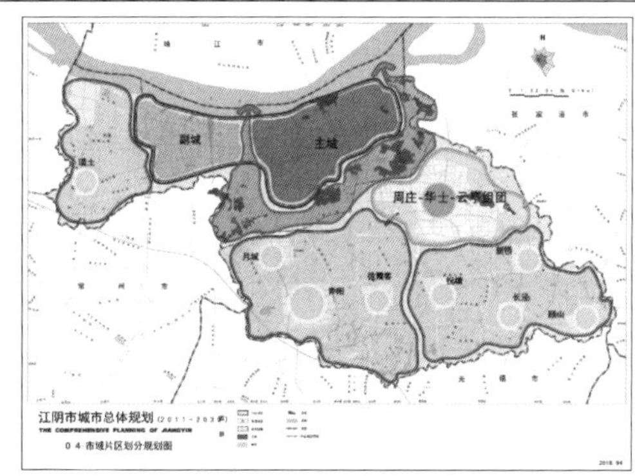

城镇空间结构：形成“一城、一组团、多点”的协同式城乡空间结构体系

绿道与道路、绿化带的关系　绿道与山体、城市的关系

绿道与河流、滨水空间的关系

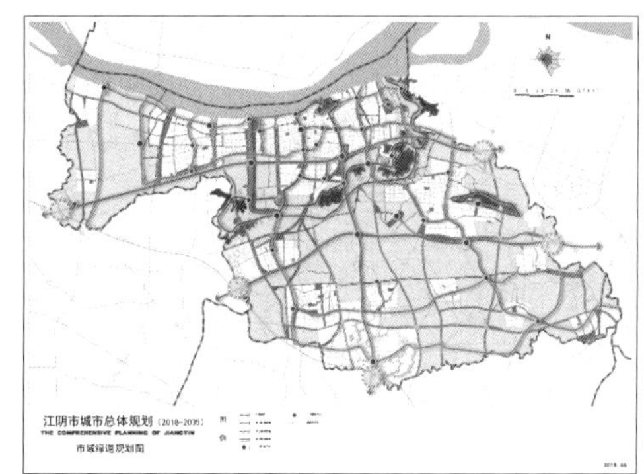

绿化结构呈现“三横六纵”的格局。以区域绿道为骨架的多层级市域慢行绿道网络结构

3.4 模块四——中心城区布局规划

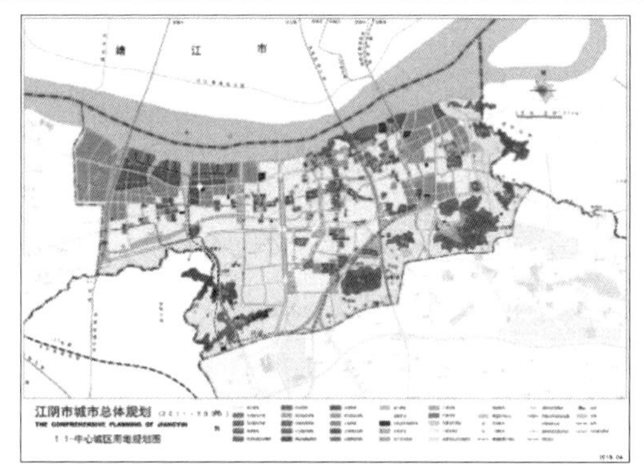

城市中心区将分“四片一副”五个区域统筹发展

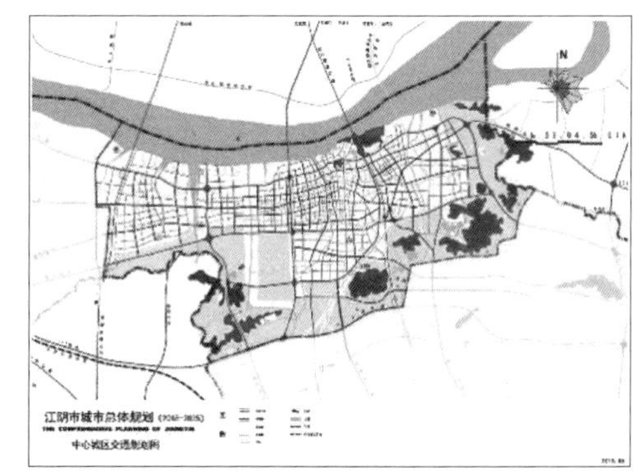

规划城市中心区的快速路将呈现“两横两纵一环”的格局；轨道交通：“两横一纵一环”

续表

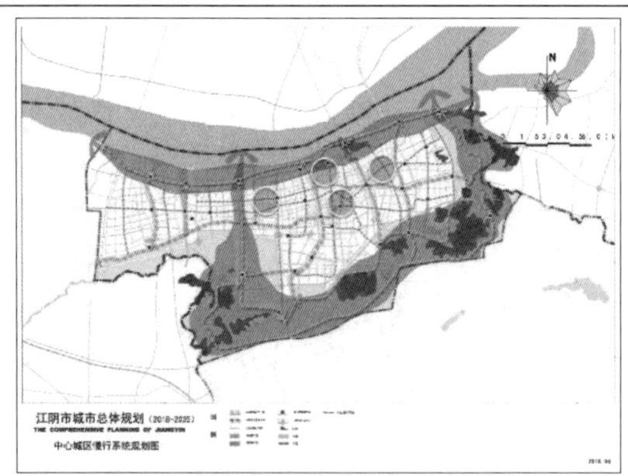 慢行系统，高效便捷，环境友好	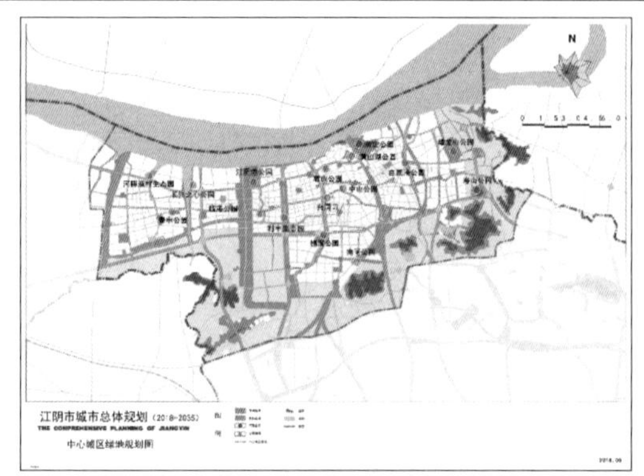 “三横六纵一环”的滨江花园城市绿地骨架，点、线、面、环相结合的城市生态绿地系统

3.5 模块五——专项与专业规划

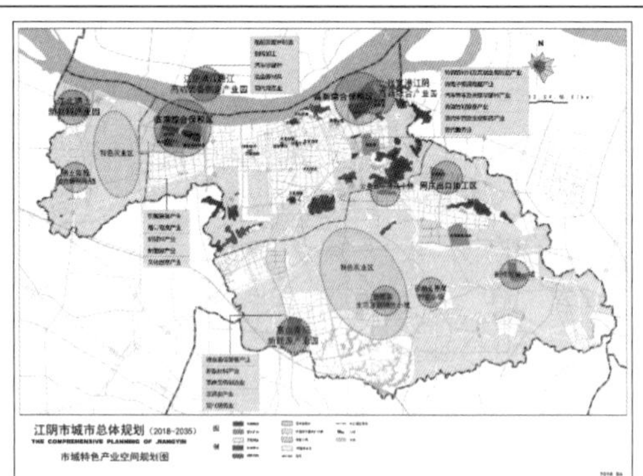 构建创新引领的产业体系，四种类型的特色产业区，五种创新产业空间	 与主城区产城融合，抽象为四类，环境和产业转型是空间结构的主导
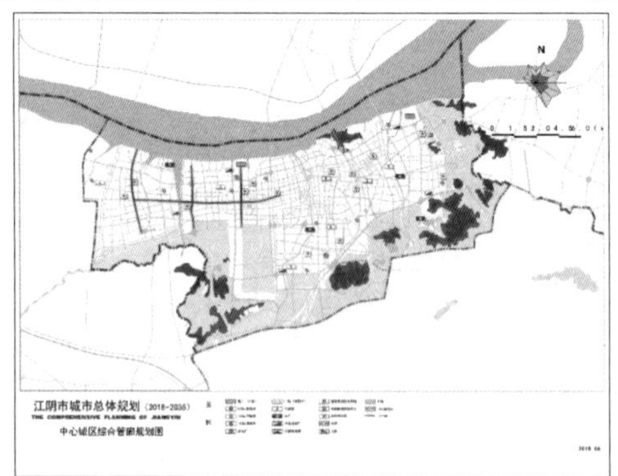 基础设施规划，安全现代，公平有序	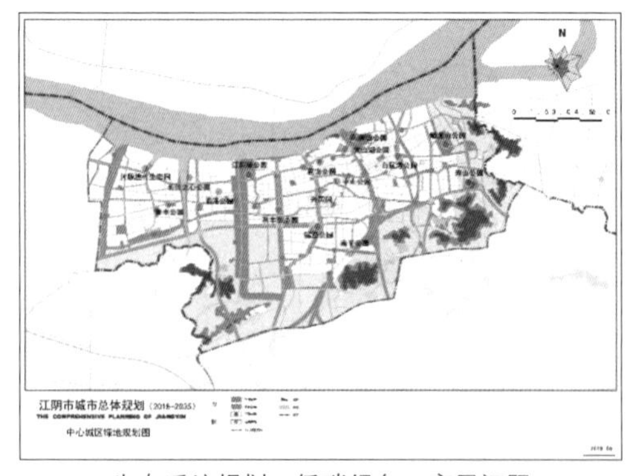 生态系统规划，低碳绿色，宜居江阴

3.6 专题群

（1）全域空间规划与用途管制专题

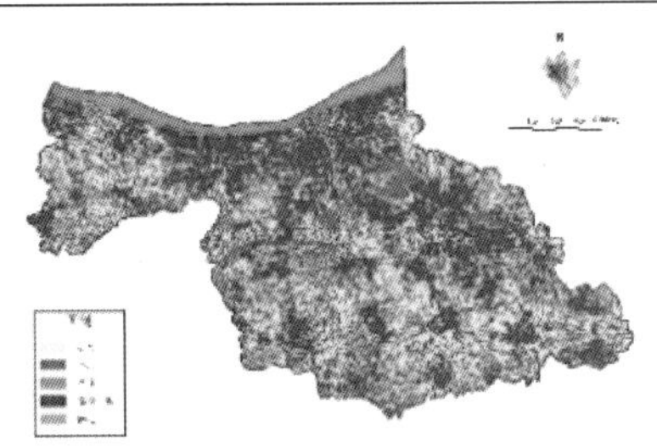
遥感历年用地提取

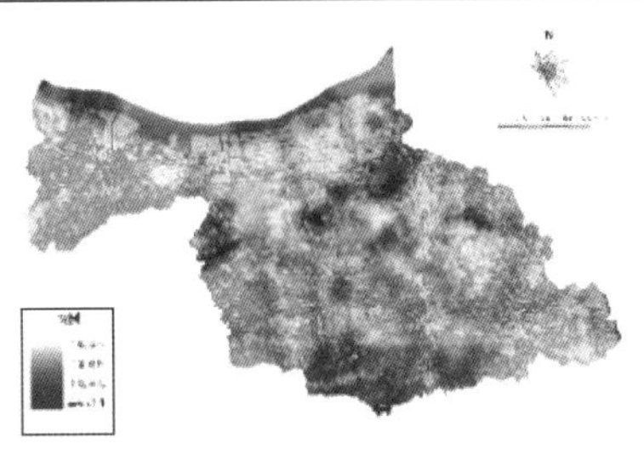
GIS 生态敏感性分析

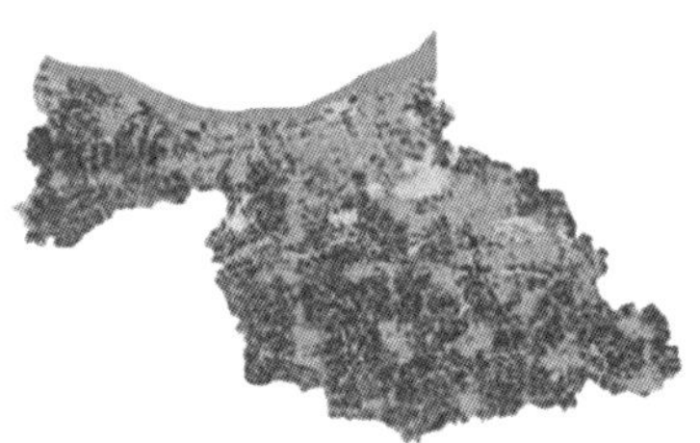
CA 城市扩展模拟

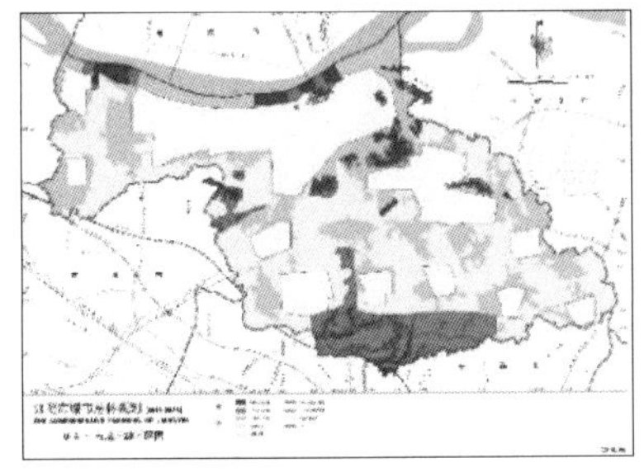
全域空间管制，划定三线三区

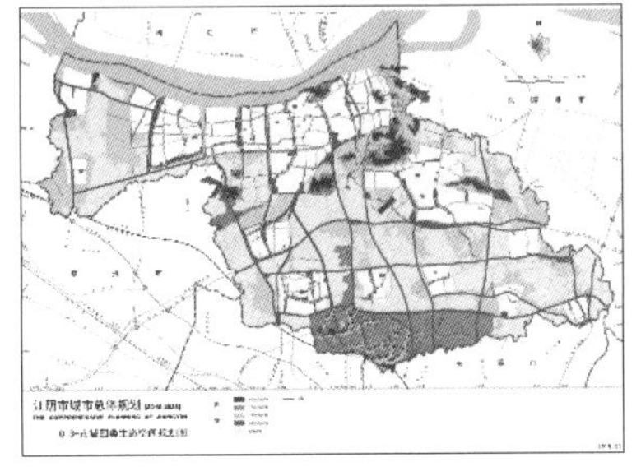
生态空间规划

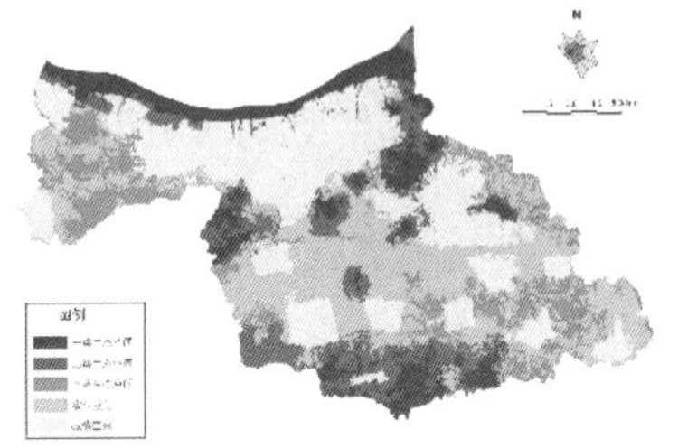
综合生态敏感性分析、用地适宜性分析、城市扩张模拟叠加

结合生态敏感性分析、用地适宜性、城市扩张模拟，基于生态文明导向，划定三线三区，实现全域空间管制。

（2）总体设计与形态模拟专题

cities skylines 空间形态模拟呈现

cities skylines 空间形态模拟呈现

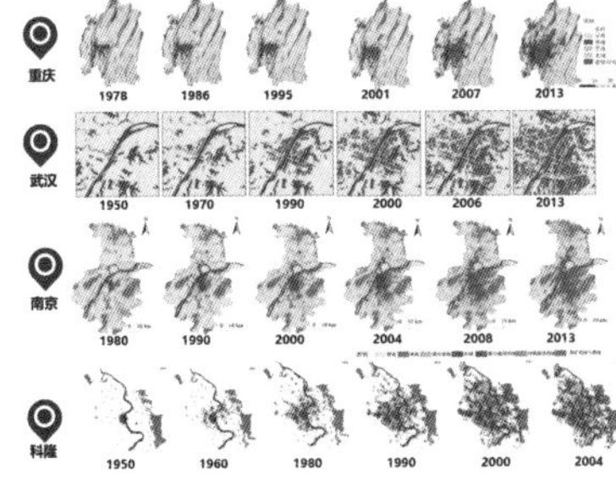

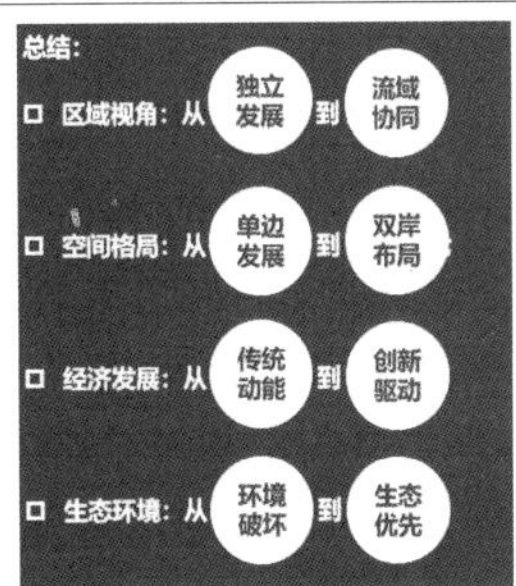

沿江发展模式研究

（3）城市特色风貌与双修专题

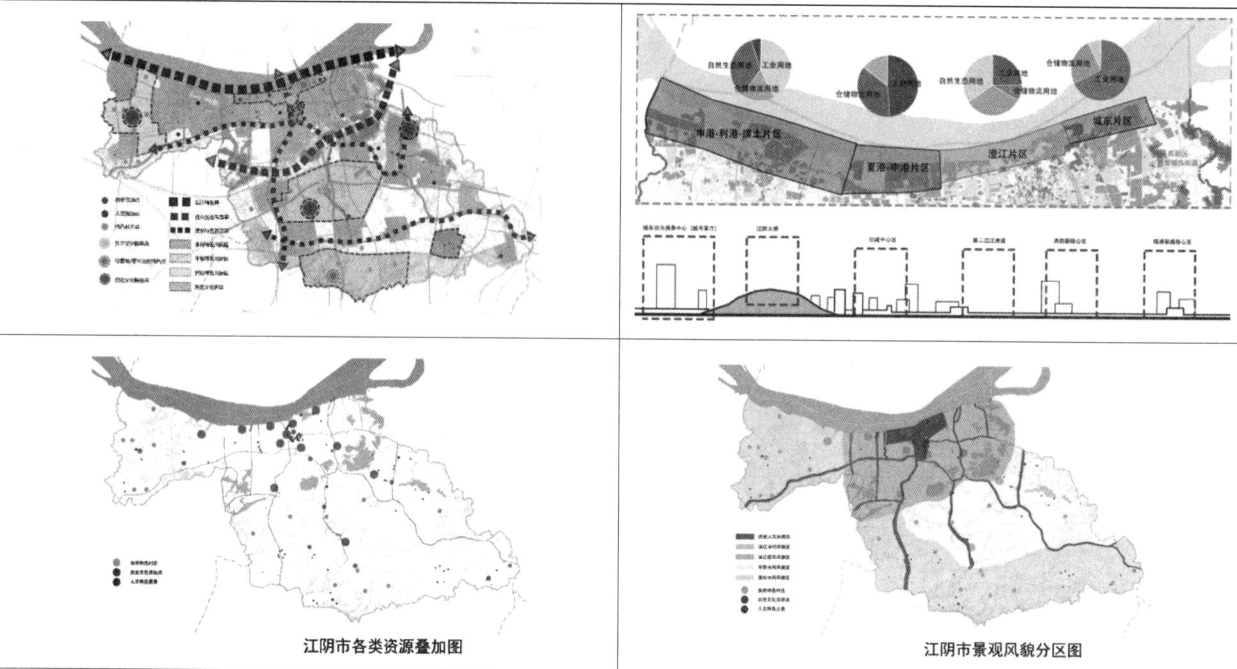

江阴市各类资源叠加图

江阴市景观风貌分区图

基于城市双修背景下，构建江阴市城市特色体系，提出山体修复策略、江岸线修复、城市绿化改造，结合优化控制城市天际线及街道立面改造。提出具体策略：整体构建，多层统筹，功能复合，有机联系等。

（4）公共服务均等与城乡生活圈体系专题

分别从城市层面、地区层面、住区层面、社区层面对城市生活圈进行界定，基于生活圈的公共服务设施多层级优化布局，构建均衡性、集中性、匹配度、全年龄的公共服务基本体系。

（5）动能转换与产业升级专题

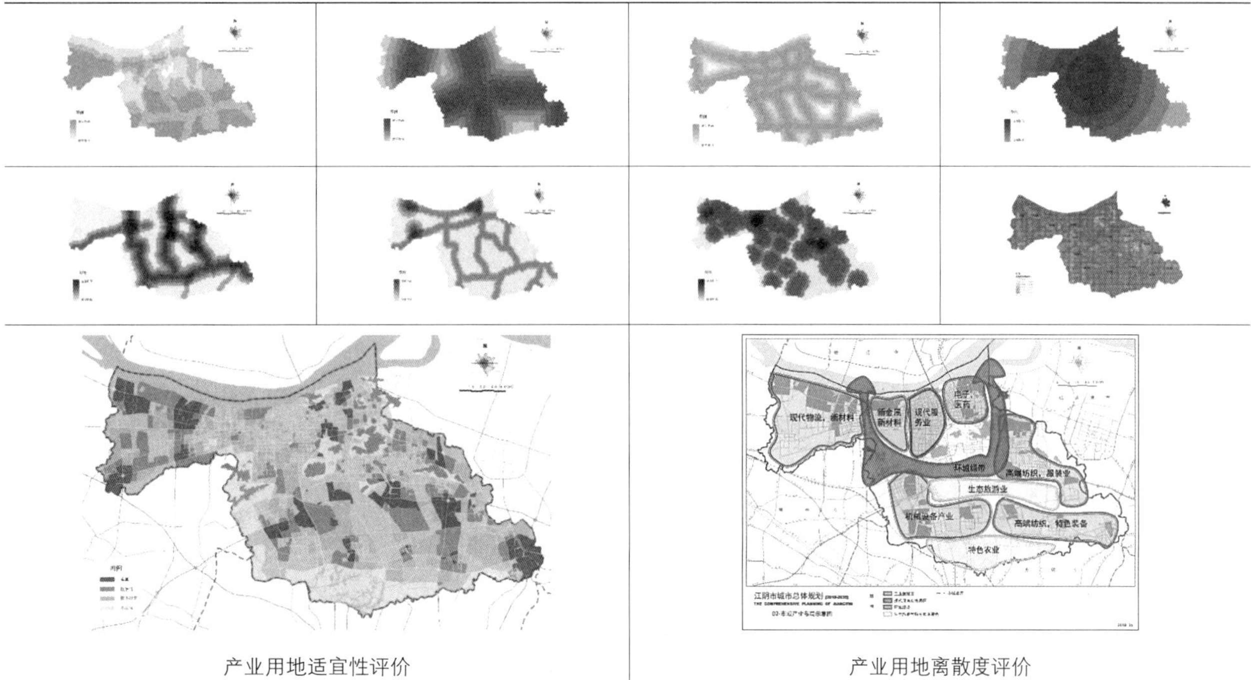

产业用地适宜性评价　　产业用地离散度评价

基于文献中的产业用地适宜性评价方法，根据江阴市域的实际情况，各产业用地适宜性评价选取环境敏感度、交通运输、基础设施和土地获取成本四大类准则进行评价，并按权重叠合得到评价结果，引导产业发展与布局引导。

4　总结和展望

城镇总体规划设计是一项综合复杂的系统工程，其涉及的内容繁琐庞杂，总体规划的教学要针对其课程特点以及应对空间规划转型的新形势，及时转变教学思路，紧紧立足于城镇总体规划设计课程教学目的，使学生在掌握城镇总体规划设计的工作内容和方法的同时，加深对城镇总体规划的理解和认识，培养学生从全局把握城市发展建设的综合分析能力和实践能力，以研促学，学研互长。

主要参考文献

［1］李木洲，李晴雯．论柏林洪堡大学章程的学术本位取向—兼评《学术本位视域中的大学章程研究》[J]. 教师教育论坛，2018，31（01）：55-60.

［2］蔡亭亭．斯坦福大学的人才培养模式研究 [D]. 长春：东北师范大学，2009.

［3］周光礼，马海泉．科教融合：高等教育理念的变革与创新 [J]. 中国高教研究，2012（08）：15-23.

［4］张庭伟．转型时期中国的规划理论和规划改革 [J]．规划师，2008（3）：15-24．

［5］马武定．城市规划本质的回归 [J]．城市规划学刊，2005（1）：16-20.

［6］胡明星，李建．空间信息技术在城镇体系规划中应用研究 [M]. 南京：东南大学出版社，2009.

（设计小组：小组A：丁小雨、谢华华、王欣然；小组B：沈天意、董博文、张政承；小组C：黄浪浪、何国枫、庄志超、张翼鹏。技术指导老师：胡明星；交通指导老师：朱彦东；市政指导老师：吴雁）

Exploring the Teaching of Comprehensive Planning with Learning and Research —— Take Southeast University as an example

Xiong Guoping　Zhang Shun

Abstract: This paper starts with the theme of "Study and Research promote mutually" in urban master planning courses, and explores innovative approaches to master planning teaching under new generations, ideas, technologies, and methods. On the whole, a systematic and complete teaching system of "one main line", "five modules" and "multiple topics" is formed to encourage students to explore, discuss, and participate more in study and practice. Study and research promote mutually, and to provide useful lessons for the study of urban master planning education.

Keywords: Urban Master Plan, Study and Research Promote Mutually, Teaching

对快速城市设计训练教学的思考

卜雪旸

摘　要：快速城市设计训练作为城市设计教学实训课程体系中的重要组成部分，是强化学生快速凝聚规划设计目标和要点的逻辑思维能力、构建规划设计策略框架和城乡空间要素系统整合能力以及设计意图关键信息表达能力的针对性课程安排。本论文对快速城市设计训练课程的必要性和当前存在的问题进行了分析，进而以强化城市设计实训课程建设、科学建立相关课程体系分工协作关系的视角，从规划师工作实践需求出发，对快速城市设计训练课程的教学目标和要求、教学核心内容、强化训练方法、课程体系安排等内容进行了系统梳理，并针对教学核心内容中的规划设计逻辑思维和快速设计决策的一般流程等提出了具体的教学内容和方法建议。

关键词：快速城市设计训练，课程建设，教学目标，核心内容，训练方法

1　重要性和存在问题

基于城乡规划问题的复杂性，一般而言，城乡规划设计是一项决策影响因素多、系统关系复杂、需要众多沟通协调的工作。在工作实践中，规划设计师作为系统工作的统筹者、协调者，往往需要具备快速设计能力，对项目任务做出快速反应，凝聚规划设计目标和要点、构建设计框架、清晰表达规划设计意图以建立讨论和决策“标靶”。因此，从应用情境和任务目标可以看出，不能把快速城市设计简单理解为“压缩的”、“简化的”城市设计或规划设计阶段任务中的“草图阶段”，快速城市设计训练更不是单纯“手绘技巧”的练习过程。快速设计过程之所以“快”，是对严谨的基础研究论证过程、设计成果非关键要素表达深度和细节的省略，但要围绕规划决策要点建立完整、清晰的规划设计逻辑并扼要、准确地表达规划设计意图。

快速城市设计训练作为对学生快速应对城市规划设计实践中的决策、统筹、表达、沟通能力的强化训练课程，要紧紧围绕这一能力培养目标。笔者在长期的教学过程中观察到，传统的城市设计训练往往被教师作为规划设计课程中“推动设计进度”或丰富类型设计训练的办法，学生也更多地将快速设计训练理解为“快出形象方案”或提升“手绘技巧”以应对各类快题考试的途径，而忽略了其作为辅助思考和重要研究与沟通工具的角色，导致教学偏离应有的目标。

2　课程目标和要求

快速城市设计训练作为城市设计教学实训课程体系中的重要组成部分，其教学目标与相关课程既有联系也有区别。快速城市设计训练课程的目标是强化学生快速凝聚规划设计目标和要点的逻辑思维能力、构建规划设计策略框架和城乡空间要素系统整合能力以及设计意图关键信息表达能力。快速城市设计训练的教学要求为：使学生掌握快速城市设计的一般流程；熟悉项目要素定位、布局、形态控制的基本逻辑思维方法，熟练掌握辅助思考工具；了解多种类型城乡空间组织模式的特征和要点；掌握城市设计意图的快速表达和沟通技巧。

3　教学核心内容

基于快速城市设计训练的教学目标和要求，其教学内容应以方法性知识为重点，强调规划设计决策和空间方案生成过程中正确的逻辑思维方法、高效率的决策方法及针对特定目标的成果信息表达方法的讲授，并展开针对性的强化训练。

卜雪旸：天津大学建筑学院城市规划系副教授

3.1 规划设计逻辑思维

快速设计是对设计任务做出快速反应、对规划设计关键问题做出一系列快速决策的过程（图 1）。在这一过程中运用正确的逻辑思维方法是非常重要的，一则避免方案在“立意”上出现大的纰漏，二则有助于提高方案思考的效率。在快速城市设计中，需要用到概念、判断、推理等思维形式和比较、分析、综合等思维方法，对如下关键决策问题做出判断：①需求与要素配置。项目任务产生需求（满足某种经济、社会活动的空间需求或解决基地存在的特定空间环境问题，或二者兼有），设计之初首先要明确任务核心需求是什么、满足这些需求的核心空间和功能要素是什么、辅助的空间和功能要素是什么，这些空间和功能要素是快速设计需要系统安排的“空间系统部件”；②选址与系统关联。项目基地中的各个“空间系统部件”既有自身的空间区位选址需求，彼此之间也存在某种系统关联。其中核心空间和功能要素的选址应考虑基地与外部空间系统的关联，纳入区域的道路交通网络、功能空间系统、景观格局之中；辅助空间和功能要素的选址应考虑围绕核心要素的局部小系统的合理性；③模式与类型选择。在确定基地的功能要素构成和相对位置关系（布局）之后，需要对各个空间要素空间利用模式和建筑形态的类型进行选择。如规划中拟安排一处商业服务空间，则需要选择适宜采取的商业模式（商业综合体、集中商业 MALL 亦、商业街区亦或以某种商业模式为主的混合形态）以及适宜于所选择商业模式的建筑类型。模式和类型的选择依据主要来源于对设计对象在区域功能结构体系当中的层级、服务对象的需求特征以及任务基地整体形象定位；④意象与形式语言。城市设计需要表达任务基地拟形成的整体空间景观风貌意象，意象的主题与任务基地所在地区的自然、地理、气候环境和地域文化特征以及任务基地的功能定位有直接的关联。而某种特定空间景观意象的表达需要运用恰当的建筑和景观形式语言，要符合形式—联想—意象之间的逻辑关系。

3.2 快速设计决策的一般流程

尽管在实际规划设计工程中，不同的任务性质、设计主题、目标对设计决策过程产生影响，即设计流程安排要符合具体设计任务要求，但在学习阶段的快速设计训练过程，应指导学生掌握一定的“普遍适用”的一般流程，逐步养成有条理的设计思考习惯，建立符合逻辑的理性思维方法，以提高设计决策过程效率。同时，通过设计流程“分解动作”的教学，使学生熟悉、掌握设计构思过程中的常用技巧。一般的快速设计流程大致可以分为“立意”、“粗草”、“详草”和“快速表现”四个阶段（图 2）。

“立意”阶段是对整体设计方案关键目标要点的思考阶段，是具体开展空间设计前的重要工作内容，学生对此阶段往往缺乏足够的重视，往往急于落笔，导致后续方案的先天不足。这一阶段教学重点是使学生掌握逻辑框架图的运用技巧，即通过构建逻辑框架图明确设计任务的“限定因素－基地潜力－设计目标－策略要点”

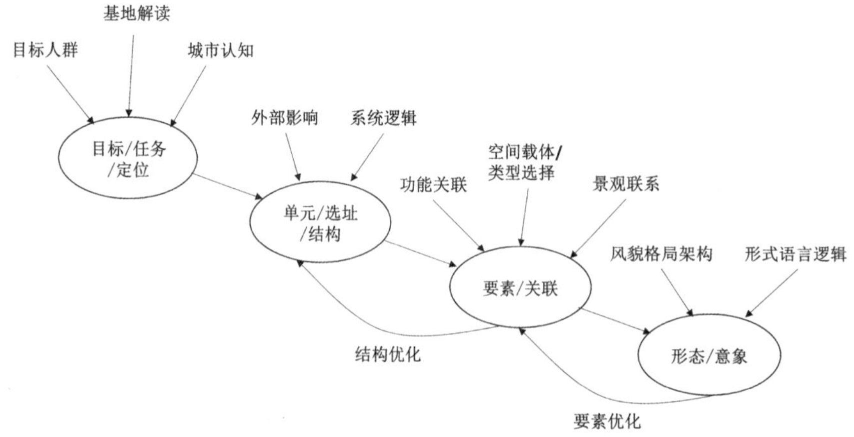

图 1 快速城市设计决策要点一般逻辑推理框架

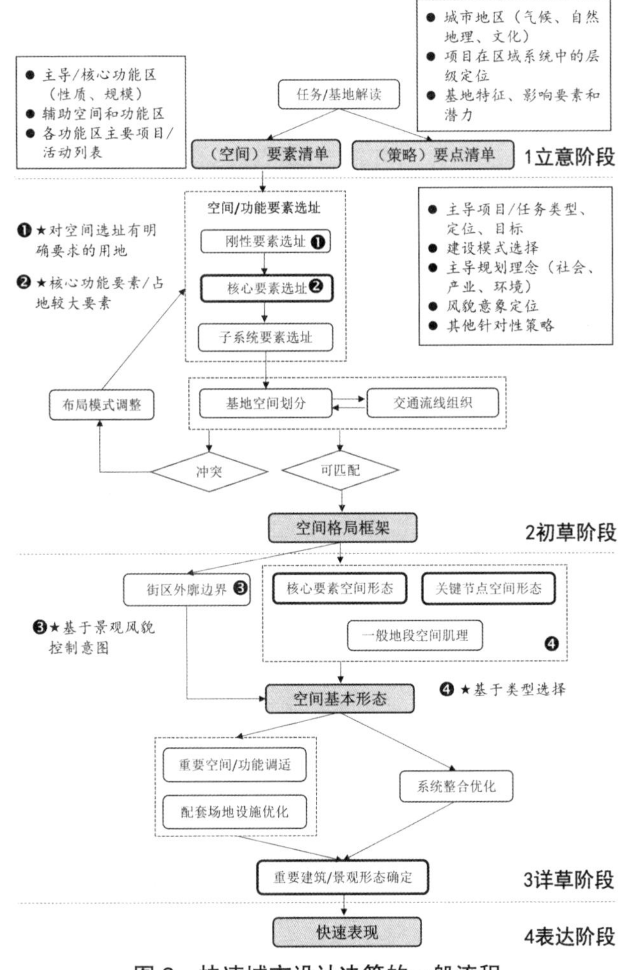

图 2　快速城市设计决策的一般流程

之间的逻辑关系。这一阶段为设计准备阶段，包括任务解读、基地解读和运用简单图示和图表表达决策逻辑框架、设计要素和项目要点清单等主要工作过程。

“粗草”是设计方案空间框架和关键要素形态生成的关键阶段。本阶段的教学应使学生掌握以核心要素选址和空间需求满足为主线，以各要素空间关系和基地空间条件匹配为手段逐步清晰基地空间布局的技巧；场地空间划分与道路交通线路组织匹配调适的技巧；基于方案空间景观格局架构的关键景观点识别和对策制定技巧；根据规划设计意图，基于类型学的思考，落实重要建筑（群）基本空间形态的方法；以公共空间（包括街道空间）和视觉景观需求限定建筑（群）外部空间边界的技巧。这一阶段主要包括两个阶段：通过“画圈、画点、画线”初步建立基地功能和空间结构；通过“切豆腐”对基地建筑和场地空间进行总体形态控制。

“详草”是在规划设计方案空间框架基本确立的情况下，调整和优化基地内各空间系统的关系、细化各功能空间系统要素构成、明确重要建筑物和场地空间形态与景观意象的设计阶段。本阶段的教学应使学生掌握场地空间整合和景观环境控制技巧；外部空间限定与内部功能需求双重约束条件下建筑空间形态生成的技巧；功能定位 – 环境表情 – 形式语言选取的逻辑思维和设计技巧。本阶段的训练重点是使学生掌握功能和空间系统整合和恰当运用建筑、景观形式语言的能力。

通过以上过程设计训练进入“快速表现”阶段。快速表现是设计方案展现的过程，学生除了应掌握熟练的草图表现技巧以外，还应加强清晰、准确地表达关键信息的技巧。

3.3　关键设计信息表达方法

快速设计作为设计师与项目主管部门、业主和合作团队进行有效沟通的重要工具，需要在有限的信息容量条件下清晰地表达关键设计信息，即加强表达或突出关键涉及信息的草图表达方法训练，并在设计过程和成果中使用图文结合的设计信息表达方法。所谓“关键设计信息”，包括任务基地特征要素识别和潜在影响分析；影响规划设计决策的关键要素与应对策略框架；关键设计问题的解决策略；图示化表达的城市设计理念和策略要点；项目要素和活动安排；核心功能空间设计要点等。

4　强化训练方法

4.1　思维训练

规划设计逻辑不仅是时间约束条件下快速设计训练的难点，也是城市规划设计整体学习的难点。在快速城市设计训练中可以反复训练学生运用一些逻辑思维辅助工具（图 3），以使学生养成逻辑思维习惯并熟练掌握逻辑思维的一些基本方法，如逻辑框架法。逻辑框架法（Logical Framework Approach，LFA）是一种系统地研究和分析问题的思维框架模式，是由美国国际开发署（USAID）于 1970 年开发并使用的一种设计、计划和评价的工具[1-2]，是目前国际上广泛用于规划、项目、活动的策划、分析、

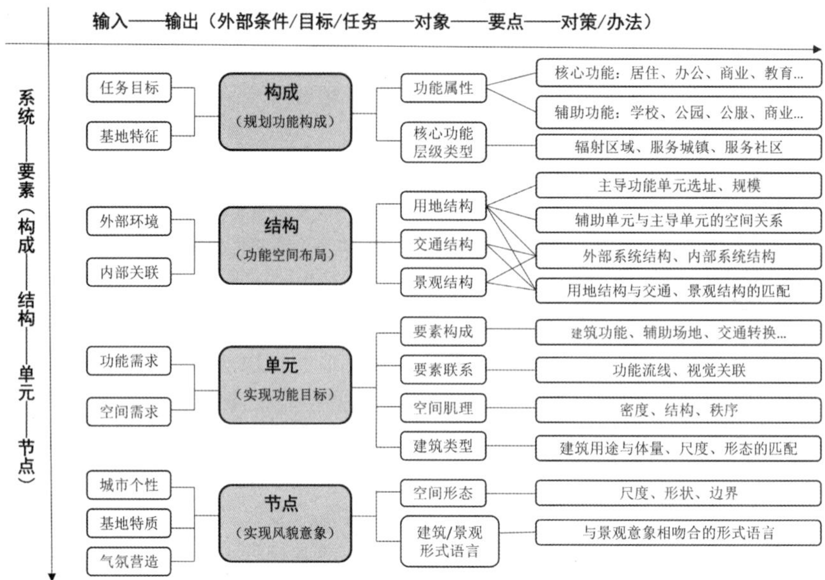

图 3　基于逻辑框架法的逻辑思维辅助工具

管理、评价的基本方法。在应对城市设计问题中，可以借鉴逻辑框架法的基本思路，构建适用于城市设计初期决策的框架。学生通过逻辑思维基本框架的使用，了解和熟悉城市设计决策过程，提高设计决策的科学性、系统性和全面性。在教学过程中，还可以指导学生运用一些其他简单有效的工具，如“思维导图工具”。

4.2　类型化训练

城市设计处理空间形式的特点不仅在于尺度的大小，更在于处理空间形式的方式。根据康泽恩（1907-2000）的城市形态研究理论，规划平面、建筑形态、土地使用这三个“相对独立又互相关联”基本元素是理解和表达市镇景观的历史和空间结构的主要载体[3]。类型学理论在城市设计中应用价值在于它能提供这样一种方式。类型学通过探寻城市空间类型和建筑类型，通过对类型的选择和转换来取得城市形态的连续、和谐，因此维持城市的空间秩序，即寻找一种有机的、保持一定结构稳定性的载体来传递社会组织、文化意识、地域历史特征、行为模式等等因素的演变，从而使市民认同自身生活的城市，并感觉到自己的城市是有序、连续和充满意义的场所[4]。建筑类型学，作为一种归类分组的方法体系，是使建筑沿着具有广泛基础、符合地域性及文化特征轨迹运行的可行方案之一[5]。在城市设计中运用建筑类型学方法起到“调和城市形态与建筑的关系（魏春雨，1990）”的作用。

多数情况下，快速城市设计的目标是对城市空间塑造的总体把握而非“施工深度的”设计细节推敲，类型并非摹本，因此并不像摹本一样具有严格的限制条件以进行完完全全的模仿[6]，快速设计过程更接近于“恰当的城市空间要素选取、整合、再创造”的过程。学生通过快速城市设计训练了解、熟悉多种类型的城市、建筑和景观空间形态特征及社会意义、文化意义关联，培养多种情境下恰当运用城市、建筑和景观形式语言的能力。学生对城市空间的认知和“赋形”能力可以通过在快速设计训练当中强调城市和景观形态学、建筑类型学的思维方法加以强化，而基本能力的提高来自于日常学习当中深入的形态学、类型研究。

5　课程体系

快速城市设计训练具有与其他专题性城市设计课程训练明显的不同的教学目标和核心内容要点，但根据不同设计题目的特点，不同阶段的训练目标亦有所差异，可以大致分为强调认知训练、强调逻辑训练、强调表达训练、强调问题研究等若干类型。在城市设计教学体系当中，可配合专题设计和专题研究，在从本科到研究生的各个教学环节安排有针对性的快速城市设计训练，这对于学生在学习阶段熟悉多种情境下运用快速设计工具、反复练习快速城市设计的基本方法和技巧、了解多种类型城市空间营造的一般策略方法有重要的作用。

以天津大学城乡规划教学体系为例，城市设计的专题设计和研究主要集中并贯穿于本科三、四、五和研究生一年级阶段。根据各个学习阶段城市设计教学任务的不同，一般情况下，本科三年级多以生活性或综合性城乡社区城市设计为主题以建立学生对城市空间和城市设计的基本认知；四年级以城市中心区、复杂功能的城市街区和特定功能区（旅游区、校园、历史街区等）为主题学习解决复杂城市空间问题、拓展类型设计专门知识；五年级重点强化城市空间系统综合和城市设计意图系统表达；研究生一年级以研究探索性城市设计为主题。与之相配合，各阶段的快速城市设计训练课程应分别制定核心教学目标之外的训练侧重点：本科三年级强调基本认知训练（对城市设计目的任务的认知和城乡典型空间特征的认知），重点使学生初步建立城市设计的基本思维逻辑和程序，建立城市空间类型分析和思考的意识；本科四年级强调设计逻辑训练，使学生掌握运用逻辑思维工具建立城市设计系统策略的方法，建立恰当选取、运用城市空间形式语言的意识；本科五年级强调城市设计知识综合运用和设计意图清晰表达的能力训练；研究生一年级强调在合作研究过程中运用快速设计工具进行研究、沟通的能力。

6 结语

在城市设计课程体系中，快速城市设计训练不应单纯是“过程和深度压缩了的城市设计专题训练”，更不是“快速表达技巧的训练”，而是对学生熟练掌握城市设计逻辑思维、在城市设计研究中清晰表达设计意图和高效率沟通、辅助城市设计研究的工作方法强化训练。由于各兄弟院校在城市设计教学整体思路、安排上的差异，快速城市设计训练的方式方法也有较大差异，但从科学建立相关课程体系的角度，深入研究城市设计训练的教学目标、核心内容和教学方式，建立其与相关课程体系的分工协作关系是十分必要的。本论文作者所持观点为一家之言，希望能引起兄弟院校同仁的共同思考。

主要参考文献

［1］ 柴君，腾清安．逻辑框架法在政府投资项目后评价中的应用 [J]. 江苏地质，2004，28（3）：188-191.

［2］ 马燕娥．基于逻辑框架法的全国森林公园建设分析和探讨 [J]. 森林工程，2005，21（3）：6-8.

［3］ 陈飞，谷凯．西方建筑类型学和城市形态学：整合与应用 [J]. 建筑师，2009，138（4）：53-58.

［4］ 汪丽君．广义建筑类型学研究——对当代西方建筑形态的类型学思考与解析 [D]，天津：天津大学，2002.

［5］ 魏春雨．建筑类型学研究 [J]. 华中建筑，1990（2）：81-96.

［6］（德）彼得·科斯洛夫斯基．后现代文化 [M]. 毛怡红，译．北京：中央编译出版社，1999：20.

Some Thoughts About Quick Urban Design Trainning Course

Bu Xueyang

Abstract: Quick Urban Design is an important part of the serialized "practical training" courses of urban design education. It is a targeted course to strengthen the students' ability of logical thinking, constructing a strategic framework in a task, integrating spatial elements in a plan, and expressing the key information in a sketch. This paper starting from the practical needs of urban planners, systematically summarizes the teaching objectives and requirements, teaching core contents, training methods and curriculum arrangement of the course. Some logical thinking and decition making tools are proposed.

Keywords: Rapid Urban Design Training, Curriculum Construction, Teaching Goal, Core Content, Training Method

控制性详细规划的设计课程教改创新："校企联合"与"城市设计－控规"结合的整体教学方法探索

唐　燕

摘　要：本文从当前我国高校控制性详细规划的设计课程教学中普遍存在的假题假做、真题项目周期与课堂需求不匹配、工程技术支撑不足等问题出发，以清华大学建筑学院城市规划本科迄今为止已开展5年的控规设计课程教学改革为基础，探讨了校企联合教学、开发地块指标研究、"城市设计－控规"课程相结合等综合改革实验的经验得失，以期为城市规划本科控规设计课程教学的途径创新与成效提升提供思考和借鉴。

关键词：控制性详细规划，设计课，教学改革，校企合作，城市设计

控制性详细规划（以下简称控规）作为我国城市规划体系中极为重要的一类法定规划，是控制、管理和引导城市建设最为重要的政策工具之一[1][2]，学习好这门设计实践课对于城市规划专业本科生来说意义重大。控制性详细规划的知识综合性强、法定地位高、工程技术含量高、实践经验要求深[3][4]，因此控规设计课程教学需从规划编制和实际操作层面入手，引导学生综合调动、巩固与合理应用学习过的相关城市规划知识和技术方法，并增补必要的控规编制专业技能，从而在课堂学习过程中完成一整套的控制性详细规划成果的编制。

针对当前我国高校控制性详细规划设计课程教学中普遍存在的假题假做、真题项目周期与课堂需求不匹配、工程技术支撑不足等问题，本文以清华大学建筑学院城市规划本科迄今为止已开展5年的控规设计课程教学改革为基础，探讨了校企联合教学、开发地块指标研究、"城市设计－控规"课程结合等综合改革实验的经验得失，以期为城市规划本科控规设计课程教学的途径创新与成效提升提供思考和借鉴。

1　控规设计课程的教学现状与主要问题

从国内建筑类高校开设控制性详细规划设计课程的现状来看，其题目设置和课堂组织采用的教学模式主要包括两类：一是将政府委托的真实控规项目引入课堂，在实战中培养学生的控规编制技能。这种做法常常因为项目周期与课堂教学周期（通常为8周）无法完全匹配，项目进程难以受控或优先服务于教学等原因，使得教学成效大打折扣。项目委托方对成果完成时间、规划内容等的特殊要求以及各种突如其来的临时工作变动等，常常造成课堂教学安排的不确定与潜在风险，使得教学组织陷入混乱；二是授课教师针对性地选择城市中的某一地段，带领学生在规定的学习时间段内完成一个假定的控制性详细规划方案，这种方式更为稳定和普遍。其不足之处在于假定的题目可能与真实实践项目和控规最新进展相脱节，教师亦可能因在工程一线的工作经验不足而导致规划与工程技能传授的滞后和不完整。

综上可见，将控制性详细规划编制的"真题"引入课堂，在"教学－项目"两者的耦合度上面临风险和挑战；单做控规"假题"又容易脱离现实世界，使得最需要对接规划管理和落地实施的控规编制训练难以真实到位。这些困境充分反映出控规设计教学有效开展的不易，且高校间缺少成功经验的相互借鉴，以至于一些高校的城乡规划本科教学未能设置控制性详细规划的设计教学模块，仅在理论课中进行相关知识的介绍和引导，造成学生规划设计技能训练的局部缺失。

唐　燕：清华大学建筑学院城乡规划系副教授

2 清华大学城市规划本科控规设计课程的教学改革与课程概况

为了避免高校控规课堂"封闭式"教学造成的教学实战效果不理想，学生对知识要点难于理解，交通、市政和用地等工程规划技术传授不全面，授课内容和技法难以跟上控规改革新趋势等系列问题，清华大学建筑学院在城市规划本科三年级的控规设计课教学中，通过"校企联合教学"、"开发地块研究"、"设计转译图则"、"城市设计－控规"课程结合、"开放式评图"等模式创新，探索了多渠道的控规设计课程教学方法改革。

清华大学建筑学院的控规设计课面向规划本科三年级学生开设，是为期8周的3学分课程（表1）。每年春季学期，来自学院的教师与来自北京市城市规划设计研究院的高级工程师们组成"产学研一体化"的教学团队，共同完成设计教学任务，形成"高校－企业"优势互补的教学新途径。基于小班教学思想，控规设计课的学生规模约15–20人，参与教学的固定高校教师为2–3人，全程或部分参与教学的规划院工程师约4人，规划设计地段规模通常为1–2平方公里（接近控规单元规模）。设计课在时间安排和教学设置上主要分为四个阶段（表2)：①第一阶段（1周)，地段调研及控规编制方法、案例和相关知识讲座；②第二阶段（1.5周)，城市已开发地块的形态与指标研究；③第三阶段（4.5周)，规划方案编制形成、配套工程技术知识讲座及中期评图；④第四阶段（1周)，成果制作、成果汇报与最终评图。

3 控规设计课程教学改革的方法与创新

3.1 校企联合教学

在控规设计课程教学中，清华大学建筑学院与北京市城市规划设计研究院达成了多年的教学合作协议，结成的校企联合教学模式具有以下特点：

清华大学建筑学院控规设计课程基本信息　　表1

课程名称	城乡规划设计（4)：控制性详细规划	学分情况	3学分 （规划专业必修）
授课对象	城乡规划本科三年级学生 （15–20人）	上课时间	春季学期（8周，16堂课）
授课方式	校企合作	授课语言	中文
校方授课教师	2–3人❶	企业授课教师	4人❷（分别来自城市设计所、详细规划所、交通规划所与市政规划所）
教学目标	掌握基本的控制性详细规划编制技术；初步具备综合运用相关知识完成控规编制的能力，实现规划知识点间的衔接与综合应用；了解控规的法律地位、发展动态、管理实施与技术创新等		
地段规模	城市设计：20–30公顷（16周联合教学中，设计地段选择位于控规单元中） 控制性详细规划：1–2平方公里（控规单元）		
教学模式改革特点	• 采用"校企合作"的联合教学模式。将北京作为控规实践的对象城市，每年从不同视角切入确定控制性详细规划的类型方向和地段选择，规划院提供有价值的设计地段选择建议和相关信息资料支撑。 • 规划院的工程师通过专业技术讲座，为学生提供控规编制必备的专业知识贮备和一线经验分享。 • 通过"开发地块研究"模块，帮助学生理解地块控制指标和建成空间形态之间的对应关系。 • 高校教师与规划院工程师共同指导学生的控规方案，引导学生通过"在做中学"逐步完成规划设计方案。 • 在8周独立控规教学中，训练学生将规划设计方案转译为控规成果的具体技能，深化学生对控规编制的作用、特点、语言、技能等的理解和掌握。 • 在16周的"城市设计"结合"控制性详细规划"的整体规划设计教学中，帮助学生理解和掌握从"城市形态设计"到"规划管控要求"之间的知识和技能衔接。 • 期中与期末规划评图，邀请来自规划企业、学校及管理部门的专家等组成多元角色的点评小组，对学生的规划编制成果给出不同角度的评价和建议		

❶ 先后参与控规设计教学的清华大学建筑学院教师包括：吴唯佳、唐燕、黄鹤、田莉。

❷ 参与控规设计教学的北京市城市规划设计研究院工程师包括：王崇烈（城市设计所）、邢宗海（详细规划所）、盖春英（交通规划所）、魏保义（市政所规划）。

课程安排与阶段设置（8周） 表2

阶段 / 成果	内容
目标成果	• 城市开发地块研究与控制指标分析成果 1 套（模型 + 指标） • 控制性详细规划图纸与图则 1 套 • 控制性详细规划文本及说明书 1 套 • 案例分析、经验学习、控制方法研究等其他辅助成果
第一阶段（1 周）	• 任务布置与地段调研 • 规划院工程师配套讲课：控规编制方法与案例分析
第二阶段（1.5 周）	开发地块研究与控制指标探讨
第三阶段（4.5 周）	• 控制性详细规划编制（8 个要点步骤进阶）：①用地分类与交通路网；②控制指标；③控制线与控制点；④公共服务设施配套；⑤竖向规划 / 市政工程规划；⑥引导性内容；⑦图则（总图则与分图则）；⑧控规文本与说明书 • 规划院工程师配套讲课：①北京市用地分类标准；②道路交通规划；③竖向与市政基础设施 • 中期成果汇报与评图（评图专家团队：规划院工程师、高校教师、政府管理者等）
第四阶段（1 周）	成果制作、成果汇报与最终评图（评图专家团队：规划院工程师、高校教师、政府管理者等）

（1）以北京作为控规设计课教学的实践基地。教学团队发挥地处首都北京的本土优势，坚持以北京作为控规设计课程的规划对象，开展紧跟北京城市发展动向和控规变革进展的教学训练。据此，除国家相关法律法规和技术规范外，学生需学习和熟知北京控制性详细规划编制的地方法规与相关规定[5]-[9]，以此为依据完成控规成果编制。

（2）规划院支持下的设计选题与规划地段确定。教学组每年从不同视角切入，确定控规编制题目的训练类型、关注方向和地段选择等。北京市城市规划设计研究院借助立足当地、从事地方实践、服务地方政府的优势，为设计课程的选题与选地段等提供了重要的策略建议和信息资料支持。

（3）规划院提供专业工程技术讲座。规划院的工程师结合设计教学要求组织专题讲座，将首都地区最前沿的控规编制方法和改革趋势带入课堂，通过一线的控规实践经验讲解为学生提供规划编制的专业知识贮备，内容包括控规编制方法与案例分析、北京市用地分类标准、道路交通规划、竖向与市政基础设施等。

（4）学校教师与规划院工程师联合指导学生设计。在每周两次的设计课中，企业教师与学校教师结成小组，指导学生通过“在做中学”逐步完成控规方案成果（图 1）。高校教师与企业工程师间的知识碰撞和思维探讨，激发与引领着学生的学习兴趣和动力，学生在综合“两家之长”的设计指导过程中收获知识与技能。

3.2 开发地块研究

控制性详细规划的一项重要工作是划定规划单元和地块，并针对单元、地块的控制要素做出约束性规定。在确定控规的主要控制指标内容时，如容积率、绿地率、建筑高度、建筑密度、公共设施配套要求等，学生面临的最大挑战在于如何在“控制指标”和真实的“空间形态”之间建立起对应关系——理解这种关系，是控规编制能科学给定控制指标范围的重要前提。清华控规设计课通过设置城市已开发地块的指标研究这一小教学模块，有效搭建了“指标”与“形态”间的学习桥梁。

“开发地块研究”教学要求学生在充分理解城市现状的基础上，合理选择由城市支路（间距一般为 150-250m）围合而成的典型城市开发地块进行现状调查（图 3），对比分析地块的建筑高度、建筑密度、容积率、

图 1　控制性详细规划“高校 - 企业”联合教学课堂

绿地率等关联指标和设施配套信息，并制作地块开发模型——通过跑现场的亲眼所见、基于模型制作的亲手体验、基于数据统计的亲自验证等，来建立起对规划指标与建成形态的对应理解（图2），主要训练内容与过程方式为：

（1）采用类型学方法研究开发地块。学生依据开发地块主导功能的不同，将地块分为居住地块、办公地块、商业地块等几类，按照类型区别在北京进行案例地块的选择、考察与数据整理等。以负责居住类开发地块研究的学生小组为例（每小组约4人），小组中的每位同学可差异化地选择具有某一指标（传统平房区、低层别墅区、多层住宅区、高层住宅区等）或形态特征（围合式、点式、行列式等）的地块完成个人研究工作，然后小组汇总形成类型化的地块开发指标体系的对比分析总成果（图3）。

图2 城市开发地块研究的教学课堂

北京·印象

街区面积： 76518m²
建筑面积： 174368m²
建筑占地面积： 47237m²
公共绿地面积： 27700m²

“北京·印象”位于西四环与阜成路交叉口、定慧立交桥的东北角，地上建筑面积13万平方米，占地4.6万平方米。小区规划有商务公寓、住宅以及会所等配套设施。会所面积约1600平方米，包括咖啡厅、阅览室、书店、棋牌室、美容院、健身房、桑拿房等，并独有国际标准短道泳池。住宅停车全部安排在地下，真正实现人车分流。周边生活配套齐全，各大医院、各种特色餐厅、四通八达的公共交通线路、辐射往北的高等学府等等，汇成丰富的社区生活。

项目由德国当代最有影响力的建筑师奥托·施泰德勒(OTTO.STEIDLE)主持设计，其设计作品除在德国当地极受推崇外，在欧洲的其他国家也同样很欢迎，奥地利、罗马等地都有其住宅作品。

案例名称	城市	位置	建成年份	用地性质	容积率	高度	层数	建筑密度	绿地率	形态
北京·印象	北京	海淀区，定慧桥西北侧	2003	板式中高层/二类居住用地	1.5	42 m/29 m/11 m/4 m	9层为主+3层围合；1栋位12层	44.43%	36.20%	板楼连接单位组团，组团东、西、北侧为9层板楼，南侧3层板楼围合，通过南北向板楼连接

区位分析

项目平面

模型照片1

街景展示

建筑肌理

模型照片2

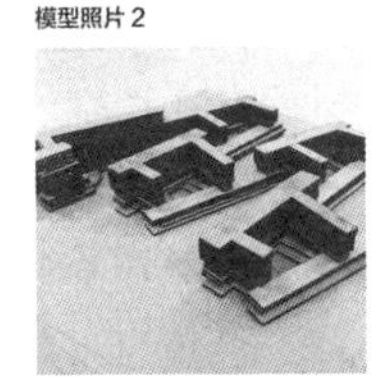

清华大学东楼小区

街区面积： 25291m²
建筑面积： 39741m²
建筑占地面积： 6619m²
公共绿地面积： 6180m²

清华大学东楼小区位于北京市海淀区清华大学内部，西与照澜院综合商业服务区相接，东部紧邻清华大学主干道学堂路，与基础工业训练中心、富士康纳米研究中心相对。

该小区为封闭式小区，选取的标准地块单元内有8块6层高板楼，呈行列式排布。由于沿南北道路平行排布，其中间形成一块相对较大的三角块地安置公共绿化、设施、运动器械等。住宅由北侧入户，南侧为宅前绿地。小区内部环境优美，绿化较好。

案例名称	城市	位置	建成年份	用地性质	容积率	高度	层数	建筑密度	绿地率	形态
清华大学东楼小区	北京	海淀区清华大学	1970	板式多层/二类居住用地	1.6	18m	6	26.17%	48.73%	行列式，封闭式

区位分析

项目平面

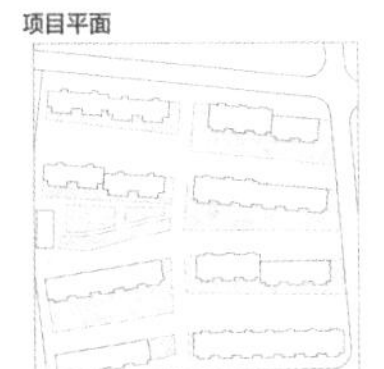

模型照片1

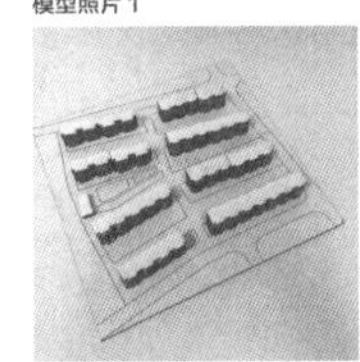

街景展示

建筑肌理

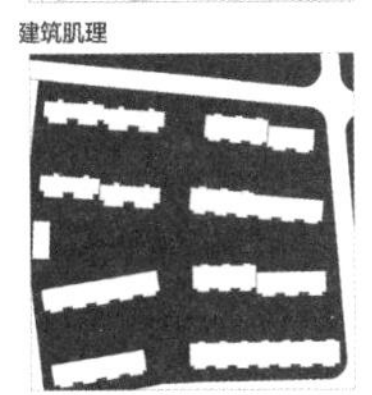

模型照片2

图3 居住类开发地块的相关研究成果

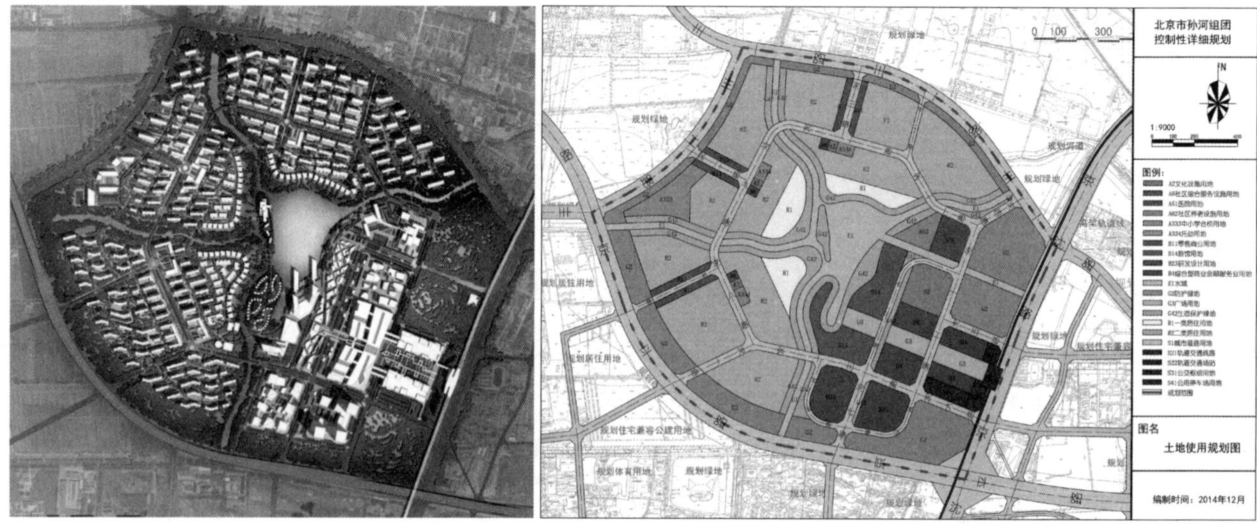

图 4　城市设计方案转译控规的学生作业成果

（2）地块研究成果的统筹表达与整合比较。开发地块调查研究的主要内容包括案例名称、地块位置、用地性质、容积率、建成年份、建筑高度、建筑层数、建筑密度、绿地率、建筑形态特征等❶。为了便于个人、小组之间的成果能够统合，需事先约定模型制作的比例（1 ： 500）、材质（灰色厚卡纸）、案例分析的图式表达（统一模板）、采用的比例尺（统一比例）等。

3.3　设计转译图则

显然，形象地体现城市规划建设意图的优秀城市设计方案，能为控制性详细规划编制提供重要的管控条件设置依据，并充分反映政府期望通过控规制定与管理实施达到的建设目标。因此，将优秀的规划设计方案“转译”为控规成果，是控制性详细规划编制的重要技能。清华控规设计课在设课早期，曾尝试将设计地段的城市设计国际招标成果提供给学生，让学生以竞标方案为依据，在合理调整和允许创新的基础上，编制完成地段的控规成果——以此帮助学生充分理解设计语言与规划管控语言的异同，以及控规对接上位规划、落实相关设计成果意图的技术方法。这种“设计转译图则”的教学模式，有效解决了受制于短短 8 周时间限制导致控规教学难以纳入城市设计方案研究的现实困境。

将设计方案转化为控规成果的设计训练，重点不在于从现状出发提出全新的规划方案，而是聚焦在了解和掌握控规成果的组成、控规编制的关键技术要点、控规表达技术方法等上面，教学目标相对纯粹。这有助于帮助学生理解控制性详细规划在管控语汇上的独特性（区别于前期学过的设计语言）、控制指标与城市形态间的对应关系，以及城市设计与控规编制之间的相互支撑作用等。图 4 所示的学生作业地段位于北京中心城的边缘，为朝阳区绿化隔离带中的集中建设用地。

为保证建设品质，城市政府和开发建设单位针对规划地段组织了国际城市设计竞标，邀请知名设计咨询公司和规划设计机构完成了 5 个各具特色的城市设计成果方案，为学生自行选择一个方案完成下一步详细规划编制奠定了基础。

3.4　“城市设计 – 控规”结合教学

城市设计结合控规的编制做法在我国规划实践中已经相当普遍[10]。城市设计对三维空间形态的建设指引研

❶ 特别需要说明的是，由于学生通常以现场看见的道路与自然边界作为研究地块分析的基地范围，导致分析成果中的用地范围、用地性质与控制指标数据的得出与所选项目的实际用地边界、建设指标规定等存在一定的差异，但这并不影响学生在这个接近真实却又具有一定假定条件的课程训练中，获得相应的知识积累与认识提升。

究，可以弥补传统控规编制过度关注刚性指标赋值的种种不足[11]，丰富控规编制内容并为地段管控数值与点线等的确定提供参考依据。为此，清华控规设计课后期继续探索了"城市设计"结合"控制性详细规划"的一体化规划设计教学流程，推动学生实现从"城市形态设计"到"规划管控要求"之间的知识和技能衔接。具体做法是将春季学期后 8 周的"控制性详细规划（城乡规划设计 4）"与前 8 周的"城市设计（城乡规划设计 3）"结合成 16 周的整体设计课堂开展教学，通过对同一规划设计地段从城市设计到控规编制的两阶段训练，同时强化和提升学生对二者的理解和认识，掌握形态设计与规划管控的方法途径与衔接关系，在拓展两门课程教学深度和丰富度的基础上，实现"1+1>2"的教学效果。

控制性详细规划的设计地段选定为一个完整的控规编制单元，面积大约在 1–2 平方公里。由于三年级规划本科生尚不具备 8 周完成 1–2 平方公里城市设计任务的技能，因此城市设计的设计地段规模大约为 20–30 公顷，且位于控规编制单元的空间范围内。学生在完成上下衔接的两个规划设计任务过程中，除现状调研、开发地块研究等工作采用分小组进行的模式之外，城市设计方案成果、控制性详细规划成果均要求每个人独立完成一套。图 5 所示的学生作业针对的规划设计地段位于首钢高端产业服务区的北部，城市设计范围约 20 公顷，控制性详细规划范围约 2 平方公里，学生在城市设计地段内确定的路网与用地布局等直接反映到其控规成果中，并帮助形成弹性的城市设计控制图则。

图 5 "城市设计 – 控规"结合教学学生成果

3.5 开放式评图

开放式评图有助于打破课堂教学的"闭环"，引入新思想、新思维和新判断，是当前建筑、规划、景观类设计课程广泛采用的评图模式。清华控规设计课在期中与期末评图过程中，邀请来自规划企业、高校及规划管理部门的不同专家，组成角色多元的专家点评小组，对学生的规划编制成果开展综合评价并给出改进建议。校内外评图专家组汇聚多方智慧力量，从不同关注视角、不同利益诉求、不同价值判断维度引导学生思考，促使学生更加全面地认识自己方案的优势或不足，不断提升其专业理解力、判断力与规划成果本身。课堂在未来改革中将进一步尝试邀请设计地段的热心业主参与评图，请他们依据自身实际需求和大众眼光来判读学生的规划成果。

4 结语

综上所述，清华控规设计课程的改革探索表明，针对控规设计教学的诸多难点与困境，可整体性地借助多元途径创新加以逐一应对：通过校企联合可以解决控规教学的工程技术保障问题;开发地块研究能够搭建起"形态"和"指标"之间的关联关系；设计转译图则有助于学生深入理解控规的法定管控属性和成果语汇特征；"城市设计－控规"结合教学实现了城市设计与控规、弹性与刚性等的交织融合；开放式评图则丰富了控规设计课堂的参与维度及思维广度。

此外，控规设计课程对学生的成绩评价应是一个多纬度的考察过程，包括调查研究、规划方案、汇报表达、成果规范性等。对于控制性详细规划的出图标准、排版要求和文本表达，由于国家和北京的地方技术规范[1]往往给出了不同深度的相关规定，课程教学应明确要求学生依照规范进行成果表达，使用CAD软件绘制电子成果，从而实现严谨的定位、定线和定点等规划控制制图工作。值得指出的是，因市政工程、环卫防灾规划等的专业技术性较强，超出了三年级学生在8周控规作业时间内完成相关规划任务的实际能力，所以清华控规课程对该方面的训练仅要求学生了解，不做具体的图纸规划和文本、说明书等方面的成果要求——市政工程与环卫防灾等的规划技能训练在学院专门开设的"市政基础设施规划"课程上培养，因此未来改革中需进一步思考如何对此进行更加有效的应对和融入。

[1] 依据北京市规划委员会2013年颁布的《城乡规划计算机辅助制图标准》，北京编制控制性详细规划成果需要遵循的计算机制图规则包括：城乡用地的图层命名与图例绘制规则、城乡规划用地高度控制的图层命名与图例绘制规划、市政工程管线综合规划图层命名与图例绘制规则、市政设施符号绘制规则、公共设施符号绘制规则、历史文化资源符号绘制规则等。

感谢参与控规教学的清华大学建筑学院吴唯佳教授、黄鹤副教授、田莉教授，以及通过"校企联合教学"平台参与控规授课的北京市城市规划设计研究院的盖春英、魏保义、王崇烈、邢宗海等几位高级工程师对教学改革的贡献。

主要参考文献

[1] 沈磊．控制性详细规划[M]. 北京：中国建筑工业出版社，2015.

[2] 江苏省城市规划研究院．城市规划资料集：控制性详细规划（第四分册）[M]. 北京：中国建筑工业出版社，2002.

[3] 汪坚强．中国控制性详细规划的制度建构[M]. 北京：中国建筑工业出版社，2017.

[4] 吴志强，李德华．城市规划原理（第四版）[M]. 北京：中国建筑工业出版社，2010.

[5] 北京市规划和国土资源管理委员会．北京市城乡规划与土地利用用地分类对应指南（试行），2017.

[6] 北京市规划委员会．北京地区建设工程规划设计通则（试行稿），2002.

[7] 北京市规划委员会．北京市居住公共服务设施规划设计指标，2006.

[8] 北京市规划委员会．北京市城乡规划用地分类标准（DB11/996-2013），2013.

[9] 北京市规划委员会．北京市城乡规划计算机辅助制图标准（DB11/T 997-2013），2013.

[10] 金广君．控制性详细规划与城市设计．西部人居环境学刊，2017（4）：1-6.

[11] 卢科荣．刚性和弹性，我拿什么来把握你——控规在城市规划管理中的困境和思考[J]. 规划师，2009（10）：78-89.

Teaching Reform of Detailed Regulatory Planning Studio : Based on University-Company Collaboration and "Urban Design-Detailed Regulatory Planning" Integration

Tang Yan

Abstract: By reflecting the existing problems of detailed regulatory planning studio for undergraduate students in colleges and universities in China, such as making a assumed plan for a assumed site, that the true project cannot match the requirements of teaching, and the lack of engineering technique support, this paper analyzes the gain and loss of the 5 years comprehensive teaching reform in the detailed regulatory planning studio of school of architecture, Tsinghua university, from perspectives of university–company collaboration, index study on the typical developed urban blocks, "urban design– detailed regulatory planning" integration, etc., so as to provide some thinking and references for the innovation and improvement of such studio in China.

Keywords: Detailed Regulatory Planning, Design Studio, Teaching Reform, University–company Collaboration, Urban Design

知行合一：城乡认识实习教学目标与成果

杨 哲

摘 要：城乡规划是一门实践性强的学科。理论与实践相结合，知行合一，是城乡规划专业课程体系的核心思想与主要目标之一。因此，在本科二年级结束时开设“城乡认识实习”，深入古城古镇古村落，探寻城乡历史文化和聚落空间原型，并与后续相关课程捆绑，可以达到较为理想的教学效果。本文为多年来城乡认识实习教学成果的总结。

关键词：知行合一，城乡认识实习，城乡历史与文化，聚落空间原型

引言

现有城乡规划教学大纲与课程体系所包含的学科门类已足够齐全与完善。但门类的比重对于城乡规划专业而言并不尽合理，人文类型课程的份量依然不足[1]。“城乡认识实习”“城乡历史与文化”就是人文类课程的补强。此其一。其二，当前高校城乡规划专业课多以理论课和设计课为主。而城乡规划作为以实践为核心的科学，应当构建面向实践的城乡规划一级学科教学科研体系[2]。我们注重知行合一，开展了许多社会实践课程。“城乡认识实习”为本科生大学五年中唯一由教师带领全班的集体实习。实习完成之后，带队老师开设“城乡历史与文化”课程，理论与实践相辅相成，结合生动鲜活的教学素材，再次提升实习成果的水平。

城乡认识实习，顾名思义，就是对城市与乡村物质空间与历史文化的实地考察与调研，也就是融人文类型和社会实践为一体的教学实习。从2011年第一届规划班开始，实习已历七载，本文从实习的行前准备、实习实施和实习后提升这三个过程进行总结。

1 实习前准备

城乡认识实习从不“打无准备的仗”。从确定主题、设计路线，到班级组织架构，再到加强师生知识、体能储备，以及行前动员，带队老师在实习出发前至少两个月即组织学生做好这四个方面的准备工作。

1.1 确定主题和设计路线

带队教师会综合实习地点和路线，确定实习主题和任务，反之亦然。无论地点或路线如何选择，对于城乡历史文化乃至空间原型的考察（主题）都集中于下述四个要点（分课题）：

（1）山水格局、区域性组团关系及交通联系方式；

（2）城、镇、村的空间结构，街巷肌理与建筑群落（类型、分布等）特征；

（3）自然地理、城乡风貌与建筑风格形式特点；

（4）历史、人文、乡俗等虚体和情感要素的提炼（非物遗等）。

通过预先尽量细致周全的功课，综合考虑教育意义、实习安全等各方面因素，每次实习都能制定并完成适宜的实习路线（图1）。

1.2 人员组织架构

参加实习的学生以大二本科生为主，也欢迎研究生和教师加入实习队伍中。

确定参与人员后，需要按照兴趣和特长进行专业分组和管理分组。如2016年“山水婺源”实习，结合指导老师的建议以及队员观点，聚落空间原型特征这一总的课题被拆分为“山水格局”、“一落一户”、“在徽言商”、“徽写韶华”四个子课题进行调研。为确保实习团队在外

杨 哲：厦门大学建筑与土木工程学院教师

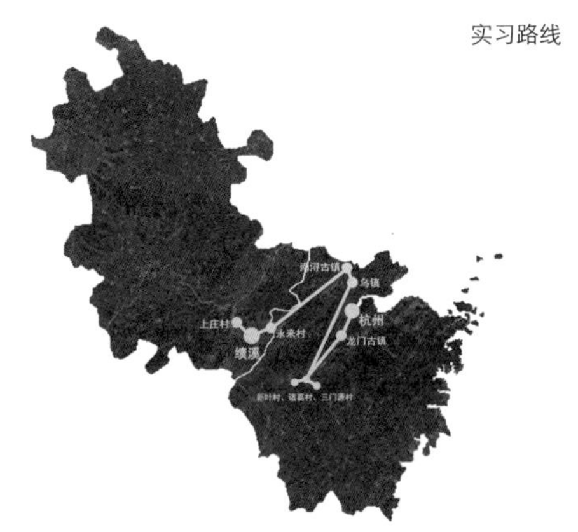

图 1　2017 年以“徽杭古道”为主题的实习路线

顺利出行，另行组建安全保障、财务管理、宣传三个特别小组，形成塔形、立体的组织构架。

1.3　储备知识和体能

教师要求并引导学生提前查阅资料，了解要调研城镇乡村的基本概况，做到心中有数，对于相关理论和技能进行专业知识储备。此外，十天左右的实习行程对师生的体能是一次不小的考验。为此，带队老师号召同学们一起锻炼，储备体能。

1.4　行前动员

城乡认识实习开始前两个月，开展相关的专题讲座和动员大会。邀请学院领导分享自己的经验，以及实习目的地引人入胜的自然景观和风土人情，以提高学生的兴趣。带队教师则为同学们介绍实习的整体概况，用往届成功案例树立学习榜样。也特别指出要注意历届实习容易出现的问题，吸取教训。最后，必须强调安全问题，实习从动员开始，一个都不能少。

2　实习的实施

实施当然是实习的主要环节，直接决定着教学目标的成败。

“认识”实习最根本的教学目标是从认知层面训练学生的综合素养。城乡规划与建筑设计都离不开对地方与场所的各种认知，如气候、物产、资源、交通、历史、文化等方面。认知层面，由具象上升为抽象，大体上可分为：外在形式、主观意象、社会意义。城市、乡村与建筑的形式是原本物理或物质的存在，对于认知者（规划设计者）来说，属于原物或“原创”。当认知者以自身或习得的经验来把控这个客体，形成主观意识到的存在时，比如测绘图、写生画等，便“客创”出意象（image）。这个主观性很强的意象经由集体意识的认可与增强便具有了社会意义。最终影响到规划设计的定位、方向、框架、重点乃至细节。因此，我们把教学目标的实施具象为具体的三项任务。

2.1　初步感知——拍照、速写

充分调动感官，对调研聚落能有宏观笼统的“心理意象”。记录所见所闻最主要的方法就是拍照和速写。摄影瞬间浓缩了聚落空间的外在形式和主观意象。

实习特别重视速写任务的要求。不必拘于速写的美感，而是作为一种当下的快速记录方式，能够及时思考所绘场所的空间关系，并最终对聚落或细节形成更深层次的心理意象（图 2）。

图 2　婺源篁岭村速写（2014 级本科生绘制）

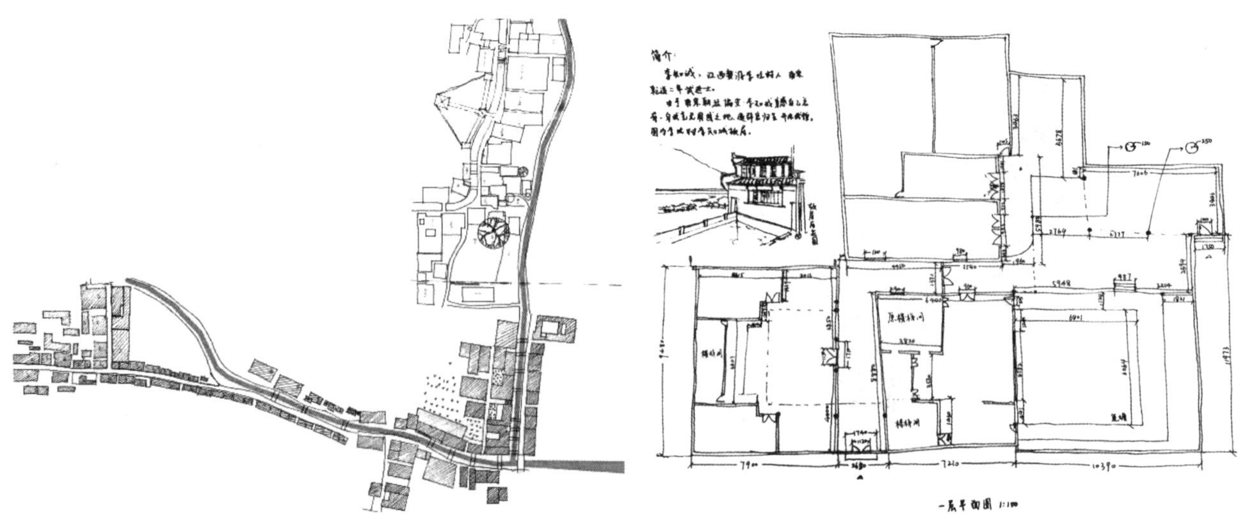

图 3　婺源李坑村总平、李知诚故居的测绘手稿（2016 年“山水婺源”实践队绘制）

2.2　深入了解——测绘、访谈

测绘同样是城乡规划专业学生需要掌握的基本技能之一。小组分工测绘村落和代表建筑，再合作、总装成村庄的总平面图（图 3），对聚落各尺度的空间结构有较精确的把握。

访谈是深入了解聚落历史文化的另一种方法。与当地专业人士和原住民交流，帮助学生梳理聚落整体脉络，找出隐藏在城乡表象背后的规律和特征，体察民情风俗（图 4）。

图 4　接受访谈的绩溪上庄胡姓老伯（2015 级本科生拍摄）

2.3　总结提升——纪实报道、每日小结

忙碌的实习和丰富的见闻需要及时记录整理，便于后期的总结提高。教师会要求并指导学生完成每日小结，并将优秀的文章推送到实习公众号上（图 5）。

整个实施环节，教师不是监督管理的“局外人”，而是与学生同吃同住，一起跋山涉水，共同完成各项任务。这种零距离教学给师生留下难忘的经历。

3　实习后提升

前期准备、实习实施、后期总结形成一套完整的城乡认识实习过程。后期总结在其中起到关键作用。学生能在该环节中梳理思绪，总结经验并最终凝练升华。实习后总结任务包括以下几项：

3.1　实习专题报告

要求学生分别以个人和小组为单位提交实习报告。过程中教师加以耐心细致的引导。特别是专题报告，要努力把学生引入学术大门，获得较为独立的、深入的思考。

3.2　村落总平面图及分析图

为了加强学生对聚落空间的整体感知，实习布置总平面图绘制任务。2017 年特别采用了无人机，可快速、清晰地看清村落全貌。也有助于学生更准确地分析街巷肌理等聚落特征（图 6）。

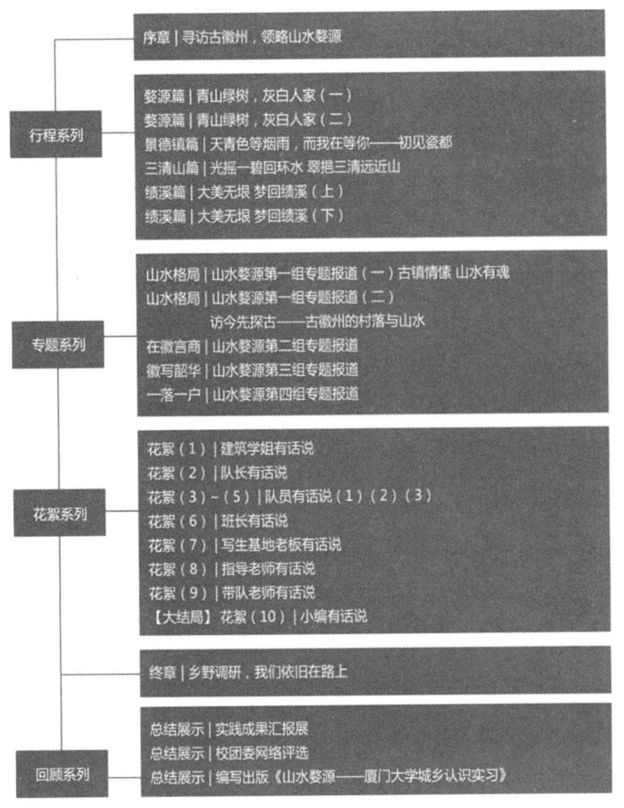

图 5 “山水婺源”公众号系列推送篇章目录
（2014 级本科生绘制）

3.3 视频、展览和公众号宣传

公众号宣传是我们对于城乡认识实习的一大特色设置。接受公众的监督，可以促使学生们更加严谨、认真地完成各项任务。公众号推文还可以起到宣传中国传统城镇村落的作用，让更多的人了解它们，为传统聚落的发展贡献各方力量。

2016 年“山水婺源”公众号一共原创并推送了 24 篇图文并茂的文章，获得了 5287 人一共 11183 次的阅读量（截至 2016 年 12 月 31 日）（图 7）。

为了宣传实习，记录传统村落，还将各村落盛景、实习感悟等制作成短视频（链接：https：//v.qq.com/x/page/o0528pjuqti.html）。最终，整合成果，制成展板，分别在学院和学校举行汇报展览（图 8）

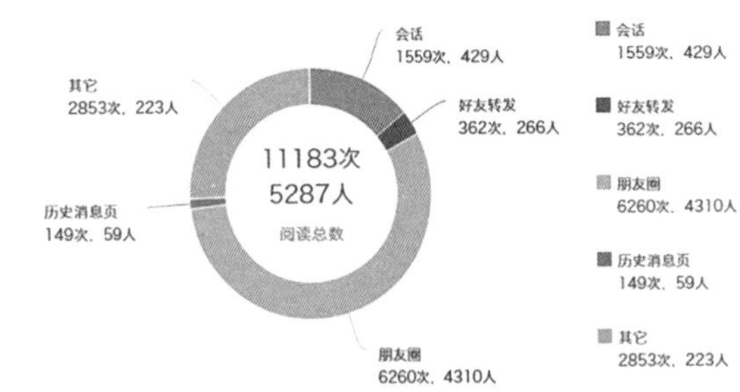

图 7 公众号图文阅读总数统计
（来源：“山水婺源”公众号）

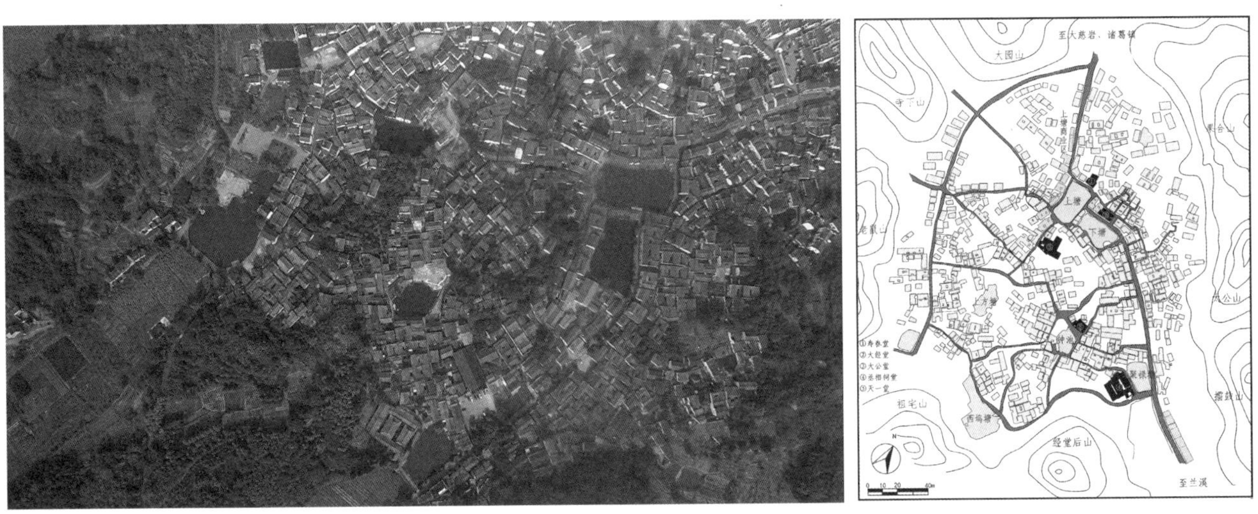

图 6 浙江诸葛村航拍图（实习无人机小组拍摄）、总平面图（2015 级本科生绘制）

4 结语

知行合一，传承文化是城乡认识实习的核心思想。多年实践总结出“蓄势—征程—聚焦—升华”组成的完整实习过程（图 9）。

图 8 “山水婺源”实习成果宣传展板之一（2014 级本科生设计）

学生通过写生，用眼睛、手、脚、甚至于画画时身体的肌肤感知村落，牌坊、木雕、建筑、水系、村落等等只要感兴趣的，都被生动记录下来；通过唇齿咀嚼村里热情招待的饭菜，同他们话古聊今说未来，用面对面的沟通体验了古聚落的人情味；通过测绘，留下了乡野调研的第一手资料。通过双脚，丈量一个又一个传统聚落，每日超万步的脚程中有着同学们彼此的鼓励和共同的信念；通过媒体，实践队向各界传播认知和感悟的声音，试图用更宽广的视角，去审视中国当前的乡村建设。

城乡认识实习以“博古”开始，最终是为了“通今”。未来的城镇化道路将会明显地从数量型增长向质量型提升转变。质量型发展模式意味着空间环境、基础设施、社会人文等多方面品质的内在与外显提升。因此，城乡规划专业课程设置，除了专业能力的培养，更要培养学生的文化情怀。这种文化情怀，包括建筑、乡村、人文、历史等多个方面。学生不仅要在学校，更要在现场实习调研中不断感悟历史、感悟文化、增长知识、磨炼技能。

中华大地幅员辽阔，多民族文化异彩纷呈。探源泱泱华夏文明、寻根传统聚落文化，在城市双修、乡村振兴的今天尤其具有深刻而长远的意义。我们的探寻刚刚开始，任重而道远。

蓄势

实习动员	专题讲座
	确定主题
	行程计划
	组织架构
	严明纪律
	注意事项
行前准备	文献阅读
	速写练习
	体能训练

征程

日期	地点	主要任务
D1	学校→婺源李坑村	出发、抵达、安顿、初征李坑
D2	李坑村	测绘村落总平、重要建筑
D3	篁岭村	调研、速写
D4	延村、官桥村	调研、速写
D5	汪口村、晓起村	调研、速写
D6	景德镇	瓷厂体验、古窑民俗博览区
D7		陶艺街、陶溪川
D8	三清山	山水格局调研
D9	湖村、龙川	调研、速写
D10	绩溪博物馆	
D11	绩溪→学校	返程

聚焦

主题	城乡空间原型
	历史人文体验
专题一	山水格局
专题二	一落一户
专题三	在徽言商
专题四	徽写韶华

升华

- 个人实习报告
- 小组专题报告
- 综合报告
- 微信公众号推送（四大系列）
- 官网报导
- 视频制作
- 实习成果展
- 获得荣誉
- 整理出书

图 9 2016 年“山水婺源”实习全程

主要参考文献

［1］ 陈征帆．论城市规划专业的核心素养及教学模式的应变[J]. 城市规划，2009（9）：82–85.

［2］ 殷洁．罗小龙．构建面向实践的城乡规划 [J]. 规划师，2012（9）：17–20

［3］ 杨哲．聚落寻源 [M]. 厦门：厦门大学出版社，2018.

The Unity of Knowledge and Action: The Goals and Achievements of Urban-rural Fieldtrips of Xiamen University

Yang Zhe

Abstract: Urban–rural planning is extremely related to practice. The combination of knowledge and practice, or, the unity of knowledge and action, is one of the core ideas and main goals for improving the professional curriculum system. Therefore, we set up the course called "Urban–rural Fieldtrips" at the end of the second year of undergraduate. In this fieldtrip, students will be asked to penetrate into old towns and villages, then to explore urban–rural history and culture through space prototype of settlement. Furthermore, in order to achieve the ideal teaching effects, this fieldtrip is bound to the following courses. This paper is a summary of the urban–rural fieldstrips' achievements of Xiamen University.

Keywords: the Unity of Knowledge and Action，Urban–rural Fieldtrips，Urban–rural History and Culture，Space Prototype of Settlement

设计笔记的理论模式与应用构想*

张凌青

摘　要：城设计笔记是规划、建筑和景观专业的传统教学手段，通常以抄绘、速写的形式记录空间信息，辅助以文字信息。但在信息化快速发展的当下，大学生已经疏于笔记的记录，传统的设计笔记也需要新的变革。本文探讨了设计笔记的新定位，即围绕着设计学习和实践而做的个性化编码活动，通过图、数、文、理手写＋信息化资源，构建自己虚拟的设计资源网络和设计世界，预设和反思设计流程。同时以城乡社会综合调查为对象，构思设计索引笔记、设计模型笔记和设计流程笔记的应用，以实现设计笔记的革新与发展，协助学生深入掌控更多的设计资源，并内化为自身的能力。

关键词：设计笔记，设计索引，设计模型，设计反思

1　前言

规划、建筑和景观专业的学生在学习的过程中都会进行速写、抄绘练习，部分学生也在坚持着在专业课上记录笔记，但是很多人到高年级就疏于笔记的记录了。很少有学生和教师在记录笔记这件事情上下功夫、找窍门以提高学习和工作效率，进而辅助提升设计能力的。在近 3 年城乡规划教育年会论文集中，也较少看到相关研究论文。据笔者观察，在设计课的学习过程中，学生比较常见的还是准备有手绘笔记本用于抄绘和记录草图。而随着电脑、平板电脑和手机的普及，教师上课多使用 PPT 快速投影展示讲解，学生也多是下载课件和拍照记录课程信息，这进一步削弱了记录笔记的动力。在教学过程中可以发现，信息化带来的便利并不能直接提升学生的设计能力，反而加重了抄袭和知识碎片化的问题。学生越来越习惯收集几百 G 的设计资料，在设计的过程中随意借鉴和拼合，缺乏知识内化、整合的过程，理念和内容脱节、内容浮于表面。

从行业的发展和教学的需求来看，学生需要了解和掌控的知识及信息资源越来越丰富，传统工匠式的学习方式将越来越不适应现代规模化、标准化、信息化发展的特点。在教学环节中，我们急需革新知识和信息资源的获取、记录、分析、利用的方式。传统的笔记和设计笔记有利于学生理解和整合知识，而信息化资源收集分析有利于学生拓展和利用更多的知识，所以我们应该整合两者的优势，在传统笔记的基础上不断拓展和革新，进一步探索新的更高效的方法。

本次教改研究的目的是深入分析设计笔记的核心理论模型，结合新的信息化学习环境创新设计笔记的实践形式，以提高教师的授课效率和学生的设计能力。

2　设计笔记的相关理论分析与创新模型搭建

2.1　相关理论分析

笔记的记录由来已久。Di Vesta & Gary（1972）最早把记笔记的功能归纳为编码功能和外储存功能。记笔记的编码功能假设是指记笔记有利于信息的储存从而有助于信息的记忆；而记笔记的外储存功能假设是指记下的笔记经复习后有利于信息的提取从而有助于信息的记忆。[1]

从整体学习的观点来看。整体学习有其特定的顺序：获取、理解、拓展、纠错、应用、测试。获取就是信息进

* 基金项目：院级双支计划。

张凌青：四川农业大学建筑与城乡规划学院城乡规划系

入你的眼睛和耳朵，阅读、课堂上记笔记以及个人的种种经历都是获取；拓展阶段是整个学习中最花力气的地方，这一步将形成模型、高速公路和广泛的联系，从而获得良好的结构；纠错阶段是在模型和高速公路中寻找错误，这个阶段要删除那些无效的联系；应用把纠错带入最后的水平，通过比较（知识）信息是如何在现实中运行的来进行调整，如果理解不符合现实世界，那么再多也无用；上述阶段的每一步都需要测试，测试有助于你迅速找到学习中的问题所在，帮助你改进学习技术，克服缺点。[2]

2.2 创新模型构建

基于笔记的功能、整体学习的概念和设计专业信息化的发展趋势，我们的设计笔记不能单纯地记录知识，不能简单地孤立地临摹设计方案。我们当今的设计笔记记录应该是围绕着设计学习和实践而做的个性化编码活动，即通过数、图、文、理的形式，结合信息化资源，构建联通各种资源的个人设计资源网络、搭建具有核心模型的设计世界，辅助控制设计过程并进行设计反思。

对应设计笔记的定义和整体学习的模型。设计笔记应该具有三大核心功能：第一是作为明晰的线索和结构，快速关联设计相关的理论和资源，形成可以快速调取的设计资源网络；第二是作为理解和整体性构建的手段，构建自己虚拟设计模型及设计世界；第三是作为设计学习和实践的辅助工具，辅助控制设计过程，作为设计反思的依据。

针对这三大核心功能，我们可以构建新的设计笔记模型，见表 1。

3 设计笔记的功能性记录法

针对新的设计笔记模型，我们可将设计笔记拆分为三种笔记，一种是基于资源关联性的设计索引笔记、一种是基于理解和整体性构建的设计模型笔记、一种是基于过程控制和反思的设计流程笔记。这三种设计笔记相互配合使用，并通过信息化的方式进行整合。

3.1 基于资源关联性的设计索引笔记

设计笔记的第一个核心功能就是作为明晰的线索和结构，快速关联设计相关的理论和资源，形成随时可以调取的设计资源网络。设计索引笔记就是基于这个一功能所考虑的。它的主要功能就是将获取的各类信息进行简化、压缩，转化为个性化的图像、数字、文字符号、关系模型等线索记录在笔记本里，通过这些线索，可以迅速定位到各类资源。

索引笔记的形式主要以便携式为主，需要在任何情况下都能马上拿出来记录。一般可以选用能放入包中，可以方便撕下的笔记本，笔记本的正反面最好是网格页。

从内容上来看，索引笔记主要记录外部信息和内在思想。核心是记录方式简洁高效（信息压缩编码）且利于本人识别和联想（快速关联相关资源），推荐设计个人独特的编码符号和方式。

（1）外部信息的索引记录（笔记正面）

外部信息的索引记录主要针对城乡社会综合调查、外出采风、文献分析、案例分析等进行的记录，主要是在笔记本的正面进行基于外部信息的图像、数字、文字

设计笔记模型 表1

模型框架	模型内容
第一步：信息获取	从身边的事物入手，深入观察、搜索和记录设计相关的信息。这些事物可以是身边的实体空间，如教学楼、校园布局等，也可以是某个理论和话题，也会是某个专业课程
第二步：线索和结构的构建	将获取的信息以某种方式简化、压缩，转化为个性化的数字、图像、文字符号、关系模型的线索，并通过清晰的结构进行记录
第三步：模型化	将记录的各类线索和结构进行汇总和理解，再抽象和构建成某个主题的整体模型
第四步：设计世界构建	将各个主题的整体模型进行进一步抽象整合，形成一个包含设计观和设计资源的完整的设计世界
第五步：过程控制应用	在每个设计开始之初，利用上述笔记成果构建过程控制笔记，详细预想设计的整个流程，在设计过程中详细记录设计的过程
第六步：设计反思	根据设计过程的记录和结果，进行设计反思，详细分析预设流程和实际操作流程之间的差别，思考设计实践中发现的问题，提出设计流程优化的方法

符号、关系模型的索引记录。首先通过速写的形式记录外部信息的核心图形特征，初步抽象提取出所需要的图形信息线索，这些线索有基于单体元素的，如建筑的门窗、路灯、室外铺装、装饰性植物等，也有基于整体组合结构的，如街宽比、建筑的天际轮廓线等。

在速写绘制完毕后，在笔记上用另外一种颜色的笔进行数字、文字符号和关系模型的描述分析。数字主要记录和空间相关的信息，如日期、地理经纬度坐标、关键尺寸、特征要素的数量等；文字符号主要记录主题名称、要素名称、特征描述、非视觉的特征描述（听觉、嗅觉、触觉的感受）等，还有一个重点就是记录相关的照片、电子图片、视频、网址、书名、文献信息（名称和存储位置）。关系模型的分析记录是索引笔记最大的亮点，也是下一步设计模型笔记记录的基础。学生在速写和笔记记录的时候往往更加关心图绘制得是否相似、完整和传神，而往往忽略了对于空间信息的分析。关系模型就是在速写底图上或者其他空白处绘制空间、文献和法律法规的抽象关系，如建筑立面的几何构成关系、建筑群体的组合关系、人群在空间中的活动轨迹、理论框架、法律关系等。其描述的是外部信息背后的逻辑关系。

（2）内在思想信息的索引记录（笔记背面）

在我们调查分析的时候，常常会产生联想并激发自己的灵感，这些灵感往往转瞬即逝，这就需要在索引笔记里记录下内在思想的索引信息。主要的形式就是在笔记的背面绘制自己构想的图像、数字、文字符号和关系模型。这些索引要进行创造性地抽象表达，表达的形式可以是关键词、一段文字描述、一个简单的比喻、一副简单的图形、几个数字等，并最好用不同颜色的笔进行记录。

（3）信息化资源的构建

所有的索引信息需要能够快速链接到相对应的信息化资源，这些资源包括拍摄的照片、收集的电子书、电子版的设计方案、设计相关的网站或公众号、设计相关的视频等。这些信息化的资源通过名称、网址、数字符号等方式和索引笔记形成关联。

3.2 基于理解和整体性构建的设计模型笔记

设计笔记的第二个核心功能就是基于关联的理论与资源编码，进一步理解和构建自己心中的设计世界。设计模型笔记就是基于这个一功能所考虑的。它的主要功能就是将零散记录的索引资源进行理解和构建，形成具有自己风格的设计世界。它主要分为两个层次，一个是设计主题模型，一个是设计世界模型。在笔记记录的过程中，需要注意的是设计主题模型笔记和设计世界模型笔记应该是一个动态记录的过程，在记录的过程中要预留一些页面用于后期的补充完善，而达到一定阶段后可以另起篇章从新撰写新的笔记，通过修补和迭代的方式不断完善它。更加重要的是，这部分笔记不是记录外部的已有的系统成果，而是自己在索引笔记的基础上创造出来的自己的分析成果，是自己求证过的，能够理解，可以应用的模型。

（1）设计主题模型笔记

设计主题模型笔记是就某一个专题进行的总结提炼，大如城市总体规划、居住小区规划设计，小到彩色平面图的绘制、设计文本排版方式等。这些专题要围绕着已有的索引资料展开，是对索引资料的整理和提升，是近期预计会使用到的专题。主题模型笔记记录主要分为以下几个部分：①专题相关的要素和逻辑框架的抽象绘制；②已有资源的罗列、分析评价及关联索引；③常用的应用模式总结及需要补充完善的方面。在绘制的过程中，同样也是采取图、数、文、理综合绘制的方法，但是相对索引笔记来说更加宏观和综合，提炼了一定的内在规律。

（2）设计世界模型笔记

一个优秀的设计师总是有其对生活、对设计的独特观点，而设计世界模型笔记就是设计感悟的最高体现，也是是对所有索引资源和主题模型的最高总结。一般放在笔记本的第一页。它记录的内容主要是学生自身对于设计的总体认知框架，包括核心、主体、支撑框架、相关领域等。表现形式最好以图形为主，文字符号为辅。这一模型必须是自己基于索引笔记和设计主题模型笔记构建的，而非借鉴学习他人的成果，在结构和内容上需要能够映射出各个方面的感悟和资源。开始的阶段可能是较为简陋但是真实的，随着学习和实践的不断深入，则不断地进行修补和迭代优化。这样的笔记有利于形成关于设计的系统观、整体观、价值观，通过设计世界模型来统领纷繁复杂的信息和资源。

3.3 基于过程控制和反思的设计流程笔记

设计笔记的第三个核心功能就是跳出设计看设计，作为设计学习和实践的辅助工具，辅助控制设计过程，作为设计反思的依据。设计流程笔记就是针对这个功能设计的。它的主要功能就是预设设计流程和反思设计流程。

通过学情分析发现，设计专业的学生拿到任务书之后普遍考虑的是什么时间完成什么设计图纸，埋头苦干遇到设计瓶颈后往往依赖老师或者参考案例来解决问题，整个设计过程缺乏基于自身条件和资源的战略谋划。而在设计任务完成后，就是交图大吉的心态，再也不会回头整理和反思设计过程和曾经遇到的问题。在下次设计的过程中，很多问题还是会反复出现，很多经验也被遗忘，从而极大降低了设计的效率和迭代提高的效率。通过引导学生记录设计流程笔记，学生就可以积极应对这个问题。

（1）设计流程预设笔记

这里预设的设计流程可以包含两个方面的，一个是长期战略层面的，一个是短期战术层面的。

长期战略层面的笔记主要是在专业教师引导的基础上构思大学 5 年甚至更久的设计学习和实践的流程，首先在笔记本上将 5 年的时间分为不同的时间段，然后明确构思不同时间段为了提高设计水平所需要完成的任务、自己在每个阶段所拥有的条件和资源、中途可能会遇到的难点、为了完成相应任务所要做的准备工作，这些任务可以分为结合教学计划的主线任务和结合自身兴趣与条件的支线任务。

短期战术层面针对的是某个规划或设计实践，在设计开始之初就评估设计的个人目标、各个时间节点需要完成的主线和支线任务、自己现在拥有的条件和资源、可能遇到的困难、为完成各个阶段任务所需要做的辅助工作。首先个人目标的设定可以是多样化的，除了设计任务书要求的目标以外，可以自己设定特定的目标，比如建立相关主题的设计模型、完成两套比较方案、提高自己的美学鉴赏能力等。其次现有条件、资源和可能遇到的困难评估是一种关联性策略，兵马未动粮草先行，知己知彼百战不殆，古人已经为我们指明了道路，学生要做的就是利用一切可以利用的资源，排除一切可能遇到的问题来支撑规划方案设计。最后就是为完成任务所做的辅助工作其实就是学习过程的核心，每个学生为规划设计没有思路而苦恼的时候都没有想过，从未接触过设计或者毫无准备地去设计怎么能做好方案呢？提前夯实基础，有的放矢地准备才是规划设计顺利推进的前提。空空如也的大脑是挖掘不出好的灵感的。这些准备工作可以是外出的城乡社会调查、可以是相关方案的抄绘、可以是某个设计软件特殊技法的学习、也可以是找师兄师姐进行的专题交流。短期战术层面的设计流程笔记的核心就是实现不打无准备之仗，为设计做好充足的准备。

（2）设计流程反思笔记

当学生为长期的学习和短期的规划设计做好流程预设后，在实践的过程中肯定会遇到各种问题，这些问题可能是源自自身的思想的转变，可能是源于外在环境的变化，而最可能的是源于错误的预估判断和预设安排，比如目标设置过高、高估的自己的能力和习惯、处理困难的方法行不通。

经过一段时间的实践，学生就需要基于实际回馈对设计流程进行反思优化，总结经验。比如感觉设计时间不够用，就要统计用于规划设计的时间，检查是之前时间安排不合理，还是由于前期用于规划设计的时间不够，导致交图前熬夜赶图的。再比如感觉方案一直没有思路，就要检查预设的整理的相关资源是否用上了，还是选择了错误的相关资源。在这些问题的基础上进行优化后的设计流程就会更加符合实际、更加高效。

设计流程反思笔记的内容包含两个方面，一个是实际设计流程的记录，一个是对于预设流程的对比反思。反思的核心内容在于反思目标是否达成，没有达成的原因是什么；各个阶段用于设计的时间是否实际投入的时间相符，不符合的情况如何，原因是什么；整个流程是否和实际的流程有偏差，有哪些偏差和突发情况，原因是什么；最终使用的资源是否和预设的准备工作相匹配，哪些是有效工作，哪些是无效的工作，原因是什么。

4 总结与应用构想

设计索引笔记、设计模型笔记和设计流程笔记共同构成了创新的设计笔记体系，这一体系还属于初步的理论探讨，是否能够用于实践，是否可以很好地辅助规划设计的学习和实践，还需要不断地进行尝试和校验。

本研究计划就以下几个方面进行应用实践：一是与教学成果相结合，将设计笔记的记录作为课程成果的一部分进行要求；二是将设计与笔记相结合，引导学生将

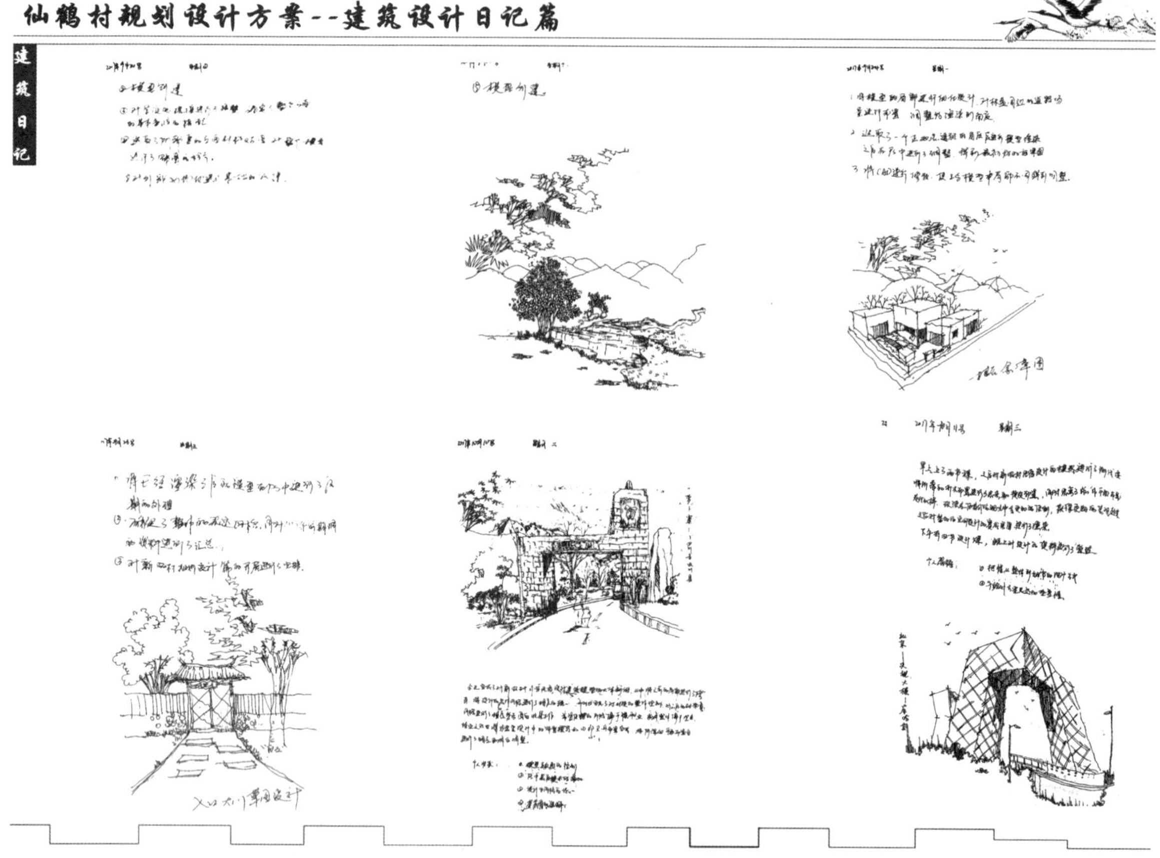

图 1　规划日记（设计流程笔记）

设计笔记应用到实际课程设计中；三是成果的反馈校验，根据学生的反馈意见，详细分析设计笔记是否可以促使设计更加高效深入，还有哪些需要优化修改的。其中索引笔记和设计流程笔记在城乡规划管理与法规课程及新农村规划与设计课程中已经开展了初步实践，如图 1。具体的成果将在更多教学实验后予以系统总结。

主要参考文献

[1] 刘永灿 . 记笔记功能的认知心理研究——中国学生听英语讲座时记笔记的编码功能和外储存功能 [J]. 现代外语，2003（02）：193-199.

[2] 斯科特・杨 . 如何高效学习 [M]. 北京：机械工业出版社，2015：27-29.

[3] 李向明 . 高校课堂笔记的现状与思考 [J]. 中国农业教育，2015（01）：72-76.

[4] 胡进 . 关于记笔记策略的研究综述 [J]. 心理学动态，2001（01）：47-51.

[5] 孙继民 . 记笔记研究的理论模式与实践 [J]. 外国教育研究，2004（08）：26-29.

[6] 陈丽 . 大学生课堂笔记策略的现状及对策思考 [J]. 文教资料，2012（11）：167-168.

Theoretical Model and Application Concept of Design Notes

Zhang Lingqing

Abstract: Design notes which often record spatial information in the form of copying drawings and sketching, and assisting with textual information are traditional teaching methods for those majored in planning, architecture, and landscape. However, under the rapid development of informatization, college students have neglected the recording of notes, and traditional design notes also need new changes. This article explores the new orientation of design notes, namely the personalized coding activities around design learning and practice, building their own virtual design resource networks and design worlds through the combination of hand-written images, numbers, texts and contexts with information resources to default and reflect the design process. At the same time, it takes the comprehensive investigation of urban and rural society as an object to conceive he application of design index notes, design model notes, and design flow notes to realize the innovation and development of design notes, assist students in controlling more design resources, and internalize their own capabilities.

Keywords: Design Notes, Design Index, Design Model, Design Reflection

交叠互动机制下的镜像投射式教学实验
—— 城乡规划本科城市设计教学改革研究

王　颖　程海帆　陈　桔

摘　要：近年来，城市设计不仅已成为我国城市规划领域中不可或缺的一环，而且在城市发展过程中逐渐占据了愈来愈重要的关键性位置；城市设计教学也成为城乡规划本科高年级教学体系中最首要、最普遍的科目。本文课题组对固有的城市设计教学问题进行反思，开展了"镜像投射式"的城乡规划本科城市设计教学实验，设置多维度的教学模块、采用递进式回馈体验的教学方式，并以此构筑交叠互动型的教学机制，从而达到使学生城市设计思维得以全面拓展，创新能力、实践能力获得深度培育的教学目标。

关键词：镜像投射式教学实验，交叠互动机制，城市设计教学改革

1　前言

近年来，随着中国城市发展的全面转型，城市设计已成为中国实施新型城镇化的核心内容之一，与美好生活、城市双修、城市特色等息息相关。作为城乡规划本科教育中的主干课程，城市设计教学对学生城市设计能力的培养在高年级本科城乡规划教学序列中至关重要。因此，在教学过程中怎样使同学们夯实城市设计相关知识的理论基础，掌握城市设计语言的多元化转译，建构城市设计思维的逻辑体系，从而获取全方位的规划综合能力的提升；成为我们本次教学实验探索的主要切入点。

2　以往城市设计课程的教学问题分析

2.1　有时限的教学容量与学生大量的碎片化知识吸纳之间的不匹配

众所周知，城市设计并不仅限于空间设计语言，其外延领域与理论内涵覆盖了经济、社会、地理等多门学科知识，而与之相对应的，我们也设置了许多辅助性理论支撑课程，如城市社会学、规划管理、历史城镇保护等内容，希望能给学生奠定坚实的理论基础，并能在城市设计课中灵活运用并掌握这些知识。然而就以往的教学经历来看，大量辅助理论课程的设置并未达到预期的教学目的。究其原因，主要有两点：一，由于具体教师配备、课时安排所限，许多理论辅助课程的教授进程很难与城市设计课同步进行，有的课程与设计课还具有较大的时间差。这样的教学时段错位导致同学们对相关理论知识的吸纳通常停留在表层记忆而非深度理解，而且往往呈现出碎片化、无序化状态；对如何在城市设计课中灵活运用这些知识无疑只能是一知半解、捉襟见肘。二，在八周的城市设计课程中，有限的教学时长也使得学生不可能在这八周内自行完成对海量理论知识的梳理整合，并与所学得到的城市设计成果进行无缝衔接。因此，有时限的教学容量与学生大量的碎片化知识吸纳之间的不匹配成为城市设计课程教学的首要问题之一。

2.2　单向的任务型教学模式与学生实现互动式设计成果检验之间的不匹配

以往的城市设计课程属于单向的任务型教学模式，即以预设的教学任务书为宗旨，以完成阶段性的教学任务为目标，按照经典的规划方案生成逻辑来划分教学阶段（包括"现状调研—设计策略—初步方案—成果表现"四部分）。在这样的单向型教学模式下，往往呈现的是

王　颖：昆明理工大学建筑城规学院城乡规划系讲师
程海帆：昆明理工大学建筑城规学院城乡规划系讲师
陈　桔：昆明理工大学建筑城规学院城乡规划系讲师

师生都以完成课设任务为首要目的，而对设计课程作业的评价体系不可避免的具有传统的“蓝图式”评价特征，即更注重对方案的现状分析、生成逻辑、技术规范及表现形式的能力评判，而对其是否具有管理时效性、实施可操作性等实际运用方面则缺乏实时互动反馈、检验评价的有效渠道；学生也自然将自己的城市设计成果停留在了“交作业”阶段，不再继续深入及反思。而对城市设计而言，其过程性的控制、干预和实践举足轻重，实施型城市设计也是未来国内城市设计发展的主要方向[1]。因此，这样单向的任务型教学模式与学生实现互动式设计成果检验之间的不匹配，不但无形中使同学们对城市设计的“过程化”认知流于表面，还难以激发学生对城市设计的深度反思与思辨意识，并不利于同学们将来在专业领域内的学习与成长。

2.3 单一的小尺度规模限制与学生工作后多尺度项目实践之间的不匹配

城市设计是一种观察和研究城市历史、现实和预设未来城市社会空间形态的方法，其涵盖的空间尺度范围从宏观到微观，从城市总体、分区规划到街坊、地块规划，可大亦可小[2]当前我们的城市设计课程教学，主要集中在对小规模地段（10-40 公顷）的研究与设计，这是针对八周的教学课程时段相应设置的。在这一阶段的城市设计学习中，大部分同学可以完成对局部地段小尺度更新的城市设计教学内容，并掌握一定的城市设计语言的图面表述能力。然而在与近两届本科毕业生的交流反馈中，我们发现大家在工作初期参与城市设计项目实践时遇到的普遍困难在于对中观、宏观尺度城市设计（例如总体城市设计）的把控与认知不足。诚然，麻雀虽小，五脏俱全，单一小地块规模的城市设计课程更能够使学生在八周内熟练掌握城市设计的主体教学内容；但我们也应正视城市设计教学中单一的小尺度规模限制与学生工作后多尺度项目实践之间的不匹配问题，以全面提升同学们在将来规划工作中的综合适应能力。

3 交叠互动机制下的镜像投射式教学实验研究

“投射”这一概念是 Halliday 在系统功能语法框架内描述小句关系类型时提出的，他指出“投射”是与扩展相并列的一种逻辑语义关系，可以把语法功能和语义功能有机地结合起来[3]。镜像是一种文件存储形式，它最重要的特点是可以被识别并具备刻录和保存功能。本次城市设计教学课题组引入“镜像投射”的概念来开展相关教学实验，目的是建构多维构成、逻辑链接、实时反馈、交叠互动的城市设计教学机制，具体如下：

3.1 基地定点，目标式镜像投射下对位配置宽容量、多维度的教学模块

由前文可知，以往的城市设计教学的理论支撑课程与设计课之间由于时段错位、过程缺失，难以达到预期的辅助教学效果。基于此，教研课题组在一定时间段内（3-5 个学年）在省内某地设立一个相对固定的定点教学实训基地，这一地区不但是城市设计课程的研究对象与目标，还具有相关理论支撑课程的案例研发及实时调查基地等多重身份。

以 2014 级城乡规划专业本科教学为例，教研组从 2016 年开始，在大理古城及周边设立教学实训基地，2017、2018 年分别对位配置了相关理论支撑课程中历史城镇测绘、历史城镇保护与发展案例调研、城市社会学课程作业调研等多维度教学模块，并于 2018 年以其为主体研究对象，进行城市设计的本科课程教学。实验效果证明，在理论课与设计课时段错位的前提下，由于理论课程涉及案例和城市设计课程地点的同构性，通过目标镜像投射，学生自然而然达成了研究逻辑有效链接；此外，多次同地调查的深刻印象也可以使同学们在有限的教学过程中最大化地理解消化宽容量、多维度的相关理论知识，并将其灵活运用于城市设计过程中。

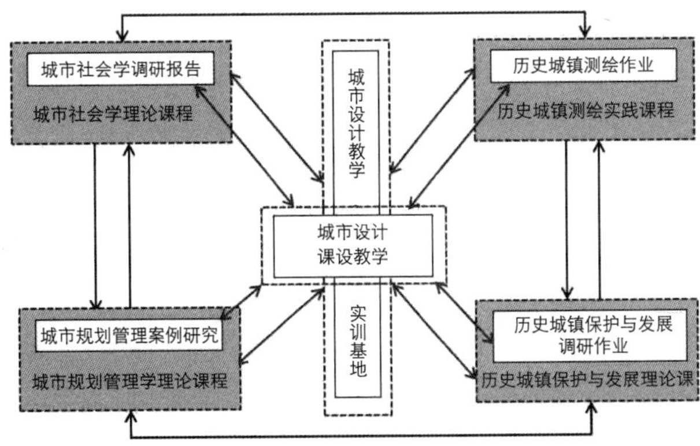

图 1 目标式镜像投射下的多维度的教学模块

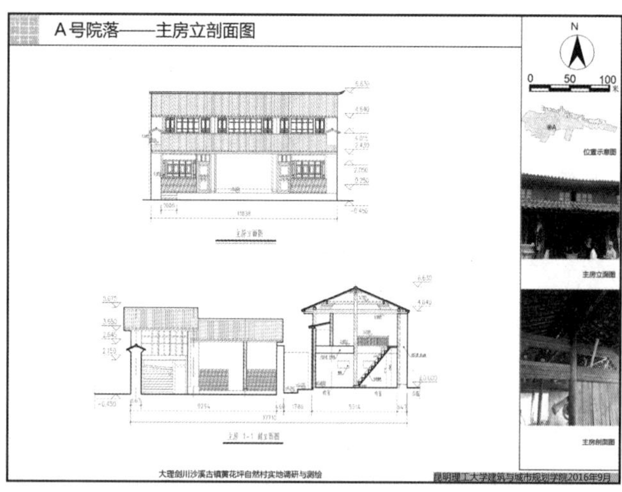

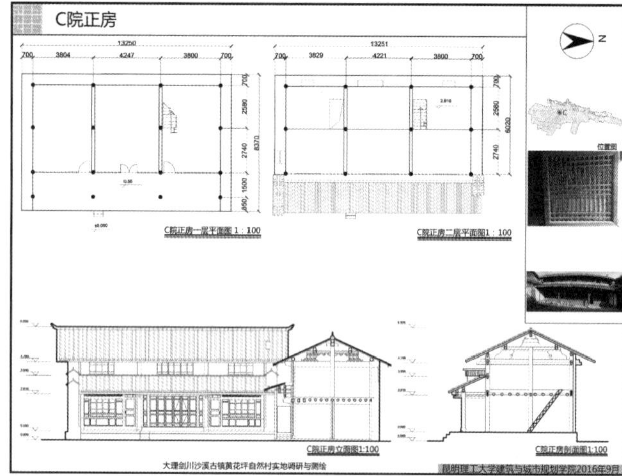

图 2　学生在大理沙溪古镇实地调研与测绘的成果

3.2　产学融合，耦合式镜像投射下协同树立实时回馈体验的教学方式

从以往的教学经验我们得知，单一任务型的“蓝图式”课程教学模式很难让学生树立“实施性”、“过程化”的城市设计观点。因此教研组以定点教学实训基地为基础，与当地规划管理部门密切合作，设置产学融合的城市设计教学方式。

2016 年，教研组与大理省级风景旅游度假区管委会合作，共同设立城市设计教学成果的耦合实验反馈机制：即以大理古城教学实训基地为城市设计课程主要研究对象，将课程教学与生产实践单位进行全方位对接，增设中期、后期设计成果现场答辩日程，穿插安排城市设计案例成果实施的专题讲座，邀请外来设计生产单位专家、资深城市规划管理人员参加授课和评图答辩并以此为依据调整教学进度与教学周期；八周课程教学结束后，将优秀学生的城市设计成果通过评估后在当地进行小规模、实验性、精细化实施与管控可行性研究，施行持续跟踪和实时反馈。由此，在实时实地回馈的耦合式镜像投射机制下，将原有的“现状调研—设计策略—初步方案—成果表现”的四步环节整合为产学一体、前后衔接、多环节耦合交叉的教学链，这不仅使当年参与城市设计的同学深刻理解和切身体会城市设计的实操性特征，其成果实施后的局限与不足还可以鞭策 2017、2018 年参加城市设计课程的同学在往后的课程中再次对场域进行针对性的深度认知，并扬长避短，查缺补漏。

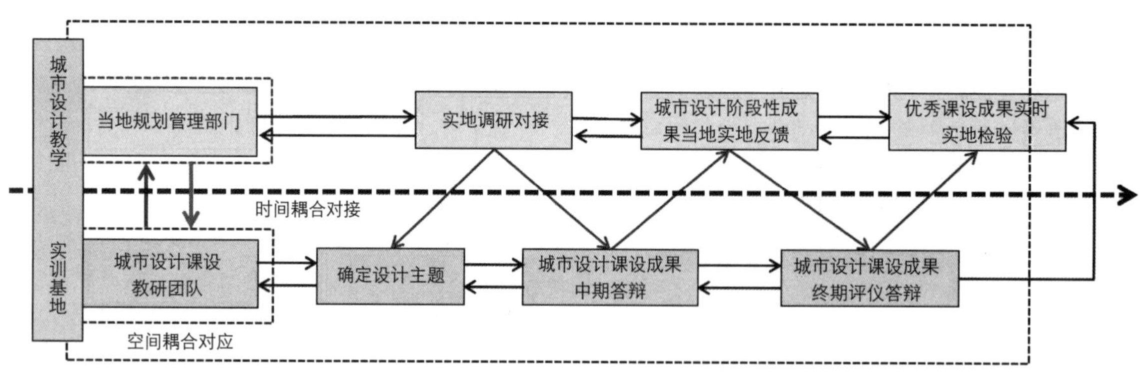

图 3　耦合式镜像投射下的实时回馈教学方式

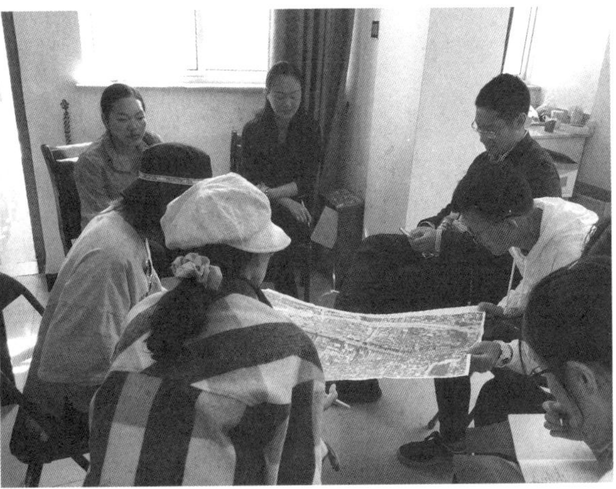

图4　与大理当地规划管理部门的设计成果实施对接

3.3　递进教学，层级式镜像投射下组合构筑交叠互动型的教学机制

以往高年级本科城市设计教学的八周课程模式主要围绕小尺度的微观城市设计进行，对中观、宏观尺度地段的城市设计鲜有涉及。为了提升同学们对城市设计的多尺度认知与综合把控能力，教研组设立了层级化、递进式的教学机制：

首先，在城市总体规划教学环节中增设城市设计专题研学内容，要求每个学生设计小组至少完成一个城市设计的专题研究报告，有条件的小组可以自主增加有深度的总体城市设计成果；并在课程对象上实现城市总体规划、控制性详细规划、地段城市设计的选址同构、成果共享；进而建构从微观—中观—宏观的递进式层级化教学机制；其次，实行层级式镜像投射下的柔性教学与翻转式课堂教学模式，以满足学生需求为前提，实现教学计划灵活化、教学内容多样化：在阶段性评图中鼓励学生进行不同利益团体的角色扮演，模拟专家及政府角度进行交叉互动点评，以此构筑交叠式教学互动机制；由此组合构筑的多维度相互校正的正向循环中，学生不仅能够全方位强化对于城市设计的多视角多尺度感受，还可以对多尺度城市设计实质的深度认知的基础上有效提升对多维尺度下城市设计的整合掌控能力。

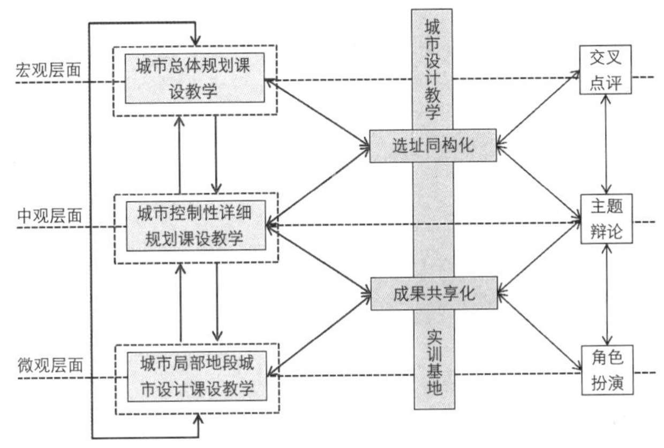

图5　层级式镜像投射下的互动型教学机制

4　小结与展望

作为一项重要的教学科研课题，本次城市设计教学实验工作开展了两年多，获取了一定的成果和正向效应；但不可否认的是，这对于我们的教师和学生而言，它仍然是一项新生事物，还需要更长时间段的检验与修正。当前在新的城市发展形势下，如何抓住时代机遇，在开放实验性的教学态度下深化、优化教学改革内容，培养全能型城市设计建设型人才，还需要我们全体师生继续不断地耕耘和努力。

感谢昆明理工大学建筑与城市规划学院城市设计本科教研组所有参与授课的老师：赵蕾，梁峻，吴松，郑溪，王连，徐婷婷。

图 6 （左）大理南涧县城市总体规划专题调研（右）学院内城市总体规划评图（包含总体城市设计专题）

主要参考文献

[1] 蔡震．关于实施型城市设计的几点思考 [J]．城市规划学刊，2012（2）：117-122.

[2] 朱荣远．实用，非法定！——有关城市设计的三点思考 [J]. 城市规划，2014，38（增刊 2）：32-35.

[3] Halliday，M.A.K.AnIntroductiontoFunctionalGrammar（secondedition）[M] .London：Edward Emold，1994：50-51.

Mirror-projection Teaching Experiment under Overlapping and Interactive Mechanism —— Research on the Teaching Reform of Undergraduate Urban Design in Urban and Rural Planning

Wang Ying　Cheng Haifan　Chen Ju

Abstract: In recent years, urban design has not only become an indispensable part of urban planning in China, but also gradually takes up an increasingly important and critical position in the process of urban development. Urban design teaching has also become a higher grade teaching system for urban and rural planning. The most important and common subject in the study. This paper's task group rethinks the intrinsic problem of urban design teaching, conducts a "mirror-projection" urban and rural planning undergraduate urban design teaching experiment, sets up a multi-dimensional teaching module, and adopts a progressive feedback experience teaching method. Over lapping interactive teaching mechanisms to achieve the full expansion of student urban design thinking, the ability to innovate, and in-depth cultivation of practical ability.

Keywords: Mirror-projective Teaching Experiment, Overlapping Interaction Mechanism Urban, Design Teaching Reform

从“依形套式”到“循章得法”
——形体关系与生成逻辑导向的城乡规划构成教学方法探索

肖　竞　高芙蓉　贾铠针

摘　要：文章以城乡规划学科的人才培养目标与能力需求为导向，结合对建筑学科学形式美学法则主导下构成教学的问题剖析，从课程聚焦、导向标准、练习路径等方面重新梳理、探索了城乡规划构成设计教学的内容重点，提出侧重形体关系与生成逻辑的城乡规划学科构成教学目标与教学方法，为城乡规划专业基础教学的课题改革提供参考。

关键词：城乡规划，构成教学，形体关系，生成逻辑，整体观

构成教学作为城乡规划与建筑学专业设计教学的基础课程，对学生抽象思维、艺术审美与设计能力的综合培养具有重要意义。经过多年的探索和积累，传统工学背景下的建筑类院校均已建立起体系化构成教学课程与方法，区别于其他设计艺术类学科的同类课程。但以形式美学逻辑为主线的既有建筑学科构成教学体系在培养逻辑与训练方式方面仍存在专业口径窄、可习得性弱、初学上手难等一系列问题，对于在人才培养导向与能力要求上均有所差异的城乡规划学科并不完全适用。为此，文本尝试结合对建筑学背景下传统构成教学问题的剖析和城乡规划人才培养的思路，探索一种能够体现规划学科特色的构成教学培养逻辑与教授方法。

1　构成教学的发展及其对规划学科的意义

构成设计为20世纪初西方艺术界创立的一种设计训练方法。1919年，德国包豪斯设计学院首次将构成教学引入设计类学科的专业基础教学中，以培养学生的创造性思维与造型能力，在美术、装饰、服装、工业设计等专业的基础教学中得到广泛应用，成为一门横跨多类学科的基础设计课目。20世纪80年代，构成教学被引入我国建筑类学科专业教学的课程体系，成为基础教学的重要一环。经过长期探索，逐渐形成“平构—立构—空构—建构”四位一体、循序渐进的系统教学体系，在教学目标与方法上有别于其他设计艺术类学科的同类课程。

对于城乡规划学科而言，点、线、面、体要素是城市空间中地标、节点、廊道、边界、区域等意象要素的抽象表现，对其构成关系的理解与把握是未来规划师设计方案与阅读城市的重要基本功底。由于长期从属于建筑学一级学科之下，城乡规划专业的基础教学版块脱胎于建筑学体系，构成设计教学亦沿袭建筑学科的培养理念与教学方法，以形式美学为最高准则，在人才培养的知识结构、能力要求、价值关怀等方面均与自身学科的人才培养逻辑有所偏差。因此，一级学科成立后，城乡规划专业的构成教学目标与方法应尽快做出相应的调整和改变。

2　建筑类学科传统构成教学问题现象总结

针对性的教学调整需以实际问题为导向。为此，本文尝试从教学实践中学生学习状态及其作业效果的客观体会出发，对既有构成教学的问题与弊端进行总结，分析探讨当前形式美学逻辑下构成教学的问题所在。

2.1　千图一律，有式无神

作为专业设计课程的启蒙内容，构成设计最核心的教学目标在于培养和激发学生的创新思维与创造能力。然而，在以形式美为评判标准的构成教学培养过程中，学生提交作业的“千图一律”现象愈发严重。即多数学生作业都中规中矩，基本符合形式美法则的标准，但作

肖　竞：重庆大学建筑城规学院城市规划系副教授
高芙蓉：重庆大学建筑城规学院城市规划系讲师
贾铠针：重庆大学建筑城规学院城市规划系讲师

业呈现却缺乏个性风格与“神采”，难以找到令人印象深刻、富有感染力的作品（图1）。此种现象在对形式美学法则强调过多的班级中表现尤为明显。这种现象就其本质而言是“反设计”的。其反映了学生在构成学习与训练中盲目“套式”，并未“得法”。说明现有构成教学已与激发创造性思维的教学目标背离。这也为未来行业设计的“千稿一源”和城市营建的“千城一面”遗下了原初的隐患。

2.2 形繁构简，象乱思乏

另一方面，在完成质量较低的学生作业中，“要素复杂，关系简单”也是一种普遍问题。此类作业常常通过单一要素的重复或不同要素的拼贴来增加构成变化，试图以复杂的图案美来建立“构成感”。这样的思维与习作方式反映出学生对构成设计内涵的理解出现了偏差，只将关注点投射在形体要素上，忽略对形与形之间关系的研究，形式繁琐，内容空泛，折射出习作者思维的贫乏（图2）。

2.3 初稿尚佳，修后反拙

第三，从学生作业方案深化的过程来看，愈改愈差是构成训练的又一个典型问题。与拥有明确功能逻辑与场地文脉支撑的建筑设计相比，构成设计的逻辑建构几乎全部源自均衡、和谐、韵律等形式美学法则。对于初学者而言，这些形而上的美学法则过于抽象，很难体会。因此，在构成训练与方案深化过程中，学生在要素搭配、主从关系的推敲上很难找到明确、清晰的方向，常常出现方案调整后反不如前的情况（图3）。这一现象反映出学生并未真正掌握构成设计方法，方案深化过程还存在明显的不确定性。

2.4 凭感而成，不可复作

最后，在与作业完成质量较好学生的教学交流过程中，亦发现此部分学生的构成练习存在一种“不可复作”的问题。即许多学生在基本形体要素尺度、虚实关系以

图1 “千图一律”的学生作业

图2 “形繁构简”的学生作业

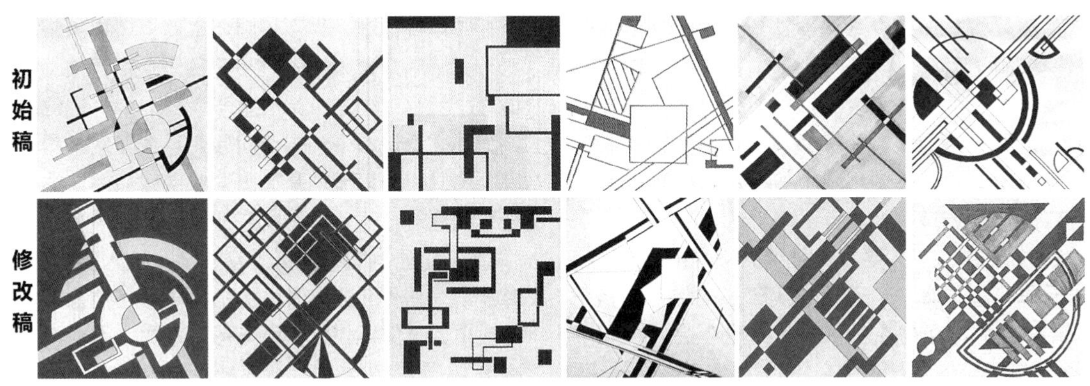

图 3 “修后反拙”的学生作业

及要素相互间位置、方向、距离的处理上具有一定的随意性，缺乏清晰的设计意图与细节把控，多处于一种凭天赋直觉“误撞偶得”的状态。如令其另辟蹊径进行创作，则毫无头绪。这说明学生并未通过严谨的形式推敲掌握构成设计的方法和建构起自己的美学逻辑。

3 形式美学主导下构成教学问题成因剖析

如前文所析，建筑学科背景下注重形式美学法则的传统构成类教学仍存在诸多问题。究其原因，既有教学方法侧重“依形套式”，并没有完全建立易于让学生理解和掌握形式美学内涵的清晰教授逻辑与练习路径。

3.1 理论标准清晰，实作路径模糊

前述学生构成作业雷同、表现力弱、随机性强、有效推导困难等问题的根本原因在于学生对所学知识掌握不牢固，无法灵活、自如地应用于设计实践。从教学角度来看，即理论知识教授向实作经验转化出现了脱节。具体来说，虽然理论教学可对形式美学的标准、点线面体基本要素的特征状态、要素间相互转化的方式方法、各要素的表现效果与典型组合关系等知识要点进行完整教授，也可通过案例解析启发学生的设计思维。但在实作训练中，却缺乏一种可以具体的作品范式作为载体与理论教学相关联的交互式教学引导方法，任课教师或让学生自行推敲，或纸上谈兵地重复理论，或自行介入方案设计。学生即便也能够勉强理解理论知识，能判断方案的优劣美丑，但在自行动手完成作业时却仍旧找不到可操作的路径，只能通过对范例的机械模仿，把设计变成一种对美学教条的死记硬背和生搬硬套。

3.2 重视单元技法，忽略整体逻辑

建筑类学科推崇“匠人精神”，重视基础技法训练。受这种传统专业价值观影响，建筑类院校在构成设计课程中非常强调对构成基础技法的“马步式”练习。甚至采取一些附带限定性条件、规则的构成训练来强化学生的基本功。但这些训练课目侧重单元式和局域化的“拳法”、“腿法”，缺乏完整的系统架构与逻辑衔接。尤其在形式变化向意涵表达升华层面，流派众多的训练模式容易让学习者陷入技法拼贴，忽略对构成设计目标与意义的深入思考，丧失“哲人意识”（图 5、图 7）。在构成设计知识的理论讲授中也存在类似问题：以点就点，以面论面，各内容版块虽要点清晰，但关联较弱，缺乏对构成实例推导过程的完整讲解，使学习者难以切实感受和理解方案生成过程每一步变化的前后效果与调整逻辑。对于缺乏设计经验的初学者而言，这样的训练方式很不理想，难以引起其自主探索的兴趣。因此，要让学生真正拥有构成设计的能力，除单元技法训练外，还需帮助其建立一套符合个人认知与审美习惯的体系化构成思维，即“哲匠一体”的培养逻辑。

3.3 要素－关系分离，解构－建构脱节

随着教学经验的累积，建筑类院校在构成教学上逐渐形成两大共识：第一，构成分析不仅应强调对形体要素本体的研究，还应关注要素间的结构关系；第二，构成作业不仅应加强构成能力与技法的训练，还应补充经

典作品的案例解析。但既有教学方法对“要素—关系”、“解构—建构”的教学衔接仍有不足。一方面，优秀构成作品与设计原型中具有表现力的形体特征既不完全由要素呈现，也不单由形式美学关系奠定，而是特征要素在特定关系中的一种整体效果。但既有构成设计的理论教学并没有特别强调这种形式美的整体原则，而是按部就班地分解知识要点，就要素论要素，就关系论关系。这样的教授方式过于教条，无助于实际构成练习的操作（图 6）。另一方面，学生在案例解析过程中会产生很多灵感和体会，如能将“解构”与“建构”练习有机结合，则案例分析的认知与发现便可以转化为方案设计的构思与线索，避免凭空设计的概念干涩和语汇贫乏。但在既有教学安排中，解构环节常被简单地作为理解经典作品构成手法与意图的独立作业单元，流于形式，忽略了其对建构环节的指导价值（图 8）。

4 城乡规划一级学科构成教学的重心调整

城乡规划一级学科成立后，规划教育者一直在努力探索符合学科自身特点与思维方式的设计基础教学方法。与形式美学法则主导的思维逻辑相比，规划学科最大特点在于思维的整体性、逻辑性和关联性。因此，本文尝试从此这三方面提出城乡规划一级学科构成教学的重心调整方向（图 4）。

4.1 关注焦点：从对象本体到对象关系

课程教学应首先明确其内容焦点。就学科立学根基而言，建筑学本质上是一门研究“空间”的学科，其关注焦点在于空间本体；城乡规划学本质上研究的则是“空间关系”，即存在于各种物质空间形式背后的经济、文化、历史、地理、社会、生态关系。基于学科立学基础的差异，笔者认为：在设计教学的启蒙阶段，城乡规划学科的构成教学应在形式美学发展的基础上，重点强化对形体关系的深入分析和理解，尽可能地在专业设计课程的初始阶段便将对“关系”这一抽象概念的感受和体会融入整个教学体系中，有意识地培养和启发学生的抽象思维与抽象审美能力，使其对美的理解不仅仅停留于形式表象，而更能从形式的秩序出发，即从对象本体到对象关系的焦点转向。

4.2 导向标准：从构成形式到生成逻辑

第二，标准决定方向。在教学活动中，评价标准决定着人才培养的方向。无论课程内容、教学方法、作业形式如何调整，只要评价标准不变，教学调整便不会有显著效果。因此，要建设一门真正具有规划学科培养逻辑的特色构成设计课程，还需在构成作业的评判导向标准上进行相应调节。相对于以形式美学法则为主导的评价标准而言，规划学科应在教学中突出对构成作品生成逻辑的关注，以创作思路的清晰度、目标结果的关联度、设计推导的延续性作为评判构成作业优劣的重要准则，从而在本科基础教学中将“逻辑意识”默化入学生的学习过程。

4.3 练习路径：从感性推敲到理性推导

第三，在知识转化与经验汲取的问题上，规划构成教学也应建立一套与学科自身发展方向一致的训练方法。传统构成教学强调形式美，同时又将形式美风格化，

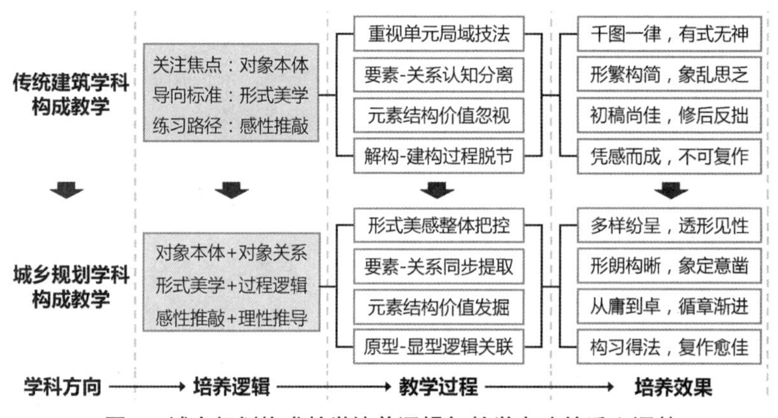

图 4 城乡规划构成教学培养逻辑与教学方法的重心调整

看中技能训练与天赋感觉。在训练过程中以略带匠艺体悟的感性“推敲”作为能力达成的途径。这种培养方式对于初学者而言毫无方向感，上手较难。因此，规划学科的构成练习应借鉴和植入一些类型学方法，通过“原型—炼型—构型—显型”的有序步骤理性推导方案，提升练习效率。

5 形体关系与生成逻辑导向的教学方法探索

综合前述分析，本文尝试结合重庆大学城乡规划专业一年级平立构成教学实践，探讨以形体关系与生成逻辑为导向的规划学科构成教学方法，使学生在学习与训练过程中能够综合形式美学与逻辑思维自主建构设计的方法体系。

5.1 形式美感与结构组织的整体把控

整体性是形式美的最高法则。对称、均衡、节奏、韵律、变化、统一等所有其他美学准则都服从于整体原则的统领。而方案缺乏个性、设计不着方向、构成缺乏意蕴等前文所析问题，其根源在于学习者没有建立形式美的整体观，没有能够从整体的角度去审视和把控构成设计。因此，在教学中，无论课堂讲授还是方案指导，都应反复强调构成设计的整体观，引导学生：1）明确要素组合的主从关系，以主导关系的特征性奠立构成方案的特色；2）以是否会强化或削弱方案主从结构的清晰度、主导关系的特征性为推导细节调整可行性的判别依据；3）以服务整体构成关系统一、变化的调节需求为原则，目标清楚地使用重复、渐变、对比、变异、错动、扭转等相应构成手法。这样一来，初学者便可在整体美感的导向下有迹可循地去推导设计（图5）。

5.2 特征要素与特征关系的同步提取

特征与个性是方案设计的灵魂。但对初学者而言，方案特征的建构必须从对形体特征的分析、理解开始。但教条式的构成教学在要素与关系的讲解与训练上严重脱节，导致学生对形体特征认知的空泛化。因此，在构成教学的案例解析环节，应着重强化对设计原型特征要素与特征关系提取的同步性。即在解构作业的要求上尽量避免要素、关系分离的“双线模式”，提倡特征要素与特征关系的“同步提取模式”。这一方法利于培养学生对形体关系特征性理解的整体意识，同时也可使原型解构的分析更加深刻和具有指向性（图6）。

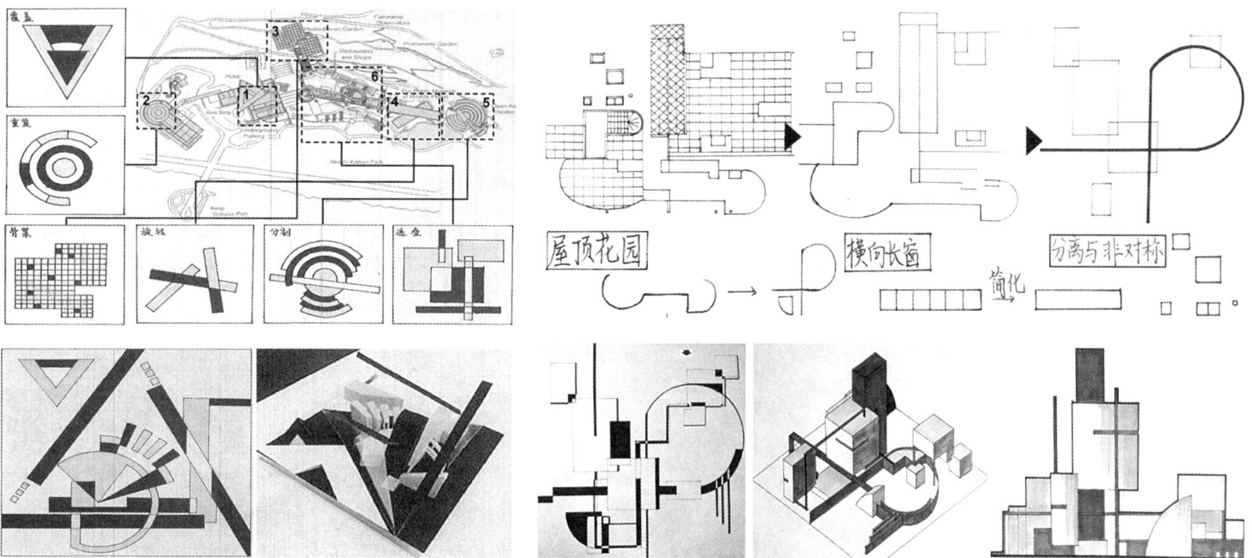

图5 重视单元特征与强调整体逻辑的构成作业比较

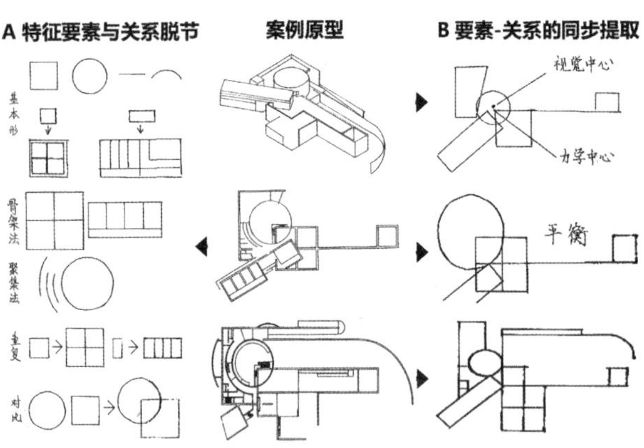

图 6　特征要素与关系解析的“分离模式”与“同步模式”

5.3　基础构成元素的结构意义发掘

在传统构成教学中，点、线、面、体通常只被作为形体构成的基本要素看待。但在一幅构成作品或一组现实空间中，这些要素既是基本的细胞单元，同时也具有相应的“结构意义”。例如，“点”具有“中心”（发生关系的源头）、“枢纽”（转换关系的节点）、“跳子”（开拓、挣脱关系的力量）、“砝码”（均衡关系的力量）等结构作用；“线”常常作为连接、穿透、界分其他形体与空间对象的纽带、杆轴、边框使用；“面”则通过在上覆盖、在下衬显以及图底变换，分别在构成关系中起到“压制”、“烘托”和“反转”的效果。唯有启发和引导学生去挖掘、探索、认知这些基本要素在构成关系中的结构意义，其对构成作品的解构与建构才会有更高层次的思考，分析表达才会更有内涵和深度（图 7）。

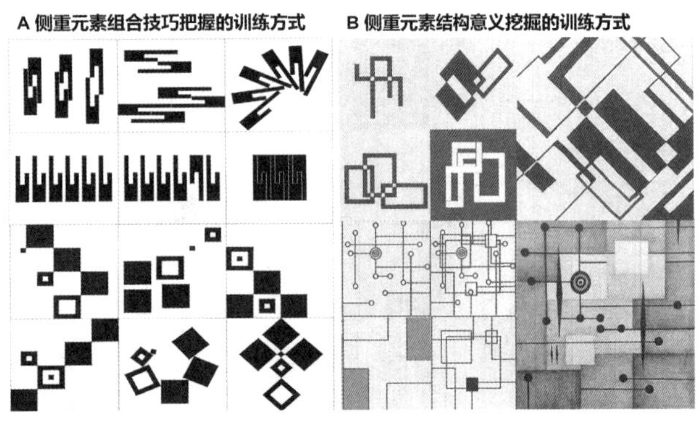

图 7　侧重要素变化技法与结构意义的不同构成训练方法比较

5.4　原型解构与显型建构的逻辑延续

最后，现代构成教学还需要建立一种体系化的训练模式，以便将前述具体环节中的方法整合、串联起来，形成效果提升的倍增效应（图 8）。具体而言，可将学生作业内容拆解为案例特征提炼、方案骨架生成、形体关系变化、细节丰富完善四个步骤，要求学生以四格变化的方式对作品的生成逻辑进行完整呈现（图 8）。四步变化都有明确的训练目标，分别考察了学习者形式审美与形体概括、特征再现与格局把控、形体变化与设计创造以及方案深化和细节推敲的能力。这种训练方法类似于体育教学中的动作分解，其既利于学生从模仿到创造，循序渐进地感受设计过程，掌握构成技巧，建构设计能力；同时，也利于教师从学生作业的各步骤变化中发现问题，对学生进行针对性的指导和点拨。

6　结语

作为城乡规划专业设计课程的基础板块，构成教学对规划从业者的审美修养、思维逻辑具有固本培元的意义。既有构成教学方法通过多年积累，已形成许多精心设计的经典单元课目，但不同流派的“招式”总是难以统合在一个系统的逻辑链条上，在课程认知的深刻性、知识架构的清晰性、辅导传教的逻辑性和训练方法的系统性四方面仍存在问题。好的设计“有法无式”，东施效颦“有式无法”。无法者乱，构式者死。传统构成教学将

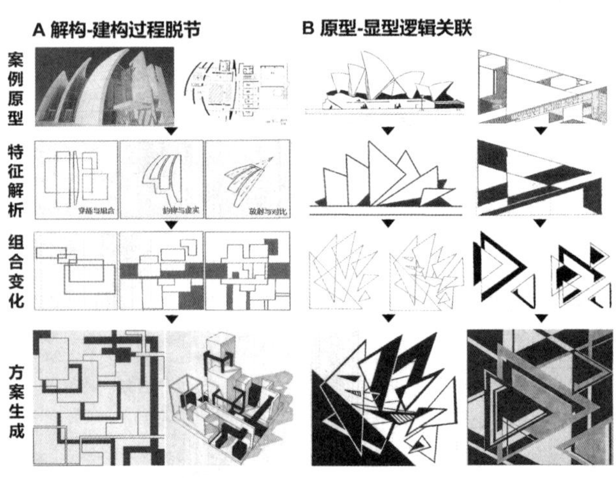

图 8　“解构 – 建构”脱节与“原型 – 显型”关联的构成作业比较

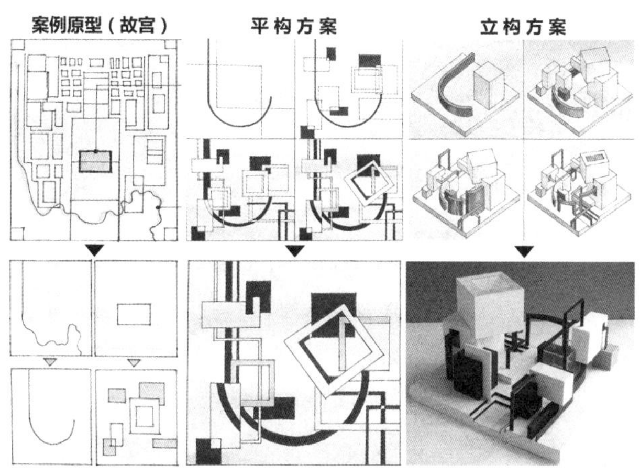

图 9　以故宫为原型的构成解析与建构设计作业过程展示

重点放在僵化的“招式”传习上，易使学生失去应变能力，无从应对现实中万变的“活题”。为此，本文尝试基于城乡规划学科思维的整体观与逻辑性，对既有构成教学的内容与方法进行剖解、重构，建立通过形体关系的分析、推导，培养学生自主建构设计思维的构成教学模式，使其获得从“依形套式”到“循章得法”的能力蜕变（图 9）。

主要参考文献

[1] 余岚 . 突破传统教学模式的平面构成教学的新体验 [J]. 大众文艺，2013（07）：89.

[2] 高蕾，王恒 . 关于建筑学专业平面构成课程的教学探索 [J]. 南阳师范学院学报，2012（12）：101-103.

[3] 王璐，施瑛，刘虹 . 基于建筑学的平面构成教学探索——华南理工大学建筑设计基础之形态构成系列课程研究 [J]. 南方建筑，2011（05）：44-47.

[4] 王美达，夏亮亮 . 浅谈在建筑系中的平面构成教学 [J]. 山西建筑，2008（05）：227-228.

[5] 李晓琼 . 立体・构成・解构——立体主义对建筑设计及其理论影响的探讨 [J]. 中外建筑，2005（01）：50-51.

[6] 于宵 . 从具象到抽象——关于平面构成教学方法的思考 [J]. 四川师范大学学报（社会科学版），2000（06）：85-89.

[7] 李和平，徐煜辉，聂晓晴 . 基于城乡规划一级学科的城市规划专业教学改革的思考 [C]//2011 全国高等学校城市规划专业指导委员会年会论文集 . 北京：中国建筑工业出版社，2011.

[8] 段德罡，白宁，王瑾 . 基于学科导向与办学背景的探索——城市规划低年级专业基础课课程体系构建 [J]. 城市规划，2010（09）：17-21+27.

[9] 肖竞，李和平，戴彦 . 从范式承袭到自主建构：城乡规划基础教学模块化转型探索 [C]// 2016 全国城市规划专业指导委员会年会论文集 . 北京：中国建筑工业出版社，2016.

[10] 殷洁，罗小龙 . 构建面向实践的城乡规划教学科研体系 [J]. 规划师，2012（09）：17-20.

From Imitation to Mastering:A Study on the Teaching Methodologies of Urban & Rural Planning Academic Composition Course Focused on Form Relation and Processing Logic

Xiao Jing　Gao Furong　Jia Kaizhen

Abstract: Based on the whole view and logical thinking characteristic of the subject of urban and rural planning, this paper makes a systematic analysis of problems and causes for the current composition design teaching, which under the guidance of the laws of formal beauty, from the aspects of curriculum focus, orientation standard and practice path. Afterwards, this paper puts forward the teaching strategy and method of planning discipline, which focuses on the study of form relation and process logic deduction. Finally, this teaching research hopes to make a modest contribution to the basic teaching of urban and rural planning.

Keywords: Urban & Rural Planning, Composition Course, Morphological Relationship, Processing Logic, Integrity

城市规划视域下的乡村规划及乡村规划教育*

杨 帆

摘 要：继新农村建设、美丽乡村政策之后，国家又提出了乡村振兴的战略，在这样的背景下，规划学界需要重新认知城镇化政策的内涵，并同时梳理乡村规划与城市规划的关系。中国城乡的二元性，体现在法律制度框架、乡村社会治理、城乡社会保障、农村社会经济和人口的流动方式等诸多方面。乡村规划与城市规划是这种二元特征的另一种反应形式，还是试图走渐进融合式的路径，决定了我们选择立足于“什么”进行乡村规划，又应当如何开展乡村规划的教育。论文基于对现有乡村规划政策路径和技术路径的分析，指出当前乡村规划忽视了乡村治理特征、实施主体意愿和技术表达方式，并进而造成乡村规划教育存在“急功近利”和偏颇现象，最终有可能导致对新型城镇化和乡村振兴国家战略的误读。文章进一步提出乡村规划教育之于城市规划教育的价值和意义，以及对理解当代中国城市规划思想方法的借鉴。

关键词：城市规划视域，乡村规划，空间规划，城乡关系，规划教育

1 引言和背景

“三农”（农村、农业、农民）问题，是具有中国特色的、社会整体发展中所面临重要问题。作为中国国民构成中重要部分的农民，他们所从事的行业、居住的地域以及在参与社会经济活动中的主体身份特征具有特定历史和环境条件下的复杂性。因此，涉农政策始终占据着中国国家政策的首要地位，继十五届六中全会（2005）提出社会主义新农村政策、十八大（2012）提出美丽乡村政策之后，中国共产党的十九大报告中又提出了乡村振兴战略。

在历次涉农政策出台后，城乡规划都被认为负有落实国家政策、推进农村地区社会经济发展的重任，是一项重要的政策手段。城乡规划的价值观、编制体系、解决问题的路径对形成良好有序的城乡关系具有重要影响。目前，针对农村地区的乡村规划、村庄规划等规划形式为探索乡村治理路径提供了“媒介”和机制，已成为学术界的热点议题。乡村规划所面临的问题和困境，以及乡村规划教育的缺憾和误区，就成了人们关注的话题。

2 当前乡村规划存在的问题

谈乡村规划存在的问题或许并不准确。在相当多的规划师认识中，很可能这些问题被认为是掣肘于乡村规划发挥重要的、积极的、核心引领作用的“羁绊”。然而，在笔者看来，这些不仅是历史和社会的结果，也是必须面对的现实。

2.1 普遍忽视治理制度和法律背景

规划是一种共同体对未来生存状态的集体愿景和管理工具，它通常表现为地方行政主体或者治理主体权力体系的一个构成部分，是自上而下国家行政体系的一项职能，或是地方治理机制权力协调的一项内容。因此，即便是广受推崇的“自下而上”规划过程，最终也需要凝聚成一种执行的权力，并以“自上而下”的形式进行“贯

* 基金项目：本文受国家自然科学基金项目（项目批准编号：51778436）和同济大学教改项目（2017-2018）资助（项目编号：0100104231）。

杨 帆：同济大学建筑与城市规划学院城市规划系副教授

彻”。乡村规划也不例外，它要么是政府行政管理权力对乡村社区的干预，要么是乡村自治组织自我管理的工具。由此可见，乡村规划面临以下难题：

（1）乡村规划如果作为一种外界对乡村社区的引导和干预权力，则存在着法律依据上的不足。在乡村社会，村民自治作为一种基层民主的组织方式，在《宪法》（2018）一百一十一条有明确规定；早在1987年颁布并试行的《村民委员会组织法》中第二条也进行了同样的规定。因此，乡村规划或村庄规划理应作为村委会自治范畴的公共事务和公益事业；即便村委会不具备相应的技术，也应当由其通过委托代理程序将乡村规划委托给他们信任的机构。然而，目前针对乡村地区所开展的乡村规划也好、村庄规划也好，均可溯源至2008年1月1日开始实行的《中华人民共和国城乡规划法》、国务院1993年6月29日颁布的《村庄和集镇规划建设管理条例》（村镇条例）和2008年4月22日颁布的《历史文化名城名镇名村保护条例》。这些现有条例，未将乡村规划的编制和管理工作作为村民委员会的自主性事务，而将其作为乡镇政府行政管理权力的延伸。法律之间的位序关系显然是很多乡村规划所忽视、不遵守的，理由则是一种专业自信至上的情绪。

（2）乡村规划的实施和责任主体不明确。《村民委员会组织法》第五条中规定“乡、民族乡、镇的人民政府对村民委员会的工作给予指导、支持和帮助，但是不得干预依法属于村民自治范围内的事项”，但是，国家在赋予农民政治自主权进行自我管理的同时，仍会选择将功能性的权力下沉到村一级（刘义强，2014）[1]。尤其在乡村规划管理中，因为经济、社会等资源调配能力的失衡，这种上级党政的“指导关系”很容易演变成一种“领导关系”，使村民自治失去意义（颜强，2012）[2]。事实上，由于村民自治过程中存在意见高度不统一的情况，当乡村规划建设成为政府部门的某类政绩工程时，乡村规划的编制直接向地方乡镇政府部门负责和汇报，也就成为一种难以避免的现象，甚至成为一种以设计竞赛为外衣的宣传活动。村委会往往在这一过程中仅仅是意见征询对象，座谈会、答疑和专家评审环节均由乡政府主导。乡村规划既没有立足村民，也没有向村民负责，而是城市规划模式在农村地区的复制。

2.2 普遍忽视农村土地制度

在我国农村，土地不仅是生产资料，也是农民财产，更是一种社会保障。中国城乡土地所有权属的二元特性，决定了乡村规划和城市规划的规划内容与方法存在本质区别。城市规划的技术表现在于从城市公共空间的建构入手，梳理和划分不同的城市功能地区，并由不同层级、规模和形态的公共空间体系将城市的私密、半私密空间连接起来，由于城市地区的土地均为国有，因此鲜有城市规划细致、周密地考虑土地使用情况。而乡村地区的土地或归集体所有，或使用权归农户所有，其产权关系有可能随着人口的变动而增加、遗传。这就要求乡村规划的技术表现更多考虑土地使用权属特征，并不能从道路、广场、集会场所等公共空间网络体系入手。照搬城市国有土地背景下的规划编制方法和内容，并不能针对乡村问题提出行之有效的解决方案。因此，当前诸多乡村规划编制缺乏实际的价值和意义，主要体现在以下三个层次：

（1）村域层面，土地流转带来农业衰退、农地闲置和产业发展的短视现象。土地承包权与经营权分离后所形成的“三权分置”❶，间接导致多数农民无地可种，仅可获得少量的年终分红。而乡村规划往往在调研中对村民个体、村委会、土地租赁经营主体、乡政府等相互博弈的利益关系不加考虑，提出的产业政策诸如农业旅游、采摘体验经济等看似有效的措施，实则无法解决当前土地制度下凸显的人地矛盾问题。

（2）村落与村域关系层面，常常忽视土地流转后村民宅基地与承包地的权属差异，以及由此形成的土地空间分隔，并想当然地把村落与村域农地设想成居住空间与工作空间的城市功能划分模式。比如，很多乡村地区在宅基地和流转承包地之间建了一道铁丝网作为界限。村民只能在宅前院后的空地上种植蔬菜以作自用。乡村规划如果忽视土地背后所包含的制度性因素，空谈通过规划促进乡村产业和文化的复兴是没有意义的。

---

❶ 中国土地制度语境中的三权分置，是指在落实农村土地集体所有权的基础上，稳定农户承包权，放活土地经营权，促使承包权和经营权的分离，而形成的所有权、承包权、经营权分离的格局。

（3）村落内部层面，忽视宅基地以家庭为单位呈“斑块”化分布的权属空间特征，将城市规划编制住宅区修建性详细规划的内容和方法生搬硬套到乡村聚落。我们常常看到一些乡村规划将集体土地视作国有土地来规划处理，忽略乡村聚落的地方性特征，仍然采用诸如广场、居住组团、道路设施等针对国有土地的规划设计手法。大量的乡村规划设计缺乏对基本制度、基本常识、基本民情的认知；看起来场面热闹，实则“味同嚼蜡”。

2.3 规划技术手段及成果表达忽视乡村实际与村民认知

鉴于乡村地区特征和目标受众群体两方面的特殊性，现阶段采用城市规划技术表达方式的乡村规划成果，“村民觉得看不懂，专家觉得不规范”，这不仅影响了规划理念的传达，也使得规划本身难以发挥指导作用（李燕飞，2016）[3]。

沟通方式上也存在三个方面问题：一是，调研过程中，由于乡镇政府的主导作用，对村民、村集体生活模式和实际需求的了解受到干扰。二是，调研方法上，仍然采用城市研究中的问卷、访谈形式，忽视村民与市民在理解方式、理解能力、沟通技巧方面的差异；一直以来以口口相传的方式接受信息的村民，缺乏对书面成果的相应理解能力（李燕飞，2016）[3]，更不能理解问卷中所谓的问题是什么。三是，调研成果展示上，村民意愿未能得到充分的尊重和展现，甚至有官员和专家不屑思考村民细琐意见背后所反映的问题以及其价值所在。

这样的乡村规划内容脱离实际需求，只面向政府规划管理部门和专家群体，不被村民所理解；在与村民存在沟通障碍的情况下主观地编制不适宜村民现状的建设指标与内容，也造成了对政府投资的浪费（梅耀林，2016）[4]。乡村规划理应关注乡村自治特征、差异化且不断变化的利益诉求、复杂的土地权属、模糊的实施主体等问题，从传统的编制规划逐步转变为站在村民的视角看问题，虽可能不利于战略性定位的实现和落实，却有利于针对性地解决实际困难。

3 乡村规划教育存在的问题

如果认为上述乡村规划存在的问题无所谓，不影响规划专业救国救民的一颗红心，笔者则认为这恰恰是无知和不负责任的表现，与城市规划专业的核心价值和精神相悖。

城乡规划并非简单的“城市规划”和“乡村规划”的综合，而应当基于充分了解两者的地域发展特征，而构建完整的体系（周游，2017）[5]。乡村规划教育应当给学生明示当前所讲授的理论、知识和方法的缺陷，避免学生始终处于低层次模仿和主观臆造的情景中。

3.1 乡村规划教育应该传授什么内容

不应再继续将乡村规划作为针对不同于城市的农村社区的住宅区规划来教授。

首先，乡村规划是对城市规划的再认识，乡村问题也都以一定形式呈现为城市问题，它们是一枚硬币的两个面。因此，乡村规划教育应着重培养学生充分了解在中国语境下这两类地域的差异特征。应让学生认识到乡村规划是对不同于城市的社会群体和生活聚落的规划（蔡中原，2016）[6]。中国的农村和城市不仅仅是就业地和居住地的不同，而且是身份划分的依据，并由此带来收入、福利分配、社会保障、生活模式和居住环境方面的差异。并在此基础上构建新的、得到升华的城市规划。

第二，应帮助学生理解乡村社会治理机制的特殊性。村民自治作为基层民主的重要形式，村集体拥有宪法赋予的、决定村内公共事务和公益事业的权力。乡村规划教育应从法律渊源层面，解读《宪法》、《村民委员会组织法》、《物权法》、《村民自治条例》，与以部门行政法《城乡规划法》为统领的规划建设领域规章规定之间的指导关系。同时，乡村规划教育应从国家制度视角廓清代表国家行政管制权力的规划管理与基层自治权力之间的冲突、矛盾和协调，辨析乡村规划真正的委托主体和实施主体，并将此作为学术研究和讨论的对象。

第三，应该引导学生发现和运用不同于城市地区详细规划的空间语言体系和表达方式，帮助学生建立土地制度影响和决定下的空间语言体系。针对不同的生活聚落、社会关系、土地制度以及治理机制，针对性和创造性地运用适合乡村语境的空间模式与语汇。与此同时，在交流沟通渠道和方式上，探索适应主体需求和意愿的实践模式。

3.2 乡村规划教育如何引导确立价值取向

乡村规划教育所传授的内容，不仅反应思维逻辑和方法体系，而且对形成和确立乡村规划的价值取向有引导作用。

首先，价值取向涉及乡村规划到底是为村民委会服务还是为基层政府服务的问题。这里并非质疑两者的委托代理关系，而是强调，当自治共同体与国家共同体之间意愿相左，并且都与作为第三方力量的规划师群体的建议相违背时（比如，政府只考虑短期经济利益，农民只希望多赚钱发财），应当选择何种立场，如何形成共同的行动纲领。

其次，作为乡村振兴战略实施工具的乡村规划，应当如何在振兴“农业、农村还是农民”之间进行选择或者兼顾。在人口红利逐渐消失的当下中国，我们如何理智、智慧和有效地协调乡村振兴战略与新型城镇化战略。这些都是关乎乡村规划走向的重要议题。

第三，是服务乡村还是消费乡村也是关乎乡村规划的核心价值取向问题。乡村振兴是要吸引农民工返乡重塑乡村社会，还是通过适应城市居民消费特点、需求和口味的产业植入或曰升级，把衰退的乡村空间作为承载此类产业的消费对象（图1）。

4 结语和展望

乡村规划面临的困境及乡村规划教育的偏颇是我们理解和思考中国城乡关系的切入点，并且对城市规划学科的发展具有启示意义。

（1）土地制度和土地使用规划应当为城市规划重视。乡村规划致使土地制度议题在城市规划领域再次受到更为广泛的重视，它对我们理解中国制度语境下的城镇化进程，构建中国城市规划理论具有至关重要的意义和作用。

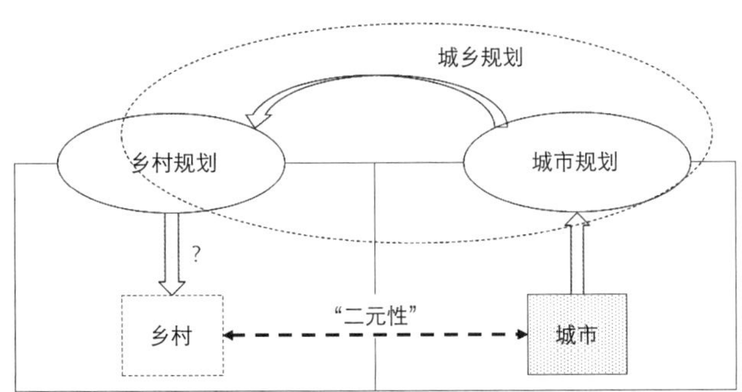

图1 城市规划与乡村规划的关系分析图（作者自绘）

（2）城、乡治理模式和制度性议题应当成为城市规划的重心。乡村规划也致使自治领域与国家行政权治域之间关系的议题得到史无前例的凸显。编制乡村规划并实施管理和引导，究竟是规划行政管理权的延伸，还是自治组织自我发展诉求使然，需要基于城市规划专业核心价值和专业本体的准确认识。

（3）城、乡社会和空间的二元性应当成为城市规划研究和作用的对象。城市地区有农民工问题，农村地区有产业问题；两者互为因果，共同构成具有中国特色的社会经济议题。乡村振兴之路或许不仅在于农村，也在于城市地区。因此，城乡二元结构，在空间上表现为一个目标或问题的两个方面，实现城乡共生、社会公平与空间正义，化解空间生产过程中资本积累与社会需求之间的不平衡、不充分，是城市规划学者应当关注的问题。

规划业内对乡村问题的特殊性还缺乏系统性的梳理，导致乡村规划研究及实施缺乏明确有效的路径。在法律渊源、委托和实施主体、规划技术表达和沟通模式三方面的缺陷，导致乡村规划在实现国家战略和政策方面的机制性作用较弱。基于对城乡差异的理解，规划学界应积极弥补和传授相关知识，转变对制度性因素的忽视，思考乡村规划之于中国当代城乡关系的作用与意义，进而完善城市规划理论和实践。对构建中国城市规划理论体系必定有长远的影响。

致谢：感谢周天扬、朱结好在写作过程中提供的帮助。

主要参考文献

[1] 刘义强，胡军．村户制传统及其演化：中国农村治理基础性制度形式的在发现[J]．学习与探索，2014（1）：53-59.
[2] 颜强．宪法视角下的村镇[J]．规划师，2012（10）：13-17.
[3] 李燕飞，刘文俊，杨浩．新时期实用性村庄规划成果

表达探索——基于不同参与主体的需求 [J]. 规划师，2016（1）：119-125.
［4］ 梅耀林，许珊珊，杨浩 . 实用性乡村规划的编制思路与实践 [J]. 规划师，2016（1）：119-125.
［5］ 周游，周剑云 . 身份制的农民、市场经济与乡村规划 [J]. 城市规划，2017（2）：94-101.
［6］ 蔡忠原，黄梅，段德罡 . 乡村规划教学的传承与实践 [J]. 中国建筑教育，2016（6）：67-72.

The Argumentation on Rural Planning and Rural Planning Education under the Horizon of Urban Planning

Yang Fan

Abstract: Following the strategies of New Rural Construction and Beautiful Country, the national strategy of Rural Revitalization constructed the new background of development, and it makes planning realm to understand the new implication of urbanization, the relationship between rural planning and urban planning. The dualistic structure of China urban-rural relationship reflected in the framework of regulation system, the governance mechanism of rural community, the institution of urban-rural social security and the migration way of population etc. So, it is the other reaction formation of duality for rural and urban planning, or in other words, it is a progressive integration path way for urban planning. Based on the answering of questions above, we, the planners, should clarify "what" is the standing ground of rural planning, and what should we teach in rural planning education. Furthermore, this paper points out some ignores related policy path and technological path of rural planning and education, and all these ignores may make it occurs misunderstanding the national strategies. Finally, the paper argues that, the fundamental significance of rural planning education is giving a new perspective to urban planning education, making the horizon of urban planning solid than before.

Keywords: the Horizon of Urban Planning, Rural Planning, Spatial Planning, Urban-rural Relationship, Planning Education

控制性详细规划教学在城市更新地段的探索性改革
——以《广州人民南片区形态条例》为例

戚冬瑾　卢培骏

摘　要：反思控制性详细规划编制在城市更新地段面临的挑战，提出传统控制性详细规划教学的困惑。探索控制性详细规划编制教学的改革方向，在借鉴美国、日本、新加坡的经验基础上，指导学生编制《广州人民南片区形态条例》，其特点包括：采用面向开发者使用的文本形式；强调面向实施的土地开发指引；采取形态分区主导的形态条例，以取代传统基于功能分区和指标管控为手段的控规编制方法。形态条例是适应城市更新地区规划编制的积极探索，未来落实还需要结合规划制度的进一步改革完善。

关键词：形态条例，城市更新，控制性详细规划，教学改革

1　传统控规设计教学的困惑

控制性详细规划（以下简称“控规”）作为我国城乡规划的法定规划，同时也是规划管理最直接的法律依据，已成为大部分规划院校本科教育的重要内容。近十年来，随着我国城市发展进程的重点从单纯的规模增加转向建成环境质量提升，控规选题也逐步由新区建设过渡到城市更新。为了引导学生更全面地思考旧城现状的复杂问题，教师在辅导设计时采取的策略通常为：

（1）若现状建筑质量较差，或对公共空间形态的塑造带来较大影响，建议该地块推倒重建。地块再开发时的容积率需考虑对原有业主的建筑面积补偿。

（2）若现状建筑具有一定的保护价值，则针对某个街区编制保护性详细规划，并将保护性要素转化为保护性图则，与控规地块图则共同作为规划管理的依据。

（3）若前一阶段已针对规划基地编制城市设计方案，则将形态导控的内容纳入控规地块图则进一步落实。

以上策略在当前旧城地段的控规实践中也广为应用，但与现实的需求仍有较大的距离。例如：规划师以自上而下的方式编制规划，当面临旧城多利益主体时，往往难以预测或控制规划的实施效果，大量已编控规在实施时都面临修改；以功能分区和指标控制为主导的编制方法，适用于土地出让管理和整体开发强度控制，却无助于旧城空间形态特征和地方活力的保护和塑造；为改善物质空间环境，多采用城市设计结合控规的方式，但城市设计的成果受制于以功能分区为前提的地块划分，割裂了形态内在的整体性和结构性；当城市更新的模式逐步转向“微改造”时，现有以地块为单位的控规图则难以详细指导以宗地为单位的自我改建或修缮。

经过多年控规的教学实践，我们一直在反思，城市更新的主体是谁？城市更新的目标是什么？城市更新地段的控制性详细规划应该如何编制？规划如何才能有效地引导城市更新目标的落实？这不仅是教学上的思考，也是规划实践中面临的严峻挑战。

2　控规改革——形态条例的适应性研究

为了应对控规现实的挑战，鼓励学生积极学习和探索新的规划理念和方法，我们选择了一个实验组学生参与此次控规设计教学改革。改革的方向是保持控规的管控实质，但改变其管控的方式和内容。在和学生讲授和讨论现行控规的编制方法及其存在问题后，我们一起探讨除了控规以外，还有没有其他规划控制方法？如何在城市更新地段编制更具有地方性、操作性的控制性规划？

戚冬瑾：华南理工大学建筑学院城乡规划系副教授
卢培骏：华南理工大学建筑学院城乡规划系硕士研究生

2.1 美国形态条例的引介

形态条例（Form-based codes）源自美国，它是应对美国传统区划导致土地蔓延、功能隔离、公共空间丧失等问题而提出的一种替代性土地开发管理体系。相较于区划，形态条例在规划编制技术上最大的特点是采用形态学的方法，形态控制优先于用途管制，取消容积率等指标管理。这种形态控制不是落实单一结果（例如某个城市设计方案），而是在建筑类型、公共空间类型上存在多种选择性，力求塑造出具有地方特征的空间形态。

美国应用形态条例的经验为我们改革控规的方式打开了思路。在城市更新的过程中，老城区现状肌理的复杂性、功能的复合性是其显著的特点，建筑的类型、布局、高度、与公共空间的关系，以及公共空间的特征都是构成老城区风貌特征的核心要素。通过形态分区和形态控制的工具（而非功能分区和指标管理）将有助于发掘和强化地方空间特色。

2.2 日本土地整理和土地再开发指引

旧城区的土地产权细碎零散、犬牙交错，有时单靠业主的自我改造，无法完善基础设施和居住条件，需要通过整体开发才能提升社区环境。日本的“土地整理工程”和“土地再开发工程”为解决城市更新的公共设施建设、调解不同产权人的利益分配问题提供了富有启发性的经验。考虑到我国城市更新面临的困境以及改造可能存在的多种方式，建议学生在形态条例的基础上整合日本经验，以开发指引的方式对未来旧城的开发方式加以界定并进行清晰指引。

2.3 新加坡城市更新经验

新加坡的旧城肌理和广州非常相似，其保护规划清晰地认识到：更新需要以宗地为单位，引导老建筑植入当代城市功能是保护策略的重要理念之一。具体物质形态控制的要素可以与美国的形态条例相结合，而“封套控制”则为历史保护街区中的新建改建建筑，如何与历史风貌相协调提供了详尽的指引。

3 广州人民南片区形态条例

经过前期的理论学习和案例研读，实验组学生选择的控规基地是广州人民南片区，其中包含了人民南历史街区（39.42 公顷）。该片区由十三行的贸易商行发展而来，随着城市发展中心逐渐东移，人民南商业街区面临衰落和转型的挑战。上层次已编制《广州市旧城更新改造规划》、《荔湾区土地利用总体规划》、《人民南历史街区保护规划》，但指导该片区更新改造的规划尚未编制，已编的保护规划在具体指导更新改造中缺少详尽的导引。为此，我们以城市主干道为界，划分了相对完整，较之历史街区范围更大的规划基地，面积约合 58 公顷。在编制技术和方法上参考借鉴形态条例，指导学生制定了《广州人民南片区形态条例》。文本共分四个章节，相较于传统控规文本，其特点主要体现在三个方面：

3.1 面向开发者使用的文本形式

规划面向的主体决定了规划的表达形式。作为引导“微改造”、“自主更新”的规划，形态条例文本的目的是让使用者——包括原有业主、开发商、设计师更容易理解规划如何使用，规划最终实现何种愿景。因此，在本次形态条例的编写中大量地使用图示语言，专项标准和形态分区互为索引，使之成为可读性强的规划文本，这也是区别于传统控规文本的主要特征。文本第一章首先开宗明义介绍“如何使用该规划？”以及开发者的使用流程。具体的使用流程见表 1。

3.2 面向实施的土地开发指引

旧城的规划涵盖了保护和开发的议题。保护不意味着静止不变，延续历史的价值仍然需要资金、技术的注入以及功能上的活化；开发也不仅仅指向开发商成片重建的单一模式，还存在着多种开发主体和开发模式。因此，一部具有操作指导性的形态条例，应当考虑到规划实施的各种可能性和具体路径，从而为不同开发主体提供清晰的指引。

人民南片区除了遍布的旧城商住社区，还包括了历史街区。此前政府已编制《人民南历史街区保护规划》，从建筑的历史价值评估和空间分布考虑，划分了核心保护范围和建筑控制地带。在形态条例中，这两个空间范畴作为特殊的空间政策分区叠加在形态区划之上（图 1），共同作为片区未来开发控制的条件。

文本第三章，是关于土地开发指引。开发控制的对象共分为三个层次（表 2）。首先根据地块的历史价值维度，

表1

A. 确定你的地块属于哪个形态分区（见控制性规划，4.2）
例如，你的地块处在安业里更新区（AY）。

B. 你所实施的用途或项目能否获得批准？（见用途列表 4.3）
查阅安业里更新区（AY）允许的用途。标注为许可（P）或者有条件许可（CUP）的用途可以获准开发。
- 如果是使用原有建筑进行功能转换，应遵循建筑功能转变申请程序；
- 如果是实施“土地整理工程”或“土地再开发工程”，应先编制相应工程的修建性详细规划，并确保其建筑类型和用途符合所在形态分区的要求，再进入 C 和 D 流程；
- 如果是新建建筑或通过改建置入新的功能，则应遵循以下流程：

C. 应用本条例的开发标准（见地块开发标准 4.4）
查阅安业里更新区（AY）的要求并明确：
- 建筑物的布局：建筑在场地中的位置；
- 停车要求和位置：所需的停车数量以及停车场的位置；
- 建筑高度和外观：允许的建筑类型，建筑可以盖多少层以及建筑外立面有哪些侵占的类型可以占用建筑退缩空间或道路红线。

明确场地水平和垂直方向的最大体量要求。

D. 应用建筑标准（见建筑标准 4.5）
选择允许的建筑类型：
- 4.5.010 建筑类型：允许哪些类型的建筑物？本节的条例将规定建筑的出入口位置，如何提供开放空间等；

选择允许的临街面类型（骑楼、商铺、前庭、退让道路红线等）：
- 4.5.020 临街面类型：沿公共界面允许哪种临街面类型？该条例将确定构成商业界面的最低标准，以妥善处理公共步行道。

基于以上标准，可确定建筑最基本的体量特征。
明确并落实以上要求后可以进入许可申请程序。

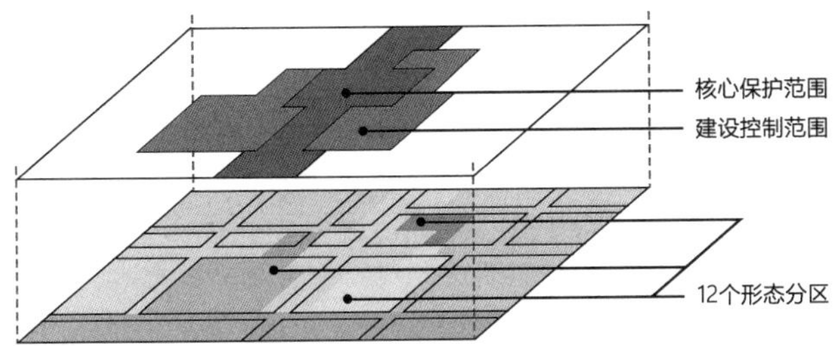

图 1　形态分区与历史保护范围的空间叠加

土地开发工程分类　　表2

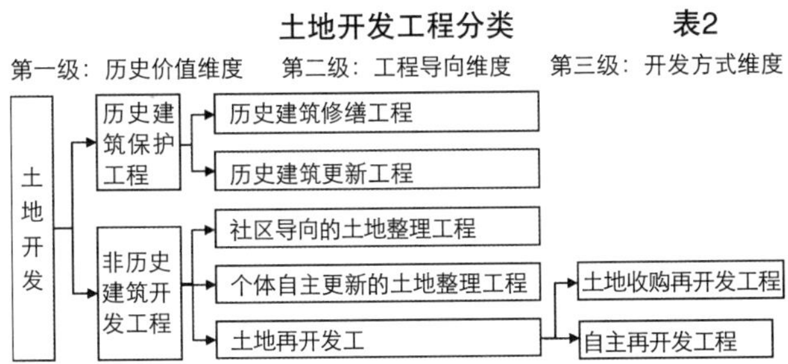

在第一级区分出历史建筑保护工程和非历史建筑开发工程。历史建筑地块以《人民南历史街区保护规划》为依据，包括片区内各级文物保护单位、历史建筑、历史建筑线索、传统风貌建筑线索，具体控制要求根据《广州市历史建筑和历史风貌区保护办法》、《广州市历史建筑维护修缮利用规划指引》，可参见历史保护建筑保护控制详表；规划范围内其余地块界定为非历史建筑开发工程。

第二级是根据工程导向的维度来确定。其中，历史建筑保护工程区分出历史建筑更新工程和历史建筑修缮工程；非历史建筑开发工程则包括了个体自主更新（适用于核心保护区以内）、社区导向的土地整理工程（适用于核心保护区以外）和商业导向土地再开发工程（适用于高层改造区、滨江商业更新区）。每一种工程类型均梳理出相应的具体流程、实施主体、资金来源以及优惠政策、产权转移、利益分配方式等，土地整理工程实施流程见表 3。

第三级是把土地再开发工程根据开发方式区分出自主再开发工程和土地收购再开发工程。土地再开发工程主要是针对片区内土地权力细分过度或建筑老化严重，公共设施不完备而导致城市功能有缺陷的地块，为促进土地高强度利用和城市功能更新而实施的开发建设。因此，采取这种改造模式的地块不应具有历史保护的敏感性，但从突出地方风貌特色角度考虑，改造方案要符合形态条例。

土地整理工程实施流程 **表3**

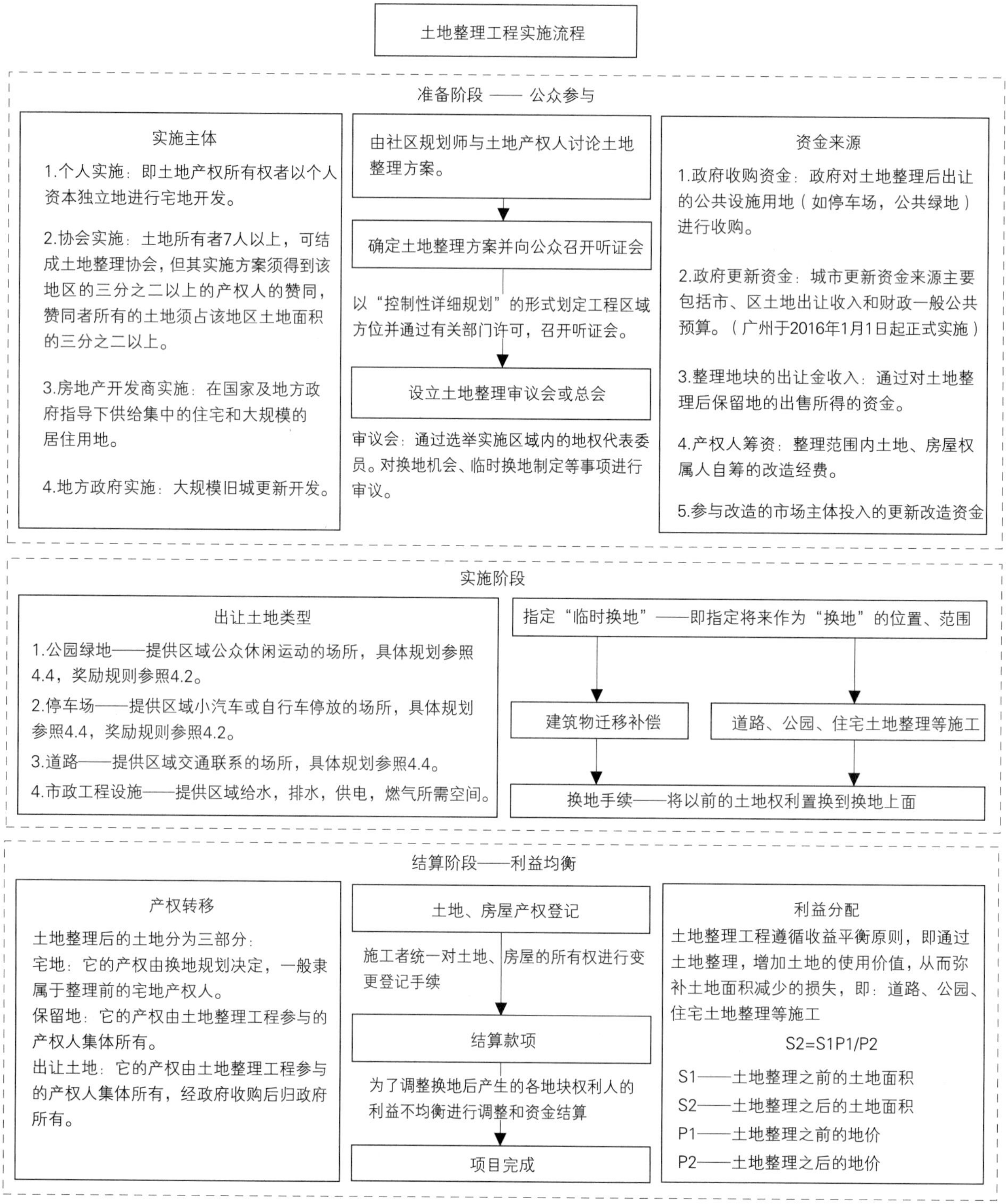

土地整理工程实施流程

准备阶段 —— 公众参与

实施主体

1.个人实施：即土地产权所有权者以个人资本独立地进行宅地开发。

2.协会实施：土地所有者7人以上，可结成土地整理协会，但其实施方案须得到该地区的三分之二以上的产权人的赞同，赞同者所有的土地须占该地区土地面积的三分之二以上。

3.房地产开发商实施：在国家及地方政府指导下供给集中的住宅和大规模的居住用地。

4.地方政府实施：大规模旧城更新开发。

由社区规划师与土地产权人讨论土地整理方案。

↓

确定土地整理方案并向公众召开听证会

以“控制性详细规划”的形式划定工程区域方位并通过有关部门许可，召开听证会。

↓

设立土地整理审议会或总会

审议会：通过选举实施区域内的地权代表委员。对换地机会、临时换地制定等事项进行审议。

资金来源

1.政府收购资金：政府对土地整理后出让的公共设施用地（如停车场，公共绿地）进行收购。

2.政府更新资金：城市更新资金来源主要包括市、区土地出让收入和财政一般公共预算。（广州于2016年1月1日起正式实施）

3.整理地块的出让金收入：通过对土地整理后保留地的出售所得的资金。

4.产权人筹资：整理范围内土地、房屋权属人自筹的改造经费。

5.参与改造的市场主体投入的更新改造资金

实施阶段

出让土地类型

1.公园绿地——提供区域公众休闲运动的场所，具体规划参照4.4，奖励规则参照4.2。

2.停车场——提供区域小汽车或自行车停放的场所，具体规划参照4.4，奖励规则参照4.2。

3.道路——提供区域交通联系的场所，具体规划参照4.4。

4.市政工程设施——提供区域给水，排水，供电，燃气所需空间。

指定“临时换地”——即指定将来作为“换地”的位置、范围

↓

建筑物迁移补偿 / 道路、公园、住宅土地整理等施工

↓

换地手续——将以前的土地权利置换到换地上面

结算阶段——利益均衡

产权转移

土地整理后的土地分为三部分：

宅地：它的产权由换地规划决定，一般隶属于整理前的宅地产权人。

保留地：它的产权由土地整理工程参与的产权人集体所有。

出让土地：它的产权由土地整理工程参与的产权人集体所有，经政府收购后归政府所有。

土地、房屋产权登记

施工者统一对土地、房屋的所有权进行变更登记手续

↓

结算款项

为了调整换地后产生的各地块权利人的利益不均衡进行调整和资金结算

↓

项目完成

利益分配

土地整理工程遵循收益平衡原则，即通过土地整理，增加土地的使用价值，从而弥补土地面积减少的损失，即：道路、公园、住宅土地整理等施工

$$S2=S1P1/P2$$

S1——土地整理之前的土地面积

S2——土地整理之后的土地面积

P1——土地整理之前的地价

P2——土地整理之后的地价

3.3 形态分区主导的形态条例

形态条例在编制之初，已对规划范围内的现状建筑类型、地块布局、临街面类型、街道形式等空间形态要素进行了详细调研，从形态特征的角度将基地分为9个形态分区。前期调研还通过公众问卷、访谈、认知地图等方式，了解当地居民、商业店主、游客等各类公众对这一片区的印象、现状看法与未来改造意愿等。基于此，同学们总结出每个现状形态分区的特征以及未来的规划愿景和开发策略，并在集中的二周内绘制出人民南历史片区的城市设计方案图。

要把方案蕴含的理念和地方风貌特征要素落实到具体的开发建设，还需要编制形态条例指引未来的开发。文本第四章是关于形态条例的完整内容。首先，把城市设计方案转换为形态分区（图2），这也是形态条例和以功能分区为主导的控规的最大区别。形态分区依据城市设计的形态特征划分区划，每一个形态分区将直接关联

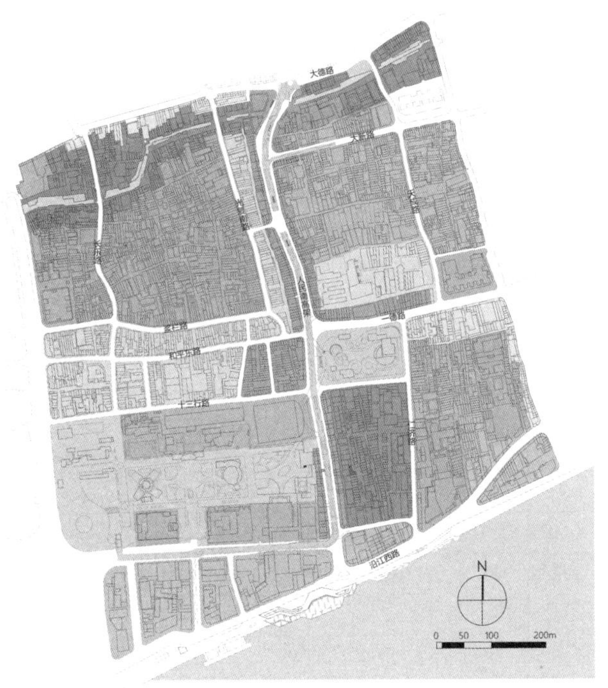

高架骑楼风貌控制区 (GJ)　安业里更新区 (AY)　养老社区改造区 (YL)
公共建筑更新区 (GG)　洋楼商贸更新区 (YL)　兴贤里改造区 (XX)
状元坊历史更新区 (ZY)　骑楼商贸更新区 (QL)　高层建筑改造区 (GC)
滨江商业更新区 (BJ)　玉带濠文创区 (YD)　扬仁改造区 (YR)
开放空间 (KF)

图2　人民南片区形态分区控制性规划

洋楼商贸更新区 (YL) 地块开发标准

实景图　轴测图

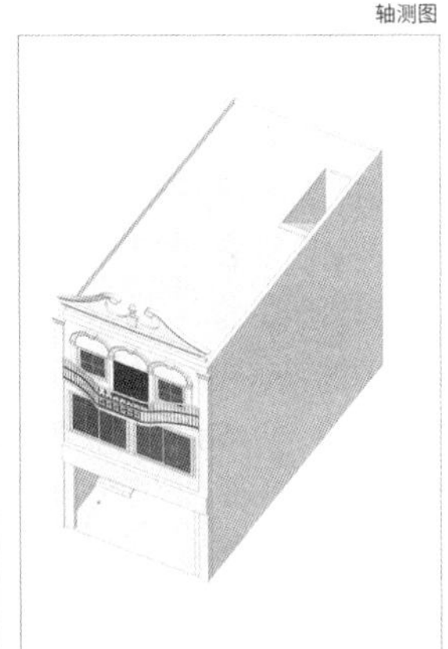

建筑布局

是否贴建筑红线		图标
正面	贴线率 80%-100%	A
是否退缩用地红线		
相邻房屋	0	B
背面	0	C
建筑形式		
面宽	一个开间 3.5-5m	D
开间数量	1-3	
进深		E
十三行片区	8-15m	E
光复南路	15-20m	E
杨仁片区	10-20m	E

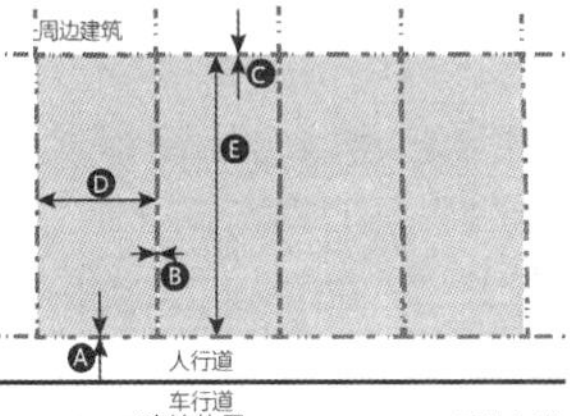

车行道
建筑体量　用地红线

停车布局	以路边或停车楼停车为主
停车要求/用途	每100㎡配套车位
居住	1
商住混合	1
商业	0.2

建筑用途和高度

建筑空间用途分布		图标
首层	商业、服务业、娱乐或居住	G
二层及以上	居住或商业服务	F

高度		图标
建筑最小高度	6m	H
最大层数及高度	4层 14m	H
首层地面距离人行道高度	12cm	I
首层层高	3.5m-4m	J
二层以上最小层高	3m	K

用地红线

备注：
1. 要求有临主要街道的进出口。
2. 卸货口和其他服务路口不允许临主要街道。
3. 进深与面宽可以根据场地特征 20% 浮动。
4. 允许退缩红线。

建筑外侵

建筑侵占		图标
正面出挑深度	1.5m	L
背面出挑深度	0	M

檐棚、阳台、遮阳棚可以侵占人行道上空。

临街面类型	洋楼	
净高	4m-5.5m	

周边建筑
人行道
车行道
建筑侵占面积　用地红线

图3　洋楼商贸更新区（YL）地块开发标准

到地块开发类型、建筑类型、临街面类型、土地用途等形态控制要素，同时对建筑的布局、高度、外观提供详细的标准。规划共分为13个形态分区，具体的形态条例包括了地块开发标准、用途标准、建筑类型标准、街道空间标准、开放空间标准等。

（1）地块开发标准

地块开发标准是对每一个形态分区内的建筑类型、建筑和停车布局、建筑高度、体量、建筑外侵以及停车等要素进行整体控制，使新建和修缮的建筑能符合每个形态分区的特征和空间质量。

（2）用途标准

旧城的特色和活力在于用途的复合与叠加，形态条例中的用途管控并非试图去定义每一个地块的功能，相反，它可以落实到每个形态分区的宗地更新，鼓励用途的混合和兼容。用途标准的核心是用途管理矩阵表，横轴为12个形态分区（开放空间分区除外），纵轴为土地用途类型，矩阵中的每一格标识了该用途在相应分区中的规划许可类型。用途条例中还包括了一些基本的开发控制条例，例如，临时和附属性用途的使用条件；典型的用途如零售商业、手工业、仓储等的开发管理规定。

（3）建筑标准

有别于传统规划中对建筑类型依据其使用功能进行定义，在形态条例中，建筑类型主要是根据建筑的外观形式界定的，其次才是建筑功能，多样化的建筑类型是富有活力的城市场所中重要的组成部分。本次规划的建筑条例共包括了两部分：

1）建筑类型

场地内的建筑类型共分为9类，包括传统民居、仓储店屋、小体量骑楼建筑、小体量洋楼建筑、小体量现代建筑、大体量骑楼建筑、大体量洋楼建筑、多层现代建筑、现代高层建筑等。9种建筑类型和12个形态分区建立了矩阵列表，控制每一个形态分区允许出现的建筑类型（图4）。

其中，对于处在历史街区保护范围和建设控制范围内的非历史建筑新建或改建，还应符合“封套控制”要求，与周边或相邻的历史建筑取得协调统一。控制要素着重在屋檐线、屋顶轮廓、柱廊顶部高度、立面开窗位置、材料、色彩等方面引导建筑与邻近历史建筑相互协调，同时鼓励突出每个建筑单元的独特性（图5）。

2）建筑临街面

建筑临街面是街道公共活动的界面，从历史风貌的保护和公共空间的营造角度，也是需要控制要素之一。人民南片区的建筑临街面类型包括四种，每一种临街面的类型都通过轴测、平面、剖面图解具体的控制标准，同时对招牌和雨棚的设置标准进行规定（图6）。

4 总结与思考

形态条例诞生于美国，但其解决的城市特色丧失、功能隔离等问题在我国当前城市更新中同样面对。旧城

用途标准摘录——零售商业类用地　　表4

零售商业类用地	根据分区的要求获得许可											
	GJ	GG	ZY	BJ	AY	YL	QL	YD	YR	YL	XX	GC
酒吧，小酒馆，夜总会，歌厅	–	–	–	CUP	–	–	–	–	–	–	–	CUP
海味、干货销售	–	–	–	–	–	CUP	CUP	–	–	–	–	–
一般零售，以下特征除外	P	P	P	P	P(2)	P	P	P	P(2)	P(2)	P(2)	P
——汽车服务、维修	–	–	–	–	–	–	–	–	–	–	–	–
——租户面积超过2万平方米	–	–	–	CUP	–	–	–	–	–	–	–	CUP
——凌晨12时－早上7时营业	CUP	CUP	CUP	CUP	CUP	CUP	CUP	CUP	CUP	–	CUP	CUP
餐饮	P	P	P	P	P(2)	P	P	P	P(2)	P(2)	P(2)	P
凌晨12时－早上5时营业	CUP	CUP	CUP	CUP	CUP	CUP	CUP	CUP	CUP	–	CUP	CUP

注：“P”表示许可用途；“CUP”表示有条件许可；“①”表示只允许在二层或以上，或在底层临街面后面出现该用途；“②”表示只允许作为垂直混合项目的一部分，上面部分楼宇作为居住用途。

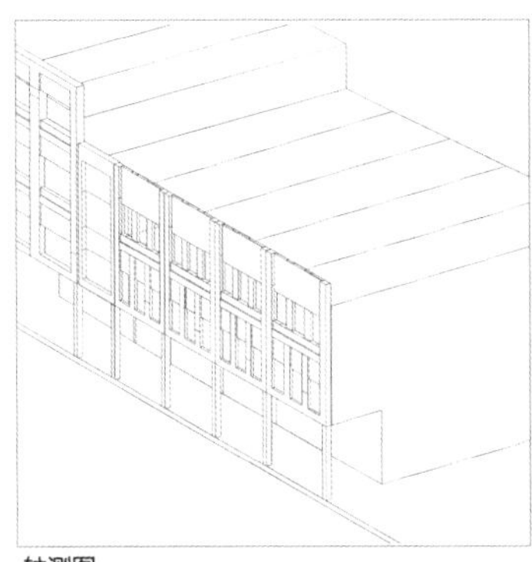

轴测图

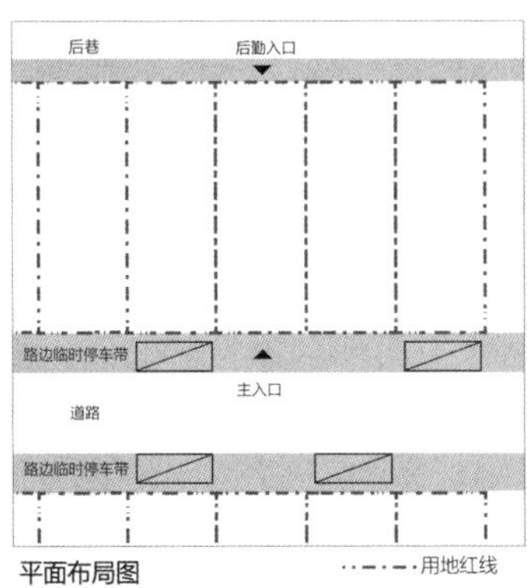

平面布局图

实景图

小体量骑楼建筑类型

1. 宗地面积：最小 9.4 平方米，一般为 30-80 平方米
宗地宽度 / 临街面：最小 3.5 米；最大 6 米

2. 出入口标准
（a）每幢建筑的主入口直接面向街道
（b）通过室内楼梯进入二层以上楼层
（c）后勤入口从后巷进入（通过手推车运送货物）

3. 停车标准
（a）临时停车可以停靠在街道的路边停车位或附近的停车场

4. 服务标准
（a）公用设施如垃圾箱、配线箱等布置在后巷，面向街道的广告牌、路灯等设置标准按照街道条例要求

5. 开放空间标准
场地内无开放空间

6. 景观标准
（a）建筑正面为街道，没有绿化景观
（b）建议设置屋顶花园

7. 临街面标准
（a）入口、建筑的公共开放空间应尽可能朝向街道，服务房间尽可能靠近后巷
（b）新建建筑临街面设计应主动与附近历史保护建筑在尺度、材料、质感上保持协调

8. 建筑体量标准
（a）骑楼建筑为 2-5 层，可设阁楼
（b）若相邻骑楼内部打通，垂直于底层商业界面的分隔墙前 3 米必须被保留；打通的范围须处于原建筑轮廓以内，且打通的长度不允许超过总长度的 50%

图 4　建筑标准——建筑类型之小体量骑楼

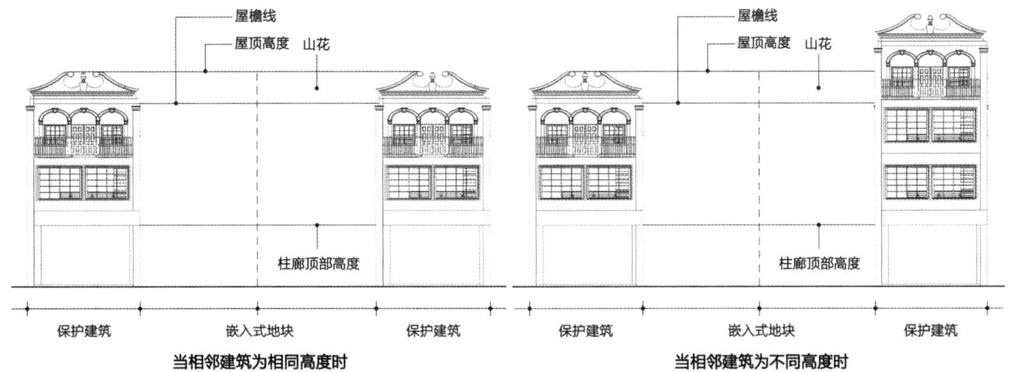

图 5 “封套控制”图示

骑楼

类型 1

该类型骑楼的骑楼空间较高，且柱子尺寸较大，在区域内常用于较为豪华的酒店入口骑楼处。该类型骑楼不允许超出道路红线。

标准

骑楼部分风貌应与所属建筑风貌以及街区风貌相匹配。

1. 柱间距离 (a) 应与相邻建筑及街区风貌呼应。一般而言，柱间距离 (a) 应为 5000mm。
2. 骑楼步行空间净宽 (b) 应与相邻建筑步行空间净宽相同。一般而言，步行空间净宽 (b) 应为 2500mm。
3. 柱宽 (c)、骑楼净高 (d) 应与相邻建筑及街区风貌呼应。一般而言，柱宽 (c) 应为 1000mm，骑楼净高 (d) 应为 6800mm。
4. 其他元素（柱础、装饰物）等应与建筑及街区风貌匹配。

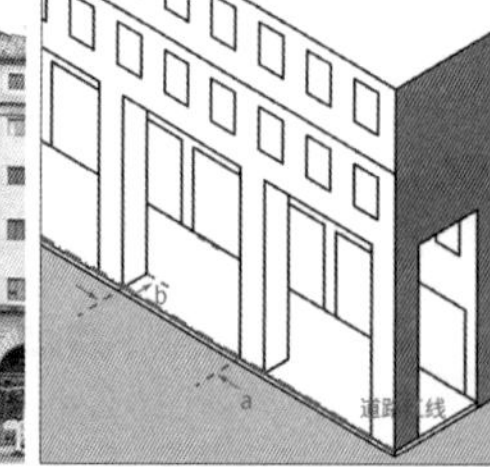

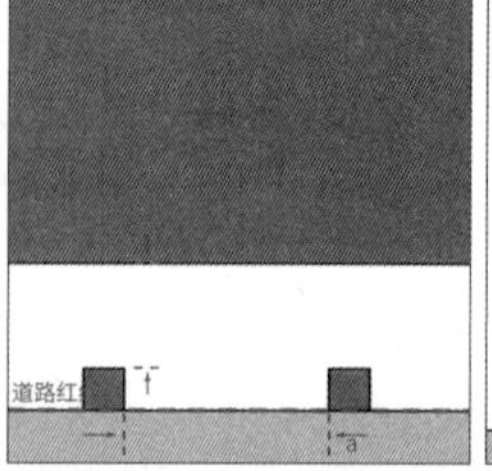

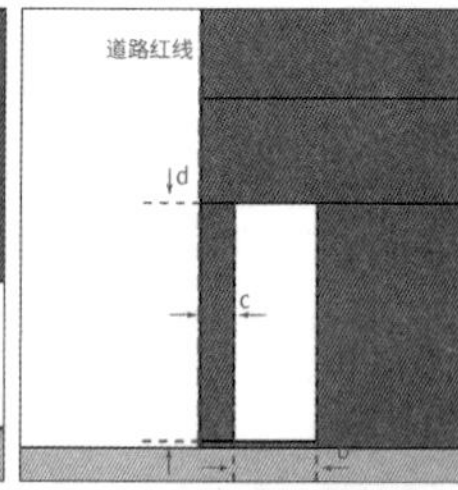

类型 2

该类型骑楼为区域内最为常见的骑楼形式，也是区域内最具特色的临街面形式，常用作零售商业、批发业建筑中。

标准

骑楼部分风貌应与所属建筑风貌以及街区风貌相匹配。

1. 柱间距离 (a) 应与相邻建筑及街区风貌呼应。一般而言，柱间距离 (a) 应为批发业 5500mm。
2. 骑楼步行空间净宽 (b) 应与相邻建筑步行空间净宽相同。一般而言，步行空间净宽 (b) 应为 3000mm。
3. 柱宽 (c)、骑楼净高 (d) 应与相邻建筑及街区风貌呼应。一般而言，柱宽 (c) 应为 500mm，骑楼净高 (d) 应为 3800mm。
4. 其他元素（柱础、装饰物）等应与建筑及街区风貌匹配。

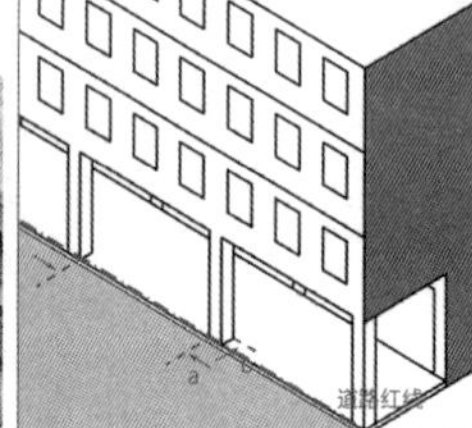

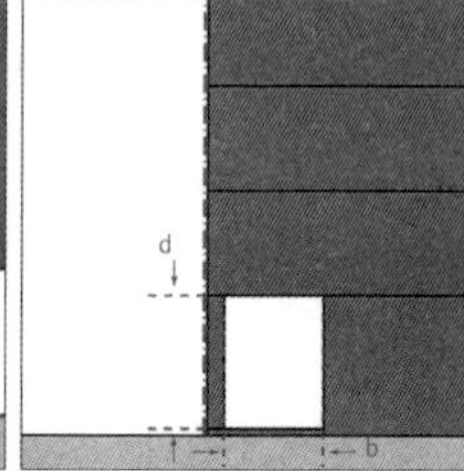

骑楼临街面招牌与雨棚设置标准

骑楼临街面部分可设置雨棚、招牌来作为商业用途以及方便经营，但招牌与雨棚的设置应严格遵循以下规则：

控制分区 骑楼类型		GJ	WH	ZY	BJ	AY	YL	QL	YD	YR	YL	XX	GC
类型 1	雨棚	不允许搭建					允许搭建，悬挑距离(f)为800mm，高度(g)为600mm。如图iv、v、vi、所示。			无			
	招牌	允许搭建，招牌范围高度(e)为1000mm，柱子不允许遮挡，如图i所示。					无			无			
类型 2	雨棚	不允许搭建					允许搭建，悬挑距离(f)为800mm，高度(g)为600mm。如图iv、v、vi、所示。			无			
	招牌	允许搭建，招牌范围高度(e)为1000mm，柱子不允许遮挡，如图i所示。					允许搭建，招牌范围高度(e)为3500mm，柱子不允许遮挡。如图iii所示。			无			

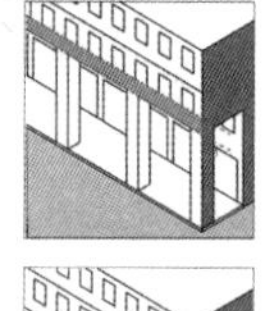

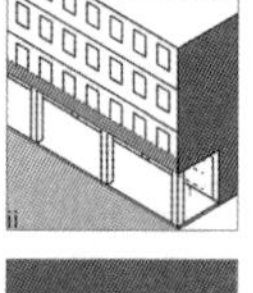

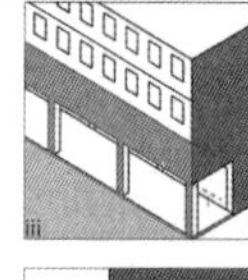

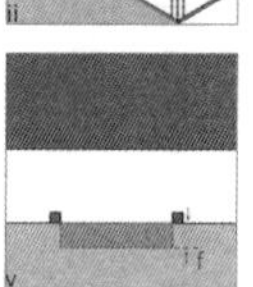

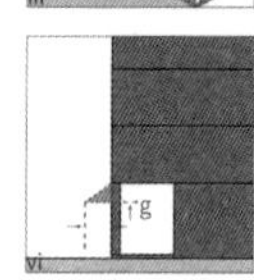

图 6　建筑类型——临街面之骑楼

经过历史发展的积淀，已沉积了大量混合的建筑用途，其背后也关联着复杂的利益主体。过去简单地采取控规功能分区和指标管理的方式往往带来整体式的拆建和改造，难以适用于旧城复兴或“微改造”的要求。从这个角度反思，形态条例的方法无疑给我们提供了一个有益的参考。

从现状形态分析到规划愿景设计再到形态条例，形态分区贯穿始终，提供了城市设计与规划体系融合的路径，以及实施城市设计成果的工具。形态条例强调每个分区的形态特征，例如建筑、用途、地块、开放空间、街道等要素是和分区的特征紧密关联。同时每个分区内部包容了功能和形态的多样性，从而满足地块开发和城市生活的各种需求。

形态条例的管控对象是现状的土地业主，把城市（社区）发展愿景转译为强制性的形态条例关键是要形成社会共识，美国的形态条例通过现场设计会和公众参与的方式，收集各相关利益主体的意见并凝聚成共同的发展目标和可接受的控制要求，这为形态条例的有效实施提供了重要的保障。在我国存量规划主导的今天，城市的建成环境包含了大量混合的建筑用途，其背后也关联到复杂的利益主体，政府不能随意处置土地，土地再开发的收益需要兼顾各方。因此城市更新的过程应探索政府、社区和市场主体共同参与、兼顾各方利益、上下互动的协商式规划方法。

基于以上思考，本次教学实验是一次积极的尝试。尽管由于时间限制，学生无法对当地居民做更全面和深入的调查，以及组织“现场设计会”形成规划愿景。但同学们通过此次作业对于城市更新潜在的矛盾和问题有了更深入的反思，并在此基础上把国外成熟的城市更新经验进行了在地的适应性探索。此外，在实践中要实现形态条例，还需要相关制度的改变与安排，例如建立建

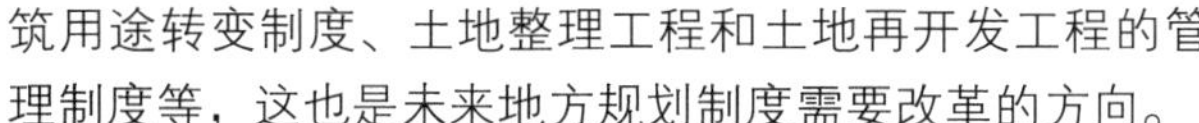

筑用途转变制度、土地整理工程和土地再开发工程的管理制度等，这也是未来地方规划制度需要改革的方向。

主要参考文献

[1] 戚冬瑾，周剑云. 基于形态的条例——美国区划改革新趋势的启示 [J]. 城市规划，2013（9）: 67-75.

[2] 帕罗莱克，克劳福德. 城市形态设计准则—规划师、城市设计师、市政专家和开发者指南 [M]. 王晓川，李东泉，张磊，等，译. 北京 : 机械工业出版社，2011.

[3] 王珺 . 日本的土地区画整理及对中国合理用地的启示 [J]，国土资源情报，2009（9）: 25-29.

[4] 方榕 . 新加坡的历史街道保护策略——以 Chinatown 历史街区为例 [J]，规划师，2011（9）: 120-125.

[5] 汪坚强 . 转型期控制性详细规划教学改革思考 [J]，高等建筑教育，2010（3）: 53-59.

Exploratory Reform of Regulatory Detailed Planning Teaching in Urban Regeneration Area —— Taking the "Form-based Code of Guangzhou Renminnan District" as an Example

Qi Dongjin　Lu Peijun

Abstract: Reflecting on the challenge of regulatory detailed planning in urban regeneration area, this paper puts forward the puzzlement of traditional regulatory detailed planning teaching. Exploring the reform direction of regulatory detailed planning on the basis of learning from the experience of the United States, Japan and Singapore, to guide students in the preparation of "Form-based Code of Guangzhou Renminnan District", the characteristics of which include : adopting text forms for developers ; emphasizing implementation-oriented land development guidelines ; adopting Form-based Code dominated by transect, to replace the traditional method based on functional zoning and indicator control as the means of planning. The form regulation is the active exploration to adapt to the urban regeneration area planning, the future implementation also needs to combine the planning system further reform and consummation.

Keywords: Form-based Code, City Regeneration, Regulatory Detailed Planning, Teaching Reform

基于建构主义的城乡规划专业二年级设计课教学探索

李春玲　钟凌艳　高政轩

摘　要：城乡规划专业二年级设计课教学因其课程的特殊性，与一般理论课讲授方法不同，需要建构主义教学方法支撑，通过课程设计促进学生主动学习，培养学生自学能力。通过问卷调查发现，在传统设计课程教学程序下，学生主动学习的积极性不强，学习效率不高，学习策略缺失。在此背景下，教师尝试通过建构主义教学方法，在教学内容上增加项目的复杂性和独特性，在教学过程中减少课堂理论讲述，增加学生自我建构学习策略；减少教师方案讲评，增加学生自我表述与提问辩论；减少程式化绘制图纸，增加过程表述性成果感性表达；减少评价手绘过程图纸，增加 Photoshop、AI、Sketch up 等工具辅助设计，受到良好的教学效果。

关键词：建构主义，设计课，自主学习

1　建构主义与设计课教学概述

建构主义最早由瑞士心理学家皮亚杰于 20 世纪 60 年代提出，其间汲取了维果斯基的历史文化心理学理论、奥苏贝尔的意义学习理论以及布鲁纳的发现学习理论等多种学习理论的精髓，揭示了人类学习过程的认知规律。维果斯基首先强调以学生为中心，学生是认知和信息加工的主体，是知识意义的主动建构者（Vygotsky，1978）。学生根据自身的认知经验建构出有关知识，这种构建能力的大小决定了学生获取知识的多少。

城乡规划专业的设计课程与其他专业以及理论课的学习要求不同，理论课程中教师会以固定的知识点的讲授作为主要的课堂内容，学生仍然以被动接受为主，虽然近些年高校也在积极促进教学改革，如“反转课堂”、“大班教学，小班讨论”等教学形式不断被尝试，但是归根结底，这类课程仍以掌握知识点为主要目的。

而设计课程的目标，除了需要掌握固定的知识点以外，更多要求学生将在前置理论课程中学到的理论知识运用于设计课程作业中。设计课程的学习路径是通过课程设计，完成知识点的自我学习与扩充，完成知识点在设计中的运用。

设计课程要求学生有更强的自主学习能力，需要具备建构知识体系的能力，从而能够在设计实践中根据项目的实际情况学习新的知识，从而进行适宜的设计活动。笔者长期从事二年级专业设计课程教学，从近些年的教学中深刻体会到，二年级的学生在成长期漫长的学习中养成了被动的学习习惯和心态，经过大学一年级的学习也并未很好的调整为自主性学习。因此在二年级这样一个承上启下的教学阶段，我们更加注重如何培养学生自主学习的能力，能够更大程度的建构自己的专业知识体系。

2　城乡规划专业二年级设计课自主学习能力的调研

在教学过程中，教师发现学生的自主学习的能力有所欠缺，导致设计课程中的设计环节无法达到良好的学习效果。因此针对城乡规划专业二年级设计课我们对 2016 级本专业学生进行了针对设计课程中自主学习情况的问卷调查。

2.1　问卷调研问题

调查目前城乡规划专业二年级 24 名学生设计课自主学习的实际情况，学习中出现的主要问题以及他们学习中自主学习策略的运用情况。

李春玲：四川大学建筑与环境学院建筑系讲师
钟凌艳：四川大学建筑与环境学院建筑系讲师
高政轩：四川大学建筑与环境学院建筑系副研究员

（1）调查工具

调查采用问卷调查。问卷计分采用里克特五级计分制，要求被调查人员在每一问题后填上与自己实际情况最接近的选项数字，如 1= 完全不符合我的情况；5= 完全符合等。

（2）数据录入

将 24 份有效问卷中调查所得的数据录入 SPSS 中，准备用 SPSS 进行数据描述性统计分析。

（3）数据分析

运用 SPSS 统计软件进行描述性统计，得出大学生自主学习现状的平均值（M）和标准差（SD），因为问卷选项是五级制，所以平均值高于 3 就表示相应的自主学习现状较为理想，反之则不理想。

2.2 问卷描述性统计结果

通过问卷的分析，我们得到以下结果。

通过以上表格中的数据，我们可以看出，学生在设计课程中自主学习的情况并不理想，所有问题的评分都在 3 分以下，这与老师在教授过程中的感受基本一致。

2.3 问卷结果分析

同学们对课程设计的目的不明确（M=2.29）。然而实际上，老师在课程设计开始之前就已经通过设计任务书将关于课程设计的目的详细表述了，除此之外，第一次课堂上还会讲解设计任务书。然而，学生仍然对课程设计的目标是什么处于一种茫然状态。不知道学习的目标，则很难在后面的学习中主动的围绕目标查找、阅读资料，查找相关案例。

学生在课程设计中很少能够自觉的查找相关资料，自主学习(M=2.33)。可想而知，在目标不明确的情况下，学生期待老师下达查找资料的命令，而懒得自己去思考，根据自己对课程的理解，对主题的理解，对学习目标的理解查找专业书籍、案例资料、相关法律法规等等。在教师一对一讲方案的时候，几乎所有的同学对前置知识和课程的相关知识一无所知。

对于设计任务，学生不是很清楚应当掌握什么（M=2.58），这是非常令教师不解的，因为在日常的方案评讲过程中，教师会针对设计阶段提出相应的应当掌握的知识点，并提醒学生课下进行自主学习掌握内容。然而根据学生下次的课堂反应来看，课下并未进行相应学习。“不清楚应当掌握什么”成为不进行课下自主学习的借口。

学生自觉不太会根据自身实际制定学习目标（M=2.33），每位学生的学习习惯、自身不同，没有意识到制定与自身实际相适应的学习目标的重要性。

	N	极小值	极大值	均值	标准差
我对学习中每个设计任务要达到的学习目的非常清楚	24	1	4	2.29	0.69
我很自觉的查找资料，自主学习	24	1	4	2.33	0.917
对于设计任务，自己很清楚应当掌握什么	24	1	4	2.58	0.717
我能根据自身实际制定学习目标	24	1	4	2.33	0.702
每天、每周的时间如何安排我都会做详细的设计作业计划	24	1	4	2.71	0.999
我非常清楚每个阶段需要学习什么，并能自觉进行阶段性学习	24	2	4	2.67	0.702
一旦发现不能达到预期目标，不能完成阶段性任务，我会迅速调整目标，做出新的安排。	24	1	4	2.13	0.850
在设计课程进行过程中，能意识到自身的错误，并尽量及时改正错误，不犯重复性错误。	24	1	4	2.21	0.884
在设计课学习过程中能有意识的使用学习策略	24	1	4	2.42	0.881
我比较不同学习方法的利弊，从中选择适合自己的方法	24	1	4	2.42	1.018
常常对自己一段时间内的学习进度和效果进行反思	24	1	4	2.17	0.868
有效的 N（列表状态）	24				

学生尚会有每天及每周的详细的设计作业计划，但并不是十分理想（M=2.71），没有阶段性的作业计划，使设计过程拖沓，设计逻辑不连贯，进展缓慢，效率非常低下。

学生不太清楚每个阶段设计阶段需要学习什么，在自觉进行阶段性学习方面差强人意（M=2.67）。然而实际上每个阶段教师都会在课堂上以及一对一方案讲评中反复强调。

一旦发现不能达到预期目标，不能完成阶段性任务，学生也很难做到调整目标，从而做出新的安排（M=2.13）。由此可以看出，学生几乎很难主动的进行适宜的学习策略，因此很难建构理想的知识系统。

在设计课程进行过程中，学生不太能意识到自身的错误，难以保证不犯重复性错误（M=2.21）。这一点教师在课程中体会尤其深刻。比如基本的常识性问题，比例、尺度、开门方向、女儿墙、出入口等等，反复强调但是每次仍然会在图中出现这些问题。一些讲过的基本设计原则，在方案中也是常常不遵守。

从学习策略和方法来看，学生在设计课学习过程中并不能形成使用学习策略的习惯，（M=2.42），也未形成自己的有效的设计课程的学习策略，对有效的学习策略和方法在课程设计中的运用缺乏足够的认识和重视。

更深层次的来讲，学生要自主去比较不同学习方法的利弊，从中选择适合自己的方法就更加有难度了（M=2.42）。

对于建构系统知识的过程，学生应常常对自己一段时间内的学习进度和效果进行反思，调整自己的学习策略。这一点学生还做得不够好（M=2.17）。

通过以上的问卷情况分析，教师发现，教师在课堂上对知识点的讲述对学生来讲几乎是无效的。学生与教师在课堂上的交流效率非常低，学生对设计课的认知仍然停留在：上课睡觉，下课什么都不知道的状态。似乎上课是设计课时间，课上有时间就做设计，下课不需要进行相关的学习，到期末开始熬夜赶图。

3 基于建构主义教学方法的二年级设计课程改革

基于对学生情况的掌握，本学期我们对设计课程进行了一定的改革，强化运用建构主义教学方法，增强学生自主学习的兴趣，提高学生自主学习的能力。

3.1 教学内容改革

本学期我们对二年级的课程设计进行了一定的调整，之前的课程设计为社区活动中心，基地通常在城市环境，本学期的课程设计更改为“乡村客厅”，希望学生在上课时候倾听老师的引导并交流设计中的困惑和遇到的问题，课下能够结合现场考察，观察乡村生活，站在乡村的立场去认识乡村，并增强学生感性知识，培养学生发现问题、分析问题的能力，同时了解乡村发展规律，从“感性认知”走向“理性认知”。技能上，要求学生通过课程设计遇到的知识需求，在课下自主学习，初步掌握公共建筑设计的一般原理、活动中心类建筑设计的基本原理，了解文化建筑的一般常识，处理好建筑与特定人文环境的关系。课程设计过程中，我们要求学生必须制作工作模型，以工作模型作为思考、构思及设计的手段，加深对建筑空间尺度及地形环境的感性认识。

以上这些具体的目的都是旨在培养学生独立查阅并应用建筑设计规范、设计资料的能力；探索多种方案可能性的能力；运用手工模型和电脑绘图软件辅助设计的能力；独立查阅并应用建筑设计规范、设计资料的能力；方案深化设计、材料与细部设计的能力；正图阶段正式图纸表现能力。

3.2 教学过程改革

建构主义的代表人物皮亚杰强调学习中内因于外因的相互作用，强调在这种相互作用中心里不断产生量和质的变化。自主学习的内在条件主要包括学习者的身心发展特点、认知、策略、动机和态度。

二年级大学生的身心发展已经进入形式运算阶段，身体发育已接近成人，大脑皮层、神经系统的发育逐渐成熟。皮亚杰在概括他的认知发展阶段的理论时强调，这一阶段人的思维已超越了对具体的可感知事物的依赖，进入形式运算阶段，其思维发展已接近承认的水平（皮亚杰，1980），因此我们根据学生的认知和情感发展过程，加强学习中的自主性学习，调整传统设计课程过程，使之符合学生身心和认知发展规律。

（1）减少课堂理论讲述，增加学生自我建构学习策略

学生的学习策略在学习的效率中扮演这举足轻重的角色，学习策略包括认知策略和元认知策略。学生多使用的认知策略有重复、归纳、推断、转换、提问等等。

元认知策略包括定向注意、有选择的注意、自我监控、自我评价、自我强化等。学习策略是学生用来帮助自己理解、学习或保留新信息的特殊简介与行为（O. Malley & Chamot，1990）。

鉴于学生对课堂理论讲述效率极低，且无法在课程设计中对知识进行灵活运用。通过阶段性特色化成果要求，减少课堂上理论讲述，让学生根据老师布置的阶段性成果要求，自己运用认知策略和元认知策略，通过完成每次课程后的阶段性作业达到学习的目的。

（2）减少教师方案讲评，增加学生自我表述与提问辩论

中国古谚语云：“授人以鱼，不如授之以渔。”培养自主学习能力，调动人的主观能动性，能使学生学与思结合，想和做结合。教师与学生共同努力，营造一种友好的、和谐的、开放的学习氛围。建构主义理论要求教师创设与学习者生活息息相关的情境，调动他们学习的积极性、主动性，让他们学会思考、学会合作。把培养学生的自主性学习能力作为教学目标之一。

课堂中教师分组对上次课程作业进行讨论，制造自由的空间和安全的环境使学生可以毫无顾虑地提问，给学生留有提问的时间而不应将提问的时间留到一节课结束时；鼓励学生回答其他学生提问以激发学生间的讨论；要求学生在课前将问题准备好，让所有学生都参与“提问”和对提问的“回应”，让学生感到教师在倾听，教师需要“容忍”不同，给予知识上和情感上的鼓励，必要时，教师需要“追问”、“补充”和“赏识”学生的回答。

（3）减少程式化绘制图纸，增加过程表述性成果感性表达

设计课程是非常鼓励创新，思维发散的课程。学生应该有机会根据他们自己的风格及偏爱来学习，应重视学生的自尊，尊重学生，激发学生的学习积极态度。而教师只是在教学过程中提供一切必要的环境及输入。自主学习绝对不是一种没有教师的学习，教师在帮助学习者实现自主学习的过程中起着关键作用。教师从以教授知识为主，变为以指导、辅导学生的学习为主，由舞台上的主角变成幕后导演，成为学生建构意义的帮助者、指导者。我们在新的教学过程中，只对最后成果图有严格的验收标准，其他阶段性成果鼓励学生将自己的体验感受带入设计情境，进行情境化设计，通过网络图片案例资料收集和理想场景构想的拼贴，进行分镜头表达，引导学生进行人性化的设计，在这个过程中，学生会主动的思考场景和人的使用，自己去找资料支撑自己的情境，也比程式化的设计方法更容易被学生接受。目前看来学生反映良好。

（4）减少评价手绘过程图纸，增加 Photoshop、AI、Sketch up 等工具辅助设计

今天我们所处的时代是一个知识爆炸、信息超载的时代。今天的知识表现出四方面的基本特征：第一，碎片化。我们通过网络或其他渠道获取的知识，往往是零散的、不系统的，大多数是半成品，难以构成完整的知识体系，这一点已经毋庸置疑。第二，去中心化。在学校，教师和教科书不再是知识的唯一来源，互联网和社会化网络已经成为知识的重要来源。第三，生成性。今天的知识具有生成性特征，它不再是静止不变的，而是不断更新的，有自己的生命周期。第四，时效性。郑小军教授曾把一种新知识还没来得及被大众熟知就已经过时的现象称为“知识惰性化”，认为信息超载和碎片化加剧了知识的惰性化。

在这样一个大背景下，教师试图像以往一样，依然在课堂上占据完全主导的地位已经非常困难，学校希望仍然按照传统的学科知识体系分门别类地教授学生也已经难以为继。正如西蒙斯所指出的，今天的知识不再是静态的层级与结构，而是动态的网络与生态。

为了应对这两大挑战，我们在设计阶段不再对手绘过程图纸进行评价，学生通过互联网对碎片化的案例根据独立逻辑对场景、空间、材料、表皮等等需要的要素使用 Photoshop 进行拼贴，从小场景的分镜头到一镜到底的全景进行全息场景设计，运用 AI、Sketch up 进行辅助设计，教师参考手绘过程图纸进行方案讲评。学生兴趣被调动起来，也更享受设计过程，效率也更高。

主要参考文献

[1] 皮亚杰 . 结构主义 [M]. 倪连生，王琳，译 . 北京：商务印书馆，1996.

[2] 皮亚杰 . 发生认识论原理 [M]. 王宪钿，等，译 . 北京：商务印书馆，1996.

[3] Vygotsky，L.S. Thought and Language[M]，Cambridge：MIT Press，1986.

Exploration of Teaching for Grade Two of Urban Design and Planning based on Constructivism

Li Chunling Zhong Lingyan Gao Zhengxuan

Abstract: The 2nd grade design course of urban and rural planning is much different from the teaching method of the general theory course, which needs the support of constructivism teaching method through the course design to promote the students to learn actively and cultivate their self-learning ability. Through questionnaire survey, it is found that under the traditional teaching procedure, students' initiative in learning is not strong, their learning efficiency is not high, and their learning strategies are missing. Under this background, teachers try to increase the complexity and uniqueness of the project in the teaching content through constructivist teaching methods by reducing the theory of class in the course of teaching, program evaluation, the evaluation of hand-painted process drawings and the stylized drawing but increasing the students' self-construction learning strategy, expression and question debate and expression of process expressive results, and using Photoshop, AI, Sketch up and other tools to assist in the design.

Keywords: Constructivism, Design Course, Independent Learning

存量语境下的城市设计课程教学与思考

肖 彦 栾 滨 沈 娜

摘　要：当前城市建设从增量空间扩张阶段迈向存量提升优化阶段，对从业人员的设计思维范式、规划知识结构以及多专业的协调能力都提出了不同程度的新要求。城市设计课程作为城市规划、建筑学、风景园林等专业本科教学体系中的主干课程之一，应做出相应的调整。通过对教学内容的拓展、教学方法和手段的革新，对城市设计理论与设计课程进行整合，以促进教学信息的有效传达，培养学生学会用多元视角探索并解决存量空间提升优化过程中复杂问题的能力。

关键词：存量规划，城市设计，多元语境，参与式设计

1　引言

在新型城市化浪潮的冲击下，我国的城市发展模式亟待转型，"摊大饼"式的发展与外延式的扩张，束缚了城市增量发展的空间，而城市功能综合化程度的提升，驱使城乡建设的主要空间载体开始转型，城市建设从增量空间扩张阶段转向存量提升优化阶段[1]。2014年7月，住建部城乡规划司司长孙安军指出"当前城市规划应从增量规划转为存量规划，从原来的做"'加法'"改为做'减法'"。对存量空间资源的高效利用已成为促进城市转型发展、优化城市功能结构、提升空间环境品质与内涵的重要途径。在这种情况之下，基于空间扩张的传统增量型城市设计开始转向于立足于品质升级的存量型城市设计。

与此同时，2016年2月《中共中央国务院关于进一步加强城市规划建设管理工作的若干意见》文件中再次提出"提高城市设计水平"及"支持高等学校建立和培育城市设计队伍"。这些行业与学术新形势，对城市设计课程的教学与人才培养提出了更高要求。作为城乡规划、建筑学以及风景园林学等专业本科教学的核心课程，如何顺应当行业变化趋势，提升城市存量空间品质、丰富空间内涵与特色，以及如何实现城市设计课程教学与规划实践之间的完美对接，突破传统教学手段的拘束，有待深入思考与探讨。

2　对专业能力需求的转向

2.1　规划思维范式的转向

较之增量空间，存量空间规划所涉及的问题更为复杂，具有方式多样、任务多线、主体多元、机制复杂的特点[2]，其物质空间背后体现了城市功能的更替和土地利益格局的重构。传统线性思维导向下基于物质形态的愿景式设计，无法适应存量规划背景下的权利主体构成的复杂性、不同利益群体诉求的复杂性，以及不同社会群体价值观的复杂性所带来的挑战。这不仅要求从业者革新固有的思维方式与规划理念，而且要求高校城市设计教学进行改革，重塑教学理念，调整教学内容，以多元化角度审视城市存量空间中存在的复杂性问题，采取多元融合的方式在整体层面上培养学生对问题进行系统分析的能力，以解决未来规划实践中存在的复杂性问题，实现从注重形体空间设计向重视城市问题研究的转变。

2.2　规划知识结构的转向

因此，存量规划的编制起点已不再是空间形态，而是牵涉到城市功能的重置以及利益格局的重构。这就要

肖　彦：大连理工大学建筑与艺术学院城乡规划系讲师
栾　滨：大连理工大学建筑与艺术学院城乡规划系讲师
沈　娜：大连理工大学建筑与艺术学院城乡规划系副教授

求从业者充分掌握相关法律法规、审批流程、利益分配等方面的内容，需要充分解读政府、土地持有主体、市场主体对土地开发的需求，以此为基础，设计空间方案均衡各方利益。因此，城市设计教学迫切需要进行相应调整，扩充法律、经济、社会学、政策研究等诸多方面内容，在培养学生的设计表达能力的同时，亦不能忽略沟通表达、社会动员等方面的能力训练。

2.3 规划技术方法的转向

存量规划发展模式对规划技术方法要求更高，不再局限于传统的单一技术层面，而是以复合手段建立协调机制；从经验主导转为数据支撑下的现实问题解决主导[3]。这就要求从业人员借助技术手段、对各方利益、重要的公共设施、商业服务设施的运行情况和影响因素进行分析，并对城市物理空间与社会空间进行更为精细和深入的刻画描述与分析模拟，从而真正理解存量空间背后的发展和运行逻辑。因此，需要改变传统教学方法中强调物质形态设计美学范式的局面，指导学生掌握新的技术手段，对存量空间的用地功能和人口活动特征进行详细分析，盘活城市存量空间、激活城市活力，实现精细化城市设计（图 1）。

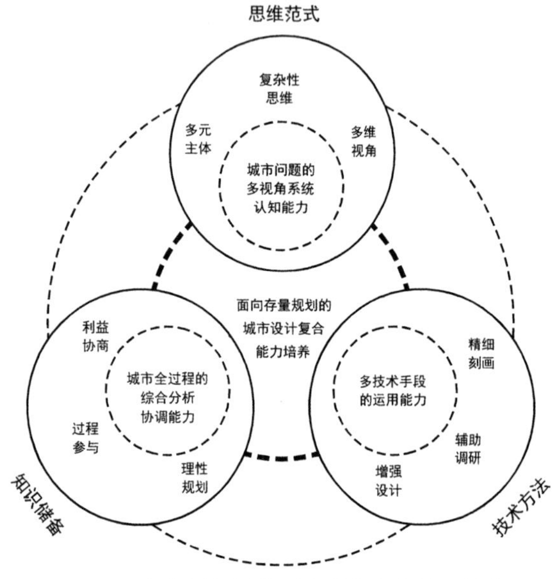

图 1 面向存量规划的城市设计复合能力培养

图片来源：作者自绘

3 存量语境下的城市设计教学特点

3.1 连续贯通的课程体系

城市设计课程的主要教学对象是具有一定专业知识储备的高年级本科生，综合性较强，其课程体系涵盖理论讲授与设计实践两部分。从教学时序上看，传统城市设计理论课与设计课教学之间通常存在一定的脱节现象。在部分院校的培养方案中，这两门课程的开课时间分列在两个不同学期。由于间隔时间过长或内容缺乏衔接，学生的理论知识已经模糊，无法立刻将理论课教学内容在设计课中学以致用。而存量时代的城市设计，对从业者的知识储备和实践能力提出了更高的要求。针对这种情况，需要以存量空间设计为核心，针对性地对城市设计理论课程与设计课程进行教学内容与时间上的整合衔接。以“场地设计”、“城市设计”以及毕业设计选题中的“总体城市设计”为主干，建立连续贯通的课程体系，将景观设计原理、场地设计原理、住区规划原理，以及经济与政策类课程纳入进来。同时，鼓励理论课教师同时参与设计课教学，充分发挥课程效率。打通理论与实践课程，使理论课与技术课的内容能够为设计课所用，共同支撑面向存量规划的专业能力培养计划（图 2）。

3.2 互动参与的教学方法

传统城市设计教学方法导致学生对方案编制背后现实约束的认知体验不足，缺乏互动体验。为了让学生充分了解城市经济、社会、环境等多元要素在空间上的协调平衡发展，需突破传统城市设计教学中教师“灌输式”

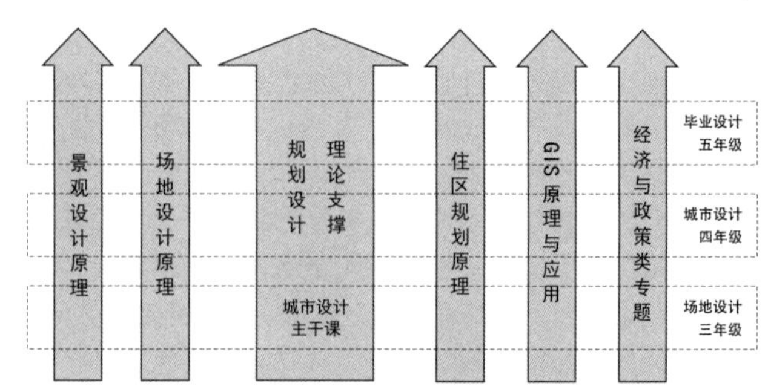

图 2 以城市设计为主线的教学课程体系

图片来源：作者自绘

讲授、学生“被动式”信息接收的教学模式。在授课过程中以学生为教学的主体，授课教师作为教学的引导者，采取互动参与体验式教学方法，利用不同的教学手段，设计多元化教学方案，楔入面向存量优化的多方联动实施的协商规划，以及参与式的过程规划。在城市设计的理论教学中，以问题为中心，采用研讨的形式，展开进行互动交流，充分调动学生学习积极性，激发学生思维的创造性，从而提高学生面向存量规划的专业综合素质，实现教学效果的最优化。；对于城市设计课程设计教学，在方案生成的不同阶段，采取多维评估的方式，由教师与学生共同展开交叉式评判。

3.3 开放协同的教学场域

传统城市设计教学场域以教室与课堂为中心，教学过程的组织行为受制于场所限制而处于退缩之势。面向存量规划的转型，应构建开放协同的设计实践平台，以联合教学、企业实践为依托，形成多元化、跨领域、跨地域的，同社会存量规划需求紧密结合的教学场域。此外，网络拓展亦是建立开放协同教学场域的有效途径。突破实体空间的局限，打破师生之间的固有界限，利用信息化平台整合城市设计课程教学案例、设计规范、优秀案例，以及历届优秀学生作业等教学资源。同时，精心挑选与城市存量改造与优化相关热点与政策方面内容，引导学生在碎片化的网络海量信息中去粗存精，促进城市设计教学资源平台的持续更新与动态管理，全面拓展城市设计教学场域的广度和深度，使学生在学习过程中汲取更多专业知识，建立存量规划语境下城市设计的全局观。

4 城市设计课程的教学应对

4.1 理论教学应对

（1）复合交叉的教学内容

传统城市设计理论课的教学内容大多围绕物质空间形态展开，与城市存量空间的规划需求相悖。在存量规划的背景下，亟需在教学中引入多学科语境，其内容涵盖了城市建设相关的管理与法规，以及存量物业与财产价值等管理知识[4]。存量规划不再以经济利益为唯一目标，而是综合考虑城市交通系统、公共服务系统等的承载能力，具有方式多样、任务多线、主体多元、利益诉求复杂的特点。因此，城市设计理论教学中应强化经济与政策方面等方面内容，包括城市经济学、土地经济学、制度经济学，相关法规与公共政策等不同层面理论内容。同时，在理论分析能力培养方面，需要与场地设计原理，景观设计原理、住区规划原理等理论内容进行衔接。在技术创新能力培养方面，引入建筑与城市环境物理实验、GIS 原理与应用、城市设计表达技法等课程，引导学生针对城市存量空间问题进行深入思考，构筑适应存量规划的夯实理论基础。

（2）问题导向的案例教学专题

以问题为导向的案例教学专题通常由教师提出针对性问题或者学生自己发现问题，给予学生足够的空间去发现问题、解决问题，有助于帮助学生自主建构新知识、习得新技能。为了摆脱学生在传统城市设计理论教学模式下对于城市特定问题的思考与应对不足，在城市设计理论教学环节引入的案例分析，充分结合经典与优秀案例进行讲解，引导学生从当前我国及国外著名城市存量规划实践中具有代表性的问题和现象进入切入发现问题，包括对存量空间城市设计经验与教训的评价，也包括对存量空间规划实施效果的评估；以问题为切入点与学生进行讨论交流，激发学生的主导思考，引导学生调查探究城市存在的问题，逐渐培养学生深层次、多角度地发现问题、解决问题。同时，围绕分析过程中所遇到问题，提出解决办法，形成研究报告。

（3）情境模拟融入的教学模式

情境模拟融入因实践性、互动性、协作性，以及趣味性的特点，近年来在我国高校专业教育中获得了广泛的应用。传统城市设计理论课的教学内容大多围绕物质空间形态展开，迎合了我国快速城市化时期对空间形态方案的需求。存量规划语境下的城市设计涉及政府、开发商、业主、城市居民等多方利益主体。多元的立场和利益诉求，使得情景教学尤为适合引入存量规划语境下的城市设计教学。通过情境教学法（Situational Language Teaching），设计生动具体的多方博弈场景，学生通过在博弈中进行角色体验，均衡各方利益诉求，体验存量时代背景下、城市设计的项目实践中多方利益在空间上的协调过程（表 1）。培养学生发现、分析和平衡利益相关者各方利益诉求的意识，了解存量城市设计

分角色情境模拟讨论　　表1

角色	诉求内容
政府	保障公共利益、维护社会公平、促进城市可持续发展、环境资源保护、
开发商	经济效益最大化、投资回报
业主	维护自身利益、获取经济补偿
社会公众	改善居住条件、便民的服务网点、落实基础设施和配套服务设施
规划设计师	符合上位规划要求、符合相关规范要求、组织协调各方利益、形成规划方案

表格来源：作者自制

过程的真实性，以利益平衡作为今后物质空间形态设计作依据的能力。

4.2　课程设计教学应对

（1）面向存量空间的题目选择与设定

传统增量背景下的城市设计选题，城市设计题目的选择与设定往往基于空间扩张的城市建设背景，包括：新城规划、产业规划、围绕重大基础设施为核心的规划，以及旅游区、生态城等功能区规划。未来城乡规划建设的主要载体空间出现转变，空间载体形式更偏重于存量空间。为了提高学生的就业竞争力，高校的城市设计选题也需要顺应趋势做出改变。面向存量空间，加强旧城改造、历史街区保护、项目再开发等题目类型，指导学生通过城市更新、改造、整治等技术手段掌握建成区功能优化调整的规划与设计能力。题目的选定可从两个方面切入：一方面是改变土地使用性质的规划类型，譬如旧城更新与旧城改造；另一方面，在土地使用性质不发生改变的前提下，进行产业改造升级引入文化创意、艺术设计、科技展览等创意园区的规划设计。

（2）多维平衡视角下的参与式规划

传统城市设计教学存在“重理论、轻实践，重传授、轻互动”的问题，随着城市存量空间权益关系的愈加复杂与分散、公众主体意识的日益增强，需要在城市设计课程中引入参与式设计[5]。通过开放的设计过程，培养学生形成多维平衡视角，能够通过前期沟通与项目讨论，提出规划策略与方案，改变在传统城市设计授课模式下，学生中普遍存在的只重视规划方案设计结果，忽略方案的产生过程这一问题。结合跨地域校级联合设计、国际Workshop、Studio教学，以及企业实践教学等平台，在教学过程中植入讲座与研讨会，增加教师、学生、社区人员以及政府相关人士的讨论环节，引导学生参与协商过程，改变“闭门造车”的设计模式。学生通过参与式设计，充分了解政府、土地持有主体、市场主体的土地开发诉求，通过空间方案平衡各方利益，并能够根据各方利益格局的变化来对城市设计方法进行及时调整与回应。同时，邀请社区人员、政府相关人士，以及职业规划师参与到设计成果的成绩评定环节中来，采取互动式评定方法，在相互的交流和评价中取长补短，检验课程实施的成功与否。

（3）新数据环境下的精细化设计

相较于增量规划，存量规划对现有用地现状和性质的精准刻画与设计品质提出了更高的要求。面向存量空间的城市设计需要先进技术手段的辅助，需要更多的实际运行数据，以及模拟和分析为支撑。

在课程设计教学中指导学生进一步掌握面向存量规划的城市规划技术方法手段，以胜任新时期的城乡建设任务。在设计前期的调研过程中，利用手机信令数据、百度词频数据、百度热力图、POI兴趣点（Place of Interest）、人口分时活动密度数据等业态机构新兴数据进行三维矢量化整合到GIS平台，对城市存量空间及其周边复杂问题进行精细化研究与设计。学生在新数据环境下，结合传统草图分析，运用空间定量分析技术楔入城市设计全过程，对城市空间进行秩序重构与结构整合，挖掘现有资源，塑造特色空间，从而提高方案的针对性和可操作性，实现对特色资源精细化利用。

5　结语

当前城镇化建设进程中，增量规划的脚步已经放缓，以存量规划为主导的时代已经到来。这种转向对城市规划从业人员的职业能力也有了新的要求，这是城乡规划教育工作中面临的问题，城市设计教学也应以此为导向做出相应的调整与改变。在教育教学过程中，可将存量规划主体多元、任务多样、利益诉求复杂等特点作为切入点，对城市设计理论与设计课程在教学内容与方法上进行整合与提升，形成新时期理论与实践有机结合的完整教学体系。

主要参考文献

［1］ 赵燕菁．存量规划：理论与实践 [J]. 北京规划建设，2014（04）：153-156.

［2］ 钱云．存量规划时代城市规划师的角色与技能——两个海外案例的启示 [J]. 国际城市规划，2016（4）：79-83.

［3］ 段冰若，王鹏，郝新华，等．见物见人——时空大数据支持下的存量规划方法论 [J]. 上海城市规划，2016（3）：9-16.

［4］ 顿明明，王雨村，郑皓，等．存量时代背景下城市设计课程教学模式探索．高等建筑教育 [J]，2017（1）：132-138.

［5］ 叶宇，庄宇．国际城市设计专业教育模式浅析——基于多所知名高校城市设计专业教育的比较 [J]. 国际城市规划，2017（1）：110-115.

Urban Design Teaching in the Background of Inventory Planning

Xiao Yan　Luan Bin　Shen Na

Abstract: The diversion of urban construction from incremental space expansion towards stock optimization stage puts forward a higher requirement to employees of thinking pattern design, planning, knowledge structure and professional skill. As one of the main courses of undergraduate courses teaching system of Architecture, Urban Planning, Landscape, Urban Design teaching should make some corresponding adjustment. It is embodied in the integration of urban design theory and design course, expanding the teaching content, updating teaching methods and means, and promoting teaching information communicate effectively, so as to cultivate students to solve the problem of complex in multiple perspectives.

Keywords: Inventory Planning, Urban Design, Vocational Skills, Participatory Design

新时期城市详细规划教学理念和课程体系探讨*

邓　巍　潘　宜

摘　要：我国城市建设正处于转型发展的新时期，“存量规划”、“城市双修”、“开放街区”逐步成为城市发展的焦点，对传统的城市规划设计理念和城市规划教育产生了重大的影响。本文在对传统详细规划教育体系剖析的基础上，以当下的城市发展理念变革为切入点，总结其对详细规划提出的新要求，提出空间创作与逻辑思维并重，规范性教育与创新性教育结合的教学观念。

关键词：新时期，详细规划，教学理念，课程体系

我国城市规划行业正发生着巨大的变革。在发展阶段上，从增量扩张时代走向存量更新时代[1][2]，提出“城市双修”的发展理念[3]；在空间结构上，从大地块向小街区的转变，提出“开放街区”[4]的空间构想；在社会关系上，需求和品质共同作为社会发展的阶段性目标，“美好生活”成为社会发展的关键词[5]。这些方向性变革，正在对城市规划理念产生重大影响，作为城市规划专业核心课程的详细规划教育，成为这场变革的首当其冲，亟待教育理念和教学体系的变革，以适应新时期的社会需求。本文试图分析这场变革对详细规划设计的影响，以及对详细规划教育的新要求，探讨适应这场变革的城市详细规划教学理念和课程体系。

1　不变的传统——城市详细规划课程教学的再认识

1.1　形体主义：传统设计课程教育的核心及渊源

如果用一个词来概括当下详细规划设计教学理念的核心，“形体主义”可能比较贴切。中国的城市规划教育是在留学归国人员和外聘教授的讲座教学中萌芽的，起源于土木工程和建筑学院校，多在建筑系下增设“都市计划”课程讲授规划知识，其教学内容和师资源于与20世纪初的欧美院校，这些院校的规划教育大多缘于建筑学或是景观设计，具有很强的物质空间设计背景[6]。一五时期为了适应国家建设，城市规划才作为建筑与土木专业两个学科之间的交叉学科而成立，然而涉及城市规划内容的教学，仅集中在建筑学的高年级教学中；到20世纪80年代，部分地理类高校开始提供城市规划专业教育，但只至1989年，80%以上的城市规划专业仍然集中在建筑工程类高校。90年代之后，地理学、社会学和管理学等相关学科内容逐步融入城市规划学，形成以工程类和地理类见长的两大主要规划教育阵营，但工程类院校经学科整合后与建筑学更为紧密地结合在一起，其工程技术与美学并重的特征在其后数十年的发展历程中得到了延续，并作为一个二级学科，长期依附于建筑学而存在，直至2011年城乡规划一级学科的确立，才与建筑学划清学科界限，但并未完全摆脱建筑学的影响，从规划教育界流传的“老八校”排序中可见一斑。此外，在一些高校的低年级教学改革中，以“建筑初步”作为建筑、规划和景观专业的通识教育改革，俨然成为一种趋势，直接表明了当前规划教育与建筑学之间的特殊关系。

正因为这种特殊的发展渊源，我国大部分工程类城市规划专业都是以“空间规划”见长的。作为以空间设计

* 基金项目：国家自然科学基金资助（项目号：51708235），教育部人文社会科学基金资助（项目号：17YJCZH034），中央高校基本科研业务费资助（2016YXMS055）。

邓　巍：华中科技大学建筑与城市规划学院讲师
潘　宜：华中科技大学建筑与城市规划学院副教授

为根本的详细规划教育，更是将建筑及建筑组合设计视为详细规划的基石，无不为空间形态设计安排了大量的色彩、形体和建筑教学内容。不可否认，那些扎实的建筑基础教育，让图纸上的详细规划设计方案，在形态的视觉效果上超越了绝大多数现实城市空间，遗憾的是，一味的追求形体效果，让其中的绝大多数方案都沦为政府抽屉中的“乌托邦”。尽管如此，形体塑造技法和形态美学意识的培养，仍然作为规划专业学生的一项重要训练内容。

1.2 设计缺位：详细规划设计的错位理解及反思

设计课是工程类城市规划专业课程的核心，尽管在教学计划的调整中一再压缩课时，但是设计类课程仍然占据较大的比例。然而长期以来，我们对“设计”的理解几乎等同于“营造”,这当然和“营造学”有血脉关系，更与我国的城市发展建设背景直接相关。

在过去的四十年，土地规模和空间容量是主旋律，一个可以大量复制和推广的空间单元，一份能够尽快进入审批程序的技术文件，是城市管理者和房地产市场对详细规划设计的直接诉求。在效率至上的需求位序中，“容量和规范”远高于“舒适和品质”，因此，“摆房子”曾经是增量时代详细规划的代名词。但凭这一点，那些曾经不遗余力地注重空间形态和环境营造教学的院校，实属难能可贵，以至于上世纪末专指委举行的全国大学生优秀规划作业评选中，居住区详细规划设计一直是主流评选对象，美好物质空间环境营造亦成为评选的主旋律。实际上，我国的城市住房从 70 年代的筒子楼到 80 年代的单元房，再到 90 年代的商品房，刚从居住空间匮乏的社会环境中走出的新市民，才逐渐产生空间环境意识，居住小区才从兵营式的楼房阵列中迈向景观空间时代，例如有营造庭院环境的“××庭院”，有营造优质绿化环境的“××林语”，有营造水环境的“××水园”，与此相匹配的，是的一系列以“生态”“景观”“闲适”等为主题的设计。毫无疑问，在那个商品住宅刚刚步入从无到有的时代，在那个兵营式的建筑大步踏入城市的时代，以“空间营造”为主导的详细设计教学，已经是一种前瞻性和创造性的教学内容，并一举成为“规划设计”的代名词。

但是，当城市空间发展了近四十年后，空间环境已成为城市空间建设的一项基本要素，悄然发生变化的是人们不断转变的空间需求和空间观念，还有日益缩减的城市土地资源。比如在上述转变过程中，高品质住宅就至少经历了从庭院别墅到联排别墅、复式别墅、空中别墅、平层别墅的转变过程，至今还在衍生新的形式，某些形式还成为他人不可窃取的专利。这释放着一个鲜明的信号,“规划设计”越来越从以美学为特征的空间营造，转向以解决特定矛盾、实现特定需求为宗旨的工学设计，即以特定用户的期望、需要、动机为前提，理解业务、技术和行业上的需求和限制，通过特定的方法，将其转化为对产品的规划，使得产品的形式、内容、行为变得有用,甚至令人向往,并且在经济和技术上可行。换言之，今天之详细规划设计，已经从一种主观的空间营造，转变为一个解决城市“空间矛盾”的技术理念和空间方法，例如高密度环境和优环境品质的矛盾、高城市地价和低居住面积的矛盾、多样的空间诉求和同质空间产品的矛盾等，这些矛盾在新时代到来之前，前所未有。正是处于这样的时代，或许应该开始反思详细规划设计的教学内核——以塑造空间形态为基础，以解决空间矛盾为导向的，适应以实践为核心导向的规划教育的需要[7]。

2 变革的时代——新时期城市发展理念对详细规划设计的影响

在形体主义导向下的传统详细规划设计中，空间形态、环境、空间本体都是设计生成的主导因素，详细规划教育也大多集中于以上几个方面，并形成光荣的传统。然而，中国城市规划走过四十年后，跨入了前所未有的时代：在发展阶段上，城市人口超越了乡村人口；在经济能力上，国内生产总值跃居世界前三；在社会发展上，全面进入小康社会。除了社会环境的显性变化，人们的思想观念也悄然转变，有如集约发展、城市双修、开放街区等，这些都深刻地影响着详细规划设计教育。

2.1 设计条件的复合化——从“存量规划”谈起

十三五以来，我国进入经济发展的新常态，在城市建设中进一步明确土地集约利用的发展战略，标志着我国城市规划建设从增量扩张阶段走向存量更新阶段。在严控增量的宏观政策下，城市土地的存量大多从退二进三的产业结构调整中腾挪空间，从三旧改造中挖掘空间，向棚户区改造中要增量。这些经过一系列复杂运作而转变的用地，在接下来的空间设计中，将有别于增量时代的新区设计而面临新的困境，或有土地污染的问题，或有安置的问题，或有经济平衡的问题，或兼有其他。这意味着涂鸦式的空间创作已成过去，也意味着二维模式的空间设计不能适宜，故在课程设计中总有学生提出质疑："现在都没有多层住宅了，为什么还要练习多层住宅空间组合设计？"。实际上，从设计学关于空间形态培养这一基本诉求出发，这本不是一个难以回答的问题，但却能启发对当前详细规划教育的思考，因为这一个问题涉及当下详细设计中的两个核心要素，其中层数代表"容量"，组合代表"形态"，一旦将容量和形态并置，就回到本节所述的"集约"问题。因为这两个要素在以集约为理念的存量规划中不可分割，少了容量土地不集约，缺了形态空间难集约，这表明当规划条件发生变化，空间设计的内容和标准就发生了变化，忽略任何一个方面的详细设计都是有缺陷的。然而，在当前的详细规划教育中，似乎还没有足够的应对方案。

2.2 设计内容的复杂化——解读"城市双修"

2015 年以来，"城市双修"成为城市规划领域最热的词汇之一，作为集约发展的进阶策略，进一步在建成环境中，对城市设施、空间环境、景观风貌、城市特色和活力等方面，提出"品质"上的要求，是城市由量的扩展转入质的提升的重要标志[8]。"修"是城市环境建设的关键词，其操作对象集中于城市已建成的空间环境，它比"存量更新"更为谨慎和细微，直指哪些快速建设时期所缺失的空间细节。从对象特征上，规划对象是已经形成的建成环境，相对于前文所述待开发地块或待更新地块，是谓"螺丝壳内做道场"，设计的尺度从城市缩小至邻里，从可视的空间形象转变为可触摸的空间质感，致小致微的空间和环境细节，将成为必要性内容，否则空泛的空间设计一旦落成，同时就沦为需要修补的对象。实质上，首轮推进的城市空间修补实践中，规划专业捉襟见肘的空间设计短板已暴露无遗。在方法上，所有的空间设计都成为叠加设计，意味着空间系统、交通系统、景观系统、生态系统被积压在有限的场地内，这些要素必须交织考虑、动态协调，最终实现和谐共存，这显然是传统的简单空间的叠层式设计所无法应对的，将对当下的详细规划设计教学带来新的挑战，无疑会带来教学内容和方法上的变化。

2.3 设计思维的多元化——以"开放街区"为例

近年对详细规划设计造成轩然大波的，非"街区制"莫属。是针对我国长期实行的"小区模式"的"封闭"而提出的，主张建设街道规模适宜、街道功能综合、交通组织开放的成为空间[9]，是城市空间属性从私密转向开放的标志。"开放"是街区制的主题词，在这个导向下，城市空间的"内"、"外"关系将发生转变，空间的属性和形态随之发生变化。在传统小区模式下，街区内部的空间被看作"已域"，街区以外的部分都被视为"它域"。在这种对立空间中，作为"它域"的公共环境除非对"已域"的私有环境有利，否则不予理睬；同样，私有环境对外围公共环境造成何种影响，更置之不理。过去的几十年里，我们一直在这种对立中进行详细规划设计和教学，在这种状态下，规划红线成为一个无形的隔离圈，拒绝与城市发生关联，拒绝空间的流动，是与"城市规划"的内涵是背道而驰的。开放街区提倡的"小街区、密路网"，看似是一种交通的策略和空间调整，实质是一种城市设计思维的转变，主张从公共服务上寻求与城市关联，引导街区与城市空间互动，一定程度上弱化空间的内外对立关系，强化街区本体与城市空间的一体化和同质化，倒逼街区设计由内至外的融入城市，从界限上颠覆了对空间属性的理解，是一种"空间共享"[10]的思维，将对传统的建立在有形边界内的规划设计逻辑提出质疑。

我们的城市一直处于变革的时代，存量更新、城市双修和开放街区只是当前时代城市发展变革的缩影，并不一定决定未来的规划设计导向。但它们的出现，让详细规划设计有了明确的角色——即以空间为手段，解决特定的空间矛盾，实现特定的空间目标。实际上，在变革的时代，详细规划设计教学应该长期保持"设计＋"的状态，"设计"是以空间为基础的创造，"＋"是应对变革、解决空间矛盾的思维方法和设计手段，这一点，对于理解变革的意义至关重要。

3 必要的转变——关于详细规划设计教学观念的思考

3.1 空间创作与逻辑思维并重

空间创作是传统详细规划的核心，是展现设计思维的过程，思维在创作中实现并最终得以表达，形成能够被人感知和使用的成果。在详细规划设计中，创作与逻辑思维应该交互进行的，发现问题和推演解决方案的过程是逻辑思维，采用何种形态解决空间问题就是创作。其中存在一个简单的逻辑——问题决定策略，策略决定形态，形态解决问题，换言之，空间创所本身就是一种逻辑思维。

问题意识是逻辑思维的起点，规划问题实质就是空间目标和空间现实之间的矛盾，其提出取决于两个方面：一是空间目标的认定，二是空间现实的盘点。其中，空间现实的盘点源于对现场的深入调查，空间目标的认定源于相关条件的解读。现实版的详细规划教学中，许多同学都困惑于“理念”的寻找，抑或疲于“方案”的创新，其关键原因在于“问题焦点”的丢失。焦点问题实质就是阻挡空间目标达成的现实制约因素，发挥空间优势、弥补空间短板的基本方针就是理念。因此，在教学过程中，引导学生发现和提出空间问题，是设计教学之源。然而现实教学中很少有学生意识到这一点，实在是一件舍本逐末的误区。

方案推演是逻辑思维的核心，是一项由此及彼的过程，在“A–B–C–D”的过程中，A 是 B 形成的前提，B 是 A 的结果，后者依次是前者的呈现。在此逻辑下，策略 B 的形成是问题 A 的推演结果，形态 C 是策略 B 的呈现，若干个 A 会诱发若干个 B，由此呈现出若干个 C，若干 C 的总和，就形成了这套逻辑的终点——设计方案。所以，方案不是一次性生成的，而是在若干次推演中生长出来了，正因如此，设计方案才有了“在地性”。某种程度上讲，在特定的空间现状和空间目标下，空间设计是存在“最优解”的，而“最优”来自于当下，也意味着在未来还有更多的“可能解”。故在面向新时期的教学中，应该弱化“成果观”，强化过程“过程观”，因为只有在过程的推演中，设计成果才有依据和意义，也只有具备了逻辑思维能力，才有可能在未来不断变化的设计环境中，找到最优的解决空间问题的方案，这才是规划设计教学的宗旨。因此，逻辑思维训练应该贯穿规划设计教育之始终。

3.2 规范性教育和创新性教育结合

我国当前的详细规划大多以“居住小区”为对象进行设计教学，作为城市规划专业第一个规划设计课程，有两门必修前置课程：一是“建筑设计之住宅组团设计”，二是“城市详细规划设计原理”。其中，城市详细规划设计原理是一门基础性理论课程，系统讲述居住区详细规划的规范性方法；住宅组团设计则是以居住组团为对象，培养学生建筑组合空间的设计能力。某种程度上，这两门课程旨在培养一个规划师的基本业务能力——即在普通条件下，能够按照一般性任务要求编制一套成果规范、空间相对合理的规划文件。因此，紧接而来的居住区详细规划设计课程，一个以空间形态和工程技术为核心的教育框架便显得理所当然又无可厚非。然而，在以培养创新人才的高等院校中，特别是在社会需求不断变化的时代，求“规范解”的职业化教育模式的弊端显而易见，亟需补充创新教育的内容。

所谓创新，是指以现有的思维模式提出有别于常规或常人思路的见解为导向，利用现有的知识和物质，在特定的环境中，本着理想化需要而改进或创造新的事物、方法、元素、路径、环境，并能获得一定有益效果的行为。哲学界认为“矛盾是创新的核心”，规划设计创新的核心是空间矛盾，因此，特定环境下围绕空间矛盾进行理想化的改进，以获得能够解决空间矛盾的路径就是规划创新。整个过程中有两个关键词，“特定环境”和“理想化”。其中，特定环境指现实条件或虚拟条件，也就是前文所谓“空间目标”和“空间现实”，目的是树立核心矛盾；理想化是指超越现实和规范的设想，目的是解放思维、开拓视野。简言之，创新的基础是前文所述的逻辑思维的培养，创新的土壤是现有的知识和抛开规范的束缚，这很清晰地表明创新教育和规范教育的关系，即在规范教育的基础上，应该有条件地放开规范性束缚，给创新思维的培育提供土壤。所以，在不破坏规范教育体系的基础上，可在规范教育之前，模块化导入“短时创新设计课程”，笔者在实际教学中，将这一环节定义为“设计的可能”，为培养学生创新思维提供一片干净的土壤。

4 设计的可能——一项培养逻辑思维和创新思维的课程实践

“设计的可能”是华中科技大学城市规划系详细规划课程组，在规范化的课程体系上，增设的一项短时教学模块，课程时长 4 周（24 课时），占课程总时长的约 1/4。与传统的课程体系相比，新的课程体系调整冗余内容，重新整合学时，打破规范的教条，进行一场头脑风暴式的空间设计。旨在详细规划的规范性教育之前，培养学生的逻辑思维能力和创新思维能力，以应对不同社会环境下不同的空间问题和空间需求。课程弱化规范性要求，鼓励“可能”的创新，进行为期四周的竞赛式教学，是在调查研究与教学过程相结合的课程改革之后的又一项探索[11]，课程体系如表 1：

该创新模块课程选取一块 4 公顷左右的地块（即开放街区中的“街坊”规模），在同一个地块上，学生以个人为单位，着眼当前城市居住空间中某一个问题或目标，针对性提出设计理念、应对策略和空间方案。整个教学过程包括“调研选题——逻辑构思——方案推演——设计表达”四个环节，每个环节有特定的教学内容和目的（如表 2）。此外，针对每个教学环节，插入专题教学模块，在理论和方法上对学生进行引导，例如选题阶段的《城市规划场地设计》模块，从场地调研、场地问题分析、场地设计方法三个方面，回应拟定目标、明确矛盾、切入视角的教学内容。

创新课程导向下新、旧课程体系对比表 **表1**

旧课程体系

教学阶段	教学环节	教学内容	实际教学时长
规范化教学阶段	认知积累环节	➢ 理论、范例	6
	调研分析环节	➢ 优秀小区参观 ➢ 基地现场调研	6
	主题探索环节	➢ 场地分析 ➢ 规划策划	12
	设计构思环节	➢ 规划构思	6
		➢ 结构方案	6
		➢ 初步方案	6
	课堂互动环节	➢ 工作模型制作与空间推敲 ➢ 初步方案修改	6
		➢ 组团或中心区方案设计	6
		➢ 整体方案调整与修改 ➢ 中期方案	6
		➢ 方案调整与修改 ➢ 定稿方案	6
	深化设计环节	➢ 细节设计 ➢ 节点设计	12
	成果表达环节	➢ 绘制正图 ➢ 模型制作	18
	总时长		96

新课程体系

教学阶段	教学环节	教学内容	实际教学时长
创新教学阶段	调研选题环节	➢ 问题设计 专题 1：《城市规划场地设计》	6
	逻辑构思环节	➢ 策略构思 专题 2：《住宅的类型与创新》	6
	方案推演环节	➢ 方案设计 专题 3:《住宅组群设计》	6
	设计表达环节	➢ 成果表达	6
规范化教学阶段	调研分析环节	➢ 基地现场调研	0
	主题探索环节	➢ 场地分析 ➢ 规划策划	12
	设计构思环节	➢ 规划构思 ➢ 结构方案 ➢ 初步方案	6
	课堂互动环节	➢ 工作模型制作与空间推敲 ➢ 初步方案修改	6
		➢ 整体方案调整与修改 ➢ 中期方案	6
		➢ 方案调整与修改 ➢ 定稿方案	6
	深化设计环节	➢ 细节设计 ➢ 节点设计	12
	成果表达环节	➢ 绘制正图 ➢ 模型制作	18
	总时长		96

居住的可能——创新模块课程体系　　表2

<table>
<tr><th>教学环节</th><th colspan="2">教学内容</th><th>专题教学模块</th><th>教学目标</th></tr>
<tr><td>调研选题</td><td colspan="2">➢ 拟定设计目标
➢ 明确主要矛盾
➢ 切入设计视角</td><td>《城市规划场地设计》</td><td>➢ 培养学生发现空间问题的能力，以及对场地主要矛盾的判断能力。</td></tr>
<tr><td>逻辑构思</td><td colspan="2">➢ 分析空间矛盾
➢ 提出设计理念
➢ 拟定设计思路</td><td>《住宅的类型与创新》</td><td>➢ 培养学生的逻辑意识，即空间生成的逻辑。</td></tr>
<tr><td rowspan="2">方案推演</td><td>问题层面</td><td>➢ 落实设计理念
➢ 调整规划策略
➢ 探索设计方法
➢ 创新空间手段</td><td rowspan="2">《住宅组群设计》</td><td rowspan="2">➢ 在目标和现实的矛盾中，激发学生创新意识，探索并实现“居住的可能”设计</td></tr>
<tr><td>需求层面</td><td>➢ 功能需求的研判
➢ 社会需求的研判
➢ 空间需求的研判
➢……</td></tr>
<tr><td>设计表达</td><td colspan="2">➢表达与呈现
➢交流与答辩</td><td>—</td><td>➢ 锻炼学生图示表达和语言表达能力
➢ 在交流中实现知识与想法的共享</td></tr>
</table>

在教学效果上，该模块教学结束之后，全年级共递交55份作业，意味着在同一个基地上，同学们真实地看到了55种设计的可能，有的在空间形态上有巨大的突破，有的在功能策划上获得创新性进展，有的在空间组合上别具一格，有的在环境上细致入微。在这场教学中，每一个同学都有展示自己想法的机会，同时也有质疑其他方案的权力，当然也有被质疑的压力，但大多在逻辑链条下都能自圆其说。实质上，这场教学有55位老师介入，有55位裁判评选，每个同学也收获了55种想法，这些创新思维的成果和创新思维的惯性，极大地促进规范性教育阶段的教学效果，这也是在新的教学体系中缩短构思环节和课堂互动环节的原由。

5　结语

详细规划设计应该理解为是解决“空间矛盾”的一个空间手段，特别是在变革的城市时代中，矛盾的多样性和复杂性更为凸显，因此需要转变教学观念，强调逻辑思维和创新思维，以应对时代的变革。本文的教学理念在现实教学中进行名为“居住的可能”创新课程实践，初步尝试中取得了较好的效果，以期为我国详细规划高等教育的改革发展提供可借鉴的参考。

文中所列详细规划课程体系，为华中科技大学建筑与城市规划学院详细规划课程组共同制定，一并感谢课程改革中所有辛勤付出的老师！

主要参考文献

[1] 张京祥，赵丹，陈浩．增长的终结与中国城市规划的转型[J]. 城市规划，2013，37（01）：45-50+55.

[2] 邹兵．增量规划、存量规划与政策规划[J]. 城市规划，2013，37（02）：35-37+55.

[3] 全面开展“城市双修”推动城市转型发展[J]. 城建档案，2017（04）：5.

[4] 中共中央国务院关于进一步加强城市规划建设管理工作的若干意见（2016年2月6日）摘录[J]. 城市规划学刊，2016（02）：4.

[5] 进入新时代 谱写新篇章——党的十九大报告关键词[N]. 人民日报，2017-10-19（009）.

[6] 侯丽，赵民．中国城市规划专业教育的回溯与思考[J]. 城市规划，2013（10）：60-70.

[7] 黄光宇，龙彬．改革城市规划教育适应新时代的要求[J]. 城市规划，2000（05）：39-41+64.

[8] 林汝恺．对“城市双修”的几点再认识[N]. 建筑时报，

2017-04-06（005）.

[9] 杨保军,顾宗培."推广街区制"的规划思辨[J].城市观察,2017（02）:63-72.

[10] Auttapone Karndacharuk，Douglas J.Wilson，Roger Dunn，魏贺，刘斌.城市环境中共享（街道）空间概念演变综述[J].城市交通，2015，13（03）:76-94.

[11] 潘宜，黎莎莎.调查研究与教学过程的结合——城市详细规划设计课程教学模式探讨[J].新建筑，2009（05）:132-134.

Discussion on the Teaching Concept and Curriculum System of Urban Detailed Planning in the New Period

Deng Wei　Pan Yi

Abstract: Chinese urban construction is in the new period of transformation. The "inventory planning.", "urban renovation and restoration" and "open block" have gradually become the focus of urban construction, which has a great influence on the traditional urban planning and design concept and urban planning education. On the basis of the analysis of the traditional detailed planning education system, this paper takes the present urban development concept as a breakthrough point, summarizes its new requirements for detailed planning, puts forward the concept of combining space creation with logical thinking, and the combination of normative education and innovative education.

Keywords: Transition Period, Detailed Planning, Teaching Concept, Curriculum System

数据化设计的教学实践研究
—— 以城市设计课程为例

李冰心　赵宏宇

摘　要：大数据时代的到来不仅为城乡规划专业的教学模式带来了新的机遇也对教学方法提出新的变革需求。本文以城乡规划专业知识体系中的城市设计课程为例，探讨了如何在传统设计课程中引入数据化设计手法，通过对学生进行数据收集，数据分析到数据设计的三段式培训，提高学生对网络信息技术的应用能力，同时也培养学生具备一定的科研能力，进而促进研本一体化教学模式的发展。

关键词：数据化设计，城市设计，研究型教学

1　引言

信息技术时代的到来，不仅构建了以现实空间为依据网络空间（如电子地图等），同时也将人的行为模式以数据的形式收集起来（如社交平台等）[1]。这些新的数据资源在以实践为基础的城乡规划设计项目中早已成为人们关注的焦点，但是却并没有在城乡规划专业本科教学环节中得以深入的探索和应用[2]。本文以本科四年级的城市设计课程（长春市图书馆周边地段城市更新与设计）为例，进行数据化设计教学方法的实践研究。本校城市设计课程共 11 周，包括 9 周的课程设计和 2 周的设计周，课程设计根据方案进度可以主要分为实地调研（2 周），方案设计（6 周），中期汇报（1 周）三个阶段。数据化设计通常包含数据获取，数据分析和数据设计三个步骤，在本次教学实践中尝试和城市设计课程的实地调研和初步设计两个阶段进行有机结合，尝试对传统的设计课教学方式进行尝试性的改革探索。

2　建立数据库

在实地调研前期，将学生以 4-5 人的形式按照区位，交通，布局，用地和环境共五个主题分组进行线上的数据收集工作。收集渠道主要包括书籍年鉴，期刊论文与权威网络平台。整理数据时要求每组学生按照统一的样式录入数据，包括文件格式，名称，内容描述，数据来源，数据日期，坐标，负责人以及备注信息。最终按照主题分类将整理的成果汇总到一起，形成调研前期的基础资料数据库，作为全班的共享资源。线上数据量日趋增多，随之产生的问题既是有效数据的提取时间成本随时增加，主题的建立希望学生带有目的性地进行搜索，通过合理分工提高数据收集效率。线上数据收集练习可以帮助学生建立数据设计的基本框架，对数据本身和数据逻辑形成基本的概念，为数据设计打下基础。

在实地调研期间，学生继续按照原有的分组方式和主题进行有针对性的调研，但除了进行传统调研之外，学生需要对基地周边已定研究范围进行实测数据录入，进行线下的数据收集工作。录入内容主要包括道路界面流量实测[3]。调研至少要选择工作日和休息日两天，从 06：00 点到 20：00 点（时间可以酌情修改，但是要保证覆盖上下班出行高峰和高峰后的常规时间段以便进行对比），每 2 小时进行一次 5 分钟的流量视频拍摄，以便记录行人，机动车以及非机动车的双向流量情况，其中多车道路面需要分别从道路两侧进行拍摄，在条件允许的情况下，建议使用航拍器进行测量。通过实测流量可以直接对地块内现状路网进行影响评价。目前的线上数据仍旧具有一定的局限性，适用于学生的免费数据更

李冰心：吉林建筑大学建筑与规划学院讲师
赵宏宇：吉林建筑大学建筑与规划学院副教授

是如此，因此学生需要掌握如何通过实地调研进行必要数据的补充的基本方法，通过线下数据补充线上数据的不足从而对数班级的数据库进行补充。

3 建立数据模型

实地调研结束后，学生需要根据各组主题内容，进行数据的基础分析和可视化工作。由于与城市设计相关且抓取较为便利的数据主要可以分为数字型，文字型和栅格型三个种类，需要学生掌握处理这三类数据的基本方法。

3.1 数字型数据

首先，数字型数据需要掌握数据的标准化处理方法，从而去除数据的单位限制，将其转化为无量纲的纯数值，便于不同单位或量级进行比较。常见的标准化为离差法和 Z 标准化，基于课程周期和本科生能力的考虑，选择离差法进行数据处理。

3.2 文字型数据

其次，文字型数据，根据文字样本量大小进行分类，样本量较大的文字数据借用语义分析工具进行远距离阅读，提取关键词通过权重大小进行趋势判断。

3.3 栅格型数据

栅格型数据根据每组主题需要，对相关图纸进行矢量图转化，为下一步设计分析打好基础，建议学生尽量以 GIS 平台进行矢量图的绘制，并且统一使用当地坐标系。

最后以空间地理位置为底图，将带有地理位置信息的数据以图纸的形式表达出来，从而建立数据模型。要求每组学生至少绘制一张覆盖合理研究范围的主题图纸绘制，区位组至少完成研究区域所在建城区范围内的街道网络图纸，环境组至少完成研究区域所在建城区范围内景观要素分布的图纸，布局组至少完成研究区域所在的行政区划范围内的建筑外轮廓以及公共空间分布的图纸，交通组至少完成实测范围内不同交通方式实测流量图纸，用地组至少完成研究区域范围内用地性质图纸。

为了提高效率，少数研究生作为助教参与到每组的数据处理的过程中来，辅助本科生完成研究报告。根据五组汇报的成果，根据任务书要求至少建立了基本的整合模型，为后期的分析奠定了基础。

4 数据设计

进入方案设计阶段，学生在数据模型建立的基础上，根据个人兴趣以 2–3 人为单位重新分组。学生根据自己的兴趣点按照传统设计方法根据任务书要求进行设计方法选择，根据小组所选的设计方向有选择性地提取数据库中的数据和数据模型的图层，有侧重点地进行进一步的数据分析，利用有价值的分析结论与自己所选的设计方向进行结合从而有的放矢地进行设计，教师则可以根据学生选择的方法以及学生能力进行有针对性的指导。以小组 A 为例，由于地块内部存在较好的教学资源（小学和图书馆），于是希望利用历史水系创造开放且安全的寓教于乐空间，恢复水系的同时（还水）创造适用于地块内主要人群的公共空间（散学），进而利用基础教育产业优势带动地块发展。

4.1 定制数据

在明确设计方向后，学生首先从数据库内选取和教育产业相关的数据：首先选取长春市中小学概况统计数据以及场地内学校的相关信息等，从而明确教育资源的优势地位，其次梳理基于开放理念的中小学公共空间的研究文献和相关案例[4]，从而明确小学生适宜的活动范围分别为 15–25min（500m），最后根据研究区域内部学校网站的生源数据和建筑面积明确学生人数和上涨的变化趋势。由于明确了研究对象，因此可以从实测流量中单独计算学生和家长道路截面流量，明确活动范围内研究人群的主要移动方向。

4.2 定制模型

根据任务书要求（恢复历史水系）和设计方向（开放且安全的课外教学空间），选择数据模型的环境图层和交通图层，和上述的活动范围图层进行叠加从而确定小组本次设计重点改造的范围。根据定制模型，在研究生的协助写进行简单的回归分析，从而进一步确定合理的设计地段。在上述数据分析的结果上再进行传统的城市设计流程，进一步进行方案的深化与表达（图 1）。

5 数据设计的发展

通过本学期的实践课程，发现本科生有能力在 9+2 周的课程中完成简单的数据设计任务，通过数据收

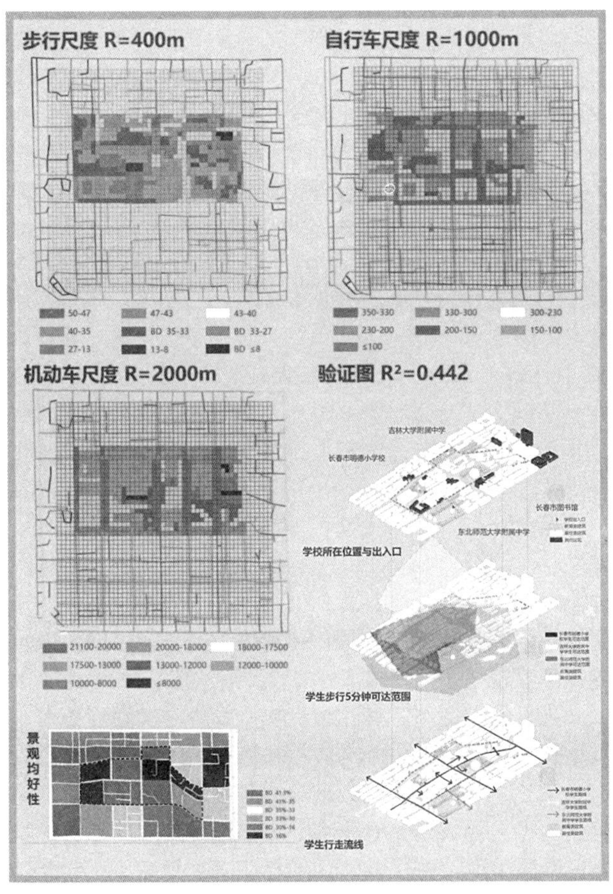

图 1

集——数据分析——数据设计的三段式训练，可以做到将数据化设计方法与传统城市设计手法相结合运用。这种培训方式不仅让学生真正意义去使用数据进行设计，更有利于培养本科生的研究能力，进而促进了研本一体化教学发展模式的形成，具有一定的教研创新意义。

同时值得注意的是，本课程得以实现的关键，主要依托三年级上学期的社会综合实践调查和三年级下学期的城乡技术与信息课程，以及作为助教介入课程的少数研究生，也是此次课程得以顺利进行的必要因素。但是具有创新意义的研究往往需要较长周期的实践研究，同时需要研究生与本科生一体化课程体系的构建作为支持，需要师生一同将教学和科研工作紧密结合在一起，才能真正把握大数据时代下的新机遇。

主要参考文献

[1] Michael Batty. The New Science of Cities[M]. Cambridgte: Mit Press，2013.

[2] 龙瀛，刘伦 . 新数据环境下的定量城市研究的四个变革 [J]，国际城市规划，2012，01.

[3] 盛强，夏海山 . 走向数据化设计——广义交通视角下的研究型设计教学实践 [C]// 信息・模型・创作——2016 年全国建筑院系建筑数字技术教学研讨会论文集，2016，09.

[4] 夏天 . 基于开放理念的小学公共空间设计研究 [D]，南京：南京工业大学，2016.

Research on the Teaching Practice of Data-informed Design Method in Urban Design Courses

Li Bingxin　Zhao Hongyu

Abstract: The coming of Big Data era not only brought new opportunities to the urban and rural planning field but also called on educational reform. By introducing a three-step design method in Urban Design courses, including data collection-data analysis, this paper intends to explore how to use data-informed design method in traditional design courses. The result shows that the students not only learnt how to use information technology in their design but also had their research ability improved. This teaching practice will also narrow the gap between the undergraduate and postgraduate education and make the two system more integrated.

Keywords: Data-informed Design Method，Urban Design，Research-based Teaching

"多维协同"模式在城市热点建设区域城市设计的教学应用实践*

麻春晓　毛蒋兴

摘　要： 城市设计是一门交叉综合学科，具有与其他层面规划相适应的多层次、多领域、综合空间要素、注重空间效果等特点，是城乡规划专业课程设置中的核心课程。在城市设计被提升为国家二级学科以及国家推行城市设计试点城市的背景下，需要围绕城市设计新的设计理念、技术方法、实践应用等开展项目实践，以提升城市环境品质。与之相适应，高校相关专业教学设计与实践指导，应建立多元价值观、多维度设计思路充实完善城市设计的"战略思维"。论文提出"弹性＋控制"、"混合＋融合"、"静态＋动态"三层面六要素的"多维协同"模式，并组织学生开展城市热点建设区域城市设计的教学应用实践。

关键词： 城市设计，教学实践，多维协同，设计思维

2011 年 3 月 8 日，国务院学位委员会、教育部明确将城乡规划学和风景园林学从原建筑学一级学科内独立出来，并被确立为一级学科（国务院学位委员会、教育部，2011），城市设计也被提升为建筑学下设的六个二级学科之一，城市设计的学科地位提高了[1]。《中共中央国务院关于进一步加强城市规划建设管理工作的若干意见》明确[2]，"城市设计是落实城市规划、指导建筑设计、塑造城市特色风貌的有效手段。鼓励开展城市设计工作，通过城市设计，从整体平面和立体空间上统筹城市建筑布局，协调城市景观风貌，体现城市地域特征、民族特色和时代风貌"。2017 年 3 月和 7 月，住房和城乡建设部相继发布第一批和第二批城市设计试点城市名单，从创新管理制度、探索技术方法、传承历史文化、提高城市质量四个方面落实试点工作内容[3-4]。城市设计是一门联系建筑、工程、景观和城市规划的艺术，其目标是道德和美学方面的；当我们讨论总体设计战略，必须与现实情况相符合时，其具有某些一般特征：随分析、设计、预测、决策的完整而循环的特征，清晰的界定和重新界定问题，将设计过程向实际使用者的价值观和控制开放，并使经营管理、行为和习俗与空间形态相协调[5]。

在此背景之下，城市设计教学指导与实践应更多从战略视角高度研究，构建学生城市设计思维和操作模式，引导学生从发展目标、问题解析、设计回应、管理实施全过程多方面综合协调能力。卡莫纳（英）等提出"城市设计的维度"——即"形态维度、感知维度、社会维度、视觉维度、功能维度、时间维度"六个维度，强调城市设计者对各维度综合考虑，才是整体设计过程。笔者在城市设计六维度的启发下，结合城市设计课程教学实践，将城市设计内容按照"功能协调、空间形态、规划管理"三大层面，再结合三个层面的特征和目标总结为"弹性＋控制"、"混合＋融合"、"静态＋动态"的"多维协同"模式，指导学生开展相应城市设计实践。

1　城市设计"多维协同"模式分析

城市设计是一门交叉综合学科，具有与其他层面规划相适应的多层次、多领域、综合空间要素、注重

*　基金项目：广西教育科学"十二五"规划课题《新型城镇化背景下人文地理与城乡规划专业课程教学改革研究与实践》（2015C380）。

麻春晓：广西师范学院地理科学与规划学院人文地理与城乡规划系教师
毛蒋兴：广西师范学院地理科学与规划学院人文地理与城乡规划系教授

空间效果等特点。国内部分学者对城市设计的学科内容与教学目标趋于一致的认识集中在以下三点：一是对空间环境形态的设计为核心，二是强调以人为本并关注城市空间公正公平，三是需要构建良好的人群交往、沟通和理性管理能力。董慰（2014）认为城市设计教育应培养对城市空间认识的全局观和整体观，培养学生对人、场所、场所中的活动和设施之间相互关系的敏锐洞察力，并给出城市规划、建筑学和景观学专业混编的城市设计毕业设计成果框架示例[6]。顿明明（2017）认为需要培养对城市问题的系统分析和研究能力，在教学过程中需要从注重"形体空间操作"向重视"城市问题探究"转变[7]。高早亮（2016）开展教学中以实际工程项目作为城乡规划专业设计类课程的教学任务，以"理论研究—调研分析—实习训练—工程实践"为思路，将理论教学与实践有机结合起来[8]。梁江（2009）介绍了美国麻省理工学院和瑞典隆德大学研究生阶段的城市设计课程，对比分析认为中国城市设计教学中典型的研究方法是通过项目的空间与文字资料和同类优秀方案的收集，在此基础上进行简单的分析而迅速形成设计方案；而麻省理工学院采用"整体类比"的方法，隆德大学采用"分解—综合"的分析和设计方法，在细化教学日历、调动学生创造力方面、创新研究方法方面比国内大学做的更好[9]。

笔者认为城市设计应始终围绕以城市空间形态为核心，在空间形态组织、构成、展示的基础上，向上分析顶层要素——弹性发展要求下的"战略性、整体性和多样性"（目标）需求与规划管理的核心之一"规划指标控制"（指标），以及向下分析底层要素——空间承载者"土地功能"（实）和空间传承者"历史文化"（虚）。其中顶层要素决定了空间是否能符合上位规划并与具体项目建设和管理对接"落地"，而底层要素决定了城市空间是否合理、是否具有城市特色。然后，融合目前城市空间的"使用者"即城市活动分析，构成城市设计内容完整的六大要素。最后以"特征"和"目标"来对以上各要素分别"定义"：战略目标与规划管控分别对应"弹性 + 控制"（特征 + 目标），空间形态与行为活动分别对应"静态 + 动态"（特征），土地功能和城市历史文化对应"混合 + 融合"（目标）（图 1）。将城市设计内容进行分解后，多个要素之间"两两对应"，在"多维协同"模式下更容易引导学生记忆并形成设计思维，有序、理性的进行全方位的城市设计分析。

2 城市设计教学中城市新区热点区域选择

南宁作为广西壮族自治区首府，北部湾城镇群核心城市，地处亚热带，自然条件良好，素有"中国绿城"的美誉。南宁作为"一带一路"的重要支点和"双核

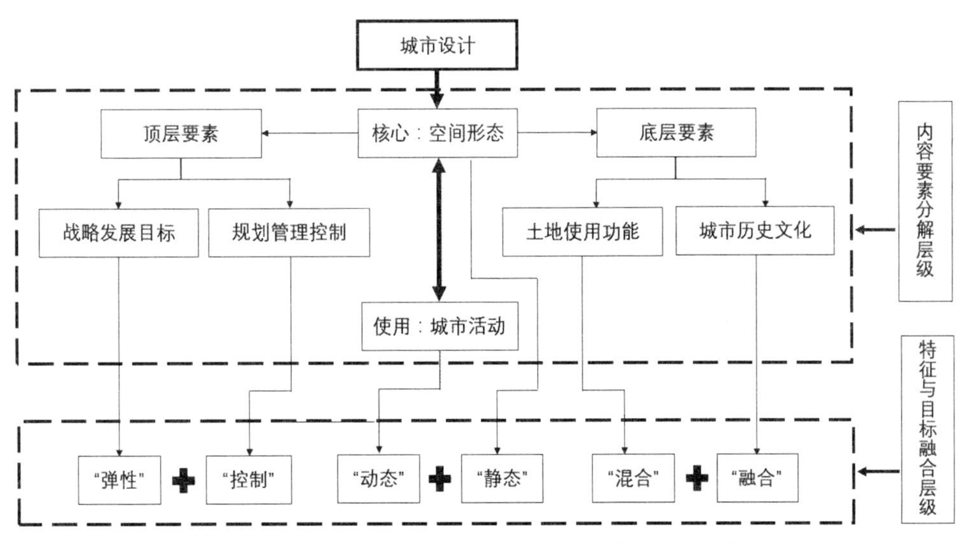

图 1 城市设计"多维协同"模式分析示意图（作者自绘）

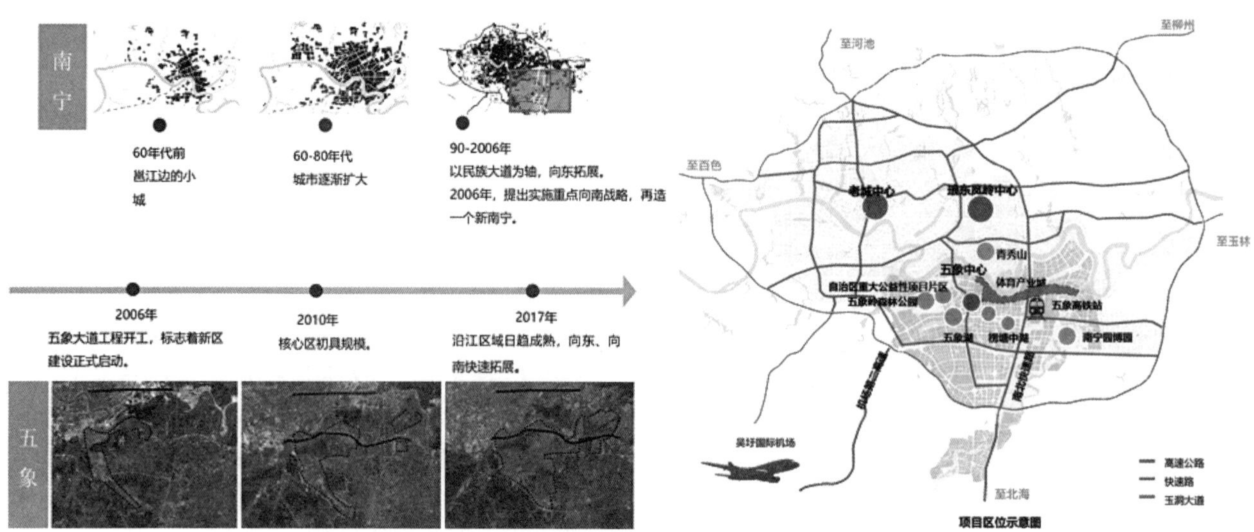

图 2　学生作业展示——城市和地块历史发展

驱动”❶战略的交汇城市，致力于建成“一带一路”有机衔接的重要门户和合作枢纽，近年来，围绕区域发展、产业布局、生态文明建设、工业化城镇化等方面开展了大量的规划建设项目。2012 年以来，南宁市先后组织对南宁东站周边地区、五象新区片区、滨水区域等进行了城市设计，并编制了多个有关城市风貌提升的项目和技术规范，成立了南宁市城市规划委员会专家咨询委员会，对城乡规划设计成果和重大项目建筑设计方案进行决策参考和技术咨询，提供评估意见[10]。

南宁市入选为“第二批城市设计试点城市”，其中南宁市三大中心之一的五象新区将会是“城市设计试点”主要承载区。城市设计实践题目将南宁市五象新区中的三条重要城市大道五象大道（体育中心－八尺江桥段）沿线、玉洞大道沿线（银海大道－外东环）、龙岗大道沿线（邕江南岸－龙岗 8 号路段）地块让学生自主选择。三个地块曾于 2012 年进行城市设计项目公开招标，其城市设计成果分别获得 2015 年度广西优秀城乡规划设计二等奖、三等奖等奖项。面向城市新区热点建设地块的选题，容易激发学生设计兴趣以及产生与城市设计真实工作状态和成果“看齐”的自主学习心态。最终学生选取五象新区最重要的景观大道五象大道沿线地块作为城市设计实践题目。

❶ 即广西北部湾经济区、西江经济带两大发展战略。

3 “多维协同”模式下的教学探索与实践

城市设计选题强调面向城市热点建设区域的同时，笔者尝试在“多维协同”模式下，将城市设计内容分为六个模块，并对应六个阶段进行辅导。

3.1　项目背景分析阶段战略层面的探讨——区域“弹性”发展

城市地块随着时间的延展，多重时代的空间性积累也会越来越复杂，无论在生态层面还是在社会层面上，当代的城市已经不再可能实现一种完美而均衡的状态；简・雅各布斯从 1960 年代开始就强调了城市的动态性，城市随着历史的发展而逐渐进化[11]。城市设计应当解析城市地块的发展演变，在项目背景、重大机遇挑战等方面探讨地块未来弹性发展。

本次城市设计题目选择的地块规模较大，为五象大道（体育中心－八尺江桥段）（全长约 9.5 公里）两侧 1–2 个街区，总规划面积约 616 公顷。大道两侧有五象岭森林公园、广西体育中心、重大公益性项目片区、南宁园博园等城市重要片区及节点；虽然地块于 2012 年曾开展具体城市设计项目，然而直到今天，地块一直不断面临新的发展机遇与挑战，设计实践探讨仍然具有一定前沿性。

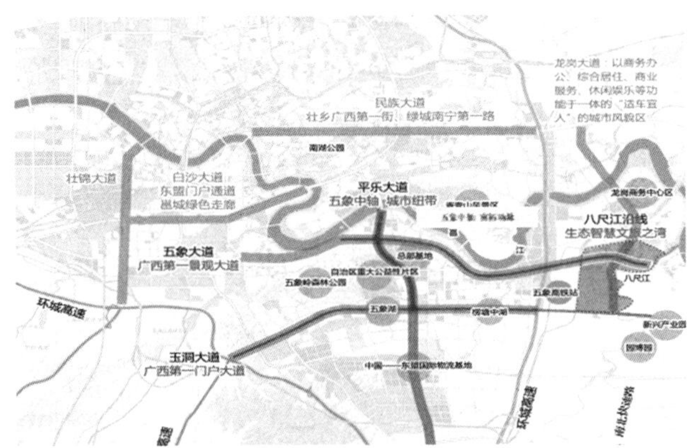

图 3 学生作业展示——与周边道路发展定位对比

设计小组梳理地块所面临的三点重大的历史机遇：五象新区成为国家级新区（待批）的新地位；2018 年第十二届中国（国际）园林博览会[1]将在 12 月建成开放；五象新区关于加强精品道路沿线城市设计工作的新部署。设计方案将在塑造特色城市空间的同时，通过完善基础设施，整合区域交通，打造宜居、宜业、生态、便捷的城市功能片区，以沿线风貌改造、景观提升为主要工程，打造园博园主通道形象界面。并从更大区域层面分析，将周边主要道路一并考虑，突出五象大道“广西第一景观大道”的特质，寻求差异化发展。

3.2 相关规划分析阶段管理层面的探讨——区域“控制”引导

地块共涉及十个控规及相关总体规划、概念性总体规划、道路施工图、上版城市设计等相关规划。需通过城市设计整合相关规划内容，梳理规划冲突，合理引导区域控制要素。通过功能结构、用地布局、开发强度控制、建筑高度控制、景观结构整合，设计小组总结出五点控制引导思路：①目标定位层面：与总规、概规确定的大方向保持一致；体现高标准、前瞻性；结合新背景、新要求，深化项目定位；②用地布局层面：控规覆盖区

序号	规划名称
1	《南宁市五象新区蟠龙组团控制性详细规划（修编）》
2	《南宁五象新区总部基地控制性详细规划（修编）》
3	《广西体育城西片区控制性详细规划》
4	《广西体育产业城片区控制性详细规划》
5	《广西体育城东片区控制性详细规划》
6	《广西文化产业城南片区控制性详细规划》
7	《南宁五象新区核心区东片区新良路以东片区控制性详细规划》
8	《南宁五象新区核心区东片区文旅组团控制性详细规划》
9	《南宁市龙岗商务区控制性详细规划》
10	《南宁五象新区龙岗新坡胡片区控制性详细规划调整》
11	《南宁市良庆区良庆镇总体规划（2016—2035）》

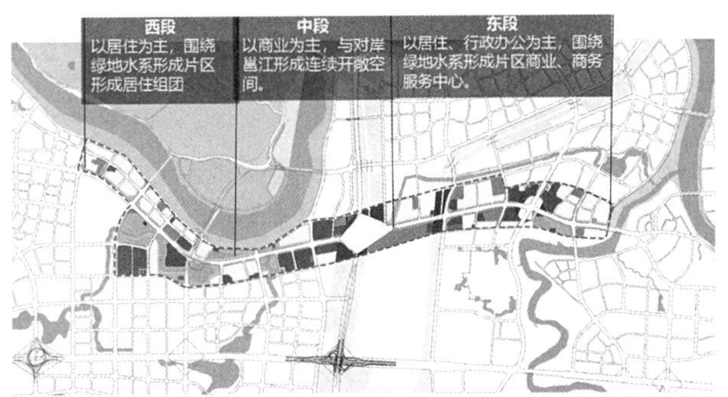

良庆大道
龙岗大道
0<R≤1
1<R≤2
2<R≤3
3<R≤4
4<R≤6
开发强度分析图

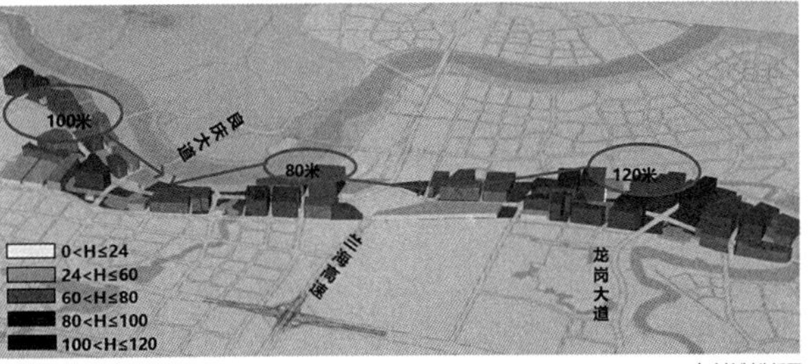

图 4 学生作业展示——相关规划整合分析

[1] 本次中国（国际）园林博览会第一次在少数民族首府、第一次在国家生态园林城市、第一次在西部欠发达地区、第一次面向东盟十国举办、第一次在冬季建成开放、第一次与少数民族自治区成立大庆同期举办的盛会，意义重大。

域以最新控规为准，其他以总规为准，在此基础上落实批租项目用地；③设施配套层面：根据各片区规划时效性，整合、落实相关设施规划。通过慢行道等将各类服务设施进行串联，增强社区活力；④控规指标层面：原则上以控规指标为准，经研究有必要则进行调整；控规未覆盖区域，通过各片区总体容量控制协调未覆盖区域；⑤景观风貌层面：深化片区风貌规划和建筑控制要求，并落实到导则控制内容。

3.3 功能布局分析阶段用地层面的探讨——区域“混合”发展

地块现状土地构成比较零散，小组成员采用“共生”的理念，城市用地布局积极分担五象新区职能，建设体育产业、商业、文化、科技创新和生态宜居五个中心，形成五象的公共核心，进一步完善片区城市功能；生态景观与城市功能高度交织，构筑相互依存，互利共生的新型“共生系统”。改变城市与自然割裂状态，模糊城市的生态与功能边界，使之相互穿插，相互融合，形成生态廊道与城市板块交织的复合城市结构。强化城市与自然空间的综合塑造，进行详细的生态景观与城市空间设计。

3.4 建筑特色分析阶段文化层面的探讨——区域“融合”演绎

设计小组提出“有历史是不够的，还需要延续”，通过建筑元素体现本土特色，综合文化性、地域性、民族性来进行广西特色建筑文化的继承与演绎。

3.5 行为活动分析阶段动线层面的探讨——区域“动态”活力

城市区域除了道路交通之外，还存在许多“动态”的活动和流线。设计小组对“风道”、“行车视廊”、“游览线路”等进行了相关分析，突出城市生活氛围，展现空间实际使用状态。

风廊的分析考虑到当地的气候特征，在亚热带季风气候下年主导风向为东风，设计引导组团之间形成通风廊道有利于降温，提高基地空气质量，另外考虑到基地中部有湖水横穿而过的自然环境特点，夜晚风从陆地吹向湖面，而白天从湖面吹向陆地，场地规划设计综合考虑湖风和陆风的变化现象，运用空气动力学原理预留有通向湖面的绿地通风廊道，带来水汽，使陆地湿度增大，温度下降。

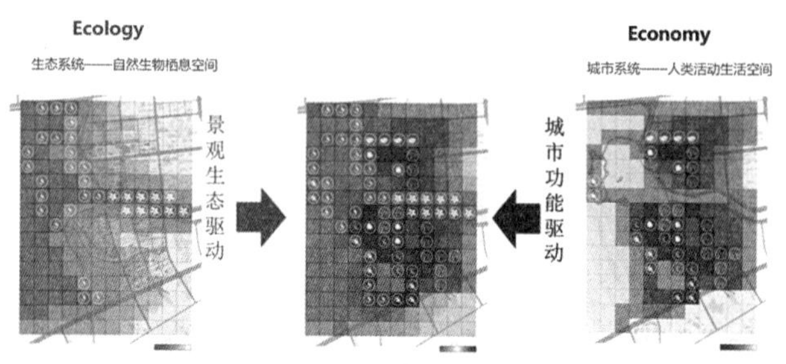

富于变化的地形
更易创造优美的景观

图5 学生作业展示——功能混合与生态融合理念

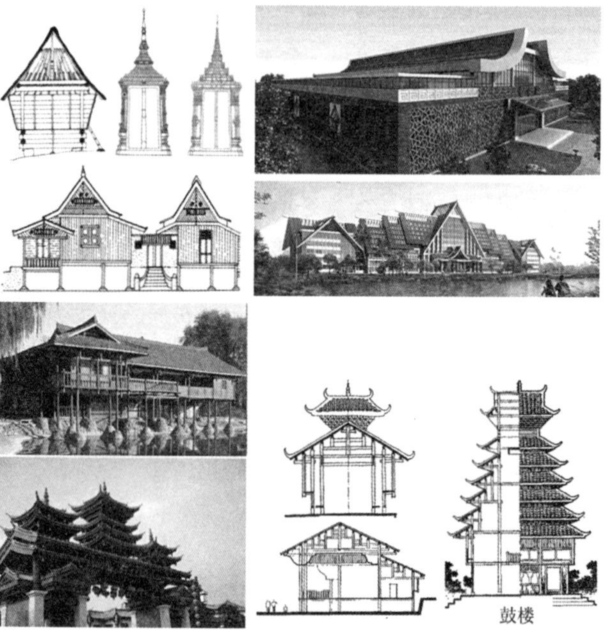

图6 学生作业展示——东南亚建筑和民族建筑要素提取

五象大道属于城市主干路，针对行车特点，将五象大道沿线建筑划分为五个个景观单元，同时根据交叉口及开场空间特点构筑节点建筑。

规划设计两类游览活动，分别为：城市文化体验游（体育休闲文化、建筑文化及民族文化等）和滨水体验游（体验生态文化、绿色交通文化、特色科普等）。

3.6 空间形态分析阶段美学层面的探讨——区域“静态”展示

城市空间形态设计贯穿整个前期各个维度的思考，设计小组采用三维分析、图底分析等方法对建筑肌理、街道界面、天际线等要素进行分析，重点处理建筑组合形态、开敞空间关系，各地块、公园绿地、水系之间相互协调。

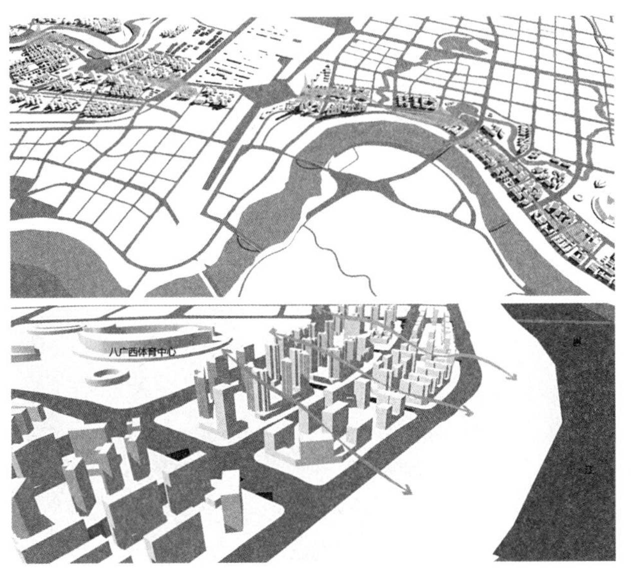

图 7　学生作业展示——风廊设计

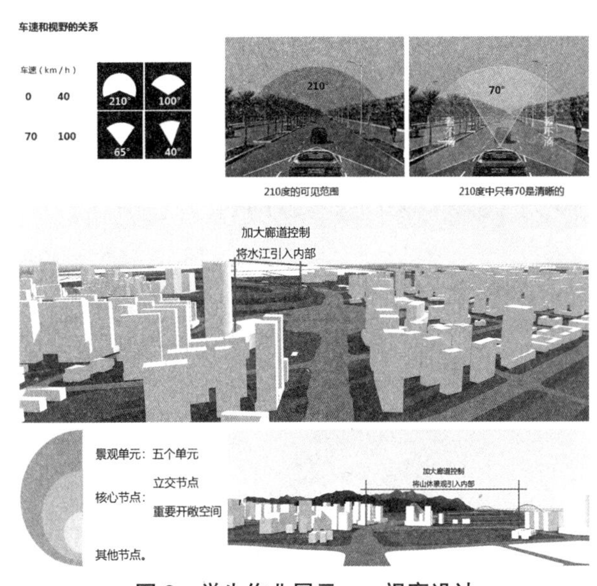

图 8　学生作业展示——视廊设计

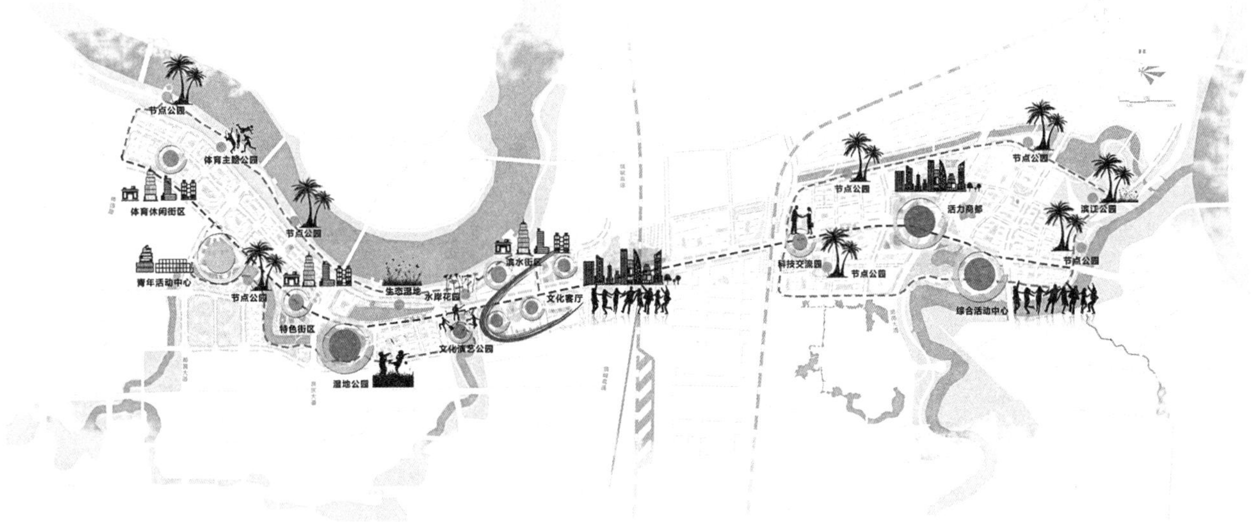

图 9　学生作业展示——游览线路设计

图 10　学生作业展示——城市界面现状分析

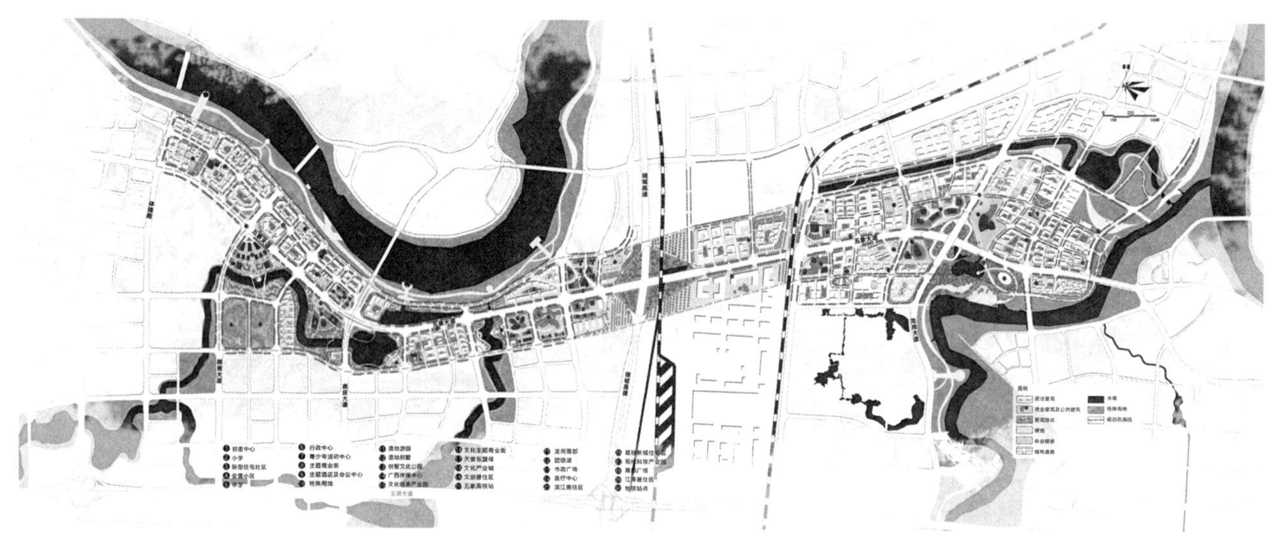

图 11　学生作业展示——城市设计总平面

4　教学反思和总结

虽然在城市设计作业指导过程中将城市设计过程按照"弹性 + 控制"、"混合 + 融合"、"静态 + 动态"三个层次六个阶段，但在项目实践中，两两要素的对应和协调还不够，"多维协同"的理论指导作用还不够突出，在每个阶段的研究也还不够深入。虽然城市设计作业的最终呈现效果达到了教学要求，但在引导学生从更高理论角度对城市复杂体的研究还远远不足，呈现的图面效果还不够细致，各地块空间关系的关联性也存在凭直觉主观处理等问题。并且由于城市设计题目面向城市新区，并没有尝试解决城市旧城中心区等更为复杂的用地混杂、居民活动和社会利益关系等方面问题，在"混合 + 融合"层面的协同可能性的思考和研究还远不能体现。目前基于"多维协同"模式下的城市设计思维和过程训练方法取得了一定的教学效果，但更深入的逻辑分析和更有效的过程管理，还需要教师在实践中继续深入探讨。

感谢城市设计小组成员唐媚、陈庭交，文中图 2–图 11 都为小组成员所绘。

主要参考文献

[1] 杨春侠，耿慧志. 基于 GIS 和 AHP 法的乡村避暑地选址研究城市设计教育体系的分析和建议——以美国高校的城市设计教育体系和核心课程为借鉴 [J]. 城市规划学刊，2017，1：103–110.

[2] 新华社. 中共中央国务院关于进一步加强城市规划建设管理工作的若干意见 [EB/OL]. http：//www.gov.cn/zhengce/2016-02/21/content_5044367.htm.

[3] 中华人民共和国住房和城乡建设部. 住建部公布第一批城市设计试点城市名单 [EB/OL]. http：//www.mohurd.gov.cn/zxydt/201704/t20170401_231362.html.

[4] 中华人民共和国住房和城乡建设部. 住房城乡建设部关于将上海等 37 个城市列为第二批城市设计试点城市的通知. http：//www.mohurd.gov.cn/wjfb/201707/t20170725_232718.html.

[5] 凯文·林奇，加里·海克. 总体设计 [M]. 南京：江苏凤凰科学技术出版社，2016，10：372.

[6] 董慰，董尹. 新一级学科划分背景下城市设计教学探讨 [J]. 城市建筑，2014，5：46–49.

[7] 顿明明，等. 存量时代背景下城市设计课程教学模式探讨 [J]. 高等建筑教育，2017，26（1）：132–138.

[8] 高早亮. 基于 MHP—CDIO 模式的城乡规划专业教学改革研究 [J]. 高等建筑教育，2016，25（1）：15–20.

[9] 梁江，王乐. 欧美城市设计教学的启示 [J]. 高等建筑教育，2009，18（1）：2–8.

[10] 尹海明 . 南宁入选第二批城市设计试点城市 [N]. 南宁日报，2017-08-10（001）.

[11] 童明. 变革的城市与转型中的城市设计 [J]. 城市规划汇刊，2017，5：50–57.

The Application of “Multi-Dimensional Collaboration” Model in Urban Hotspot Construction and Regional Urban Design

Ma Chunxiao　Mao Jiangxing

Abstract: Urban design is a cross–cutting comprehensive discipline. It has the characteristics of multi–levels, multi–fields, comprehensive spatial elements, and emphasis on spatial effects that are compatible with other levels of planning. It is a core curriculum in the urban and rural planning professional curriculum. Under the background that urban design has been promoted as a national second–level discipline and the country has implemented a pilot city for urban design, it is necessary to carry out project practice around urban design new design concepts, technical methods, practical applications, etc., in order to enhance urban environmental quality. Corresponding to this, colleges and universities related professional teaching design and practical guidance, should establish multiple values, multi–dimensional design ideas enrich and improve the urban design of “strategic thinking.” The paper proposes the “multidimensional coordination” model of the six elements of “elastic + control”, “mixed + blended” and “static + dynamic”, and organizes students to carry out the teaching application practice of urban design in concentrated urban construction areas.

Keywords: Urban Design，Teaching Practice，Multidimensional Coordination，Design Brainwork

城市规划专业建筑设计课程教学改革初探
—— 以小住宅课程设计为例

张益峰

摘　要：城市规划专业教育正面临转型，作为基础教学重要一环的建筑设计教学改革尤为重要。南京大学的城市规划专业教学有其特色，但建筑设计基础教学面临诸多困境。据此，我们进行了建筑设计教学改革的积极尝试，实现建筑设计课题与后续的详细规划、城市设计等设计课程相衔接；完成建筑设计知识内容的体系化与数字化建设；进行翻转课堂的教学改革实践创新，激发了学生的创造性与学习兴趣；在建筑设计任务书拟定、建筑设计概念形成、建筑设计深入、建筑设计表达等教学全过程培养学生的城市规划思维，取得了显著效果。

关键词：城市规划教育，建筑设计，教学改革，城市规划思维

研究背景

伴随城乡快速发展，城乡生态环境保护与社会经济发展之间的矛盾日益加剧，城乡发展模式的变化使得城市规划学科研究的转型迫在眉睫，传统的城市规划教育正面临新的挑战。

从我国城市规划教育发展历史来看，有两种教育模式[1]，一种源自于建筑学背景院校，形成以建筑学、工程技术为基础的物质规划型教学体系，以清华大学、同济大学、东南大学等高校为代表；另一种以地理学等相关交叉学科为背景，以北京大学、南京大学等以地理学为主的“理科规划”培养模式。两种模式起到很好的相互促进与补充作用。

近年来，南京大学的教育改革取得一系列成绩，“三三制”人才培养模式于2014年荣获第七届高等教育国家级教学成果特等奖[2]。我系的城市规划教育，以“三三制”人才培养模式为基础，形成了自身鲜明的特色，力求以缜密的逻辑思维为培养基点，探索出一套城乡规划创业教学改革的新路径。

1　问题的提出

从我国城市规划专业教育课程体系看，我国大学城市规划专业学制普遍设计为五年，其中1、2年级为大基础教育阶段，3、4、5年级为专业教育阶段，普遍采用2+2+1教学法。前2年基础阶段的建筑学教育，可以分为以同济大学为代表的先建筑后规划与以西建大为代表的纯规划教学法两种教学模式[3]。

在参考我国城市规划专业教育课程体系的基础上，我系将城市规划课程体系分为三大阶段：大类培养阶段、专业培养阶段、多元培养阶段；前后贯穿有四条主线：理论讲授主线、课程设计主线，方法技术主线，综合实践主线，各条主线共同构成了一个完整科学的教学体系[4]。其中，课程设计主线主要有美育、设计基础、建筑设计、修建性详细规划设计、控制性详细规划设计、城市总体规划设计、综合城市设计等课程，

四条主线中，课程设计主线有着独特的地位，其以建筑设计为起点与基点，需要完成从建筑到详细规划，再到总体规划的课程实践，其作用重大、意义特殊，其教学效果的好坏直接关系到学生的综合素质和设计能力的提升，影响到详细规划、城市设计等课程的后续教学效果。但由于建筑设计与城市规划设计两者的设计思维方式所存在的固有区别，往往使得学生无法实现空间形象思维与逻辑思维的自由切换；两者研究空间尺度的巨大落差，使得学生难以实现从建筑尺度与城市尺度、区

张益峰：南京大学建筑与城市规划学院城市与区域规划系讲师

域尺度的巨大跨越，往往导致学生无所适从，兴趣丧失，陷入困惑与迷茫[5]；而研究对象的巨大差异，都使得设计主线难以前后贯通。

我系本科课程教学任务首要是：强化南京大学特色，提升学生的分析、协调能力，强化城市设计、总体规划、区域规划等中观、宏观层面的学科特色与优势；在此基础上，补短腿、促提升，强化学生的空间思维能力与中观、微观层面的设计把握能力，提高综合设计能力素质。但从现状看，教学目标任务的实现还有待于外部环境的改善：首先是设计课程需求与课程实际安排的矛盾，建筑设计作为一门独立的一级学科，课程知识系统庞杂，知识面丰富，需要大量设计及相关知识课程安排，但目前建筑设计周学时为 5 小时，仅靠课堂教学难以完成教学目标任务；其次是师资的缺乏，与传统工科院校相比，建筑设计老师数量明显不足，往往对教学效果带来不利影响；而未来，随着南京大学大类招生政策的实施，学生在录取入校时根据高考成绩选择大类专业，在 2 年级学生需要在大类内进行二次专业选择，城市规划专业学制也可能调整为 4 年，基础教学的课时安排有可能进一步缩短。这些情况都直接对我们的基础教学，特别是建筑学教学带来挑战。

因此，如果采取积极改革措施，进一步突出南京大学的城市规划专业特色，夯实基础教学，完善建筑设计课程教学，将是一个值得研究的课题。

2 设计课程教学改革实践对策

我们的城市规划专业的目标为：依托综合性大学优势，体现“宽面通才”素质教育，培养具有丰富的城市发展与规划理论知识，掌握城市与区域规划的专业技能，熟悉城市规划相关知识，能够从事城市和区域研究、规划与设计、规划管理等工作，具有一定创新能力的高素质人才。基于以上目标，我们主要从以下环节进行了改革创新：

2.1 落实课程设置的前后衔接

建筑设计课程题目安排，充分体现从微观到宏观的有机衔接与逐次推进。2 个学期的建筑设计题目，我们分别设置了小住宅设计、餐饮商业建筑设计、文化展览建筑设计、公共建筑设计等 4 个建筑设计题目，尽可能多地涵盖更多的公共建筑类型。小住宅设计、餐饮商业建筑设计可以匹配居住区详细规划设计对于建筑单体设计的要求，商业文化、公共建筑设计可以满足城市设计对于建筑设计与空间规划的要求。通过建筑设计与详细规划、城市设计在设计内容上的前后融会贯通，可以实现规划设计知识的下探与建筑设计知识的上延，全面串联课程设计主线。

2.2 实施知识内容体系化与数字化建设

针对设计课程课时紧、任务重的现实难题，我们推进知识内容的模块化建设。以三（下）的城市设计课程为例，我们将城市设计课程简化为三大阶段、九大板块。（1）第一阶段为理论知识互动阶段，知识板块包含：概念引入——城市设计基础理论知识、概念解读——城市设计构成要素、实证应用——典型城市空间设计。（2）第二阶段为理论探索、实证分析阶段，包含知识延伸——城市科学相关知识、理论探索——城市设计分析方法与应用、实证运用——城市社会调查方法板块。（3）第三阶段，城市设计课程设计阶段，也包含三大创新板块。而建筑学知识更为丰富，在建筑设计课程教学过程中，需要同步配套大量专业课程。基于此，我们对建筑学相关知识进行概括浓缩，简化为：①建筑设计基础板块（含制图、美术、著名建筑解读等知识模块）；②建筑材料技术板块（建筑材料、建筑构造、建筑结构）；③建筑历史板块（中国建筑简史、西方建筑简史、当代著名建筑解读）；④建筑技术板块（含建筑 CAD、SKETCH 建模、PHOTOSHOP）等四大板块、十二大知识模块。在教学过程中，对其中的基础知识根据城市规划专业的特点和要求进行大幅度筛选，有选择性地进行穿插讲授。

同时，针对师资的短缺和课时的限制，我们尝试将多年积累的教学资料归并整理，在资料充分收集、去粗取精的基础上，进行相关建筑学知识内容与体系的数字化建设。通过运用数码相机、平板扫描仪、手机、录像机等进行制作形成一套完整的数据资料库。将教学数据资料库分为几大板块与几大知识点。再依托学校大数据云平台与学校的课立方软件系统进行相关课程的数字化建设，云平台主要用于传输、存储文件数据，课立方软件主要用于交互式教学[6]。

2.3 实行教学方式创新

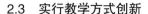

建筑设计所采用的“一对一”师徒传承式的传统教学方式，存在诸多问题。在设计课上，教师需要针对学生个体，对相关知识内容进行反复讲解与灌输，上课效率不高；每个学生的方案的好坏，主要取决于授课教师的经验判断，难以吸收到更广泛的意见；部分能力不强的学生，往往最后依赖于老师的“送方案”，这也促使我们进行改革。

我们建筑设计授课团队充分吸取校级教改课题“城市设计”翻转课堂教学改革的先进经验。主要从以下几个层面进行改革创新：①授课师生组织协调。针对每一个设计课题，我们都组织具有建筑学背景与城市规划背景的老师的三位老师混搭。同时，将学生分编为 3 个设计小组，将一门课程设计时间安排的 9 周划分为三节，每节 3 周。在每节 3 周的一个周期中，三名老师针对每个设计小组，采用轮番授课教学的方法，让每一位学生能够吸取到三位老师的意见，尝试从不同观察视角、不同知识背景来探讨研究建筑设计问题，提前给以学生独立思考、融会贯通的机会，增强其组织协调判断能力的培养，为其从建筑设计到后续的详细规划、再到城市设计的设计思维的顺利转型打下良好的基础。②师生角色互换。采用翻转课堂方式进行教学改革，通过改革，师生角色能够形成互换与互动，从而完成从传统的单向性和预设型向开放型、讲座型、能动性转变，从传统的单向灌输式教学向双向互馈式教学转变，从思维式教学向案例式教学转变，从教育过程管理向教育目标管理转变[7]。

2.4 规划思维能力培养

针对我系城市规划特点。我们还针对教学方式进行系统性优化，全面强化培养同学的城市规划思维能力。①设计题目拟定阶段。在设计课程大纲范围内，在同一块基地内，由学生根据自身想法，积极思考、独立探讨，拟定自己的设计任务书，从而避免了设计任务书的千篇一律，为学生提供个性化的表现机会，能够极大地调动学生的积极性，激发其可持续的创造潜能。②设计概念形成阶段。强化逻辑思维能力培养，发挥南京大学理学背景特色优势。发挥我系学生城市学知识体系完善、视野开阔的优势，在设计概念形成阶段引入城市规划思维，引导学生运用城市社会学、城市地理学、城市经济学的相关知识，尝试从不同的视角研究问题。运用地理学的相关知识，进行场地调查，对其自然条件、交通、气候等进行系统性量化分析；运用社会调查对交通问题、建筑认知等问题进行分析研究；对著名建筑设计案例进行多元化背景下的解读，全面强化培养学生的规划意识，提升逻辑思维能力，做到逻辑思维与形象思维能力培养并重。③建筑设计深入阶段。培养城市建筑的设计理念与思维方式。厘清城市规划专业与建筑学专业建筑设计课程教学的本质区别。作为城市规划专业的建筑设计，我们更为关注建筑作为个体与城市作为整体的关系。通过向学生灌输城市建筑的概念，通过城市建筑一体化设计的案例探讨，可以有效强化培养学生在建筑设计中的规划思维，实现建筑设计思维与规划设计思维的有机融合。而建筑设计知识模块中的结构、材料、力学，复杂的建筑设计技术规范等内容仅作常识性介绍，不做过高要求，从而将节约的课时与精力更多投入到后期建筑设计中去。

3 住宅课程设计改革尝试

3.1 任务书编写阶段的个性化教学

基地选址于南京大学仙林校区图书馆东北侧，北接校网络信息中心，东连校学术交流中心，南临湖面，环境优美，条件优越，基地面积 420 平方米，小住宅面积 250 平方米。根据任务书要求，拟设计建造杰出教授住宅一座。要求同学针对教授具体情况进行个性化设计，其内部功能要求由学生自己拟定。

在任务书拟定阶段，学生需要根据自身兴趣喜好以及对基地的认知理解，编制自己的个性化任务书。实践结果表明，该方法能够充分调动同学积极性。如甲学生拟定的住宅业主为我校某中文系教授，该教授要求能够便捷地亲近水面，登高望远，享受大自然；爱好清净，乐于享受与家人共享温馨；由于其经常需要在家潜心于学术钻研，因此需要配备专门的工作室；同时偶尔也有访客，要有适当的交流空间安排。乙学生计划为某艺术系 40 岁离异女教授设计住宅，该家庭成员较少，仅有该女教授及其 7 岁小女儿。但要求需要设计自己独立的艺术作品展示空间，供圈内好友小范围交流使用；要求保证自身的私密性，需要将艺术展示空间与生活起居空间分离，保持相对的独立性。这些都是同学拟定的很好的任务书案例。

3.2 设计概念形成过程中规划思维培养实践

我们在教学全过程中引入城市规划思维。在现状分析阶段，我们要求学生进行现状调查，对基地自然条件、气候因素展开分析调查，梳理有利于深化建筑空间布局的制约因素；针对周边空间环境的分析，主要运用SKETCH软件制作3D模型，推敲基地周边的图书馆、学术交流中心、网络信息中心、学生宿舍等主要建筑空间与外部空间，提炼现状南大校园建筑语汇、形象、色彩，分析其形体构成方法，研究校区的整体空间机理，提高学生的分析研究问题的能力，为未来建筑设计概念形成打下基础。

为让学生能够形成设计概念，深入了解设计对象。我们要求同学采用问卷调查方法，随机调查学生、教师、来访者等多种角色人群，了解其对该地块的认知、理解与建议；针对住宅的出入口布置问题以及未来住宅设计给周边交通可能带来的影响，我们要求学生进行现场交通调查，采用特定时段现场计数法，统计分析各种交流流量，特别是把握学生的出行规律。所有调查成果都要求学生予以完善并形成正式成果，在分组讨论中予以汇报。同时，我们还紧抓优秀住宅设计案例分析环节，由学生自行确定所研究的住宅，进行庖丁解牛式的分析，全面系统学习其设计思路与设计方法。

通过现状的深入调研、分析与探讨，以及典型建筑案例分析，学生基本能够形成自己的设计概念。

3.3 建筑设计深入过程中规划思维培养实践

建筑设计深入阶段。我们同样注意城市规划思维的培养。在建筑内外部空间设计关系上，取得城市规划空间要求与建筑功能要求的协调统一。建筑外部空间设计与形体空间构成，主要要求学生从城市空间规划入手，从场地分析、周边的建筑形体构成、色彩、语汇等入手，结合学生的自身的想法，运用SKETCH软件制作概念性的3D模型，将小住宅模型放置在大的3D模型中（主要包含周边建筑与环境），引导学生从基本形体开始，采用缩放、旋转、变形、切割、加减法等方法予以 深化，做出初步的建筑外部空间模型，要求既符合普适性的美学要求，又能满足住宅设计的基本空间要求，在此基础上，逐步予以深化，形成成熟的立体空间构成作品。这种设计方法，要求学生一开始放弃常规建筑学教学中容易出现的“唯我独尊”的设计指导思想，而是主要顺应外部空间环境要求，贯彻落实城市建筑的理念。

在外部建筑空间深入设计的同时，我们要求学生在研究相关成功案例等基础上，进行小住宅内部空间的深化设计。主要从建筑功能要求入手，分析住宅建筑的内部私密空间、外部公共空间；分析建筑起居空间、生活空间、辅助空间等各个空间之间的复杂关系；分析各家庭成员的主要活动流线；研究各功能空间的基本空间尺度，尝试进行建筑内部空间设计组织，不断深化调整完善。在内部空间深化设计等过程中，同步进行建筑结构、建筑材料、建筑设计防火规范等方面的知识模块的配套学习。这些专业知识的教学深度也完全有别于建筑学专业的教学要求，做到够用就行。在后续的教学过程中，要求同学不断尝试根据建筑功能调整小住宅外部空间、立体构成与建筑表皮设计，同时也要求同学在建筑外部空间形态设计优化的同时，进行建筑内部空间的深化设计，修改各层建筑平面图。如此往复，通过几次反复协调修改，最终能够形成一个建筑外部空间形态完善、内部功能协调的建筑设计方案，做到功能与形式、内部与外部的协调统一。

在最终建筑设计成果表达阶段，我们要求同学改变“轻环境、重建筑”的常规性思维，要求学生完成的第一张图是总平面图。对于总平面图的设计深度要求有明确规定，要求清晰表明建筑层数、标高，反映基地的高度、材质、坡向等要素的变化；进行外部场地设计，标明绿地、铺地、车位、水体、小品等构成元素。

结语

城市规划专业的建筑设计教学有其特点与难点，需要妥善处理与后续设计类课程的关系，在设计教学全过程培育学生的城市规划思维；建筑学相关知识的教学，也应由教师主动根据城市规划专业特点有所取舍，引导学生予以合理掌握。未来城市规划专业的建筑设计教学改革，还有大量的课题需要探索，需要后续研究的进一步跟进。

致谢：顾媛媛老师为此课程主讲老师，本文引用了其部分教学成果，在此表示感谢！

甲同学设计方案模型图

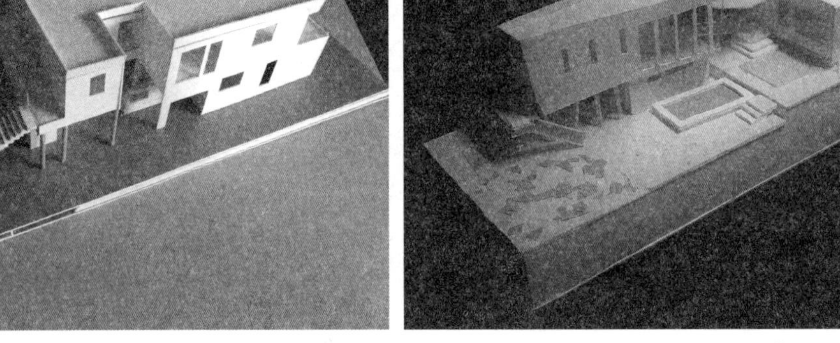

乙同学设计方案模型图

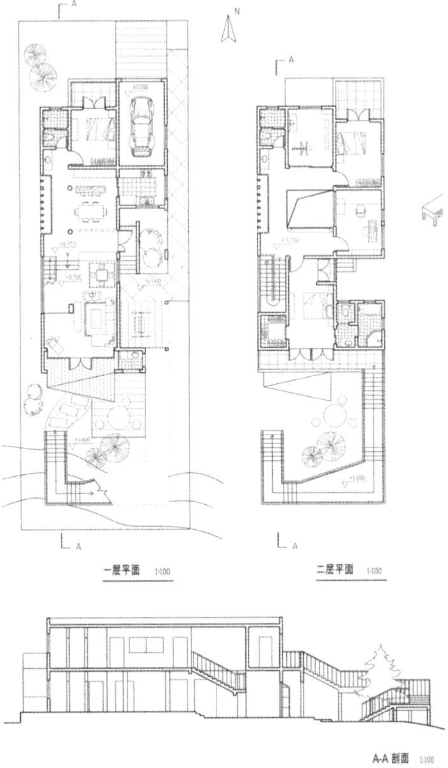

一层平面 1:100

二层平面 1:100

A-A 剖面 1:100

甲同学方案设计图

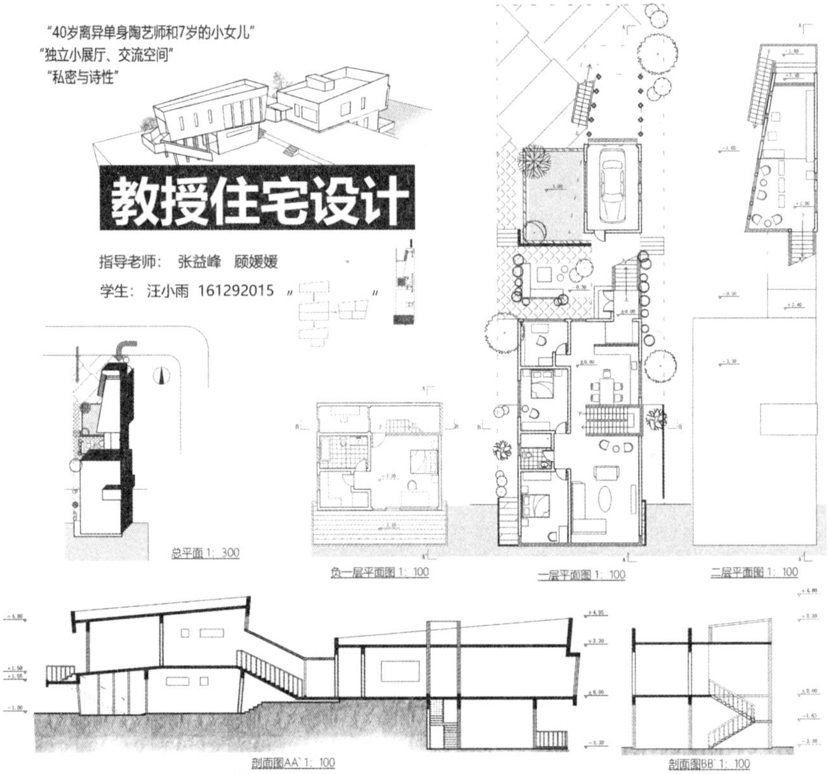

"40岁离异单身陶艺师和7岁的小女儿"
"独立小展厅、交流空间"
"私密与诗性"

教授住宅设计

指导老师： 张益峰 顾媛媛

学生： 汪小雨 161292015

总平面 1：300

负一层平面图 1：100

一层平面图 1：100

二层平面图 1：100

剖面图AA' 1：100

剖面图BB' 1：100

乙同学方案设计图

主要参考文献

[1] 张庭伟，王晓晓．中国规划师在改革时期所面临的挑战 [J]，高等建筑教育，2007（4）：9-17.

[2] 于涛，张京祥，张洁．"三三制"人才培养模式下的城乡规划创业教学需求 [C]// 地域・民族・特色——2017 中国高等学校城乡规划教育年会论文集，2017（9）：24-29.

[3] 田宝江．建筑与规划的融合，城乡规划专业基础教学阶段教学模式改革 [C]// 地域・民族・特色——2017 中国高等学校城乡规划教育年会论文集，2017（9）：445-453.

[4] 南京大学城市规划本科教育自评报告，2014（1）.

[5] 王承慧，吴晓，权亚玲，等．东南大学城市规划专业三年级设计教学改革实践，规划师 [J]，2005（4）：62-64.

[6] 张益峰．翻转课堂教学方法在设计类课程中的应用研究 [C]// 地域・民族・特色——2017 中国高等学校城乡规划教育年会论文集，2017（9）：428-431.

[7] 万艳华．面向国际化的城市规划教学改革．规划师 [J]. 2006，22（8）：59-61.

A Preliminary Study on the Reformation of Architectural Design Teaching for Urban Planning —— Take Small Villa Design as an Example

Zhang Yifeng

Abstract: The urban planning education is now facing the transformation, which result in the fact that the architectural design teaching, as a primary teaching phase, is being more and more important. Although the subject of urban planning in Nanjing University has its special characteristics, the primary teaching of architectural design is now facing complex difficulties. So we have made an active attempt to reform the teaching way of architectural design. Firstly, we accomplish the aim to contact the architectural design subject with the detailed planning, urban design and other design courses. Secondly, we complete the systematic and digital construction of architectural design knowledge. Thirdly, the innovation of teaching method through "flipped classroom teaching reform" has be applied to stimulate students' interest both in creativity and learning ability. Moreover, we cultivate the students' urban planning thinking method during the thorough designing phrase, such as the phase of design planning, design concept formation, architectural design deepening, architectural design performance, all of which result in significant results.

Keywords: Urban Planning Education, Architectural Design, Teaching Reformation, Thinking Way of Urban Planning

街区制视角下的住区规划设计教学研究

李 健 陈 飞

摘 要：2016 年国家推广街区制建设以来，在住区规划设计教学中，经过 2016 和 2017 两个教学年度的改进及探索，积累了一些经验，首先在任务设定方面，选择规模适宜、外部城市条件较好、以旧区更新为主等利于实施街区制的地块；其次强化实证调研教学环节，在对地块现状详细调研基础上增加国内优秀案例、本市住区对比调研内容；最后突出功能复合设计理论引导、增加街道设计等方面教学内容，使学生了解当前街区制住区的发展趋势，掌握具体规划设计方法。

关键词：街区制住区，地块选择，实证研究，功能复合

1 引言

2016 年 2 月公布的《中共中央国务院关于进一步加强城市规划建设管理工作若干意见》中明确指出“加强街区的规划和建设，分梯级明确新建街区面积，推动发展开放便捷、尺度适宜、配套完善、邻里和谐的生活街区。新建住宅要推广街区制，原则上不再建设封闭住宅小区。要优化街区路网结构，树立‘窄马路、密路网’的城市道路布局理念”。住区规划设计课程的主要任务是使学生了解住区空间形态组织的原则和相关规范与技术要求，掌握住区规划设计的内容与方法，培养学生具有住区规划设计的能力。经过 2016 和 2017 两个教学年度的运行，总结了一些教学经验，首先设计地块的确定，在市规划局网站公示内容中选择适宜创造街区制的地块，真题假作，学生可实地调研、现场体验；其次强化实证调研教学环节，如国内上海、成都等城市开放式住区建设成功案例、学校所在城市中的开放式住区与封闭式住区规划设计项目建成环境比较研究；最后完善教学内容，贯彻功能复合设计理念，重视街道空间设计、绿地空间的分层次设计。通过此课程设计，使学生了解当前街区制住区的发展趋势，掌握具体设计方法。

2 选择适宜实施街区制的规划设计地块

我校城乡规划专业每年招生一个班，30-40 人，每次课程设计给定 3 个地块让学生自由选择，规定每个地块不少于 10 人。以往的住区规划设计多以 12-20 公顷的封闭性住区为设计对象，主要训练学生组团划分、住宅排布、邻里空间塑造等规划设计能力，在向街区制住区规划设计教学转变过程中，在地块选择方面应考虑以下几个因素：①总用地规模不变，地段可分可合，学生可采用灵活的规划模式；②以旧区更新地段为主，有现实的地段环境及问题需要解决；③提供更多的外部城市条件，如投入使用、在建或规划的轨道交通站点、居住区中心、社区公园、中小学等公共要素；④市规划局已经公示规划方案但尚未建设的地块，学生们能对比可实施的设计成果，并且可到项目售楼处去参观、调研，了解市场，培养解决实际问题能力。

2.1 2017 秋季学期住区规划设计地块

（1）大连湾街道李家二期地块：南侧为高架快速路，路侧有 30 米宽防护绿地，总用地面积约 16.87ha，由大（11.27ha）、中（4.13ha）、小（1.47ha）3 个居住街坊构成。

（2）大连湾街道前关地块：东侧临轨道交通线路、站点及城市绿地，总用地面积约 18.27 ha，由 2 个地块

李 健：大连理工大学建筑与艺术学院城乡规划系副教授
陈 飞：大连理工大学建筑与艺术学院城乡规划系讲师

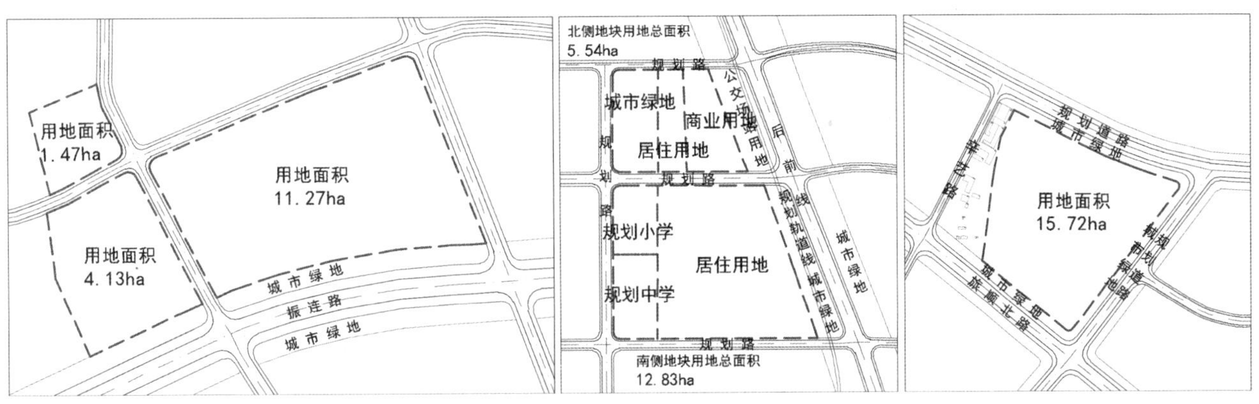

图 1　2017 秋季学期住区规划设计地块

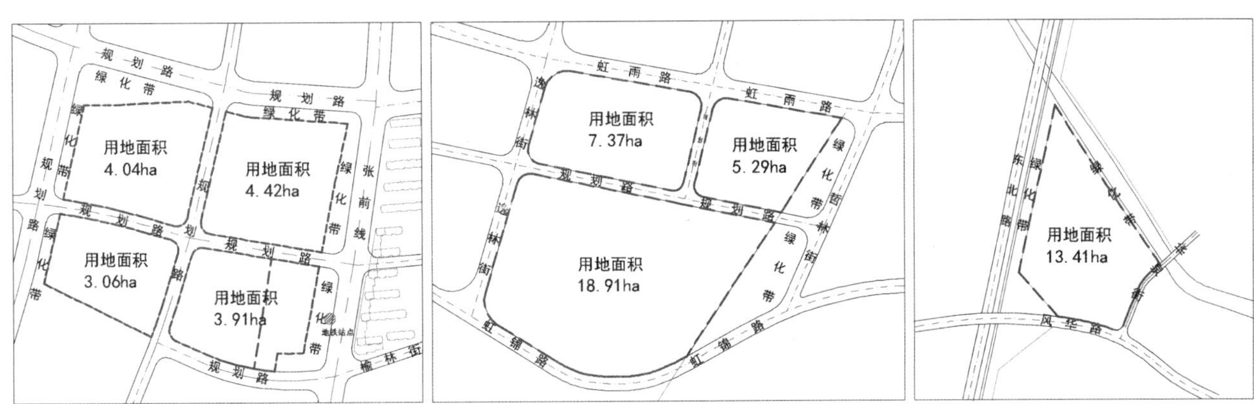

图 2　2016 秋季学期住区规划设计地块

构成，其中南侧地块包括居住用地、小学、中学；北侧地块包括社区公园、商业用地、居住用地，要求其可在满足各单项用地、建筑总面积不变的基础上，根据自己的构思重新组合。

（3）础明食品有限公司及周边改造宗地：用地面积约 15.72ha，西侧为现状保留工业区，南侧临城市主干路，需要配建 3000m^2 租赁住房，要求该地块可整体设计，也可根据周边道路情况划分为 3 个居住街坊进行规划设计。

2.2　2016 秋季学期住区规划设计地块

（1）甘井子区博士园地块：地块位于城市边缘区，东侧为现状居住区，其他 3 面均为工业区，用地面积约 15.43ha，由 4 个居住街坊组成，要求配建公租房，面积占总住宅面积不小于 10%，东侧城市主干路张前路上有轨道交通站点。

（2）机场新区明珠公园南地块：分为 A、B、C 3 个地块，其中 A 地块面积约 7.37ha，B 地块面积约 5.29ha，C 地块面积约 18.91ha，东侧为城市带状绿地，学生可选择 A、B 两个居住街坊共同设计或单独选择 C 地块整体设计。

（3）泉水东区东北路东、风华路北地块：周边为城市大型居住区，地块呈梯形，用地面积约 13.41ha，西侧为东北快速路、轻轨 3 号线，其防护绿带宽 30 米，东北侧斜边为现状河道，河道宽约 40 米，两侧规划 10m 宽绿带。

3　强化实证调研，深入理解街区制住区的内涵

城市中由城市街道围合成的区域称为街区，通常以一个居住组团为单位。街区是城镇居民生活和邻里交往的一个基本单元，是城市生活价值的集中体现。我国住

区建设历程也相对较长，类型也逐渐多样化，住区规划不仅仅创造居住的物质空间，更重要的是创造宜居的生活场景，对于街区制住区来讲，公共生活的组织非常重要，实现城市公共资源共享、与城市功能空间有机融合，营造富有活力的城市氛围，与传统封闭式小区做法有本质的区别[1]。因此在住区规划设计课程组织中，需要科学合理地安排学生实证研究，包括对设计地段的现场及优秀项目设计方法的调研。

3.1 国内建成项目实地调研

我校每年的教学工作由春季、夏季、秋季 3 个学期构成，其中夏季学期安排实习实践类课程，教学时间一般为 4 周。住区规划设计课程安排在四年级秋季学期的第一个设计，承接三年级春季学期的住区规划原理课程和夏季学期认识实习课程，其中认识实习多集体组织学生到北京、上海、广州等地参观及体验，这些城市居住形态丰富多元，住区建设走在全国前列，典型案例较多，因此可充分利用这 2 门课，提前布置住区规划设计课程任务及要求，在教学进度上保持一定的连续性。安排学生收集认识实习城市街区制住区建设优秀案例，将住区规划原理课上的网络调研和认识实习课上的实地调研相结合。同时学生还可以在暑假期间，对家庭所在城市中街区制住区建设实例现场调研，亲身体验物质空间形态之外的居住生活尤其是核心家庭的居住需求，全面地了解街区制住区面貌、特征。

图 3　幸福 e 家、世嘉星海、星海人家居住小区对比研究图

3.2 本市建成项目实地调研

教师应熟悉本市住区建设情况，明确指定调研对象，指导学生采用对比分析法，如在同一区位条件，但是采用完全不同设计方法的住区进行实证研究：如 5 分钟生活圈层面的街区制小区幸福 e 家、世嘉星海与封闭式小区星海人家调研（图 3）；体验不同的设计方法所展现的住区面貌差异，切身感受两者的不同之处。另外还需调研老城区、中心区内不同发展阶段建成的由小规模居住街坊构成的住区，分析地域性影响因素如日照标准、城市道路网规划、居民生活习惯，住宅构成类型特征，尽可能与住区内不同年龄段居民访谈，了解使用者的日常生活体验，归纳当前适宜本地区的街区制住区规模尺度及其设计方法。

3.3 地块设计条件实地调研

地块调研重点内容包括：①分析生活圈概念，规划地块所在区域的 15 分钟或 10 分钟生活圈范围，依据上层次规划即控制性详细规划，进行地块定位，明确地块内需要设置的配套设施类型、规模、空间位置；②规划地段的交通现状，是否有需要打通的城市支路、次干路，形成街区的交通条件，有无轨道交通站点，与站点距离；③ 15 分钟生活圈或 10 分钟生活圈内现状街区规模，街区的整体性、连续性，分析是否具有实现街区制条件；通过对调研地块所在生活圈建成环境，了解该地段的居住生活现状及需求，培养学生具有通过洞察、访谈及问卷形式进行数据和资料收集的能力；具有运用定性、定量方法对各类数据和资料进行综合分析、预测和评价的能力。调研时间安排第 1-2 周；调研成果为 PPT 汇报及文字报告，锻炼学生的书面表达能力。

4 完善教学内容，突出街区制住区的转变重点

街区制住区规划设计原则是建设密集街道网络，打造人性尺度的街区，优化步行、骑行和机动车交通流。街区制住区还可以衍生出多样化的公共空间、建筑和活动，从而有助于提高社区活力，增加老年人与儿童的出行便利。在此目标之下，应适当完善教学内容，

强调功能复合设计理念，重视住区的街道设计、绿地公园设计。

4.1 强调功能复合设计理念

街区制住区给传统居住小区带来的改变之一就是临街界面和街道空间的增加，这些街道空间的形成有利于把商业、餐饮、休闲、娱乐等各种服务功能引入住区。而各种功能的复合则会带来人流的复合，保障商业设施和其他服务设施的运营。而人流的复合又会增加邻里交往的机会，促进人们的交流，形成有丰富功能和活动的公共空间。在课程设计辅导过程中，指导学生掌握落实功能复合设计理念的设计方法，如将公共空间设置在服务设施周边，如商店、学校和儿童托管中心，这样公共空间就可以成为人们日常生活轨迹中的一部分。如果社区公共空间能够临近商业区域，则人们会更愿意长时间停留，进行娱乐活动。明确要求学生按照规划设计条件测算人口规模，基于人口规模确定各项配套设施及配建绿地，每位学生需列 Excel 表格完成定量化分析，选择出有利于混合的相关设施，在对地段周边交通分析的基础上进行空间定位及建筑形态设计，实施功能复合的设计理念（图 4）。

4.2 住区街道空间规划设计

街区制住区所体现的窄街密路，尺度宜人、通达性好，有利于商业和其他服务行业的生发，沿街服务设施的聚集反过来会进一步促进街道的可逛性[2]。因此，对街道景观设计要求较高，在教学过程中应重视此部分内容。首先，给定规划设计条件更加详细：①明确地块内及周边道路红线宽度，支路的街道空间宽度以 15–25 米为宜，不宜大于 30 米；次干路的街道界面宽度宜控制在 40 米以内。②缩小退线距离，根据不同临街用途分 3 类：零售建筑、其他商业建筑、住宅建筑[3]。③贯彻土地复合利用理念，形成水平与垂直功能混合；其次，增加街道空间管控设计内容，对道路、退界空间和建筑立面形成的 U 型断面进行整体设计，确保连续的活动空间与紧密的功能联系；最后，开放退界空间，与道路红线内人行道进行一体化设计，统筹步行通行区、设施带与建筑前区空间。具体包括标高，铺装，装饰绿化、休憩设施、过街设施、停车设施、信息设施、建筑界面设计等内容[4]（图 5）。

4.3 住区绿地空间规划设计

街区制住区使原本封闭的小区绿地有条件被独立出来成为城市公共绿地，优化城市面貌。规划设计条件给

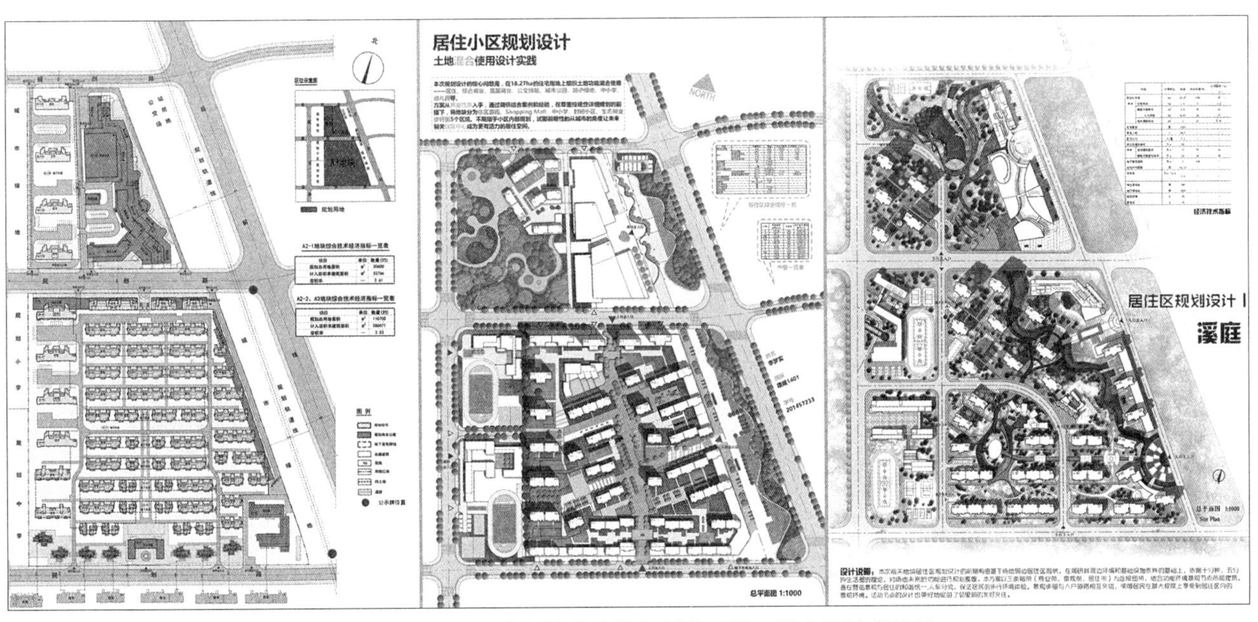

图 4　2017 秋季学期前关地块规划公示图、学生设计成果图

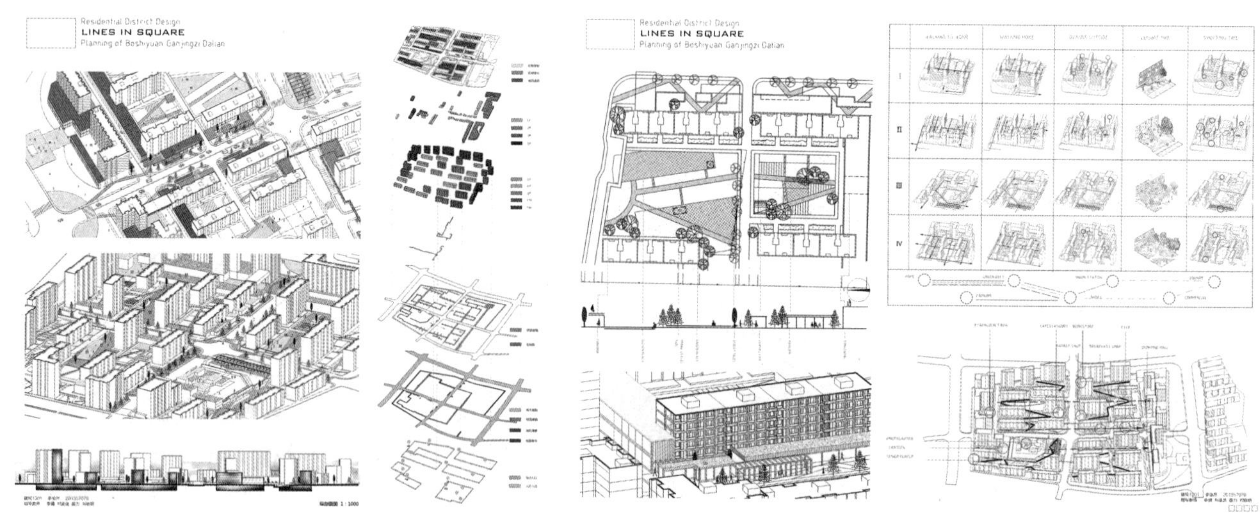

图 5　2016 秋季学期博士园地块学生街道空间设计成果图

定中应明确要求分为居住街坊中心绿地、5 分钟生活圈中心绿地二级布置。居住街坊内中心绿地提供街区内部的私密庭院，在每个街区四周安置零售商铺或低层住宅建筑，丰富街道生活，从而形成半私密的庭院，为街区提供实用而独特的个性化空间。5 分钟生活圈中心绿地具有一定的开放性，有利于社区中心的形成。在对绿地进行详细设计时，应充分考虑到区域特有的文化特性和人口特征，尤其是家庭、老年人及孩子们的需求。要求学生在前期调研和方案设计阶段拟定各级中心绿地设计内容、规模，重视多被居民利用的小尺度的空间的设计，然后安排学生到学校附近社区内进行调研，根据服务的人群及功能进行设计，解决学生不知设计什么内容，最熟悉的场景很难落在设计图纸上的状况，在教学组织中增加此部分设计时间及设计深度要求，方案设计完成后再去实地征求居民意见（图 6）。

5　小结

在街区制住区规划设计教学中，突出理论引导、强化实证调研，对街道空间环境进行整体统筹，明确道路、沿街建筑与环境设施的设计与配置要求[5]。突出了科学规划方法和基本技能的训练，推动开放便捷、尺度适宜、配套完善、邻里和谐的生活街区设计。学生可对比不同

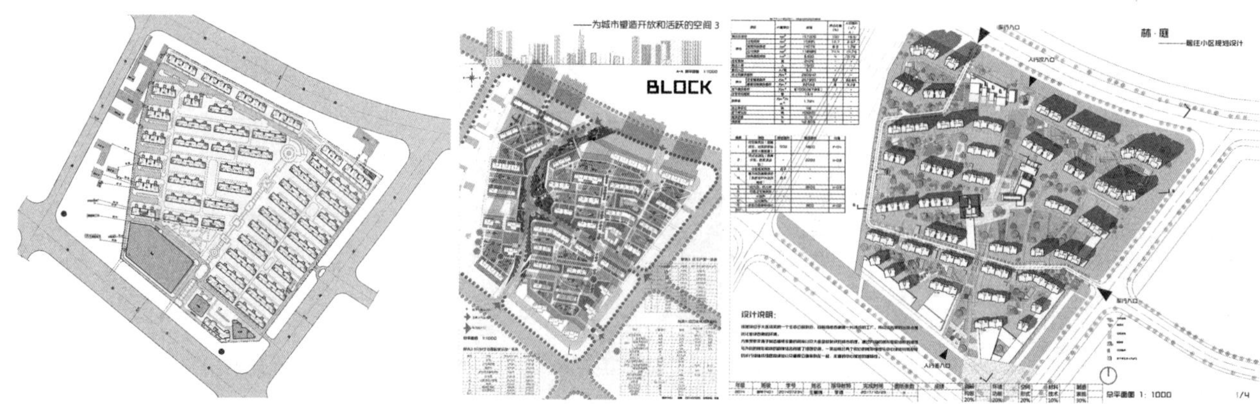

图 6　2017 秋季学期础明食品地块规划公示图、学生设计成果图

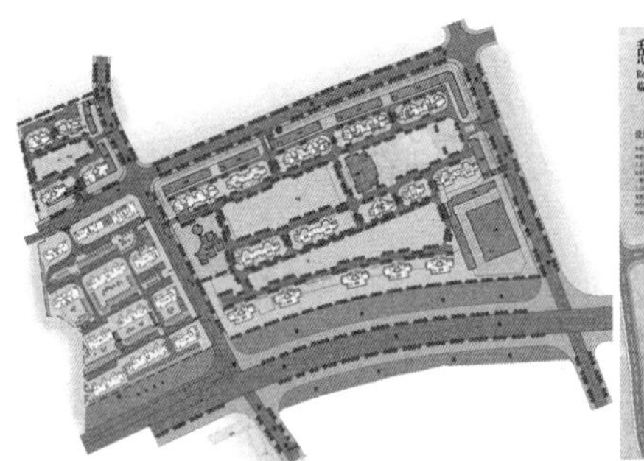

图 7　2017 秋季学期大连湾街道李家二期地块规划公示图、学生设计成果图

方案成果，心得体会，更好地理解街区制住区的规划设计实质（图 7）。未来还可以利用我院学科设置特点，在住区规划设计之后，以居住街坊为设计对象安排一个短期课程设计，与建筑学、环境艺术设计、工业设计、平面设计等专业教学小组联合，充分利用学科之间的交叉与融合，开阔学生视野，拓展知识点，创造安全、舒适、优美的居住环境。

主要参考文献

［1］ 中国房地产研究会人居环境委员会．绿色住区标准 [S]. 北京：中国计划出版社，2014.

［2］ 杨保军．关于开放街区的讨论 [J]. 城市规划，2016（12）: 113-117.

［3］ 卡尔索普事务所，宇恒可持续交通研究中心，高觅工程顾问公司．翡翠城市：面向中国智慧绿色发展的规划指南 [M]. 北京：中国建筑工业出版社，2017：94.

［4］ 上海市规划和国土资源管理局，上海市交通委员会，上海市城市规划设计研究院．上海市街道设计导则 [M]. 同济大学出版社，2016.

［5］ 曾九利，王引，胡滨，等．小街区，大战略 [J]. 城市规划，2017（02）: 75-80.

Teaching Research on Residential District Plan and Design from the Perspective of Block System

Li Jian　Chen Fei

Abstract: Since the national promotion of the construction of the block system in 2016, in the teaching of residential area planning and design, some experience has been accumulated through the improvement and exploration of the 2016 and 2017 teaching years. First, in the task setting, choosing blocks which scale is suitable, the external city conditions are better, and the old areas renewal are the main ones that are conducive to the implementation of the block system. Secondly, strengthen the empirical research teaching link, add the domestic excellent case and the city residential area comparison research content on the basis of the detailed investigation of the present situation of the land, and finally highlight the teaching contents of the functional complex design theory and increase the street design, so that the students can understand the development trend of the current block system and master the specific planning and design method.

Keywords: Residential area of block system, Plot selection, Empirical research, Functional compound

AUGT 模式 —— 京津冀高校“X+1”联合毕设特色研究

武凤文

摘　要：毕业设计是城乡规划专业本科学习期间最重要的环节，近几年，全国各地高校规划专业的毕业设计很多都采取联合毕业设计的形式，虽然各具特色，但也越来越流于形式，但是京津冀高校城乡规划专业“X+1”联合毕业设计尝试突破传统形式，主要具有三大特色：①首次明确响应“京津冀协同发展”理念的高校教学联盟；②采用“AUGT 模式”；③“X+1”组成模式。同时结合国家“服务学生，求同存异，包容互惠，长效协调”的原则，主要采取了学生互动、师生互动、设计师与学生、校际互动等互动方法，通过 AUGT 模式教学，提高学生与学会、企业、政府及高校联盟的沟通联系，提高学生在实践调研、案例分析、语言表达、图示表达等方面的综合能力。

关键词：AUGT 模式，京津冀“X+1”联合毕设，特色

引言

首届京津冀高校城乡规划专业“X+1”联合毕业设计（以下简称“X+1”联合毕设）在 2017 年顺利举办，这是我们多所所高校酝酿已久的一次京津冀高校联盟毕业实践教学的实施，本次“X+1”联合毕设是由北京工业大学建规学院城乡规划系主任武凤文联合河北工业大学孔俊婷老师、北京林业大学李翅老师和于长明老师一起倡议，同时其他高校的领导和老师们也是非常响应，为我们首届联合毕设的圆满完成做了大量的工作。

2018 年 3 月轮值到京津冀的“津”，由天津两所高校轮流主办。今年的规模远超过首届，由于首届办的非常成功，这次很多区域外的高校也要求参加，本次增加了一所河北、一所北京及一所吉林省的高校。

1　理念特色——京津冀协同发展理念

《京津冀协同发展规划纲要》是 2015 年中央财经领导小组第九次会议审议研究的。中共中央政治局 2015 年 4 月 30 日召开会议，审议通过的。纲要指出，推动京津冀协同发展是一个重大国家战略，核心是有序疏解北京非首都功能，要在京津冀交通一体化、生态环境保护、产业升级转移等重点领域率先取得突破。这意味着，经过一年多的准备，京津冀协同发展的顶层设计基本完成，推动实施这一战略的总体方针已经明确。

1.1　京津冀高校的协同发展

我们京津冀高校联盟就是在“京津冀协同发展理论”和“京津冀协同发展规划纲”双重指导下，首次明确响应“京津冀协同发展”理念的高校教学联盟，是以实践教学为抓手。京津冀具有城乡规划专业的高校 10 多所，水平参差不齐，通过高校间联合，各高校协同发展。

1.2　京津冀高校组成

首届参加京津冀“X+1”联合毕业设计的七所高校中，既有 211 重点学校，也有省部共建大学，还有省、直辖市属的地方高校；有综合性院校，也有建筑类院校，还有农学和林学等学科门类下创办的城乡规划专业；有通过城乡规划专业评估的高校，也有相对比较年轻的城乡规划专业。多元的办学背景，提供了多样化的教学计划，给联合毕设的组织带来一定难度，但也蕴含着更加丰富的特色，使得联合教学“分享交流、取长补短”的宗旨得到充分发挥。事实上，源于地缘相近的七校组合，是我国当代城乡规划教育的一个缩影。

参加联合毕设的京津冀地区七所高校有：北京工业

武凤文：北京工业大学建筑与城市规划学院城市规划系副教授

大学、北京林业大学、北方工业大学、河北工业大学、天津城建大学、河北建筑工程学院和河北农业大学，首届由北京工业大学召集承办（图1）。

2018年第二届参加联合毕设增扩到九所：北京工业大学、北京建筑大学、北方工业大学、河北工业大学、天津城建大学、河北建筑工程学院、河北农业大学、河北工程大学和吉林建筑大学（图2）。第二届高校联盟从京津冀扩大到东北，将吉林建筑大学纳入进来。

2 模式特色——AUGT

2.1 解读AUGT

AUGT是指城乡规划专业京津冀高校 其中A——Academic support，是指中国城市规划学会提供学术支持；T——Technical support是企业提供的技术支持，G——The government's support是国土规划局等政府部门的政府支持，U——Universities alliance是指高校联盟。

2.2 AUGT模式特色

首届京津冀高校“X+1”联合毕设是“学会＋企业＋政府＋高校联盟”的“四位一体”的联合，是一种多赢形式。是由中国城市规划学会提供学术支持，北京市城市规划设计研究院提供技术支持，北京市国土资源委员会通州分局提供政府支持，高校联盟是由北京工业大学、北京林业大学、北方工业大学、河北工业大学、天津城建大学、

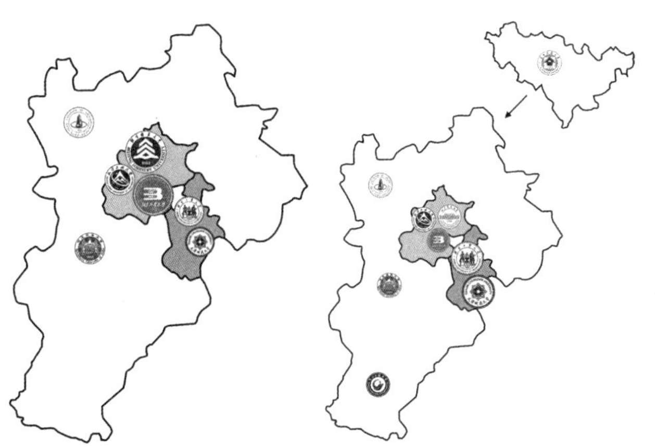

图1 首届京津冀联合毕设七校分布图　图2 第二届京津冀联合毕设九校分布图

河北建筑工程学院、河北农业大学共七所高校组成，70余名师生代表参加了首届联合毕设。

2018年第二届京津冀“X+1”联合毕设的高校联盟有首届参加的北京工业大学、北方工业大学、河北工业大学、天津城建大学、河北建筑工程学院、河北农业大学六所高校，新增加了通过城乡规划专业评估的北京建筑大学、河北省的河北工程大学及通过城乡规划专业评估的吉林省的吉林建筑大学。

2.3 模式组成

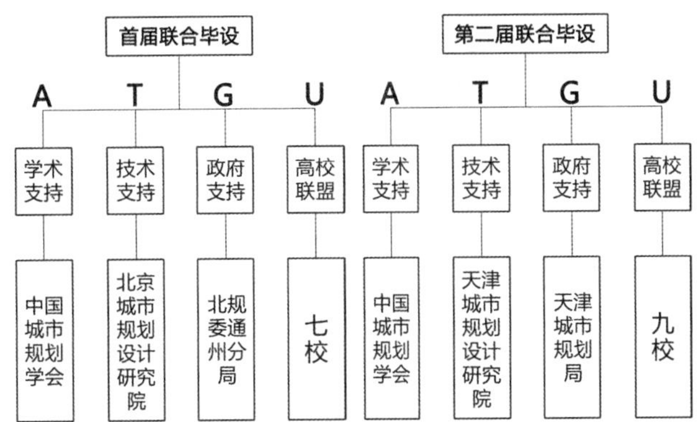

图3 首届京津冀高校“X+1”联合毕设构成　图4 第二届京津冀高校“X+1”联合毕设构成

3 特色组成模式——“X+1”

3.1 解读“X+1”

京津冀高校“X+1”联合毕设的“X+1”的解读，X是指参加高校的数量，学校自愿参加，只要是具有城乡规划专业的京津冀高等学校，均有机会参加，这就体现了“X”的自由性，说明了“X”不是固定数，是可变的；“1”是指1个学会学术支持，1个企业技术支持，1个政府支持等，也可以是1个国外高校，也可以是京津冀区域外的高校，也就是说，“1”不代表数量，代表是多个“1”的集合。

3.2 “X+1”的组成

首届参加京津冀“X+1”联合毕业设计的七所高校中的“X”是指七所高校，北京工业大学、北京林业大学、

北方工业大学、河北工业大学、天津城建大学、河北建筑工程学院、河北农业大学七所高校。这七所高校有211重点学校北京工业大学、北京林业大学和河北工业大学，有通过城乡规划专业评估的北京工业大学和天津城建大学，也有省部共建河北建筑工程学院和河北农业大学，有综合性院校北京工业大学和河北工业大学，也有建筑类院校天津城建大学和河北建筑工程学院，还有农学河北农业大学、林学等北京林业大学等高校（表1）。

首届京津冀“X+1”联合毕业设计的“1”是由三个“1”组成，第一个“1”指1个学会学术支持，中国城市规划学会的学术支持;第二个“1”1个企业技术支持，北京市城市规划设计研究院；第三个“1”是指1个政府支持，北京市规委通州分局，也就是说，“1”不代表数量，代表是多个“1”的集合（表3）。

第二届参加京津冀“X+1”联合毕业设计“X”是指九所高校，其中上届参加的北京林业大学由于某种原因，没有参加本届联合毕设，这就体现了“X”的自由性，又增加了三所高校，也说明了“X”不是固定数，是可变的，除了首届参加的北京工业大学、北方工业大学、河北工业大学、天津城建大学、河北建筑工程学院、河北农业大学六所高校，新增加了通过城乡规划专业评估的北京建筑大学、河北的河北工程大学及通过城乡规划专业评估的吉林省的吉林建筑大学。在原来六所院校基础上，增加了保定的河北工程大学，增加了北京建筑大学，同时，首次以“1”的形式参加的高校东北地区吉林建筑大学，参加京津冀“X+1”联合毕业设计的七所高校中的“X”是指七所高校，北京工业大学、北京林业大学、北方工业大学、河北工业大学、天津城建大学、河北建筑工程学院、河北农业大学七所高校。这九所除了前面说的六所院校外，新增加了建筑类院校北京建筑大学，以工程类为主的还有农学河北农业大学、林学等北京林业大学等高校（表1）。

第二届京津冀“X+1”联合毕业设计的“1”是由四个“1”组成，第一个“1”是指1个学会学术支持，中国城市规划学会的学术支持；第二个“1”是1个企业技术支持，天津市城市规划设计研究院；第三个“1”是指1个政府支持，天津市城市规划管理局，第四个“1”是指京津冀区域外的高校，东北地区的吉林建筑大学，这更说明“1”不代表数量，它是很多“1”的集合（表4）。

3.3 “1”的关联耦合

首届京津冀“X+1”联合毕业设计的第一个“1”学术支持，中国城市规划学会的学术支持，给我们高度支持;不论是专家邀请上，平台建设上，还是资源共享方面，都给予我们巨大的支持，2017年中国城市规划学会邀请我们京津冀联合毕设的高校老师参加了由清华大学、同济大学、天津大学等六校的“六校联合毕设”，在他们的毕业答辩上，我们学习了很多，对于开题、调研、中期

首届京津冀“X+1”联合毕设的高校情况一览表 表1

	北京工业大学	北京林业大学	北方工业大学	河北工业大学	天津城建大学	河北建筑工程学院	河北农业大学
是否211院校	是	是		是			
是否通过专业评估	是	否	否	否	是	否	否

第二届京津冀“X+1”联合毕业设计的高校情况一览表 表2

	北京工业大学	北京建筑大学	北方工业大学	河北工业大学	天津城建大学	河北建筑工程学院	河北农业大学	河北工程大学	吉林建筑大学
是否211院校	是			是					
是否通过专业评估	是	是			是				是

第一届京津冀“X+1”
联合毕业设计“1”的构成一览表 表3

	代表	
1	学术支持	中国城市规划学会
1	技术支持	北京市城市规划设计研究院
1	政府支持	北京市规委通州分局

第二届京津冀“X+1”
联合毕业设计“1”的构成一览表 表4

	代表	
1	学术支持	中国城市规划学会
1	技术支持	天津市城市规划设计研究院
1	政府支持	天津市城市规划管理局
1	京津冀区域外的高校	吉林建筑大学

汇报、答辩等环节都有了深层次的了解，这对我们2018年的第二届京津冀“X+1”联合毕设的举办奠定了基础。

中国城市规划学会在近两百项重大工作之外，将我们首届京津冀高校城乡规划专业“X+1”联合毕业设计活动列入学会2017年的工作计划，搭建这样好的交流平台，感谢中国城市规划学会常务副理事长兼秘书长石楠的指导和关心，学会副秘书长耿宏兵在中期和中期答辩给予我们的宝贵建议；感谢中国城市规划学会副理事长北京市城市规划设计研究院施卫良院长及规划院专家给予我们的肯定和指导。

第二个“1”是指1个企业技术支持，北京市城市规划设计研究院，选题以北规院正在开展的通州副中心规划中的张家湾镇为切入点，北规院的规划师在选题策划、开题报告、中期汇报、最终答辩全过程参与技术指导与点评。北京市规划院领导和专家，担任中期交流与终期汇报点评专家。他们对于选题区域的理解，无疑给同学们提供了一个课堂教学无法实现的更加真实的环境；另一方面，同学们“童言无忌”的创意，也可为他们提供值得借鉴的视角和思路。这种规划行业与高校教育联合互促的积极探索，也推动了教与学、学与用的水平提升。

第三个“1”是指1个政府支持，北京市规委通州分局，他们在设计中给予七所高校大力支持，七所高校也围绕通州区张家湾镇萧太后河两岸城市设计课题，对该地区的历史遗迹、文化风俗、生态要素、场地条件等均进行了较深入的分析和挖掘，并在街巷肌理、空间营造、建筑特色、绿化水系等方面进行创新设计，方案各具特色，有现有河网为依托，通过水系和绿地系统的生态景观为重点的设计，有多元、一体的特色空间的设计；有关注产业业态，文化传承与再利用，通过对院落的重塑、建筑的设计等将老北京的传统风貌和地区特色关注进行了风情化的完美展示。这些创新成果为该通州地区规划编制的实际工作提供了有意义的借鉴，也为政府部门提供了实施落地的各种可能。

第二届的“1”是由四个“1”组成，第一个“1”是指1个学会学术支持，中国城市规划学会的学术支持；第二个“1”是1个企业技术支持，天津市城市规划设计研究院；第三个“1”是指1个政府支持，天津市城市规划管理局，第四个“1”是指京津冀区域外的高校，东北地区的吉林建筑大学，吉林建筑大学的生源大部分来源于东北地区，这些学生豪爽的气质，为我们带来了开放的气息。也为我们的方案创新带了有价值的参考，打开了其他高校的学生设计思路。

结语

《毕业设计》是城市规划专业的五年级的实践环节必修课，也是对本科学生五年学习成果的检验，京津冀联合毕设根据城市规划专业的教学规划体系、各学校学生生源的特点及所处的京津冀重要地理位置——北京和天津，京津冀“X+1”联合毕设具有三个特色，即三个创新，①首次明确响应“京津冀协同发展”理念的高校教学联盟；②“AUGT模式”；③“X+1”组成模式；在两届的联合毕设的实践中，有很多好处，但也会有些不足，“X+1”不能无限增加，那样会带了很多无畏的浪费，我们未来将采取有力毕业设计的办法，将毕业设计置于“AUGT”的模式体系中，通过联合毕设达到多赢互利的效果。

主要参考文献

[1] 陈玉琨著.教育互评学[M]，北京：人民教育出版社，1999：23-24.

[2] 叶奕乾，何存道，梁宁建.普通心理学[M].上海：华东师范大学出版社，1997：66-67.

AUGT Model —— Study on the Characteristics of “X+1” Joint Graduation Design in Beijing-Tianjin-Hebei

Wu Fengwen

Abstract: Urban and rural planning professional graduation design stage is the most important link during undergraduate study, in recent years, the planning of colleges and universities across the country professional graduation design many joint graduation design, each has its own characteristics, Beijing–Tianjin–Hebei “X + 1” joint of urban and rural planning profession in university graduation design with three major characteristics : ① the first clear response to the concept of “the coordinated development of beijing–tianjin–hebei” teaching in colleges and universities alliance ; ② “AUGT mode” ; ③ “X + 1” mode, combined with the country to “service student, seeking common ground while putting aside differences, mutual inclusive and effective coordination” as the principle, to build better homes as the theme of the beijing–tianjin–hebei region, mainly adopted the student interaction, interaction between teachers and students, students and designers, inter–school interaction such as interactive method, through AUGT mode teaching, improve students and society, enterprise, government and the communication between brother institutions, improve students in practice research, case analysis, language expression, the comprehensive ability of graphic expression, etc.

Keywords: AUGT Mode, Beijing–Tianjin–Hebei Joint Graduation Design “X+1”, Characteristics

基于综合分析视角下的毕业设计教学实践

温莹蕾

摘　要：本文结合山东工艺美术学院建筑与景观设计学院的城乡规划专业毕业设计教学的实践，提出了在教学理念、方式上的转变，即学生主动思考，运用多学科交叉、多角度分析的方法来分析问题，并解决问题，以期提高学生的空间设计与理性分析相结合的综合素养能力，为后续的研究及工作打下良好的基础。

关键词：毕业设计，综合分析，教学实践

前言

毕业设计，是城市规划学本科教学体系中检验学生综合运用基础知识和设计能力的最重要阶段，设计要求与成果均高于平时的设计题目，它要求学生运用所学知识，综合调研现状、客观全面的分析问题，并通过相似案例的学习借鉴，取长补短，为自己的设计方案找出解决问题的思路方法。

通过系统的学习与设计过程，同学们应该掌握系统分析问题并解决问题的方法，这就要求学生在毕业设计过程中，不只是进行物质空间层面的设计，还需要综合社会、经济、产业等多方面的分析，探索问题的相关影响因素，并综合性地提出解决问题的方案，切实体现城乡规划的系统性、综合性。

在 2013 级城乡规划专业学生的毕业设计过程中，笔者有意识地引导学生运用科学的方法，找出问题，从多角度分析问题，将社会、经济等方面的影响分析与空间规划有机结合，力求科学、切合实际地找到解决问题的思路。

1　毕业设计课题概述

我校本届城乡规划专业毕业设计题目是“济南市商埠区有机更新城市设计”，基地选取济南市商埠区地段，东起纬四路，西至纬五路，北至经一路，南至经三路。商埠区居于济南的西侧，与老城区共同组成为济南的中心区域。近年来，城市发展与历史保护的矛盾日益突出，商埠区作为城市旧城区的更新改造引起多方面的关注。本次毕业设计基地选择这一片区，也就是选择了城市发展过程中保护与发展矛盾较为突出，较有现实意义的地区。这一地块的毕业设计目的在于从全局出发，结合济南市发展总体战略，综合考虑商埠区在区域以及济南市整个城市发展中的功能定位，结合《济南历史文化名城保护规划》，进一步挖掘商埠区的文化价值，在保护的基础上，探索城市有机更新的发展策略，引导商埠区的持续健康发展。

2　多角度分析——确定规划定位与发展目标

从多个角度对问题进行分析，可以更加全面地认知事物，在这次设计中，我们指导学生从时间、空间角度的变迁进行分析，同时针对前期调研，从问题的发现和需求的角度综合分析规划地块，从而科学地确定规划定位与发展目标。

首先，时空角度分析地块，一是从空间层面，积极引导学生通过区域的背景分析，明晰规划地块在区域、城市乃至片区层面所具有的优势、劣势，从而科学地判断本地块的性质和功能定位；二是从时间层面，追溯本地块在历史发展进程中的演变特征，在城市发展动态过程中把握本地块的发展方向和趋势。

其次，问题与需求分析地块。解决问题需要先找出问题之所在，才能找准地块规划设计的切入点；多方面

温莹蕾：山东工艺美术学院建筑与景观设计学院副教授

的需求分析，才能使规划地块明确发展的方向与要点。

多角度的分析，目的在于引导学生从空间、社会、经济、历史文化等多方面分析认知规划地块，理解规划地块潜在的关联因子以及对规划设计的影响因素，从而科学地确定地块的定位与发展目标。

2.1　空间角度

山东省层面：济南市是山东省省会，环渤海地区南翼的中心城市，山东省的政治、文化、教育、经济、交通和科技中心。济南北连首都经济圈，南接长三角经济圈，东西连通山东半岛与华中地区，是环渤海经济区和京沪经济轴上的重要交汇点，环渤海地区和黄河中下游地区中心城市之一。

济南市层面：《济南市城市总体规划（2011–2020 年）》，确定了济南市“东拓、西进、南控、北跨、中优”的城市空间发展战略，主城区内继承和保护以千佛山、大明湖、四大泉群和古城区、商埠区、黄河为主体的城市风貌特色。商埠区可谓主城区中的重要节点，区位优势明显。在《济南历史文化名城保护规划》草案中，确定了“一核、五廊、十片”的整体格局，商埠区在“五廊”即胶济铁路文化遗产廊道范围内，具有近代开埠文化遗产资源。这既是规划地块独有的文化优势，同时也是城市更新过程中保护与发展最为突出的原因所在。

片区层面：2007 年以来，济南先后编制了《济南商埠区历史文化城区保护策略研究》和《济南古城及商埠区保护与发展研究》，明确了各类保护要素，划定“三经四纬一园十二坊”的保护区划，同时对商埠区城市功能进行梳理，明确西市场和大观园为商业核心，以经二路为商业街的功能结构，提出提升商埠区的游憩功能；针对空间形态，制定了保护街道尺度、不开路不拓路、保护沿街立面连续性的总体原则。《济南商埠风貌区保护与复兴城市设计》，对本地块的空间结构和产业结构做出了明确界定，提出本地块的功能定位是城市形象名片、开放精神领地、多元活力街区，济南百年商埠完整历史风貌与文脉重要组成部分。

商埠区的区位分析：一百多年前，济南自开商埠，创造了近代中国内陆城市对外开放的先河，并极大促进当时济南的社会发展及城市化进程，成为清末城市“自我发展”的一个典范。商埠区居于济南的西侧，与老城

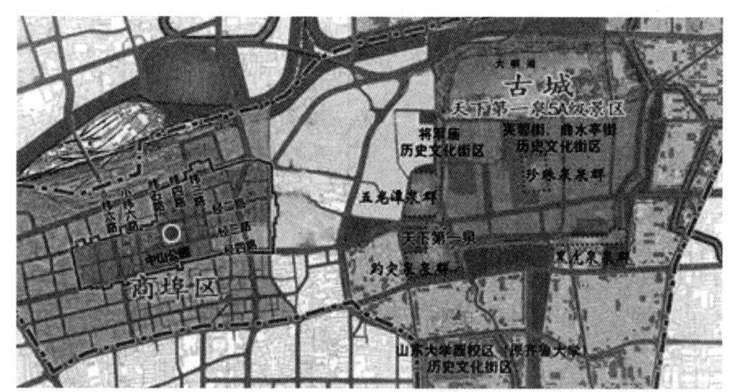

图 1　规划地块区位

区共同组成为济南的中心区域。北侧是第一条铁路——津济铁路。开埠之初，济南商埠的界址划定为：东起十王殿（今馆驿街西首），西至北大槐树村，南沿长清大街，北以胶济铁路为限，面积约两平方公里，规划面积 27 公顷。曾经的商埠是济南繁华的商业中心，它加速了济南近现代化的进程，同时，也完成了济南城市中心从老城区（明府城）向商埠区的一次西移。

2.2　时间角度

通过对商埠区空间格局发展演变的历史过程分析可知，其空间形制的特征如下：一是 1904 年，济南自开商埠，选定在古城的西部，范围“东起十王殿，西抵大槐树，南沿赴长清大路，北以铁路为限，南北长 2 华里，东西宽 5 华里，总面积 4000 亩（约 2.5km^2）”济南城市形态的发展打破了原本老城区“单中心”的城市发展模式，呈现出东古城、西商埠的“双中心”发展格局。二是建国初期，计划经济体制的建立，商埠区赖以发展的商业贸易受到极大的限制。商埠区原本的济南“商业中心”的地位不复存在，取而代之的是大片新建的单位宿舍楼。三是 1978 年后，顺应改革开放的浪潮，商埠区重新开放并部分恢复了原本作为商业区的城市功能。不仅恢复了原本的万紫巷商场，更在此基础上新建了以西市场为代表的各类商贸交易市场。四是 2006 年以来，由于济南城市规划对于城市布局的调整和中心的迁移，商埠区又一次失去了原有的商业活力，沦为济南一片老旧的城区。

通过如上多角度的分析，同学们的思路逐渐清晰，空间层面的分析，可以看到商埠区在城市中的区位和价值，为进一步明确功能定位指明方向，即城市中的历史

文化体验中心和城市中的复兴中心。时间层面的分析，使同学们认知到商埠区在每个历史发展阶段的特征，该片区目前正处于空间发展的变动期，空间环境异质化明显，这种变动也为未来的提供了发展契机。

2.3 提出问题

同学们在设计初始，调研整理文献资料，多次实地踏勘商埠区，发现规划地块的问题和矛盾，对这些问题的发现，是同学们解决问题的前提，这样才能有的放矢地找准规划的切入点。学生们发现，地块现状情况十分突出，用地布局混乱、城市空间差异性明显、历史建筑衰败严重，基础设施急待改善等等。综合分析，商埠区核心的问题在于其发展状况与历史地位、历史价值、地理区位不相匹配，在社会发展过程中，商埠区被边缘化，同学们思路渐渐清晰，提出了产业和发展定位的问题。

2.4 发展诉求

商埠区有过辉煌的过去，在快速城市化进程中，其空间形态、历史遗产与城市发展产生了错位，以至于衰败。因此，重新激发活力，确定发展定位，选择产业类型，合理保护历史遗产，重塑辉煌，成为商埠区发展的诉求和规划的目标。

同学们在这个分析过程中，把商埠区放置于不同层面的空间角度进行区位分析，放于大的历史长河中客观分析发展阶段的特征，从发现问题——解决问题的方法中，科学判断出对商埠区发展定位与发展目标，为下一步规划设计明晰了步骤和方向。

3 多方法运用——策划潜在发展业态

以往的设计大多直接从空间整治着手，塑造出来的物质空间也出现了假大空、不贴合实际、缺乏人气等问题。本次设计过程中，学生们以前期发现的问题为导向，从策划入手，进行产业比较与选择。

3.1 原有产业的延续升级

现有的产业发展类型为基础，对其发展阶段和发展趋势进行分析，地块的实际情况，引导现有产业的完善与升级。

从历史发展过程来看，商埠区从最初的开埠，到后来的万紫巷、西市场，一直在不同历史阶段担当着济南西部商业中心的地位，只是近些年由于种种原因衰败下来。济南未来的城市发展空间结构为“一城两区”。“一城”为主城区，“两区”为西部城区和东部城区。商埠区，作为主城区内的西半部分，未来要完善提升商业、服务业中心功能，发展商业、金融、旅游等现代服务业。拓展思路，学生们积极分析商埠区商业文化与休闲体验的可能性，以应对未来发展中的需求。商业购物同质化日趋严重，体验式商业掀起热潮。未来的消费者更愿意为体验、环境、情感和服务买单。济南在老城区东部相继建设恒隆广场、世贸购物中心等多功能体验购物中心，商埠区作为老城区的西部核心，更有必要在商业文化方面调整业态，发展休闲、度假、餐饮、文化体验等多种业态。

确定了文化休闲体验商业模式后，同学们进一步深入探讨：适合本区域的休闲文化体验项目有哪些，如何与现有历史文化遗存和景观资源相结合，如何巧妙的将项目融入空间中，带动空间的优化发展（图 2）。

片区内的万紫巷，曾经是商埠区最繁华、最热闹的街巷之一，不管是鸡鸭鱼肉，还是南北干货，济南市民总能在这里找到最合适的商品，这里从最早被称为“夜猫子市”到日本占领时期洋行的集中地，号称济南最大的综合农贸市场，现仍保留仓库、市场、冷库等历史建筑。万紫巷周边街巷错综复杂，市场四周东南角和西南角、东北角和西北角各有一个拐尺形出口，市场鸟瞰形似“卍”字，故还被人们称之为“卍字巷市场”。通过分析，学生们确定商业文化体验以“线形展开”空间布置。北

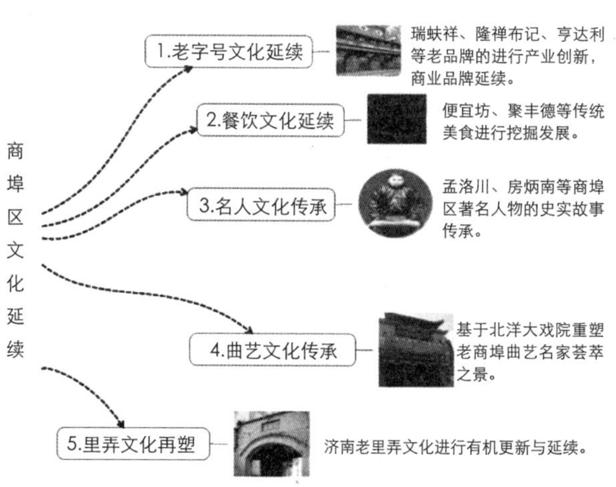

图 2 文化传承示意

侧万紫巷商业文化历史体验区，以文化体验为主，南侧地块形成新的商业体验综合地块，以餐饮娱乐为主。通过对相邻地块的资源挖掘、具体策划、具体业态选择并进行空间落实，做到每个项目都能落到实际空间，同时在交通、景观体系处理上，也做到历史与现代，两种商业文化体验的差异与联系。

3.2 创意产业的传承复兴

在历史地段的更新改造中，创意产业更倾向于选择多样化、宽容、开放的历史地段，地区发展创意产业的关键在于找到最具地方代表性的景观，通过加强不同集聚区之间的合作，建立互信网络关系，发挥规模经济作用。国内外已有不少旧城区改造过程中引入创意产业成功的案例，比如纽约的SOHO，北京的南锣鼓巷等等。对于商埠区，发展何种创意产业需要深入的比较分析。

同学们通过调研，发现商埠区现有大量的传统民居与街巷，典型的低层高密度形态；规划地块中有传统戏曲、演艺、书画等活动。结合地块的发展条件和建筑空间布局，通过对传统街巷和建筑的改造更新，可以将其转化为与文化展演、艺术创作等相关的办公场所，满足灵活、个性的需求。在此基础上继续深化具体创意产业类别，最终与地块历史文化特点相契合，确定的产业类型有：一类是动漫、网游设计、新媒体开发相关联的创意企业，另一类是与戏曲演出、演艺培训相关联的创意企业。这些创意企业的选择，高度融合商埠区的历史文化特征，同时可以最大程度地延续街巷、建筑的历史风貌特色。

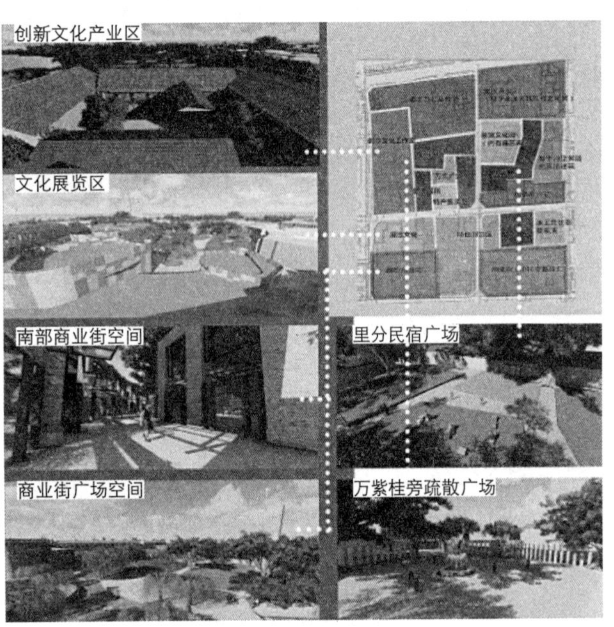

图3 业态分析

小结

同学们根据前期的综合分析，找准了设计地块的功能定位方向，以及产业类型筛选，同时将空间布局、建筑处理以及景观设计与之融合设计，使得后期的设计更具有科学性。

复杂的城市生活是学生主动学习的主体，学生未来的就业方向多元化，因此在毕业设计中，我们需要引导学生积极引入社会、经济、历史、民俗等多学科融合，运用科学辩证法，多角度综合分析、对比、提炼问题，并找出解决问题的方法途径，而不仅仅只是停留在建筑、空间的设计层面。同学们通过毕业设计整个过程的研究，也不断地完善了自己学习的自主性与主动性。

主要参考文献

[1] 吕静．城市规划毕业设计教学改革与实践[J]. 高等建筑教育，2005（02）：76-78.

[2] 李建波，张京祥．中西方城市更新演化比较研究[J]. 城市问题，2003（5）：68-71.

[3] 李山石，刘家明．基于文化创意产业的历史街区提升改造研究——以南锣鼓巷为例[J]. 人文地理，2013，28（01）：135-140.

[4] 李和平，薛威．历史街区商业化动力机制分析及规划引导[J]. 城市规划学刊，2012（04）：105-112.

Study on the Teaching Practice of Graduation Project under Comprehensive Analysis

Wen Yinglei

Abstract: Based on the practice of the graduate design teaching of the urban and rural planning specialty of the Institute of architecture and landscape design of Shandong University of Art and Design, this paper puts forward the change in the teaching idea and mode, that is, the students think actively, use the multidisciplinary and multi angle analysis methods to analyze the problems and solve the problems. The purpose of these changes is to improve students' comprehensive literacy ability combined with spatial design and rational analysis, and lay a good foundation for subsequent research and work.

Keywords: Graduation Project, Comprehensive Analysis, Teaching Practice

系统观下民族高校城乡规划本科实践教学体系的特色塑造*

文晓斐　孟　莹　洪　英

摘　要：城乡规划学科呈现出显著的系统性和复杂性特征，加之教学活动本身就是一个复杂系统，在系统论的视域下探讨城乡规划教学体系的相关问题是避免体系内各要素割裂，并保证教学体系整体性的科学思路。民族高校的城乡规划专业办学相对较晚，学科群基础相对较弱，但大都具有自身的优势和特色资源。在存在一些先天劣势的背景下，特色塑造是促进学科发展潜力，提升专业竞争力的有效途径。通过西南地区某民族高校城乡规划本科实践教学体系构建、运行的实践过程，梳理教学体系各要素的关系，充分利用学校的优势特色基础，尝试教学体系中各子系统特色塑造的方法，并在此基础上对未来特色教学体系的优化做出进一步的思考。

关键词：系统论，城乡规划，民族高校，教学体系，实践教学

1　系统论视角下实践教学体系的构成

系统论的核心思想是系统的整体观念。现代系统论认为，系统不是各个部分的机械组合，而是由相互作用、相互联系的若干要素所构成的具有特定功能的有机整体。近年来，系统论以其整体性和内部要素的整合优化为大学教育教学提供指导作用，成为高等学校教学改革的思想理论工具[1][2]。李秉德先生以系统论为理论基础提出教学“七要素说”，开创了我国现代教学论的学科体系，从学生、目的、课程、方法、环境 、反馈和教师等七个要素及其相互关系出发形成教学活动的运转机制[3]。

系统观下，教学活动本身就是一个复杂的非线性系统[4]。教学中的各要素按照系统论思想构建起教学体系，可梳理成若干子系统，如目标体系、内容体系、管理体系、评价体系、支撑体系等[5]。各子系统运行过程中，以系统化思路组织好各要素之间的关系，以发挥出整体性优势效应。

2　城乡规划本科实践教学体系的要素阐释

城乡规划专业是实践应用型工科专业，是理工渗透、文理结合、艺术与技术相融合的交叉学科专业，具有综合性、战略性、技术性、艺术性及科学理性与人文关怀特征。其中，实践教学体系是本科人才培养系统中的核心子系统。借鉴李秉德先生的“七要素说”，结合专业自身特点，城乡规划专业本科实践教学体系的要素可概括为：教学主体、教学目的、专业课程、教学方法、教学环境、评价与反馈。

教学主体：学生和老师，尤其强调二者的互动关系。城乡规划实践教学需要摒弃线性模式的教学传统，注重师生之间的互动和适应性，二者同为教学的主体。在非线性和非确定性的教学过程中，教学相长，激发教学成果的多样性特征。

教学目标：不同层次、不同性质或不同方面的教学目的形成完整的城乡规划实践教学体系或结构，由教学主体共同实现。实践教学体系的培养目标包含专业知识的运用和巩固、实践应用能力训练、协作能力和团队精神培养、社会认知和适应能力训练、专业综合素养的养成等方面。

专业课程：专业实践课程是城乡规划专业本科课程体系中最重要的核心环节。城乡规划本科课程体系中实践类

* 基金项目：西南民族大学教育研究与改革项目（编号2017QN17）。

文晓斐：西南民族大学城市规划与建筑学院副教授
孟　莹：西南民族大学城市规划与建筑学院副教授
洪　英：西南民族大学城市规划与建筑学院副教授

课程主要由两大板块组成：设计系列课程和课外实践环节。

教学方法：主要表现出两大特征，即城乡规划实践教学设计的开放性和教学模式的灵活性。

教学环境：由物质空间环境、学校的主流学科背景、国内外专业大环境、社会环境等方面共同构成。教学环境也是影响特色形成的重要因素。

评价与反馈：可构建一套科学的评价体系，从教学内容、主体间的互动效果、多样性等方面做出系统的评价。此外，可通过学生反馈和社会反馈两方面来反映。学生对课程和实践教学质量的评价是对教学效果的直接反应。社会评价包括用人单位的评价和研究生就读学校的评价。

3 民族高校城乡规划专业建设的弱势环境和特色基础

3.1 民族高校城乡规划专业建设的弱势环境

（1）办学晚，底子薄，积累不够

民族高校城乡规划专业基本都在 2000 年之后才开始开设。城乡规划专业在民族高校中开设是出于“为少数民族和民族地区服务，为国家发展战略服务”的初衷，适应国家民族地区城乡规划建设要求，积极承担起民族地区城乡建设人才培养和社会服务的责任。但由于办学时间不长，受学科基础、师资力量、生源等因素影响，还有待进一步积累和发展。

（2）缺乏相关学科群作为支撑，基础薄弱

大多数民族高校的优势学科群是人文社科类学科群，而理工类的学科群发展较弱。因此，民族高校内的城乡规划专业发展缺乏工科类，特别是建筑类学科群的支撑，基础薄弱。

3.2 民族高校城乡规划专业建设的特色基础

（1）学科特色

民族院校通常拥有丰富的人文与民族学科群、研究基地，在民族经济、民族旅游和民族历史文化研究等领域有着丰硕的研究成果，可为城乡规划学科的特色发展搭建了良好的平台，也为促进城乡规划学科不断完善和良性发展提供了重要动力和学科支撑。

（2）地域特色

民族院校大多处于或邻近少数民族聚居的地域，民族地区可为之提供大量的场所资源和社会资源，作为实践教学和研究的有力支撑。

（3）生源特色

民族地区和少数民族的考生在民族高校的生源中占有一定的比例，该部分学生对民族文化和民族地区的城乡建设现状有较深刻的认知，也大多有学成后服务家乡的愿望，可为培养志愿为少数民族地区服务的城乡规划管理和工程技术方面的优秀人才奠定基础。

4 民族高校城乡规划本科实践教学体系特色塑造的思路

将实践教学体系中的教学主体、教学目的、专业课程、教学方法、教学环境、评价与反馈六要素按照系统论思想整合起来，并构建起五个子系统：目标体系、内容体系、组织体系、评价体系、支撑体系。在各个子系统中，各要素相互作用，共同构成实践教学体系的有机整体。通过对要素的特色和过程的特色塑造，共同实现城乡规划实践教学体系的特色塑造。

4.1 实践教学目标体系

实践教学不但是理论检验的平台，也是提高学生社会应用能力的手段，还是巩固理论知识加深理论认识的有效途径[6]。教学目标的确定是实践教学体系的首要环节，明确的目标是进行教学内容组织、实施等一系列环节的起点。从建构主义的理论得知，知识是主动建构的，教学主体之间是具有交互作用的。因此，实践教学的目标就是要更多地调动个体学习的主动性和积极性。

在民族高校城乡规划专业教学的总体目标定位中，以秉承“为少数民族和民族地区服务”的办学宗旨，和“为地方区域经济发展和民族地区城乡规划设计服务的应用型专门人才”的培养目标，凸显民族高校的目标特色。在系统模块架构下，针对实践教学体系的不同阶段，拟定不同层次的目标，制定不同程度的特色实践课程，由浅入深、循序渐进，逐层累积，最终促成总体目标的实现（表 1）。

4.2 实践教学内容体系

按整体优化原则和目标体系的要求，建立城乡规划实践教学内容体系。将整个培养体系中的实践教学活动作为一个有机整体来考虑，涵盖基础能力训练、专业创新实践、综合实践强化三大模块。

基础能力训练模块：写生训练选择在民族地区的村

实践教学体系的目标层次和实践内容　　表1

培养模块	时间阶段	实践教学目标	实践教学内容	
			设计系列课程	课外实践环节
基础能力训练	一、二年级	培养综合修养 夯实学科基础	空间设计训练； 各类型建筑设计	写生训练 城乡认知
专业创新实践	三、四年级	夯实专业基础 专业深化和拓展教育 社会责任意识 综合能力培养	法定城乡规划编制；住区的详细规划；城市设计；乡村规划设计	传统民族村寨测绘；城镇或乡村的综合调查；各类规划设计对应的调查研究
综合实践强化	五年级	职业综合素质 社会实践能力	毕业设计	综合实践

寨和城镇进行，城乡认知实践可以民族地区城镇和乡村作为认知实践对象，从低年级阶段开始，在实践任务中逐步深入了解民族文化，培养为民族地区服务的社会责任意识，形成良好的综合修养。

专业创新实践模块：依托学校办学的大环境，充分利用民族高校特有的地域资源和民族地区社会资源，设计系列课程的选题侧重民族村寨、民族地区特色城镇等，将城乡规划的理论和研究方法运用于民族地区。通过传统民族村寨的测绘和民族地区城乡综合调查，加深对民族性和地域特征的认知。大学生科技创新活动、学科竞赛等，鼓励并引导其在民族地区的范畴进行选题和研究。

综合实践强化模块：内容包括校外的实习工作和校内的毕业设计实践。毕业设计首先可以从选题上考虑民族和地域特色的内容，其次，教学组织过程以及成果评价可尝试当地居民的参与。

4.3　实践教学组织体系

打破“由理论到实践”的传统线性组织模式，转而以任务或项目为核心，将知识与技能的教学融入工作任务的组织过程中。结合教师科研、学生创新实践、竞赛项目等，拓展实践教学体系的内容，既有专业的强化训练，也有社会的现实需要，还有研究性的创新探索等，达到基础、专业、综合、创新的整体协调发展。

构建实践教学管理体系，建立以实践性学习为主线、产学研协同发展的实践教学制度。

4.4　实践教学评价体系

对学生的考评：实践教学环节的考核评价主要考查学生的学习态度、技能掌握情况以及在实践环节中所表现的基本素养和职业素质。可以实行不同的考核起点，由学生自主选择，体现个性发展。可根据不同年级学生的具体情况，结合社会需求发展，在明确考核重点的基础上制定不同的考核方案。

对课程的评价：构建一套科学的评价体系，从教学内容的丰富程度、主体间的互动效果、教学成果的多样性等方面做出客观系统的评价[7]。此外，通过学生反馈和社会反馈两方面来评价。学生对课程和实践教学质量的评价是对教学效果的直接反应。社会评价包括用人单位的评价和研究生就读学校的评价。

4.5　实践教学支撑体系

充分发挥民族高校特色学科群的优势，从教师的科研项目、学生创新、组团参赛等路径上与相关学科协作，促进城乡规划实践教学特色的形成。

通过各种渠道为学生建立多层次的实践创新平台，使学生在教学课堂之外拥有更广阔的开放式课堂。建立稳定的校外实习基地，以保证实践性教学环节保质保量地进行。城乡规划是一项社会性的活动，让学生尽早融入社会、了解社会、理解公众参与对城乡规划的重要意义。结合测绘、规划设计、社会调查等专业课程的实践，到民族地区开展社会实践活动，和当地居民进行座谈和交流，这样的训练不仅能培养学生在社会环境中的创新和应变能力，还能增强学生的社会责任感、使命感和良好的职业道德。在注重专业教育的同时，注重培养学生的人文精神、人文关怀，使其在从业中关注不同群体的需求、感受和文化渊源，理解和尊重城市的使用者。让学生关注社会热点问题、关注社会弱势群体、注重培养学生的社会责任感，对城乡发展负责，对于自己所从事的职业负责。

产学研结合，让学生参与到教师的科研课题和实践项目中，真题真做，从现场调研到找出问题、分析问题、解决问题，全过程师生共同参与，不但可以为学生的实践创新能力培养提供良好的平台，教师也可以从中积累实践教学经验，提升教学水平。

5 对进一步完善特色实践教学体系的思考

5.1 进一步增强体系中各要素的紧密衔接

建立以城乡规划设计系列实践类教学课程为主干、相关理论课程为支撑的教学体系，使学生能够将所学的理论知识及时在课程设计中得到运用，巩固和加强理论知识的理解和掌握，提高分析问题和解决问题的实践应用能力，以更好地适应应用型学科对人才培养的需求。理论课程是基础，实践课程是对理论的应用和检验，设计系列的实践类课程由低年级到高年级循序渐进，理论课程与实践课程紧密衔接，共同构成有机关联、目标统一的课程网络结构。

5.2 进一步加强教学内容的时效性和实效性

改变虚拟实践对象建构教学目标的实践过程，及时承接国家建设和政策，把国家和社会的当下需要转化为实践教学内容，切合实际，紧跟时事进行教学组织，形成教学实践与社会需要之间相互支撑的关系，积极参与到引领前沿、科学服务社会的实践。特别是在新形势下，空间规划和土地资源管理的进一步系统化，城乡规划实践的任务和职责也会随之而变。与时俱进，加强教学实践与社会实践的关联，促进特色教学内容和社会需要的融合，是人才培养的重要思路。

5.3 建立长期、稳定、综合的民族地区教学实践基地

选择交通、区位、自然地理、历史人文等各方面条件适宜的民族村寨作为长期稳定的实践教学基地，使学生从一年级的空间训练开始就能够在实地以民族文化为背景进行。可涵盖空间训练、建筑设计、详细规划、城市设计、乡村规划设计、测绘及城乡社会综合调查等实践教学体系中的大部分内容，加强实践教学的系统性和民族高校的专业特色化。同时还可以促进不同年级和不同相关专业教学主体之间的交流互动。此外，对民族地区的乡村振兴也可能产生较好的带动作用和触媒效应。

5.4 优化并充实“产－学－研”三位一体的人才培养构架

加强在民族地区的科研和实践，通过导师制等方式，建立一套可操作可持续的管理机制，让学生从进校开始，真正参与到研究和实践项目中。通过研究和实践的过程，养成自我学习的习惯，训练分析研究的能力，培养团队意识和协作净胜，实现综合能力的提高，达到特色培养目标。

6 结语

对于基础相对薄弱的民族高校而言，特色发展是城乡规划学科发展和提升生存力的重要途径。城乡规划专业实践教学体系的构建，在达到规范性和向一流高校看齐的同时，亦要认清自身的弱势和特性，在学校“为少数民族和民族地区服务”的大方针下，找准定位，充分整合学校的优势资源和特色学科群，走特色发展之路，脚踏实地，认真积累，方能持续前行。

主要参考文献

[1] 严家凤，周亚东. 系统论视域下“双主体互动”教学模式哲学探究 [J]. 锦州医科大学学报（社会科学版）,2017（2）.

[2] 冯国瑞. 整体论的发展形态及其重要意义 [N]. 光明日报，2008-4-22（11）.

[3] 李孔文. 七要素说：李秉德教学论的核心思想 [J]. 当代教育与文化，2012，4（5）：59-63.

[4] 王佳怡. 复杂科学视阈下教学设计研究 [J]. 中国教育技术装备，2017（21）：3-4.

[5] 安玉雁. 应用型本科实践教学体系的构建及运行 [J]. 职业技术教育，2012（23）：47-51.

[6] 袁敏. 地方高校城乡规划专业实践教学的特色化探索——以长沙理工大学为例 [J]. 科技视界，2016（21）：58，82.

[7] 李明弟，鹿晓阳，孟令君，等. 基于系统论视角的实验教学体系 [J]. 实验室研究与探索，2012（3）：119-121.

[8] 罗红，龙安邦. 基于系统论的课堂教学评价标准多维阐析 [J]. 高教论坛，2017（12）：84-86.

Featured Undergraduate Practical Teaching Programs of Urban Planning in Ethnical Colleges Under a View of Systematicity

Wen Xiaofei　Meng Ying　Hong Ying

Abstract: Unban Planning studies are evidently systematic and complex, as well, the teaching activities are of complex systems. To carry on the relevant teaching ways does good to avoid separating the factors from a whole system, which is an available way to guarantee the systematicity of teaching. The Urban Planning major in the ethnical colleges is disadvantaged because of a late startup and a weak basis. However, it has its advantage in special resources. With its initial disadvantages, featured teaching programming may help find ways to cultivate the potential of the disciplinary development and its competitiveness. The present study observes the undergraduate teaching programming and operation of an ethnical college in the Southwest China, yet sorts out the relations among the multiple factors. While fully utilizing the advantages of special resources, it is attempted to build a multiple system with different sub-systems' features, based on which a possible way of improving the future teaching is found.

Keywords: Systematicity, Urban Planning, Ethnical Colleges, Teaching Programs, Practical Teaching

新时代·新规划·新教育

教学
方法与技术

2018 Annual Conference on Education of Urban and Rural Planning in China

实践引领下的“竞赛嵌入”式教学设计*
——以浙江工业大学“乡村规划与设计”课程为例

周　骏　陈玉娟　陈前虎

摘　要：以不断提升解决区域经济发展中的重大问题能力为导向，浙江工业大学城乡规划专业根植地方，服务浙江，聚焦浙江“美丽乡村”建设的城镇化实践热点，适时动态调整培养方案，优化重组课程体系。以“乡村规划与设计”课程为例，在嵌入竞赛流程、优化教学环节、深化教学过程的基础上，架构了“两重点、四逻辑、六要素”的乡村规划与设计教学思路及主要内容，完善了从调查到策划、规划、设计及表达在内的完整的学生能力培养与考核体系。

关键词：实践，竞赛嵌入，乡村规划与设计

1　课程开设的背景与目标

1.1　“乡村规划与设计”课程开设的背景

浙江工业大学一直秉持“以浙江精神办学，与区域经济互动”的办学方针。直面现实，高校人才培养、科学研究和社会服务如何与区域经济发展转型同频共振，走出一条“服务区域、根植地方、多元协同、创新卓越”的办学之路，正成为眼下城乡规划教育面临的重大课题。

以不断提升解决区域经济发展中的重大问题能力为导向，我校城乡规划专业以“根植地方，服务浙江”为宗旨，聚焦浙江“乡村振兴”的城镇化实践热点，因时应势，以实践为导向适时动态调整课程体系。结合当前如火如荼的乡建热潮和常态化的“大学生乡村规划与创意设计大赛”，整合原有“村镇规划原理”与“村镇规划设计短学期”等课程，以及城镇总体规划中的镇域规划环节，于2016年上半年新开设“乡村规划与设计”课程，全面优化城乡规划专业课程体系。

1.2　课程教学的主要任务

（1）研教相长，知行合一

城乡规划专业教师的乡村纵横向科研较多，但与课程教学结合度不高；往往重课堂案例分析，少实地考查；重物质形态设计，轻人文关怀；重居民驻点设计，轻全域规划；重拆建空间布局，轻可实施设计。课程教学的首要任务是实现研教相长，促进科研与教学深度融合，适应社会经济需求，并通过竞赛实践系统优化教学内容。

（2）重组课程，优化体系

浙江工业大学作为全省最早开设“乡村规划与设计”课程的高校，在课程教学实践中努力尝试将竞赛嵌入于教学过程，以实践为引领优化教学内容与教学方法。课程设计的重要任务之一是将城市（镇）总体规划中的部分内容与乡村规划设计相结合，整合原有松散课程，如乡村认知、村镇规划原理、村镇规划设计短学期，在内容整合的同时控制对其他课程的冲击。

（3）两个课堂，携手相进

通过竞赛嵌入整合第一课堂，激发第二课堂。在不增加原有课堂教学时数、不冲击其他课程的基础上，通过竞赛嵌入的方式，充分调动学生课外时间与课余精力，激发学生第二课堂。从这几年的实践经验来看，我校学生在“乡村规划与设计”课程的课外投入时数达到了96学时。

* 基金项目：浙江省公益技术应用研究项目（编号：2017C33099）、浙江工业大学校教改项目（编号：JG201627）。

周　骏：浙江工业大学建筑工程学院讲师
陈玉娟：浙江工业大学建筑工程学院副教授
陈前虎：浙江工业大学建筑工程学院教授

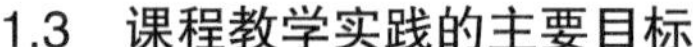

1.3 课程教学实践的主要目标

（1）服务区域经济

充分贯彻我校一直坚持服务区域经济的办学方针，不断提升解决区域经济发展中的重大问题能力，此为“乡村规划与设计”课程开设的首要目标。

（2）提升教学团队

通过教师团队的组建、校际教学理念的碰撞、校企政多方意见的交流等环节，形成多学科、开放式的紧密协同的教学团队，为优质课程、精品课程的建设打下坚实基础。

（3）培养综合能力

面向区域经济发展需求，系统化地培养学生处理解决乡村发展问题的综合能力是“乡村规划与设计”教学的最终目的。

2 课程概况

2.1 课程基本信息

新开设的“乡村规划与设计”（Residential Area Planning and Design）作为规划设计类主干课程，每年3-6月开设于三（下），学分2.5，16周总学时48学时，其中理论教学16学时，实践教学32学时。

2.2 校企地多元协同的教学团队

多学科（城市规划、人文地理、风景园林、建筑学等）搭配形成村庄规划与设计教学团队，共同指导村庄规划与设计。通过与地方签订“校地战略合作协议”，建立长期稳定的教学基地，如嘉兴、黄岩、浦江、桐庐等地已开展实践。同时在“竞赛嵌入”式教学过程中，引进多家企业（设计院）的专家，参与指导竞赛。在“竞赛嵌入”式教学过程中，校企地多方专家联合参与，从方案指导到方案评审（筛选）再到最后参加竞赛，从而形成一个校企地多元协同的教学团队。

3 “竞赛嵌入”式的教学组织

3.1 嵌入竞赛流程，优化教学环节，深化教学过程

“乡村规划与设计”课程的授课时间安排在3-6月，我校主办的浙江省“乡村创意设计”大赛安排在3-8月，两者时间安排大致吻合。在调适竞赛流程与课程教学关系的基础上，进一步整合课内与课外、第一课堂与第二课堂、学期内与学期外的教学关系，凸显课程的伸展性，并形成“竞赛嵌入”式的课程教学过程（图1）。

3-8月的“乡村创意设计”大赛的竞赛流程包括筹备与选题、启动与开题、乡村田野调查、方案规划设计、中期汇报、评优与论坛、推广与出版7个阶段。“竞赛嵌入”式的乡村规划设计课程设置，包括课程作业和竞赛作品完善两个阶段，竞赛作品完善阶段为常规教学环节的外延，安排在7-8月第二课堂开展。在竞赛流程与教学环节相互嵌入的基础上，以竞赛为支点，以真题真做的竞赛流程优化教学过程，多方协作组织教学。大赛筹备与选题阶段由校地协作共同完成；对应于竞赛的启动与开题、乡村田野调研与方案规划设计、中期汇报三个阶段，常规教学分为课程设计准备阶段、课程作业设计阶段、课程作业提交阶段，各阶段以不同的教学联盟形式介入教学组织；在常规教学完成后以校地企协作的形式进行教学外延，并通过优秀成果深化、评优答辩准备、出版成果汇总等工作完善竞赛作业，同步完成竞赛流程。

教学过程如图1所示。在校地企协作开展的理论基础教学之后，要求学生分组进行乡村田野调研，4-6位同学一组。扎实的现场调研是乡村规划教学成败的关键，学生必须走进村庄、深入田间地头，尽量贴近农民的生活，与农民进行近距离接触，了解农民的诉求。调研阶段要求学生制定调研计划，设计访谈问卷等，第1-3周完成规定要求的调研报告；第4-8周，从村庄定位、产业规划、文化发展、生态保护等角度形成对村庄空间的

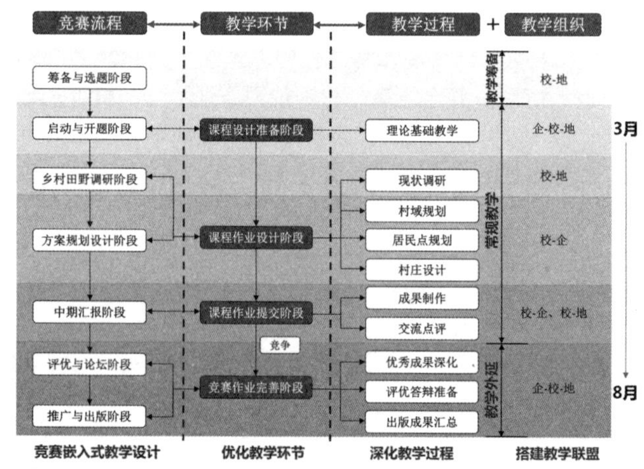

图1 “竞赛嵌入”式的“乡村规划与设计”课程教学过程

整体把握；第 9–12 周，完成村庄居民点的规划，将知识体系运用在整体空间设计、空间规划之中；第 12–16 周，进行成果制作，并邀请校地专家进行交流点评，评判出最后参加竞赛的作品；第四阶段的教学外延过程安排在暑期，通过竞争机制筛选后参加竞赛的学生积极性很高，可以全身心投入到竞赛作业的完善中。最后，进行评优答辩准备，并出版成果推广。

基于以上教学实践，总体形成了“竞赛嵌入式教学设计—优化教学环节—深化教学过程—搭建教学联盟”的全过程教学组织设计。

3.2 “两重点、四逻辑，三层次、六要素”的教学路线和内容

乡村规划与设计竞赛在倡导规划设计创新性的同时，强调规划成果的实践应用性（简化、管用、抓住主要问题）。根据这一要求，课程总体形成“两重点、四逻辑，三层次、六要素”的乡村规划与设计教学思路及教学的主要内容（图 2）。

（1）两重点、四逻辑

以浙江“美丽乡村”建设实践为引领，课程教学聚焦于乡村的功能复兴和物质更新两大重点任务，因地制宜推进乡村产业兴旺、生态宜居、文化传承，以实现乡村功能复兴。

教学路线设计的第一步围绕“乡村是什么”进行思考，让学生明白乡村的发展规律和动力机制，了解乡村发展的阶段特征，认知村庄发展问题；第二步，明晰“乡村规划与设计是什么”的问题，包括乡村的构成与特征、规划的原则与任务、设计的类型与内容、工作的程序与方法等；第三步，思考“如何认知乡村”问题，通过调查与分析过程，深入认知乡村现状问题，包括调查内容与方法、分析程序与方法、成果内容与格式等；最后，围绕“乡村该是什么”的问题，开展村域规划、居民点规划和村庄设计等工作。其中，村域规划包括了目标定位策略、村域空间管制、生态保护规划、文化传承规划、产业发展规划和村域总体规划；居民点规划包括了村庄建设用地选择、村庄空间形态引导、村庄意象框架构建和村庄建设用地布局；村庄设计对象包括山水田、村口、街巷道、边界、片区、节点等乡村意象六要素。

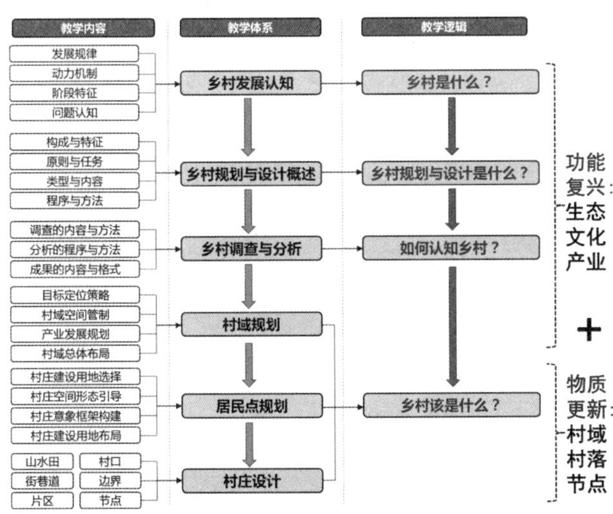

图 2 “乡村规划与设计”课程教学思路及内容

（2）三层次、六要素

如图 3 所示，规划设计的空间体系和内容包括三个层次：

宏观村域策划。远景设计引导主要是通过生态景观系统的梳理培育、自然地貌的整体格局控制、山体背景的林相改造引导、农田大地景观塑造等方式，总体把握村庄形态。主要设计内容包括村庄周边自然环境修复、村庄环境四季色彩整体协调等，旨在明确村庄地域特色，通过村庄整体形象的构建形成村域层面的易识别特征。

中观村庄规划。中景设计引导是通过村庄内部空间组织引导，形成具有高识别性和可记忆的乡村意象。该层面的村庄设计侧重于各个系统的组织，其中以村庄公共空间边界为关注重点。主要设计内容包括村庄交通功能空间的梳理、街巷空间界面的营造、村庄边界形态以及各个功能片区整体意象的引导等。中观组织起到承上启下的纽带作用。

微观村庄设计。近景设计引导是对村庄内部公共活动空间进行设计，其中包括公共活动场地、村庄入口空间、集会场地以及晒场等生产场地，以及村委会、商业服务、学校、公共设施等功能节点。微观设计重在以人为本，关注人的尺度和需求。

乡村规划与设计过程中更加需要因地制宜、顺应自然、注重特色，旨在传承乡村历史文化、营造乡村风貌、彰显村庄特色。基于村庄居民点规划内容，从引导乡村整体风貌特征（宏观结构控制）、组织村庄内部空间形态

结构（中观空间组织）、营造村庄内部公共活动场所（微观环境设计）三个层面构建村庄意向框架，并提炼山水田、村口、主街巷、边界、节点和片区六个方面的乡村空间意向要素。村庄设计是通过与山水田的整体协调、入口空间打造、街巷梳理、边界整理、节点塑造、区域构建等过程，对乡村空间意向要素进行具体设计，以提高乡村的场所感与认同度，从而营造独具特色的乡村环境。

3.3 以服务解决区域经济问题为导向，全过程构建能力体系

全链式地策划、规划与设计是学生能力培养的核心目标，本教学设计旨在培养学生调查、策划、规划、设计、表达等综合能力，建立包括认知体系、价值体系、知识体系、技能体系和综合素养在内的能力图谱，如图 4 所示。

（1）调查能力。包括制定调研计划，踏勘，访谈，问卷，村民座谈，与村民共同策划方案；回校完成调研报告。从尊重现场和尊重民意的视角，总结问题，完善认知体系。

（2）策划能力。基于乡村发展子目标，从社会、经济、历史、文化、生态、环境、旅游、建筑、土地、空间等多学科角度剖析乡村发展问题，多层面明确乡村发展目标，多角度思考发展策略。这种跨学科多角度的思考有助于丰富和完善学生的价值体系。

（3）规划能力。村域层面，统筹考虑资源环境、发展目标、环境保护、文化传承、产业发展、空间管制、人口规模、交通条件、基础设施等影响因素，通过功能分区、用地布局、村域设计等方式落实村域“一张图”；居民点层面，统筹居民点建设与发展诉求，完成居民点总体布局方案，为村庄设计作好铺垫。这一阶段的教学目标重在提升核心能力——规划能力，构建完整的知识体系。

（4）设计能力。基于六要素开展村庄设计，通过全细节建模和全动画展示，训练学生的空间思维与场所感，提升设计与动手能力，完善技能体系。

（5）表达能力。要求学生思维缜密，成果图文并茂、突出重点，并通过文字、PPT、沟通、交流、汇报、肢体等表达形式，整体展示学生综合素养。

3.4 实践理论一体化的教学大纲

优化乡村规划设计教学大纲，强调理论和实践的一体化。课程课内总学时为 48，其中理论教学 16 学时，实践教学 32 学时。

“竞赛嵌入”式教学设计下的乡村规划设计内容包括六个知识模块（图 2），不同知识模块相对应的教学内容（表 1），教学团队的教师根据学科背景开设相应的专题讲座。授课教师根据课程能力培养要求，布置相应的作业要求，并对第二课堂提出自学要求。

“乡村规划与设计”是一门实践性很强的设计课，“竞赛嵌入”式教学对实践环节提出了更高要求。从调研开始，实践教学即与理论教学相伴而行。实践教学环节以分组的形式开展，对应能力培养要求，学生应完成村庄现状调查、村域总图规划、村庄总图设计、村庄节点设计等内容（表 2）。常规的课内实践课时无法满足大量的

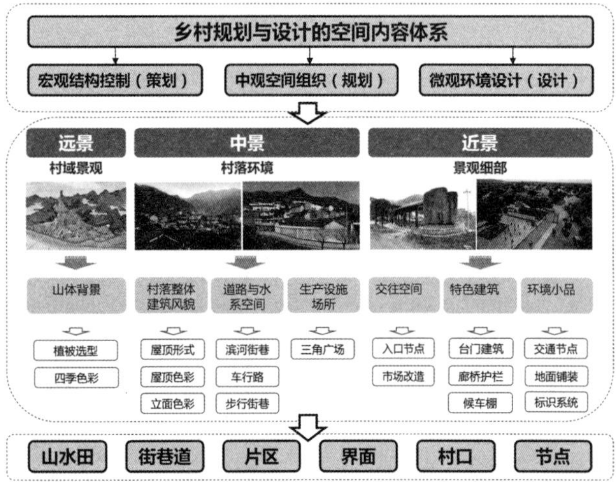

图 3 乡村规划与设计“三层次、六要素”体系

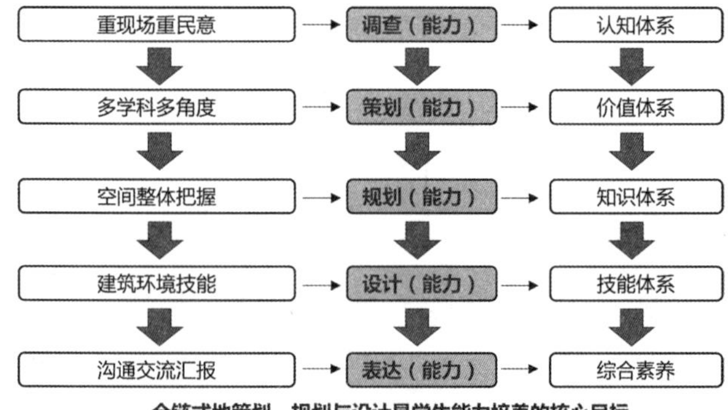

图 4 “竞赛嵌入”式乡村规划与设计培养的学生能力体系

“乡村规划与设计”理论教学安排 **表1**

序号	章节或知识模块	教学内容	能力培养教学要求	素质培养教学要求	学生任务
1	乡村发展认知	1. 乡村的概念与特征 2. 乡村发展规律 3. 乡村发展动力机制 4. 浙江省乡村发展阶段特征 5. 乡村发展问题认知	学生理解与掌握乡村的概念与特征；了解乡村发展规律、乡村发展动力机制、浙江省乡村发展阶段特征，熟悉乡村发展问题认知	学生能够将课堂内容与村庄认知相结合，关注更多的乡村发展的现实状况与存在问题，以加深对本节课程知识的理解与掌握	进一步收集、查阅国内外乡村发展建设基础规律与现实问题
2	乡村规划与设计概述	1. 乡村构成与特征 2. 乡村规划与设计的基本原则与任务 3. 乡村规划与设计的主要类型与内容 4. 乡村规划程序和方法	学生理解与掌握乡村构成与特征；熟悉乡村规划与设计的基本原则与任务、主要类型与内容，理解与掌握乡村规划程序和方法	要求学生能够更加关注用地组成、规划与设计内容、乡村规划工作程序与方法等实实在在的内容，通过学习更多的乡村规划与设计案例，以加深对本节课程知识的理解与掌握	进一步收集、学习乡村规划与设计案例
3	调查与分析	1. 调查主要内容 2. 调查前期准备 3. 调查方式方法 4. 资源环境评估内容与方法 5. 调研报告主要内容	学生熟悉乡村规划与设计的调研内容与方法，理解与掌握如何对收集资料的进行处理与分析，并形成现状调研报告	培养职业道德，树立正确的价值观，尊重乡村生态、文化、历史等要素，建立基本的学习与评价意识	（1）完成乡村调研；（2）完成乡村调研报告
4	村域规划	1. 村域规划主要任务与主要原则 2. 目标定位 3. 产业发展规划 4. 空间管制 5. 村域总体布局	学生理解与掌握村域规划主要原则与主要内容；熟悉乡村目标定位、发展策略、发展规模、产业选择、产业空间布局、三区四线空间管制等内容，并进行村域空间布局落实	培养区域统筹规划设计理念、树立正确的乡村发展观，建立基本的学习与评价意识	（1）完成村域规划目标与空间策划报告与相关图纸；（2）完成村域规划产业空间规划、空间管制、总体布局
5	居民点规划	1. 居民点规划的任务与主要原则 2. 乡村建设用地选择 3. 乡村意象框架构建 4. 乡村结构与形态 5. 乡村建设用地布局 6. 乡村设施布局规划	学生理解与掌握居民点规划主要原则与主要内容；熟悉乡村建设用地选择因素；从中观层面把握和解决乡村建设空间的结构性问题；并进行乡村土地利用规划布局和建设布局；进行乡村公共服务设施与基础设施布局	培养职业道德，树立正确的乡村发展观，建立基本的学习与评价意识	完成居民点规划总体报告与设计方案
6	村庄设计	1. 村庄设计的任务与主要原则 2. 山水田设计 3. 村口设计 4. 主街巷设计 5. 边界设计 6. 节点设计 7. 片区设计	因地制宜、以人为本、可操作性、地方特色等原则；针对乡村空间意象的6要素进行详细设计，各要素应从建筑设计、绿化景观设计、环境小品设计等方面展开，并展示实施照片、设计案例	培养职业道德，树立正确的乡村发展观，尊重乡村生态、文化、历史等要素，建立基本的学习与评价意识	完成村庄6要素的村庄设计

实践内容，村庄调研、方案设计等实践环节也需要学生进行大规模连续性的课外课时补充，学期内外四个环节的课外总学时需补充约96课时。对原有教学大纲的外延要求进行量化建议，提出 $48+48\times n$ 的课内外课时要求，要求学生利用课外时间主动查阅参考文献、开展乡村调研、设计规划方案等。

4 成效与展望

4.1 成效

通过近5年来的持续探索，目前课程组教学团队已取得了如下阶段性成果：

（1）连续主办4届（全省）+承办1届（全国）

"乡村规划与设计"实践教学安排　　**表2**

序号	项目名称	类型	每组人数	能力培养教学要求	素质培养教学要求	学生任务
1	现状调查	设计	4–6	学生掌握调查的基本阶段与主要内容；实践并熟悉实地踏勘调查、资料调查、访谈调查、问卷调查的程序和方法	培养职业道德，树立乡村规划与设计基本目的，形成对乡村规划与设计的审美观，建立基本的学习与评价意识	乡村规划与设计调查阶段、调查内容，并对乡村开展全面调查
2	村域规划	设计	4–6	学生掌握资源环境价值评估；熟悉发展目标与规模、空间管制规划、村庄产业发展规划的主要内容与规划实践，并掌握村域总体布局的方式方法	培养职业道德，树立乡村规划与设计基本目的，形成对乡村规划与设计的审美观，建立基本的学习与评价意识	基于乡村规划与设计调查内容，完成资源环境价值评估，明确村庄定位，选择重要的发展策略，确定乡村主导产业，进行空间管制引导，完成村域总图规划
3	居民点规划	设计	4–6	要求学生掌握乡村规划与设计的相关设计规范与技术规定，初步掌握乡村规划与设计的设计能力与表现能力。要求学生掌握乡村居民点规划的内容与方法，通过课堂教学、交流与改图，加强老师与学生的互动，提升学生思考、动脑、动力等综合能力	培养职业道德，树立乡村规划与设计基本目的，形成对乡村规划与设计的审美观，建立基本的学习与评价意识	乡村意象框架构建，通过山水田、村口、主街巷、边界、节点和片区6要素构建居民点乡村意象；根据服务半径进行供给，进行乡村公共服务设施规划、基础设施规划；在村庄建设用地布局的基础上，进行村庄空间结构布局和村庄总图设计
4	村庄设计	设计	4–6	要求学生掌握乡村设计的相关设计导则与技术规定，掌握乡村设计的内容与方法，初步掌握乡村设计的设计能力与表现能力。要求学生通过课外设计、课堂教学、课内交流与改图，加强老师与学生的互动，提升学生综合设计能力	培养职业道德，树立乡村规划与设计基本目的，形成对乡村规划与设计的审美观，建立基本的学习与评价意识	乡村山水田、村口、主街巷、边界、节点、片区与村居的设计思路和手法，从村庄格局、空间结极、标志空间、形态风格、色彩特征和乡村活动、社会习俗和文化传承等方面，打造其有独特风貌的乡村环境

大学生"乡村规划与创意设计"大赛。浙江省"乡村创意设计"大赛由浙江省住房和城乡建设厅、浙江工业大学、地方政府等联合主办：2015年首届在全国"四个全面"试点县－浦江县举行；2016年第二届在全国科学发展示范县－嘉善县举行；2017年第三届在全国新型城镇化示范区－台州市黄岩区举行；2018年第四届在全国"全域旅游"示范县－天台县举行。全省8所高校组成地域教学联盟，比赛机制不断完善，竞赛成果深受地方县市欢迎，很好地指导了当地的乡村建设，影响力持续扩大。

（2）学生学习的积极性空前高涨，人才培养成效显著。在老师指导下，学生除了现场调研外，在中期和提交成果前必须与村民交流并征求意见；成果除了图纸，还包括建筑实物模型；虽然只是完成了方案阶段，但对学生来说，这种真题真做、"真刀真枪"的拼杀经历，让学生们快速成长，终身受益。近年来我校推荐的保研学生相继被同济大学、东南大学录取，读研比例和学校层次持续提升，各大设计院更是登门纷抢。

（3）课程组成员精诚合作，团队建设成效明显。结合由浙江工业大学主办的2015、2016、2017年三届浙江省大学生乡村规划与创意设计大赛的参赛成果，团队及时梳理总结，相继出版了"诗画浦江"、"水印嘉善"、"乡约黄岩"三本"乡建教学联盟"联合课程设计作品集，由中国建筑工业出版社出版；同时，通过对近三年的乡村规划与设计竞赛实践的总结，结合竞赛专题引导下的乡村规划与设计教学改革实践成果，于2018年5月编制出版《乡村规划与设计》教材，由中国建筑工业出版社出版。团队成员在《城市规划学刊》2017第五期组织的"城乡规划教育如何适应乡村规划建设人才培养需求"学术笔谈会上介绍经验；相关成果已获得学校组织的教学成果一等奖；团队积极组织区域性的教学研讨活动，探索乡村规划建设人才培养的可行模式。

4.2 展望

进一步整合相关课程，优化课程体系。建议在整合村镇规划原理与短学期认知环节的基础上，进一步整合总体规划、经济学、地理学等课程内容与教学环节。

进一步加强沟通协调，提升联盟品牌。面向省内的城乡规划专业，建议各高校齐心协力、步调一致，共同推进课堂教学与课外竞赛的同步化，推进体系化的教学过程，不断提升乡村竞赛与教学联盟的品牌。

持续优化教学内容，与时俱进推进课程改革。乡村实践热点在不断转移，从早期的“村村通”工程到综合环境提升、乡村产业发展，到最近的乡村治理话题，乡村的教学内容也需要持续跟进优化，课程改革永远在路上。

主要参考文献

[1] 洪亮平，乔杰．规划视角下乡村认知的逻辑与框架 [J]. 城市发展研究，2016，23（1）：4-12.

[2] 李京生．乡村规划原理 [M]. 北京：中国建筑工业出版社，2018.

[3] 陈前虎．乡村规划与设计 [M]. 北京：中国建筑工业出版社，2018.

[4] 胡丹，储金龙．基于乡村意象要素复合的旅游型村庄规划设计——以岳西县菖蒲镇水畈村美好乡村规划为例 [C]// 新常态：传承与变革——2015 中国城市规划年会论文集．北京：中国建筑工业出版社，2015.

[5] 陈前虎，陈玉娟，周骏，等．水印嘉善——第二届浙江省大学生乡村规划与创意设计作品集 [M]. 北京：中国建筑工业出版社，2017.

[6] 同济大学建筑与城市规划学院．乡村规划——2012 年同济大学城市规划专业乡村规划设计教学实绩 [M]. 北京：中国建筑工业出版社，2013.

[7] 走进乡村，向乡村学习——2015 年城乡规划专业三校联合毕业设计 [M]. 武汉：华中科技大学出版社，2015.

[8] 王智勇，刘合林，罗吉．从“城市规划”到“城乡规划”——乡村规划课程教学实践与探索 [C]// 美丽城乡永续规划：2013 全国高等学校城乡规划学科专业指导委员会年会论文集．北京：中国建筑工业出版社，2013.

An instructional Design Embedded with Practice-led Competition —— Taking the Course of Rural Planning and Design of Zhejiang University of Technology as an Example

Zhou Jun　Chen Yujuan　Chen Qianhu

Abstract: Under the guidance of continuously improving the ability to solve major problems in the regional economic development, and for the purpose of ‘embedding locality and serving Zhejiang’, urban and rural planning major of Zhejiang University of Technology focuses on the two major urbanization hotspots in Zhejiang : rural revitalization and urban regeneration, timely and dynamically adjusts training programs, and optimizes curriculum system. Taking the course of rural planning and design as an example, based on combining with competition, optimizing teaching link, and deepening teaching process, the teaching route and content of ‘two key, four logic, six elements’ have been built, and the students’ ability training and assessment system has been improved , including investigation, planning, design and expression.

Keywords: Practice, Competition Embedded, Rural Planning and Design

基于数据增强设计方法论的教学实践

龙　瀛　张恩嘉

摘　要：新数据环境的快速发展以及城市研究方法和手段的进步，促进了计算机辅助规划设计的方法由系统支持转向数据驱动，为此龙瀛和沈尧（2015）率先提出了数据增强设计（Data Augmented Design、DAD）这一规划设计新方法论。本文首先简要介绍了数据增强设计及其相关概念以及数据增强设计的教学思想。然后重点介绍了笔者开设或参与的三门课程，通过课程简介、教学特色及教学成果三方面讨论数据增强设计的嵌入过程、思路及成效。最后讨论笔者在课程中积累的经验和收获的教训，从而进行总结和展望。

关键词：数据增强设计，城市规划，量化分析，教学特色，成效

1　数据增强设计及教学思想

1.1　数据增强设计

新数据环境的快速发展及城市研究方法和手段的进步，促进了计算机辅助规划设计的方法由系统支持转向数据驱动（刘伦和龙瀛，2014）。王建国提出以人机互动的数字技术方法工具变革为核心特征的第四代城市设计（王建国，2018）。吴志强及其合作者介绍了数据及技术转型时期的城市智能规划技术的实践（吴志强和甘惟，2018）。可见数据驱动规划设计的重要趋势。

龙瀛和沈尧（2015）率先提出了数据增强设计（Data Augmented Design、DAD）这一规划设计新方法论。“数据增强设计（DAD）是以定量城市分析为驱动的规划设计方法，通过数据分析、建模、预测等手段，为规划设计的全过程提供调研、分析、方案设计、评价、追踪等支持工具（图 1），以数据实证提高设计的科学性，并激发规划设计人员的创造力。DAD 借助简单直接的方法，充分利用传统数据和新数据，强化规划设计中方案生成或评估的某个环节，易于推广到大量场地，同时兼顾场地的独特性。DAD 的定位是现有规划设计体系下的一种新的规划设计方法论，是强调定量分析的启发式作用的一种设计方法，致力于减轻设计师的负担而使其专注于创造本身，同时增强结果的可预测性和可评估性”。

考虑到大尺度城市设计中对场地的时间、空间和人三个维度的认识，存在尺度与粒度的折中，难以实现大尺度与细粒度的完美认识及对设计客体人的充分认知，因而限制了“以人为本”的城市设计的具体实践。在 DAD 方法论的指导下，龙瀛和沈尧（2016）构建了大尺度城市设计的时间、空间与人的 TSP 模型，重点阐述了新数据环境支持下针对时间、空间和人三个维度的数据增强城市设计框架（表 1）。

此外，在 DAD 方法论支持下，龙瀛提出了街道城市主义（Street Urbanism）（2016）的概念，建立以街道为个体的城市空间分析、统计、模拟和评价的框架体系，致力于发展相应的城市理论、支撑街道尺度的实证研究以及实践层面的规划设计支持，并与合作者提出图片城市主义（Picture Urbanism）（龙瀛和周垠，2017）的概念，强调图片将在短期的未来得到高度重视，大规模图片的量化研究将极大促进人本尺度的城市设计。

1.2　教学思想

随着大数据在规划领域的不断应用，当代规划师对大数据、新数据环境的接受程度较高，为做规划支持系

龙　瀛：清华大学建筑学院特别研究员
张恩嘉：清华大学建筑学院博士研究生

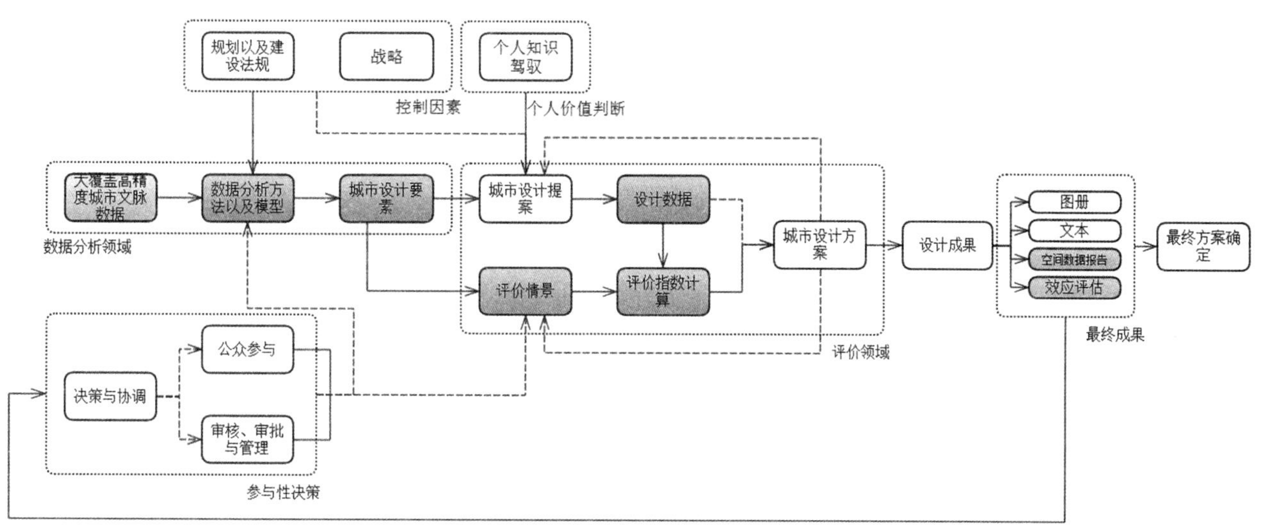

图 1　数据增强城市设计的一般流程

基于新数据支持总体城市设计的框架体系 **表1**

尺度 / 维度	区域 / 城市 / 片区 / 乡镇街道办事处	街区 / 地块	街区 / 地块内部	街道	街道内部
开发：遥感解译的土地利用、用地现状图（规划）、土地利用图（国土）	城镇用地面积、建设强度、生态安全格局、适宜开发土地 [城市扩张速度、城市扩张规模]	开发年代、是否适宜开发	肌理变化	角度变化	—
形态：分等级路网、道路交叉口、建筑物、土地出让 / 规划许可、街景	基于道路交叉口的城乡判断、建筑面积、路网密度、交叉口密度、开放空间比例 [再开发比例、扩张比例]	尺度、紧凑度、基于建筑的城市形态类型、建筑密度、容积率、是否为开放空间、开放空间类型、可达性 [再开发与否、扩张与否]	是否有小路、建筑分布规律、是否有内部围墙 [历史道路构成]	长度、区位、直线率、建筑贴线率、界面密度、橱窗比、宽高比、可达性、铺装、建筑色彩 [历史上是否存在]	建筑分布特征
功能：兴趣点、用地现状图（规划）、土地利用图（国土）、街景	各种功能总量及比例、（城镇建设用地内）各种公共服务覆盖率 / 服务水平、职住平衡水平、产业结构 / 优势 / 潜力	用地性质、（各种）功能密度、功能多样性、主导功能、第二功能、各种公共服务设施可达性、市井生活相关的功能密度	（各种）功能分布特征（单面、双面、三面还是四面）、内部功能相比总功能（内部 + 临街）占比、界面连续度	（各种）功能密度、功能多样性、主导功能、第二功能、各种公共服务设施可达性、市井生活相关的功能密度、步行指数（walk score）、绿化、等级	（各种）功能分布特征（交叉口附近还是中间）
活动：普查人口、企业、手机、微博、点评、签到、公交卡、位置照片、百度热力图、高分辨率航拍图	总体分布特征、（城镇建设用地内）各等级活动所占面积比例、人口 / 就业密度体现的多中心性、联系所反映的多中心性、平均通勤时间 / 距离、各种出行方式比例	（不同时段的）活动密度、微博密度、点评密度、签到密度、与之产生联系的地块、人口密度、就业密度、热点时段、通勤时间 / 距离	活动分布特征（内部还是边缘）、内部联系特征	（不同时段的）活动密度、与之产生联系的街道、点评密度、热点时段、（各类型）交通流量、选择度与整合度、限速	活动分布特征（交叉口附近还是中间）
活力：街景、点评、手机、位置照片、微博和房价等	平均心情、整体意象、整体活力、幸福感	平均心情、平均消费价格、好评率、意象、市井活力、平均房价、居住隔离程度	—	平均消费价格、好评率、设计品质、风貌特色、活力、意象、平均房价	—

注：表中 [ ] 特别给出了简单指标变化之外的指标；此表也适用于城市规划与设计方案的评价。

统和规划设计的人或团队提供紧密合作或成为一类人的契机。

为此，要发展数据增强设计，笔者（下文如无特殊说明，特指本文第一作者）认为教育至关重要。目前笔者在清华大学开设了研究生“大数据与城市规划”课程，面向对象以城市规划、建筑学和景观专业的学生为主，旨在使学生具备大数据分析、量化研究的技术，增加其毕业后到设计院或事务所的优势。同时笔者也在研究生的“总体城市设计”和“EPMA 城市设计”课程中结合了 DAD 理念，将其应用于规划设计中，深化学生对城市设计理论和方法的掌握与运用的同时补充其定量研究与设计的知识结构，拓展其对城市发展与设计的认知视野。

此外，DAD 理念还在上海城市设计挑战赛及义龙未来城市设计国际竞赛中得到充分体现，具体内容发表于相关刊物中。

2 课程特色与过程

2.1 “总体城市设计”教学环节的尝试

（1）课程简介

“总体城市设计”课程是针对城乡规划学研究生（含硕士生与直读博士生）的专题设计课程，重点针对特定城市或大尺度城市综合性片区的总体城市设计训练，深化对城市设计理论和方法的掌握与运用，对总体城市设计范围内具有代表性和热点关注特征的城市现象和城市环境进行详细研究，并针对特定地段进行深化设计。

（2）教学特色

在此课程中，笔者参与及贡献如下：①在集中授课阶段，介绍大数据和开放数据用于总体城市设计的思路（“数据增强城市设计概论”），并提供给学生第一版成都市域的共享数据（图 2）；②在赴成都现场调研期间更新并提供给学生第二版数据，制作课程网站，共享后续讲课程相关的资料、课件及数据（图 3）；③提供第三版本数据，在课外向学生们补充介绍“大数据与城市设计的若干思考”，并展示所共享的基础数据情况和可能使用的方法，提供基于建筑数据生成的三维 SketchUp 模型（由 ESRI ArcScene 数据转出）（图 4）；④在最后答疑阶段，介绍 GIS 的操作和数据分析方法，提供基于建筑物的城市形态分析结果（详见 https：//www.beijingcitylab.com/courses/structural-urban-design/）。

（3）教学成果

1）新数据环境助力远程调研并促进场地认知和问题诊断：调研前，学生们利用街景和所提供的数据对地段进行初步判断。在调研完毕后续的设计过程中，学生们也多次利用在线地图和浏览器搜索等手段，补充对场地

成都及主要片区的大数据（可直接下载，准备中）
•城市物理空间
•城镇建设用地范围（城市开发的年龄）：1980s-2010
•街道网络（形态）：附带成都项目的若干属性 2009-2014
•道路交叉口：2009-2014
•街景照片（推荐作为现场调研的补充手段）
•建筑（基底与层数）
•其他基础GIS
•城市社会空间（人类的电子足迹 e-footprint）
•手机信令（社会活力）
•大众点评（经济活力）
•腾讯和百度热力图（社会活力）
•兴趣点（points of interest、功能）：2009-2014
•位置微博（活动）：2009-2014
•位置照片（活动）
成都的详细的开放数据和大数据，请联系助教获得，主要包括道路交叉口、兴趣点、位置照片、位置微博、大众点评、轨道交通、街道绿化等，请在ESRI ArcGIS中打开(version 10.0 or above)，用OpenStreetMap（底图），如果用其他底图会有偏差。后续还会继续补充街景照片、建筑数据以及微博反映的城市内部空间的联系。

图 2　提供给学生的数据一览

北京城市实验室
BCL Beijing City Lab
HOME PROJECTS MEMBERS WORKING PAPERS SLIDES COURSES DATA RELEASED
RANKING LINKS&PARTNERS ABOUT
Courses » Big Data and Urban Planning
大数据与城市规划
2016年秋，清华大学研究生课程
第十讲：数据增强设计
课件
大数据与城市规划 第十周.pdf
Adobe Acrobat Document [5.5 MB]
Download
课外阅读
《上海城市规划》数据增强设计DAD专刊.pdf
Adobe Acrobat Document [5.6 MB]
Download
The Elusiveness of Data-driven urbanism
Adobe Acrobat Document [1.3 MB]
Download
参考资料
龙瀛和沈尧 2015 上海城市规划_数据增强设计.pdf
Adobe Acrobat Document [7.2 MB]
Download

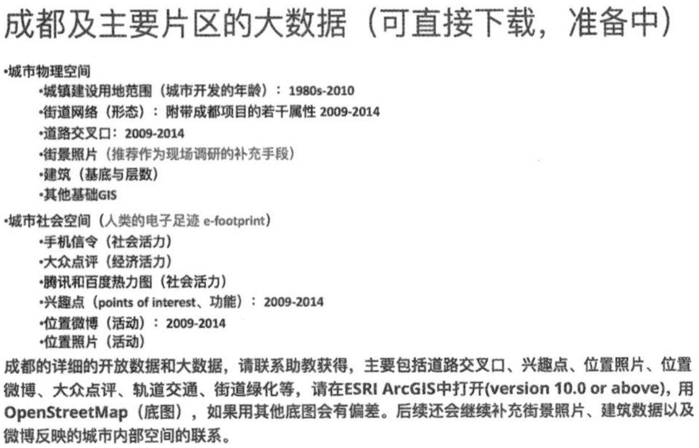

图 3　上课课件分享

的认知，为核心设计地块的识别提供支持（图5、图6）。

2）建筑数据的提供减轻了学生大量的工作量：笔者提供给学生建筑物轮廓和层数数据（此前，学生通过描图及影像阴影人工获取），节省了大量基础数据的准备时间，特别是针对尺度较大、建筑较多、设计改变比例不大的设计地段。所提供的建筑数据极大地支持了城市设计核心平台SketchUp模型的生成效率（利用Maya将ESRI ArcScene文件转为OBJ格式，进而读入SketchUp）。此外，该数据还有助于设计地段现状的识别，如对城市形态的分类（如基于SpaceMatrix）。

3）设计成果走出设计课：设计课结束的两年来，已有几组同学的设计作品，因为量化的现状分析和较好的设计思想体现，在国际竞赛中获奖，或所撰写的学术论文发表在专业期刊和会议上。笔者认为，这与数据增强设计思想在这门设计课中的体现不无关系。

图4　建筑物与街道的三维表达

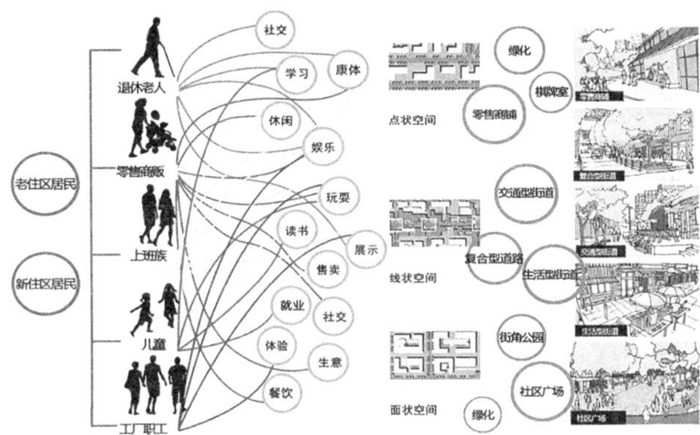

图5　某组学生设计作品的各类人群需求与街道空间对应关系

图6　某组学生设计作品的街道设计方案

2.2 “大数据与城市规划”课程的开设

（1）课程简介

清华大学研究生课程（理论课）“大数据与城市规划”结合中国城市规划及技术发展特点进行讲授，秉承技术方法与规划设计并重的原则，倡导以技术作为认识城市、衡量城市的手段，同时强调团队协作，集中授课、分组调研与课外沙龙相结合，紧密联系现实城市问题，实现开放性、融入性教学体验。

（2）教学特色

课程主要分为两部分，①侧重大数据技术方法的讲解，完整地介绍大数据的分析流程和具体操作方法，涵盖大数据概述、数据获取、数据统计和分析、数据可视化及数据的挖掘，以便学生掌握必要的分析工具和技术；②侧重规划与设计领域的应用，如规划设计方案的制定与评价。课程还关注如何理解城市，如城市的开发、形态、功能/密度、活动和活力等。同时，笔者在教学过程中结合目前最前沿的理论探索，如人本尺度城市形态、街道城市主义、图片城市主义等，提供研究项目的成果作为课堂上的研究案例，使教学过程具有探究性（详见https：//www.beijingcitylab.com/courses/big-data-and-urban-planning/）。此外，通过校内与校外、课上与课下、线上与线下等多种相互补充的学习途径丰富授课形式，拓展学生的思维，增强学习效果（图7）。

（3）教学成果

“大数据与城市规划”课程并非教大家如何遵循范式来研究问题，而是传授一种思维方式，启发同学们从大数据的角度对城市现象和问题进行思考。教学成果主要

图 7　课外沙龙现场

体现在如下几方面：①获得了清华大学教改项目的支持；②2016 年秋学生们的多篇课程论文陆续投稿 / 发表在中英文专业期刊或在国际国内会议上宣读，5 篇课程论文被澎湃新闻报道；③2017 年秋本课程的 15 篇课程论文，研究对象都是北京二环，全部被《北京规划建设》这一学术期刊接受，并将发表于 2018 年第 4 期，其中还有 7 篇将要被澎湃新闻报道；④作为国内高校首个开设大数据与城市规划相结合的课程，得到了兄弟院校的较多关注和来清华调研课程开设情况；⑤本课程产生的影响也引起了清华大学数据科学研究院的关注，自 2017 年秋开始本课程被选入清华大学“大数据能力提升项目”的课程之一；⑥MOOC 课程申请也得到了学校的批准，目前正在拍摄中，2018 年秋将开始引入 MOOC 这一新兴教学方式。

2.3　“EPMA 城市设计”课程的应用

（1）课程简介

EPMA（English Program Master of Architecture）是清华大学建筑学硕士的英语项目，城市设计是此项目的一门设计课，为期八周。近两年此项目包括了清华大学与新加坡国立大学联合举办的工作营。该课程旨在推动多学科合作，促进与场地保持一致的全面性设计。笔者参与了 2018 年春季的设计课，主题为“共享城市（Sharing City）”，以北京 751 工厂为基地，鼓励学生以共享交通、共享办公、共享居住、共享娱乐等为视角，充分挖掘场地特征，并进行小尺度城市设计。

（2）教学特色

本课程多数学生没有 GIS 相关的学科基础，为辅助学生远程调研并促进其场地认知和问题诊断，笔者引入“Do Big DAD and GIS in PS & GeoHey”的概念，将北京 751 场地的相关资料如：反映人群活动特征的微博签到数据、腾讯出行数据、腾讯使用者数据、摩拜单车数据、大众点评等数据，以及反映空间特征的公交车位置、建筑信息、街景图片、兴趣点（Point of Interest，POI）等数据，通过浏览器 GeoHey 在线可视化展现的方式（图 8），让零 GIS 基础的学生仍能通过数据分析了解场地的特征，从而为设计提供依据和参考（详见：https://geohey.com/apps/dataviz/972929206bcf43dba7b971c251a1252d/share?ak=NzliN2MxZDM1YmQzNDA3NzhiNTI3YTFjNzYxNzYxYjc）。为了让学生更好地理解数据，笔者还制作了数据说明 PPT，详细说明数据的含义及特征（图 9）。

（3）教学成果

2018 年 4 月底刚上完这门设计课，教学成果预计在未来有体现。

2.4　课外竞赛

笔者在课外指导学生参加竞赛的过程中，鼓励学生利用数据和先进技术手段认识和规划设计城市，并将数据增强设计概括为三种形式：

（1）理解现实场地内的城市，创造场地的未来

笔者曾指导学生在 2016/2017 上海城市挑战赛中，结合数据增强设计、图片城市主义、街道城市主义等概念，充分利用多元数据进行场地要素及特征的挖掘，更加全面地理解场地，从而创造场地的未来（图 10）。

（2）借鉴其他优秀城市，创造场地的未来

在 2017 上海城市挑战赛中，笔者除了鼓励场地数据的分析和研究，还激发学生通过案例研究及特征提取的方式，学习优秀的相关案例，从而创造场地的未来（图 11）。

（3）超越目前建成环境，拥抱当下最先进的技术和未来短期内实现的技术，创造场地的未来

在义龙未来城市设计国际竞赛中，笔者强调对未来

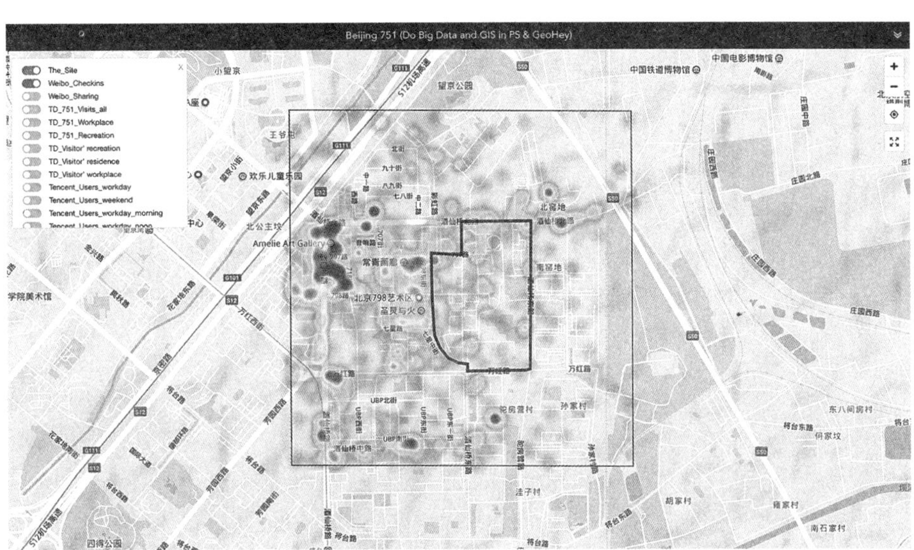

图 8　提供给同学们的大数据可视化平台（GeoHey）

图 9　数据说明 PPT

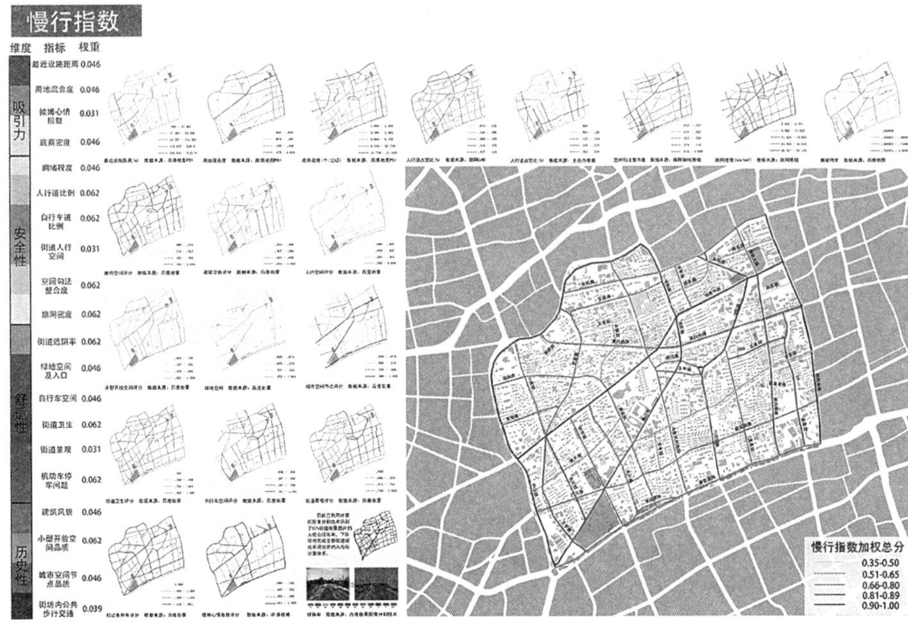

图 10　“数联衡复，优活代谢”作品：慢行指数评价

城市的思考，充分考虑先进技术对人们生活、工作、居住、游憩及相应空间的影响，从而创造场地的未来（图 12）。

在数据增强设计方法论的指导下，竞赛作品均获得较好成绩，作品“数联衡复，优活代谢”及“数联影动，幸福番禺”分别获 2016 上海城市挑战赛衡复风貌区项目专业组第二名及 2017 上海城市挑战赛慢行交通设计奖。作为面向未来的设计“the next form of human settlement”获义龙未来城市设计国际竞赛优秀奖（18/1688）。

3 各界反馈

3.1 学生反馈

数据与规划设计的结合无论在国际还是国内，都属于新兴的方向。目前开设的“大数据与城市规划”课程，两次均满选，且有许多其他专业的学生选修，可见相关内容受学生关注较多，较易引起学生的兴趣。学生在课余仍积极深化研究，主动与笔者联系沟通，

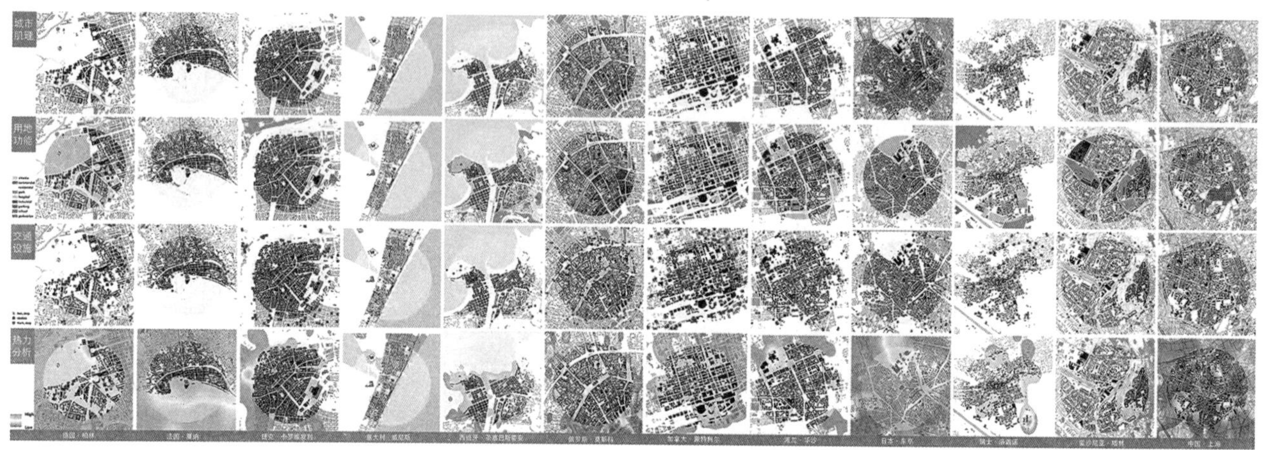

图 11 “数联影动，幸福番禺”作品：案例研究及特征提取

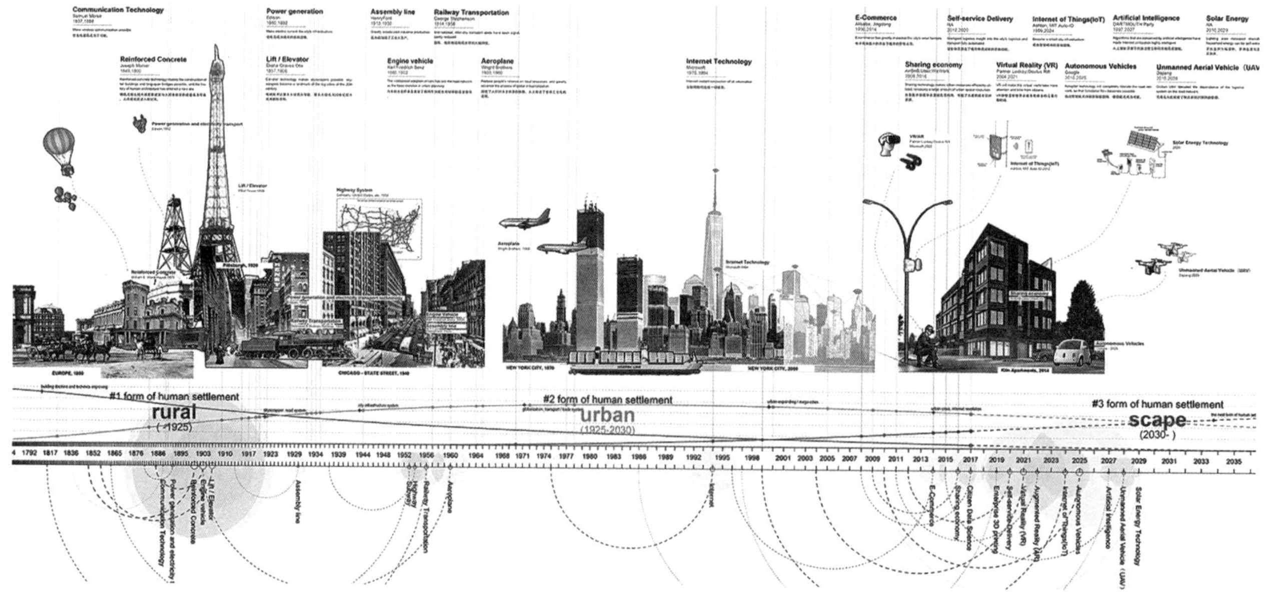

图 12 “the next form of human settlement”作品：技术演变对人类生活的影响

并进行论文写作，可见其极大促进了学生的主观能动性，激发了学生研究的兴趣和潜力。通过收集学生的课程总结这一反馈机制，笔者发现学生在短时间内熟悉 ArcGIS、GeoHey、火车头采集器、SPSS 等软件的难度较大，部分学生反映出对专业性课程或课外补充学习的需求。

3.2 校外反馈

我们秉承着促进整个大数据行业共同学习、进步的原则，将课件、课外阅读和数据等材料全部上传到北京城市实验室网站（详见 https：//www.beijingcitylab.com）及北京城市实验室的微信公众号（beijingcitylab），并向整个社会开放共享，得到大量关注、阅读和下载。部分用户表示期待着将来更多的内容，并希望我们后续能够开设网络公开课（如 MOOC）。

4 经验及教训

笔者一直对学生基于数据增强设计方法论来支持规划设计的过程进行观察，涵盖现状—问题—手法—设计—评价等多个环节，因而归纳了若干经验也总结了些许教训。

4.1 经验

（1）因人而异的数据增强设计：课程面向对象是学生，而学生定量城市研究的基础不同，因而 DAD 教学也应因人而异。对于有较好基础的学生，鼓励其参加竞赛，并提供多元数据，支撑其研究设计。对于基础一般的学生，每组保证一位学生熟练操作 GIS 软件，并在提供多元数据的同时，开设相关理论课或在课内讲解数据处理及分析的方法，提供学习手册，鼓励学生掌握相关技术和方法，从而更好地将研究运用于设计中。对于零基础的学生，通过在线可视化的方式让学生充分理解场地，支持其设计的生成。

（2）因尺度而异的数据增强设计：研究及设计的尺度不同，数据增强设计的数据和方法也有所差异。龙瀛和沈尧（2016）构建的大尺度城市设计的时间、空间与人的 TSP 模型，阐述了不同尺度的数据增强城市设计框架。此外，通过“总体城市设计”及“EPMA 城市设计”课程的教学实践对比，笔者发现大尺度场地的设计需要强化类型学的观念，小尺度场地的设计需要强调研究及设计的精细化、精准化及差异化。

（3）因数据而异的数据增强设计：由于数据的完整性不同，数据增强设计的方法也不同。对于数据较充足的场地，可充分挖掘数据的内涵及其反映的人群或空间特征。而对于数据稀缺的场地，可采取另外两种模式：一是可以采用地理设计（GeoDesign）、基于过程建模（Procedural Urban Modeling）、生成式设计（Generative Design）等方法进行设计支持，在此过程中传统的空间分析仍具较大作用，二是借鉴相似规划目标的已建优秀案例，关注其体现的开发－形态－功能－活动－活力的关系，识别不同类型城市形态的优秀基因，提取模式，支持设计方案的评价和优选。

4.2 教训

教训主要体现在方法、设计与研究关系、团队合作等方面。

（1）学生热情高涨但掌握的技术方法有限：不同或同一课程的学生在量化研究方面的基础不同，虽然笔者针对不同基础的学生调整教学方法，但基础的差异仍制约着对数据的深入使用。目前虽开设有“大数据与城市规划”课程，但具体讲相关内容的章节有限，如果开设一门更具针对性的理论课，教学效果将更好。

（2）研究成果丰富但支持设计仍需桥梁：数据增强城市设计领域较新，已有方法论和软件工具支持力度不足，研究进展存在局限，制约着 DAD 思想在教学中的推进，数据和量化方法多应用于现状评价，出现问题与策略脱节，现状分析与未来设计脱节等问题，且在方案生成和方案评价方面进展缓慢，从研究到设计仍有难度。为此有必要开发生成式城市设计平台及设计方案量化评价平台进行支持，这也有待于对形态－功能－活动的类型学方面的深入研究。

（3）不同人或团队的深入合作仍存在困难：做定量研究和规划设计的往往是不同的人或团队，两者虽会配合，但两者松散合作或合作困难的关系，造成了 DAD 应用的局限性。如何有效利用 DAD 的教学思想，突破现有障碍，促进两类人紧密合作对数据增强设计在实践中的应用具有重要意义。

5 总结与展望

数据增强设计（DAD）由笔者和伦敦大学学院（UCL）沈尧共同提出，在其支撑下，笔者与合作者还提出与之密切联系的相关方法及概念，并在多门课堂教学中推进其教学思想的应用。本文对此进行了概述，并重点介绍了在清华大学三门课程中DAD思想的应用过程、成果及所取得的经验和教训。希望为日后在清华大学以及兄弟院校的相关教学工作，以及中国规划设计界的实践，提供参考。也希望这些参考，能够促进数据增强设计在规划设计教学和实践中的应用不断深入。

主要参考文献

［1］刘伦，龙瀛，麦克·巴蒂．城市模型的回顾与展望——访谈麦克·巴蒂之后的新思考[J]．城市规划，38（8）：63-70.

［2］王建国．基于人机互动的数字化城市设计——城市设计第四代范型刍议[J]．国际城市规划，2018，33（1）：1-6.

［3］吴志强，甘惟．转型时期的城市智能规划技术实践[J]．城市建筑，2018（3）：26-29.

［4］龙瀛，沈尧．数据增强设计——新数据环境下的规划设计回应与改变[J]．上海城市规划，2015（2）：81-87.

［5］龙瀛，沈尧．大尺度城市设计的时间、空间与人（TSP）模型：突破尺度与粒度的折中[J]．城市建筑，2016（6）：33-37.

［6］龙瀛．街道城市主义，新数据环境下城市研究与规划设计的新思路[J]．时代建筑，2016（2）：128-132.

［7］龙瀛，周垠．图片城市主义：人本尺度城市形态研究的新思路[J]．规划师，2017，33（2）：54-60.

Education Practices for Data Augmented Design

Long Ying　Zhang Enjia

Abstract: With the booming development of new data environment and emerging methodologies & techniques for urban studies, the form of computer aided planning and design is under the transition from system support to data driven. In such a background, Long and Shen（2015）has proposed the methodological framework Data Augmented Design（DAD）. This paper firstly addresses the term Data Augmented Design and its related concepts to lead to the introduction of teaching thoughts. Then, this paper pays more attention on DAD's applications in three courses. Through the discussion of introductions, teaching features and achievements, we present the methods, ideas and effectiveness that DAD integrated into courses. The experiences and lessons learned have also been summarized to share with the researchers and planners & designers in the domain of urban planning and design.

Keywords: Data Augmented Design, Urban Planning, Quantitative Analysis, Teaching Features, Effectiveness

定量分析方法在城市设计课程教学中的应用

田宝江

摘　要：大数据时代，城市设计定量研究既是大势所趋，也是提高其科学性的重要保障；另一方面，将定量技术与方法引入城市设计课程教学也是新时期学科发展的必然要求。本文结合城市设计课程教学案例，介绍了将定量分析方法引入城市设计课程教学的过程与途径。首先概述了国内外城市设计量化研究的成果，然后从现状分析、设计构思与方案生成、成果的评价与优化三个阶段，介绍了将定量分析引入城市设计课程教学的内容安排与方法运用，最后对教学实践及效果进行总结。

关键词：定量分析，城市设计，课程教学

1　新时期对城市设计及教学提出新的要求

近 20 年来，在“大智移云”（大数据、人工智能、移动互联网、云计算）等新技术迅猛发展的背景下，城市设计的理念、方法和技术获得了全新的发展，数字技术正在深刻改变城市设计的专业认识、作业程序和实操方法。城市设计正面临着新的转型。王建国院士提出了“第四代数字化城市设计”的概念，认为城市设计经过第一代注重物质空间的传统城市设计、第二代注重城市功能的现代主义城市设计、第三代注重生态优先的可持续城市设计的发展，现在正逐步向基于大数据和新技术的第四代数字化城市设计转型（王建国，2018）。随着大数据时代的到来，基于大数据的新技术为城市设计创新提供了支持和保障，将定量技术与方法引入城市设计，从传统的基于感性经验判断走向客观量化研究是新时期城市设计发展的必然趋势。

同样，高校作为培养城市设计人才的重要基地，也必然要在教育理念和方法上与时代同步。新的时代、新的城市设计范型的出现都对高校城市设计教育提出了新的要求，将城市设计最新的理论研究与实践成果引入教学实践，是当前城市设计教育的时代课题。本文结合我校城乡规划专业的城市设计课程教学实践，探索将定量分析与研究方法引入城市设计教学的途径与方法。

2　城市设计量化研究概述

城市规划界对城市设计数字量化的尝试由来已久。早年美国加州大学伯克利分校的亚历山大（Alexander）、英国剑桥大学的马丁（L.Martin）和马奇（L.March）、伦敦大学学院的希利尔（B.Hillier）和汉森（J.Hanson）以及近年巴蒂（M.Batty）等学者的工作，均在城市形态数字模型研究方面做出了重要贡献（王建国，2018）。

近年来，我国学者在城市设计定量研究方面也取得了丰硕的成果：

杨一帆、邓东等在苏州中心城区总体城市设计中，综合运用空间句法模型、GIS 系统下的三维模型、社会学与场所分析理论和技术，开展了一系列针对大尺度城市设计方法的技术实践。探索了一套建立在量化、实证的分析基础上的总体城市设计程序与方法（杨一帆 等，2010）。

龙瀛等提出“大模型”（Big Model）这一定量城市研究范式，开展了多项针对中国城市的精细化城市研究案例，如全国 200 多个城市的地块尺度城市扩张模拟、乡镇街道办事处尺度的 PM2.5 人群暴露评价、公共交通覆盖水平评价、人口密度变化及城镇格局等（龙瀛 等，2014）。

田宝江：同济大学建筑与城市规划学院副教授

王建国等以无锡为城市案例，提出以城市形态的演替追溯和城市特色的量化确定城市形态的核心价值；以空间形态总体调控和六项专项规划深化调控建构城市空间的骨架结构；据此明确总体城市设计的基础研究、空间整合、规划调控和导则编制途径，初步建立总体城市设计的工作方法；并在广州总体城市设计编制中，广泛运用了定量分析与研究手段，取得了很好成效（王建国 等，2011，2017）。

史宜等在昆山城市高度控制规划中，围绕建筑高度和开发强度两个核心因子，通过城市空间形态大数据分析，提出最高高度、容积率、基准高度、错落度、街区密度、开敞度等量化指标，建立昆山城市高度发展整体结构，并从地标、天际线、视廊、景观体系等方面引导城市竖向形态的规划（史宜 等，2016）。

周俭等在上海总体城市设计专题研究中，从城市三维空间数据量化入手，利用 GIS 技术及聚合运算分析，解读上海中心城区城市高度的层次格局和主从关系逻辑，在此基础上，总结城市高度的组合类型，提出对城市三维空间秩序进行整体优化的管控思路与对策（周俭 等，2017）。

另一方面，城市设计还十分关注公共空间物理环境的舒适性，包括热、风、声等，同时更加关注城市生态设计的量化研究。

很多学者对这些微环境及其与城市空间形态间的关系进行了研究，其定量分析多是基于仿真软件的微环境模拟。如，热环境研究上，武文涛建立和应用中尺度气象模型 HOTMAC 和 Fluent 软件模拟分析 CBD 内的热环境，并提出排热效率这一新指标定量分析城市热气候以指导城市设计（吴文涛 等，2008）；刘艳红等运用流体动力学数值（CFD：Computing Fluid Dynamics）模拟方法分析城市绿地空间格局对城市热环境的影响，以指导城市绿地空间布局（刘艳红 等，2012）。

综上所述，城市设计的定量分析研究与实践取得了广泛的成果，并在城市规划管理和城市建设实践中发挥越来越重要的作用，这些研究和实践成果也为将定量技术与方法引入城市设计课程教学提供了坚实的理论基础和丰富的实践案例。

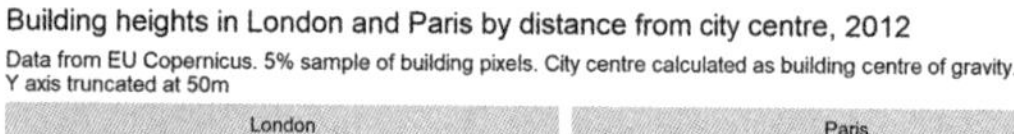

Building heights in London and Paris by distance from city centre, 2012
Data from EU Copernicus. 5% sample of building pixels. City centre calculated as building centre of gravity.
Y axis truncated at 50m

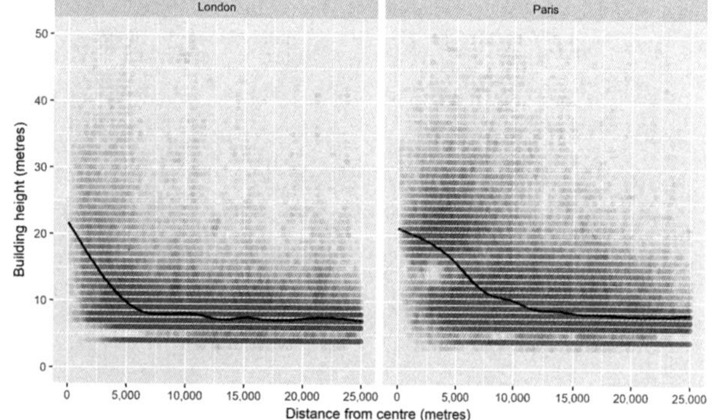

图 1　巴黎和伦敦建筑平均高度分析

（资料来源：https：//land.copernicus.eu/local/urban-atlas/building-height-2012?tab=mapview）

3　教学基本理念与内容安排

（1）教学基本理念

如前所述，将定量分析技术与方法引入城市设计，既是时代发展的必然要求，也是提高城市设计科学性的必然选择。在教学中，这种基于理性分析、客观量化的设计生成策略，作为基本理念首先要在学生头脑中树立起来，在强化学生前面所学关于空间塑造的基本知识和手法的同时，让学生的设计理念逐步实现从传统感性经验判断向理性量化分析转变，学会用数据说话。传统城市设计往往较多依赖于设计人员的主观经验判定与基于局部信息和个人化分析模型，实际上，个人在主观经验往往是不可靠的。比如，经过相关的数据统计分析，得知巴黎城市建筑的平均高度是 10.3 米，而伦敦的城市建筑平均高度只有 8.08 米，（图 1）这个数据和绝大多数人的经验判断相差很远，大家普遍认为这两个城市建筑的平均高度要远高于这两个数值，这就是主观经验带来的错觉。

（2）教学内容安排

在教学内容安排上，注重定量分析方法对设计的支持作用，强调技术路线的重要性。即，基于问题导向和目标导向，设定技术路线和研究框架，然后选择合适的定量分析技术与方法，使得定量分析真正起到对设计的支持作用，使设计成为定量研究的结果，或者通过定量分析来优化和改进设计。

教学阶段的安排，结合城市设计课程题目，一般分为现状分析、设计构思与方案生成、成果评价与优化三个阶段，每个阶段都引导同学运用相应的定量分析方法，从而实现定量方法对城市设计全过程的介入。以下就结合《上海虹桥商务区拓展片城市设计》中水系和绿地系统规划的教学案例，对每个阶段进行简单介绍：

1）现状分析阶段

现状分析阶段，主要是通过对相关现状数据、资料的收集整理和分析，运用定量分析技术，对基地资源禀赋和发展条件做出整体判断，并为下一步设计策略的建立提供坚实基础。

在“上海虹桥商务区拓展片城市设计”课程教学中，针对基地水系和绿地系统规划目标，首先指导同学对基地内部的水系进行相关分析。运用 GIS 赋值和因子叠加分析方法，通过对 DEM 高程数据、坡向数据、填洼数据，现状水面水向（水的流向）数据的综合分析（图2），发现基地处于江南水网地区，虽然水网密度较高，达到 2.3 公里 / 平方公里，且文化底蕴深厚，但也存在尽端河道多（16 处），循环不畅，点状水面散布，利用难度大价值低等问题。

在现状绿地系统分析中，运用上海城市多日气温数据反演，初步确定城市绿地系统的作用空间（指要改善风环境或降低污染的地区）与补偿空间（指产生新鲜空气或局地风系统的来源地区），然后，运用 GIS 因子分析法，对现状建筑高度、建筑密度、绿地、水系、道路交通等因子进行叠加分析，对现状通风廊道潜在位置区域进行预判（图 3）。

2）设计构思与方案生成阶段

在设计构思与方案生成阶段，关键在于制定合理的技术路线，强调方案生成的逻辑过程，以及在这个过程中定量研究分析对方案生成的直接支持作用。或者说，设计方案是在定量研究与分析的基础上，得出的解决问题和达成设计目标的最优解。在这个阶段，重点不在于技术与数据的罗列，而在于基于问题和目标导向，制定适宜的技术路线，围绕这个技术路线选择合适的定量分析技术与方法。

在方案设计的初期，就制定了最大限度地保留现状水系的目标。在规划水网的连接和网络化构建过程中，我们指导同学运用定量分析的方法来辅助设计。具体方法是在现状水向分析的基础上，对 16 个尽端河道的连接和疏通方向进行定量分析，以每个河道尽端位置为中心，向外 8 个方向对高程、坡度、坡向等数据进行 GIS 叠加分析，从而确定最有利的疏通方向，沿最有利疏通方向延伸河道，与相邻河道连通，进而形成完整的水系网络（图 4），有了这样的水网基础，规划的水网系统方案也就水到渠成（图 5）。

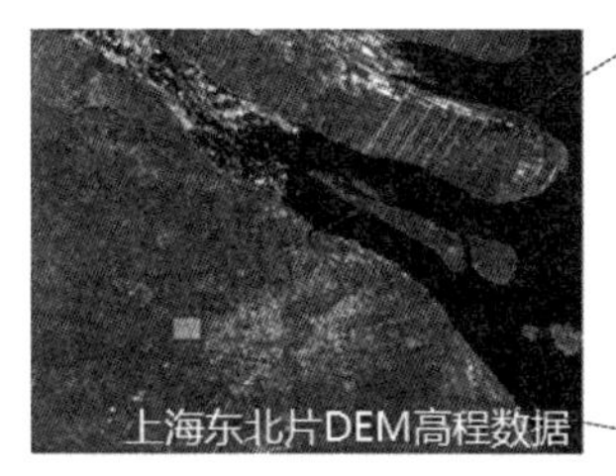

图 2　现状水系因子叠加分析

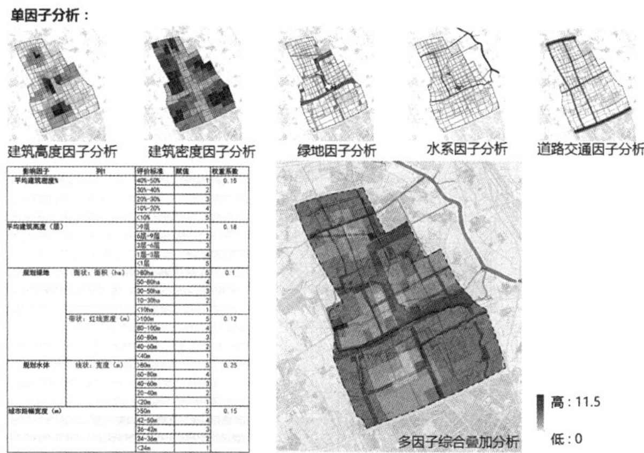

影响因子	列1	评价标准	赋值	权重系数
平均建筑密度%		40%-50%	1	0.15
		30%-40%	2	
		20%-30%	3	
		10%-20%	4	
		<10%	5	
平均建筑高度（层）		>9层	1	0.18
		6层-9层	2	
		3层-6层	3	
		1层-3层	4	
		<1层	5	
规划绿地	面状：面积（ha）	>80ha	5	0.1
		50-80ha	4	
		30-50ha	3	
		10-30ha	2	
		<10ha	1	
	带状：红线宽度（m）	>100m	5	0.12
		80-100m	4	
		60-80m	3	
		40-60m	2	
		<40m	1	
规划水体	线状：宽度（m）	>80m	5	0.25
		60-80m	4	
		40-60m	3	
		20-40m	2	
		<20m	1	
城市路幅宽度（m）		>50m	5	0.15
		42-50m	4	
		36-42m	3	
		24-36m	2	
		<24m	1	

图 3　现状绿地因子叠加分析

图例&说明

从East开始编号

East ......$2^0=1$
South East......$2^1=2$
South ......$2^2=4$
... ...
North East......$2^7=128$

32	64	128
16		1
8	4	2

图 4　现状水向分析

在绿地系统规划中，我们提出了基于城市通风廊道构建绿地系统的技术路线，并指导同学围绕这一技术路线展开设计。首先，通过对历年风向数据的分析，确定上海夏季和冬季的主导风向与风频特征（图 6），然后，将风向特征数据与作用空间及补充空间数据、通风引导潜力区域数据进行叠加，从而得到潜力风道区域与位置，将最具潜力的位置规划为绿地，从而形成绿地系统结构方案。可见，绿地系统结构的形成，完全是在前期定量分析的基础上得到的结果，真正实现了定量分析对设计方案的支持作用（图 7）。

3）成果评价与优化阶段

本阶段是指方案生成以后，运用定量分析技术与方法，对方案进行评估，发现方案存在的不足之处，并依据定量分析研究的结论，对方案进行完善和优化。

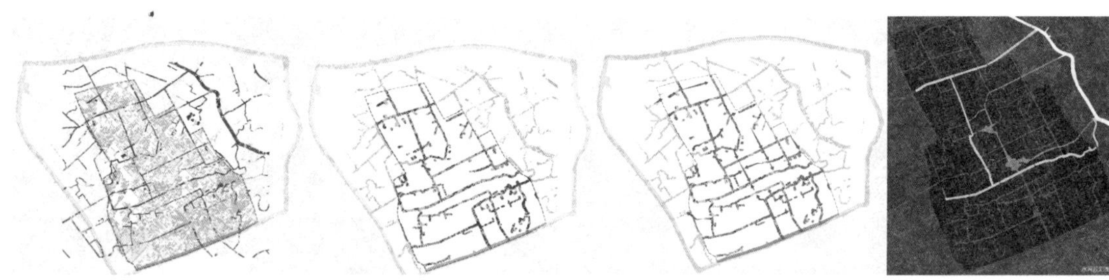

图 5　水系规划方案生成过程

上海总体城市气象数据（城市平坦，全市数据基本一致）

风向	春季		夏季		秋季		冬季	
	风向频率%	平均风速 m/s	风向频率%	平均风速 m/s	风向频率%	平均风速 m/s	风向频率%	平均风速 m/s
N	3.88	4.5	1.94	2.7	10.96	3.4	11.05	3.8
NNE	9.7	4.3	4.43	3.3	14.41	3.8	14.24	3.5
NE	5.54	4.0	9.97	3.8	8.93	3.5	10.76	3.2
ENE	8.86	3.6	13.57	3.5	10.09	3.9	7.56	2.7
E	7.76	3.7	11.91	3.4	7.78	3.4	4.94	2.1
ESE	11.91	3.8	14.96	3.4	5.48	3.1	6.40	2.6
SE	6.93	2.8	8.59	2.5	6.63	2.0	2.91	1.9
SSE	8.59	2.0	6.09	3.0	2.59	3.1	1.45	2.4
S	5.26	2.7	6.65	3.8	2.31	2.4	2.62	3.9
SSW	6.09	2.9	6.65	3.8	2.31	3.0	1.16	5.5
SW	6.09	3.3	6.65	3.9	1.44	2.4	2.62	2.9
WSW	2.22	2.3	2.49	3.0	2.59	2.1	4.36	2.3
W	2.77	3.2	3.60	2.5	5.48	2.3	6.69	2.7
WNW	6.65	3.5	0.55	3.0	3.75	3.1	5.52	3.6
NW	3.88	3.9	0.55	2.5	2.31	3.4	5.81	4.4
NNW	3.88	4.7	1.39	2.8	12.97	4.4	11.92	3.9

注：

[1] 表格中的风速为各季节不同风向的平均风速。平均风速统计方法为先统计相应时间段内各风向的频率，再统计各风向上的平均风速；

数据时间：2007-2017十年的风向、风频数据

数据来源：《中国建筑热环境分析专用气象数据集》

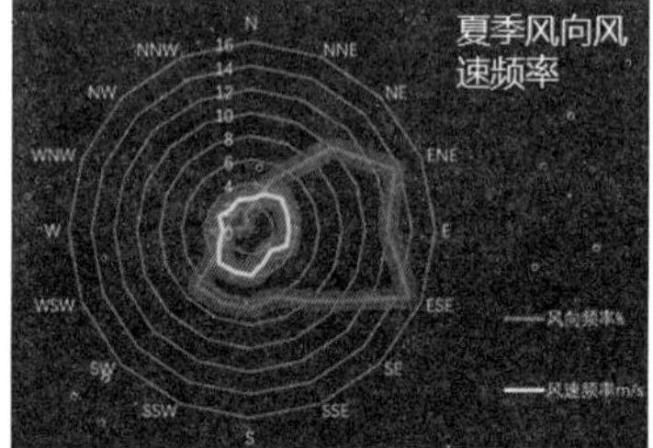

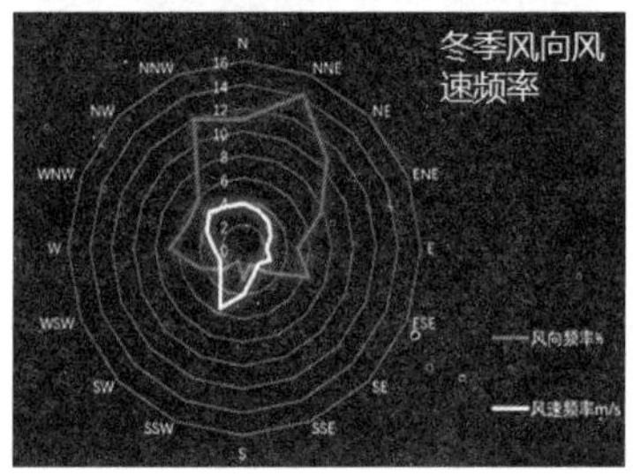

图 6　上海多年风向数据

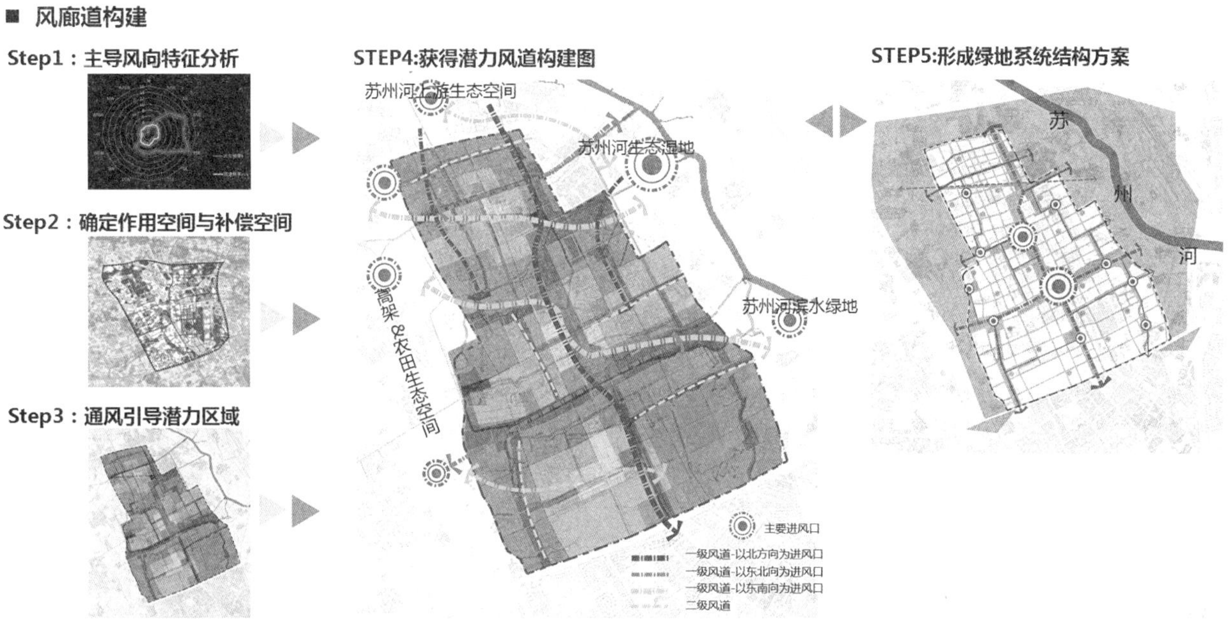

■ **风廊道构建**

Step1：主导风向特征分析

Step2：确定作用空间与补偿空间

Step3：通风引导潜力区域

STEP4:获得潜力风道构建图

苏州河上游生态空间

苏州河生态湿地

高架&农田生态空间

苏州河滨水绿地

主要进风口

一级风道-以北方向为进风口

一级风道-以东北向为进风口

一级风道-以东南向为进风口

二级风道

STEP5:形成绿地系统结构方案

苏 州 河

图 7　绿地系统结构方案生成过程

针对水系规划方案，我们指导同学分别从水网密度、水面面积、生态效益、施工难度、投资比例、水量分析等方面，进行 GIS 因子叠加分析，分析结果显示，规划水系方案较好地兼顾了上述各个方面，并最大限度地保留是现状水系和肌理，延续了地区特征和文化脉络（图 8）。

在绿地系统规划方案评价中，同学运用 GIS 多因子叠加分析评价方法，发现了规划方案需要优化的两个方面，并依据评价结果对原方案进行了调整和优化。一是通过多年主导风向特征数据及潜在通风区域的分析，将原绿地结构方案中南北向直线贯通的绿带改为折线形，通过这样的扭转，一方面和潜在通风区域位置更加吻合，另一方面避免了冬季寒风直接吹入城区内部，有效改善了局部小气候；第二个优化是通过定量分析，确定了主要通风廊道的宽度为 200 米。在以往的规划设计中，对于绿带的宽度确定往往是比较随意的，更多是考虑图面的美观效果，缺乏定量分析和数据的支撑。在本次城市设计教学中，我们鼓励同学通过定量分析来寻找设计的依据。主要思路是基于人体舒适风速的理论，在夏季常风向风速条件下，运用 ECOTECT 和 FLUENT

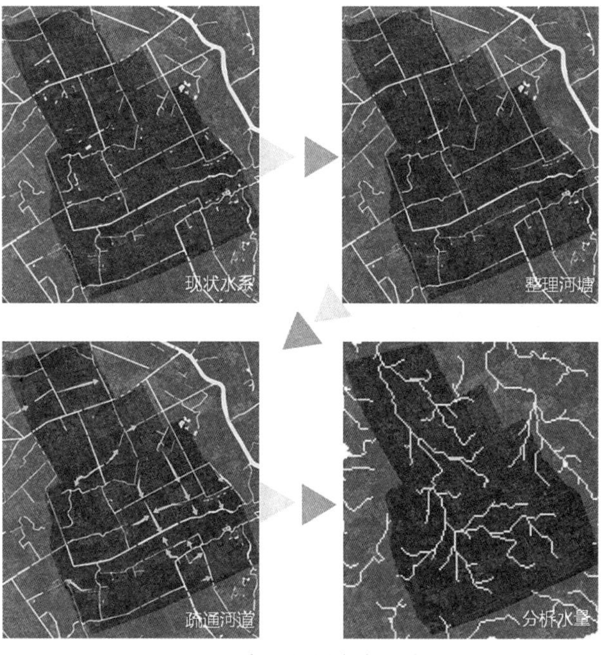

图 8　水系规划方案评价

软件进行局部地区相同风环境的尺度模拟，分别设定风廊道（绿带）的宽度为 100、150、200m 和 250m 四种方案进行比较，运算结果分析显示，风廊道宽度 200m 是最为适宜的宽度，结合周边的用地功能和土地利用效益分析，使得生态绿带的宽度确定不仅仅停留在图面美观的层面上，而是生态效益、经济效益与景观效益兼顾的结果，而这个结论的取得，很大程度上得益于数据定量分析的支持（图 9）。

4　小结与思考

随着大数据时代的来临，将定量技术与方法引入城市设计，从经验判断走向客观量化研究是新时期城市设计的必由之路。同样，将定量研究技术与方法引入城市设计课程教学，也是新环境背景下教学工作的必然选择。

就我校而言，城乡规划专业的城市设计课程一般是安排在四年级下半学期以及毕业设计中，应该说是对前面所学知识的综合运用。此前，学生已经经过较为系统的城市设计理论与方法的训练，掌握了一定的城市设计基础专业知识和技能；在大数据与定量分析方面，前面已经开设了“地理信息系统 GIS 在城市规划中的运用”、“城市模拟与行为分析”、“计算机技术与应用”等课程，为同学进行定量分析打下了一定的基础。另一方面，目前较为常用的定量分析软件如 ArcGIS、Xwoman、Ecotect、Fluent、Hotmac、Landsat8、Depthmap、Citymaker、TerraBuilder 等都具有较好的开放性，容易掌握，同学的自学能力也比较强，一般通过较短时间的学习，都能较为熟练的加以运用。在教学实践中，首先要确定从经验判断向定量分析转型的设计理念和基本导向，在教学内容安排上，注重技术路线的制定，有目的地选择适合的定量分析技术与方法，避免分析与设计的脱节，而是要把设计方案作为定量分析的结果，在现状分析、设计构思与方案生成乃至方案评价和优化各个阶段，实现定量分析技术与方法对设计的全过程介入与支持。城市设计定量化研究与实践近年来取得了广泛的成果，为教学活动提供了较为丰富的理论和案例支持，但由于我们开展城市设计定量化研究和教学的时间还很短，很多方面尚处在探索之中，教学理论体系和内容体系也不够完整，希望上面介绍的做法能够为各校在城市设计定量分析与教学中提供一些参考和借鉴。

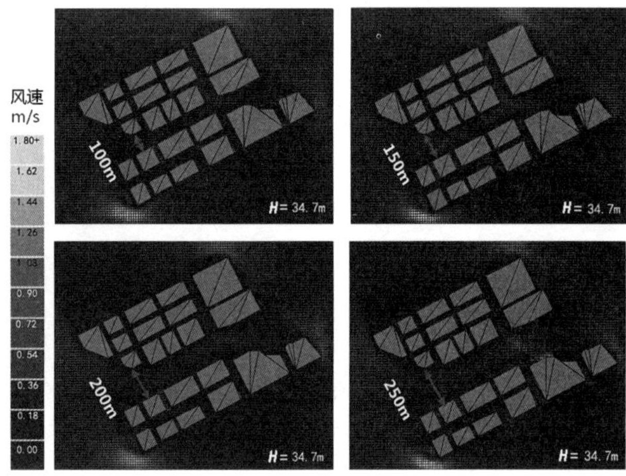

图 9　相同风环境的多尺度模拟

主要参考文献

[1] 王建国．基于人机互动的数字化城市设计——城市设计第四代范型刍议 [J]. 国际城市规划，2018（1）：4-10.

[2] 杨一帆，邓东，肖礼军，等．大尺度城市设计定量方法与技术初探：以苏州市总体城市设计为例 [J]. 城市规划，2010（5）：88-91.

[3] 王建国，阳建强，杨俊宴．总体城市设计的途径与方法——无锡案例的探索 [J]. 城市规划，2011（5）：88-96.

[4] 叶宇，魏宗财，王海军．大数据时代的城市规划响应 [J]. 规划师，2014（8）：5-12.

[5] 秦萧，甄峰．大数据时代智慧城市空间规划方法初探 [J]. 现代城市研究，2014（10）：18-24.

[6] 王波，甄峰，魏宗财．南京市区活动空间总体特征研究——基于大数据的实证分析 [J]. 人文地理，2014（3）：14-21.

[7] 龙瀛．城市大数据与定量城市研究 [J]. 上海城市规划，2014（5）：13-15.

[8] 杨俊宴，曹俊．动静显隐：大数据在城市设计中的四种应用模式 [J]. 城市规划学刊，2017（4）：24-33.

[9] 龙瀛，沈尧．数据增强设计——新数据环境下的规划设计回应与改变 [J]. 上海城市规划，2015（2）：81-87.

[10] 关成贺．城市形态与数字化城市设计 [J]. 国际城市规划，2018（1）：12-21.

[11] 周俭，余静，陈露，等．上海总体城市设计中的城市高度秩序研究 [J]. 城市规划学刊，2017（2）：61–68.
[12] 田宝江，钮心毅．大数据支持下的城市设计实践——衡山路复兴路历史文化风貌区公共活动空间网络规划 [J]. 城市规划学刊，2017（2）：78–86.
[13] 席广亮，甄峰．基于大数据的城市规划评估思路与方法探讨 [J]. 城市规划学刊，2017（1）：57–62.
[14] 武义涛．城市区域热环境及建筑排热影响的模拟及评价 [D]. 哈尔滨：哈尔滨工业大学，2008.
[15] 刘艳红，郭晋平，魏清顺．基于 CFD 的城市绿地空间格局热环境效应分析 [J]. 生态学报，2012（6）：1951–1959.

Applying of Quantitative Analysis Methods in Urban Design Course Teaching

Tian Baojiang

Abstract: Quantitative research of urban design will be a general trend of events, and will be the important guarantee of its Scientificity in big data era. The new period requests that using the technologies and methods of quantitative analysis in the courses teaching. This paper introduces the ways and process of how applying quantitative analysis methods in urban design course teaching based on the cases of teaching. At first, this paper gives a brief review of the research achievements about the quantitative research in urban design, and then explain the teaching contents and ways in urban design course through three stages, including existing situation analysis, the production process of the proposal and the evaluation about the proposal, at last, this paper gives the summary about the practices and effect of the course teaching.

Keywords: Quantitative Analysis, Urban Design, Course Teaching

"附能"—— 基于地理大数据云平台的城乡规划本科空间思维训练与数字技术应用支持

李苗裔 吴 丹 陈小辉 沈振江

摘 要：近几年，GIS 行业涌现出一批具有互联网思维的企业，正在打造一种新型的 GIS 服务模式——地理大数据云平台。这种服务模式的诞生为城乡规划专业的 GIS 教学带来了极大的便利，解决了地理数据获取难、GIS 工具学习门槛高的问题。作者根据 GIS 服务模式的变化，及时调整城乡规划专业的 GIS 教学模式。培养目标也由传统的培养 GIS 软件操作能力向培养学生的空间思维能力转变。作者在大一本科新开设规划数字技术课的教学实践中引入地理大数据云平台，取得了理想的教学成果。

关键词：GIS，地理大数据云平台，城乡规划，规划数字技术，教育改革

越来越多的城市规划专业教学中将 GIS 技术引入课程设置，以培养学生用空间思维解决规划中的地理空间相关问题。但由于 GIS 本身具有很强的专业性、GIS 软件使用门槛高、地理数据难以获取等现实问题，城市规划专业的 GIS 教学困难重重。随着 GIS 技术与大数据、云计算技术的不断融合发展，已经出现了基于互联网的 SaaS 形式的地理大数据平台。这类平台提供了丰富的地理数据、降低了使用门槛，为城市规划专业 GIS 教学带来极大便利，也促进了城市规划专业 GIS 教学方案的改革。作者尝试基于极海地理大数据云平台对城市规划专业大一本科生进行 GIS 教学，取得了理想的教学成果。

1 地理大数据云平台发展现状

如今，地理信息产业的应用不再只是地理信息数据获取、测绘技术服务等这些底层的应用，而是不断融合云计算、大数据、人工智能等新技术创新 GIS，再借助 GIS 的创新提升应用价值，寻找新型商业模式和服务模式，为企业和社会带来更大价值。这既是一种互联网思维，也是必须坚持的 GIS 发展路线。

传统 GIS 平台软件，如果 ArcGIS 、SuperMap、MapGIS 等知名品牌，在原有产品体系架构下逐步向云 GIS 服务转型，美国 esri 公司在 2012 年推出的 ArcGIS Online 产品、超图公司推出 SuperMap iCloud、中地数码也开发出了 MapGIS 10 这款最新的云平台产品。同时，市场上也出现了一批原生于云端的、以互联网 SaaS 服务方式为用户提供专业地理数据及地理分析服务的新生品牌，如国外的 Mapbox Carto，国内极海公司的 GeoHey。

GIS 技术以及服务模式正处于历史转折时期，正由传统的工具型向"数据 + 可视化工具 + 数据分析工具 + 业务应用"的一站式服务云平台发展。为了城市规划专业学生毕业后，快速适应 GIS 技术的变革，作者在城乡规划本科一年级"规划数字技术"课中将引入先进的极海地理大数据云平台做为 GIS 教学平台。

2 城乡规划专业 GIS 教学改革——从培养 GIS 软件操作能力到培养空间思维能力

新数据环境的快速发展以及城市研究方法和手段的进步，促进了计算机辅助规划设计的方法由系统支持转

李苗裔：福州大学建筑学院教授
吴 丹：北京极海纵横信息技术有限公司上海销售总监
陈小辉：福州大学建筑学院教授
沈振江：福州大学建筑学院教授

向数据驱动（刘伦和龙瀛，2014）。未来的规划师必将对各类数据有全面的认识、深刻的理解、熟练的分析方式和直观的表达方式。为了应对数据驱动的发展趋势，GIS 教学也应从 GIS 软件工具使用能力培养向空间思维能力、空间数据分析能力的培养转变。

城市规划专业 GIS 教学内容一般包括：GIS 基础理论教学、地理数据采集、GIS 工具使用及 GIS 在城市规划中的应用。这 4 项内容中，GIS 在城市规划中的应用是教学的最终目标，城市规划专业引入 GIS 教学的目的是培养学生用地理空间思维的角度去思考城市规划问题，并会使用 GIS 工具将思考结果进行可视化表达。但在实际教学中，由于 GIS 技术本身具有较强的专业性，教师和学生的大部分精力被前 3 个环节占用，使教学陷入 GIS 工具的使用教学中，并没有很好的实现学生空间思维能力的培养。随着地理大数据云平台服务方式的出现，地理数据采集和 GIS 工具使用这两项教学内容均得到了极大的改善。

极海地理大数据云平台上目前已积累了 20 多大类、160 多小类数据，涵盖行政区划、交通、人口、POI 等基础数据以及零售、医疗、地产、餐饮等行业数据。数据量达到亿万级；数据也在不断更新迭代，最快的数据一个小时就会更新一次。这使得学生们只要登录平台，就能马上看到大量的地理数据，快速建立对地理数据种类、组织形式的认知。并且对多项数据的关联性产生兴趣，引发对这些数据关联性的分析愿望。例如：当学生看到福州市人口密度数据和福州市公园数据后，立即产生了分析人口分布与公园分布关系的愿望。通过简单的数据叠加展示，学生即发现了福州南部区域，有高密度人口分布，但公园数据却很少，这进一步引发了学生对福州市公园这一公共服务设施资源配置规划的思考。在传统方式的 GIS 教学中，由于数据的缺乏限制了学生对各事物空间关系的想象力。平台的海量空间数据加速了学生对事物空间关系的理解，触动了对空间分析的愿望。

传统 GIS 教学方式中，最难的一步是 GIS 工具使用的教学。ArcGIS 是非常专业的 GIS 制图、分析工具，其功能强大，但操作也非常复杂。几节上机课后，也很难做出一幅完整的地图。地理大数据云平台以简洁、易懂的网页风格为用户提供服务，即使非 GIS 专业的学生，在第一节上机课后就能制作出简单的地图，这大大增强了学生对 GIS 工具使用的信心和兴趣。

通过使用地理大数据云平台，解决了数据获取的难题、降低了 GIS 工具使用门槛，使师生们将更多的精力转向空间思维能力、空间数据分析、模型分析的培养。

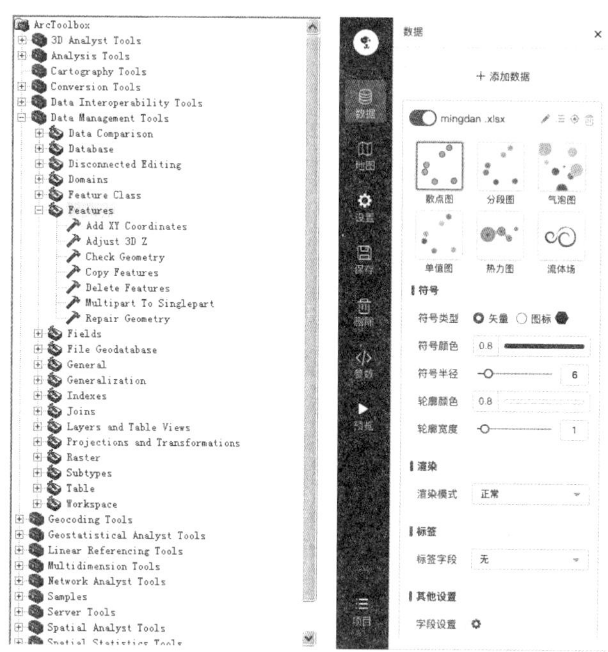

图 1　ArcGIS 软件工具箱　　图 2　极海地理大数据云平台制图工具

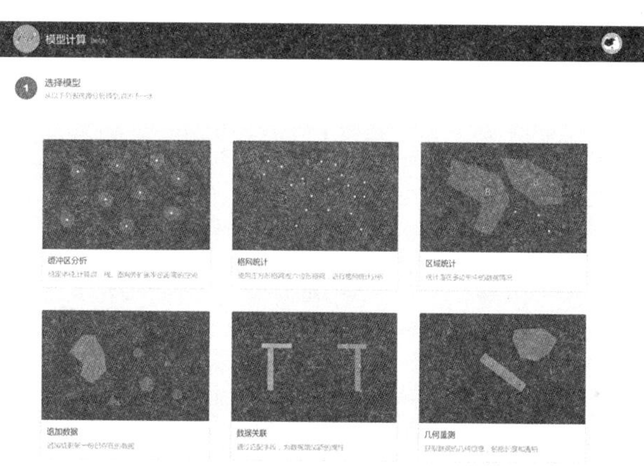

图 3　极海地理大数据云平台空间分析工具

3　地理大数据云平台在城乡规划专业教学中的应用

作者将极海地理大数据云平台引入城乡规划专业本科一年级规划数字技术课的教学。首先，借助极海平台上丰富的地理数据，使学生们快速建立对地理数据的直观认识。然后，利用简单的可视化工具实现地理数据的多种风格可视化，让学生学会用地图表达其空间思考的结果。最后，综合大数据获取、可视化、空间分析、成果发布等一系列操作，完成一项城市规划设计作品。具体授课内容及课时详见表 1。

3.1　教学设计

本次教学实践不仅对教学内容做了调整，在教学方式上也有所突破。借助极海平台用户群组功能，以教师的账号为管理员，将教师和学生的账号组成一个群组。教师可通过群组分享功能向学生分发数据和任务。由于群组内部成员可以互相引用其他成员的数据，也可以共同编辑一个数据，为学生的协同创作带来便利。云平台的方式为教学带来另一项便利是，只要有网络，随时随地通过电脑、手机、PAD 等移动设备即可登录进入自己的账号，完成地图制作任务。并且，极海平台提供了地图微信、QQ 传播功能，这令师生之间传递地图更加便捷。云服务的方式令教学活动不再局限于教室之内，增加了师生之间线上、线下的互动。

（1）GIS 基础知识教学

为避免 GIS 基础知识生涩难懂，本次教学以先提出地理问题，在解答地理问题的同时教授 GIS 基础知识。例如：为什么从世界地图上看，格陵兰岛的面积比中国的面积还要大？以此问题引出地图投影基础知识的讲解。为什么两幅福州市的地图叠加后却不能完全重合？以此问题引出坐标系的概念以及我国公共地图发布时地理坐标偏转的问题。

（2）地理数据的认识与可视化

在极海平台公共数据库中任选点状、线状、面状数据各 1 份，利用“数据上图”功能对这 3 份数据进行不同可视化风格表达的练习。每份数据至少做出 3 种不同风格的可视化作品。在数据选择过程中，强调由学生任选而不是教师指定，目的在于让学生充分浏览大量地理数据，快速建立对地理数据的认知。

（3）空间分析工具的使用

在极海平台公共数据库中，找到同一空间范围内至少 2 份不同内容的数据，比如：北京的联通手机信令数据（职或住）、北京菜市场分布数据、北京电影院分布数据、出租车分时流量数据等。通过叠加、缓冲区、格网统计、区域统计、等时圈、等距圈等分析工具，分析数据之间的关系。

（4）空间思维的运用

通过对地理数据的认识和空间分析工具的学习后，学生具备了初步的空间思维能力和地图表达能力。此时可以开始让学生从地理的角度去思考一些问题，例如，从地理维度去解释亚马逊收购全食公司的原因。为完成这个地理思考，学生需要获取全食门店地址、进行地理编码、计算每个店面的服务区，通过服务区和美国人口数据分析覆盖的家庭和人口。在完成这个作业的过程即是对学生空间思维能力、工具使用熟练程度的一次考验和梳理。

（5）拓展训练

通过以上教学过程，学生已对地理数据有了初步认

规划数字技术课程中GIS教学方案　　**表1**

序号	内容	课时	目的
1	GIS 基础知识	1	投影方式、地理坐标等概念普及教学
2	地理数据的认识与可视化	1	通过观察极海平台上提供的大量地理数据，让学生对地理数据建立直观的认识。并初步会对点、线、面类型的数据进行不同风格的可视化渲染
3	空间分析工具的使用	2	通过学习极海平台提供的空间数据分析工具，让学生掌握空间数据分析常用的方法
4	空间思维运用	2	从地理分析的角度去解读一些城乡规划中的问题和现象
5	拓展训练	2	对学生做进一步大数据获取技术、空间分析工具开发技术的更高层次能力训练

知、学会了常用的空间分析工具，并可以对一些事物和现象从地理空间的角度去解读。对尚有余力的学生做进一步大数据获取技术、空间分析工具开发技术的更高层次训练。

3.2 教学成果

作品名称：福州大学实时人气地点可视化

使用数据：多时段微博数据

作品特色：通过热力图及时间序列的可视化方法，对福州大学范围内不同时段的

人流聚集情况进行直观展示。

作品截图：

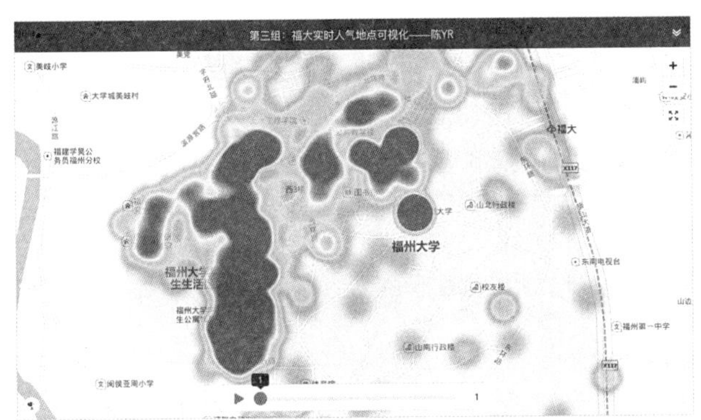

图 4 学生作业——福州大学实时人气地点可视化

作品发布：扫二维码访问作品

扫一扫立即分享

学生作品：福州市公园与人口密度关系分析

使用数据：福州市人口数据、公园数据

作品特色：通过对福州市人口数据与公园数据的叠加分析，发现福州南部区域，人口密度大，但公园覆盖率低。引发学生进一步思考福州市公园布局的规划问题。

图 5 学生作业——福州市公园与人口密度关系分析

作品发布：扫二维码访问作品

扫一扫立即分享

最后，将学生作品通过平台提供的地图门户网站进行统一的对外发布，以便各小组之间互相学习、交流作品。门户网址：https：//geohey.com/gallery/fzuup

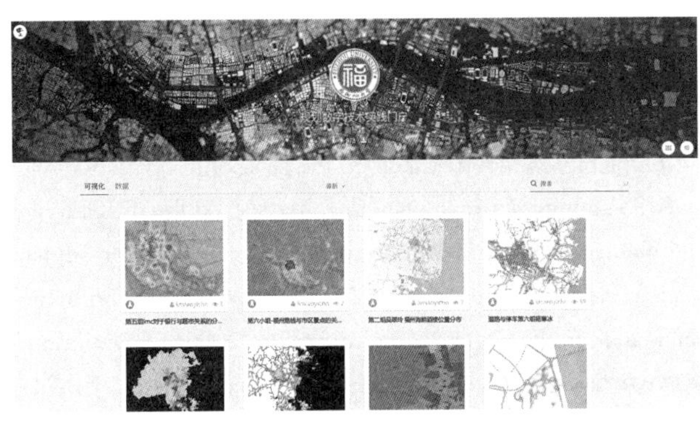

图 6 规划数字技术实践课地图门户

4 结论及展望

作者基于地理大数据云平台的 GIS 实践课程取得非常好的效果。极海平台上丰富的地理数据让学生快速建立对地理数据的认知，简单易用的数据分析工具降低了学习门槛，让学生们从 GIS 工具使用的学习过程中解脱出来，将更多的精力用于空间关系的思考与研究，非常有效的提升了学生的空间思维能力。

基于地理大数据云平台进行城市规划专业教学，是一种崭新的尝试，目前在互联网上积累的资源还不够多。但从目前已有实践和成果来看，这种方式给城市规划专业 GIS 教学带来了很大的改变。下一步作者将继续深入实践，由浅入深、结合实际案例、融入数据获取、数据分析、成果共享与发布整个作业环节，激发学生对地理思维的兴趣，加深学生对地理思维的理解。并形成一套可复制的城市规划专业 GIS 教学课程模板，在互联网上共享，让更多的教师和学生接触到这种新型教学方式，并有所收获。

主要参考文献

［1］史宜，胡昕宇．基于大数据技术的城乡规划本科数字化设计能力培养探索 [M]// 高等学校城乡规划学科专业指导委员会，内蒙古工业大学建筑学院．地域民族·特色——2017 中国高等学校城乡规划教育年会论文集．北京：中国建筑工业出版社，2017：412-416.

［2］龙瀛．数据增强设计最新研究进展及其教学实践 [J]．理想空间，2016（8）：4-7.

［3］龙瀛．基于问题导向和成果产出的城市大数据教学研究 [M]// 高等学校城乡规划学科专业指导委员会，内蒙古工业大学建筑学院．地域民族·特色——2017 中国高等学校城乡规划教育年会论文集 [C]. 北京：中国建筑工业出版社，2017：333-337.

［4］李苗裔，王鹏．数据驱动的城市规划新技术：从 GIS 到大数据 [J]. 国际城市规划，2014，29（6）：58-65.

［5］周小伍．城市管理专业 GIS 技能培养教学改革探究 [J]. 新课程研究（中旬刊），2017（10）：16-17.

［6］叶宇，魏宗财，王海军．大数据时代的城市规划响应 [J]，规划师，2014（8）：5-11.

Spatial Thinking Training and Digital Technology Support for the Urban-Rural Planning Undergraduate based on Geospatial Big Data Cloud Platform

Li Miaoyi　Wu Dan　Chen Xiaohui　Shen Zhenjiang

Abstract: In recent years, a number of enterprises with Internet thinking have emerged in the GIS industry, which created a new type of GIS service mode — the geospatial big data cloud. The emerging of this service mode has brought great convenience to GIS teaching of urban planning, and solved the difficulty both in obtaining geographic data and learning GIS tools. To respond the change of this new GIS service mode, the author adjusted the GIS teaching mode of urban planning. The training goal is transformed from the traditional GIS software operation to spatial thinking ability. The author also introduces the geospatial big data cloud in the course of new digital technology of planning in freshman year, and obtains ideal results.

Keywords: GIS, Geospatial Big Data Cloud Platform, Urban-Rural Planning, Digital Technology of Planning, Education Reform

城乡规划转型背景下的 GIS 原理课程教学实践探索

马　妍　陈小辉　赵立珍

摘　要：一直以来，GIS 在城乡规划本科教学中的主要问题探讨，多集中于 GIS 与规划实践的结合方面。如何在有限学时内合理组织教学内容，兼顾理论原理与规划实践应用，成为该课教学实践中的主要难点和挑战。本文通过 GIS 在城乡规划中应用的背景、教学的难点、课程设置对策、教学实践案例，四方面进行了阐述，并在此基础上提出若干建议。

关键词：城乡规划，地理信息系统，机器学习，规划支持

1　教学改革背景

随着城乡规划逐渐从增量向存量的转变，对高校城乡规划专业的学生培养也提出了新的要求，即需要学生在形态设计能力培养的同时，加强对规划区域空间发展、社会经济、资源环境的认识能力。地理信息系统（Geografic Information System，GIS）作为一个重要的地理空间信息存储、查询、分析和决策支持的系统，近年来其理论和技术日益成熟，大量功能强大、成本低廉、易于操作的商业化地理信息系统（GIS）软件在许多领域得到应用（Yao et al，2011；Nath et al，2000）。

在区域和城乡规划中，GIS 作为辅助规划决策的重要工具，正受到越来越多的规划师的重视，其自身网络化、集成化、开放性等发展趋势也在不断地推动城乡规划与决策方法的演变（李苗裔，王鹏，2014；马妍 等，2013；Shen et al.，2011）。在此背景下，如何通过 GIS 原理课程的讲授，培养学生在城乡规划实践的不同流程中的 GIS 应用能力、空间分析能力，进而提升其对规划区域发展现状和未来趋势的判识能力，成为城乡规划行业转型背景下的一个重要的教学挑战。

2　教学难点

鉴于上述背景，城乡规划专业在本科教学阶段便大多开设了 GIS 原理及应用相关课程，课程讲授一般由 GIS 专业教师或者有交叉学科背景的城乡规划专业教师承担。不同专业背景的教师在授课内容设置过程中难免受到自身专业领域知识结构的影响，比如 GIS 专业的教师较之城乡规划专业，更注重 GIS 自身原理和发展相关知识的纵向的讲授，而较少涉及城乡规划领域实践应用，后者则可能相反。除却教师可能对授课内容产生的影响，开课年级的不同，学生专业知识水平，以及对规划问题的理解深度，都会对教学效果产生影响。

总结来看，可以归纳出以下的问题和难点：一方面，过度注重 GIS 原理方法而忽视与规划实践的结合，则可能导致学生由于不理解该课程与自己专业的关联性而学习兴趣低落，积极性差。然而在实践中，如何适度的把握 GIS 原理方法的授课深度则成为另一个问题，重应用而轻理论的课程设置，可能导致 GIS 教学系统性弱，学生关于 GIS 的理论水平低，空间分析水平差，分析结果对错难以判读等问题。而从学生角度来看，开课年级越低，受其相关理论知识水平的影响，其对 GIS 的理解和应用能力也可能较弱。同时，城乡规划专业数理统计等相关专业课程的开设与否，也可能影响学生使用 GIS 进行空间分析的可能性，尤其是在进行空间统计、建设用地适宜性评价、规划方案分析时，受数理统计知识的约束，往往导致学生即使会使用 GIS 相关软件，也无法科

马　妍：福州大学建筑学院城乡规划系副教授
陈小辉：福州大学建筑学院城乡规划系教授
赵立珍：福州大学建筑学院城乡规划系副教授

学合理的选择分析模型，开展分析工作。

根据上述内容，基本可以对 GIS 课程在实践教学中的难点总结如下：（1）如何系统性的、轻重有度的讲授 GIS 原理和方法，对于学生建立较为系统的 GIS 基础知识，在未来的工作实践中根据个人需要进一步开展学习意义重大。（2）如何加强 GIS 与城乡规划专业其他专业课程、数理统计等公共科目的联动，对于提升学生的综合理论素养和 GIS 的分析实践能力同样重要。（3）如何与规划实践合理结合，对于培养学生科学规划与决策的系统能力至关重要。

3 课程设置对策

3.1 结合热点问题前置实践考核方向

在 GIS 教学中，较常采用的考核方式主要包括试卷考察与提交报告两种形式。其中前者有助于学生记忆重要的理论知识点，而后者则更有助于学生自主学习。因此，对于 GIS 本学科的同学，可能较多采取的便是闭卷考试的方式，同时考题难度的不同也对学生理论方法的学习深度提出了不同的要求。但是对于城乡规划专业而言，GIS 学习的主要目的，是培养对地理空间的思考、认识、分析能力，对城乡规划提供支持，因此在课程考核方式上较多选取提交课程报告的形式。但总体而言，两种方法各有利弊。如果仅在期末要求学生在任课老师提供的数据基础上进行实践操作，可能出现按照软件操作流程即可完成报告，对细节问题无法把控，平时上课无法把握轻重点、学习目的性不强等问题。加之不对原理方法进行试卷考核，反而可能影响学习效果。鉴于此，本文提出将期末实践考核的方向在课程开始时便首先进行设定。这样做有助于学生更有目的性的进行相关知识学习，尤其对于自主学习能力较好的同学，可以为其提供丰富自己相关知识的方向性参考。同时，配合课程进行中的开题与主要知识点的汇报，既让老师可以了解学生实践考核题目的进展情况，也可以让学生在课程中的参与度得到提高，结合个人实践中的难点在课上有的放矢的关注相关内容，加强了学习主动性和目的性。

3.2 教师讲授与学生汇报相结合的授课方式

（1）原理方法的课堂授课

经过本科 1–3 年的学习，学生已经具有了较为基础和扎实的设计功底。但是面对大空间尺度的规划设计问题时，往往较难客观的理解不同空间的机理特征，因此容易在规划方案的制定过程中，出现定性描述大于定量分析，缺乏逻辑推演过程等问题。而在 GIS 应用中，对

GIS课程理论知识教学的内容设计　　表1

第一章 地理信息系统概论（1 学时）
知识点：地理信息系统的基本概念；地理信息系统及其类型；地理信息系统的功能概述；地理信息系统的研究内容。
重点：地理信息系统的基本概念；地理信息系统及其类型
难点：地理信息系统及其类型
第二章 GIS 中的数据（3 学时）
知识点：数据涵义与数据类型；数据的测量尺度；地理信息系统的数据质量；空间数据的元数据
重点：地理信息系统的数据
难点：地理信息数据的特点
第三章 空间数据获取与处理（3 学时）
知识点：地图数字化；空间数据录入后的处理
重点：地理信息系统数据的采集和处理
难点：数据采集、处理方法
第四章 空间数据管理（3 学时）
知识点：空间数据库；栅格数据结构及其编码；矢量数据结构及其编码；矢栅结构的比较及其转换；空间索引机制；空间信息查询
重点：空间数据库建立
难点：空间数据库建立的方法
第五章 空间数据模型（2 学时）
知识点：空间数据模型的基本问题；场模型；要素模型；基于要素的空间关系分析；网络结构模型；时空模型；三维模型
重点：空间数据模型
难点：空间数据模型的建立方法
第八章 数字地形模型与地形分析（2 学时）
知识点：概述；DEM 的主要表示模型；DEM 模型之间的相互转换；DEM 的建立
重点：地形模型的建立
难点：地形分析方法
第九章 空间分析（2 学时）
知识点：空间查询与量算；空间变换；再分类；缓冲区分析；叠加分析；网络分析；空间插值；空间统计分类分析
重点：空间分析
难点：空间分析的方法

于地理空间坐标、投影变换的理论知识是 GIS 应用的基础。在课程内容的设计中，见表 1，主要从地理空间数据获取 – 处理 – 查询 – 分析 – 可视化，这一逻辑顺序进行组织。

（2）实践考核选题

为了便于学生更有效地将课堂讲授的理论知识应用在实践中，同时从实践中发现新的问题，进而在课堂上有的放矢的获取相关知识，本课程采取前置的实践考核题目设定。在概论介绍之后，便向学生提出本学期实践考核，即期末报告的选题方向。由于每个学生的学习习惯、专业知识丰富度、对本专业信息动态的把握皆不同，因此并不建议由学生个人完全独立选题。取而代之，采取教师限定选题方向，学生在期中进行开题汇报的方式进行。选题往往需要结合当时城乡规划领域比较热门的空间分析话题，比如多源数据在城市定量分析中的应用、基于图片识别的城市意象分析等，由学生根据自身特点遵从文献阅读 – 制定研究计划的流程完成开题，继而进行数据资料获取 – 实验 – 结论 – 报告撰写等工作。老师在这一过程中会针对学生的提问进行不定期的课后答疑，同时对于实验必须，学生无法独立获取的数据进行可能范围内的支持。

3.3 期末实践报告

有关学生实践报告的要求，需要其在文献资料阅读的基础上，根据自己的选题完成研究型实验报告，可以采用论文写作的形式，但并不要求达到学术论文的水平。其中，最重要的考核标准是评价一个学生是否能够有运用地理空间分析的手段认识空间发展现状、问题、提出规划政策建议的能力，这也成为本课程授课的主要目的。

4 教学实践案例

4.1 基于 POI 数据的北京市零售商业空间分布特征分析

（1）研究区域与数据来源

选取北京市辖 16 区 147 个街道作为研究区，共包括东城区、西城区、海淀区、朝阳区、丰台区、石景山区、门头沟区、通州区、顺义区、房山区、大兴区、昌平区、怀柔区、平谷区、密云区、延庆区，面积约 16558 平方公里，其中东城区、西城区、海淀区、朝阳区、丰台区、石景山区为北京的中心城区。本文采用 2013 年北京市商业兴趣点数据作为数据源，共包括 56811 个数据，商业网点数据表包含网点的单位名称、单位地址、零售业态分类等属性信息。研究区域零售商业统计数据见表 2。

研究区域行政区划面积及POI数量　　表2

行政区	总面积（平方公里）	兴趣点数量（个）
东城区	25	5042
西城区	32	3945
海淀区	426	7741
朝阳区	471	11440
丰台区	304	7141
石景山区	86	1133
门头沟区	1455	363
通州区	912	3088
顺义区	1016	2795
房山区	2019	1522
大兴区	1031	3867
昌平区	1352	3111
怀柔区	2128	1365
平谷区	1075	1637
密云区	2226	1894
延庆区	2000	727
合计	16558	56811

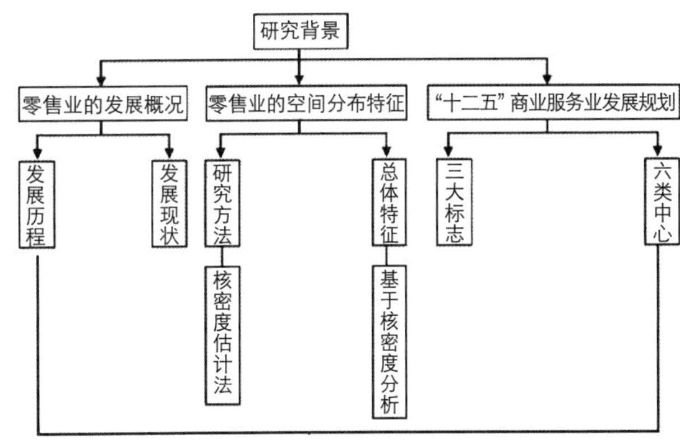

图 1　技术路线图

（2）研究方法及技术路线

本研究的思路主要为：建立北京市零售业 POI 地理数据库，运用 ARCGIS 核密度法分析进行密度值空间叠加生成核密度分布图，从而对北京市零售业的空间分布特征进行研究，同时结合北京市“十二五”时期商业服务业发展规划，分析其规划与现状分布的差异，并探讨其中原因。

（3）基于核密度分析的空间分布特征

本研究提取 2013 年北京市 56811 个零售业 POI 数据进行分析，将搜集到的 POI 数据在 GIS 中与北京矢量地形图进行空间关联，进行 POI 数据格网化。图 2 是 POI 数据在北京市的整体空间分布情况，主要集中于中心城区。

通过 ArcGIS 核密度法分析后得到图 4，从图中可以看出北京市零售业高度集聚分布区域主要集中在中心城区的三环内，主要为五棵树商圈、西单商圈、王府井商圈、CBD 商圈、中关村商圈等；零售业低密度集聚区主要分布在六环外。

进一步识别出 12 个商业中心，三个市级商业中心，分别为西单 – 王府井 –CBD 商圈、木樨园商圈、中关村商圈，9 个区级商业中心。市级商业中心中：西单商圈包括西单华威商场、西单赛特、中友百货、君太百货、LCX、北京时代广场等，以“时尚、品位、休闲”为主题，形成颇具规模和特色的青年社区；王府井商圈包括北极百货大楼、东安市场、新东安商场、市都百货、王府井女子百货、东方新天地，经营日用品、餐饮为主；CBD 商圈包括国贸商城、嘉里中心、贵友大厦、建外 SOHO、珠江地景、欧洲商业走廊、中环世贸、北京银泰中心，多经营高档时装、皮具手表、首饰等品牌，发展的是中等规模商业中心和社区商业街；中关村商圈包括多个主题子商圈，如数码商业街、图书商业街等，是一个中低档商圈；木樨园商圈包括大红门服装城、京温市场、天雅大厦、木樨园购物广场、百荣世贸、北京国际玩具城，主要为服装、家具、文具等商品的集散地，以批发零售业态为主要业态。区级商业中心：主要为北京市外围商业中心包括回龙观商圈、通州新城、顺义新城、昌平新城等，多为新兴低档商圈。

通过分析并结合实际的发展情况，北京零售业形成了三个市级商业中心、九个区级商业中心，总体来看北京市零售商业中心在空间分布上呈现块状集聚，多中心

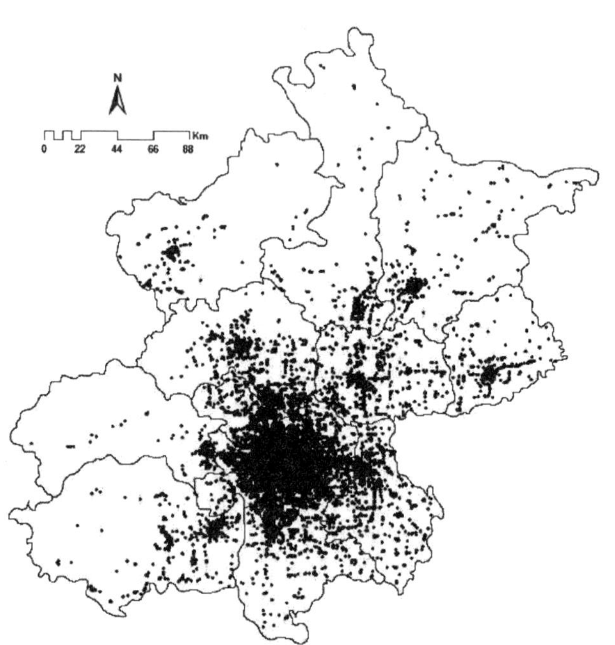

图 2　北京市零售业 POI 空间分布特征

图 3　北京市零售业 POI 核密度图

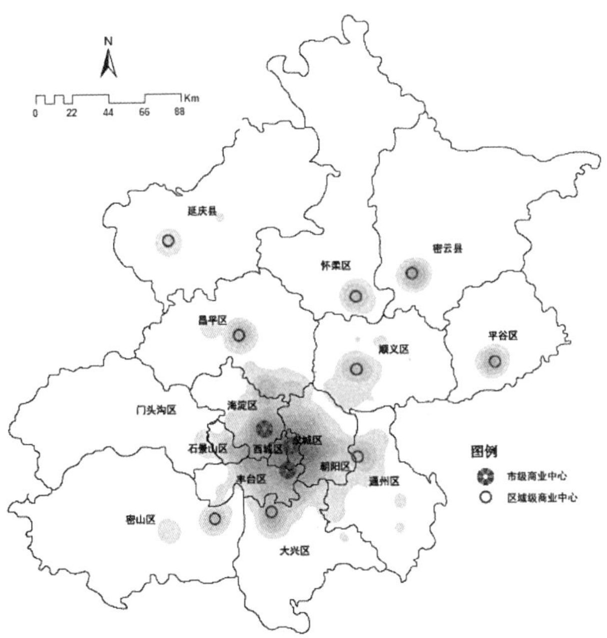

图 4　基于 POI 核密度的北京市零售商业空间结构特征

发展的空间格局。城市尺度下北京市零售业的分布特征主要表现为：形成由中心城区向外围区域扩散的多中心等级体系，在中心城区尤其是旧城区内有非常明显的规模优势并呈连片分布的特征，六环以外的区域以规模较小的区级商业中心为主，形成了由中心城区向外围区域扩散的多中心等级结构。与中心城区相比，外围的区级商业中心集聚规模较小，主要分布在新城周边区域。

（4）小结

北京市“十二五”商业服务业发展规划中对于北京市的商业发展规划，明确了围绕“三大标志”、“六类中心”和宜居型“社区商业”，突出重点，立体架构商业布局，优化商业布局体系的发展目标。进一步分析发展规划，提取与零售业态相关的规划，可以得知规划发展三大标志中心包括王府井、西单、前门－大栅栏商业区；六类中心中包括区域性商业中心：以北苑、望京、青年路、朝外、崇文门、公主坟等商业集聚区及新城中心商业区，城市文化体验型特色商业区：大栅栏－琉璃厂－天桥，什刹海－烟袋斜街、南锣鼓巷－五道营三大城市文化体验商业区，休闲商业中心：中关村国际商城、房山长阳休闲商业区、西红门休闲商业区。结合核密度法分析识别出的北京市商业中心可知，三大标志中心规划与现状基本吻合，王府井、西单、前门－大栅栏商业区识别出为市级商业中心，零售业态在此呈现出高度集聚的状态。同时也发现北苑、望京、青年路区域未被识别为区级商业中心，进一步分析可以发现，北苑、望京、青年路位于朝阳区，靠近旧城区，受旧城区市级商业中心影响，较难在邻近区域形成区级商业中心。

4.2　街道特征与共享单车骑行量的关系

（1）研究区域及数据

考虑到共享单车的数量分布和数据的代表性，研究区域划定在福州市中心城区的一个地段内，即以五四路、湖东路、鼓屏路和东大路 4 条城市主干路围合起来的区域，面积约为 9.5 万 m^2。划定研究区域时遵循以下 4 个原则：①包含地铁、公交站等交通设施；②包含商业街、购物中心等多种空间功能；③内部含有不同的道路等级；④研究区内的不同道路存在明显的空间异质性。

本研究所用的数据主要包括路网数据、POIs 数据、街景数据、共享单车 GPS 数据。

1）路网数据

考虑到研究的需要，本研究所用道路为自行车能够通行的道路；原始路网数据细节过多，且存在可能的拓扑错误等问题，因此路网经过制图综合与拓扑处理；考虑到空间句法要求道路不能有结点，因此道路均在折点处打断，道路不是完全按照交叉口打断的自然街道；最终参与计算的道路路段有 62 条，其中还包括道路等级以及是否机非隔离。

2）POIs 数据

POI 兴趣点（point of interest，POIs）数据是介绍城市各功能单元的基本信息。本研究所使用的百度 POIs 数据主要为百度公司为导航地图平台开发的对城市中不同功能设施的空间标注，我们通过其提供的 APIs 接口自动获取的福州市的 POIs 数据，获取的原始 POIs 数据为文本格式，其属性中含有经纬度坐标信息，依据经纬度坐标信息可在 Arcgis 平台上实现空间化，由此将文本格式数据转化为本研究可直接使用的矢量点位数据。

3）街景数据

街景数据为互联网地图采集的动态开放街景图片，并经过计算机图像识别分类生成的各种城市景观要素，如草地、天空等，每个要素的分值即为该要素占整张街景图片的比例。

4）共享单车 GPS 数据

安装有 GPS 接收芯片的移动设备可以收集城市中人、车等流动物体活动信息。本研究中使用的共享单车 GPS 数据是福州市 2017 年 12 月 9 日全天（星期六）的共享单车数据，初始数据量约为 73 万个 GPS 点。

（2）评价指标的构建

参考已有研究中关于街道品质和特征的评价指标（龙瀛，2016；黄舒晴 徐磊青，2017；徐磊青 等，2015），并综合考虑骑行活动的特异性，构建如表 3 所示的指标体系。一共 2 个 2 级指标，8 个 2 级指标，13 个 3 级指标。即分为街道的自身特征和环境特征，自身特征包括：物理特征、城市功能、街道性质、城市活力、内部交通联系。环境特征包括：外部交通联系、街道肌理、城市景观意象。

街道特征评价指标　　表3

评价指标			数据获取及处理
自身特征	物理特征	道路坡度	现场调研
		道路等级	
		是否机非隔离	
	城市功能	功能混合度	POI 数据
		功能密度	
	街道性质	周边现状用地	
	城市活力	人流活力	百度热力图
	内部交通联系	整合度	空间句法
		穿行度	
环境特征	外部交通联系	与地铁口距离	POI 数据
		公交站点密度	
	街道肌理	道路交叉口密度	地理信息系统
	城市意象	各类意象占比	街景数据

（3）分析结果

由于本研究中的量化指标只有“是否机非隔离”与“道路等级”属于有序的非连续变量，而其他指标则都属于连续变量且服从正态分布，所以除了“是否机非隔离”与“道路等级”的指标采用的是 Pearson 积距计算相关系数，而“是否机非隔离”与“道路等级”属于多项分布变量，所以采用 Spearman 相关性计算方法。

由表 4 我们可以得出共享单车流量与 9 个道路空间特征都是具有相关性的，其中强相关的有 1 个，为道路长度；中等相关的有 1 个，为与地铁口的距离；弱相关的有 7 个，其相关性绝对值大小排序为：功能密度（相关性系数：0.27）> 功能混合度（相关性系数：0.20）> 公交站点密度（相关性系数：−0.17）> 道路等级（相关性系数：−0.14）= 道路坡度（相关性系数：−0.14）> 整合度（相关性系数：0.1）= 穿行度（相关性系数：−0.10），有3个道路空间特征与共享单车流量不存在相关性，分别是是否机非隔离、人流活动、道路交叉口密度。在 9 个与共享单车流量具有相关性的道路空间特征中，由 3 个道路空间特征与共享单车流量呈现负相关，分别是公交站点密度、道路等级和穿行度。

5　结论与建议

在城乡规划专业本科的 GIS 教学实践中，单纯的理论或者实践教学在培养学生的空间分析能力方面均有一定的局限性，因此，两者相结合的教学方式更有利于学生学习相关知识和理解 GIS 与城乡规划的关系。但是，在实践操作方面，并不建议进行软件操作的演示和教学。相反，本研究认为 GIS 相关软件的使用只是本门课学生应该在课下自习的部分。相较于试卷考核，本文认为提交研究报告的考核方式更有益于学生运用地理空间分析的手段认识空间发展现状及问题，而在这个过程中，期末考核的方向应该前置，这样有助于学生有的放矢的安

共享单车流量和道路空间分析　　表4

道路空间特征	道路长度	道路等级	道路坡度	是否机非隔离	功能混合度	功能密度
相关性系数	0.71***	−0.14*	0.14*	0.06	0.20*	0.27*
道路空间特征	人流活力	整合度	穿行度	与地铁口距离	公交站点密度	道路交叉口密度
相关性系数	−0.04	0.10*	−0.10*	0.48**	−0.17*	−0.03

排学习计划，更高效的在课堂捕捉个人关注的知识点。从作者近几年该课的授课实践案例中可以看到，初接触 GIS 原理的同学基本能通过实验数据的分析、报告的撰写掌握一些基础的 GIS 空间分析方法和原理，并在一定程度上学以致用。

主要参考文献

［1］ YAO Hao-wei，DONG Wen-li，LIANG Dong，et al. Application of GIS on Emergency Rescue[J]. Procedia Engineering，2011，11：185-188.

［2］ Shree S Nath，John P Bolte，Lindsay G Ross，Aguilar-Manjarrez，Applications of geographical information systems（GIS）for spatial decision support in aquaculture，Aquacultural Engineering，2000，vol. 23（1-3），pp.233-278.

［3］ Shen ZJ，Yao X A，Kawakami M，et al. Simulating spatial market share patterns for impacts analysis of large-scale shopping centers on downtown revitalization[J]. Environment and Planning B：Planning and Design，38（1）142-162.

［4］ 马妍，沈振江，高晓路，等．城乡规划支持服务资源聚合现状及发展趋势 [J]. 地理科学进展，2013，32（11）：1670-1680.

［5］ 龙瀛．街道城市主义新数据环境下城市研究与规划设计的新思路 [J]. 时代建筑 2016（2），128-132.

［6］ 黄舒晴，徐磊青．社区街道活力的影响因素及街道活力评价——以上海市鞍山社区为例 [J]. 城市建筑，2017（11）：31-34.

［7］ 徐磊青，刘念，卢济威．公共空间密度、系数与微观品质对城市活力的影响——上海轨交站域的显微观察 [J]. 新建筑，2015（4）：21-26.

The Exploration of GIS Methodology Education Under the Background of Urban-Rural Planning Transformation

Ma Yan　Chen Xiaohui　Zhao Lizhen

Abstract: The most discusses of GIS education for urban-rural undergraduates are concentrated on the connection of GIS methodology and planning practice. How to well arrange the classes that both considered the demands for methodology education and planning practice tends to be the most challenge. This research focuses on the necessity of GIS education for undergraduate students in the major of urban-rural planning, and then concludes its challenges. Last some suggests, education examples are made accordingly.

Keywords: Urban and Rural Planning, Geographic Information System, Machine Learning, Planning Support

新形势下城乡规划技术教学创新模式研究*

韩贵锋　孙忠伟　叶　林

摘　要：空间规划体系下，城乡规划既要在纵向上往多尺度延伸形成“一张蓝图”，又要在横向上与多部门融合形成“多规合一”，传统规划的重大转型对城乡规划技术教学提出了更高的要求。结合重庆大学城乡规划课程设置，从数字技术、大数据与人工智能、生态智慧、灾害风险与气候变化等方面构建规划技术体系，并与设计课体系并行穿插，构建规划技术教学模块，为规划分析提供可扩展的工具箱。通过教学改革，训练学生的理性思维，强化规划过程的严谨性和科学性，培养适应时代需要的专业性人才。

关键词：城乡规划，规划技术，空间规划体系，多规合一，大数据

2018 年 3 月国务院机构改革，隶属于原住建部的城乡规划管理职责归并至新组建的自然资源部，构建“多规合一”的空间规划体系，解决多部门长期以来条块分割管理的矛盾，是实现“一张蓝图”干到底的重大举措。城乡规划行业将面临巨大的变革。在新形势下，传统的城乡规划一方面走向宏观性和综合性，与国土、环保、林业、水利等领域的规划融合；另一方面，借助于信息化、网络化、大数据和人工智能技术，城乡规划将走向微观化和精细化。然而，城乡规划面临方法和技术瓶颈，很难支撑和适应城乡规划转型发展趋势。当前，以大数据驱动的智慧规划技术是城乡规划创新发展的一股新生力量，已经成为规划方法技术转型的主导动因。城乡规划教育应该有超前意识为未来规划学者和规划师提供新技术方法和开阔的视野。

1　城乡规划技术教育的现状

城乡规划是处理“自然 – 人 – 空间 – 社会”复杂关系的多学科交叉承载体，以此实现各种资源的整合，各方利益的平衡。传统的城乡规划教育不注重培养规划的核心技术和方法、理性分析、科学性和严谨性等方面的知识。

* 基金项目：重庆大学教学改革研究项目（2017Y57）。

1.1　缺乏客观的理性思维

传统的城乡规划专业教学是以空间形态为核心，强调形态艺术美，不利于认识和解决复杂的城市问题，甚至有违背自然规律的风险。当前城乡规划教学轻视规划过程，过分关注规划结果。大量的空间形态设计课程，高强度地培养学生在一个既定的框架中，以被动跟进的方式按照标准、规范、导则和管理办法完成一个预设的任务（命题或目标），缺少理性的逻辑思维，使得规划分析过程变成“黑箱 / 半黑箱”。这样的培养方式，使得学生的发散思维得到了很好的训练，但是缺少理性的收敛思维，难以在学生的知识体系中建立一个相对客观的评价准则，对规划成果进行自我判断。

1.2　对城市运行机理的认识不足

城市规划的对象涉及的自然环境、经济发展、社会文化等都有其自身的形成演变规律。城乡规划专业的培养，并未注重对影响机理的深刻剖析，找出规律或者问题的症结所在，难以把握发展趋势，对症下药，让城市规划方案具有针对性和适用性。当前流行的工作坊教学模式，也难以在短时期内分析和揭示城市深层的运营规

韩贵锋：重庆大学建筑城规学院教授
孙忠伟：重庆大学建筑城规学院副教授
叶　林：重庆大学建筑城规学院副教授

律或某个城市问题的根源，对规划方案成果表达的过分渲染，使得学生习惯于用空间形态掩盖规划过程，也无法对规划可能的预期进行评估和检验。

1.3 城乡规划量化分析方法不足

规划方法偏于“软”方法和不可检验性的方法，缺少“硬”方法和量化方法的运用，认为灵感、创造性更重要[1]。以归纳、总结和综合判断占主流的方法，是以经验为主导，并与规范、标准、技术导致和管理办法的进行对照，通常导致规划过程的缺失，“悟性”变成了学生掌握规划过程的能力，规划分析与规划成果往往脱节，更有甚者，部分学生本末倒置，先有规划方案后再补充规划过程。当前城乡规划专业的教学培养缺乏必备的数理基础知识，很难在短时间内，学习和熟练应用数量分析方法和技术。

1.4 城乡规划与相关学科的结合不足

城乡规划涉及众多学科，但是城乡规划教学仅仅对这些相关学科的理论简要介绍，正所谓“知其然而不知其所以然”，学生仅能了解基本的概念和近乎常识性的基本原理[2]。在规划实践中，应用于城乡规划中的相关学科知识，仅停留在表面上的概念或理念借用，经常出现堆积和拼凑其他学科理论的现象，无法将城乡规划过程与相关学科的原理、方式或技术耦合，有时候甚至出现滥用、错用现象。

2 城乡规划技术发展的机遇

2.1 空间规划体系时代

在统一的空间规划体系下，城乡规划将从主导城市建设转变为服务于自然资源管理和生态环境保护，城乡规划行业将从主角转变为配角，融入全域空间资源管控之中。无论是传统的规划，还是近年来的诸如海绵城市、综合管廊、城市双修、街景整治、特色小镇、美丽乡村、田园综合体、乡村振兴等新类型规划，都习惯了套标准和案例范本模板的套路，没有形成核心技术，没有深入思考和科学理性的推演，难以满足城乡规划在纵向和横向转型中对技术和方法的要求。

2.2 大数据时代

大数据层出不穷。在城乡规划领域的主要研究是基于社交网络、手机数据、浮动车数据和城市传感器数据等海量时空数据，分析城市结构，揭示居民出行规律，使人们能够以前所未有的精细度来认知城市。在大数据的驱动下，依据传统的“自上而下”静态数据的规划思维、方法和技术难以应对“以人为本”的动态规划。在城乡规划人才培养过程中，应该结合时代的发展和“智慧城市”的建设需求，在传统教学环节中适当增补内容，革新城乡规划的数据获取途径、分析手段、数据可视化，以及规划效果检验等，促进规划研究方法和技术的提档升级。

2.3 存量规划时代

经历了多年的快速、粗放式扩展之后，存量更新是发展的主题。增量规划向存量规划转型，城乡规划将更多地关注城市细部进行“精耕细作”，设施精细化配置、社区自组织、城市（微）更新等需求逐渐增多，这与大数据的“个体性”特点非常吻合。存量规划必须处理和平衡错综复杂的现状关系，分析经济、居民活动、技术、资本、信息等要素的流动特征和功能空间的相互关系，认识城市空间结构、空间运行质量，关注城市要素内部的作用机理，现实的需求亟待城乡规划人才培养模式在分析方法和技术方面做出响应。

3 城乡规划技术体系

城乡规划技术体系是以 GIS 为基础平台，以数据作为驱动，以问题和目标为导向，按照不同的分析目的，构成一个横向上多领域融合、纵向上深入扩展的可扩展技术应用体系（图 1）。随着城乡规划与空间规划体系的全方位和全尺度的深度融合，相关方法和技术将越来越多。

3.1 空间规划体系中的数字技术

全域空间规划体系中，从大尺度到中尺度，GIS 和 RS 作为必备的数字技术，通常用于数据获取和处理，构建数据库，实现初步的通用分析，辅助支持规划综合判断，贯穿于规划编制、管理、实施、评估和动态更新全过程之中[3, 4]。从中尺度到小尺度，尤其是在人为活动密集的城市内部空间中的精细化规划更新中，借助于各种数字化模拟和仿真技术，更加客观地揭示城市发展演变规律，快速诊断城市发展问题，识别主导因素及内部作用机理，准确预测城市未来发展情景。数字技术是规

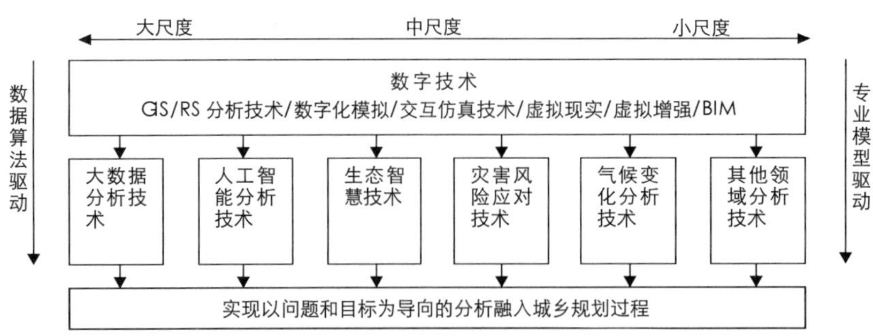

图 1　城乡规划技术体系

划技术教学的基础，主要包括：GIS、RS 空间分析技术；数字化模拟技术；交互式仿真技术；虚拟现实 / 虚拟增强技术；BIM 技术。

3.2　城市空间行为大数据分析与人工智能技术

大数据时代的思维方式为城市规划的数据获取方式和分析技术带来新的启示。大数据强调对居民行为感知、企业、交通、要素流动等综合要素的系统性研究，借助 GIS、云计算、AI 等技术平台，更加全面地分析数据的相关性，揭示城市要素的运行状态和演化规律，提高城市规划、建设、管理运营方面的智能化决策水平，并为下一步城市规划技术改革带来极大的可能性，甚至带来整个城市规划思想方法的变革[5]。主要包括：公交（地铁、出租车）刷卡、交通工具 GPS 轨迹、停车场车牌识别等交通大数据分析方法与技术[6]；手机数据（手机信令）分析方法与技术[7, 8]；家庭智能化设备数据（水、电、气）分析方法与技术；Location-Based Service（LBS）的 POI 大数据分析方法与技术[9, 10, 11]；社交媒体大数据分析方法与技术[12, 13, 14]；人工智能（AI）规划技术[5]。

3.3　城乡规划中生态智慧技术

城市作为一个复杂系统，生态智慧倡导生态、社会、文化和经济等城市系统组成部分的协调[15]，生态（工程）技术实施后能获得持续的生态效应，主要包括：规划的生态效应评估技术；基于生态服务的规划技术；低影响开发（LID）技术；海绵城市技术；城市生态修复技术。

3.4　城市灾害风险与气候变化分析技术

气候变化背景下，高密度城市的灾害风险及可能的损失越来越大，将降低灾害风险的措施及目标植入城市规划行动计划，构建气候友好型城市发展模式[16]，是可持续低碳城市和韧性城市建设的重要内容[17, 18, 19]。主要包括：城市灾害风险评估技术；城市灾害风险治理技术；灾害风险的规划应对途径；基于规划情景的城市气候模拟；气候友好型的规划技术及绩效评估技术。

4　城乡规划技术教学的实施路径

以技术逻辑为主线，通过教学方式和内容的完善，组建一个城乡规划技术特色课程群，开发一套地理设计特色课程模块，形成一种与主干设计课程并行且全过程融合的教学模式。培养学生善于正确地汲取相关学科的分析方法技术，有效融入城乡规划专业培养中，为规划分析提供工具箱。

围绕设计课程系列，首先增补基础数理知识，培养基本的理性逻辑思维；然后将规划技术主线与传统的设计课程体系主线并行，并以规划需求为导向，技术教学主线与规划课程设计全过程交叉，形成城乡规划技术链：数理基础 – 数据获取 – 分析方法 – 分析平台 – 地理设计（规划应用）（图 2）。通过课程群、教学形式、教学内容、教学方法、分析工具和技术模块等环节实现规划技术的渗透式教学。

4.1　组建城乡规划技术特色课程群

串接现有课程，组成城乡规划技术课程群，构建城乡规划技术大类课程体系。

（1）数理基础：利用全校性公共课程改革契机，增补概率论与数理统计、线性代数等基础课程，培养理性逻辑思维。

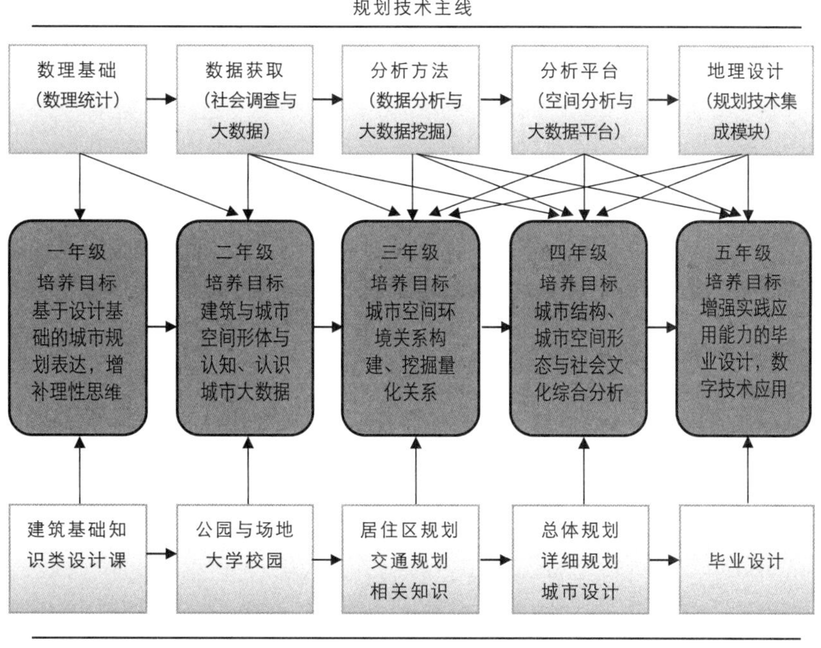

图 2　城乡规划技术教学主线

（2）数据获取：基于现有课程“城乡规划社会调查”，扩展大数据来源，更新传统的数据收集手段，增强数据处理能力。

（3）分析方法：基于现有课程“城市规划数据分析方法”，除了经典的数理统计方法外，增补大数据分析方法、生态技术和气候变化减缓与适应技术。

（4）分析平台：基于现有课程“建筑与规划数字技术”，以 GIS 和 RS 技术为核心，以城市问题和规划目标为导向，实现数据收集、方法选择、分析解释和可视化等。

（5）地理设计：基于现有的主干设计课程，将市政、交通、生态、气候、灾害风险等核心的基本知识与规划方法技术集成，开发地理设计课程模块，全过程渗入多层次规划设计课程中，实现规划技术的综合应用。

4.2　城乡规划技术授课方式多样化改革

以规划应用为目标，改革规划技术课程传统的纯理论课堂授课方式，广泛采用分析实验、上机模拟、课堂讲座等多种灵活方式，培养学生在面对不同的城市问题时，能够选择正确的分析方法，然后采集数据，解释结果，检验效果，在规划语境中表达分析成果，并在规划方案中恰当应用。

（1）“城乡规划社会调查”：理论课程 + 分析实验，培养大数据采集和处理技能和社会经济模型的应用。

（2）“城市规划数据分析方法”：理论课程 + 分析实验 + 上机模拟，培养分析方法、工具的使用和对分析结果的解释。

（3）“建筑与规划数字技术”：理论课程 + 分析实验 + 上机模拟 + 设计课程，培养以 GIS 为分析平台的数据分析方法的实现，并贯穿于规划设计课程中。

4.3　强化城乡规划分析方法与分析工具

以“城市规划数据分析方法”课程为依托，通过实验环节培养学生熟悉典型软件工具的使用。例如 GIS 空间分析（ArcGIS）、RS 应用分析（ERDAS）、BIM 分析（Revit）、虚拟现实仿真（Virtools）、经典统计分析（SPSS）等通用软件，以及空间统计、数量经济分析、大数据分析、生态模型和气候变化模型等专业模型软件。

4.4 以城乡规划技术为支撑的地理设计课程模块

以传统的主干设计课程为基础，分析生态、环境、水文、地质等自然过程，揭示自然地表的规律，基于专业模型，开发一套城乡规划技术工具箱，形成“地理设计”特色课程模块，使其灵活应用在不同尺度和类型的城乡规划课程设计中。

5 结语

从数字技术、大数据与人工智能、生态智慧和灾害风险与气候变化等四个方面初步搭建了一个开放式规划技术体系，建立规划技术链并与设计课主线并行穿插，形成全过程渗透式教学模式，开发规划技术教学模块，为规划分析提供可扩展的工具箱。通过教学改革，训练学生的理性思维，强化规划过程的逻辑性和严谨性，提升城乡规划的科学性，培养适应大数据时代和全域规划管理的复合型人才，满足新形势下城乡规划转型发展的需要，发挥城乡规划在空间规划体系中的贡献。

主要参考文献

[1] 尹稚，马文军，孙施文，等．城市规划方法论．城市规划 [J]，2005，29（11）：28–34.

[2] 张庭伟．城市规划的基本原理是常识 [J]. 城市规划学刊，2008（5）：1–6.

[3] 韩贵锋，颜文涛，孙忠伟．城市规划专业 GIS 课程教学改革的思考 [C]// 全国高等学校城市规划专业指导委员会，云南大学城市建设与管理学院．规划一级学科，教育一流人才—— 2011 全国高等学校城市规划专业指导委员会年会论文集．北京：中国建筑工业出版社，2011：224–227.

[4] 韩贵锋，孙忠伟．城乡规划 GIS 空间分析方法 [M]. 北京科学出版社，2018.

[5] 吴志强．人工智能辅助城市规划 [J]. 时代建筑，2018（1）：6–11.

[6] 龙瀛，孙立君，陶遂．基于公共交通智能卡数据的城市研究综述 [J]. 城市规划学刊，2015（3）：70–77.

[7] 钮心毅，丁亮，宋小冬．基于手机数据识别上海中心城的城市空间结构 [J]. 城市规划学刊，2014（6）：61–67.

[8] Becker R，Hanson K，Isaacman S，et al. Human mobility characterization from cellular network data[J]. Communications of the Acm，2013，56（1）：74–82.

[9] 索超，张浩．高铁站点周边商务空间的影响因素与发展建议——基于沪宁沿线 POI 数据的实证 [J]. 城市规划，2015，39（7）：43–49.

[10] 李国旗，金凤君，陈娱，等．基于 POI 的北京物流业区位特征与分异机制 [J]. 地理学报，2017，72（6）：1091–1103.

[11] 黄伟力．基于 POI 的城市空间结构分析——以北京市为例 [J]. 现代城市研究，2017（12）：87–95.

[12] Starbird K，Dailey D，Walker A H，et al. Social Media，Public Participation，and the 2010 BP Deepwater Horizon Oil Spill[J]. Human and Ecological Risk Assessment，2015，21（3）：605–630.

[13] Wang Z，Ye X，Tsou M H. Spatial，temporal，and content analysis of Twitter for wildfire hazards[J]. Natural Hazards，2016，83（1）：523–540.

[14] Cheng P，Wei J，Ge Y. Who should be blamed? The attribution of responsibility for a city smog event in China[J]. Natural Hazards，2017，85（2）：669–689.

[15] 王昕晧．以生态智慧引导构建韧性城市 [J]. 国际城市规划，2017，32（4）：10–15.

[16] 国家发展和改革委员会，住房和城乡建设部．城市适应气候变化行动方案 [R]. 2016.

[17] 宋彦，刘志丹，彭科．城市规划如何应对气候变化——以美国地方政府的应对策略为例 [J]. 国际城市规划，2011，26（5）：3–10.

[18] 张蔚文，何良将．应对气候变化的城市规划与设计——前沿及对中国的启示 [J]. 城市规划，2009，33（9）：38–43.

[19] 顾朝林，谭纵波，刘宛，等．气候变化、碳排放与低碳城市规划研究进展 [J]. 城市规划学刊，2009（3）：38–45.

A Study on Innovation Technological Education Mode in Urban and Rural Planning under the New Situation

Han Guifeng　Sun Zhongwei　Ye Lin

Abstract: In the transition process of spatial planning, traditional urban and rural planning has to take a dramatic transformation : urban and rural planning has to not only be extended to multi-scale in the vertical direction to compose "one blueprint", but also to be combined with other plans from relevant government sectors in the horizontal direction and form a "multiple-plan integration" . This set higher requirements for the technological education in the major of urban and rural planning. Base on the curriculum system of urban and rural planning in Chongqing University, a preliminary framework of technological education is established including digital technologies, big data, artificial intelligence, ecological wisdom technologies, disaster risk management and climate change simulation. These analytical technologies in planning will be integrated in designing courses and produced a series of teaching modules which will provide an extensible toolbox for planning practice. Through teaching reform, students will improve their ability of rational thinking, as well as their preciseness and scientificity in planning process. Thus, they are better equipped to adapt to the needs of the new era.

Keywords: Urban and Rural Planning, Analytical Technologies in Planning, Spatial Planning System, Multiple-plan Integration, Big Data

质性研究方法介入乡村调查的探索与实践*
——以华中科技大学乡村认知实习为例

王宝强　陈　姚　耿　虹

摘　要：针对目前本科生乡村调研时间短、调研内容关注“物质”甚于“人”、调研方法和结果“不接地气”和“失真”的问题，借鉴质性研究方法，提出构建以“村民”为核心的乡村调查方法，探索了将传记、民族志、扎根理论、案例研究方法介入乡村调查的可行性、方法途径和设计程序。在华中科技大学乡村认知实习中，运用质性研究方法对土地流转过程中的不同利益群体的关系、不同年龄群体村民的需求、村民公共活动空间及其偏好三方面问题进行了初步探索。结果表明：质性研究方法介入乡村调查能够帮助学生对乡村生产生活、组织管理模式和利益关系、村民需求和空间偏好等问题有深层次的思考和认知，为进行可操作性的、村民需要的规划奠定基础。

关键词：乡村调查，质性研究，乡村认知，人本主义

十九大报告提出“实施乡村振兴战略”，意味我国进入了城乡协调发展的新时代。城乡规划学科应该充分发挥自身优势，重视乡村规划教育，为我国乡村振兴战略的实施夯实基础。由于乡村的物理环境、社会文化组织结构、空间形态、建筑形式、管理方式都与城市有较大差别，乡村规划更需要接地气，扎根于深入、细致的实践调研，深入了解乡村的生产方式、业态组成、居民生活习惯、人际交往习惯等（周岚，2015）。只有让农民了解、弄懂规划的目的，才能让规划成果融入当地居民的生产生活中。

我国众多高校都开设了乡村规划本科教学，安排了乡村调查实习，让学生从专业角度进行乡村调研、考察乡村环境，对乡村进行直观的感受，进而认知乡村、理解乡村、融入乡村、规划乡村。如何在有限的时间内激发学生的学习兴趣、更加深入地理解乡村发展的轨迹与乡村发展面临的问题非常关键。为此，笔者针对乡村调查不够深入的问题进行分析，借鉴社会学研究中的质性研究方法，提出质性研究方法介入乡村调查的途径，结合华中科技大学本科三年级乡村认知实习进行实践探索，期望有助于完善乡村调查方法和学生对乡村问题的深刻认知。

1　当前乡村调查与问题反思

1.1　乡村调查目的与意义

（1）让学生了解乡村、认识乡村的“乡土性”。通过乡村调查要让学生熟悉乡村的物质环境、村容村貌、乡村产业、乡村居民及其特点、乡村组织和管理模式等，深入理解乡村在经济形态、社会形态、空间形态等方面的“乡土性”（洪亮平，2016），从而才有可能为破解乡村问题提供思路。

（2）从课堂理论走向田野的实践锻炼。学生在课堂上学习了乡村规划的一般原理知识后，通过乡村调查可以巩固和加强对原理知识的认知，能提高对地形图判读、问卷调查、访谈等调查方法技术的实践性操作能力。

* 基金项目：国家自然科学基金项目（51608213）、青年千人计划基金项目（D1218006）、中央高校基本科研业务费资助项目（HUST: 2016YXMS054）、湖北省技术创新专项基金（2017ADC073）资助。

王宝强：华中科技大学建筑与城市规划学院讲师
陈　姚：华中科技大学建筑与城市规划学院硕士研究生
耿　虹：华中科技大学建筑与城市规划学院教授

（3）为制定具有操作性的乡村规划打好基础。乡村调查不仅要学生能够认知乡村的物质环境特点，还必须对乡村的发展与居民主体、产权体制、经营管理模式之间的密切关系进行实地考察（赵德余，2007），从而理解乡村在聚落形态、产业结构、人口规模、建设密度、聚集程度的特点，避免乡村规划的“理想化”或者乡村“景区化”。

（4）树立正确的乡村发展观。乡村规划教育要重视正确认识乡村发展的意义和内涵，建立科学的乡村发展观念。在当今世界发展日益重视生态文明和可持续的背景下，乡村独特的生态价值、生活价值、生产价值和文化价值被赋予了新的重要意义。要引导学生发现乡村建设的智慧、精髓，在一定程度上改变传统的“去农化”思想。

1.2　乡村调查内容

乡村调查分为前期准备、现场调查、后期整理三个阶段（图1）。前期准备阶段要求学生对国家和地方的农业政策、调研乡村区位、乡村土地利用分类进行了解。

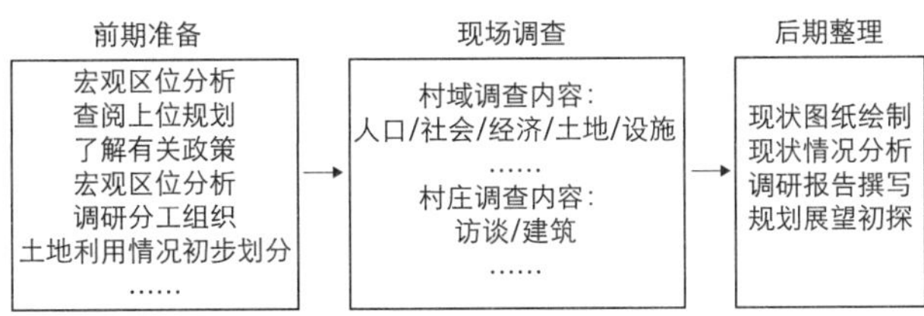

图1　乡村调查的一般阶段

资料来源：笔者自绘

现场调查要求学生开展田野工作，深入乡村调查访问，分为村域和村庄调查两部分。后期整理要求学生对乡村发展情况进行分析，绘制图纸、撰写调查报告，全面地思考乡村的发展和保护、乡村空间资源统筹、基础设施与基本公共服务配置等诸多方面的议题，为后续乡村规划奠定基础。调研深度和内容可以分为乡村的基本发展情况、乡村的基本建设情况、乡村管理与治理情况（表1）。

1.3　乡村调查方法与成果表达

乡村调查方式主要以现场走访、问卷调查、地形图判读为主，结合统计部门的资料，通过与基层干部、村民进行访谈，深入乡村内部，获取第一手资料。对传统村落可利用三维扫描仪进行数字化测绘，绘制专业测绘图存档。调研成果报告包括实景照片、现状图示、问卷成果、访谈记录、内容实录等（图2）。

1.4　乡村调查的不足

（1）调研时间较短，变得“走马观花”。目前课程安排乡村调查最多只有一周时间，现场调研安排可能在2-3天，时间较为短暂，特别是直接在村里的时间不过几个小时，学生很难对乡村的生产生活、组织管理方式、村民需求等内容进行深入的剖析。如何尽可能延伸调查时间，以及在有限的时间里尽可能多地了解乡村情况，是今后教学组织活动中的一个难点。

（2）调研内容关注“物质”甚于“人”。乡村的问题本质上是社会问题。作为以空间规划为核心的城乡规

乡村调查的一般内容　　**表1**

深度	调研内容	调查方法
乡村的基本发展情况	人口、经济产业、土地等情况。人口需要调研乡村人口数量、外出务工人员和村内留守人员比例、年龄比、性别比、家庭成员构成、特殊群体、低收入群体、老幼残群体构成；经济产业方面需要明确居民主要收入来源、经济产值构成，农业、工矿业、服务业、旅游业等各个产业特点。通过地形图判读和现场调查，对土地利用进行分类；通过与村领导交谈了解乡村土地流转情况，通过与村民交谈了解土地流转过程中的拆迁补偿诉求等	统计资料分析、村领导访谈、村民入户调查、地形图判读
乡村的基本建设情况	通过调研了解乡村建筑、道路以及基础设施等的建设现状；了解义务教育、医疗卫生、老年活动等公共服务设施的建设；对于传统村落着重调研传统建筑的保护情况、损坏情况、非物质文化遗产保护等；耕地资源的使用与保护及流失情况、自然环境资源利用与保护状况、动植物种群情况、古树名木分布、水土保持与流失状况、土壤和水体空气质量状况等（张悦，2009）	地形图判读、现场观察、测绘、村民访谈、村领导访谈
乡村管理与治理情况	通过访谈与交流了解地方政府的建设管理情况，对管理能力与管理效率进行分析评估，明确乡村特色和发展方向（李冰冰，2013）	村领导访谈、村民问卷调查

资料来源：根据相关文献和实践梳理

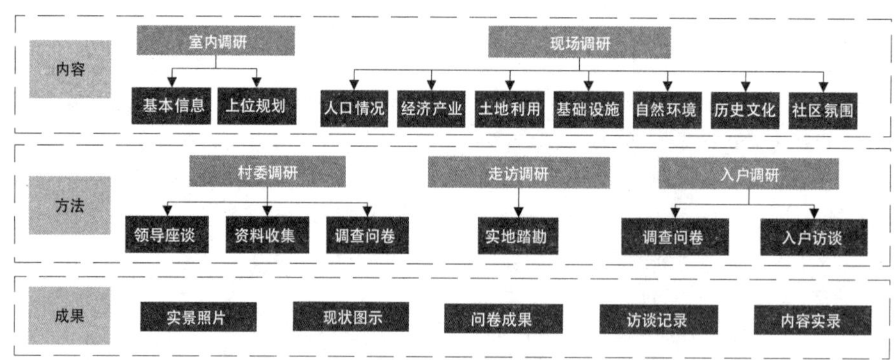

图 2　一般乡村调查的内容与方法及成果

资料来源：笔者自绘

划学科，对乡村的认知过多聚焦于物质空间，忽视了长期以来乡村社会问题（孟莹，2015）。学生过多的聚焦于乡村的物质建设情况，对村民生产生活组织、管理体系、生活特征等缺乏深入了解，也就无法剖析影响农村发展的动力机制和主要因素。乡村是一个高度自治的社会，每个村民的需求可能都会产生一定的影响，需要对他们进行深入的剖析才能理解一个真正意义上的乡村社会（乔杰，2016）。

（3）调研方法中“不接地气”和“失真”。实践中发现乡村调查问卷不接地气，对村民的问题过于专业化，如向村民咨询存在的问题有“农业现代化”、“生态农业”、“田园综合体”等专业术语，他们在回答的时候往往无所适从；访谈交流可能流于形式，与基层领导的交流，要么是个人功绩的歌功颂德，要么是对现有条件的抱怨，缺乏理性、客观地对乡村管理方式的认知；与村民的访谈可能也由于其高度的戒备心很难获得有意义的和真实的数据资料。这样导致尽管乡村调查的成果看似完整，但作为后续乡村规划成果在实施过程中可能难以奏效。

乡村调查除了保持原有的调查内容和方法外，还应多关注乡村中的“人”，构建以“村民”为核心的乡村社会调查，调查他们的特点、诉求、发展需求，完善现有的乡村调查体系。这里的“人”不仅仅是作为一个集体的存在，而且是作为一个个鲜活的案例，进行深度剖析。在调查时间上能够予以延长，如选择暑假期间；在调查方法上可以借鉴社会学研究中的“质性研究”方法来进行探索。

2　质性研究方法介入乡村调查的探索

2.1　质性研究方法

质性研究（Qualitative Research）是以研究者本人作为研究工具，在自然情境下，采用多种资料收集方法（访谈、观察、实物分析），对研究现象进行深入的整体性探究，从原始资料中形成结论和理论，通过与研究对象互动，对其行为和意义建构获得解释性理解的一种活动，经常在社会科学及教育科学领域使用（李晓凤，2006）；其注重人与人之间的意义理解、交互影响、生活经历和现场情景。常见的质性研究方法有传记、扎根理论、民族志、案例研究等（表 2）。

2.2　质性研究方法介入乡村调查的方法探索

笔者探讨了将质性研究方法介入乡村调查的四种方法，就其对乡村发展和乡村规划的意义进行了理论探索（表 3）。

常见的质性研究方法　　**表2**

研究方法	适用范围	主要理论方法
传记（Biography）	探索个人生活	（1）传记研究是对个体及其经验——或已告知给研究者，或在文献、档案材料中被发现的——的研究，包括人物传记、自传、生活史、口述史；或者客观性传记、学术性传记、艺术性传记、叙事性传记；或传统式传记、阐述性传记。 （2）传记的程序：记录客观经历——访谈——关键性事件组织故事——传主解释探讨多重意义——更大的结构内（社会文化意识历史）加以解释

续表

研究方法	适用范围	主要理论方法
扎根理论（Grounded Theory）	以来自实地的材料为基础生成某种理论	（1）扎根理论从实际观察入手，从原始资料中归纳经验概括，然后上升到理论。强调从下往上，建立实质理论，对质化研究数据进行比较、分析，进而形成理论。 （2）程序：从资料中产生概念，对资料进行逐级登录；不断地对资料和概念进行比较，系统地询问与概念有关的生成性理论问题；发展理论性概念，建立概念和概念之间的联系；理论性抽样，系统地对资料进行编码；建构理论，力求获得理论概念的密度、变异度和高度的整合性（陈向明，2000）
民族志（Ethnography）	描述并阐释某个文化和社会群体	（1）以某一社会文化群体为对象，通过田野工作、参与式观察探究研究对象的风俗习惯、信仰及价值观念、生活方式、生存及运行的模式。 （2）程序：确定为什么研究即充满令人好奇的未知（对某文化群体）、确定研究的目标、研究问题、研究的框架、路径、研究文献，确定参与式观察的方法
案例研究（Case Study）	对某个或多个案例作深度分析	（1）案例研究旨在调查某个"案例"，限定时间和地点范围，并寻找有关案例的环境的背景材料，要通过多样化的信息渠道来收集广泛的材料以提供有关"案例"的深度画面。 （2）程序：构建理论框架，选择案例，收集数据，观测结果，竞争性解释，事前假设及研究结论

资料来源：根据相关文献整理

质性研究方法介入乡村规划的方法　　表3

方法	适用范围	案例	对乡村规划的意义
传记	通过乡村中具有代表性的人物的深度访谈与记录进行传记研究，从中发现乡村的结构性变化和实现乡村振兴的策略	（1）对乡村基层管理者进行传记研究，从其生活、工作史分析其个人性格特征和角色，处理乡村纠纷矛盾、引入外来资本、宣传乡村建设等方面所做的工作，从而探析乡村管理者对乡村振兴的重要作用。某种程度上来讲，其发挥的作用和意义甚至对乡村发展具有决定作用。更进一步探讨实现乡村治理现代化的途径。 （2）对乡村某乡贤进行传记研究，从其成长史、与乡村的关系、介入乡村发展的意图、与村民的关系、所做的工作、产生的影响方面进行分析，研究如何通过乡贤的带动作用复合乡村等。 （3）对乡村一个或多个"能人"进行传记研究，分析其特长或者技能、发家奋斗史，与村民关系的处理、如何发挥在乡村建设中的领导力等，从而揭示能人在乡村发展中的带动作用	理解乡村发展中"重要人物"的推动作用，为乡村振兴中"人的振兴"提供思路
扎根理论	通过观察记录乡村特定的一些活动或者关系，进一步梳理上升为关于乡村社会的理论	（1）通过记录乡村留守儿童的活动，结合其家庭背景，研究乡村教育中的人文关注和设施配套问题。 （2）通过对乡村老年群体活动的记录，分析其家庭背景、与子女的关系等，探讨乡村老年群体相互依赖的生存环境。 （3）通过对村民生产劳作情况的分析，探讨不同技能的人群在乡村就业中的能力，关注乡村就业问题	理解村民的生产生活方式及其发展需求，剖析当前乡村最迫切的问题，从村民需求的角度提出乡村规划的策略
民族志	通过田野工作和参与式调查研究乡村居民的风俗习惯、价值理念、生活方式、生存运行模式、组织管理方式等	（1）对某一村庄不同宗族的村民关系及其矛盾纠纷的梳理，研究村民自治过程中的价值理念和处理方式。 （2）对某一村庄老年群体的生活方式、风俗习惯、谈话记录进行分析，研究其生活需求，并进行空间落实。 （3）通过深入乡村，记录乡村管理者、村民与外来企业之间的关系，研究不同群体在土地流转过程中的角色与看法，及其可被接收的组织方式等	理解乡村规划并非以物质空间为中心的"规划"，二是乡村治理的问题；让村民意识到自身的价值和自己的权力，乡村规划应该能够促成村民价值的实现和权力的实现（土地资本的利用和分配）
案例研究	对某个或多个案例作深度分析	（1）选择乡村建设过程中几起典型的土地纠纷，研究村民如何处理矛盾以及不同群体在这一过程中的角色。 （2）对比不同乡村发展策略、基层干部的性格和思路差别、资本介入与否的差别来探讨当前乡村振兴的关键所在	通过比较分析，能够提出乡村规划的实施路径

资料来源：笔者自绘

2.3 质性研究方法介入乡村调查的程序探索

借鉴质性研究方法的一般程序，质性研究方法介入乡村调查的步骤见表4。

质性研究方法介入乡村调查的程序　　表4

程序	内容
确定问题和研究对象	乡村调查中的质性研究是解决“点”的问题，即探讨某一社会问题，如乡村治理、老年人需求等，因此需要明确的研究问题和研究目的，而不是一个“面”的问题。
文献综述与经验反思	对相关乡村社会调查对于所选定问题进行文献综述，并提出一般乡村调查无法进行更深入的研究的原因。
探究研究关系	如针对老年人公共空间的问题研究，需要考察其与家庭成员、老年人之间、老年人与村政府、老年人与年轻人、不同宗族的人之间的关系等。
选择研究方法	根据研究需要，选择传记、案例研究、民族志、扎根理论等研究方法，并制定研究计划。
现场调查	作为研究的参与者，以某种合适的身份进入乡村，一定时间范围内观察或访谈研究对象，考察其各方面的关系，记录其生活和想法的点滴，收集资料。
分析资料，建构理论	通过对收集到的资料进行整理总结，对关键词进行分析，运用推理演绎的方法，抽茧剥丝，构建理论。
撰写报告	将理论成果按照一定的模式组织，形成专题报告。
检测与反思	对乡村（社会）调查的可信度、推广度、伦理等问题进行检测与反思，进一步探讨其实践作用和意义，为乡村振兴提供借鉴性的思路。

资料来源：笔者自绘

3 乡村调查中质性研究方法介入的实践探索——华中科大乡村认知实习实践

3.1 质性研究方法介入乡村调查的组织

华中科技大学2015级乡村认知实习为期一周，实际调研时间为2–3天，每两人一组，要求学生进行实地调查、分析研究、图文表现，建立了解乡村、认识乡村、懂得乡村、规划乡村逐级深入的研究体系。调研乡村为杨湖村、李家店村、石岭村（图3）。以杨湖村为例，该村紧邻梁子湖，拥有优美的自然条件（图4），如何发挥大都市功能外溢的作用以农业升级带动乡村振兴是当前面临的主要问题。调研内容包括经济产业、土地利用、人口居住、公服设施、综合交通、市政工程、园林绿化、综合防灾、环保设施（图5）。

通过田野调查和问卷调查、访谈，学生基本了解了乡村的基本情况和建设现状，初步掌握了乡村调查的方法。但从成果来看，对乡村的人文环境、村民生产生活、发展诉求、社会文化等缺乏思考和了解。笔者在教学中将质性研究方法引入乡村调研，选择三位学生作为“研究者”，在集体调研后用额外的两天时间分别驻扎在三个村庄，以不同的身份住在事先组织的村民家里，让学生全天候切实体验乡村，通过观察、访谈记录村民的活

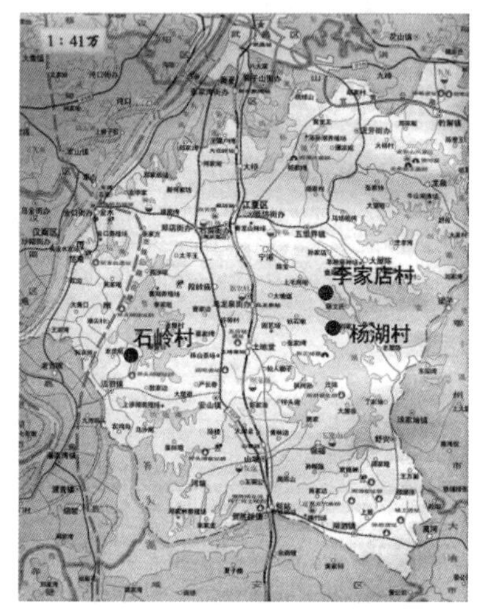

图3 调研乡村区位

资料来源：笔者自绘

图4 杨湖村自然景观

资料来源：笔者自摄

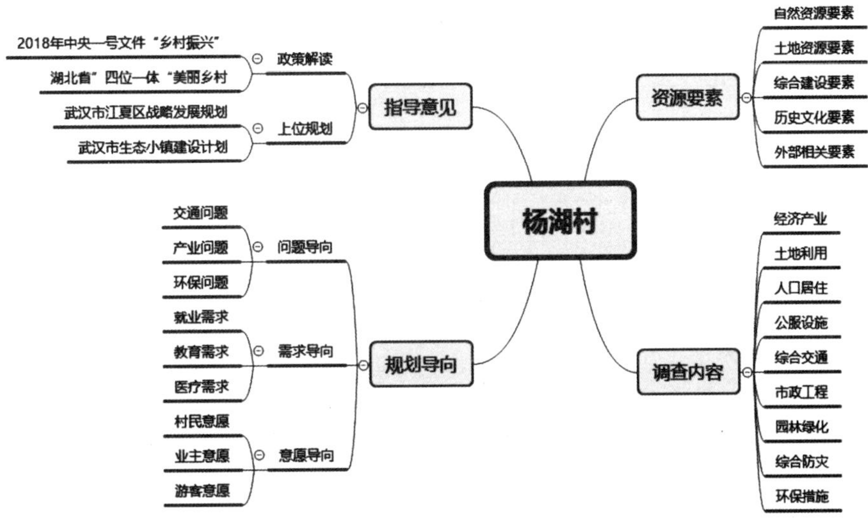

图 5 杨湖村一般调研内容及其规划思路

资料来源：笔者自绘

动，从而深层次认知乡村社会。三位学生进行乡村调查的设计组织见表 5。基本步骤为：确定研究主题、选定研究对象、进行研究设计、进行实地调查、分析归纳总结。根据每个村的不同特点，分别关注土地流转过程中不同利益群体的组织关系、不同群体和类型的村民的需求、村民的公共活动空间偏好。

3.2 质性研究方法介入的实践成果

（1）土地流转过程中不同群体间的组织关系

在乡村调查实践中引导学生通过和不同群体代表性人物的谈话，记录每个群体对其他群体认知的关键词（表 6），进一步挖掘梳理不同群体之间的关系，形成乡村建设过程中村民、村集体与企业之间的关系图（图 6）。结

三位学生进行乡村调查的设计组织 表5

学生	乡村	身份	关注点	调查组织
T	杨湖村	走亲访友者	土地流转过程中村民、集体、与开发企业之间的组织关系	1）确定研究主题，选定不同研究对象，分为村民、村集体、开发企业三类，根据调研过程中又将村民分为青壮年村民、中老年村民、村干部、能人等群体 2）进村，与租住房主协商好，并在其帮助下对每类群体选择代表性人物，确定主要交流话题 3）对每类人群进行观察和访谈交流，记录其谈话中的关键词与行动 4）总结归纳，根据不同人的看法梳理其关系，提出乡村振兴中人的作用
C	李家店村	旅游者	不同年龄的村民需求	1）确定研究主题，关注群内的老年人、中年人、青年人等对乡村设施的需求 2）进村，与租住房主协商好；以旅游者身份进入 3）选取老年人、中年人、青年人不同年龄段的代表性人物，通过以"聊天"的形式记录其对生产、生活、设施、教育、情感、文娱、宗教等问题的认知，探讨其物质需求和精神文化需求 4）总结归纳，按照马斯洛需求理论进行解析，反馈到空间规划层面
S	石岭村	实习大学生	村民的公共活动空间及其偏好	1）确定研究主题，关注不同年龄段、不同宗族关系、不同性别的人其对公共活动的特征及其空间偏好 2）进村，与租住房主协商好；以实习大学生的身份观察村民活动 3）选取不同类型群体的典型人物，记录其活动范围与路线，记录不同群体的公共活动组织，并通过交流了解他们的喜好偏好，通过观察分析公共空间的环境特征 4）总结归纳，分析不同村民群体的公共活动组织及其空间偏好

资料来源：笔者自绘

T同学对杨湖村访谈中不同群体之间认知的关键词记录　　表6

群体	村主任	村集体	中老年村民	年轻村民	外出打工者	能人	开发商
村主任	工作难做	团结、有时候有不同意见	思想难做、固执、老实、没人照顾	数量很少、有的有干劲、有的好吃懒做	过年回来、盖房子、不和老人住	能干、带动能力强、有事找他们商量	引进难、土地使用年限有争议
村集体	比上任有魄力、工作辛苦	各司其职、听从村主任意见	讲道理难、团结一起	现在很少了、能够获得支持	很少回来	有想法、有事找他们商量	欢迎他们来、有想法
中老年村民	相信他、有时候不公平、辛苦	都很忙、为村子奔波、有时候瞎折腾、有时候补偿不到位	老邻居、没能力、聊天打牌	人很少、天天看手机、打散工	子女、还没结婚、留下孩子	观望、识字、有技能	不清楚他们折腾什么、给了补贴款、村子不一样了
年轻村民	繁忙、和开发商有利益关系	不关心	没法谈、不懂网络、不会手机、闲不住	一起打工、打牌、日子也难、有些人懒	羡慕他们、自己出去不知道干什么	跟着干	改变了村子、补偿不公平
外出打工者	不清楚，少联系	不清楚，少联系	闲不住、不愿意来城里	喜欢打牌、不稳定	互相理解、打零工难、去广东那边好	佩服、有一技之长、偶尔有联系	补偿不到位
能人	事情多、有主见、有时候守旧	保守、部分人懒政	不识字、难说服	说服他们跟着自己干、有些人懒	以前也打工、在家有在家的好处	相互理解、有时候有分歧	有时候会对自己做事有想要
开发商	事情都得找他们商量、要靠他说服群众	互相来往多	土地依赖、生怕没地种、给钱就答应	劳动力来源、给他们技能培训	没联系、使用他们的土地、对补贴不那么重视	先和他们谈合作、劝服他们	—

资料来源：笔者自绘

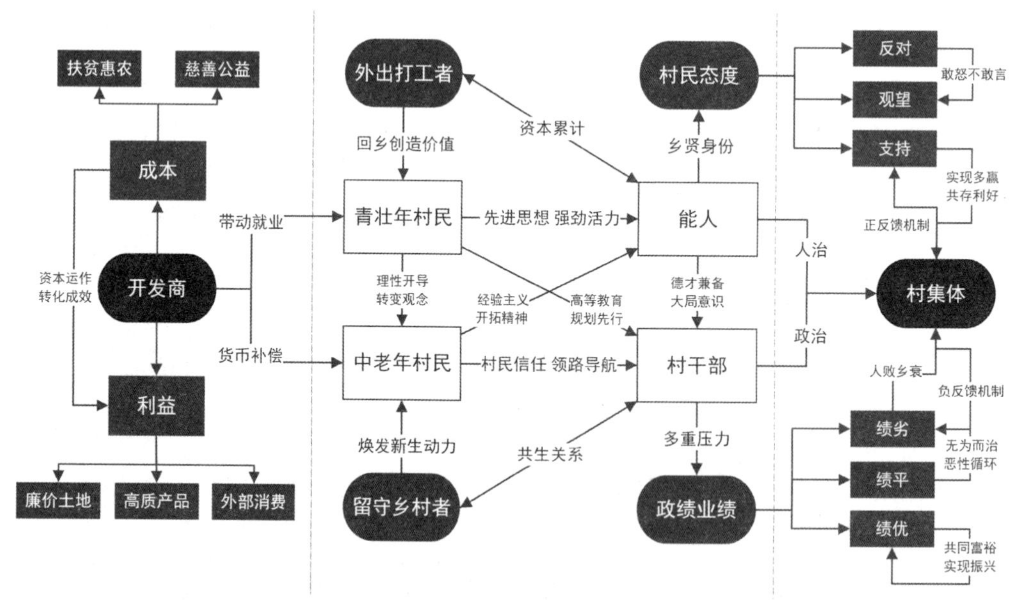

图6　T同学关于杨湖村土地流转过程中村民、村集体、企业间的关系认知

资料来源：笔者自绘

果表明，村主任、能人在发挥乡村振兴中的能动性很高，开发商的介入需要与村主任、能人、村集体之间达成一致性的意见，如何激发年轻村民的积极性也很重要。更进一步，乡村振兴的核心就在于如何促进村民自身参与建设、不断提高、谋求发展。

（2）不同年龄的村民需求

根据访谈记录，关注不同年龄段村民的自我认知和物质精神需求。结果显示，老年人更关心生活补贴、子女交流，中年人更关注孩子上学、失地补偿、工作，青年人更关心职业技术培训和通信网络（图 7）。从不同村民的需求出发，规划村民想要的乡村，是乡村规划的初衷。

（3）村民的公共活动空间及其偏好

首先在不同时间段对村民的公共活动空间进行标识、分类，研究不同类型的公共空间集聚人群的特征，从他们的谈话中记录重要的关键词，咨询他们选择不同公共空间的原因，进一步探讨他们对于公共空间的喜好，如景观小品、颜色、设施等，绘制公共空间认知地图（图 8），为乡村公共空间规划设计提供基础。

3.3 质性研究方法介入乡村调查的学生收获与思考

（1）从调研的结果来看，三位同学加深了对乡村社会问题的认知，能够意识到乡村规划不仅仅是“物质空间”的规划，更为重要的是如何从乡村生产生活方式、组织管理模式、村民需求、村民偏好等视角认知乡村。

（2）从调研方法的掌握来看，三位同学除了掌握地形图判读、问卷调查、访谈等方法外，也初步了解了什么是定性研究方法、怎么做一个质性研究设计、怎么梳理归纳定性数据，提高了调查实践的能力，对乡村研究表现出浓厚的兴趣。

（3）从实践效果来看，三位调研同学更加重视乡村规划的可操作性、村民的需求及其空间诉求，避免了像其他同学把乡村“景区化”、“理想化”。更好地探讨乡村规划的意义和规划手法，做村民想要的、喜欢的、参与的规划。如 T 同学更加关注如何发挥能人在乡村建设中的作用，提出促进村民积极性的思路；C 同学提出“人本导向”的规划思想，提出如何满足不同年龄段村民的需求，让他们享受美好生活；S 同学构建了人、空间、社会、

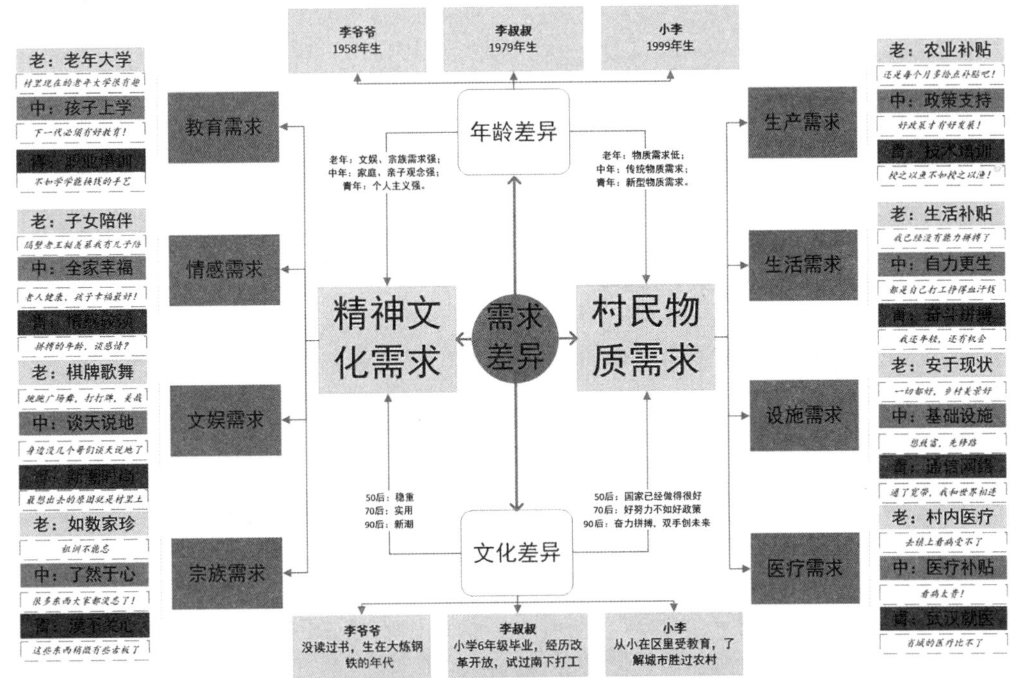

图 7　C 同学关于李家店村不同年龄的村民需求的梳理

资料来源：笔者自绘

	活跃时间	实景照片	空间体验	活动特征	需求反映
农业生产空间	上午 下午		·农田面积广阔且空间连续 ·晒谷场农闲时也作为活动空间	·在空心化的现状下，农业活动老龄化，农民无心无力进行农业活动，效率低下	·**空心化与老龄化**带来了乡村衰败和一些社会问题。 ·村民希望年轻人能够回来
休闲活动空间	中午 晚上		·空间上呈点状分布，不集中 ·没有特殊设施，多为湖边树下的简单空地	·休闲空间附带有明显的生产和生活功能，如图中的农产品晾晒和湖边洗衣等 ·村民对外界很感兴趣但是大多没有渠道接触	·农村的生产生活和娱乐都还是不能**脱离农业的主旋律** ·农民想要**改变**落后的现状，但是苦于没有渠道
居住生活空间	中午 晚上		·大多朝南，朝路，朝湖。 ·装饰复杂，空间多样	·生活空间中有反映图腾崇拜和先祖崇拜的元素，如图中地面上的八卦图和刻有动物纹样的	·在农民群体中依然存在着**图腾崇拜和先祖崇拜**的心灵诉求
集会活动空间	非日常		·主要指村委会，场地空旷，日常活动较少	·村委会附带的公共活动空间如图书室，健身器材，日常使用频率较低	·村民对**政治性**的场所有一定抵触，自我意识较强

图8　S同学对石岭村村民公共空间的分类研究

资料来源：笔者自绘

产业四位一体的乡村规划设计框架，重视村民自身的需求及其空间表达。这些认知对于设计出符合农村特点、能准确反映农村生产和生活方式、民俗习惯等的调研计划显得极为重要。

当然严格意义上的质性研究所需时间长、对研究者本身能力和水平的要求很高，笔者在本科生乡村调查实践中的探索还是浅尝辄止，存在调研时间短、村民由于不认识调研学生而存在调研场景“非自然语境”的现象、学生还缺乏进行研究的逻辑规范问题等。作为大三、大四的本科生出于安全考虑和质性研究要求高的特点，该方法不宜大规模使用，否则也失去了质性研究的保持“原真性”的初衷。在后续教学中如何引导学生尝试不同的调研方法、切实加强对乡村问题的深刻认知，还需要不断探讨。

4　结语

当前的城乡规划教育对乡村在政治、经济、社会、文化等方面相关知识的掌握也不及城市那样系统和全面。受到农村集体经济和村民基层自治等组织方式的影响，居民对于乡村建设发展的参与程度较高，包括参与决策讨论以及直接的资金和劳动力投入等。因此要求乡村规划教育要重视以人为本的理念和参与式规划方法的实践，重视规划编制成果的可实施性和操作性。乡村规划要真正地贴近乡村居民的生产和生活，切实关注他们的基本利益诉求，努力做到以人为本和体现人文关怀（刘家强，2006）。

针对目前本科生乡村调研普遍存在的问题，笔者借鉴质性研究方法，提出构建以“村民”为核心的乡村社会调查方法和程序，并进行了初步的实践探索。重点关注土地流转过程中不同利益群体的关系、不同年龄群体村民的需求、村民公共活动空间及其偏好三方面问题。在调查过程中加强了学生与农村、农民的交往与沟通，对于知识的理解与传播、情感的沟通与融合、建立互信都具有重要的社会意义，也有利于激发青年学生从事乡村规划的热情和信心。但是由于质性研究本身的设计要求和对研究者的能力要求，本次实践也重在尝试和引导，还未形成规范的调查方法和严谨的研究的范式，这些问题都待不断的理论探索和实践而加以完善。这种探索对于提升学生学习兴趣、参与城乡规划研究、加深对城乡社会问题认知方面无疑是必要的。

致谢：感谢唐楷、陈若宇、史书沛三位同学在乡村调研中的实践和为论文做出的贡献。

主要参考文献

[1] 周岚，刘大威. 当代语境下的乡村调查——“2012 江苏乡村调查”[J]. 乡村规划建设，2015（12）：55-74.

[2] 洪亮平，乔杰. 规划视角下乡村认知的逻辑与框架 [J]. 城市发展研究，2016（1）：4-12.

[3] 赵德余，方志权. 农民观念中的乡村发展及其公共性问题——关于发达地区乡村农民的田野调查及其对社会主义新农村建设的政策含义 [J]. 中国农村观察，2007（4）：25-37.

[4] 张悦．乡村调查与规划设计的教学实践与思考 [J]. 南方建筑，2009（4）：29-31.

[5] 李冰冰，王曙光．社会资本、乡村公共品供给与乡村治理——基于 10 省 17 村农户调查 [J]. 经济科学，2013（3）：61-71.

[6] 孟莹，戴慎志，文晓斐．当前我国乡村规划实践面临的问题与对策 [J]. 规划师，2015（2）：143-147.

[7] 乔杰，洪亮平，王莹．生态与人本语境下乡村规划的层次及逻辑——基于鄂西山区的调查与实践 [J]. 城市发展研究，2016（6）：88-97.

[8] 李晓凤，余双好．质性研究方法 [M]. 武汉：武汉大学出版社，2006.

[9] 陈向明．质性研究方法与社会科学研究 [M]. 北京：教育科学出版社，2000.

[10] 刘家强，蒋华，唐代盛．人本主义城乡一体化及其路径选择——以成都为例 [J]. 人口与经济，2006（4）：50-55.

Exploration and Practice of Qualitative Research Methods Involving in Rural Research —— Instance of Rural Cognition at Huazhong University of Science and Technology

Wang Baoqiang　Chen Yao　Geng Hong

Abstract: In view of the shortage of rural research in undergraduates, the investigation content focus more on "substances" rather than "human" and the issues of research methods and results are cannot connected with "down-to-earth " and with a "distortion", based on qualitative research methods, it proposed the rural survey methodology which focus on "villagers" and explored the feasibility, methodological approach and design process of intervening rural investigation into biographical, ethnographic, grounded theory, and case-study. Concerning rural cognitive practice in Huazhong University of Science and Technology, the preliminary exploration was carried out on three issues : the relationship between different interest groups in the process of land transfer, villages requirements diversity in different age groups, the public activity space and preference of villagers. It turned out that the qualitative research methods involved in rural surveys be able to help undergraduates to have a deep understanding of rural production and life, organization management models and interest relationships, requirements and the activity space preferences of villagers, etc. It lay the foundation for a planning of operational and the villager-needed issues.

Keywords: Rural Survey, Qualitative Research, Rural Cognition, Humanism

规划设计课程中的虚拟仿真 VR 教学技术和方法探索

牛 强 卢相一 杨 超

摘 要：城市规划设计教学十分强调对学生空间感的训练和培养，但当前基于实景照片、平面图、透视图、手工模型等的传统教学方法却很难让学生真实感受到空间的尺度、比例、空间关系等，制约了教学的效果。而虚拟仿真技术（VR），因其具有“沉浸式体验”、“真实感强”等特点，可以有效地弥补上述局限，同时 VR 的普及和民用化为在普通教室开展 VR 教学提供了可能。为此，本文把 VR 技术和规划设计课程中的空间认知、空间设计等教学环节结合起来，提出了适合普通课堂的 VR 教学技术体系，包括硬件平台和技术实现流程，并结合“紫禁城”与“陆家嘴”的仿真实例介绍了针对空间认知的 VR 教学方法，还结合“深泽县城乡总体规划”课程设计实例介绍了针对空间设计的 VR 教学方法，最后在对比传统教学的基础上，总结了规划设计课程中的系列 VR 教学方法及其教学效果。

关键词：虚拟仿真，VR 教学，空间认知，空间设计，规划设计

1 引言

城市规划设计大量涉及建筑、广场、街道、绿地等空间形态要素，关系到城市空间的景观、利用效率、使用效果，因而培养学生对城市空间的认知、分析和设计能力一直以来都是城市规划设计专业教学的核心内容。

由于城市本身不可能在规划设计课程中创造出来，因此传统教学中只能通过实景照片、平面图、透视图、手工模型等方式来辅助学生们想象城市的空间效果[1]（图 1），但通过这些传统方式仍然很难让学生感受到真实的空间形状、尺度、比例、空间关系等，这极大地制约了教学的效果：①学习难度大。在分析或设计城市空间时，学生不能直接感受到最终的空间形态，而只能借助图纸来间接想象，部分学生甚至因空间想象能力有限，而丧失学习信心；②师生沟通困难。教师讲解的城市案例或者帮学生修改的规划方案，部分学生难以理解其空间效果；③学生容易形成失真的空间感，创作出脱离现实的城市空间，例如庞大广场、巨大建筑、超宽道路等。

解决上述教学问题的一种较好方案是引入虚拟仿真技术。虚拟仿真（VR）是一种可以创建和体验虚拟世界的计算机系统，能够让体验者沉浸到所创建的虚拟空间中进行体验[2]。对于城市规划教学，虚拟仿真技术能为体验和创建城市三维空间提供强有力的支持（图 2），它可以让使用者身临其境地在城市街道、广场中漫步，步移景异，感受城市的轮廓线，在电视塔上俯瞰全城，也可以在漫游过程中对建筑、环境、道路、广场等城市设计要素进行推敲和方案调整。

而今，VR 技术已经逐渐成熟，使用成本也大幅度降低，技术门槛也越来越低，已广泛进入到普通市民的日常生活娱乐之中。同时国家也在积极支持信息化教学

图 1 传统教学手段

牛 强：武汉大学城市设计学院副教授
卢相一：武汉大学城市设计学院硕士研究生
杨 超：武汉大学城市设计学院硕士研究生

的创新，例如《教育信息化“十三五”规划》特别强调“要综合利用互联网、大数据、人工智能和 VR 技术探索未来教育教学新模式”。因此将其引入城市规划设计教学是可行且必要的。

2 规划课堂 VR 技术

VR 教学的实现一方面需要多样化 VR 显示设备，以应用于不同的教学情境；另一方面需要 VR 场景素材，大多数需要教师或学生自行制作。下面对规划课堂中的 VR 显示设备和 VR 场景制作技术作简要介绍。

2.1 课堂 VR 显示设备

VR 显示设备种类繁多，针对规划设计教学，现阶段推荐使用以下三类，它们都已民用化，价格适中，可以使用于课堂教学：

（1）3D 投影仪

3D 高清投影仪加上快门式 3D 眼镜，就可以较好地呈现出三维场景（图 3a），并允许多人同时查看。这就为师生在三维环境中互动提供了可能，十分适合于教师在场景中进行操作和讲解，例如漫游、扭头等，学生们集体被动查看的情景。

（2）手机 VR 眼镜

手机 VR 眼镜大致分为两种，一种是以播放三维虚拟视频为主的手机盒子，如暴风魔镜，但不具有交互性，目前只能实现全景环视；另一种是拥有更多虚拟交互能力的专业手机 VR 眼镜，如三星 Gear（图 3b），可以和场景做少量互动，如切换场景等。手机 VR 眼镜具有便携性强、成本较低、易于搭建的优点，是最易普及的 VR 设备。课堂上，手机 VR 眼镜加上学生自己的手机，就可以马上变身为 VR 设备，非常适合学生们自主学习体验。

图 2　VR 教学手段

（3）VR 头盔

VR 头盔主要通过以下三个设备给使用者提供沉浸式体验：一个头戴式显示器、两个手持控制器、一个同时追踪显示器与控制器的定位系统（图 3c）。常用的 VR 头盔有 HTC VIVE、Oculus Rift 等。VR 头盔的优点是能够提供浸入式的虚拟现实场景体验，佩戴者可以在场景中自由移动、全景环视、甚至改变场景中的内容，是三种硬件平台中体验最好的一种设备。但是设备的便携性较差，搭建较为复杂，设备成本很高，且只能单人体验。所以，一般不方便带至普通教室，更适用于在仿真实验室中使用。

2.2 课堂 VR 场景素材的制作技术

VR 教学不仅需要 VR 设备，更需要 VR 场景素材。除了现成的 VR 城市场景，很多情况下需要教师和学生自行制作，甚至在课堂上现场制作。大致包含以下两个步骤：

(a) 3D投影仪

(b) 手机VR眼镜

(c) VR头盔

图 3　课堂 VR 显示设备

（1）规划场景的模型制作

为了得到 VR 场景素材，首先需要制作场景模型。根据模型场景的大小可以使用不同的建模软件进行建模。对于大型场景，可以使用 CityEngine 这一参数化建模软件来高效建模；对于小型场景，可以使用 SketchUp、3DMAX 等建模软件来进行精细化建模。当然也可以直接使用现有的模型。

（2）规划场景的 VR 转换

有了模型之后，我们还需要一些工具和方法将这些模型转换成能够在 VR 设备中全景查看、漫游互动的 VR 程序或 3D 全景视频。通过尝试，我们摸索出以下三种可行的方法（图 4）。

对于 CityEngine 制作的模型，可以通过软件自带的 VR 成果导出功能，转换为 360VR 格式，再通过三星 Gear 手机 VR 眼镜查看。

对于 SketchUp 制作的模型，可以通过 IrisVR 的 Prospect、Scope 软件将场景模型转化到 VR 头盔可以查看的程序，或者 VR 眼镜中可以查看的全景 3D 视频。

上述两种方法都比较简便快捷，但体验效果相对一般。如果想取得更加真实、细腻的效果，还需要专业的 VR 制作软件 Unity3D。它的功能十分强大，可以支持多种格式的三维模型，在导入场景模型之后，可以进行观测视角设置、漫游路线设置、光影效果调整等，最后可以输出为程序文件或 3D 视频格式。然后就可以通过 3D 投影仪、手机 VR 眼镜和 HTC VIVE 等 VR 硬件平台进行课堂教学了。

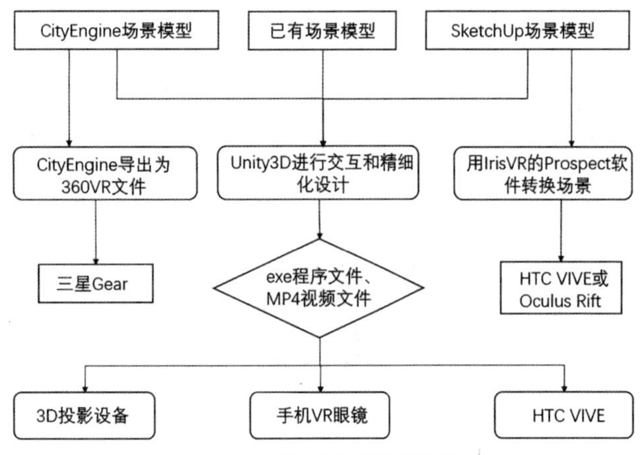

图 4　规划 VR 场景的制作技术

3　空间认知的 VR 教学方法和实例

空间认知能力是学生们开展空间分析和空间规划的基础，但在传统的规划设计教学中，对学生空间认知能力的培养主要依靠学生自身的想象力，局限性较大，效果不佳。VR 技术为这个问题的解决带来新的可能。

3.1　VR 教学技术和方法

利用上述课堂 VR 设备，我们初步构建了三种 VR 教学方法（图 5）。

（1）课堂集体教学。主要基于“3D 高清投影仪 + 快门式 3D 眼镜 +VR 高性能便携主机”来实现。具体而言，教师将三维场景投影到投影幕布上，包括 3D 照片、3D 视频、3D 教学程序等，学生们佩戴上快门式 3D 眼镜，就可以看到幕布上的三维场景，从而获得比较真实的虚拟体验，同时结合教师的讲解就可以更好地理解空间环境。

（2）课上自主学习。主要基于“手机 VR 眼镜 + 学生手机”来实现。教师将 3D 照片、3D 视频推送到学生手机，学生将手机放置到 VR 眼镜中，查看教学内容。其体验比 3D 投影仪效果要更为真实，且可以在场景中自由环视，全方位体验场景各个角落。该方法可用于规划课堂中的学生自主学习环节。

（3）课下体验学习。主要基于“VR 头盔 HTC VIVE+ 高性能主机”来实现。教师在高性能主机中预装 VR 教学程序，学生佩戴 VR 头盔，在其他同学的辅助下，浸入虚拟教学场景，在其中自由行走，身临其境地体验。该方式效果最佳，可以给学生提供全感官沉浸学习的条件，达到和实地踏勘相相接近的效果，特别适用于空间感较弱的同学。

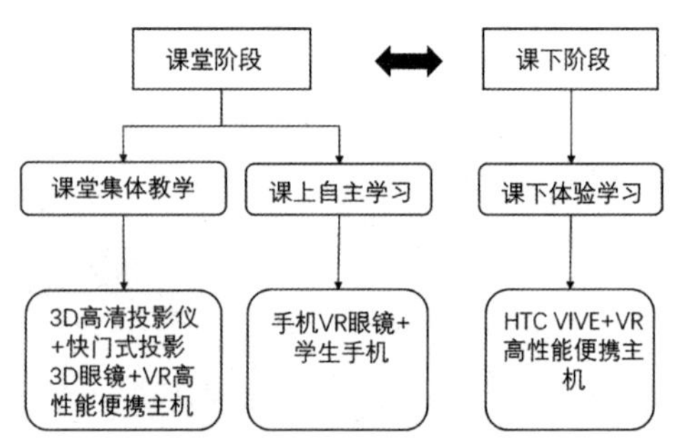

图 5　空间认知的 VR 教学方法

3.2 实例

为了简化上述技术操作，方便教师开展 VR 教学，我们开发了“经典城市空间虚拟仿真系统”。它针对一些教学中普遍使用的规划经典案例，构建了三维虚拟现实场景库（一期建设包含了紫禁城与陆家嘴 CBD），能够实现三维场景漫游、空间功能解析、交通组织解析、重要建筑详细介绍等功能，可以有效地辅助教师讲解案例，帮助学生理解经典城市空间的结构形式、场景效果和景观特色等。并且它集成了上述三种 VR 教学方法，分别对应三个子系统：3D 投影版、3D 漫游视频版、VR 头盔版。下面分别针对这三种 VR 子系统，介绍该实例的应用。

（1）经典城市空间虚拟仿真系统 3D 投影版

该子系统主要应用在课堂集体教学阶段，教师通过 3D 投影仪将经典城市空间展现在课堂上，教师和学生一起沉浸在三维空间环境中。学生和老师可以自主选择路线在经典城市空间中漫游，教师可以在重点空间处停留，讲解眼前的建筑或空间（图 6）。通过这种直观、趣味的教学，不论是学生的学习主动性还是教学效果都有很大程度的提升。

此外通过视角切换，学生还可以对规划案例的平面图、剖面图等进行观察。通过对比二维图纸和三维场景，可以更全面地理解及把握规划案例的空间特性和平面尺度。

（2）经典城市空间 3D 漫游视频

该子系统主要应用在课堂上的自主学习阶段，教师可提前将讲解过程与漫游过程在仿真系统中录制好，并上传到系统。在课堂的自主学习阶段，学生根据自己的喜好，在系统中下载不同漫游路线的 3D 视频到自己的手机中，然后通过手机 VR 眼镜沉浸学习。在这个过程中，学生都是以人视角在整个案例场景中进行游览、漫步，在遇到心仪的城市空间时，亦可停留环视四周深入学习。这极大地激发了学生的自主学习热情，提高了教学效率。

图 6　经典城市空间虚拟仿真系统 3D 版投影版

（3）经典城市空间虚拟仿真系统 VR 头盔版

该子系统需要佩戴 VR 头盔 HTC VIVE 来使用，其体验最为真实。使用者以第一人称视角在场景中漫游，看到的空间尺度和实际体验的尺度基本一致。并且定位系统还可以实时捕捉到使用者的体态变化，并将其映射到 VR 场景中，同步实现走动、跳跃、转身等动作。此外还可以通过手持控制器选择 VR 对象进行互动查询。

通过自主操作，学生能更容易地沉浸到案例场景中，并且拥有比课堂中更多的角度去理解规划案例的经典之处。这极大地提升了城市规划学生的空间感，训练了他们的空间思维能力，同时增加了学习的趣味性。

4　空间设计的 VR 教学方法和实例

规划设计课程的重点在于，从空间的认知与分析中发现存在的问题，继而运用空间设计的手段来达到解决问题之目的[3]。但现阶段教学中，由于空间场景建立周期长，缺乏人本角度感受空间等问题，导致学生在设计创作中常常脱离实际，方案的尺度感与宜人性大打折扣。VR 教学的引入为此问题的解决提供了可能。

4.1　VR 教学技术和方法

空间设计的教学一般分两个阶段：现状调查分析和规划设计，与之相对应的，空间设计 VR 教学方法也主要包含这两部分。

（1）VR 现状调查和分析方法。现状调研阶段将对设计对象的场地、空间特性、与周边场地空间关系等方面进行调查分析[4]。而 VR 教学可以通过对现状进行 3D 全景摄像，或者基于搜集到的资料，通过 CityEngine 进行现状场景建模，将设计对象的空间现状转化为 VR 场景。然后就可以在分析阶段，通过 VR 设备，让学生重返“现场”，反复查看和精细分析，从而提升现状调研的效果。

（2）VR 空间设计教学方法。根据设计对象的尺度级别，教学可分为两类（图 7）：一类是大尺度的空间设计教学，另一类是小尺度的空间设计教学[5]。两者的方法略有差异：

大尺度的空间设计如果利用传统建模软件将是一项非常耗时耗力的环节，不利于在课堂上进行。但CityEngine这一新型参数化城市建模软件，有着建模速度快、效果好、可动态实时调整等优势，使得在课堂上开展大尺度的空间场景设计和分析成为可能。特别是它具有的移动端VR成果输出功能，可以实时将模型转换成VR场景，大幅缩短了VR空间场景的建设周期。

小尺度的空间设计则是在SketchUp等建模软件中建立设计方案的模型，然后在Iris VR中迅速转换为VR场景。

VR场景构建之后，可以通过三维投影集体评图，也可以基于手机VR眼镜一对一指导。由于教师和学生均处于相同的空间语境下，交流更加顺畅，表述更加准确，指导效率更高。学生根据老师的意见实时修改方案，再导出成VR场景供教师指导，反复迭代直至达到教学目标。

4.2 实例

我们在总规课程设计中，以《深泽县城乡总体规划设计》为例开展了VR教学实践，取得了初步成效。该实践中，VR教学主要用在现状分析、土地使用规划与总体城市设计等方面：

（1）VR现状分析。基于深泽县域的现状测绘图、卫星影像等资料，在CityEngine中对深泽县中心城区的现状进行快速场景构建，并转换至VR设备中供学生体验（图8a）。学生可以在虚拟环境中全方位、多角度、反复地对现场环境进行调研查看，不仅可以在细节上入微，更可俯视全局。使得现状分析变得高效、准确。

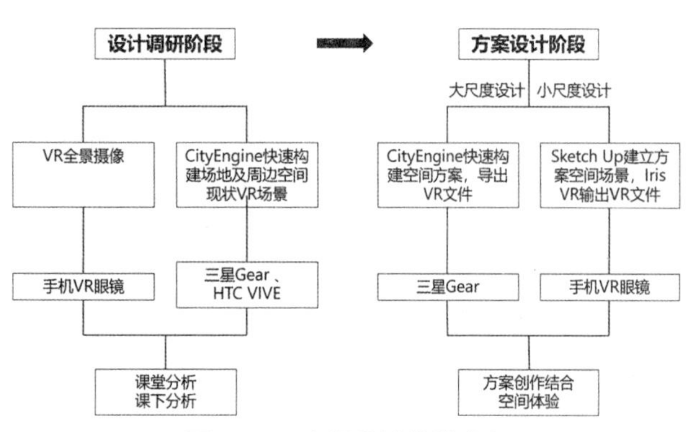

图7 VR空间设计教学流程

（2）VR土地使用规划。首先根据学生小组的土地使用规划方案，以用地体块的形式，在CityEngine中快速构建出城市土地利用场景。其中，体块的颜色和高度代表不同的用地性质和开发强度，并套合在现状建筑之上，以方便综合分析。之后将各小组的用地场景导出至VR设备中，然后在课堂上对其进行讲解和评析。学生能够直观地感受到规划方案所存在的不足之处，更加主动地去修正方案中所存在的问题，课程的开展变得妙趣横生。

（3）VR城市设计。根据学生小组制定的城市设计方案，在CityEngine中批量生成建筑，构建出较为真实的城市设计场景（图8b），然后导出至VR设备中，仔细分析轴线尺度、开放空间大小、城市轮廓等，并开展多方案比较。如此，可将方案设计与方案空间感知紧密结合在一起，学生的设计作品变得更加贴合实际。

(a)

(b)

图8 VR总规设计中的规划场景构建

5　VR 教学方法和效果总结

通过上述 VR 教学实例可以看出与传统方法相比，VR 技术在城市空间展示、空间构建等方面具有直观、高效、便捷的优势，这能很好地弥补现阶段规划设计课程中关于空间的认知、设计等方面的教学局限，优化教学效果。两种教学方法及其效果的比较见表 1。

总体而言，VR 教学对于规划设计课程而言有着以下效果：

1）增强学生空间认知与设计能力，增强其学习兴趣；

2）便于教师多样化教授专业知识，提高教学沟通效率；

3）增添专业课程与教学的趣味性，为教学注入活力。

6　结论和展望

本文针对规划设计教学中空间感培养和空间设计难度大的问题，引入了 VR 技术，提出了适合于课堂的 VR 技术体系，介绍了针对空间认知教学而开发的经典城市空间虚拟仿真系统，以及针对空间设计教学而研发的三维规划设计的技术，并总结了利用这些技术开展 VR 教学的方法。就目前的初步尝试来看，取得了较好的效果。可以初步判断，VR 教学是未来的规划设计类教学的发展趋势，可广泛应用于规划设计初步、居住区规划、城市设计、景观设计、城市总体规划设计、规划设计实习等专业课程，有效帮助学生培养空间场所感，训练他们空间场所思考、分析和设计的能力，并便利师生交流，提高课堂效率。

尽管如此，对于规划设计课程中的 VR 教学，我们仍然还处于探索阶段，所提出的方法和技术还不够成熟，许多问题还有待进一步深入研究，例如教学内容调整、教学方法设计、教学组织、教学秩序维护等，这些都需要在后续大量教学实践的基础上不断地验证和完善。

主要参考文献

［1］ 刘代云，李健．城市规划专业低年级教学中空间尺度感的培养 [C]// 全国城市规划专业基础教学研讨会．2010.

［2］ 邢利平，崔华．虚拟现实技术及其专利发展动态 [J]. 中国发明与专利，2017，14（7）：56-59.

［3］ 孔俊婷，许峰，孟霞．城市规划设计类课程评价体系研究 [C]// 全国高等学校城市规划专业指导委员会年会．2008.

［4］ 张军，殷青．空间体验教学在城市规划专业低年级设计课中的应用探索 [J]. 大家，2012（1）：214-215.

［5］ 温晓超．城市与城市规划空间尺度的实践分析 [J]. 城市建筑，2016（12）：51-51.

［6］ 张瑞平．城市总体规划课程设计教学改革探讨 [J]. 科技视界，2015（27）：195-195.

传统教学方法、效果与VR教学方法、效果对比　　表1

教学阶段		传统教学		VR 教学	
		教学方法	教学效果	教学方法	教学效果
空间认知	实地认知	实地走访、资料查阅	囿于现实条件因素，认知视野受限，无法全局理解场所空间特性，教学过程费时费力	基于谷歌 VR 地球、3D 全景摄影等对空间场所进行复现	VR 体验下能够多视角反复观察，直观、全局地理解空间特性
	案例认知	以空间案例的平面图、文字等资料讲解为主	易产生理解差异，沟通效率不高；学生学习兴趣不浓	针对城市规划经典案例构建 VR 场景库，学生在其中进行漫游体验	学生能够直观地印证教师对空间案例的讲解，师生沟通高效，教学充满趣味性
空间设计	空间调研	实地调研、图像拍摄、文字记录等	现状调研资料不便于后续的理解分析，调查与分析隔离进行，并且在后续阶段容易遗忘	3D 全景摄影、CityEngine 快速搭建现状 VR 场景	直观地理解设计对象的空间现状，观察与分析同时进行并可供后续反复观看
	空间设计	学生以平面图的形式进行空间布局，再根据平面底图构建出三维模型，查看效果	设计周期长，方案容易丧失尺度感，创作出脱离现实的空间，方案优化效率低下	直接在三维环境中开展设计，构建模型，制作 VR 场景，在 VR 环境中分析和优化方案	学生的方案创作结合空间感受，方案尺度感与空间感宜人、设计效率提高，方案优化快捷

An Exploration of VR Teaching Technology and Method in Design Course of Urban Planning

Niu Qiang Lu Xiangyi Yang Chao

Abstract: Urban planning and design teaching emphasizes the training and cultivation of the sense of space. However, the current teaching methods based on photos, floor plans, perspectives, and manual models make it difficult for students to truly feel the spatial scale, proportion, and spatial relationship, thus greatly limit the effectiveness of teaching. Virtual simulation technology (VR), due to its characteristics of "immersive experience" and "strong sense of reality," can effectively remedy the above-mentioned limitations. At the same time, the decrease in the price of VR equipment has made it possible to conduct VR teaching in ordinary classrooms. Under such conditions, This article attempts to combine the VR technology with the spatial cognitive, space design and other teaching stage in the planning and design course, and puts forward the classrooms VR technology system, including its hardware and technique, as well as the VR teaching methods in planning and design courses.
Keywords: Virtual Reality, VR Teaching, Spatial Cognitive, Space Design, Planning and Design

"互联网 +"时代线上线下混合式教学的实践与思考 ——以城乡道路与交通规划课程为例

龚迪嘉

摘　要："互联网 +"时代的高校专业课教学面临全新机遇，以讲授为主的传统课堂低效教学模式有必要向线上线下混合式教学的"教师引领 + 学生自学"新模式转变。以城乡道路与交通规划课程为例，在简要介绍该课程所依托的"超星学习通"平台的各模块基础上，以"居民出行特征"章节的教学为例，阐述了混合式教学内容的组织及各模块的作用。最后，基于平台数据采集与分析，对线上线下混合式教学的效果进行思考，并提出"优质 MOOC 课程本土化"和"与其他高校共建共享课程资源"的优化策略。

关键词：线上线下混合式教学，互联网 +，"超星学习通"平台，城乡道路与交通规划课程

1　从传统教学向线上线下混合式教学转变的必要性

1.1　体现高等教育创新型人才培养的目标

高等教育与基础教育的显著差别在于培养目标和教学内容的不同。基础教育以为各类高校输送合格人才为目的，以知识本身为主要教学内容，与传统的课堂讲授加课后练习的教学模式较为适应。而高等教育培养的是各行各业急需的创新型人才，内容上不仅关注知识本身，更关注知识的发现和应用[1]。因此，现仍存在于一些高校中的"满堂灌"讲授模式与高等教育的目标错配，显然难以取得良好的教学效果。

城乡道路与交通规划课程不仅应让学生掌握交通系统与城市发展的关系、道路系统规划、道路线形设计、道路横断面与交叉口设计、交通需求预测、交通专项规划、交通管理与政策等知识和技能，更需在此基础上培养学生在信息化和智能化时代交通发展的前瞻预测能力、综合思维能力（交通与土地使用、经济、社会、环境、管理的交叉思维）、公正处理能力（关注弱势群体、促进低碳可持续发展）和低成本高效益地解决交通问题的创新思维。面对如此庞杂的教学内容和多元的教学目标，专指委推荐课时仅为 64，因此必须摒弃传统课堂讲授方式，转向"网络课程 + 传统课堂"的线上线下混合式教学模式（即学生线上学习基础理论知识，线下利用所学知识参与教师组织的互动研讨），采用"教师引领 + 学生自学"的形式，合理分配学时，大幅提升教学绩效。

混合式教学中，学生通过阅读教材、线上 PPT 和教学视频资源，掌握知识点，教师则转向"以分析和解决问题为主"，在线下课堂中通过串讲知识点、案例分析与研讨等环节，提升学生知识应用能力、对方法和规律的探求欲望以及规划设计和决策能力。

1.2　满足不同层次学生学习进度的需求

城乡道路与交通规划课程的学习需要融合交通、社会、经济、环境、管理等多视角，且尺度涵盖了区域、城市、片区、节点等多个层面。传统课堂教学采用统一的教学内容和一致的教学进度，难以面向基础参差不齐的学生和兼顾不同层次的学习需求，如认知速度慢的学生会觉得教师讲课不透彻、听不懂，从而转移注意力甚至自我放弃；认知速度快的学生觉得内容缺乏新意，也会走神。采用混合式教学后，学生可根据自己的学习进度和空余时间，并根据偏好选择学习地点，自行安排课前自学或课后巩固，并将疑惑反馈到线上待同学讨论或教师回答，

龚迪嘉：浙江师范大学地理与环境科学学院城乡规划系教师

无须担心影响他人或受他人影响，大大增加了学习的时空自由度。

1.3 充分发挥学生自主学习的潜力

如今的授课对象以“95后”为主，作为“网络原住民”一代，网络成为他们最直接、最依赖的生活环境，教室集中上课不再是获取知识的唯一途径，因此很多老教师有这样的困惑：任凭教师声情并茂、口若悬河、滔滔不绝，却始终提不起学生的互动积极性和参与度。传统授课模式下的学生作业也表现出思考广度与深度的不足、运用知识分析和解决问题的能力较缺失等现象。因此，应基于学生的时代特征，探求如何将他们从传统课堂的听众转向混合式教学模式下的实际参与者，发挥其自主学习的潜力。

新媒体已成为当代大学生认识世界、获取知识的重要载体[2]。他们很有个性，接受新事物能力强，现实中可能不善言论，但通常是网络上的“话痨”，故可将更多学习资料和讨论话题放置于网络平台，让学生对某一问题自由发表观点，同时可对同学的论点进行评论。教师将该环节作为平时成绩评定的一部分，可有效提升学生对专业学习的参与度。由于网络课程平台有学生登录、阅读、评论等行为的数据记录，教师和学生可随时查看，一定程度上促进了学生之间的良性竞争，教师亦可方便地了解学生的参与度和知识掌握程度。

1.4 促进教师“因材施教”与提升教学绩效

传统课堂教学中，教师凭借经验来讲述课程重难点。师生之间缺乏面对面的交流使教师难以准确把握学生实际的学习困惑，通常要等提交作业或期末考试时才能准确检测学习效果。事实上，每届学生确实存在一定数量的相似问题，但由于时代发展、学生获取信息渠道或自身体验的增加，有些问题可能不复存在，而有些问题可能会新冒出来。混合式教学中，教师通过线上查阅学生的登录次数、学习时长、实时反馈，及时了解和细致分析学生的普遍疑惑，从而针对性地组织教学内容或调整进度，真正做到“因材施教”。

同时，借助网络平台的实时数据，教师可及时了解哪些学生在课程中表现出极低的参与程度，随后发送线上信息敦促该学生上线学习，并跟踪其学习态度的变化，防止后进学生长期游离于课堂而形成“习得性无助感”。

总体而言，依托“互联网+”，“以学生为中心、以教师为主导”的线上线下混合式教学模式大大改善了传统课堂教学低效率、缺乏研究性学习、学生两极分化严重的状况。

2 基于“超星学习通”平台的城乡道路与交通规划课程教学组织与管理

笔者任教的城乡道路与交通规划课程自2016年起采用线上线下混合式教学模式。线上学习包括阅读课件和相关资料、观看授课视频、知识点自测、疑难问题反馈、互动研讨等环节，线下学习包括课堂讨论、课程作业、个别辅导、期末考试等。该课程学业评价方式为总成绩＝课程内容互动研讨（10%）＋热点问题分析与研讨（10%）＋课程作业（40%）＋期末考试（40%）。

2.1 “超星学习通”平台的课程教学模块简介

2012年以来，MOOC（Massive Open Online Courses，大规模在线课程）在全球范围内迅猛发展，给高等教育带来了颠覆性冲击，如今MOOC已拥有多种课程平台。笔者的线上课程依托“超星学习通”平台建构，学生可通过电脑或手机登录该平台，以确保随时随地学习的便捷性。平台的课程资源分为“课程门户、课程章节、课程统计、资料、通知、作业、考试、讨论、课程管理”9个版块。“课程门户”版块是对该课程概况的介绍，包括课程简介、主讲教师、课程内容、学业评价方式、教材与参考书目、教学资源等导学资料。其他8个版块的主要内容见图1、表1。

图1 “超星学习通”课程平台版块构成

"超星学习通"平台各版块内容一览表 **表1**

版块名称		具体内容	使用时段
课程章节		课程内容目录、各章节PPT和教学视频	全时段
课程统计		学生访问统计（学情统计）、课程任务类型分布、课程学习进度、学生综合成绩分布等	课后
资料	课程资料	道路交通规划设计相关规范、优秀道路交通规划设计案例、学生交通创新实践竞赛获奖作品、相关软件安装程序与使用说明等	全时段
	题库	各章节自测题、其他院校研究生招生考试试题等	课前/课后
通知		需通知学生的任何事项	全时段
作业		课程作业任务书、优秀学生作业展示	课后
考试		历届期中、期末考试试题等	课后
讨论	疑难汇总	学生自学后的疑点反馈与讨论	课前
	互动研讨	与章节内容有关的规划设计案例、交通新闻、交通热点问题等	课中/课后
课程管理		班级管理、班级分配、操作日志	全时段

2.2 教学内容的组织

在教学组织上，将线上课程与传统课堂相结合，重构教学流程，课前、课中、课后形成一个从线上到线下，再到线上的翻转过程（图2）。课前要求学生在线上自学相关知识点，将难以理解的问题及时反馈至线上的"讨论——疑难汇总"版块，其他学生可根据自学后的理解进行回复或讨论，教师审阅后适度调整和确定课堂教学内容。课中则由教师在串讲知识点和答疑的基础上，剖析案例并邀请学生针对某些实际问题进行互动研讨或汇报交流，由教师点评。课后学生通过各种形式的作业（如调查、分析、设计等）巩固知识点、提高知识应用能力，作业于线上提交，学生在线上充分讨论后互评作业，教师给出总评成绩。在每章教学结束后，学生需对学习情况进行总结反思，教师亦需进行教学反思与自我评价以

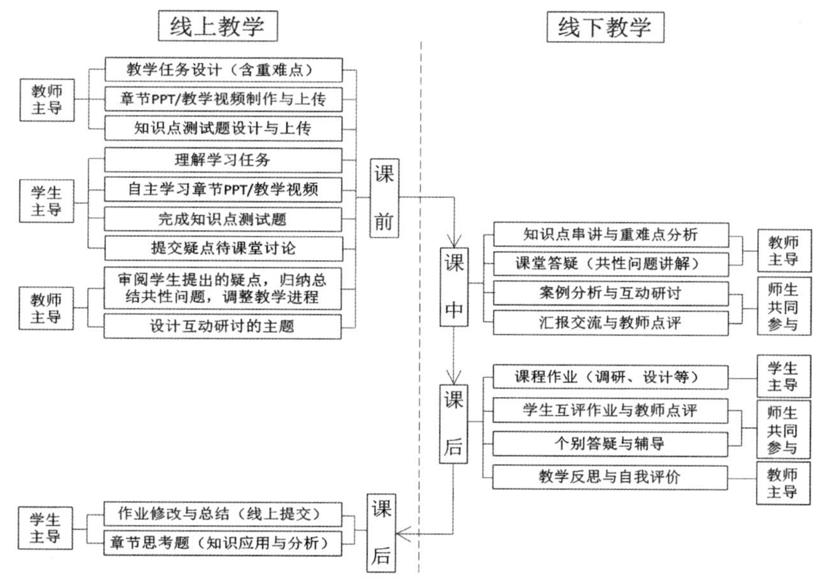

图2 线上线下混合式教学模式中的教学组织

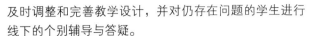

及时调整和完善教学设计，并对仍存在问题的学生进行线下的个别辅导与答疑。

图3以"居民出行特征"章节为例，阐述混合式教学中线上、线下的内容分布。

（1）问题留言与课堂答疑

从"疑难汇总"版块教师获知，学生自学本章课件后，存在的疑惑包括较难理解的结论（如出行时耗"既反映了距离因素，又反映了交通供给能力及其服务水平"）和对交通现象的思考（如城市土地使用导致的"向心交通"与新城建设引发的"潮汐"交通现象如何应对？）两大方面。教师将学生的提问融入知识点串讲中，作为重点内容予以讲解答疑。

（2）互动研讨版块

互联网时代的各种微信公众号、网络新闻资源非常丰富，泛读和碎片化阅读成为学生常见的信息获取方式，要求学生认真通读所有资源既费时也无必要，教师有较好地专业辨识力，也有责任为学生挑选出值得精读和研讨的话题，引入课堂。

针对"出行选择行为分析"一节，笔者精选了两个讨论话题。第一个是《2017年共享单车与城市发展白皮书》，让学生在课前阅读后，于课堂上讨论共享单车的爆发式增长给出行选择带来的变化以及对城市和交通发展带来的机遇与挑战。学生从共享单车与有桩公共自行车的竞争与合作、共享单车适合的出行距离（时耗）、共享单车与公共交通衔接以应对小汽车增长过快、甚至于共享单车需要的管理和盈利模式以保持其竞争力等方面畅所欲言，课堂讨论气氛活跃。第二个是本校在2016年"交通出行创新实践竞赛"中荣获一等奖的竞赛成果——金华市BRT1号线与郊区常规公交同站台免费换乘项目调查与优化，让学生分析郊区居民出行方式变化的内在原因，以及从低碳可持续交通发展的视角研讨有哪些更好的优化方案。学生从票制票价的精细化设计、运营管理的多元化模式、乘客行为与环境设计优化、换乘站选择与郊区公共生活副中心耦合等多个视角各抒己见，提出了比原先竞赛成果更全面、更具可操作性的优化建议。

（3）作业布置与提交

课堂教学结束后，教师在"超星学习通"平台上发布了本章作业——"基于居民出行特征的××调查"，要求学生（以3人为一组）在不同目的的居民出行中（如通勤出行、就医出行、购物出行等）自选一个切入点，通过文献检索、问卷调查、访问调查、实地踏勘等手段，了解现状居民的出行需求和交通服务供给情况，进而剖析现存问题，并结合国内外城市的成功案例和相关专业知识，分析并有针对性地提出解决策略或优化方案，成果为A2图纸2张（图4）。

从学生线上提交的作业来看，在经过了线上自学、思考与提问、串讲与答疑、互动研讨、章节复习与自我

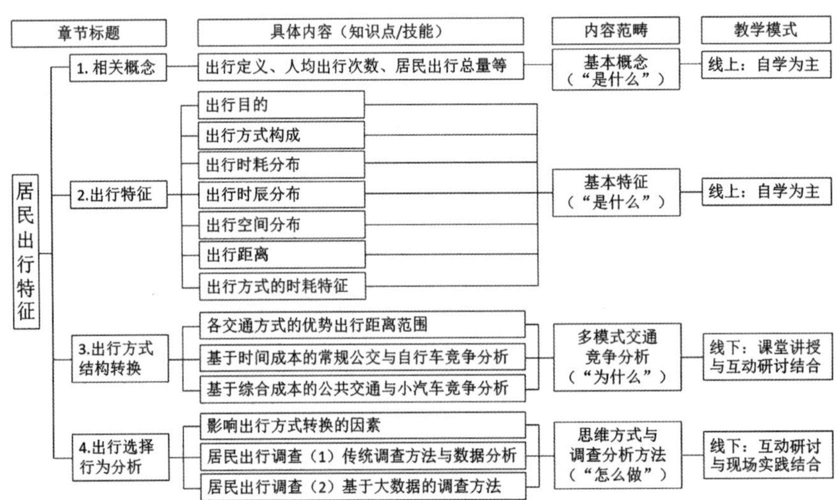

图3 "居民出行特征"章节教学内容与模式分析

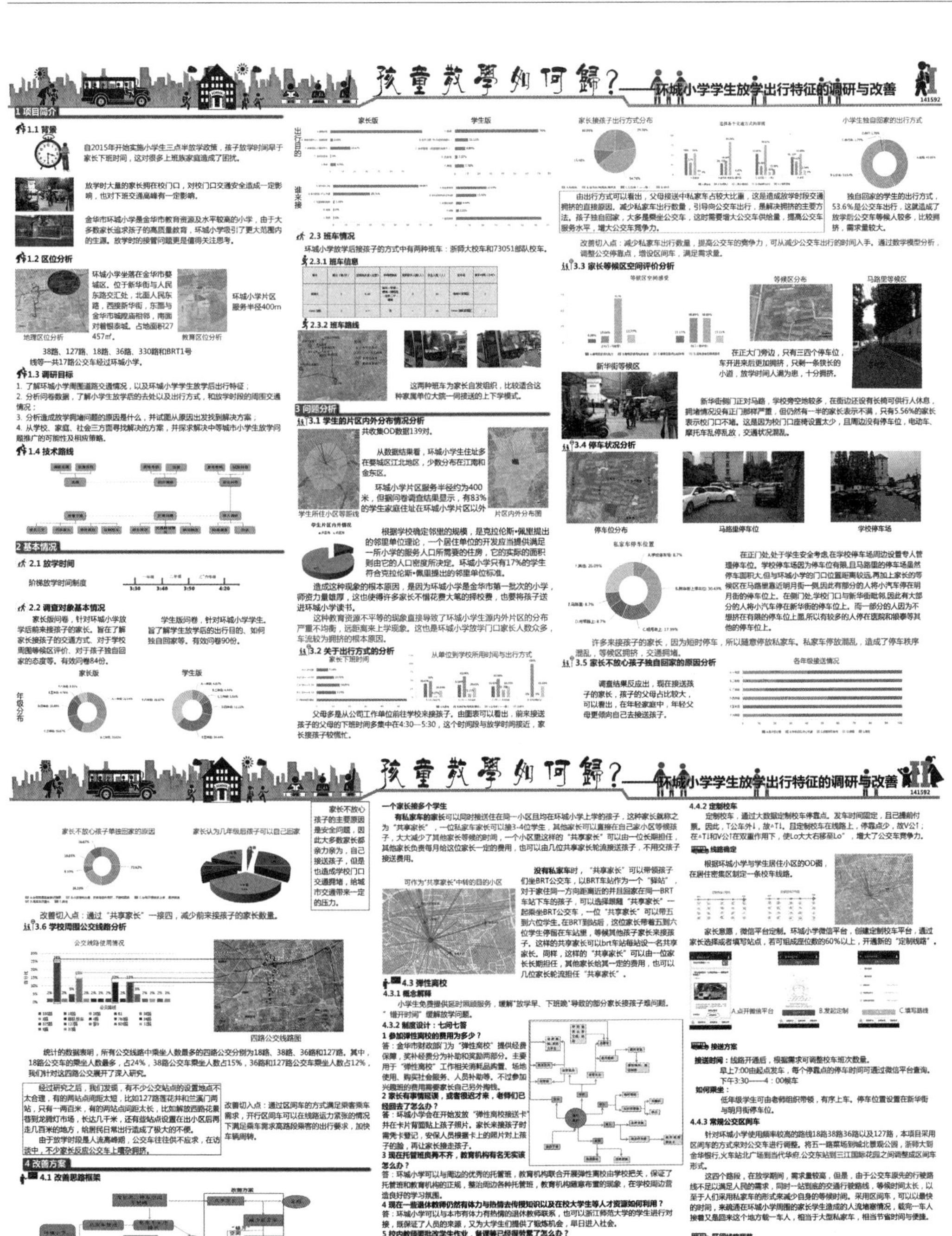

图4 "基于居民出行特征的××调查"学生作业成果举例
（资料来源：学生作业）
（作品名称：孩童散学如何归？——环城小学学生放学出行特征的调研与改善）

测试等环节后，学生不仅对课程知识点掌握扎实，且对调查研究均表现出浓厚的兴趣和十足的动力。作业成果非常丰富，十几个小组几乎没有重复选题，且调查技术路线较清晰、分析具有逻辑性和一定深度，一些组甚至能"跳出交通看交通"，多视角地分析交通问题（如从教育资源分配不均衡的背景剖析了优质小学周边交通拥堵形成的根本原因），策略也具有较好的可操作性（如针对小学生上下学接送问题，提出建立弹性离校制度、优化常规公交运营模式、鼓励私家车合乘、开通定制接送车等策略）。教师在学生作业互评环节发现，学生能用较专业的语言分析其他组作业的优缺点，一些学生能给出更低成本高效益的解决方案，另一些则能提出自己对相关理论的思考，证明学生的价值观、知识水平、对方案的判断力均得到了较好的训练。

3 关于线上线下混合式教学的思考

结课后，近两届体验混合式教学的学生普遍反映，该课程教学模式新颖，学生不仅掌握了城乡道路与交通规划的众多知识和规划设计方法，更重要的是训练了自己的问题剖析和公正处理能力，培养了创新思维和团队合作能力。在总体成功教学的同时，亟需对线上课程各版块的运行差异性进行分析，并对未来如何更好实践混合式教学进行思考。

3.1 各模块使用效果的差异性与应对策略

"超星学习通"可自动统计学生使用各版块的登录时间、频次、参与度（仅浏览、单次回复、多次回复等），任课教师能随时了解学生各版块的使用情况，选择合适的线上资源发布时间和互动研讨资料。从笔者两年混合式教学的经验来看，目前"超星学习通"平台使用情况与教师预期一致的模块包括课件与教学视频、作业布置与提交、课前自测与章节测试等。

"互动研讨"模块虽然能正常运作，但离教师预期仍有一定差距。学生更多地将其用作知识点答疑的平台，仅有一半左右的学生会对教师发布的交通规划设计案例、交通新闻、交通热点问题等跟帖评论，其中能表述自己的创新性思维或能与其他学科知识交叉来应对问题者较少。此外，仅有个别学生能将微信、微博等平台看到的好文章在教学平台上给师生分享并给出自己的评论。可见，该模块的教学效果仍停留在初级阶段。其中的大部分原因可归结为学生学习的主动性不够，但也有一些学生出于不自信而选择沉默，怕评论不精彩而被"嘲笑"。因此，教师需在日后的教学运作中，设计更好的激励机制，促使学生从被动参与转向主动参与甚至一定程度上来主导这个版块成为学生之间共同研讨交通热点问题的平台。通过长期的训练，使学生从被动的知识接受者转变成积极的知识创造者，增强学习能力，从而使教学影响力超越大学有限的时间和空间，使学生终身受益[3]。

3.2 推广与应用

优质的教学离不开教学团队的集体智慧与努力，然而对于普通院校而言，明显的师资短缺使承担某门理论课程的教师仅有 1 名。"互联网 +"时代的混合式教学不但消除了有限课时数带来的容量约束，更可依托教学资

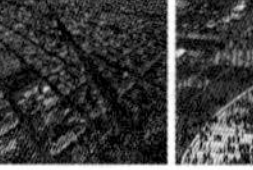

图 5 "互动研讨"版块内容示意

源共享的理念以下述两种方式提升教学效果。一是吸收国内外顶尖高校的优质 MOOC 课程资源，结合学生的特点实现本地化，并将本地化资源上传至本校的网络学习平台，通过对同一课程的不断积累和迭代，丰富教学平台上的课程资源。目前该方法已在教学案例选取中得以实践。二是与其他高校城乡规划专业合作实现教学资源的共建共享，众人拾柴火焰高，跨校组成“教学团队”的同时增进多校学生之间的交流与良性竞争，无疑是“互联网 +”时代提升课程教学质量的捷径。

4 结语

“互联网 +”时代的线上线下混合式教学，打破了传统课堂教学课时数的约束、学生参与度普遍偏低、获得感差的弊端，实践了“以学生为中心、以教师为主导”的创新教学理念，学生学习的时间自由度大幅增加，学习内容不再囿于书本知识，涉猎面更广、更综合，与实际应用、热点问题无缝衔接，自主学习潜力得到充分发挥，逻辑和思维能力得到反复训练，教学绩效显著提升。万事开头难，改革之初，教师工作量会大大增加，但通过两年实践不难感受到目前城乡道路与交通规划课程的教学针对性有了大幅提高，学生更有获得感，教师更有成就感，该课程已被遴选为学校精品课程，学生的认可度也位居全校前列。

未来的课程建设除设计优良的制度提升学生的课程参与度以外，更重要的是要做好“引进来、走出去”，即引进好的 MOOC 优质资源并加以本土化应用，丰富本校课程资源，同时将本校网络课程向其他学校推广，并争取跨校组成“教学团队”共建网络课程，实现资源共享，快速提升教学绩效。

主要参考文献

［1］ 关北光．基于“混合式”教学的整体教学设计研究 [J]. 乐山师范学院学报，2016，31（12）：114-117.

［2］ 孙菊妹．混合式教学——“互联网 +”时代的教学新模式 [J]. 知识经济，2017（11）：105-106.

［3］ 钟声．城乡规划教育：研究型教学的理论与实践 [J]. 城市规划学刊，2018（1）：107-113.

Practice and Reflection on Online and Offline Blended Teaching in the “Internet+” Era —— A Case Study of “Urban-rural Road and Transport Planning” Course

Gong Dijia

Abstract: The teaching of specialized course in universities is facing new opportunities in the “Internet+” era. The low-efficient traditional classroom teaching mode with lecturing as the main part needs to be transformed to the new online and offline blended teaching mode with “teacher guidance + students self-study”. Taking “urban-rural road and transport planning” course as an example, on the basis of brief introduction of the modules on “Chaoxing learning” platform that the course relies on, with the chapter of “characteristics of residents’ trips” as the case, the article explains the organization of blended teaching contents and the function of each module. Finally, based on the data collection and analysis on the platform, the author reflects on the effects of online and offline blended teaching, and proposes the optimization strategies of “localization of high quality MOOC courses” and “joint construction and sharing of curriculum resource with other universities”.

Keywords: Online and Offline Blended Teaching, Internet+, “Chaoxing Learning” Platform, “Urban-rural Road and Transport Planning” Course

"黄金圈"法则对城市设计教学思维的启示

沈　娜　孙　晖　钱　芳

摘　要:"黄金圈"法则解析了"为何－如何－是何"的创新思维过程，强调了事物从"为何"开始。在此启示下，基于我国城市建设从增量发展转向存量发展的背景，论文指出了规划设计从批量生产转向小规模定制、从空间设计转向全程策划、从工程技术转向公共政策的转型需求；梳理出以"为何"－价值观作引导、以"如何"－方法论作支撑的城市设计课程教学思维主线；提出了问题导向以强化认知力、自下而上以塑造价值观、过程设计以培养策划能力、技术支撑以提升分析能力的城市设计课程教学方法和目标。目的在于培养更符合社会需求、更具思辨能力和社会责任感的未来城市规划师。

关键词:城市设计，教学思维，价值观，方法论

前言

黄金圈（Golden Circle）法则来自于美国营销专家西蒙•斯涅克（Simon Sinek）的著作《从为何开始（Start With Why）》。书中提出了人们熟知的做件事情时的思维三要素（图1）：为何（why）—为什么做，可以理解为目的或价值观；如何（how）—如何做，可以理解为策略或方法；是何（what）—做成什么样子，可以理解为具体的措施或成果。大众思维多从"是何"开始，侧重对一件事物最终特征的阐释，创新思维则反向而行之，遵循"为何—如何—是何"（即黄金圈法则）的思维路径，从"为何"开始，侧重做一件事情的原因，其优势在于容易引发具有共同价值观的受众的情感共鸣，从而让受众认可并有意愿购买产品、达到营销目的。从使用者角度来看，一份"好"的城市设计作品，也需要让空间的使用者认可设计理念和其中蕴含的价值观，有意愿介入空间，真正愉快的使用空间和融入空间。

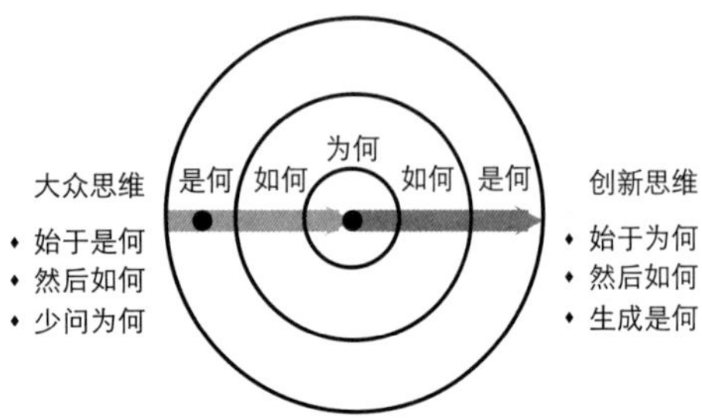

图1　创新思维与大众思维的路径比较

城市设计是城乡规划专业的核心课程之一。随着我国城市建设进入以存量开发为主导、提质增效的"新常态"，城市设计也面临着转型优化的需求和挑战，黄金圈思维模式对调整优化城市设计课程的教学思维和工作方法具有积极的借鉴意义。

1　存量发展背景下的城市发展

1.1　"是何"主导的增量城市发展阶段

经历了三十多年的快速发展，我国的城市化率已经超过58%，城市建成区面积的年扩张率长期处于5%以上[1]。为了应对这种以剧烈的大规模扩张主导的增量发展模式，我国的城市规划也经历了"大规模批量生产并迅速付诸实施的时代"[2]，政策制定的重心在"物"、即土地[3]，因而，城市规划更关注物质空间的状态，即"是何"。规划师既无客观上精雕细琢作品的充分条件，也无主观上的积极意愿。规划作品编制周期短、规划模式单

沈　娜：大连理工大学建筑与艺术学院副教授
孙　晖：大连理工大学建筑与艺术学院教授
钱　芳：大连理工大学建筑与艺术学院讲师

一。体现在城市建成环境上，各种"城市病"频发，包括生态环境与城市人居环境的恶化、公共设施配套不足，城市面貌雷同、缺乏地方特色等。对规划设计者而言，只要对物质空间有良好的设计掌控能力，闭门也能够"造好车"。而随着城市开发潜力的透支，城市从增量发展转向以存量发展为主导的"新常态"，规划设计必须应对新挑战和新目标。

1.2 存量背景下的城市发展特征

计划经济下，以行政划拨获取土地使用权的单位大院构成了城市的基本用地单位。而在土地批租制度建立之后，现有建成环境的用地单元表现的更为细碎，产权主体表现的更为多元，这些特点决定了在城市的更新发展过程中，不同主体的利益诉求会更加纷杂，城市规划必然需要平衡协调各方利益。随着长期市场压抑下巨大刚性购买力的逐步释放，公众一方面对空间消费更加理性，另一方面对环境的需求更加多元化。与此同时，关注城市中的弱势群体，促进公共服务的均等化，则既体现了以人为本的规划核心，也是地方政府提高城市核心竞争力的重要途径。

1.3 存量背景下的城市发展导向

在国家宏观政策方针的指引下，住房城乡建设部于2017年提出了"生态修复、城市修补"，以治理各种城市病、改善生态环境质量、提高城市基础设施和公共设施的服务水平。从关注物质空间的质量，到关注物质空间中使用者的心理需求，针对城市扩张过程中技术简化造成的千城一面，新时期需要根植于地方、提升城市特色和生活环境的多样性。随着信息技术的广泛应用，"智慧城市"被认为有助于促进社会经济以及资源协调的可持续发展。城市为人人，联合国人居署在2000年提出了"包容性城市"，倡导城市为每一个人提供公平的机会参与到城市生产和生活中。整体而言，城市正在向更加智慧、健康、包容、宜居的人本方向发展。

2 规划设计的转型与应对

2.1 批量生产转向小规模定制

在存量发展背景下，复杂的现状物质条件、多元细碎的产权主体，以及由此生发出的各方利益诉求的纠缠等，使得规划设计作品的可复制性大幅降低。过去三十年动辄出现的几十上百公顷的新区开发项目，将逐步让位于在城市建成区进行的小规模更新项目。因此，城市规划必须抛弃增量背景下的规划先验性，回归"实事求是、因时因地制宜"[2]，即基于特定环境，研究基地的物质空间、社会和生产生活，在此基础上展开针对性的"定制"设计。唯如此，城市空间才有可能从环境中生长出来、真正适合使用者需求。

2.2 工程技术转向公共政策

增量发展背景下规划设计的工程技术特征明显。在相对粗放的发展模式下，城市的基本骨架虽然建构完成，但也遗留了大量城市问题，破坏了生态环境，影响了城市居民尤其是弱势群体的社会生活。存量阶段的城市化为城市规划公共政策属性的彰显提供了历史舞台，近年出台的各类规划法规规范及相关政策，也传达了明显的关注公共利益的立法倾向。新时期的规划设计，不仅需要进一步改善城市空间结构，完善公共设施配套，而且还需要通过规划设计为城市提供必要的物质空间基础，引导和创造城市新生活，推进城乡的可持续发展。

2.3 空间设计转向全程策划

增量背景下存在巨大的城市发展动力，规划设计者的主要工作是做好物质空间设计，并不需要过多考虑规划设计的前期策划、后期实施等问题。而存量背景下的小规模定制式的规划设计，不仅需要做好传统的协调城市功能结构、建构物质空间秩序等工作，更需要从城市社会生活的整体发展角度，需要综合、平衡利益相关方的意愿，协调城市活动组织，激发城市活力，做好项目定位和策划；需要面向市场和用户，考虑项目的实施路径，提高土地利用价值，提升城市的竞争力。

3 城市设计课程教学思维的重构

3.1 教学思路

首先，为何——价值观做指引，树立"以人为本"的规划师的核心价值观。深刻认识城乡规划的公共政策属性，强调城市设计与社会公共利益的密切关联，以"使用者需求"作为规划设计的重要基点，使得规划作品真正做到源之民、为之民，或更可以形象解读为"从群众中来，到群众中去"。其次，如何——方法论做支撑，寻求认识、分析、解决问题的具体思路与方法。面对繁杂的城市万象，需要抛却固有模式，分解复杂问题，提出策略方法。在价值观和方法论的基础上展开设计并最终"生成"城市物质空间，即"是何"，并反向综合检验。

传统的设计教学侧重于物质空间设计能力的培养，是所谓"知其然"；在此基础上强调价值观的指引和方法论的支撑，让空间的生发更具"自然生长"的特质，是所谓"知其所以然"。围绕此教学思路，重构城市设计的培养目标和教学方法（图 2）。

3.2 培养目标与教学方法

（1）认知力的强化——问题导向

问题导向包含着宏观和微观两个层次。宏观层面需要关注城市发展阶段的特定问题。在存量发展的背景下，城市规划侧重于修补城市空间、完善城市功能，提升城市空间质量并创造宜居的生活环境。因此，学生需要对增量发展阶段遗留下的各种"城市病"有充分的认知，对城市空间及其中人的生活有深入的解读，能够从各种社会现象、社会问题中，寻找其与物质空间的关联以及改善的空间和途径。微观层面需要解读特定社会问题在具体地段的体现，以问题为导向，通过物质空间设计重塑城市生活组织。因此，城市设计课程需要引导学生跳出以形态美主导的物质空间设计，转向以问题作为设计的重要切入点，培养学生的问题意识和思辨能力。

（2）价值观的塑造——自下而上

传统的城市规划作品主要来自"象牙塔"，精英意味浓厚，公众参与不足，规划设计自上而下的特征明显。

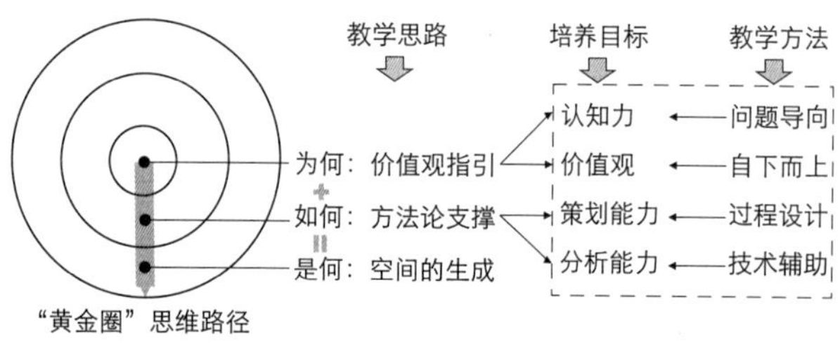

图 2 "黄金圈"思维下的城市设计教学思维的建构

而存量发展背景下，大规模扩张阶段的闭门造车、规划批量复制已经失去了其存在的基础支撑。因此，规划设计需要关注独特的城市文脉，需要关注鲜活的城市生活，需要体现既有的多元主体，尤其是弱势群体在城市更新中的利益诉求。作为规划设计者，需要更具社会责任感和人文情怀。相应的，城市设计课程教学就必须强调学生在设计过程中走出校园，深入城市，发现生活，携手市民，结合自身的专业素养，真正做出以使用者需求为核心、亦即"以人为本"的设计作品。

（3）策划能力的培养——过程设计

传统的规划设计对空间的技术性因素考量充分，而对相关的社会性和经济性等因素的考量相对不足。存量发展阶段的城市规划设计，无论是问题导向的设计思路，还是自下而上的设计路径，都对规划设计者的综合能力提出了更高的要求。对于城市设计而言，物质空间设计已经从设计的核心，转变为设计的基础。相应的城市设计课程教学，则需要进一步强化培养学生的前期策划能力、问题解析能力、协调组织能力，促使其关注政府、公众、开发者以及社会团体等在规划设计和实施过程中的作用，关注空间、资本、生态等多要素碰撞，从多维角度认识并深入解读影响城市物质空间的多元要素。

（4）分析能力的提升——技术辅助

信息时代为城市规划带来了挑战，也带来了新的发展机遇。传统的规划设计对空间的解析更多的基于设计者的经验判断，体现出来的设计依据通常以定性分析为主，主观性较强，量化分析较弱。已经成熟应用的 GIS 等分析软件在解析城市空间方面起到了很大的作用，而各种网络社会的新兴技术，尤其是大数据，可以更为客观准确的反映城市物质空间与社会生活组织及人的行为活动之间的关联，为自下而上的展开设计、重组符合使用者行为特征的城市物质空间提供了技术支撑。因此，城市设计课程需要引导学生充分利用各种分析技术软件和互联网大数据，为规划设计提供更为坚实的设计依据。

结语

城乡规划兼具技术性、经济性、社会性、艺术性等特质，虽然作用于物质空间，但其衍生效应极强，公共政策属性明显，会对居民的生产生活带来持续影响。同时，城乡规划又是一门需要随着社会的发展而不断调整演化的学科，受宏观的社会发展阶段和城市化进程影响较大。因而，城乡规划教学需要时刻调整教学目标，优化教学体系，以培养更加适应社会需求、更具有思辨能力和社会责任感的未来城市规划师。

主要参考文献

［1］ 刘守英，熊雪锋．二元土地制度与双轨城市化 [J]. 城市规划学刊 [J]，2018，(1)：31-40.

［2］ 王富海，张播，袁奇峰，等．规划的定制时代与应对．城市规划 [J]，2017，(3)：99-102.

［3］ 赵燕菁．阶段与转型：走向质量型增长．城市规划 [J]，2018，(2)：9-18.

Enlightenment of Golden Circle on Urban Design Teaching

Shen Na　Sun Hui　Qian Fang

Abstract: “Golden Circle” analyses the process of innovative thinking – “Why-How-What”, emphasizing that things should start with “Why” . Based on the background of China’s urban construction from incremental development to stock development, the paper points out the transformation demands of urban planning from mass production to small scale customization, from space design to course plan, from technology to public policy ; it points out the teaching thought with problem as guidance and with methodology as support ; it also put forward four aspects about the reconstruction of teaching objectives and methods, which includes strengthening cognitive ability with problems oriented, shaping values with bottom-up, training planning ability with process planning, and improving analysis ability with technical support. All these are aimed to make the future urban planners more consistent with social demands, more speculative and with more social responsibility.

Keywords: Urban Design, Teaching Thought, Values, Methodology

基于要素组织的城市设计方法在乡村意向营造中的教学探索*
—— 以乡村规划与创意设计竞赛教学为例

龚 强 陈前虎 周 骏

摘 要：乡村建设是我国当前规划工作关注的焦点，乡村空间与城市空间一样是各种复杂要素的集合体。乡村意向营造作为村庄空间设计中的重要一环，有其自身独特的设计逻辑，需要进行系统完整的梳理、提取、整合，以系统化的城市设计手法重塑乡村特色。结合乡村规划与创意设计竞赛教学，在乡村规划设计中引入城市设计理念，通过乡村山水田、村口、主街巷、边界、节点和片区六个方面的空间意向要素的设计，实现乡村空间的组织与整合，营造出独具特色的乡村环境。

关键词：要素组织，城市设计，乡村意向

1 城市设计在乡村意向营造中的作用

1.1 要素组织的城市设计方法特征

作为要素组织最具代表性理论当属凯文·林奇提出的城市意象“五要素”，通过对路径、边界、区域、节点、地标等城市空间要素的组织构建城市整体意象。城市意象理论已经被广泛应用于城市设计领域中，它要求设计者不但考虑城市本身，也同时考虑市民所感知的城市以及他们在城市空间中的心理体验和行为模式，以此作为城市形态和空间环境塑造的依据。城乡规划专业各类实践课程教学也正是在感知、观察、研究、总结的过程中寻求解决问题的思维方式，其中对尝试解决的“问题”便是各种复杂要素交织在一起所产生的关系和矛盾，而“城市设计正是研究城市组织中各主要要素互相关系的设计”，城市设计对待要素的突出特点便是通过要素梳理、要素提取、要素整合及要素设计，利用综合的设计手段和方法，更为具体、形象地处理空间的物质形态关系，使各组成要素之间的关系更加协调统一，以城市设计视角增强空间环境的意象特征。

1.2 要素组织与乡村意向营造

乡村与城市既有其相似性又有差异性，乡村空间同城市空间一样亦是多种空间要素的叠加与组织，但由于乡村所具有的原生性与脆弱性，使得乡村空间有其独特的逻辑与魅力。基于要素组织的城市设计方法可极大地实现乡村空间的组织与整合，塑造富有乡土特色的村庄风貌环境，营造具有“可识别性”的乡村意象。要素组织下的乡村意象营造实质是基于感知的乡村景观整体空间的历史文化特质、资源特色的时空再现，其本身强调尊重与把握乡村地域传统历史文化内涵，注重村庄与周边自然环境相互协的发展格局、乡村肌理与历史文脉的传承与发展，从而营造出具有乡村意象特征的空间环境。

2 乡村意象营造的内涵

2.1 乡村意象认知

乡村意象是乡村环境在人们认知体系中形成的意象，是人们在头脑中形成的对乡村居民点空间的认知图像，它同城市意象一样都具有“可识别性”，反映出乡村

* 基金项目：浙江工业大学校级教学改革项目（JG201623）。

龚 强：浙江工业大学建筑工程学院讲师
陈前虎：浙江工业大学建筑工程学院教授
周 骏：浙江工业大学建筑工程学院讲师

居民对乡村整体空间的感觉形象。乡村意象由外显的物质意象和内在的非物质意象两部分组成，外显的乡村意象反映在田园风光、乡村聚落、建筑形态和色彩特征等方面，其物质要素主要有独特的山水田景观、气候、植物、林地、果园、村庄聚落格局、整体建筑风貌等是指乡村实体空间赋予人们的表层形象；非物质要素即文化层面，是指乡村文化赋予人们的深层印象，内在的乡村意象反映在乡村生活生产方式、民俗民风等方面，主要表现为特有的生活方式、传统民俗活动、节庆事件、美食、民间艺术、名人、历史传说、历史遗迹等。

在乡村规划与设计中通过自然景观、人工景观、人文景观三个方面的“物象”表征呈现出与之对应的意象构成要素，梳理提炼相互之间的影响要素，这些要素共同形成对乡村景观的感知和认同，形成易于识别乡村景观空间。因此对乡村空间要素的组织是乡村设计的基础，同时营造可感知、可识别的乡村景观环境，又是设计所追求的目标（图1）。

2.2 乡村意象营造的空间层次构建

乡村意象营造需要把各要素作为一个整体来进行组织，基于村庄空间要素的多层次性，可把村庄空间分为远景、中景、近景三个层次进行设计引导。

远景设计引导主要是通过生态景观系统梳理培育、自然地貌的整体格局控制、山体背景的林相改造引导、农田大地景观构建等方式，总体把握村庄形态。主要设计内容包括对村庄周边自然资源修复、对村庄环境四季色彩整体协调等，旨在明确村庄地域特色，通过村庄整体形象的构建形成面域层面的易识别特征。

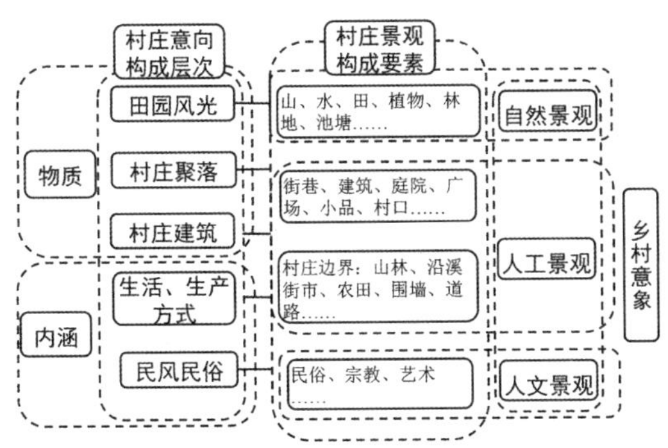

图1 乡村意象构成层次及要素框图

中景设计引导是通过村庄内部空间形态环境设计，形成具有乡村意象的村落环境。该层面的村庄设计侧重于某一个系统或某一局部地段，其中以村庄公共空间边界为关注重点。主要设计内容包括村庄交通功能空间的梳理、街巷空间界面的营造、村庄边界形态以及各个功能片区整体意象的引导等。

近景设计引导是对村庄内部公共活动空间进行设计，其中包括公共活动场地、村庄入口空间、集会场地以及晒场等生产场地，以及村委会、商业服务、学校、公共设施等功能节点（图2）。

3 要素组织在乡村规划与创意设计竞赛教学中的实践

3.1 乡村规划与创意设计竞赛教学背景

乡村规划与创意设计竞赛教学活动是在“乡村认识实习”、“乡村规划与设计”等相关课程学习的基础上，以参与课外科技竞赛活动实践，响应当前规划实践的落

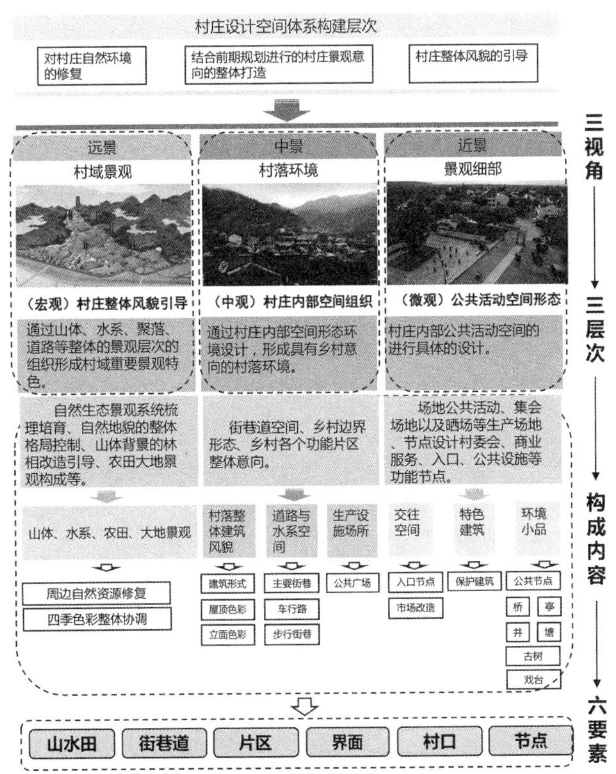

图2 村庄设计空间体系构建层次

地性要求，进一步丰富教学内容。针对教学过程中的常规教学阶段，乡村规划与创意设计竞赛教学更加细化各阶段关键内容，形成理论基础教学、相关案例分析、成果点评的三大教学内容。其中，乡村规划与设计常规教学阶段是教学内容的重点，将创新性的分成调查与分析阶段、村域发展规划阶段、居民点总体布局阶段、居民点详细设计阶段等四个阶段性内容；并以分析简化管用、抓住主要问题为导向，形成现状调研报告、村域总体布局、居民点空间布局、居民点空间意象要素详细设计等四个阶段性成果。在村庄设计部分主要是运用乡村意象分析框架，通过山水田、村口、主街巷、边界、节点和片区要素，整体把握乡村居民点总体空间结构，梳理营造乡村的关键要素，进一步确定乡村居民点规划与建设重点，提升乡村规划与设计的落地性和创新性。

3.2 乡村意象要素提取方法

乡村意象是一个完整的、立体性的结构体系，具有不同的层次和内容，包括广大乡村的田园风光、生产方式、乡村聚落、乡村建筑、生活习惯、民风民俗、人文景观等。乡村意象要素正是在这些内容的基础上，通过不同人群和不同角度等认知方法进行要素提取。（图 3-图 5）为浙江省大学生乡村创意设计大赛案例，通过对乡村现状空间要素的分析，将乡村空间要素提炼形成乡村意象要素，形成乡村认知地图。

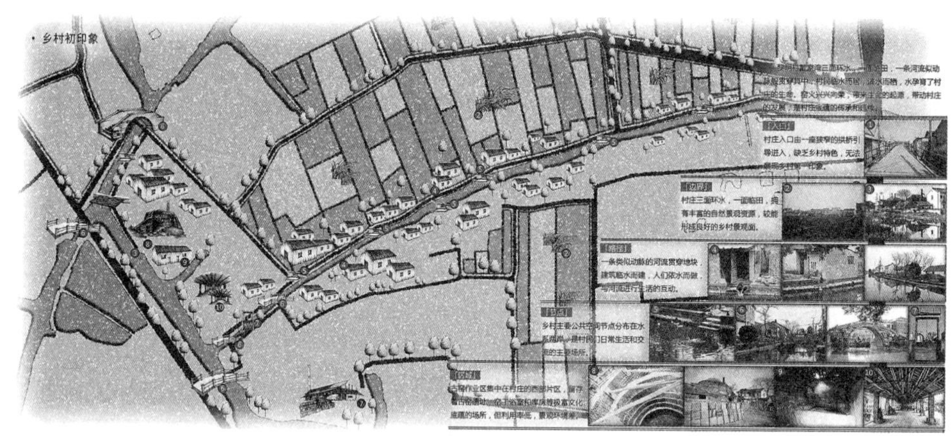

图 3　嘉善县干窑镇黎明村认知地图

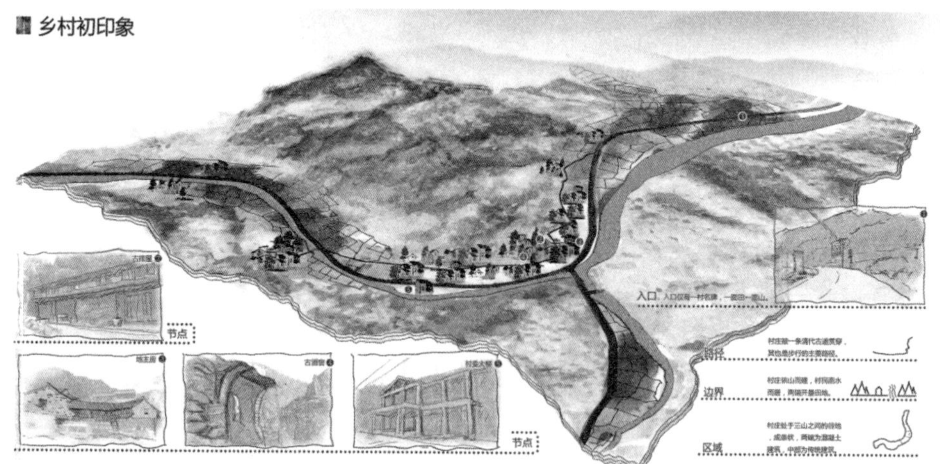

图 4　黄岩区上郑乡垟头村认知地图

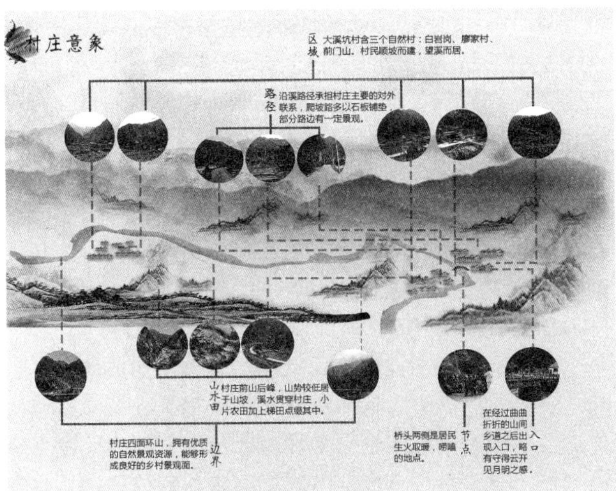

图 5　黄岩区上郑乡大溪坑村认知地图

（1）通过不同人群的认知地图进行意象要素提取

通过获取村民、游客、村委会、规划设计人员等不同人群的乡村认知地图，分析和提取图中表达的信息，可知不同人群对乡村识别和认知的关键要素。

（2）不同角度观察认知乡村进行意象要素提取

不同角度观察乡村进行意象要素提取，是指从远景、中景、近景三个角度分别对村域景观、村落环境、景观细部三个方面进行乡村观察认知。对远、中、近观察认知到的各种信息进行总结提取，形成乡村意象关键要素。

3.3　乡村意象要素组成

目前，乡村规划设计实践仍停留于要素梳理与提取的初步阶段，还未形成系统性视角对乡村要素进行综合组织与设计。根据乡村意象呈现出的易读性、自然性、乡土性、农耕性、质朴性等表现特征，对不同人群与不同角度下乡村意象要素提取以及各特征分析，借助城市意象分析方法，将乡村意象要素提炼为山水田、片区、街巷道、边界、村口、节点六个要素。

（1）山水田

主要指村庄居民点周围相连、相依、相望的山体、水面和农田。反映了村庄居民点的选址、布局的因地制宜，表达了山环水绕、田园相拥、风水气息、天人合一的布局理念，强调村庄居民点与自然山水的充分融合。传统村落居民点的选址，或背山面水，或靠山面田，或择水而居，或依势而建，可以看出山水田是村庄居民点典型的空间意象要素。

（2）片区

主要指村庄居民点内有较大面积，在功能、形式、作用、要求等方面具有共同特征的区域。进入片区内有统一的氛围，可识别性较强。比如，从功能上可划分为生活区、生产区、公共服务区等；从形式上可以划分为历史保护区、旧村整治区、新村建设区等。

（3）街巷道

村庄居民点一般街巷纵横交错、自然延展，虽然呈现“自组织”特征，但往往主次分明、规律可循。街巷道是指村庄居民点主干街巷，是人流较为集中、道路断面较宽、空间富有特色、景观秀美宜人的骨架街巷，是最能展现村庄特色的主要通道。根据村庄居民点所处地理环境的不同，街巷道形式也会有所差异：丘陵地区街巷道依山就势，以步行通道为主；平原地区街巷道形态工整，以车行通道为主；水系地区街巷道顺水而行，往往表现为滨水步道等。

（4）边界

主要指村庄居民点不同功能片区之间，或居民点与外围山体、水面和农田之间的边沿，拥有视觉相对明显、形式较为连续的特点。由于片区功能、形式不同，形成的边界往往是一种过渡空间。村庄居民点与周边的山水田相互映衬、互相融合、不分彼此，形成的边界往往村景相互交融、相互缝合。

（5）村口

村口即村庄出入口，是村庄居民点最为重要的标志物，是反映村庄传统精神与个性特质的重要空间。首先，村口是独特的节点空间，具有强烈的可识别性；其次，村口的形象往往是村庄传统精神传承的象征；再次，村口与观察者有空间关系，表现出可供进出的“门”的意义。

（6）节点

主要指村庄居民点内供人们聚集、交流、活动、娱乐的公共空间。主要包括围绕着村委、文化广场、商业、教育等公共设施形成的开放空间，以小游园、小广场为主的村民活动场所，在道路转折点和标志物前形成的公共场所等。

3.4 乡村意象框架构建

（1）构建目标

乡村意象框架构建的目的是从总体上建立居民点的功能结构、景观体系、街巷系统，明确居民点规划与设计的重点与方向。当前的村庄在乡村意象建设上还存在着较多的问题，如山水田格局破坏严重、村庄入口千篇一律、街巷系统缺乏更新、边界难以确定、节点规划布置不合理、片区文化特色不显等。将乡村意象总体框架构建融入乡村规划与设计中，根据存在问题提出针对性的设计策略，弥补村落空间形象设计的不足（图 6）。

（2）意象要素组织策略

1）山水田：生态优先

在乡村意象总体框架构建的过程中应尊重并保护山水田格局，不改变原有山形地貌、水系风貌和田园景观，不破坏原生的自然植被，不占用稀缺的田地。延续村庄的发展脉络，强调村庄与山水田的交融与对景，促进村落的有机生长。

2）村口：文脉彰显

村口是村庄的门面，是彰显乡村精神文化的重要空间，也是乡村地域特征展示的窗口。为防止村口的千篇一律，应加强乡土文化、历史遗迹、场所精神等要素的提炼，营造出生动朴实、品质独特和充满情感的精神空间场所。

3）街巷道：系统升级

应尽量在保持原有的街巷空间格局和路网结构的基础上，疏通并拓宽村落原有的街道。在满足现代生活的同时，梳通巷道，增强步行系统的可达性。重点打造好街巷道，创建多条各具特色的街巷道系统，为村民的行、游、聚、娱等活动提供多样化空间。

4）边界：景色延续

意象边界保证乡村意象的完整性和可持续性，将村庄与周边环境缝合在一起，使村落与周边山体、农田和水面相互映衬、互相融合、不分彼此。在乡村意象总体框架构建的过程中应寻找沿山、沿水、沿田、沿路等富有特色的线形边界，重点打造成村庄居民点内靓丽的风景线。

5）节点：有机整合

尊重村民的节点习惯，适当扩大自发形成的节点空间，满足人行交汇、村民交往等功能要求。人为布置的节点在功能设置上应具有多样性，为复合功能的发生提供可能，满足生产、产活等附属需求，营造精神文化空间。通过街巷增强彼此的可达性，提高节点的使用效率，延续村民的生活习惯。

6）片区：文化植入

片区承担了村庄居民点的主要功能，包括生活生产、公共服务、历史保护等。在乡村意象总体框架构建的过程中，片区除了功能分区外，还应该成为乡土文化的重要载体，保护并延续乡土文化是片区空间设计中应坚守的"准绳"。

（3）成果表达方式

通过乡村意象总体框架的构建，有助于系统的识别村庄空间特色，明确村庄规划设计重点，形成村庄居民点总体结构。村庄设计中，应深入分析村庄现状山水田、村口、街巷道、边界、节点和片区等六个要素的布局特点，通过系统解析、整体把握、结构梳理，针对六要素分别进行具体设计，最终形成乡村意象总体框架（图 7）。

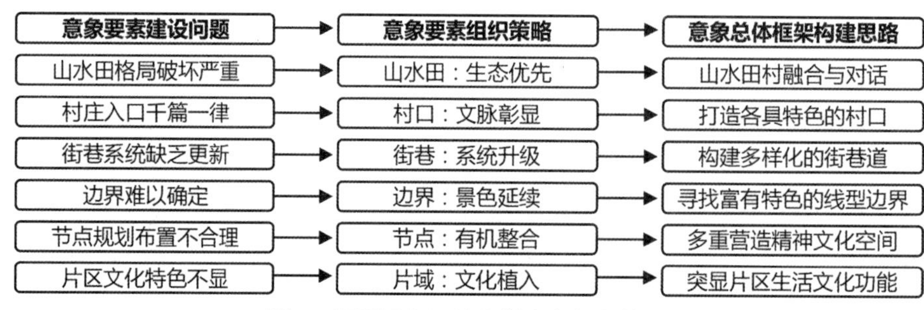

图 6　问题导向下的乡村意象框架构建

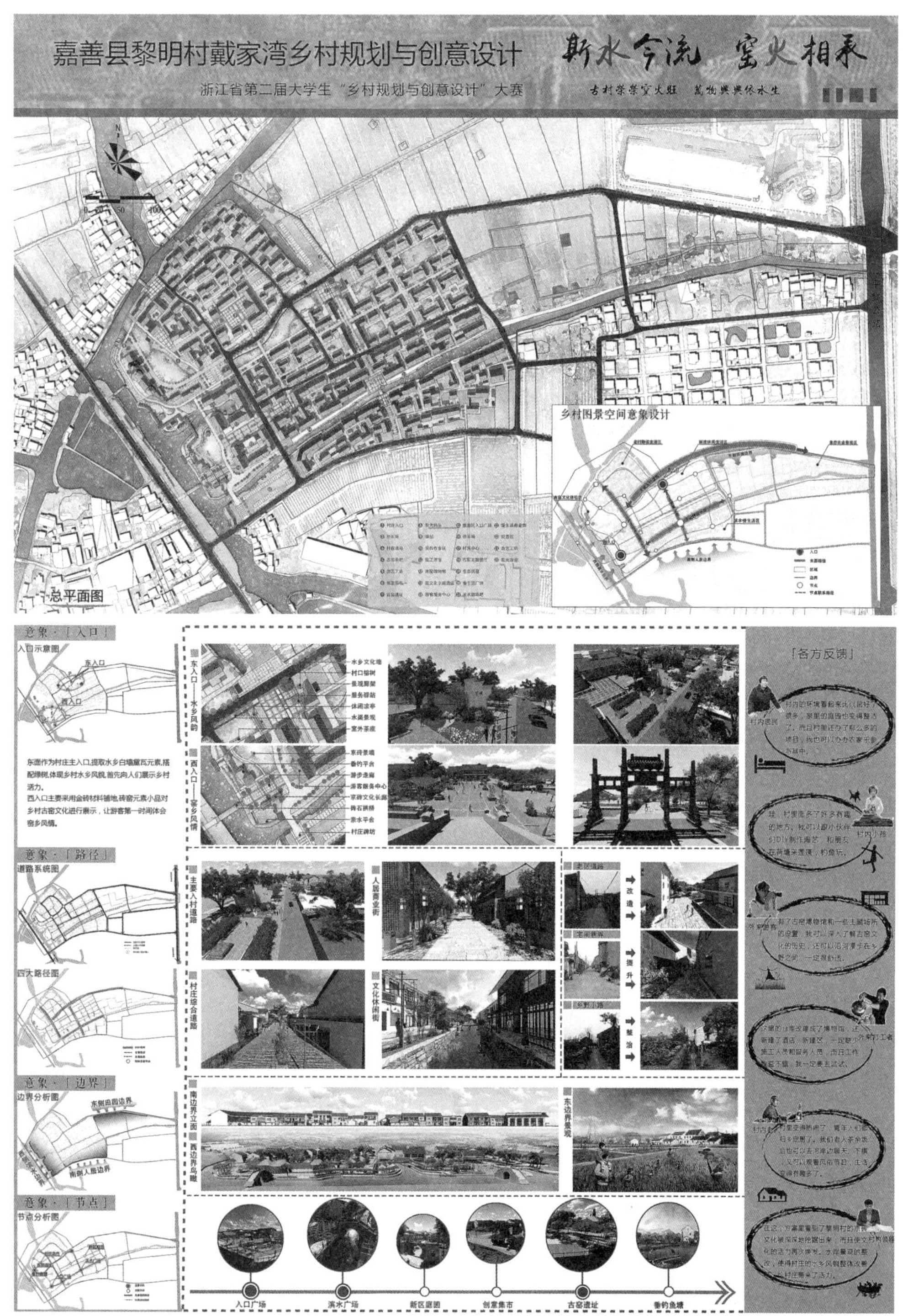

图7 浙江省大学生乡村创意设计大赛案例——嘉善县干窑镇黎明村乡村意象生成图

4 结语

基于要素组织的乡村意象营造以城市设计视角出发，通过乡村意象要素的提取、分析、框架构建，结合乡村意象要素组织策略设计思路，凸显乡村的可识别特征，将各设计要素组成一个完整系统，以系统化城市设计手法重塑乡村特色。乡村规划与创意设计竞赛教学活动中，在村庄设计阶段以城市设计理念为先导，结合乡村意象要素的完整设计尝试，分别通过对村庄山水田整体协调、入口空间打造、街巷梳理、边界整理、节点塑造、区域构建，引导村庄空间环境从意向要素出发，提高认同度，从而营造出独具特色的乡村环境。

主要参考文献

[1] 王成芳，孙一民，魏开．基于环境意象的村庄规划设计方法探讨——以广州市南沙街东片村庄规划为例 [J]. 规划师，2013，29（7）：56-61.

[2] 金鑫．基于要素组织的城市设计手法在乡村整治规划中的运用——以金星村村庄整治规划为例 [A]. 中国城市科学研究会，海南省规划委员会，海口市人民政府 .2017 城市发展与规划论文集 [C]. 中国城市科学研究会，海南省规划委员会，海口市人民政府，2017，8.

[3] 王一．从城市要素到城市设计要素——探索一种基于系统整合的城市设计观 [J]. 新建筑，2005（3）：53-56.

[4] 胡丹．基于乡村意象要素复合的旅游型村庄规划设计——以岳西县菖蒲镇水畈村美好乡村规划为例 [A]. 中国城市规划学会，贵阳市人民政府．新常态：传承与变革——2015 中国城市规划年会论文集（14 乡村规划）[C].2015，8.

[5] 史瑞．美好乡村景观城市设计研究 [D]. 合肥：安徽建筑大学，2014.

[6] 白皓文，吕晓蓓．城市设计方法的在乡村居住空间形态设计中的应用——农村集中社区空间改良设计的一次探索 [J]. 城市建筑，2014（10）：64-67.

The Teaching Exploration of Urban Design Method based on Factor Organization in the Construction of Rural Intention Taking the Teaching —— Taking Rural Planning and Creative Design Competition as an Example

Gong Qiang　Chen Qianhu　Zhou Jun

Abstract: Rural construction is the main concern of our country's planning work currently. Similar to urban space，rural space is a collection of various complex elements. As an important part of village space design，the rural image construction has its own unique design logic，which needs to be sorted out，extracted and integrated. Rural characteristics should be reshaped with systematic urban design techniques. The organization and integration of rural space can be realized and the unique rural environment can be created through the combination between rural planning and creative design competition teaching，the introduction of the concept of urban design into rural planning and design，and the design of six spatial intention elements including rural landscape and farmland，village entrances，main streets and lanes，boundaries，nodes and districts.

Keywords: Elements Organization，Urban Design，Rural Image

基于翻转课堂的“地理信息系统”课程教学探索*

许大明　郭　嵘　吕　飞

摘　要：本文在总结城乡规划中的发展趋势基础上，针对城乡规划专业理论教学模式在“地理信息系统”课程教学中存在的不足，在分析学科发展趋势与教学研究特点的基础上，提出了基于翻转课堂的教学模式探索，通过有机整合“地理信息系统”各类优质的线上教学资源以及视频学习、课堂讨论及上机实践等教学环节，将翻转课堂教学模式引入课程教学。使学生对GIS课程的教学内容与课程实践等方面有较好的理解和认识。并结合城乡规划学科教育体系的特点，在课程实施策略方面提出了模块化课程体系构建、多平台数字化课程平台整合，多元化的考核体系等课程设计和组织实施策略。

关键词：地理信息系统，翻转课堂，教学模式

1　引言

随着我国城镇化水平的不断提高和国家新型城镇化战略的不断深入，对我国城乡规划人才教育与培养方面的要求日益提高。在传统物质空间规划的基础上，需要城乡规划教育积极应对地理学、经济学、社会学以及生态学等多学科在城乡规划领域的专业化、全面化以及综合化的发展趋势。整合优势学科的发展优势与研究特点来应对我国城乡社会经济发展新常态下的发展需求，特别是在理性规划、存量规划、精明增长以及人本规划等方面都需要城乡规划学科支撑和规划响应[1]。

与此同时，随着信息化、网络化技术的不断进步，虚拟现实（VR）、大数据、人工智能（AI）等新技术应用领域的逐步拓展和深化，城乡规划领域中的规划理论与技术方法也在随之发生深刻的变革和不断完善[2]。这对城乡规划学科的科学研究与人才培养等方面提出了新的要求，特别是在质性研究、定量研究的科学性、专业性方面提出了更高的要求[3]。地理信息系统（GIS）作为信息技术与空间分析技术的整合平台，如何通过应用GIS技术来不断完善网络信息技术发展背景下的城乡规划教育体系，培养适应我国城乡发展需求的新型规划人才，已经成为城乡规划地理信息系统课程教学探索的新方向。

2　地理信息系统课程基本内容

地理信息系统（geographic information system，GIS）是一门集计算机科学、地理学、测绘遥感学、环境科学、城市科学、空间科学和管理科学等为一体的新兴综合性学科。在信息化、数据化发展的背景下，该课程已经成为城乡规划专业本科生课程中的技术方法类核心课程之一。在新版的城乡规划专业课程体系修订中，该课程定位为规划技术方法类的专业基础课，安排在大三年级第二学期开设。

通过该课程的学习，让学生掌握GIS的基本原理、方法与应用，并能熟练操作GIS软件（ARCGIS），使学生能够将GIS技术特点结合规划设计类、调研类以及相关课程需求，综合应用到城乡规划设计与分析、管理等各个领域。该课程的理论教学内容包括概论、空间数据采集与处理、空间数据结构、空间分析、空间大数据解

*　基金项目：哈尔滨工业大学教育教学改革研究项目（AUCA5810006217），黑龙江省高等教育教学改革项目（JG201401735）。

许大明：哈尔滨工业大学副教授
郭　嵘：哈尔滨工业大学教授
吕　飞：哈尔滨工业大学副教授

析等内容。实践教学内容是以 ARCGIS 软件为实验平台，完成社会经济数据可视化、空间规划数据库制作与可视化分析、规划选址的空间分析与决策、基于三维数据的微观空间淹没分析、大尺度 DEM 数据分析等。总课时为 24 学时，其中 16 学时为理论教学，8 学时为实验操作，统一在 GIS 实验室机房上课。

3 课程问题解析

随着我国社会经济转型发展，对城乡规划学科的发展要求提出了更高的要求。我国的城乡规划学科也在研究内容与人才培养方面积极做出调整和应对。地理信息系统课程作为规划技术方法类课程，积极坚持理论性与实践性相结合，基础性与前沿性相结合的教学理念。但是随着城乡规划学科课程体系的不断修订，在近年的授课过程中也出现新的矛盾和问题。

3.1 课程内容增加与课时压缩的矛盾

随着我国新型城镇化建设的不断深入以及社会经济进入新常态发展阶段，城乡规划的课程体系也在不断进行调整。课程体系的发展目标也从积极应对规划学科人才培养的不断完善角度出发，从培养城乡规划设计型人才转型为综合型人才。在提升规划设计类教育基础之上，不断完善规划学科在信息技术、经济学、社会学以及管理学等方面的学科知识背景。特别是在网络信息化快速发展的背景下，地理信息系统的技术发展与规划应用领域也在快速发展和扩张。在规划数据信息化的背景下，不断丰富了课程的教育内容，完善了学生的课程知识体系。另一方面，在鼓励学生自主学习，积极参与各类实践课程等教育理念指导下，笔者所在的城乡规划专业的课程总体课时数量不断调整和压缩，部分课程甚至取消或合并，大部分课程的课时总数也进行了调整和压缩。以地理信息系统课程为例，历经几轮调整，课时数从 48 学时调整为 24 学时。而 GIS 技术在规划学科的应用领域逐步拓展，学科研究内容不断深化，这就对课程教学内容的精炼安排和课程教学体系的系统性课程设计提出了更高的要求。

3.2 专业基础学习与规划应用难以兼顾的矛盾

地理信息系统作为以计算机、测绘学、地理学等多学科融合的交叉学科，具有较强的专业基础性与理论性。特别是涉及数据结构、数据库以及坐标转换、投影等基础内容时，规划专业学生由于缺乏相应的课程基础，学习兴趣较为缺乏。这对课程教学的相关内容提出了较高要求。另一方面，学生在学习过程中，部分学生呈现出较为急功近利的思想，不求对课程相关学科技术原理与专业理论的深入了解，对课程理论基础与相关技术基础缺乏兴趣，却急于寻求应用地理信息技术来解决规划相关问题。面对从城市调研、社会经济分析、城市总体规划、详细规划以及城市设计等多方面规划内容，希望借助于地理信息技术来更好的推动规划课程学习。在有限的课时内，统筹协调专业基础教学与规划应用教学等课程内容对授课教师提出了更高的要求[4]。

3.3 课程内容系统化与学习时间碎片化的矛盾

虽然传统的课堂讲授模式存在一言堂，缺乏学生互动，不利于激发学生积极性等弊端，但在把控课程节奏、系统传授课程知识等方面有着较好的授课效率和效果。特别是在规划学科教育不断完善和转型的背景下，地理信息系统课程内容不断丰富，对课程内容的系统化梳理提出了更高的要求。另一方面，在各类教育教学资源网络化、媒体化发展不断深入，特别是移动互联网技术的发展，鼓励学生自主学习，使学生的学习时间日趋碎片化。学生的自主学习时间有所延长，但存在有热情、难坚持，重知识收集，轻知识学习等问题，对学生的学习自律性与主动性提出了较高要求。对学习的系统性与有效性，还有有待研究和考察。

4 基于翻转课堂的教学模式探索

4.1 翻转课堂的概念

翻转课堂的教学模式最初起源于美国，是随着互联网技术的发展而迅速兴起的新型教育模式探索。特别是随着 MOOC、可汗学院、微课堂、微博、微信公众号、技术论坛等媒介各种类型的网络教育资源的极大丰富，互联网时代的知识获取途径日趋多样化，为翻转课堂的实施创造了有利条件。翻转课堂的核心就是变革教与学的主体和行为方式，通过改变以往的“课上学习知识，课后内化知识”的教学过程，转变为“课前学习知识，课上内化知识”的教学过程。2012 年，随着大规模开放在线课程 MOOC (Massive Open Online Course)

的崛起，翻转课堂便以 SPOC（Small Private Online Course）的形式在高等教育中风靡[5]。

在教学阶段的调整过程中，翻转课堂不光是对课程的教学模式提出了改变，更多的是它将网络教学和面授教学的优势进行有机整合，通过教师在网络信息化条件下，提供专业而丰富的视频资料和线上资源，鼓励学生积极利用碎片化的学习时间来自主安排学习过程，再通过课堂的讨论与深入交流来使学生能够充分理解和内化所学内容，完成知识体系的建构[6]。翻转课堂充分发挥了教师的主导性和学生的学习主体性特点，调动了学习积极性，提高了教学质量。

4.2 理论课程设计

在理论课程学习过程中，鼓励学生课下自主学习相关的课程内容。在海量的网络课程资源与教育资源的互联网课程资源当中，课程教师作为学习资源的推荐者，如何甄别和选择与专业课程的主要内容和主要难度向匹配的相关视频并进行分类整理与推介，对教师的教学体系构建提出了更高的要求。通过分析与整理，我们将 ICOURSES 平台上中山大学张新长教授主讲的“地理信息系统概论”在线课程，以及南京师范大学汤国安教授主讲的“地理信息系统”精品课程作为理论课程的学习渠道。

在课程的引言部分，主要由教师主讲，主要介绍课程的主要内容，发展趋势与规划的应用领域等。并主要讲解翻转课堂的讲授形式和相关课程资源的主要内容。并结合课程设计的相关内容，根据每周一次课，每次至少 1–2 学时学生讲解，1 学时课堂讨论的安排。将课程问题与模块化教学的主要内容等和学生进行沟通讨论。对于相关理论课程的学习资源，主要包括 MOOC、微信平台以及技术论坛等课程资源，通过视频教学、MOOC 教学等形式，鼓励学生课下自主学习。采用课前观看教学录像，课堂上学生主讲，教师和同学提问的方式考查学生学习情况。在理论课堂组织与教学讨论过程中，主要包括以下两个阶段：

（1）课前问——思结合

以苏格拉底式的提问式教学方法发布学习内容指南。通过引用我国城镇建设中的时事问题、社会关注问题，规划发展的问题以及近期学术期刊的研究问题等方面，提起学生的关注点。提前抽选学生，将问题进行分段讲解，分专题讲解。变学生为主角，教师为配角。对核心问题和注意事项等，通过问题形式呈现出来。引导学生思考，通过学生问答，引发课堂学生的思考兴趣。过问题反演等形式，激发课堂学生的表达欲与深入思考能力。

（2）课上看——讲结合

应用弗里德曼学习法，在课堂上将课程相关内容进行问题分解，结合 MOOC 相关课程资源和相关理论学习内容，积极鼓励学生自主探寻问题答案过程，鼓励学生将问题进行自主课堂讲解。在课程讲解过程汇总，鼓励学生对问题进行讨论和提问，鼓励课堂其他同学也在头脑中以自己的方式对问题进行反思和自我理解。从而形成一个学生自主学习、课堂主导讲解以及大家共同讨论的学习内化过程。

基础理论课程部分课程设计示例 **表1**

■ 教学单元一：GIS 概论　（线上 2 学时）
目标：了解 GIS 的应用领域、组成功能、发展史与发展现状。

事　件	媒　介	教 学 任 务
发布学习任务清单	微信平台	（1）GIS 在城市规划中的主要应用方向有哪些? （2）GIS 的组成要素和主要要素的功能是什么? （3）当前 GIS 科学发展历程和技术前沿有哪些?
在线自主学习	MOOC 资源	学生以学习任务清单为主线在自主学习过程中思考答案。
微课、网络讲座 拓展教学资源	微信平台	发布当前 GIS 的技术前沿动态、GIS 在城乡规划应用中的前沿领域等相关资源与资料。
在线讨论与答疑	微信平台	学生 3–4 人分组讨论教学任务，结合教学任务引发学生思考与讨论，在线答疑与引导讨论过程。

4.3 实践课程设计

实验部分全部采用翻转课堂，课程教师事先制作详细的实践教学收册与教学上机指导教程，鼓励学生按照上机手册开展自学过程。提前一周通过课程平台发放实验上机指导手册和实验数据，学生根据指导书上的说明观看教学视频，利用实验数据学习软件操作。结合 ERSI 公司的优酷教学视频以及博客教学档案等网络资源中的丰富教学视频资源，鼓励学生对软件操作利用教学视频自学。

根据模块化的教学组织和进度安排，每次实践课程完成一个综合性的实验任务。在课堂上，学生分组介绍自己的实践上机过程与软件操作过程，并根据自身的实践问题和解决方法等和课堂教师与学生进行交流讨论。实践教学主要包括以下两个阶段：

（1）学——做结合，因材施教

适应不同学习需求的教学需求，课程制作详细的教学收册与教学上机指导教程，鼓励学生按照手册开展自学过程。结合 MOOC 学习，构建模块化教学体系。通过问题设定，课程资料辅助等形式鼓励学生进行创造性的学习。在结合 MOOC 的学习过程，在课堂讨论与上机实验过程中，以学生较为关心的空间数据可视化表达、规划选址决策支持分析、三维淹没分析、遥感影像分析等学生学习兴趣较高的教学内容模块为主。

面对具有一定课程基础与动手能力较强的学生，则鼓励部分学生按照上机指导手册进行自主学习。对于高需求学生则更多的交流与鼓励自主寻找相关网络资源进行深入学习，包括空间分析，空间统计，进阶编程以及程序开发等方面。

（2）会——用结合，学以致用

积极开展学以致用的城乡规划相关专业课的深度关联课程设计。教学过程结合设计课程中的主要 GIS 应用领域与应用方法等，紧密结合学生同步进行或刚刚进行完成的课程内容，结合 GIS 的相关案例分析过程进行示范讲解，使同学能够在城市调研、控制性详细规划、城市总体规划、生态城市设计、景观设计以及交通规划等设计课程中学以致用，提高学生对 GIS 的学习兴趣和应用水平。

4.4 线上线下相结合的考核模式

（1）平时作业成绩（30%），即：学生自主学习的状态，任课教师以网上实时测评、电子作业、在线交流讨论、学习社区交互等方式考核学生该课程学习效果，确定学生的平时成绩。学生缺交作业量累计超过规定的 1/3 者取消该课程考试资格。

（2）参加线下课堂研讨汇报成绩（30%），即：学生按照规定参加线下课堂分组讨论与汇报过程中发言情

实践上机部分课程设计示例 表2

■ 教学单元三：GIS 数据类型与数据结构 （课堂 4 学时）
目标：掌握城乡规划 GIS 数据的获取与整理；数据编辑与专题地图可视化表达；ARCGIS 软件基本编辑操作

事 件	媒 介	教 学 任 务
课堂小组 汇报讨论	PPT	（1）城乡规划 GIS 数据有哪些? （2）如何获取各个类型的 GIS 规划数据? （3）各类数据如何组织、编辑与整理? （4）如何通过地图可视化形式表达地图数据? （5）如何通过 ARCGIS 软件来实践地图可视化表达?
教师点评引导	教师口头	学生翻转课堂，分组讨论汇报；教师点评引导学生自主学习成果
城乡规划问题解析	PPT 教师口头	以“区域社会经济发展的地区不平衡性分析”为题目，引发学生如何获取社会经济数据与空间数据的思考，进而思考如何实现对“地区不平衡性的可视化表达”
上机实践与辅导	PPT 教师口头 上机电脑	以“区域社会经济发展的地区不平衡性分析”为题目，通过讲解 ARCGIS 软件特点，引导学生进行上机实践，开展数据的编辑、整理与存储等内容；讲解通过 ARCGIS 来制作专题地图
课后在线讨论	微信平台	通过地图可视化与高级制图专题讨论，使学生了解城乡规划数据类型、数据结构与数据编辑等概念及实践过程

况，语言表达与分析问题思路等情况，按照参加的次数、课堂讨论表现等给出成绩。

（3）课堂上机实践成绩（40%）。课堂实践过程中拟定案例任务，学生根据案例任务进行上机实践，教师辅导讲解，根据学生上机实践完成情况及制图表达情况评定成绩。

5 结语

翻转课堂的教学模式是在全球移动互联网技术的发展趋势推动下蓬勃发展起来的，它能够充分发挥学生的学习主体作用，变课堂灌输式教学为课堂互动式教学，变课下复习为课下预习的学习模式。随着我新型城镇化建设背景下社会经济持续转型发展和我国城乡规划一级学科体系的不断完善，城乡规划教育与人才培养也要不断紧密结合教育科技与教育理念的变化，不断完善课程教育内容，提高教学质量。通过精心设计模块化的规划专题案例设计以及翻转课堂应用，激发学生学习兴趣，通过引导讨论方向，调节讨论氛围，加强学生对课程内容的知识系统化、内化与升华。进一步强化城乡规划专业学生的科学性与理性规划分析能力，不断探索新的城乡规划专业教育模式，成为当前城乡规划专业地理信息系统课程教育探索的重要发展方向。

主要参考文献

[1] 赵万民，赵民，毛其智．关于“城乡规划学”作为一级学科建设的学术思考[J]. 城市规划，2010，34（06）：46-52+54.

[2] 杨贵庆．城乡规划学基本概念辨析及学科建设的思考[J]. 城市规划，2013（10）：53-59.

[3] 俞滨洋．中国城乡规划教育状况和改革思考[J]. 城市建筑，2017（30）：46-47.

[4] 宋小冬，钮心毅．城市规划中GIS应用历程与趋势——中美差异及展望[J]. 城市规划，2010（10）：23-29.

[5] 王建梅，王卫安．翻转课堂在地理信息系统课程教学中的实践与思考[J]. 测绘通报，2017（08）：146-149.

[6] 张金磊．“翻转课堂”教学模式的关键因素探析[J]. 中国远程教育，2013（10）：59-64.

Teaching and Practice of Geographic Information System Course Base on Flipped Classroom Teaching Mode

Xu Daming　Guo Rong　Lv Fei

Abstract: By summarizing the development tendency of the urban and rural planning, and identifying the shortcomings of the urban-and-rural-planning-theories teaching model in the Geographic Information System (GIS) course, this paper analyses the development tendency and the teaching-and-research features of this subject, and proposes the flipped classroom teaching model. This study tries to integrate a variety of high-quality online instructional resources and video-learning, classroom discussion and computer practice to implement the flipped classroom teaching model, and consequently, to facilitate students to better understand the content and practice of the GIS course. In the implementation strategies, considering the features of the educational system of urban and rural planning, this paper suggests constructing modular-based curriculum system, integrating multi-platform digital courses, and designing and implementing diversified evaluation system.

Keywords: GIS, Flipped Classroom, Teaching Model

体系与关联
—— 相关案例教学在城乡基础设施规划课程中的应用

栾 滨 肖 彦 沈 娜

摘 要： 城乡基础设施规划课程是城乡规划专业重要的基础课程之一，由于课程内容多、涉及面广，知识跨度大、工程实践性强等特点，仅依靠理论教学方式效果欠佳。本课程通过加入了相关联的案例教学，有助于活跃课堂节奏、提高教学效果、使学生具有将基础设施规划放在城乡发展全局中分析思考的能力。

关键词： 案例教学，城市基础设施规划，体系，关联

1 案例式教学在理论课程中的应用

利用案例参与教学的方式古已有之，而现代教育中的案例式教学法普遍认为起源于20世纪初期的美国部分商学教育，是通过对一些典型案例的分析和研究，叙述某一背景、阐明某一观点或论证一般规律，使学生能够更全面准确的了解所学知识的一种方法。教师通过适当的事例来展开教学，最终形成教师与学生以及学生之间的多重交流，因此案例教学具有客观性、实践性、启发性和互动性的特点，在知识传授中起到其他方法不可取代的作用，能够取得良好的教学效果，目前已被大多数专业课程所采用。

2 城市基础设施规划课程的特点及教学需求

“城乡基础设施规划”是全国高等学校城市乡规划学科专业指导委员会制定的《城乡规划专业本科教育培养目标》的专业核心课程之一，通过适当深度的讲授，使学生了解城市工程规划方面的基础知识，包括城市工程系统的组成、各系统的一般组构形式和运作方式等等，为城市规划专业其他专业课的学习奠定重要基础。

由于基础设施内容多、涉及面广，知识跨度大、工程实践性强等特点，传统教学方式学生多为被动接受，学习积极性不高，教学效果欠佳。许多院校由外专业教师讲授，与城乡规划专业操作角度有一定距离，因此如何激发学生兴趣，梳理出城乡规划专业人员需要掌握的相关知识、建构适合城乡规划专业特点的教学方法迫在眉睫。近年来与本课程相关的许多教学论文也从这一角度进行了论述和探索。

3 相关案例对城市基础设施规划课程教学的作用

笔者主要从三个方面来理解案例对城乡基础设施规划教学的作用：

第一，认识系统关联是城乡规划专业基础设施课程与其他工程专业最大的区别，由于课程特点，在理论教学中往往需要分系统讲述各工程的规划方法，内容安排较分散，不利于学生把握基础设施在城市规划中的整体关系和各单项系统间的相互关系。本课程在首先利用前1/4的时间对各系统进行统一论述，有利于增强学生对城乡各系统之间关联性的整体认知（表1）。在理论介绍之外，加入了适当的案例，更有利于学生全面了解，逐步形成把握全局的规划思维方式。

第二，随着中国城市和社会建设的不断发展，城乡基础设施规划的许多相关因素都在发生变化。外部因素主要有新型城镇化、市场化、信息化以及政策制度的完

栾 滨：大连理工大学建筑与艺术学院规划系讲师
肖 彦：大连理工大学建筑与艺术学院规划系讲师
沈 娜：大连理工大学建筑与艺术学院规划系副教授

善，尤其是2018年的国务院部委调整，对于基础设施研究与建设的影响十分深远。内部因素主要是近年来许多系统的发展与技术更新速度惊人，体系格局正在发生变化，对于大量以预测为依据的城市规划工作来说，通过实际案例的介绍，把这些发展趋势呈现在教学中十分重要。

第三，引入案例分析，有利于活跃理论节奏，训练学生综合性、开放性思维。通过在相应的教学环节设置开放的案例分析，鼓励学生多视角分析、发表不同意见，提高学生的教学参与性和学习积极性，强化教学效果。培养学生“发现问题—分析问题—找到规划角度”的能力，从而达到教学目标。

本课程48学时（12周）教学环节安排　表1

周次	节次	教学性质	教学内容
1	1	讲课	总论、城市基础设施的类型与特点
	2	讲课	城市基础设施的工作程序、影响与评价
2	3	讲课	基础设施的合理配置与规划布局
	4	讲课	我国城乡发展与基础设施规划关键问题
3	5	讲课	城市基础设施的建设程序与管理
	6	讲课	城市水资源保护与给水规划理论
4	7	讲课	城市雨水系统与海绵城市理论
	8	讲课	城市污水工程规划理论
5	9	案例汇报	学生汇报交流
	10	案例汇报	学生汇报交流
6	11	讲课	城市给水工程规划编制实践
	12	讲课	城市雨水、污水工程规划编制实践
7	13	讲课	城市电力工程理论
	14	讲课	城市通信工程理论
8	15	讲课	城市供热工程理论
	16	讲课	城市燃气工程理论
9	17	案例汇报	学生汇报交流
	18	讲课	城市电力、通信工程规划编制实践
10	19	讲课	城市供热、燃气工程规划编制实践
	20	讲课	城市道路竖向、管线综合理论
11	21	讲课	城市防灾、环境卫生理论
	22	讲课	道路竖向、管线综合工程规划编制实践
12	23	讲课	城市防灾、环境卫生工程规划编制实践
	24	答疑	总结与考试答疑

资料来源：作者自绘

4　城市基础设施规划教学中的相关案例应用

4.1　案例类型

城乡基础设施规划课程本身是一门工程实践性很强的课程，涉及的案例主要有以下几个方面：①相关工程建设的案例；②社会领域需求的案例；③政策法规与城市管理方面的案例；④相关技术的发展；⑤基础设施体系规划的编制实践；⑥某部分指标的案例模拟计算；由于后两部分的案例在传统的课程讲授模式中已有较大量运用，本文主要从促进学生建立体系思维与关联思考角度，探讨一下前四类案例在本课程中的应用。

4.2　案例内容的选取原则

好的案例是案例式教学成功开展的有力保障，城乡基础设施相关的案例很多，课堂讲授宜选择具有启发性、重点突出的案例。并以课程知识点为导向，以案例为载体，使理论知识实践化、拓展化。

（1）具有针对性、时代性特征的案例

本课程选择了一些社会热点、代表性工程项目等案例来提高学生对相关知识掌握的兴趣以及在当前社会发展中对基础设施分析的切入视角，例如北京随着城市发展带来的东小口村垃圾回收产业的变迁，广州在亚运会契机下修建的京溪地下净水厂，南水北调东线工程背景下对微山湖污染的大力整治，地源热泵技术的应用对传统供热方式的影响等等。

（2）具有体系关联性的案例

在“日本垃圾处理依存中国的崩溃”案例中，介绍了由于日本垃圾长期以来出口中国，导致的日本国内垃圾回收再利用体系没有建立，受国际原油下跌影响，中国的相关制造业可以直接采用原料生产，不再进口日本塑料瓶，日本垃圾处理系统突然面临了很大的危机。在给水系统综述一节中，引用国务院南水北调办公室编制的《南水北调城市水资源规划》文本为案例，向学生讲述了区域水资源利用开源节流并举，治污、节水为先，用水为后的战略思想。

（3）具有综合性的案例

在电信系统规划一节中，介绍了“亿元淘宝村”案例，观看了中国江浙地区淘宝村的火热发展过程后，请学生思考都有哪些社会层面的变化和基础设施的发展为产生这一现象奠定了基础，这一案例使学生关联到了城乡物流业的发展、电信基础设施建设、交通基础设施建设以及农村社会关系的变迁。在介绍区域性基础设施一节中，引用上海洋山港建设的案例，并请同学讨论洋山港的建立对宁波北仑港的影响。在水资源利用一节中，讲述了南水北调西线工程的调配难题以及相关各省的权益主张。

（4）正例和反例相结合

根据不同的教学内容，选取具有针对性和代表性的正面或反面教学案例，以更好达到案例式教学的效果。通过介绍一些具有权威结论的反例，有利于学生树立正确的规划价值观。笔者在课堂讲授过程中，适当选取了一些能够对学生有所启发、教育意义较大的反面示例，例如在城市各类工程管线综合的关系一节中，引用了2013 年青岛黄岛石油管道爆炸事故的国内媒体报道、国务院事故调查组《中石化东黄输油管道泄漏爆炸特别重大事故调查报告》，以及后续对 15 人刑事处分和 48 人纪律处分的内容。在介绍城乡基础设施投资模式的一节中，引用了福建省建设厅文件《关于社会资金投资城市污水垃圾处理厂情况的通报》（闽建城 2009[19] 号），文件中列举了一些城乡污水垃圾处理厂投资企业“实力不足，投资项目过多，资金不足，造成停工”的情况。在城市灾后恢复一节中，介绍了日本 311 海啸地震灾后重建缓慢的媒体报道和专家分析。

4.3　案例介绍的方式

（1）理论介绍与案例介绍相结合，布置思考任务，观后总结交流

在介绍案例前，教师需要对学生进行适当的引导，让学生能够围绕教学的主题和内容领会案例的作用，教师的引导包括案例的介绍和问题的提出两大方面。在案例介绍时要为之后的讨论埋下伏笔。教师之后根据学生对案例的分析讨论给予评析，包括对案例讨论中的各种观点背后的价值观给予分类，分析各种措施构想的实现方式、提出反问与质疑等，以利于学生实现理论知识、应用技术和规划价值观的综合应用。

例如，在本课程的概述部分中，城市工程性基础设施的构成与功能一节中，笔者从时间与空间的变化角度，引出对城市各部分基础设施系统的介绍，并提醒学生这些系统随着内因和外因的发展，以后仍然会发生变化，随后通过案例短片“日本垃圾处理依存中国的崩溃”，来进一步巩固这一观念，并且引出学生讨论和思考（图 1）。

（2）图片文字介绍与视频播放相结合

图片文字的优点是经过了一定的总结、信息量大，适于传递一些权威的案例信息，如政策文件、进程的罗列。在基础设施的建设发展趋势一节中，介绍了北京第一座全地下再生水厂——槐房再生水厂，并通过谷歌地球的多幅历史图片复原了该厂的建设过程以及生态化的建成效果，论证了地下化建设对这一区域的贡献。

视频的优点是信息层次丰富、学生把握快，适合多维描述某一项目的背景，易于启发学生展开讨论和思考。本课程选取了 12 段视频介绍的案例，涵盖在理论讲授的多个环节，不仅是对本节内容教学的补充，也关联了

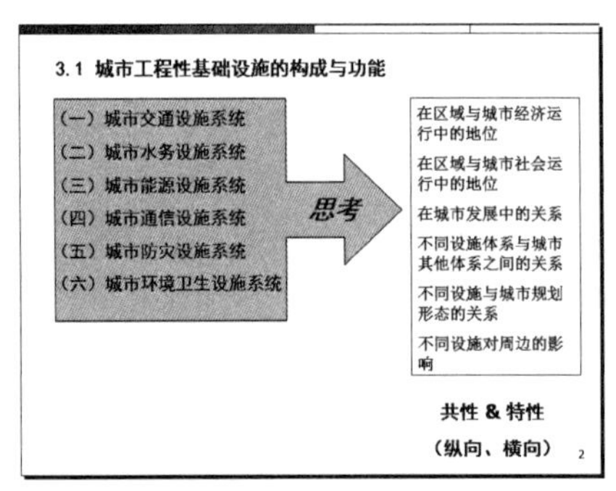

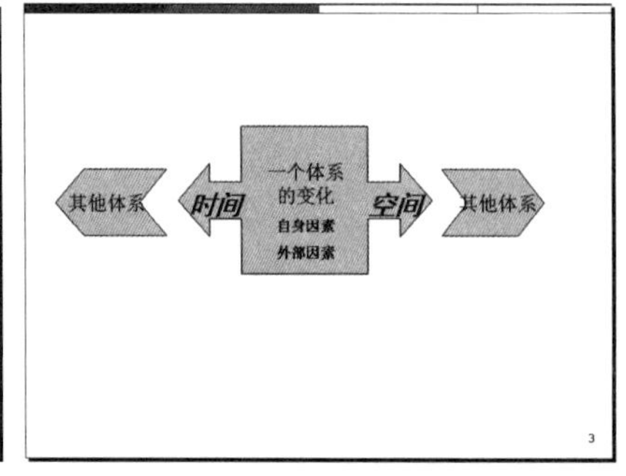

◆ 观看短片：日本垃圾处理依存中国的崩溃（24'）

◆ 思考1：一个体系的变化是怎样影响另一个体系的？

◆ 思考2：我国垃圾处理体系会受到哪些因素的影响？

◆ 思考3：全球化语境下，基础设施的新变化将会怎样影响城市？

4

图 1　本环节的连续 3 页 PPT 课件

资料来源：笔者自绘

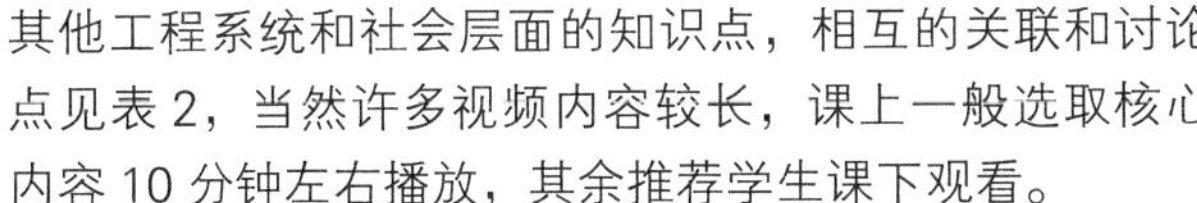

其他工程系统和社会层面的知识点，相互的关联和讨论点见表 2，当然许多视频内容较长，课上一般选取核心内容 10 分钟左右播放，其余推荐学生课下观看。

（3）教师介绍与同学汇报相结合

教师介绍案例的选题结合在核心理论主线之中，在此之外，本课程安排布置了多个题目供学生自由选择，分批汇报，主要包括较新的政策、建设项目、技术等层面。学生汇报有利于调动发现问题的积极性，有别于教师的价值观，往往能够从更灵活多元的角度呈现对某一问题的思考。

4.4 案例介绍的时间点

（1）与理论讲授的脉络相配合

教师根据教学目标和要求，选取适当的案例，理清教学思路，合理进行教学过程安排设计，形成教学方案。并控制好案例的引入以及学生参与讨论、分析的过程。图片和文字案例，往往要结合理论讲授同时进行；综合性广的视频案例、由学生汇报介绍的案例一般要在理论讲授之后进行，使学生能够运用所学理论来分析、讨论案例，并通过案例加深其他已学理论。

以本课程的给水规划部分为例，包含了给水系统综

本课程视频案例的环节及提问与思考　　　表2

序号	视频案例名称	案例介绍的环节	提问与思考
1	日本垃圾处理依存中国的崩溃	城市基础设施的类型与特点	1. 一个体系的变化是怎样影响另一个体系的？ 2. 我国垃圾处理体系会受到哪些因素的影响？ 3. 全球化语境下，基础设施的新变化将会怎样影响城市？
2	伟大工程巡礼之中国终极港口——上海洋山港	区域性城市基础设施规划策略	1. 建设洋山港有哪些方面是由于城市格局的因素？ 哪些方面是基于区域格局的因素？ 2. 洋山港对上海城市格局有怎样的影响？ 3. 洋山港与宁波北仑港未来的关系？ 4. 新丝绸之路经济带的建设将对我国西北城市带来哪些基础设施方面的影响？
3	微山湖 – 问水哪得清如许	给水系统	1. 依靠县域的行政力量能否完成微山湖的治理？ 2. 渔业围网养殖的拆除对于周边村民的利弊如何衡量？ 3. 微山湖的治理需要周边省市提供怎样的补偿？
4	节水有道	雨水系统	1. 政府大院为什么多次被雨水倒灌，近年才进行改造？ 2. 北海团城的缝隙渗水砖地是基于快速排水的原因修筑的么？ 3. 海绵城市的建设的技术手段已经具备，推进的阻力主要有哪些？
5	京溪地下净水厂的诞生	污水系统	1. 如果没有广州亚运会为契机，京溪水厂的建设会采取什么模式？ 2. 还有哪些基础设施的模式受限于传统思维，如果经费和技术有保证，现代城市基础设施还可以从哪些方面突破？
6	海上巨型风机	电力系统	1. 在海上还可以开发哪些新能源？ 2. 如果能源的传输方式有了突破的发展，会对我国区域格局带来哪些影响？
7	农村电网改造	电力系统	1. 为什么部分地区的农民并不愿意进行电网改造？ 2. 电网改造后会对农村生活带来哪些较大变化？ 3. 如何评价家电下乡政策？
8	淘宝村 – 能走多远	通信系统	1. 淘宝店很普遍，以“村”的形态出现有什么特别之处？ 2. 哪些基础设施的发展对“淘宝村”的形成起到了决定因素？ 3.“淘宝村”的兴起对农村社会的影响？ 4. 如何监管“淘宝村”？
9	看里约如何建设智慧城市	通信系统	1. 短片中的智慧城市还缺少哪些部分？原因？ 2. 如果北京再次举办奥运会，你觉得与里约相比在哪些方面更智能？
10	超级 LNG 船	燃气系统	1. 天然气的利用与人工煤气的差异？ 2. 我国建设 LNG 码头的城市选取都考虑了哪些因素？ 3. 未来还有哪些基础设施的建设会采取超级模式？
11	节能环保产业 – 热产业更需冷思考	燃气系统	1. 政策扶持为什么有时候不利于产业发展？ 2. 城市中能否建立沼气利用体系？
12	亿元废品村——北京东小口村的变迁	环卫垃圾系统	1. 垃圾收集与回收产业的发展与城市规模和发展类型有怎样的关联？ 2. 中国建立垃圾分类回收的阻力在哪里？ 3. 在垃圾回收与再利用方面，雄安新区的建设的发展会否沿袭北京的这种模式？

资料来源：笔者自绘

注：本表中视频文件已上传至百度网盘，感兴趣的老师可与笔者联系下载。

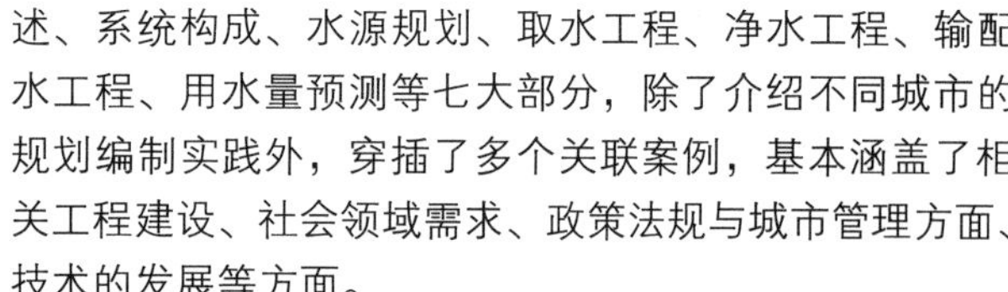

述、系统构成、水源规划、取水工程、净水工程、输配水工程、用水量预测等七大部分，除了介绍不同城市的规划编制实践外，穿插了多个关联案例，基本涵盖了相关工程建设、社会领域需求、政策法规与城市管理方面、技术的发展等方面。

（2）作为较单调理论的补充

城乡基础设施规划课程可分为水系统、通信系统、能源系统、环卫及防灾系统等几大部分，其中通信系统部分和能源系统中的燃气部分，由于专业性较强、理论较多，课堂讲授往往较枯燥，教学效果不强。本课程近年在这两系统的讲授中，适当的加入了一些相关案例，例如在通信系统规划中加入了我国古代邮政系统、智能手机作为移动信息传递终端对城乡生活的影响、物流网发展对传统购物模式的冲击、“淘宝村”现象、智慧城市的建设愿景与阻碍、视频“看里约如何建设智慧城市”等案例介绍，在燃气系统中加入了四川邛崃利用天然气炼制井盐的历史、西气东输工程建设、中缅油气管道、视频“超级 LNG 船的建设”、视频“沼气发电——热产业更需要冷思考”等，通过这些案例的穿插，该部分的听课热情得到显著提高，理论教学的效果也随之上升。

5 结语

城乡规划作为一门综合学科，远不局限于工程规划范畴。城市基础设施规划的教学，既要给学生奠定扎扎实实的理论基础和工程操作能力，更要树立与城市发展和社会需求的变化相适应的分析能力，作为规划人的全局意识、发展意识和各个系统协调的综合意识。本课程通过加入了相关联的案例，有助于活跃课堂节奏、提高教学效果、使学生初步具有了将基础设施规划放在城乡发展全局中分析思考的能力。当然，对于这一手段的应用方式、应用程度还在探索之中，欢迎各位老师批评指正。

主要参考文献

［1］ 戴慎志，刘婷婷．城市基础设施规划与建设 [M]. 北京：中国建筑工业出版社，2016.

［2］ 高晓昱．同济大学城市规划专业本科教学中的工程规划教学——历史、现状和未来 [C]//2010 全国高等学校城乡规划专业指导委员会年会论文集．北京：中国建筑工业出版社，2010.

［3］ 栾滨，沈娜．知识技能价值取向——基于社会发展的城市基础设施规划课程教学探索 [C]//2010 全国高等学校城乡规划专业指导委员会年会论文集．北京：中国建筑工业出版社，2010.

［4］ 钱祥，夏庆宾，刘莹，等．案例式教学的实践与探索 [J]. 考试周刊，2012（16）：176.

［5］ 吴星杰．“案例式”教学在《城市基础设施规划》课程中的探索与实践 [J]. 科技信息，2009（23）：580.

［6］ 熊国平．城市规划管理与法规的案例教学研究与实践 [J]. 华中建筑，2010（12）：180–182.

System and Relevance —— Application of Related Case Instruction in Urban and Rural Infrastructure Planning Course

Luan Bin　Xiao Yan　Shen Na

Abstract: The curriculum of urban and rural infrastructure planning is one of the important basic courses in urban and rural planning. Due to the characteristics of many courses，wide range of knowledge，large span of knowledge，and strong practical engineering，the effect of theoretical teaching is not good. By joining the associated case teaching，this course helps to activate the rhythm of the classroom，improve the teaching effect，and enable the students to have the ability to analyze and think about the infrastructure planning in the overall development of urban and rural areas.

Keywords: Case Instruction，Urban Infrastructure Planning，System，Relevance

“规划思维”融入式训练的城乡规划专业一年级基础教学改革探讨

许　艳　曹鸿雁　段文婷

摘　要：山东建筑大学城乡规划专业一年级教学组针对城乡规划专业教育教学改革的任务与目标，结合低年级学生特点，逐步调整和优化专业基础课程的教学思路，在课程设置、教学内容、授课方式及训练能力等方面做出更新和完善。对如何科学、巧妙地进行“规划思维”融入式基础教学，培养一年级学生全面感知认识建筑空间、城乡空间，训练学生发现问题、讨论问题、解决问题的能力进行改革实践探讨。

关键词：规划思维，融入式，城乡规划，一年级，基础教学

1　“规划思维”融入式训练的基础教学的必然性

城市（乡村），是一个不断发展变化的复杂巨系统，同时影响城市（乡村）发展的众多因素是多变不可预估的，这就决定了城乡规划的综合性、系统性、复杂性和实践性。城乡规划一级学科内涵的综合化发展，促使规划专业基础教学阶段亟需探讨和研究思维能力的植入，尤其是培养学生运用规划思维思考、分析和解决空间问题与城市问题。

1.1　以“建筑设计基础”为主的通识性基础教育平台的判析

以空间建构和表达技能为主导的“建筑设计基础”作为多数高校建筑规划类专业的通识性教育平台，对学生的空间认知、设计能力、逻辑思维、审美判断、规范表达、探索创新等方面产生了深远影响，为学生专业适应性学习和后续专业素养培养奠定了良好的基础。山东建筑大学城乡规划专业一年级教学组成员通过对学生学习存在的问题和困惑进行调研，意识到城乡规划思维树立和方法运用应贯穿专业教育的全过程，即在一年级基础教育中融入“规划思维”的训练。所以对于原来依附于建筑学专业的以建筑“空间・建构”训练为主导的设计基础教学，应以符合城乡规划专业教育教学发展特点为前提予以改革。

1.2　专业教育的发展要求

城乡规划的复杂性、综合性和实践性特征决定了城乡规划专业教育的发展，必须顺应新时期的新需求和新方向。在实际教学过程中，通过课堂辅导学生和批阅作业，发现低年级基础教学中实体空间设计训练较为完善，但对“规划思维”即社会意识训练相对薄弱。这使我们意识到，只有从一开始在专业基础教育中融入城乡规划思维的训练，才能让低年级学生从本质上明确城乡以及城乡规划专业的概念和内涵，把握城乡空间的重要属性——“社会性”。

1.3　职业素质培养的需求

对于历经十几年基础教育而步入大学校园的莘莘学子来说，“城乡规划”是个陌生的领域。如何尽快从应试性盲目被动学习状态转变为目的性明确主动学习状态，是一年级基础教学的重点和难点，而专业兴趣的培养、

许　艳：山东建筑大学建筑城规学院讲师
曹鸿雁：山东建筑大学建筑城规学院讲师
段文婷：山东建筑大学建筑城规学院讲师

团队合作的协同、职业素养的认知，都建立在"规划思维"树立的基础之上。

2　规划思维在一年级基础教学课程中的培养导向

城市规划思维，可以概括：①为系统、全面认识城市的方法；②为下一步城市规划工作建立起来的认识问题、解决问题的思考方式。❶ 在此，总结概括"规划思维"，是以城乡的全面系统性为前提，主体运用社会空间意识，主观能动地发现分析和有效解决城市问题。

为了使高、低年级教学能够有效衔接，一年级专业基础教学课程中融入"规划思维"的训练内容是可取的，也是有必要的。

2.1　经验借鉴

目前，各校已陆陆续续开展城乡规划专业的基础教学改革，以西安建筑科技大学等高校为代表，高度重视专业特征和专业思维方式，通过城市认识论和规划方法论的教学要求对低年级学生专业技能和素质进行培养，成效显著。

山东建筑大学前些年一直沿用的先建筑后规划的传统教学模式，借鉴香港中文大学顾大庆教授的教学研究及实践，强调以"空间"、"建构"为核心、以"观 察"、"体验"为基础，以"空间操作"和"图纸表达"为手段，为低年级学生对建筑功能结构的掌握和空间形态的设计奠定了坚实的基础。鉴于学生日后对研究对象（建筑——城市）的转变和城市空间尺度的不适应，一年级专业基础教学组强调规划和建筑并重，融入"规划思维"训练，对专业基础教学模式做出改革和调整。

2.2　教学目标

融入"规划思维"训练模式的专业基础教学改革，教学目标明确，主要体现在以下三个"贡献"方面：

（1）知识贡献：通过"空间设计基础"和"城乡规划导论"两门并行的专业基础课程，微观上认知建筑的构成要素及其相互关系，掌握在一定环境限制条件下建筑的基本空间限定与组织方法；宏观上认知城市空间尺度，初步掌握城乡空间的调研方法，学会对形体、空间、行为与环境组织之间联动关系的分析。

（2）能力贡献：发挥传统建筑基础教学模式的作用和优势，培养学生模型制作、设计表达与图纸表现的专业基本技能；穿插调研、观察和体验环节，培养学生的社会空间意识；通过前沿理论专题授课，培养学生独立查找资料、自律自学的独立思考能力；利用阶段性讨论互动课堂，培养学生沟通协作、语言表达的综合能力。

（3）素质贡献：充分认识学科的实践价值，从素质和意识层面培养学生的专业修养和职业道德，积极建立学生"规划师"的角色认同感与使命感。

2.3　教学框架

对以往以"内部空间建构"为主体的"建筑设计基础"进行调整完善，形成一年级"一心、两翼、三段、四点"的专业基础教学框架（图 1）："规划思维"融入式训练为核心，"空间设计基础"和"城乡规划导论"做两翼，空间分析与建构教学过程分为"微观——中观——宏观"三段，逐步提升学生四点技能：独立思考能力、设计表达能力、社会空间意识和职业道德素养。

3　"规划思维"融入式教学方式

一年级的基础教学平台应该同时具有通识性和专业性，教学方法和内容也应易于刚入校的学生所接受。遵循由简入难的规律，教学内容中的空间构成从单体建筑到群体建筑，空间功能从单一到复合多样，涉及的社会空间问题从简单到复杂；教学组织则宜针对"规划思维"

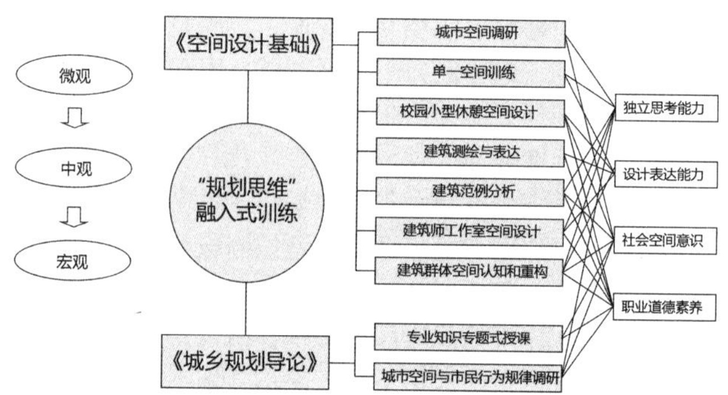

图 1　一年级专业基础"一心、两翼、三段、四点"教学框架

❶ 段德罡，王侠，张晓荣．城市规划思维方式建构——城市规划专业低年级教学改革系列研究 [J]. 建筑与文化，2009，（5）：40-42.

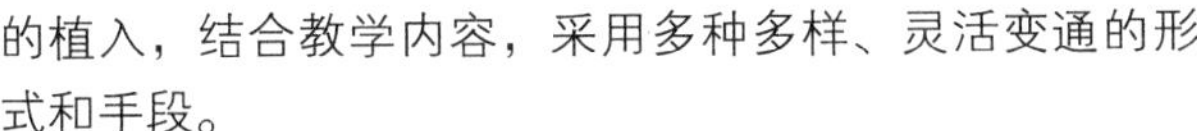

的植入，结合教学内容，采用多种多样、灵活变通的形式和手段。

3.1 观察调研与参与体验方式

实地行走的体验式教学方式，是学生认知城市空间的最直接有效的手段。在"空间设计基础"课程的第一个单元"城市空间调研"环节，就近选择城市中典型空间（如街道、商业设施、游憩空间等），通过开敞性调研对空间进行感性认知，了解城市空间的社会属性；"建筑测绘与表达"环节中，教学组讨论增加"规划思维"融入的可能性和可行性，在传统训练"测"和"绘"两个基本技能基础之上，通过参与体验和现场调研的方式，对测绘对象的使用群体、使用频率和使用问题作出合理性分析，并针对性提出解决问题的措施和方法。

又如，"城乡规划导论"结课作业为：城市空间与市民行为规律调研报告。通过前期专题报告的讲解，让一年级学生明确城乡物质空间环境，提高城乡社会的研究兴趣和专业敏感性与感悟力，达到培养学生的城乡规划思维和职业基本素养的教学目标。重点要求学生进行空间和人群两部分调研体验：

（1）主题空间调查

选择某一代表性城乡村空间（如街道、商业设施、交通设施、游憩空间、产业设施、文化设施、社区中心、历史遗存等）进行专题调查。组织学生思考选定主题空间的具体存在形式，以小组为单位进行空间形态、建筑与功能面积、开发强度、空间比例与尺度、功能结构、交通流线、空间环境等方面的调查，纪录调查数据。讨论主题空间的形态规模和使用情况，通过三维或二维的模型或图示表达空间特征，分析空间现状存在问题。

（2）市民行为规律调查

以人的活动为调研对象，观察、记录、分析特定空间中的群体行为规律。通过空间注记法、行人计数法等规划调查方法准确记录特定空间中人的活动时间、类型、数量、地点，绘制观察与纪录图表，总结人的行为规律；分析空间中的设施类型，思考设施与人群活动规律之间的关系，制作分析图表与说明；同时发现和掌握具有社会属性的空间的设计要素，思考采用何种方式进行调整和完善以更好的适应市民的活动需求。

3.2 操作入手探讨反馈式方法

动手操作的实践过程是思维和能力培养的最有效途径。城乡规划专业的学生，通过模型制作的体验式操作学习全程，能够突破二维的图纸局限性，将三维空间属性与实际城市空间特征相吻合，有助于对空间尺度和人体活动之间建立有效联系。"空间设计基础"中六个核心课程单元中有五个（除第一个单元"城市空间调研"）都是要求学生以模型制作为空间把握的主要手段,采用"感悟——认知——讨论——思考——反馈"的教学组织主线。在该课程单元二"空间训练"中，通过对抽象的单一空间生成、限定、材质变化等若干模型制作环节，提高学生对建筑空间的理解，这是以"空间·建构"为主导的教学训练；第二个阶段则是"规划思维"融入式训练，介入环境后，以上一个阶段的最优方案作为校园休憩空间，通过"点·线·面"的空间构成调整，继续完善主题空间模型，培养学生在一定社会环境限制条件下的理性设计思维和空间造型及表达能力。

一年级"空间设计基础"结课单元是"城市群体空间认知和重构"，对筛选出的城市典型空间意象地段或节点，如济南市古城区、商埠区、高新开发区等城市典型意象区域，进行实地调研，可选用纸板、木材、铁丝、石膏等材料完成城市尺度下的地段模型，建立图纸与实体空间之间的联系，进行建筑、规划、景观三个领域的综合基础训练。

3.3 小组研讨探究式教学模式

课堂教学过程中，对于规划思维中"主体能动性"的体现，采用小组研讨探究式教学模式。研讨环节打破班级界限进项分组，每个教学小组 10 人左右，分别配备一名教师引导组员开展讨论互动。如一年级下学期"空间设计基础"中的"建筑师工作室空间设计"课程单元，每一位同学对建筑的选址、环境的分析是不同的，方案生成和推敲的思维开放且丰富，以小组研讨探究模式更能激发同学们产生"头脑风暴"，进而对所获得的新信息进行再整理、提取、比对和应用。

教学过程中，小组成员就每个课程单元的阶段性任务形成互动研讨的工作机制，指导教师现场试做或就方案推进与小组开展探究式教学。这样一方面能够提高对每个成员工作的可控制性，及时掌握其工作进度和困难，并给予针对性指导；另一方面则可以通过讨论互动，“社会空间”信息不断补充更新，从而促使学生对空间的认知和方案的推敲持续性深入。

3.4 专题式教学体系授课方式

“城乡规划导论”是与“空间设计基础”并行的基础教学板块。针对近年来城乡规划专业一年级学生往往从空间入手进行设计的单一性而缺乏宏观意识问题入手，同时为树立“规划思维”来认知学科和专业的基本知识内容体系，在“城乡规划导论”课程中引入讲座、报告类型的“专题式”教学授课方式（图2）。担任本课程各专题的主讲教师均为我学科资深教授，根据其个人专长领域讲授城乡研究中的相关内容，与日后所学专业课程相衔接，能够帮助一年级学生对本专业内容建立起较为明确的基本框架，并为培养有城乡意识、社会意识的规划师奠定良好的教育基础。

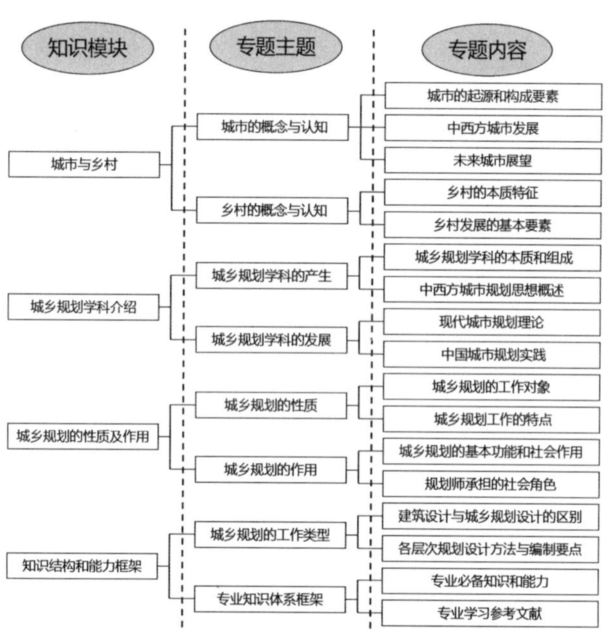

图2 “城乡规划导论”专题式教学授课内容

4 对“规划思维”融入式训练的进一步教学思考

对于一年级的学生来说，单纯的实体空间训练更易于接受，但是缺乏规划思维、专业意识植入的空间设计对于学生的专业学习没有太大帮助。通过调研体验、课堂授课、小组讨论等教学方式，充分调动了学生专业入门学习的积极性。为了在整个教学过程中，使“规划思维”融入式训练更为全面和广泛，一年级基础教学组成员正在探讨如何建设“规划思维成长营”，目的在于课上课下、学习生活中全面调动学生“规划思维”的植入和训练：增加幕课、翻转课堂、情景模拟等更为灵活的教学手段；教师指导学生参加暑期社会实践、挑战杯竞赛等专业社会调研实践活动。从课堂走向日常、从教学走向实践，“规划思维”融入式训练，会大大提高一年级基础教学和高年级专业教学的衔接性，为学生的专业学习和素质培养夯实基础。

主要参考文献

［1］ 徐岚，段德罡．城市规划专业基础教学中的公共政策素质培养 [J]. 城市规划，2010，34（9）：28-31.

［2］ 李建伟，刘科伟．城市规划专业基础课程体系的建构 [J]. 高等理科教育，2012（6）：145-149.

［3］ 袁赟，付佳，赵峰，等．城乡规划专业课程创造性思维教学探析 [J]. 教育现代化，2017（31）：163-164.

［4］ 田宝江．建筑与规划的融合：城乡规划专业基础教学阶段教学模式改革 [C]// 高等学校城乡规划学科专业指导委员会，内蒙古工业大学建筑学院．地域・民族・特色——2017 中国高等学校城乡规划教育年会论文集．北京：中国建筑工业出版社，2017（9）：445-453.

Integration Training of "Program Thinking": A Study on the Basic Teaching Reform of the First-year Urban and Rural Planning Major

Xu Yan Cao Hongyan Duan Wenting

Abstract: The first-year teaching group of urban and rural planning major of Shandong Jianzhu University, based on summarizing previous teaching experience and drawing lessons from domestic and international teaching practice, gradually adjusts and optimizes the teaching ideas of Professional foundation courses, including curriculum, teaching contents and methods, training capabilities and other aspects to update and improve. In light of the tasks and goals of the professional education reform in urban and rural planning, this article combines the characteristics of undergraduate and how to carry out the "program thinking" immersive basic education scientifically and skillfully, cultivate freshman to fully perceive the architectural space, urban and rural space, and train students. The ability to find problems, discuss problems, and solve problems is discussed in the reform practice.

Keywords: Program Thinking, Integration, Urban and Rural Planning, Freshman Year, Basic Teaching

基于体验式学习法的“居住区规划原理”课程教学探索

赵　涛　李　军　毛　彬

摘　要：认识始于具体体验，且人类非常适合在个人与环境之间的互动体验中学习。本文探索了体验式学习法在“居住区规划原理”课程教学中的运用，主要内容包括传统教学中存在的主要问题、改革思路、基于体验式学习法的教学实践等。

关键词：体验式学习法，居住区规划原理，教学实践

1　前言

居住活动是人类的最基本活动之一，是人类社会发展与城乡规划研究的永恒主题之一。从广义上讲，任何人类居住生活聚居地，都可以称之为居住区。居住区规划的任务简言之就是为居民创造一个安全、使用方便、舒适、卫生、优美、经济上合理与技术上可行的居住生活环境。居住生活的原动力是居民，所以居住区规划设计必须遵循和践行“以人为本”的基本理念和“可持续发展”的基本原则。认识始于具体体验，人类所有的最基本知识都来源于具体的生活实践体验，且人类非常适合在个人与环境之间的互动体验中学习[1]。每个人都有着或将有着自己的具体居住生活体验，包括当下、过去和将来。本文探索了体验式学习法在“居住区规划原理”课程教学中的运用，主要内容包括传统教学中存在的主要问题、改革思路、基于体验式学习法的教学实践等。

2　体验式学习法

体验式学习法是指学生在教师的指导下在真实的客观情境中通过具体的实际体验活动来认知和探究事物或现象[2]。体验式学习法不同于虚拟实境学习法之处主要在于其学习所处的情境是真实的而非虚拟的。体验式学习法的历史源远流长，在历史上先后出现过“合作教育”、“公民参与”、“实习课”等形式。体验式学习法的科学性与有效性在理论上得到认知神经科学、建构主义等的支持。为保证体验式学习法的有效性，教师与学生需要在六个方面共同建构和促进体验式学习活动：①体验式学习任务的选择、认同及与具体学生的匹配；②学习目标与责任的设定；③学习的前期指导；④学习过程中的反思的进行与促进；⑤学习过程的定期检查、评价与讨论；⑥学习结束后的总结性检查、评价与讨论[3]。其中对体验的反思的促进最为重要[4]。

3　基于体验式学习法的“居住区规划原理”教学改革

3.1　传统教学中存在的主要问题

在“居住区规划原理”课程传统教学中，讲授教学法是教学的主导范式，教师往往热衷于唱“独角戏”，重视自己对理论知识或案例的讲解与分析，忽视学生的思考与领悟，搞“满堂灌”，课堂枯燥沉闷。在“填鸭式”的传统教学模式下，学生对相关居住区规划理论知识的学习属于被动学习，而非主动学习和探究式学习，对居住区规划相关知识的理解往往停留在机械而肤浅的表层层面，难以做到举一反三、融会贯通。另外课程作业往往以抄绘经典案例为主，学生常常是在未理解的情况下进行抄绘，抄得很累、很烦、很苦。课程考核往往以期末考试为主，而期末考试以对知识点的记忆的考查为主，学生常常是在未理解的情况下进行机械记忆，记得累、记得烦、记得苦。

赵　涛：武汉大学城市设计学院讲师
李　军：武汉大学城市设计学院教授
毛　彬：武汉大学城市设计学院副教授

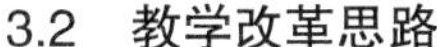

3.2　教学改革思路

认知神经科学理论研究表明，人类非常适合于在具体体验中学习。每位学生都有着或将有着自己的独一无二的居住生活经历和具体体验，包括当下、过去和将来。同时，个人的直接经验是掌握间接经验的基础，所以学生的居住生活体验对理解居住区规划相关理论知识不可或缺。以此为切入点，我们的教学改革思路确定为：基于体验式学习法，同时复合认知学习法、探究式学习法、心智模型学习法、群组学习法等。

4　基于体验式学习法的教学实践

基于体验式学习法的“居住区规划原理”课程的教学计划简要地列于表 1，实际教学计划可根据具体情况进行调整。此教学计划的制定基于体验式学习法，同时复合认知学习法、探究式学习法、心智模型学习法、群组学习法等。

4.1　体验式学习任务的设计

体验学习任务的设置是否科学合理是体验式学习法能否成功的关键。在居住区规划原理教学实践中，我们将与体验式学习法相关的学习任务设置如下：

（1）审视与反思以往的居住生活经历与体验

为帮助学生结合课程理论教学系统地审视与反思过去的居住生活经历与体验（包括家庭与学校居住生活），我们设计了若干作业如下：

1）“微型居住小区 / 街区规划设计”快题：此作业

基于体验式学习法的“居住区规划原理”课程教学计划简表（共18周，54课时）　　表1

周次	课时	课堂讲课内容及课时		课堂练习内容及课时		备注
		讲课内容	课时	讨论、习题课、测验等	课时	
1	3	课程简介 布置“居住生活审视与反思”课程小论文	0.5	“微型居住小区 / 街区规划设计”快题	2.5	教学方法：基于体验式学习法，同时复合认知学习法、探究式学习法、心智模型学习法、群组学习法等 体验学习任务包括：“微型居住小区 / 街区规划设计”快题、“居住生活审视与反思”课程小论文、“居住生活热点问题”课堂闭卷作业、观察与思考自己当下的日常居住生活等
2	3	居住区规划设计概述	1	快题讲评（互动式）	2	
3	3	居住区基地条件分析	3			
4	3	居住区的规划组织结构与布局	2	课堂辩论：街区制的利弊	1	
5	3	住宅及其用地的规划布置（一）	2	“居住生活热点问题”课堂闭卷作业（一）	1	
6	3	住宅及其用地的规划布置（二）	2	课堂闭卷作业（一）讲评（互动式）	1	
7	3	居住区公共服务设施及其用地的规划布置（一）	2	课堂闭卷作业（二）	1	
8	3	居住区公共服务设施及其用地的规划布置（二）	2	课堂闭卷作业（二）讲评（互动式）	1	
9	3	居住区道路与交通的规划布置（一）	2	课堂闭卷作业（三）	1	
10	3	居住区道路与交通的规划布置（二）	2	课堂闭卷作业（三）讲评（互动式）	1	
11	3	居住区绿地的规划布置	2	课堂闭卷作业（四）	1	
12	3	居住区外部环境的规划设计	3			
13	3	居住区规划的技术经济分析	2	课堂闭卷作业（四）讲评（互动式）	1	
14	3	竖向规划设计 管线工程综合概述	3			
15	3	旧居住区的更新改造规划设计	2	视频播放：如《城市的远见 – 巴塞罗那》等	1	
16	3			居住区规划设计典型案例评析（一）（一个学生负责一个案例，教师与其他学生点评）	3	
17	3			居住区规划设计典型案例评析（二）（要求同上）	3	
18	3	课程总结（互动式）	3			

安排在课程的第一次课，共 2.5 课时。要求学生根据自己的家庭与学校居住生活体验以及以往学习所掌握的相关知识规划设计一个自己心目中理想的居住小区 / 街区，设计基地自定或虚拟。此作业批改后会在第二次课返还给学生，并选取一部分作业进行评讲。评讲包括三部分：①相关学生讲解自己的设计方案；②其他学生自愿点评；③教师点评。在后续的课程理论教学中，教师将结合相关知识点的教学对此次作业继续进行深入点评。另要求学生随着课程教学的深入，根据所学理论知识与自己的体验与感悟不断修改优化自己的设计方案，并将每次修改后的方案以及修改感想上传到课程 QQ 群、微信群等，请教师与其他学生进行点评。要求期末提交最终规划设计方案。

2）“居住生活审视与反思”课程小论文：要求学生全面、深入、系统地审视与反思过去的家庭与学校居住生活经历与体验，并评析其家庭所在的居住区（或居住小区、居住组团、街坊、街区、镇、村落等）、学校学生生活区的规划建设情况。此作业第一次课布置，要求学生第三次课上交初稿，教师批改后第四次课将作业返还给大家。在不涉及隐私的情况下，要求学生将课程小论文上传到课程 QQ 群、微信群等，供其他学生点评与借鉴。同样，要求学生随着课程教学的不断深入，根据所学理论知识与自己的体验与感悟继续审视与反思自己过去的居住生活经历与体验。要求期末提交最终论文稿。

3）“居住生活热点问题”课堂闭卷作业：结合当前居住生活热点问题（如高空坠物问题），设计若干课堂闭卷作业。课堂闭卷作业安排在相关知识点教学之前，要求学生根据自己的居住生活体验以及之前学习所掌握的相关知识来答题。同样，要求学生随着课程教学的不断深入，进一步思考如何解决这些问题，并通过 QQ、微信等与大家交流。之所以采用课堂闭卷作业的形式，是希望学生在当前网络发达的情况下，能够独立思考问题。我们所使用过的部分课堂闭卷作业题目列举如下：

①当前高空坠物伤人事件时有发生。请根据自己的居住生活体验与感悟，谈一谈在居住区规划设计时如何防范高空坠物伤人问题。

②广场舞扰民问题是当前社会热点。请根据自己的居住生活体验与感悟，谈一谈在居住区规划设计时如何解决广场舞扰民问题。

③根据自己的居住生活体验与感悟，请谈一谈在居住区规划设计时如何考虑防止儿童走失或被拐骗问题。

④根据自己的居住生活体验与感悟，请谈一谈托幼与小学在选址与布局时应该注意哪些问题。

⑤根据自己的居住生活体验与感悟，请评价一下我国目前居住区色彩的规划设计情况。有没有遇到过引起你特别关注的居住区色彩现象（如近年来流行的“暗黑色系”）？拓展：漫谈一下大学校园的色彩。

⑥当前国内国外女性夜跑者被害事件已发生多起。请根据自己的居住生活体验与感悟，谈一谈在居住区规划设计时如何考虑夜跑者尤其女性夜跑者的安全问题。

（2）观察与思考自己当下的日常居住生活

居住生活留意处处皆学问。要求学生随着课程教学的展开，每天观察与思考自己现在正在不停运行的学校或家庭居住生活，并将自己的观察、疑惑、反思、感悟等以记录或日志的形式表达出来。另鼓励学生使用多媒体工具（如摄像机、照相机、录音机等）全方位记录自己的居住体验过程。要求或鼓励学生在不涉及个人隐私的情况下将记录或日记、视频、录音、照片等上传到课程 QQ 群、微信群等供大家学习与交流。

（3）体验自己尚未经历过的居住环境

人类的居住形式多种多样，指导并协助学生通过以下途径亲身体验他们尚未经历过的居住环境：

1）集中实地考察：在教学过程中，选择 2–3 个典型居住区（或居住小区、居住组团、街坊、街区等），由教师带队进行实地考察。

2）学生利用课余时间个人或组队进行实地考察。其中，特别要求全部学生自己组队前往校园旁边的城中村进行实地考查。其目的是让学生深刻认识到在规划与管理缺位的情况下，居住区的建设可以混乱到何种程度；从而充分认识到居住区规划与管理的重要性。

3）节假日利用走亲访友（包括现在一起修课的同学）的形式体验尚未经历过的居住环境。

以上体验活动均要求或鼓励采取各种有效手段记录自己的考察体验，并提交考察报告，且与大家交流。

（4）适当参加相关居住区规划设计实际项目

在条件许可的情况下，安排学生适当参加任课教师或其他教师所主持的居住区规划设计项目，或介绍学生到相关规划设计单位短暂实习。长时间的实习可安排在寒暑假。要求提交实习报告并与大家交流。

4.2 体验式学习法的促进

在基于体验式学习法的“居住区规划原理”复合式教学法（复合认知学习法、探究式学习法、心智模型学习法、群组学习法等）中，我们着重通过以下三个方面来促进体验式学习法的有效进行：

（1）学习的前期指导：前期指导的内容包括：各项体验学习任务的具体内容、情境，预期成果或收获，相关背景知识，所需技能，等。

（2）体验过程中反思的促进：各项体验学习任务均要求学生一开始就把自己每天对体验的印象、疑问与反思以记录或日记的形式记录下来，并鼓励学生在不涉及个人隐私的情况下将记录或日记、视频、录音、照片等上传到课程 QQ 群、微信群等供大家（包括教师与学生）学习与讨论。

（3）定期检讨与最终检讨：各项体验学习任务均要求进行定期检讨与最终检讨。定期检讨设置在各项体验学习任务的关键时间节点，教师应当根据学生的需要提供各种帮助、支持与反馈。最终检讨一般设置在学期末，重点在于整合。定期检讨与最终检讨可以根据具体情况采取面对面或在线的形式。

4.3 课程考核改革

课程考核改变过去以期末考试为主的模式，而采取平时考核与期末考试并重的模式，成绩各占 50%。平时考核内容包括：上课考勤、课堂表现、与体验式学习法相关的学习任务（包括课堂闭卷作业、课程小论文、快题设计、实地考察、实习等）。平时考核部分各具体内容的分数比重根据具体情况而定。课程考核改革进一步激发了学生完成与体验式学习法相关的学习任务的积极性与热情。

4.4 教学实践评价

根据历年学生教学评价结果，学生对于基于体验式学习法的“居住区规划原理”课程复合式教学法的评价非常高。许多学生反映，通过完成所布置的各种体验式学习作业，他们深刻认识到了理论与实践相结合的重要性，学会了如何学以致用，摆脱了过去理论课学习时机械理解与记忆的被动学习模式。另外，学生对所设计的“居住生活热点问题”课堂闭卷作业的评价非常好，认为此类作业激发了他们的学习兴趣，提高了他们关注生活热点问题的意识，培养了他们批判性分析问题、创造性解决问题的能力。

5 结语

体验式学习法是一种充满生机与活力的学习方法，已经成为现代各种教育活动不可或缺的一个方面。基于体验式学习法的“居住区规划原理”课程教学能够有效地鼓励与促进学生将居住区规划理论（间接经验）与自己的居住体验（直接经验）紧密结合，化被动学习为主动学习、探究式学习，从而深刻理解相关居住区规划理论并运用到设计实践中去。在“居住区规划原理”课程教学中运用体验式学习法是否有效的关键是设计的相关体验学习任务是否合理。在今后的教学实践中，需要进一步探讨如何科学地设计相关体验学习任务。

主要参考文献

[1] David Kolb. *Experiential Learning：Experience as the Source of Learning and Development*[M]. Englewood Cliffs，NJ：Prentice Hall，1984.

[2] John Dewey. *Experience in Education*[M]. New York：Touchstone，1997.

[3] James R. Davis，Bridget D. Arend. *Facilitating Seven Ways of Learning：A Resource for More Purposeful, Effective and Enjoyable College Teaching*[M]. Stering，VA：Stylus Publishing，LLC，2013.

[4] Frank Smith. *To Think*[M]. New York：Teachers College Press，1990.

The Exploration into the Application of Experiential Learning to the Teaching of the Course Principles of Residential District Planning

Zhao Tao　Li Jun　Mao Bin

Abstract: Knowledge originates from experience, and human beings are very suitable for learning from the interactive experience between the individual and the environment. This paper explores the application of experiential learning to the teaching of the course principles of residential district planning, including main problems of traditional teaching methods, reform thinking, teaching experience based on experiential learning, etc.

Keywords: Experiential Learning, Principles of Residential District Planning, Teaching Experience

问题导入式教学法在城乡规划学科建筑设计课程中的实践

李 瑞 刘 林 冰 河

摘 要：为培养城乡规划专业学生的“整体观”思维和提高其分析及解决空间问题的能力，文章以本学院城乡规划专业2015级本科生建筑设计课程为研究对象，通过探讨问题导入式教学法在建筑设计课程中的应用方法、授课进程、涉及内容、组织形式以及学生教学反馈等内容，总结该教学法在城乡规划学科当前模式下应用所取得的实践经验及改进建议。总的说来，问题导入式教学法在建筑设计课程中的实践得到了大多数学生的认可，并取得了良好的教学效果。但在教改过程中仍然有一些需要改进的地方：一方面，导入的问题在个性化和针对性方面还需要加强；另一方面，需要进一步探索如何能优化该教学法，以对学生已有知识储备进行系统梳理、补充并与设计实践有效的结合。

关键词：问题导入式，教学法，城乡规划，建筑设计课程，实践

1 引言

建筑设计课程是城乡规划专业低中年级阶段的重要基础课程。在传统教学方法上，大都采取以建筑学的类型学教学方式展开，建筑类型从单一空间的小型公共建筑（如别墅、艺术家工作室）到具备复合功能且有重复空间的小型公建（如幼儿园、小学）再到功能相对复杂且空间相对多变的公共建筑（如图书馆、会所等）。而在传统教学过程中常常发现以下问题：①在设计过程中，学生往往将建筑与场地割裂，建筑空间设计与地域环境、文脉、社会等要素缺少联系；②学生往往偏重空间的主观意向表达，而忽视对具体空间问题的思考、分析和解决。

针对以上问题，不少学者就城乡规划专业的建筑设计课程教学改革进行了思考与探索，并取得了良好效果。例如，西安建筑科技大学的白宁（2011）认为：城乡规划专业的建筑设计课程应加强规划思维的训练，教学应强调建筑的社会属性，要求学生理解建筑存在的社会因素，明确建筑与城市的关系。江西理工大学的商林艳（2017）认为：《全国高等学校城市规划专业本科（五年制）教育评估标准（试行）》中提出的“协调建筑单体、群体城市整体环境的关系”是规划设计思维中“整体观”的体现，其改革措施之一就是在建筑设计课程中引入以“问题”为导向的实践教学，从城市的角度看待建筑设计。浙江树人大学的蒋正荣（2016）在建筑设计课程中采用问题互动式教学模式，“教师根据经验每周指定一个主题，围绕这一主题由学生自己在调研和设计中发现问题并提出问题，教师进行问题的诱导和提炼，引导学生进行思考、讨论和修改。”

本学院城乡规划专业采用的是“1+4”模式，第一年与建筑学专业统称为建筑大类，学习相同的课程，从第二年开始分专业学习。以2015级学生为例，设计类课程（包括初步设计、建筑设计、居住区规划设计和城市设计）均安排在前三年完成；其中，建筑设计课程占时一年半，共分为“建筑设计（1）”、“建筑设计（2）”、“建筑设计（3）”三个阶段，分别设置在二年级上学期、二年级下学期和三年级上学期（见表1）。

由于学校实行学分改革，除了建筑设计（1）为必修课以外，建筑设计（2）和建筑设计（3）都改为了选修课，这就迫使在课程设计和教学方法上要进行相应调

李 瑞：武汉大学城市设计学院副教授
刘 林：武汉大学城市设计学院讲师
冰 河：武汉大学城市设计学院教授

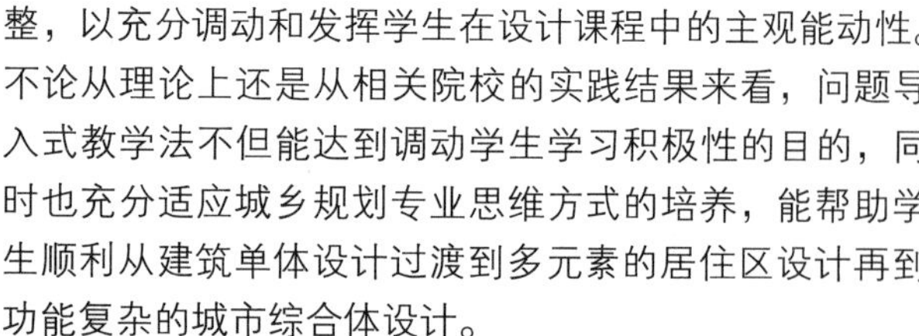

整，以充分调动和发挥学生在设计课程中的主观能动性。不论从理论上还是从相关院校的实践结果来看，问题导入式教学法不但能达到调动学生学习积极性的目的，同时也充分适应城乡规划专业思维方式的培养，能帮助学生顺利从建筑单体设计过渡到多元素的居住区设计再到功能复杂的城市综合体设计。

2 建筑设计（1）课程特点及问题导入式教学法的实践

以本学院城乡规划专业 2015 级本科教学为例，建筑设计（1）课程将别墅设计和幼儿园设计作为设计任务。由于学生是第一次接触建筑设计，引导学生从认识空间转化到合理设计空间是这门课的关键。

正式进入第一个课程作业——别墅设计前，在课堂教学上增加了问题导入环节：第一步要求学生回忆并绘制自己的居所（或者一个熟悉的居住单元），进行相关分析，找出空间中存在的问题，并提出优化及改进意见。从熟悉的居住空间着手，有利于学生对任务产生兴趣，并较快地打开设计思路。第二步，结合相关理论及案例，引导学生对场地环境（如交通、气候、地理条件等）及人文要素进行分析，并形成自己的方案构思。这个阶段，教师会通过案例分析的形式，让学生理解建筑空间与场地环境及人文要素的关系，从而引导学生自发地对设计任务中场地环境及人文要素进行思考与分析。

在第二个课程作业——幼儿园设计则选取分别位于学校不同学部的三个幼儿园（任选其一）作为设计任务。要求学生对这三个幼儿园空间使用现状进行调研及分析，并在原场地基址上进行自己设计方案的构思。通过现场调研及分析环节，学生对幼儿园空间有了更深的了解，并能站在使用者的角度提出问题、分析问题并尝

本院城乡规划专业2015级设计类课程培养方案及目标 表1

课程名称	课程类别	教学时间	教学内容	教学目标
设计初步 1	必修	第一学期	基础形态的抽象表达与设计	（1）初步建立空间认知、造型艺术与空间尺度等专业基本概念； （2）通过具体的手工操作训练，理解上述相关要素与建筑设计间的互动关系，并初步掌握设计意图的表达方法，为今后的建筑设计学习打好基础
设计初步 2	必修	第二学期	风与人、文字与空间	
建筑设计 1	必修	第三学期	别墅设计、幼儿园设计	（1）了解城市规划管理的相关要求，初步掌握规划设计条件的指定要求； （2）初步建立场地概念，了解建筑与环境之间的关系； （3）初步掌握小型建筑的设计方法与程序
建筑设计 2	选修	第四学期	大学生活动中心设计、宾馆设计	（1）了解建筑功能定位与城市规划之间的关系； （2）将建筑空间设计与场地环境及人文要素相结合； （3）进一步掌握功能较为复杂的中小型建筑设计方法、程序，并具备相应的专业技能
建筑设计 3	选修	第五学期	高层住宅设计、会所设计	（1）以专题形式展开建筑设计方法论教育，在较短时间内理解建筑设计普遍性要求； （2）掌握分析与解决空间问题的能力； （3）培养学生“整体观”规划思维，将建筑设计与居住区设计相结合
居住区规划设计	必修	第五学期	园博园东居住片区规划设计（规划用地 25.7 公顷）	（1）在调查与分析的基础上，进行居住区（或居住小区、居住街坊）、城市中心区、街道、广场等的详细规划设计； （2）结合自然条件、历史文脉、生态环境等，提出体现现代城市规划理念和技术手段的、有创造性的方案； （3）了解城市详细规划设计的编制程序、内容与方法
城市设计	必修	第六学期	合作路租界区城市设计（研究区域 36.7 公顷，自选用地 10–20 公顷）	（1）分专题学习城市设计的基本理论和方法； （2）对研究区域进行调查与分析，并选取设计区域； （3）通过课程设计，掌握城市设计的基本设计方法，并在设计过程中解决城市实际空间问题

试解决问题。

该学期两项课程设计分别安排时间为9周，除了方案构思前引导学生对现存建筑空间问题进行思考与分析，在方案构思中还分别从“建筑与环境”、“建筑与场地”、“建筑与功能”、“建筑与空间”、“建筑与建构”五个专题引导学生分步骤地思考与解决建筑设计中的相关问题（见图1）。授课形式也改变了以往以教师讲课为主的课堂组织形式，把更多的时间留给学生讨论、思考、和提问，教师主要负责引导和总结（表2）。

3 建筑设计（3）课程特点及问题导入式教学法的实践

在2015级课程设置上，建筑设计（3）和居住区规划设计同时安排在三年级上学期进行。在设计任务选择上，一方面由于建筑设计（3）课程类型是选修课，要考虑如何尽可能多地吸引学生选择该课，而不会让学生觉得和必修课居住区规划设计在时间上存在冲突；另一方面，要考虑如何通过课程设计让学生掌握有效的建筑

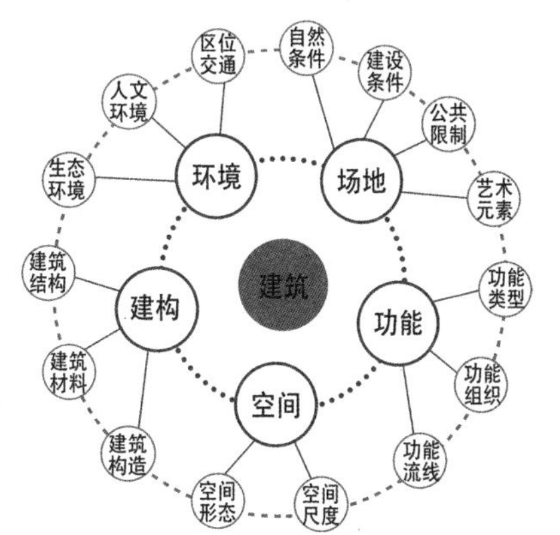

图1 建筑设计（1）教学专题结构示意图

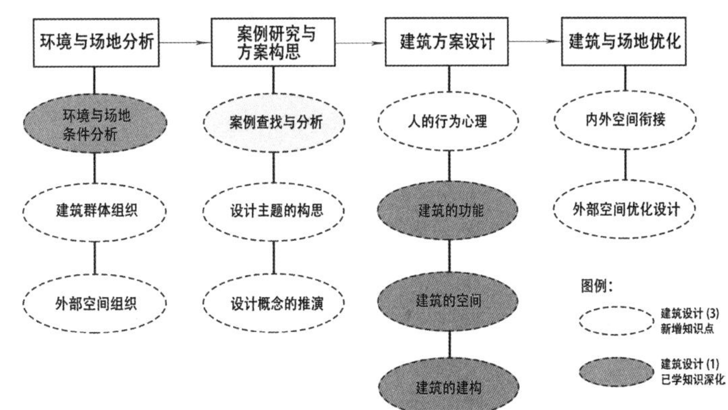

图2 建筑设计（3）教学环节及专题结构示意图

本院城乡规划专业2015级建筑设计（1）课程具体安排　　表2

进程	学生（课外）		教师与学生（课堂）	
	内容	成果形式	组织形式	引导问题
第1周	实地调研、查阅资料	调研报告	教师讲课为主	建筑特点及功能
第2周	相关案例收集	分析报告	学生绘制分析图（别墅设计） 汇报调研成果（幼儿园设计）	现存建筑空间问题及改进意见
第3周	方案构思	分析图+体块模型+总图	汇报分析结果	建筑与环境
第4周	设计构思	体块模型+总图+平面图	小组讨论+师生互动	建筑与场地
第5周	设计构思	平立剖面图+总图+模型	小组讨论+师生互动	建筑与功能
第6周	深化修改	平立剖面图+总图+透视图+模型	评图+学生提问+老师答疑	建筑与空间
第7周	深化修改	分析图+平立剖面图+总图+透视图+模型	小组讨论+师生互动	建筑与建构
第8周	方案定稿		排版+绘制正图+师生互动	成果表达
第9周	教改效果反馈	调查问卷	评图+学生互评+老师总结	设计中的得与失

设计方法，以便与居住区规划设计以及下阶段的城市设计课程有效衔接。因此，该课程将居住区规划设计中的高层建筑和会所建筑作为课程设计的任务，以实现内容上的衔接与互补。

该学期两项课程设计安排时间分别为 9 周，且分为四个环节，即“环境与场地分析”环节——“案例研究与方案构思”环节——“建筑方案设计”环节——“建筑与场地优化”环节，每个环节又分别设置相关专题进行问题的导入（见图 2）；并通过“问题引导 + 自主分析 + 小组讨论 + 师生互动”等多方式，进一步培养学生分析和解决空间问题的能力（见表 3）。值得注意的是：同样分四个环节进行，“高层建筑设计”和“会所设计”这两项课程设计的分析难度是递增关系，第一个循环中的专题内容由教师讲解，并提出问题加以引导；到了第二个课程作业，专题内容由学生根据个人方案进展情况来选取并进行汇报，并自主思考和提出问题。

4　教学反馈分析

根据建筑设计（1）课后统计显示：93.3% 的学生认为在别墅设计前对自己所住小区和住房空间进行分析对课程设计有所帮助。100% 的学生认为对场地周围环境、交通、气候等要素进行分析十分必要；导入问题的难度值适中，为 5.8 分（10 分为最高分，表示非常难）。100% 的学生认为武大幼儿园设计任务中要求对幼儿园场地及现状空间问题进行分析十分必要；导入问题的难度值适中，为 6.8 分（10 分为最高分，表示非常难）。通过学习，93.3% 的学生认为自己掌握或基本掌握了分析空间问题和在设计中解决空间问题的能力；超过 86.7% 的学生认为自己达到或基本达到了预想的学习效果。

根据建筑设计（3）课后统计显示：85.7% 的学生认为“专题教学、问题引导、小组讨论、自主分析”的方式对自己的课程学习有帮助；100% 的学生认为自己

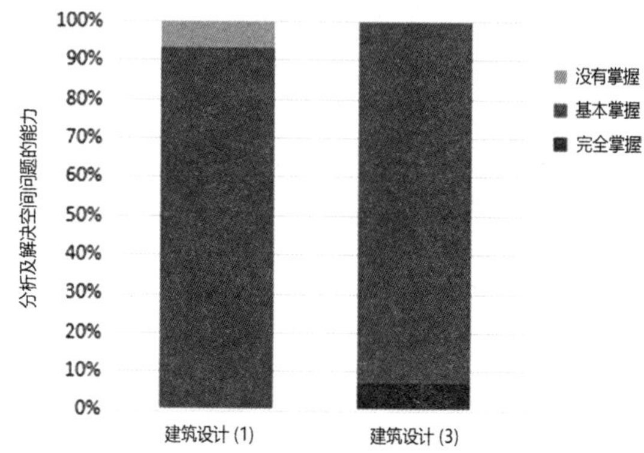

图 3　“分析及解决空间问题能力”的反馈统计

本院城乡规划专业2015级建筑设计（3）课程具体安排　　**表3**

进程	学生（课外）		教师与学生（课堂）	
	内容	成果形式	组织形式	引导问题
第 1 周	实地调研、案例收集	场地调研及案例分析报告	教师讲课为主（高层住宅设计） 学生自主分析 + 汇报（会所设计）	环境与场地条件分析 + 建筑选址
第 2 周			课堂分组学习讨论 + 提交小作业	设计主题的构思
第 3 周	方案构思	分析图 + 体块模型 + 总图	汇报调研及分析结果	设计概念的推演
第 4 周	设计构思	体块模型 + 总图 + 平面图	教师引导 + 小组讨论 + 师生互动（高层住宅设计）； 学生自主分析并提问 + 小组讨论 + 教师总结（会所设计）	人的行为心理
第 5 周	设计构思	平立剖面图 + 总图 + 模型		建筑的功能
第 6 周	设计构思	平立剖面图 + 总图 + 透视图 + 模型		建筑的空间 建筑的建构
第 7 周	深化修改	分析图 + 平立剖面图 + 总图 + 透视图 + 模型	评图 + 学生提问 + 老师答疑	建筑与场地优化
第 8 周	方案定稿		排版 + 绘制正图 + 师生互动	成果表达
第 9 周	效果反馈	调查问卷	评图 + 学生互评 + 老师总结	设计中的得与失

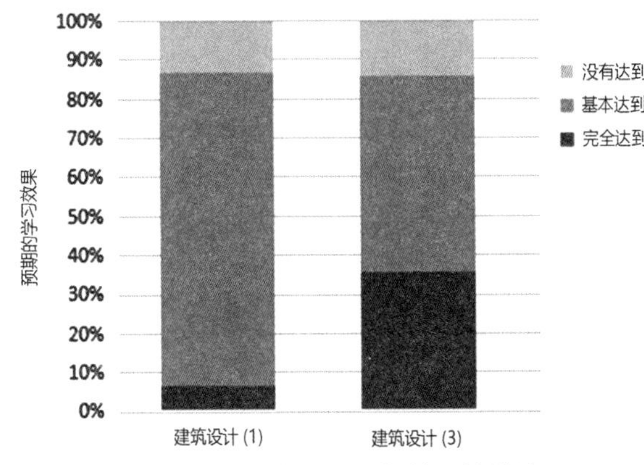

图 4 “预期学习效果”的反馈统计

掌握或基本掌握了分析空间问题和在设计中解决空间问题的能力；超过 85.7% 的学生认为自己达到或基本达到了预想的学习效果。针对“问题引导”环节，7.1% 的学生对教学完全认可；85.7% 的学生希望问题能更加个性化以及加强对设计项目的针对性；7.1% 的学生认为问题设置较难；7.1% 的学生认为设置问题偏多。

通过对比问题导入教学法在建筑设计（1）和建筑设计（3）两个阶段的实践，可以看出：问题导入教学法在建筑设计课程中的连贯性和学习效果有很大的关系，不论是从学生分析及解决空间问题能力的掌握情况来看，还是从学生的预期学习效果来看，都有不同程度的提高。

5 结语

综上研究，说明问题导入式教学法在建筑设计课程中的运用得到了大多数学生的认可，并取得了良好的教学效果。首先，学生的到课率和设计积极性均较以前有所提高。尤其在建筑设计（1）中进行自家居住空间分析和幼儿园调研结果汇报时，学生都非常有热情，虽然在专业表达上稍显稚嫩，但都能充分表达自己的观点和对问题的思考。其次，从学生的反馈来看，绝大部分学生对所设问题的必要性、难易程度和数量均持认可态度，且对自身解决问题的能力和授课效果都给予了肯定。尤其是在建筑设计（3）课程中，100% 的学生认为自己掌握或基本掌握了分析空间问题和在设计中解决空间问题的能力，这将有利于他们后阶段城市设计课程及其他规划相关课程的学习。

当然，在教改过程中，也存在一些需要改进和进一步探索的地方。首先，在设置问题时，教师更多从相关理论知识和自身经验出发，没有针对每个学生的特点和知识结构区别化对待，导致导入的问题在个性化和针对性方面还存在欠缺。根据学生的反馈，课题组及时调整，在建筑设计（3）第二个课程设计的教学环节中，通过让学生分专题进行汇报，从而引导学生根据个人设计方案自行提出问题，再针对问题进行小组讨论和教师总结，借此增强问题的个性化和针对性，并进一步锻炼学生提出问题和分析问题的能力。另外，有些学生还反映，专题中穿插的部分理论知识与详细规划原理教学内容有重复部分，因此如何对学生已有知识储备进行系统地梳理及补充，并能有效地指导设计实践，是下一步需要探索的重要内容。

主要参考文献

[1] 白宁，段德罡．引入规划设计条件与建筑计划的建筑设计教学——城市规划专业设计课教学改革 [J]. 城市规划，2011（12）：70-74，90.

[2] 商林艳，李琳．基于整体观培养的城乡规划专业建筑设计课程教学 [J]. 中国冶金教育，2017（6）：33-35.

[3] 蒋正荣．“建筑设计”课程问题互动式教学模式实践 [J]. 浙江树人大学学报，2016（3）：60-63.

[4] 申洁，王丽娜，邵俊．城乡规划学专业建筑设计课程教学思考 [J]. 高等建筑教育，2016（6）：107-109.

[5] 王浩钰．城乡规划专业建筑设计课程教学探索 [J]. 高等建筑教育，2015（6）：62-65.

[6] 孙凌波．当下的实践与未来的期望——“全国建筑学本科教学改革研讨会”综述 [J]. 建筑学报，2017（12）：112-114.

[7] 罗瑜斌，于国友，黄梦怡．建筑设计课程引入互动式教学模式的探讨与实践 [J]. 山西建筑，2014（25）259-261.

Practice of Question-based Teaching Mode for Architecture Design Courses in Major of Urban and Rural Planning

Li Rui Lia Lin Bing He

Abstract: In order to cultivate students' "holistic" thinking and improve their ability of analyzing and solving spatial problems in major of urban and rural planning, the architecture design courses of Grade 2015 undergraduate students are selected as case studies. The achievements and improvement suggestions of question–based teaching mode are concluded, by discussing the application method, teaching process, content, organization form and teaching feedback of its application in architecture design course (1) and architecture design course (3). Generally speaking, the practice of question–based teaching mode in architecture design courses has been approved by most of the students and has achieved a lot. But still some problems need to be improved in the process of teaching reform. At one side, the imported problems need to be strengthened in terms of personalization and pertinence. And at the other side, it needed to be further explored how to systematically sort out and supplement students' existing knowledge, and to use the knowledge to guide urban planning and design effectively.

Keywords: Question–based, Teaching Mode, Architecture Design Course, Urban and Rural Planning, Practice

注重研究思维培养的城市设计研讨式教学探索*

刘　丹

摘　要：城市设计课程是城乡规划本科教学体系中的主干课程，其目标是培养学生的城市设计过程中的研究思维。本文以城市设计教学中的研讨式教学作为探讨的主题，试图建构以城市设计全过程的研讨式教学模式，分别从现状调研、概念构思、详细设计、方案成果表达四个阶段对研讨式教学的组织进行探讨。

关键词：城市设计，研讨式教学，教学方法

1　教学研究背景

1.1　存量时代的对城市设计培养的能力要求

近年来，我国经济增速放缓，城市化进程也相对前一阶段明显放慢了，人口流动性逐渐减少，从 2016 年初开始，公众逐渐意识到我国经济已经有从“增量时代”向“存量时代”发展的趋势。存量时代的城市设计主要以城市更新类型为主，即对已经开发的城市土地资源进行再利用，使其成为城市再发展的存量空间，是一种“在城市上建设城市”[1] 的规划设计类型。与以土地增量为导向的新区开发型城市设计相比，学生面对的“难题”不再是如何在“一张白纸”上描绘理想蓝图，而是如何在问题认知基础上对城市系统进行设计“缝合”。可见，城市更新类型的设计需要学生不仅有物质形态的设计操作能力，更需要具备城市问题的系统分析和研究能力，因此，在教学过程中需要从注重“形体空间操作”向重视“城市问题探究”转变[2]。

1.2　现阶段城市设计课程教学存在的问题

传统的城市设计教学中，我们采用的是任务教学与“师徒式”的教学方式，比如在课堂教学中教师亲自给学生修改方案，学生则根据教师的意见来进行调整，这样容易造成学生处于被动接受的状态，容易继承教师的思维方式，局限性较大，也不利于思维方法的训练。根据现代教学理念，必须打破传统师范单纯知识传授式的教学方法；教师应当用各种方法调动学生的学习积极性，激发学生的潜能和钻研兴趣，留出足够的知识空间与学习时间让学生自主学习思考，发展个性、智能和学习能力。而教师则应该组织学生充分讨论、交流，起指导者和引领者的作用。

2　研讨式教学思路与方法

研讨式教学模式是在我国教育改革过程中出现的一种新的教学模式。一般认为研讨式教学模式即研究讨论式教学模式，是将研究与讨论贯穿于教学的全过程。这种教学方法的特点是以学生的主体活动为中心，学生围绕教师提出的问题进行独立思考，在集体讨论中相互启发、相互学习。每一个学生都可以自由表达自己的见解，在教学活动中处于主动地位，能够充分调动学生的学习积极性和创造性。有利于培养学生的综合能力，提高学生的综合素质。

3　城市设计研讨式教学的组织

在城市设计教学中，研讨式教学贯穿于调研分析、设计构思、设计深化、设计表达的整个城市设计教学过程中（表 1）。除了传统教学课堂课时以外，教师还可以

* 基金项目：长沙理工大学教改项目“城市设计课程研讨式教学方法的研究与实践”。

刘　丹：长沙理工大学建筑学院城乡规划系讲师

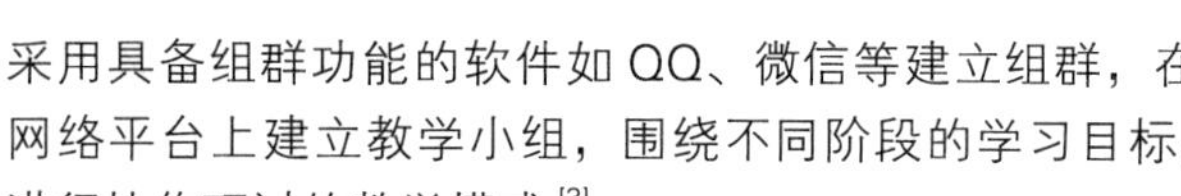

采用具备组群功能的软件如QQ、微信等建立组群，在网络平台上建立教学小组，围绕不同阶段的学习目标，进行协作研讨的教学模式[3]。

3.1 现状调研与分析阶段

城市设计调研阶段需要对基地在城市中的区位和交通条等区域环境进行调研分析，同时对规划设计范围内的用地状况、建筑状况、交通现状、生态环境和开敞空间现状、自然与历史人文资源状况等进行调研，分析其物质空间特征和各种资源价值。另外，上位规划解读和案例研究也是调研分析阶段的重要教学内容。调研分析阶段的工作量主要包括对城市社会经济文化的分析、现状调研、社会调查和相关案例的搜集分析等，分组进行。各小组在老师指导下载组内充分讨论调研思路和方法，分别总结问题和策略。在这一过程中，小组间不间断的讨论和交流是关键。

在这一过程中，也鼓励小组内学生采用不同的方法，从不同角度研究同一调研目标，然后进行讨论，使得调研过程更加深入，成果更加丰富。比如在对城市历史街区的调研中，可以分别从历史文脉留存、利息相关者的不同需求等角度进行评价。

3.2 总体概念构思阶段

设计概念的生成是整个设计构思阶段和方案完善阶段的基础和前提。在该阶段应引导学生们通过所掌握的分析方法来全面地分析设计用地的空间格局、产业经济、建筑特色、交通组织、民俗文化、人群需求、特色空间、生态环境等多方面的现状，总结设计用地特点，发现存

城市设计研讨式教学的内容和目标　　表1

教学阶段	内容重点	教学目标
调研分析阶段	基于分工合作的调研方法研讨	调研能力和资料分析能力
设计构思阶段	基于不同角度的多方案构思研讨	构思能力和创新能力
设计深化阶段	基于不同系统的分析技术方法研讨	系统研究能力与逻辑论证能力
设计表达阶段	基于不同类型的成果表现方法研讨	思维整合能力和空间落实能力

调研阶段分组研讨式教学　　表2

	调研分析内容	方法	成果
小组1	物质空间调研分析	田野调查、价值分析、问卷调查	通过共同讨论，各小组根据各自思路分别总结基地特点、存在问题和设计策略
小组2	历史文化脉络分析	文献考据	
小组3	生态环境调研分析	GIS分析、安全格局分析	
小组4	上位规划与案例分析	解读分析、经验总结	

调研阶段小组内的研讨式教学　　表3

	物质空间调研	历史文化脉络分析	生态环境	案例研究
组员1	从现状功能、建筑价值出发	整理历史文献、考古资料、重大事件等	土地适建性分析	城市更新改造案例分析
组员2	从设施配套出发	从历史文化价值出发	生态安全格局分析	历史保护案例研究
组员3	从公共空间质量入手	从社会空间构成入手	生态与开敞空间脉络分析	城市社会空间复兴案例分析
成果综合	各小组组员根据各自的着重点讨论总结基地特点、存在问题和设计策略			

在的现有和未来可能发生的问题，并通过对相关案例的研究，揭示事物发展规律，来确定规划用地的设计目标，进而提出设计概念。城市设计构思阶段是在前期调研分析的基础上，构思设计理念，通过对基地功能定位、土地利用、空间形态、交通组织等多个层次的综合考虑，形成初步的城市设计方案。这一阶段非常重要，因为它决定了设计的走向设计构思阶段主要培养学生的方案构思能力和设计创新能力，也是学生研究思维培养的重要阶段。这一阶段的研讨式教学可以分为教学小组内、教学小组间和教学大组间三个层次进行。

（1）教学小组内的研讨式教学

城市设计教学小组两位同学根据前期分析，分别从不同角度提出设计理念和初步方案构思，教师指导同学通过对基地问题解决方案、设计思路的逻辑性、城市空间塑造完整度、创新性和合理性进行讨论，寻找个方案的价值和存在问题，最后进行优化和综合，形成小组的初步方案，并以此为基础进行深化。

（2）教学小组间的研讨式教学

对于同一基地的各教学小组之间，这一阶段研讨式教学的重点是引导各小组以不同的设计概念切入方案构思。在教学中，小组间的答辩和讨论是关键环节，通过讨论可以使学生充分了解解决城市设计问题的不同视角和途径，也可以使自己的设计思路得到修正和丰富。

（3）教学大组不同基地类型的研讨式教学

城市设计教学中，不同老师选取不同的城市基地作为设计对象，其目的是为了使学生接触和了解城市不同功能区的城市设计方法。为了实现这一教学目的，在教学过程中需要组织不同教学阶段的答辩和讨论，其中包括设计构思阶段的分组汇报，以此扩大学生的设计视野、丰富设计思路，加强老师同学间的交流。

3.3 详细设计阶段

在详细设计阶段，教师着重指导学生借助各种技术分析方法和手段对上一阶段的初步方案适当调整，并具体深化落实，针对城市用地功能、空间形态、交通组织和开敞空间等要素的技术分析，达到教学要求的设计深度。在这一阶段，研讨式教学的重点是通过各教学小组之间对于技术分析方法的讨论和交流，使学生掌握各种技术方法的要点、优劣和适用范围等，达到增强学生的设计分析能力的目的[4]。在教学过程中，教师通过引导各教学小组采用不同的技术分析方法，鼓励学生在设计过程中对新技术、新方法的探索，增强自主学习和自主研究的能力。

3.4 方案完成阶段

城市设计成果的内容包括前期的调研分析、设计方案的表现和解析，目的是使城市设计的成果能被受众理解和使用。作为教学课程的城市设计，对成果的要求更倾向于灵活地表达设计思路、分析过程和方案结果，对不同类型的城市设计，其成果形式也各不相同[4]。在城市设计教学中，研讨式教学的重点是通过学生对最终成果的答辩，使学生熟悉和掌握各种城市设计表现形式、表现技巧，增强综合表达能力。

4 研讨式教学的要点

研讨式教学的最终目的是促进教师与同学以及同学之间的交流和学习，提高城市设计的能力。为了更好地组织研讨式教学，需要注意以下要点：

（1）教学组织的层次

在城市设计的教学组织中，基于教学大组、教学小组的设置增加研讨式教学的层次，从而丰富了交流的内容和角度。

（2）小组构成的互补

根据学生自身的特点，一般采用自愿和调整的方式组合成城市设计小组成员。指导教师应该对学生的专业基础、口头表达能力、特长等有所了解，按照强弱组合、特长组合的原则组织教学小组，以发挥研讨式教学的最佳效果。

（3）教学过程的互动

研讨式教学的关键在于学生与学生之间、学生与老师之间的不间断的互动交流，包括教学小组内部、小组之间、教学大组之间的讨论和答辩。在教学过程中，指导老师可以根据教学阶段，定期或临时组织讨论，促进学生在开放的教学环境中进行学习的能力。

（4）网络组群研讨对传统课堂研讨的补充

网络组群具备即时性、自由性、群聚性等特征。教师和学生采用组群的协作学习法，可以在很大程度上发挥小组成员之间在现有知识上的互补作用，也可以发挥学生之间的协作研讨精神，弥补教师传统授课过程中缺乏协作讨论解决问题的缺陷。此外，群组教学具备较强的协作性和同时性，教学时间可以贯穿于教学任务从开始到完成的全过程，从而实现学生协作讨论与教师引导教学共同完成教学任务的目标[3]。

5 结语

简言之，从城乡规划专业教学的角度来看，对于学生城乡规划的教学，不仅要注重空间设计能力培养，也要注重其相应的研究思维能力的培养。研讨式教学在教学方式上，变“讲授式”为“研讨式”；在教学目标上，变“授人以鱼”为“授人以渔”；在教学形式上，变“一言堂”为“群言堂”；在师生关系上，变“主一客”改造关系为“主一主”合作关系，并且能将专业知识的学习与才干技能训练有机统一起来。因此，这种教学模式不仅符合大学生主动获取知识、注重掌握方法和提高职业能力的心理倾向，也符合培养学生研究思维和空间设计能力的教学要求，值得在城市设计教学实践中继续探索和完善。

主要参考文献

[1] 王伯伟．城市设计的教学策略——三种性质与三种工作方式的比较 [J]. 时代建筑，1999（2）：60-62.

[2] 顿明明，王雨村，郑皓，等．存量时代背景下城市设计课程教学模式探索 [J]，高等建筑教育，2017（2）：132-138.

[3] 杨俊宴，史宜．基于信息化平台的微教学模式探索 [J]，城市规划，2014，38（12）：53-58.

[4] 孙世界．城市设计教学中的比较教学初探 [C]// 全国高等学校城市规划专业指导委员会，沈阳建筑大学建筑与规划学院．城市的安全・规划的基点——2009 年全国高等学校城市规划专业指导委员会年会论文集，2009：61-65.

Exploration on the Deliberative Teaching Model to Promote the Research Thinking Capability of Urban Design Course

Liu Dan

Abstract: Urban design curricula is the main curricula in the undergraduate course system of urban planning education, which fosters student's abilities of research thinking. This paper probes the deliberative teaching method in urban design teaching process, proposes to compose teaching frame, in which deliberative teaching is the key element. It is discussed that the organizing of the deliberative teaching in the process of analysis, design, and represent, providing a new way about the urban design education organizing and method.

Keywords: Urban Design, Deliberative Teaching Model, Teaching Method

城市设计课程群融合性教学改革初探
—— 基于英国谢菲尔德大学城市设计课程设置的思考

熊 媛 何 璘

摘 要：本文首先从专业介绍、课程设置、特色课程、教学特点等方面对英国谢菲尔德大学城市设计硕士专业教育体系进行介绍；并介绍了以此为启示进行城市设计教学改革的实践经验：即采用多课程融合的课程群体系教学模式，并对学生进行启发式的互动性教学，建立多方互动式的交流对话。同时进行社会服务导向型的教学模式，强调公众参与在规划中的重要性。

关键词：城市设计，教学改革，公众参与，谢菲尔德大学

引言

城市设计是一门综合学科，兼具工程科学和人文社会学科的特征，研究描述的对象复杂宏大。城市设计的概念在 20 世纪 80 年代被引入我国，在我国高校中首先开办的是城市设计研究生课程，后来逐渐在高年级本科生中渗透了城市设计内容，如今城市设计已经纳入详细规划与城市设计课程，成为本科城乡规划专业规范中规定的十大核心课程之一。本文在介绍英国谢菲尔德大学城市设计专业的基础上，结合本校实际，尝试探索城乡规划学科中城市设计课程进行教学改革。

1 英国城市设计专业课程介绍

作为城市规划教育的发源地，英国高校的城市设计课程在经历了长期发展之后，已经具备相对完善的课程体系。 英国谢菲尔德大学城市设计文学硕士课程（MA in Urban Design）隶属于英国排名前列的建筑系（Sheffield School of Architecture），具有一定代表性，本文将以此为例进行介绍。

1.1 专业介绍

谢菲尔德大学的城市设计硕士专业系列课程以工作室为基础，重视社区参与，旨在应对当地以及全球语境下不均衡的城市发展。期望学生能在学习过程中提高设计技巧，同时涉及更为广泛的社会、环境和经济语境，注重发展能联系独立的建筑项目与总体规划战略的城市设计。

该专业关注不均衡的城市发展进程，以及积极活动于其中的各种积极改变其居住地区意义及形态的行动者。基于此，该课程不仅试图建立联系各类机构和社区参与的创新实践模式，并研究有哪些方法能对设计者和公民在城市建设进程中扮演的角色进行再思考。

1.2 课程体系融合的课程设置

该专业课程包含两个学期，8 门课程，要求修满 180 个学分。

从课程体系的组织上看，该专业的课程设计将城市设计项目以及论文项目（studio projects & thesis project）作为核心课程，以城市设计工具与方法课、城市设计历史及理论课、建筑及城市设计中的公众参与、城市设计反思等支撑课程作为辅助课程，围绕着 Studio Project 进行教学，在 studio project 的全过程中进行预习预告、理论补充、知识拓展和背景支撑，除此之外还

熊 媛：贵州民族大学建筑工程学院工程师
何 璘：贵州民族大学建筑工程学院副教授

有方向多样化的选修课，能够提供综合完善并相互融合的课程体系。同时在教学中提供不同的教学模式，包括以 Studio Project（工作室项目）为基础的设计工作、针对个人及团队的辅导课、分组研讨会和工作坊以及各类讲座等。

1.3 特色课程

（1）城市设计工具与方法

该门课程设置在刚进入城市设计专业的前六周，在进入以工作室为基础的城市设计项目课程之前，结合设计研究方法论，向学生介绍城市设计所需的具体技能、工具和设计知识，采用和设计工作室相似的教学模式，为六周以后的城市设计项目进行预热。从置入、搜集、调查、图绘、提案、交流、评判（situating、gathering、surverying、mapping、proposing、communicating、critiquing）几个主题对城市设计所需的技能和方法进行介绍。

（2）城市设计项目

城市设计项目主要分为两个部分，首先是以工作室为基础的城市设计项目 1 和项目 2，然后是城市设计论文项目。学生通过工作室模式确定了研究兴趣了解研究方法以后，进入城市设计论文项目（thesis project）。通过研究导向型的城市设计项目，让学生对社会、政治、经济、历史、文化背景对城市环境的影响进行研究，学习理论概念、研究范式、城市设计历史和理论中的方法与手段，了解社会的发展进程如何和物质空间进行相互影响，并将能够通过设计项目实现这些理论观念与理解，解决从微观到宏观不同初度的问题。

（3）建筑与城市设计中的公众参与

该课程介绍建筑和城市设计中公众参与的历史、理论和应用。用一系列的讲座让学生了解公众参与的历史

英国谢菲尔德大学城市设计硕士专业课程设置一览表　　表 1

英国谢菲尔德大学城市设计硕士专业课程设置			
必修课程	学分	教学方式	评价依据
Urban Design Tools and Methods 城市设计工具与方法	15	讲座、研讨会、辅导课、田野调查、团队及独立学习	团队汇报 个人作品集
Urban Design Project I 城市设计项目 1	15	工作室研讨会、辅导课、田野调查、独立研究、汇报	设计作品集
Urban Design Project II 城市设计项目 2	30	工作室研讨会、辅导课、田野调查、独立研究、汇报	设计作品集
Participation in Architecture and Urban Design 建筑及城市设计中的公众参与	15	讲座、研讨会、辅导课、独立学习、团队工作、公众参与工作坊	课程作业、 公众参与技术提案
History and Theory of Urban Design 城市设计历史与理论	15	讲座、研讨会、辅导课、独立阅读研究学习	课程作业、 研讨会表达
Reflection on Urban Design Practice 城市设计实践思考	15	讲座、研讨会、辅导课、问题解决、团队及独立学习	课程作业 项目作业
Urban Design Project：Thesis Project 城市设计项目：论文项目	60	讲座、研讨会、辅导课、田野调查、独立研究、汇报	设计研究作品集或学术论文
选修课程			学分
• Reflections of Architectural Education 建筑教育思考 • Building Environmental Simulation and Analysis 建筑环境模拟及分析 • Parametric Architectural Geometry 参数化建筑几何学 • Building Information Modelling，Management and Analysis 建筑信息模型管理和分析			15

以及相关理论，利用案例研究的方式要求学生对全球公众参与的案例进行研究并进行对比和批判性分析，最后要求学生研究自己的公众参与方法，以本地项目为基础开展公众参与的工作坊对该方法进行检验。

1.4 教学特点

（1）以工作室为基础的教学模式

每个工作室有不同的研究方向和工作方式，导师也来自于不同的研究领域，更能让学生从不同的专业角度出发理解城市设计。在学期开始就由导师对各工作室的主题和工作方式进行介绍，不同专业学生根据自己的兴趣和研究方向进行相对自由的选择。导师每周用一天到工作室内和学生交流评图，内容包括各类讲座、工作坊、研讨会、辅导课、汇报演讲等，其余时间为小组或个人研究工作时间。在一年的工作中，将以导师的研究强项和兴趣为引领方向，进行分组或独立工作，跨越三个项目进行研究。工作室以研究性设计（research by design）为教学方式，要求学生以不同的层次进行城市设计。

（2）校内外资源的整合利用

工作室的导师十分多样化，包括建筑学、城市规划、城市设计、景观设计、艺术学、哲学等专业背景的老师。任课老师也时常邀请相关的专家学者、实践设计师、NGO组织、甚至社区居民，从讲座、工作坊、汇报评图各个方面参与教学，与学生进行交流和介绍，给予学生不同的视角和意见。在城市设计的教学过程中，老师也带领学生关注并研究结合本地的实际项目，调研当地社会文化，积极参与到城市开发与保护的过程中，这样的资源整合能够形成当地社区与大学教育的良好互动。

（3）案例研究的导向性

由于本专业的学生本科专业背景较为多样化，老师在要求学生进行案例研究的时候，往往会提前给出教学模板，这样学生对收集到的资料能够有相对系统研究，以达到研究目的，也能够为不同案例提供对比的方向。

2 贵州民族大学城乡规划专业城市设计课程群体系融合教学初探

贵州民族大学城乡规划专业课程基于建筑学的教学背景基础之上，较为强调对于空间的理解和认识。课程设置整体遵循从微观至宏观的教学逻辑，从空间概念—基础建筑形体—群体建筑与空间环境—法规图则与宏观规划层层递进，促进学生从微观空间到宏观城乡空间的认知和把控。

在以往经验中，城市设计课程原设置在四年级下学期，在该阶段学生对城市空间认识更全面，城市规划知识更丰富完整，但学生已经完成了从微观到宏观的空间认知训练，再回到较小尺度的城市设计，教学逻辑略显混乱。除此之外，城市设计配套理论课程大多安排在三年级，如城市设计课程安排在四年级下学期，会造成理论课程和设计训练之间的脱节，无法实现相互检验，且学生在该阶段会认为大三已经进行过类似的学习，在同一时段还有城市总体规划等课程作业，过往的城市设计作业体现出效果不佳，学生学习不主动的情况。

受到英国城市设计课程设置的启发，基于本校实际经验，在城市设计课程群的课程安排中，试图打破不同课程之间的界限，进行融合教学：为能使学生在空间设计层面上更系统化更具层次的理解城市规划和城市设计，将详细规划与城市设计课程设置于三年级作为核心课程，城市设计概论作为与之配套的基础性课程，并在同一时段安排城乡规划原理、城市设计概论、城乡管理法规、城市建设史与规划史等课程，形成城市设计课程群，并对部分课程的课程设计进行相互融合，培养学生对于城市设计的系统化理解。另外，在三年级至四年级中间的夏季学期中安排能与城市设计课程群配套的实践课程，例如城乡社会综合调研、夏季设计工作营等。

例如，在城市设计概论的课程设计中，针对城市设计的历史、理论、方法论等部分进行重点设计，配合设计课的进度进行课程内容设置。理论课注重从资料收集、调研方法、理论学习、历史知识、法律法规等方向进行设计指导，设计课则注重将从理论课中所获取的信息和研究方法进行设计运用，实现理论课对于设计课的真正引导和衔接。

3 城市设计课程群改革初探

3.1 创新的教学方法：强调研究性学习

同传统的设计课不同，在教学组织中尝试采用翻转课堂、专题工作坊、理论研讨会、课题展览等多种创新性的教学方法，开发学生的研究兴趣，激发学生对城市设计课程的学习兴趣，逐渐形成以学生为中心的教学模式，培养学生的探究精神和创新精神。除此以外，在不同的教学阶段邀请校内外专家导师展开针对性讲座及工作坊。

例如，在城市设计概论对社会空间进行介绍时，为学生开展空间认知工作坊，让学生对社会空间层面产生认知；学生在进行公众参与实践时以及城市更新课题进行时，分别邀请校外导师对公众参与的必要性和方式、城市设计的理论性及实践性内涵等为学生做专题讲座。这类创新型教学活动的开展都取得很好的效果，学生对于接触到的新知识点能吸收并主动运用到后面的学习中。

3.2 启发式的互动型教学：强调自学与交流对话

（1）翻转课堂在理论学习中的运用

改变在城市设计课的传统理论及设计教学中对于理论枯燥乏味的讲解和介绍，在理论学习阶段采用启发式的互动式教学，改变传统的传授性教学为学生的自主性教学，以翻转课堂的形式要求学生五人一组，选取一个感兴趣的理论方向进行学习和深入研究，再辅以教师的小组辅导课和点评互动。

在开展自主学习的过程中，设定定期检查的考核标准和目标，从知识的熟悉——深入——创新程度分阶段对学生的理论学习情况进行检验：

知识熟悉阶段——要求学生先对理论做出系统的了解；

知识深入阶段——要求学生对城市设计理论进行批判性思考并思考对在城市设计中如何运用理论；

知识创新阶段——要求学生将理论和课题结合在一起运用，批判性的运用理论的分析方式或设计原则进行城市设计。

在每一阶段的检验中都要求学生做课后的小组学习讨论以及课堂汇报，并且邀请其他理论组的同学在对该理论进行评价和补充。这种要求不仅能改变学生只关注自己学习内容的情况，更促进了学生对相关理论的综合再思考，产生了很多有意思的反应，比如柯布西耶理论组的同学时常会和简雅各布斯理论组的同学产生辩论，各组从自己的理论角度出发为对方提出很多建设性意见。在进行一系列的课程之后，学生能够将理论知识与城市设计课题进行综合运用，进行更进一步的研究，体现出较好的学习效果。

（2）师生互动平台的建立

以小组为单位的教学组织能够促进学生团队间的合作和讨论，试图在师资力量有限的情况下得到尽可能的鼓励和要求每一名学生表达自己的观点，达到老师和学生平等对话交流的目的。学习过程当中以学生为中心，设计也不以教师的意志为最终目的，重要的是在过程中不断促进学生进行主动思考，培养思辨能力，搭建一个师生、组员之间互相理解互相促进的交流平台。

3.3 社会服务导向型教学：强调公众参与

城市设计是在城市发展的过程中平衡和包容社会和群众的价值取向以及期望，再从专业的角度提出建议指导城市的发展的一门学科，因此和社区的交流合作显得尤为重要。公众参与本就是一个教育的过程，不仅设计者能从群众当中学习社会文脉和价值观，更能在教学或设计过程中回馈社区，让群众从设计者身上学习技术，增强社区对于城市发展的参与度。

在课程设计中，将城市设计的系列课程作为培养学生社会服务意识的重要转换点，通过城市更新的一系列理论及案例介绍强化对学生自下而上思维的培养，以课程本身的实践活动和公众参与活动增强学生对社会服务意识的提升和思考。

例如：

详细设计与城市设计课题2：居住区规划（大三上）

设计基地选在学校旁边的公租房小区，除了前期调研的意见收集外，在设计中期（二草阶段）举行公众参

图1 居住区规划课题公众参与活动

与工作坊，利用各种展览以及设计方案采集居民意见，邀请他们对所在居住区的发展提供意见并参与设计，对意见进行整合后进行设计修改，完成正图。

详细设计与城市设计课题 4：城市更新（大三下）

该课题选在一处破产后被废弃的水泥厂，遗留的建筑体量具有被重新塑造的价值，但当地居民和厂内员工对水泥厂曾经的生产过程以及破产问题等一系列环境和社会问题具有负面情绪。学生在进行前期调研后针对水泥厂周边以及员工设计了一系列公众参与工作坊，除意见和信息采集之外，工作坊的意义更多的是以一种社会服务的角度对社区居民进行引导和教育，通过案例介绍和对比，小视频播放等方式，让当地居民了解到除了拆毁重建之外还有别的发展方式，促进社区居民对于自己所处城市环境和生活方式的了解和思考。

参与课题的学生还建立了一个公众号，从该地的历史、文化、现状、城市更新相关理论及案例、未来发展可能性等方面推送了一系列与水泥厂城市更新相关的文章。在课题结束后，学生又以创意展览的形式展示了对水泥厂城市更新方式的可能性，并广泛邀请专家、社会公众到场观看进行交流，吸引社会对该地区城市更新进程的关注。

本科教育不只是指导学生的技能学习，更是对学生作为社会人的引导和塑造，因此教学过程中对于职业道德的培养也尤为重要，在教学中对学生进行潜移默化的传

图 2　水泥厂城市更新课题成果展览

图 3　水泥厂城市更新课题公众参与工作坊

递和感染也十分重要。通过社会服务型的城市设计学习，引发他们对弱势群体的关注，强化学生作为未来的城市规划者和设计师对于社会的责任感。此外，公众参与的过程更激发了学生设计过程中的创新性的想法，以及对于城市更新中公民应处位置和城市空间价值的再思考。

结语

无论在教学体系、跨专业的工作室模式、课程设置、资源整合等各方面，英国谢菲尔德大学的城市设计专业都有许多值得我们借鉴和参考之处。以上是笔者基于对此的研究，结合本校教学实际，在教学过程中借鉴学习国内外先进的课程设计方法，对城市设计的教学进行的初步探索。期望通过课程群的融合性改革，使该体系内的课程能够进行互相支撑和补充，为学生建立完善开阔的城市设计知识体系。但在实施过程中仍然发现许多不足，例如在理论学习中倾向于对一些基础理论的学习，对于前沿理论的结合显得不足；学生的学习主动性仍然不是很高；在教学中对后进学生的教育方式等问题，需要师生在今后的教学和学习中继续共同努力和探索。

主要参考文献

［1］ https：//www.sheffield.ac.uk/architecture/postgraduate/masters/urban-design

［2］ 夏焰，郜丹丹．现代大学社会职能的演变、动因及有效履行 [J]. 沈阳师范大学学报（社会科学版），2017，41（05）：114-118.

［3］ 葛丹．研究型城市设计及其在教学中的应用 [D]. 上海：同济大学，2007.

［4］ 储薇薇，吴飞．英国大学城市设计教育研究及其对我国城市设计教育的启示 [C]// 中国城市规划学会，沈阳市人民政府．规划 60 年：成就与挑战——2016 中国城市规划年会论文集（03 城市规划历史与理论）. 中国城市规划学会，沈阳市人民政府，2016：12.

［5］ 戴冬晖，柳飏．英美城市设计教育解读及其启示 [J]. 规划师，2017，33（12）：144-149.

［6］ 王建国．城市设计 [M]. 北京：中国建筑建筑工业出版社，2009.

On the Integrated Curriculum Group Teaching Reform of Urban Design: Implications from Urban Design Curriculum Arrangement in the University of Sheffield

Xiong Yuan　He Lin

Abstract: This article introduces the education system of MA Urban Design in the University of Sheffield from the aspects of course overview, modules structure, special modules description and characteristics. This article also introduces the practical experience of teaching reform of Urban Design enlightened by it : adopting the teaching mode of multi-course integrated curriculum group system, carrying on the heuristic interactive teaching to the students, and establishing the multi-interactive communication dialogue. Furthermore, a social-service-oriented teaching model is developed to emphasize the importance of public participation in urban design practice.

Keywords: Urban Design, Teaching Reform, Public Participation, the University of Sheffield

新时代·新规划·新教育

社会综合调查课程建设

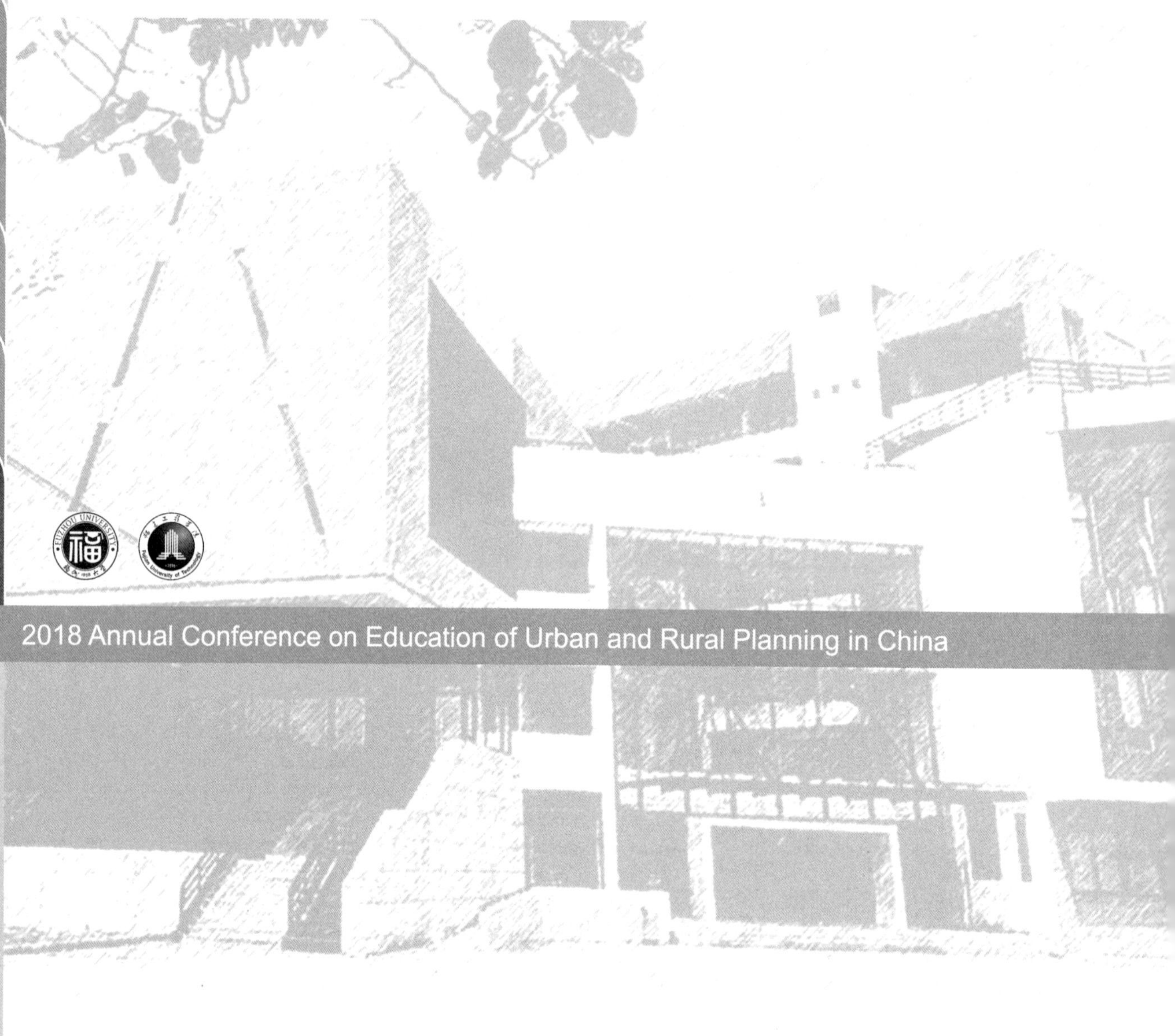

2018 Annual Conference on Education of Urban and Rural Planning in China

城乡社会调查融入规划与设计教学的方式探新
—— 基于“定题·方法·流程”的三维分析

梁思思

摘　要：城乡社会调查与规划设计课的结合较为薄弱，社会调查环节在规划设计课程中的角色、目的、训练重点等均较为模糊。结合清华大学建筑学院城乡规划本科高年级的规划设计系列课，教学中进行“定题·方法·流程”的整合创新。“定题”是社会调查的问题选择环节，依托设计任务，结合具体空间现象，选择具体社会人群展开创新选题；“方法”通过结合大数据与空间现象学，同时充分发挥空间设计的模拟性和预测性，从多角色代入进行组合反馈；“流程”则是将社会调查从原来单一的完成调查报告任务，扩展到渗透于：调查－讨论－设计－研讨等多个环节。通过三方面的整合，将社会调查的目的、技能、效用以及价值观充分融入城市规划设计课程的全过程。

关键词：社会调查，规划设计，选题，方法，流程

1　研究缘起：城乡社会调查环节在规划设计课程中的角色模糊

在当前城市发展转型期下，城市社会问题凸显，亟待引起城乡规划和设计的重视。在我国高校城乡规划专业培养体系中，应对此现象的做法是增设城市社会学、社会实践调查课等专门课程[1]，主要教学方式为讲座授课或暑期实践。此类课程重点关注城市社会问题及现象，知识面广，但较少涉及城市物质空间环境部分。

另一方面，规划设计课程是当前高校城乡规划专业培养课程体系中的重要环节，以空间设计为载体，训练学生综合运用系统知识的能力[2]。然而，城乡社会调查与规划设计课的结合较为薄弱，社会调查环节在规划设计课程中的角色、目的、训练重点等均较为模糊。因此，除了开设专门的社会调查类课程之外，如何在城乡规划设计课中发挥出社会调查的作用，有待进一步的教学探索。

2　我国城乡规划与设计教学的特点和不足：社会调查环节未发挥有效作用

在我国现行的规划设计课教学中，特点是选择相应题目和城市地段，完成若干要求的空间设计图纸。其关注重点集中在建成环境，城市空间，功能布局，建筑设计等方面。虽然在整个设计课教学流程安排中，均有前期的调研部分，但是更关注于地段现状调查，忽视社会问题的分析和城市现象的研究，前期调研和后期设计存在落差。这导致学生常常在完成调研报告后，还是无从下手展开设计。又或者，有些学生在进行了现状调查后，罗列出诸多社会问题及空间问题，但是缺乏分析，并且后续的空间设计策略对前期提出问题的应对极为有限。

在规划设计课中，限制了社会调查环节发挥有效作用的原因主要集中在两个方面：首先，规划设计课以物质空间环境设计为主，留给社会调查环节时间有限。8周设计课中，但留给社会调查的环节只有1–2周甚至更少，并且常被大量的地段基础调研主导。其次，在有限时间内，学生对于做哪些方面的社会调查、如何做社会调查、做了之后又如何指导下一步设计等缺乏引导，容易面面俱到，忽略重点。

因此，要发挥社会调查在城乡规划设计中的高效作用，重点需要解决以下难题：

梁思思：清华大学建筑学院城市规划系助理教授

1）社会调查选题如何呼应设计导向，选题设置更具针对性；

2）社会调查过程如何与空间相结合，调研方式更高效；

3）社会调查分析如何有限时间里引发深入思考，有效指导下一步空间设计。

3 课程概况及目标

清华大学建筑学院目前采用的是"建筑、规划、景观"三位一体、交叉融贯的学科架构。自2011年正式增设城乡规划本科专业以来至今，已形成较为系统完善的城乡规划设计系列课。其中和城市设计紧密相关的专业课主要集中在本科三年级的"场地设计"、"住区规划与住宅设计"、四年级的"城市设计"和研究生一年级的"设计专题二：总体城市设计"。除六校联合毕业设计为期16周以外，其他所有的设计课均安排为8周共64学时，每周2次课。纵观设计课题设置，设计选题逐步从单一空间转向多元城市环境，地段尺度也从1公顷逐步扩大到5-10平方公里，城市社会问题也日趋复杂多元（表1）。

和传统训练空间设计技法的教学目标不同，清华大学建筑学院规划设计课程的目标在于，培养学生对城市生活、城市空间以及城市发展演变机制的基本理解，学习提出问题、分析问题和综合性地解决问题的设计方法和能力，这一点也正和城乡社会调查的培养目标一致。

4 整合"定题 · 方法 · 流程"三个维度的社会调查教学改革探索

应对综合理解城市生活、空间、发展演变的教学目标，和问题为导向的分析能力培养目标，笔者在规划设计教学中通过"定题 · 方法 · 流程"的整合创新，从多维角度回应如何在教学中实现城市社会调查分析和空间设计目标的融合。

"定题"是社会调查的问题选择环节,依托设计任务，结合具体空间现象，选择具体社会人群展开创新选题；"方法"通过结合大数据与空间现象学，同时充分发挥空间设计的模拟性和预测性，从多角色代入进行组合反馈；"流程"则是将社会调查从原来单一的完成调查报告任务，扩展到渗透于：调查－讨论－设计－研讨等多个环节。通过三方面的整合，实际上是将社会调查的目的、

城市规划设计教学系列课程及其社会调查环节横向比较　　表1

	"场地设计"	"住区规划与住宅设计"	"城市设计"	"总体城市设计"
授课对象	三年级城乡规划专业本科生	三年级城乡规划专业本科生	四年级建筑学及城乡规划专业本科生	研究生一年级城乡规划学的硕士生及直博生
学时安排	8周64学时 每周2次课	8周64学时 每周2次课	8周64学时 每周2次课	16周64学时 每周1次课
地段尺度	1-3公顷	5-10公顷	10-30公顷	20平方公里左右
选题类型	城市中心广场、商业步行街区、校园城市边界、城市公共空间等	平房区、城中村改造、单位大院改建、商品房、保障性住房、乡村住宅片区等	旧城历史片区、城市轨道交通站点及其周边、城市商业空间升级改造、城市创意空间、城乡结合地带、城市街道空间等	港口地区、旧城中心区、城郊地带、棕地改造、新建机场片区、科技新城等
教学重点	场地认知，体验城市空间，综合处理建筑物、交通设施、室外活动设施、绿化景园等设施	解读社区问题，了解我国居住区发展情况，通过空间手段解决具体居住区类型的设计	解读城市问题，运用专业技术知识分析问题，提出解决问题的概念和思路，通过空间手段解决题目类型和具体地段的各个城市设计问题	对大尺度城市空间的认知、分析、建构和表达能力，并结合学习相关的前沿性城市规划和城市设计理论
"社会调查"时长	1-2周	1-2周	1-2周	2周
"社会调查"重点	场地空间现象 多元交通问题 街道空间等	各类社区问题 居住区发展 商品房开发等	多类城市公共空间现象 存量更新 新区建设等	大尺度城市片区社会问题，空间现象及发展机制

技能、效用以及价值观充分融入城市规划设计课程的全过程（图1）。

4.1 定题创新：设计任务+基础比较+空间现象相融合

（1）融合设计课具体目标

与专项理论或实践课程的城乡社会学及调查课程不同，规划设计课程中的社会调查更具针对性，即结合设计课给定地段，研究相关具体问题。比如，场地设计课中，社会调查问题重点在于城市街道空间体验。因此，社会调查选题关注共享单车停放与街道路权问题，从街道空间设计视角进行分析审视；在住区设计课中，对于城中村、老城平房区改造、单位大院式住区改造等不同课题，社会调查选题也各有不同。与设计课的选题目标相结合的社会调查选题，一方面能有效避免了选题“海选”的盲目性，另一方面有设计的任务在身，更能够促进学生带着发现问题的视角去展开调查（表2）。

（2）融合前期基础利于选择

社会调查涉及较多的资料整理和基础情况分析。在规划设计课程中，依托以往的课题积累，教学组能够提供大量的地段基础资料和周边环境条件资料，便于学生在进行进一步的同类空间现象调查时，能够掌握更准确的控制变量，同时将有限时间用在最大的优先级事项上。比如在住区课设计中，一类选题是老旧住宅区更新复兴。我们提供了真实场所的历次动迁博弈的背景情况，联系了当地街道及居委会，提前准备了较多资料。学生们在选取同类型的老旧住宅区时，不再仅通过“空间相似性”进行比对，而是通过同时期、同类型、甚至同故事的老旧住宅区改造过程，进行横向比较分析。

（3）融合真实空间现象

社会学可以涵盖广泛的内容，而城乡社会调查，则需要和城乡空间环境紧密挂钩。在我校“建筑－规划－景观”三位一体为导向的城乡规划课程设置中，“人居环境空间”这一物质载体也一直是规划各个专业子领域的教学核心及特色之一。规划设计课中的社会调查环节尤为注重真实空间现象的调查和分析。比如在城市设计课中，选题为北京西直门地区的动物园批发市场搬迁改造。对此可以有多个视角展开社会调查，如产业升级、农民工问题等。学生从空间角度出发，关注城市中心区存量更新的相关利益需求及用途探讨。结合当下的北京非首都功能疏解，展开释放出的土地存量空间的可利用度调查，成果也具备了较好的借鉴意义。

4.2 方法创新：基础调查+实证分析+角色演绎相结合

（1）基础调查结合数据革新

在大数据环境下，充分鼓励学生通过多源数据进行资料收集，并与空间环境调查展开印证比对。在城市设

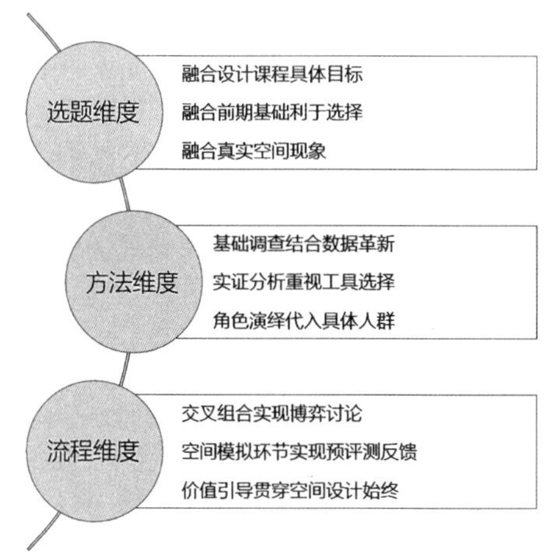

图1 “定题·方法·流程”三个维度创新下的设计课与社会调查融合

历次设计课中社会调查问题举例　表2

设计课程	设计课地段类型	社会调查选题
场地设计	地铁站点前广场	共享单车停放及管理对地铁站前的影响
	步行街道	环境设计预防犯罪下的街道安全多视角
住区设计	城中村改造	原住民参与的城中村改造新模式
	老城平房区改造	老城更新和商业化对老旧街区居民邻里影响
	旧单位住区复兴	工厂老员工的生活现状及居住需求
城市设计	批发市场改造搬迁	城市中心区存量更新的多方利益需求
	科技园片区	从业－人－城到城－人－业的转变：第三空间调查
	工业厂区改造	文化创意产业区的商业化现象及可持续性

计课中，选题之一为上地科技园区精细化公共空间品质提升，学生以 4 万条点评及微博数据为基础，通过层次聚类和词频分析，整理使用者在科学园典型地段公共空间的时空行为及城市意象。这些数据收集的作用在于：其一，潜在的城市意象词组用于修正最初主观判定的 SD 法用词词组；其二，大数据的时空行为可完善和补充学生在工作日平时、工作日高峰、周末三个时间段实地调查所观察到的具体环境行为。

（2）实证分析重视工具选择

当前已涌现出数十种定性定量的城市社会学调查方法。受时间和知识所限，学生在收集到资料后展开分析时，容易挂一漏万，或者无理由地选择自己较为擅长偏好的方法进行分析。为此，在教学中引入社会调查分析方法的菜单式框架，通过简明扼要地介绍各类分析方法的特点、难易、优劣、适用情况等，和学生展开充分探讨，使之根据不同的选题有目的有针对性地选择相应的方法展开分析。比如在分析交通枢纽拥堵踩踏事件时，借鉴“失败树分析法”范式进行原因的层层剖析；在分析单个改造案例时，适合采用质化分析法，特殊问题特殊对待；在分析人群对公共服务设施的喜好时，可以采用多因子分析或语义学解析，便于量化主观感受等等。教学的目的不在于彻底掌握每一个分析方法，而是培养起综合的视野和方法选择时的逻辑分析思维。

（3）角色演绎代入具体人群

城市社会调查往往涉及多元利益主体，以住区设计课为例，不仅关注增量规划中的新建商品房社区，更多扩展到老城区的住区更新和服务设施配套升级、单位社区的住房流转和人口流动、经济适用房的选址和社会融合、城中村的拆迁和土地产权等问题。其范畴更远远超出了简单的空间规划领域，而是涉及博弈论、空间经济学、心理学等多学科知识。考虑到规划设计课中的社会调查环节时间较短，在分析阶段将学生分为地方政府（以规划管理部门为主，角色 A）、开发商等利益实体（角色 B）和社会公众（角色 C），进行有特定视角的现象分析。通过角色代入，学生对角色的身份认同感大大增强，在短时间内能够较为深入地展开研究，并通过课堂汇报及答辩研讨进行互补（图 2）。

4.3 流程创新：交叉博弈讨论 + 模拟评测 + 价值讨论引导相配合

传统的社会调查以提交调查报告即表明环节告一段落，在教学改革后的流程创新中，社会调查依然要求需出具专门调查报告，并构成课程总得分的 20%-25%，但在贯穿始终的设计课过程中，社会调查也以多种方式渗入各个环节。

（1）交叉组合实现博弈讨论

社会调查过程中，重视的是小组合作的一致性和深

图 2　学生代入角色进行社会调查的汇报

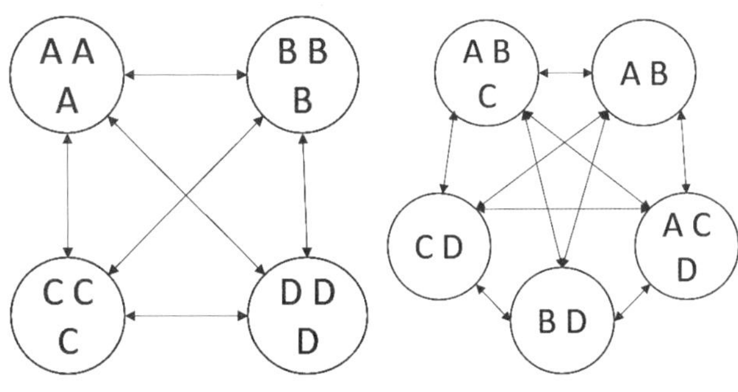

图3　社会调查分组：组内交流，组间辩论

图4　设计小组分组：组内共享，组间学习

图5　学生采用拼贴模式进行面向使用者的构想展览

入性，小组之间则通过不同视角进行博弈探讨，便于形成综合的社会认识。但设计课最终考核标准为每组完成相对完善的设计成果，因此在设计阶段进行重新组合，使得每组内成员之间能够充分代入不同利益视角的讨论。依然以住区课的角色代入为例，在调查分析阶段中，将同身份的学生进行组合，使得组内学生有共同身份和相同的利益诉求，组内交流讨论空间变大，组间对话空间变大；在完成策划和设计定位后，则重新打散分组，在新成立的设计小组中，尽可能保证每一组成员都有2–3种不同利益的群体（图3、图4），最终通过利益博弈和小组合作产生出空间布局的解决方案。

（2）空间模拟环节实现预评测反馈

规划设计课程的一大特色成果形式是城市空间环境的蓝图式展现。通过设计方案展现对城市问题的思考和应对策略。在最终的空间设计成果中，也需要有对社会调查问题的解答。因此，在最后的空间展示环节，要求学生将空间模拟生成的透视图和鸟瞰图等，重新应用社会调查的分析基础进行再次评价。比如在城市设计课程中，有学生关注的是城市街区和街道的安全问题，通过专家打分，归纳出安全因子的权重，并就此展开相应的实证调查，提出改进方案。在方案完成后，再次将方案展示给最初进行过社会调查的居民和使用者，收集其对于方案的反馈意见。通过“再次调查”和“预评价”，实现了设计方案的动态反馈，并且也在某种程度上让学生了解了社区规划的公众参与方式（图5）。

（3）价值引导贯穿空间设计始终

社会调查不仅关注分析方法和思维逻辑训练，更需要重视学生对社会问题的认识视角和价值观的树立。因此，需要将社会调查中所反映出的价值导向和人文关怀贯彻到规划设计课程的始终。比如在场地设计中，通过对无障碍空间和用户需求的调查，引导学生在设计中重视无障碍和城市包容性设施；在住区设计中，对城中村的改造评价不以空间美观和环境适宜为唯一指标，而是考量学生是否兼顾打工者、初入职人群等的生存需求，通过智慧设计营造多元的共生环境；在城市设计中，引导学生重视“场所营造”和“人的活动”作为基本出发点进行空间设计，而非单一训练空间形态设计的技法。这些价值观和思维视角都通过社会调查得以强化，又在方案设计中进行印证和落实。

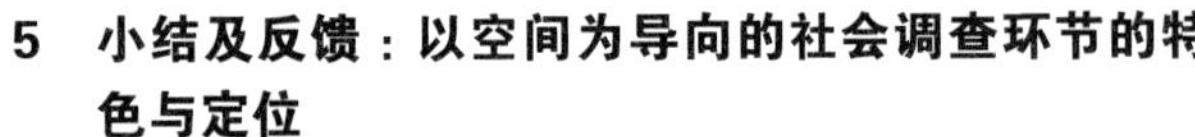

5 小结及反馈：以空间为导向的社会调查环节的特色与定位

5.1 学生反馈

在规划设计课中融入社会调查的探新获得了学生的较好反馈。比如博弈环节，学生认为，“尤其印象深刻的是博弈讨论和模拟真实答辩”，“在多种利益群体的不同需求中，寻找最优解”；比如在设计选题和方法创新后，学生表示“欣喜于得到更多的理性还有更关注更大层面的问题”，比如在价值引导后，学生发出“规划是带着镣铐起舞”的感受，更在感想中直言“哇，规划好有趣，坚定做规划的信心”。可以说，激发起学生继续深入的兴趣，是教学探新最大的收获。

5.2 社会调查环节教学的分层目标导向

通过本次教学谈新，总结出社会调查在规划设计课程中需要重视的三层教学目的：就短期的调研本身而言，社会调查的教学目的是“学方法”，使学生学会运用工具进行调研的方法，发展逻辑分析的能力；就中期的教学训练而言，社会调查的教学目的是“做研究”，通过精准选题，综合梳理特定城市现象和城市问题，形成全面综合的视野；就长期的能力培养而言，社会调查的教学目的则是“提改进”，即通过综合的辨析，找到城市特定情况的“痛点”所在，并试图给出相应的空间应答策略。

5.3 下一步改进

在教学过程中，高年级学生依然暴露出调查知识不完善，工具运用不熟练等问题。因此建议，在下一步，需要将规划设计课程中的社会调查环节和城市社会学理论课以及城乡社会调查的实践课相结合，从整体的教学培养体系上给予支持，使得对城乡规划专业学生的社会调查专业能力有更系统的培养。

主要参考文献

［1］ 顾朝林，刘佳燕，等 . 城市社会学 [M]. 北京：中国建筑工业出版社，2013.

［2］ 清华大学建筑学院本科教学培养计划，2016.

Topic Selection，Survey Approaches，and Procedure Design：Pedagogy Innovation of Integrating Social Investigation with Planning and Design Studios

Liang Sisi

Abstract: Nowadays the role，purpose，and training emphasis of social investigation step in urban planning and design studios are obscure，causing a gap between the training of urban and rural social investigation，and the course of urban planning and design studio. Taking pedagogy innovation of planning studios in the School of Architecture，Tsinghua University as an example，this article demonstrates the strategies of topic selection，survey method，and procedure design. It discusses the approaches of extending the effect of social investigation from original simple report to a wider range of phases in design studio covering survey，discussion，design，and seminar. The innovation aims to integrate social investigation with planning and design studios in terms of skill training，values，and spatial analytical approaches.

Keywords: Social Investigation，Planning and Design，Topic Selection，Methods，Procedure

人本主义理论视角下城乡规划低年级专业课社会调查教学观察思考*

贾铠针　高芙蓉　肖　竞

摘　要：本文通过对重庆大学城乡规划一、二年级专业设计课中所涉及“社会调查”教学单元进行连续三年师生教学活动跟踪研究，研究方法包括集体访谈、个人访谈、笔记观察、问卷调查等，分析“社会调查”板块在低年级专业设计课中“教”、“学”、“教与学”一系列教学活动中理论与实践层面存在的问题，基于“人本主义学习理论”视角思考问题发生机制，通过研究发现进行后续教学优化设计，以期为城乡规划专业核心课程之一的“城乡社会综合调查”提供经验小结以及后续教学研究样本。

关键词：人本主义，城乡规划专业，社会调查，教学跟踪观察，教学优化

1　引言

2011 年城乡规划被国务院学科委员会确定为一级学科，城乡规划学科上升为国家一级学科后对规划教学人才培养提出新要求，《2013 高等学校城乡规划本科指导性专业规范》明确提出城乡规划专业作为一级学科的学科认识论与方法论基础，指出规划学科理论基础兼容了自然科学、社会科学、工程技术和人文艺术科学的理论内容与技术方法，并在方法论上强调价值观念、人文素养在规划教育中的重要影响和作用，同时指出“城乡社会综合调查研究”教学板块对本专业的学科科学方法论、社会科学方法以及社会研究方法等“知识、技能、价值”课程支撑重要性与迫切性。

2015 年中央城市工作会议明确提出：“坚持以人民为中心的发展思想，坚持人民城市为人民。这是我们做好城市工作的出发点和落脚点。”清晰而有力地传递出：人是城市最重要的元素，城乡规划必须将人本价值放在首位。以人为本的城乡规划需要更多地考虑人们的心理、生理需要，营造美好城乡生活、生产、生态环境，满足人们物质、精神全面发展的作为“完整的人”需求。

自 2014 年起，重庆大学建筑城规学院规划系基于面向“城乡规划”作为一级学科，以及“人本价值”导向下针对本科专业一至五年级的专业设计课程进行系统性“改革”，尤以一、二年级低年级专业基础设计课程调整突出，将“社会调查”单元以不同教学内容、教学组织贯穿于一、二年级专业设计课的各教学板块中。笔者通过对 2014 级、2015 级、2016 级三个年级大一、大二阶段的涉及“社会调查”教学板块的连续三年跟踪研究，研究方法包括集体访谈、个人访谈、笔记观察、问卷调查等，分析“社会调查”板块在低年级专业设计课中“教”、“学”、“教与学”一系列教学活动中理论与实践层面存在的问题，并基于“人本主义学习理论”视角思考问题发生机制，通过研究发现进行后续教学优化设计，以期为城乡规划专业核心课程之一的“城乡社会综合调查”提供经验小结以及后续教学研究样本。

---

*　基金项目：本研究得到“国家自然科学基金青年基金项目（51508046）”、“中央高校基本科研业务费（106112017CDJXY190002）”资助。

贾铠针：重庆大学建筑城规学院规划系讲师
高芙蓉：重庆大学建筑城规学院规划系讲师
肖　竞：重庆大学建筑城规学院规划系副教授

2 基于设计课中“社会调查”单元教学活动的跟踪观察

2.1 低年级专业设计课中“社会调查”教学设置

“社会调查”是人们在一定的理论指导下，有目的有计划地运用特定的方法和手段,收集有关调查对象（社会事实、现象及其规律）的信息资料，并作出描述，解释和对策等的社会认识活动。将“社会调查”教学单元引入并贯穿于低年级专业设计课程，并作为核心知识、技能、价值来展开，是建构“人本价值”导向、“社会科学”本体回归的城乡规划思维方式的基础，也是由传统“工程思维”城市规划到“社会研究”城乡规划专业核心素养的转变重要支撑，旨在使学生具备发现问题的基本能力、初步具备分析问题、解决问题的基本能力、在专业基础学习阶段就逐渐形成城乡规划的思维方式，让学生初步了解社会调查在城乡规划工作中的重要性和必要性，初步掌握社会调查的方法和程序，运用“社调方法”对城乡中人——空间——场所——建筑——景观——行为等形成综合认知，具体教学内容设置如图 1 所示。

一、二年级针对不同学习阶段与教学重点设置不同侧重面的社会调查单元内容，一年级以基本尺度、基本关系认知、基本分析方法、文献调查等基本方法，逐步拓展到对不同尺度层面的场地理解、社会调查综合方法引入，以多种形式呈现，如 ppt 小组汇报、A3 图纸绘制等（见图 2），并结合寒假小学期“对自己家乡社区尺度的认知调查”板块（见图 3），学生独立完成测绘、图纸绘制、社会调查图解思考，最终完成社会调查报告（见图 4），将一年级上学期专业设计课中各知识板块串联起来。

上图学生作业中可以看出，一年级“社会调查”单元基本以初级知识点以及技能训练为主，让学生掌握诸如空间注记、认知测绘地图绘制、图解分析与表达方法，以及初步了解量化数据 & 文本等质性、定量所涉及的相应数据、文本分析等基本逻辑和方法。

二年级一学年四个大板块的专业基础设计课程中“社

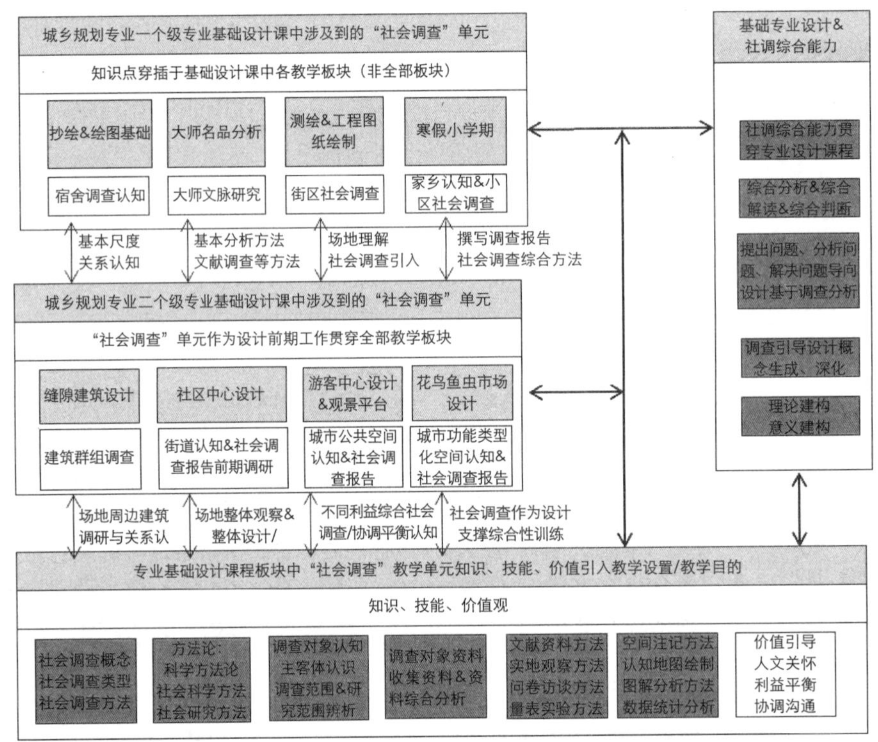

图 1　低年级专业基础设计课程中涉及“社会调查”单元教学内容设置框图分析

资料来源：作者绘制

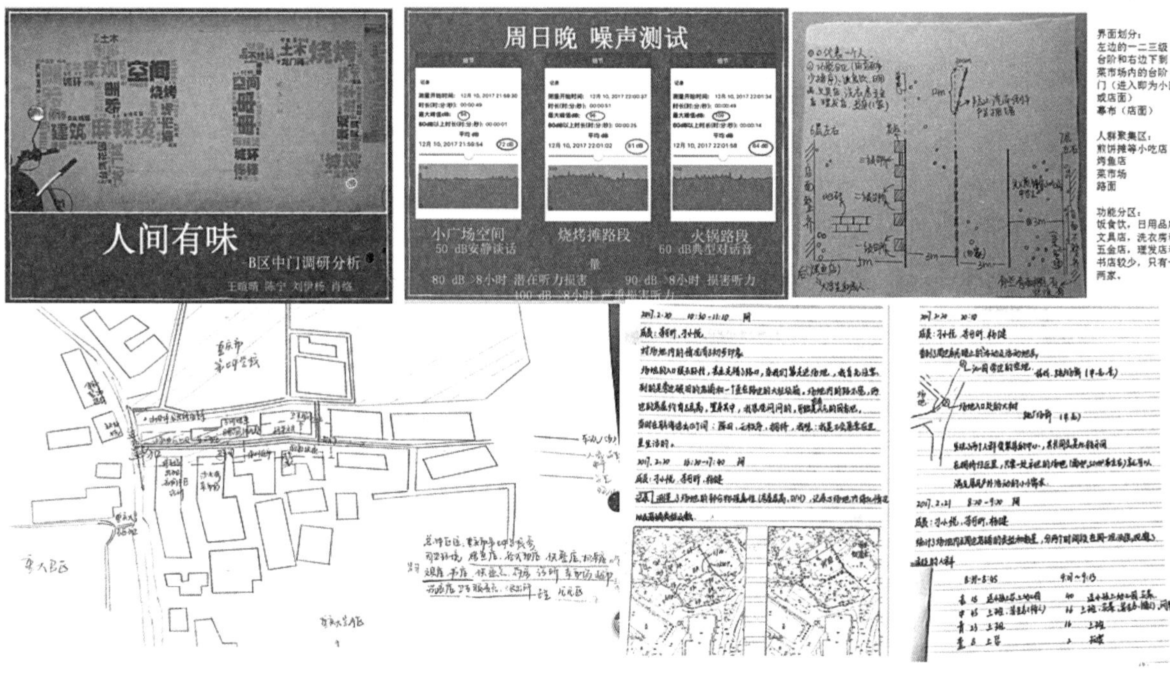

图 2　一年级穿插在专业设计课中“社会调查”教学单元不同形式的学生作业摘录

资料来源：学生课后作业

北京市学清路街道现状及存在问题调查

摘要：此次街道调查选取的是临近所住小区的学清路街道，主要研究的内容为道路西侧辅路的现状及所存在的问题。该街道为学院路北延路段，对城内外交通道路的衔接有着重要作用。通过长时间在该地区生活体验，笔者发现该街道虽然经过数次修缮，但在某些方面仍存在着一定的问题，对人们在该处行走体验造成了一定的影响。因此，在此文中，笔者将通过分析街道现状找到存在的问题同时针对问题提出一定的解决方案，力求带给人们更舒心的出行体验。

街道基本情况概述

街道所处区位

学清路街道位于北京市海淀区，地处学院路北延路段。位于八大院校（中国地址大学，中国矿业大学，北京语言大学，中国石油大学，北京航空大学，北京林业大学，中国农业大学，北京科技大学，北京大学医学部）。同时，该街道紧邻多个住宅区，街道旁为近年来新兴的两个创业园区，人员构成丰富多样。在本次调研中，大多数受访人员为在创业园区工作的上班族，晚间调查时学生群体占大多数。

该街道边主要的商业构成为餐饮业，这也是为了满足周边学生，上班族及小区中住户的平时需求。学清路街道周边交通设施也较为丰富。在所调查街道的两端处设置有两个公交车站，距离街道南端结束点 500 米左右有地铁十五号线，可以与多条线路进行换乘，大大提升了该街道人员生活的便捷性。同时，该街道也投放了大量的共享单车，极大的解决了人们短途出行的问题。

街道现存在的问题

机动车占道问题

在本次调查中，通过对通过行人的采访以及在该街道上的观察，可以发现，

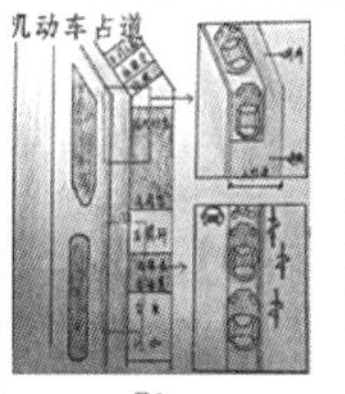

图 3

街道中存在的最大的问题是存在严重的机动车占道现象，严重影响了行人在此处的通行。

经调查发现，机动车占道存在两类现象。在南边接近十字路口，餐厅聚集区前有大量车辆停在餐厅门前的人行道上。导致该现象发生的主要原因是该街道设置的停车区域存在供不应求的现象，街道对面的商场设置的停车位也无法满足需求，同时，此处餐厅的日常人流量较大，从而导致了此类现象的发生。而这一现象的出现使得人行道的空间被大量占据，严重影响了行人在此空间的体验感。

从图 3 中可以直接观察到这一现象。由图中我们可以看到，行人在人行道上的行走空间被极大地占据，如果为友人同行更会走到辅路上，而辅路上经常会有大量车辆经过，对行人的人身安全也产生了很大的影响。

在对行人及街道骑行者的调查中我们可以发现，大部分参与调查的对象都普遍反应该街道存在过于拥挤的问题，使人们在该处通行时的危险系数提高。

针对此问题，笔者也提出了相应的解决方案。由图 3 中可以观察得到人行道与车行道辅路之间没有明显差别，使得车辆很容易停放至人行道之上。根据《外部空间设计》中所讲，将外部空间与道路相隔离，设置一定的高度差，例如一两级台阶使得二者在高度上分离开来。既获得了视觉上的舒适感，又可使该街道上行人车辆混杂的问题得到一定的解决。但同时，如何解决这些车辆停放问题也应当纳入街道管理者的考虑之中。在该街道旁边存在一处久置的房屋区域，此处空地可以考虑建立停车场。在有限的面积上有大量的车辆停放需求，因此，立式可移动停车场是最适宜在此处建立的，可以在一定程度上很好地解决该街道过于拥挤从而影响舒适度与安全的问题。

街道卫生问题

在本次调查中，同时发现该街道地区的卫生状况也存在一定的问题。主要出现的问题为垃圾桶的设置不足，导致道路上有过多的垃圾，影响了街道的卫生环境，有损过往行人在此处行走的体验感。

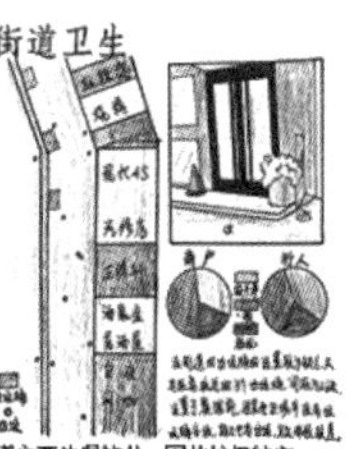

由此前的基本情况分析我们可以得知，该街道主要为餐饮业，因此垃圾的产生量较其他类型街道来说较大，对垃圾处理的需求也就更高。但是，在调查中却发现，该街道全长 120 米左右，但只有 3 个垃圾桶的设置，且均设置于餐厅之前，虽然在一定程度上解决了垃圾投放的问题，但由图 5 中依然可以看出垃圾依然难以得到完全有效的处理。与此同时，在街道的其他区域卫生情况依然堪忧，在调查中这也是受访者普遍反映的问题。街道的脏乱会最直接的导致人们在此的体验感，也同时会使舒适度大大降低。

图 3　一年级“家乡社区尺度认知调查”学生作业摘录

资料来源：学生作业

会调查”单元的教学组织形式不同于一年级，教学目的重点在于锻炼学生综合运用社会调查及社会研究方法，在每一个课程设计板块——缝隙建筑、社区中心设计、游客中心设计 & 观景平台、花鸟鱼虫市场设计中前两周的场地调研中结合社会调查知识、技能，以 3–4 人为一组进行分组调研，实地调研、发现问题，分析原因，综合判断，总结规律，并提出相应的解决思路或策略，小组完成社会调查报告撰写（图 5），每位同学根据调研报告的结论，提出解决问题的思路、概念（图 6），引导后续方案设计的形成（图 7），从而进一步加深对城乡规划专业与社会科学研究与社会研究方法的重要性和必要性认知。

针对一二年级专业设计课程中“社会调查”单元教

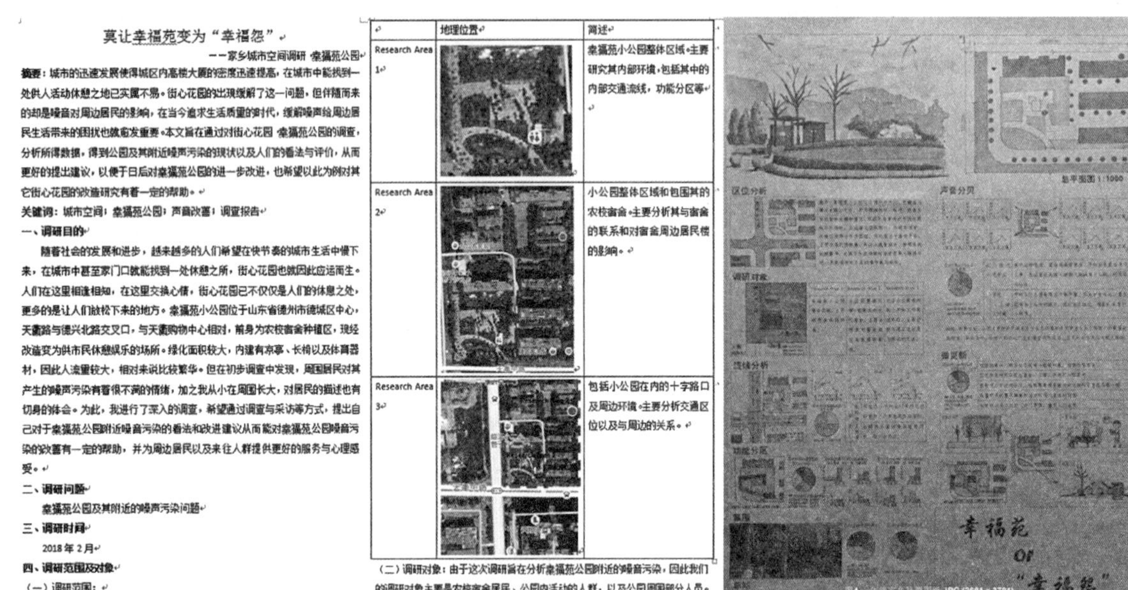

莫让幸福苑变为“幸福怨”

——家乡城市空间调研 幸福苑公园

摘要：城市的迅速发展使得城区内高楼大厦的密度迅速提高，在城市中能找到一处供人活动休憩之地已实属不易。街心花园的出现缓解了这一问题，但伴随而来的却是噪音对周边居民的影响，在当今追求生活质量的时代，缓解噪声给周边居民生活带来的困扰也就愈发重要。本文旨在通过对街心花园 幸福苑公园的调查，分析所得数据，得到公园及其附近噪声污染的现状以及人们的看法与评价，从而更好的提出建议，以便于日后对幸福苑公园的进一步改进，也希望以此为例对其它街心花园的改造研究有着一定的帮助。

关键词：城市空间；幸福苑公园；声音改善；调查报告

一、调研目的

随着社会的发展和进步，越来越多的人们希望在快节奏的城市生活中慢下来，在城市中甚至家门口就能找到一处休憩之所，街心花园也就因此应运而生。人们在这里相逢相知，在这里交换心情，街心花园已不仅仅是人们的休息之处，更多的是让人们放松下来的地方。幸福苑小公园位于山东省德州市德城区中心，天衢路与德兴北路交叉口，与天衢购物中心相对，前身为农校畜禽种植区，现经改造变为供市民休憩娱乐的场所。绿化面积较大，内建有凉亭、长椅以及体育器材，因此人流量较大，相对来说比较繁华。但在初步调查中发现，周围居民对其产生的噪声污染有着很不满的情绪，加之我从小在周围长大，对居民的描述也有切身的体会。为此，我进行了深入的调查，希望通过调查与采访等方式，提出自己对于幸福苑公园附近噪音污染的看法和改进建议从而能对幸福苑公园噪音污染的改善有一定的帮助，并为周边居民以及来往人群提供更好的服务与心理感受。

二、调研问题

幸福苑公园及其附近的噪声污染问题

三、调研时间

2018 年 2 月

四、调研范围及对象

（一）调研范围：

	地理位置	简述
Research Area 1		幸福苑小公园整体区域。主要研究其内部环境，包括其中的内部交通流线，功能分区等
Research Area 2		小公园整体区域和包围其的农校宿舍。主要分析其与宿舍的联系和对宿舍周边居民楼的影响。
Research Area 3		包括小公园在内的十字路口及周边环境。主要分析交通区位以及与周边的关系。

（二）调研对象：由于这次调研旨在分析幸福苑公园附近的噪音污染，因此我们的调研对象主要是农校宿舍居民、公园内活动的人群，以及公园周围部分人员。

图 4　一年级“家乡社区尺度认知调查”中社会调查报告 &A3 图解

资料来源：学生作业

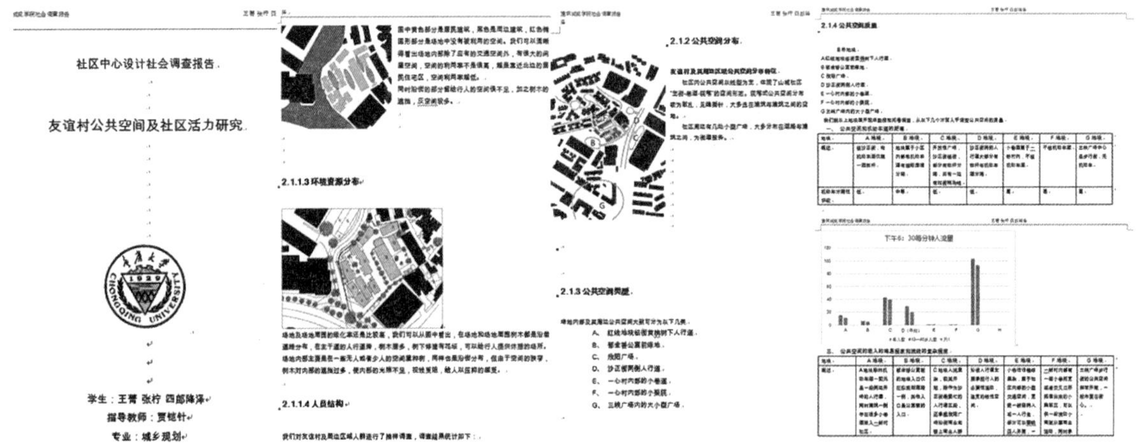

社区中心设计社会调查报告

友谊村公共空间及社区活力研究

学生：王菁 张柠 四郎降泽

指导教师：贾铠针

专业：城乡规划

2.1.1.3 环境资源分布

2.1.1.4 人员结构

2.1.2 公共空间分布

2.1.3 公共空间类型

2.1.4 公共空间质量

图 5　二年级专业设计课程“社区中心设计”设计前期小组社会调查报告

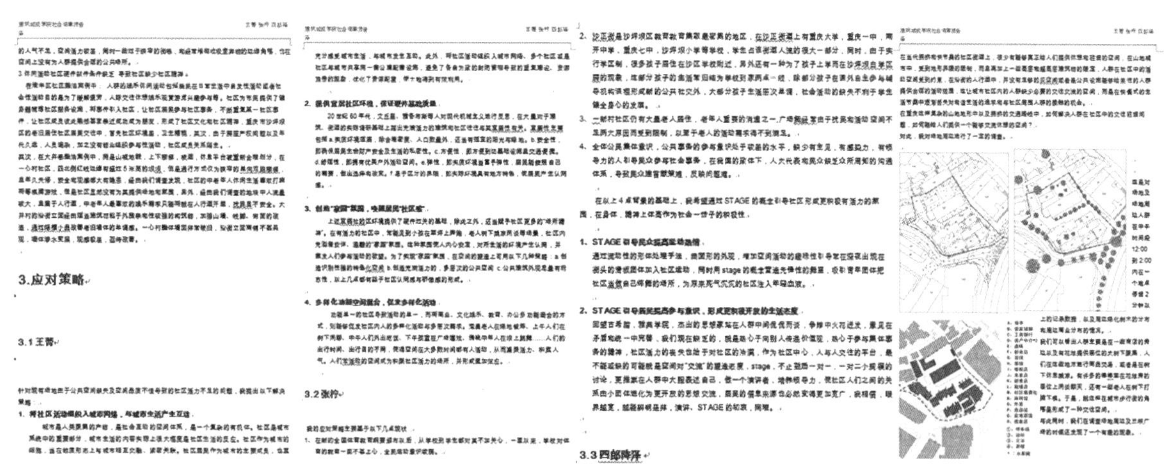

图 6　二年级专业设计课程“社区中心设计”调研小组分别“根据调查后设计着眼点”

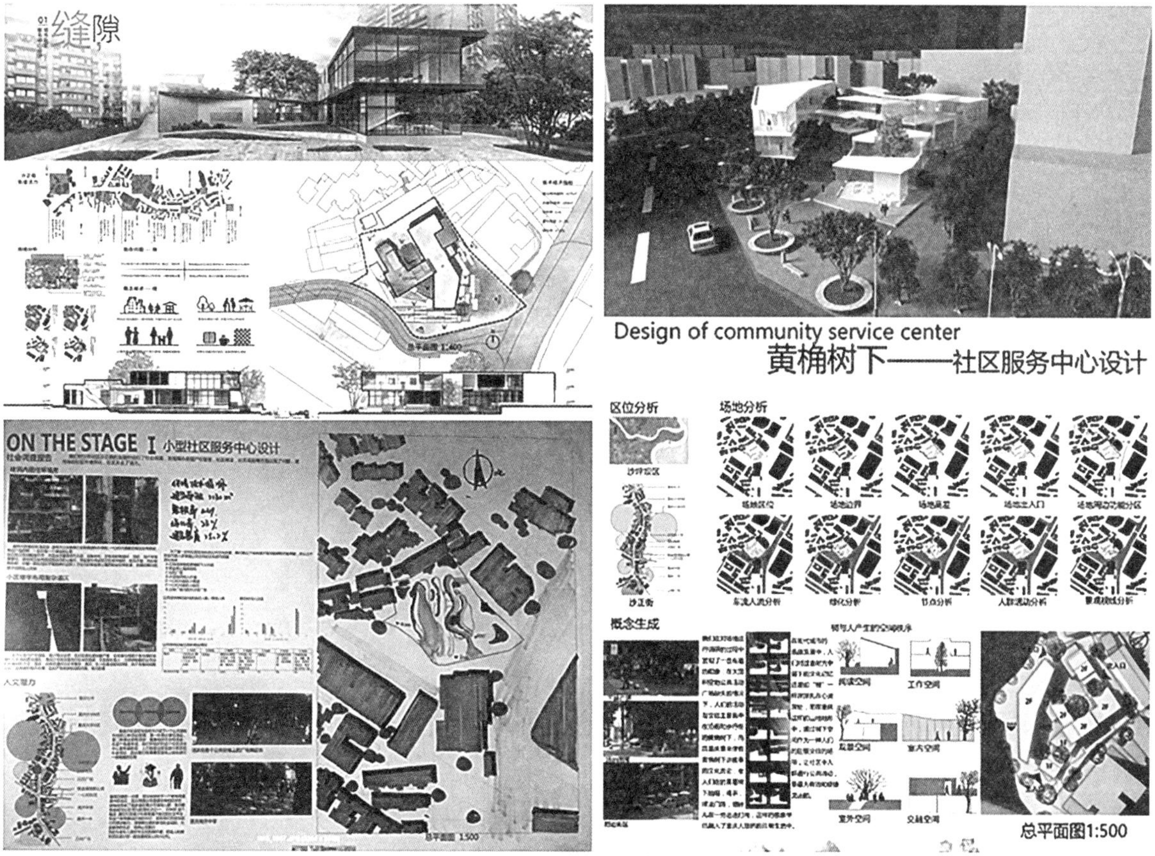

图 7　二年级专业设计课程“社区中心设计”基于社会调查报告设计方案图纸

学环节设置的宗旨除了上文所述的相关知识、技能训练外，最重要的是希望学生通过一系列学习与实践，能够真正掌握与理解“城乡规划是一个理性的科学过程”，能够通过社会科学理论和方法等为设计生成提供一个具有统筹协调、创新协同等综合专业素质体现的“专业理性思维”过程和平台，能够以“人文关怀”、“人本价值”等社会科学属性视角综合认知城乡规划专业的“工程逻辑”特征，能够在设计思维训练中更多去深入生活、感受生活、热爱生活、理解人、热爱人，同时能够积极发挥个人主观能动性，激发学习热情和韧劲，培养自主学习、主动探索、发现问题、解决问题的习惯与方法，培养团体合作精神与合作方法。这也是“知识、技能、价值”中“价值”素养的综合体现。

2.2 教学跟踪观察过程与研究发现

针对低年级专业设计课中“社会调查”教学活动的“教”、“学”、“教——学”的教学内容、教学组织、教学效果、存在问题等一系列的跟踪性观察，也可以称为一项社会调查研究时间跨度从 2014 级入学本科一年级开始，历时 3 年，研究范围涉及 14、15、16 三个年级，研究方法主要有观察法、集体访谈、个体焦点访谈、个案跟踪访谈、撰写思考笔记、教师——学生笔记文本分析、访谈稿转录文本分析等，并针对性进行效度校验，共采集总样本数 87 份，有效样本数 75，具体研究过程如图 8 所示。

通过研究调查，学生反映出的问题主要有：其一，社会调查过程中针对物质空间的调查分析与针对社会空间、社会关系的调查分析相较，后者更难；其二，老师们所教的社会调查方法理解起来没什么问题，但在实践中却遇到很多具体的操作问题，比如一个学生在访谈中提到“……当我们发问卷的时候，几乎没有人愿意参与……”（摘自 2015 级一年级学生访谈转录稿 No.2015-1-21），后续的跟踪访谈中，该学生后来提到“……就是这些看上去很小的‘挫折’，人们好像没有那么关心我们关心的问题，会让我觉得做这件事情的意义也许没有那么大……”（摘自 2015 级二年级学生访谈转录稿 No.2015-2-31），这个细节一定程度上反映出学生的主观能动性并没有被积极正向激发出来；其三，在二

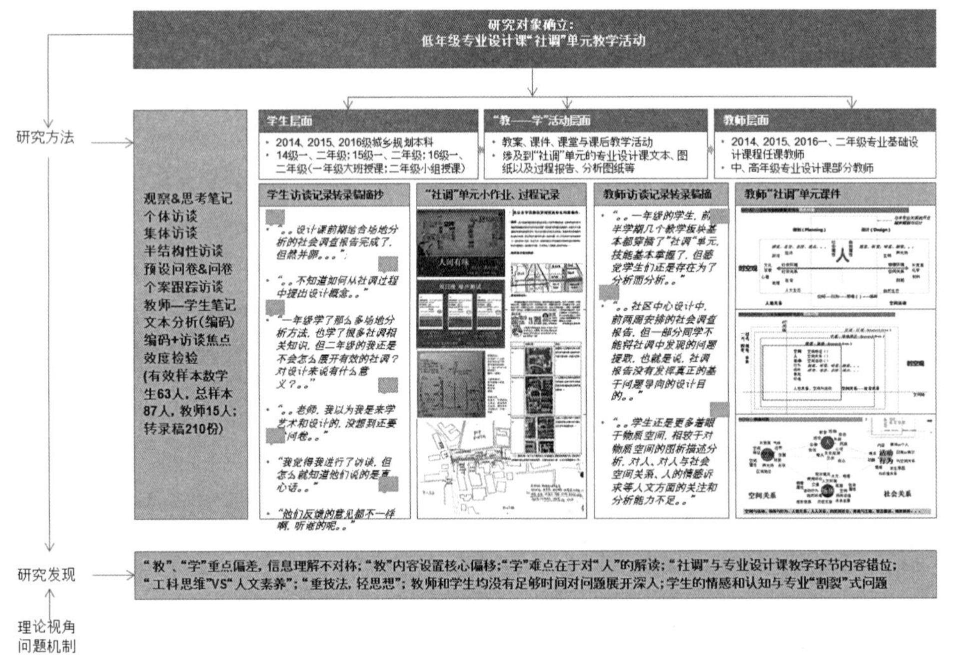

图 8 低年级专业设计课中“社会调查”单元教学活动调查研究过程图解

资料来源：作者绘制

年级的专业设计课中“社会调查报告”与设计概念、设计深化生成等并没有得到教学目的所预期的“设计生成基于社调理性逻辑过程”，一个受访的 2014 级学生在其二年级学期末的一次访谈中提到“……每次设计前期我的社会调查报告进展的还不错，但我感觉我的设计方案和社调也没啥太大关系……”（摘自 2014 级二年级学生访谈转录稿 No.2014-2-09）；教师这边反映的问题主要是：对于一年级学生而言，相较社会调查的核心环节——价值立场，学生关注图面效果和表现技能更多；二年级学生在社会调查的前期研究与方案设计的关联度上还存在一定问题，对设计方案的“专业价值立场”、“社会价值立场”不能很好进行系统性、逻辑性整合，一部分学生还是过于“沉醉”在设计的形态观感上。

3 人本主义理论视角下“教——学”之理论 VS 实践

3.1 人本主义理论

人本主义学习理论是 20 世纪五六十年代在美国兴起的一种心理学思潮，其主要代表人物是马斯洛（A.Maslow）和罗杰斯（C.R.Rogers）。人本主义的学习与教学观深刻地影响了世界范围内的教育改革，是与程序教学运动、学科结构运动齐名的 20 世纪三大教学运动之一。

罗杰斯认为，情感和认知是人类精神世界中两个不可分割的有机组成部分，彼此是融为一体的。因此，罗杰斯的教育理想就是要培养“躯体、心智、情感、精神、心力融汇一体”的人，也就是既用情感的方式也用认知的方式行事的情知合一的人。这种知情融为一体的人，他称之为“完人”（Whole Person）或“功能完善者”（Fully Functioning Person）。当然，“完人”或“功能完善者”只是一种理想化的人的模式，而要想最终实现这一教育理想，应该有一个现实的教学目标，可见，人本主义重视的是教学的过程而不是教学的内容，重视的是教学的方法而不是教学的结果。

同时，罗杰斯基于“完人”教学目标提出“有意义学习”教学目标，其特征包括：①全神贯注：整个人的认知和情感均投入到学习活动之中；②自动自发：学习者由于内在的愿望主动去探索、发现和了解事件的意义；③全面发展：学习者的行为、态度、人格等获得全面发展；并提出有意义的学习结合了逻辑和直觉、理智和情感、概念和经验、观念和意义，让学生充分认识自身以及所学专业价值，促进他们自身“功能完善者”发展。

3.2 “教——学”中“割裂性”问题发生机制梳理

从人本主义学习理论视角来反思专业设计课程中“社会调查”教学活动跟踪观察研究呈现的一系列问题，“教——学”过程中体现的问题是“割裂性”的，通过调查研究发现的理论进行反思，这些问题发生机制具体表现为以下几个方面：

其一，城乡规划专业是一门具有综合性、复杂性、系统性学科，具有人文社会学科与自然工程学科的多重属性，而人文社会学科的学习是培养一个完善的人，而不仅仅是知识、技能型“专业匠人”，也不只是“培养专家”而已。相较于社会调查教学单元的知识、技能教学内容，体现社会关怀的专业价值、人文价值，并没有与教学内容设置充分结合。

其二，目前教学内容设置过于“饱满”，每个设计板块的时间被压缩在 7-8 周内，而社会调查单元一般只有 1-2 周，学生没有充足的时间去进行社会观察、展开深入的调查研究，而现行的“重结果、轻过程”的学生作业评分机制一定程度上也限制了学生突破“功利性”的学习诉求，需要占据他们更多时间来深入思考的“社会调查”逻辑思维过程最终被“重图纸表达”的形象思维“替代”；与此同时，教师也没有充分的时间在这个重要的以逻辑分析能力为主导的设计思维能力培养环节与学生展开充分讨论，引导学生从不同层面了解观察对象、运用逻辑思维去分析、发现问题，从而引导学生将自己的感性认识通过调查分析、研究统计等手段进行检验和量化，最终以逻辑分析后的结论为依据，指导接下来的设计。

其三，逻辑思维的训练应该作为专业综合思维训练的基础与重点，其核心是分析、认识问题的规律性，逻辑思维能力即对事物进行观察、比较、分析、综合、抽象、概况、判断、推理的能力以及采用科学的逻辑方法，准确而有条理的表达自己思维过程的能力，这一系列思维过程需要教师与学生、学生与自身的充分互动和讨论，这是一个让学生从感性的形象思维认知转化到理性的逻辑思维、社会洞察认知的重要阶段，也是最能将“价值”引导给学生的关键环节。苏霍姆林斯基说：“教育是人与人心灵上最微妙的相互接触”，教育教学过程实质上就是教师与学生心智

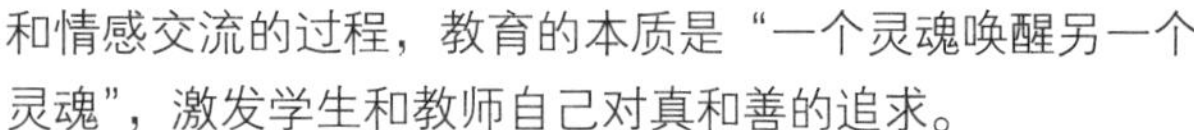

和情感交流的过程，教育的本质是“一个灵魂唤醒另一个灵魂”，激发学生和教师自己对真和善的追求。

4　结语

“真正有智慧的老师不会仅仅传授知识给任何学生，他会传授更珍贵的东西——信念和热忱。真正的智者不会手把手地带学生进入知识的殿堂，只会带学生走向自身能够理解的那扇门。”

——哈利勒·纪伯伦（Khalil Gibran）

社会现实需求的转型要求城乡规划教育者思考人本价值实现视角下我们应如何培养学生，如何将我们未来的规划师、设计师、城乡建设管理者们——学生——作为一个“完整的人”以及培养其为“完整的人”。面对城乡发展的诸多现实问题，作为规划教育者，我们需要反思过去我们的教育究竟缺失了什么，需要基于这样的思考去优化一直在改良路上的教学。

Observations and Reflections on the Social Survey Teaching of Junior College Specialty in Urban and Rural Areas from the Perspective of Humanism Theory

Jia Kaizhen　Gao Furong　Xiao Jing

Abstract: This paper follows a three-year follow-up study on the teaching activities of the “social investigation” teaching units involved in the first and second grade professional design courses in urban and rural planning of Chongqing University. The research methods include group interviews, individual interviews, note observations, and questionnaire surveys, etc. It analyze the theoretical and practical problems in the “teaching”, “learning”, and “teaching and learning” teaching activities in the “social investigation” section in the junior professional design class, based on the “humanistic learning theory” perspective, thinking about the problem-generating mechanism. Through the research findings, the follow-up teaching optimization design will be conducted in order to provide experience summary and follow-up research samples for the “Urban and Rural Social Survey”, one of the core courses for urban and rural planning professionals.

Keywords: Humanism, Urban and Rural Planning Majors, Social Surveys, Teaching Tracking Observation, Teaching Optimization

城市总体规划教学中社会调研的应用场景与技术框架*
—— 以上海市奉城镇总体规划教学为例

陈　晨　颜文涛　耿慧志

摘　要：在城市总体规划中引入社会调研环节，是同济大学教学团队在总体规划教学中不断探索的成果，其目的是让学生确立正确的价值观，了解真实的城市发展动力，掌握深度研究城市问题的方法。本文讨论了城市总体规划教学中引入社会调研环节的必要性，城市总体规划中引入社会调研的应用场景和实施框架等，并以上海市奉城镇总体规划教学实践为例，详细探讨了教学组织、教学效果和学生反馈。笔者发现，社会调研环节的植入，使得学生对规划价值观、规划的可实施性，地方发展的关键动力机制，技能方法等四个层面都得到了较大的提升。如何将社会调研的成果与物质空间的规划设计更加紧密地结合起来，是城市总体规划教学中需要持续改进的方向。

关键词：总体规划，教学改革，社会调研，应用场景，技术框架

1　城市总体规划教学引入社会调研环节的必要性

城市总体规划中的社会调研是对传统总体规划调查方法的一种完善和补充。传统的总体规划调查方法非常重视城乡土地使用的基本情况的调查，以及是什么样的动力影响了城乡土地使用的变化。通过主要领导的访谈部门访谈等等，可以了解到国家和地方性战略和政策，了解产业经济发展的动力，本地社会发展态势，自然禀赋的约束，等等，但上述方法都是考察自上而下的宏观动力机制。而城市中的微观个体，比如特定的群体，特定的企业，特定的社区，他们的需求实际上也会强烈地影响城市土地使用情况，但这种自下而上的微观动力机制在传统的城市总体规划调研中是被忽视的，需要通过社会调研来进行补充。随着我国城市发展从增量时代走向存量时代，城市总体规划中越来越需要考虑到自下而上的个体、社区或企业等微观个体的需求，有必要在总体规划教学体系中植入社会调查这一模块（图 1）。

强调城市总体规划中的社会调研，也是政策的要求。一方面是响应行业规范的要求，城市规划编制办法，当中明确地提出要有公众参与的要求。另一方面是响应时

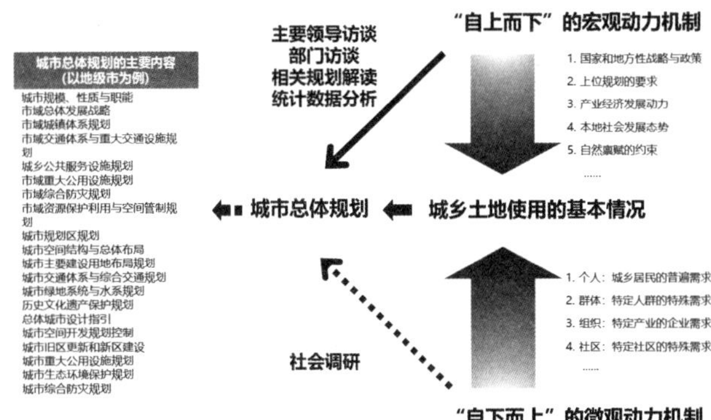

图 1　城市总体规划中的社会调查模块与其他工作的关系
资料来源：作者自绘

* 基金项目：本文获上海市浦江人才计划项目“流动人口的空间集聚对上海大都市区空间结构的影响及治理策略”（批准号：16PJC085）、同济大学 2017 年教改课题“城乡规划本科专业学制学时的比较分析和优化对策”和国家自然科学基金项目“特大城市郊区半城市化地域的成因解释及规划策略研究”（批准号：51608366）课题联合资助。

陈　晨：同济大学建筑与城市规划学院城市规划系助理教授
颜文涛：同济大学建筑与城市规划学院城市规划系教授
耿慧志：同济大学建筑与城市规划学院城市规划系教授

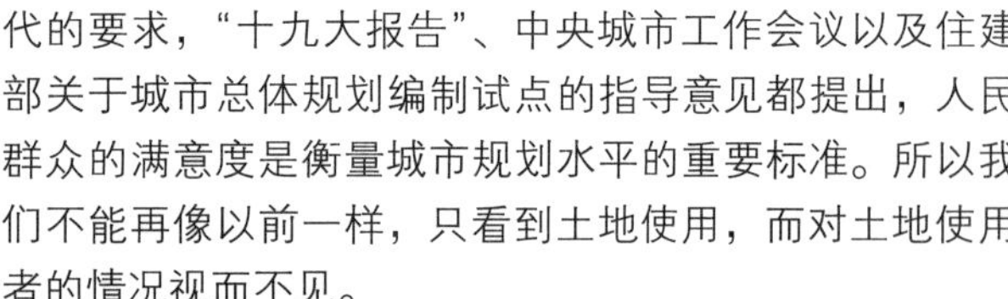

代的要求，“十九大报告”、中央城市工作会议以及住建部关于城市总体规划编制试点的指导意见都提出，人民群众的满意度是衡量城市规划水平的重要标准。所以我们不能再像以前一样，只看到土地使用，而对土地使用者的情况视而不见。

2 城市总体规划中社会调研的应用场景与技术框架

社会调研有着悠久的历史传统，其方法论已经比较成熟了，但是，城市总体规划中的社会调研是一种具体的场景应用，有一定的特殊性，在明确这些问题的情况下，才能展开对于调研方法的讨论。

首先，城市总体规划中社会调研有若干应用场景，也就是需要采集公共意见的若干环节。本文列举六种常见的应用场景：①在正式开展城市总体规划以前，一般要对上一轮的城市总体规划进行实施评估，这时候就需要了解城乡居民对于上一轮总规指导下的城市建设发展的满意度；②如果城市政府要推特定的战略目标，比如说公共交通导向、公共设施导向，或是生态绿色导向，这时可能需要了解公众对这些战略目标的认可度；③在确定城市规模、城镇体系分布等议题的时候，还要了解乡村地区人民的城镇化的偏好，也就是说到底他们愿意住在中心城区、区县还是村镇？④如果一个城市有重要历史街区或者大规模的旧城区，那么这些特定社区居民的公共需求和一般城市的居民需求是不一样的，应该反映到城市总体规划中的历史文化遗产保护专项和城市旧区更新专项规划中；⑤如果一个城市具有特色鲜明的主导产业，甚至形成地方产业集群，那么企业在空间使用，设施配置用工这些方面特殊需求就应该在总规中有所体现；⑥如果某一个城市中一些特定社群的规模很大，比如说流动人口、老年人口或者是少数民族人口比例很高，那么这种特定人群的公共需求，一定会影响到公共服务设施的规划，以及其他规划内容。在这些场景中，社会调研方法可以发挥出极大的作用，对总体规划编制有重要作用。

在此基础上，我们需要理解城市总体规划中的社会调研有四个方面的特殊性。第一是目标导向，城市总体规划涉及方方面面的内容，而社会调研是很难面面俱到的，开展社会调研必须要对城市总体规划的技术编制产生关键支撑作用，第二是目标导向，必须针对城市的重点问题，特别是在该问题有可能深刻影响所在城市总体规划的情况下。这种问题有可能是因为要实行特定的战略，也有可能是要回应特定人群、特定企业和特定社区的需求；第三是效率导向，因为传统的城市总体规划调研已经耗费了大量的人力和物力，留给社会调研的时间和精力是非常有限的，如何高效率地完成公共意见的采集至关重要；第四是公平导向，要特别注意社会调研不要预设结果，不能对调查问题的回答进行引导，要保证调查结果的公平性。

一般的社会调研有三个基本要素：一是抽样，二是问卷调查，三是统计分析。在实际城市总体规划的社会调研中，总规所面临的问题是非常综合和复杂的，需要先对特征人群和企业进行访谈，掌握总体情况以后再进入常规的问卷调研环节。在调研组织方面，社会调研一般分成五个阶段，每个阶段下面有一些基本要件。城市总体规划中的社会调研有两种组织方式。第一种方式，规划设计团队直接组织社会调研，这种情况下，就产生了一些特殊性，比如说：在选题阶段，我们要非常注意目标导向和问题导向，要直接支撑总规的基础编制；在准备阶段，虽然我们也是做调查设计，抽取样本和问卷设计，但在问卷设计之前，我们一般会做特征性人群和特征性企业的访谈；第三阶段调查阶段，我们的问卷的填写方式是类似的，但是问卷的发放方式有一定特殊性，也就是说，我们一般会通过政府的渠道来进行发放，如果是纸质问卷，我们会通过规划局或教育局来发放问卷，如果是电子问卷，我们会通过政府网站来发放问卷。如果我们有足够的人力物力，也可能会开展大规模的入户调查；在分析阶段，总体规划的社会调研分析一般比较简单；在总结阶段，要注意一定要导向描述性的成果或者导向解释性的成果，要支撑总体规划的编制。第二种方式是在明确社会调研问题的情况下，将社会调研的具体组织工作委托给社会调查公司来完成（图2）。

3 在奉城镇总体规划教学中案例应用

3.1 教学组织

“城市总体规划实习”是“城市总体规划”课程的配套实践课程，是理论联系实际的重要教学环节。本次教学案例的选择是上海市奉城镇，实习的一般要求时：①在上海市奉贤区奉城镇域范围内进行村镇体系层面现状调查，包括镇域各村庄驻地人口，以及土地矿产资源利用与保护、重大公共服务设施和市政工程设施等若干方面内容；②在奉城镇域空间地域范围内，按照城市规划编制办法中的中心城区和城镇体系规划编制要求，对于城市建设和经济社会发展等方面的现状、趋势及相关规划等方面内容进行详细调查；③充分利用规划资料和参观等多种方式，对奉城镇及其周边地区进行初步了解调查，以利用理解奉城镇的区位特征和发展战略定位及要求；④在上述工作基础上，撰写调查考察报告，修订基础资料汇编并完成现状图纸绘制。

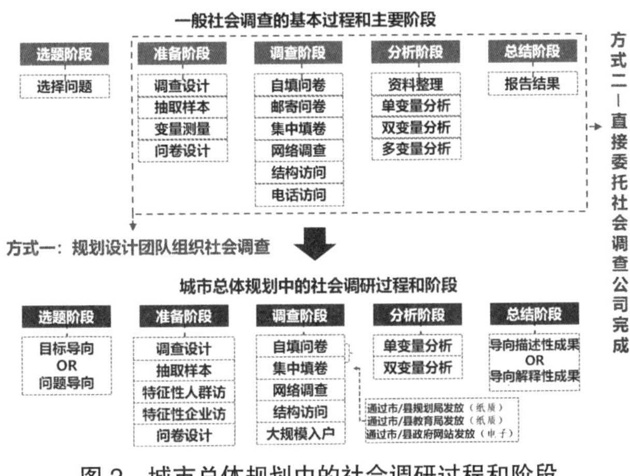

图 2　城市总体规划中的社会调研过程和阶段

资料来源：作者自绘

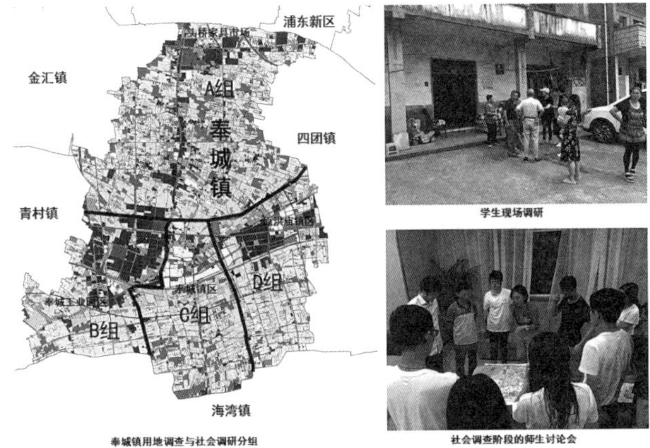

图 3　用地调查与社会调研的空间分组和现场照片

资料来源：作者自绘

在实际教学组织中，除了完成基本的教学要求以外，我们在社会调查环节进行了探索，主要分为两个阶段，收获了较好的效果（图 3）：

第一个阶段是“配合土地利用调查的特征人群深度访谈”，这个环节与土地利用调查相结合，要求学生在进行现状用地调研的同时，对各自负责区域内的居民、就业人员、企业等进行随机深度访谈，从而更好地理解城市发展对人们生活和就业的影响。教学团队对镇域用地进行了划分，并根据用地板块的特点，布置了调研主题。其中，A 组所在是奉城镇头桥家具产业园，结合特色小镇建设，主题定为“美家特色小镇塑造策略、行动与空间布局研究”；B 组是凤城工业园区所在地，主题定为“奉城镇工业园区产城融合与用地布局优化研究”；C 组是奉城镇老城区所在地，主题定为“城镇风貌与环境总体城市设计研究（含老城厢风貌片区保护与更新）”；D 组是原洪庙镇所在地，主题定为“撤制镇（塘外社区、洪庙社区）的发展策略与用地布局优化研究”。由此，同学们的调研变得更有针对性，能够高效地把握各自所负责地块的主要特征。

第二个阶段是针对奉城镇过去发展中的特殊问题——环境政策压力对奉城镇的特色产业——家具产业造成极大冲击这个问题展开调查。实际上，就在奉城镇总规教学开展的半年以前，上海市“五违四必”❶工作的开展就对奉城镇境内的家具产业集群产生了较大的冲击，大量家具企业实际上是违章建筑，他们被拆除以后对本地企业的经营环境，对外来人口本地居民都产生了一定的冲击，所以我们设计了三套问卷来了解具体的情况。第一个问卷是本地工厂市场店铺老板的调查问卷，主要是了解“五违四必”对于头桥家具产业集群中企业的影响，第二个和第三个问卷是外来人人口和本地居民的调查问卷，主要是了解“五违四必”以及拆除了大量家具企业以后对流动人口和本地居民产生了什么样的影响（图 4）。

❶ 上海市“五违四必”即违法用地、违法建筑、违法经营、违法排污、违法居住“五违”必治，安全隐患必须消除、违法无证建筑必须拆除、脏乱现象必须整治、违法经营必须取缔“四必”先行。

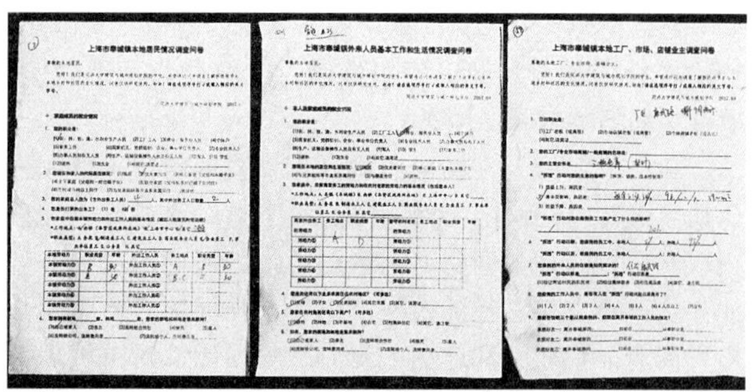

图 4　针对“五违四必”对本地发展作用而设计的三类调查问卷

资料来源：作者自绘

3.2　教学效果与学生反馈

学生的实习日志中比较真实地反映出本次教学中强调社会调查的实际效果，这些实习日志在采集以前并没有要求学生着重强调学习感悟，因而可以比较真实地反映学生的看法。总体而言，通过在城市总体规划中强调社会调研的过程，上海奉城总规组的同学们获得了如下方面的提高：

（1）规划价值观层面的提升。学生们开始思考“为谁而规划”的本质命题，这是城市总体规划中最核心的价值观问题，我们的总体规划是为了公共利益，可是公众又是谁？如有同学在日志中提到，“在分发问卷时，我们就已经将本地外来人口分开调研。在采访村委会和村民时也常常能听到截然不同的声音。站在不同人的角度考虑问题，是规划师需要学习的第一课。规划的核心为人，外来人与本地人，农村人口与城市人口，中青年与老年。他们之间的矛盾无不左右着城市规划的方向，在未来的发展中，应该建立怎样的公共服务设施配套，应该打造怎样的环境，制定怎样的政策，才能平衡各方面的问题，实现相对的社会资源的公平，使更多人的生活质量得到切实的提升。以上这些问题是值得我们思考的。”（ZJH 同学日志，2017）“作为规划师，我们常常会从规划师的角度、从规划师的价值观出发进行规划，但这是否符合使用者的切实利益与需求呢？因此，扎实的基础调研和民意调查是必不可少的，它帮助我们切实了解使用者的利益需求，特别是在村庄规划层面，自下而上的影响也是十分重要的”（ZD 同学日志，2017）

（2）对本地发展中的关键问题的深度思考。通过对政府官员、企业主、居民、村民和工人等各种特征性人群的访谈，学生得以从不同的角度对当地发展的问题进行了反思。如有同学提到：“我们一早来到镇政府与各科室进行访谈，镇政府的领导非常热情地接待了我们。我们小组参与了经济发展科和财经科的访谈。在与经济发展科的谈话中，我们对各个园区有了更细致的了解，并且发现近年的拆违行动是一次大动作，需要密切关注。下午我组前往了东新市村与村书记进行访谈，并对村民们进行了初步调研和访谈。在调研中拆违在乡村里带来的变化给了我非常大的震撼，也产生了很多疑问等待解决”（LZJ 同学日志，2017）；“在每天的繁重调研之后，虽然疲惫，但是大家还是积极地在晚上的碰头交流会里分享每天了解到的新消息，渐渐地我们开始摸到影响奉城镇发展的关键脉络”（LST 同学日志，2017）。还有同学写道：“这次总体规划实习还让我认识到，真正的规划设计绝对离不开对规划，主体的全面了解，因为一切的规划设计都是基于对规划主体现状问题的发掘与思考的。而这个了解规划主体的过程，单单依靠阅读资料是远远不够的，实地调研往往能得到很多意想不到的信息。”（QKZ 同学日志，2017）。

（3）认识到规划可实施性的问题。许多同学发现，“政府的意见、民众的需求，各方的诉求往往差异很大，甚至会出现矛盾的对立面。在这种时候，我们在保证总体方向正确的情况下，还要为利益受损方考虑今后发展方向，尽可能使每一方都接受我们‘协调’的结果。虽然说起来简单，但实际操作时需要大量的思考和权衡，大刀阔斧的规划实际上是无法操作的。”（ZJH 同学日志，2017）。“有了这一个月的实践，我深知‘绝知此事要躬行’的道理，体会到图是现状与规划的载体，却决不能仅仅停留在图纸，而是应该去到当地，体验风俗民情，了解当地需求，这样我们完成的规划才有理有据，为当地的发展提供一个方向。”（ZYH 同学日志，2017）

（4）调研技能层面的提升。同学们通过社会调研的训练，加深了对所调查地块发展现实的理解，同时也强化了与各方进行沟通协调的能力。如有同学认为，“经过一周的资料整理，带着新的问题，我们再次前往奉城镇补充调研。这次我们主要进行了村庄的问卷访谈。我们在东新市村发放问卷，分别是针对业主、本地居民、外来人员的三种问卷，我们将村域进行划分，每人负责不同片区。

为了提高效率，我与刘卿云同学专门负责了所有的业主问卷。我们访谈了建材市场与一些沿街服务业店铺的老板，以及几家工厂的老板和家具市场的高管。在与老板访谈的过程中，我们加深了对产业布局与产业集群的了解，也提升了访谈的能力，训练了访谈的技巧。获得了非常宝贵的经验。”（LST 同学日志，2017）；也有同学写道：“我在对村民进行问卷访谈时，可能由于语气和措辞的不恰当使得受访者心情起伏较大，问卷调研的进展也一度遇到障碍。之后我学习到需要站在受访者的角度，并且更加自然地进行谈话，而不是一板一眼地根据问题顺序一个个问下来，这样做以后村民的配合度会更高。而在部门进行访谈时，我也学习到了老师交流时所用的亲切语气和顺其自然的提问。”（ZYH 同学日志，2017）

4 结语

在城市总体规划中引入社会调查方法，是同济大学教学团队在多年教学中探索的总结，其目的是要学生确立正确的价值观，了解真实的城市发展动力，掌握深度研究城市问题的方法，应该说上海市奉城镇总体规划教学实践中，我们较好地完成了这一目标。但是，在实际的城市总体规划方案设计阶段，发现学生很容易将社会调查阶段的感悟抛诸脑后，大刀阔斧的规划设计手法又将规划设计教学带入了“套路”之中。因此，如何将社会调查的成果与物质空间的规划设计更加紧密地结合起来，是城市总体规划教学中需要持续改进的方向。

主要参考文献

［1］汪芳，朱以才．基于交叉学科的地理学类城市规划教学思考——以社会实践调查和规划设计课程为例 [J]. 城市规划，2010，34（7）：53-61.

［2］范凌云，杨新海，王雨村．社会调查与城市规划相关课程联动教学探索 [J]. 高等建筑教育，2008，17（5）：39-43.

［3］李浩．城市规划社会调查课程教学改革探析 [J]. 高等建筑教育，2006，15（3）：55-57.

［4］欧莹莹．城市规划社会调查教学探索 [C]// 2011 全国高等学校城市规划专业指导委员会年会，2011.

The Applicable Scenarios and Implementation Framework of Social Investigation in the Pedagogy of Urban Comprehensive Planning Course：The Case of Fengcheng Town Teaching Practice

Chen Chen　Yan Wentao　Geng Huizhi

Abstract: Introducing social investigation into the urban comprehensive plan is the result of continuous exploration in the pedagogy by the teaching team of Tongji University. The purpose is to allow students to establish value system，understand the driving forces of urban development，and acquire sophisticated research methods for urban development. This article discusses the necessity of introducing social investigation in the urban comprehensive planning pedagogy，elaborate on the applicable scenarios and implementation framework of social investigation in the pedagogy of urban comprehensive plan. Take Shanghai Fengcheng Comprehensive Plan as an example，this article discusses the teaching organization and students' feedbacks as proof of teaching effectiveness. It reveals that the inclusion of social investigation has greatly improved the students' understanding of planning values，planning implementation，driving forces of local development，and research methods. In addition，how to combine the social investigation and the tradition design skill sets in comprehensive planning pedagogy is worth further investigation.

Keywords: Comprehensive Plan，Pedagogy Reform，Social Investigation，Applicable Scenario，Implementation Framework

基于乡土社会调查的乡村规划设计教学探索*
—— 以上海市东新市村乡村规划设计课程为例

陈 晨 耿慧志 彭震伟

摘 要：我国乡村地区以小农经济为基础，乡土社会的传统文化和土地产权的集体所有制，使得乡村地区发展的社会属性极强，这提高了城乡规划专业学生学习乡村规划设计的难度。本校乡村规划设计课程教学团队在2017年的上海市东新市村乡村规划教学实践中，通过两轮社会调查着力强化同学们对当今的乡土社会和乡村发展的认识，从学生调研反馈和最终教学成果来看收获了较好的效果，在乡村规划教学体系的探索中取得了新的进展，相关经验可供借鉴。

关键词：乡村规划，教学改革，社会调查，经济可行性，规划实施

1 引言

我国乡村地区以小农经济为基础，乡土社会的传统文化和土地产权的集体所有制，使得乡村地区发展的社会属性极强。但一方面，由于城乡规划学科从城市规划转型而来，乡村规划还没有建立一套系统的方法论；另一方面，许多本科同学缺乏乡村生活经验，更无法想象乡土社会中的人际关系和人地关系。因此，在以往的教学中经常发现同学们用城市规划的思路来做乡村规划，同时呈现出千篇一律的旅游发展导向的乡村规划设计方案。本校乡村规划设计课程教学团队在2017年的上海市东新市村乡村规划教学实践中，通过两轮社会调查着力强化同学们对当今的乡土社会和乡村发展的认识，从学生调研反馈和最终教学成果来看收获了较好的效果，在乡村规划教学体系的探索中取得了新的进展，相关经验可供借鉴。

2 东新市村基本情况及乡村规划教学组织

东新市村位于上海市奉城镇头桥组团。1998年左右，东新市村是一个传统的农耕乡村；2003年左右由于推行“万家户”政策❶而成为改革的试验田，一些家具小工厂开始在村内征地开发，农业收入的重要性逐渐降低，开始出现大量自建房，头桥家具市场及其周边的家具厂逐渐成型；2010年前后，由于东新市村内依托头桥家具市场的发展，其周边的工业用地被确定为104板块（即“保留工业用地”）而带动经济发展，村庄建设中心区域工商业繁荣，许多村民的收入转为主要来源于租金收入。2016年开始，由于上海市“五违四必”政策❷的执行，

* 基金项目：本文获上海市浦江人才计划项目“流动人口的空间集聚对上海大都市区空间结构的影响及治理策略”（批准号：16PJC085）、同济大学2017年教改课题“城乡规划本科专业学制学时的比较分析和优化对策”和国家自然科学基金项目“特大城市郊区半城市化地域的成因解释及规划策略研究”（批准号：51608366）课题联合资助。

陈 晨：同济大学建筑与城市规划学院助理教授
耿慧志：同济大学建筑与城市规划学院教授
彭震伟：同济大学建筑与城市规划学院教授

❶ 在2000年左右，为了提高村集体的收入，奉城镇镇域很多村都实行了“万家户计划”，即村委允许农民在非建设用地上建设民房、厂房等用于出租，在当时确实也达到了使当地农民创收的目的。

❷ 上海市“五违四必”即违法用地、违法建筑、违法经营、违法排污、违法居住“五违”必治，安全隐患必须消除、违法无证建筑必须拆除、脏乱现象必须整治、违法经营必须取缔“四必”先行。

大量违规工厂和私自搭建的民居被拆除，人口数量急速下降，使得整个村庄有被骤然抽空的感觉。尽管如此，东新市村仍是一个大村，2017 年该村户籍人口为 4362 人，但实际常住人口超过 8000 人。外来人口的大量集聚，主要是由于这里远近闻名的头桥家具市场及其周边的家具厂（图 1）。

当前，东新市村仍然呈现一些特有的发展问题：1）严重依赖工业。东新市村在漫长的发展过程中对工业的依赖性逐渐扩大，村庄经济基本依赖二产收入，逐渐脱离农业。目前各产业之间关联性小，集聚效应有限；产业总体较为低端，总体经济效益不高；另有大量产业环保不达标，导致环境受到严重污染，美丽农村风貌不再。应对村内的产业更新整合，提升经济效益，结合原有产业基础如家具建材产业形成系统产业链，提升规模经济与产业影响力；2）农业逐渐衰败，毫无起色。本地居民的人地关系分离，不再关心农业而注重工业；农业用地空间破碎复杂，影响到农业生产的效率；农业生产杂乱，没有形成有规模的特色农产品，也难以形成规模效益；3）人口大量流失。随着近三年的拆违减量化工作大力展开，东新市村的外来人口大量流失，大量工厂企业搬迁，工作岗位数量降低，有限的收入导致人们的生活品质无法保证；多年工业的发展致使东新市村的传统乡村自然风光不再，居住吸引力不足，本地居民更愿意到镇区或市区居住；村庄与村民的关系疏远，人地关系的异化使村民的参与感、归属感缺失，整个村的活力下降。

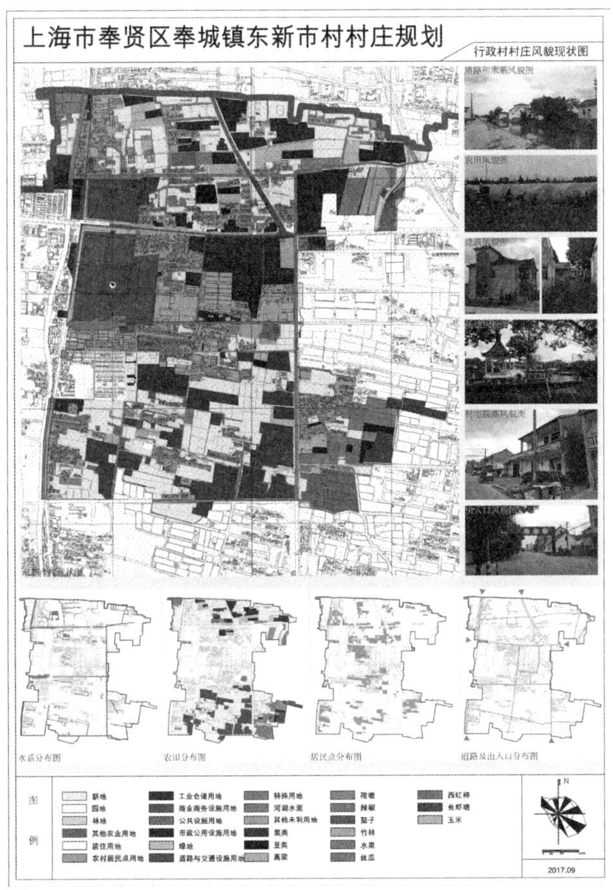

图 1　东新市村用地现状与建设风貌图

为了让学生们能够认识到乡村规划的社会属性，教学团队在常规的村庄规划调查的基础上进行了两轮深入的社会调查：第一轮现场调查（含社会调查）持续一周，以特征人群的访谈为主，这包括村支书、头桥家具市场老板和店员、头桥建材市场店主和伙计、流动人口、本地村民等；第二轮社会调查持续三天，主要是在三类（哪三类？上文看不清楚）主要人群的现场访谈基础上，设计了三套问卷来进行更加细致的调查：第一份问卷是本地工厂和市场店铺老板的调查问卷，主要是了解“五违四必”对于头桥家具产业集群中企业的影响，第二和第三份问卷是对外来人口和本地居民的调查问卷，主要是了解“五违四必”以及拆除了大量家具企业后对外来人口和本地居民产生了什么样的影响（图 2）。

图 2　学生现场调研和教师指导照片

3 从学生调研反馈看乡土社会调查强化的作用

对乡土社会调查的强调，是本次乡村规划设计教学中的一个重要创新，同学们在调研实习日志中记录下了这次教学实践带给大家的感悟，主要有5个方面：

（1）加深了学生对乡村规划社会性的理解。同学们开始认识到村民对拆违行动的抵触情绪，并考虑到村民对未来规划的认可问题。“在对东新市村的调研中，我们明显感受到了这个村庄和永民村的不同。仅从村民对访谈的态度就可见一斑。东新市村的村民对外人抱有较大的敌意，在我们询问到关于‘拆违’的信息中尤显紧张，配合度较低。据村主任反映，村内以前以工业（家具厂）为主，在近几年大幅度拆迁后，收入明显变少，因而对未来更迷茫抵触。因此，对于乡村规划来说，更多地偏向社会规划，需要更多的听取村民的意见。其规划还涉及耕地保有量等一系列硬性指标；考虑到原有环境的实际规划才是一个能被村民接受的好规划。（LXY同学日志，2017）”

（2）同学们也认识到了乡村规划中各类人群之间的冲突与矛盾，进而开始思考“为谁而规划”的问题。“在调研过程中我们能够非常明显的感受到村民与村委、居民与政府间存在的矛盾和冲突。我们规划时究竟应该以谁的立场为主？政府的意见、民众的需求，各方的诉求往往差异很大，甚至会出现矛盾的对立面。在这种时候，我们在保证总体方向正确的情况下，还要为利益受损方考虑今后发展方向，尽可能使每一方都接受我们‘协调’的结果。虽然说起来简单，但实际操作时需要大量的思考和权衡。”（ZYH与ZD同学日志，2017）

（3）加深了对乡村聚落特征的认识。有同学谈到：“我们也感受到了在村庄方面，与之前所做的城市居住区设计是存在很多不同的，村民的生活区域和工作区域是相互联系的，宅前自留地、承包用地通常与住宅紧挨，而农田的分布也与河流相关，我们在以后设计村庄规划时，要做的不是设计自己想象的规划，而是想象村民的生活习惯，更多的是顺应和改善他们的环境，而非改变。（LY同学日志，2017）”此外，同学们也认识到乡村地区人地关系的重要性。“土地权属真的很重要。在人与土地生产方面的链接关系没了的情况下，我们要思考与土地的人地关系是什么，这种情况下规划的价值观是什么。生产方式的改变会导致社会组织关系的改变。（LQY同学日志，2017）”

（4）对乡村发展的思考从图纸层面深入到人的需求层面。“在村里的实地访谈，经过和村民的交流，我们发现村民的诉求主要集中于解决自身的工作收入以及生计问题，感触良多。农民的困难主要来自于国家处在转型期的多变性，政策和领导班子变化过快，往往项目还未落地，政策或是负责领导就改变了，农民的利益无法得到保障。”“在和村民的访谈中我们得知，目前由于镇区违建厂房的拆除，在附近工厂工作的村民不得不外出谋生，村里目前百分之八十为丧失了外出务工能力的50岁以上村民，部分村民处于50-60岁之间，失去了租房收入的他们又没有到领取镇保的年龄，所以基本只能靠自留地种植的蔬菜和亲友的接济为生。我们的规划能解决他们的问题吗？”（LZJ同学日志，2017）

（5）启发了对本次乡村规划中的一些重要问题的思考。如有同学提到“在调研中，拆违在乡村里带来的变化给了我非常大的震撼，也产生了很多疑问等待解决。东新市村及其所在的奉城镇正在进行一次大规模的产业转型与升级，在拆违减量化后，这里面临关键的抉择，是做大做好特色传统的家具业，还是淘汰家具，全力引进高新产业？过去为城镇发展贡献了大量力量的外地人在拆违中失去工作与住处，被‘驱逐出境’，面对这些外来人口我们应该采取怎样的态度？当地的本地人似乎也是拆违的受害者，过去利用政策的“灰色地带”建造的违规房屋被拆，收入大幅受损，村庄的空心化严重，对本地居民是延续自然村庄，还是如居民所愿做新农村建设？（LST同学日志，2017）”。

4 从最终教学成果看乡土社会调查强化的作用

总体而言，教学团队发现经过深度社会调查以后，同学们在乡村规划设计方案创新的基础上，十分注重经济可行性和规划实施的可操作性问题。

4.1 基于农业现代化的A组方案

A组同学在社会调研阶段发现，东新市村虽然曾经经济繁荣、村民收入较高，但乡村工业化带来了环境污染和对人居环境的破坏，传统村庄中人与环境的和谐关系不复存在，居民的生活幸福感较低；同时，该组同学在奉城镇南部的另外一个村庄——新民村的调研中发现，新民村的传统农业耕作和农村人居环境建设较好，村民收入虽然不高但生活幸福感却较高。因此，该组同学认为应当正视东新市村的头桥家具市场和建材市场赖以存在的基础受到严重打击，头桥家具产业发展很可能将逐渐式微，因此希望重建一个产业优化、农业升级、人居改善的富有活力的农村社区，他们将东新市村定位为“大城市远郊地区多产融合的内生发展型农村社区”，并将传统农业升级和人居环境的改善作为规划设计主题。

经过社会调查，他们认识到在农村地区，提高村民收入仍是第一位的。“农业现代化升级”并不是一个纯技术问题，而是涉及本地村民意愿、政府政策支持和技术特征的综合性问题，因此进行了系统性的可行性研究（图3）。一方面，他们探讨了东新市村现状农业发展的优势和存在问题，分析了上海农产品市场供应的空缺，结合村民与村委会的发展意愿，提出科技农业和观光农业两大发展方向，并对观光农业和科技农业产品的社会和生态效益进行了评估，并由此提出科技农业区和观光农业区的发展内涵，其目标是进行“大规模机械化生产”，从而提高农民的收入。另一方面，他们还从政策和技术等方面提出了支持策略。在政策方面，他们提出“三权分置”和“合作社 + 家庭农场”的经营模式；在技术方面，他们提出了与网络电商结合、与科研院所结合等非物质性的发展思路。

4.2　基于家具产业与民宿产业互动的 B 组方案

B 组同学在调研中发现家具产业带来的乡村工业化是一种“畸形的活力”，随着产业中关键要素劳动力和家具制造的退出，主要是市场失去了前店后厂的优势，居民租房收入下降，这里呈现出荒凉无活力状态。同时，东新市村的头桥家具市场和建材市场赖以存在的基础受到严重打击——建材市场的上下游企业（家具厂）在环

图 3　A 组同学针对“农业现代化升级”的可行性研究

保政策压力下被大量拆除和搬迁，而头桥家具市场一旦脱离这些本地厂商的支持也就失去了竞争的优势，头桥家具产业很可能逐渐淡出历史舞台。

那么，过去的畸形活力消失后，一个核心问题变成了如何重塑更具可持续性的产业与乡村间的关系。B 组同学的策略是将本地的传统农房择优改造成“民宿”，并将这些民宿作为头桥家具产业对外展示家具产品的一个窗口，将旅游、体验与购物融为一体，打造一个家居主题特色村。由此，既能强化本地头桥家具产业带来的文化属性，又能为本地的村民创造新的收入来源：过去是流动人口提供租金，现在是外来的游客提供租金！

B 组同学在调研中认识到，村民、外来人口、家具市场老板、工作人员等由于各自立场的不同，对于未来的期望有极大的差异，而怎样在新一轮规划中使得不同的人群都能获得新的增值收益，将成为规划能否顺利实施的重要前提。因此，同学们创新性地对整个规划实施的过程进行了设计，这种社会经济测算和实施过程的设计也由此成为这个方案中最大的亮点。“我们的规划将分四步走：第一步，先成立村集体所有的管理公司，统一管理整个村的开发。管理公司在这一阶段着力环境整治，包括农田整治、水系修补，村落改造，基础设施提升；第二步，管理公司选择这一中心位置的自然村作为民宿示范区，向村民租借房屋，整体改造为中档定位的民宿，与周围的快捷酒店竞争；第三步，在示范区成功后，其他自然村的居民可以效仿。他们在管理公司指导下，自主改造房屋并拿到补助，去村里开办的民宿学校学习，营造出高质量的民宿，并且将有标志性的项目落地，比如家居文化博物馆，可以吸引来更多客流；第四步，在民宿和客流都具备的情况下，管理公司可以促成家居企业和村民的合作，打造家居体验特色民宿。此时，展示体验等产业也可以进一步丰富完善。”（图 4）

此外，同学们还对经济上的可行性进行了初步的估

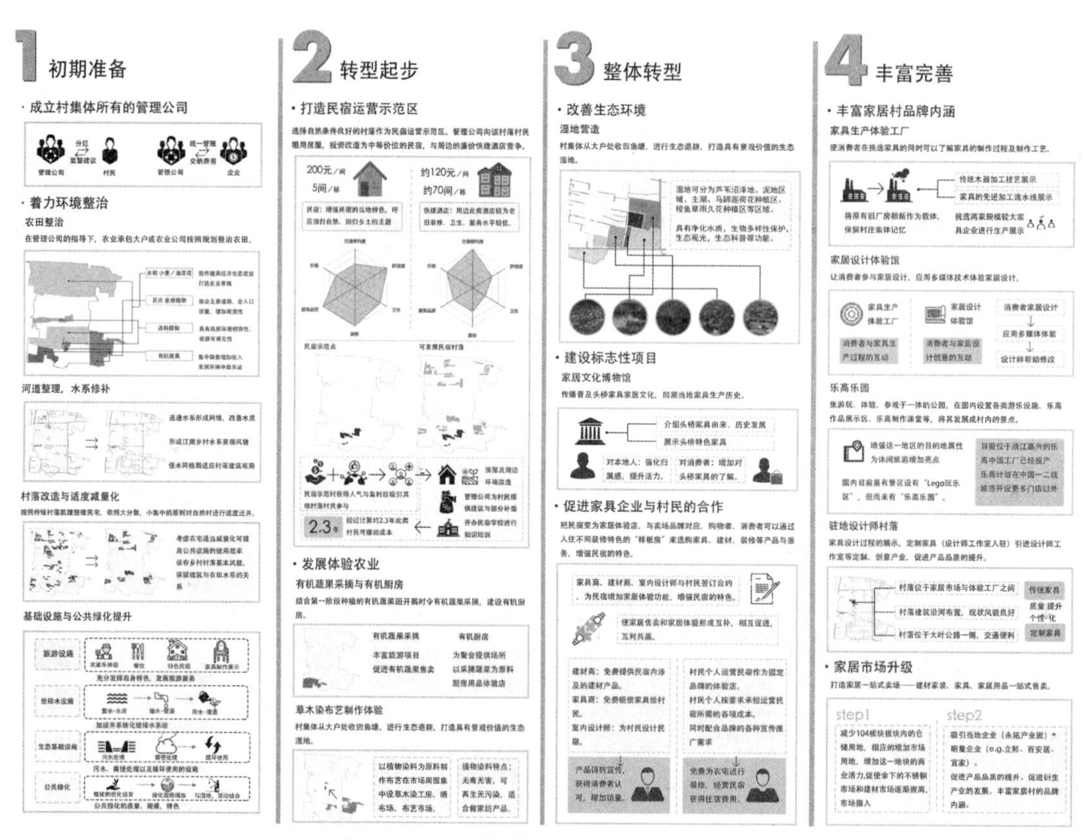

图 4　B 组同学对规划实施机制的设计

算。“对于村集体而言，约 5.7 年可收回改造成本，并且农业收入有 30% 的提高。那么村民如何在转型中分取一杯羹？我们估算，村民个人如果开民宿，收入可以有一倍增加。而在就业方面，新的规划为本地村民提供了三种就业途径——民宿管理、种有机田、集建区内新增的体面的销售管理岗位。根据问卷显示，约有 1/3 的外流人口从事的是较为低端的制造业，这一部分人群是比较有希望回到本村就业的。”（图 5）

4.3　植入新型高效农业的 C 组方案

C 组同学认为头桥家具产业的衰落不可避免，而东新市村原有的农业发展也毫无起色，拆违和减量化对依赖工业的东新市村产生剧烈影响，同学们对此的回应是选择顺势置换，而且不止对产业本身进行置换，更对其背后的动力进行置换，回归村庄内生模式，探索田园经济，为东新市村带来全新面貌。

基于对上位规划、现状以及花卉产业的深入分析，同学们将东新市村定位为“以花卉产业为主的内生三产一体化特色农庄”。花卉产业是个全新的产业，这种新植入的产业链是否具有可行性？同学们从经济和社会方面都给出了一定的答案：首先，花卉是一种经济价值极高的作物，仅仅是鲜切花的育苗、种植等环节，其经济收益水平已经远远高于现有的大棚蔬菜种植。再加上精油提取、化妆品、工艺品、花茶、鲜花饼等花卉加工业，以及多肉植物、创意办公、花卉旅游等衍生产业，其对农民的增收能力将可能不亚于给家具市场提供工厂和住房的租金；其次，调研发现，本地的农地集中化程度很高，即全村所有的农地都已经流转到了六个农业大户手中，这种情况下，通过引导六位农业大户进行附加值更高的“高效农业”，其难度要显著低于那些农地使用权高度破碎化地散落在成百上千村民手中的地区；第三，东新市村有特殊的农业政策，即不需要保证一定比例的粮

改造一次成本

项目	费用类型	数额
环境治理	建筑垃圾处理	约20万元
	环卫工人人工费（月）	3000元*20人=6万元
	河道治理费用	约4000万元
农业改造	蔬菜大棚拆除赔偿费用	50万元 * 70公顷 = 3500万元
	鱼虾塘填埋赔偿费用	30万元 * 58公顷 = 1740万元
民宿示范点房屋改造		25万元 * 145栋 = 3625万元
民宿示范点村落租金（年）		4万元 * 145栋 = 580万元
集建区建设	工厂迁出补偿费	约500万元
	工厂土地权属回收费	80万元 * 18.61公顷 = 1488.8万元
	廉租住宅建设费	3000元*7.5万平方米 = 22500万元
	公共绿地建设费	500万元
招商引资优惠费用		1000万元

村集体年收入

民宿受益／年	入住率	房间单价	总收入
淡季（11月－2月）	20%	200	145栋*1间*60天*200元 * 0.8（折损系数） = 140万
旺季（3月-10月）	80%	250	145栋*4*120天*250元 * 0.8（折损系数） = 1400万
其他收益／年			
基建区土地外租租金			9万元 * 12个月 * 7.2公顷 = 777.6万元
村委管理公司管理费用			50.8公顷 * 2万 * 12个月 = 1219.2万
公租房租金			7.5万平方米／25平方米 * 1000元 * 12个月 * 0.8（折损：考虑未能全部出租） = 2880万元

民宿示范点村落居民收益情况分析

支出	公租房租金	12个月 * 2000
收入	统一租用农宅租金	12个月 * 3000
	经营民宿打工收入	8个月 * 2500
	旅游淡季其他打工收入	4个月 * 2000

除社保外可为村民增加3300元收入，约为村民现收入中位数的1.3倍

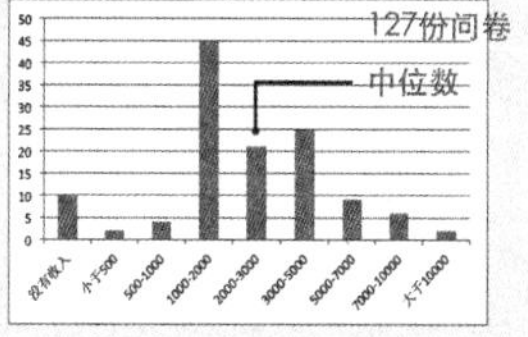

原本农作物产出

基本作物	172公顷	172公顷*7500元 * 0.9（折损系数）=116.1万元
蔬菜水果	70公顷	2万元*70公顷 * 0.9（折损系数） = 126万元
鱼虾塘	58公顷	2.5万元*58公顷 * 0.9（折损系数） = 130.5万元

现农作物产出

基本作物	水稻	250公顷 * 7500元 * 0.9（折损系数）=168.75万元
	小麦	100公顷 * 9000元*0.9=81万元
	油菜花	150公顷 * 4500元*0.9=60.75万元
花卉		20公顷 * 2.5万元*0.8（折损系数）=40万元
有机蔬果		30公顷 * 6万元 * 0.8（折损系数）=144万元
其他	染料植物	（47.5公顷）10万元

370万／年 → 490万／年

通过基本作物轮作，新增有机蔬果种植增加收入

通过以上计算可以得出结论：改造成本总额约为3.95亿元，民宿每年收益约为1540万元，农业收入每年约为500万元，其他收入约为4880万元共约为6900万元，大概5.7年可赚回全部改造的成本。

图 5　B 组同学针对“经济可行性”的论证计算及远期预测

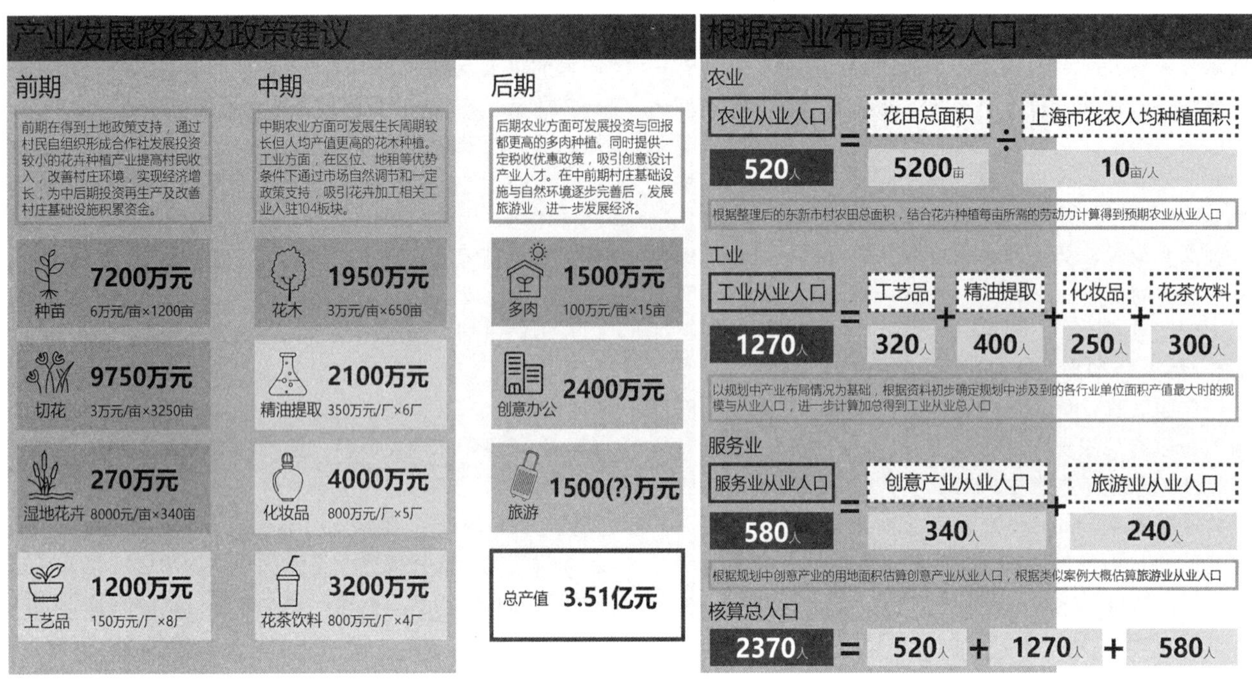

图 6　C 组同学针对“植入花卉产业发展路径”的政策建议和人口预测

田，而是可以全部用于种植经济作物，这使得花卉的规模化种植成为可能。显然，后两个因素是东新市村转向发展花卉产业的政策和社会基础（图 6）。

5　结语

在乡村规划设计教学中强调乡土社会调查，是本校乡村教学团队的最新尝试，其目的是要学生理解我国乡土社会的基本特点，了解真实的乡村发展过程，掌握以乡村规划深入乡村发展的方法。在上海市东新市村的乡村规划教学中，对社会调查的强调使得学生逐渐认识到乡村规划的社会性和规划实施的可操作性等问题，收到了较好的效果。在乡村规划阶段对乡土社会调查的强调在方案设计阶段也获得了一定的反馈，同学们逐渐摆脱了以前的乡村旅游导向的发展思维，开始真正从当地的实际情况出发，从解决问题的角度开展对乡村规划的谋划。尽管如此，东新市村毕竟是一个工业化程度很高的村庄，在全国范围内的代表性仍显不足。面向未来，我们希望进一步对传统村落的乡土社会调查进行强化教学，这可能是乡村规划设计中需要进一步拓展的方向。

主要参考文献

［1］张悦．乡村调查与规划设计的教学实践与思考 [J]. 南方建筑，2009（4）：29–31.

［2］同济大学建筑与城市规划学院，上海同济城市规划设计研究院，西宁市城乡规划局．乡村规划：2012 年同济大学城市规划专业乡村规划设计教学实践 [M]. 北京：中国建筑工业出版社，2013.

［3］张尧．村民参与型乡村规划模式的建构 [D]. 南京：南京农业大学，2010.

［4］孙朝阳，金东来，李茉，等．以参与乡村建设实践为切入点的城乡规划专业地域性人才培养模式研究 [J]. 教育教学论坛，2017（35）：52–53.

［5］乔杰．新时期乡村社会发展的认知与应对——从“关系”到社会资本 [D]. 武汉：华中科技大学，2014.

［6］上海市东新市村乡村规划教学团队．《上海市东新市村乡村规划设计》现场调研实习日志．2017.

Rural Planning Pedagogy Renovation Based on Social Investigation: The Case of Shanghai Dongxinshi Village Rural Planning Studio

Chen Chen Geng Huizhi Peng Zhenwei

Abstract: The rural areas in China are characterized by small-scale peasant economy, its collective ownership of land property rights, as well as the traditional culture of the rural society make rural planning challenging in social inclusion and planning implementation, suggesting a more difficult process for students to learn rural planning. The teaching team of the Tongji University Rural Planning and Design Course implemented two rounds of social surveys in the 2017 Shanghai Dongxing Village Rural Planning Studio, focusing on strengthening the students' understanding of the current rural community and rural development. From the students' feedback and the course work, this pedagogy renovation practice has yielded desirable results. We believe new progress has been made in the exploration of the rural planning education system, and the teaching experiences can be used for references.

Keywords: Rural Planning, Pedagogy Renovation, Social Investigation, Economic Feasibility, Planning Implementation

"小模块"与"大脉络"：将研究方法论模块化植入城乡社会综合调查课程的实践探讨

李峰清　郝晋伟　田伟利

摘　要：城乡社会综合调查研究课程的教学实践中，有相当数量调查报告存在的质量问题很大程度上源于本科阶段"研究方法论"素质培养环节的不足。本文提出将研究方法论作为"小模块"嵌入到城乡社会综合调查研究课程的选题环节之前，通过对研究策略和对象案例的明确，将方法论的指导贯穿整个课程教学的"大脉络"过程。具体来说，笔者首先帮助学生理清分析手段、研究方法、研究策略以及方法论等基本概念；然后分析"案例研究"策略与城乡社会综合调查研究课程的契合性以及与其他研究策略的差别和混合使用路径；在此基础上，进一步从"什么是好的案例研究"、"怎样做出一个好的案例研究"、"如何选择一个有效案例"等问题入手就案例研究做出探讨，并提出通过"自查表"核对来甄别案例的方法。最后，还就小模块的后续优化运用等问题做了延伸探讨。

关键词：城乡规划，城乡社会综合调查研究，方法论，模块，案例研究

1　引言

1.1　我国城乡规划学科"研究方法论"素质培养环节的不足

城乡社会综合调查研究课程作为城乡规划学科专指委推荐的10门核心课程之一，一般在城乡规划专业本科较高年级开设，是目前大多数院校规划专业本科生首次以独立个体或小型团队为单元进行面向城乡社会空间问题的调查分析与研究，教学环节覆盖了从选题、研究设计，到具体调研，再到报告撰写和讨论的全过程，期望通过课程教学、调查实践以及报告的提交，提高学生对城乡社会空间问题的敏锐观察力、发现空间规律及内在矛盾的深刻洞察力，以及撰写研究报告的能力，并在此过程中引导学生掌握基本的研究方法论。

但从我国以建筑学为基础的城乡规划专业本科课程设置的特点来看，在"城乡社会综合调查研究"课程之前的主干课程大部分以建筑与城乡规划设计的基本知识和表达技能传授为主，并没有为本科学生开设专门的"城市研究方法"课程，这一问题也在我国本科教育中普遍存在（屈波，等，2011）。因此，即使是本科高年级学生，乃至部分研究生都普遍缺乏相对系统的研究方法论培训。这一矛盾反映在"城乡社会综合调查研究"课程的教学实践中，则是相当部分学生在各个教学环节暴露出诸多问题，例如：在选题环节，存在难以发现问题、选择伪命题、对研究对象内涵理解不清等现象；在研究技术路线和调查方法选择方面，存在问题切入点不合理、逻辑思路不清晰、调查区域和调查人群出现偏差或不具有针对性，以及所选择方法难以有效对关键问题进行解读等现象；在报告撰写方面，存在逻辑思维、材料组织和论证能力弱等问题，且普遍有材料堆砌和罗列等现象。可见，研究方法论的掌握情况，在相当程度上左右了本门课程的教学成效，也决定了学生所提交报告的质量。

从规划教育的全球视野看，西方国家城市规划本科阶段十分重视研究方法论培养，如UC，Berkeley在City Planning本科阶段就开设了Advanced Topics in Urban Studies（城市研究前沿）和Theories and

李峰清：上海大学建筑系讲师
郝晋伟：上海大学建筑系讲师
田伟利：上海大学建筑系副教授

Methods of Urban Studies（城市研究理论与方法）等课程[1]，致力于让学生在本科阶段具备相对系统的“研究与分析方法”素养。当然，在城镇化相对稳定的“律师社会”，注重社会参与和规划公众政策属性的西方规划教育与仍处于城镇化中高速进程中的我国国情具有本质不同，规划教育的重心也必然有所差异，对于物质空间设计和表达能力的培养在一定时期内仍将是我国城乡规划本科教育最重要的环节；但我国城乡规划向公共政策的逐步转型也确实带来了研究视角的拓宽（赵民，雷诚，2007），越来越需要兼具研究和分析素养，以及物质空间设计和表达能力素养的复合型规划专业人才。而在当前各院校逐步压缩本科总课时但城乡规划专业课程量又非常大的情况下，专门开设方法论课程存在一定难度，将基本研究方法论作为“小模块”嵌入到城乡社会综合调查研究课程是较符合实际的思路。

1.2 教学预期目标与“研究方法论”小模块植入的方式

在城乡社会综合调查研究课程中嵌入“研究方法论”小模块的教学预期是：以应用为导向，通过尽量短的课时，用深入浅出的方式让学生树立基本的方法论观念和思维，通过“小模块”的植入奠定贯穿整个课程“大脉络”的研究设计和逻辑框架。

具体而言，小模块植入的立足点在于以应用为导向：本科阶段学生对“研究方法论”普遍较为陌生，在短时间内完全系统理解其抽象内涵具有很大难度，而城乡社会综合调查研究课程的教学目标是在对城乡社会空间问题进行认知的基础上开展调研和形成报告，因而需要着眼于应用，通过深入浅出的方式进行讲授，使学生形成直观的认识并指导选题，以及后续调查和报告撰写等过程。

由于城乡社会综合调查研究课程需在10–18周内完成，面对有限的课时条件，笔者在课程的第一次集中授课环节，用4课时左右的时间植入“研究方法论”课程小模块。设置该模块的目的是以直观的方式让学生能快速理解其核心概念和具体方法，澄清若干似是而非的概念，奠定相对系统的研究基础，进而避免他们在选题、调研和报告撰写中陷入方法论运用不当的误区。在此基础上，笔者结合既有案例讲评对常出现的问题进行讲解和讨论，使学生在课程开始时就能够了解整个课程的概貌以及研究方法论在整个课程的作用。

2 植入“研究方法论”小模块的主要内容

2.1 关于基本概念的厘清：什么是分析手段、研究方法、研究策略和方法论

在城乡社会综合调查研究课程中设置“研究方法论”小模块环节的首要任务在于引导学生澄清三个重要的子概念：即什么是分析手段、研究方法、研究策略。因为在教学工作中发现，学生普遍将若干子概念都笼统理解为“研究方法”，然而几个概念间尽管有较大的关联，但在本质内容上也有明显的不同。

分析手段、研究方法、研究策略和方法论　表1

子概念	内容
分析手段（Analysis）	定量分析、定性分析
研究方法（Methods）	问卷、访谈、观察、文献法
研究策略（Strategies & Approaches）	案例研究、调查和采样、实验、人类志、现象学研究、扎根理论、行动研究，以及混合策略
研究方法论（Methodology）	针对研究目标，选定若干研究方法和策略、按照合理逻辑的组合方式

资料来源：Martyn Denscombe，2011；5-8.

（1）分析手段（Analysis）

首先需要澄清的子概念是城乡社会研究的“定量分析”和“定性分析”两大分析手段；以定性分析为主要手段的研究称之为“定性研究”，而以定量分析为主要手段的研究则称之为“定量研究”，它们（手段）本身不是研究方法。

（2）研究方法（Methods）

继而，笔者向学生介绍问卷、访谈、观察、文献法四类研究方法。上述四类方法几乎可应用于大多数城乡社会空间问题的主体、客体调查，以及进一步的分析研究。为帮助理解，笔者让学生根据往年既有选题，列举其中涉及的若干研究问题，将学生划分为问卷、访谈、观察和文献四个小组，请他们以头脑风暴的形式，推演

[1] 资料来源：https://ced.berkeley.edu/academics/city-regional-planning/programs/undergraduate-minor/

采用不同方法可获得研究对象的特征信息，以及不同方法所获信息的差别，从而让学生对“研究方法”有更为直观和深刻的认识。

（3）研究策略（Strategies）与方法论（Methodology）

最后，笔者向学生适当展开了关于研究策略的介绍，包括案例研究、调查和采样、实验、人类志、现象学研究、扎根理论、行动研究，以及混合策略。笔者在授课中强调，无论采用何种研究策略，定量和定性的分析手段和问卷、访谈、观察、文献四类研究方法都是可以通用的；而针对特定的研究选题，分析手段、研究方法、研究策略的组合逻辑（Method + Logic），就是所谓的“研究方法论”（Methodology）。通过上述澄清，学生对于研究的手段、方法、策略、方法论等抽象概念有了初步但较为系统的认识。

2.2 界定适应“城乡社会综合调查”课程的研究策略与其他策略的差异

尽管分析手段和四大研究方法具有通用性，但不同的研究目的和对象仍需要采用不同的研究策略，因此仅仅对子概念关系的澄清仍然是不够的，进一步根据实际需求选择恰当的研究策略并形成合理的研究方法论才是关键。在各类研究策略中，“案例研究”策略的目的为“理解并提取研究对象背后的复杂要素、关联网络及其作用方式”，这与城乡社会调查“发现城乡空间问题背后的矛盾和作用规律”的目标相匹配，因此推荐学生在城乡社会综合调查研究中选择案例研究（Case Studies）作为主要的研究策略。但据此也同时形成了两个重要的教学问题，第一，案例研究与其他研究策略的区别和联系何在，如何避免研究策略的相互混淆，以及如何进行策略的混合使用？第二，如何引导学生理解案例研究的关键内涵，并做出好的案例研究？

针对第一个问题，在讲授过程中对“案例研究”与其他策略的目的进行简要对比，让学生避免研究策略的混淆的误用（表 2-2）。

同时笔者也向学生阐明，不同研究策略也可以和案例研究相结合，形成一种以案例研究为主体的“混合策略”（Mixed Strategies），并针对不同调查对象的特征，组合形成具有针对性和逻辑性强的研究方法论（Methodology）。

例如，调查和采样策略可作为案例研究的定量支撑，得出更为可靠的案例分析结论；实验策略可与案例研究结合，作为发现影响因子的一种途径；人类志策略在课

其他主要研究策略的目标及与案例研究策略的区别 表2

研究策略	目标	与案例研究策略的区别
调查和采样 Surveys & Sampling	通过较大样本的数据采集（如人口普查、民意调查、大数据）验证理论或假设；或解读社会现象的某些方面，或预判某种趋势的发展结果	需要较严格的抽样程序或较大的样本量来保障定量分析的准确性；而案例研究则注重个案的深度、要素关系与作用过程，更注重定性分析
实验 Experiments	寻找某种结果的原因，发现特定的影响因子	需要设置对照组，并对此进行一段时期的结果观测甚至数据连续观测，注重实验结果；案例研究不需要设置对照组，注重过程研究而非结果
人类志 Ethnography	研究某类特征人群的文化和日常生活，是一种人类学研究策略	要求研究者彻底置身于他所研究的民族文化和日常生活之中，以一种参与者的身份开展研究，主要为定性分析；而案例研究主要将研究对象视为客体，定量分析更多
现象学研究 Phenomenology	通过人的意识形式的“现象”描述认识“存在”的客观对象	要求观察者记录自身体验，或他人的感觉、回忆、想象和判断等一切认知活动的体验，主要为定性分析；而案例研究主要将研究对象视为客体，定量分析更多
扎根理论 Grounded Theory	为填补研究领域的理论空白或提出某种尚未出现的见解，在缺乏既有经验指导下进行长期的（可能多达数年）扎根性研究	较适合具有较高挑战性的博士论文选题，不适合本次课程的培养目的
行动研究 Action Research	解决一个实际的问题，或者为最佳实践提供指引	可运用到“某某创新竞赛”、“挑战杯”等课题，不契合本次社会调查课程主题

程中适合于对特定目标群体（如农民工等不同职业群体、城中村流动人群等）的案例研究；现象学研究策略往往可通过访谈方法与案例研究结合；扎根理论和行动研究则不适用于本科阶段的课程教学。而且，通过对"扎根理论"、"行动研究"策略目的的讲解，学生对"为什么社会调查课程只需发现矛盾、描述过程，不必提出空间优化对策乃至空间理论"等问题有了更为清楚的认识。

通过上述"研究方法论"模块的植入、梳理与讲解，学生对分析手段、研究方法、研究策略以及方法论的相关概念和逻辑关系有了较为系统的认知，对于避免策略混淆、合理混合使用策略以形成有效方法论等有了初步但较为直观的体会。

3 关于案例研究对象的探讨

针对"案例研究"教学中遇到的第二个问题，笔者在随后的选题教学环节中，重点针对学生提出的"如何做出好的案例研究"进行了归纳和阐释，包括以下几个主要问题：①什么是好的案例研究；②如何选择有效案例；③怎样做出一个好的案例研究。

3.1 什么是好的案例研究?

什么是好的案例研究直接关系到案例的选题，是决定整个案例研究能够成功的关键性因素（赵亮，2012）。这一问题也是学生在小模块学习环节中提问最多的问题之一。事实上，案例研究在社会调查中的优势在于能够紧扣一个特定社会（空间）现象或矛盾的一个或少数几个实例，深入揭示其中发生的事件经历、联系网络和作用过程，因此，笔者通过文献整理制定了"案例质量对比表（3-1）"，该表向学生展示了什么是好的案例；同时也回答了一些学生关于"老师，这个类似选题已经有同学做过，还有无研究意义"等典型问题。当然，这个表格是开放性的，需结合后续教学做进一步优化。

3.2 怎样做出一个好的案例研究?

根据表 3-1 列出的案例质量对比，学生往往立刻反应的问题就是"老师，我们应该如何做出一个好的案例研究呢？"针对这一问题的回答仁者见仁。笔者认为，决定案例研究质量的先决问题仍然是如何引导本科高年级学生在具体调查中将案例做得深入、具体。

案例质量对比表　　表3

	好的案例	不好的案例
问题深度	深入	宽泛
问题广度	对象具体	对象笼统
聚焦点	关注关系、过程及原因机制	关注结果和最终形态
系统性	注重整体视角	要素孤立
真实性	关注已经存在的实例	人为改变观察对象
方法	多重方法（问卷、访谈、观察、文献）	单一方法
尺度和边界	具有明确的尺度和边界	尺度和边界比较模糊

资料来源：W.，Lawrence Neuma，2009；方笑天，2013.

基于这一思路，笔者也在文献整理的基础上列出"好的案例研究"需考虑的"四个维度语境"及其可能包含的具体要素。需要说明，这个表格仍需结合后续教学持续优化。

做出好的案例研究可以考虑的"四个维度语境"　　表4

维度语境	包含要素
物理空间语境	地理单元（城镇、乡村、园区、社区、建筑，等）
历史语境	案例地区历史上的原貌、建设的变化进程和事件，等
社会语境	参与群体的不同人群特征（籍贯、阶层、性别、年龄，等）
制度语境	相关的机构种类、等级、规模、法规政策、制度执行过程，等

资料来源：Martyn Denscombe，2011：61-62.

3.3 如何选择一个有效的案例？

这个问题也集中了学生大量的提问。总结而言，一个有效的案例往往可能具有的属性包括以下三方面。

（1）典型的例子和极端的例子

一个问题的典型案例是城乡社会调查案例选择中最常见的，其优势在于，对一个特定案例的研究可以推广到其他类似的案例，甚至可以从典型案例的深入研究中逼近某个社会空间矛盾的全貌，并归纳和验证普适性的一般规律。

与之相反，在城乡社会调查中，笔者也鼓励学生选择非典型的、甚至极端的案例。这种客观存在的，但与“大多数”情况存在鲜明对比的案例研究，往往可能得到意想不到的发现。

（2）具有理论指引的例子和似乎“不可能”的例子

有效案例选择的另一个思路是基于理论指导去寻找例子。根据这一思路，在城乡社会调查中，基于先验的理论指引，学生可能找到两类案例，一类是在表征上符合理论预期的案例，这样的选择可以提升学生的理论掌握水平和基于理论指导下进行经验研究的能力，学生写出的调查报告也兼有理论深度和实践价值。

与之相对，在现实中寻找“悖论”案例也是一个有效的案例选择思路，通过寻找表征与理论相矛盾乃至“不可能”出现的客观案例，深入探索其存在的原因和内在关系，同样可以得到有趣且有学术价值的研究发现。

（3）有趣的例子和可行的例子

在上述两条思路基础上，有效的案例还需要满足“有趣”与“可行”两个必要条件。与有趣的案例比较，一个无趣的案例，无论典型还是极端、合理、悖论，都在研究价值上有一定折扣。

此外，案例选择还必须考虑课程的实际约束，如时间、资源、花费、制度障碍、社会关系等。如“新兴互联网巨头企业调查”和“社区调查”两个选题，前者可能比后者更能获得有趣发现，但后者明显比前者的可信性更高。综上，在相对有限的时间和资源条件下，有效平衡“有趣”与“可行”也是指导学生选择有效调查案例的重要考量。

4 建立研究策略和案例选择“自查表”

在课程后续的选题、研究设计，到具体调研，再到报告撰写和讨论等过程中，笔者将上文的总结制定成“自查表”的形式，供学生对照参阅并不断对案例选择进行适当修正，以此将“小模块”的教学环节融入整个课程之中，成为贯穿始终的“大脉络”。

通过比对查阅，学生可以评估自己选择的策略和案例在研究方法论上是否存在缺陷，这不仅有助于指导课程选题，也让学生在调查开始之前就清楚自己想要得到什么信息，进而对后续的选题、研究设计、具体调研，以及报告撰写和讨论等环节提供全局性、方向性的大脉络梳理和工作指引。

研究策略“自查表”　　表5

请同学们依次确认所选研究策略是否满足如下选项，若满足请打勾 ☑		
合理性自查项	研究的目的是否已经完全清晰	☐
	所选研究策略是否能高度匹配研究目的	☐
	所选研究策略能否获取足以回答研究问题的发现	☐
可行性自查项	按照此策略，是否有足够的时间展开调查、分析数据和拟写报告	☐
	是否有足够的预算	☐
	是否有可能获得入场调查的协助，以及必要数据资料获取的权限	☐

案例选择“自查表”　　表6

请同学们依次确认所选案例是否满足如下选项，若满足请打 ☑		
1	案例研究是否基于一个现实的社会空间场景	☐
2	案例选择的标准是否已经清楚	☐
3	案例对象是否有明确的理论定义	☐
4	案例涉及的重要特征是否曾在其他研究中被对比研究过	☐
5	案例是否完整、边界是否清晰	☐
6	案例是否具有普适意义	☐
7	案例是否可以融入其他研究策略、获得多元的数据	☐
8	案例研究能否以全局的视角展现要素关系、过程	☐

5 总结和延伸探讨

本文结合城乡社会综合调查研究课程的教学实践提出在课程中嵌入“研究方法论小模块”，是在我国城乡规划专业本科教学的现行课程设置体系下，以应用为导向嵌入的4课时集中教学环节。该环节设置在选题之前，其首要目的是让学生对研究方法论有一个初步的系统认识，并以“自查表”的形式使学生能够快速、简便地评估自己所采用研究策略组合与案例选择的有效性和可行性，进而指导后续的具体调研、报告撰写等全过程脉络。

如前文所述，城乡社会综合调查研究课程致力于培养学生的研究和分析能力，“小模块”的设计立足于应用型、短课时、深入浅出的原则，向本科学生普及在他们看来相对抽象的"方法论"知识，有助于让学生更好地获得基本分析和研究能力，并为之后研究生阶段的学习奠定良好的基础。据教学反馈表明，在课程之初设置"研究方法论小模块"，有助于让学生对研究方法论有一个总体的印象，而且"概念厘清－案例研究策略讨论－案例选择讨论－自查表评估"的整体性教学过程也确实发挥了很大作用，有效地减少了选题及后续调查研究中的各类误区，而且更加有效地调动了学生自主选题的积极性，增强了选题的准确性和可行性，达到事半功倍的教学效果。

当然，必须说明，关于"小模块"的教学实践创新只是一个开端，关于研究策略选择和适应性比对、研究策略的混合运用、案例选择和自查评估等内容，在未来教学实践中，还可以结合实际教学情况做进一步优化，小模块最佳课时以及其他可能增删的内容也还值得进一步优化论证。此外，除了调研前的初始环节外，在调研各环节中的小组辅导，教师也可以结合学生反馈等具体情况，根据不同的选题讲授相应的研究方法论。

主要参考文献

[1] Martyn Denscombe. The Good Research Guide[M]. Berkshire：Open University Press，2011.

[2] Stake，R. The Art of Case Study Research[M]. Thousand Oaks，CA：Sage. 1995.

[3] W.，Lawrence Neuma，Social Research Methods[M] New York：Pearson Press，2009.

[4] Yin，R. Case Study Research：Design and Methods，4th edn. Thousand Oaks，CA：Sage.2009.

[5] 风笑天 . 社会研究方法：第 4 版 [M]. 北京：中国人民大学出版社，2013.

[6] 屈波，程哲，马忠 . 基于自主性学习和研究性教学的本科教学模式的研究与实践 [J]. 中国高教研究，2011（4）：85-87.

[7] 赵亮 . 城市规划社会调查报告选题分析及教学探讨 [J]. 城市规划，2012，36（10）：81-85

[8] 赵民，雷诚 . 论城市规划的公共政策导向与依法行政 [J]. 城市规划，2007，31（6）：21-27.

"Small Module" and "Big Networks": A Practical Discussion on the Modularization of Research Methodology into the Comprehensive Survey Course of Urban and Rural Society

Li Fengqing　Hao Jinwei　Tian Weili

Abstract: Responding to the teaching practice of urban-rural social comprehensive investigation & research course，there are a large number of reported quality problems that are largely due to the insufficiency training of the methodology for undergraduates. This paper proposes that the 'methodology training' could be embedded in as a 'small module' at the beginning of this curriculum. Through the clarification of research strategies，the methodological guidance will be applied throughout the entire context of the curriculum. Specifically，the authors first help students to sort out the basic concepts such as analytical methods，research methods，research strategies，and methodologies. On the basis of this，authors further explored case studies from 'What is a good case study'，'How to make a good case study' and 'How to choose a valid case?'. 'Self-checklists' are made for the application of the small modules，so as an extended discussion in the end.

Keywords: Urban and Rural Planning，Urban-rural Social Comprehensive Investigation，Methodology，Module，Case Study

跨域合作、地方创生*
—— 台湾基隆内港地区老旧社区微更新社会调查联合教学研究

左 进 陈冠华

摘 要：社会调查作为城市规划必要的前期工作，是对城市从感性认识上升到理性认识的必要过程。对于老旧社区微更新来说，详实深入的社会调查有助于从社区发展、现状使用和居民意愿等方面，全面掌握社区发展过程和规律，切实从在地角度进行老旧社区微更新的合理规划。本文以天津大学建筑学院与元智大学艺术与设计学系在台湾基隆内港地区的老旧社区微更新社会调查联合教学为例，详细阐述此过程中驻地工作、多角度深度访谈、跨域合作、参与式设计实践等特色方式。从访谈前期对象选取、提纲设计等工作，到初步访谈整理信息，针对访谈信息逐层深化，进行多频次深入了解，建立完善的在地美学资料库。依据前期调研内容，邀请建筑师、艺术家、不同领域专业者与在地居民合作，共同探讨社区微更新策略。通过“参与式工作坊”，针对空间活化、产业创生进行设计实作，并持续关注空间使用与产业发展动态，有效反馈地方创生规划策略，循序渐进地引出社区营造产业创生的实践方法。从而实现回归社区本源，引导学生认知基地，挖掘其历史人文与资源价值，寻找更新创生的触媒点。

关键词：社会调查，老旧社区，微更新，地方创生，跨域合作

1 引言

伴随我国新型城镇化建设的不断发展，以新区增量建设为主的城市建设方式正逐步转向增量与存量并行的城市经营，城市更新已成为城市建设过程中的重要课题。城市是由一系列不同的社区组成的复杂系统。作为城市的“底色”，社区是城市结构中最重要的组成单位，是城市产生演变的基本单位[1]。老旧社区微更新，是城市更新重要的内容之一。调查研究是城市规划必要的前期工作，是对城市从感性认识上升到理性认识的必要过程，调查研究所获得的资料是城市规划定性、定量分析的主要依据[2]。

近年来，围绕“社区微更新教学”主题的研究主要涵盖以下几个方面：杨春侠等对国内外联合设计工作坊的经验推广[3]；吴晓等讨论了城市设计课程中“前期研究”部分的教学要点[4]；高源等从学生视角讨论了课堂上学生们的困惑与应对方法[5]；黄瓴提出社区更新应回归对社区人的研究，重视对社区文化的研究，加强构建跨学科、跨部门、跨行业整合性的研究与实践平台[6]。在社区微更新研究和实践方面，上海、北京、深圳等城市已取得一定成果，如上海“行走上海微更新计划”[7]、北京“大栅栏更新计划”[8]、深圳“趣城计划”[9]。上海新华区域街坊社区营造工作坊，便于从事各种创新创意产业的人士与在地生活的老人年轻人交流行动，提出“共创·共享”的设计提案，进行实践尝试，让人们对自己的社区有所期待，有所建言，有所行动。清华大学建筑学院与新加坡国立大学设计与环境学院共同举办“共享城市：共享经济与城市更新”联合设计教学，在北京就白塔寺地区的共享城市更新开展了工作营。2017 成都社区总体营造工作坊，社区规划师实地访谈，与居民交流讨论，共同

* 基金项目：本论文研究受国家自然科学基金面上项目（51578366）和高等学校学科创新引智计划（B13011）等资助。

左 进：天津大学建筑学院副教授
陈冠华：元智大学艺术与设计学系教授

完成社区规划的初步方案，并在社区两委和社会组织的推动下实施。

在社区微更新的教学实践中，我们常常发现，面对研究区域复杂的现状条件，学生往往容易浮于表面，难以从在地生活者的角度，去分析和解决问题。本次天津大学建筑学院与元智大学艺术与设计学系在台湾基隆内港地区开展老旧社区微更新社会调查联合教学，即是针对台湾基隆在面对因青年移地工作造成的土地建物使用不经济、产业结构老化、城市缺乏自明性等城市问题，带领学生深入基隆内港进行驻地工作与深入访谈，深入了解在地居民的生活方式及需求，立足于在地生活者的视角去发现并分析问题；多维度呈现基隆生活切面，为社区微更新提供基础资料与设计灵感；通过跨领域的交流学习与参与式的设计实践，以“设计”为方法，盘活现状资源，进行老旧社区微更新实践，活化社区空间、重塑生活聚落、激发产业活力，共同打造一座创新人文城市。本次联合教学中，其驻地工作与深度访谈为基础的工作方法、跨领域的交流学习与参与式的设计实践，是一次创新的教学实践，亦是对城乡社会综合调查研究课程的完善提供了有益参考（图1）。

2 社区微更新社会调查教研方法探究

2.1 驻地工作，多角度深度访谈

访谈是一种有目的性的、个别化的研究性交谈，是通过研究者与被研究者口头谈话的方式从被研究者那里收集第一手资料的一种研究方法[10]。深度访谈既是搜集资料的过程，也是研究的过程。深度访谈发生的过程同时也是被访者的社会行动的发生过程，被访者在整个访谈过程中的所有表现都是研究者观察的对象，并且是研究者研究资料的来源。在这个过程中，研究者需要悬置自己的知识体系与态度立场；通过交谈，以被访者的个人生活史作为访谈的最佳切入点，与被访者共同建立一个“地方性文化”的日常对话情境；同时还需要随时保持反思性的全方位观察，发现问题、追究问题，最后讨论个案的普遍性意义[11]。

台湾基隆内港地区经历清代渔捞、街道改正计划、扩港现代化等发展代谢的过程，造就其历史人文涵构丰富、空间结构巷弄错综、邻里之间人情浓厚、产业生活层次多样的面貌。联合教学中，学生深入驻地工作进行多频次深度访谈，了解居民生活。从前期抽取访谈对象、设计访谈提纲等准备工作，到初步访谈，记录从历史人文、品味调性到空间规划等内容，整理编辑访谈信息，针对访谈对象提出问题，逐层深入进行多频次的访谈，建立一套完善的在地美学资料库。通过社区生活方式记录，了解在地产业发展，在挖掘梳理社区资源的同时，建立与在地居民之间的友好关系，增加青年社群与在地居民的交互性，为定期的活动组织与合作实践打下群众基础（图2）。

在访谈过程中，学生从多视角记录实地考察与访谈信息，通过图学观察与表现、摄影与生活纪实、聆听与声音采集等方式对室内空间及家具布局进行测绘，收集老照片记录家户史（或产业发展史）、了解市民生活品位（或服务水平）等信息。

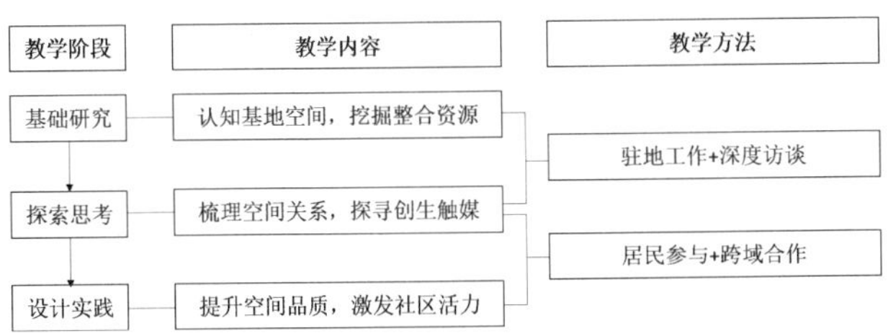

图1 联合教学的内容与方法

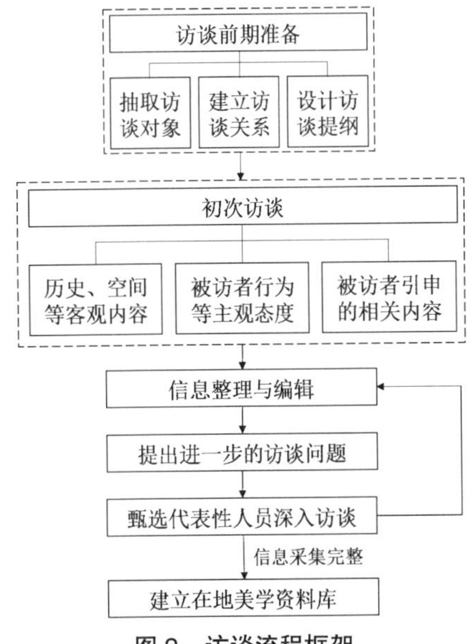

图2 访谈流程框架

（1）图学观察与表现

在对事物观察过程中，绘图具有直观、量化的特点。在绘图过程中，图纸的抽象性如何表现空间体验是经常被思考的问题。绘图者以空间作为关注点，将空间意识和体验转化到图上，通过二维的手段表达三维或多维的关注范围。而在转化过程中，个人的主观意识和感受也会融入表现内容中，我们也在绘图过程中形成专业化的思考方法。

在实地考察与访谈过程中，学生通过图形记录下基地的空间结构和平面布局、使用者行为特征等内容，思考空间特征与使用者习惯的关系，为后期空间设计落实提供基础资料和依据。

以虎克咖啡店为例。基隆的咖啡经验更加平民化、更具在地生活感，喝咖啡没有阶级，咖啡店为普罗大众提供盛情聊天、读书看报、打发时间的日常空间 [12]。该商铺已有 15 年历史，伴随着相同历史的垫高的木质地板、希腊风格的小桌椅、瓷砖的吧台墙壁，咖啡店形成独特的风格，深受顾客喜欢。老板与老板娘一个笔直严肃，一个悠闲自在，两人截然不同的精神状态也形成咖啡店里一道亮丽的风景线。学生通过绘图记录虎克咖啡店面的特色、使用者的行为，家具摆放等分析人行流线、在地居民生活状态等内容（图 3）。

（2）摄影与生活纪实

摄影是最常见的城市记录方式。作为表现城市的媒质，摄影具有主体性、写实性、公众性、叙事性的特点。通过摄影者的视角选择与取舍，再现生活细节，传达最直观的内容，更方便有效地传播到大众的生活中。

在实地调研与访谈过程中，学生通过摄影记录城市空间形态，捕捉居民的生活场景，记录人与人以及人与空间之间的互动关系，对比不同时间的摄影记录，更生动地认知在地空间形态、市民生活方式、产业发展动态等内容，探索人、地、产之间的关系。

以开罗西服店为例，该商铺已有 32 年历史，位于 20 世纪 80 年代最热闹的街区，时代变迁，西服订制的市场走向萧条。不同时间的摄影，叙述西服定制产业的发展历程（图 4）。通过摄影记录店面布局与空间细部陈设，利用相片讲述其背后的故事，如墙上挂着店主自己的摄影作品作为店面装饰，如店主工作的场景、有历史的剪裁工具，讲述着西服店曾经辉煌的历史，成为店面的独特风景（图 5）。

（3）聆听与声音采集

城市作为不同环境、不同物质组成的复杂综合体，其中也包含不同的声音。风声、海浪声这类自然的声音风景能够传达城市的基本性质，叫卖、说话的人造声音

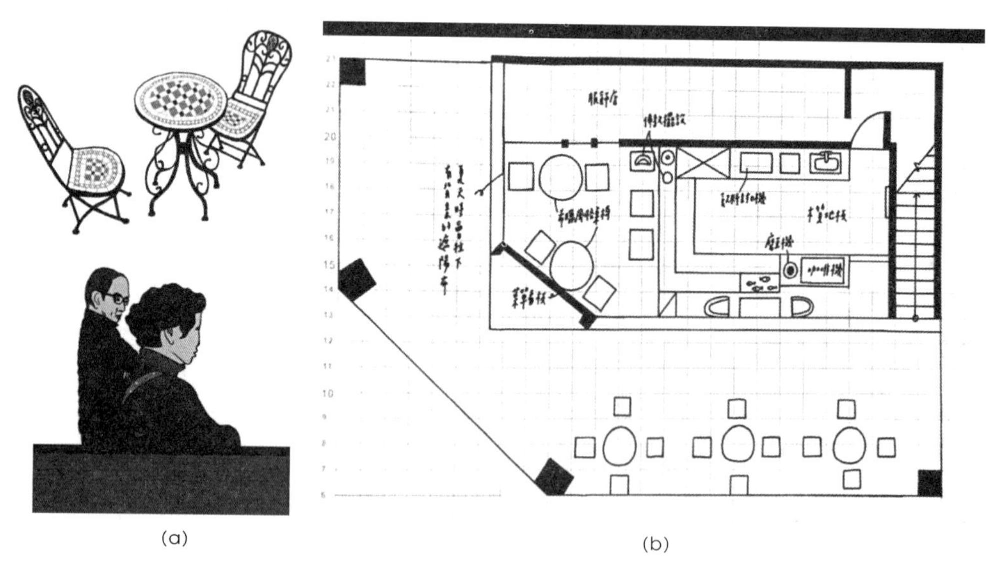

(a)　　(b)

图 3　虎克咖啡店的调研绘图

（a）老板与老板娘的状态；（b）虎克咖啡的平面布局及家具分布

风景可以展现城市的文化与活力。作为城市不可剥离的丰富组成，声音必然成为城市发展的非物质形态的历史存证。

在社会调查的过程中，学生作为感知声态过程中的能动角色，更多关注的是声音形态与形成该声音的环境之间的关系，通过不同层面、不同视角的声音采集与音景轮廓的建立，有助于从声音本体转向对声音背后的社会、文化层面的发掘。

如对基隆作特有的午夜崁仔顶鱼市进行声音采集，独特的叫卖声展现出嵌仔顶鱼市的热闹场景，通过声音记录基隆这一特有产业，了解在地生活者不同时间段的生活状态，建立基地音景地图（图6）。

图4　1984牛仔街热闹场景与2017年牛仔街萧条景象

图5　老板工作场景与剪裁工具

图6　白天和夜晚崁仔顶鱼市街景对比

2.2 跨域合作，参与式设计实践

在驻地工作过程中，依据前期调研内容，定期邀请跨领域的学者专家开设讲座、课程与学生及在地居民交流合作。如基隆文史走读课程，加强在地工作者与当地居民对地方历史与空间景观认知，强化在地认同；如空间图学与表现法、城市声景实作、记录影像以及采编技巧等训练课程，提升学生与居民的工作水平；如社区经济发展、特色小吃经营、美食设计等讲座，创建交流平台，让不同领域讲师与市民面对面交流基隆老城区现存问题，共同探讨社区营造产业创生未来创新的发展策略。

如113巷弄规划设计，团队举办工作坊与街坊邻居讨论，聆听居民讲述街巷历史，请居民以路人的角度谈谈各自的步行感受使用经验，根据居民的生活需求，提出113巷各区段可能增设的服务设施项目（图7）。

梳理总结居民提出的意见，选择居民反映最多的空间点测绘，并设计相应的改造方案，与当地匠师达人合作，邀请居民参与1：1模型试做，通过现场实作找出符合基地环境、构筑的详细设计，形成最终成果（图8）。

通过“参与式工作坊”，针对空间活化、产业创生进行设计实作，如国内外建筑师、艺术家，共同参与方案设计与实践，与在地居民共同完成便民作品。并持续关注空间使用与产业发展动态，有效反馈地方创生的规划策略，循序渐进地引出社区营造产业创生的实践方法（图9）。

3 基于社会调查的微更新实践成果

3.1 社会调查与太平社区微更新改造

通过在太平社区进行社会调查，针对太平社区人口老化外移、产权纷乱带来闲置空间等问题，联合教学以参与式翻转社区空间美学为方式，以“活动”作为设计方法，邀请社区居民共同加入思考与实作，找出适合当地的模式语言，对社区闲置空间活化再利用。针对少子化带来的校舍转型再利用议题，联合教学通过对废弃太平小学及太平社区低度使用的废墟、空屋进行整理规划、改造试做，重新定义空间使用功能，为后期可能进驻的创意设计产业人才进行打底和准备，如弯猫食堂、社区客厅改造等内容。

（1）中山一路113巷42号“弯猫食堂”设计改造

作为上山主要路径沿线的113巷42号原本只剩已

图7 聆听居民的声音并标出居民建议的地图（左）

图8 113巷44号挡土墙路边扶手座椅成果（右）

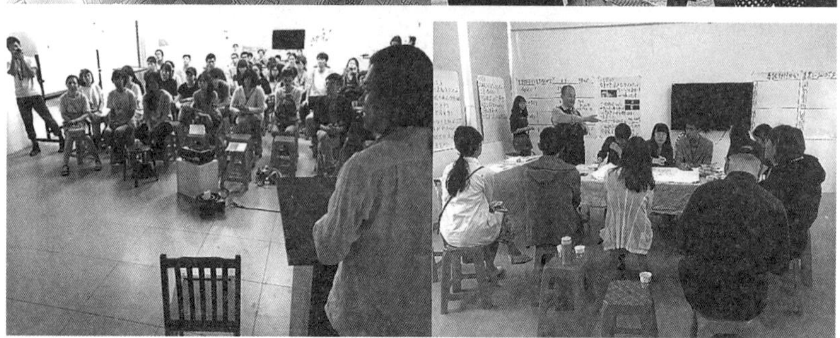

图9 跨领域讲师讲座与交流

经空置的四壁，而其旁边依然为住家。在太平社区密集住宅中，空出的一间屋反而成为难得的开敞空间。经过对宅基中废弃瓦砾再利用和空间重塑，团队将其打造成为可用作居民聚集、餐饮的社区共享食堂，通过公共活动置入，重新焕活废弃老宅（图 10）。

（2）中山一路 189 巷 45 号社区客厅营造

189 巷 45 号原为一处狭小的废弃空间，由于常年空置，成堆的垃圾不仅侵占空间，也对周围环境产生极大影响。通过里长号召社区环保志工队进行垃圾清运、规划师与社区居民参与式讨论、模型设计到现场施作，以及邀请社区达人带领居民共同开展手作植栽和再生家具工坊，将原本废弃的垃圾堆放处改造成为社区居民活动休憩的公共空间（图 11）。

3.2 社会调查与产业创生发展

对于内港老城区的传统产业发展，联合教学延续“设计翻转，地方创生”理念，通过前期的调研与执行成果，梳理产业发展现状与基隆传统资源，与在地业者交流共同探讨产业创生的触媒点，通过深化空间再生与活化，从空间改造设计入手，改变产业经营理念、服务及发展模式等，重塑在地品牌，激活产业活力。

通过已经完成的基隆传统产业和特色小店完整的访

图 10 弯猫食堂改造及居民盛宴

图 11 中山一路 189 巷改造及成果

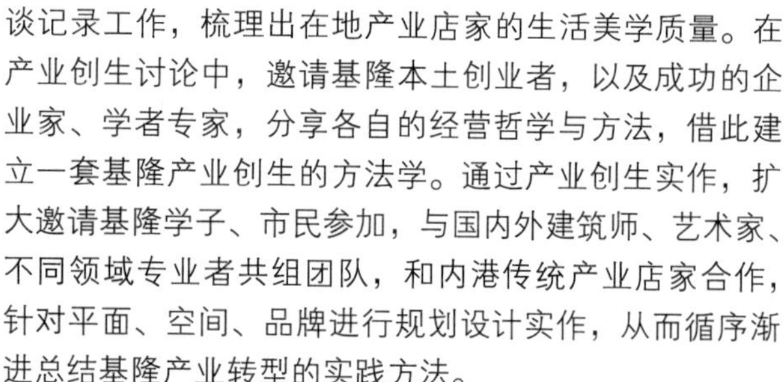

谈记录工作，梳理出在地产业店家的生活美学质量。在产业创生讨论中，邀请基隆本土创业者，以及成功的企业家、学者专家，分享各自的经营哲学与方法，借此建立一套基隆产业创生的方法学。通过产业创生实作，扩大邀请基隆学子、市民参加，与国内外建筑师、艺术家、不同领域专业者共组团队，和内港传统产业店家合作，针对平面、空间、品牌进行规划设计实作，从而循序渐进总结基隆产业转型的实践方法。

3.3 社会调查与社群关系共建

在整个社会调查过程中，通过长期驻地与深入访谈，学生工作团队、社区规划师、当地居民间建立起善于沟通、乐于沟通的彼此信赖的良好关系。对于规划师和调研团队来说，建立与居民的紧密联系，是深入挖掘改造潜能的必要条件。对于尚未进入工作的学生来说，掌握深入调研的方式流程、与社区居民的沟通技巧，学会将业者科学的规划思维与使用者的视角意愿合理融合，对其日后的学习和工作有所裨益。

4 结语

社会调查作为城市规划必要的前期工作，是对城市从感性认识上升到理性认识的必要过程。对于老旧社区微更新来说，详实深入的社会调查有助于从社区发展、现状使用和居民意愿等方面，全面掌握社区发展过程和规律，切实从在地角度进行老旧社区微更新的合理规划。

天津大学建筑学院与元智大学艺术与设计学系此次在台湾基隆内港地区开展的老旧社区微更新社会调查联合教学，带领学生驻地工作、多频次多角度深度访谈，通过图学观察与表现、摄影与生活纪实、聆听与声音采集等多种方式，了解在地居民生活方式与水平，建立完善的在地美学资料库；同时，开展跨域合作、参与式设计实践，依据前期社会调查的结论，邀请建筑师、艺术家等不同领域专业者与在地居民合作，共同探讨社区微更新策略，并通过“参与式工作坊”，针对空间活化、产业创生进行设计实作，持续关注空间使用与产业发展动态，有效反馈地方创生规划策略，循序渐进地引导老旧社区微更新的设计实践，从而强化在地认同，促进在地精神活化，建立社区生活美学，激发城市居民属地感，借以创造城市活力的有机复兴。

主要参考文献

［1］丁晓莉．“社区营造与社区商业的魅力”论坛报道 [J]. 时代建筑，2013（05）：158-161.

［2］张晓荣，段德罡，吴锋．城市规划社会调查方法初步——城市规划思维训练环节 2[J]. 建筑与文化，2009（06）：46-48.

［3］杨春侠，庄宇，黄林琳．“走出国门”的城市设计国际教学探索——以同济・华盛顿大学联合城市设计为例 [J]. 住宅科技，2016，36（10）：10-17.

［4］吴晓，高源．城市设计中“前期研究”阶段的本科教学要点初探 [J]．城市设计，2016（3）：104-107.

［5］高源，马晓甦，孙世界．学生视角的东南大学本科四年级城市设计教学探讨 [J]．城市规划，2015，39（10）：44-51.

［6］黄尖尖．微更新，一种有温度的城市改造新模式 [N]. 中国建设报，2017-05-17（003）.

［7］贾蓉．大栅栏更新计划：城市核心区有机更新模式 [J]. 北京规划建设，2014（06）：98-104.

［8］张宇星．趣城——从微更新到微共享 [J]. 城市环境设计，2017（01）：228-231.

［9］黄瓴．从观念到行动——重庆城市社区发展与社区规划的实践与思考一 [C]// 中国城市规划学会，贵阳市人民政府．新常态：传承与变革——2015 中国城市规划年会论文集（16 住房建设规划）. 北京：中国建筑工业出版社，2015.

［10］杨威．访谈法解析 [J]. 齐齐哈尔大学学报（哲学社会科学版），2001（04）：114-117.

［11］杨善华，孙飞宇．作为意义探究的深度访谈 [J]. 社会学研究，2005（05）：53-68+244.

［12］郑栗儿，郑顺聪．基隆的气味 [M]. 台北：有鹿文化事业有限公司，2015.

图片来源：

图 1- 图 3：作者自绘

图 4：引自土井九郎 Doi Kuro 的基隆摄影和作者自摄

图 5- 图 11：作者自摄

Local Creation with Trans-Regional Cooperation —— the Joint-teaching Research of the Social Survey on Micro-renewal of the Urban Old Community in Keelung Inner Port City District, Taiwan

Zuo Jin　Chen Guanhua

Abstract: As the necessary pre–work of urban planning, social survey is a necessary process for the city to rise from perceptual knowledge to rational cognition. For the micro–renewal of the urban old community, the detailed and in–depth social survey is conducive to grasp community development process and the law of real old community from the further development of the community, also the present situation for the residents' use and will, etc. This paper, taking the combined teaching of social survey of the old communities in Keelung, Taiwan as an example, elaborates the characteristics of the home work , multi–frequency in–depth interview, Trans–Regional Cooperation and participatory design practice in the whole process. From the early stage of the interview objects selected, and an outline design work, to the preliminary interview information arranged, the survey deepened the interview information, carried on more frequency in–depth understanding, and established a perfect database of the land aesthetics eventually. According to the previous research content, we invited architects, artists and professionals from different fields to cooperate with the residents to explore the strategies of community micro–renewal. Due to the participatory workshops, we carried on the design practice of space and industry creation, focused on dynamic space use and industrial development to form the effective feedback of the planning strategy on local creation. As a result, what we have done lead to the practice of community construction and industry creation method. In this way, we can return to the source of the community, guide students' cognitive base, explore their historical humanity and resource value, and seek to the catalyst point of creation.

Keywords: Social Survey , Urban Old Community, Micro–renewal, Local Creation, Trans–Regional Cooperation

基于社会调研的规划设计价值导向培养——以“商业空间认知与改造”课程为例

苗 力 耿钱政 李 冰

摘 要：在城乡规划专业三年级的各类设计课程中，“商业空间认知与改造”题目可以使学生聚焦城市中心的商业区，认识城市的复杂性和多样性，从而很好地承担起学生从建筑学向城乡规划思维方式转变的过渡任务，因此该设计题目被我系长期沿用并不断改革完善。在众多认知城市的手段中，社会调研是学生必须掌握的基本方法。本文从培育学生的规划师职业素养的角度，对“商业空间认知与改造”的课程改革方向进行探索。从教学目的和教学内容与步骤方面，对课程的改革、变化进行系统性介绍，总结社会调研在“商业空间认知与改造”课程改革中对于学生价值导向的培养，即：认知＞改造、市民＞政府、合作＞个体。

关键词：社会调研，商业空间，认知，改造，规划师，价值导向

在我国新型城镇化和经济发展进入“新常态”的大背景下，以往城市空间粗放蔓延、新区无序建设、大拆大建的阶段已经成为历史，城市经济在转型升级中，越来越注重于对既有城市空间的精细化改造设计。同时，在各类城市空间中，商业空间作为城市资本最为密集、人口最为集中、功能最为复合的区域之一，已经逐渐成为城市活力的重要载体，是展示城市形象的重要窗口。因而，对既有商业空间进行品质提升和空间改造，成为城市更新过程中的最为重要的课题之一。

商业空间认知与改造课程，是我校城乡规划系在本科三年级上学期的第二个设计课程，从初设至今已经有10余年。由于课程内容贴近生活、成果形式丰富多样，因而一直受到学生的欢迎和喜爱。从课程体系上看，三年级的设计课程是学生从单体建筑设计到建筑组群设计的过渡阶段，更是城乡规划系学生的思维从微观到宏观、从个体向社会转变的关键节点，因而此门课程在城乡规划专业本科生培养计划中发挥着承上启下的关键作用，是连接高低年级课程的桥梁和纽带，良好的教学训练能为学生升入高年级之后的控规、总规等课程设计打下更为坚实基础。

1 “商业空间认知与改造”课程的基本情况

1.1 教学目的

传统的商业空间改造课程，通常更加强调改造方案的设计和最终图纸效果的表达，导致学生们在课程实践中对于基地调研不甚重视，在尚未完全掌握基地现状问题情况下，急于进入设计改造阶段。这种状态下生成的空间改造设计方案，往往会出现形态夸张、指标失衡等脱离实际的问题，而真正的居民和社会诉求却遭到忽视，无法实现该课程对于城市空间准确、深入认识的要求。基于此，自2013年以来，教学团队在此门课程的教学中不断进行改革，以期更好地达到教学目的。

经过近五年的探索实践，商业空间认知与改造课程的教学目主要确定为以下五点：①培养学生对城市空间建成环境的认识和分析能力；②培养学生对当前中国城市建设现状的思考与评价能力；③培养学生掌握基本的实践调查与分析研究方法；④初步掌握我国城市商业区

苗 力：大连理工大学建筑与艺术学院城乡规划系副教授
耿钱政：大连理工大学建筑与艺术学院城乡规划系助教
李 冰：大连理工大学建筑与艺术学院城乡规划系副教授

规划与建设的发展动态与特征；⑤初步掌握城市规划设计方法、一般性技术要求和成果表达形式。

1.2 课程内容

根据教学任务及目的，教师选择北方某城市三块不同的建成商业区作为认知和改造对象，学生分三组对其空间环境进行现状调查和概念设计。本文以“大连香炉礁区域”为案例对象，对课程内容及步骤进行具体介绍。

香炉礁区域是大连城市商业空间中各类人群混合交织、用地形态混杂多样、空间环境最为复杂的区域之一，同时也是出入大连市区的重要交通节点，区域内主要包含香炉礁旧货市场、香炉礁现代商贸物流园区两大空间特质截然不同的片区，这样的选题可以让学生对城市空间的复杂性产生充分认识。

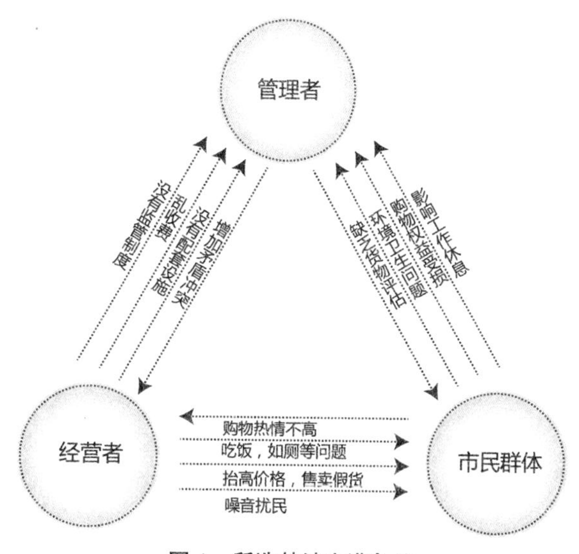

图1 所选基地充满争议

课程进度安排表　　表1

周次	内容	进度要求	任务要求
1	规划任务解析	布置题目、明确任务	分组、收集资料、查找参考案例
2	小组汇报、调研计划制定	明确调研内容、方法、步骤	案例分析；初步拟定3个调研方向，拟定调研计划，制作调查问卷；针对商业地块的物质环境、使用情况、交通出行、使用者满意度等，对城市建成环境进行初步问卷调查
	现场调研图面分析	实地调研反馈、模型制作	整理初步调研的成果，与老师沟通，明确调研方向；制作基地模型1：1000，认识土地使用、道路交通、公共空间
3	小组汇报	调研PPT汇报	以PPT形式进行发表（分工情况、调研思路、现状描述、存在的关键问题、解决措施的思考），成绩占5%；通过全班师生讨论，确定调研报告题目；课下进行补充调研
	补充调研	补充调研反馈、整理图纸、起草报告提纲	与老师沟通补充调研的成果；确定调研报告的写作提纲和主要内容
4	数理统计与分析	调研报告写作	准备调研报告素材，撰写调研报告
	小组汇报调研报告	以小组为单位完成调研报告	分工明确、撰写规范、逻辑清晰、文字凝练（1万~2万字）、图文并茂，成绩占45%
5	指导自拟任务书	角色扮演、制定设计任务书	组内学生分别扮演使用者、开发商和政府管理人员，组织公共参与大会，共同讨论确定设计范围和设计任务书、明确各项规划指标
	规划结构设计	提出设计概念、完成方案构思	思考设计概念，构思功能/空间/景观/交通等结构体系
6	空间设计调整深入	进行具体的功能布局与实体空间设计	方案草图（分析图、总平面图）
	概念设计汇报	集体评图	手绘辅以模型（概念模型、总平面图、分析图），成绩占5%
7	成果绘制表达	上机绘图	总平面图/规划构思分析图/土地使用规划图/道路交通规划图/公共空间规划图/景观结构图/典型公共空间景观设计图/概念模型等，成绩占40%

1.3 时间安排

在课程时间分配上，共七周的课程时长中，认知调研和改造设计时间各占一半，反映出课程改革中对认知和改造设计的同等重视程度，因为只有在充分了解复杂的现状、深刻认识其中存在的问题、综合各种诉求的基础上，才能做出有的放矢、切合实际的设计改造方案。

1.4 成绩评定

教师在分数考核评定中，以适度淡化成绩区分、培养团队合作意识为原则，改变传统的图纸主导的评分方式。在进行课程改革后，教师评分标准中，认知调研部分占 55%，稍多于改造设计部分的 45%。这一改变收到了良好效果，学生的设计思维变得更加富有逻辑性，设计方案更为实际合理，也在一定程度上反映出对社会诉求的尊重。

2 社会调研在商业空间认知过程中的应用

2.1 调研对象的选取

香炉礁物流园区被辽宁省大连市政府确定为大连“钻石港湾”项目的重要组成部分，也是大连市政府积极推进的重点项目之一。经过西岗区委、区政府及各建设单位长期以来卓有成效的工作，园区建设每年都有新进步，新突破。园区成功引进了德国麦德龙、英国百安居、法国迪卡侬、美国沃尔玛山姆会员店以及瑞典宜家家居等五家世界 500 强连锁零售企业，成为国内世界 500 强商业物流企业最为集中的经济功能区之一。以各家世界 500 强企业为首的大型商业机构，共同构成了香炉礁商圈的基本框架，从一定程度上极大满足了大连市域较高收入水平消费人群的日常购物、娱乐、餐饮以及休闲等需求。

香炉礁旧货市场由 1924 年成立的博爱市场延续而来，于 1996 年底迁至香炉礁。香炉礁此后成为各种二手物品的集散地，衣服、鞋子、厨房用品等一应俱全，每逢周末场面非常的热闹壮观。2007 年，相关部门将其移至北端海防街一个独立建筑内，旧货市场就这样由马路街市转移至正规市场。然而正规市场偏僻没有足够的客流，一段时间后，部分买卖者又自发的重新聚集到香炉礁高架桥下。2015 年 1 月，位于独栋建筑的正规市场遭遇火灾损害严重，其中的摊主搬迁至泡崖旧物市场，这样香炉礁就只剩下自发组织长两千多米的街边旧货市场，但仍发展繁荣，人气旺盛，然而也由于缺乏管理，

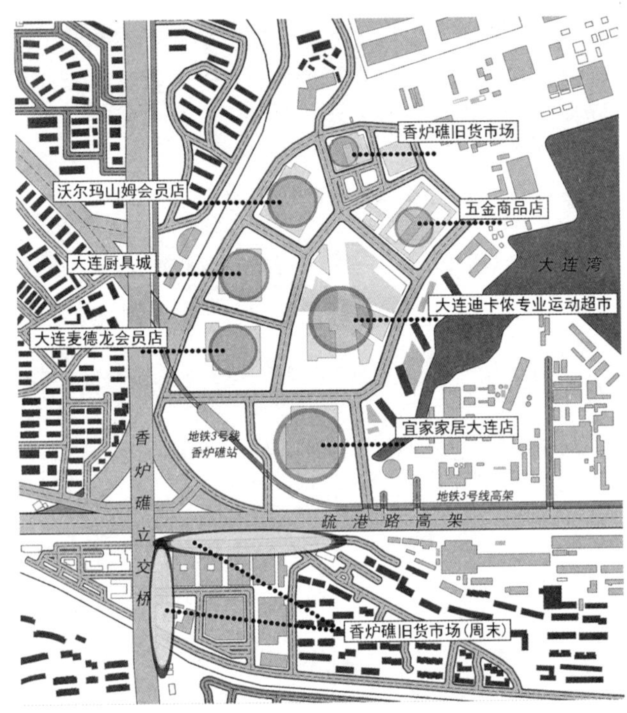

图 2 香炉礁基地用地现状

图 3 香炉礁基地现状调研照片

带来噪声、环境和交通等各种问题。在 2015 年 10 月，西岗区政府对香炉礁小摊贩进行劝离，并宣称将提供泡崖 2 万平方米空地供香炉礁原有摊主摆摊，香炉礁旧货市场就此“消失”。

香炉礁区域的旧货市场和现代商贸物流园区分别位于香炉礁立交桥的南北两侧。作为传统的市井商业和现代的舶来品仓储式大型购物区域，两种商业业态堪称“一个街区，两个世界”。因此，对于香炉礁商业区而言，社会调查的重点即在于两种对立空间形态的形成过程、空间特征、使用人群和相关社会评价。

2.2 调研过程的确立

学生调研的内容围绕香炉礁商圈的区位特征展开，通过卫星地图以及其他资料的搜集，分析香炉礁商圈在大连市的区位特征，关注商圈与周边各片区的联系，以及与周围居民区的交流与沟通，对区位的特点进行了初步了解与把握。通过对商圈内各建筑的功能调研，得出商圈业态分布状态并进行分析，同时关注周围建筑的层高分布关系，以及公共空间位置的分布与主要公共设施的种类及分布。

通过对现有道路、立体交通、停车场位置、公共交通位置及路线的分析，对商圈的交通状况进行初步了解，并进一步分析比较。具体内容涵盖区位交通、公共空间、土地使用、业态分析以及使用者满意度与感受等方面，进而结合国内外经典案例分析，对可借鉴方向的进行思考与总结，完成对香炉礁的空间特征调研。

对于消费人群的调研内容，更侧重于人的行为，如出行方式、交通流线、空间体验、业态需求、居住感受等方面，力求全方位对空间环境作出评价和思考，对于不同群体的空间需求，做出更深一步的了解。通过调研问卷，强化对消费人群的主要特征、使用感受以及商圈辐射范围的调研，从而进一步了解使用者对商圈业态丰富度、交通可达性、公共空间与现有设施的感受与看法，同时对商圈主要吸引人群的特征进行了解与总结，以进行更具针对性的改造设计。

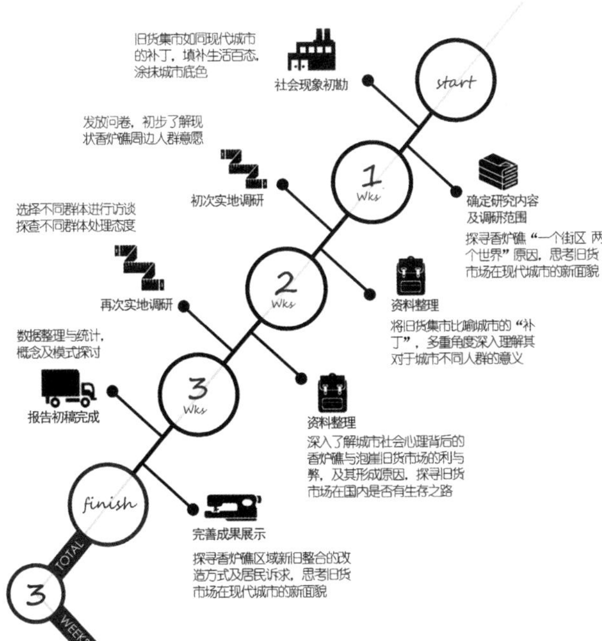

图 4 学生调研思路整理

2.3 调研成果的撰写

以香炉礁小组为例，首先由学生选举产生小组组长，调研报告的撰写采用“统一调研、分工完成”的方法，学生按照个人兴趣和特长选择报告负责部分。初稿完成后，组内进行讨论及修改，教师协助提出建议，最终形成完整的小组调研报告。整个调研部分包括三次班级发表过程，前两次为调研心得汇报、后一次为调研报告总结汇报。

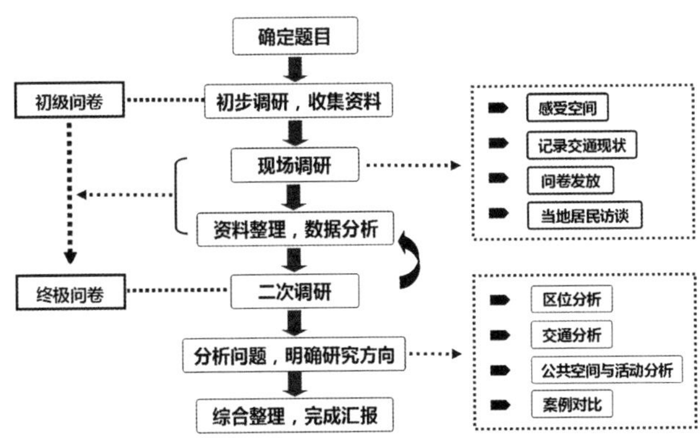

图 5 学生调研报告技术路线

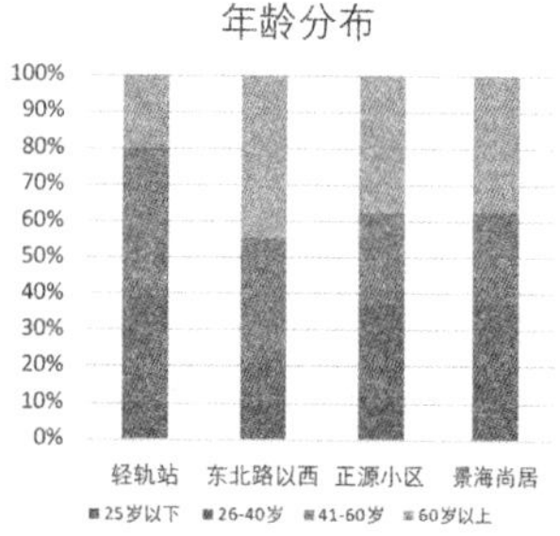

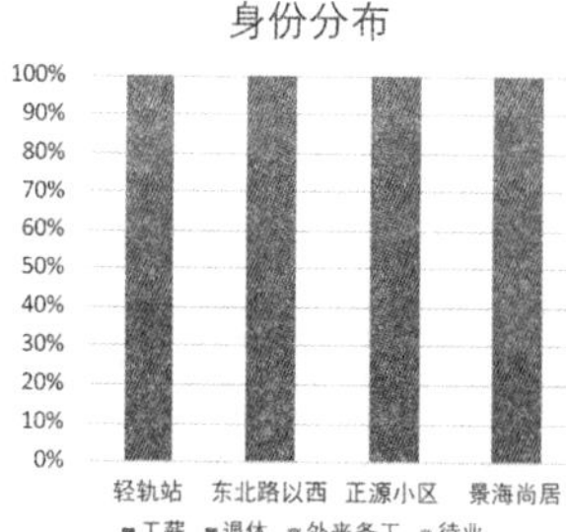

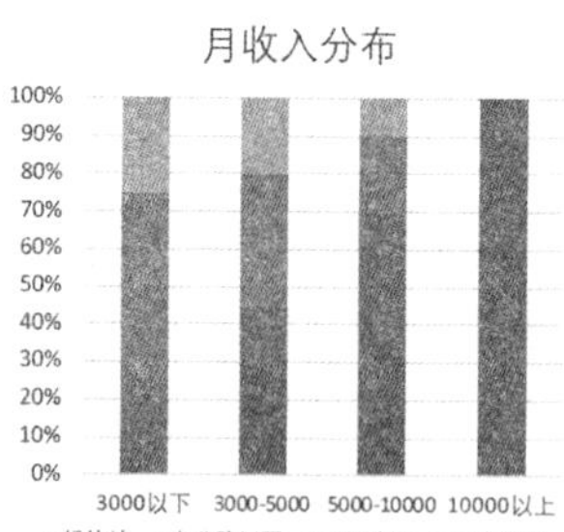

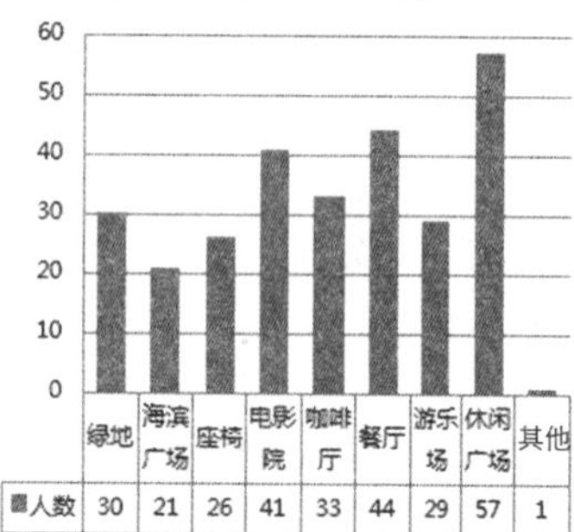

	绿地	海滨广场	座椅	电影院	咖啡厅	餐厅	游乐场	休闲广场	其他
人数	30	21	26	41	33	44	29	57	1

休闲广场需求最多，其次是电影院、餐厅及咖啡厅；老年人普遍认为座椅少

是否去过海边

去过　没去过

20人 34%

39人 66%

在知道海存在的人群中去过的仅有三成，证明，大部分人只是知道却没有去过，证明滨海空间没有得到良好的利用

是否知道附近有海

知道　不知道

21人 22%

74人 78%

约80%的人知道附近有海，证明绝大多数人对宜家商圈的周边环境尤其是滨海环境有一定的了解

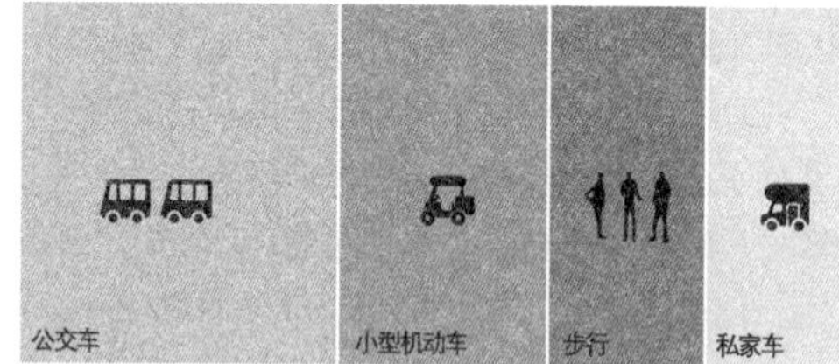

图 6　学生调研中的相关分析图表

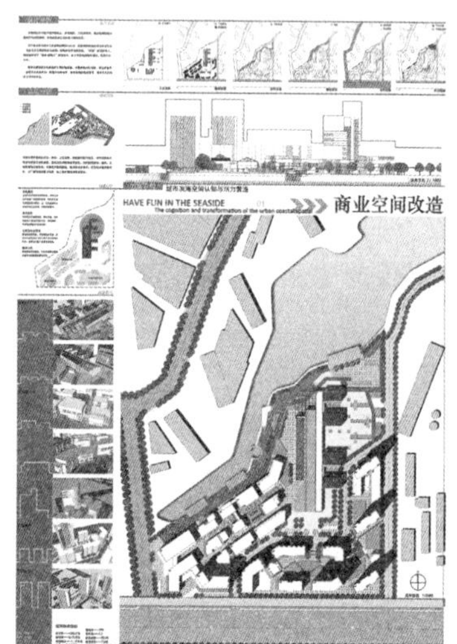

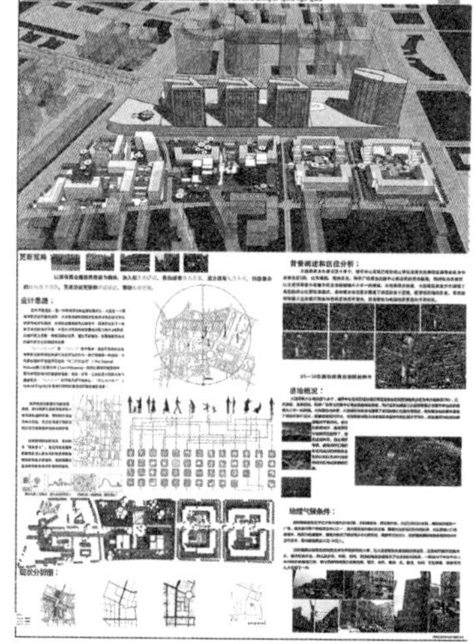

图 7　认知与改造成果表达

3 课程改革中的学生价值导向培养

“以人为本，实事求是”应是城市规划师必须坚守的道德底线和价值观念，也是其最基本职业素养。学生时期是规划师职业价值观养成的重要阶段，因而在设计课程中将学生引导至正确的方向至关重要。一段时间以来，传统的学生规划设计课程常常偏重于物质形态构建，以及最终的图纸表现，课程评分标准也往往偏重于此，因而部分学生并不重视现状调研，急于进行形态设计，这样的设计方案可能在形态上令人目眩，但由于忽视了人在城市规划中的主体地位，往往缺乏对于居民诉求的尊重，导致方案“华而不实、不接地气”。因此，在商业认知与改造课程的逐渐改革中，我们致力于将规划师的基本素质培养体系植入课程，引导学生树立起正确的规划师价值观念，其中以下三个价值导向较为关键：

3.1 认知＞改造

在教学目的方面，课程强调认知＞改造。商业空间认知与改造课程，是学生接触的第一个城市公共空间设计课程，也是学生们第一次接触的相对完整的社会调研并形成报告成果，此时，学生的城市设计功底尚不扎实，若过于追求最终设计图纸的“完美表达”，往往造成“本末倒置”，使学生忽视了前期调研在方案生成中的基础作用，久而久之养成忽略调研之基础性的不良习惯。因此，在课程改革中，我们适度增加学生的前期调研时间，安排三次阶段性调研成果的课堂发表，并引导学生在课堂上积极交叉讨论。同时，逐渐平衡课堂表现、调研报告与图纸表达的分数占比，从评分标准上体现出“认知＞改造”这一课程理念。

3.2 市民＞政府

在设计的立场观点层面，课程强调市民＞政府。课程中引导学生在尊重上位规划的前提下，结合调研中考察、访谈、问卷发放等方式，切身体会基地存在的矛盾与问题，站在市民的立场上，倾听和体察当地居民的真实诉求，总结基地内的矛盾与优劣。进而带着问题做设计，并在改造中解决问题。如今政府各职能部门从管理市民到服务市民的观念转变中，也更需要了解百姓对空间的真实需求，而摒弃传统的主观臆断、偏重形态、大拆大建的做法。

3.3 合作＞个体

在成果完成方式上，课程强调合作＞个性。无论是在下一阶段的高年级设计课程中，或是毕业后相关的工作岗位上，团队合作都是城乡规划专业的显著特点之一。良好的团队合作意识、优秀的团队沟通能力、灵活的团队协调方法都是规划师需要具备的核心素质。因此，在本门课程中，我们引导学生加强团队合作，以小组为单位统一调研、分工合作，并最终形成一套调研报告，报告中的成果在下一阶段的改造设计中实现小组共享，这也减轻了学生在后期改造设计中的图纸压力。教师在评分标准的制定中，也适度淡化成绩区分，培养团队合作意识，比如，调研报告部分的分数上，组内成员分数基本一致，而按照报告完成质量，使组间成绩有所区别，以此促进学生加强团队合作。

4 结语

扎实的社会调研功底是城市规划师应具备的核心素质之一。笔者在城市商业空间认知与改造课程教学中不断进行改革，逐渐加强社会调研在学生课程设计中所发挥的基础性作用，引导学生通过严谨的调研发现真正的社会诉求和突出矛盾，进而在此基础上，以问题导向来引领规划设计。此外，课程的改革对于学生团队合作意识的培养和规划思维方式的转变也都具有重要意义，同时也能为学生在高年级的课程设计打下坚实基础。

主要参考文献

[1] 孙施文.关于城乡规划教育的断想[J].城市建筑，2017（30）：14-16.
[2] 谭健妹，谢宏坤，刘金成.城乡规划专业教育中伦理意识培养途径研究[J].高等建筑教育，2016，25（06）：1-5.
[3] 袁奇峰，陈世栋.城乡规划一级学科建设研究述评及展望[J].规划师，2012，28（09）：5-10.
[4] 石楠，翟国方，宋聚生，等.城乡规划教育面临的新问题与新形势[J].规划师，2011，27（12）：5-7.
[5] 赵万民，赵民，毛其智.关于“城乡规划学”作为一级学科建设的学术思考[J].城市规划，2010，34（06）：46-52+54.

Value-oriented Cultivation of Urban Planning Design Based on Social Research —— Take the Course of "Commercial Space Cognition and Reformation" as an Example

Miao Li　Geng Qianzheng　Li Bing

Abstract: In the various design courses for the third year of urban planning major, the course of "Commercial Space Cognition and Reformation" can enable students to focus on the business district in the city center and recognize the complexity and diversity of the city. It is therefore a good transitional task for students to move from architecture to urban planning thinking. Therefore, this design has been used by our department for a long period of time and has been continuously reformed. In many means of understanding the city, social survey is the basic methods that students must master. This article explores the direction of curriculum reform in the course from the perspective of cultivating students' professional qualities of planners. Systematically introduce the curriculum reforms and changes in terms of teaching objectives and content and steps. Summarize the student value-oriented training : cognition> transformation, citizen> government, cooperation> individual.

Keywords: Social Research, Commercial Space, Cognition, Transformation, Planner, Value Orientation

基于数据技术支撑下的城乡规划调研课程教学体系探索*

朱凤杰　孙永青　张　戈

摘　要：城乡规划调查研究是认知城市空间的主要手段，是城乡规划设计与实践的重要基础，数字化技术的发展为城市空间的建设与管理提供了技术支撑。我校城乡规划专业为满足技术的新需求，适应学科发展的新动态，开展了基于数字技术支撑下的城乡规划调研课程体系研究，推动了地方城市空间数据及资料库的建设以及城乡规划调查实践教学的体系化。

关键词：数据技术，城乡规划调研，教学体系

引言

城乡规划调查研究是认知城市空间的主要手段，是城乡规划设计与实践的重要基础。传统的城乡规划调查研究教学基本通过现场踏勘获取感性认识，对城市空间及环境进行定性分析，所获取的空间资料往往不够客观。数字化技术的发展为城市空间的建设与管理提供了技术支撑，可以获取系统的数据指标，进而客观认知城市空间、客观设计与管理城市空间，促进城乡规划学科质的提升。

1　传统的城乡规划调查研究教学

（1）传统的城乡规划调查研究教学基本通过现场踏勘获取感性认识，对城市空间及环境进行定性分析，所获取的空间资料往往不够客观。

（2）传统的设计课程调查研究环节对新技术运用不够，影响规划学科的质的提升。我校城乡规划专业已经在部分课程（如控制性详细规划、城市设计）的部分调查研究中采用了GIS等技术手段，进行了数据库的建立及数理分析。但是新技术在整个城乡规划的教学体系中，没有普遍展开。

（3）利用“数据增强设计”是城乡规划学科发展的趋势，传统的城乡规划专业缺乏对城市空间的定量研究模型，无法评价各尺度空间因子及相互关系，难以满足对城市空间的优化设计。

2　现有城乡规划调研课程教学导向

2.1　落实学科发展的新规范

《高等学校城乡规划本科指导性专业规范》（2013年版）在“培养规格”中首次提出对学生前瞻预测、综合思维、专业分析、公正处理、共识建构、协同创新等六大能力的培养，针对以上能力的培养，新规范提出了调查研究环节的核心实践单元和知识技能点，强化了城乡规划调查研究的课程内容❶。为进一步落实学科建设的新规范，我校城乡规划专业对调研教学体系进行了深化研究。

2.2　满足技术更新的新需求

随着计算机技术的不断更新，新的技术、工具及方法应用于城乡规划调查研究的多个环节。“三规合一”的运作机制要求规划编制中应用GIS等相关技术。目前，

朱凤杰：天津城建大学建筑学院讲师
孙永青：天津城建大学建筑学院副教授
张　戈：天津城建大学建筑学院教授

*　基金项目：天津城建大学教改资助项目（JG-YBZ-1728）、天津城建大学教改资助项目（JG-1434）。

❶　高等学校城乡规划本科指导性专业规范（2013年版）

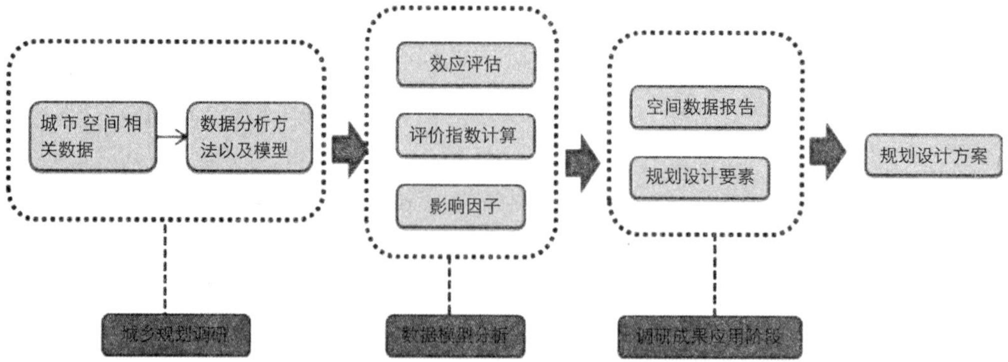

图 1　城乡规划调研及数据成果应用图

我校城乡规划专业控制性详细规划阶段运用 GIS 等手段建立了天津市多个片区的空间数据库，同时指导学生进行了有效的数理整理分析，使规划设计成果更具客观性和合理化。数字化技术在设计课程中各个阶段普遍展开。

2.3　适应城乡规划学科的新发展

目前，城市建设处于新的转型期，城市存量更新和增量规划并存，规划自身的品质也在经历从量到质的提升，不仅需要物质空间环境的调查，还需要社会、经济、人文等多方面的基础数据，建立客观详实的依据集，利用现在的信息采集和感知技术使调查研究的内容最大限度地趋近于真实。

2.4　适应数据增强设计的新动态

目前，城乡规划设计研究分析方法已从定性规划转向定性定量相结合，定性定量的分析都要通过数据搜集、建模、预测等手段，为规划设计的全过程提供调研、分析、方案设计、评价、追踪等支持工具，以数据实证提高设计的科学性，充分利用新技术手段获取的基础数据，强化规划设计中方案生成过程或评估环节，增强规划成果的可预测性和可评估性，同时拓展学生的思维，激发学生的创造力。

3　城乡规划调研课程体系建设

3.1　推动空间数据及资料库的建设

大数据在城乡规划中的应用是学科发展的必然趋势，同时我校城乡规划专业利用数字化实验室已具有数字化扫描、测量等多项设备，利用现有资源，建立不同尺度的城市空间的相关数据及资料库，为城乡规划设计提供详实的基础分析及设计资料。

3.2　城乡规划调查实践教学体系化

2013 年城乡规划专业指导规范对城乡规划调查的内容进行了分解，共分为 4 个实践单元和 15 个知识点。我校城乡规划专业根据以上内容制定了新的培养计划，针对不同学习阶段学生对城市空间的认知程度的差异逐步展开，通过合理组织教学内容，使学生循序渐进地认知城市空间，发现城市问题，逐步提高发现及研究城市问题的能力。

3.3　数据化调研增强设计

正如，清华大学尹稚教授所说，城市规划行业内目前依赖的很多规范来自于简单的现实观察以及经验性的总结，在相当长的时间内，缺乏真实的依据集来作分析和判断。随着信息采集技术、感知技术的进步，使得规划师第一次得以最大限度地趋近于真实，进而从更趋近于真实的数据、证据、图像、情境中发展处更进一步的分析技术，提出更进一步的理论和总结[❶]。

目前，我校城乡规划专业的教学体系以设计课程为核心，调查教学体系辅助设计课程，以提高学生的设计能力为主。新的专业规范强化了调查实践环节，专业教学应调整为调查教学与设计课程“一副一主”两条线。

❶　根据 2016 清华同衡学术周“巅峰论坛”观点整理。

形成“数据—模型—设计”，利用“数据增强设计”，建立城市定量研究模型，评价各尺度空间因子，更加深入系统地研究各类城市空间。

4 城乡规划调研中的技术应用

4.1 调研教学阶段的技术应用

表 1 中所列出的是我校城乡规划调研体系中所运用到的技术体系，大概分为四个技术类别：场地与调研技术、空间认知意象调研技术、视觉景观调研技术、问题矩阵调研技术。根据技术要点和调研内容的不同，采取不同的调研和数据分析技术。

4.2 设计课程调研案例——控规中的调研

控制性详细规划课程调研应对地段中的环境、开发强度、土地权属、现有人群分布状况等有准确的把握，调研包含两部分：一是对现状的踏勘和基础资料的收集；二是为合理确定规划指标进行的类似地块的调研。

（1）控规现状踏勘及基础资料的收集

控规现场踏勘包括表 2 中所列内容，同时还有以下需要收集的资料：已经依法批准的城市总体规划或分区规划对规划地段的发展定位，现状人口分布、规模、职业构成，土地经济分析资料，地区环境风貌等。在此基础上对用地结构、道路交通、基础设施、建筑管理等进行整理和分析。这个阶段的调研要分组完成，做得足够详实。同时进行了数据库的建立及数理分析，保证课程教学资源的不断更新与充实。

（2）控规指标量化调研

控规在指标制定的过程中，学生通过对于不同类型

城乡规划调研技术　　表1

技术类别	技术名称	技术要点	技术工具	调研内容
场地与调研技术	GPS 定位调研法	利用 GPS 可精确定位的特点，找到场地的 GPS 定位点，对场地进行定点的记录，再进行综合评价	GPS 定位设备	人的行为活动规律
	遥控航拍调研法	遥控运用无人机等搭载摄像设备，低空进行拍摄，用于导航和取景	遥控航拍飞机摄影、摄像器材	具有微地形的地块调研
	簇群问卷调查法	通过基地所在地区门户网站发布调查问卷，进行网络调查；有针对性地选择特定人群进行簇群调研	WEB 网络 SPSS	调查范围较广，或特定调查对象的调研
空间认知意象调研技术	心智地图调研法	对居民的城市心理感受和印象进行调查，由设计者分析并翻译成图的形式，或更直接地鼓励居民本人画出有关城市空间结构的草图	图形模糊叠合 SPSS	大尺度空间范围调研，快速形成空间特色认知
	空间注记调研法	将对城市空间的感受，使用记录的手段诉诸图面、照片和文字	语义符号法	大尺度空间感性认知
	空间感知调研法	多用于大尺度空间的设计，以街区为单位，通过 GIS 等软件，对街区、水体等开敞程度、感知度等做出综合评价	Ecotect ARC GIS MAP GIS	对大尺度地区的空间分析，或特定要素的感知
视觉景观调研技术	门户体系调研法	将进入城市的途径进行综合评价，形成不同等级门户构成的门户体系，并通过连续的不同距离的记录，形成对门户本身的感知	PHOTOSHOP ARC GIS AUTO CAD	片区及城市尺度调研，构筑关键性门户节点
	视廊体系调研法	视廊体系调研法 重要观景点与标志性景观之间的视觉联系通道。通过不断的观察与选取，最终形成多个观景点与多个标志景观点之间的视廊体系	PHOTOSHOP ARC GIS AUTO CAD	城市展示系统调研，构建城市观景体系 生态调研技术
问题矩阵调研技术	问题矩阵调研	以矩阵方式将现状问题按类别及重要性纵横排列，形成矩阵，通过问题间的包含关系及重要性梳理现状核心问题	EXCEL POWERPOINT	城市规划调研方法梳理现状问题提炼核心目标

控制性详细规划现场踏勘内容 表2

序号	现场踏勘分类	现场踏勘内容	需整理的资料
1	规划地区的自然条件、土地使用状况	土地权属占有情况	绘制现状图
2	现状基础设施状况	道路与交通	各级道路及停车、出入口方式、交通方式
		市政公用设施	市政公用设施分布的现状图
3	建筑状况	建筑性质、建筑质量、建筑高度	现状建筑的全面分析
4	配套设施	公共服务设施种类、规模、分布、类型等	分类整理教育、医疗、体育、文化等设施分布
5	环境状况	噪声、水及固体污染物的排放	

控制性详细规划专题调研 表3

序号	调研专题	主要调研内容	调研地点
1	居住区类	区位、居住区规模、交通组织、建筑形态、消防疏散、开发强度	富力城、格调春天、华苑、中北镇居住片区、梅江居住片区
2	工业区类	传统工业区：产业类型、空间组织、交通	中北工业园区
		高新科技园区：产业类型、空间组织、交通	陈塘庄科技园区、华苑科技园区
3	办公区类	开发强度、空间组织、停车	小白楼 CBD、于家堡商务中心
4	商业区类	交通组织、建筑形态、消防疏散、开发强度、人流组织	滨江道商业区
5	文化娱乐类	区位、交通组织	小白楼天津市音乐厅、天津博物馆
6	教育类	规模、设施、分布	各区重点中学、重点小学、国办幼儿园等
7	医疗类	区位、等级、规模分布、内外部交通	天津总医院、天津一中心、儿童医院

的建筑及空间进行调研及认知（表3），通过对居住区、商业区、办公区、文化等不同类型的建筑及建筑群调研，掌握不同用地的开发强度、交通组织，空间组织，内外部流线、外部空间的组织以及消防疏散等内容，为控规指标的制定提供依据。

5 结语

正如孙施文所说，城市包容着社会的要素和关系，因城市地域的有限性和异质人群的高密度而强化了复杂和矛盾。数字化技术为理清城市要素的复杂性和矛盾性提供了技术支撑，也成为城乡规划设计及调研课程教学中必须培养的技能。我校城乡规划专业为满足技术的新需求，适应学科发展的新动态，基于数字技术支撑下的城乡规划调研课程体系建设，推动了地方城市空间数据及资料库的建设以及城乡规划调查实践教学的体系化。

主要参考文献

[1] 李和平，李浩．城市规划社会调查方法 [M]. 北京：中国建筑工业出版社，2004.
[2] 章俊华．城市设计学中的调查分析法与实践 [M]. 北京：中国建筑工业出版社，2004.
[3] 同济大学等联合编写．控制性详细规划 [M]. 北京：中国建筑工业出版社，2011.
[4] 吴志强，李德华．城市规划原理：第四版 [M]. 北京：中国建筑工业出版社，2010.
[5] 孙施文．现代城市规划理论 [M]. 北京：中国建筑工业出版社，2007.
[6] 高等学校城乡规划学科专业指导委员会编制．高等学校城乡规划本科指导性专业规范：2013 年版 [M]. 北京：中国建筑工业出版社，2013.

Exploration on Teaching System of Urban and Rural Planning Research Course Supported by Data Technology

Zhu Fengjie Sun Yongqing Zhang Ge

Abstract: Urban and rural planning research is the main means to recognize urban space, and it is an important basis for the design and practice of urban and rural planning. The development of digital technology provides technical support for the construction and management of urban space. In order to meet the new demand of technology and adapt to the new trend of the development of the subject, the urban and rural planning specialty of our university has carried out the research of urban and rural planning research curriculum based on digital technology, which has promoted the construction of spatial data and database of local cities and the systematic teaching of urban and rural planning and investigation.

Keywords: Data Technology, Research on Urban and Rural Planning, Teaching System

浅谈思维导图在“城乡综合社会实践调查”课程中的应用与实践

冯　月　毕凌岚

摘　要：“城乡综合社会实践调查”课程以方法教育为宗旨，通过对具体城乡社会问题的现场调查研究实践活动，培养城乡规划专业学生理论结合实践的综合能力。但教学中学生经常出现“思路打不开”、“调研方向跑偏”等问题，因此帮助学生有效进行思维整理极为重要。本文分析了社会调查实践课程中思维培养的重要性及其培养过程中存在的问题，将思维导图与课程内容相结合，提出一种基于思维导图的课程教学模式，即以学生为主体，在研究课题的驱动下进行发散思维和探究实践，以期能提高学生的社会实践能力和开拓创新意识，帮助学生掌握有效的思维整理方法，建立科学的思维逻辑。

关键词：思维导图，社会调查，教学改革

引言

20 世纪末，国内各高校有关城市规划专业社会调查的教学，基本上是结合规划设计课的教学过程加以灵活组织的。❶自 2000 年全国高等学校城市规划专业指导委员会开始举办社会综合实践调查报告作业评优以来，不少高校开始在城市规划本科培养教学计划中设置了专门的社会调查课程与实践环节，“城乡综合社会实践调查”由此而生。

以学生为主导的“参与式研究性教学”❷、“翻转课堂”❸一直是近年来各大高校社会调查实践课程推行教学改革的方向：变传统教学中以教师为主导的灌输式教学为帮助学生完整实践社会调查研究的过程，实现从信息提供向方法传授、能力培养转化的教学目标。“授人以鱼不如授人以渔”，为思维而教是西南交大“城乡综合社会实践调查”课程教育改革的重要目的。

1　社会调查实践课程中思维训练的重要性

城乡社会调查是以城市和乡村作为研究对象，按照社会科学的逻辑，通过一定的方式、方法和途径，获取相关专题的基本信息、基础资料和数据，进而把握城市或乡村某一现象的内在规律，揭示城乡问题，并获得合理的解释❹。其间，从课程选题到文献阅读整理、确定调研对象，再到实地调查、分析、综合、评价，每一步骤、每一个目标的实现都离不开学生的主体思维活动。同时，城乡社会调查具有文理综合性和研究对象的广阔性等特点，研究时经常要运用丰富多样的思维方法。因此，思维训练要贯穿整个实践课程的教学，这对培养城乡规划专业学生理论结合实践的综合能力具有重要的意义。但因为各种原因，很多教师在教学实践中把大量的时间和注意力花在知识传授和结论陈述方面，对学生思维能力

冯　月：西南交通大学建筑与设计学院城乡规划系讲师
毕凌岚：西南交通大学建筑与设计学院城乡规划系教授

❶　李浩，赵万民．改革社会调查课程教学，推动城市规划学科发展 [J]. 规划教育，2007，2（11）：65-67.

❷　华中师范大学社会学系通过教学改革与实验，提出了“社会调查研究方法”课程的参与式研究性教学模式。

❸　西南交通大学城乡规划系自 2005 年就在“城乡综合社会实践调查”课程中引入翻转课堂教学方式，并积累了丰富的经验。

❹　费孝通，中国著名社会学家。

的训练缺乏足够的关注和应有的重视。

城市是一个复杂的巨系统，城市问题的产生通常都是多方面因素共同作用的结果，其表征也可能多种多样。学生在社会调查的过程中不仅要弄清某一城市问题或现象的现实状况，还要要探索和发现其潜在的本质和产生的原因，这个过程是感性认识向理性认识的转化，需要学生一直保持明确的目标和清晰的思路。研究方向“跑偏”、内容遗漏是课程中学生最常出现的两个问题，需要指导老师及时的纠正和引导。究其本因就是学生思路不清，思维不够缜密。在教学过程中交给学生科学的思维方法比“就问题解决问题”更加必要。

2 社会调查中常用的思维工具

社会调查实践中最常用的思维工具就是绘制研究框架图，应用简洁的图形、表格、文字等形式描述研究步骤和相关环节之间的逻辑关系，帮助学生明确调研课题的发展方向和实现目标所需的关键技术。在调研开始前，教师都会要求学生制定研究计划并绘制研究框架图。但是，从近几年的情况看，研究框架图的绘制对学生的帮助并不大。首先框架图已经“模板化”，一些研究框架基本上“放之四海而皆准”，学生可以很容易地在互联网上下载并做简单的改动即可；其次，框架图更强调思维的逻辑性，注重研究阶段的划分及其与主要研究内容的对应，本科生阶段的研究课题比较简单，因此课题的研究阶段划分及研究内容并不复杂，框架图的制作比较容易，不能有效达到思维训练的效果。再次，研究框架图主要表达研究步骤并不能及时、显著地反映出研究内容的合理性，因此，绘制了框架图后学生仍然会出现“思路跑偏”的问题。

在社会调查实践的指导过程中，教师通常会让学生对某一城市现象进行描述，并询问“为什么”、“会怎样”、“怎么办”，学生也会根据这样的逻辑组织调查研究并形成最终成果。实际上，这一步骤正是 5W1H 思维模式[1]的一个变形，这种模式具有广泛的适用性。[2]思维工具有很多，本文不在一一赘述。每一种思维工具都不是任何情况下都是唯一的或最佳的模式。教师需要根据实际需要帮助学生选择合适的思维激发和整理工具。如KJ 法、SWOT 法等，都是非常有效的整理思维，每一个都有其适用性。

在城乡社会调查实践中，教师往往关注于学生整体纵向逻辑的梳理，把控各个调研阶段的任务、目标，从而忽略了激发学生的横向思维。头脑风暴、思维导图都是激发创新性思维的有效方法。

3 什么是思维导图

思维导图是由20世纪60年代英国心理学家托尼·博赞（Tony Buzan）发明的一种笔记方法，后来逐渐演化为一种表达放射性思维、促进思维激发和思维整理的有效的图形思维工具。[3]它能让人们运用图文并重的方式，把各级主题的关系用相互隶属与相关的层级图表现出来，清晰地描绘出思维的线路和层次，能将我们的思维用图表达出来，具有发散性、可视化、形象生动的特点（图1）。思维导图自问世以来就受到了极大关注，它已经被广泛应用于教育、商业等众多领域，而且取得了很好的效果，是目前最典型也最受欢迎的可视化认知工具之一。近年来，思维导图自身的特点促使其已经被很多国家运用到教育改革实践项目中并产生了积极的影响。在美国和欧洲，经过研究和探索，思维导图已经被广泛应用于教育教学甚至课程设置中，在英国，思维导图进入了中小学的必修课程。[4]

2000 年，第一篇介绍思维导图的学术论文在国内发表，这一全新的教学方法自此引入中国。[5]进入 21 世纪，社会转型和教育变革对教学方式提出了新的要求，思维导图也逐步进入广大教育工作者的视野，相关学术

[1] 5W1H 思维模式也叫六何分析法，是对选定的项目、工序或操作，都要从原因（何因 Why）、对象（何事 What）、地点（何地 Where）、时间（何时 When）、人员（何人 Who）、方法(何法 How)等六个方面提出问题进行思考。是一种思考方法，也可以说是一种创造技法。在企业管理、日常工作生活和学习中得到广泛的应用。

[2] 赵国庆．概念图、思维导图教学应用若干重要问题的探讨 [J]. 电化教育研究，2012（05）：78-84.

[3] 赵国庆．概念图、思维导图教学应用若干重要问题的探讨 [J]. 电化教育研究，2012（05）：78-84.

[4] 李萍．基于思维导图的教学设计研究 [D]. 上海：上海师范大学，2017.

[5] 王功玲．浅析思维导图教学法 [J]. 黑龙江科技信息，2000（4）：66.

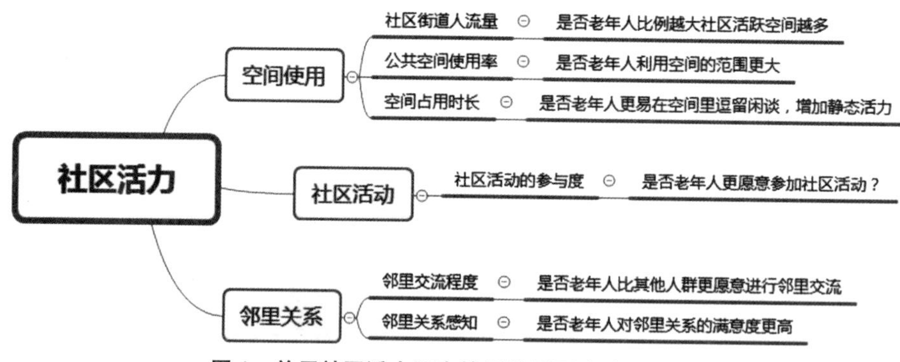

图 1　关于社区活力研究的思维导图（选题阶段）

研究数量逐年递增，关注焦点也逐步从理论探讨向教学应用转变。2000–2010 年这 10 年中，国内期刊总共发表 246 篇介绍思维导图在教学中应用的论文。从 2011 年到 2017 年，相关教学论文数量逐年增加，仅 2017 年，以“思维导图、教学”为主题词就可以在 CNKI 期刊目录中检索到论文 549 篇。在国内教育领域，思维导图已经实现从理论研究向实践应用的转化，研究与应用的热情异常高涨。

2018 年，西南交通大学将思维导图运用到“城乡综合社会实践调查”课程中，借助思维导图提高学生发散思维能力，理清思维的脉络，以进一步提高教学质量。

4　思维导图在课程中的实践

思维导图其最大的特点就是发散性，当学生面对复杂的城乡问题的时候，思维导图对激发思维、理清城乡复杂关系无疑是非常有效的。同时，思维导图有利于构建一种讨论、协商的氛围，非常适用于小组协作，引发组员间的交流，调动组员的积极参与，不仅有助于问题的探讨与解决，也有助于对学生团队合作精神的培养。

4.1　各教学阶段中思维导图的应用

选题阶段：发散思维，学生自主恰当的确定研究主题。“选题”是社会调查研究的第一步，也是开启一项调查研究的关键所在。多数学生往往根据自身的专业知识和兴趣，提出许多大胆、新颖的想法，但通过交流不难发现，不少学生由于对选题的可行性缺乏预见，往往难以进行下去。绘制思维导图有利于帮助学生发散思维，并预见调研成果和操作难度。还有一些同学选题比较大，不适合作为本科阶段的社会调查，在思维导图的帮助下，可以将题目分解，找到合适的主体。例如，在社区活力研究课题组中，学生一开始找不到课题研究的切入点，在绘制思维导图的过程中，利用发散思维联想到相关的诸多方面，从而轻松地将“老年人对社区活力的影响”确定为研究主题（图 1）。

有多个调研题目可供选择时，思维导图可以帮助学生更全面及清晰地作出决定。先将需要考虑的因素、目标、限制、后果及其他可行性，用思维导图画出来，再将所有因素以重要程度和个人兴趣、喜恶加权，最后就可以作出决定。

准备阶段：确定调研内容，制定研究计划是城乡社会调查的重要准备工作，也是关系调研成败与否的重要环节。思维导图呈现的是一个思维过程，学生能够借助思维导图快捷地梳理研究思路、细化研究内容。

确定调研题目之后，学生可以利用思维导图工具对课题研究的主题进行图式分解，并设想多种解决问题的方法，从而把大问题细化为几个具体而又关联的便于操作的子问题。❶思维导图中的核心即时“研究题目”，“分解问题（细化主题）”则是研究内容。例如，在“人才住房”这个题目中，学生们利用思维导图将研究内容确定为了解人才住房的建设目的、使用对象、相关政策、建设情况等方面，并逐一细化（图 2）。制图过程中对问题的分

❶　王锐，李哉平，张志远．思维导图在课题研究内容设计中的运用——以《天台山文化育人功能的开发与实践研究》为例 [J]. 教育科学论坛，2013（1）：32–33.

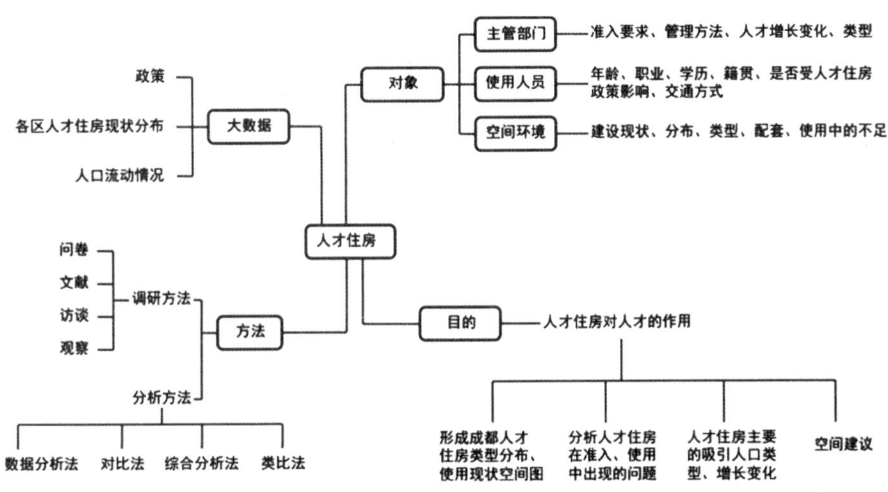

图 2　关于人才住房研究的思维导图（前期准备阶段）

解可以是多层次的。这种方式可以使问题变得清晰而具体，更能明确地展示课题究竟要“研究什么”。

用思维导图来设计研究内容个性化较强，学生可以依据各自的理解和喜好实施有针对性的分解，从而形成不同的研究思路。但无论怎样分解，都要注意内容的分解应紧扣课题的主题词，在分解之前最好能够进行概念界定，使分解能够比较科学。

调研阶段：调研过程应根据思维导图围绕主题展开，这样学生就不会在复杂的问题面前迷失方向，容易推进。如果有新的发现，学生可灵活地在思维导图上处理扩张，不会迷失在其他思路上。

分析阶段：激发组员参与，共同思考。分析是一个集思广益的过程。首先每一位学生都要画出自己已知的资料及得出的结论，然后将各人的思维导图合并后再集中讨论，决定哪些较为重要，再加入新思考，最后重组成为一个共同的思维导图。在这过程中，每个组员的意见都要被考虑，也很可能产生更多创意及有用的结论。

4.2　如何评价思维导图

思维导图反映的是学生对研究对象的主观想法，每位同学的思维方式不同，所以使用思维导图的效果也不一样，呈现出来的内容也不同，因此思维导图无对错之分。在社会调研课程的不同阶段，教师应该有不同的评价侧重点。

选题阶段：每位学生均应针对现实社会问题，拟定选题报告。这一阶段，教师会教授基本的思维导图绘制和应用方法，学生对社会调查实践可能会涉及的各方面领域展开头脑风暴并绘制选题思维导图。教师评价重点是思维导图的绘制技巧，首先从形式上去评价，譬如关键词提炼得是否合适、配色是否合理、布局是否美观等，其次是逻辑关系是否正确。最快速有效提升学生绘制水平的办法是找一些优秀的作品，让学生去模仿，在模仿的过程中逐步掌握软件的使用或手绘的技巧。

计划阶段：研究小组制定研究计划，并开展预调研。根据预调研的结果，调整研究计划。这个阶段是保证课题顺利完成的基础，评价重点则应该是以内容为主。这时教师应该帮助学生思考关键词（即研究内容）是否完整、是否符合主题、节点之间的关系是否准确、顺序是否合适、逻辑是否顺畅等。

调研分析阶段：研究小组根据本组研究计划开展调查研究，收集课题需要的各种信息资料，并进行全面的资料整理和汇总工作。按照方法设计确定的相关研究方法，进行多层次的交叉对比分析。此时，教师评价重点则应该转移到思维导图对创造力发挥的促进上。此时，学生做出来的图不应该停留在对现有资料的整理上，而是应该将个人的见解（即分析结论）有效地体现在图中，激发新的想法，产生新的创意。学生还可以利用绘制思维导图的形式开展讨论会，针对交叉分析的各种阶段性结论进行头脑风暴。

报告撰写阶段：根据调查研究各个阶段成果，拟定调查报告提纲，撰写调查报告。学生通过思维导图的绘制，讨论调查报告的撰写思路。报告的撰写思路并非唯一，这时教师评价的重点又回到最初，应该帮助学生提炼关键词、确定章节内容、顺畅逻辑等。

结语

结果显示，在“城乡综合社会实践调查”课程中应用思维导图促进了学生的能力培养。学生发现问题、探究问题的能力发生了变化，提问多了，提出来的问题相对以前也深刻了，同时学生分析研究问题的条理性、规范性和整洁性有了明显改进，逻辑性、多样性和新颖性相对以前了改观，创新能力得到了加强，书面和口头表达也更加清晰。

在看到思维导图在教学中取得良好效果的同时，我们也要对思维导图有全面客观的认识。随着思维导图应用的不断深入，其宣传更是铺天盖地，令人眼花缭乱[1]。思维导图也被包装得“包治百病”，更有胜者认为中学生每天一张思维导图就可以考高分。我们不能轻信社会上的夸张、虚假宣传，也不能因噎废食，弃之不用。思维导图仅是众多思维工具中的一种，易学、高效，对激发学生思维、整理思路确实有着明显的作用，用好了能发挥很好的效果，没有用好也会出现反面效果。更高效地发挥思维导图的功效，从根本上提升学生思维的质量和逻辑能力，才是课程教学方法改革的主要目的。

Discussion on the Application and Practice of Mind Mapin the Course of *Urban and Rural Comprehensive Social Practice Survey*

Feng Yue　Bi Linglan

Abstract: The course *Urban and Rural Comprehensive Social Practice Survey* is aimed at method education, through the field investigation and study of specific urban and rural social problems, the comprehensive ability of urban and rural planning professional students to combine theory with practice is trained.However, students often have problems such as “unable to open their minds” and “deviation in research direction” during the teaching. Therefore, it is extremely important to help them effectively organize their thinking.This paper analyzed the importance of thinking training in social investigation practice curriculum and the problems in the cultivation process, combined mind maps with course content and proposed a course teaching model based on mind maps, that is, student-centered, divergent thinking and inquiry practice are driven by research topics, with a view to improving students' social practice ability and blazing new trails, helping students master the methods of effective thinking and establishing scientific thinking logic.

Keywords: Mind Map, Social Investigation, Teaching Reform

[1] 截至2018年5月15日，百度搜索“思维导图”可出现2千万余条信息，且搜索指数逐年攀升。

统计学视角下城乡社会综合调查课程的创新探索

张延吉

摘　要：数据分析能力是新时代城乡规划师的必备素养，也是科学编制城乡规划和开创中国城市理论的重要基础。然而，原有工科规划的培养体系相对忽视以统计学为代表的数据分析理论和方法，使得规划师在处理大数据和社会调查数据时往往浅尝辄止。为此，福州大学城乡规划系在统计学视角下探索了社会综合调查课程的创新实践。教学创新将为城乡规划实践服务和为原创城市理论服务作为指导思想，将教学内容分为实证研究的理论基础、定量分析的方法基础、社会调查的实践汇报三大模块，帮助规划系学生掌握基本的统计知识和主要的数据分析方法，大幅改善了社会调查报告及课程论文的分析深度。

关键词：社会调查，统计学，课程设计

1　数据分析能力是新时代城乡规划师的必备素养

中国特色社会主义进入新时代，城乡规划同样面临着新机遇和新挑战。一方面，大数据分析技术蓬勃发展,基于信息通信设备（ICT）的开源数据（如手机信令、空间兴趣点、城际交通流）大量产生，为掌握城乡空间要素的实时分布及变化趋势提供了契机；另一方面，一批全国性、地方性的社会调查全面铺开，为深度理解城乡发展机制，探索建立中国特色的城市理论，进而更好地科学指导规划设计奠定了基础。此外，在城市总体规划、乡村规划等实际项目中，社会调查也广泛开展，是了解规划对象、分析发展现状、剖析问题成因和制定对策建议的前提。

然而，在传统工科体系的城乡规划教育过程中，对数据分析能力的培养关注不够，多数规划毕业生的数据分析水平依旧停留在描述性统计的层面，基本满足于以折线图、饼状图等方式展现数据的阶段。在面对大数据及社会调查数据时，缺乏统计学知识和计量分析方法，缺乏透过现象厘清本质的能力。甚至有些规划专业学生和规划师认为，社会调查只是规划方案前装点门面用的。

为了提高城乡规划专业学生的数据分析能力，福州大学城乡规划系的“城乡社会综合调查”课程小组在近年来的教学改革过程中，探索了一条以统计学知识为理论基础、以社会调查和计量经济为方法论基础的教学体系，经过多年实践取得了良好效果。

2　坚持为城乡规划实践服务和为原创城市理论服务的指导思想

社会调查和数据分析的基本原理及方法论来源于统计学和计量经济学。这些专业对学生的数学要求较高，相关专业书籍中大量的推理公式和艰涩的学术术语，常常成为规划专业学生开展相关学习的“拦路虎”。此外，尽管相关专业的教材很多，但绝大部分属于理论经济学或社会学的关注领域，缺乏基于城市空间视角和城乡规划议题的探讨，使得一些学生在课程初期产生了怀疑学习统计学和计量方法意义的思想。

为此，在课程内容设计中，我们首先剔除了大量艰涩高深的数学公式推导过程，重点讲解每一种计量方法的工作原理、处理的基本问题，结合具体案例传授SPSS或Stata软件的操作方法等内容。其次，我们重视进行课件教案的原创工作，将传统经济学、社会学领域中的统计方法运用于城市规划或城市问题分析中，结

张延吉：福州大学建筑学院讲师

合每一种计量方法所展示的案例基本为城市规划领域中的经典议题，使学生明晰统计方法对于城乡规划分析的作用，让统计学更好地为城乡规划实践服务。

例如，在讲解回归分析方法时，课程中以“雅各布斯的街道眼理论是否能够防止城市犯罪活动的发生？”、“影响街道活力的主要建成环境因素有哪些？”等实际案例进行演示；在讲授聚类分析方法时，课程结合“中国城市职能的分类”、“n 线城市格局的变迁规律”等实际案例进行展示；在讲授因子分析方法时，课程结合若干主要城市社会空间的生态地图制作进行讲解；在讲授空间计量方法时，课程结合“福州市的房价空间变化格局”进行探讨。这些案例主要来源于课程小组教师的日常科研工作，能够保证数据、资料、底图等资料充足，课题展示案例与城市规划原理、城市经济学、城市社会学等课程知识相互联系，激发学生自己也能产生对知识的兴趣和信心。

总之，课程改革的目标不仅使学生通过教学掌握基本的定量分析方法和数据深度处理能力，更是为了促使学生们能将这些方法运用于规划分析和调查数据分析中来。对于学有余力的学生，则鼓励他们通过定量方法尝试创造中国城市理论，进而撰写规范的学术论文。

3 统计学视角下社会综合调查课程的体系框架

经过多年的课程改革探索，目前福州大学建筑学院的“城乡社会综合调查”课程设有 2 学分，共 32 课时，包括实证研究的理论基础、定量分析的方法基础、社会调查的实践汇报三大模块。其中，理论基础模块包括 5 讲，10 课时；方法基础模块包括 7 讲，14 课时；实践汇报模块包括 8 课时。主要内容如下：

3.1 模块一：实证研究的理论基础（共 10 课时）

第一讲主题为“城市研究的理论与思路”。重点讲授研究方法的哲学基础（经验主义、实证主义、人本主义、结构主义）、基于实证主义的科学研究过程（现象与问题→抽象理论→验证理论→应用理论）、文献综述的意义和方法等内容。

第二讲主题为“测量”。重点讲授构念和变量的概念、量表的编制方法、反映测量质量的信度和效度、调查问卷的组织等内容。

第三讲主题为“数据的搜集与调查方法”。围绕间接数据，重点讲授数据类型、获取途径、数据爬取方法等内容；围绕直接数据，重点讲授概率抽样调查的方式、非概率抽样的方式、城市研究中的实验法等内容。

第四讲主题为“描述性统计”。重点讲授数据类型以及集中趋势度量、离散程度度量、偏态峰态度量等描述性方法。

第五讲主题为“假设检验”。重点讲授假设检验的思路、SPSS 及 Stata 软件的界面和基本操作。

3.2 模块二：定量分析的方法基础（共 14 课时）

第六讲主题为“回归分析”。重点讲授最小二乘回归方法、SPSS 操作和识别外，围绕“城市建成环境特征对犯罪活动的影响”和“城市建成环境对城市活力的影响”两个真实案例，讲解回归分析在识别各类因素的影响方向、相对重要性及变量间关系等方面的作用。

第七讲主题为“用基本模型检验理论”。重点讲授调节效应模型和中介效应模型的理论和操作方法。围绕“空间环境与社会环境对居住安全感的交互影响”的真实案例，详细解释两大效应的测量、识别和检验过程。

第八讲主题为“因子分析”。重点讲解因子分析的概念、操作。围绕“如何评价中心城市的辐射能力”、“福州市城市社会空间的生态地图演变”等实例讲解因子分析在降维过程中的作用。同时，讲解“因子分析”在测量构念及评价信度过程中的作用。

第九讲主题为“聚类分析”。重点讲解层次聚类在分类研究中的作用。围绕“中国城市职能的分类”、“几线城市的分类变化”、“基于 POI 分类的福州城市功能分区变化”等实例进行讲解。

第十讲主题为“空间计量分析”。重点讲解空间自相关、标准化椭圆、空间距离测量、空间计量模型等内容。围绕“福州市的房价空间变化格局”、“福州市企业分布格局的变化趋势”等实例进行讲解。

第十一讲主题为“社会网络分析”。重点介绍社会网络理论、应用方法和 Ucinet 软件的基本操作。围绕“长三角主要城市经济联系”等实例进行讲解。

第十二讲主题为“路径分析方法”。重点介绍结构方程模型、路径分析方法和 Amos 软件的基本操作。围绕城市社会学中的中国社会代际流动变迁，讲解社会地位获得模型的构建过程。

3.3 模块三：社会调查的实践汇报（共 8 课时）

城乡社会综合调查课程要求学生自由组队、选题、编织问卷，并搜集数据。在模块一结束后，安排 2 课时进行开题汇报，每组就选题意义、调查方案、问卷编织结果等内容进行小组汇报，以便及时发现问题进行调整。

在模块二结束后，安排 6 课时进行调查成果的汇报，将学生以 1–2 人分为一组，结合在实地调查中搜集的数据、针对各组的研究问题、并利用课堂所学的至少一个方法进行分析，以巩固学生对方法的掌握和对软件的熟悉度。最终成绩分为现场汇报和论文提交两个环节，各占总评分的 50%。其中，在汇报过程中，进行同学互相评分和教师评分结合的方式，两者占最终成绩的权重为 30% 和 70%。在经过现场点评后，进行修改，并且一般要求在汇报两周后提交正式的论文（或报告）。

在学生调查实践过程中，少部分小组由于遇到阻碍或各种困难，无法获得较大规模的样本，使得一些数据分析工作难以开展。针对这些情况，我们为这些小组提供了二手调查数据，如中国人民大学主办的中国综合社会调查（CGSS）、北京大学主办的中国家庭追踪调查（CFPS）等，要求学生从中选择城乡发展与空间规划相关的问题和数据进行分析。

4 教学效果和未来改进方向

经过近几年课程教学的改革实践，增进了学生们对统计学基本理论知识的了解，加强了规划学生的数据分析能力，培养了学生在城市研究和规划分析过程中运用定量方法的思维和方法。

综合 2016 学年以来的学生作业，代表性的选题包括：《城市建成环境特征对居民出行方式的影响》、《道路环境改善对于推动自行车出行的效果评估》、《福州市母婴室空间分布与使用满意度的影响因素分析》、《海西城市群内部的流动空间测量》、《中国城市群的竞争力等级评价》、《影响城市房价的主要因素分析》、《街道环境特征对城市商业活力的影响状况分析》、《迁移行为视角下的城市流动模式变迁》、《社区安全性与体力活动的关系》、《社区居民空间满意度的评价体系构建》、《城市落户政策对农民工归属感的影响》、《规模经济的一项验证：城市规模与餐饮多样性的关系》、《福州城市主要功能的空间分布结构》、《拆迁活动对居民社会网络的影响》等。在课程结束后，选拔一部分优秀论文或报告选送参加全国城乡专职委的社会调查比赛；针对另一部分优秀论文，将指导学生进一步完善提升，参加大学生创新创业大赛或投递专业性期刊。

受课时所限，城乡社会调查课程的改革方向目前以讲授定量分析方法为主。但一些重要的定性分析方法，如访谈法、扎根分析、民族志等难有时间再行展开，而这些定性方法往往能够进一步深入理清变量关系背后的机制过程，获得对研究对象的深入认识。为此，在福州大学城乡规划专业的新一轮本科生教学方案中，在城乡社会调查课程之外，新增“城市研究”的选修课，主要讲授中高级定量分析方法和补充讲授定性研究方法，供学有余力或感兴趣的规划学生进行选修。新一轮教学方案已在 2017 级大一新生中开始实行，“城市研究”课程将在大四进行开设。

The Innovative Exploration of Urban and Rural Social Survey Course from the Perspective of Statistics

Zhang Yanji

Abstract: The ability of data analysis is an essential quality for urban and rural planners in the new era. It is also an important basis for the scientific preparation of urban and rural planning and the creation of Chinese urban theories. However, the training system of the original planning course relatively neglects the theory and method of data analysis represented by statistics, making planners often hard to deal with big data and social survey data. To this end, the Department of Urban and Rural Planning of Fuzhou University explores the innovative practice of social comprehensive survey curriculum from the perspective of statistics. The teaching innovation will serve as a guiding ideology for urban and rural planning practice services and services for original urban theories. The teaching content will be divided into three major modules : the theoretical basis of empirical research, the basic method of quantitative analysis, and the practical reporting of social surveys. The statistical knowledge and major data analysis methods have greatly improved the depth of analysis of social survey reports and course papers.

Keywords: Social Survey, Statistics, Course Innovation

嵌入交通调查分析的城市交通规划课程教学改革思考

靳来勇

摘　要：城市交通规划是城乡规划专业的核心课程之一，剖析了该课程在教学过程中存在的主要问题和面临的挑战。从城乡规划专业学生能力培养的角度，分析了在课程教学过程中嵌入交通调查分析环节的必要性，从交通调查选题内容、交通调查分析阶段划分、教学组织等方面研究了交通调查分析融入城市交通规划课程教学的具体思路，从而提高学生的综合思维与实践能力，提升城市交通规划课程教学效果。

关键词：城市交通规划，教改研究，城乡规划，交通调查

1　引言

城市交通规划课程是城乡规划专业的核心课程之一，该课程是阐述城市交通的基本理论、基本知识、解决实际交通问题方法的课程，通过该课程的学习，培养学生具备城市交通规划的综合思维能力和实践能力。

目前，我国城乡规划本科教育中城市交通规划课程一般是作为理论课程，采用课堂教学的方式授课。城市交通具有显著的实践性和体验性的特征，单一的课堂理论教学难以适应交通实践性、体验性的特点，同时面对城市交通问题日趋复杂且交通矛盾不断变化的新形势，传统课堂教学方式的不适应性逐步体现出来。

交通调查具有很强的实践性和应用性，在城市交通规划课程的理论教学中，嵌入交通调查环节，学生通过对某些实际交通问题进行交通调查，分析交通问题，结合理论教学内容，提出可行的交通规划方案和改善对策，将有关交通理论应用于交通规划实践，是理论和实践相结合的必要手段。通过嵌入交通调查环节，可以激发学生的学习热情，使学生更加深刻地理解掌握交通规划的基本理论、基本方法，巩固基础知识，提高学生交通规划综合思维能力与实践能力。

2　现有教学存在的问题

由于城市交通系统复杂性的特点，很多交通规划理论都有其适用条件，必须掌握这些理论的前提、适用条件，这对城市交通规划的教学提出了更加严格的要求，学生除了应该掌握课程中的基础理论知识与方法，还必须具备运用基本知识和理论解决新问题的能力。在城市交通规划课程教学中，单一的课堂教学方式对于学生解决交通问题能力与综合思维能力的培养显得力不从心。

2.1　教学方式单一，学生应对现实交通问题的能力较弱

城市交通规划课程涵盖的知识内容多，目前的教学内容包括道路交通基本知识、铁路、公路、航空、港口交通调查与交通特征、道路网、城市公共交通、城市轨道交通、步行与自行车交通、停车系统、货运交通、交通战略与交通政策等内容，课程内容多而杂。由于内容较多，课堂教学节奏紧张，学生讨论和思考时间不足，特别是缺乏学生自主思考的实践环节，学生缺乏对工程认知，理解不深入，学生应对现实交通问题时显得无从下手，解决城市交通问题的能力不足。

2.2　学生交通系统整体思维能力的培养不够

交通系统具有复杂性、综合性的特点，这种特点决定了规划专业的学生要具备扎实的专业知识、系统的思维习惯和一定的创新能力。城乡规划专业城市交通规划课程通常开设在第五、六学期，学生在之前的

靳来勇：西南民族大学城市规划与建筑学院高级工程师

专业课程学习中，更多是依托建筑学侧重于物质空间形态的规划设计学习，更关注方案设计的空间表达、专业规范的掌握。城市交通系统具有复杂多变的特征，城市交通系统规划是空间设施规划与交通政策的结合，是定量预测为主、定性判断为辅的结合。传统课堂教学多采用分条框、分系统的方式安排授课，交通各系统综合性组合式授课内容少，理论学习与工程实践结合缺乏，学生对现实中涉及多因素的交通系统优化的综合思维能力较弱。

3 城市交通规划课程面临的新形势

3.1 对综合能力培养的要求显著提升

《高等学校城乡规划本科指导性专业规范》（2013年版）中列出了学生能力结构的六项主要内容，包括前瞻预测能力、综合思维能力、专业分析能力、公正处理能力、共识建构能力和协同创新能力。其中，综合思维能力是能力培养的核心，综合思维主要包括：创造性思维、逻辑思维、社会洞察力等方面，传统的记忆、背诵知识认同统一标准的教学方式不适应城乡规划专业的培养要求。专业分析能力是城乡规划专业学生需要具备的一个基本能力，注重发现问题一分析问题一解决问题的过程。公正处理和共识建构能力是力求在各利益方、近远期间取得平衡、对利益相关体不同利益诉求的尊重与调和的能力。

3.2 现实交通问题日趋复杂化、尖锐化

在我国新型城镇化、快速机动化双重背景下多数城市交通拥堵恶化蔓延、交通出行环境不佳、交通系统与用地开发不协调等问题凸显并呈进一步恶化趋势，交通问题在很多城市成为“城市病”的典型。在规划阶段重视交通问题、构建美好交通愿景已成为业界共识，而传统“原理式的交通规划”课程无法深入解释现实的交通现象、难以培养学生解决实际复杂交通问题的能力。交通问题的复杂化、尖锐性要求城乡规划学生对交通理论、规划技能的掌握程度明显加深，单一的课堂授课方式难以适应和解决现实交通矛盾复杂化的要求。

3.3 城市综合交通规划由增量规划向存量规划逐步转变

经过改革开放40年的快速发展，我国许多城市已经形成了规模可观的建成区，在经济发展模式由外延式转向内涵式的过程中，很多城市人口进入缓慢增长阶段，大部分城市进入增量与存量并存的规划时期，相关规划理念及方法正在发生转变。传统的增量规划思维定式下，扩大交通供给为主的课程内容已经难以适应今后规划实践的要求。

当前城市交通系统规划主要面向增量规划，在惯性思维影响下，教学的重点是指导学生进行交通设施规划，主要通过设施增量提高城市交通系统的整体能力来平衡需求的增长。对于存量规划，规划主要通过城市交通系统服务和政策调整来响应需求的变化，交通设施新增数量较少。这种现实发展背景的变化，对课程内容的侧重提出了新的挑战和要求，课程内容侧重从路网、公交、停车等单一系统基本知识的掌握逐步转向多个系统的合理组合，由设施规划为主向服务和政策规划为主转变。对于以存量为主的规划而言，教学重点如果仍放在面向交通设施规划的内容上，就很难适应存量规划阶段城市交通系统改变的现实变化。

城乡规划专业学生能力结构的主要内容　　表1

能力要求	目标
前瞻预测能力	预测社会经济发展趋势的能力，对城乡发展规律的洞察能力
综合思维能力	思维能力是综合能力的核心，学会运用有效的思维方式去分析、判断、创造
专业分析能力	发现一分析一解决问题的分析和推演方法
公正处理能力	分析对各方利益的影响，并综合寻求利益的公正性，需要具备公正处理能力
共识建构能力	广泛听取意见，综合不同利益群体的需求，并在此基础上达成共识
协同创新能力	协作能力与创新能力，自主创新能力

3.4 知识更新快，技术手段新，知识领域开放化、交叉化

机动车保有量的快速增长对大气环境的影响逐步引起重视，对交通问题的关注已经突破交通本身，因雾霾严重而采取机动车限行措施在一些城市已经实施；基于手机信令的交通数据采集手段已经在多个城市的交通调查分析中采用；共享单车、滴滴打车等共享经济发展中出现的新型出行方式在很多城市迅猛发展。随着城市交通问题的日益凸显，交通规划涉及的知识范围、技术手段不断扩大和更新。比如在《中共中央国务院关于进一步加强城市规划建设管理工作的若干意见》中提出了"内部道路公共化"、"窄马路、密路网"等多个新的理念和要求，这些新理念和要求已经突破了传统的交通规划技术规范和指标体系。这些交通规划新理论、新手段的出现已经突破了教科书的内容，完全依靠教材已经无法适应新形势的要求，将新理论、新手段纳入教学内容中需要探索和研究。

4 嵌入交通调查分析环节的必要性

在新形势下，城市交通规划课程教学需要改革，传统单一的课堂教学方式很难适应新时代、新问题、新技能的规划实践要求。城市交通规划教学应从以往追求教学内容完整性的知识型教育转向强调适应规划实践的思辨型、能力型教育。在城市交通规划课程的教学中，嵌入交通调查分析环节，可以改变教学内容抽象、教师讲课难、学生难理解的课堂教学弊端，基于调查与分析式教学实质是体验式教学方法，强调"观察"、"调查"、"分析"、"实践"等过程，鼓励学生对教科书进行自我解读，自我理解。

交通调查分析能力是2013版《高等学校城乡规划本科指导性专业规范》列出的学生六项能力的集中体现，通过课程教学中嵌入交通调查环节，培养学生如何发现交通问题、如何调查交通问题并制定调查方案，在此基础上对调查数据、收集的资料进行归纳、梳理、分析，继而提出改善方案构思和具体的优化方案。

交通调查分析过程是一个发现问题—分析问题—解决问题的分析和推演方法，这是提升学生"专业分析能力"的过程。在交通调查分析过程中，一般采取学生分组、小团队作战的方式，通过分组能够促使学生相互协调内部成员之间的工作，发挥团队协作效力，这个过程也是一个提升学生"协调创新能力"的过程。在方案改善优化阶段，针对具体的交通问题，小组的学生需要通过查阅多种文献资料、结合课程基础知识，充分交流、集思广益、活跃思维，充分发挥自身的创新性，提升综合思维能力，这也是城乡规划专业能力培养的核心。

5 交通调查分析的教学组织

5.1 选题内容的确定

城市交通规划课程一般分上下两个学期进行，上学期主要学习城市道路交通的基本知识与理论，下学期主要学习城市各类交通规划，针对每学期课程教学的内容，学生选题的侧重点应有所不同。针对上学期城市道路交通基本知识与理论的选题，建议更加偏重交通工程方向的内容，例如从道路功能的优化、横断面的改善、交通出行环境优化等方面切入，更好地服务于课堂教学。下学期城市各类交通规划的选题，建议更加偏重于各类交通设施的改善与交通政策的综合应用，强调综合交通的视角。

选题内容由学生自选为主、老师辅导为辅，充分调动学生自主观测、发现问题的积极性。选题可结合全国城乡规划专业指导委员会举办的交通调研竞赛以及学校组织的大创项目统筹安排，学生组合形成若干小组，在专业教师的引导下各个小组提出自己的调研课题。从教学实践看，"共享单车停放问题"、"直行待行区设置问题"、"HOV车道设置问题"、"非机动车蓝色车道设置问题"、"共享停车位"等多个交通热点问题被学生提出作为自己小组的选题方向。这些问题既有交通设施规划改善的内容，又有交通政策调整的内容，理论联系实际，从教学效果看，通过这种以学生为主的方式，极大调动了学生学习的积极性，加深了对课程内容的理解和技能的提升，开阔了学生视野，提升了学生对交通问题的综合思维能力。

5.2 嵌入的阶段安排

交通调查分析嵌入城市交通规划课程建议采取全课程周期的方式，即在课程开始阶段就提出交通调查分析的要求，大致可以分为六个主要阶段，分别为提出选题要求、选题讨论确定、交通调查方案确定、交通调查实施、

交通调查分析的阶段安排 表2

阶段	时间（以每学期17个教学周为例）	各阶段任务	教学组织
提出选题要求	课程开始的1–2周	提出选题的要求，安排学生分组	教师结合学期教学内容，引导学生选题
选题讨论及确定	课程前期5–7周	各组交流选题的意义、研究背景、技术路线等内容	教师对选题内容、技术路线等提出指导建议
调查方案确定	课程中期8–9周	各组拟定交通调查方案	教师对交通调查方案提出指导建议
交通调查实施	课程中期10–11周	各组灵活实施交通调查	教师指导学生调查
交通分析	课程中后期12–14周	各组结合调查数据与文献资料进行问题分析	教师对分析方法、结论提出指导建议
交通优化方案制定	课程后期14–17周	提出优化思路及方案	教师结合课程内容，深入与各组交流优化方案，提升学生的综合思维能力和现实交通问题的实践能力

交通分析、交通优化方案制定。与交通调查分析与课程教学过程相呼应的全周期的嵌入方式有利于学生相对完整的完成一个交通问题的选题、调查、分析和优化的过程。交通分析与交通优化方案制定安排在课程教学的后期，有利于学生充分理解、利用本学期的课程知识完成交通分析与交通优化方案。

5.3 教学组织安排

教育包括“教”与“学”两个方面，针对城市道路与交通规划课程知识点多样、广泛的特点，教学中强调“学”更有必要。城市交通规划课程教学体系的边缘是开放的，鼓励倡导式教学，引导学生开放式学习尤为必要。在交通调查分析过程中，首先学生进行分组，组长负责课下的组内讨论、工作安排等工作，在课堂时间各组对各自的工作情况向全班做交流，然后进行集体讨论，在此过程中教师对各小组的观点进行总结，对交通分析、交通方案优化中利用的课程知识、理论进行更具针对性的讲解，并指出各组方案中需要深入思考完善之处，各组利用课下时间查阅文献、小组讨论，对老师指出的问题进行完善修改。

与常规的交通案例教学相比，交通调查分析嵌入城市交通规划课程的教学效果更好，学生通过现场调查、自己动手查阅资料、分析问题、优化方案是一个对交通理论建构的过程，比常规的案例教学更具有体验性和针对性，这种教学组织安排可以激发学生的思辨思维，可以充分地调动学生自主学习的积极性，引导学生发现问题、查阅资料解决问题。

6 结语

近几年交通规划知识体系更新加快、新规范不断出台、大数据在交通规划中的应用日趋深入，传统的城市交通规划课程教学还存在诸多不足，难以适应新形势下对学生培养的要求，需要改革。城市交通规划教学应从传统的知识型教育方式转向适应规划实践的能力型教育方式，而交通调查分析嵌入城市交通规划课程的教学方式是对传统课堂教育方式革新的有益尝试，受制于课程课时限制等多种因素的影响，交通调查分析嵌入式教学还有一些问题值得进一步尝试和研究。

主要参考文献

[1] 高悦尔，欧海锋，边经卫.《城市道路与交通规划》课程教学困境与改革探索[J].福建建筑，2017（04）：118-120.

[2] 白宁，杨蕊.新常态下城乡规划专业基础教学中的能力构建与素质培养[J].中国建筑教育，2016（6）：50-59.

[3] 高等学校城乡规划学科专业指导委员会编制.高等学校城乡规划本科指导性专业规范：2013年版[M].北京：中国建筑工业出版社，2013.

[4] 张兵，艾瑶，秦鸣.交通规划场景式案例教学模式研究[J].教育与教学研究，2014（11）：68-70.

[5] 刘丽波，叶霞飞，顾保南.《轨道交通线路设计》课程教学改革的研究[J].教改创新，2012（10）：86-89.

[6] 赵发兰 . 城乡规划专业引导式教学改革与实践的探究 [J]. 教育教学论坛，2017（11）：128-130.
[7] 王超深，陈坚，靳来勇 ."收缩型规划"背景下城市交通规划策略探析 [J]. 城市发展研究，2016（08）：88-91.
[8] 汪芳，朱以才 . 基于交叉学科的地理学类城市规划教学思考 [J]. 规划教育，2010（07）：53-61.
[9] 刘明微，张丽珍，李军涛，等 . 基于交通调查与分析的交通运输工程体验式教学探析 [J]. 物流工程与管理，2017（11）：161-163.
[10] 于泉，边扬，赵晓华，等 . 交通调查实践对学生能力的培养分析 [J]. 土木建筑教育改革理论与实践，2009（11）：389-391.
[11] 孔令斌 . 城市交通的变革与规范 [J]. 城市交通，2015（02）：5-9.

Study on the Teaching Reform of Urban Traffic Planning Based on Traffic Survey and Analysis

Jin Laiyong

Abstract: Urban transport planning is one of the core courses in urban and rural planning. The article analyzes the main problems in the teaching process and faces new challenges. The article analyzes the requirements for the training of urban and rural planning students and analyzes the necessity of embedding the traffic survey and analysis in the course of teaching. From the aspects of surveying topic selection，stage division，teaching organization，etc.，the specific ideas of integration of traffic survey analysis into the urban traffic planning curriculum teaching were studied. By embedding the traffic survey and analysis link，students' comprehensive thinking and practical ability can be effectively improved，and the effectiveness of urban traffic planning courses can be improved.

Keywords: Urban Transport Planning，Educational Reform Research，Urban and Rural Planning，Traffic Investigation

面向供给侧多元需求冲击的“社会综合调查研究”课程教学实践新思维

赵宏宇　高　嚣　单　良

摘　要：近年来城乡规划专业本科毕业生的毕业去向出现多元化趋势，适应学生就业供给侧需求的课程体系改革成为应对该趋势的关键，其中社会综合调查研究课程作为城乡规划专业学生专业思维、复合理念、科研能力形成的关键课程，改革探索意义重大。本文依托“社会综合调查研究”课程教学工作的实践，在培养学生透过现象看本质、不盲目唯数据论、逻辑思维训练以及表达能力等几个学生面对多元毕业选择时容易欠缺的方面进行改良，在梳理课程的选题方向、研究方法、教学模式等方面教学困境的基础上，进行相应的创新实践教学新思维的探索，实现了调研选题从表象描述到问题实质的探寻、研究方法由主观描述向主观评价与客观评价相结合的深化、教学模式自单向理论灌输向多向互动交流方式的转变，在实践过程中，实现了学生自主、思辨、创新和研究能力的提升，教学效果显著。

关键词：城乡规划专业，社会综合调查研究，供给侧，多元需求

近年来，城乡规划专业的毕业生去向出现多元化趋势。据部分院校统计，原来近90%的学生选择进入设计机构从业，变为大比例的学生选择出国深造、考取公务职位或攻读硕士研究生学位。对于城乡规划专业教育课程体系建设而言，依据学生供给侧需求、满足学生发展需要，促进课程不断优化是进行课程体系建设必须具备的一项基本内容。而“社会综合调查研究”课程作为构建城乡规划专业理论与实践沟通的重要一环，可以极大加强学生对城市现象及问题的观察、认知、思辨及分析能力。

但通过查阅近年来部分学生作业时发现，学生出现不能辨识出专业科学问题、大数据影响下的唯数据论、逻辑分析能力弱、表达能力不强等问题。而这些问题往往直到该生毕业时也无法得到彻底解决，为其毕业时的多元选择造成较大的困扰。这其中有很多就是该课程的教学设置及教学方法等问题导致的，因此对该课程的创新教学改革势在必行。

1　“社会综合调查研究”课程实行教改的必要性

1.1　选题方向过于宽泛、陈旧

“社会综合调查研究”课程的选题阶段是学生进行实践研究的基础与起点，决定着调研的走向和深度，是否具有开拓性和创新性是调查研究实现研究价值的关键所在。目前，仅依托学生已储备的专业知识和社会经验，缺少发现社会焦点、热点、前沿问题的能力，能够提出具有建设性和可行性的研究选题较少，多停留于城市问题的表象，如交通拥堵、环境污染、人口老龄化等问题，选题往往过大，研究过于宽泛，造成深度不足的弊病。

1.2　研究方法较为单一

在传统的“社会综合调查研究”课程开设过程中，问卷调查法由于其效率高、成本低等优点成为学生采用率最高的调研方法，而访谈法、社会观察法和社会实验法涉猎较少，同时，由于学生忽视了对研究对象的基础资料收集的重要性，导致在调查问卷的设计上存在诸多缺陷，进一步影响问卷的分析与调研目的的契合度，加之资料分析方法掌握不足，仅仅停留在对问卷数据的直

赵宏宇：吉林建筑大学建筑与规划学院城乡规划系副教授
高　嚣：吉林建筑大学建筑与规划学院城乡规划系讲师
单　良：吉林建筑大学建筑与规划学院城乡规划系硕士研究生

接描述上，因此很难保证研究结论的严谨性与科学性。

1.3 教学模式互动不足

虽然“社会综合调查研究”的课程管理逐步开始由封闭走向开放，但是强调秩序感、一致性、纪律性的这种约束力极强的“规训”式教学模式仍然阻碍着师生之间的交流与互动[1][2]。在目前的课程教学中，由于课堂仍然多以教师为中心，学生被物化为管理对象，课堂教师讲授、纠错、指导的主导式教学仍占主要部分，因此难以看到学生主动思考，并与教师产生良性的讨论活动，教学效果难以提升。

2 “社会综合调查研究”课程的创新实践教学新思维的探索

为了充分满足学生对于课程的需求，发挥学生的主体功能和主观能动性，达成发展实践能力、增强社会责任感的专业实践目标，培养学生从社会实践出发，关注社会热点问题，将课堂内所学的专业理论知识同具体的社会实践相结合，发现问题、分析问题和解决问题的综合能力，打造适应新时代、新要求的创新实践应用型城乡规划专业人才，因此分别从研究方向、研究方法以及课堂教学模式上对于“社会综合调查研究”课程进行了改革与优化，实现了课程教学的三大转变（图 1）。

2.1 调研选题的转变：从表象描述到问题实质的探寻

目前中国城市社会中存在的各种社会问题为城市规划社会综合实践提供丰富的素材。因此在“社会综合实践调查”课程的选题阶段，鼓励学生采用多学科的视角，通过多种途径发现城市问题。

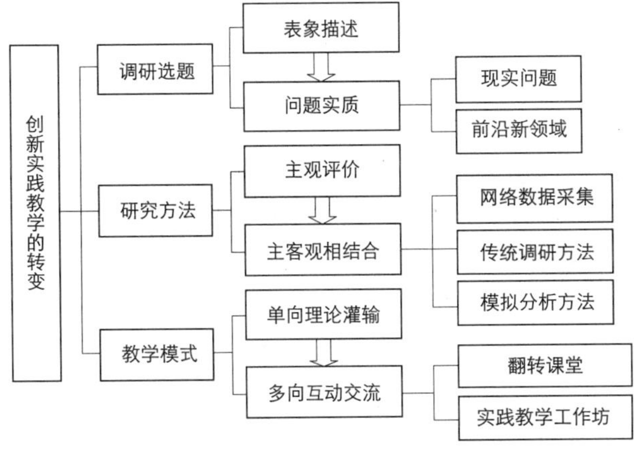

图 1 “社会综合调查研究”创新实践教学的转变途径示意图

此次“社会综合调查研究”课程的选题确定为“历史水系调研与实践研究”，旨在培养学生理性分析城市问题：从城市水安全问题出发，找寻威胁城市水安全的真正原因，从而培养从城市表面现象探寻问题背后实质的能力。

（1）选题立足于发现并解决真实的社会问题

选题常常来自于现实社会生活当中，因此课程选题应该以解决真实的社会问题为首要目标，本次选题通过对于城市水安全问题的精确抓取，旨在探索造成城市水安全问题的根本原因与解决途径，通过对于历史水系的实地踏勘与分析研究，从而得出修复历史水系对于解决城市内涝等生态安全问题具有重要意义。

同时以历史水系的实践调查研究为课程选题顺应了“城市双修”的政策要求，引导学生从城市规划的角度解决城市水安全问题，通过对历史水系的修复手段恢复城市生态系统的自我调节功能，从而改善生态环境质量，提升了周边地段的土地价值，打造城市特色和活力。

（2）选题立足于追踪前沿新领域

此次课程选题不仅是对城市社会调研方法的训练，同时紧密追踪当代科研的热门领域：生态智慧与城乡实践。组织学生跟随校外专家进行历史水系的调研以及前往城市建设档案馆查阅历史资料，从而了解城市生态规划的演变历史，让学生在参与野外实践调研的过程中充分认识到生态智慧在城市建设中的重要作用与意义，并帮助与引导学生树立正确的生态伦理观。

2.2 研究方法的转变：主观描述向主观评价与客观评价相结合的深化

（1）灵活运用大数据分析辅助以解决社会问题

大数据既是一种海量的数据状态及其相应的数据处理技术，也是一种新的思维方式，是一系列新理念、新方法、新要素的集中体现，正在变成一股社会浪潮影响着人们的社会生活，也影响着城市运行和治理的方方面面，成为维系城市发展的内在力量。

在“社会综合调查研究”课程中引入大数据辅助分析，会使得调研结果更加客观与科学。在数据采集阶段指导学生综合人文地理、历史地理、自然地理、生态学、地貌学等学科知识，对研究对象的自然、人文要素资源进行调查，结合时间过程中的动态变化，而非静态地收集信息，如使用 GIS 场地分析法以及借用 google earth 等新型的信息软件对调查资料进行分析；进行人地关系模拟、地表过程模拟以及人的空间行为模拟等分析。在此次“历史水系的实践调查研究”课程中，学生引入了对城市地表径流的模拟从而识别出城市易涝点的分布情况，发现严重的易涝点大都分布于历史水系上，这从客观数据上证明了恢复历史水系的必要性。

（2）集合多种调研及评价方法，准确反映社会问题

社会的主体是人，大数据分析的结果不是唯一的，对于数据进行分析仅仅是帮助决策以减少犯错的风险，最终的决策权还是在于人。因此在社会综合调查研究中，一定要抛开“唯技术论、唯数据论”，除了运用以大数据分析为主的客观评价方法外，还应当引入以人的意愿为基础的主观评价方法，从而更加准确地反映社会问题。

在此次的“社会综合调查研究”课程中，学生采用了主观评价与客观评价相结合的调研方法；除了运用大数据分析法以外，也采用了问卷调查法与访谈法等传统的统计分析方法获取人们对于城市内涝与历史水系的了解程度，从而也验证了大数据分析结果的正确性。

2.3 教学模式的转变：单向理论灌输向多向互动交流方式的转变

（1）翻转课堂的互动讲授，发挥学生的主体作用

在本次创新探索中，采用“翻转课堂”为主导，辅以“实践教学工作坊”相结合的方式进行教学，充分发挥了二者在提升学生课堂参与主动性的优势。实现从传统的“以教师为主体、以教学内容为中心、以实践活动为载体”的实践教学模式向“以学生为主体、以研究专题为中心、以工作坊为载体”的创新型实践教学模式的转变。积极推广国际 workshop 方式，不仅极大促进学生学习到前沿理论知识，更重要的是教会学生学会如何学习[3]。

此外，针对“社会综合调查研究”课程强调培养综合分析能力的特点，教学模式完成了由“单向理论灌输”的封闭式向“调研—汇报—反馈—调研”全过程互动反馈开放式教学的转变（图 2），弥补了传统课堂“教师主导灌输、学生被动学习”的缺点，一方面，激发学生主动思考，由个体学习转变为群体学习；另一方面，教师可根据学生汇报调研情况给予反馈，实时针对学生的研究内容、方法及结论进行修正和改进，促进课堂的灵活性。

（2）本硕混合式小组教学，提前培养科研思维

我国著名的工程院院士郭剑波曾经强调“做科研要站在未来看现在，要拓宽自己的视野，以一个长远的时间尺度来培养自己的思维方式”。而对于本科生而言，相较于手动操作能力，严禁科研思维的培养更为重要。在本次创新探索中，注重把科研思维的培养放到突出位置上，从选题阶段到调研阶段，再到汇报阶段，采用“本硕混编式”的小组组织方式，以实际横向课题实践为题，由高年级优秀硕士研究生与本科生合作完成各个阶段的课程任务，为低年级本科生提前培养科研思维并植入生态智慧伦理观，有力的加强了本科生互助合作的能力、沟通表达能力和创新思维能力。

3 创新实践教学实施过程中存在的问题

3.1 教师面临的问题

教学实施过程中，由于“翻转式课堂”与“实践教学工作坊”集合的教学模式对老师提出了更高的要求，教师需要制作视频、设计教学任务、组织课堂探讨、答疑解惑等，这就要求教师具有深厚的专业知识功底、广

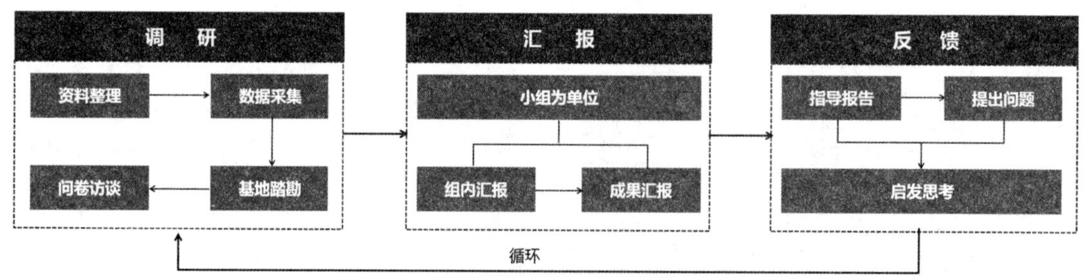

图 2 互动反馈开放式教学示意图

博的相关领域知识，还要有跨学科的综合能力，并能不断地更新知识来应对学生提出的各种问题，以达到良好的教学效果[4]。

3.2 学生面临的问题

“翻转式课堂”与“实践教学工作坊”集合的教学模式是在本课程的首次尝试，学生接收新型教学模式存在适应的过程，虽然激发了绝大部分学生的积极性，但是仍有个别学生会有懒惰的惯性心理，缺乏主动参与及合作意识。

4 结语

尽管有这样或者那样的问题，但通过“社会综合调查研究”课程在选题方向、研究方法以及教学模式等方面的教学改革和实践，以及学生全员参与调研与汇报工作，近90%以上的学生掌握了有效的实践研究方法，30%以上的调研报告达到优秀水平。基本实现了学生的透过现象看本质、不盲目唯数据论、逻辑思维训练以及表达能力，初步实现自主、思辨、创新、科研等能力的提升和获得感、成就感等积极的情感体验，良好的教学效果也为其毕业后多元去向选择奠定了较好的能力基础。但社会综合调查研究课程也只是开启学生专业能力训练的初级课程，还需要后续一系列课程的系统训练，才能真正为供给侧多元需求提供坚实的支持与保障。

主要参考文献

[1] 范凌云．社会调查与城市规划相关课程联动教学探索 [J]. 高等建筑教育，2008（17）: 39–43.

[2] 郭丽．以人为本的互动式课堂管理策略探究 [J]. 基础教育研究，2017（09）: 45–47.

[3] 葛桦．“实践教学工作坊”的设计与应用 [J]. 教育理论与实践，2011，31（18）: 45–47.

[4] 吕亚慈．地方高校“互联网＋”背景下翻转课堂教学模式研究——以遗传学课堂教学为例 [J]. 河北农机，2018（05）: 67.

New Thinking on Teaching Practice Improvement of ‘Social Comprehensive Survey Research’ by the Multi-demand Impact from the Supply Side

Zhao Hongyu Gao He Shan Liang

Abstract: Recently, diversification requirements from supply side of who got the graduate degrees in urban planning has become more prevailing. The trend makes teaching practice improvement which facing to meet the multi–demand from supply side as the key. Moreover, the improvement of ‘Social Comprehensive Survey Research’ must be the top prority, for it is the beginning course for students who got the graduate degrees in urban planning to develop their professional thinking skill, compound idea and scientific research ability. The author attempting to make some teaching improvments on ‘social comprehensive survey research’, to inhence the abilities of students, such as, capturing the essence of a very real phenomenon, and do not blind faith in Big Data, and be logical thinking, and good expression. Basing on combing the issues of topic selection, research method and teaching mode, new thinking on innovative practice teaching has been explored. The transformation from appearance description to question exploration, from subjective description to combination of subjective and objective evaluation, and from one–way infusion to multi–directional interaction have been implement. In this course, the abilities of students’ independent thinking and innovative researching have been improved remarkably.

Keywords: Major of Urban Planning, Social Comprehensive Survey Research, Supply Side Demand, Multi–demands

育能力，引思考 —— 以都江堰精华灌区川西林盘为例的城乡社会综合调查研究实践教学探索

曹 迎

摘 要：在乡村振兴的战略要求下，城乡规划的目光应逐步向乡村聚焦。城乡社会综合调查研究课程更应引导学生了解、认识乡村，并进一步思考乡村未来的振兴之路。川西林盘作为四川地区极具地域特色和文化特点的乡村聚落，近年来在城镇化进程中大量消失，加强对其的调查研究和保护开发显得尤为迫切。本文以都江堰精华灌区的川西林盘为例，探索了"基本调查能力培养＋热点问题思考引导"的城乡社会综合调查研究教学方式。结果表明，学生的调研方案拟定、分析与归纳总结等基本调查能力得到了全面提升。另一方面，通过抛出"林盘民宿改造"、"川西林盘如何实现乡村振兴"等热点问题，激发学生在调查结果的基础上，进一步展开关于林盘宅院改造、开发模式的深度思考。此外，学生通过无人机的操作和卫星图的使用，对新工具、新技术的了解和掌握也得到进一步提高。

关键词：乡村振兴，精华灌区，川西林盘，调查能力，热点思考

1 前言

城市和乡村具有物质与社会的双重属性，城乡规划学科不仅要引导城乡空间健康发展，更要处理好城乡发展中的社会问题。如何培养学生，使其既能将空间问题置于全面的社会条件中把握，又能开辟新的研究方法，是城乡规划教育应主要思考的问题[1]。城乡社会综合调查研究这门课程旨在引导学生为解决城乡社会问题，制定并完成合理的城乡社会调查。因此，城乡社会综合调查研究课程的设置在调查分析城乡空间与社会关系上发挥着重要价值，是城乡规划教育不可或缺的环节。

2017 年，十九大"乡村振兴"战略被提出，成为乡村工作的整体战略目标。其中的"生态宜居"和"产业兴旺"指明要在保护农村特色资源的基础上挖掘特色产业，将一、二、三产业有机融合实现农村地区经济发展。另一方面各级政府出台了一系列关于保护地方特色资源和历史原真性的文件，指明川西地区发展的过程中要保护川西地区传统农村聚落的资源和历史风貌。

近年来，城镇化进程不断加速，越来越多的农村地区被纳入城镇范围，全国各范围的传统村落正逐步消失。在四川，具有明显蜀文化特色的川西林盘聚落数量逐渐减少，其传统风貌亦受到严重侵蚀，对川西林盘的保护和开发迫在眉睫。

为了响应乡村振兴的时代号召，助力川西林盘的保护和开发工作，培养学生的基本调研能力和对于热点问题的思考能力，有必要基于城乡社会综合调查研究课程，进行以川西林盘现状调查和保护开发建议为主要内容的实践教学。

2 教学目标

川西林盘的保护与开发需要建立在对现状的充分调查基础上，所以对林盘现状的实地调研阶段是整个实践教学的根基。而当代城乡规划学生对于城乡问题的解决大多偏重于图面表达，忽视了对现状的深入调查和准确认知。本次调研以都江堰精华灌区内的川西林盘为调研对象，引导学生完成从调研方案制定到实地调研阶段的完整过程，以提高学生城乡调查基本能力。在后期提出

曹 迎：四川农业大学建筑与城乡规划学院教授

的林盘保护措施和开发模式中，引导学生对热点问题进行思考。同时，将无人机、卫星图等新工具和新技术引入学生的调研工作中。因此，本次实践教学旨在达到以下目标：

2.1 基础目标：提升学生调查基本能力

通过“方案制定—实地调研—结果分析”阶段性的调研，辅以针对反馈问题的小组讨论和老师指导建议，培养学生各阶段所需要的城乡调查基本能力。具体包括：

（1）基于调研目标制定调研方案，根据调研情况调整调研方案的能力。

（2）在数量庞大的调研对象群体中选取个例对象进行详细调查的能力。

（3）调研资料整理，统计归纳的能力。

（4）合作沟通，现场访谈的能力。

2.2 提升目标：增强学生对于热点问题的思考

在调查分析精华灌区川西林盘的现状之后，还需对不同类型的林盘提出民宿改造、林盘环境保护、林盘开发的措施。在此环节，引导学生对民宿、乡村生态、乡村产业振兴等热点问题的思考，旨在提升学生对于城乡规划各类热点问题的思考能力，加深其思考的深度。

2.3 拓展目标：引入城乡规划新工具与新技术

除城乡调查专业能力和对于城乡热点问题的思考能力外，城乡规划学生在专业的学习和运用中会遇到各种新兴专业技术和新工具，因此对于学生新工具和新技术的运用能力应加强培养。因此本次对精华灌区内川西林盘的调查研究引入无人机对林盘进行航飞拍摄，并引导学生利用卫星图进行调研路线追踪和点位标记。以此来增强学生对于城乡专业新技术和新工具的熟练和掌握。

3 教学设计

3.1 实践教学整体框架

城乡社会综合调查以实践教学为核心，因此本次实践教学课程以实地调研为主要内容，再配以调研前的前期准备工作和对调研结果的分析过程，最终形成图1所示完整的教学框架。

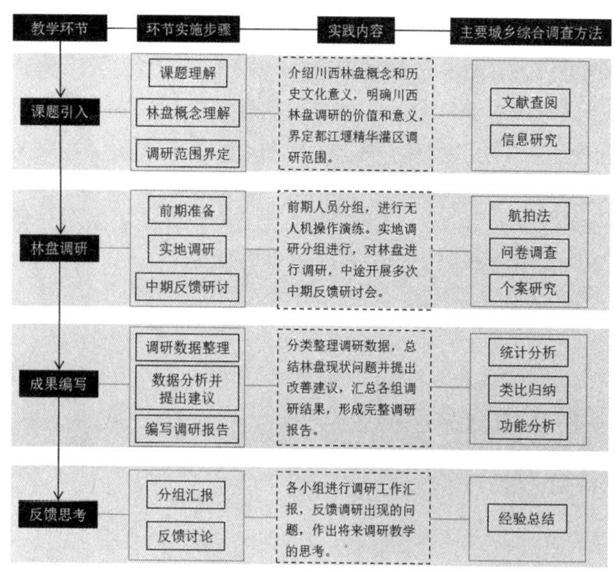

图1 教学环节框架图

3.2 实践教学阶段内容

（1）课题引入

实地调研必须要在学生已具有调研对象的基础知识和概念之后进行。因此调研前的课题引入十分必要。本次课程教学的课题引入从两个方面进行，即川西林盘概念和内涵，以及都江堰精华灌区范围的界定。

1）认知川西林盘的概念和内涵

在以理论知识讲授的方式简单介绍川西林盘的定义和其宅、林、水、田四要素之后，学生根据兴趣选择四大要素中的一个进行自主研究，通过文献查阅和优秀林盘案例分析，总结要素的特点和在林盘中存在的作用。组织开展研讨会，各小组学生将自行总结结果以PPT汇报的方式展现。通过教师引导+自主学习的过程，使学生了解掌握川西林盘的要义。此外，在此过程中，学生通过对四要素的分析，了解了其独特性和文化特征，对川西林盘的保护价值有了清晰的认知。

2）调研范围的界定

川西林盘主要分布于成都平原及丘陵地区，都江堰市是川西平原的主要灌溉区，林盘数量众多且部分保存较好，为确定可行的调研范围，将范围确定为都江堰市精华灌区的区域。而精华灌区的具体范围，暂无明确的区域划分，需要学生自行确定。引导学生收集都江堰市各镇的基本资料，通过讨论，最终确定从各镇的灌溉历史、人口分布、粮食农业生产概况三个方面界定精华灌区范围。最终将本次调研将精华灌区的具体范围界定为包含胥家、天马、聚源、崇义、石羊、柳街、安龙七个镇占地面积共约259.04平方米的范围。在此基础上，引导学生运用城乡规划制图的专业知识，在卫星图和行政区划图上绘制出精华灌区的面积范围。

（2）实地调研

1）前期准备

①调研范围卫星图的下载和处理，在处理后的卫星底图上明确调研路线。

②无人机的使用演练，保障调研中的安全操纵。

③对学生进行分组分工。

2）实地调研

在实地调研环节，带领学生前往精华灌区所包含的胥家、天马、聚源、崇义、石羊、柳街、安龙七个镇进行林盘调研。由于调研范围较大，为降低学生的疲倦性，将包含七个镇的调研工作分为两个阶段进行，第一阶段包括胥家、聚源、柳街三个镇的林盘调研工作，第二阶段包括剩余四个镇的林盘调研。在每个阶段的实地调研后，均进行一次资料整理和中期反馈研讨，以保证后期的调研与分析能在吸取前期经验的基础上更好地进行。两个阶段的调研在两个月内完成，在两个阶段调研均结束后，进行所有资料的汇总整理。由于学生分工出现的

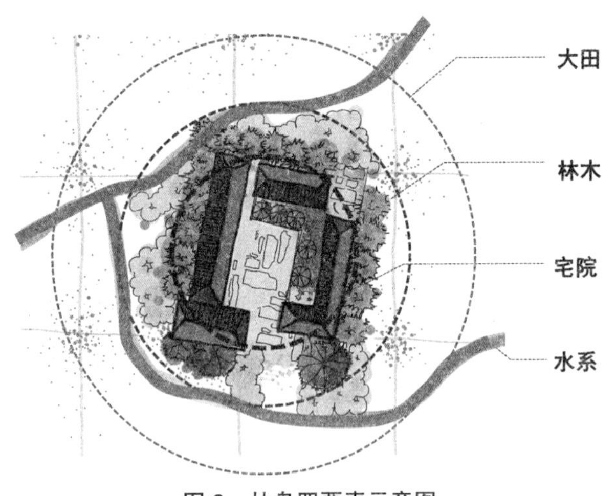

图2　林盘四要素示意图

林盘分期表

乡镇	Ⅰ期	Ⅱ期	Ⅲ期
天马镇			
聚源镇			
胥家镇			
崇义镇			
安龙镇			
石羊镇			
柳街镇			
合计			

图4　林盘分期表

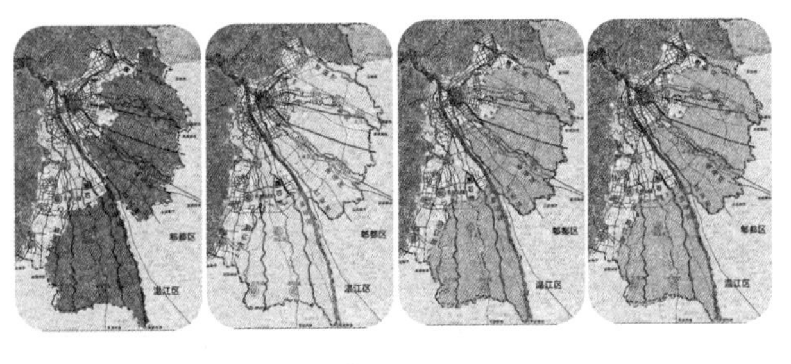

图3　精华灌区范围界定

图5　校内无人机操作演练

差异性，导致每个镇林盘调研资料不统一，针对部分林盘现状资料相对不足的情况，在2018年3月前往七个镇进行第二次调研，第二次调研吸取第一次调研的经验，对调研资料进行补充完善。

整个调研过程中首先引导学生对于调研对象的整体正确认知，能够利用前期知识储备辨认川西林盘。其次在调研手法上，除了运用传统的问卷、访谈、勘测等方法外，还指导学生运用多种科学方法和专业工具辅助调研，如“航飞拍摄法”，可以通过对无人机正确、安全的操作拍摄记录调研对象进行俯视视角成像；“路径跟踪记录法”将调研经过的重要节点点位和照片记录在卫星图上，便于更加生动地对研究对象进行认知。在调研途中，每个同学根据自己的分工，侧重记录自己所分管领域的数据资料。在调研开展期间，开展2–3次中期研讨，各小组就调研开展情况进行反馈；指导老师根据实际情况鼓励学生拓展思路，引发学生对林盘现状空间和社会延伸物质的讨论与思考，并根据资料完整度自行补充调研；此过程能够帮助学生构建良好的城乡规划专业思维，引导学生由实际出发，以规划视角理性认知事物，思考问题。

（3）调研结果分析论证

调研过程中按照进度对调研结果划分区域进行小结，整个调研结束后，汇总各区域的小结，形成整个精华灌区的调研数据成果。引导学生进行合理的分类整理，总结林盘现状的特征和问题。先由各小组自主根据不同的主导特征进行分类，最后汇总各组的分类结果和依据，由老师引导，最终确定出一种综合的、适合的对于现状林盘的分类标准。将调研数据按照林盘分类进行统计整理。

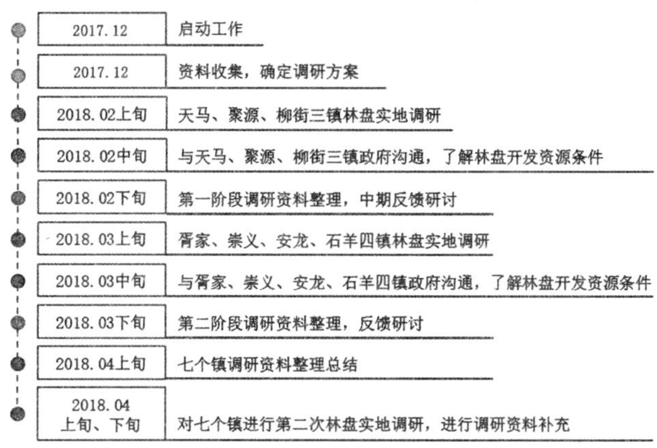

图6　调研环节实施步骤

图8　走访林盘

图7　林盘无人机航拍图

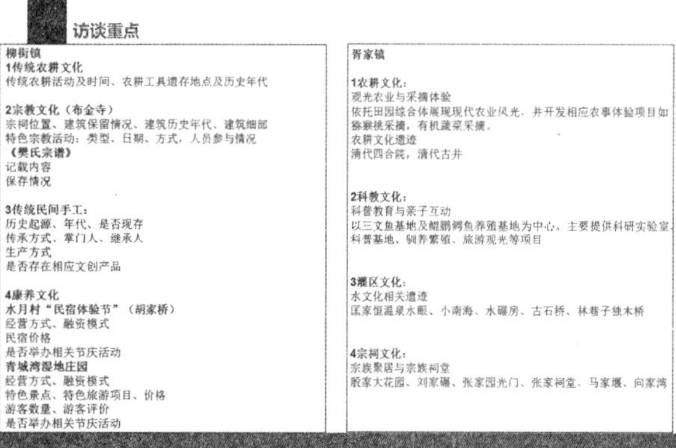

访谈重点

柳街镇
1传统农耕文化
传统农耕活动及时间、农耕工具遗存地点及历史年代

2宗教文化（布金寺）
宗祠位置、建筑保留情况、建筑历史年代、建筑细部
特色宗教活动：类型、日期、方式，人员参与情况
《樊氏宗谱》
记载内容
保存情况

3传统民间手工：
历史起源、年代、是否现存
传承方式、掌门人、继承人
生产方式
是否存在相应文创产品

4康养文化
水月村“民宿体验节”（胡家桥）
经营方式、融资模式
民宿价格
是否举办相关节庆活动
青城湾湿地庄园
经营方式、融资模式
特色景点、特色旅游项目、价格
游客数量、游客评价
是否举办相关节庆活动

胥家镇

1农耕文化：
观光农业与采摘体验
依托田园综合体展现现代农业风光，并开发相应农事体验项目如猕猴桃采摘，有机蔬菜采摘。
农耕文化遗迹
清代四合院，清代古井

2科教文化：
科普教育与亲子互动
以三文鱼基地及鲲鹏鳄鱼养殖基地为中心，主要提供科研实验室、科普基地、驯养繁殖、旅游观光等项目

3灌区文化：
水文化相关遗迹
匡家恒温泉水眼、小南海、水碾房、古石桥、林巷子独木桥

4宗祠文化：
宗族聚居与宗族祠堂
殷家大花园、刘家碾、张家园光门、张家祠堂、马家堰、向家湾

图9　访谈重点

图 10　分析讨论

图 11　林盘内盆栽景观

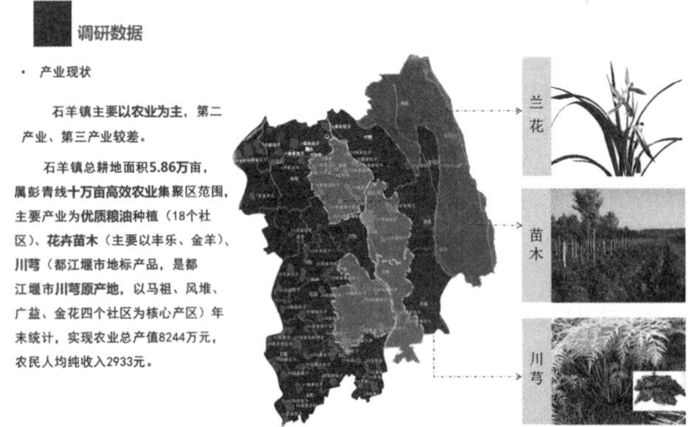

图 12　石羊镇林盘产业统计

4　成果展示

通过各教学环节紧密相扣进行，引导学生对川西林盘的现状有了较为深刻的了解，对于其保护的价值和必要性也有了清晰的认知。最终根据现状调研结果，结合多种相关专业知识对林盘保护开发提出建议，完成调研报告的撰写，在学生能力培养方面也达到了该实践教学开展的预期效果。

● 多专业并纳的综合性调研报告

（1）城乡调查基本能力大幅提升

对于精华灌区的川西林盘调研分阶段进行。调研准备阶段引导学生收集整理前期资料，根据卫星图和行政地图制定调研路线，结合成员分组制定调研方案。在实

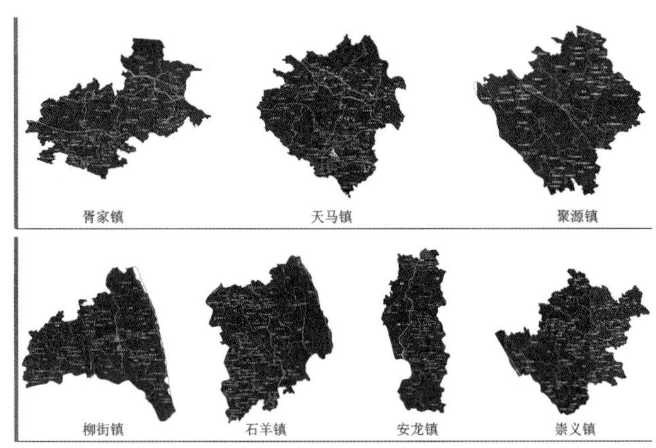

图 13　七镇林盘分布图

林盘调研现状

七镇林盘现状

1 林盘概况

- 综合精华灌区林盘自身要素与其他要素，基础设施条件所占比例自大。
- 四要素保存现状：四大要素保存中，水系现存条件最差。七镇之中天马所占比重较大。
- 人居环境：大部分较好，个别院落环境卫生整治不到位。
- 基础设施：胥家、崇义部分林盘已通水电气，安龙部分林盘已通水电气讯。基础设施条件较好，原因在于胥家、崇义安龙基础条件好是由于所处公园内部，配套完善。其他乡镇基础设施条件相对较差是道路未硬化、院落形式散居造成。

乡镇	调研院落数量	自身现存条件差的林盘数量				其他要素现存条件差的林盘数量			
		宅	水	林	田	基础设施	所占比例	人居环境	所占比例
胥家	14	1	1	0	0	3	21.4%	0	0.0%
天马	43	0	7	3	5	7	16.3%	1	2.3%
聚源	16	0	1	0	0	10	62.5%	1	6.3%
崇义	11	0	0	0	0	2	18.2%	0	0.0%
石羊	5	0	0	0	0	0	0.0%	1	20.0%
柳街	12	0	0	0	0	0	0.0%	0	0.0%
安龙	6	0	0	0	0	0	0.0%	1	16.7%
合计	107	1	9	3	5	22	-	4	-
所占比例		0.93%	8.41%	2.80%	4.67%	20.56%	-	3.74%	-

图 14　林盘现状梳理

地调研阶段，引导学生走访川西林盘，利用测距仪、视觉调查、访谈调查等方法进行七个镇川西林盘的现状调查。在后期的资料整理阶段，运用归纳分析和统计学分析方法对现状调研资料进行分析。通过阶段性的调研经过，加以对中期问题反馈给予适当的指导和纠正，最终学生的方案制定与调整、个例分析、归纳统计等基本城乡调查能力得到了大幅提升。

（2）对于社会热点问题的思考加深

对于川西林盘的研究不能仅停留在现状调查层面，还应基于调查结果，立足于现状，提出相应的发展策略。引导学生对于宅院空间进行思考，结合建筑学专业知识完成林盘民宿改造设计方案。引导学生对于林盘开发模式进行思考，结合工程管理、项目开发与管理专业相关知识，根据各林盘现状概况，将其分为产业资源依托型、区位优势显著型、文化特色凸显型、生态资源卓越型、重大项目支撑型五个类别进行投融资模式开发。结果显示，学生通过对林盘民宿、林盘开发等社会热点问题的探索，对社会热点问题的思考能力大大加强，思考深度也有所加深。

（3）对新工具、新技术的掌握

城乡规划学科的专业性较强，与新兴技术的联系也极为紧密。因此，本次实践教学引入了无人机、卫星图等新工具的使用，主要运用于调研前期准备和实地调研的环节。在调研前期准备环节，请操作经验丰富的老师和学生对调研学生进行无人机操作指导，组织学生进行飞行演练，不但提升学生对无人机的兴趣，也保证了后

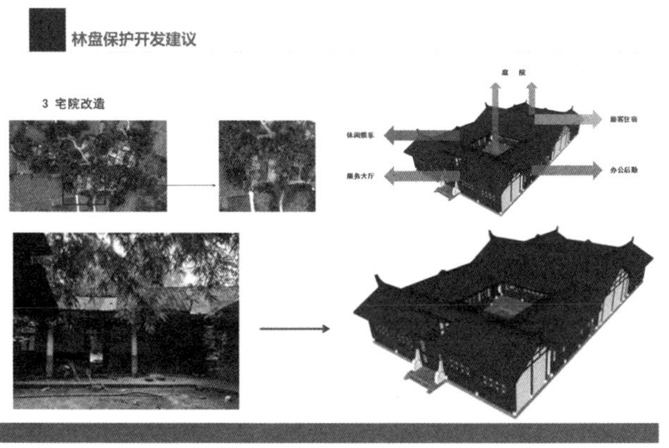

图 15　林盘宅院改造

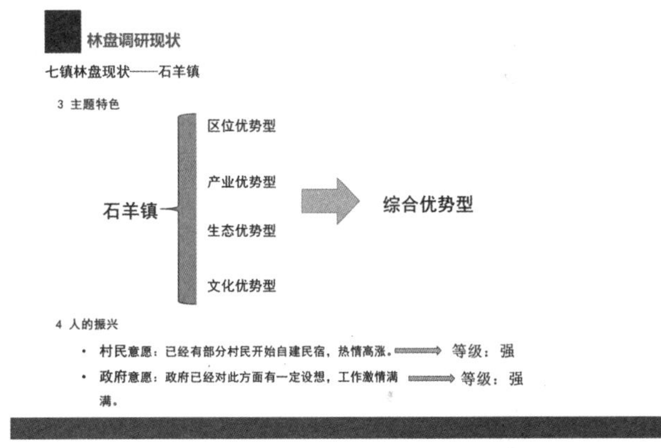

图 17　石羊镇林盘发展优势分析

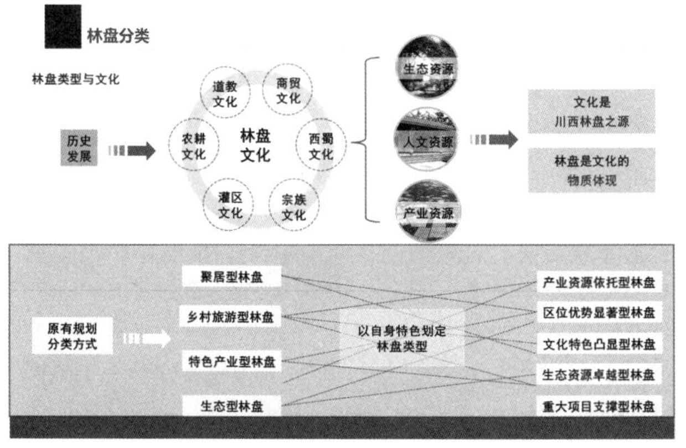

图 16　林盘分类

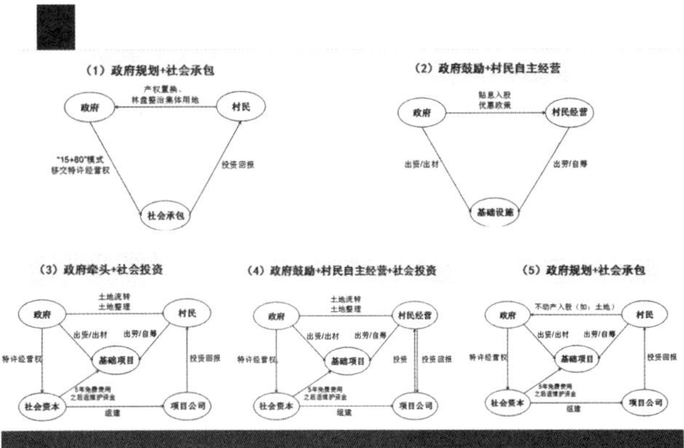

图 18　林盘融资模式

期调研的安全性。同时，学生对调研范围的卫星地图进行下载，以此制定调研路线和调研方案。有了调研前期的准备，实地调研环节中，指导学生顺利完成了调研地点的航拍和卫星图的使用。通过将新工具引入本次调研，最终提高了学生对于城乡规划专业新工具的熟练度和新技术的掌握。

5 结论

城乡社会综合调查研究作为一门培养城乡规划专业能力的重要课程，在城市空间和社会调查方面已经被大量运用。通过本次实践教学，证明了城乡社会综合调查对于对乡村存在的空间和社会问题也同样试用，可引导学生了解乡村，调查乡村，思考乡村的发展。而本次基于城乡社会综合调查研究的实践教学，除了引导学生聚焦于乡村，提升调查的基本能力以外，还引导学生对热点问题进行了深入思考。通过这种方式，不但激发了学生的专业兴趣，更能培养学生深入了解分析调查现状，并基于现状，对社会热点问题进行深入的思考，并从专业角度提出相应的解决措施的能力。

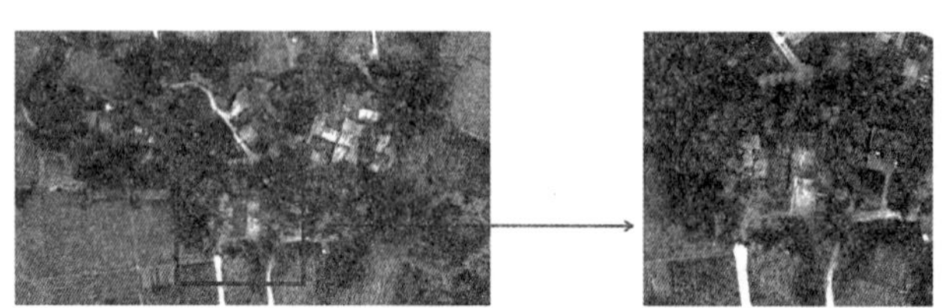

图 19 林盘宅院空间航拍图

图 20 基于卫星图的调查制图

6 存在问题及思考

6.1 存在问题

（1）对于调研范围都江堰市精华灌区，在空间和地域上没有明确的范围界定，需要学生根据都江堰市的灌溉历史、人口分布、粮食农业生产概况自行界定，最终确定的包含都江堰市七个镇的范围。整个调研范围界定过程工作量大，且界定出的调研范围较大，给调研带来了一定难度。

（2）由于平时学生对于无人机接触程度与本人兴趣有关，调研过程中发现大部分学生无法实现无人机的熟练操作，而考虑到户外使用无人机必须保证安全，本次实践教学无人机的使用只局限于部分具有操作经验的学生。

6.2 思考

（1）当调研范围不是有明确行政界线的区域时，应该在前期准备阶段给予学生充分时间，引导学生通过调研范围周边区域的社会各方面情况进行分析，通过讨论，最终确定明确的调研范围。此过程不仅可提高对学生独立学习的能力，更能激发学生对于后期深入调研地区进行调查的热情。

（2）在城乡规划的实际运用过程中需要使用到许多高效的方法技能。且随着科技的发展，手机终端所具有的功能越来越强大，其 GPS 定点和路径跟踪等功能可应用于城乡调查工作中。因此，在平时的教学中应重视对于学生结合手机终端和各类城乡规划专业 APP 工具的使用，以提高调查工作的效率，提升学生增强学生对于新技术的掌握。

（3）本文所探究的“基本调查能力培养 + 热点问题思考引导”教学方式，达到的效果在城乡社会调查研究这门课程中体现为学生对于城乡问题进行城乡调查的基本专业能力得到提高，且对于有关城乡空间的热点问题的思考能力得到增强。而在对于整个城乡规划学科而言，不论是学生基本专业能力，还是对于社会热点问题思考的能力都非常重要。因此，可以尝试将“基本调查能力培养 + 热点问题思考引导”教学方式运用于城乡规划学科的其他课程中去，以培养完善城乡规划学生专业性、与社会紧密联系的思维模式。

主要参考文献

[1] 刘冬．基于“规范”与“评选”的城乡社会综合调查课程建构 [J]. 教育教学论坛，2015（27）：35-36.

[2] 王志勇，刘合林，罗吉．从城市规划到城乡规划——乡村规划课程教学实践与探索 [A].2017 全国高等学校城乡规划教育年会论文集 [C]. 北京：中国建筑工业出版社，2017：220-225.

[3] 方志戎．川西林盘文化要义 [D]. 重庆：重庆大学，2012.

Training Ability and Provoking Thinking —— Exploring the Practical Teaching of Urban and Rural Social Comprehensive Investigation and Research in the Case of the Western Sichuan Linpan in Dujiangyan Essence Irrigation District

Cao Ying

Abstract: Under the strategic requirement of rural revitalization, the urban and rural planning should gradually put some attention on the rural area. The comprehensive survey and research courses of urban and rural society should not only guide students to experience and understand the countryside, but also further consider the road of rural revitalization for the future. As a rural village with regional and cultural characteristics in Sichuan, it is urgent to investigate, research, protect and develop the western Sichuan Linpan for it has been largely disappearing in the process of urbanization in recent years. Taking western Sichuan Linpan of Dujiangyan essence irrigation district as an example, this paper explored the integrated investigation and research teaching method of urban and rural society of 'basic investigation ability training & hot issues consideration guiding'. The results show that basic investigation ability of students, such as investigate plan preparation, analysis and summary, have been improved comprehensively. On the other hand, students were inspired to further consider modification and development mode of Linpan by proposed hot issues as 'modification of Linpan as Bed & Breakfast' and 'how to achieve rural revitalization to western Sichuan Linpan'. In addition, after operated of drones and used of satellite maps, students have been further improved the their understanding and mastery of new tools and technologies.

Keywords: Rural Revitalization, Essence Irrigation Area, Western Sichuan Linpan, Investigation Ability, Hot Issues Thinking

以应用为导向的城市规划系统工程学教学方法探索*

赵晓燕　孙永青　兰　旭

摘　要：根据笔者近年来在城市规划系统工程学中的教学实践，从课程内容、学生的知识背景和课程实践内容等方面总结了该课程教学中存在的问题。在明确本课程的教学目标的基础上，结合专业培养的需要以及学生的知识背景的前提下，从注重课程内容的时效性、前沿性；以应用为导向，面向规划实际问题的教学方法来组织教学；增加调研环节，加强城市规划系统工程学与其他课程之间的联系；并且充分利用网络平台，及时做好教学反馈等方面入手进行了教学探索，努力提升教学效果。最后，提出了课程教学未来探索的方向，以期在我国城市发展的新常态下，在规划专业教育中做出积极应对。

关键词：城乡规划系统工程学，教学方法，实践应用

1　引言

城乡规划是以城乡系统为研究对象的系统科学[1]，随着我国城市化进程的转型、城乡发展问题的复杂性和综合性的增加，城乡规划学科也上升到一级学科，社会对城乡规划的科学性也提出了更高的要求[2]。根据高等学校城乡规划学科专业指导委员会的要求，城乡规划专业的培养计划对城乡技术与信息的相关教育内容提出了新的要求，增设较多数据统计分析、城市发展模型、城市系统工程、城市系统分析法等知识点或课程[3]。

与此同时，大数据时代的到来，帮助我们更科学全面的认识城市，不仅推动了城市规划学科技术方法的创新，影响了新的规划方法论，更要求规划院校的人才培养模式从传统的物质空间规划人才向掌控动态过程规划、综合规划的复合规划人才转型，不少规划设计研究院都在开展大数据分析、空间分析、城市模型等方面的研究和应用尝试，并认为这是提高规划科学性的有效途径[4]。

城市规划系统工程学是一门运用系统工程的原理、思想、观点和方法、分析城市规划和城市研究中具体问题的课程，它从系统工程学的角度建立起对城市规划中的各种因素进行理性分析的思想体系，借助数学建模和计算机技术实现对城市规划问题研究的定量化（半定量化）、模型化以及最优化。可以对城市进行系统分析揭示城市各要素的内在联系和发展规律，预测城市的发展，为规划提供科学的依据。制定科学的建设方针、做出科学的规划方案、优化城市建设管理措施。

在这样的背景下，作为“复合型人才”为核心培养目标的城乡规划专业教育，在城乡发展和城市研究出现新变化的基础上，培养和提高学生应用城市规划系统工程学的思维和方法来分析和解决城乡规划和城市研究中出现的问题，是十分必要和迫切的事情。本文结合天津城建大学城市规划系统工程学教学多年的尝试和课程改革的经验，在课程内容、教学方法和教学组织等多个方面入手进行了大量的创新，努力提升教学效果。

2　课程定位与教学目标

“城市规划系统工程学”为我校城乡规划专业的专业基础课，是构成学科基础平台的重要课程之一，是城乡规划专业的核心课程，其作用在于使学生构筑系统工

*　基金项目：天津城建大学教改资助项目（JG-1434）、天津城建大学教改资助项目（JG-YBZ-1728）。

赵晓燕：天津城建大学建筑学院城乡规划系讲师
孙永青：天津城建大学建筑学院城乡规划系副教授
兰　旭：天津城建大学建筑学院城乡规划系副教授

程学基本知识体系，在系统工程学理论的指导下提高解决城乡规划设计问题的能力。

通过课程的教学，使学生了解系统工程学对城乡规划学科的支撑作用，建立起城市的系统观，认识城市系统的若干重要系统性质及相应的规划原则，理解并掌握统计学方法在城乡规划中的初步应用，相关性与线性回归在城市规划中的应用。掌握系统分析评价、优化的若干方法，如矩阵综合评价法、概率评价法、德尔菲法、层次分析法等的计算方法和步骤以及在城市规划中的初步应用，掌握线性规划在城市规划中的初步应用，使学生建立系统思维，具有将定量分析与定性分析相结合的能力，并进一步提升学生研究城市问题的能力。

通过多年的摸索，我们的教学本质是让学生了解系统工程理论和方法论并且掌握其在城市规划中的运用和发展，并能在城市规划系统工程学理论和方法的指导下提高解决城市规划和城市研究中实际问题的能力。本课程以系统工程理论和方法在城市规划和城市研究中实际问题中的应用为导向，从而提高学生对城乡规划问题的认识与解决能力。目的在于培养学生利用城市规划系统工程学的方法来认识城市、研究城市和规划设计城市的思维方式和实践能力。

3 城乡规划系统工程教学中目前存在的问题

从 20 世纪 80–90 年代开始，英美等国家规划院系开始注重对规划学生定量分析能力和素养的培养，并将定量方法作为规划的核心课程[5]。

在 20 世纪 80 年代末 90 年代初期，我国一些高校城市规划专业开始开始设置以城市规划系统工程学为代表的定量分析方法课程[5]。

我校从 2007 年开始城市规划专业开设以城市规划系统工程为代表的定量分析方法课程，至今已有十多年的时间。我们一直在城市规划系统工程学的教学大纲、教学内容、教学方法和教学组织上进行探索和改革，努力兼顾课程内容在规划实践中的适用性和学生的接受能力，在总结经验的同时，也发现城乡规划系统工程教学中目前存在的一些问题。

3.1 缺乏较新的针对性教材

城乡规划系统工程课程内容需要以理论知识与城乡规划实践及城市研究实践相结合。希望使学生理解城乡规划中的系统工程基本概念与方法论的基础上，要求学生建立起城乡空间的系统观，认识城市系统的若干重要系统性质及相应的规划原则，并掌握城乡规划中较为常用的定量分析方法、将定量和定性分析相结合，并能利用数理统计分析软件并结合 GIS 技术进行分析、模拟计算，能够运用这些方法独立及合作展开城乡规划实践和城市研究，系提出解决城市规划决策与管理问题的基本思路。由于系统工程内容涵盖范围广，将已有的科学知识有效地进行组织，用来解决综合性问题，使得在教学中需要进行一定的内容筛选，但现已出版的针对城乡规划专业的系统工程的教科书较少，并且大部分出版时间为系统工程在我国发展的较早时期，20 世纪 80 年代末期有陈秉钊教授的《城市规划系统工程学》和张启人教授的《城市规划系统工程》两部专著，之后较长时间未有新的可供使用的教材用书出版，大多数院校所采用的教材还是陈秉钊教授 1996 年版的《城市规划系统工程学》。2005 年曹永卿、汤放华编著了《城市规划系统工程与信息系统工程》。而在教材内容上分析，前 3 部专著出版年代较为久远，虽然有经典知识和内容，但知识和实践案例更新度较低，缺少较新的研究实例，研究进展、技术和方法。近期相关出版的教材及参考数目数量也较少，如 2013 年唐恢一、陈明编著的《广义城市学：城乡规划系统工程》,2014 年徐建华的《计量地理学》(第 2 版)，2016 年（英）席尔瓦，顾朝林的《规划研究方法手册》，2016 年（英）J·布赖恩·麦克洛克林（著），王凤武（译）的《系统方法在城市和区域规划中的应用》，2016 年的郭志恭《城市与区域规划实用模型》。这些专著的内容很多偏重于理论及区域城乡规划系统工程理论及模型，建筑学背景的学生理解起来较为困难。

纵观现有的出版物，在工科教育背景下，缺乏一本较新的针对本科阶段的城乡规划系统工程教材，上课时需要补充大量知识和案例，不利于学生把握课程内容的整体脉络。

3.2 学生数学基础薄弱

我校城乡规划专业学生在低年级以设计实践类或设计理论课程为主体，强调实际空间感知训练和空间表达训练，对数学类课程要求相对较低，没有线性代数的基本知识，教学要求不高，使得学生在进入城市规划系统工程学习时，无法理解一些较为基础的数理模型意义，也无法顺利地将数理分析代入城乡规划实践问题中。再者，城乡规划系统工程内容涉及多方面的学术理论综合应用，学生的知识储备和研究能力不足，也加剧了教学进度推进的难度。通过对教学的反馈信息上来看,大多数学生表示，该门课程对逻辑思维锻炼有益，但不少同学认为课程的难度太大，缺乏课程理论知识在实践中的运用能力。

3.3 缺乏实践环节和上机操作

我校城乡规划专业的城市规划系统工程学课程是理论讲授课程，可以安排的调研环节有限，并且缺乏相关软件的上级操作，虽然在理论课中讲授了数理统计、人口预测、回归分析、层次分析法、主成分分析和线性规划等的基本原理和过程步骤，但学生缺乏对相应数理统计，或者分析软件的操作和运用，影响了教学的效果。

4 教学改革的尝试

4.1 确保知识点，方法和技术的权威性、前沿性和实践性

为了使学生在本课程中学到实用的城市规划系统工程学知识，必须确保所教授知识点、方法和技术的权威性、前沿性和实践性。首先，讲授的知识点必须是经过理论检验、学界认可的知识。其次，相关的知识必须更上城乡规划学科发展的步伐，教师要实时跟踪相关理论前沿，及时更新知识点。并且，知识必须能够指导实践，要尽量立足当代中国城乡规划的发展和城市研究的进展来组织教学内容。针对本课程知识体系与案例和前沿脱节的现象，本人在教学改革中重点引进了大量的新知识点，包括本学科的最新理论前沿和近几年的案例。本人经常通过多种途径查找与教材内容相关的案例、文章和著作，按照教学内容的章节进行归类处理，总结它们的最新研究动态、研究方法和研究成果，在课堂上介绍给学生，这些新知识和新案例的学习和消化对于新时期城乡规划人才培养目标的实现也发挥着关键的作用。

4.2 根据本专业学生的学习特性组织课堂教学

提高课堂教学效果也是改善教学质量的重要途径。城乡规划专业教学的实践性和趣味性都比较强，因此学生对理论课程的要求也更高，常规的理论课教学模式往往会使城乡规划专业的学生感到乏味，影响到其学习兴趣。本专业的学生非常喜欢以图片为媒介的案例式教学，因此增加图释语言和课件设计的美观性和艺术性、大量储备与城乡规划实践和行业前沿等热点问题相关的案例都是提升课程吸引力的重要手段。我们采用讲授法、讨论法、课外调研等有机结合的方法开展教学，引导学生积极探究式地学习、讨论现实问题，学会主动用相关的理论知识去阐述、分析、解决问题。通过探究式、自主式、互动式等多种方法，活跃课堂气氛，提高学生学习的积极主动性，让学生在实践中学会思考、探究。

4.3 以应用为导向，面向规划实际问题的教学方法

以城市规划系统工程学的理论和方法的实际应用为导向，将城市规划系统工程学的知识点讲授与规划实际问题相结合，使学生能够真正对城市规划系统工程学理论和方法在规划实践和城市研究中的作用产生清晰的认识，培养学生在规划实践和城市研究中应用城市规划系统工程方法分析问题的意识才是主要的教学目的。

城市规划系统工程学是综合性较强的课程，课程采用知识点与规划实际问题或案例分散结合的方式，尽可能将知识点与规划实践案例相联系，通过实际案例的分析，才能引发学生们的学习兴趣，使学生们更充分地理解城市规划系统工程学的理论、方法和实际应用。

4.4 增加调研环节，加强城市规划系统工程学与其他课程之间的联系

为充分发挥理论学习对规划实践的支撑作用，课程通过每学期安排的 2–3 次调研，要求调研报告作业充分联系规划实际，以调动学生的学习自主性和主观能动性。调研的内容大多是便于运用课程知识进行实践应用的，容易调动学生主观能动性和发散性思维的选题，通过调研和课程作业能够有效地引导学生运用城市规划系统工程学的思维方式和理论法法来思考城市发展中的现实问题，提高发现问题、分析问题和解决问题的能力，这也是理论课在城乡规划专业教育中最应该发挥的作用。

另外，城市规划专业学生从入学开始就进行了大量的设计训练，而城市规划系统工程学中大量的定量分析

以应用为导向的城市规划系统工程学教学内容 表1

学时	教学内容	在规划中应用的实际案例
2	系统科学的相关知识及与城市规划的关系，城市规划系统系统工程学对城市规划学科发展的作用，城市规划系统工程学的理论基础和方法论，城市系统方法规划应用概述	城市规划系统工程学对城市规划学科发展的作用及应用案例
4	空间分布的测度：城市组成要素的空间分布类型；点状，线状分布的测度，界线网络的测度；区域分布的测度；罗伦兹曲线和集中化指数的表示方法和计算	城市中小学及商业服务设施分布测度；城市道路分布测度案例；城市建成区形态紧凑程度测度案例；产业的集中化统计方法；职住分离罗伦兹曲线；建筑底层界面形态测度
2	城市空间引力模型	城乡间经济联系测度、京津冀城镇吸引范围分析案例
4	统计方法在城市规划中的初步应用：随机现象、概率的基本含义随机抽样调查；统计整理和统计分析	关于住房，绿地率，报刊亭，停车率及停车位设置、出行交通等的调研，选择合适的抽样调查方法，并设计合适的调查问卷，对调查数据进行统计整理和分析
4	相关性分析和线性回归，回归方程的显著性进行检验	调研某居住区规模与商业网点数量，利用调研数据进行回归拟合和预测；城市化水平预测案例；物流园区容量和规模关系的研究案例
2	城市系统介绍，城市系统环境分析方法，城市系统专题模型	城市系统环境分析方法 SWOT 法在城市战略规划中的应用案例，城市系统模型
2	系统评价的方法和过程；系统评价、优化的方法	矩阵综合评价法、概率评价法及在城市规划研究中的实际应用
6	德尔菲法，层次分析法	与 GIS 结合进行用地适宜性评价、土地开发潜力评价、主导产业选择、历史保护价值评价等的案例
4	主成分分析	主导产业选择、历史保护价值评价、土地利用演化与评价等案例
2	线性规划、聚类分析	土地利用、投资效益、城市交通发展水平等案例

是采用理性思维的方式。本人近年来努力将城市规划系统工程学的知识结合其他专业课程，促进学生对课程学习的积极性，加深学生对相关知识的实践应用，取得了一定的效果。例如结合区域规划课程内容，计算城镇间联系度；利用层次分析法结合 GIS 课程进行土地利用价值分析和用地适宜性评价；结合控制性详细规划和城市设计教学中进行土地利用潜力的分析（图 1）；与城市规划社会调查竞赛紧密结合，合理正确使用系统工程学的方法进行调研设计、数据整理、分析、评价优选，将会使得调研成果更为科学（图 2、图 3）。

4.5 课后充分利用网络平台，及时做好教学反馈

课后教师和学生通过电话、QQ 或者微信等方式进行反馈，及时为学生辅导答疑。每堂课上除了常规的教学内容，还经常会在网络上给学生发送一些课外阅读和资料推荐，通常为相关领域的最新研究成果或者规划实践案例，鼓励学生自发式学习从而达到开拓学生研究、激发学生兴趣、优化教学效果的目的。

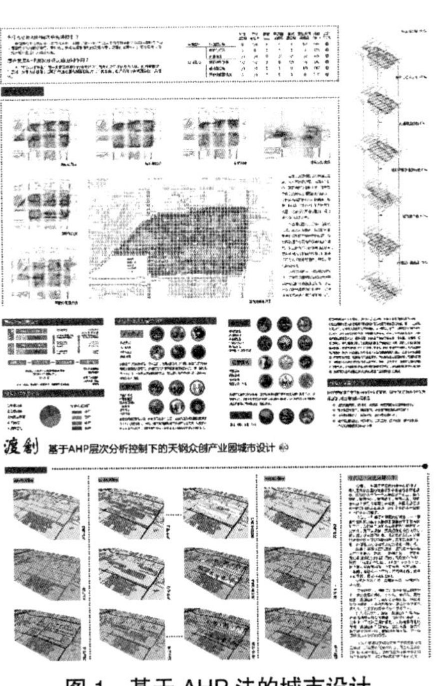

图 1 基于 AHP 法的城市设计

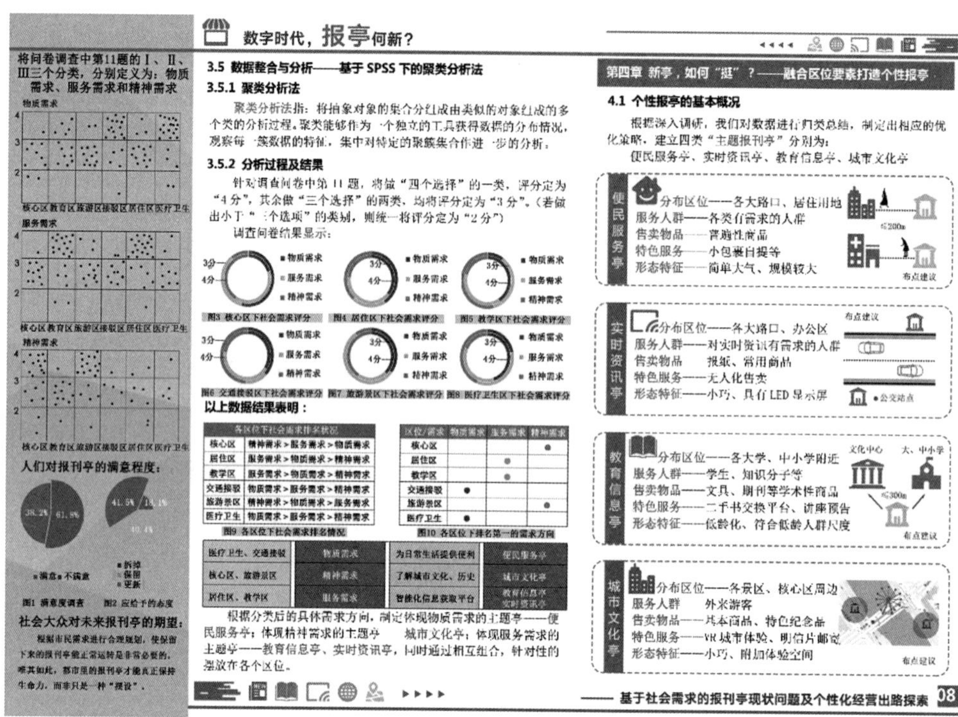

数字时代，报亭何新？

将问卷调查中第11题的Ⅰ、Ⅱ、Ⅲ三个分类，分别定义为：物质需求、服务需求和精神需求

人们对报刊亭的满意程度：

图1 满意度调查　图2 应给予的态度

社会大众对未来报刊亭的期望：

根据市民需求进行合理规划，使保留下来的报刊亭能正常运转是非常必要的，唯其如此，都市里的报刊亭才能真正保持生命力，而非只是一种"摆设"。

3.5 数据整合与分析——基于 SPSS 下的聚类分析法

3.5.1 聚类分析法

聚类分析法指：将抽象对象的集合分组成由类似的对象组成的多个类的分析过程。聚类能够作为一个独立的工具获得数据的分布情况，观察每一簇数据的特征，集中对特定的聚簇集合作进一步的分析。

3.5.2 分析过程及结果

针对调查问卷中第11题，将做"四个选择"的一类，评分定为"4分"，其余做"三个选择"的两类，均将评分定为"3分"。（若做出小于"三个选项"的类别，则统一将评分定为"2分"）

调查问卷结果显示：

图3 核心区下社会需求评分　图4 居住区下社会需求评分　图5 教学区下社会需求评分

图6 交通接驳区下社会需求评分　图7 旅游景区下社会需求评分　图8 医疗卫生区下社会需求评分

以上数据结果表明：

各区位下社会需求排名状况	
核心区	精神需求＞服务需求＞物质需求
居住区	服务需求＞物质需求＞精神需求
教学区	服务需求＞物质需求＞精神需求
交通接驳	物质需求＞服务需求＞精神需求
旅游景区	精神需求＞物质需求＞服务需求
医疗卫生	物质需求＞服务需求＞精神需求

图9 各区位下社会需求排名情况

区位/需求	物质需求	服务需求	精神需求
核心区			●
居住区		●	
教学区		●	
交通接驳	●		
旅游景区			●
医疗卫生	●		

图10 各区位下排名第一的需求方向

医疗卫生、交通接驳	物质需求	为日常生活提供便利	便民服务亭
核心区、旅游景区	精神需求	了解城市文化、历史	城市文化亭
居住区、教学区	服务需求	智能化信息获取平台	教育信息亭 实时资讯亭

根据分类后的具体需求方向，制定体现物质需求的主题亭——便民服务亭；体现精神需求的主题亭——城市文化亭；体现服务需求的主题亭——教育信息亭、实时资讯亭，同时通过相互组合，针对性的摆放在各个区位。

第四章 新亭，如何"挺"？——融合区位要素打造个性报亭

4.1 个性报亭的基本概况

根据深入调研，我们对数据进行归类总结，制定出相应的优化策略，建立四类"主题报刊亭"分别为：

便民服务亭、实时资讯亭、教育信息亭、城市文化亭

便民服务亭
分布区位——各大路口、居住用地
服务人群——各类有需求的人群
售卖物品——普遍性商品
特色服务——小包裹自提等
形态特征——简单大气、规模较大

实时资讯亭
分布区位——各大路口、办公区
服务人群——对实时资讯有需求的人群
售卖物品——报纸、常用商品
特色服务——无人化售卖
形态特征——小巧、具有 LED 显示屏

教育信息亭
分布区位——各大学、中小学附近
服务人群——学生、知识分子等
售卖物品——文具、期刊等学术性商品
特色服务——二手书交换平台、讲座预告
形态特征——低龄化、符合低龄人群尺度

城市文化亭
分布区位——各景区、核心区周边
服务人群——外来游客
售卖物品——基本商品、特色纪念品
特色服务——VR 城市体验、明信片邮寄
形态特征——小巧、附加体验空间

——基于社会需求的报刊亭现状问题及个性化经营出路探索 08

图 2　聚类分析在社会调研报告中的应用

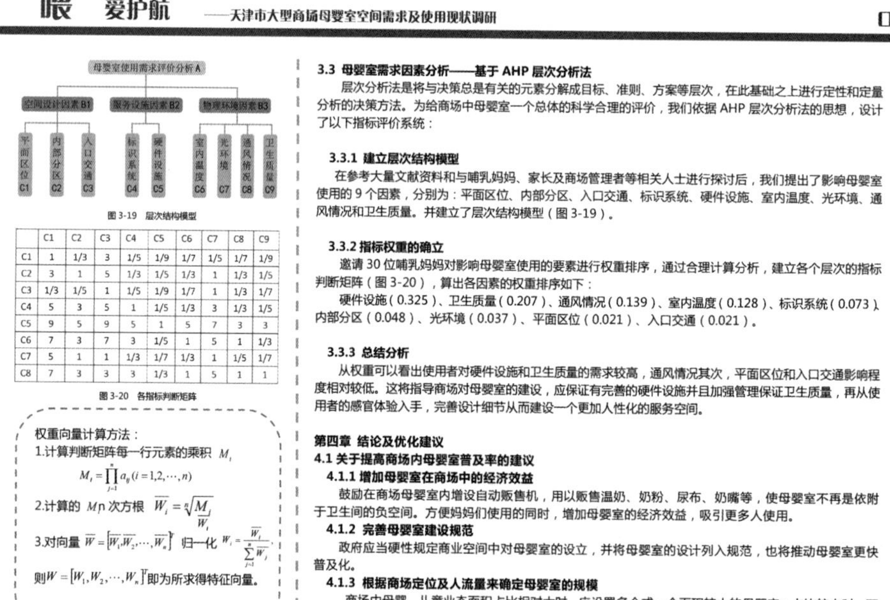

"喂"爱护航——天津市大型商场母婴室空间需求及使用现状调研　09

图 3-19　层次结构模型

	C1	C2	C3	C4	C5	C6	C7	C8	C9
C1	1	1/3	3	1/5	1/9	1/7	1/5	1/7	1/9
C2	3	1	5	1/3	1/5	1/3	1	1/3	1/5
C3	1/3	1/5	1	1/5	1/9	1/7	1	1/3	1/7
C4	5	3	5	1	1/5	1/3	3	1/3	1/5
C5	9	5	9	5	1	5	7	3	3
C6	7	3	7	3	1/5	1	5	1	1/3
C7	5	1	1	1/3	1/7	1/3	1	1/5	1/7
C8	7	3	3	3	1/3	1	5	1	1

图 3-20　各指标判断矩阵

权重向量计算方法：

1.计算判断矩阵每一行元素的乘积 M_i

$$M_i=\prod_{j=1}^{n}a_{ij}\ (i=1,2,\cdots,n)$$

2.计算的 M_i n 次方根 $\overline{W_i}=\sqrt[n]{M_i}$

3.对向量 $\overline{W}=[\overline{W_1},\overline{W_2},\cdots,\overline{W_n}]^T$ 归一化 $W_i=\frac{\overline{W_i}}{\sum_{j=1}^{n}\overline{W_j}}$

则 $W=[W_1,W_2,\cdots,W_n]^T$ 即为所求得特征向量。

3.3 母婴室需求因素分析——基于 AHP 层次分析法

层次分析法是将与决策总是有关的元素分解成目标、准则、方案等层次，在此基础之上进行定性和定量分析的决策方法。为给商场中母婴室一个总体的科学合理的评价，我们依据 AHP 层次分析法的思想，设计了以下指标评价系统：

3.3.1 建立层次结构模型

在参考大量文献资料和与哺乳妈妈、家长及商场管理者等相关人士进行探讨后，我们提出了影响母婴室使用的 9 个因素，分别为：平面区位、内部分区、入口交通、标识系统、硬件设施、室内温度、光环境、通风情况和卫生质量。并建立了层次结构模型（图 3-19）。

3.3.2 指标权重的确立

邀请 30 位哺乳妈妈对影响母婴室使用的要素进行权重排序，通过合理计算分析，建立各个层次的指标判断矩阵（图 3-20），算出各因素的权重排序如下：

硬件设施（0.325）、卫生质量（0.207）、通风情况（0.139）、室内温度（0.128）、标识系统（0.073）、内部分区（0.048）、光环境（0.037）、平面区位（0.021）、入口交通（0.021）。

3.3.3 总结分析

从权重可以看出使用者对硬件设施和卫生质量的需求较高，通风情况其次，平面区位和入口交通影响程度相对较低。这将指导商场对母婴室的建设，应保证有完善的硬件设施并且加强管理保证卫生质量，再从使用者的感官体验入手，完善设计细节从而建设一个更加人性化的服务空间。

第四章 结论及优化建议

4.1 关于提高商场内母婴室普及率的建议

4.1.1 增加母婴室在商场中的经济效益

鼓励在商场母婴室内增设自动贩售机，用以贩售温奶、奶粉、尿布、奶嘴等，使母婴室不再是依附于卫生间的负空间。方便妈妈们使用的同时，增加母婴室的经济效益，吸引更多人使用。

4.1.2 完善母婴室建设规范

政府应当硬性规定商业空间中对母婴室的设立，并将母婴室的设计列入规范，也将推动母婴室更快普及化。

4.1.3 根据商场定位及人流量来确定母婴室的规模

商场中母婴、儿童业态面积占比相对大时，应设置多个或一个面积较大的母婴室；占比较少时，可设置一个不少于 10 ㎡的母室。

图 3　层次分析法在社会调研报告中的应用

5 未来探索方向

近年来城市规划系统工程学的教学探索实践取得了一定的成效，城市规划系统工程学的理论及方法和城市总体规划、区域规划、城市规划社会调查、地理信息系统等课程都有紧密联系，学生在其他课程的学习中应用这些方法时，也经常向本人咨询有关方法的应用。未来尝试在以下几个方面进一步进行探索：

1）未来进一步加强和历史文化遗产保护、城市道路交通规划等课程，毕业设计，研究性设计等设计课程和其他课程的衔接度。

2）增加上机实践等环节，增加 SPSS 数理统计分析软件等实践操作环节。

3）已经多次尝试 GIS 教学结合进行土地适宜性评价和土地价值评价，未来进一步与 GIS 教学结合进行点格局分析，空间统计分析等。

4）结合城乡规划实际问题增加数据挖掘，大数据分析，数据增强设计等相关内容的教学。

6 结语

当前，我国城市发展的新常态将会带来城乡规划编制技术方法的革新，数据和定量分析在未来规划编制中将会起到越来越重要的作用。今年来的教学改革进行了一些初步的探索，也遇到不少问题，如何将城市规划系统工程学的方法与相关专业课程的教学进一步融合，使学生真正学以致用是我们教学进一步努力的方向。我们期待通过长期的摸索、探讨，实现更理想的教学效果！

主要参考文献

［1］ 吴志强，于泓. 城市规划学科的发展方向 [J]. 城市规划学刊，2005（6）：2-10.

［2］ 袁奇峰，陈世栋. 城乡规划一级学科建设研究述评与展望 [J]. 规划师，2012，9（28）：5-9.

［3］ 龙瀛. 城市大数据与定量城市研究 [J]. 上海城市规划，2014，（5）：13-15.

［4］ 牛强，胡晓婧，周捷. 我国城市规划计量方法应用综述和总体框架构建 [J]. 城市规划学刊，2017，1：71-78.

［5］ 刘伦. 大数据背景下英国城市规划定量方法教育发展 [C]// 中国城市规划学会 . 2015 中国城市规划年会论文集 . 北京：中国建筑工业出版社，2015.

［6］ 侯丽，赵民. 中国城市规划专业教育的回溯与思考 [J]. 城市规划，2013，37（10）：60-70.

Exploration on the Teaching Method of Application-oriented Urban Planning System Engineering

Zhao Xiaoyan　Sun Yongqing　Lan Xu

Abstract: According to the author's teaching practice in urban planning system engineering in recent years, this paper sums up the problems existing in the course teaching from the aspects of course content, students' knowledge background and curriculum practice content. On the basis of clarifying the teaching objectives of the course, according to the needs of professional training and the background of students' knowledge, the paper focuses on the timeliness and the frontier of the curriculum, the teaching methods oriented to the practical problems, and the links between the urban planning systems engineering and other courses. And make full use of network platform, in time to do a good job in teaching feedback and other aspects of teaching exploration, and strive to improve teaching results. Finally, the paper puts forward the future exploration direction of the course teaching, in order to make a positive response in the planning professional education under the new normal condition of our city development.

Keywords: System Engineering in Urban Planning, Teaching Methods, Practical Application

后　记

金秋时节、丹桂飘香，2018 中国高等学校城乡规划教育年会在福州市胜利召开。

本届年会的主题是“新时代·新规划·新教育”。为了提高城乡规划专业的教学水平，交流教学经验，扩大学术影响，受高等学校城乡规划学科专业指导委员会委托，福州大学和福建工程学院共同组织了本次年会教学研究论文的征集和整理工作。论文集共收录了来自全国 37 所院校的 77 篇论文，围绕城乡规划的学科建设、理论教学、实践教学、教学方法与技术、社会综合调查课程建设等五大板块开展了教学研究和教学探索。

论文集在征集、评审、汇编和出版过程中，凝聚了众人之智，承载了城乡规划学界对“新时代·新规划·新教育”的思考与展望，期待能给城乡规划领域的教学工作带来更多启发，并为新时代“以人民为中心”的城乡规划学科建设提供新思路和新方向。

在此，首先要感谢积极参与投稿的所有老师，是你们的刻苦钻研、潜心探索和长期积累才成就了教学科研的丰硕成果；感谢中国建筑工业出版社作为协办单位，在本次论文集的校稿、编辑和出版过程中付出的辛勤劳动；同时感谢高等学校城乡规划学科专业指导委员会的全体委员对所有论文进行了认真评审；此外，还要特别感谢高等学校城乡规划专业指导委员会秘书同济大学王兰教授的全程指导和有力支持。

最后，还要感谢福州大学建筑学院的陈小辉、沈振江、赵立珍、马妍、张延吉等老师和福建工程学院建筑与城乡规划学院的林从华、林兆武、杨昌新、邱永谦、张虹等老师为论文征集、整理、封面构思所做的细致工作。

福州大学建筑学院

福建工程学院建筑与城乡规划学院

2018 年 8 月